W0346766

Klaus-J. Vetter

Das große Handbuch der Diesellokomotiven

Klaus-J. Vetter

Das große Handbuch der Diesellokomotiven

Dieselloks und Triebwagen in Deutschland, Österreich und der Schweiz

SCONTO

Umschlaggestaltung: Heinz Kraxenberger
Herstellung: Gabriele Kutscha

Alle Angaben dieses Werkes wurden vom Autor sorgfältig recherchiert und auf den aktuellen Stand gebracht sowie vom Verlag geprüft. Für die Richtigkeit der Angaben kann jedoch keine Haftung übernommen werden. Für Hinweise und Anregungen sind wir jederzeit dankbar.
Bitte richten Sie diese an:
Bruckmann Verlag
Produktmanagement
Innsbrucker Ring 15
D-81673 München
e-mail: lektorat@bruckmann.de

Titelbild: Malte Werning
Rücktitelbilder: Thomas Feldmann, Wolfgang Clössner

Die Deutsche Bibliothek – CIP Einheitsaufnahme
Ein Titeldatensatz für diese Publikation ist bei
Der Deutschen Bibliothek erhältlich.

Für diese genehmigte Sonderausgabe:
© 2004 by GeraNovaBruckmann Verlagshaus GmbH München

Für die Originalausgaben:
© 1992–2003 by Geramond Verlag
Ein Unternehmen der GeraNova Zeitschriftenverlag GmbH München

Alle Rechte vorbehalten
Printed in Slowakia by Neografia
ISBN 3-86517-027-7

Fast wie bei der Deutschen Bundesbahn: die altrote 221 im Streckendienst – nun aber für ein nichtbundeseigenes Eisenbahnunternehmen, die EfW-Verkehrsgesellschaft

T. Feldmann

INHALT

Einführung 8

Als die Dieselmaschine auf Reisen ging:
Die Entwicklungsgeschichte der Dieseltraktion 8

Unter die Haube geblickt:
Die Bauteile der Diesellokomotiven 32

Zahlen & Fakten 34

Das blaue Wunder:
Großdiesellok „Blue Tiger“ 38

Die Joghurtbecher-Lok:
Betrachtungen eines Lokführers über die Baureihe 229 43

Deutschland

Staatliche Eisenbahnen (DRG, DB, DR, DB AG) 46

Diesellokomotiven, Dieseltriebwagen, Bahndienstfahrzeuge
Von der V 20 bis zur V 320 46
Vom VT 877 bis zum VT 12.14 67
Von der 201 bis zur 346 131
Von der 199 bis zur 399 169
Vom VT 675 bis zum VT 786 155
Vom 605 bis zum VT 798 193

Nicht bundeseigene Eisenbahnen (NE-Bahnen) 299

Dieseltriebwagen 313
Vom NE 81 bis zum LVT/S

Diesellokomotiven 331
Loktypen von Gmeinder, Henschel, MaK & Co.

Uerdinger Schienenbusse – die „Retter der Nebenbahnen“ 368

Mit Benzin, Benzol und Diesel: ein Rückblick auf die frühen zweiachsigen Verbrennungs-Triebwagen 369
Wie entstand eigentlich der Uerdinger? 372
Der Uerdinger macht Karriere 376
Im Uerdinger durch Uruguay und die Türkei 394

Schweiz

Rhätische Bahn (RhB) 237

Diesellokomotiven 237
Von der Gem 2/4 bis zum Tm 2/2

Diensttriebfahrzeuge 255
Mit Diesel unterwegs: Reparatur- und Hilfsfahrzeuge

Schweizerische Bundesbahnen (SBB) 257

Dieseltriebfahrzeuge 257
Von der Bm 4/4 II bis zur Bem 850

Österreich

Österreichische Bundesbahnen (ÖBB) 271

Diesellokomotiven 271
Von der 2043 bis zur 2095

Dieseltriebwagen und Bahndienst-Triebfahrzeuge 285
Die Baureihen 5047, 5090 und Dienstfahrzeuge

Der Weg des alten Eisens 398

AUFNAHME: SLG. KNIPPING

Zwei Diesellok-Generationen: Die dieselhydraulisch angetriebene V 200 prägte in der 50er und 60er Jahren das Erscheinungsbild der Deutschen Bundesbahn. Die dieselelektrische Baureihe 240 kam in Deutschland über drei Versuchsexemplare bisher nicht hinaus (oben)

Als die Dieselmaschine auf Reisen ging

Die Entwicklungsgeschichte der Dieseltraktion

Die Entwicklung verschiedener Arten des Verbrennungsmotors fällt in die an Erfindungen reiche zweite Hälfte des 19. Jahrhunderts: Gas, Benzin, Benzol oder Leichtöl werden in einem Arbeitszylinder durch Verbrennung in Wärme- und Expansionsenergie umgesetzt. Den Anfang machte im Jahre 1861 der Franzose Lenoir mit dem Gasmotor, der von den Deutschen Nikolaus Otto und Eugen Langen in der von ihnen 1864 begründeten Gasmotorenfabrik Deutz bei Köln, die zur Wiege der später bedeutenden Klöckner-Humboldt-Deutz AG (KHD) wurde, zur Wirtschaftlichkeit verbessert wurde. Der technisch außerordentlich versierte Kaufmann Otto entwickelte den Gasmotor weiter zum langsam laufenden, verdichteten Viertaktmotor, den er 1876 erstmals vorstellen konnte. Schon im Jahre 1878 erhielt der Direktor Conrad Krauss der in Linden bei Hannover ansässigen „Hannoverschen Maschinenbau AG“ (Hanomag) ein Patent auf eine allerdings nicht

AUFNAHME: B. SCHULZ

Mit zu den ältesten Diesellokomotiven gehören die Kleinloks der Gattung Köf I, die bei der DR teilweise noch bis Anfang der 90er Jahre im Einsatz standen.
Vorbild für V 3201 von 1929 war eine preußische T 18 (Mitte).
Erste funktionsfähige Streckendiesellok war die V 140, die – im Jahre 1935 als V 16 101 in Dienst gestellt – noch bis 1953 eingesetzt wurde und heute im Deutschen Museum in München steht (unten)

gebaute Gaskraftlokomotive. Die erste Verbrennungslokomotive der Welt schuf er zwei Jahre später. Ein stehender 2-PS-Zweitaktmotor trieb über Riemen und ein mit zwei Untersetzungsstufen versehenes Zahnradvorgelege eine Achse an. Das hohe Gewicht des Motors machte jedoch einen sinnvollen Einsatz zunichte. Die selbständigen Ingenieure Gottlieb Daimler und Wilhelm Maybach entwickelten im Jahre 1883 einen leichteren, schnellaufenden Verbrennungsmotor. Seine ersten Anwendungen fand dieser Motor in Straßen-Automobilen, die von Carl Benz im Jahre 1885 und Daimler selbst ein Jahr später gebaut wurden.

Frühe Versuche

Außer der Gasmotorenfabrik Deutz und der Daimler-Motorenbau-Gesellschaft traten nun auch die Maschinenfabrik Esslingen (ME) sowie das Nürnberger Werk der Maschinenfabrik Augsburg-Nürnberg (MAN) auf den Plan. Einen ersten Erfolg hatte das Deutzer Werk unter Otto im Jahre 1892 mit einer 8-PS-Lokomotive. Sehr aufwendig war die Kraftübertragung mittels Riemen, Reibungskupplung, Ketten- und Zahnrädern, so daß deren Fortentwicklung anstand. Nach dem Patent Neukirch entstand wieder in Deutz im Jahr 1893 eine Preßluftlokomotive, deren 12-PS-Petroleummotor einen Druckluftverdichter antrieb. Die komprimierte Luft wirkte über einen Speicherbehälter auf die zwei stehenden Zylinder der Treibachse. Im gleichen Jahr konnte die ME unter Mitwirkung Daimlers einen Probe-Motortriebwagen fertigstellen. Vier weitere im folgenden Jahr gebaute Fahrzeuge waren dann immerhin für sechs Jahre bei der sächsischen und der württembergischen Staatsbahn im Einsatz.

AUFNAHMEN: HEILMANN, J. BÜGEL/SLG. NIEDT, SKRZYPNIK

Zwischenzeitlich hatte Patton in den USA 1892 den Verbrennungsmotor mit einem Stromgenerator gekoppelt, um die Treibachse durch einen Elektromotor anzutreiben. Der erste Vorläufer der dieselelektrischen Lokomotiven war somit geschaffen, und auch in Deutz baute man nun eine solche Maschine. Allerdings wies sie bei zu hohem Eigengewicht auch einen sehr schlechten Wirkungsgrad auf, so daß man weiter an einer Verbesserung der Zahnradgetriebe arbeitete. Um die Jahrhundertwende entstand für den Rangierdienst die erste Motorlokomotive für Normalspur, welche bereits über ein Vierganggetriebe verfügte. Die Leistung der Verbrennungsmotoren erreichte inzwischen bis zu 60 PS.

Neben Werkslokomotiven für Gruben und Industriebetriebe, wo die Motorlokomotiven aufgrund ihrer kompakten Bauform und im Vergleich zur Dampflok einfacheren Bedienung wesentliche Vorteile boten und eine rasche Verbreitung erlebten, entstanden nach der Jahrhundertwende vor allem Triebwagen, für die die noch geringe Leistungsfähigkeit der Motoren, besonders aber der Kraftübertragung, ausreichend war. Die KPEV erhielten 1908 einen nach den Normalien der vierachsigen Personenwagen hergestellten Prototyp-Benzoltriebwagen V.T.1 mit einem 80-PS-Deutz-Motor und elektrischem Antrieb, dessen Führerstände entsprechend den Bremserhäuschen der Personenwagen hochgesetzt an den Stirnwänden angebracht waren. Während der Versuchsfahrten wurde der Motor für den Betrieb mit Spiritus umgerüstet. Von März 1909 bis Mitte 1910 erfolgten von Homburg aus planmäßige Fahrten im Personenverkehr, danach wurde der V.T.1 in einen Fahrleitungstriebwagen umgebaut. Zwischen 1909 und 1911 folgte eine erste Serie von 10 Triebwagen V.T.2, welche nun einen niederen Motorvorbau für den 100-PS-Motor auf einer Wagenseite aufwiesen. Die zweite Serie von 1913 – 1915 erhielt einen Deutz-Motor mit einer Leistung von 170 PS, die letzten vier Wagen hatten eine Leistung von 200 PS.

Die ersten Dieselloks

Inzwischen hatte im Jahre 1897 Rudolf Diesel bei MAN in Augsburg den nach ihm benannten Selbstzündermotor erfunden, der den Vorteil bot, mit einem weniger feuergefährlichen Kraftstoff auszukommen als die bisherigen Vergasermotoren. Allerdings lag sein Gewicht deutlich über dem seiner Konkurrenten. Somit wurde der Dieselmotor zunächst in ortsfesten Anlagen eingesetzt, bis es der MAN im Jahre 1910 gelang, ihn auf ein auch für den Schienenfahrzeug-

Die Wehrmacht des Deutschen Reiches betrieb ein von der Reichsbahn unabhängiges Beschaffungsprogramm für speziell auf ihre Zwecke zugeschnittene Diesellokomotiven. Nach dem Zweiten Weltkrieg gelangten die Fahrzeuge in den Besitz beider deutscher Staatsbahnen und wurden als V 20 (ganz oben) und V 36 in den Bestand eingereiht. Mit elektrischer Kraftübertragung wurden 1941/42 die vier Doppellokomotiven D 311 ausgeliefert, von denen die Deutsche Bundesbahn nach dem Zweiten Weltkrieg zwei Maschinen wieder aufbaute und als V 188 bis 1978 im Güterzugdienst einsetzte (rechts)

AUFNAHMEN: HÖGEMANN, BELLINGRODT/SLG. J. BÜGEL

Der mordernisierte und erhöhte Führerstand einer V 36 bot einen hervorragenden Rundumblick. Die Maschinen waren unter anderem im Wendezugdienst eingesetzt.

V 36 238, im Juli 1965 im Bw Wuppertal-Steinbeck aufgenommen, war mit den Steuerwagen ehemaliger Reichsbahn-Triebwagen im Pendeldienst auf der Bergstrecke nach Wuppertal-Cronenberg im Einsatz (unten)

bau tragbares Gewicht zu bringen. Im Jahre 1906 gründeten Rudolf Diesel, der Schweizer Fabrikant Jacob Sulzer von der Winterthurer Maschinenfabrik Sulzer und der Berliner Oberbaurat Adolph Klose die „Gesellschaft für Thermofahrzeuge" mit dem Ziel der Entwicklung einer Streckendiesellok. Diese im Fahrzeugteil von Borsig und im Antriebsteil von Winterthur in den Jahren 1910 – 1913 gebaute erste Großdiesellokomotive hatte die Achsfolge 2'B2', ihr Vierzylinder-Motor, der in beiden Richtungen laufen konnte, leistete 1000 PS bei einer Drehzahl von 300 U/min. Die Kurbelwelle des Motors war gleichzeitig die Blindwelle, von der aus über Treibstangen ohne die Zwischenschaltung eines Getriebes die beiden Treibräder angetrieben wurden. Zum Anfahren der Lokomotive war ein Drucklufterzeuger vorhanden, der mit einem Hilfsdieselmotor mit 250 PS betrieben wurde. Bis zu einer Geschwindigkeit von etwa 10 km/h fuhr die Lokomotive mit in den Hauptmotor gepumpter Druckluft, jetzt war dessen Zünddrehzahl erreicht und der Lokführer konnte auf Brennstoffbetrieb umschalten. Die Versuchsfahrten zeigten die Brauchbarkeit des Dieselmotors für den Bahnbetrieb, wenn auch die Versuchslokomotive noch unwirtschaftlich arbeitete und in der Leistung nicht überzeugte. Der Erste Weltkrieg unterbrach vorerst die Versuchsfahrten und die Fortentwicklung.

Erfolg mit Triebwagen

Im Jahre 1912 konnte Deutz den Bau seiner 1000. Motorlok feiern. Ein Jahr später stellten Preußen, 1915 auch Sachsen, dieselelektrische Triebwagen in Dienst, welche beide durch Motoren der Firma Sulzer angetrieben wurden. Einen neuen Weg in der Anordnung der Maschinenanlage beschritt man 1916 bei einem Triebwagen für die Kleinbahn Reinickendorf – Liebenwalde. Hier war das Maschinendrehgestell unter dem Wagenkasten angeordnet und ragte in den Maschinenraum hinein.

Nach dem Ende des Weltkrieges konnte die Weiterentwicklung von Dieseltriebfahrzeugen fortgeführt werden. Der Motor selbst war inzwischen ausgereift. Eine Weiterentwicklung des direkten Antriebes stellte eine 1933 von KHD fertiggestellte 2'B2'-Lok dar. Bis zu einer Geschwindigkeit von 70 km/h fuhr sie mit Druckluft, die in die den Dampfloks entsprechenden Zylinder gegeben wurde. Dort wurde Kraftstoff eingespritzt und das entstandene Gemisch an einer Glühspirale erhitzt, so daß über Kolben und Treibstangen die Lokomotive angetrieben wurde. Bei etwa 70 km/h übernahm der 736 kW (1000 PS) starke Dieselmotor den direkten Antrieb.

Mit Druckluft unterwegs

Die MAN begann 1919 mit den Vorarbeiten für eine Großdiesellokomotive mit Druckluftkraftübertragung. Um praktische Vergleiche mit dem Dampfbetrieb anstellen zu können, wählte man die bewährte preußische T 18, DRG-Reihe 78, sowohl von Leistung und Betriebsprogramm als auch konstruktiv im Fahrwerksteil mit der Achsfolge 2'C2' als Vorbild. Im Jahre 1929 war die Lokomotive V 3201 fertiggestellt. Ein MAN-Sechszylinderdieselmotor mit 883 kW (1200 PS) Leistung betrieb einen Kolbenkompressor zur Erzeugung von Druckluft, welche, in einem Abgasvorwärmer auf 350° C erhitzt, über eine den Dampflokomotiven entsprechende Kraftübertragungsanlage mit Heusinger-Steuerung über Zylinder, Treib- und Kuppelstangen die Treibräder antrieb. Auch dieses Konzept mit vielen Hilfsbetrieben erwies sich als sehr aufwendig, so daß die V 3201 nach dem Versuchsbetrieb und immerhin drei Jahren Plandienst abgestellt wurde.

Die hydrostatische Leistungsübertragung, welche die Unfähigkeit von Flüssigkeiten, sich komprimieren zu lassen, zur Kraftübertragung nutzt, wurde lediglich bei drei Rangierloks angewandt. Die 1924 von der „Motorlokomotiv-Verkaufsgesellschaft Baden" in Mosbach (heute Gmeinder) gebauten und mit einem 118-kW-Diesel-

AUFNAHMEN: K. MÜLLER, SÄUBERLICH

Auch bei der Deutschen Reichsbahn standen noch lange Zeit ehemalige Wehrmachtslokomotiven im Einsatz.

Erste Nachkriegsneuentwicklung auf DB-Gleisen waren die zehn ab 1952 gelieferten Maschinen der Baureihe V 80, auf deren Basis die wesentlichen Beschaffungsmerkmale von Streckenloks für Haupt- und Nebenbahnen entstanden (rechts)

motor der Motorenwerke Mannheim ausgerüsteten Maschinen V 6001 – 6003, später V 16 001 – 003, waren jedoch bis 1938 bereits wieder ausgemustert.

Der hydrodynamische Antrieb

Eine für den Betrieb von Verbrennungs-Triebfahrzeugen wesentliche Erfindung machte der bei Vulcan in Stettin beschäftige Elektroingenieur Hermann Föttinger im Jahre 1905, in dem er das Flüssigkeitsgetriebe zur hydrodynamischen Kraftübertragung und -wandlung entwickelte.

Im Jahre 1934 begann die Entwicklung der ersten hydrodynamisch angetriebenen Diesellokomotive, welche nach acht Monaten Bauzeit im Juli 1935 von Krauss-Maffei und MAN als V 16 101 fertiggestellt wurde. Die 1'C1'-Lok besaß einen 1030 kW (1400 PS) leistenden MAN-Dieselmotor, der über ein von der Firma Voith in Heidenheim gebautes Föttinger-Flüssigkeitsgetriebe mit einem Wandler und zwei Kupplungen seine Traktionsleistung an eine Blindwelle weitergab, von der aus über Kuppelstangen die drei Treibräder angetrieben wurden. Die Lokomotive war in der Leistung der bewährten preußischen P 8, DRG-Reihe 38.10, mindestens ebenbürtig und konnte, nach einigen Änderungen, im Versuchsbetrieb überzeugen. Auch hier setzte der Krieg ein jähes Ende, die inzwischen in V 140 001 umgezeichnete Lokomotive brannte bei einem Bombenangriff aus. Nicht zuletzt wegen des besonderen Interesses der Besatzungsmacht konnte die Lokomotive 1947 wiederhergestellt werden, um, nach weiteren Versuchseinsätzen dem Bw Frankfurt-Griesheim für den Schnell- und Eilzugdienst zugeteilt, auch im Plandienst ihre Bewährung zu demonstrieren. Die 1953 abgestellte Lokomotive ist heute im Deutschen Museum in München als erste betriebstaugliche, hydraulisch angetriebene Großdiesellok zu besichtigen.

Wehrmachtslokomotiven

Die Wehrmacht des deutschen Reiches betrieb ein von der Reichsbahn unabhängiges Beschaffungsprogramm für speziell auf

AUFNAHMEN: TRUNK, GLÖCKNER

Noch ohne die markante schwarze Stirnlackierung absolvierte die Vorserien-V 200 die ersten Probefahrten.

Die hydraulische Kraftübertragung im Schaubild, ganz unten eine Übersicht über das Flüssigkeits-Getriebe der BR 260/261

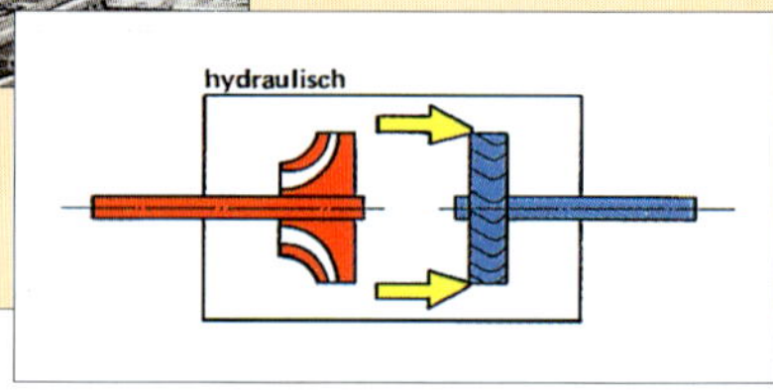

Der dieselhydraulische Antrieb

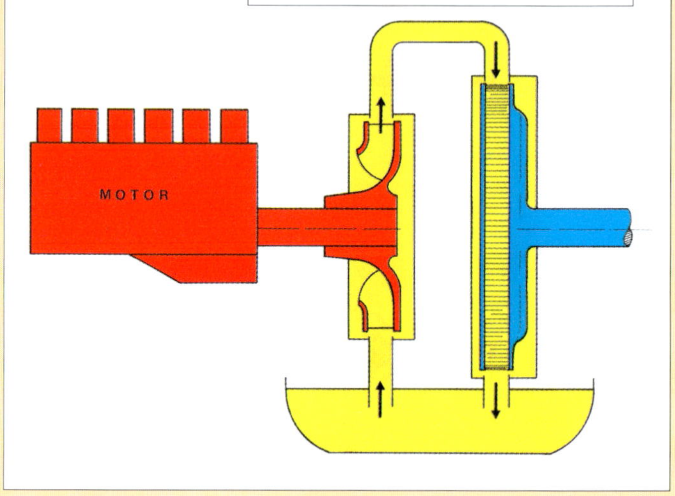

Bei der hydraulischen bzw. hydrodynamischen Kraftübertragung erzeugt ein vom Dieselmotor angetriebenes Pumpenrad einen Ölstrom. Dieser trifft auf ein Turbinenrad. Durch die Umlenkung des Ölstroms wird das Turbinenrad und damit die Abtriebswelle angetrieben. Die mechanische Energie der Antriebsmaschine wird also in Strömungsenergie und danach wieder in mechanische Energie umgewandelt und damit in eine für die Zugförderung brauchbare Form gebracht. Dem zu Beginn der 50er Jahre aufgestellten Typenprogramm wurde diese Antriebsart zugrunde gelegt, Vorteile gegenüber der dieselelektrischen Kraftübertragung sah man in der leichteren und preisgünstigeren Bauart und technischer Ausgereiftheit.

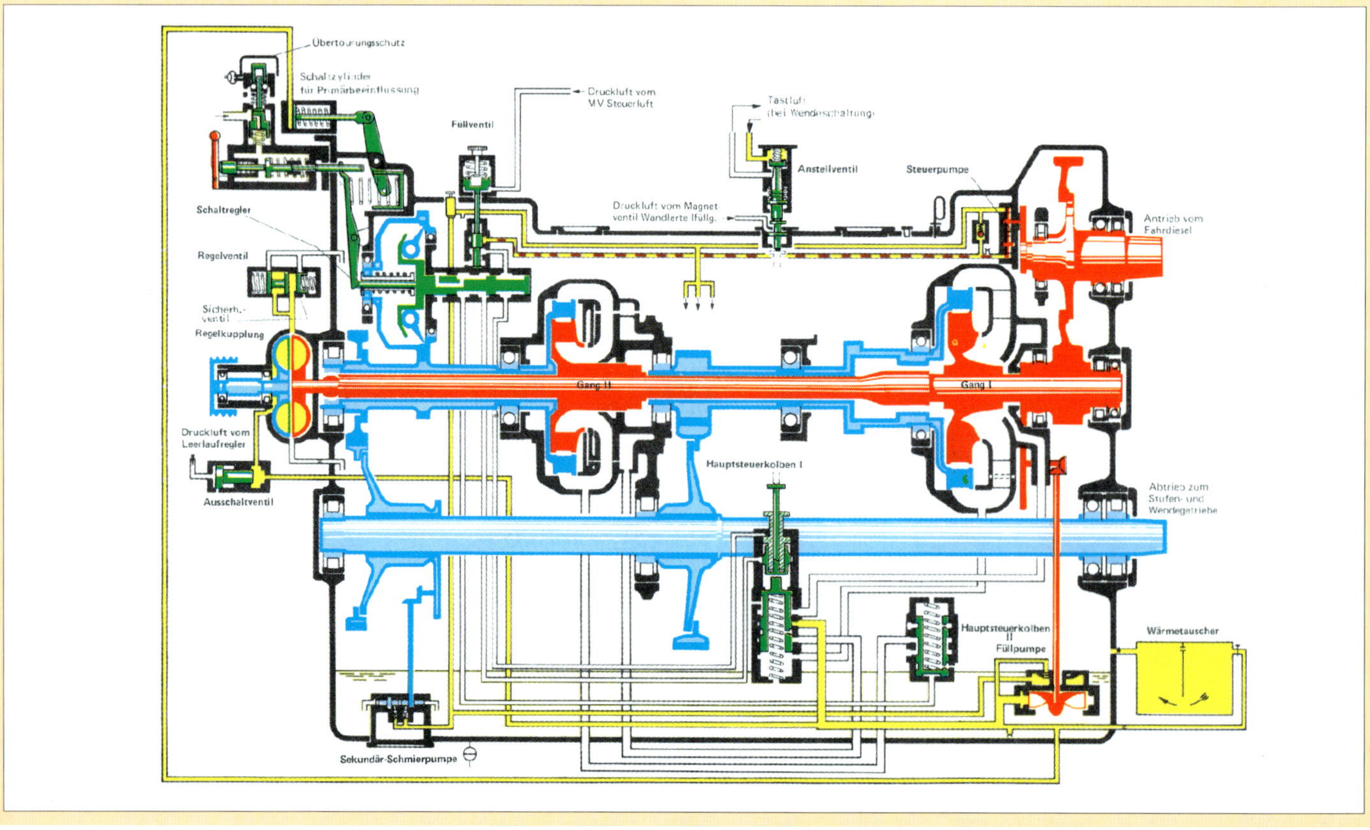

AUFNAHMEN: BZA/SLG. NIEDT

Das Typenprogramm der DR von 1955 sah drei Triebwagentypen zur Beschaffung vor, von denen aber lediglich der zweiachsige Leichttriebwagen (heutige BR 771) und der Schnelltriebwagen (VT 18.16) zur Auslieferung kamen. Eine Serienfertigung des vierachsigen Leichttriebwagens unterblieb. Während die schnittigen Schnelltriebwagen über ein elektropneumatisch geschaltetes Fünfgang-Zahnradgetriebe angetrieben wurden, reichte für die auch heute noch komplett eingesetzten Schienenbusse die mechanische Kraftübertragung aus. In modernisierten Zustand und mit aktueller Nahverkehrslackierung versehen, sind die LVT der BR 771 heute auf vielen Nebenstrecken in den fünf neuen Bundesländern anzutreffen.

Das zu Beginn der 50er Jahre von der DB aufgestellte Typenprogramm für Triebwagen reichte vom einfachen Schienenbus bis zum Fernverkehrstriebzug und sah die Vereinheitlichung der Bauteile und deren weitgehende Tauschbarkeit vor. So wurden z.B. zahlreiche Komponenten aus dem Diesellokbau übernommen. Analog den Dieselloks erhielten die Triebwagen daher die hydrodynamische Kraftübertragung, die bis zuletzt beim Bau der Triebwagen der Reihe 628 beibehalten wurde. Lediglich die Schienenbusse der Baureihen VT 95 und VT 98 erhielten aus Kostengründen eine mechanische Kraftübertragung. Erst die im Jahre 1992 in Dienst gestellten „Pendolino"-Triebzüge der BR 610 mit elektrischer Kraftübertragung wichen von dieser Tradition ab

AUFNAHMEN: TS, CWS

L 12 V 17,5/21 B, auch realisierten Motorleistung von 590 kW (800 PS) eine Steigerung auf 736 kW (1000 PS) durch einen neuen Maybach-Motor MD 650 erzielt werden. Die drei Motortypen, die dann auch in der zweimotorigen V 200.0 und den Dieseltriebwagen VT 07.5, VT 08.5, VT 08.8, VT 12.5 und VT 92.5 eingesetzt wurden, waren untereinander ebenso uneingeschränkt tauschbar wie die drei Getriebebauarten von Maybach und Voith. Für die Serienlokomotiven V 200 006 – 086 standen im Jahre 1956 die durch verbesserte Verbrennung und Aufladung auf eine Leistung von 809 kW (1100 PS) gesteigerten Daimler-Benz- und MAN-Motoren sowie der Maybach-Motor zur Verfügung. Dieselben Motoren wurden in die Schnelltriebwagen VT 11.5, sechs der 1958/59 entstandenen sieben Vorserien-V 100 und die ab 1961 gebauten Serien-V 100.10 eingebaut. Außerdem wurden alle vorhandenen, älteren Fahrzeuge mit den 736 kW-Motoren entsprechend umgerüstet. Die V 100 006 von 1959 erhielt versuchsweise den fortentwickelten Daimler-Benz-Motor MB 835 Ab mit einer Leistung von nunmehr 993 kW (1350 PS), wodurch sie als V 100 2001 zur ersten Lokomotive der ab 1962 gelieferten Reihe V 100.20 (212) wurde. Auch die Konkurrenz MAN entwickelte mit dem V 6 V 18/21 Th einen Motor dieser Leistungsklasse, der allerdings nicht die Verbreitung des Daimler-Benz-Motors und seiner Fortentwicklung MTU MB 12 V 652 TA fand. Mit dem 993-kW-Motor konnte die betrieblich erwünschte Leistungssteigerung der V 200 realisiert werden, die ebenfalls ab 1962 mit der V 200.1 erfolgte. Seine letzte Anwendung in einer Diesellok-Neuentwicklung fand der hier auf eine Leistung von 809 kW bei einer Drehzahl von 1400 U/min gedrosselte MTU-Motor in der aus der V 100 entwickelten schweren Rangierlokomotive V 90 (290), deren erste Vorserie 1964 geliefert wurde. Im Gegensatz zu den V 90, heute 290, waren die von MaK im Jahre 1966 vorgestellten Lokomotiven V 90.9 mit einem mittelschnell laufenden Achtzylinder-Dieselmotor aus eigener Fertigung versehen, welcher bei 927 U/min eine Leistung von 809 kW abgab.

Erwähnt seien noch die aus der V 100.20 entstammenden zehn Steilstreckenlokomotiven V 100.23 von 1965 und die sechsachsige, von Krauss-Maffei auf eigene Rechnung gebaute V 300 001. Deren ursprünglich zwei Maybach-Motoren MD 650 mit je 809 kW wurden nach einen Umbau im Jahre 1958 mittels zusätzlicher Hochaufladung und Ladeluftkühlung als MD 655 bezeichnet und erbrachten nun die stolze Leistung von je 1100 kW (1500 PS).

Die V 160-Familie

Die im Typenplan von 1953 vorgesehene einmotorige 1600 PS-Lokomotive V 160 für den mittelschweren gemischten Hauptbahndienst wurde erst 1960 mit den Prototypen V 160 001 – 009 verwirklicht. Inzwi-

In der DDR hielt der dieselelektrische Antrieb nach der aus der Tschechoslowakei stammenden V 75 in Gestalt der russischen „Taigatrommel" V 200 (später 120) Einzug. Schon kurz nach Vereinigung beider deutscher Bahnen zur DB AG verschwand diese Baureihe komplett von den Gleisen.

Weit in die neuen Bundesländer stoßen inzwischen die Maschinen der V 160-Familie vor – wie hier vor dem InterCity 534 in Berlin (links)

AUFNAHMEN: B. SCHULZ (2)

Für den Dienst auf Nebenbahnen und den leichten Reisezugdienst auf den Hauptbahnen waren die Maschinen der Reihe 110 zuständig. Ein typischer Nebenbahnzug rollt an Rochlitz vorbei.

Aus der Sowjetunion kamen die dieselelektrisch angetriebenen Maschinen der Reihe 232 (unten)

schen standen jedoch bereits leistungsfähigere Dieselmotoren und hydrodynamische Getriebe zur Verfügung, als dies 1953 absehbar war. Der eingebaute 16-Zylinder-Motor von Maybach, MD 870 1B, gab bei einer Drehzahl von 1500 U/min eine Leistung von 1397 kW (1900 PS) ab, welche das Voith-Strömungsgetriebe L 218rs mit zwei Wandlern und einer Kupplung und dem eingebauten Wendegetriebe an die vier Treibachsen übertrug. Wahlweise konnte anstelle des Maybach-Motors der von Mercedes-Benz entwickelte MB 839 Ab mit den gleichen Kenndaten eingebaut werden. Während die ersten neun V 160 als „Lollo" durch ihre gerundeten Frontpartien bekannt wurden, traf diese Bezeichnung auf die 1963 gelieferte, technisch ansonsten weitgehend unveränderte, V 160 010 nicht mehr zu. Sie wies die eckige Frontpartie auf, welche bis heute das Aussehen der Diesellokomotiven der Bundesbahn prägt. Diese Frontpartie wurde erstmals mit der von Henschel im Jahr 1962 gebauten sechsachsigen V 320 001 vorgestellt, welche als angemietete Lokomotive bis 1975 im Dienst der DB stand. Sie stellte den stärksten Typ des Beschaffungsprogrammes dar. Ihre Entwicklung wurde von der DB wegen anderer Fahrzeuge ständig verschoben, so daß Henschel die Lokomotive erst einmal auf eigene Rechnung baute. Die V 320 war im Prinzip eine doppelte V 160 mit der Achsfolge C'C'. Sie besaß zwei aus dem in der V 160 verwandten Motor abgeleitete Mercedes-Benz-Motoren MB 839 Bb/1, welche bei einer Drehzahl von 1475 U/min eine Leistung von 1397 kW abgaben. Bei erhöhtem Leistungsbedarf konnte eine Dauerleistung von 1470 kW, kurzzeitig sogar 1620 kW bei einer Drehzahl von 1500 U/min erreicht werden. Die beiden Strö-

AUFNAHMEN: B. SCHULZ (2)

In den 70er und 80er Jahren wurden mehrfach dieselelektrische Lokomotiven bei der DB erprobt, wie hier im Münchner Rangierbahnhof, jedoch konnte sich die DB nie zur Anschaffung solcher Maschinen entschließen

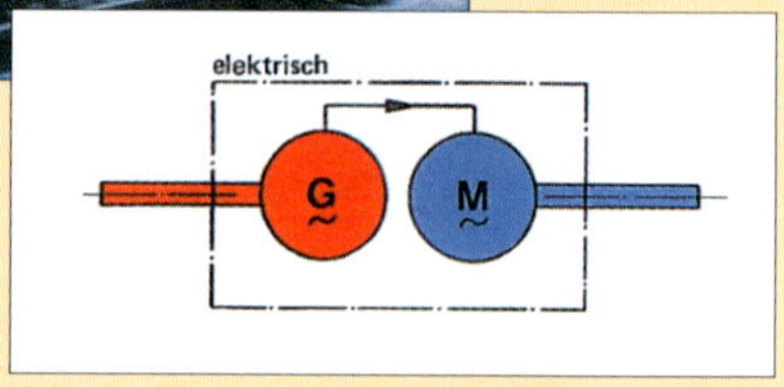

Der dieselelektrische Antrieb

Die Hauptbauteile der elektrischen Kraftübertragung sind der Generator und die Fahrmotoren. Der Hauptgenerator (Spannungserzeuger) ist mit dem Dieselmotor gekoppelt. Er speist je nach gewünschter Fahrgeschwindigkeit bzw. Zugkraft die Fahrmotoren mit veränderlicher Spannung und Stromstärke. Es werden sowohl Gleichstrom- als auch Wechselstromgeneratoren eingesetzt. Die mechanische Antriebsenergie wird also in elektrische Energie umgewandelt. Die Fahrmotoren treiben über ein einfaches Zahnradgetriebe die Radsätze an.

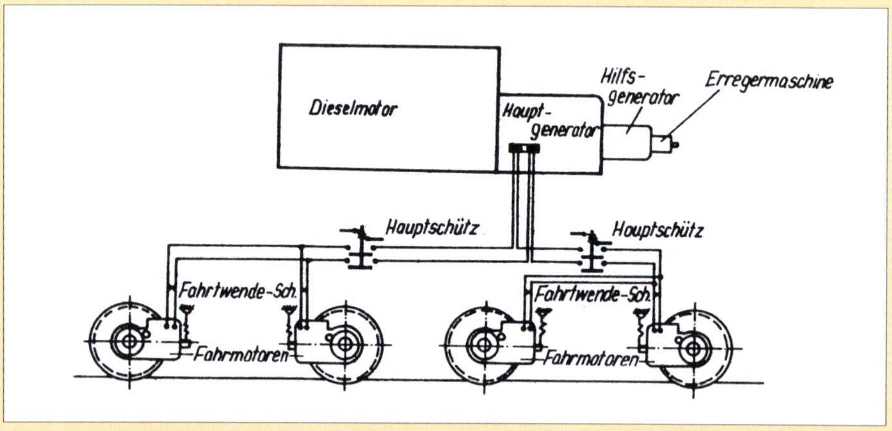

Oben: Schema einer elektrischen Kraftübertragungsanlage.

Weitere dieselelektrische Versuchsträger waren die drei Maschinen des Typs DE 2500, die von der DB ausführlich erprobt wurden, jedoch nie in Serie gingen (links)

mungsgetriebe L 218 rV der mit 23 000 mm längsten und mit 160 km/h bis dato schnellsten auf DB-Schienen gefahrenen Diesellok lieferte wiederum Voith.

Kurz nachdem im Jahre 1964 die Serienlieferung der V 160 (216) begonnen hatte, wurden 1965/66 die ersten drei Probelokomotiven V 162 001 - 003 von Krupp geliefert. Bisher waren alle von der DB eingesetzten Diesellokomotiven ausschließlich für eine Zugbeheizung mit Dampf, der in einem Heizkessel erzeugt wurde, eingerichtet. Im Zuge der internationalen Entwicklung erhielt jedoch die elektrische Beheizung der Reisezüge einen immer höheren Stellenwert. Somit war der Bau hierfür ausgestatteter Diesellokomotiven unumgänglich. Zusätzlich zum auch in der V 160 verwandten Fahrdieselmotor wurde als Stromerzeuger für den Generator der Heizeinrichtung der im VT 24 als Fahrmotor bewährte MAN-Motor D 3650 HM 3U mit einer Leistung von 368 kW eingebaut. Im Bedarfsfall konnte die Leistung des Heizdieselmotors in das Voith-Getriebe L 820 Wrs beziehungsweise MTU-Mekydro K 254 B eingespeist werden und somit der Zugförderung dienen. Auch konnte im Notfall mit dem Heizdieselmotor alleine gefahren werden. Den Probelokomotiven folgten 1968 noch zwölf Vorauslokomotiven als BR 217, der Weiterbau wurde jedoch zugunsten der in diesem Jahr als Prototyp erstmals gebauten V 164 (218) eingestellt. Um den Heizdieselmotor einzusparen, wurde nunmehr ein in der Leistung auf 2350 kW verstärkter 12-Zylinder-Hauptdieselmotor MAN V 6 V 23/23 TL, nach der Übernahme der Motorproduktion durch die MTU als MA 12 V 956 TB bezeichnet, in Verbindung mit einem ebenfalls verstärkten Getriebe MTU-Mekydro K 252 SUBB oder Voith L 820 brs eingebaut. Die Zugheizungseinrichtung hatte eine Leistungsaufnahme von 400 kW, um die bedarfsweise die Traktionsleistung der Lokomotive vermindert wird. Die Bauart bewährte sich sehr, so daß ab 1971 die Serienlokomotiven 218 101 – 499 geliefert werden konnten. Analog der Fortentwicklung im Motoren- und Getriebebau leistete der Fahrmotor bei späteren Lieferungen 2000 kW, in der letzten Serie 2060 kW. Die gleiche Leistung wies der bei einigen Lokomotiven der letzten Serie verwandte französische, von KHD in Lizenz gebaute, S.E.M.T.-Pielstick-16-Zylinder-Motor 16 PA 4 auf. Da nach Beendigung der Auslieferung der 216 ein weiterer Bedarf an Lokomotiven mit Dampfheizungseinrichtung bestand, kam es ab 1968 zur Lieferung der Reihe 215, welche wahlweise mit den MTU-Motoren MB 16 V 652 TB mit 1397 kW oder MA 12 V 956 TB mit 2350 kW ausgerüstet wurde. Die Option des Umbaues auf elektrische Zugheizung wurde bisher bei lediglich vier Lokomoti-

AUFNAHME: CWS, GUSSMANN

Die zweimotorigen Maschinen der Reihe V 180 entstanden in der DDR und wurden mit dieselhydraulischem Antrieb ausgeliefert. Nach der Wende kamen die Lokomotiven in den alten Bundesländern unter anderem planmäßig nach Altenbeken, Göttingen und Northeim. Rechts 228 751 beim Tankvorgang am Bahnsteig in Northeim, unten in der Ursprungslackierung im Jahre 1964 im Bahnhof Elstal

ven genutzt, darunter die nach einem Unfall in 218 399 umgezeichnete 215 112.

Eine dritte Variante der Energiegewinnung für die elektrische Zugheizung bot die 1965 in Dienst gestellte, auf der V 160 basierende, V 169 001. Vornehmlich als Reserve in der Heizperiode oder für kurzzeitige Fahrten unter Vollast diente eine aus dem Hubschrauberbau stammende Gasturbine LM 100-8 von General-Electric, welche von KHD in Lizenz gefertigt wurde. Die Gasturbine versprach bei geringem Gewicht und kleinen Einbaumaßen einen hohen Leistungsgewinn. Sie konnte dem Voith-Getriebe L 820 wrs eine zusätzliche Leistung von 606 kW zum Fahrdieselmotor MTU MD 16 V 538 TB mit 1620 kW zuführen. Nachdem sich die Gasturbine weitgehend bewährt hatte, entschloß sich die DB zum Bau weiterer solcher Lokomotiven, allerdings auf der Basis der 218. Die 1970/71 durch Krupp gelieferten acht Lokomotiven der Reihe 210 erhielten zusätzlich zum 1839-kW-Motor MTU MA 12 V 956 TB eine, wieder von KHD in Lizenz gebaute, Gasturbine AVCO-Lycoming T 53-L-13 mit einer Leistung von 845 kW, so daß die 210 mit ihrer Gesamtleistung von 2684 kW die stärksten und mit 160 km/h auch schnellsten Diesellokomotiven der DB waren. Jedoch zeigten sich die wieder als Zusatzantrieb konzipierten Gasturbinen durch die zahlreichen Starts als sehr unterhaltungsaufwendig, trotz der sehr überzeugenden Leistung wurden deshalb nach einem Brand im Dezember 1978 deren Einsatz eingestellt und die Lokomotiven in der Folge in 218.9 umgebaut.

Ebenfalls recht kurzlebig waren die vier im Jahre 1972 aus Triebköpfen der Reihe 601 (VT 11.5) umgebauten 602. Im Gegensatz zu den Lokomotiven wurde hier allerdings der Dieselmotor ausgebaut und durch eine AVCO-Lycoming Turbine TF 35 mit einer Leistung von 1620 kW in Verbindung mit dem Voith-Strömungsgetriebe L 611 rU2 ersetzt. Die Regelzugbildung sah eine achteilige Garnitur, bestehend aus einem Triebkopf 602, sechs Mittelwagen 901 und einem herkömmlichen Triebkopf 601 vor. Bedingt durch zahlreiche Ausfälle und Schäden und die Umstellung des Inter-City-Netzes auf zweiklassige Züge wurden die Triebköpfe ebenfalls 1978/79 abgestellt.

Sonstige Entwicklungen der Dieseltriebfahrzeuge

Zur Erhöhung des Fahrkomforts bei höheren Kurvengeschwindigkeiten, die sich durch die Auswirkungen der Fliehkraft bei den Reisenden unangenehm bemerkbar machen, erhielt im Jahre 1969 ein dreiteiliger Triebzug der Reihe 624 (VT 24.6) versuchsweise eine gleisbogenabhängige Steuerung (GSt) der Luftfederung von MAN eingebaut. Nach ihrer Bewährung wurden weitere 25 Trieb- und 17 Mittelwagen nachgerüstet und in 634/934 umgezeichnet. Auf deren Fahrwerk basierten auch die Nachfolgetriebwagen 614/914, welche ab 1972 in Dienst gestellt wurden. Erst 1987, nachdem sich moderne Formen der GSt im Ausland bewährt hatten, begann die DB sich mit der Erhöhung der Reisegeschwindigkeiten auf kurvenreichen Strecken, teilweise durch die beabsichtigten Taktfahrpläne bedingt, zu beschäftigen. Nach Versuchsfahrten mit verschiedenen Konzepten stellte sich die von FIAT im italienischen Pendolino verwirklichte „aktive Wagenkastensteuerung“ mit elektronisch gesteuerten Hydraulikzylindern als geeignetstes heraus. Die 20 zweiteiligen Trieb-

AUFNAHMEN: TS, DR/SLG. KNIPPING

züge wurden 1992 von MAN in Lizenz gebaut und sind seither in Franken im Einsatz. Je Triebkopf dient ein abgas- und geräuscharmer MTU-12-Zylinder-Dieselmotor 12 V 183 TD 12 mit einer Leistung von 485 kW der Energieversorgung des elektrischen Drehstromantriebes, der aus Gründen der FIAT-Lizenzübernahme erstmals in einem DB-Neubaufahrzeug verwandt wurde. Für die 1996 entstandene Nachfolgebaureihe 611 kehrte die DB allerdings wieder, unter Verwendung desselben Dieselmotors und des Voith-Getriebes T 312 br, zur hydraulischen Kraftübertragung zurück.

Seit Beginn der siebziger Jahre bereits stand die Ablösung der schon damals nicht mehr zeitgemäßen Schienenomnibusse an. Im Jahre 1974 lieferte die Industrie acht einteilige Triebwagen 627.0 und zwölf zweiteilige Triebzüge 628.0. Die beiden Typen entsprachen einander technisch fast vollständig und waren gemeinsam ohne Einschränkungen im Zugverband einsetzbar. Zur Erprobung wurden vier verschiedene Motortypen mit Leistungen zwischen 202 kW und 294 kW von Daimler-Benz, KHD und MAN in Verbindung mit der hydrodynamischen Kraftübertragungseinrichtung Voith T 320 r mit zwei Wandlern eingebaut. Ungeklärte Finanzierungsfragen unterbanden jedoch einen Serienbau, so daß mit der Entwicklung neuer Dieselmotoren von Daimler-Benz mit einer Leistung von bis zu 357 kW im Jahr 1981 noch einmal fünf einteilige Prototypen 627.1, mit einer auf 287 kW gedrosselten Motorleistung, und drei zweiteilige Triebzüge 628.1 geliefert wurden. Während bei den 628.0 beide Triebwagen angetrieben waren, bestand ein Triebzug 628.1 aus einem Trieb- und einem Steuerwagen 928.1. Weitere fünf Jahre später konnte nun endlich die Serienfertigung der zweiteiligen Triebzüge 628.2/928.2 beginnen, der einteilige Triebwagen wurde nicht weitergebaut. Der 12-Zylinder-Dieselmotor Mercedes-Benz OM 424 A war nicht nur abgasärmer und leiser als in den Prototypen, sondern mit 410 kW auch noch leistungsstärker. Im Jahre 1992 startete die Auslieferung des nochmals verbesserten und durch einen MTU-12-Zylindermotor 12 V 183 TD 12 mit Abgasturboaufladung weiter in der Leistung auf 485 kW erhöhten Triebzuges 628.4, dessen letzte Exemplare im Winter 1995/96 in Betrieb genommen wurden.

Die aus der ehemaligen Sowjetunion stammende Baureihe 232 verfügt über dieselelektrischen Antrieb. Oben ein Blick in die Fahrmotorenwerkstatt im AW Cottbus, links ein Radsatz für die BR 232 in der Radsatzdrehmaschine

Derzeit bei der Waggonbau Dessau im Bau sind sechs der aufgrund ihrer besonders weit entwickelten Leichtbauweise nicht unumstrittenen Doppelstocktriebwagen der DB-Reihe 670 für schwach frequentierte Nebenbahnen. Die Triebwagen werden durch einen Sechszylinder-Dieselmotor MTU 6 V 183 TD 13 mit 250 kW Leistung über ein hydromechanisches Viergang-Lastschaltgetriebe mit integriertem Wendegetriebe angetrieben.

Immer wieder bemühte sich die deutsche Lokomotivindustrie, der DB die elektrische Kraftübertragung in Diesellokomotiven schmackhaft zu machen, und stellte hierzu im Lauf der Jahre mehrere auf eigene Kosten entwickelte Lokomotiven für den Betriebsdienst zur Verfügung. Den Anfang machte im Jahre 1953 die im Streckendienst

AUFNAHMEN: B. SCHULZ, HEILMANN (2)

2000 Pferde an der Leine In seinen Ursprüngen ein Schiffsdieselmotor ist das, was hier im Juni 1991 im RAW Cottbus in den Bauch der 120 295 schwebt. Das unverwechselbare Wummern dieser Motoren verschaffte den Lokomotiven der Baureihe 120 den Spitznamen „Taigatrommel“ AUFNAHME: HEILMANN

erprobte sechsachsige Rangier-Diesellok 1818 der US-Army mit einer Motorleistung von 1180 kW. Eine vierachsige Lokomotive vom Typ DE 2000 stellten Henschel und Siemens von 1962 bis 1969 zur Verfügung, die zuletzt als 202 001 bezeichnete Lokomotive leistete 1470 kW. Auch Krupp und die AEG stellten mit der ME 1500 im Jahre 1964 ihre Variante einer vierachsigen dieselelektrischen Lokomotive vor, die als 201 001 bis 1969 getestet wurde. Die Drehstromtechnik ins Spiel brachten drei 1971/73 von Henschel und BBC gefertigte vier- und, wahlweise, sechsachsige Lokomotiven DE 2500. Der MTU-Dieselmotor der bei der DB als 202 002 – 004 eingereihten Lokomotiven leistete 1840 kW. Wieder hatte die DB kein Interesse an den Diesellokomotiven, wohl aber leisteten diese drei Fahrzeuge wertvolle Dienste als Erprobungsträger der Komponenten des Drehstromantriebes für die Ellok 120 und den ICE. Mit den Drehstrommotoren dieser Fahrzeuge ausgestattet waren schließlich die 1989 als DB-Reihe 240 in Dienst gestellten DE 1024 von Krupp-MaK deren 2650-kW-Dieselmotor von MaK auch bei der versuchsweisen Remotorisierung der DR-Lokomotive 234 555 (ex 132 555) im Jahre 1993 verwandt wurde. Als mögliche Nachfolger für die inzwischen recht betagten Rangierlokomotiven der Reihe V 60 der ehemaligen DB stellte die Industrie zwischen 1982 und 1985 fünf dreiachsige Fahrzeuge mit einer Motorleistung von jeweils 500 kW zur Verfügung.

Diesellokomotiven der DR

Die Entwicklung des Diesellokparks der Deutschen Reichsbahn in der DDR entsprach zunächst weitgehend derjenigen bei der DB. Auch der als Erbe des Krieges übernommene Fahrzeugpark entsprach mit den Kleinlokomotiven und den zwei- und dreiachsigen Wehrmachtslokomotiven V 20 und V 36 dem der DB, natürlich fehlten hier die beiden Großdiesellokreihen V 140 und V 188. Wie auch die DB sah man in der Kombination des schnellaufenden Dieselmotors mit der hydrodynamischen Kraftübertragung den besseren Weg, allerdings spielten auch die für dieselelektrische Lokomotiven erforderlichen Kosten für das benötigte Kupfer eine nicht unwesentliche Rolle. Die konsequente Elektrifizierung war im Gegensatz zur DB vorerst nicht vorgesehen, zumal die Siegermacht UdSSR die Ausrüstung der bereits vor dem Krieg elektrifizierten Strecken in Mitteldeutschland als Reparationsleistung demontiert hatte und zusammen mit zahlreichen Lokomotiven in die Sowjetunion abgefahren hatte.

Im Jahre 1955 entstand ein erstes Beschaffungsprogramm für Diesellokomotiven, welches sich von dem der DB gar nicht so sehr unterschied:

- V 15: Rangierlokomotive mit 150 PS
- V 60: Rangierlokomotive mit 600 PS
- V 180: zweimotorige Streckenlokomotive für den mittelschweren gemischten Dienst mit 1800 PS
- V 240: zweimotorige Streckenlokomotive für den schweren gemischten Dienst mit 2400 PS

Auffällig hingegen ist das Fehlen der bei der DB mit der V 80 zuerst angegangenen leichten Mehrzweckdiesellok mit rund 1000 PS. Auch die DR beschaffte von den bewährten Kleinlokomotiven Köf II noch einmal 32 Stück, allerdings erst ab 1960. Wie die inzwischen modernisierten Altbau-Kleinloks erhielten sie einen 77-kW-Motor aus

Ausgedient haben die aus der ehemaligen Sowjetunion stammenden Maschinen der Reihe 120, Aufnahmen wie hier im Bw Roßlau sind nicht mehr möglich.

Nach wie vor im Einsatz stehen die aus Rumänien importierten Lokomotiven der Reihe 119, von denen zwanzig Maschinen modernisiert und derzeit als BR 229 eingesetzt werden (links)

AUFNAHMEN: B. SCHULZ (2)

202 462 rollt mit einem Reisezug über den Viadukt in Obercunnersdorf. In nicht allzu ferner Zukunft droht dieser Baureihe die komplette Abstellung, nur die leistungsstärkeren Maschinen der BR 204 sind dann noch gefragt.

Unten eine Maschine der Reihe 202 bei der Betankung

dem Motorenwerk Schönebeck. Die nächsthöhere Leistungsklasse wurde durch die ab 1959 abgelieferten 20 Probelokomotiven V 15 1001 – 1020, als Pendant zur zeitgleich vorgestellten DB-Kleinlokomotive Köf III, abgedeckt. Der Sechszylinder-Dieselmotor 6 KVD 18 SRW aus dem Elbewerk Roßlau leistete 110 kW. Über eine Gelenkwelle gelangte die Antriebsleistung zum Strömungsgetriebe GSR 12/3,7 des VEB Turbinenfabrik Dresden, von hier über eine Blindwelle und Kuppelstangen auf die beiden Treibachsen. Für die ab 1960 gebauten Serienlokomotiven V 15.20 konnte der Motor auf 132 kW Leistung weiterentwickelt werden. Als weitere der im Typenprogramm vorgesehenen Fahrzeuge wurde als Ersatz der hier besonders veralteten Dampflokomotiven die Rangierlokomotive V 60 (106/105) angegangen, so daß im Jahr 1959 zwei Baumuster, 1961 eine erste Kleinserie und schließlich ab 1964 die Serienlokomotiven durch den VEB Lokomotivbau „Karl Marx" (LKM) in Babelsberg und den VEB Lokomotivbau Elektrotechnische Werke „Hans Beimler" (LEW) in Hennigsdorf fertiggestellt wurden. In der Lokomotive V 36 080 wurde bereits ein aufgeladener Achtzylinder-Dieselmotor 8 KVD 21 A des VEB Motorenwerk Johannisthal getestet, der sich allerdings für den Einsatz in einer Rangierlokomotive als ungeeignet erwies. In die V 60 wurde stattdessen der Zwölfzylinder-Saugmotor KVD 21 desselben Herstellers eingebaut, welcher eine Leistung von 478 kW an das hydraulische Getriebe GSR 12/5.1 mit einem Wandler und zwei Kupplungen abgab. Die, gegenüber der dreiachsigen DB-V 60, vier Triebachsen wurden wieder über die Blindwelle und Kuppelstangen angetrieben.

Der erwähnte Zwölfzylindermotor erhielt nun in verschiedenen Ausführungen eine ähnlich wichtige Rolle wie sein Pendant der DB. Durch Aufladung konnte seine Leistung auf zunächst 662 kW gesteigert werden, seine Bezeichnung lautete nun 12 KVD 18/21 A. In dieser Ausführung kam er in den 1959 und 1962 gelieferten Baumustern V 180 001 und V 180 002 – 004 der vierachsigen, zweimotorigen 1800-PS-Streckenlokomotive zum Einbau. Als Strömungsgetriebe kamen zwei weitgehend

gleiche Dreiwandlergetriebe des VEB Strömungsgetriebe Dresden mit der Bezeichnung GSR 30/5,7 und des St. Pöltener Voith-Werkes als L 306 rb, welches auch in der DB-V-200.0 Verwendung fand, zum Einsatz. Der Antrieb auf die Treibachsen erfolgte über Gelenkwellen und Radsatzgetriebe. Die bis 1965 in Dienst gestellten Serienlokomotiven V 180 005 – 087 (118) entsprachen leistungsmäßig den Baumusterfahrzeugen. Für die zwischen 1965 und 1967 in Betrieb genommenen V 180 101 – 182 konnte die Motorleistung auf nunmehr je 736 kW gesteigert werden. Wegen der für die Mehrzahl der Strecken der DR zu hohen Radsatzlast von 20 t entstand 1964 ein Baumuster V 180 201 mit zwei dreiachsigen Drehgestellen bei ansonsten unveränderter Lokomotive, sie wies eine Radsatzlast von 15 t auf. Nach ihrem Vorbild entstanden zwischen 1966 und 1970 insgesamt 205 Serienlokomotiven V 180 202 – 406.

Ein zweites sechsachsiges Baumuster für kommende 2400-PS-Lokomotiven für den schweren Zugdienst auf der Basis der V 180 und auch schon im Hinblick auf die elektrische Zugbeheizung stellte LKM im Jahre 1965 als V 240 001 vor, ihre beiden mit zwangsgelüfteten Kolben versehenen Motoren leisteten je 883 kW. Die Lokomotive wurde 1968 der Serienausführung der V 180.2 angepaßt und erst im Jahre 1971 als 118 202 von der DR gekauft. Zahlreiche sechsachsige 118.2 – 4 wurden nach ihrem Muster ab 1972 ebenfalls mit 883 kW-Motoren ausgerüstet und, insgesamt modernisiert, in 118.6 – 8 umgezeichnet. Gleichzeitig erhielten die meisten Lokomotiven der Reihe

AUFNAHMEN: B. SCHULZ, KEMPF

200 Exemplare der Baureihe 119 wurden von der rumänischen Lokomotivfabrik „23. August“ in Bukarest bis Mitte der achtziger Jahre an die Deutsche Reichsbahn geliefert. Nach und nach wurden die störanfälligen Motoren gegen solche aus DDR-Produktion ausgetauscht.

Einen Blick auf das Innenleben von 212 207 gestatten die weit zurückgeschobenen Abdeckhauben (unten)

118.0 neue Motoren mit je 736 kW Leistung und damit die neue Baureihenbezeichnung 118.5. Zur Extremerprobung wurden 1980 die vierachsige 118 124 und die sechsachsigen 118 225 und 405 mit zwei weiter leistungsgesteigerten Dieselmotoren mit nunmehr je 1100 kW und abgeänderten Strömungsgetrieben ausgestattet, was sie zu den stärksten dieselhydraulischen Lokomotiven der DR machte. Erwähnenswert ist schließlich die auf der Leipziger Frühjahrsmesse 1965 vorgestellte V 200 1001 mit zwei 736 kW-Motoren, welche durch ihre moderne Stirnpartie aus glasfaserverstärktem Polyester auffiel. Zusammen mit drei weiteren Lokomotiven wurde sie bei der DR als V 180 eingereiht. Ihre Aufbauten wurden bei fälligen Untersuchungen allerdings den Serien-V 180 angeglichen.

Die im Typenprogramm klaffende Lücke zwischen der 600 PS-Rangierlok und der 1800 PS-Streckenlok zu schließen war der mit den 1964 von LKM vorgestellten Baumusterlokomotiven V 100 001 und 002 neuen Reihe V 100 zugedacht. Die beiden mit ihrem Mittelführerstand und den zwei Motorvorbauten an die bereits vorhandene DB-V 100 erinnernden vierachsigen Lokomotiven waren mit einem der auch in der V 180 verwandten Dieselmotor 12 KVD 18/21 A ausgerüstet, wobei derjenige der V 100 001 eine Leistung von 662 kW, der der V 100 002 eine Leistung von 736 kW aufwies. Die weitere Ausrüstung der Lokomotiven wie Strömungsgetriebe, Kühlanlage oder Zugheizung entsprachen ebenfalls der V 180. Wegen des durch den Bau der V 180 überlasteten LKM übernahm LEW den Bau zunächst einer weiteren Vorserienlokomotive V 100 003 und schließlich der knapp 900 Serienlokomotiven mit dem 736-kW-Motor. Ab 1981 erfolgte bei rund 500 Lokomotiven der Einbau neuer Motoren mit Ladeluftkühlung und 883 kW Leistung und die damit verbundene Umzeichnung in die Reihe 112. Die ab 1983 mit 1100-kW-Motoren ausgestatteten 60 Loks wurden in die Reihe 114 umgezeichnet. Unterbauarten der V 100 waren für den Arbeitszugdienst als Reihe 110.9 und den schweren Rangierdienst als Reihen 108 und 111 entstanden. Aufsehen erregten ab 1988 die zehn für die meterspurige Harzquer- und Selketalbahn mittels dreiachsiger Drehgestelle umgespurten Loks der Reihe 199.8.

Bereits 1960 hatte die DR mit den beiden Lokomotiven V 36 4801 und 4802 mit 750 mm Spurweite eine Schmalspurdiesellok zur Ablösung der Dampflokomotiven vor allem auf den sächsischen Schmalspurbahnen in Dienst gestellt. Der geplante Bau von rund 100 Fahrzeugen scheiterte jedoch an der technischen Unausgereiftheit der mit zwei Roßlauer Dieselmotoren 6 KVD 18 angetriebenen Lokomotive.

Die Import-Lokomotiven

Ihre ersten dieselelektrischen Lokomotiven erhielt die DR zur Ablösung der Dampf-Rangierlokomotiven im Jahre 1962 aus der Tschechoslowakei. Um den dringenden Bedarf schnell zu decken, erwarb man 20 Stück der bei der Tschechischen Staatsbahn bewährten T 435.0 von CKD und bezeichnete sie als V 75 (107). Der mittelschnell laufende Sechszylinder-Dieselmotor CKD 6 S 310 leistete 552 kW, welche über einen Generator an die vier Tatzlager-Gleichstrommotoren der Achsen abgegeben wurden.

Eine weitere Leistungssteigerung der V 180 war wegen noch nicht betriebstauglicher Motoren und der zu hohen Kosten des Exports französischer Pielstick- oder westdeutscher Maybach-Motoren zu Beginn der siebziger Jahre nicht realisierbar, doch sollte nach einem Parteitagsbeschluß die Traktionsumstellung auf Dieselbetrieb verstärkt werden. Hier bot der sowjetische Lokomotivhersteller „Oktoberrevolution“ in Woroschilowgrad eine auf die Bedürfnisse der DR zugeschnittene Diesellok mit elektrischer Kraftübertragung und einer Motorleistung von 2220 kW an. Bereits ab 1967 lie-

AUFNAHMEN: B. SCHULZ, HEILMANN

Von der im Bayerischen Wald ansässigen Regentalbahn wurden Anfang der neunziger Jahre einige Maschinen der Baureihe 219 modernisiert und mit dem neuroten DB-Lack versehen. 219 087 fährt im Oktober 1992 aus dem Bf Lauscha aus

ferte dieser Hersteller für den schweren Güterzugdienst die bereits in zahlreichen Ländern des „Rates für gegenseitige Wirtschaftshilfe" (RGW) bewährte „Taigatrommel" V 200 (120) in 314 Exemplaren an die DR. Der Zwölfzylinder-Zweitaktdieselmotor aus Kolomna leistete 1470 kW und trieb mittels elektrischer Kraftübertragung die sechs Achsen der Lokomotive an.

Ab 1970 lieferte der sowjetische Hersteller die vorerst noch ohne Heizeinrichtung ausgestatteten 80 Lokomotiven der Reihe V 300, die im selben Jahr noch in 130 umgezeichnet wurden, mit einer Höchstgeschwindigkeit von 120 km/h. Durch eine veränderte Getriebeübersetzung auf 100 km/h vermindert wurde die Geschwindigkeit der ansonsten weitgehend gleichen Baureihe 131 aus den Jahren 1972/73. Während die BR 130 nach Erlangen der Serienreife der elektrischen Zugheizeinrichtung mit dieser nachgerüstet werden sollte, was allerdings nicht geschah, waren die 131 von vorn herein für den Güterzugdienst beschafft worden. Mit den Lokomotiven 131 101 und 102 konnte 1972 schließlich erstmals bei Diesellokomotiven der DR die elektrische Zugheizeinrichtung erprobt werden, wie sie dann in die ab 1973 gelieferte Baureihe 132, die wieder eine Höchstgeschwindigkeit von 120 km/h erreichte, serienmäßig eingebaut wurde. Angetrieben wurden alle diese Lokomotiven durch einen aufgeladenen 16-Zylinder-Dieselmotor 5 D 49 von Kolomna, dessen Leistung von 2200 kW durch einen direkt angeflanschten Generator auf die sechs Gleichstrom-Tatzlagermotoren der Treibräder übertragen wird. Sechs Prototypen 142 001 – 006 von 1976 bis 1978 erhielten den Kolomna-Motor 2-9 DG mit Hochaufladung, dessen auf 2940 kW erhöhte Leistung auch einen leistungsfähigeren Generator und verstärkte Fahrmotoren bedingte. Wegen des hohen Gewichts der Lokomotiven unterblieb ihr Weiterbau.

Um den weiterhin bestehenden Bedarf an leichteren Diesellokomotiven als Nachfolger der 118 zu decken, mußte sich die DR aufgrund des RGW-Abkommens über den Bau von Diesellokomotiven, welches für die heimische Industrie die Leistungsklasse bis 1470 kW vorsah, an den rumänischen Hersteller „23. August" in Bukarest wenden. Der Forderungskatalog sah neben der elektrischen Zugheizung die Verwendung möglichst vieler in den Reihen 106, 110 und 118 bewährter Bauteile vor. Im Januar 1977 konnte die Baumusterlok 119 001 übernommen werden, der schließlich 199 Lokomotiven folgten. Als Fahrmotoren dienten zwei in Rumänien in Lizenz gebaute MTU-Zwölfzylindermotoren MB 820 SR mit einer Leistung von je 990 kW. Über ein Strömungsgetriebe GS 30/3,5 des VEB Strömungsmaschinen Dresden trieb jeder Motor mittels Gelenkwellen die drei Achsen des zugeordneten Drehgestelles an.

Blick auf die Abzugsvorrichtung für Radsatzscheiben im AW Cottbus

Durch Fertigungsmängel und Ersatzteilschwierigkeiten insbesondere bei den Motoren waren die 119 sehr störungsanfällig, so daß sich die DR bald entschloß, den in der 118 bewährten Roßlauer Dieselmotor 12 KVD 18/21 mit 883 kW Leistung einzubauen. 1992 erhielten 20 Loks MTU-Zwölfzylindermotoren 12 V 396 TE 14 mit einer Leistung von je 1380 kW in Verbindung mit neuen Dreiwandlergetrieben. Im Gegensatz zu den originalen 119, die 1991 in 219 umgezeichnet wurden, bilden die Lokomotiven die neue Baureihe 229 und stellen die modernsten Diesellokomotiven der Deutsche Bahn AG dar.

Axel Enderlein

Aufnahmen: B. Schulz, Heilmann

Unter

Die Bauteile der Diesello

Für den schweren Rangier- und Übergabedienst steht die Baureihe 290 zur Verfügung (15. Februar 1988)

Der Fahrzeugteil der Lokomotive besteht aus dem Lokomotivrahmen (**4**), den beiden Vorbauten (**2** und **3**), dem Führerhaus (**1**) und den beiden Drehgestellen (**5**). Der Dieselmotor (**10**) vom Typ 12 V 652 TZ 10 sitzt in einem Ausschnitt des Rahmens. Der Dieselkraftstoff wird in den Kraftstofftank (**30**) und (**31**) mitgeführt. Zum Starten des 809 kW starken Motors dient die Lichtanlaßmaschine (**26**), die dazu von der Batterie (**27**) mit 110 Volt Spannung versorgt wird. Nach dem Starten des Motors lädt die nun als Generator dienende Lichtanlaßmaschine die Fahrzeugbatterie wieder auf. Die für den Betrieb des Motors erforderliche Verbrennungsluft wird über Luftfilter (**32**) gereinigt. Der Maschinenraumlüfter (**34**) sorgt für die Zuführung von Frischluft für den Motor.

Die im Betrieb entstehende Wärme des Motors wird über das Kühlwasser abgeführt. Das von einer Pumpe (**38**) umgewälzte Wasser wird mittels eines Lüfters (**25**), der die Außenluft durch den Kühler drückt, abgekühlt. Als Vorratsgefäß dient der Kühlwasserausgleichsbehälter (**37**) mit dem vom Führerstand aus einsehbaren Wasserstandsanzeiger. Das Motoröl gibt seine Wärme über einen Wärmetauscher (**42**) ab. Die Abgase des Fahrmotors werden über den Abgas-Schalldämpfer (**33**) und den vor dem Führerhaus nach oben führenden Auspuff ins Freie abgeführt.

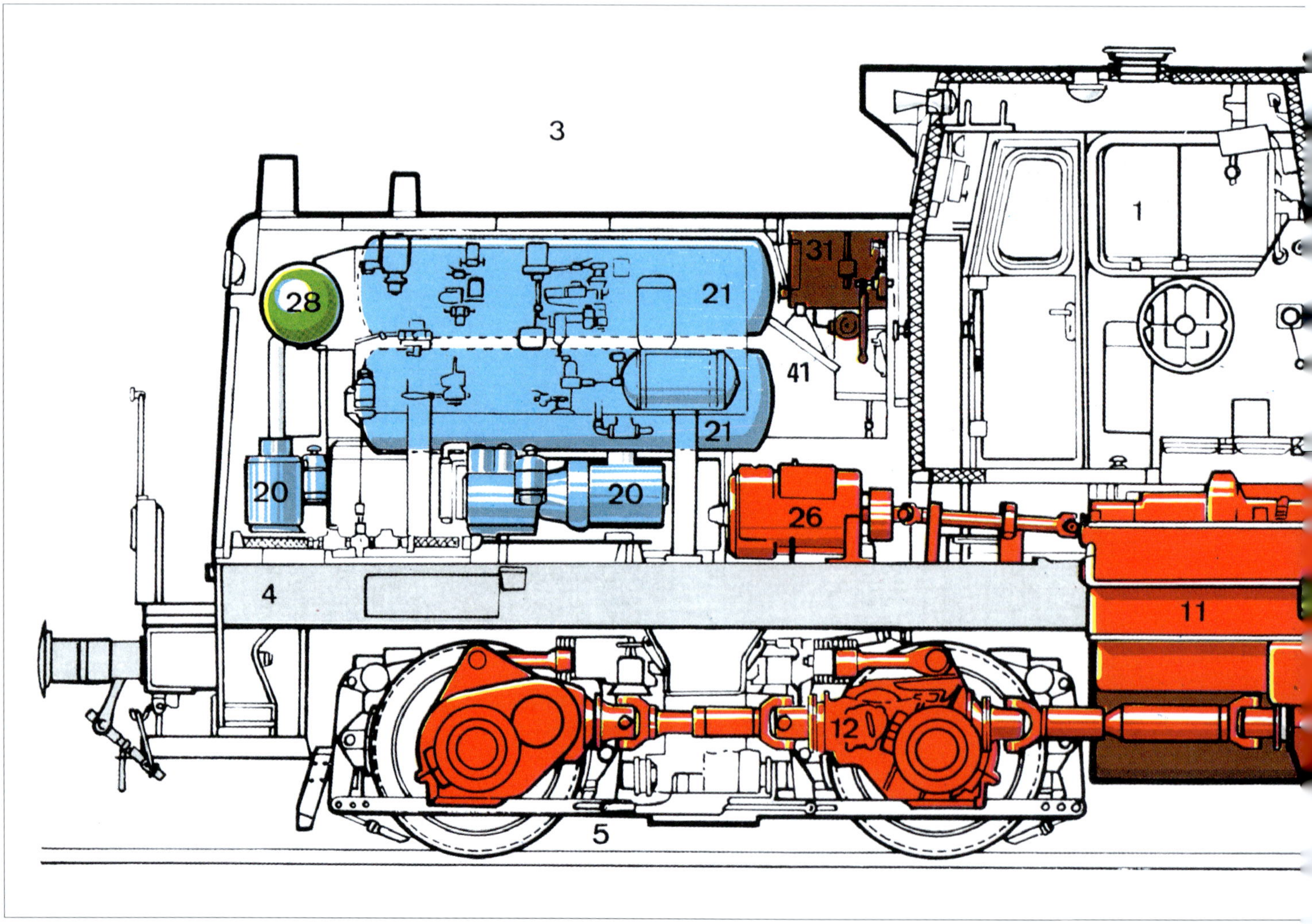

die Haube geblickt

komotiven – erklärt am Beispiel der schweren Rangierlok-Baureihe 290

Vom Dieselmotor aus gelangt das abgegebene Drehmoment über eine Gelenkwelle in das unterhalb des Führerhauses angeordnete Flüssigkeitsgetriebe **(11)** der Bauart L 206 rs. Das Getriebe besitzt zwei Wandlergänge und keinen Kupplungsgang. Jeder der beiden Wandler ist einem bestimmten Geschwindigkeitsbereich zugeordnet. Das Füllen bzw. Entleeren der Wandler, von denen immer nur einer gefüllt sein kann, erfolgt automatisch in Abhängigkeit von der Motordrehzahl und der Fahrgeschwindigkeit. Das Füllen des einen Wandlers überschneidet sich mit dem Entleeren des anderen, so daß der Umschaltvorgang weich und ruckfrei abläuft.

Direkt an das hydraulische Getriebe von Voith ist das Nachschalt- und Wendegetriebe angeflanscht, welches die Wahlmöglichkeit zwischen einem Schnell- und einem Langsamgang bietet. Von dort wird das Antriebsdrehmoment wiederum über Gelenkwellen zu den Radsatzgetrieben **(12)** der vier Achsen geleitet.

Die Lokomotiven besitzen eine durchgehende einlösige Druckluftbremse mit Zusatzbremse und eine Handbremse, die auf die Räder des hinteren Drehgestelles wirkt. Die dafür benötigte Druckluft wird von zwei elektromotorisch betriebenen Luftpressern **(20)** erzeugt und in den beiden großen Hauptluftbehältern **(21)** gespeichert. Die jeweils für das Füllen der insgesamt acht Bremszylinder, also das eigentliche Bremsen benötigte Luft beinhaltet der Hilfsluftbehälter **(28)**, der hinter den beiden Hauptluftbehältern angeordnet ist, und bei jedem Lösen der Bremse automatisch wieder gefüllt wird. ●

Die geöffnete Maschinenraumwand gibt den Blick auf den Dieselmotor frei

AUFNAHMEN: B. SCHULZ, STUMPF

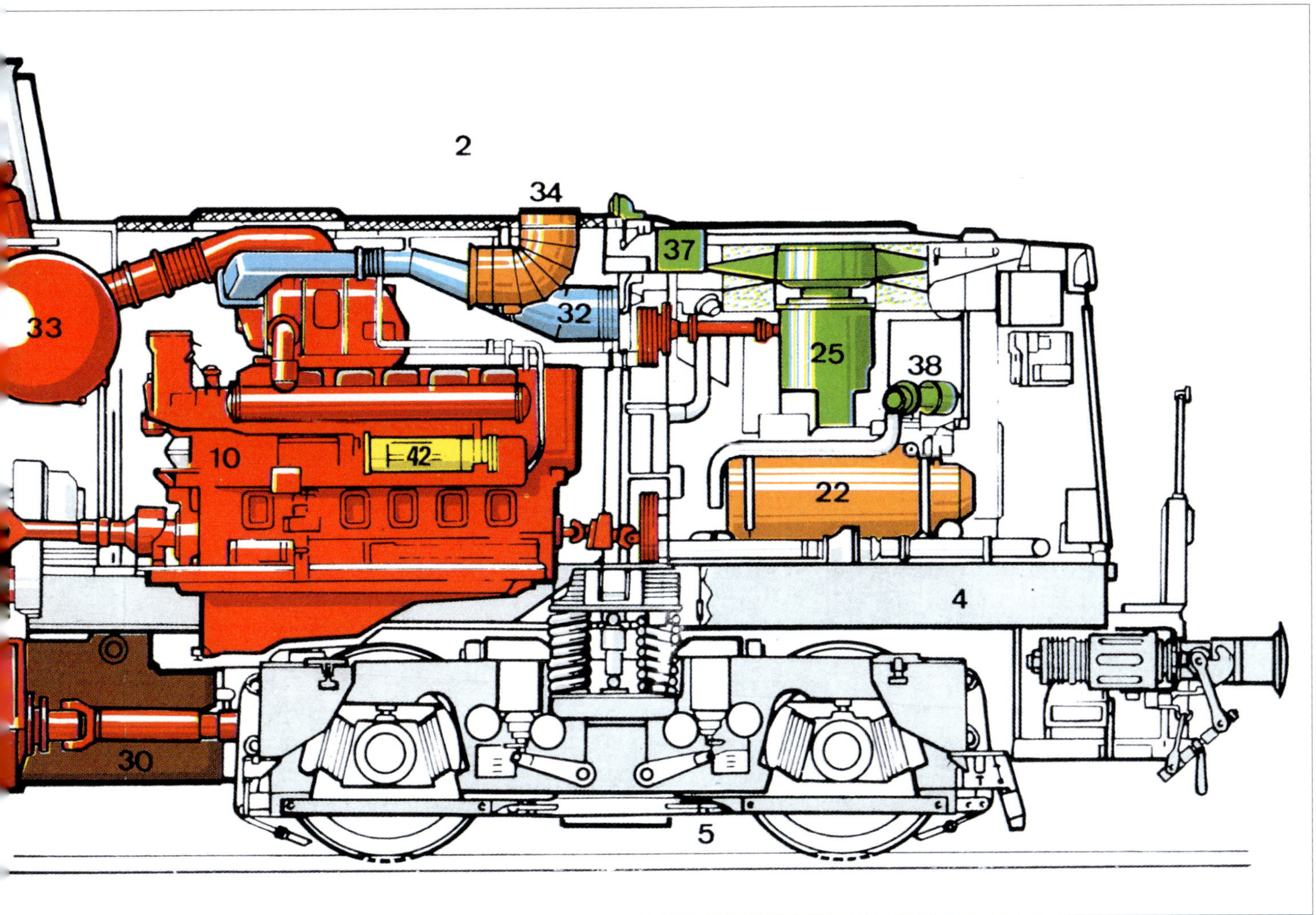

Begriffs(v)erklärung

1000 Pferdestärken oder 736 Kilowatt – soviel Motorleistung muß sein, damit man von einer „Großdiesellokomotive“ spricht. So steht es in den einschlägigen Lexika und Fachbüchern.

Als erste Großdiesellokomotive der Welt gilt die 1912 von Sulzer und Borsig gebaute „Klose-Lokomotive“. Benannt war sie nach dem sächsischen Ingenieur und Erfinder Adolph Klose (1844 – 1923). Gemeinsam mit Rudolf Diesel (1858 – 1913) hatte Klose die Federführung bei der Konstruktion inne. Diesel entwarf den antriebstechnischen Teil der 2'B2'-Lokomotive. Sein 1000-PS-Zweitaktmotor übertrug seine Leistung direkt auf die Treibradsätze; zum Anfahren diente in Stahlflaschen gespeicherte Druckluft.

Wieviele Dieselmotoren vonnöten sein dürfen, um die magische 1000-PS-Marke zu überschreiten, hat niemand festgelegt. Manche Diesellok der frühen Jahre kam nur mit Hilfe zweier Aggregate über die magische Grenze.

Eigentlich hat auch niemand festgelegt, daß „leichte“ Diesellokomotiven wie die V 100 – egal ob West oder Ost – nicht als Großdiesellokomotiven zu gelten haben. Dabei kommen auch sie haargenau (Baureihe 201, ex 110, ex DR-V 100: 736 kW) oder locker (Baureihe 211, ex DB-V 100[10]: 809 … 990 kW) oder mit weitem Abstand (Baureihe 204, ex DR-114: 1100 kW) über die 1000-PS- bzw. 736-kW-Grenze. Und doch findet man sie nirgendwo in der Fachliteratur unter der Rubrik „Großdiesellokomotiven“. WA

Die Klose-Lok von 1912 war die erste Großdiesellokomotive der Welt

Diesellokomotiven am Ende?

1900 Großdiesellokomotiven – das ist der prognostizierte Bedarf der Deutsche Bahn AG im Jahr 2000. 1994 hatte sie noch 2559 Maschinen in Ihrem Bestand.

Ist die Großdiesellok am Ende? Wer die Inhaltsverzeichnisse der letzten Jahrgänge der wichtigen deutschen Eisenbahntechnik-Fachzeitschriften durchblättert, stößt vergleichsweise selten auf das Stichwort Diesellok. Dieseltriebzüge, vor allem Dieselleichttriebzüge tauchen dort in ganz anderer Zahl auf als große Lokomotiven. Kein Wunder, das Thema Regionalverkehr boomt, während die Zukunft des Personenfernverkehrs eindeutig den Triebzügen gehört, nicht den lokbespannten Garnituren. Und im Güterverkehr … – na ja, was da noch bleibt, so könnte man angesichts der Situation im Cargo-Bereich meinen, dafür gibt es aus besseren Zeiten ja noch große Dieselloks in Mengen, ob sie nun die Baureihenbezeichnung 218 oder 232 tragen.

Aber die Geschichte geht weiter. Neue Aufgabengebiete tun sich plötzlich für Staats- wie Privatbahnen im Güterfernverkehr auf, desgleichen neue technische Möglichkeiten – vor allem in der Drehstromantriebstechnik – und dementsprechend hochinteressante neue Lösungen. Schauen wir einmal auf den Blue Tiger, der nämlich beweist: Die Großdiesellok ist wirklich am Ende, am faszinierenden Endpunkt eines langen Entwicklungsweges nämlich, der in eine ganz neue Zukunft bei der Anwendung, dem Betriebseinsatz also, führen könnte. Die Eisenbahnfreunde hören das gerne. Denn nach dem Untergang der Dampflokzeit – jetzt wird's etwas nostalgisch – bringt eine hart arbeitende Diesel-Maschine noch immer etwas von dem rüber, was viele von uns an der Dampflok so fasziniert hat und noch immer begeistert: imposante Kraftentfaltung (imposant auch heute noch, wo den meisten Loks das Lärmen ausgetrieben worden ist). Die Begeisterung kennt dabei keine Grenzen. Bei der Vorbereitung dieses Heftes waren wir sehr überrascht, wie viele Einsendungen uns zum Thema Nohab-Loks und US-Dieselloks erreichten.

Das Thema ist also international, und wer es nur auf Deutschland beschränken wolte, der hätte viele der wichtigsten technisch-historischen Linien abgeschnitten. In Sachen Großdieselloks ist Deutschland nämlich vor allem eines: Entwicklungsland. Und das im doppelten Sinne. WK

Wie der 118 111 erging es in den letzten Jahren hunderten Dieselloks

Wirkungsgrade

28 Prozent Wirkungsgrad ist heutzutage ein Spitzenwert für Diesellokomotiven. Viele kommen auf noch geringere Werte, bis hinab zu 22 Prozent. Das heißt, nur etwa ein Viertel der aufgenommenen Leistung bleibt als Zughakenzugkraft übrig.

Ist das viel, ist das wenig?

Um diese Frage zu beantworten, muß man die Diesellokomotive mit anderen Triebfahrzeugen vergleichen. Gegenüber der Dampflok (sechs bis zehn Prozent) hat sie eindeutig die Nase vorn, der Dieseltriebwagen (26 bis 30 Prozent) schneidet schon ein wenig besser ab. In einer anderen Liga spielen die elektrischen Triebfahrzeuge: Auf 70 bis 80 Prozent kommen die Elektroloks, auf 78 bis 85 Prozent gar die elektrischen Triebwagen.

Aber halt! Der Vergleich hinkt. Denn im Falle der Elektrolok fand die Umwandlung der Primärenergie – vielfach Kohle, oft Uran, selten Wasserkraft, mitunter gar Heizöl – in elektrischen Strom bereits im Kraftwerk statt, der Vergleich berücksichtigt weder die Verluste im Kraftwerk noch bei der Übertragung der Elektroenergie. Die Diesellok hat das Handicap, ihre Primärenergie – den Dieselkraftstoff – mitschleppen zu müssen. Der Dieselmotor ist quasi ihr Kraftwerk. Dessen Wirkungsgrad liegt übrigens etwa bei 41 Prozent. WA

AUFNAHMEN: ARCHIV, MIETHE

50 Tonnen sind 'ne Menge Holz, mag mancher Fahrplangestalter gedacht haben, als er Ende der 50er Jahre Berichte über Vergleiche zwischen der V 200 und Dampfloks der Baureihen 01 und 44 las. Die brachten der DB allerlei widersprüchlich erscheinende Erfahrungen – auch jene mit den 50 Tonnen. Aber dazu später.

Um wieviel günstiger arbeitet eigentlich eine Diesellok als eine Dampflok gleicher Leistungsklasse? Diese Frage ist ebensowenig wie die nach dem Kraftstoffverbrauch (siehe Kasten) rasch zu beantworten. Die Leistung allein nämlich bringt dem Diesel kaum Vorteile, man erinnert sich noch gut – und mancher gerne – an die Zeiten, als die Baureihe 012 (01.10 mit Ölhauptfeuerung) der DB im Schnellzugdienst von der Marschbahn Hamburg – Westerland genommen und durch die 218 ersetzt wurde. Eine 218 allein konnte die alten Pläne nicht einhalten, schwere Züge werden im Norden heute in Doppeltraktion gefahren. Der große Vorteil der ölgefeuerten 012 (und ihrer Artgenossen): Kurzzeitig ist ein guter Dampfkessel kräftig überlastbar, typischerweise gilt das bei jeder Geschwindigkeit. Beim Diesel ist das anders. Mit Rücksicht auf Pleuel, Kurbelwelle, Ventile und allerlei anderes Metall ist bei einer bestimmten Drehzahl definitiv Schluß. Deutlich billiger als Kohle war Diesel vor 40 Jahren auch nicht, und selbst den zweiten Mann auf der Lok konnte man nicht sofort einsparen. Bei den ersten V 200 mußte er auf den Heizkessel aufpassen. Unübersehbar aber ist sofort folgender Umstand: Im Schnellzugdienst sind lange Durchläufe unproblematisch (obwohl auch die 01.10 oder die 03.10 in dieser Hinsicht enorme Werte um die 600 oder gar 700 km erreichen konnten), vor allem aber entfielen die längeren Halte zum Wasserfassen. Für Güterzüge spielte das auf den Magistralen zunächst keine Rolle, die wurden sowieso alle naselang an die Seite genommen, da blieb genug Gelegenheit zum Nachbunkern.

Aber auch im Schnellzugdienst war die Lage so klar nicht: Am besten, so hatte die DB schnell herausgefunden, hätte man die V 200 vor schweren Schnell- oder Eilzügen mit vielen Halten und/oder

Symbol des Wirtschaftswunders: V 200 (Stuttgart Hbf, 1964)

vielen Langsamfahrstellen eingesetzt, denn in der Praxis war vor allem in solchen Betriebssituationen die V 200 der 01 spürbar überlegen. Aber war dafür der rote Bannerträger des Fortschritts nicht zu schade? Versuche auf der Main-Weser-Bahn Frankfurt – Marburg hatten nämlich die Erkenntnis gebracht, daß die V 200 Schnellzüge mit den damals üblichen drei Zwischenhalten (Friedberg, Bad Nauheim, Gießen) und

erster Linie vor die zahllosen schweren und langsamen Schnellzüge mit vielen Zwischenhalten spannen müssen, die leichten F-Züge schafften die 03.10 und 01 beinahe genauso gut, von der 01.10 gar nicht zu reden.

Und im Güterzugdienst? Der war aus finanzieller Sicht damals weitaus bedeutender als der Reisezugdienst und hätte angesichts der Marktsituation noch viel dringender beschleunigt werden

Wozu Diesellokomotiven?

600 t Zuglast drei Minuten eher nach Marburg brachte als die 01, daß bei einem 500-t-Zug dieser Wert schon auf zwei Minuten schmolz, bei 200 t auf eine Minute und bei einem leichten Zug ohne jeden Stopp (reine Theorie) gegen Null gegangen wäre. So gesehen hätte man die V 200 tatsächlich in

müssen. Doch waren alle Vorteile der Dieseltraktion wie eingangs geschildert in der Praxis hier zunächst zweitrangig. Die ersten V 200 hatten von ihren Bw Altona, Hamm P und Frankfurt-Griesheim aus tatsächlich auch einige Expreßgüterzüge zu ziehen, ansonsten vor allem F-Züge.

Keine Regel ohne Ausnahme: Die Villinger Loks auf der Schwarzwaldbahn. Hier wurde der V 200 neben den Reisezügen von Ende 1957 an – zunächst zu Testzwecken – auch der Güterzugdienst anvertraut. Dabei konnte die DB folgende Rechnung aufmachen: Der üblicherweise eingesetzten Dampflok der Baureihe 44 konnten auf der extrem kurven- und steigungsreichen Strecke maximal 500 t Anhängelast mit auf die Reise gegeben werden.

Nach der Papierform – vor allem also wegen des deutlich geringeren Reibungsgewichts – wäre eine V 200 beim Beschleunigen eines schweren Güterzuges der Baureihe 44 nicht gewachsen gewesen, aber bei so kleinen Grenzlasten wie im Schwarzwald sah die Rechnung plötzlich ganz anders aus. Die um die Jahreswende 1957/58 im Plan der 44 eingesetzte V 200 schaffte die 500 t vergleichsweise locker – allein deshalb, weil die 44 mit vollen Vorräten gut 90 t schwerer ist als die Diesellok. Hier erwies sich also das geringe Gewicht der V 200 als entscheidender Vorteil. Die Versuche wurden fortgesetzt, die V 200 bewältigte auch 550 t einwandfrei, das Ende der Baureihe 44 auf der Schwarzwaldbahn war damit besiegelt.

WOLFGANG KLEE

Zwei V 200 im Mai 1973 in Doppeltraktion bei Hornberg auf der Schwarzwaldbahn. 15 Jahre zuvor mußten sie just auf dieser Strecke die Überlegenheit des Diesels gegenüber dem Dampf beweisen

AUFNAHMEN: KUSTERER, STEMMLER

Welcher Motor ist der beste?

750 mal pro Minute dreht sich die Kurbelwelle des Zweitakt-Dieselmotors einer Reichsbahn-V 200. Auf genau das Doppelte, nämlich 1500 Touren, kommen die Viertakt-Motoren der Bundesbahn-V 200.

Der Motoren gibt es viele: Langsam-, Mittelschnell- und Schnelläufer, Saugmotoren und aufgeladene, Reihen-, V- und Boxermotoren, solche mit kurzem und solche mit langem Kolbenhub, Zweitakter und Viertakter. Alle haben irgendwelche Vorteile, die mit irgendwelchen Nachteilen erkauft sind. Die Frage, welcher Motor denn der beste sei, ist oft gestellt und nie beantwortet worden.

Die Auswahl des *für das geplante Aufgabenspektrum am besten geeigneten* Dieselmotors ist im Grunde die wichtigste Entscheidungsgröße beim Kauf einer Diesellok; er ist ja ihr Kernstück. Folglich bieten europäische Lokfirmen ihr Diesellok-Programm meist mit Motoren verschiedener Hersteller an. In den USA bestimmen ausnahmslos zwei große Lokfirmen den Markt; aus Rationalisierungsgründen offerieren sie in der Regel nur eine Motorenbaureihe, und die stammt aus eigener Produktion.

Ein aufgearbeiteter Fahrdieselmotor vom Typ 5 D 49 im AW Cottbus

Selbst außerhalb ihres Ursprungslandes dominieren die Loks von General Motors und General Electric den Weltmarkt direkt oder über Lizenzen zu 60 Prozent. An deren Dieselmotoren mißt sich der Rest der Welt, besonders preislich.

Denn diese Motoren verfügen bewußt nicht unbedingt über die letzt realisierbare Spitzentechnologie, wenn diese nicht die Zuverlässigkeit fördert. Im Gegensatz zu Europa sind die US-Bahnmotoren robuste Mittelschnell-Läufer um 1000 U/min, ausgelegt für alle Traktionsaufgaben unter härtesten Bedingungen. UD/WA

Durstig oder sparsam?

6000 Liter Dieselkraftstoff passen in die Tanks einer 232. Das wirft die Frage auf: Wieviel Kraftstoff schluckt ein moderner Dieselmotor?

Eine so einfache Frage verlangt eine komplizierte Antwort. Anders als für Pkw wird man nirgends eine Liste finden, in der entsprechende Daten für Lokomotiven kurz und bündig in Litern pro 100 Kilometer aufgelistet sind. Kein Wunder, denn anders als bei einem Pkw spielt bei einer Lokomotive die Frage nach der Masse der zu befördernden Last eine entscheidende Rolle. Für Dieselmotoren bei Lokomotiven gilt der Wert: Gramm pro Kilowattstunde (g/kWh).

Beispiel: Ein moderner Motor wie der 16 V 4000 aus der jüngsten MTU-Lokdiesel-Generation (mit Common-Rail-Einspritzsystem; bekannt auch von neuen Pkw-Dieselmotoren) verbraucht nach Herstellerangaben im Optimum 190 g/kWh. Der Motor leistet 2000 kW. Nehmen wir also an, eine Lok der Baureihe 218 – die 218 485 wurde als erste Maschine dieses Typs 1998 mit einem solchen Motor als Ersatz des ursprünglichen Pielstick-Aggregats ausgerüstet – schleppt eine Stunde lang bei Vollast einen Güterzug und legt dabei 100 km zurück. In dieser Zeit hat die Lok also – wenn alles optimal lief: keine Zwischenstopps etc. – 2000 x 190 g Diesel verbrannt, also 380 kg. Mit anderen Worten: rund 400 Liter.

Kraftstoffebehälter der griechischen DE 2000

Das klingt enorm, aber wenn man den Hubraum von 65 l (Bohrung/Hub: 165/190 mm) des naß fast 8 t schweren 16-Zylinders in Betracht zieht, dann sieht die Sache schon etwas anders aus. Erst recht, wenn man folgende Vergleichsrechnung aufmacht, die aus dem Zentralbereich Umweltschutz der Deutschen Bahn AG stammt und im April 1999 in der Zeitschrift Internationales Verkehrswesen veröffentlich wurde: Binnenschiff, Lkw und Eisenbahn stehen vor der Aufgabe, 1500 t Schnittholz, verpackt in Containern, von Krems in Österreich nach Rotterdam zu transportieren. Das Binnenschiff schafft das in einem Rutsch, die Bahn in zwei Zügen, die Straße muß 86 Lkw-Fahrten aushalten. Bei einem angenommenen Energieverbrauch von 450 l pro 100 Zug-Kilometer verbraucht die Eisenbahn für die gestellte Transportaufgabe 11 250 l Diesel, das Binnenschiff 21 750 l und die Lkw 35 820 l (bei einem Verbrauch von 35,3 l/100 km; Berücksichtigung fanden in dieser Rechnung die kürzere Straßenentfernung der Straße gegenüber der Bahn und der noch längere Weg des Schiffs). Geht man davon aus, daß die Dieselmotoren aller drei Verkehrsträger hinsichtlich Verbrauch und Abgasemission auf gleichem Stand sind, wird der ökologische Vorteil der Eisenbahn deutlich.

Dreimal 6000 Liter im Tank: 132 529, 498 und 347 (v.l.n.r.) im Bahnbetriebswerk Güsten, Juni 1991

So weit, so gut. Leider müssen auch andere Rechnungen aufgemacht werden. Das Gros des deutschen Diesellokparks ist trotz zahlreicher Modernisierungen, Optimierungen oder Umbauten noch mit Motoren ausgestattet, die wie die Loks aus den siebziger Jahren stammen.

Und wie umweltfreundlich die Eisenbahn ist, wenn eine 232 (etwa 240 g/kWh spezifischer Verbrauch) einen Regionalexpreß mit drei Wagen und 35 Passagieren auf 100 km Distanz fünfmal von null auf 120 km/h beschleunigt hat, nun ja, diese Rechnung schenken wir uns lieber. WOLFGANG KLEE

AUFNAHMEN: ADTRANZ, MIETHE, HEILMANN

Diesel schlägt Dampf

6:1 – nein, das ist kein Fußball, sondern ein sehr interessantes Meßergebnis. Großes Augenmerk legten die DB-Ingenieure bei den Güterzug-Versuchen im Schwarzwald auf die Frage nach dem Brennstoffverbrauch. Auf eine Million Brutto-Tonnenkilometer (das entspricht einem Zug von 1000 t, der 1000 km weit transportiert wird) verbrauchte – rein statistisch gesehen – eine Dampflok der Baureihe 44 hier 65,80 t Kohle, eine V 200 10,56 t Dieselkraftstoff, das Brennstoffverhältnis liegt also bei 6,2:1. Zahlen wie diese mögen zunächst horrend erscheinen, sind aber für die Dampflok in diesem Falle noch sehr günstig (besonders schlimm sah es in dieser Hinsicht im Rangierdienst mit 12:1 und im Nebenbahndienst mit 30…40:1 aus, weshalb ja auch hier die DB mit den V 60 und den Schienenbussen besonders früh den Hebel ansetzte).

Umgerechnet bedeutet das: Ein 1000-t-Zug auf der Schwarzwaldbahn, bespannt mit zwei V 200, verbrauchte im Schnitt – Berg- und Talfahrt berücksichtigt – 1000 bis 1100 l Diesel pro 100 km, die gleiche Fuhre mit zwei 44 verschlang rund 130 Zentner Kohle. Damit kam ein Villinger Siedlungshäuschen locker über den Winter.

Wie gesagt, der Einsatz der V 200 im allgemeinen Güterzugdienst blieb zunächst die Ausnahme und auf die Schwarzwaldbahn beschränkt.

Die „Wirtschaftswunderlok" konnte ihre Vorteile, dazu gehörte auch die Werbewirkung, weit besser vor edlen Schnellzügen – wo wäre sie typischer als vor dem Blauen Enzian? – ausspielen als vor einem Dg oder Kohle-Ganzzug, der in Kirchweyhe, Bebra oder Altenhundem überholt wurde und in Bohmte, Flieden oder Kreuztal schon wieder. Außerdem hatte die DB ihre Dampfloktechnik damals noch nicht ganz ausgereizt, die Ölkocher standen vor der Tür. Denn es darf nicht vergessen werden, daß dem günstigen Verbrauchsverhältnis pro Diesel um 1958 ein etwa umgekehrtes Preisverhältnis pro Kohle gegenüberstand, hinsichtlich der tatsächlichen Energiekosten im Zugförderdienst also zunächst kein entscheidender Grund vorlag, auf Diesel zu setzen. Erst als um 1960 die Marktpreise für hochwertige Lokomotivkohle drastisch anstiegen (jetzt schlug wirklich die Stunde der längst erprobten Öl-Dampfloks) und Diesel billiger zu bekommen war, sprachen auch die Brennstoffkosten eine deutliche Sprache für Öl – für Diesel wie für schweres Heizöl, ein Nebenprodukt der Dieselherstellung, gleichermaßen.

Wolfgang Klee

Giganten der Schiene

6600 Pferdestärken – genaugenommen zweimal 3300 Pferdestärken – sind in der gegenwärtig leistungsstärksten Großdiesellokomotive, der Class 6900 „Centennial" der US-amerikanischen Bahngesellschaft Union Pacific, gebändigt. Auf 5990 PS kommt die russische TEP 75, auf zweimal 2700, also insgesamt 5400 PS die chinesische DHG 5400. 6000 Pferdestärken sind für die Dieselmotoren großer amerikanischer Lokomotiven mittlerweile Standard.

Solche Giganten der Schiene haben in den USA Tradition. Auf die gleiche Leistung kam bereits 1947 die berühmte „Pennsylvania-Lok". Die Doppellokomotive, Radsatzfolge (2'Do)(Do2')+(2'Do)(Do2'), holte ihre 6000 PS aus vier Aggregaten und verfügte über 16 elektrische Fahrmotoren. Die Höchstgeschwindigkeit des sage und schreibe 539 Tonnen schweren Giganten lag bei überaus bemerkenswerten 193 km/h!

WM/WA

Raketenzug-Lokomotiven

DM62 – hinter dem kryptischen Kürzel verbirgt sich ein ganz besonderes Gefährt, eine Speziallok für Atomraketenzüge der russischen Armee. Abgeleitet ist sie von der Reihe M62, in Deutschland als Reichsbahn-V 120 („Taigatrommel") bekannt. Äußerlich sind die Loks durch einen Kasten unter dem Nummernschild am Bug, eckige Lichter und verbesserte Drehgestelle erkenntlich. Der Kasten enthält Stecker für Verbindungskabel zu dem im Raketenzug eingestellten Kommandowagen. Von hier kann man die Lok fernsteuern und sämtliche Aktivitäten des Lokführers kontrollieren. Die Lok kann so zum Beispiel nur nach Freigabe durch den Befehlshaber gestartet werden.

Bei den Drehgestellen handelt es sich um eine verbesserte Konstruktion gegenüber den Serienloks, zum Teil vermutlich auch um solche mit verstellbarer Spurweite. Der Lokkasten ist besonders gegen radioaktive Strahlung gesichert. Die Versorgung mit Diesel kann direkt aus einem Tankwagen, der im Zug eingestellt ist, erfolgen. Die Raketenzüge, meistens als Kühlzüge getarnt, werden immer mit zwei Lokomotiven bespannt, damit bei Pannen die Fahrt nicht unterbrochen werden muß. Die momentane Finanzkrise und vor allem die Entspannungspolitik in Rußland werden wohl dafür sorgen, daß „Maschka", wie die Russen die M62 nennen, künftig im zivilen Dienst bleibt.

Gabriel Habermann

Die „Raketenlok" (D)M62-1745 (rechts) – unverkennbar eine Schwester der „Taigatrommel" – im Depot des Zentral-Rangierbahnhofes St. Petersburg, August 1992

AUFNAHMEN: SLG. MESSERSCHMIDT, HABERMANN

Das Blaue Wunder

Adtranz' Prototyp **Blue Tiger** gilt als Muster der modernen Diesellok

Den hohen Stand neuester Diesellok-Technik präsentiert in beispielhafter Weise der Blue Tiger. Der schlanke Kraftprotz zieht mühelos die allerschwersten Züge. Aber wer soll ihn kaufen?

Für die deutsche Lokomotivbau-Industrie war die Belieferung der heimischen Staatsbahn(en) stets nur die eine Seite der Medaille. Ohne den Export wäre der Schlüssel im Tor so mancher traditionsreichen Fabrikhalle schon vor Jahren zum letzten Mal umgedreht worden. Besonders bei den Diesellokomotiven spiegeln eigentlich die Werks-, Privatbahn- und Exportfahrzeuge schon seit (technischen) Generationen den Stand der Dinge wider; kein Wunder, sind doch bei der DB (und waren es zuletzt auch bei der DR) Großdieselloks längst eher Überschuß- denn Mangelware und kein Thema für größere Neubeschaffungen.

Im Kampf auf dem Weltmarkt sind für die beiden verbliebenen deutschen Großhersteller die Fronten begradigt. Siemens kooperiert mit EMD/General Motors und hat den Giganten aus Illinois in die Lage versetzt, bei modernen Drehstrom-Dieselloks Anschluß an den technologischen Spitzenstand zu halten. Adtranz, der andere deutsche Hersteller mit Weltgeltung (und via Henschel/BBC im Besitz erstklassiger und bis in die Anfänge zurückreichender Kenntnisse auf dem Gebiet der Dieselelektrik, speziell der Drehstromantriebstechnik), kooperiert mit dem EMD-Erzkonkurrenten General Electric (GE). Spektakulärstes Produkt dieser Beziehung diesseits des Atlantiks: der Blue Tiger.

130 Tonnen: „light weight loco"

Um es gleich klarzustellen: Der Blue Tiger ist keine Lok, mit der Adtranz auf dem nordamerikanischen Markt, dem noch immer wichtigsten der Welt, Fuß fassen will; da hätte denn der Partner GE wohl auch etwas dagegen. Der Blue Tiger ist eine „light weight loco", eine Maschine also, deren Radsatzlast (Achslast) je nach Ausstattung zwischen 18 und 22 t liegt, also deutlich unter jenem Wert von 25 t, bei dem in den USA oder Kanada die Schwergewichte anfangen: die großen Streckenloks mit bis zu 30 t Radsatzlast. Der Blue Tiger also ist ein Produkt, bei dessen Entwicklung die Hoff-

3000 Pferdestärken unter der Haube: Der „Blue Tiger", Prototyp einer zeitgemäßen Diesellok-Familie mit elektrischer Leistungsübertragung und Drehstromantriebstechnik

AUFNAHME: GUSSMANN

nung Pate stand, vor allem die Märkte Asiens bedienen zu können. Natürlich paßt die Lok genauso gut auf europäische Gleise (hier gibt es jedoch Oberleitungen und Dieselloks in Mengen) oder nach Südamerika, aber als die Kooperation zum Blue Tiger begann, galt Asien als die Zukunftsregion schlechthin.

Das sieht inzwischen etwas anders aus. Lediglich 30 Bestellungen hat Adtranz für eine Loklieferung aus der Blue-Tiger-Familie einfahren können, und zwar von den pakistanischen Staatsbahnen; doch auch denen ist zwischenzeitlich, während die ersten Maschinen geliefert wurden, das Geld ausgegangen (ein paar Daten zu den Pakistan-Loks vom Typ DE-DC 33 Ca: Spurweite 1676 mm, Co'Co', Dienstgewicht 132,6 t, 3300 PS, Anfahrzugkraft 510 kN, V/max 110/150 km/h). Derzeit macht man sich in Kassel deshalb eher Hoffnungen, bei europäischen Bahngesellschaften Kunden zu finden. Leistungsstarke Dieselloks sind bekanntlich im Moment auch bei kleineren Transportbetrieben angesichts der Öffnung der Streckennetze sehr gefragt. Und wenn sich bei den gelegentlich arg an der Grenze zur Selbstausbeutung operierenden Kleinanbietern erst einmal die Erkenntnis durchgesetzt hat, daß eine „Taigatrommel“ oder „Ludmilla“ zwar mit Glück billig zu beschaffen, aber nur teuer zu unterhalten ist, dann also – so hofft man in Kassel – wird sich auch dort die Erkenntnis durchsetzen, daß eine moderne Lok allemal die günstigere Lösung ist. Zu diesem Schluß ist offenbar schon die Bahntransport-Tochter der BASF gekommen und hat den Blue Tiger-Prototypen angemietet. Falls jemand im Leserkreis ebenfalls zugreifen möchte: Der Neupreis einer solchen Lokomotive liegt bei 4,5 bis 5 Mio. Mark.

Baukasten-System: Der Kunde hat die Wahl

Beim Blue Tiger ist das Wort von der Lokomotiv-Familie von zentraler Bedeutung. Das derzeit vor den BASF-Kalizügen durchs Land rollende blau-silberne Stück ist „nur“ ein Demonstrator, ein Anschauungsstück: so kann eine Lok gebaut sein, und soviel kann sie leisten, aber auch anders (zu Demonstrationszwecken hat der Blue Tiger z.B. zwei unterschiedlich ausgerüstete Führerhäuser). Beispiel: der Blue Tiger-Prototyp ist mit Drehstrom-Drehstrom-Leistungsübertragung ausgerüstet, die Loks für Pakistan mit Drehstrom-Gleichstrom, weil man die seit jahrzehnten bewährten Gleichstrommaschinen auf dem Subkontinent beherrscht (billiger zu haben ist Gleichstrom obendrein; Drehstrom ist weit effektiver, verlangt

„Hochzeit“ nennen die Lokomotivbauer den Augenblick, wenn der vormontierte Fahrzeugkasten auf die Drehgestelle gesetzt wird (Herbst 1996)

aber neben höheren Anschaffungskosten auch sehr gut ausgebildete Fachleute für die Instandhaltung der Elektronik; Motoren und Bauelemente selbst gelten hingegen als extrem wartungsarm).

Was wird nun also in Kassel gemacht? Im Prinzip folgendes: Bewährte Drehgestelle, ein äußerst leichter Rahmen, zeitgemäße Aufbauten etc. aus Adtranz-Fertigung werden unter Federführung von Adtranz zusammengebracht mit einem Antriebspaket (Dieselmotor mit direkt geflanschtem Generator, Antriebsmotoren, Steuerungstechnik etc.) aus tausendfach bewährter Produktion von GE. Der Clou der Sache ist, daß der Rahmen und die dreiachsigen Henschel-Flexifloat-Drehgestelle (sie können prinzipiell Radsätze von Meter- bis Breitspur aufnehmen) nun also ganz nach Anforderung des Kunden kombiniert werden mit mittelschnell – 1050 U/min – laufenden GE-Dieselmotoren mit acht, zwölf oder 16 Zylindern in entsprechenden Leistungsstufen (die kräftigste bringt es auf 4400 PS, die kleinste auf 2200 PS; der Blue-Tiger-Prototyp hat den Zwölfzylinder mit 3300 PS/2460 kW bei 1050 U/min, Aufladung und Ladeluftkühlung).

Wählen kann der Kunde auch, ob der im Generator erzeugte Drehstrom auch moderne Drehstrom-Fahrmotoren antreibt, oder altbewährte Gleichstrom-Fahrmotoren. Wählbar ist, ob die Lok eine oder zwei Führerkabinen bekommt und wie diese ausgestattet sind, ob Toilette und Klimaanlage eingebaut werden sollen, wie die Zug- und Stoßeinrichtungen auszusehen haben und die Aufbauten zu bemessen sind (der Prototyp entspricht dem indonesischen Lichtraumprofil, dem kleinsten im Angebot also, und sieht deshalb für deutsche Verhältnisse recht gedrungen aus), wieviel Diesel der Kraftstofftank zu fassen hat – maximal 8000 l –, welche Radsatzlasten einzuhalten sind und welche Höchstgeschwindigkeit anzustreben ist (normal 120 km/h, optional 160 km/h). So ist eine Lok machbar, die bei schmaler Spur, kleinen Motoren und sparsamster Ausstattung etwa 14 t pro Radsatz auf die Waage bringt, im umgekehrten Fall bis zu 25 t. Mit anderen Worten: Die Blue Tiger-Familie bewegt sich im Rahmen derjenigen Möglichkeiten, die für etwa 85 Prozent des geschätzten Welt-Diesellokomotivmarktes ausschlaggebend sind.

Härtetest: Ende 1997 vor einem Kalizug zwischen Unterbreizbach und Vacha

Der Blue Tiger im Einsatz: Die Kraft zweier 232

Schauen wir uns den Blue-Tiger-Prototypen und seine Stärken etwas genauer an. Die von der DB mit der Nummer 250 001 versehene, über die Pufferbohle gemessen exakt 22 m lange Lokomotive ist mit dem GE-Zwölfzylindermotor

AUFNAHMEN: WERKFOTO ADTRANZ (5)

7FDL ausgestattet, der 3300 PS leistet, und mit modernster Drehstrom-Drehstrom-Antriebstechnik. Über deren Vorteile ist an anderer Stelle in diesem Heft mehr zu lesen. Was das in der Praxis bedeutet, konnte der am 12. November 1996 bei Adtranz in Kassel der Öffentlichkeit vorgestellte Prototyp wenig später vor Kalizügen in Thüringen unter Beweis stellen. Auf der extrem steigungsreichen Strecke zwischen dem Kaliwerk Unterbreizbach und Vacha (bis zu 40 Promille Neigung) schleppte die 250 001 anstandslos 1016 t über den Berg, bei Anfahrversuchen in der Neigung brachte die Lok 870 t in Fahrt. Zum Vergleich: die Grenzlast der üblicherweise hier eingesetzten Baureihe 232 liegt auf dieser Strecke bei 400 t, und selbst der Kraftprotz 232 800, dessen Diesel aus Kolomna mit 4000 PS nominal 700 PS mehr leistet als der GE-Zwölfzylinder des Blue Tiger, hat hier eine Grenzlast von 600 t. Ein weiteres Beispiel aus der Kali-Praxis: Der abendliche Zug von Vacha nach Eisenach – 16-Promille-Rampe bei Förtha! – mit etwa 2200 bis 2300 t Last ist in der Regel Sache zweier 232; der Blue Tiger erledigte das allein, wobei er die Schlußlok quasi als zusätzlichen Ballast mitschleppte. Nun mag man einwenden, die äußeren Bedingungen seien vielleicht recht günstig gewesen . Aber dem muß entgegengehalten werden, daß just hier der große Vorteil der Dremstromtechnik liegt: Die präzise Steuerung für jede Achse sorgt für die optimalen Traktionsbedingungen immer selbst, und eine kleinste Dauerfahrgeschwindigkeit unter Last, die mit Rücksicht auf die Motoren bei Gleichstromloks bekanntlich nicht unterschritten werden darf, ist Drehstrommotoren fremd.

Alle reden vom Wetter? Nicht der Blue Tiger. WOLFGANG KLEE

Geschwister: Die „DE-AC 33 C", genannt Blue Tiger, und die „DE-DC 33 Ca" für Pakistan

Diesellokomotive aus dem Ellok-Baukasten

Von April bis August 1998 wurden von Adtranz 26 dieselelektrische Mehrzweck-Lokomotiven vom Typ DE 2000 mit Drehstromantriebstechnik an die staatliche griechische Eisenbahngesellschaft OSE geliefert. Sie können im schweren Güterverkehr in Doppeltraktion ebenso wie im schnellen Reisezugdienst oder vor Regionalzügen eingesetzt werden. Die Entwicklung und Konstruktion der Lokomotiven erfolgte bei Adtranz in Kassel, während die Endmontage aus Kapazitätsgründen im Schweizer Adtranz-Werk Tramont bei Zürich stattfand.

Die technischen Eigenschaften ihrer elektrischen Komponenten entsprechen denen der Elektrolok der BR 101 für die DB AG. Ihre Radsatzlast beträgt 20 t, die DE 2000 erreichen eine Höchstgeschwindigkeit von 160 km/h. Die Lokomotiven sind mit je zwei MTU-Dieselmotoren von 1050 kW ausgestattet (normalerweise haben moderne Diesellloks nur noch einen Diesel, aber die OSE verwendet gleiche Motoren bereits in ihrem Triebzug IC 2000, was den Unterhaltungsaufwand vereinfacht). Der Clou: Durch den modularen Aufbau ist es möglich, die DE 2000 in eine elektrische Lokomotive umzubauen, sobald eine fortschreitende Elektrifizierung des OSE-Streckennetzes dies als geraten erscheinen läßt. Dann könnte es auch sinnvoll sein, daß die 80 t schwere Bo'Bo'-Lok schon von vornherein auf eine Höchstgeschwindigkeit von 200 km/h ausgelegt worden ist (die entsprechenden lauf- und bremstechnischen Prüfungen hat die Lok absolviert, auch die Getriebe sind bereits für 200 km/h ausgelegt).

Was für Adtranz die Baureihe 101, ist für Siemens die Baureihe 152. Will sagen: Siemens liefert an die ÖBB eine dieselelektrische Lokomotive (ÖBB-Baureihe 2016), die als Variante der DB-Baureihe 152 dem Konzept der Eurosprinter-Familie folgt. So entsprechen die Drehgestelle weitgehend denen der DB-Güterzuglok, was für die ÖBB-Lok hohe Laufleistungen und Reserven verspricht, ist doch die mit 19,6 m LüP rund 1,40 m längere BR 152 für weit höhere Zugkräfte ausgelegt. Die Höchstgeschwindigkeit beträgt bei der BR 2016 – wie auch bei der 152 – 140 km/h.

Für die 40 fest bestellten Loks der BR 2016 sind Caterpillar-Dieselmotoren vorgesehen, optional kann auch der MTU-Motor 16 V 4000 eingebaut werden; im Gegensatz zu den OSE-Loks wird die 2016 nur einen Dieselmotor haben. Die Auslieferung der Maschinen soll Anfang 2002 beginnen, es besteht eine Option auf die Lieferung 110 weiterer Loks.

WOLFGANG KLEE

Die griechische Staatsbahn OSE besitzt 26 Adtranz-Loks vom Typ DE 2000, die in der Schweiz gebaut wurden

AUFNAHMEN: C. MÜLLER, BECKMANN

Legende Ost Keine andere Baureihe verkörperte so sehr die Eisenbahn und den Lokomotivbau der DDR wie die Baureihe 118. Im September 1992, als der Stern der Baureihe 228 längst im Sinken begriffen ist, verläßt die 228 616 mit einem Sandzug den Bahnhof Eilsleben. Im benachbarten Bw warten derweil vier ihrer Schwestern auf die nächsten Einsätze ... oder den Schneidbrenner AUFNAHME: C. ERNST

Bei Versuchsfahrten auf der Strecke Hamburg-Altona – Westerland (Foto) erreichte die 229 mit sechs Reisezugwagen am Haken nicht die Reisezeiten der dort üblicherweise eingesetzten Baureihe 218

Die Joghurtbecher-Lok

Betrachtungen eines Lokführers über die Baureihe 229

An Vorschußlorbeeren hatte es nicht gefehlt. Für 3,5 Mio. DM pro Lok werde, so war der Fachpresse zu entnehmen, die Abteilung Maschinenwirtschaft der Deutschen Reichsbahn in Zusammenarbeit mit der Firma Krupp in Essen eine moderne und leistungsstarke Diesellokomotive für den Streckendienst entstehen lassen. Vorgesehen war, die 20 umgebauten Loks beim Bw Berlin Hbf zu beheimaten und von dort aus im IC-Verkehr nach Braunschweig und Hamburg einzusetzen. Dieser Vorgabe entsprechend begann der planmäßige Einsatz der 229 zum Sommerfahrplan 1993, und mit entsprechendem Vorlauf die Ausbildung der Lokomotivführer. Und die waren beim ersten Anblick der Lok durchaus begeistert. Aus der schmuddeligen 119 ist eine gut aussehende Lokomotive entstanden, die durch ihr Äußeres modernes Design und traditionelle Form in einen selten angenehmen Einklang bringt. Doch im Inneren der Lok sieht die Sache ganz anders aus. Zwar sind mit der elektronischen Motorregelung, dem rechnergesteuerten Vorwärmgerät und der neu entwickelten ZEV (Zentrale Energie Versorgung) durchaus interessante Neuerungen enthalten, insgesamt jedoch konnte die 229 aufgrund konstruktiver Mängel im Alltagsbetrieb keinen Ruhm erlangen. Ungeachtet der Frage, inwieweit es Sinn gemacht hat, noch Anfang der 90er Jahre mit einem Investitionsvolumen von über 70 Mio. DM (öffentliche Gelder!) eine zusätzliche Splittergattung zu schaffen, kann sich der Entschluß, ausgerechnet eine zweimotorige Lokomotive ohne dynamische Bremse für den IC-Dienst zu modernisieren, eigentlich nicht als besonders richtungsweisend für die Entwicklung des deutschen Lokomotivbaus herausgestellt haben. Im Resultat jedenfalls hat die 229 der Zugförderung bislang mehr Probleme als Nutzen bereitet. Die Leistungsvorgabe der 229 bestand darin, 218-Doppeltraktionen ohne Einschränkungen ersetzen zu können. Bei Personalschulungsfahrten mit dem Eilzugpaar 3704/3723 von Hmburg-Altona nach Westerland (Sylt) konnte die 229 jedoch nicht einmal die Fahrzeit einer 218 einhalten, obwohl die Züge nur aus sechs Eilzugwagen bestehen. Obendrein wurden rund 15 % mehr Kraftstoff verbraucht. Noch krasser wirkte sich die Schwäche dieser Lok später auf der baustellenreichen Strecke Hamburg – Berlin aus. Bei den zahlreichen Geschwindigkeitswechseln konnte mit der 229 keine Verspä-

Die ersten Maschinen wurden als BR 119 Ende der siebziger Jahre an die Deutsche Reichsbahn geliefert und stammten aus rumänischer Produktion. Das moderne Erscheinungsbild konnte aber auch damals schon die marode Technik nicht verbergen …

Für 70 Mio. DM wurde eine Splittergattung von 20 Maschinen geschaffen, für die bis heute kein geeignetes Einsatzfeld gefunden wurde, das nicht auch hätte von einer anderen Baureihe übernommen werden können

AUFNAHME: SIEWKE

Auch im InterCity-Dienst zwischen Hamburg und Berlin konnte sich die Baureihe 229 aufgrund der vielen Langsamfahrstellen und fehlendem Beschleunigungsvermögen nicht behaupten

Die Loks stehen öfter im Betriebswerk, als sie auf der Strecke anzutreffen wären (unten)

tung herausgefahren werden, die 229 zieht, wie man in Norddeutschland sagt, im Zweifelsfall keinen Hering vom Teller! Hinzu kommen einige mehr oder weniger markante technische ‚Raffinessen', auf die hier kurz eingegangen werden soll. So verfügen die 229 nach wie vor über die veralteten Getriebe der Bauart ‚Dresden'. (Die letzlich Ursache dafür sind, daß die Abgabeleistung der Dieselmotoren nicht an den Zughaken zu bringen ist.) Die Getriebesteuerung wurde allerdings derart verkompliziert, daß sich beispielsweise bei einer Wendeschaltstörung nach wenigen Sekunden der betreffende Dieselmotor abstellt. Diese Störung ist nur durch Aufnahme der Bodenplatten auf dem Führerstand, Absperren der Steuerluft und anschließender Wendehand- bzw. Wendenotschaltung zu beseitigen. Dazu braucht der darniederknieende Lokführer beide Hände, die eine zur Betätigung der Verriegelungswippe, die andere, um mit Hilfe eines 19er Maulschlüssels den Vierkant zu verlegen. Eine Wandlerfüllung oder -teilfüllung als Hilfe, etwa eine ‚Zahn-vor-Zahn- Stellung' zu beseitigen, ist bei der 229 schaltungstechnisch nicht vorgesehen worden. Auch die Lage des Sifa-Absperrhahnes konnte von den Konstrukteuren kaum ungünstiger gewählt werden. Ein zentrales Luftgerüst etwa, wie bei wirklich modernen Maschinen sucht der Lokführer auf der 229 vergeblich, stattdessen sind die Luftabsperrhähne über die ganze Lok, und dabei teilweise noch schwer zugänglich, verteilt. So hat sich schon mancher Lokführer beim Verlegen des Sifa-Absperrhahns, der an der engsten Stelle des Hilfsganges völlig unzugänglich angebracht ist, die Knochen verrenkt. Zum Trost befindet sich in der Störliste der Lok der Hinweis: ‚Vorsicht! Beim Betätigen des Sifahahnes kann es bei Unachtsamkeit zum Kontakt mit heißen Kühlwasserrohrleitungen kommen!'. Lediglich bei der 229 106 hat man nachträglich den Sifahahn etwas günstiger gelegt. Auf wenig Gegenliebe der Lokführer stößt auch das Zusatzbremsventil ‚ZB 11-1'. Es handelt sich dabei um ein sich selbständig in Mittelstellung legendes Ventil. Da dieses ZB 11-1 nicht in der Lösestellung verbleiben kann, ohne daß es festgehalten wird, ist im Fall, daß eine

Die komplizierte Getriebesteuerung schaltet bei einer Störung den Dieselmotor komplett ab. Zur Wiederinbetriebnahme werden dem Lokführer akrobatische Fähigkeiten abverlangt

Die Luftabsperrhähne sind völlig unzugänglich über die ganze Lok verteilt

AUFNAHMEN: B. SCHULZ

229 als Wagenlok eingestellt wird, der einwandfreie Lösezustand nicht gewährleistet, und in einigen dieser Fälle hat es schon diesbezügliche Probleme gegeben. Der absolute ‚Hit‘ bei der 229 ist jedoch die Notabstellung der Dieselmotoren. Nicht wie sonst üblich wird bei den Motoren der 229 bei der Notabstellung schlagartig die Kraftstoffzufuhr unterbrochen, sondern hier sprechen spezielle Schnellschlußklappen an und nehmen den Motoren die Verbrennungsluft weg. Laufen nun die Motoren mit einer höheren als der Leerlaufdrehzahl, besteht die Gefahr, daß der nach der Notabstellung noch weiter geförderte Kraftstoff aus den Verbrennungsräumen an den Laufbuchsen herunter ins Kurbelgehäuse läuft, und dort neben einer Ölverdünnung auch eine gefährliche Vergasung herbeiführen kann. In diesen Fällen dürfen die Motoren durch den Lokführer nicht mehr gestartet werden, die Lok muß der Werkstatt zugeführt werden. Diese Schaltung hat schon zu mehreren Ausspannern geführt, auch daher rührend, daß eine auf dem Führerstand mitfahrende Person seine Utensilien aus Versehen auf dem ‚Not-Aus‘-Schalter abgelegt hat. Der ist nämlich offen auf der Ablagefläche der Beimannseite angebracht. Um die Zuglaufstörungen mit der 229 zu verringern, hat das Bw Berlin Hbf daraufhin sämtliche 229 mit je zwei Joghurtbechern ausgestattet. Diese werden umgekehrt über die ‚Not-Aus‘-Schalter gestülpt und verhindern so eine ungewollte Betätigung.

Kraftstoff kann nach der Notabstellung an den Laufbuchsen ins Kurbelgehäuse herunterlaufen und eine Vergasung herbeiführen

Unverzichtbares Utensil auf dem 229-Führerstand: Plastik-Joghurtbecher zur Verhinderung einer ungewollten Betätigung des ‚Not-Aus‘-Schalters

Schon bald, nachdem die 229 ihren planmäßigen Betrieb aufgenommen hatte, stand selbiger schon wieder zur Disposition. Eine von der DB-AG-Zentrale gewünschte Fahrzeitverkürzung zwischen Hamburg und Berlin war mit der 229 nicht realisierbar. So wurden die 229 zum Sommerfahrplan 1994 nach nur einjähriger Dauer von der Strecke Hamburg – Berlin wieder abgezogen. Doch im Februar 1995 tauchte die 229 nochmals in Hamburg auf. Weil eine qualitative Energieversorgung der aus klimatisierten ÖBB-Wagen bestehenden Züge EC 28 und EC 29 ‚Prinz Eugen‘ auf dem Abschnitt Hamburg-Altona – Kiel mit der BR 218 nicht möglich war, griff man kurz entschlossen auf die 229 zurück. Und zur Ehrenrettung der Lok muß festgestellt werden, daß diese Einsätze völlig unproblematisch verlaufen sind. Zur Optimierung des Lokumlaufes hat man zwei weitere IC-Paare auf der Relation Hamburg – Kiel mit der 229 bespannt. Mit Aufnahme des elektrischen Betriebes am 24. September 1995 sind die 229 in Hamburg überflüssig geworden und wurden nach Erfurt abgefahren.

V. Siewke

Auch in Schleswig-Holstein wurden die 229 nach der Elektrifizierung nicht mehr benötigt. Hier der Lokzug nach Süden

Immer wieder Aushilfsdienste: In den ersten Monaten reichte der Fahrdraht für den ICE noch nicht bis zum Bahnhof Berlin Zoo. 229 mit Scharfenberg-Kupplung (rechts)

AUFNAHMEN: V. SIEWKE, B. SCHULZ

DIESELTRIEBFAHRZEUGE IN DEUTSCHLAND

Die leistungsschwächste Vertreterin der Wehrmachtsdiesellokomotiven war die Bauart WR 200 B 14, die später als Baureihe V 20 bezeichnet wurde

Baureihe V 20 (DB 270)

Das Entwicklungsprogramm für Diesellloks der deutschen Wehrmacht enthielt auch eine Maschine mit einer Leistung von 200 PS (145 kW). Diese Bauart, die die Bezeichnung WR 200 B 14 erhielt, war eine Entwicklung der Firmen Deutz, Gmeinder, Jung, Krupp, O & K und Schwartzkopff. Die Maschinen sollten als Rangierloks auf militärischen Anschlußbahnen und zum Bewegen von Eisenbahngeschützen eingesetzt werden. 1936 wurde die erste Vorauslokomotive dieser Type an die Wehrmacht abgeliefert, die in allen wesentlichen Merkmalen den späteren Serienloks entsprach.

Konstruktion

Der geschweißte Rahmen bestand aus zwei Seitenträgern, den Stirnplatten und Querträgern. Die Stirnplatten dienten gleichzeitig als Pufferträger. In den seitlichen Rahmenteilen sind Ausschnitte für die beiden Radsätze und für die Blindwelle. Als Aufbauten sind einerseits der über die gesamte Fahrzeugbreite reichende Führerstand, der am hinteren Ende des Fahrzeugs angeordnet ist, und die Vorbauhaube vorhanden.

Für den Antrieb standen anfangs Dieselmotoren von Deutz (Typ 6 M 324) mit 145 kW bei 800 U/min, MWM (Typ RMS 326 S) mit 145 kW bei 900 U/min sowie von DWK mit 160 kW Leistung zur Verfügung. Nach späteren Aufarbeitungen wurden einheitlich die Motoren von Deutz (A 6 M 324) und von MaK verwendet. Die Antriebsleistung wurde über ein hydraulisches Getriebe vom Typ L 33y der Firma Voith übertragen. Daran schloß sich ein zweistufiges Wendegetriebe an, von wo aus die Leistung an eine Blindwelle, und von dort über Kuppelstangen auf beide Radsätze übertragen wurde.

Als Bremsanlage wurde eine selbsttätige, einlösige Knorrbremse mit Zusatzbremse eingebaut, die auf beide Radsätze von vorn wirkte. Die hierfür nötige Druckluft wurde von einem zweistufigen Dreizylinderluftpresser erzeugt und in zwei 160 l-Behältern gespeichert. Der Antrieb des Luftpressers erfolgte über Keilriemen durch den Fahrmotor. Ebenfalls über Keilriemen war die Lichtmaschine zur Versorgung des 24 Volt Bordnetzes angetrieben.

Betriebseinsatz

Beide deutsche Staatsbahnen arbeiteten die nach 1945 übernommen Loks auf – soweit es der Zustand zuließ – und reiten sie unter der Bezeichnung V 20 in den Fahrzeugpark ein. Im Bereich der späteren DB wurden 25 Exemplare vorgefunden. Auch verwandte Baureihen, teilweise mit mechanischen Getrieben, wurden nach erfolgter Aufarbeitung der Baureihe V 20 zugeordnet (V 20 051 – 060). Ab 1968 erhielten die Loks die neue Bezeichnung 270. Erst 1980 schied als letzte Maschine ihrer Reihe die 270 054, die zuletzt beim Bw Ludwigshafen im Dienst stand, aus dem DB-Bestand aus. Ähnlich wie bei der DB war auch die Situation der Deutschen Reichsbahn in Bezug auf die V 20 nach 1945. Auch hier wurden artverwandte Loks mit der Gattung WR 200 B 14 zusammengefaßt. Eine EDV-Nummer erhielten diese Maschinen nicht mehr, da 1970 bereits alle Maschinen aus dem aktiven Dienst ausgeschieden waren. Bei Privat- und Museumsbahnen finden sich auch heute noch einige Exemplare dieser Baureihe im Einsatz.

TECHNISCHE DATEN

Baureihenbezeichnung		bis 1968	V 20
		ab 1968 (DB)	270
Indienststellung (1. Jahr)			1936
Hersteller			Jung, Gmeinder, KHD, Schwartzkopff
Achsformel			B
Spurweite		mm	1435
Länge über Puffer		mm	8000
Dienstmasse (2/3 Vorräte)		t	27
Dieselkraftstoff		l	300/400
Dieselmotor(en)	Anzahl		1
	Hersteller		Deutz, MaK
	Leistung	kW	145
	Drehzahl	U/min	800/900
Art der Kraftübertragung			hydraulisch
Höchstgeschwindigkeit		km/h	55
Anfahrzugkraft		kN	80
Art der Zugheizeinrichtung			–

REDAKTION: BODO JASTER; FOTO: SLG. J. BÜGEL

Als Ersatz für die pfälzischen Dampflokomotiven auf der Strecke Meckenheim – Mundenheim kamen die Dieselloks der Baureihe V 29 zum Einsatz

Baureihe V 29

Zur Ablösung der ehemaligen pfälzischen Straßenbahn-Dampflokomotiven 99 087 und 99 091 auf der 1000-mm-Schmalspurstrecke zwischen Meckenheim und Mundenheim suchte die Deutsche Bundesbahn Anfang der fünfziger Jahre nach neuen geeigneten Fahrzeugen. In Zusammenarbeit mit dem Bundesbahn-Zentralamt München entwarf die Firma Jung den neuen Lokomotivtyp. Dabei entstand eine Drehgestellmaschine mit zwei zweiachsigen Drehgestellen, die konstruktiv im Prinzip aus zwei kurzgekuppelten Kleinloks mit einem mittig darauf gelagerten Führerhaus bestand. 1952 lieferte Jung drei dieser Loks als V 29 951 – 953 an die Deutsche Bundesbahn.

Konstruktion

Die beiden Drehgestelle wurden als geschweißte Kastenrahmen aus 20 mm starken Blechen gebaut. Die Stirnseiten waren zur Aufnahme der Kurzkupplung bzw. der Mittelpufferkupplung verstärkt ausgeführt. Auf jedem Drehgestell war ein halbhoher Vorbau montiert, der zu den Stirnseiten hin wegen besserer Streckensicht abgeschrägt war. Der Führerstand war zwischen den beiden Vorbauten in üblicher Dreipunktlagerung auf den beiden Drehgestellen abgestützt.

Die Dieselmotoren waren serienmäßige Lkw-Motoren vom Typ A 8 L 614 der Firma Deutz. Sie gaben jeweils eine Leistung von 107 kW bei einer Drehzahl von 2000 U/min ab. Die Antriebsleistung wurde über eine Rutschkupplung und Verbindungswelle auf ein Voith Strömungsgetriebe der Bauart L 33y übertragen. Von dem direkt angeflanschten Wendegetriebe aus wurde die Leistung über Rollenketten auf jeweils beide Radsätze eines Drehgestells weitergegeben.

Die Bremseinrichtungen bestanden aus einer Saugluftbremse für den Zug und einer direkt wirkenden Druckluftbremse für die Lok. Die V 29 952 erhielt später statt der Vakuumbremse eine selbsttätig wirkende Druckluftbremse der Bauart KE-GP mZ. Ein luftgekühlter Deutz-Hilfsdieselmotor vom Typ A 2 L 514 trieb über Keilriemen den Luftpresser, die Vakuumpumpe und die Lichtmaschinen an. Eine Lichtmaschine diente zur Versorgung des elektrischen Bordnetzes der Lok. Zwei weitere Generatoren versorgten bei Bedarf die elektrische Beleuchtung des Wagenparks.

Betriebseinsatz

Nach ihrer Ablieferung im Jahre 1952 kamen die Loks auf der Strecke Meckenheim – Mundenheim zum Einsatz. Wegen der Stillegung ihrer Stammstrecke 1956 kamen zwei der drei Maschinen (V 29 951 und 953) zur als „Wallhalla-Bahn" bezeichneten Strecke Regensburg – Wörth und lösten dort erneut die bislang eingesetzten Dampfloks ab. Nur kurze Zeit nach ihrer Umzeichnung in 299 951 und 953 im Jahre 1968 wurden die beiden Maschinen ausgemustert und verschrottet.

Die V 29 952 wurde zur Strecke Nagold – Altensteig umgesetzt, wo sie bis 1967 eingesetzt wurde. Nach der Stillegung dieser Strecke verkaufte die DB die Maschine an die Mittelbadische Eisenbahn-Gesellschaft (MEG). Dort bestand bis Ende 1980 Bedarf an der nun als V 29 01 bezeichneten Lok. Ein knappes Jahr später kam die Lok in den Bestand der Deutschen Gesellschaft für Eisenbahngeschichte (DGEG).

TECHNISCHE DATEN

Baureihenbezeichnung		bis 1968	V 29
		ab 1968	299
Indienststellung (1. Jahr)			1952
Hersteller			Jung
Achsformel			B'B'
Spurweite		mm	1000
Länge über Puffer		mm	9140
Dienstmasse (2/3 Vorräte)		t	28
Dieselkraftstoff		l	600
Dieselmotor(en)	Anzahl		2
	Hersteller		Deutz
	Leistung	kW	107
	Drehzahl	U/min	2000
Art der Kraftübertragung			hydraulisch
Höchstgeschwindigkeit		km/h	42
Anfahrzugkraft		kN	91,2
Art der Zugheizeinrichtung			–

REDAKTION: BODO JASTER; FOTO: ERNST

Die zahlenmäßig am häufigsten gebaute Wehrmachts-Diesellokbaureihe war die WR 360 C 14, die noch heute bei Museumsbahnen im Einsatz ist

Baureihe V 36 (DB 236/DR 103)

Das Entwicklungsprogramm für Dieselloks der Wehrmacht sah neben 145-, 175- und 405-kW-Lokomotiven auch eine Baureihe mit 265-kW-Motoren (360 PS) vor. Dieser Typ erhielt die Bezeichnung WR 360 C 14 (360 PS, Achsfolge C, 14 t mittlere Radsatzlast). Die Standardausführung wurde mit hydraulischer Leistungsübertragung in 292 Exemplaren gebaut und stellte damals den am häufigsten gebauten Dielselloktyp in Europa dar. Hersteller waren die Lokomotivfabriken Krupp, O & K, Henschel, Schwartzkopff (BMAG), Deutz und Jung. Zusätzlich wurde eine Anzahl Lokomotiven mit der gleichen installierten Leistung und Achsfolge, aber mit mechanischer Leistungsübertragung vor allem von den Deutschen Werken Kiel (DWK) gebaut. Eine Musterlokomotive im Jahre 1938 wurde von DWK mit außenliegender Blindwelle und einem Radsatzstand von 3500 mm sowie Mittelführerstand ausgeführt. Die Lokomotive zeigte unbefriedigende Laufeigenschaften, so daß die folgenden 14 Lokomotiven mit einem verlängerten Achsstand (4200 mm) und zwischen dem zweiten und dritten Treibradsatz liegender Blindwelle gebaut wurden. Außerdem war der Führerstand wie bei den Standardlokomotiven an das Fahrzeugende verlegt worden. Die überwiegende Zahl war in Standardausführung gebaut worden und zeigte nur unwesentliche Bauunterschiede.

Konstruktion

Der Fahrzeugrahmen war als vollständig geschweißter Innenrahmen ausgeführt und bestand aus den zwei Längsträgern, mehreren Querträgern und den beiden Stirnplatten, die auch die Zug- und Stoßeinrichtungen trugen. Die Längsträger wiesen Ausschnitte für die Achslager sowie den Durchbruch für die zwischen zweitem und drittem Radsatz angeordnete Blindwelle auf. Der Fahrzeugaufbau bestand aus Profilstählen und Blechen. Der Vorbau, unter dem sich die Aggregate und Hilfseinrichtungen befanden, war seitlich eingezogen und von einem begehbaren Umlauf umgeben. Seitliche Türen und Klappen sowie eine oben auf dem Vorbau befindliche Klappe erlaubten Wartungsarbeiten an den Antriebsaggregaten. Der Führerstand befand sich am hinteren Fahrzeugende und erstreckte sich über die gesamte Breite. Der Zugang zum Führerstand war über seitliche Einstiegstüren möglich. Außerdem erlaubte eine links angeordnete Tür das Betreten des Umlaufs vom Führerstand aus. Zusätzlich war eine Tür mit einem herunter klappbaren Übergangsblech an der Führerhausrückwand eingebaut. Bei der DB erhielten einige Loks eine Führerhauskanzel, die einen besseren Überblick über die Strecke erlaubte und damit die Ein-Mann-Bedienung zuließ.

TECHNISCHE DATEN

Baureihenbezeichnung			V 36
	ab 1968 (DB)		236
	ab 1970 (DR)		103
Indienststellung (1. Jahr)			1938
Hersteller			O & K, Krupp, Henschel, DWK, u.a.
Achsformel			C
Spurweite		mm	1435
Länge über Puffer		mm	9200/9240[1]
Dienstmasse (2/3 Vorräte)		t	38,5 bis 42
Dieselkraftstoff		l	400/700/1500
Dieselmotor(en)	Anzahl		1
	Hersteller		Deutz, DWK, MWM, SKL
	Leistung	kW	265
	Drehzahl	U/min	600
Art der Kraftübertragung			hydraulisch/mechanisch[2]
Höchstgeschwindigkeit		km/h	55/60
Anfahrzugkraft		kN	130
Art der Zugheizeinrichtung			–

[1] V 36 401 – 418 [2] V 36 301, 310 – 318

Zur Verbesserung der Übersicht des Lokführers erhielten einige V 36 bei der DB eine Dachkanzel

Die ursprünglich eingebauten langsamlaufenden Dieselmotoren stammten von den Firmen Deutz, MWM und DWK. Die DR baute später – wenn erforderlich – Sechszylinder-Reihenmotoren von SKL vom Typ 6 NVD 36 ein. Vom Motor aus gelangte die Antriebsleistung zu einem Voith-Strömungsgetriebe vom Typ L 37, das einen Wandler- und zwei Kupplungsgänge auswies. Über das Nachschalt-, Stufen- und Wendegetriebe wurde die Leistung auf die Blindwelle übertragen und von dort aus weiter über Kuppelstangen auf die drei angetriebenen Radsätze. Zum Anlassen des Dieselmotors wurde Druckluft verwendet, die aus besonderen Aufladeventilen aus den beiden ersten Zylindern entnommen und in zwei Druckluftbehältern von je 250 Litern Inhalt bei maximal 30 bar gespeichert wurde.
Die Bremsanlage der V 36 bestand aus einer selbsttätigen, einlösigen Druckluftbremse Bauart Knorr mit Zusatzbremse. Zur Sicherung der Lok im Stillstand war eine Wurfhebelbremse vorhanden. Alle Radsätze wurde einseitig von vorn mit Graugußklötzen abgebremst. Die benötigte Druckluft erzeugte ein keilriemengetriebener Luftpresser. Die Loks besaßen die üblichen Signaleinrichtungen wie Dreilichtspitzenbeleuchtung und Luftpfeife. Für den Streckeneinsatz erhielten einige Maschinen eine wegabhängige Sicherheitsfahrschaltung.

Betriebseinsatz

Durch die Verwendung dieser Diesellokomotivbauart überwiegend in militärischen Anlagen war sie durch Kriegseinwirkungen besonders stark dezimiert worden. Dennoch wurden nach 1945 in den damaligen Besatzungszonen in Deutschland zahlreiche einsatzfähige oder aufarbeitungswürdige WR 360 C 14 aufgefunden. So gelangten etwa 40 Maschinen zur Deutschen Reichsbahn und 70 zur Deutschen Bundesbahn. Aufgebaut und in den Einsatzbestand aufgenommen wurden bei der DR 35 Lokomotiven. Sie wiesen zunächst zum Teil unrichtige Baureihenbezeichnungen auf (V 10, V 11 und V21). 1957 nummerte sie die DR entsprechend den verwendeten Dieselmotoren um. Die Lokomotiven dieser Baureihe wurden vorwiegend im Rangierdienst eingesetzt. Sie waren aber auch vor Arbeitszügen, Leig-Einheiten, Nahgüterzügen und sogar im leichten Reisezugdienst auf Nebenstrecken zu sehen. Mit dem Aufkommen der Neubaufahrzeuge V 60 und VT 2.09.1 (jetzt Baureihen 346 und 771/772) wurden sie langsam in den Dienst in Ausbesserungswerken und Anschlußbahnen verdrängt.
Mitte der sechziger Jahre baute man in die V 36 030 den langsamlaufenden SKL-Sechszylinder-Reihenmotor 6 NVD 36 ein. Er bewährte sich so gut, daß er in etwa 25 weiteren Loks als Ersatz für nicht mehr aufarbeitungswürdige Altbaumotoren Verwendung fand. Bei der Einführung der EDV-Betriebsnummern bei der DR wurde für die Baureihe V36 die neue Nummer 103 vergeben. Zwischenzeitlich wurden viele Loks dieser Baureihe ausgemustert. Die letzten sechs Lokomotiven waren in den Bw Neuruppin und Wismar beheimatet. Nach Fristablauf wurden mit einer Ausnahme alle abgestellt: Einzige erhaltene Maschine der DR ist die 103 027, die als Traditionslok für Sondereinsätze vorgehalten wird.
Bei der DB verblieben die DWK-Musterlok mit Mittenführerstand (V 36 310) und acht weitere dieselmechanische Maschinen (V 36 301, V 36 311 bis V 36 315, V 36 317 und V 36 318). Die V 36 310 und V 36 301 waren vor ihrer Ausmusterung als V 9678 und V 9679 vor Schienenschleifzügen im Einsatz. Alle anderen dieselmechanischen V 36 wurden bis 1955 an Privatbahnen verkauft.
Zur DB kamen etwa 70 Fahrzeuge der Standardbauart. Die aufarbeitungswürdigen WR 360 C 14 wurden instandgesetzt und bald als V 36 bei der DB im Rangier- und Nebenstreckendienst eingesetzt. Sie trugen die Betriebsnummern V 36 101 bis V 36 126 und V 36 201 bis V 36 239.
Aufgrund ihrer Bewährung und des Triebfahrzeugmangels wurden zunächst 14 Loks durch die Holmag (später MaK) fast unverändert nachgebaut. 1950 folgte eine weitere Neubauserie von 18 Maschinen (V 36 401 – 418) von MaK. Um die Baureihe V 36 auch für den Nebenbahn-Reisezugdienst einsetzen zu können, erhielten einige Maschinen eine Sifa und einen Kanzelaufbau auf dem Führerhausdach. Damit konnten die Maschinen auch im Streckendienst einmännig gefahren werden.
1968 waren noch 89 Maschinen dieser Baureihe im Einsatzbestand der DB. Sie trugen nun die Bezeichnung 236. Das verstärkte Aufkommen von Neubauloks führte dazu, daß die V 36 in den Arbeitszugdienst und zu Einsätzen in den Ausbesserungswerken der DB herangezogen wurden. Viele Maschinen wurden auch verkauft oder bereits verschrottet. Am 22. August 1981 schieden die 236 253 und die 236 405 als letzte Maschinen ihrer Art aus. Zwei Exemplare bewahrte die DB schon damals für die Nachwelt auf: die V 36 108 und die V 36 123 mit Dachkanzel. Auch bei Museums- und Privatbahnen existieren noch einige Vertreterinnen dieser Baureihe.

Für den Einsatz vor Schienenschleifzügen fand die V 9679 (ehem. V 36 310) noch lange Verwendung

REDAKTION: BODO JASTER; FOTOS: SLG. VÖLK, SKRZYPNIK, SLG. NIEDT

Für die Eisenbahnen des Saarlandes wurden wegen der politischen Umstände in den fünfziger Jahren insgesamt zehn V 45 aus Frankreich beschafft

Baureihe V 45 (DB 245)

Die „Eisenbahnen des Saarlandes" entstanden 1947 als eigenständige Bahnverwaltung im unter französischer Verwaltung stehenden Saarland. Für den Rangierdienst benötigten sie Mitte der fünfziger Jahre Diesellokomotiven, die aufgrund der bestehenden politischen und wirtschaftlichen Bindung an Frankreich bei der „Société Alsacienne de Constructions Mechanique" (SACM) im elsässischen Graffenstaden bestellt wurden. Die französischen Staatsbahnen SNCF erhielten zwischen 1953 und 1957 insgesamt 88 zweiachsige Rangierlokomotiven. Sie wurden zum Vorbild für die zehn im Jahre 1956 an die Eisenbahnen des Saarlandes gelieferten Lokomotiven V 45 001 – 010.

Konstruktion

Die Lokomotiven besaßen einen geschweißten Außenrahmen mit Ausschnitten für die Gehäuse der Achslager und für Wartungsarbeiten an den Antriebsketten. Der Rahmen war mit außenliegenden Blattfedern gegen die Radsatzlagergehäuse der beiden in Gleitlagern geführten Radsätze abgefedert. Am hinteren Ende des Fahrzeuges befand sich das Führerhaus, welches über die gesamte Lokbreite reichte, mit Türen an der rechten Stirnseite vom Umlauf her und an der linken Seite der Rückwand über den Rangiertritt. An der Rückseite des Führerhauses befand sich ein kleiner Anbau für die Schaltanlage und Hilfseinrichtungen. Der lange schmale Motorvorbau war über zahlreiche seitliche Klappen zugänglich. Als Antriebs-Dieselmotor diente ein Zwölfzylinder-V-Motor vom Typ Saurer SBD ohne Aufladung mit einer Leistung von 294 kW. Über ein hydraulisches Strömungsgetriebe der Bauart Voith L 24 U und das Nachschaltwendegetriebe wurde die Antriebsleistung mittels Rollenketten auf die beiden Achsen übertragen.

Betriebseinsatz

Die Eisenbahnen des Saarlandes beheimateten die Lokomotiven V 45 001 – 010 beim Bw Saarbrücken Hbf, von wo aus sie im Rangier- und Übergabedienst eingesetzt wurden. Hieran änderte sich zunächst auch nach der 1957 erfolgten Eingliederung in die DB nichts. Weil die Maschinen jetzt eine Splittergattung darstellten, versuchte die DB, sie zu verkaufen. Als dieses Vorhaben fehlschlug, wurden die Maschinen als Werkloks an die AW Duisburg-Wedau (V 45 008), Köln-Nippes (V 45 003), Krefeld-Oppum (V 45 009), Opladen (V 45 005), Paderborn (V 45 004, 010), Schwerte (V 45 006) und Witten (V 45 007) verteilt. Als einzige ihrer Reihe kam die V 45 005 ab 1967 vom Bw Bayreuth aus in den Personenzugdienst zwischen Falls und Gefrees in Oberfranken, wobei als Wagen wegen der fehlenden Zugheizeinrichtung alte „Donnerbüchsen" der Bauart Bi 28 mit Kanonenofen verwandt wurden. Im Jahr 1974 war die Lok wieder im AW Witten. 1968 wurden noch acht Maschinen zur Baureihe 245 umgezeichnet. Am 20. Dezember 1980 wurde die 245 004 als Letzte aus dem Bestand der DB ausgemustert. Die 245 009 wird heute vom Verkehrsmuseum Nürnberg aufbewahrt, die 245 010 steht als Denkmal in Paderborn.

TECHNISCHE DATEN

Baureihenbezeichnung	bis 1968		V 45
	ab 1968		245
Indienststellung (1. Jahr)			1956
Hersteller			SACM
Achsformel			B
Länge über Puffer		mm	9360
Dienstmasse		t	33,5
Dieselkraftstoff		l	450
Dieselmotor(en)	Anzahl		1
	Hersteller		Saurer
	Leistung	kW	294
	Drehzahl	U/min	1500
Art der Kraftübertragung			hydraulisch
Höchstgeschwindigkeit			
	Rangiergang	km/h	29,5
	Streckengang	km/h	50
Anfahrzugkraft		kN	145,9
Art der Zugheizeinrichtung			–

REDAKTION: AXEL ENDERLEIN; FOTO: VÖLK

Mit lokbespannten Zügen wie diesem geben sich die Besteller der Nahverkehrsleistungen heute kaum mehr zufrieden. Moderne Triebwagen sind gefragt, für die 202 bleibt kein Platz (Grunow, Mai 1995) B. O. Sydow

Mit den Dieselloks der Baureihe V 51 stellte die DB Nachfolger für die überalterten Dampflokomotiven auf drei 750-mm-Schmalspurstrecken in Dienst

Baureihe V 51/52 (DB 251/252)

Für den Güterverkehr auf den drei württembergischen 750-mm-Schmalspurbahnen Heibronn Süd – Marbach (Neckar), Warthausen – Ochsenhausen und Schussenried – Buchau benötigte die DB zu Beginn der sechziger Jahre leistungsfähige Dieselloks zur Ablösung der alten Dampflokomotiven. Nach eingehender Prüfung entschied man sich für den vierachsigen Drehgestell-Typ G 480 B'B' der Firma MaK. 1964 lieferte Gmeinder nach einigen Verbesserungen der Konstruktion zusammen mit dem BZA München die drei Lokomotiven V 51 901 – 903, die beim Bw Ulm stationiert wurden.
Auch für die badische Meterspurstrecke Mosbach – Mudau war die Ablösung des Dampfbetriebes gewünscht. Da der MaK-Typ auch für 1000 mm Spurweite geeignet war, wurde er auch hier mit geringen Modifikationen durch Gmeinder mit den Betriebsnummern V 52 901 und 902 im Jahre 1964 an die DB geliefert und beim Bw Heidelberg beheimatet.

Konstruktion

Die Lokomotiven V 51 und V 52 waren bis auf wenige Ausnahmen identisch. Auf dem aus zwei Langträgern mit Stirnplatten, kastenförmigen Drehzapfenträgern und Querträgerblechen geschweißten Brükkenrahmen war der dreiteilige Aufbau mit dem etwa mittigen Führerhaus, in dessen Mitte sich das Führerpult befand, und den beiden Vorbauten aufgeschraubt. Der Rahmen stützte sich über Schichtgummifedern auf den beiden zweiachsigen Drehgestellen ab. Entsprechend den Einsatzstrecken verfügten die V 51 über eine Mittelpufferkupplung, während die V 52 einen Mittelpuffer mit zwei seitlichen Zugkupplungen besaßen.
Als Fahrmotoren kamen im längeren Vorbau zwei aufgeladene Achtzylinder-Reihenmotoren der Motorenwerke Mannheim vom Typ TRMS 518 A mit je 199 kW zum Einsatz, wie sie auch in den Kleinlokomotiven Köf III verwandt worden. Direkt an die Fahrmotoren angeflanscht war je ein hydraulischer dreistufiger Twin-Disc-Wandler des amerikanischen Herstellers Clutches Hydraulic Drives. Eine druckluftbetätigte Lamellen-Schaltkupplung zwischen Motor und Wandler ermöglichte das Trennen der Kraftübertragung.
Die Lokomotiven der Reihe V 52 besaßen zur Stromerzeugung für die Beleuchtung und Luftheizgeräte der Reisezugwagen zusätzlich im kurzen Vorbau einen 16,2 kW starken Hilfsdieselmotor, die V 51 waren für dessen Einbau vorbereitet. Die Fahrzeuge besaßen eine selbsttätige Druckluftbremse Bauart Knorr mit Zusatzbremse und eine wegabhängige Sicherheitsfahrschaltung.

Betriebseinsatz

1968 erhielten die V 51 die neuen Betriebsnummern 251 901 – 903, die V 52 die 252 901 und 902. Die durch Streckenstillegungen entbehrlich gewordene 251 901 verkaufte die DB 1971 an die Steiermärkische Landeseisenbahn. Am 30. November 1983 wurden nach der Stillegung der Strecke Ochsenhausen – Warthausen die beiden restlichen 251 ausgemustert. Die 251 902 gelangte an den „Öchsle Schmalspurbahn e.V.“, die 251 903 zu einer spanischen Gleisbaufirma. Auch die Strecke Mosbach – Mudau wurde 1973 stillgelegt, woraufhin die beiden 252 am 5. Juni 1973 ausgemustert wurden. Nach Umbau auf Regelspur kam die 252 901 als V 62 zur Albtal-Verkehrs-Gesellschaft. 1985 erfolgte ihr Verkauf nach Spanien. Die 252 902 gelangte als VL 46-01 zur Südwestdeutschen Eisenbahn-Gesellschaft, bevor sie 1986 nach Italien verkauft wurde.

TECHNISCHE DATEN

Baureihenbezeichnung	bis 1968	V 51	V 52
	ab 1968	251	252
Spurweite	mm	750	1000
Indienststellung (1. Jahr)		1964	1964
Hersteller		Gmeinder	Gmeinder
Achsformel		B'B'	B'B'
Länge über Puffer	mm	9810	9780
Dienstmasse	t	39	39
Dieselkraftstoff	l	1710	1710
Dieselmotor(en) Anzahl		2	2
Hersteller		MWM	MWM
Leistung	kW	199	199
Drehzahl	U/min	1600	1600
Art der Kraftübertragung		hydraulisch	hydraulisch
Höchstgeschwindigkeit	km/h	40	40
Anfahrzugkraft	kN	117,7	117,7
Art der Zugheizeinrichtung		–	elektrisch

REDAKTION: AXEL ENDERLEIN; FOTO: BELLINGRODT/SLG. KNIPPING

Neben vielen Privatbahnen beschaffte auch die Deutsche Bundesbahn 15 Exemplare der vierachsigen Diesellok 600 D. Sie wurden als V 65 bezeichnet

Baureihe V 65 (DB 265)

Für den Nebenbahndienst der Privatbahnen entwickelte die Maschinenbau Kiel AG (MaK) auf der Basis der Rangierlokomotive V 60 eine vierachsige Diesellok vom Typ 600 D, die sich aufgrund ihrer Bauart durch niedrige Beschaffungskosten auszeichnete. Die DB bestellte 15 leicht modifizierte Exemplare, die im Jahr 1956 als V 65 001 – 015 geliefert wurden.

Konstruktion

Der Fahrzeugteil der Lokomotive setzte sich aus dem Untergestell, dem Laufwerk, dem leicht außermittigen Führerhaus und den beiden Vorbauten zusammen. Das Untergestell war aus Stahlblechen und Walzprofilen geschweißt und bildete mit den Stirn- und Seitenwänden, der Deckplatte sowie Längs- und Querverbindungen den Rahmen der Lokomotive. Auf das Untergestell aufgeschraubt waren die aus Profilen mit aufgeschweißten Blechen gefertigten Vorbauten mit Klappen und Türen sowie das erhöht angeordnete Führerhaus, das vom Umlauf aus über Türen erreichbar war.

Die vier über Blattfedern abgestützten Radsätze waren um die etwa in Lokmitte befindliche Blindwelle paarweise angeordnet. Jedes Radsatzpaar war über Beugniothebel miteinander verbunden, welche durch das Ausschwenken der in Fahrtrichtung vorderen Achse die benachbarte Achse in Gegenrichtung verschoben, wodurch eine bessere Kurvenläufigkeit erreicht wurde.

Im vorderen, längeren Vorbau war der langsamlaufende aufgeladene 6-Zylinder-Reihenmotor MaK MS 301 C mit einer Leistung von 480 kW untergebracht. Über eine Gelenkwelle mit drehelastischer Kupplung gelangte die Motorleistung zum hydraulischen Voith-Getriebe mit dem direkt angeflanschten Stufen- und Wendegetriebe. Über eine Abtriebswelle wurde die Blindwelle angetrieben, welche die Kraft über Treib- und Kuppelstangen an die Treibradsätze weitergab. Der Fahrmotor wurde mittels Druckluft angelassen und elektropneumatisch gesteuert. Über eine pneumatische Steuerleitung und eine Schlauchkupplung war eine Doppeltraktion zweier V 65 möglich.

Betriebseinsatz

Die Lokomotiven wurden neu dem Bw Marburg für den Dienst auf den umliegenden Nebenbahnen zugeteilt. Zu Beginn der sechziger Jahre erfolgte die Beheimatung der V 65 001 – 004 und 006 in Puttgarden, später in Lübeck, für den Rangierdienst im Fährhafen. Die restlichen Maschinen kamen zum Bw Hamburg-Altona, wo sie unter anderem auf der Hafenbahn rangierten, für die sie aufgrund ihres kleinsten befahrbaren Bogenhalbmessers von 80 m besonders geeignet waren. Ab 1972 waren alle Maschinen, nun als Baureihe 265 bezeichnet, in Hamburg beheimatet.

Mit der 265 005 erfolgte am 19. April 1974 die erste Ausmusterung, am 21. Oktober 1980 schied als letzte die 265 004 aus dem Bestand der DB. Sie wurde an die Bentheimer Eisenbahn verkauft, wo sie bis 1983 als D 2 im Dienst stand. 1984 gelangte die Lok an eine Gleisbaufirma in Italien. Die 265 001 kam nach ihrer DB-Zeit als D 02" zur Meppen-Haselünner Eisenbahn, die 265 011 ins Museum Bochum-Dahlhausen der DGEG.

TECHNISCHE DATEN

Baureihenbezeichnung	bis 1968		V 65
	ab 1968		265
Indienststellung (1. Jahr)			1956
Hersteller			MaK
Achsformel			D
Länge über Puffer		mm	10740
Dienstmasse		t	54
Dieselkraftstoff		l	1130
Dieselmotor(en)	Anzahl		1
	Hersteller		MaK
	Leistung	kW	480
	Drehzahl	U/min	750
Art der Kraftübertragung			hydraulisch
Höchstgeschwindigkeit	Rangiergang	km/h	40
	Streckengang	km/h	80
Anfahrzugkraft		kN	166,6
Art der Zugheizeinrichtung			Dampf

REDAKTION: AXEL ENDERLEIN; FOTO: ERNST

Aus tschechischer Produktion stammen die für den Einsatz im Leipziger Rangierdienst gekauften dieselelektrischen Maschinen der Baureihe V 75

Baureihe V 75 (DR 107)

Für die in den Leipziger Bahnanlagen rangierenden Einheits-Tenderloks der BR 80 wurde zu Beginn der sechziger Jahre Ablösung notwendig. Wegen der damals noch geringen Erfahrungen mit Dieselrangierloks wich man ins Ausland aus. Bei den Tschechischen Staatsbahnen wurde man in der seit 1958 in großer Stückzahl beschafften Baureihe T 435.0, einer dieselelektrischen Lok mittlerer Leistungsklasse fündig. Die DR entschied sich 1962 zum Ankauf von 20 Maschinen. Gemäß ihrer Leistungsklasse bezeichnete man sie als V 75.

Konstruktion

Die Drehgestelle waren mit Drehtragzapfen im vollständig geschweißten Hauptrahmen gelagert. Dessen zwei Längsträger wurden durch vier kastenförmige Querträger verstärkt. Der Aufbau unterteilte sich in den Führerstand und in den dreigeteilten Vorbau für die gesamte Maschinenanlage. Der Motor war ein Sechszylinder-Viertakt-Dieselmotor vom DR-Typ 6 S 310, der langsamlaufend und wassergekühlt war. Der vordere Teil des Vorbaus nahm die Kühlanlage, den Luftverdichter und den Hauptluftbehälter auf. In der Mitte befand sich der Dieselmotor, an dessen Kurbelwelle der Hauptgenerator für die Traktion angeflanscht war, der den hinteren Teil des Vorbaus zusammen mit seinem Erregergenerator und dem Hilfsluftbehälter einnahm. Im hinteren Fahrzeugteil befand sich der Führerstand, der im Gegensatz zum eingezogenen Vorbau die gesamte Fahrzeugbreite ausnutzte und von hinten mittig über eine Bühne betreten wurde.

Als Bremseinrichtungen waren eine einlösige Westinghouse-Bremse, später eine Knorr-Bremse und Zusatzbremse vorhanden. Der Hauptgenerator für die elektrische Kraftübertragung brachte 470 kW Dauerleistung und versorgte die vier Reihenschluß-Tatzlagermotoren mit je 105 kW Dauerleistung. Vom Dieselmotor wurden außerdem der Luftverdichter mechanisch über ein Zwischengetriebe und ein Ladegenerator für das 110 V-Bordnetz angetrieben.

Betriebseinsatz

Die noch 1962 ausgelieferten Loks gingen ab dem 30. Oktober in Betrieb und wurden den Bw Leipzig Hbf Süd und Leipzig Hbf West zugeteilt. Ihr Einsatz erfolgte wie vorgesehen hauptsächlich im Rangierdienst.

Im Umzeichnungsplan von 1970 vergab man an die V 75 die Baureihenbezeichnung 107. Die nunmehr in großer Stückzahl aufkommenden V 60 verdrängten die V 75, so daß diese auf andere Bahnhöfe auswichen. Den letzten Einsatz bei der DR fuhr die 107 004 im Februar 1986 und wurde anschließend an den VEB Zementwerke Karsdorf verkauft, wo sie bis 1992 im Einsatz war. Heute befindet sich die Maschine in Obhut der Klingenthaler Eisenbahnfreunde.

TECHNISCHE DATEN

Baureihenbezeichnung	bis 1970		V 75
	ab 1970		107
Indienststellung (1. Jahr)			1962
Hersteller			ČKD
Achsformel			Bo'Bo'
Spurweite		mm	1435
Länge über Puffer		mm	12560
Dienstmasse (2/3 Vorräte)		t	62,6
Dieselkraftstoff		l	2000
Dieselmotor(en)	Anzahl		1
	Hersteller		ČKD
	Leistung	kW	552
	Drehzahl	U/min	750
Art der Kraftübertragung			elektrisch
Höchstgeschwindigkeit		km/h	60
Anfahrzugkraft		kN	202
Art der Zugheizeinrichtung			–

REDAKTION: JÖRG BADMANN; FOTO: WINKLER

Erste Einheits-Kleinlokbaureihe war die Kö I. Diese unscheinbaren Rangierfahrzeuge waren vielerorts noch lange Zeit im Einsatz anzutreffen

Baureihe Kö I (DB 311/DR 100.0)

Etwa 1931 begann eine „Arbeitsgemeinschaft für Motorkleinlokomotiven", der mehrere Lokfabriken angehörten, unter der Leitung des Reichsbahnzentralamtes, Einheitsbauarten für Kleinlokomotiven der Leistungsgruppen I und II aufzustellen. 1934 wurde die erste Prototype für die Leistungsgruppe I von der Firma Gmeinder vorgestellt. Diese Maschine mit einer Leistung von 18,4 bzw. 22 kW erhielt die Nummer Kö 0080. Die bis dahin gebauten Kleinloks waren je nach Hersteller unterschiedlich. Bis zur Ablieferung der ersten Serienkleinloks der Einheitsbauart (ab Kö 0105) wurden noch weitere uneinheitliche Ausführungen fertiggestellt. Bereits 1934 wurden 80 Einheits-Kleinloks (Kö 0105 – 0184) ausgeliefert. Von 1935 bis 1938 wurden weitere 105 Maschinen (Kö 0185 – 0289) beschafft, die einen stärkeren Motor mit 25,7 – 28,7 kW besaßen.

Konstruktion

Der Kastenrahmen war eine Schweißkonstruktion aus 10 mm starken Stahlblechen. Ab Kö 0185 wurden 30 mm starke Bleche verwendet. Vorne und hinten versteiften die Pufferträger den Rahmen. Mittlere Querträger dienten zur Aufnahme von Motor und Getriebe. Die anfangs verwendeten automatischen Rangierkupplungsbügel wurden später wegen Unfallgefahr durch reguläre Schraubenkupplungen ersetzt. Unter der schmalen Haube des Vorbaus waren Motor, Kühler, Auspuffschalldämpfer, Kraftstoffbehälter und Rädergetriebe eingebaut, die durch abnehmbare seitliche Klappen zugänglich waren. Der hinten angebrachte Führerstand mit offenen Türen erstreckte sich über die gesamte Fahrzeugbreite.

Die Motorleistung wurde über eine Scheiben-Lamellenkupplung auf das Rädergetriebe mit drei Gängen übertragen und gelangte von dort aus über Rollenketten auf die beiden, in Gleitlagern geführten Radsätze. Die Motoren stammten von Deutz, Kaelble, HMG und Junkers. Die leistungsstärkeren Motoren waren Fabrikate von Deutz, Junkers und Kaelble. Als Bremse gelangte eine einfache, stark übersetzte Fußhebelbremse zum Einbau, die gleichzeitig als Feststellbremse diente. Als Signaleinrichtungen waren eine Abgaspfeife und – anfangs je eine, später drei – Spitzenlicher vorhanden.

Betriebseinsatz

Der Einsatz der Kleinloks erfolgte auf vielen kleineren Bahnhöfen im gesamten Bereich der Reichsbahn. Nach 1945 verblieben in der sowjetisch besetzten Zone etwa 80 Maschinen dieses Typs. Die von der Einheitsbauart abweichenden Kö I wurden bald ausgemustert. Die restlichen Loks erhielten Dieselmotoren aus Kfz-Produktionen. Ab 1970 erhielten diese Fahrzeuge die Baureihenbezeichnung 100.0 (100 001 bis 100 099 mit Lücken).

Bei der DB verblieben etwa 100 Kö I, von denen die aus abweichenden Bauserien stammenden Fahrzeuge bald verkauft oder der Ausführung der letzten Serie angeglichen wurden. Ab 1968 trugen die Kleinloks der Gruppe I die Bezeichnung 311. Am 24. Oktober 1979 schied als letzte ihrer Art die 311 225 des Bw Bielefeld aus dem Bestand aus. Heute existieren noch einige Kö I als Museumsloks oder auf privaten Anschlußbahnen.

TECHNISCHE DATEN

Baureihenbezeichnung		Kö I
ab 1968 (DB)		311
ab 1970 (DR)		100.0
Indienststellung (1. Jahr)		1934
Hersteller		Windhoff, Gmeinder, Deutz, Esslingen
Achsformel		B
Spurweite	mm	1435
Länge über Puffer	mm	5475
Dienstmasse (2/3 Vorräte)	t	10,2
Dieselkraftstoff	l	56/100
Dieselmotor(en) Anzahl		1
Hersteller		Junkers, Kaelble, Deutz, HMG
Leistung	kW	480
Drehzahl	U/min	750
Art der Kraftübertragung		mechanisch
Höchstgeschwindigkeit	km/h	18/23
Anfahrzugkraft	kN	26,5
Art der Zugheizeinrichtung		–

REDAKTION: BODO JASTER; FOTO: HÖGEMANN

Die Deutsche Bundesbahn stellte in den frühen fünfziger Jahren die Mehrzweck-Baureihe V 80 als Vorläufer der heutigen Baureihe 211 – 213 in Dienst

Baureihe V 80 (DB 280)

Das Neubau-Programm für die Diesellokomotiven der DB sah unter anderem eine einmotorige Mehrzwecklokomotive mit einer Leistung von 590 kW vor, die sowohl im leichten Reise- und Güterzugdienst auf Haupt- und Nebenstrecken mit einer Höchstgeschwindigkeit von 100 km/h als auch im schweren Rangierdienst mit voller Abgabe der Motorleistung bei niedrigster Geschwindigkeit Verwendung finden sollte. Zusammen mit dem Bundesbahn-Zentralamt München leistete Krauss-Maffei unter Mitwirkung weiterer Firmen die Entwicklungsarbeiten. Es war gefordert, die gleichen Motoren und Aggregate der in Entwicklung oder Bau befindlichen Lokomotive V 200 und Triebwagen VT 08 und VT 12 zu verwenden. In den Jahren 1951/52 lieferten Krauss-Maffei die Loks V 80 001 – 005 und die Maschinenbau Kiel AG (MaK) die V 80 006 – 010. Nach eingehenden Erprobungen und der Abnahme durch das AW Opladen wurden die Fahrzeuge bis November 1952 dem Betriebsdienst übergeben. Die V 80 006 wurde auf der Verkehrsausstellung 1953 in München der Öffentlichkeit vorgestellt.

Da die Motorleistung sich als zu gering bemessen herausstellte, wurde sie zunächst auf 736 kW, schließlich durch den Einbau neuer Motoren auf 810 kW erhöht. Dem Problem des zu lauten Motorgeräusches begegnete man 1958 mit dem Aufbau von Schalldämpfern auf dem Führerhaus, die aber nicht den gewünschten Erfolg brachten und somit bis 1968 wieder abgebaut wurden.

Die Lokomotiven bewährten sich weitgehend, lediglich im schweren Güterzugdienst traten Probleme mit den langen Gelenkwellen auf. Im Rangierdienst war auch die notwendige Sicht vom Führerstand auf die Puffer wegen der breiten Vorbauten nicht gegeben. Gegen einen Serienbau der V 80 sprachen neben diesen Gründen die zu aufwendigen, aus dem Triebwagenbau übernommenen, Ausrüstungsteile, wie die elektrische Mehrfachsteuerung und Überwachung der Maschinenanlage. Auf der Basis der Rangierlokomotive V 60 wurde eine einfachere Lok mit der Arbeitsbezeichnung V 65″ entwickelt, die ab 1958 mit der bekannten Reihe V 100 (211 – 213) in großer Stückzahl verwirklicht wurde. Dennoch blieb die V 80 das Vorbild einer im vorläufigen Typenplan enthaltenen Reihe V 160 mit Mittelführerstand, die in einmotoriger Ausführung eine für Hauptbahnen ausreichende Leistung von 1180 – 1320 kW haben sollte.

Im Jahre 1968 erhielten die während ihrer gesamten DB-Zeit rot lackierten Lokomotiven die EDV-gerechte Bezeichnung 280. Mit der Lokomotive 280 004 begann am 21. September 1976 die Ausmusterung der Reihe, welche dann am 16. Juli 1978 mit der 280 002 endgültig aus dem Bestand der DB gestrichen wurde. Die 280 002 wurde in das Museumsprogramm der DB aufgenommen und ist von Bamberg aus als betriebsfähiges Exponat des Verkehrsmu-

TECHNISCHE DATEN

Baureihenbezeichnung	bis 1968		V 80
	ab 1968		280
Indienststellung (1. Jahr)			1952
Hersteller			KM/MaK
Achsformel			B'B'
Spurweite		mm	1435
Länge über Puffer		mm	12800
Dienstmasse		t	58
Dieselkraftstoff		l	1350
Dieselmotor(en)	Anzahl		1
	Hersteller		MTU
	Leistung	kW	810
	Drehzahl	U/min	1400
Art der Kraftübertragung			hydraulisch
Höchstgeschwindigkeit		km/h	100
Anfahrzugkraft		kN	170,7
Art der Zugheizeinrichtung			Dampf

Einige V 80 erhielten durch einen zusätzlichen Dachlüfter ein markantes Aussehen (Würzburg, 1964)

seums Nürnberg vor Sonderzügen im Einsatz. Die 280 010 gelangte als V 31 zur Hersfelder Kreisbahn, wo sie im Kaliverkehr eingesetzt wurde. Im November 1981 wurde sie schließlich nach Italien verkauft. Hier sind, vornehmlich bei Gleisbaufirmen, auch alle anderen ehemaligen V 80, die direkt nach ihrer DB-Zeit nach Italien gelangten, noch vorhanden.

Konstruktion

Der Aufbau der Lokomotive bestand aus dem Hauptrahmen und dem Aufbau. Der brückenartige Hauptrahmen war eine Stahlleichtkonstruktion aus zwei durchgehenden Stahlrohren, die über Längs- und Querspanten zusammengeschweißt wurden. Eine Versteifung bildeten zwei kastenförmige Gehäuse zur Aufnahme der Umschalt- und Verteilergetriebe der beiden Drehgestelle. Der auf dem Hauptrahmen aufgeschweißte und mit diesem eine geschlossene Einheit bildende Aufbau war aus Vierkantprofilen gefertigt, auf die die Bekleidungsbleche aufgeschweißt wurden. Durch herausnehmbare Klappen im längeren Vorbau war der Motor nach oben ausbaubar. Die beiden zweiachsigen Triebdrehgestelle der Lokomotiven waren kastenförmige, oben und unten offene Schweißkonstruktionen mit vier auskragenden, sich über die Blattfedern auf den Radsatzlagern abstützenden Armen. Sie waren über Achslenker und eine Lenkhebelkonstruktion beweglich, der Lokkasten stützte sich durch Blattfedern und außenliegende Schraubenfedern darauf ab. Die Zug- und Bremskraftübertragung erfolgte über Druckplatten aus Manganhartstahl. Durch den Einbau von Ballastgewichten war die Erhöhung der Radsatzlast von 15 t auf 16 t für den schweren Rangierdienst möglich.
Der Aufbau war in den etwa mittig liegenden Führerstand und die zwei gleich breiten, abgerundeten Vorbauten unterteilt. Im längeren, vorderen Vorbau wurde der Motor untergebracht. Drei gegeneinander tauschbare Motortypen kamen ursprünglich zum Einsatz, entweder der Daimler-Benz-Motor MB 820 Bb, der MAN-Motor L 12 V 17,5/21, die beide ursprünglich auf eine Leistung von 590 kW eingestellt waren, oder der von Haus aus auf 736 kW ausgelegte Maybach-Motor MD 650. Alle Motoren verfügten über eine Abgasturboaufladung. Später erfolgte die Ausrüstung aller V 80 mit dem MTU-Motor MB 12 V 493 TZ mit einer installierten Leistung von 810 kW. Über eine Gelenkwelle mit einer drehelastischen Schwingmetallkupplung gelangte die Antriebskraft zum unter dem Führerstand angeordneten Flüssigkeitsgetriebe mit dem eingebauten Wendegetriebe. Wahlweise konnten zwei Bauarten der Firma Voith mit drei Wandlern oder eine Bauart der Firma Maybach mit einem Wandler und einem nachgeschalteten mechanischen 4-Gang-Getriebe verwandt werden. Allen gemeinsam war die selbsttätige, last- und geschwindigkeitsabhängige Schaltung sowie, bis etwa 1970, die Wahlmöglichkeit zwischen einem Rangier- und Streckengang. Über lange Gelenkwellen gelangte die Motorkraft zu den Umschalt- und Verteilergetrieben der beiden Drehgestelle und über weitere kurze Gelenkwellen zu den Radsatzgetrieben der vier Achsen.

Für die Heizung von etwa 5 – 6 Reisezugwagen wurde ursprünglich ein liegender Heizöl-Zweizugkessel der Firma Krauss-Maffei verwendet. Dieser wurde ab 1966 durch einen von Hagenuk in Lizenz gebauten Zwangsdurchlaufkessel Bauart Vapor-Heating in selbstätiger Ausführung mit Ölfeuerung ersetzt. Die Loks waren mit einer Vielfachsteuerung ausgerüstet, die sowohl den Betrieb zweier Lokomotiven in Doppeltraktion als auch den Wendezugbetrieb ermöglichte.

Betriebseinsatz

Die fabrikneuen V 80 wurden mit je fünf Fahrzeugen auf die Bw Bamberg und Frankfurt-Griesheim aufgeteilt. Bereits nach rund zwei Monaten wurden zwei Loks nach Frankfurt umbeheimatet. Hier waren die V 80 im Vorortverkehr, teils mit Wendezügen, nach Bad Homburg, Kronberg (Taunus) und Bad Soden sowie im Eilzugdienst über Limburg bis Köln eingesetzt. Die Bamberger Loks waren von Nürnberg aus mit Personen- und Eilzügen nach Amberg, Neuhaus (Pegnitz), Ansbach und Würzburg unterwegs. Neben dem Planbetrieb fanden auch zahlreiche Probefahrten statt. Als Begleitung der Reise des Bundespräsidenten Theodor Heuss mit dem Schlafwagen-Gliederzug VT 10 551 nach Griechenland waren zwei V 80 mit einem Werkstattzug eingesetzt, der natürlich gleichzeitig als Werbung für die deutsche Lokomotivindustrie genutzt wurde. Ab dem 3. Dezember 1963 waren alle V 80 in Bamberg beheimatet. Das Einsatzgebiet hatte sich hier inzwischen auf die von Bamberg ausgehenden Nebenbahnen sowie die Hauptstrecken nach Hof und Würzburg verlagert. Ab 1969 bis zur Elektrifizierung der Strecke nach Neustadt (b Coburg) fanden zwei Maschinen von Coburg aus hier Beschäftigung, außerdem wurden sie auf den Nebenbahnen nach Rodach, Rossach und Fürth am Berg und im Güterzugdienst nach Bamberg eingesetzt. Die Nachfolge der 280 trat, wie schon 1963 in Frankfurt und Nürnberg, die Baureihe V 100 (211/212) an.

Das Verkehrsmuseum Nürnberg besitzt noch die betriebsfähige V 80 002 (Bodenmais, 20. März 1995)

REDAKTION: AXEL ENDERLEIN; FOTOS: KEMPF, SEITZ, VÖLK

Ein großer technischer Fortschritt war die Entwicklung der V 140 001, die bereits ein automatisches Strömungsgetriebe besaß (Krauss-Maffei, 1935)

V 140 001 (V 16 101)

Die befriedigenden Erfahrungen von Kleinloks mit Strömungsgetrieben veranlaßten die DRG 1934, verschiedene Konstruktionen für Großdiesellokomotiven mit hydraulischer Kraftübertragung ausarbeiten zu lassen. Unter der Mitwirkung der Firmen Krauss-Maffei, MAN und Voith entwickelte das Reichsbahn-Zentralamt München den Entwurf einer Streckendiesellok mit einer Leistung von 1030 kW und der Achsfolge 1'C1'. Gemäß dem Pflichtenheft der DRG sollte die Lok auf Nebenbahnen (Güter-) Zugmassen von 500 Tonnen auf einer Steigung von 1:100 noch mit 30 km/h befördern können. Auf Hauptstrecken sollte eine Geschwindigkeit von 100 km/h erreichbar sein. Für das Getriebe wurde eine Wandler-Kupplungs-Kombination als sinnvollste Lösung für diesen Anwendungsbereich gewählt. Die Lok, die die Betriebsnummer V 140 001 (ursprünglich V 16 101) erhielt, wurde am 13. Juli 1935 von Krauss-Maffei fertiggestellt und war anschließend erstmals in Nürnberg anläßlich der 100-Jahr-Feier der deutschen Eisenbahnen zu besichtigen.

Konstruktion

Der geschweißte Innenrahmen bestand aus 25 mm starkem Blech. Zur Versteifung wurden zusätzliche Querstreben eingebaut. Als weitere Versteifungsbauteile waren das Kurbelgehäuse des Motors und der Getriebekasten mit einbezogen. Die an den Stirnseiten den Rahmen abschließenden Pufferträger waren angenietet. Der Aufbau beherbergte zwei Stirnführerstände mit Übergangstüren, die durch schallisolierte Wände zum Maschinenraum hin abschlossen.

Für die Antriebsleistung war ein langsamlaufender Achtzylinder Dieselmotor vom Typ W8V 30/38 der Firma MAN mit einer Leistung von 618 kW bei 700 U/min zuständig. Zur Leistungssteigerung auf 1030 kW besaß der Motor einen Abgasturbolader. Die vom Motor abgegebene Leistung ging auf das Strömungsgetriebe Voith JJg 2M und ein anschließendes Wendegetriebe über. Von dort wurde die Leistung auf die Blindwelle und weiter mittels Treib- und Kuppelstangen auf die Treib- bzw. Kuppelradsätze übertragen. Zum Anlassen des Motors wurde Druckluft verwendet, die von einem Hochdruckluftverdichter erzeugt und in zwei Vorratsbehältern von je 160 Litern Inhalt bei einem Druck von bis zu 58 bar gespeichert wurde.

Als Bremse war eine einlösige Knorr-Druckluftbremse K-GP eingebaut. Das Strömungsgetriebe konnte als Zusatzbremse genutzt werden, wozu der Fahrschalter eine besondere Bremsstellung besaß. Zur Erzeugung von Dampf für die Beheizung von Reisezugwagen war ein Krauss-Maffei-Heizkessel eingebaut. Weiterhin waren die üblichen Signaleinrichtungen eingebaut: Dreilicht-Spitzensignal, Druckluftpfeife und Läutewerk.

Betriebseinsatz

Nach ihrer Ablieferung wurde die Lok eingehend erprobt. Die dabei gewonnenen Erkenntnisse ließen diese Entwicklung in positivem Licht erscheinen. Die Leistung der BR 38 wurde erreicht, teilweise sogar überschritten. Anfängliche Mängel wurden noch durch den Hersteller beseitigt, bevor die Maschine 1936 von der DRG übernommen wurde. Die Lok kam im Jahre 1937 auf der Pariser Weltausstellung noch zu Ehren. Den Zweiten Weltkrieg überdauerte sie – wie viele andere Dieselfahrzeuge auch – größtenteil abgestellt. Nach dem Krieg wurde die Lok wieder aufgearbeitet. Ein längerer Einsatz blieb dem Einzelgänger jedoch nicht vergönnt. Bereits 1954 musterte die DB die Maschine aus. Nachdem sie anfangs bei der Technischen Hochschule Karlsruhe aufgestellt war, kam die V 140 001 im Jahre 1978 zum Deutschen Museum in München.

TECHNISCHE DATEN

Baureihenbezeichnung			V 140
Indienststellung			1936
Hersteller			Krauss-Maffei
Achsformel			1'C1'
Spurweite		mm	1435
Länge über Puffer		mm	14400
Dienstmasse (2/3 Vorräte)		t	83
Dieselkraftstoff		l	1500
Dieselmotor(en)	Anzahl		1
	Hersteller		MAN
	Leistung	kW	1030
	Drehzahl	U/min	700
Art der Kraftübertragung			hydraulisch
Höchstgeschwindigkeit		km/h	100
Anfahrzugkraft		kN	137,3
Art der Zugheizeinrichtung			Dampf

REDAKTION: BODO JASTER; FOTO: KRAUSS-MAFFEI/SLG. SKRZYPNIK

Ursprünglich für militärische Zwecke entwickelt, leisteten zwei Maschinen der Reihe V 188 noch lange Zeit gute Dienste im Güterverkehr (Juni 1970)

Baureihe V 188 (DB 288)

Die deutsche Wehrmacht erteilte 1937 der Firma Krupp einen Konstruktionsauftrag für eine Diesellok zur Beförderung eines schweren Eisenbahngeschützes, das ebenfalls von Krupp entwickelt wurde. Dieses Geschütz, das die Bezeichnung „Dora" erhielt, sollte von der zu entwickelnden Lok auch am Einsatzort auf speziellen Bogengleisstücken bewegt werden können, da wegen der eigenen Dimensionen und der große Masse eine andere Art der Seitenausrichtung scheiterte. Weil die Lok auch zur Energieversorgung bei Aufbau und Betrieb dienen sollte, wurde die dieselelektrische Kraftübertragung gewählt. Die Maschinen wurden als Doppellokomotiven mit je einem Endführerstand ausgeführt. In den Jahren 1941 und 1942 wurden vier Exemplare gebaut, die die Bezeichnungen D 311.01 a+b bis D 311.04 a+b erhielten.

Konstruktion

Der Lokrahmen wurde aus Längs- und Querträgern sowie zusätzlichen Versteifungen zusammengeschweißt. Am äußeren Ende war der Pufferträger zur Aufnahme der normalen Zug- und Stoßeinrichtungen angebracht. An der Innenseite waren eine Kurzkupplung und zwei Stoßpuffer vorhanden. Über Blattfedern und Ausgleichshebel stützte sich der Rahmen auf den vier Radsätzen pro Fahrzeughälfte ab. Die beiden mittleren Radsätze waren seitenverschiebbar. Die Fahrzeugaufbauten waren eine Konstruktion aus Profilstählen und Blechen. Jedes Fahrzeug verfügte über einen Endführerstand. Der Zugang zur anderen Lokhälfte wurde durch Übergangsbrücken und -türen ermöglicht.

Der Antrieb erfolgte über einen MAN-Dieselmotor des Typs W6V 30/38 mit 691 kW bei 700 U/min (Bei der DB wurden Maybach bzw. MTU-Motoren mit 810 kW bei 1500 U/min eingebaut). Der Motor trieb einen Generator an, der den benötigten Strom für die vier Fahrmotoren lieferte. Wegen der später verwendeten schnelleren Motoren wurde ein Getriebe mit der Untersetzung von 2:1 zwischengeschaltet. Eine selbsttätige Druckluftbremse mit G-P-Wechsel und Zusatzbremse sorgten für sicheres Anhalten der Lok. Die dafür benötigte Druckluft erzeugte ein Luftpresser, der wie auch andere Hilfseinrichtungen, aus dem 220 Volt Bordnetz versorgt wurde. Für Licht, Signaleinrichtungen und Anzeigeinstrumente wurden 24 Volt Spannung verwendet.

Betriebseinsatz

An Einsätzen mit dem Geschütz „Dora" ist nur einer 1942 bekannt. Nach Kriegsende befanden sich im Bereich der späteren DB noch sechs Einzellokomotiven. Daraus stellte die DB zwei betriebsfähige Einheiten zusammen. Die Loks erhielten die Nummern V 188 001 a+b und V 188 002 a+b. Anfangs wurden sie im Schiebedienst auf der Rampe Laufach – Heigenbrücken eingesetzt. Nach einem 1957 abgeschlossenen Umbau wurde ihre Höchstgeschwindigkeit auf 75 km/h angehoben. Stationiert waren die beiden als „Bullen" bezeichneten Loks in den Bw Aschaffenburg, Gemünden und zuletzt Bamberg. Die neue Nummer als BR 288 bekam nur noch die V 188 002, da ihre Schwestermaschine bereits Anfang 1968 abgestellt wurde. Im Dezember 1971 schied auch die 288 002 aus dem Bestand der DB aus und wurde, wie schon vorher die V 188 001, verschrottet.

TECHNISCHE DATEN

Baureihenbezeichnung	bis 1968		V 188
	ab 1968		288
Indienststellung (1. Jahr)			1941
Hersteller			Krupp
Achsformel			Do+Do
Länge über Puffer		mm	22510
Dienstmasse		t	147
Dieselkraftstoff		l	1350
Dieselmotor(en)	Anzahl		2
	Hersteller		MTU
	Leistung	kW	810
	Drehzahl	U/min	1500
Art der Kraftübertragung			elektrisch
Höchstgeschwindigkeit		km/h	75
Anfahrzugkraft		kN	359,9
Art der Zugheizeinrichtung			–

REDAKTION: BODO JASTER; FOTO: ERNST

Eine überaus gelungene Konstruktion einer leistungsstarken Streckendiesellok für den Einsatz vor schweren Reise- und Güterzügen war die V 200

Baureihe V 200 (DB 220/221)

Das vorläufige Diesellok-Typenprogramm der DB enthielt auch eine zweimotorige Großdiesellok für den Einsatz vor hochwertigen Reisezügen mit einer Geschwindigkeit von 140 km/h. Zusammen mit der DB und weiteren Firmen arbeitete Krauss-Maffei die Entwürfe für das Projekt aus, dem inzwischen neben den Reisezügen auch die Beförderung schwerer Güterzüge zur Bedingung gemacht worden war. Grundlage war die seit 1952 vorhandene V 80, deren Bauart mit dem schnellaufenden Dieselmotor, hydraulischer Kraftübertragung und den Gelenkwellen sich bisher bewährt hatte.

Im Jahre 1953 konnte Krauss-Maffei die fünf Erprobungsträger V 200 001 – 005 mit verschiedenen, aber untereinander voll tauschbaren Motoren und Getrieben an die DB übergeben. Die V 200 001 wurde in diesem Jahr vielbestauntes Ausstellungsobjekt auf der Deutschen Verkehrsausstellung in München, stellte sie doch den ersten Prototyp einer zu erwartenden Serie von Großdiesselloks mit hydraulischer Kraftübertragung weltweit dar. Eine vielbeachtete Vorführfahrt mit der V 200 005 führte vom 23. April – 16. Mai 1955 nach Jugoslawien, Griechenland und in die Türkei, die Fahrstrecke betrug rund 10000 km. Der Probebetrieb verlief zur vollsten Zufriedenheit, bis auf die Tatsache, daß die installierte Leistung von 1470 kW für den vorgesehenen Dienst zu knapp bemessen war. Somit wurde die 1955 in Auftrag gegebene erste Serienlieferung von 50 Lokomotiven mit einer erhöhten Leistung von 1620 kW bestellt und die Vorserienfahrzeuge ebenfalls auf diese Leistung verstärkt.

Die ansonsten weitgehend den Vorserienloks entsprechenden V 200 006 – 025 lieferte die Firma MaK in Kiel, die restlichen Fahrzeuge V 200 026 – 055 wieder Krauss-Maffei. Alle konnten 1956/57 der Deutschen Bundesbahn übergeben werden. Im Jahre 1957 wurde der Auftrag für eine zweite Serie der Lokomotiven vergeben, welche ausschließlich durch Krauss-Maffei im Jahre 1959 als V 200 056 – 086 mit nur unwesentlichen Änderungen gegenüber der ersten Serie geliefert wurde.

Wegen steigender Zuggewichte wurde der Wunsch nach einer deutlich stärkeren Ausführung der Baureihe V 200 laut. Wiederum erhielt Krauss-Maffei den Auftrag, eine Motorleistung von 1986 kW in der möglichst unveränderten V 200 unterzubringen. Um trotz der höheren Gewichte der stärkeren Motoren und Getriebe das Gesamtgewicht von 82 t nicht zu übersteigen, wurde neben der Verwendung von Leichtmetall und Polyester ein leichteres Aggregat für die Dampfheizung eingebaut. Zur Vergrößerung der Führerstände – dies war wegen des Zuganges zum darunter liegenden Getriebe nötig – wurden die Stirnpartien steiler ausgeführt. Die mit der Fortentwicklung des in der V 200.0 bewährten MTU-Dieselmotors ausgestatteten 50 bestellten Loks wurden zwischen 1962 und 1965 als V 200 101 – 150 geliefert.

TECHNISCHE DATEN

Baureihenbezeichnung	bis 1968	V 200	V 200.1
	ab 1968	220	221
Indienststellung (1. Jahr)		1953	1962
Hersteller		KM/MaK	KM
Achsformel		B'B'	B'B'
Spurweite	mm	1435	1435
Länge über Puffer	mm	18470	18440
Dienstmasse	t	73,5-81	78
Dieselkraftstoff	l	2700	2700
Dieselmotor(en) Anzahl		2	2
Hersteller		MAN/MTU	MTU
Leistung	kW	810	993
Drehzahl	U/min	1500	1500
Art der Kraftübertragung		hydraulisch	hydraulisch
Höchstgeschwindigkeit	km/h	140	140
Anfahrzugkraft	kN	234,4	235,4
Zugheizung		Dampf	Dampf

Im hochwertigen Reisezugdienst war die Baureihe V 200 lange unverzichtbar (München Hbf, 1965)

Konstruktion

Der Aufbau setzte sich aus dem Untergestellrahmen und dem Oberrahmen für die Aufbauten zusammen. Der Untergestellrahmen war eine Stahlleichtbaukonstruktion aus zwei durchgehenden Stahlrohren, die über Längs- und Querblechverbindungen zusammengeschweißt waren. Der auf dem Unterrahmen aufgeschweißte und mit diesem eine geschlossene Einheit bildende Oberrahmen wurde aus Z-Profilen mit aufgeschweißten Bekleidungsblechen in Schalenbauweise gefertigt. Die beiden zweiachsigen Triebdrehgestelle der Lokomotiven waren kastenförmige, oben und unten offene und verschweißte Stahlkonstruktionen mit vier auskragenden, sich über die Blattfedern auf den Radsatzlagern abstützenden Armen. Anstelle von Drehzapfen wurde eine Lenkhebelkonstruktion mit Gummigelenken zur Führung der Drehgestelle im Unterrahmen verwandt.
Der Aufbau war in die beiden stirnseitigen Führerstände, den Maschinenraum und zwei kurze Vorbauten unterteilt. Die beiden im Maschinenraum untergebrachten Antriebsanlagen arbeiteten voneinander unabhängig, so daß für jeden Motor die zugehörigen Aggregate separat vorhanden waren. Es kamen verschiedene schnelllaufende 12-Zylinder-Viertakt-V-Motortypen mit Aufladeturbinen zum Einsatz. Sie waren in einem dreipunktgelagerten Motor-Tragrahmen elastisch befestigt. Die Vorserienlokomotiven V 200 001 – 005 erhielten den Maybach-Motor MD 12 V 538 TA sowie den Daimler-Benz-Motor MB 820 Ab, der bereits in der V 80 lief. Als dritter Motortyp kam bei fünf Fahrzeugen des Baujahres 1959 der bereits in den Reihen VT 08, VT 11 und VT 12 bewährte MAN-Motor L 12 V 17,5/21 zum Einsatz. Die V 200.1 wurden durch zwei auf eine Leistung von je 994 kW eingestellten Motoren vom Typ MTU MB 12 V 652 TA angetrieben, die auch in der V 100.20 Verwendung fanden.
Unter den Führerständen und in den Vorbauten befanden sich die Anlaßlichtmaschine, Doppellüfterpumpe und das selbsttätig schaltende Getriebe mit der eingebauten Wendeschaltung. Hier kamen bei den V 200.0 entweder das Voith LT 306 r mit drei hydraulischen Drehmomentwandlern oder das Maybach, später MTU, Mekydro K 104 US-SU mit einem Wandler und vier nachgeschalteten Gängen zum Einsatz. Die V 200.1 verfügten über ein verbessertes Getriebe der Firma MTU vom Typ Mekydro K 104 U. Über eine Gelenkwelle und eine Schwingmetallkupplung wurde die Motorkraft bei allen V 200 auf das hydraulische Getriebe übertragen. Von dort gelangte die Antriebskraft wiederum über Gelenkwellen auf die beiden Kegelachsgetriebe der Radsätze des zugeordneten Drehgestells.
Die schallisoliert eingebauten Führerstände waren über Seitentüren erreichbar. Die V 200.0 verfügten über einen heizölbetriebenen, selbsttätig arbeitenden MAN-Rauchröhren-Großraumwasserkessel mit 12 m² Heizfläche, der für zehn bis zwölf Reisezugwagen ausgelegt war. Die V 200.1 besaßen einen heizölgefeuerten selbsttätigen Zwangsdurchlaufkessel der Bauart Vapor-Heating, der sich bei leicht verstärkter Leistung durch eine um die Hälfte leichtere Bauart auszeichnete und von Hagenuk in Lizenz gebaut wurde.

Die Baureihe V 200 war nicht nur wegen ihrer gefälligen Formgebung beliebt (Kreiensen, 1983)

Betriebseinsatz

Die Vorserienloks V 200 001 – 005 wurden dem Bw Frankfurt-Griesheim zugeteilt, von wo aus sie mit den ab 1957 zugeteilten 19 Serienloks im hochwertigen Reisezugdienst bis Bamberg, Hamburg-Altona und München kamen. Die V 200 001 stand allerdings zunächst dem BZA München für Erprobungsfahrten zur Verfügung. Ab 1956 wurde das Bw Hamburg-Altona mit 19 Loks bedacht, die Frankfurt, Stuttgart und Treuchtlingen als Wendepunkte erreichten. Auch Hamm und Villingen erhielten neue Fahrzeuge zugeteilt. In Würzburg wurde die V 200.0 ab 1962 heimisch, und auch Hannover, Kaiserslautern, Kempten und Limburg wurden in den sechziger Jahren zu deren Heimat.
Im Jahre 1968 erfolgte die Umzeichnung der V 200.0 in die Reihe 220, die der V 200.1 in die 221. Ab 1975 erfolgte die Umlackierung der drei 220 012, 023 und 060 sowie der Mehrzahl der 221 vom bisherigen Rot in ozeanblau-beige. Mitte der siebziger Jahre waren die 220 nur noch bei den norddeutschen Bw Braunschweig (bis 1976), Lübeck und Oldenburg zu finden. Als Auslauf-Bw dienten Oldenburg und Lübeck, wo 1984 die Geschichte der Baureihe 220 der DB endete.
Die V 200.1 kamen fabrikneu nach Kempten, Lübeck, Villingen und Hamburg-Altona. In Kempten endeten die Einsätze 1975, in Villingen mit der Elektrifizierung der Schwarzwaldbahn 1977, woraufhin die 221 als Heimat die Bw Gelsenkirchen-Bismarck, Lübeck und Oldenburg hatten. Ab 1980 waren schließlich alle 221 in Gelsenkirchen stationiert, wo sie im Programmverkehr des Ruhrgebietes ein reichliches Auskommen fanden. Am 1. Januar 1982 erfolgte die geschlossene Umbeheimatung zum letzten Heimat-Bw Oberhausen 1, ohne daß sich das Einsatzgebiet änderte. Im Jahre 1987 begann die Ausmusterung der 221, bereits am 30. Juni 1988 konnten die letzten 21 Fahrzeuge aus dem Bestand der DB gestrichen werden. Neben den als, teils betriebsfähige, Museumsfahrzeuge vorhandenen Maschinen, haben viele 220 und 221 auch bei Staats- und Privatbahnen im Ausland eine neue Heimat gefunden.

REDAKTION: AXEL ENDERLEIN; FOTOS: SLG. VÖLK, ERNST, HÖRSTEL

Die V 300 war die stärkere Ausführung der bewährten Baureihe V 200. Trotz ihrer guten Leistungen blieb die V 300 001 bei der DB ein Einzelgänger

V 300 001 (DB 230 001)

Unter Zuhilfenahme der Erfahrungen aus der Baureihe V 200.0 baute die Firma Krauss-Maffei 1957 drei dieselhydraulische Loks der Achsfolge C'C' für die Gemeinschaft der Jugoslawischen Eisenbahnen. Eine vierte Lok dieser Bauart fertigte Krauss-Maffei mit der Bezeichnung ML 2200 C'C' auf eigene Kosten. Die Achsfolge ergab sich aus der Forderung nach einer hohen Reibungsmasse, um große Anfahr- und Dauerzugkräfte bei niedrigen Radsatzlasten zu erreichen.

Konstruktion

Der geschweißte Rahmen entsprach in seiner Konstruktion dem der V 200. Er besaß mit 20270 mm jedoch eine größere Länge und stützte sich auf zwei dreiachsige Drehgestelle ab. Die Führung der Drehgestelle erfolgte durch drehzapfenlose Lenkhebel. Der Fahrzeugaufbau entsprach ebenfalls weitgehend dem der V 200. Anfangs war die Lok mit einer blau-weißen Lackierung und drei Zierstreifen versehen. Erst später erhielt sie die DB-Farbgebung analog zu den Baureihen 220 und 221. Ursprünglich fanden zwei Maybach-Motoren vom Typ MD 650 mit einer Leistung von 810 kW bei 1500 U/min Verwendung. Später wurden diese durch MD 655-Motoren ersetzt, die eine Leistung von 1100 kW bei 1590 U/min besaßen. Die Übertragung der Antriebsleistung erfolgte hydraulisch durch Maybach-Mekydro-Getriebe vom Typ K 104 MU mit integriertem Wendegetriebe. Die Regelung der Motoren erfolgte über eine sechsstufige Steuerung, die 1958 durch ein 15-stufiges Steuergerät mit elektropneumatischer Betätigung ersetzt wurde.

Das elektrische Bordnetz mit einer Spannung von 110 Volt wurde von zwei 13,5 kW-Lichtanlaßmaschinen gespeist, die an den Mekydro-Getrieben angeflanscht waren. Als Sammler diente eine 300 Ah-Batterie. Die Luftpresser waren über zwei Elektromotoren angetrieben. Die komprimierte Luft wurde in zwei Haupftluftbehältern von insgesamt 1000 Litern Inhalt gespeichert. Die selbsttätige Druckluftbremse mit den Bremsarten G, P und R wurde über einen D2-Selbstregler bedient. Die Lok besaß auch eine direkt wirkende Zusatzbremse. Zur Zugheizung war ein Hagenuk-Dampfheizkessel vom Typ OK 4616 eingebaut. Er diente auch zum Vorwärmen und für den Warmhaltebetrieb der Lok. Ferner verfügte die Maschine über eine zeit- und wegabhängige Sifa und eine Indusi.

Betriebseinsatz

Nach ihrer Fertigstellung wurde die Lok im Herbst 1957 zu Probefahrten auf der Schwarzwaldbahn und der Semmeringstrecke genutzt. Dabei konnten sehr gute Ergebnisse verzeichnet werden. Dennoch wurde die Lok 1958 mit stärken Motoren ausgerüstet. Nun besaß sie eine Leistung von 2210 kW und erhielt die Bezeichnung ML 3000 C'C'. Anschließend wurden die Fahrten unter gleichen Bedingungen wiederholt. Die Maschine bewährte sich dabei hervorragend. Die DB übernahm sie als Leihlok für weitere Einsätze vor Meß- und Planzügen. Erst im November 1963 kaufte die DB diesen Einzelgänger und reihte ihn als V 300 001 ein. Wie auch die V 320 wurde sie in einem Sonderplan vom Bw Hamm aus vor schweren Reise- und Güterzügen, aber auch für Sonderdienste im gesamten Bereich der DB eingesetzt. 1974 kam die seit 1968 als 230 001 bezeichnete Lok zum Bw Hamburg-Altona. Bereits ein Jahr später endete ihr Einsatz dort und sie wurde bis 1977 im AW Nürnberg abgestellt. Nach einem gescheiterten Verkaufsversuch nach Italien wurde die Lok 1980 verschrottet.

TECHNISCHE DATEN

Baureihenbezeichnung		bis 1968	V 300
		ab 1968	230
Indienststellung			1957
Hersteller			Krauss-Maffei
Achsformel			C'C'
Spurweite		mm	1435
Länge über Puffer		mm	20270
Dienstmasse (2/3 Vorräte)		t	104
Dieselkraftstoff		l	4200
Dieselmotor(en)	Anzahl		2
	Hersteller		Maybach
	Leistung	kW	1100
	Drehzahl	U/min	1590
Art der Kraftübertragung			hydraulisch
Höchstgeschwindigkeit		km/h	140
Anfahrzugkraft		kN	336,3
Art der Zugheizeinrichtung			Dampf

REDAKTION: BODO JASTER; FOTO: ERNST

Die Baureihe V 320 – in technischer Hinsicht vergleichbar mit zwei V 160 – sollte ursprünglich die Dampflokomotiv-Baureihen 01 und 44 ersetzen

V 320 001 (DB 232 001)

Das Diesellok-Typenprogramm der DB enthielt nach der Aufstellung in den Jahren 1955/56 auch eine Streckendiesellokomotive für den Einsatz vor schwersten Reise- und Güterzügen. Konstruktiv sollte sie weitgehend der V 160 entsprechen, jedoch mit zwei Maschinenanlagen ausgeführt werden. Durch die seinerzeit ebenfalls laufende Fertigung der V 100 und V 160 wurde dieses Projekt aber mehrfach unterbrochen. Die Konstruktion wurde deshalb erst 1960 fertiggestellt. Aufgrund der bereits weit fortschreitenden Elektrifizierung wichtiger Hauptstrecken sank der Bedarf an einer solchen leistungsfähigen Streckendiesellok, so daß sich die DB nicht zum Bau dieser Reihe entschließen konnte. Daraufhin fertigte Henschel eine Probelok auf eigene Kosten, die 1962 fertiggestellt wurde.

Konstruktion

Der geschweißte Rahmen bestand aus zwei durchgehenden Kastenträgern sowie versteifenden Querträgern. An den Stirnseiten schlossen die Pufferträger den Rahmen ab. Der Rahmen stützte sich auf den beiden dreiachsigen Drehgestellen mittels Doppelschraubenfedern und Hydraulik-Stoßdämpfern ab. Der in Schalen-Leichtbauweise hergestellte Aufbau war in seiner Formgebung an die BR V 160 angepaßt. Als Traktionsmotoren waren zwei Mercedes-Benz Dieselmotoren MB 839 Bb mit Abgasturboladung und Ladeluftkühlung vorhanden. Die abgegebene Leistung betrug 1400 kW bei 1475 U/min. Die Übertragung der Antriebsleistung erfolgte mit Schwingmetallkupplungen und Gelenkwellen auf ein hydraulisches Getriebe vom Typ L 218 rv der Firma Voith. Das Wendegetriebe war im Sekundärteil des Strömungsgetriebes untergebracht. Die Weiterleitung der Antriebsenergie erfolgte über Gelenkwellen und Verteilergetriebe auf die einzelnen Radsätze.
Die Vorratsluft für die selbsttätige Druckluftbremse der Bauart KE-GPR mZ (Mg) wurde mit einem elektrisch betriebenen Luftpresser erzeugt und in einem 1000 l fassenden Vorratsbehälter gespeichert. Das elektrische Bordnetz besaß eine Spannung von 110 Volt. Die Versorgung übernahmen zwei Lichtanlaßmaschinen mit 20,3 kW Leistung. Für die Beheizung der Reisezugwagen stand ein Dampfheizkessel der Bauart Vapor Heating vom Typ OK 4625 zur Verfügung.

Betriebseinsatz

Bei den intensiven Probefahrten nach Fertigstellung der Lok konnte die geplante Höchstgeschwindigkeit von 160 km/h ohne Mühe erreicht werden. Deshalb entschloß man sich zu einer Änderung der Übersetzung des Getriebes, um eine Höchstgeschwindigkeit von 180 km/h zu erreichen. Die folgenden Versuche waren ebenfalls sehr erfolgreich. Durch die positiven Erfahrungen der Probenfahrten entschloß sich die DB 1964, die Lok für zehn Jahre anzumieten. Später wurde die Lok bei der BD Essen mit der V 300 001 in einem gemeinsamen Dienstplan eingesetzt. Dabei bewährte sich die ab 1968 als 232 001 bezeichnete Lok hervorragend. Bis 1974 war die Lok beim Bw Kempten beheimatet. Nach Ablauf des Mietvertrages kam die Maschine wieder nach Kassel zum Herstellerwerk. 1975 übernahm die Hersfelder Eisenbahn Gesellschaft die Lok und setzte sie als V 30 ein. Im Jahre 1989 kam sie mit ihrer früheren Bezeichnung als V 320 zur Teuteburger Wald-Eisenbahn Gesellschaft. Nach Fristablauf Anfang 1992 wurde die Lok dort abgestellt.

TECHNISCHE DATEN

Baureihenbezeichnung	bis 1968		V 320
	ab 1968		232
Indienststellung (1. Jahr)			1962
Hersteller			Henschel
Achsformel			C'C'
Spurweite		mm	1435
Länge über Puffer		mm	23000
Dienstmasse (2/3 Vorräte)		t	122
Dieselkraftstoff		l	5000
Dieselmotor(en)	Anzahl		2
	Hersteller		Maybach
	Leistung	kW	1470
	Drehzahl	U/min	1500
Art der Kraftübertragung			hydraulisch
Höchstgeschwindigkeit		km/h	160
Anfahrzugkraft		kN	407,7
Art der Zugheizeinrichtung			Dampf

REDAKTION: BODO JASTER; FOTO: HAHMANN

Als Versuchsfahrzeuge für dieselelektrischen Antrieb mit Drehstromfahrmotoren bauten Henschel und BBC insgesamt drei Loks der Baureihe DE 2500

Baureihe 202 (DE 2500)

Während weltweit bei Diesellokomotiven die dieselelektrische Kraftübertragung zahlenmäßig die Nase vorn hat, setzte die Deutsche Bundesbahn immer auf die hydraulische Kraftübertragung. Argumente gegen die dieselelektrischen Lokomotiven waren seitens der DB, daß diese Technik wesentlich teurer, schwerer und unwirtschaftlicher sei. Dennoch versuchte die Industrie, die Deutsche Bundesbahn von den Vorzügen dieser Bauart zu überzeugen. Obwohl das finanzielle Risiko sehr groß war, entwickelten und bauten die Firmen Rheinstahl-Henschel und BBC ohne Auftrag der DB oder einer anderen Bahnverwaltung insgesamt drei Maschinen mit der Bezeichnung DE 2500. Nach sechsjähriger Vorbereitungszeit wurde 1971 die erste Lok dieses Typs der interessierten Öffentlichkeit auf der Hannover-Messe vorgestellt. Die mit der Achsfolge Co´Co´ versehene Lok erhielt aufgrund ihrer weißen Lackierung den Spitznamen „Weißer Riese". Die DB testete diese Maschine ausgiebig vor Zügen bis zu 2000 Tonnen Last. Wegen der guten Erfahrungen, die dabei gesammelt wurden, bauten Henschel und BBC 1973 zwei weitere Exemplare, von denen eine nur zweiachsige Drehgestelle besaß. Auch diese beiden Probeloks bekamen wegen ihrer Lackierungen eindeutige Spitznamen: „Roter Ochse" und „Blauer Bock". Die Konzeption der Loks gestattete Ausführungen für Spurweiten ab 1000 mm und Radsatzfahrmassen ab 12,5 Tonnen. Wahlweise konnten zwei oder dreiachsige Drehgestelle eingebaut werden. Die niedrige Fahrzeughöhe ließ auch die Verwendung bei überseeischen Bahnen mit kleinerem Lichtraumprofil zu.

Konstruktion

Die Fahrzeuge besaßen keinen gesonderten Rahmen, da die Aufbauten als selbsttragende Konstruktionen ausgeführt waren. Über Öffnungen in Dach und Seitenwänden, die bei der Berechnung der Stabilität des Aufbaus berücksichtigt waren, konnten die Aggregate ein- und ausgebaut werden. Querträger erhöhten die Festigkeit und nahmen die diversen Bauteile der Lok auf. Ein zentraler Längsträger diente zur Aufnahme der Zug- und Stoßkräfte. Die Pufferbohlen waren austauschbar. Im freien Raum zwischen den Drehgestellen waren der Kraftstofftank und die Starterbatterie untergebracht. Der gesamte Aufbau lagerte auf zwei Drehgestellen, die je nach zulässiger Radsatzfahrmasse zwei- oder dreiachsig ausgeführt werden konnten. Dabei waren keine Änderungen am Lokomotivkasten durchzuführen. Die geringen, ungefederten Massen und eine besondere Führung der Drehgestelle ohne Drehzapfen verhalfen der Lok zu ausgezeichneten Laufeigenschaften. Dabei stützte sich der Lokkasten über vier Schraubenfedern pro Drehgestell ab. Die Längs- und Querkräfte wurden über innenliegende Streben und gummigelagerte Lenkerstangen zur Mitte der Lokomotive übertragen. Die Radsätze wurden über Schraubenfedern in den Drehgestellen

TECHNISCHE DATEN

Baureihenbezeichnung		202	202 003
Indienststellung (1. Jahr)		1970	1982
Hersteller			Henschel/BBC
Achsformel		Co'Co'/Bo'Bo'	Bo'Bo'
Spurweite	mm	1435	1435
Länge über Puffer	mm	18000	19800
Dienstmasse (2/3 Vorräte)	t	80	84
Dieselkraftstoff	l	4700	4700
Dieselmotor(en) Anzahl		1	1
Hersteller		MAN/MTU	MTU
Leistung	kW	1840	2020
Drehzahl	U/min	1500	1500
Art der Kraftübertragung		elektrisch	elektrisch
Höchstgeschwindigkeit	km/h	140	250
Anfahrzugkraft	kN	264,6	173
Zugheizung		elektrisch	elektrisch

Die UM-AN-Lok 202 003 erhielt für Hochgeschwindigkeitsversuche auch eine geänderte Kopfpartie

geführt und gleichzeitig abgefedert. Weiterhin sorgten gummigelagerte Lenkerstangen für eine ausreichende Längsfederung. Hydraulische Stoßdämpfer verbesserten das Schwingungsverhalten noch zusätzlich.
Als Hauptmotor war ein V 6 V 23/23 TL-Motor von MAN mit vier Abgasturladern und Ladeluftkühlung eingebaut, der eine Leistung von 1840 kW bei einer Umdrehung von 1500 U/min abgeben konnte. Für die Stabilisierung der Drehzahlen war ein Woodward-Drehzahlregler vorhanden. Gemeinsam mit dem Hauptgenerator und einem Kühlluftgebläse bildete der Motor eine Einheit. Der achtpolige Dreiphasen-drehstrom-Synchrongenerator konnte bei 600 bis 1500 U/min eine Leistung von 1800 kW abgeben. Ein Gleichrichter machte aus dem Drehstrom einen Gleichstrom mit konstanter Zwischenkreisspannung, der von Kondensatoren geglättet wurde. Vier Pulswechselrichter versorgten die vier bzw. sechs in Reihe geschalteten vierpoligen Fahrmotoren mit in Frequenz und Spannung variablem Drehstrom. Die Drehstrom-Asynchronfahrmotoren erbrachten bei 1000 Volt Spannung und 3700 U/min eine Leistung von 375 kW.
Zur Verzögerung war einerseits eine mehrlösige Knorr-Bremse mit Einheitswirkung KE-GPR und Zusatzbremse eingebaut. Andererseits besaßen die Loks eine elektrische Widerstandsbremse mit einer Nennleistung von 1800 kW. Die Steuerung der elektrischen Bremse erfolgte über eine Veränderung der Zwischenkreisspannung. Ein von dem hinteren Abtrieb des Fahrmotors betriebener Luftpresser vom Typ VV 450/150 diente zur Erzeugung der nötigen Druckluft für die Bremsanlage. Auch die Lichtanlaßmaschine wurde von dieser Welle angetrieben.
Für die Energieversorgung der Zugsammelschiene, die bei Reisezugwagen für Heizung, Klimaanlage und teilweise auch für die Beleuchtung verwendet wird, wurde die Leistung hinter dem Gleichspannungszwischenkreis entnommen und über einen Wechselrichter in eine Wechselspannung von 1000 V bei 16 2/3 Hz und 400 kVA umgewandelt. Die Steuerung der Lokomotive erfolgte von ergonomisch gestalteten Führerpulten aus. Mittels Auf-Ab-Fahrhebeln konnte der Triebfahrzeugführer die Leistung der Maschine regeln. Beim Anfahren erfolgte eine Spannungs-Strom-Regelung bis zum Erreichen der vollen Motordrehzahl. Dabei stand die Anfahrzugkraft auch für den Dauerbetrieb zur Verfügung. Dadurch war die volle Zugkraft auch bei Stillstand (= kleinste Dauerfahrgeschwindigkeit) verfügbar. Ein Schleuderschutz der einzelnen Radsätze konnte entfallen, da sie Drehstromantrieb und Frequenzsteuerung elektrisch miteinander gekuppelt waren. Weitere Zusatzeinrichtungen der üblichen Art ergänzten die Fahrzeugausrüstung. So waren Dreilicht-Spitzensignal und separate, rot abgeblendete Signallampen ebenso wie Signalhorn, Indusi und Sicherheitsfahrschaltung (Sifa) vorhanden.

Betriebseinsatz

Nachdem die erste Probelokomotive in Dienst gestellt worden war, wurde sie der Deutschen Bundesbahn für zahlreiche Meß- und Versuchsfahrten zur Verfügung gestellt. Dabei erhielt sie die Betriebsnummer 202 002. Während dieser Zeit war die Lok – wie später auch die beiden anderen Maschinen – beim Bw Mannheim beheimatet. 1974 wurde die 202 002 in eine elektrische Lokomotive umgebaut, um Erfahrungen für eine Ellok mit Drehstromantrieb zu gewinnen. Dazu wurden der Dieselmotor und der Generator entnommen und durch ein Ballastgewicht ersetzt. Anschließend wurde die Lok mit einem Steuerwagen der Bauart BD4nf gekuppelt, der eigens für diese Zwecke mit einem Dachstromabnehmer und Transformator ausgerüstet worden war. Ausgiebige Probefahrten vor Reise- und Güterzügen folgten in der nächsten Zeit. Auch Schnellfahrten wurden mit diesem zweiteiligen Gefährt absolviert. 1977 wurde der „Weiße Riese" zu einer Versuchs-Ellok für die Niederländischen Eisenbahnen umgebaut und erhielt in diesem Zusammenhang eine gelbe Lackierung. Der erhoffte Folgeauftrag wurde jedoch einer französischen Firma erteilt und die Probelok wieder an ihren Hersteller zurückgegeben.
1973 lieferten Henschel und BBC zwei weitere Vorausloks der Gattung DE 2500, die von der DB angemietet und unter den Nummer 202 003 und 004 eingesetzt wurden. Dabei besaß die rote 202 003 nur zweiachsige Drehgestelle, während die blaue 202 004 wiederum die Achsfolge Co´Co´ aufwies. Beide Loks wurden ebenfalls dem Bw Mannheim zugeteilt. Von dort aus wurden die Maschinen intensiv im Betrieb erprobt, sofern sie nicht gerade für Sonderaufgaben und Versuche anderer Bahnverwaltungen im Einsatz waren.
Ab 1980 wurde die 202 003 bei ihrem Hersteller für Versuche im Hochgeschwindigkeitsverkehr vorbereitet. Dabei erhielt der Führerstand 1 eine geänderte Form, die in Teilen der der Baureihe 103 entsprach. Auch die Lackierung wurde nun silbernblau ausgeführt. Technisch gesehen wurden vor allem die Drehgestelle verändert. Das vordere Drehgestell war eine Neuentwicklung von Henschel, die theoretisch bis zu Geschwindigkeiten von 350 km/h einsetzbar war. Dieses Drehgestell besaß eine steuerbare Umkopplung der Antriebsmassen. Daher stammt die Bezeichnung als UM-AN-Versuchsfahrzeug. Bei höheren Geschwindigkeiten wurden die Antriebsmassen (Fahrmotoren) am Wagenkasten angelenkt. Dadurch konnten die ungefederten Massen weiter reduziert werden, was eine Verbesserung der Laufeigenschaften zur Folge hatte. In leicht abgeänderter Ausführung wird dieses Prinzip heute auch bei den ICE-Triebköpfen angewandt.
Nach Abschluß der Versuche wurde die 202 003 wieder in ihren Ursprungszustand zurückgebaut und bis zum Ablauf der Mietzeit Ende Juni 1985 durch die DB von Mannheim aus eingesetzt. Die Schwesterlok, die 202 004, fiel bereits 1983 wegen eines Generatorschadens aus. Da ihre vertragliche Nutzungsdauer im November 1983 endete, wurde die Lok durch die DB nicht mehr repariert. Um sie als Leihlok bei der Hersfelder Eisenbahn nutzen zu können, setzte BBC die Maschinen nochmals instand.
Heute sind noch alle drei Loks erhalten: die 202 002 steht vor dem Henschel-Werksmuseum in Kassel, während die 202 004 im Landesmuseum für Technik und Arbeit in Mannheim ausgestellt ist. Die ehemalige UM-AN-Lok 202 003 erhielt wieder ihr Aussehen mit stromlinienförmigem Führerstand und steht heute im Berliner Museum für Verkehr und Technik.

REDAKTION: BODO JASTER; FOTOS: DOSTAL, LINDENBLATT

Mit ihm begann 1933 die Ära des Triebwagenschnellverkehrs in Deutschland: Der „Fliegende Hamburger" VT 877 a/b bei der Einfahrt in Hamburg Hbf

VT 877 a/b „Fliegender Hamburger" (DB VT 04 000)

Für den Fernschnellverkehr beschaffte die Deutsche Reichsbahn Gesellschaft 1932 einen zweiteiligen Dieseltriebzug, der die Betriebsnummer VT 877 a/b erhielt und als „Fliegender Hamburger" bekannt wurde. Als Antriebssystem entsprach damals nur die dieselelektrische Kraftübertragung den betrieblichen Forderungen. Nach Versuchs- und Vorführfahrten wurde der Triebwagen am 15. Mai 1933 dem öffentlichen Verkehr übergeben. Dies war der Start für rasch wachsenden Schnellverkehr auf der Schiene.

Konstruktion

Das weitgehend geschweißte Doppelfahrzeug stützte sich über ein gemeinsames Mitteldrehgestell der Bauart Jakobs und zwei Enddrehgestelle ab. Die Stirnseiten mit dem weit heruntergezogenen Dach waren das Ergebnis von Windkanalversuchen zur Ermittlung der günstigsten Form. Die Fahrgasträume mit der Sitzteilung 1+3 waren als Großräume ausgebildet. Der Wagen „a" enthielt neben dem Maschinenraum den Gepäckraum, einen Vorraum, den Fahrgastraum sowie zwei Toiletten mit Waschgelegenheit. Im Wagen „b" befanden sich ein Erfrischungsraum mit vier Sitzplätzen und der zweite Fahrgastgroßraum. Dahinter folgte ein weiterer Maschinenraum. An beiden Fahrzeugenden befanden sich außerdem die Führerstände. Die aus Walzprofilen und Blechen geschweißten Drehgestelle entsprachen Görlitzer Bauart mit dreifacher Federung. Die Wagenkästen stützten sich über eine Wiege auf den Drehgestellen ab. In den Enddrehgestellen befanden sich dreipunktgelagerte Hilfsrahmen, die den Motor und den Generator trugen. Die Radsätze liefen in Rollenlagern. Abgebremst wurden sie durch Außenbacken-Trommelbremsen, die von einer selbsttätigen Knorr-Einkammerdruckluftbremse (Ksbr) angesteuert wurden. Zur Erzielung möglichst kurzer Schnellbremswege aus hohen Geschwindigkeiten war bereits beim Schienenzeppelin bewährte Magnetschienenbremse der Bauart Jores-Müller eingebaut.
Als Antriebsaggregate kamen je Enddrehgestell ein Maybach-Motor GO 5 mit 302 kW Leistung bei 1400 U/min zum Einbau. Diese übertrugen ihre Energie über eine Gewebescheibenkupplung auf den Hauptgenerator. Dieser gab bei 1400 U/min 292 kW Leistung ab. Die beiden Fahrmotoren saßen im mittleren Drehgestell und trieben jeweils einen Radsatz an. Das Kühlwasser der Motoranlagen wurde in einem Unterflur-Rippenrohrkühler mit acht Elementen rückgekühlt. Eine zahnradbetriebene Pumpe sorgte für die Umwälzung des Kühlwassers. Zur Beheizung des Fahrzeuginneren wurde eine Warmwasserheizung eingebaut, die über je einen koksgefeuer-

TECHNISCHE DATEN

Baureihenbezeichnung			VT 877 a/b
	ab 1947		VT 04 000
Indienststellung			1932
Hersteller			WUMAG
Achsformel			2'Bo'2'
Spurweite		mm	1435
Länge über Puffer		mm	41906
Dienstmasse		t	93,8
Dieselmotor(en)	Anzahl		2
	Hersteller		Maybach
	Leistung	kW	302
	Drehzahl	U/min	1400
Art der Kraftübertragung			elektrisch
Höchstgeschwindigkeit		km/h	150/160
Sitzplätze (1. Klasse)			102

Während seiner Einsatzzeit bei der DB besaß der VT 04 000 die gewöhnliche weinrote Lackierung

ten Heizhofen betrieben wird. Zur Erzeugung der Druckluft war ein zweistufiger, elektrisch betriebener Luftpresser der Bauart Knorr VV 48/75 vorhanden. Da die Steuerung des Luftpressers in Anhängigkeit zur Generatorspannung stand, war ein zusätzlicher kleinerer, batteriegespeister Hilfsluftpresser eingebaut, der bei längerem Betrieb mit niedriger Drehzahl genutzt werden konnte. Für die Energieversorgung des elektrischen Bordnetzes stand eine Bosch-Lichtmaschinen mit einer maximalen Leistungsabgabe von 2100 Watt zur Verfügung. Die Spannung des Bordnetzes betrug 48 Volt. Bei Motorstillstand konnte das Bordnetz über eine 150 Ah-Batterie gespeist werden.

Betriebseinsatz

Anfang Oktober 1932 war der VT 877 a/b fertiggestellt und wurde anschließend ersten Probefahrten auf der Strecke Friedrichshafen – Ulm unterzogen worden. Die Geschwindigkeit von 160 km/h konnte dank einer Sondergenehmigung auf dem Abschnitt Biberach – Erbach voll ausgefahren werden. Nach seiner Überführung nach Berlin wurden noch im Dezember 1932 erste Probe- und Pressefahrten auf der vorgesehenen Einsatzstrecke Berlin Lehrter Bf – Hamburg mit Geschwindigkeiten bis zu 165 km/h durchgeführt.

Der VT 877 im Nürnberger Verkehrsmuseum

Zum Fahrplanwechsel im Mai 1933 wurde mit der Zugnummer FDt 1/2 der erste planmäßige Schnelltriebwagenverkehr der Reichsbahn auf der bereits genannten Strecke aufgenommen. Die Fahrzeit betrug 138 Minuten und für den als Ersatzzug eingeplanten Dampfzug mit der Baureihe 03 immerhin auch nur 148 Minuten, wobei das Reichsverkehrsministerium (RVM) für die hier eingesetzten 03-Lokomotiven mit einer Ausnahmegenehmigung eine größte Geschwindigkeit von 140 km/h zugelassen hatte. Bei einer Entfernung zwischen Berlin und Hamburg von 287 km errechnete sich für den Triebwagen eine Durchschnittsgeschwindigkeit von knapp 125 km/h bei einer Fahrplangrundgeschwindigkeit von 150 km/h, die zum Einholen von Verspätungen auf 160 km/h gesteigert wurde. Naturgemäß blieben zunächst Störungen und Kinderkrankheiten nicht aus, so daß in der Anfangszeit etwa ein Viertel aller planmäßigen Fahrten mit einem Dampf-Ersatzug gefahren wurde.

Vom 28. November bis 31. Dezember 1935 wurde der Triebwagen auf der Nürnberger „Jahrhundert-Ausstellung“ gezeigt. Am 7. Juni 1939 wurde das Fahrzeug dann dem Bw Hamburg-Altona zum Einsatz zugewiesen, legte dort jedoch nur rund 38 000 km im öffentlichen Verkehr zurück und wurde ab 1. September 1939 in Bludenz „betriebsfähig abgestellt“. Buchmäßig gehörte der Wagen noch bis zum 1. März 1940 zum Bw Hamburg-Altona.

Bei Kriegsende fand sich der VT 877 in der französischen Besatzungszone wieder, wo er für den Militärverkehr beschlagnahmt wurde. Bis Anfang 1946 stand er noch betriebsunfähig im Raw Friedrichshafen abgestellt. Nach seiner Instandsetzung lief der Wagen im Besatzungsdienst ab Januar 1946 beim Bw Landau (Pfalz). Vor seinem neuen Planeinsatz beim Bw Offenburg war die Inneneinrichtung im Raw Friedrichshafen geändert worden: neben Plätzen der 2. Klasse wurden nunmehr auch 26 Sitzplätze der 3. Klasse angeboten (Betriebsgattung BC3ü/B3ü). Das Bw Offenburg setzte ab 13. September 1949 den 04 000 a/b – so hieß der Triebwagen seit der Umnummerierung im Jahr 1947, wobei die SWDE auf die Gattungsbuchstaben SVT vor der Nummer verzichtet hatten – zwischen Basel Bad Bahnhof und Frankfurt (Main) als „Schnelltriebwagen Rhein-Main“ mit der Zugnummer FDt 77/78 ein. Der Einsatz des Triebwagens war jedoch nur von kurzer Dauer. Bereits mit Ablauf des Sommerfahrplans 1950 wurde der Dienst eingestellt und das Fahrzeug abgestellt. Nach der vollen Eingliederung der Südwestdeutschen Eisenbahnen der ehemals französischen Zone in die DB wurde der SVT-Einsatz neu formiert. Nach einer gründlichen Aufarbeitung des Triebwagens bei der WMD wurde er ab 31. Oktober 1952 wieder als reines 2.-Klasse-Fahrzeug vom Bww Dortmund Bbf aus eingesetzt. In seiner Dortmunder Zeit war der Triebwagen übrigens am 4. Dezember 1954 bei Cochem mit einer Dampflokomotive zusammengestoßen. Die Schäden wurden jedoch alsbald behoben, da man bei dem damaligen Triebwagenmangel auf das Fahrzeug nicht verzichten zu können glaubte. In der Folgezeit wechselte der Wagen mehrfach zwischen Frankfurt-Griesheim und Dortmund Bbf, ehe er ab 26. Mai 1956 endgültig zum Bw Hamburg-Altona umbeheimatet wurde. Mit der Umbeheimatung nach Hamburg war die große Zeit des ehemaligen „Fliegenden Hamburgers“ jedoch vorbei.

Die Bedeutung des VT 04 000 a/b bzw. des VT 877 a/b der Reichsbahn als Vorläufer der Schnelltriebwagenentwicklung nicht nur in Deutschland, sondern auch in Europa, wurde dadurch gewürdigt, daß auf Antrag des BZA München der Triebwagen zum Museumsfahrzeug bestimmt und dem Verkehrsmuseum Nürnberg zugeteilt wurde. Die spätere Aufstellung des „Fliegenden Hamburgers“ im Nürnberger Museum verlief jedoch alles andere als erfreulich. Da das Fahrzeug zur 125-Jahr-Feier der deutschen Eisenbahn ausgestellt werden sollte, erzwang der „künstliche“ Zeitdruck angesichts des chronischen Raummangels in Nürnberg die Zerschneidung des historisch bedeutsamen Originalfahrzeuges. So ist heute nur ein Torso des „Fliegenden Hamburgers“ erhalten geblieben, nämlich der vordere Teil des Wagens 877 a mit Maschinendrehgestell, Führerraum und Teilen des Fahrgastraumes. Der Kuppelbereich der beiden Wagenhälften mit dem Jakobsdrehgestell und den elektrischen Fahrmotoren kann nicht mehr gezeigt werden. Für den Wagen „b“ konnten Käufer oder sonstige Interessenten nicht gefunden werden; er wurde daher 1961 im AW Nürnberg zerlegt.

REDAKTION: BODO JASTER; FOTOS: SLG. SÄUBERLICH (2), BELLINGRODT/SLG. KNIPPING

Als Nachfolger für den VT 877 „Fliegender Hamburger“ stellte die Deutsche Reichsbahn Gesellschaft die Triebwagen der Bauart „Hamburg“ in Dienst

Baureihe SVT 137 149 ff.

Bauart „Hamburg“ (DB VT 04.1/04.5/DR 183.0/183.2)

Als die Deutsche Reichsbahn-Gesellschaft am 15. Mai 1933 mit dem zweiteiligen Schnelltriebzug VT 877 „Fliegender Hamburger“ den planmäßigen Verkehr aufgenommen hatte, war der Erfolg so groß, daß sie sich zur raschen Ausdehnung des SVT-Netzes entschloß. In Auswertung der Erfahrungen mit dem „Fliegenden Hamburger“ entstanden deshalb bei der Waggon- und Maschinenbau AG Görlitz (WUMAG) 13 zweiteilige Triebzüge mit elektrischer Kraftübertragung, die in den Jahren 1935/36 in Dienst gestellt und als Bauart „Hamburg“ bezeichnet wurden. Sie erhielten die Betriebsnummern SVT 137 149 bis 152 und SVT 137 224 bis 232. Letztere hatten eine geringfügig höhere Dienstmasse.

Konstruktion

Die Wagenkästen entstanden in Spantenbauweise, wobei die Seitenwände zum Tragen mit herangezogen wurden. Wert gelegt wurde auf eine außenhautbündige Konstruktion. Zur Erreichung eines möglichst geringen Luftwiderstandes bei hohen Geschwindigkeiten wurden die Stirnseiten abgerundet. Äußerlich ähnelten die SVT dem „Fliegenden Hamburger“. Die Stirnfenster wurden jedoch in der Höhe größer ausgeführt, weshalb das Dach nicht so weit heruntergezogen werden konnte. Die SVT „Hamburg“ wirkten dadurch gefälliger.

Ebenfalls zur Senkung des Luftwiderstandes erhielten die Züge eine durchgehende Bodenschürze. Der Übergang zwischen dem a- und dem b-Wagen wurde durch einen Faltenbalg geschützt. Ein weiterer, äußerer Faltenbalg schloß mit der Außenhaut bündig ab, um Luftwirbel zwischen den beiden Wagenteilen weitgehend zu vermeiden. Die Stirnseiten erhielten keine Übergangseinrichtungen. Die Einstiegtüren wurden als Schiebetüren mit einer lichten Weite von 650 mm ausgebildet. An den stirnseitigen Wagenenden waren sie auf beiden Seiten, am Faltenbalg jeweils einseitig vorhanden, weshalb hier entsprechend der Bahnsteiglage der Zustieg auch über den jeweiligen Nachbarwagen erfolgen mußte. Trittstufen ermöglichten den Zugang, wobei die unterste beim Öffnen der Wagentür herausklappte. Der Gepäckraum war von außen beidseitig über doppelflügelige Drehtüren zugänglich.

Das Laufwerk bestand aus insgesamt drei zweiachsigen Drehgestellen, auf die auch die Antriebsanlage aufgeteilt war. Die Enddrehgestelle mit einem Achsstand von 3500 mm waren Laufdrehgestelle der Bauart „Görlitz III“, die für die SVT „Hamburg“ entsprechend angepaßt wurden. Die Radsätze wurden in Wälzlagern geführt und über Blatt- und Schraubenfedern abgefedert. Der Durchmesser der Laufräder betrug 900 mm. Die Wiegenfederung erfolgte über Blattfedern. Ab 1938 wurden die Laufdrehgestelle durch eine neue, geschweißte Bauart ersetzt. Die Wiegenfederung wurde nun durch Blatt- und Schraubenfedern übernommen.

TECHNISCHE DATEN

Baureihenbezeichnung			VT 137 149-152, 224-232
	ab 1947 (DB)		VT 04.1/04.5
	ab 1970 (DR)		183.0/183.2
Indienststellung (1. Jahr)			1935
Hersteller			WUMAG
Achsformel			2'Bo'2'
Spurweite		mm	1435
Länge über Puffer		mm	44956
Dienstmasse		t	100
Dieselmotor(en)	Anzahl		2
	Hersteller		Maybach
	Leistung	kW	302
	Drehzahl	U/min	1400
Art der Kraftübertragung			elektrisch
Höchstgeschwindigkeit		km/h	160
Sitzplätze (1. Klasse)			77

In den dreißiger Jahren gehörten die Schnelltriebwagen im Anhalter Bahnhof zum Alltag (ca. 1935)

Jedes Laufdrehgestell nahm einen der beiden Dieselmotoren samt Generator auf und war somit gleichzeitig Maschinendrehgestell. Zur Aufnahme der Maschinenanlagen dienten geschweißte Hilfsrahmen, die untereinander gekuppelt waren und sich in insgesamt fünf Punkten im Drehgestell abstützten. Einige Rahmen wurden versuchsweise festgelegt, um seitliche Pendelbewegungen zu vermeiden. Die neuen Maschinendrehgestelle der Bauart 1938 hatten nur noch einteilige Maschinentragrahmen.

Als Antriebsanlage wurde in jedes Maschinendrehgestell ein wassergekühlter Zwölfzylinder-Viertakt-Dieselmotor GO 5 der Firma Maybach in V-Form mit einer Leistung von 302 kW bei einer Nenndrehzahl von 1400 U/min eingebaut. Angelassen wurden die Motoren über die Anlaßwicklung des Hauptgenerators. Eine Überwachungsanlage sorgte bei fehlendem Öldruck für die sofortige Stillsetzung des jeweiligen Motors. Zur Drehzahlregelung in fünf Leistungsstufen diente ein elektrischer Drehzahlversteller. Der Kraftstoff für jeden Motor wurde in jeweils drei Behältern von 330 l Fassungsvermögen mitgeführt. Sie waren an der Decke der Maschinenräume angebracht und wurden von angeschraubten Flachstahlbändern gehalten. Der Kraftstoffvorrat reichte für eine Fahrstrecke von etwa 1000 km.

Da die Motoren in das Wageninnere hineinragten, waren sie mit einer doppelwandigen Blechhaube mit Asbestzwischenlage und im Führerraum mit einer zusätzlichen aufklappbaren Holzabdeckung versehen worden. Die bei der Deutschen Reichsbahn in der DDR verbliebenen Triebzüge wurden mit neuen Dieselmotoren vom Typ 12 V 170 DR von CKD Praha (Prag) ausgestattet. Bei der Deutschen Bundesbahn erfolgte die Umrüstung auf den Typ GTO 56 der Firma Maybach. Dabei handelte es sich um auf Tunnellagerung umgebaute Motoren der ursprünglich verwendeten Bauart GO 56. Beide Typen waren gegeneinander frei austauschbar.

Zur Leistungsübertragung diente jeweils ein vierpoliger Hauptgenerator des Typs aG 210/26 b von AEG mit rollengelagertem Anker. Die Dauerleistung eines Generators betrug 270 kW bei einer Spannung von 800 V und einer Drehzahl von 1.400 U/min. Die Verbindung zwischen Dieselmotor und Hauptgenerator erfolgte über eine elastische Zwischenwelle mit Gewebescheibenkupplungen.

Zur Erzeugung der Spannung für die Erregerwicklung des Hauptgenerators diente jeweils ein Hilfsgenerator aGV 230/5, der gleichzeitig als Lichtmaschine arbeitete und so die Versorgung des Bordnetzes und die Batterieladung übernahm. Haupt- und Hilfsgenerator besaßen eine gemeinsame Welle und waren in einem Gußgehäuse untergebracht. Die Leistung des Hilfsgenerators betrug 9 kW bei einer Spannung von 150 V bei 1400 U/min.

Das mittlere Drehgestell, eine Abart der Bauart „Görlitz III leicht", war als Jacobsdrehgestell ausgebildet, auf das sich die Enden der beiden Wagenkästen gemeinsam abstützten. Es hatte auf jeder Seite eine doppelte Wiegenblattfeder. Die beiden Wagenenden hatten zur Verstärkung im Fußbodenbereich kräftige Querträger, an die mittig Stahlformgußstücke zur Abstützung auf den Wiegenträgern angeschraubt waren. Der b-Wagen stützte sich unmittelbar über eine Stufendrehpfanne auf die Wiege ab.

Der a-Wagen dagegen fand seine Abstützung über eine halbkugelige Pfanne auf dem Stufendrehzapfen des b-Wagens. Die Treibräder hatten einen Durchmesser von 1000 mm. Ihre Radscheiben bestanden aus Stahlguß GS 38.

Das Jacobsgestell nahm als Triebdrehgestell die beiden Fahrmotoren Dx 1681 a auf. Es handelte sich um eigenbelüftete Gleichstrom-Reihenschlußmotoren in Tatzlagerbauart. Zur Übertragung des Drehmoments dienten einseitig angeordnete Stirnzahnräder, wobei das Großrad auf die verlängerte Nabe der Radscheibe aufgepreßt war.

Die Dauerleistung der von je einem Generator gespeisten Fahrmotoren betrug jeweils 250 kW bei 800 V Spannung und 1900 U/min. Sie verfügten über eine Stundenzugkraft von 21 kN bei 78 km/h und eine Anfahrzugkraft von 53 kN bei 18 km/h. Die Motoren hatten bei einem Zahnverhältnis von 23:61 Zähnen eine Übersetzung von 2,65 und einschließlich Getriebeschutzkasten eine Masse von 2492 kg.

Die Leistungssteuerung erfolgte mittels RZM-A-Schaltung in fünf Stufen. Der Motor des Drehzahlstellers wurde dabei durch ein Auf/Ab-Relais so gesteuert, daß Fahrschalterstellung und Drehzahlstellerstufe übereinstimmten. Das hatte den Vorteil, daß bei Fahrten von zwei Triebzügen im Verband stets alle Drehzahlstellermotoren

Dieselelektrischer Triebwagen VT 04.1 in den fünfziger Jahren in der Fränkischen Schweiz

FOTOS: WUMAG/SLG. E. PREUSS, ARCHIV GN, SLG. KNIPPING

synchron liefen. Dadurch war bei insgesamt vier von einem Führerstand steuerbaren Dieselmotoren eine gleichmäßige Leistungsverteilung möglich. Die Steuerung des zweiten Triebzuges erfolgte zunächst über eine 22-polige Steuerleitung und Steckdosen. Zur Vereinfachung des Kuppelns und Entkuppelns zweier Triebzüge wurden diese durch elektrische Kontaktleisten an den Scharfenberg-Kupplungen ersetzt. Dadurch konnten auch jeweils ein SVT „Hamburg" und ein SVT „Köln" im Verband fahren.

Das Anlassen der Motoren mußte jedoch weiterhin in jedem Triebzug getrennt erfolgen. Die Überwachung des geführten vom führenden Zug war ebenfalls nicht möglich. Deshalb mußte der zweite SVT stets mit einem Maschinenwärter besetzt werden. Zur Verständigung der Personale untereinander waren eine Fernsprech- und Klingelanlage vorhanden.

Die Bremsausrüstung bestand anfangs aus einer selbsttätigen mehrlösigen Trommelbremse der Bauart Hikp mit Triebwagen-Steuerventil Hikpt. Jedes Drehgestell verfügte dabei über acht Bremszylinder von 120 mm Durchmesser und einem größten Hub von 130 mm. Bei Rangierfahrten konnte die direkt wirkende Zusatzbremse benutzt werden. Für Schnell- und Notbremsungen war in jedem Drehgestell eine Magnetschienenbremse der Bauart Jores-Müller vorhanden. Als Feststellbremse diente eine Druckölbremse der Bauart Knorr. Beim Einbau neuer Drehgestelle wurden die Trommelbremsen durch Scheibenbremsen ersetzt.

Die Wagenaufteilung erfolgte entsprechend den Anforderungen des nationalen Expreßzug-Schnellverkehrs: Auf den Führerstand mit Maschinenraum folgten der 3600 mm lange Gepäckraum mit einer Grundfläche von 9,6 qm und der Einstiegsraum. Über 650 mm breite Schiebetüren konnte der Fahrgastraum 2. Klasse mit 5 1/2 Abteilen in einer Sitzplatzanordnung von 2+1 beiderseits eines 522 mm breiten offenen Mittelgangs betreten werden. Die Polstersitze hatten eine Breite von 740 bzw. 695 mm, die Abteiltiefe betrug 1800 mm. Der nun folgende mittlere Einstiegsraum wurde durch eine Drehtür betreten. Die Aborte mit Wascheinrichtung wurden durch zwei Dachbehälter von je 250 l mit Wasser versorgt.

Der VTb besaß am Kurzkuppelende einen 3000 mm langen Erfrischungsraum mit Büffet, Kühlschrank und Spülbecken. Dazu kamen eine elektrische Kochplatte und ein elektrischer Heißwasserspeicher. Neben dem Erfrischungsraum befand sich der Heizraum. Über eine Drehtür wurde der Großraum 2. Klasse mit 7 1/2 Abteilen betreten. Daran schlossen sich der Einstiegsraum und der Führerstand mit Maschinenraum an.

Die Fenster in den Fahrgasträumen waren 1200 mm breit. Die 4 mm dicken Spiegelglas-Doppelscheiben besaßen Federgewichts-Ausgleich und waren in vernickelten Messing-Hohlprofilen gefaßt. Die vorderen Führerstandsfenster bestanden aus 8 mm dickem Sekurit-Sicherheitsglas.

Wieder in den Originalzustand wurde der SVT 137 225 zurückversetzt (Berlin-Wannsee, 7. Juli 1991)

Die Beheizung erfolgte über eine für jede Wagenhälfte getrennt vorhandene Warmwasserheizung der Bauart Narag. Die gußeisernen Heizöfen befanden sich oberflur im Heizraum (VTb) bzw. im Toiletten-Bereich (VTa).

Zur Druckluftversorgung dienten zwei batteriegespeiste Knorr-Luftverdichter vom Typ VV 21/180 G, die für einen Nenndruck von 10 bar sorgten. Beide arbeiteten parallel auf einen 400-l-Hauptluft- und einen 100-l-Sonderluftbehälter.

Das elektrische Bordnetz wurde vom Hilfsgenerator mit 110 V Gleichspannung gespeist. Bei Motorstillstand übernahm eine AFA-Batterie 4 Ky 285 mit einer Kapazität von 200 Ah bei fünfstündiger Entladung die Versorgung. Die Beleuchtung erfolgte durch Glühlampen. Die SVT waren mit Sifa und Indusi der Dreifrequenz-Resonanzbauart ausgerüstet.

Der von der Deutschen Bundesbahn 1950/51 auf hydraulische Kraftübertragung umgebaute VT 04 501 (SVT 137 227 bzw. VT 04 105) besaß ebenfalls Dieselmotoren vom Typ GTO 56 in den beiden Maschinendrehgestellen. Zur Leistungsübertragung wurden hydraulische Getriebe T 24a (280 kW) und Radsatzgetriebe T 04a eingebaut. Gegenüber den SVT mit elektrischer Kraftübertragung wurden die bisherigen Lauf- zu Triebdrehgestellen und das vormalige Trieb- zum Laufdrehgestell. Statt zwei besaß dieser Zug somit vier angetriebene Radsätze.

Die Farbgebung wechselte im Laufe der Einsatzjahre und unter den verschiedensten Einsatzbedingungen. Bei Indienststellung waren die Drehgestelle in schwarz und die Wagenschürze aluminiumfarben gehalten. Der Untergestellbereich war schwarz mit elfenbeinfarbiger Zierlinie. Darauf folgten ein schwarzer Absetzstreifen und ein elfenbeinfarbener Zierstreifen mit schwarzem Mittelstreifen. Der Absetzstreifen unterhalb der Fenster war schwarz und das Fensterband an den Seitenwänden elfenbeinfarben. Der Absetzstreifen oberhalb der Fenster war schwarz. Seitenwände und Stirnseiten waren in violett gehalten. Die Dachkante war durch einen schwarzen Absetzstreifen markiert. Das Dach wiederum war aluminiumfarben.

Für die für die amerikanische bzw. britische Besatzungsmacht umgerüsteten SVT ist für den Wagenkasten als Farbgebung olivgrün überliefert. Der SVT 04 101 lief für die amerikanische Besatzungsmacht mit der Anschrift „USA 666" und hatte unterhalb des Fensterbandes einen umlaufenden weißen Streifen. Der SVT 04 102 besaß unter den Seitenfenstern einen breiten weißen Streifen, der sich beim Übergang zu den Stirnseiten bis zur Schürze und zur oberen Fensterkante verbreiterte, so daß die Stirnseiten fast völlig in diesem Farbton gehalten waren. Rechts und links war im Übergang zu den Seitenwänden in Höhe der Signallampen das Rot-Kreuz-Zeichen angebracht.

Bei der Übergabe dieses SVT an die Deutsche Reichsbahn war der gesamte Wagenkasten im dunklen Farbton gehalten, lediglich unter den Fenstern gab es einen umlaufenden hellen Zierstreifen. Das Rot-Kreuz-Zeichen befand sich nun – wesentlich größer ausgeführt als vorher – unter den Fenstern des Maschinenraums.

Bei der Deutschen Bundesbahn hatte der auf hydraulische Kraftübertragung umgebaute VT 04 501 eine Farbgebung, die der zur DRG-Zeit ähnelte: Die Seitenwände waren unterhalb der Fenster und die Stirnseiten zur Gänze in dunkelblau gehalten. Im Fensterbereich waren die Seitenwände hellgrau. Unterhalb des Fensterbandes

Zur 150-Jahr-Feier der deutschen Eisenbahnen fuhr der VT 183 252 der DR 1985 nach Nürnberg

sowie oberhalb der Schürze gab es je einen umlaufenden hellgrauen Streifen. Unterhalb der Dachkante war ebenfalls ein schmaler umlaufender Streifen in hellgrau vorhanden. An der jeweils linken Seitenwand der beiden Wagenkästen prangte unterhalb der Fahrgastraum-Fenster der Schriftzug „DEUTSCHE BUNDESBAHN". Im Jahre 1954 war der SVT bereits in der üblichen weinroten Farbgebung zu sehen. Oberhalb der Schürze war ein durch die Scharfenberg-Kupplung unterbrochener umlaufender heller Streifen vorhanden. Ebenfalls vorhanden waren unterhalb und oberhalb des Fensterbandes je ein schmaler umlaufender heller Streifen. Im Jahre 1957 tauchte der Triebzug ohne den Bundesbahn-Schriftzug auf. Dafür war unterhalb des mittleren Stirnfensters das DB-Emblem angebracht worden.
Die Deutsche Reichsbahn setzte die SVT mit einer Farbgebung ein, die von der ursprünglich verwendeten nur in sehr wenigen Einzelheiten abwich. Anfang der siebziger Jahre – gewissermaßen mit der Umzeichnung auf EDV-gerechte Betriebsnummern also – erhielten alle noch im Einsatz befindlichen Altbau-SVT eine neue Farbgebung, die ihnen auch nicht schlecht zu Gesicht stand: Schürze grau, Wagenkasten unterhalb des Fensterbandes weinrot mit einem schmalen umlaufenden elfenbeinfarbenen Streifen in Kupplungshöhe, Fensterband elfenbein, Dach grau. Mit der betriebsfähigen Wiederaufarbeitung erhielt der Museumszug 183 252 wieder seine ursprüngliche Farbgebung.

Betriebseinsatz

Beheimatet wurden die SVT nach ihrer Abnahme im Raw Wittenberge in den Bw Berlin-Grunewald und Berlin Anhalter Bahnhof. Lediglich ein SVT gehörte dann Ende 1936 zum Bw Hamburg-Altona. In den Jahren 1938/39 erfolgten Umbeheimatungen, so daß sich die SVT nun auf die Bw Berlin Anhalter Bahnhof, Berlin-Grunewald, Leipzig Hbf West und Hamburg-Altona verteilten.
Zum Einsatz gelangte die Bauart „Hamburg" auf den Strecken Berlin – Hamburg (FDt 37/38), Berlin – Köln (FDt 15/16 und FDt 17/18), Berlin – Frankfurt/Main (FDt 571/572), Berlin – Nürnberg – München/Stuttgart (FDt 551/552 bzw. FDt 711/712). Zwischen Berlin und Nürnberg sowie Berlin und Hamm fuhren die Züge in Doppeltraktion. Auf dem Abschnitt Hannover – Hamm erreichten sie die für die damalige Zeit außerordentlich hohe Reisegeschwindigkeit von 132, 2 km/h. Damit können sie den Ruhm in Anspruch nehmen, in jenen Jahren die schnellsten Züge der Welt gewesen zu sein. Lange konnten sie sich allerdings nicht in diesem Glanze sonnen, denn der Zweite Weltkrieg bereitete der SVT-Herrlichkeit ein sofortiges Ende. Die Züge wurden zunächst abgestellt, ihre Räder mußten dann allerdings auch „für den Sieg" rollen, so im Fahrdienst der Wehrmacht und von Regierungsstellen. Bei Kriegsende waren die meisten SVT abgestellt.
Der Krieg zerriß den Bestand der SVT „Hamburg" – die Züge SVT 137 225 und 226 verblieben bei der Deutschen Reichsbahn in der Sowjetischen Besatzungszone bzw. der DDR. Fünf Triebzüge befanden sich bei der Deutschen Reichsbahn in den westlichen Besatzungszonen bzw. dann der Deutschen Bundesbahn (SVT 137 149, 152, 227, 231, 232), wo vier von ihnen entsprechend umgerüstet bis 1950 im Dienste der amerikanischen bzw. der britischen Besatzungsmacht als Lazarett- bzw. Inspektionstriebwagen fuhren. Sechs im einstigen Sudetengebiet hinterstellte Triebzüge (SVT 137 150, 151, 224, 228, 229, 230) gingen in das Eigentum der Tschechoslowakischen Staatsbahnen über. Diese setzten die SVT unter dem Namen „Blitzzüge" mit einer auf 130 km/h beschränkten Höchstgeschwindigkeit als M 297 001 bis 006 zwischen Praha (Prag) und Bratislava (Preßburg) sowie Ostrava (Mährisch Ostrau) ein.
Die DR verschrottete den in einem desolaten Zustand befindlichen a-Wagen des SVT 137 226 und baute den b-Wagen zu einem zweiten Mittelwagen für den SVT 137 234 (SVT „Leipzig", VM 137 234 d) um.
Die DB rüstete den zunächst als SVT 04 105 eingenummerten SVT 137 227 1950/51 auf hydraulische Kraftübertragung um und bezeichnete ihn als VT 04 501. Eingesetzt wurde er im Fernschnellzug- und TEE-Dienst.
Die SVT 137 149, 152, 231, 232 wurden erst in SVT 04 101, 102, 106 und 107, dann in VT 04 101, 102, 106 und 107 umgezeichnet. Eingesetzt wurden sie von den Bw Frankfurt/Main-Griesheim, Stuttgart und Bielefeld (Britische Besatzungszone) sowie dem Bww München-Pasing. Der VT 04 101 wurde bereits 1955 aus dem Bestand der DB gestrichen. Die von den Besatzungsmächten genutzten SVT wurden in der Zeit zwischen 1955 und 1958 für den zivilen Verkehr zurückgegeben, doch von der Deutschen Bundesbahn nicht mehr eingesetzt.
Die VT 04 102 bis 107 sowie der VT 04 501 kamen 1958/59 zur Deutschen Reichsbahn, die sie unter ihren alten Betriebsnummern im Bw Berlin-Karlshorst beheimatete und sowohl im grenzüberschreitenden Verkehr u.a. als Ext 54/55 „Vindobona", als auch im nationalen Schnellzugdienst, u.a. zwischen Berlin und Bautzen sowie Berlin und Neubrandenburg, einsetzte. Von den ČSD erhielt sie 1958 den einstigen SVT 137 224 (M 297 003) zurück, der sich jedoch in einem dermaßen heruntergewirtschafteten Zustand befand, daß er im Bw Dresden-Pieschen nur noch verschrottet werden konnte.
Bei der DR erlebten noch vier Züge 1970 die Umzeichnung mit EDV-gerechten Nummern: SVT 137 152 als 183 001, 137 225 als 183 252, 137 231 als 183 002 und 137 232 als 183 003. Mit Ausnahme des 183 252 war ihnen allerdings kein langes Leben mehr beschieden: Zwischen 1973 und 1975 schieden sie aus dem Bestand aus und wurden zerlegt. Der SVT 137 225 (183 252) dagegen war in einen Salontriebzug für die Regierung der DDR umgebaut worden und stand als solcher dem Minister für Verkehrswesen zur Verfügung. Im Jahre 1975 wurde er in den Bestand der Museumsfahrzeuge aufgenommen, 1990 und 1991 wiederaufgearbeitet und äußerlich in den Ursprungszustand zurückversetzt. Bei einer anschließenden Testfahrt erreichte er zwischen Buchholz und Rothenburg (Wümme) bei Bremen auf einer Strecke von rund 20 km Länge eine Geschwindigkeit von 168 km/h. Das Bw Leipzig Hbf Süd übernahm seine Beheimatung und seine Nutzung für Sonderften. Die ČSD musterte die bei ihr verbliebenen SVT bis 1966 nach und nach aus. Letzter Zug war der M 297 006 (SVT 137 230).

REDAKTION: HANS-JOACHIM WEISE; FOTOS: SYDOW, W. BÜGEL

Schnelltriebwagen der Bauart „Leipzig“: Nach jahrelanger Abstellzeit konnte der SVT 137 234 im Bw Leipzig Hbf Süd wieder zu neuem Leben erwachen

Baureihe SVT 137 153 ff.

Bauart „Leipzig“ (DR 183.2)

Mit dem Beginn des Einsatzes von Verbrennungs-Schnelltriebwagen am 15. Mai 1933 leitete die Deutsche Reichsbahn Gesellschaft eine neue Ära des Schienenverkehrs nicht nur in Deutschland ein. Fortan setzte eine rasche und hoffnungsvolle Entwicklung derartiger Schnelltriebwagen und des befahrenen Netzes ein, die allerdings mit dem Ausbruch des Krieges ein jähes Ende nahm. Dem anfänglich einzigen Schnelltriebwagen, dem SVT 877a/b mit dem Beinamen „Fliegender Hamburger“ folgten alsbald die daraus abgeleiteten zweiteiligen SVT der Bauart „Hamburg“, von denen 1935 und 1936 insgesamt dreizehn Einheiten in Dienst gestellt wurden. Ihr Einsatz erfolgte auf den von Berlin ausgehenden Strecken nach Hamburg, Frankfurt/M., Stuttgart und München. Außerdem liefen diese SVT zwischen Hamburg und Köln. Zugunsten der beim „Fliegenden Hamburger“ kritisierten Sitzplatzaufteilung 3+1 kam nun eine 2+1 Aufteilung zur Ausführung. Somit standen jetzt lediglich 77 Sitzplätze ausschließlich zweiter Klasse und die weiterhin vorhandenen vier Plätze im Erfrischungsraum zur Verfügung. Aufgrund der großen Nachfrage waren die Schnelltriebwagen schon Wochen vorher ausgebucht und es bestand ein dringender Bedarf an einem größeren Platzangebot. Bemängelt wurden auch die Großraumabteile und der fehlende Speiseraum, was sich insbesondere auf längeren Strecken ungünstig bemerkbar machte.

War die Erweiterung der Triebzüge bislang an der mangelnden Leistung der zur Verfügung stehenden Motoren gescheitert, konnten nun, nachdem es gelungen war, die Leistung der 301 kW starken Motoren durch Aufladung unter nur geringer Erhöhung der Eigenmasse auf 442 kW zu steigern, dreiteilige Garnituren zur Ausführung kommen. Die ursprünglich noch als Bauart „Breslau“ bezeichneten dreiteiligen Triebwagen wurden von der dort ansässigen Firma Linke-Hofmann geliefert. Zu Vergleichszwecken entstanden 1935 zwei dieselelektrische und 1936 zwei äußerlich gleiche dieselhydraulische Fahrzeuge. Alsbald unter der Bezeichnung Bauart „Leipzig“ erhielten sie bei der Deutschen Reichsbahn Gesellschaft die Betriebsnummern SVT 137 233 und 234 a/b bzw. SVT 137 153 und 154 a/b.

Konstruktion

Wie bereits erwähnt, unterschieden sich die Triebzüge in der Art der Kraftübertragung. Angetrieben wurden alle vier SVT durch zwei wassergekühlte Zwölfzylinder-Viertakt-V-Dieselmotoren vom Typ GO 6 mit je durch Aufladung erreichten 442 kW der Firma Maybach. Die Kühlanlage befand

TECHNISCHE DATEN

Baureihenbezeichnung			VT 137 153-154, 233-234
	ab 1970 (DR)		183.2
Indienststellung (1. Jahr)			1935
Hersteller			LHW
Achsformel			B'2'2'B'/2'Bo'Bo'2' [1]
Spurweite		mm	1435
Länge über Puffer		mm	60150
Dienstmasse		t	124
Dieselmotor(en)	Anzahl		2
	Hersteller		Maybach
	Leistung	kW	442
	Drehzahl	U/min	1400
Art der Kraftübertragung			hydraulisch/elektrisch [1]
Höchstgeschwindigkeit		km/h	160
Sitzplätze (1. + 2. Klasse)			30+109

[1] SVT 137 233-234

Der SVT 137 234 verblieb nach dem Krieg bei der DR und wurde dort noch lange Zeit eingesetzt

sich in den Wagenböden der Endwagen und wurde selbsttätig, temperaturabhängig gesteuert. Ihren Platz hatten die Motoren in den Enddrehgestellen, die auch noch bei den SVT mit hydraulischer Kraftübertragung die vereinigten Strömungs- und Wendegetriebe und die Achsantriebe beider Achsen trugen, wobei die mittleren Jacobsdrehgestelle als Laufgestelle ausgebildet waren. Die Übertragung zu den Achsen erfolgte über Gelenkwellen. Die Drehzahl der Dieselmotoren konnte elektrisch in fünf Stufen geregelt werden. Die Umschaltung des zweistufigen Strömungsgetriebes und des Wendegetriebes erfolgte elektropneumatisch. Bei den dieselelektrischen SVT befanden sich neben den Motoren, deren Drehzahlverstellung analog der vorgenannten SVT erfolgte, lediglich noch der Traktionsgenerator in den Enddrehgestellen, wobei hingegen die mittleren Drehgestelle die vier Antriebs-Gleichstromreihenmotoren in Tatzlageranordnung trugen. Dies wurde durch die etwa um 10 t höhere Eigenmasse und den größeren Platzbedarf notwendig.

Die dieselelektrischen Triebwagen erhielten eine RZM-Vielfachsteuerung, die dieselhydraulischen eine elektroupneumatische Vielfachsteuerung, bei der bis zu drei SVT-Einheiten beider Bauarten steuerbar waren. Zwischen den Wagen kamen Jacobsdrehgestelle zur Anwendung, die Lauf-Enddrehgestelle waren angepaßte Ausführungen der Bauart Görlitz und die Antriebsenddrehgestelle besaßen einen Kastenrahmen. Obwohl bereits bei der Indienststellung der vier „Leipziger" eine vierteilige Ausführung zur weiteren Erhöhung des Platzangebotes und der Einrichtung eines Speiseabteils in Erwägung gezogen wurde, was leistungsmäßig problemlos zu realisieren gewesen wäre, kamen alle vier SVT in dreiteiliger Ausführung zur Auslieferung. Die Erweiterung des Triebzuges und der damit verbundene Umbau sollten später erfolgen, kamen aber durch den Kriegsausbruch und die anschließende Abstellung bzw. Zweckentfremdung der Fahrzeuge nicht mehr in Betracht. Für den geplanten Einsatz der SVT Bauart „Leipzig" kam nun erstmalig die dritte Wagenklasse zur Anwendung. Außerdem ging man wieder auf den Seitengang über, allerdings bei der dritten Klasse in offener Ausführung mit halbhohen Zwischenwänden und nur bei der zweiten Klasse in gewohnter geschlossener Ausführung. Somit ergab sich eine Sitzplatzaufteilung in Sechserabteile der zweiten Klasse bzw. Achterabteile der dritten Klasse. Alle vier Einheiten glichen einander in ihrer Innenein- richtung. Die a-Wagen waren unterteilt in Führer- und Maschinenraum, in Gepäckraum, Einstiegsraum mit von dort aus zugänglicher Toilette, dem Fahrgastraum mit fünf Abteilen zweiter Klasse mit insgesamt 30 Plätzen und einem weiteren Einstiegsraum. Die b-Wagen erhielten jeweils zwei Einstiegsräume mit Toilette und zwei unterteilte Räume mit vier bzw. fünf offenen Abteilen dritter Klasse mit Seitengang. Hieraus ergibt sich eine Anzahl von 70 Plätzen, wobei die jeweils stirnseitig zur Eingangstür gelegenen Sitzbänke nur für drei Personen ausgelegt wurden. Die c-Wagen schließlich erhielten neben Führer- und Maschinenraum ein Postabteil, einen Einstiegsraum mit abgehender Toilette, ein Großraumabteil dritter Klasse mit 29 Plätzen, zudem eine Küche mit Anrichte und im Abschluß einen weiteren Einstiegsraum. Die Plätze der dritten Klasse wurden ebenfalls gepolstert. Über die erfolgten Umbauten soll später noch berichtet werden. Entsprechend der angestrebten Aerodynamik wurde auf die Gestaltung der Wagenkästen Einfluß genommen. Die in Spantenbauweise mit tragenden Seitenwänden erstellten Wagenkästen erhielten abgerundete Stirnpartien und Front- und Seitenschürzen. Der Übergang zwischen den Wagen erfolgte durch Faltenbälge, die nochmals durch, mit dem Wagenkasten bündige, Faltenbälge umschlossen wurden und somit Luftwirbel verminderten. Gekuppelt wurden die Fahrzeuge mittels Scharfenbergkupplungen, die die Luftleitungen mit verbanden. Die elektrischen Leitungen mußten separat verbunden werden.

Die Bremse der Bauart Hikp wirkte über Trommelbremsen auf alle Radsätze. Ausserdem war eine Magnetschienenbremse vorhanden. Als Handbremse kam eine Druckölbremse zum Einbau. Die Triebzüge waren mit einer Sicherheitsfahrschaltung und einer induktiven Zugsicherung der Dreifrequenzbauart ausgestattet. Zur Heizung der Innenräume wurde das Kühlwasser in Verbindung einer Ölzusatzheizung herangezogen. Der Beleuchtung diente ein 110 V-Bordnetz. Wie alle SVT erhielten auch die „Fliegenden Leipziger" einen creme-violetten Anstrich, silberne Dächer und Schürzen sowie die zugehörigen schwarzen Absetzlinien.

Anläßlich der 100-Jahr-Feier der deutschen Eisenbahnen war auch der SVT 137 153 in Nürnberg

FOTOS: VÖLK, SLG. KNIPPING, ARCHIV GN

Nach seiner Ausmusterung war zunächst geplant, den 183 251 als einen stationären Jugendclub an der Ostsee aufzustellen (Basdorf, 19. Mai 1991)

Betriebseinsatz

Noch ohne Maschinenanlage, aber äußerlich fertiggestellt, wurde der SVT 137 153 auf der 100-Jahrfeier der Deutschen Eisenbahn in Nürnberg gezeigt. Am 2. Oktober 1935 kam es zur Auslieferung des dieselelektrischen SVT 137 233, dem schon am 6. November 1935 der bauartgleiche SVT 137 234 folgte. Bevor der Plandienst aufgenommen wurde, kam es zu einer Reihe von Versuchsfahrten mit den beiden SVT. Dabei stellte einer der beiden Triebzüge mit 205 km/h zwischen Hamburg und Berlin am 17.Februar 1936 einen Geschwindigkeitsrekord für Regelfahrzeuge auf. Am 15. Mai 1936 begann der planmäßige Einsatz auf der neu eingerichteten 520 km langen Verbindung zwischen Berlin über Breslau nach Beuthen in Oberschlesien. Die Hinfahrt erfolgte als FDt 45 von Berlin-Charlottenburg (ab 19.51), Berlin-Zoo (ab 19.59) und Berlin-Schlesischer Bf (ab 20.20) ohne Planhalt bis Breslau (341 km), weiter mit Halt in Oppeln, Heydebreck und Gleiwitz zum Zielbahnhof Beuthen, der um 0.37 Uhr erreicht wurde. Dies entsprach einer mittleren Reisegeschwindigkeit von etwa 109 km/h. Die Rückfahrt als FDt 46 begann um 5.18 Uhr und Bln-Charlottenburg wurde 10.08 erreicht. Immer wieder bereiteten den Werkstätten seinerzeit die Motoren Probleme. Die rollengelagerten Pleuel erreichten nur eine Laufleistung von ca. 100 000 km, die etwa vierteljährlich erreicht wurde. Auch andere Schäden erforderten häufige Abstellzeiten der SVT. Am 22. August 1939 kam es zur Abstellung aller Fahrzeuge mit Verbrennungsmotor bei der Deutschen Reichsbahn. Die geplanten Verbindungen nach Stettin und Königsberg wurden nicht mehr eingerichtet. Der Einsatz nach Königsberg scheiterte vor allem aber an der mangelnden Kooperation der Polnischen Staatsbahn, die abschnittsweise durch die nach dem Ersten Weltkrieg erfolgte Grenzziehung hätte befahren werden müssen.

Einige SVT verschiedener Bauart kamen nach Kriegsbeginn nur noch für Regierung oder Wehrmacht zum Einsatz. Für letztere dabei vornehmlich als Notstromaggregate. Die anderen Fahrzeuge blieben abgestellt, wie vermutlich alle SVT der Bauart „Leipzig“. Einsätze während des Krieges sind bisher nicht nachgewiesen. Nach Kriegsende standen SVT 137 154 und 233 dienstunfähig auf dem Gebiet der sowjetischen Besatzungszone, der SVT 137 153 verblieb als DP 15 bezeichnet bei der Sowjetischen Staatsbahn (SZD), war also zumindest selbstständig oder geschleppt im Einsatz und schließlich kam der SVT 137 234 in den Bestand der Polnischen Staatsbahn (PKP). Auf dem Gebiet der sowjetischen Besatzungszone kam ab Frühjahr 1949 erstmals wieder ein SVT, der im Raw Dessau aufgearbeitete SVT 137 273, zunächst für Sonderdienste und vom 25. August 1949 bis zum 9. September 1949 zwischen Berlin und Probstzella als FDt 79/80 zum Einsatz. Am 10. September des gleichen Jahres konnte die Verbindung von Berlin nach Hamburg als FDt 66/65 den Betrieb wieder aufnehmen, wobei hier der am 22. September 1949 fertig aufgearbeitete SVT 137 278 mit zum Einsatz kam. Als weitere SVT-Einsatzstrecke wurde am 21. Dezember 1950, anläßlich Stalins Geburtstag, die Verbindung zwischen Berlin und Prag als FDt 54/55 aufgenommen, wodurch sich ein Bedarf an weiteren Schnelltriebwagen ergab. Man erinnerte sich unter anderem der zwei abgestellten SVT der Bauart „Leipzig“. Noch 1949 wurden sie der inzwischen vom Bw Anhalter Bahnhof in den sowjetischen Sektor umbeheimateten Triebwagengruppe zugeteilt. Nach seiner Aufarbeitung wurde SVT 137 154 zum Plantriebwagen für die Prager Verbindung. Der SVT 137 233 wurde ebenfalls noch 1950 aufgearbeitet. Nach mehreren Umzügen fand die Triebwagengruppe in Berlin-Karlshorst eine endgültige Bleibe. Zum 1. Juli 1953 wurde das Triebwagen-Bw Karlshorst zur eigenständigen Diensstelle aufgewertet. Bei der Wiederaufarbeitung wurde, wie schon vor dem Krieg geplant, ein Speiseabteil eingerichtet, aber dennoch an einer

Dreiteiliger Schnelltriebwagen Bauart „Leipzig“ in den dreißiger Jahren

Der 183 251 war wegen seiner ungeklärten künftigen Verwendung lange im Raum Berlin abgestellt

dreiteiligen Garnitur festgehalten. Unter Verzicht auf die 29 Plätze dritter Klasse im c-Wagen wurden hier ebensoviel Plätze für das Speiseabteil neben der vorhandenen Küche und Anrichte geschaffen. Nachdem die Tschechoslowakischen Staatsbahnen (ČSD) ab 1955 die Prager Verbindung mit eigenen Fahrzeugen übernahm, wurden SVT frei und kamen auf den daraufhin neu eingerichteten von Berlin nach Saßnitz und München und als Fdt 143/144 zwischen Berlin und Erfurt zum Einsatz. Dazu kamen noch Sondereinsätze, insbesondere im Leipziger Messeverkehr.

Im Verlauf des Jahres 1955 kam es zu einem Austausch von Fahrzeugen mit der PKP. Dabei kehrte der dort verbliebene SVT 137 234 zur Reichsbahn zurück. Seine Aufarbeitung begann am 1. August 1955 und dauerte bis zum 5. Juni 1956. Bei dieser Generalreparatur wurde unter Verwendung des b-Wagens des SVT 137 226 der Bauart „Hamburg“ eine vierteilige Garnitur zusammengestellt. Der Umbau zu einem Speiseabteil erfolgte analog der beiden vorher aufgearbeiteten SVT. Ab dem 13. Januar 1957 verkehrte SVT 137 234 auf der jetzt über Prag hinaus bis Wien verlängerten FDt 54/55 Verbindung mit dem schönen Namen „Vindobona“. Am 20. Dezember 1958 beheimatete man den SVT 137 154 zum Bw Dresden-Pieschen um. Hier setzte man ihn, teilweise im Verband mit anderen Triebwagen, auf den Strecken nach Zittau, Bad Schandau, Leipzig und Karl-Marx-Stadt ein. Auch wurde er auf den Relationen nach Rostock und Stralsund verwendet. Die letzte Bremsuntersuchung erhielt er im März 1962 und wurde somit spätestens im September abgestellt. Seine z-Stellung folgte am 9. Dezember 1962. Nach langer Abstellung im Raw Wittenberge kam es erst am 14. August 1969 zu seiner Ausmusterung. Ähnlich erging es den beiden anderen SVT in Berlin-Karlshorst. Nachdem von der DB Anfang 1959 insgesamt acht SVT der Bauarten „Hamburg“ und „Köln“ übernommen und wieder aufgearbeitet wurden, konnte man die SVT der Bauart „Leipzig“ entbehren. Der SVT 137 233 wurde im ersten Halbjahr 1961 abgestellt. Seine Ausmusterung erfolgte erst zum 31. Januar 1969. Anders erging es dem SVT 137 234. Er schied bereits Ende 1959 aus dem Betriebsdienst aus, wurde aber nicht abgestellt, sondern in einen dreiteiligen Salontriebwagen für die DDR-Regierung umgebaut. Die strengvertraulichen Umbauzeichnungen des Raw Wittenberge datierten auf den 19. Juli 1960. Die Inneneinrichtung wurde völlig verändert. Der Mittelwagen diente fortan Walter Ulbricht und erhielt neben Arbeitszimmer, Duschraum und Toilette ein Schlafzimmer mit französischem Bett. Der a-Wagen, dem Gefolge vorbehalten, war neben Führer und Maschinenraum in fünf Zweimann-Abteile und einen Funkraum unterteilt. Der c-Wagen enthielt neben Küche und Räumen für das Personal noch einen Großraum als Konferenzabteil und schließlich wieder Führer- und Maschinenraum. Weiterhin in Berlin-Karlshorst beheimatet, lief er fortan offiziell als Dienst-Triebwagen. Bereits am 4. Januar beendete man seine letzte Hauptuntersuchung und bis zum 25. Februar 1973 erhielt er nochmals eine Ausbesserung im Rahmen einer Schadgruppe T 5. Am 6. Dezember 1973 mußte er schadhaft abgestellt werden. Zwischenzeitlich erfolgte zum 1. Juni 1970 seine EDV-Umzeichnung in 183 251. Das Raw Wittenberge musterte ihn am 5. August 1983 aus. Bis dahin war der 183 251 ständig an verschiedenen Orten um Berlin abgestellt. Buchungsmäßig wechselte er noch nach der Auflösung des Bw Bln-Karlshorst zum Bw Bln-Ostbahnhof. Nach seiner Ausmusterung war geplant, den Zug in einen stationären Jugendclub umzuwandeln und ihn an der Ostsee aufzustellen. Später war eine Verwendung als Unterkunft für Arbeitskolonnen im Gespräch. Weiterhin abgestellt, konnte nach langen Verhandlungen das Fahrzeug vom Eisenbahn-Kurier Verlag in recht desolatem Zustand erworben werden. Nach einem kurzweiligen Aufenthalt im Bw Reichenbach überführte man SVT 137 234 zum Bw Leipzig Süd, das mit der gelungenen Aufarbeitung eines SVT der Bauart „Hamburg“ einige Erfahrungen mit derartigen Fahrzeugen besitzt. Im Sommer begann die Aufarbeitung des SVT. Äußerlich konnte sie im Juli 1993 abgeschlossen werden und nach erfolgter lauf- und bremstechnischer Untersuchung konnte der SVT erstmals 1993 auf der „Waggon ‘93“ im Bayerischen Bahnhof zu Leipzig der Öffentlichkeit präsentiert werden. Der betriebsfähige Zustand, erneut als Salontriebwagen mit neuer Inneneinrichtung, wird derzeit noch angestrebt.

„Vindobona-Expreß“ Berlin – Prag – Wien mit SVT der Bauart „Leipzig“

Der 183 251 kam zur Aufarbeitung in das Bw Leipzig Hbf Süd (August 1992)

REDAKTION: JÖRG BADMANN; FOTOS: SCHULZ (2), DR/SLG. SÄUBERLICH, SLG. KNIPPING, HEILMANN

Die Triebwagen der Bauart „Köln“ zeichneten sich im Gegensatz zu ihren Vorgängertypen vor allem durch mehr Komfort aus (München Hbf 1951/52)

Baureihe SVT 137 273 ff.

Bauart „Köln“ (DB VT 06.1/06.5/DR 182.0)

Zwar hatte sich das Konzept der Deutschen Reichsbahn-Gesellschaft für den Aufbau eines Schnellverkehrsnetzes mit Dieseltriebzügen grundsätzlich bewährt, doch dies konnte nicht über einige Schwachstellen hinwegtäuschen, die dessen Attraktivität für die Fahrgäste minderte. Bemängelt wurden vor allem die Ausstattung mit Fahrgast-Großräumen und die auf Erfrischungsräume mit Anrichte beschränkte Mitropa-Versorgung. Neu zu beschaffende Triebzüge sollten deshalb mit Einzelabteilen ausgestattet werden und eine vollwertige Versorgung im Speiseraum bieten. Die bei der Bauart „Leipzig“ bewährte dreiteilige Einheit sowie die elektrische Kraftübertragung und die erreichbare Höchstgeschwindigkeit von 160 km/h sollten grundsätzlich beibehalten werden. Da für den genannten Einsatzzweck längere Wagen erforderlich waren, sollte jedoch auf Jacobsgestelle verzichtet und zu untereinander kurzgekuppelten Einzelwagen übergegangen werden. Das erleichterte außerdem den Werkstättendienst und den Austausch schadhafter Wagen. So entstanden bei Linke-Hofmann-Busch in Breslau die SVT der Bauart „Köln“. Zwischen 1936 und 1938 stellte die DRG 14 Triebzüge mit den Betriebsnummern SVT 137 273 bis 278 und SVT 137 851 bis 858 in Dienst.

Konstruktion

Die Wagenkästen entstanden als Schweißkonstruktion in Spantenbauweise, wobei die Seitenwände zum Tragen mit herangezogen wurden. Wert gelegt wurde auf eine außenhautbündige Konstruktion. Zur Erreichung eines möglichst geringen Luftwiderstandes bei hohen Geschwindigkeiten wurden die Stirnseiten abgerundet. Im Unterschied zu den SVT der Bauarten „Hamburg“ und „Leipzig“ wurden die Führerstandsfenster niedriger ausgeführt. Dadurch erhielten die SVT „Köln“ ihr markantes Äußeres.

Ebenfalls zur Senkung des Luftwiderstandes erhielten die Züge eine durchgehende Bodenschürze. Die Übergänge zwischen den Wagen wurden durch einen inneren Faltenbalg geschützt. Anstelle der äußeren Faltenbälge waren Windleitbleche vorhanden, die allerdings zur Gewährleistung des einwandfreien Durchfahrens von Gleisbögen einen kleinen Spalt frei lassen mußten. Die Stirnseiten erhielten keine Übergangseinrichtungen. Die Einstiegtüren waren einteilige Schiebetüren. Eingestiegen werden konnte beim VTa und beim VMc an den Wagenenden bzw. über den jeweiligen Nachbarwagen sowie beim VTb in der Wagenmitte. Trittstufen ermöglichten den Zugang. Der Gepäckraum war von außen beidseitig über doppelflügelige Drehtüren zugänglich.

Das Laufwerk bestand aus zweiachsigen Drehgestellen, die sich in ihrer Konstruktion an die Bauart „Görlitz“ anlehnten. Die

TECHNISCHE DATEN

Baureihenbezeichnung			VT 137 273-278, 851-858
	ab 1947 (DB)		VT 06.1/06.5
	ab 1970 (DR)		182.0
Indienststellung (1. Jahr)			1938
Hersteller			LHW
Achsformel			2'Bo'+2'2'+Bo'2'
Spurweite		mm	1435
Länge über Puffer		mm	70205
Dienstmasse		t	160
Dieselmotor(en)	Anzahl		2
	Hersteller		Maybach
	Leistung	kW	442
	Drehzahl	U/min	1400
Art der Kraftübertragung			elektrisch
Höchstgeschwindigkeit		km/h	160
Sitzplätze (2. Klasse)			132

Mit Fähnchen anläßlich des Maifeiertages steht der SVT 137 273 in Berlin Ostbahnhof (2. Mai 1970)

Enddrehgestelle der Maschinenwagen mit einem Achsstand von 4000 mm waren Laufdrehgestelle. Die Radsätze wurden in Wälzlagern geführt und über Blatt- und Schraubenfedern abgefedert. Der Durchmesser der Laufräder betrug 930 mm. Die Wiegenfederung erfolgte über Blattfedern. Jedes Laufdrehgestell nahm einen Dieselmotor samt Generator auf und war somit gleichzeitig Maschinendrehgestell.
Als Antriebsanlage wurde in jedes Maschinendrehgestell ein wassergekühlter Zwölfzylinder-Viertakt-Dieselmotor GO 6 mit verstärkter Kurbelwelle der Firma Maybach in V-Form mit Abgasturbolader und einer Leistung von 441 kW bei einer Nenndrehzahl von 1400 U/min eingebaut. Zwei SVT erhielten versuchsweise den Maybach-Motor G 6 mit auf 478 kW erhöhter Leistung. Zur Aufnahme der Maschinenanlage diente ein in drei Punkten am Drehgestellrahmen aufgehängter Hilfsrahmen. Angelassen wurden die motoren über die Anlasswicklung des Hauptgenerators. Zur Drehzahlregelung diente ein elektrischer Drehzahlversteller.Der Kraftstoff für jeden Motor wurde in jeweils drei Behältern mitgeführt. Sie faßten zusammen 2650 l Dieselkraftstoff und waren an der Decke der Maschinenräume angebracht.
Zur Leistungsübertragung diente jeweils ein Hauptgenerator des Typs aG 311/28 von Siemens-Schuckert. Die Dauerleistung eines Generators betrug 400 kW bei 770 V. Die Verbindung zwischen Dieselmotor und Hauptgenerator erfolgte über Gewebescheibenkupplungen. Zur Erzeugung der Spannung für die Erregerwicklung des Hauptgenerators diente jeweils ein Hilfsgenerator aGV 270/5 von Siemens-Schuckert. Die Leistung des Hilfsgenerators betrug 15 kW bei einer Spannung von 150 Volt.
Die inneren Drehgestelle der beiden Maschinenwagen nahmen als Triebdrehgestelle jeweils zwei AEG- Fahrmotoren GBM 780 spez auf. Es handelte sich um eigenbelüftete Gleichstrom-Reihenschlußmotoren in Tatzlagerbauart. Zur Übertragung des Drehmoments dienten einseitig angeordnete Stirnzahnräder. Die Fahrmotoren jedes Drehgestells konnten in Reihen- und Parallelschaltung betrieben werden. Benutzt wurde diese Umschaltmöglichkeit vor allem zum Anfahren und in größeren Steigungen.
Die Dauerleistung der von je einem Generator gespeisten Fahrmotoren eines Triebdrehgestells betrug jeweils 180 kW bei 750 V Spannung und 1700 U/min. Die Motoren hatten eine Übersetzung von 2,54. Die Leistungssteuerung erfolgte mittels RZM-A-Schaltung. Dadurch konnten insgesamt drei SVT, also sechs Maschinenanlagen, von einem Führerstand aus gesteuert und vier Maschinenanlagen überwacht werden. Die SVT „Köln“ waren die ersten Triebzüge der DRG, die mit elektrischen Kontaktleisten der Firma Fabeg an den Scharfenberg-Kupplungen geliefert wurden. Dadurch konnten auch jeweils ein SVT „Hamburg“ und ein SVT „Köln“ im Verband fahren. Der Verständigung der Personale untereinander dienten Fernsprech- und Klingelanlage.
Für die Mittelwagen wurden Laufdrehgestelle der Bauart „Görlitz“ verwendet. Die Rahmen waren vollständig geschweißt. Die Radsätze liefen in Wälzlagern und wurden mit Blatt- und Schraubenfedern abgefedert. Zur Wiegenfederung dienten Blattfedern. Bei der Bremsausrüstung wurde wegen verschiedentlicher Schwierigkeiten mit den Trommelbremsen der bislang ausgelieferten SVT und der noch nicht abgeschlossenen Versuche mit Scheibenbremsen wieder auf die klassische Klotzbremse zurückgegriffen. Verwendet wurde eine mehrlösige Hildebrand-Knorr-Schnellzugbremse Hikss mit Steuerventil Hikst. Mit dem Führerbremsventil ST 128 EM konnte die Bremse sowohl elektrisch als auch pneumatisch angesteuert werden. Für Schnell- und Notbremsungen waren in jedem Drehgestell Magnetschienenbremsen mit Bremsmagneten DD 135 in den Maschinendrehgestellen und DD 125 in den übrigen Drehgestellen vorhanden. Als Feststellbremse war eine Spindelhandbremse vorhanden.
Die Wagenaufteilung erfolgte entsprechend den Anforderungen des nationalen Fernschnellzugverkehrs: Auf den Führerstand mit Maschinenraum folgten im VTa der Einstiegsraum, dem sich acht Abteile 2. Klasse und ein zweiter Einstiegsraum anschlossen. Im VMc folgten dem Einstiegsraum neun Abteile 2. Klasse und der zweite Einstiegsraum. Der VTb enthielt einen Einstiegsraum, einen Speiseraum mit 30 ledergepolsterten Sitzplätzen, Anrichte und Küche. Daran schlossen sich der 4200 mm lange Gepäckraum mit einer Grundfläche von 10 m^2 und der Führerstand mit Maschinenraum an. Alle Wagen verfügten über geschlossene Abteile und 730 mm breite Seitengänge. Die Sitzplatzanordnung in den 2100 mm tiefen Abteilen war bei einer Sitzplatzbreite von 730 mm 0+3. Mit 132 Sitzplätzen in der zweiten Klasse war die Bauart „Köln“, sieht man von den Baumusterzügen der Bauart „Berlin“ einmal ab, der größte der bisher von der DRG beschafften SVT.
Bemerkenswert war die Auskleidung der Fahrgastabteile: Die Abteiltrennwände wiesen auf hellem Edelholz Einlegearbeiten auf, die deutsche Landschaften und Städteansichten darstellten. Die übrige Wandbekleidung war in Birnbaum, die Kassettendecke in Gebirgsahorn ausgeführt. Die zweiteiligen Abteiltüren ermöglichten durch ihre großzügige Verglasung einen nahezu ungehinderten Ausblick. Die Abteilgestaltung vermittelte insgesamt den Eindruck von Gediegenheit und hohem Reisekomfort. Die Beheizung erfolgte über einen für jeden Wagen getrennt vorhande-

Der VT 06 besaß auch einen Speisegroßraum

FOTOS: OPL/SLG. SKRZYPNIK, STEMMLER, HÖRNEMANN

nen ölgefeuerten Warmwasserkessel. Das Wasser wurde durch elektrische Pumpen umgewälzt. Die Regelung der Ölbrenner geschah selbsttätig durch Wärmefühler in Abhängigkeit von der Wassertemperatur. Zur Druckluftversorgung dienten zwei Knorr-Luftverdichter VV 48/75 G, die für einen Nenndruck von 10 bar sorgten. Beide arbeiteten parallel auf einen Haupt- und über ein Überströmventil auf einen Sonderluftbehälter. Mit Druckluft versorgt wurden die Bremsen, die Knorr-Sandstreudüsen, die Hubzylinder der Knorr-Bremsmagnete, die pneumatische Lüfterkupplung und die zwei Krupp-Tyfone.
Das elektrische Bordnetz wurde vom Hilfsgenerator mit 110 V Gleichspannung gespeist. Bei Motorstillstand übernahm eine AFA-Batterie 4 Ky 285 h/43 mit einer Kapazität von 200 Ah die Versorgung. Die Beleuchtung erfolgte durch Glühlampen. Die SVT waren mit Sifa und Indusi ausgerüstet.
Die Farbgebung wechselte im Laufe der Einsatzjahre und unter den verschiedensten Einsatzbedingungen. Bei Indienststellung waren die Drehgestelle in schwarz und die Wagenschürze aluminiumfarben gehalten. Der Untergestellbereich war schwarz mit elfenbeinfarbiger Zierlinie. Der umlaufende Absetzstreifen unterhalb der Fenster war schwarz und besaß in der Mitte zusätzlich einen Zierstreifen in elfenbein. Das Fensterband an den Seitenwänden war ebenfalls in elfenbein gehalten. Seitenwände und Stirnseiten waren in violett gespritzt. Die Dach- und die Fensteroberkante waren durch schwarze Absetzstreifen markiert. Das Dach wiederum war aluminiumfarben.
Bei der Deutschen Bundesbahn hatten die SVT eine Farbgebung, die der zur DRG-Zeit ähnelte: Die Seitenwände waren unterhalb der Fenster und die Stirnseiten zur Gänze in dunkelblau gehalten. Im Fensterbereich waren die Seitenwände hellgrau. Unterhalb des Fensterbandes sowie oberhalb der Schürze gab es je einen umlaufenden hellgrauen Streifen. Unterhalb der Dachkante war ebenfalls ein schmaler umlaufender Streifen in hellgrau vorhanden. An den Seitenwänden der Mittelwagen prangte unterhalb der Fahrgastraum-Fenster der Schriftzug „DEUTSCHE BUNDESBAHN". Im Jahre 1953 waren bereits die ersten SVT in der üblichen weinroten Farbgebung zu sehen. Oberhalb der Schürze war ein durch die Scharfenberg-Kupplung unterbrochener umlaufender heller Streifen vorhanden. Ebenfalls vorhanden waren unterhalb und oberhalb des Fensterbandes je ein schmaler umlaufender heller Streifen. Im Jahre 1958 tauchten Triebzüge ohne den Bundesbahn-Schriftzug auf. Dafür war unterhalb des mittleren Stirnfensters das DB-Emblem angebracht worden.
Die Deutsche Reichsbahn setzte die SVT mit einer Farbgebung ein, die von der ursprünglich verwendeten nur in sehr wenigen Einzelheiten abwich. Zu Beginn der siebziger Jahre – gewissermaßen mit der Umzeichnung auf EDV-gerechte Betriebsnummern also – erhielten alle noch im Einsatz befindlichen Altbau-SVT eine neue Farbgebung, die ihnen auch nicht schlecht zu Gesicht stand: Schürze grau, Wagenkasten unterhalb des Fensterbandes weinrot mit einem schmalen umlaufenden elfenbeinfarbenen Streifen in Kupplungshöhe, Fensterband elfenbein, Dach grau.
Der Anstrich des zeitweilig bei den Tschechoslowakischen Staatsbahnen als M 490 001 eingesetzten SVT 137 852 läßt sich bislang auf Grund nur sehr weniger vorhandener Schwarz-Weiß-Bilddokumente nicht genau beschreiben. Das Fensterband war mit Sicherheit in elfenbein gehalten. Unterhalb des Fensterbandes befand sich ein umlaufender weißer Zierstreifen. Der übrige Bereich bis zur Schürze war in dunklem Farbton gehalten, den Gepflogenheiten der ČSD nach zu urteilen, vermutlich in rot.

Auch im Fährverkehr waren die SVT eingesetzt (Warnemünde, 1964)

Betriebseinsatz

Beheimatet wurden die SVT nach ihrer Abnahme im Raw Wittenberge in den Bw Berlin-Grunewald und Berlin Anhalter Bahnhof. Lediglich ein SVT gehörte als Betriebsreserve zum Bw Dortmund Bbf. Planmäßig eingesetzt waren acht SVT, einer lief bis August 1939 beim Versuchsamt Grunewald. Für Ausbesserungen und als Reserve waren fünf SVT vorhanden, von denen drei dem Raw zur Verfügung standen. War die Zahl der Raw-Züge größer, mußten SVT der Bauart „Hamburg" aushelfen. Zwei SVT kamen im Mai 1939 planmäßig in das Bw Dortmund Bbf.
Mit dem Einsatz der Bauart „Köln" erreichte das SVT-Netz der DRG seine größte Ausdehnung von 13 000 km. Die Fahrzeuge bewährten sich nach einem Jahr Einsatzzeit gut. Allerdings waren sie zunächst nicht immer die reine Freude: So gab es anfangs Überschläge in den Fahrmotoren durch eingedrungenes Regenwasser. Bei Fahrten auf Rampenstrecken ohne Dampflok-Vorspann wurden die Motoren sehr bald überlastet. Verschmutzungen der Fahrmotoren und Drehgestelle durch Öl wurde durch Umstellung auf Fettschmierung begegnet. Bei der Klotzbremse zeigte sich die übliche starke Verschmutzung durch Bremsstaub. Bei Schnellbremsungen entstanden an den Radreifen leicht Flachstellen und in den Radscheiben Risse. Bei den Drehgestellen mußten die Achsschraubenfedern verstärkt und die Wiegenschraubenfedern durch eine innere Feder ergänzt werden. Die Pleuelstangen der Dieselmotoren waren rißempfindlich. Im Schmierölkreis traten Undichtigkeiten auf. Schwierigkeiten bereiteten außerdem gerissene Kraftstoffleitungen.
Zum Einsatz kam die Bauart „Köln" auf den Strecken Berlin – Köln (FDt 15/16), Berlin – Nürnberg – München/Stuttgart (FDt 551/552 bzw. FDt 711/712) sowie Dortmund – Basel über Frankfurt/Main und Darmstadt (FDt 49/50). Zwischen Berlin und Nürnberg fuhren die Züge in Doppeltraktion. Lange konnten sie sich allerdings nicht im Glanze des bei den Fahrgästen beliebten Schnellverkehrs sonnen, denn der Zweite Weltkrieg bereitete der SVT-Herrlichkeit ein sofortiges Ende. Die Züge wurden zunächst abgestellt, ihre Räder mußten dann allerdings auch „für den Sieg" rollen, so im Fahrdienst der Wehrmacht und von Regierungsstellen, u.a. zur Verfügung von Hermann Göring. Bei Kriegsende waren die meisten SVT abgestellt.
Der Krieg zerriß den Bestand der SVT „Köln" – die Züge SVT 137 273, 137 278 und 852 verblieben, teilweise stark beschädigt, bei der Deutschen Reichsbahn in der Sowjetischen Besatzungszone bzw. der DDR. Von diesen kehrte der SVT 137 852 erst 1949 von den ČSD zurück, die ihn

In blauer F-Zug-Lackierung kam der VT 06 106 im Sonderverkehr auch nach Berchtesgaden (1961/62)

abgestellt im einstigen Sudetenland vorgefunden und als M 490 001 auf der Strecke Praha (Prag) – Bratislava (Preßburg) eingesetzt hatten. Der SVT 137 855 wurde in die UdSSR verbracht und lief bei den SZD als DP-14. Den SVT 137 274 verbrachte die amerikanische Besatzungsmacht als technisch interessierendes Beutegut nach Fort Eustis in Virginia.

Neun Triebzüge befanden sich bei der Deutschen Reichsbahn in den westlichen Besatzungszonen bzw. dann der Deutschen Bundesbahn, wo sie ab 1947 neue Betriebsnummern erhielten: SVT 137 275 (SVT 06 102), 137 276 (06 103),137 277 (06 104), 137 851 (06 106), 137 853 (06 107), 137 854 (06 108), 137 856 (06 109), 137 857 (06 110) und 137 858 (06 111). Ab 1948 wurden die Züge nur noch mit „VT" und der Nummer bezeichnet. Dabei wurden die Bezeichnungen der Maschinenwagen getauscht, VTa wurde VTb und umgekehrt. Von diesen standen SVT 137 851 (vierteilig mit VM 137 858 c des zunächst beschädigt abgestellten SVT 137 858), 137 853, 137 854 und 137 856 entsprechend umgerüstet und zum Teil bis 1960 im Dienste der amerikanischen Streitkräfte. Bei der DB erfolgte eine Umrüstung auf den Typ GTO 6 der Firma Maybach.

Die Deutsche Bundesbahn ließ 1951 die SVT 137 275 (VT 06 102) und 137 858 (VT 06 111) auf hydraulische Kraftübertragung umbauen und bezeichnete sie als VT 06 501 und VT 06 502. Sie besaßen ebenfalls Dieselmotoren vom Typ GTO 6 in den beiden Maschinendrehgestellen. Zur Leistungsübertragung wurden hydraulische Getriebe T 24a (560 S) und Voith-Radsatzgetriebe T 04 eingebaut. Dabei wurden die Maschinen- (Lauf-) Drehgestelle zu Trieb- und die bisherigen Trieb- zu Laufdrehgestellen. Die Mittelwagen erhielten jeweils ein Schreibabteil. Markant für die SVT der DB (außer SVT 137 854/ VT 06 108) war der Einbau abgerundeter seitlicher Führerstandsfenster.

Die Besatzungstriebwagen waren in den Bw Frankfurt-Griesheim und Stuttgart beheimatet, die für den Zivilverkehr im Bw Dortmund Bbf. Ab Mai 1951 erfolgte ihr Einsatz nach einer Generalüberholung im neugeschaffenen Fernschnellzugnetz zwischen Köln und Hannover sowie als zwischen Düsseldorf und Basel. Bis Mainz fuhren sie (zum Teil mit anderen Baureihen) in Drei- und Vierfachtraktion, da von hier Flügelzüge nach Nürnberg und München abgekuppelt wurden. Die Höchstgeschwindigkeit betrug 140, zum Teil auch nur 120 km/h. Der F 14 erreichte zwischen Hamm und Bielefeld 1958 als schnellster Zug der DB eine Reisegeschwindigkeit von 115 km/h. Die zuletzt in den Bw Köln-Nippes, Dortmund Bbf und Frankfurt-Griesheim beheimateten SVT wurden bis zum 16. August 1963 ausgemustert. Die beiden Maschinenwagen des SVT 137 277 wurden von den Linke-Hofmann-Busch-Werken in Salzgitter erworben, wiederaufgearbeitet und unter der falschen Bezeichnung SVT 137 851 im dortigen Werksmuseum ausgestellt. Die SVT 137 275, 137 853, 137 854 und 137 858 wurden 1958 an die DR verkauft. Verhandlungen über den Verkauf weiterer SVT brach die Hauptverwaltung der DB im September 1961 ab. Vom SVT 137 851 (VT 06 106) gingen der VTa und der VMc als Heim an den Eisenbahn-Sportverein Konstanz und der VTb an den Eisenbahn-Hochseesportfischer-Verein Lübeck, der ihn in Travemünde Hafen als Vereinsheim aufstellte. Die übrigen Züge wurden verschrottet.

Die DR setzte die bei ihr verbliebenen zwei SVT zunächst vom Bw Berlin Anhalter Bahnhof als FDt 66/65 zwischen Berlin und Hamburg ein. Der von den ČSD zurückgekaufte SVT 137 852 kam erst nach 1953 wieder in den Einsatzbestand. In der Zwischenzeit waren alle SVT im Triebwagen-Bw Berlin-Karlshorst beheimatet. Die von der DB gekauften Fahrzeuge erhielten ihre alten Betriebsnummern sowie ihren früheren Anstrich zurück. Vorzugsweise fuhren sie im grenzüberschreitenden Verkehr auf den Strecken Berlin – Warschau – Brest („Berolina"), Berlin – Praha – Wien („Vindobona"), Berlin – Praha – Budapest („Hungaria") und Berlin – Rostock-Warnemünde – Kobenhavn (Kopenhagen) mit Trajektierung („Neptun"). Die bei der DR verbliebenen Triebzüge wurden ab 1963 modernisiert und ab 1965 mit neuen Dieselmotoren vom Typ 12 V 170 DR von CKD Praha (Prag) mit 470 kW Dauerleistung ausgestattet. Das Ansaugen der Verbrennungsluft erfolgte von nun an über Ansauggehäuse auf dem Dach, die gleichzeitig den Abgasschacht umschlossen und den rekonstruierten SVT ihr markantes Aussehen gaben.

Die Sitzplatzteilung des Mittelwagens war nun 0+4, so daß die SVT über acht Abteile 1. Klasse mit 48 Plätzen und 9 Abteile 2. Klasse mit 72 Plätzen verfügten. Der Speiseraum wurde neu eingerichtet. Im Gepäckraum wurden verschließbare Fächer für die MITROPA sowie für die Paß- und Zollkontrolle geschaffen. Die alte Ölheizung wurde durch eine des Typs HETO 40 S ersetzt. Für die Batterieladung, auch beim Fährschiffeinsatz, wurden neue Steckverbindungen geschaffen. Neue Batterien 3 Gt 195 wurden eingebaut und nahezu alle Meßinstrumente gegen solche mit energiesparender UV-Beleuchtung ausgetauscht. Der Fährschiffeinsatz erforderte umfangreiche Änderungen an den Zug- und Stoßvorrichtungen, den Übergangsbrücken und den Faltenbälgen, damit die 90-m-Kurve ohne Zwischengerade auf dem DSB-Fährschiff „Danmark" befahren werden konnte.

Mit der Indienststellung der SVT der Bauart „Görlitz" (VT 18.16/175) wurden die SVT „Köln" nach und nach aus dem grenzüberschreitenden Verkehr zurückgezogen. Teilweise wurden sie noch als Ersatz für ausgefallene SVT „Görlitz" genutzt. Die Umzeichnung auf EDV-gerechte Betriebsnummern erlebten noch SVT 137 273 (182 001-8/501-7/002-6), 137 278 (182 003-4/ 503-3/004-2), 137 853 (182 005-9/505-8/ 006-7), 137 853 (182 007-5/507-4/008-3), 137 856 (182 009-1/509-0/010-9) sowie der Mittelwagen VM 858 c (182 511), dessen Maschinenwagen bereits vorher ausgemustert worden waren.

Teilweise wurden die SVT noch für Sonderfahrten genutzt. Aufsehen erregte u.a. eine Sternfahrt des Deutschen Modelleisenbahn-Verbandes am 6. Oktober 1975 nach Beeskow, wo 182 003-4/503-3/004-2 und 184 001-6 (VT „Ruhr") mit 173 002-7 zusammentrafen. Zwischen 1972 und 1982 wurden alle Züge ausgemustert, zum Teil aber nicht verschrottet, sondern bei Bauarbeiten als Unterkunfts- und Bürowagen genutzt. So stand der 182 009-1/ 509-0/510-9 1981 zu diesem Zweck in Jüterbog. Mitte 1992 wurde er zum Bw Leipzig Hbf Süd zur Aufarbeitung als betriebsfähiges Museumsfahrzeug überführt.

REDAKTION: HANS-JOACHIM WEISE; FOTOS: SLG. KNIPPING, ERNST

Der SVT „Berlin“ verfügte wegen seines voluminösen Antriebs erstmals über einen separaten Maschinenwagen, der keine Fahrgastabteile enthielt

Baureihe SVT 137 901–903

Bauart „Berlin“ (DB VT 07.5)

Wenn sich auch das bei der Deutschen Reichsbahn Gesellschaft verfolgte Konzept des Einsatzes von SVT mit schnellaufenden Dieselmotoren im wesentlichen bewährt hatte, so gab es doch immer wieder Stimmen, die sich für die Berücksichtigung von im Ausland mit langsamlaufenden Dieselmotoren gemachten Erfahrungen aussprachen. Einerseits war diese Bauart schwerer und konnte daher nicht mehr im Drehgestell untergebracht werden, andererseits versprach man sich betriebliche Vorteile durch geringeren Verschleiß und den schnelleren Tausch eines schadhaft gewordenen Maschinenwagens.
So entstand bei MAN in Nürnberg 1938 ein SVT für wiederum 160 km/h Höchstgeschwindigkeit und mit elektrischer Kraftübertragung, der völlig anders aufgebaut war als die bisherigen Bauarten. Statt der beiden Maschinenwagen mit Fahrgastabteilen und dazwischengestellten Mittelwagen besaß die Bauart „Berlin“ nur einen Wagen, der neben der Maschinenanlage lediglich Gepäck- und Postabteil aufnahm. Es handelte sich gewissermaßen um einen Vorläufer heutiger Triebköpfe. Über Scharfenberg-Kupplungen war der übrige, aus zwei Mittel- und einem ebenfalls mit Fahrmotoren ausgerüsteten Steuerwagen bestehende Zug mit dem Maschinenwagen verbunden.
Es handelte sich um eine reine Versuchsbauart, weshalb nur die zwei Triebzüge SVT 137 901 und 137 902 sowie der Reservemaschinenwagen SVT 137 903 a an die Reichsbahn geliefert wurden.

Konstruktion

Der Maschinenwagen wich in seinem Aufbau erheblich von dem des übrigen Zuges ab. Das Wagenuntergestell bildete gleichzeitig den Tragrahmen für den Dieselmotor. Die Längs- und Querträger waren als hohe Blechträger ausgebildet. Die Seitenwandbleche bis zur Höhe der Fensterbrüstungen fungierten als Längsträger. Die Querträger mußten zur Aufnahme des Dieselmotors stark gekröpft werden. Der Wagenkasten war aus Profilen und Blechen geschweißt. Das Dach über dem Haupt- und dem Hilfsaggregat war mit dem Kastengerippe bis zur Fensterbrüstung abnehmbar. Der Führerraum war erstmals frei von platzraubenden Motoreinbauten. Im Vergleich zu früheren Bauarten verfügte er über eine ausreichend gute Schall- und Wärmeisolierung. Die Behälter für Kraftstoff, Öl und Druckluft sowie die Kabelführungen waren unterhalb des Fußbodens angeordnet. Lediglich die beiden Kühlwasserbehälter waren an der Decke des Maschinenraums befestigt.

Die Stirnseite des Maschinenwagens war abgerundet und verfügte über drei Führerraumfenster, die erstmals bei DRG-Triebwagen eine Scheibenwaschanlage (auch beim Steuerwagen) besaßen. Der Führerraum war von außen durch je eine einflügelige Drehtür zugänglich. Auf den Führerraum folgten der Maschinenraum mit Haupt- und Hilfsdieselmotor sowie die Kühleranlage, der Gepäckraum und das verschließbare Postabteil. Der Maschinenraum verfügte zur Schalldämmung über doppelte Blechwände mit Schlackenwollfüllung. Der 3200 mm lange Gepäckraum mit einer Fläche von 3 m^2 hatte auf jeder Seite eine zweiflügelige Drehtür mit einer lichten Weite von 800 mm und 1600 mm

TECHNISCHE DATEN

Baureihenbezeichnung			SVT 137 901-903	–
	nach Umbau		–	VT 07.5
Indienststellung (1. Jahr)			1938	1951
Hersteller			MAN	MAN, WMD
Achsformel			2'Bo'2'2'+2'2'+Bo'2'	B'2'+2'2'+2'2'
Spurweite		mm	1435	1435
Länge über Puffer		mm	86755	69750
Dienstmasse		t	210,6	146
Dieselmotor(en)	Anzahl		1	1
	Hersteller		MAN	Maybach
	Leistung	kW	970	736
	Drehzahl	U/min	700	1500
Art der Kraftübertragung			elektrisch	hydraulisch/ mechanisch
Höchstgeschwindigkeit		km/h	160	120
Sitzplätze (1. Klasse)			126	90

Im Vergleich zu den Vorkriegs-SVT war der VT 07.5 mit seinen 120 km/h ein langsames Fahrzeug

lichter Höhe. Das 2800 mm lange Postabteil hatte beidseitig eine einflügelige Drehtür, die sich durch einen Zusatzflügel verbreitern ließ.
Die Wagenkästen der Mittel- und des Steuerwagens entstanden in Spantenbauweise, wobei die Seitenwände zum Tragen mit herangezogen wurden. Es handelte sich um eine Schweißkonstruktion aus Blechen und leichten Stahlprofilen. Wert gelegt wurde auf eine außenhautbündige Konstruktion. Zur Erreichung eines möglichst geringen Luftwiderstandes bei hohen Geschwindigkeiten wurden die Stirnseiten des Steuerwagens abgerundet.
Ebenfalls zur Senkung des Luftwiderstandes erhielten die Züge eine durchgehende Bodenschürze. Die Übergänge zwischen den Wagen wurden durch Faltenbälge geschützt. Je ein weiterer, äußerer Faltenbalg schloß zwischen den beiden Mittelsowie dem Steuerwagen mit der Außenhaut bündig ab, um Luftwirbel zwischen den Wagen weitgehend zu vermeiden. Zwischen VTa und VMb dagegen wurden Windleitbleche verwendet. Die Stirnseiten von Maschinen- und Steuerwagen erhielten keine Übergangseinrichtungen.
Die Einstiegstüren der Fahrgastwagen waren einflügelige Schiebetüren mit einer lichten Weite von 760 mm. Der Zustieg war jeweils an den Wagenenden bzw. über den Nachbarwagen möglich. Die Trittstufen waren klappbar und konnten von den Führerständen aus elektropneumatisch betätigt werden.
Das Laufwerk bestand aus insgesamt acht zweiachsigen Drehgestellen der Bauart „Görlitz", die für die SVT „Berlin" entsprechend angepaßt wurden. Die Radsätze wurden in Wälzlagern geführt und über Blatt- und Schraubenfedern abgefedert. Der Durchmesser der Treib- und Laufräder des VTa betrug 1000 mm. Die Laufräder der Fahrgastwagen hatten alle einen Durchmesser von 930 mm, die Treibräder des VSd einen von 1000 mm. Die Wiegenfederung erfolgte über Blattfedern.

Als Antriebsanlage wurde in den Maschinenwagen ein wassergekühlter langsamlaufender Achtzylinder-Viertakt-Reihen-Dieselmotor W 8 V 30/38 der Firma MAN mit Abgasturbolader und einer Leistung von 970 kW bei einer Nenndrehzahl von 700 U/min eingebaut. Es handelte sich um einen U-Boot-Motor, der für Bahnzwecke geringfügig verändert worden war. Er hatte bei 300 mm Zylinderdurchmesser und einem Hub von 380 mm ein Hubvolumen von 214 l. Der GO 6 von Maybach hatte im Vergleich dazu lediglich 48 l! Mit der beachtlichen Gesamtmasse von 11 t war er der schwerste je von der DRG in einem VT eingesetzte Motor.
Angelassen werden konnte der Motor mit Hilfe des vom Hilfsgenerator gespeisten Hauptgenerators. War der Hilfsgenerator wegen niedrigen Ladezustandes der Batterie nicht betriebsbereit, konnte der Hauptdieselmotor auch mit Druckluft angelassen werden. Zur Drehzahlregelung in drei Leistungsstufen diente ein elektropneumatischer Drehzahlversteller. Der Kraftstoff für den Motor wurde in vier Unterflur-Behältern von insgesamt 1760 l Fassungsvermögen mitgeführt.
Zur Leistungsübertragung diente ein Hauptgenerator des Typs GE 1.100/8 von BBC. Die Dauerleistung des Generators betrug 900 kW bei einer Spannung von 930 V. Dieselmotor und Hauptgenerator waren miteinander starr gekuppelt. Der Hauptgenerator besaß eine eingebaute Hilfserregermaschine vom Typ G 500/6, die bei Ausfall der Hilfsdieselanlage die Generatorerregung, die Versorgung der Hilfsbetriebe sowie die Batterieladung übernehmen konnte.
Der Versorgung der elektrischen Hilfsbetriebe diente ein Hilfsdieselmotor mit angeflanschtem Generator, der längs vor dem Hauptdieselmotor eingebaut war. Der Sechs-Zylinder-Viertakt-Motor W 6 V 15/18 von M.A.N. leistete 86 kW bei einer Drehzahl von 1200 U/min. Bei Ausfall des Hauptdieselmotors konnte die Hilfsmaschine im Notbetrieb arbeiten und die Versorgung der Fahrmotoren zur Räumung der Strecke übernehmen. Die erreichbare Höchstgeschwindigkeit betrug in diesem Falle immerhin noch 35 km/h.
Zur Erreichung gleichwertiger Traktionsverhältnisse in beiden Fahrtrichtungen waren die vier Fahrmotoren GLM 2375 H von BBC auf den Maschinen- und den Steuerwagen verteilt. Elektrisch gesehen war letzterer auch ein Triebwagen, der allerdings nur zusammen mit dem Maschinenwagen betriebsfähig war. Die rollengelagerten Gleichstrom-Reihenschlußmotoren waren erstmals bei einem Triebwagen der DRG im Drehgestell voll abgefedert. Die Achsen der Treibradsätze verliefen durch die Hohlwellen der Fahrmotoren. Das Übersetzungsverhältnis betrug 1:3,61. Zur Übertragung des Drehmoments zwischen Großrad und dem auf die Treibradnabe aufgepreßten achtarmigen Mitnehmer dienten wie schon beim Westinghouse- bzw. AEG-Kleinow-Antrieb vorgespannte Schraubenfedern.
Die Leistungssteuerung erfolgte mittels BBC-Servo-Feldreglersteuerung. Dadurch waren fünf Fahr- und eine Überlaststufe möglich. Dabei wurde die Erregerwicklung des Hauptgenerators durch den öldruckgesteuerten Feldregler so beeinflußt, daß die Generatorleistung der jeweils eingestellten Dieselmotorleistung entsprach. Überdies konnte der Servo-Feldregler durch den Stufensteller so angesteuert werden, daß sich für den Dieselmotor unterschiedliche Füllungen ergaben. Bei Ausfall des Servo-Feldreglers war der Drehzahlsteller allein benutzbar. In diesem Falle standen nur drei Leistungsstufen zur Verfügung.
Über die siebzigpolige Steuerleitung und die Kontaktleisten an den Scharfenberg-Kupplungen war die gemeinsame Steuerung zweier Triebzüge möglich. Der zweite SVT mußte stets mit einem Maschinenwärter besetzt werden, da vom führenden Zug nicht alle Funktionen fernüberwacht werden konnten. Der Verständigung der Personale untereinander dienten Fernsprech- und Klingelanlage.
Die Bremsausrüstung bestand aus einer mehrlösigen Klotzbremse der Bauart Hikss mit elektrischer Steuerung. Ein Fliehkraftregler sorgte bei Geschwindigkeiten von mehr als 60 km/h für eine Abbremsung von 200 %, bei unter 60 km/h für 75 %. Der SVT war mit Magnetschienenbremsen mit Knorr-Bremsmagneten DD 125 ausgerüstet. Als Feststellbremse diente eine Spindelhandbremse.
Zur Druckluftversorgung dienten zwei elektrisch angetriebene Knorr-Luftverdichter VV 85/85 G, die für einen Nenndruck von zehn bar sorgten. Beide arbeiteten auf zwei 200-l-Haupt-, zwei 175-l-Reserve- und mittels Überströmventil auf einen 100-l-Sonderluftbehälter. Alle Luftbehälter waren im Maschinenwagen unterflur angeordnet.
Das elektrische Bordnetz wurde vom Hilfsgenerator mit 110 Volt Gleichspannung

FOTOS: SLG. ASMUS

Nach dem Zweiten Weltkrieg entstanden bei der DB aus den verbliebenen Wagen der Bauart „Berlin" und zwei neugebauten Triebköpfen die VT 07.5

gespeist. Bei Motorstillstand übernahm eine AFA-Batterie 4 Ky 285 mit einer Kapazität von 285 Ah die Versorgung. Die Beleuchtung erfolgte durch Glühlampen, wobei in jedem Fahrgastabteil drei Lampen zwei Stromkreisen zugeordnet waren. Die Beleuchtung konnte sowohl vom Schaffner im VMb als auch von den Führerständen zentral geschaltet werden. Das blaue Nachtlicht war in den einzelnen Abteilen ein- und auszuschalten. Der VMc hatte keine eigene Batterie. Der Maschinenwagen verfügte sowohl stirn- als auch rückseitig über Signallampen, so daß er z.B. bei Probefahrten auch allein eingesetzt werden konnte (vorwärts 100 km/h, rückwärts 15 km/h). Die SVT waren mit Sifa und Indusi ausgerüstet.

Die Aufteilung der Fahrgastwagen erfolgte entsprechend den Anforderungen des nationalen Fernschnellzugverkehrs: Im VMb und im VMc folgten auf den Einstiegsraum neun geschlossene Abteile 2. Klasse mit Seitengang. Die Abteiltiefe betrug bei einer Sitzplatzanordnung von 0+3 2095 mm, die Sitzplatzbreite 651 mm und die Gangbreite 700 mm. Die mit Polstersitzen ausgestatteten Abteile waren über zweiflügelige Schiebetüren zugänglich. Anschließend folgte wieder ein Einstiegsraum. Drehtüren schlossen die Einstiegsräume vom Seitengang ab. Die Kassettendecken der Fahrgastabteile waren in hellem Ahorn furniert, die Wände in Nußbaum gehalten. Die Mittelwagen VMb und VMc enthielten je zwei Toiletten mit Waschgelegenheit im Bereich der Einstiegsräume.

Der Steuerwagen VSd erhielt drei Abteile der 2. Klasse mit der gleichen Ausstattung wie in den beiden Mittelwagen. Auf diese drei Abteile folgte der Speiseraum als offener Großraum mit Mittelgang und 29 Sitzen mit einzeln hochklappbaren Polstern in der Teilung 1+2. Durch den Einstiegsraum abgetrennt waren die 1800 mm lange Anrichte und die nur von dieser betretbare gleichlange Küche. Anschließend folgte noch der mit einer Länge von 1425 mm für DRG-Verhältnisse recht großzügig bemessene Führerraum.

Die Beheizung des Zuges erfolgte über eine für jeden Fahrgastwagen getrennt vorhandene ölgefeuerte Luftheizung mit Wärmeaustauscher. Raumtemperatur und Luftwechsel wurden selbsttätig geregelt. Im Sommer war die Heizung auch als Belüftungsanlage zur Frischluftzuführung verwendbar. Im Gegnsatz dazu besaß der Maschinenwagen eine elektrische Widerstandsheizung.

Die Farbgebung der Triebzüge ähnelte der der bisherigen SVT: Die seitlichen Fensterbänder waren in elfenbein gehalten, allerdings ohne die sonst üblichen Ausrundungen an den Enden. Die übrigen Flächen der Wagenkästen waren violett gespritzt. In Kupplungshöhe, unterhalb der Fenster und unter der Dachkante war je ein umlaufender schwarzer Streifen vorhanden. Der mittlere besaß zwei, die übrigen nur einen umlaufenden Absetzstreifen in elfenbein. Das Dach besaß eine aluminiumfarbene Lackierung. Auch die nazistischen Hoheitsadler fehlten nicht.

Betriebseinsatz

Beheimatet wurden die SVT nach ihrer Abnahme im Raw Wittenberge im Bw Berlin Anhalter Bahnhof. Zunächst erfolgten Versuchsfahrten im süddeutschen Raum. Dann wurden sie Anfahr- und Bremsversuchen sowie Talfahrten mit gleichbleibender Geschwindigkeit und wirkender Bremseinrichtung, sogenannten Absenkfahrten, auf der Schwarzwaldbahn unterzogen. Fahrplanmäßige Einsätze konnten dagegen bislang nicht belegt werden.

Der Zweite Weltkrieg bereitete ohnehin allen Einsatzplänen ein sofortiges Ende. Die Maschinenwagen mußten als fahrbare Notstromaggregate des Oberkommandos der Kriegsmarine in Frankreich „für den Sieg" rollen, so der SVT 137 901 a in La Palice, der 137 902 a in Paris sowie der 137 903 a in Bordeaux. Ersterer wurde im Kriege zerstört, der zweite befand sich bei Kriegsende im Raw Wittenberge und der dritte gilt als verschollen.

Die Fahrgastwagen dienten mit grau-grünem Tarnanstrich versehen dem RZA München als Bürozug. Durch Kriegshandlungen wurden beide VMb zerstört, während die restlichen VMc und VSd weiter als Bürowagen genutzt wurden.

Die Deutsche Bundesbahn ließ die verbliebenen Wagen einer Grundüberholung unterziehen und bei WMD in Donauwörth 1951 zwei neue Maschinenwagen bauen. So entstanden zwei neue dreiteilige Triebzüge mit der Bezeichnung VT 07 501 und VT 07 502 mit hydraulischer Kraftübertra-

Auch im TEE-Dienst wurden die Triebzüge der Reihe VT 07 verwendet

gung für 120 km/h Höchstgeschwindigkeit. Äußerlich ähnelten sie den Vorkriegsbauarten. Beibehalten wurde der grundsätzliche Aufbau der Bauart „Berlin" aus VT, VM und VS. Zurückgekehrt wurde zum klassischen Prinzip des Maschinenwagens mit schnellaufendem Dieselmotor und Fahrgasträumen.

Als Motoren konnten wahlweise die Zwölf-Zylinder-Viertakt-Dieselmotoren mit Abgasturbolader MB 820 Ab von Daimler-Benz, L 12 V 17,5/21 B von MAN und MD 650 von Maybach eingebaut werden. Die beiden ersteren leisteten 590 kW, der letztere 590 kW bei 1400 U/min und 735 kW bei 1500 U/min. Die Leistungsübertragung erfolgte über das durch eine drehelastische Schwingmetallkupplung und eine Gelenkwelle angekuppelte Strömungsgetriebe. Wahlweise eingebaut werden konnten das mechanische Vierganggetriebe mit vorgeschaltetem hydrodynamischen Wandler Mo 32 (später als K 104 bezeichnet) von Maybach und Elektro-Mechanik-GmbH und das Dreiwandler-Getriebe T 35 (später als T 306 r bezeichnet) von der Firma Voith. Maschinenanlage und Kraftübertragung waren im vorderen Drehgestell des VTa eingebaut, das so als Maschinentriebdrehgestell fungierte.

Die beiden SVT besaßen nur die 2. (ab 1956 1.) Klasse mit geschlossenen Abteilen und Seitengang. Die Sitzplatzanordnung war 0+3. Der VTa verfügte über fünf Abteile mit 30 Sitzplätzen, der VMb über neun Abteile mit 54 Sitzplätzen. Der VSc hatte zwei Abteile mit zwölf Sitzplätzen, ein Schreibabteil mit fünf Plätzen und einen Speiseraum für 29 Fahrgäste. Hinzu kamen Anrichte und Küche. Nach einem Umbau 1956 hatte der VSc nur noch ein Abteil mit sechs Plätzen, dafür einen Konferenzraum mit fünf Einzelsesseln, das Schreibabteil und den Speiseraum mit weiterhin 29 Plätzen sowie eine Anrichte und eine Küche. Für Durchsagen erhielten beide SVT eine Lautsprecheranlage.

Der Anstrich beider SVT war ursprünglich weinrot. Bis 1956 trugen sie die Anschrift „DEUTSCHE BUNDESBAHN". Zur Vermeidung von Verwechselungen mit Wagen der DSG gab es Versuchsanstriche mit verschiedenen helleren und dunkleren Rottönen sowie Absetzstreifen in grau, silber sowie metallisch blank und mit Leisten aus Leichtmetall. Endgültig entschied sich die DB für einen dunkelroten Anstrich (RAL 3004).

Beide Züge wechselten mehrfach das Einsatz-Bw – Frankfurt/Main-Griesheim, Dortmund Bbf, Hamburg-Altona und zuletzt Köln-Nippes. Eingesetzt wurden sie im Fernschnellzugdienst, ab 1952 vor allem in der Rheinblitz-Gruppe (FT 8/28/38/37/27/7), ab 1954 auch als FT 138/137 Dortmund – München. Zum Teil liefen sie in Plänen der neugebauten VT 08.5, zum Teil auch in Mehrfachtraktion mit diesen. Auch Einsätze als Verstärkungseinheit des TEE 77/78 sind bekannt.

Am 4. Juli 1960 wurden beide SVT als Splittergattung und wegen fehlender Ersatzteile für die von den alten SVT „Berlin" weiterverwendeten Teile ausgemustert. Nachdem sich Verkaufsverhandlungen mit der Westfälischen Landeseisenbahn (Einsatz als diesellokbespannte Garnitur) und auch mit der Deutschen Reichsbahn zerschlagen hatten, wurde am 7. September 1961 die Zerlegung verfügt und die Maschinenanlagen als Tauschteile weiterverwendet.

Die Deutsche Reichsbahn nutzte 1956 den bei ihr verbliebenen Maschinenwagen SVT 137 902 a zum Aufbau eines neuen Triebzuges. Folgende Gründe lassen sich dafür erkennen: Durch den immer noch vorhandenen kriegs- und nachkriegsbedingten Fahrzeugmangel sowie die inzwischen gestiegenen Anforderungen an den Reisekomfort wurde jedes Fahrzeug, das mit einigermaßen vertretbarem Aufwand herzurichten war, für den Betriebsdienst gebraucht. Zudem konnten mit diesem Zug Erfahrungen für den Aufbau eines Städteschnellverkehrs und für den Neubau von SVT gesammelt werden. Weiter versprach man sich vom Betriebseinsatz des vom Aufbau und der Leistung mehr einer Lokomotive ähnelnden Maschinenwagens wichtige Erfahrungen für den geplanten Bau von Großdiesellokomotiven.

Der Maschinenwagen konnte bis auf die beiden Fahrmotoren vollständig wiederverwendet werden. Für den Aufbau der Fahrgastwagen nutzte das Raw Wittenberge die drei im Schadpark befindlichen und zum VTa passenden Wagen 391788, 391789 und 391790 eines im Kriege nach Deutschland verschleppten niederländischen Elektrotriebzuges. Beibehalten wurde die Aufteilung des alten SVT „Berlin" in VMb, VMc und VSd. Zur Höhenanpassung der deutlich niedrigeren Wagen erhielt der VMb an der Kupplungsseite zum VTa eine Dachschräge. Die vorhandenen Heemaf-Fahrmotoren in den Wagen der NS hatten nur eine Dauerleistung von 154 kW, so daß zusätzlich der VMc mit zwei Motoren ausgerüstet werden mußte. So war dieser elektrisch ebenfalls ein VT, der aber nur gemeinsam mit VTa und VSd betriebsfähig war. Für die nunmehr sechs Fahrmotoren mußte der Schaltungsaufbau grundlegend geändert werden. Die Motorübersetzung änderte sich auf 1:2,64, die Höchstgeschwindigkeit auf 140 km/h.

Die Gestaltung der Fahrgastwagen mußte sich nach den vorhandenen Grundrissen richten: VMb und VSd hatten als Endeinstiege zweiflügelige Schiebetüren und zusätzlich doppelt angeordnete Mitteleinstiege auf jeder Seite. Diese führten jeweils in einen gemeinsamen großen Vorraum, in dem auch die Toiletten angeordnet waren. Beim VMc wurden diese Mitteleinstiege zugunsten eines Speiseraumes mit 30 Plätzen verschlossen. Der VMb erhielt zwei Großräume 2. Klasse mit je fünf Abteilen, der VMc einen Großraum 2. Klasse mit drei Abteilen, Funkraum, Küche, Anrichte und Speiseraum. Der VSd verfügte über vier Großräume 1. Klasse mit jeweils zwei Abteilen. Die Sitzplatzanordnung war in der 1. Klasse 1+2, in der 2. Klasse 2+2 beiderseits eines offenen Mittelgangs. Insgesamt bot der SVT 48 Reisenden in der 1. und 104 in der 2. Klasse Platz. Der Anstrich in violett/elfenbein wurde von den Vorkriegsbaureihen übernommen.

Der neue SVT verkehrte vom Bahnbetriebswerk Berlin-Karlshorst aus als FDt 143/144 auf der Strecke Berlin-Ostbahnhof – Halle (Saale) – Erfurt. Er wurde jedoch schon ab Sommer 1957 durch einen lokbespannten Zug ersetzt. Bekannt sind weiterhin Sonderfahrten und einige Einsätze als „Saßnitz-Expreß". Als Einzelgänger wurde er schon nach fünf Jahren Betriebseinsatz ausgemustert. Der VTa wurde am 11. Februar 1968 zerlegt. Die Fahrgastwagen sollten noch für bahndienstliche Zwecke genutzt werden, wozu es aber nur beim VMb kam. VMc und VSd kamen am 31. Januar 1969 in Weißenfels unter den Schneidbrenner.

REDAKTION: HANS-JOACHIM WEISE; FOTOS: DB/ARCHIV GN, KUSTERER

Die Gütertriebwagen VT 10 004 und 005 gehörten zu den im Beschaffungsprogramm von 1937 vorgesehenen Fahrzeugen (Bww München-Pasing, 1948)

Baureihe VT 10 004–005

(DB GVT 20.5)

Die beiden Schlepptriebwagen mit den Betriebsnummern 10 004 und 005 aus dem Beschaffungsprogramm 1937 waren die letzten von der DR beschafften Triebwagen mit Brennkraftmotoren. Ihre Ablieferung fiel bereits in die Kriegszeit, so daß es zu einem regulären Einsatz im öffentlichen Verkehr nicht mehr kam. Die beiden VT waren bei Christoph & Unmack bestellt und 1941 ausgeliefert worden. Die Fahrzeuge erhielten ihre Betriebsnummern unmittelbar im Anschluß an die drei Gütertriebwagen VT 10 001 – 003, so daß ihr Verwendungszweck auch aus der Nummer deutlich wurde. Mit einer größten Geschwindigkeit von 110 km/h und einer Maschinenleistung von zunächst 331 kW handelte es sich um eine beträchtliche Weiterentwicklung gegenüber den EVA-Maybach Triebwagen von 1930. Die Fahrzeuge waren konstruktiv so ausgebildet, daß eine zweite Maschinenanlage jederzeit nachgerüstet werden konnte (so war die zweite Abgashutze beim VT 10 004 bereits bei Ablieferung vorhanden). Im Fahrzeugbeschaffungsprogramm von 1939 waren weitere zwanzig Güter-Schlepptriebwagen mit der Maybach-Mekydro-Leistungsübertragung vorgesehen; im einzelnen handelte es sich um zehn VT mit dem Maybach-Dieselmotor G 56 (331 kW) und den Betriebsnummern 10 006 – 015 sowie um zehn VT mit dem Maybach-Dieselmotor G 6 (478 kW) und den Nummern VT 10 016 – 025. Der Auftrag für alle diese Fahrzeuge wurde nach Kriegsbeginn storniert.

Konstruktion

Untergestell und Fahrzeugaufbau waren aus gekanteten Loch- und Vollprofilen, Stahlblechen und einem Wellblech-Fußboden weitgehend in Schweißtechnik hergestellt. Der Fahrzeuggrundriß wurde durch den Laderaum bestimmt, der über eine (VT 10 004) bzw. zwei Türen (VT 10 005) auf jeder Wagenseite zugänglich war. Die Ladetüren waren als Doppelschiebetüren mit vergitterten, fest ein gebauten Fenstern ausgebildet. Die nutzbare Ladefläche betrug 34,5 m². Bei Einbau einer zweiten Maschinenanlage verringerte sie sich auf 28,8 m². Beide Führerräume hatten auf jeder Wagenseite je eine eigene Einstiegstür mit einem Fallfenster. Mit Ausnahme der Fallfenster des Zugführerabteils und des Ladeschaffner-Raumes waren alle übrigen Seiten- und Stirnwandfenster fest eingebaut. Die Innenräume des Triebwagens wurden durch insgesamt fünf Luftsauger entlüftet, die auf dem Wagendach angeordnet waren. An den Stirnseiten des Fahrzeuges befanden sich Übergangseinrichtungen für das Zugpersonal, die aus Stirnwandtür, Übergangsbrücke und einfachem Übergangsschutz bestanden. An den beiden Fahrzeugenden trugen die Triebwagen je eine Schraubenkupplung mit Sicherheitskupplung und je zwei Hülsenpuffer mit 500 mm Tellerdurchmesser. Die ge-

TECHNISCHE DATEN

Baureihenbezeichnung			GVT 10 004-005
	ab 1947 (DB)		GVT 20.5
Indienststellung (1. Jahr)			1941
Hersteller			Christoph & Unmack
Achsformel			B'2'
Spurweite		mm	1435
Länge über Puffer		mm	22000
Dienstmasse		t	50,5
Dieselmotor(en)	Anzahl		1
	Hersteller		Maybach
	Leistung	kW	331
	Drehzahl	U/min	1400
Art der Kraftübertragung			hydraulisch
Höchstgeschwindigkeit		km/h	110
Ladefläche		m²	34,5

Die ab 1947 als GVT 20 500 und 501 bezeichneten Triebwagen waren bei der DB wenig im Einsatz

schweißten Kastenrahmen-Drehgestelle mit symmetrisch liegender Wiege liefen auf Leichtbau-Radsätzen mit Jaeger-Rollenlagern. Beide Drehgestelle waren gleichartig ausgeführt, um jederzeit eine zweite Maschinenanlage nachrüsten zu können. Die Radsätze waren durch obenliegende Blattfedern gegen den Drehgestellrahmen abgestützt, während sich die Wiege über Schraubenfedern abstützte. An jedem Drehgestell war eine Ölpumpe für die Zentralschmierung des Fahrwerkes angebaut. Der Triebwagen erhielt einen dunkelroten Anstrich. Das rote Farbfeld war oben und unten durch einen hellgrauen Streifen begrenzt, dem sich schwarzer Absetzstreifen anschloß. Das Untergestell besaß einen glänzenden, dunkelgrauen Anstrich, während das Dach mit ebenfalls dunkelgrauem Mattlack gespritzt war. Die Triebwagen wurden durch die selbsttätige Hildebrand-Knorr-Klotzbremse mit Triebwagensteuerventil, G-P-Umstellvorrichtung und zwei Bremszylindern je Drehgestell abgebremst. Weiterhin waren eine direkt wirkende Zusatzbremse sowie zur Sicherung bei Stillstand die Teves-Druckölbremse vorhanden.

Die dieselhydraulische Antriebsanlage war mit Ausnahme des Kühlers im Maschinen-Triebdrehgestell (MTD) eingebaut; der Dieselmotor ragte dabei in den Führerstand 1 hinein, der als Maschinenkammer ausgebildet war. An der Decke dieser Kammer wurden in drei Behältern von zusammen 1280 l Inhalt die Kraftstoff-Vorräte mitgeführt. Bei der Ablieferung im Jahre 1941 waren beide Triebwagen mit dem Zwölf-Zylinder-Dieselmotor G 56 der Maybach-Motorenbau GmbH ausgerüstet, der bei 1400 U/min 331 kW leistete. Der Dieselmotor wurde elektrisch durch einen Bosch-Anlasser gestartet.

Der Dieselmotor übertrug seine Leistung auf das Maybach-Ausrückwandler-Getriebe der Bauart Mekydro M 21. Dem Wandler waren vier mechanisch geschaltete Gänge vorgeschaltet, die jeweils durch Überholklauenkupplungen eingerückt werden. Das Getriebe war in drei Punkten starr im Drehgestellrahmen gelagert, während sich der Dieselmotor über einen Hilfsrahmen im Drehgestell abstützte. Die Wendeschaltung war im Getriebe eingebaut. Die Schaltmuffe wurde durch den Öldruck der Primärpumpe des Schaltgetriebes entsprechend der Stellung des Fahrtwendehebels eingerückt. Bei stehendem Dieselmotor und somit bei fehlendem Primäröldruck ging die Wendeschaltmuffe in Mittelstellung, so daß der Triebwagen ohne jede weitere Maßnahme abgeschleppt werden konnte. Vom Getriebeabtrieb aus wurden die beiden Radsätze des Maschinen-Triebdrehgestells mittels Gelenkwellen und Radsatzgetrieben angetrieben. Die Drehzahlverstellung erfolgte in fünf Stufen durch eine Auf-/Abschaltung in Verbindung mit einem elektrischen Drehzahlsteller. Die Maybach-Kühlanlage war unterflur angeordnet; die Lüfterräder mit selbsttätiger Lüfterkupplung wurden durch einen Gelenkwellenstrang von der Primärwelle des Strömungsgetriebes aus angetrieben.

Beide Triebwagen besaßen eine selbsttätige, ölgefeuerte Hochdruck-Dampfheizung der Bauart Simmering. Der Wasserbehälter mit einem Fassungsvermögen von 1,72 m^3 war unter dem Dach untergebracht. An den Stirnseiten verfügten die Fahrzeuge über RIC-Heizanschlüsse für die Beheizung von Regelfahrzeugen. Für die Druckluftbremse, die Sandstreuer, die Signaleinrichtungen und zur Steuerung wurde die Druckluft von einem Knorr-Luftpresser vom Typ F/V 130/75 gefördert. Die Speicherung der verdichteten Luft erfolgte in zwei Hauptluftbehältern. Zusätzlich war ein Sonderluftbehälter vorhanden. Zur Energieversorgung des 110 Volt-Bordnetzes wurde eine Pintsch-Lichtmaschine verwendet. Bei Stillstand des Motors übernahm eine Batterie mit einer Kapazität von 200 Ah diese Aufgabe.

Noch während des Krieges wurden Änderungen an der Maschinenanlage vorgenommen. Zunächst wurde der G 56-Dieselmotor durch den aufgeladenen G 6-Dieselmotor der Maybach-Motorenbau GmbH ersetzt. Der Viertakt-Zwölf Zylinder-Motor gab seine eingestellte Leistung von anfangs 441 kW und später 478 kW bei einer Drehzahl von 1400 U/min ab. In Verbindung mit dem Mekydro-Getriebe mußte die Drehzahl auf 1480 U/min höhergestellt werden, da der Mekydro-Wandler die volle Leistung bei der niedrigen Drehzahl nicht übertragen konnte.

Betriebseinsatz

Beide Triebwagen wurden nach ihrer Ablieferung im Jahr 1941 im Raw Friedrichshafen abgenommen, jedoch wegen des Krieges keinem Heimat-Bw mehr zugewiesen, sondern für Sonderzwecke eingesetzt. So lief der GVT 10 005 zeitweise im Zubringerverkehr zur Munitionsfabrik Desching (Rbd München), während der GVT 10 004 beim Bw Lindau der Rbd Augsburg eingesetzt war. Von Februar bis Mai 1944 wurde der GVT 10 004 zum Fahrleitungs-Prüfwagen umgebaut. Der ebenfalls zum Umbau vorgesehene GVT 10 005, der sich seit 28. Februar 1944 im Raw Friedrichshafen aufhielt, wurde dort bei einem Luftangriff am 20. Juli 1944 schwer beschädigt und zunächst von der Ausbesserung zurückgestellt. Bei Kriegsende befand sich der GVT 10 004 in der amerikanisch besetzten Zone und stand mit nur leichten Schäden anfangs in Bad Aibling, später im Bww Pasing West. Der Triebwagen GVT 10 005 war 1946 noch in der französischen Zone im Raw Friedrichshafen abgestellt. Er kam Anfang 1948 durch einen Fahrzeugtausch in die amerikanische Zone und wurde ebenfalls in Pasing West abgestellt. Dort wurde der GVT 10 004 nach Beseitigung seiner leichten Schäden im Raw Nürnberg im August 1948 erstmals nach dem Kriege wieder eingesetzt. Die Triebwagen hatten inzwischen die neuen Betriebsnummern GVT 20 500 und 501 erhalten. Im Sommer 1949 waren die Fahrzeuge auf Strecken im Münchner Großraum im Einsatz. Gegen Ende 1950 wurden beide Triebwagen dem Bw Frankfurt (Main) 1 zugewiesen. Der GVT 20 500 hatte zuvor am 3. Februar 1950 im EAW Nürnberg eine Untersuchung der Schadgruppe T3 erhalten. Nach einer Untersuchung gleichen Umfanges wurde der GVT 20 501 am 3. März 1951 aus dem EAW Nürnberg entlassen.

Die Bundesbahn musterte beide Fahrzeuge, für die sie keine sinnvolle Verwendung hatte, schon frühzeitig am 22. Dezember 1956 aus; letztes Heimat-Bw war – seit 1951 – Frankfurt-Griesheim. Auch schon zu Zeiten des Krieges waren die Laufleistungen, bedingt durch die herrschenden Umstände, nicht sehr hoch gewesen. Beide Triebwagen kamen bis 1945 nur auf wenige tausend Kilometer.

REDAKTION: BODO JASTER; FOTOS: SCHEINGRABER/SLG. KNIPPING, DB/SLG. KNIPPING

Die für den Personen-, Eil- und teilweise sogar Schnellzugdienst vorgesehenen 302 kW-Hauptbahntriebwagen waren zahlenmäßig stark vertreten

Baureihe VT 137 028 ff.

(DB VT 25.5/30.0/32.0/33.1/33.2/46.5/DR 185.0/185.2)

Unter den vierachsigen Dieseltriebwagen, welche die DRG ohne Berücksichtigung der Spurweite und des Einsatzzwecks mit der Einführung eines neuen Nummernsystems im Oktober 1932 einheitlich als Reihe VT 137 bezeichnete, nahmen die 302 kW-Hauptbahntriebwagen für den Personen-, Eil- und Schnellzugdienst außerhalb der Verkehrsspitzen einen breiten Raum ein. Im Jahre 1931 waren drei dieselelektrische Triebwagen VT 872 – 874 geliefert worden, deren neuentwickelte Maybach-Motoren eine Leistung von 302 kW erreichten. Sie wiesen jedoch aufgrund der konventionellen Bauweise ein sehr hohes Fahrzeuggewicht auf. Für die künftige Entwicklung übernahm man die Grundkonzeption mit dem in einem Drehgestellrahmen aufgehängten Dieselmotor und Generator und dem Antrieb über Tatzlagermotoren auf beide Achsen im anderen Drehgestell. Durch die Einführung der Schweißtechnik und der Leichtbauweise wurde es nun möglich, das Gesamtgewicht wesentlich zu senken.
In den Jahren 1934 bis 1937 entstanden die insgesamt 125 Triebwagen mit der Gattungsbezeichnung BCPw 4 iv T, deren zahlreiche, meist durch den technischen Fortschritt bedingten, Unterbauarten allerdings außer dem Verwendungszweck, dem Wagengrundriß und der, bis auf vier Versuchsfahrzeuge mit hyraulischem Getriebe, Verwendung der elektrischen Kraftübertragung nur wenige Gemeinsamkeiten hatten. Allein bei der Gestaltung der Fahrgasträume waren drei Grundriß-Typen zu unterscheiden. Für den Einsatz im Eil- und

TECHNISCHE DATEN

Baureihenbezeichnung			VT 137 028...223	VT 137 160-161, 271-272	VT 137 097...223
	ab 1947 (DB)		VT 30.0, 32.0, 33.1,	VT 33.5 / 46.533.2	VT 32 000...020
	ab 1951 (Umbau)		–	–	VT 25.5
	ab 1970 (DR)		185.0, 2	–	–
Indienststellung (1.Jahr)			1934	1936	1951
Hersteller			Düwag, MAN, Talbot, Westwaggon, Wismar u.a.	Westwaggon	DB
Achsformel			2'Bo'	B'2'	B'2'
Spurweite		mm	1435	1435	1435
Länge über Puffer		mm	21873	21873	21873
Dienstmasse		t	44-49	46,3/43,3	46
Dieselmotor(en)	Anzahl		1	1	1
	Hersteller		ČKD, DB, Deutz, MAN, Maybach	MAN/Maybach	Maybach
	Leistung	kW	302 [1]	309/302	442
	Drehzahl	U/min	1400	1400	1400
Art der Kraftübertragung			elektrisch	hydraulisch	hydraulisch
Höchstgeschwindigkeit		km/h	110 [2]	110/90	110
Sitzplätze			54-71	51/65	56

[1] VT 32 002: 294 kW; VT 32 000, 001, 005-020: 309 kW; VT 30 001: 331 kW
[2] 185 001, 002, 253, VT 33 202-208: 100 km/h

Der Funkmeßtriebwagen 188 101 der DR (früher VT 137 063) am 7. Oktober 1977 in Wernigerode

Schnellzugsverkehr entstand mit den ersten drei Triebwagen der „Eilzugwagen-Grundriß“, der sich an vorhandenen Eilzugwagen orientierte, für den Einsatz des Schnellverkehrs im Ruhrgebiet der „Essener Grundriß“ und, als dessen Fortentwicklung ab 1936 für den allgemeinen Vorortschnellverkehr, der „Einheitsgrundriß“.
Als Baumusterfahrzeuge entstanden bei der Waggonfabrik Wismar die 1934 abgelieferten VT 137 028 – 030 mit „Eilzugwagen-Grundriß“, dem Maybach-Motor GO 5 und einer elektrischen Ausrüstung der Firma BBC. Nach ihrem Vorbild entstanden 1934/35 weitere 21 Triebwagen. Eine elektrische Ausrüstung der Siemens-Schukkert-Werke (SSW) erhielten die von Wismar gebauten VT 137 058 – 067 und 075 – 079, eine von AEG die VT 137 068 – 071 und schließlich wiederum eine von BBC die VT 137 072 und 073. Als Neuerung besassen die von der MAN gebauten VT 137 068 – 073 anstelle der bisher verwandten Drehtüren nun Schiebetüren und einen symmetrisch angeordneten Drehzapfen des Maschinendrehgestelles. Auch wurde ihr Gepäckraum zu Lasten eines 3.-Klasse-Abteils vergrößert.
Mit einer Antriebsanlage von Maybach und BBC lieferte die MAN im Jahre 1934 die ersten mit dem „Essener Grundriß“ ausgestatteten Triebwagen VT 137 031 – 035. Mit dem MAN-Zweiwellen-Versuchsmotor L 2x6V 17,5/18 und BBC-Elektrik ausgestattet, wurde der technisch den VT 137 068 – 073 und wagenbaulich den VT 137 031 – 035 entsprechende VT 137 074 von MAN im Dezember 1934 geliefert. Der Triebwagen erhielt im Jahre 1939 den Deutz-Motor A 12 M 320 aus dem VT 137 174. Im folgenden Jahr entstanden bei Düwag und BBC die VT 137 080 – 087 mit BBC-Feldregler-Steuerung und bei Talbot und SSW die VT 137 088 – 093 mit RZM-A-Schaltungssteuerung, entwickelt im Reichsbahn-Zentral-Maschinenamt in Berlin, letztmals mit dem „Essener Grundriß“, alle mit dem bewährten Maybach-Motor GO 5.

Weitgehend den Triebwagen ähnlich waren die Steuerwagen konstruiert (Halle Hbf, 1934)

Die nun folgenden Serienlieferungen der Jahre 1935/36 mit 77 Fahrzeugen erhielten den „Einheitsgrundriß“ und die RZM-Mehrfach-Fernsteuerung der Bauart 1934. Westwaggon lieferte die VT 137 094 – 096, 186, 187, 191 – 209 mit dem Maybach-Motor GO 5, die VT 137 097 – 100 und 210 – 217 mit dem MAN-Motor L 2x6V 17,5/18 sowie die VT 137 188 – 190 mit dem Daimler-Benz-Motor OM 86.
Düwag baute die VT 137 101 – 109 mit dem MAN-Zweiwellen-Motor, den VT 137 110 mit dem MAN-Einwellen-Versuchsmotor L 12 V 17,5/18, der durch seine größere Baulänge allerdings ein geändertes Drehgestell bedingte, sowie die VT 137 168 – 177 mit Maybach-Motor. Den selben Motor erhielten auch die von Wismar stammenden VT 137 164 – 167 und die VT 137 178 – 185 von Talbot. Versuchsweise waren die VT 137 174 und 181 mit dem Deutz-Motor A 12 M 320 ausgestattet. Sowohl das Fahrzeug als auch den Dieselmotor lieferte die MAN bei den VT 137 218 – 223. Die Lieferung der elektrischen Ausrüstung teilten sich die Firmen AEG, BBC und SSW.
Als Versuchstriebwagen für eine hydraulische Kraftübertragung entstanden 1936/37 bei Westwaggon nach dem „Einheitsgrundriß“ die Triebwagen VT 137 160 und 161 mit MAN-Dieselmotor und einem hydraulischen Zweiganggetriebe der Firma Voith sowie VT 137 271 und 272 mit dem Maybach-Motor GO 56 und einem hydraulischen Dreiwandler-Getriebe von Voith.
Parallel zu den Triebwagen wurden 141 passende Steuerwagen mit einem Führerstand geliefert, die sich ebenfalls durch die drei Grundriss-Typen voneinander unterschieden. Lieferfirmen der VS 145 004 – 087, 096 – 150, 214 und 215 waren die Linke-Hofmann-Werke, Uerdingen, Waggonfabrik Bautzen und Wumag. Abweichend von den Triebwagen wiesen sie eine Länge von 18960 bis 21803 mm über Puffer auf.
Zahlreiche Fahrzeuge wurden im Laufe des Krieges zerstört, sechs verblieben in den Niederlanden und zwei in Frankreich.
Auf dem Gebiet der DDR verblieben 41 Triebwagen, von denen mindestens sechs nicht mehr augearbeitet wurden. Die restlichen Fahrzeuge kamen bei der DR unter ihrer bisherigen Betriebsnummer wieder in den Einsatz. Sie erhielten in den fünfziger Jahren im Zuge ihrer Modernisierung auch neue Dieselmotore der tschechischen Firma ČKD vom Typ 12 V 170 DR mit einer Leistung von 330 kW. Zu Salonwagen vornehmlich für die sowjetische Armee wurden VT 137 033, 099 und 100 umgebaut. Sie erhielten 1970 als Reihe 185.2 die neuen Betriebsnummern 185 253 – 255. Der VT 137 063 wurde in einen Funkmeßwagen umgebaut und 1970 in 188 101 umgezeichnet. Die 22 Fahrzeuge für den öffentlichen Verkehr erhielten 1970 noch die Nummern 185 001 – 022.
Die in Westdeutschland verbliebenen 37 einsatzfähigen VT 137 wurden 1947 nach

FOTOS: BELLINGRODT/SLG. KNIPPING, SCHRÖDTER, SLG. REIMER

den Herstellern der Dieselmotoren unterschieden. Hierbei erhielten die Fahrzeuge mit dem Daimler-Benz-Motor OM 86 die Baureihenbezeichnung VT 30.0, diejenigen mit dem MB 836 desselben Herstellers die Reihe VT 32.0. Triebwagen mit Maybach-Motoren und elektrischer Kraftübertragung wurden zu den Baureihen VT 33.1 (Einfachsteuerung) und VT 33.2 (Mehrfachsteuerung 1934), die VT 137 160 und 161 mit hydraulischer Kraftübertragung zu VT 33 501 und 502. Der VT 137 074 mit seinem Deutz-, ab 1948 MAN-Motor, wurde zum VT 39 000, im Jahre 1951 erfolgte mit dem Einbau eines Daimler-Benz-Motors MB 836 die Umzeichnung in VT 32 002. Die beiden VT 137 271 und 272 mit hydraulischer Kraftübertragung erhielten aufgrund ihrer geringeren Höchstgeschwindigkeit von 90 km/h die Nummern VT 46 500 und 501. Schließlich wurde noch der VT 32 014 im Jahre 1950 mit dem Maybach-Motor GO 56 ausgerüstet, was die Umzeichnung in VT 33 232 zur Folge hatte. Zahlreiche Lücken in den Betriebsnummern waren für die in der sowjetischen Besatzungszone verbliebenen Triebwagen freigehalten worden; sie wurden jedoch nie aufgefüllt.

Im Rahmen ihrer Modernisierung erhielten die Triebwagen VT 32 000, 001, 009, 018, 019 und 020 im Jahre 1951 einen Maybach-Motor GO 6 mit einer Leistung von 442 kW und eine hydrodynamischen Kraftübertragung und wurden in VT 25 501 – 506 umgezeichnet.

Auch auf dem Gebiet der DB waren zahlreiche Züge, teils vorübergehend zu Salontriebwagen umgebaut, in Diensten der Besatzungsmächte im Einsatz.

Im Gegensatz zu den bis 1967 vollständig ausgemusterten Triebwagen wurden bei der DB noch etliche Steuerwagen, die bis dahin ihre DRG-Nummern behalten hatten, im Jahre 1968 EDV-gerecht in 945.6 – 9 umgezeichnet.

Noch 1977 wurde der ehemalige VT 137 211 von der Deutschen Reichsbahn genutzt (Stendal, 1974)

Konstruktion

Das Untergestell der Triebwagen war aus zwei durchgehenden Langträgern mit aufgesetzten Querträgern, Kopfstücken und Drehzapfen-Querträgern aus Profilen und Blechen geschweißt. Der Wagenkasten war ein Profilstahlgerippe mit aufgeschweißten Bekleidungsblechen. Das Wagendach bestand aus Sperrholz mit einer wasserdichten Segeltuchbespannung, bei späteren Lieferungen mit Blechverkleidung. Die Zug- und Stoßeinrichtungen wurden in leichter Bauart ausgeführt. Die Drehgestelle entsprachen weitgehend der Bauart Görlitz III. In je einem federnd aufgehängten Hilfsrahmen des Maschinendrehgestelles mit 3500 mm Achsstand war der Zwölfzylinder-Dieselmotor verschiedener Hersteller sowie der Haupt- und Hilfsgenerator untergebracht. Der in den Führerstand 1 ragende Motor war durch eine Motorhaube abgedeckt. Die beiden Achsen des mit 3000 mm Achsstand kürzeren Triebdrehgestelles wurden durch je einen Tatzlager-Gleichstrommotor mit einer Leistung von je 117 – 120 kW angetrieben. Einige wenige Fahrzeuge konnten mit einer Notfallschaltung direkt aus der Batterie gespeist eine kürzere Strecke zurücklegen. Die Steuerungen der Fahrzeuge entsprachen dem jeweils aktuellen Stand der Entwicklung, so daß sechs verschiedene BBC- bzw. RZM-Bauarten zum Einsatz kamen, sie ermöglichten auch den Steuerwagen- sowie größtenteils den Doppeltraktionsbetrieb mehrerer VT 137.

Bei den mit hydraulischem Antrieb ausgestatteten Triebwagen wurde das Maschinendrehgestell angetrieben. Zur Drehzahlerhöhung wurde der Gelenkwelle bei den VT 137 160 und 161 (VT 33.5) ein Vorgelege eingebaut; von dieser gelangte die Antriebskraft über das Strömungsgetriebe der Bauart Voith ACL 36 m 1 mit einem Wandler und einer Kupplung, dem mit einem weiteren Vorgelege vereinigten Wendegetriebe über eine Gelenkwelle zu den beiden Achstrieben. Bei den Triebwagen VT 137 271 und 272 (VT 46.5) übertrug eine Gelenkwelle die Motorleistung über ein Zahnradgetriebe auf das Strömungsgetriebe der Bauart FF 16,3 CC 8,8 von Voith. Dieses Getriebe besaß einen Anfahr- und einen Marschwandler. Bei den Umbautriebwagen VT 25.5 wurde das bisherige Triebdrehgestell nach dem Ausbau der Motoren zu einem reinen Laufgestell. Im Maschinendrehgestell war ein Voith-Zweiwandlergetriebe der Bauart T 24 a, das beide Achsen antrieb, eingebaut. Beide Drehgestelle erhielten zusätzlich eine neue Achslenkerführung.

Der äußere Fahrzeuggrundriß aller Triebwagen war mit den halbrunden Führerräumen mit drei bzw. fünf Frontscheiben und einer vorderen Übergangstür sowie den unterhalb des Wagenkastens angebrachten Schürzen weitgehend identisch, wohingegen sich auch äußerlich durch die unterschiedliche Anordnung der Türen und Fenster die drei Grundrißtypen kenntlich machten und so eine Unterscheidung erleichterten. Ihnen gemeinsam war die Unterbringung des Fahrmotors unter dem Führerraum 1 sowie ein im Führerraum 2

Neben einigen anderen Triebwagen wurde auch der VT 137 101 zu einem Salonwagen umgebaut

Der nach dem „Essener Grundriß“ gebaute VT 137 084 wurde 1968 ausgemustert (Leipzig Hbf, 1958)

integrierter Gepäckraum unterschiedlicher Größe, woran sich jeweils die Endeinstiege anschlossen.
Die Fahrzeuge mit dem „Eilzugwagen-Grundriß“, den 24 VT und 54 VS aufwiesen, verfügten nur über Endeinstiege, zwischen denen zwei abgetrennte Abteile der zweiten Klasse und zwei Großräume der dritten Klasse lagen. Ein Teil der Steuerwagen bot nur die 3. Wagenklasse.
Der „Essener Grundriß“ von 20 VT und 18 VS wies ein Großraum zweiter Klasse mit zwei Abteilen und zwei, durch einen zusätzlichen Mitteleinstieg voneinander getrennte Großräume dritter Klasse auf.
Der „Einheitsgrundriß“ hatte einen vergrößerten Mitteleinstiegsraum, in dem sich nun auch die bisher in einem Abteil der dritten Klasse untergebrachte Toilette befand, der die beiden separaten Abteile der zweiten Klasse von den beiden Großräumen der dritten Klasse trennte. Ihn besaßen 81 VT und 57 VS.
Im Zuge des Umbaues auf Salonwagen sowie durch Modernisierungen bei DB und DR wurde die Inneneinrichtung teilweise abgeändert.

Betriebseinsatz

Die ersten drei Triebwagen VT 137 028 – 030 wurden im Jahre 1934 fabrikneu dem Bw Halle (Saale) P zugeteilt, die folgenden VT 137 031 – 035 dem Bw Wuppertal-Steinbeck. Die Serienfahrzeuge gelangten zu den Bahnbetriebswerken Breslau (6), Darmstadt (6), Dortmund (bzw. Dortmunderfeld, 35), Dresden-Pieschen (10), Essen (4), Frankfurt (Main) (5), Hagen-Eckesey (2), Halle (Saale) P (3), Hamburg-Altona (1), Karlsruhe (7), Kempten (5), Krefeld (6), Neumünster (1), Oberhausen (12), Trier (5) und Wuppertal-Steinbeck (5). Die hydraulisch angetriebenen Triebwagen wurden mit je zwei Fahrzeugen bei den Bw Karlsruhe Pbf (VT 137 160/161) und Dortmund Bbf (VT 137 271/272) beheimatet. Zahlreiche Triebwagen waren von mehreren Betriebswerken aus im Schnellverkehr des Rhein-Ruhr-Gebietes eingesetzt. Ein weiterer Einsatzschwerpunkt waren die vom Bw Dresden-Pieschen aus gefahrenen Leistungen in Sachsen und nach Böhmen.
Im zweiten Weltkrieg dienten zahlreiche Triebwagen, teils als Notstromaggregat, der Wehrmacht, die sie unter anderem auch in Belgien, Frankreich, Griechenland und Italien einsetzte.
Nach dem Krieg wurden in beiden Teilen Deutschlands viele der aufgrund ihrer Bauart besonders geeigneten Dieseltriebzüge als Dienst- und Salonwagen von den Siegermächten beansprucht. Nach der Normalisierung der Verhältnisse konnten bei der DR rund 30 Züge wieder für den allgemeinen Verkehr genutzt werden. Sie wurden von den Bw Aschersleben, Dresden-Pieschen, Güstrow, Leipzig Hbf West, Seddin, Stendal, Stralsund, Templin und den Berliner Bw Grunewald und Rummelsburg aus eingesetzt. Im Sommer 1971 waren noch 17 Fahrzeuge im Bestand der Bw Brandenburg (1), Dresden (2), Güsten (2), Seddin (5), Stendal (4) und Templin (3) sowie die drei Salontriebwagen beim Bw Berlin-Karlshorst. Fünf Jahre später verteilten sich 13 Triebwagen auf die Bw Dresden (2), Güsten (2), Neustrelitz (3), Seddin (4) und Stendal (2) und die drei Salontriebwagen mit je einem Fahrzeug auf Berlin-Karlshorst, Dresden und Stralsund. Bis 1977 erfolgte die Ausmusterung der letzten Triebwagen. Erhalten blieb aber der ehemalige VT 137 099 (185 254) als Traditionsfahrzeug des Bw Stralsund.
Bei der DB waren 37 Triebwagen vorhanden, die sich zunächst unter anderem auf die Bahnbetriebswerke Bielefeld, Dortmund, Frankfurt (Main), Hamburg-Altona, Kempten, Koblenz Mosel, Köln, Landau, München Hbf und Offenburg verteilten. Die im Jahre 1951 entstandenen Umbautriebwagen wurden zunächst dem Bw Köln Bbf zugeteilt. Ende 1958 waren noch 31 Fahrzeuge bei den Bahnbetriebswerken Bielefeld (VT 33 202, 205, 207, 213), Darmstadt (VT 30 001; VT 46 500, 1959 abgestellt), Flensburg (VT 33 106, 215, 218, 224, 225, 227, 231), Kempten (VT 32 011, 012, 015, 016), Köln Bbf (VT 25.501 – 506), Landau (VT 33 203, 204, 208, 501, 502) und dem Bww München Hbf (VT 32 002, 005, 010) zu finden.
Am 2. Dezember 1963 wurde mit dem VT 33 502 der letzte Triebwagen der Reihe VT 137 mit hydraulischem Getriebe ausgemustert. Ende 1964 später verteilten sich noch 17 Triebwagen auf die Bw Bielefeld (VT 33 205, 213, 215, 218, 224, 225, 231), Darmstadt (VT 30 001,z, VT 33 203), Landau (VT 33 204, 208) und Münster (VT 25 501 – 506). Am 27. Oktober 1966 schied mit dem VT 25 505 des Bw Münster der letzte dieselhydraulische, am 2. August 1967 mit dem VT 33 215 des Bw Bielefeld auch der letzte dieselelektrische ehemalige VT 137 der DB aus dem Bestand aus.

Die DB baute einige VT 32 auf hydraulischen Antrieb um und bezeichnete sie anschließend als VT 25.5

REDAKTION: AXEL ENDERLEIN; FOTOS: WINKLER (2), ILLNER/SLG. REIMER, BELLINGRODT/SLG. KNIPPING

Die späteren VT 36.5 waren, bedingt durch den Beginn des Zweiten Weltkrieges, die letzten an die Deutsche Reichsbahn gelieferten Dieseltriebwagen

Baureihe VT 137 241 ff.

(DB VT 36.5)

Als Erprobungsfahrzeuge für wartungsarme langsamlaufende Dieselmotoren mit hydraulischer Kraftübertragung entstanden zwischen 1936 und 1938 insgesamt 30 Triebwagen VT 137 241 – 270 bei der Dessauer Waggonfabrik und der Düsseldorfer Waggonfabrik (Düwag). Den Dieselmotor lieferte die MAN. Die neben den Reisezugwagen auch für Triebwagen übliche Gattungsbezeichnung lautete BCPw 4 itr T. Die Triebwagen waren durch ihre größte zulässige Geschwindigkeit von 100 km/h für den Betrieb auf Nebenbahnen und dem Anschlußbetrieb auf Hauptbahnen gleichermaßen gut geeignet. Sehr niedrig war die Fußbodenhöhe mit 1070 mm, die auf den bei Nebenbahnen üblichen unbefestigten Bahnsteigen das Ein- und Aussteigen erleichterte.

Im Jahre 1940 erfolgte durch dieselben Hersteller eine zweite Lieferung von 20 Fahrzeugen VT 137 442 – 461, die sich sowohl technisch als auch in der Innenraumgestaltung leicht von ihren Vorgängern unterschieden. Sie stellten nicht nur die erste Serienlieferung von hydraulisch angetriebenen Dieseltriebfahrzeugen mit einem langsamlaufenden Motor, sondern gleichzeitig durch den Ausbruch des Krieges auch die letzte an die Deutsche Reichsbahn erfolgte Lieferung von Dieseltriebwagen dar.

Während des Krieges waren zahlreiche Triebwagen für die Wehrmacht im Einsatz. Von den fünf auf dem Gebiet der DDR verbliebenen Fahrzeugen wurden der VT 137 249 im Jahre 1956 zerlegt, zwei weitere Triebwagen VT 137 251 und 451 in den Jahren 1964/65 zu den Beiwagen VB 147 530 und 531 umgebaut. Lediglich VT 137 445 und 446 liefen bis zu ihrer Ausmusterung als Triebwagen.

Bei der DB wurden die vorhandenen neun Triebwagen der ersten Serie in VT 36 500, 501, 503, 505 – 509 und 511, die sieben der zweiten Lieferung in VT 36 513 – 515 und 517 – 520 umgezeichnet, wobei die hier fehlenden Nummern für die in der DDR verbliebenen Fahrzeuge vorgesehen waren und somit Lücken blieben. Die meisten VT 36.5 standen in den Nachkriegsjahren, in der Inneneinrichtung teilweise umgebaut, in den Diensten der Besatzungsmächte. Hierdurch ergaben sich bei der DB auch mehrere Varianten der Inneneinrichtung und Bestuhlung.

Passend zu den Triebwagen wurden 40 gleichartige Steuerwagen VS 145 154 – 183 der Gattung BCPost 4 iv S, die bis auf wenige Ausnahmen ein Postabteil erhielten, von Lindner in Ammendorf geliefert. Fünf Steuerwagen erhielten 1968 die EDV-gerechten Betriebsnummern 945 758, 770, 772, 776 und 781; sie wurden um 1970 ausgemustert.

TECHNISCHE DATEN

Baureihenbezeichnung			VT 137 241-270, 442-461
	ab 1947 (DB)		VT 36.5
Indienststellung (1. Jahr)			1936
Hersteller			Dessau, Düwag
Achsformel			B'2'
Spurweite		mm	1435
Länge über Puffer		mm	22350
Dienstmasse		t	37,5/41[1]
Dieselmotor(en)	Anzahl		1
	Hersteller		MAN
	Leistung	kW	265
	Drehzahl	U/min	870
Art der Kraftübertragung			hydraulisch
Höchstgeschwindigkeit		km/h	100
Sitzplätze			51/48[1]

[1] VT 137 442 – 461

Der von der britischen Armee genutzte 636 801 war im Bahnbetriebswerk Rheydt stationiert (1973)

Konstruktion

Das Untergestell der Triebwagen war aus zwei durchgehenden, in den Einstiegsbereichen eingezogenen Langträgern mit aufgesetzten Querträgern, Kopfstücken und Drehzapfen-Querträgern aus Profilen und Blechen geschweißt. Der Wagenkasten war ein auf den Langträgern stumpf aufgeschweißtes Profilstahlgerippe mit Bekleidungsblechen. Auf dem Wagendach über dem Maschinentriebgestell befand sich der charakteristische Schalldämpfer des Auspuffes. Die Zug- und Stoßeinrichtungen waren in leichter Bauart ausgeführt. Die vollständig geschweißten Drehgestelle entsprachen weitgehend der Bauart Görlitz. In einem federnd aufgehängten Hilfsrahmen des Maschinentriebgestelles mit 3600 mm Achsstand war der verhältnismäßig große Sechszylinder-Dieselmotor MAN W 6 V 22/30 untergebracht. Der in den Führerstand 1 ragende Motor wurde durch eine schallisolierte Motorhaube abgedeckt. Über eine Gelenkwelle, die Voith-Maurer-Kupplung, eine Stiftkupplung und ein Zahnradgetriebe zur Drehzahlerhöhung gelangte die Antriebskraft zum Strömungsgetriebe Voith JJ 14 CG 8,8. Das Doppelturbogetriebe verfügte über je einen Wandler und eine Kupplung in zwei Gruppen, von denen jede eine Achse des Maschinendrehgestelles antrieb. Mittels Gelenkwellen wurde die Kraft auf die beiden Achswendegetriebe übertragen. Zur Anfahrt wurden beide Achsen angetrieben, bei Geschwindigkeiten von 51 – 71 km/h nur die eine Treibachse, darüber die andere. Das Laufdrehgestell hatte einen Achsstand von 3000 mm. Die Fahrzeuge besaßen zum Betrieb mit Steuerwagen oder in Doppeltraktion eine BBC-Mehrfachsteuerung mit sieben Fahrstufen.

An den Führerstand 1 über dem Maschinentriebgestell schloß sich ein abgetrennter Eingangsbereich an, von dem aus der Großraum 3. Klasse erreicht wurde. Hier war der Fußboden zum Ausgleich des Höhenunterschiedes zwischen dem Bereich des Maschinentriebgestelles und dem Fahrgastraum teilweise schräg. Es folgte das Abteil 2. Klasse. Ihm schloß sich das Traglastenabteil mit festen Sitzen und Klappsitzen sowie dem hiervon nicht abgetrennten zweiten Einstieg an. Der Führerstand 2 war im Gepäckabteil mit je einer seitlichen Schiebetür integriert. Während bei den Triebwagen der ersten Lieferung ursprünglich eine ölgefeuerte, selbsttätig überwachte Klatte-Frischluftheizung verwandt wurde, kamen in den Triebwagen der zweiten Lieferung kombinierte Kühlwasser- und Ofenheizungen mit Koksfeuerung zur Anwendung.

Betriebseinsatz

Die Triebwagen der ersten Lieferung VT 137 241 – 270 wurden fabrikneu auf die Bw Chemnitz (5), Darmstadt (1), Flöha (4), Mainz (9) und Regensburg (11) aufgeteilt. Bei Kriegsausbruch wurden sie aus dem regulären Betriebsdienst genommen. In Diensten der Wehrmacht kamen sie, wie auch die Fahrzeuge der zweiten Lieferung, entweder als Schlepptriebwagen oder als Kommandofahrzeug auf den verschiedenen Kriegsschauplätzen zum Einsatz. Durch Kriegseinwirkungen wurden bis 1945 allein 17 Fahrzeuge ausgemustet. Neun weitere Triebwagen blieben nach dem Krieg verschollen. Zwei, VT 137 253 und 445, wurden von der italienischen Staatsbahn FS im Jahre 1956 an die DR zurückgegeben. Der VT 137 450 kehrte 1948 aus Österreich an die DR-West zurück; er wurde im Anschluß an die bereits vergebenen Betriebsnummern als VT 36 520 eingereiht.

Somit waren zur Gründung der DB 1949 17 Triebwagen beider Serien vorhanden, von denen im Laufe der Jahre 16 als VT 36.5 wieder in den Betrieb gelangten, acht von ihnen zunächst in Diensten der amerikanischen oder britischen Armee. Der VT 137 457 wurde wegen seiner Beschädigungen nicht mehr aufgearbeitet. 1950 verteilten sich die Triebwagen auf die Bw Bielefeld (4), Frankfurt (8), Hagen-Eckesey (1), Köln Bbf (1), Nürnberg Hbf (1) und Wuppertal-Steinbeck (1). Hiervon waren noch fünf an die Besatzungsmächte vermietet. Im Dezember 1964 waren noch vier VT 36.5 im Bw Wuppertal-Steinbeck und einer des Bw Köln-Nippes übriggeblieben. Am 26. April 1966 wurden die letzten drei Wagen (VT 36 508, 509 und 519) der DB ausgemustert.

Die bei der DR verbliebenen zwei wieder aufgearbeiteten VT 137 445 und 446 waren bis zu ihrer Ausmusterung 1967 in Aschersleben beheimatet. Auch die beiden aus VT 137 251 und 451 aufgebauten Beiwagen VB 147 530 und 531 waren hier stationiert, der VB 147 530 erhielt 1970 noch die EDV-gerechte Nummer 197 835.

Gegen Ende seiner Einsatzzeit wurde der VT 36 500 noch im Arbeitszugdienst verwendet (1964)

REDAKTION: AXEL ENDERLEIN; FOTOS: K. MÜLLER, KRALL/SLG. KNIPPING, HAHMANN

Zu den in zwei Serien von der DR beschafften hydraulischen Doppeltriebwagen für den Einsatz im Stettiner Vorortverkehr gehört auch der VT 137 367 a/b

Baureihe VT 137 326 ff.

(DB VT 45.5/645)

Neben dem Ruhrgebiet gab es im nicht elektrifizierten Netz der DR weitere Bezirke mit ausgeprägtem Regionalverkehr, für den Verbesserungen und Attraktivitätssteigerungen des Schienenverkehrsangebotes erforderlich schienen. Für den Vorortverkehr im Raum Stettin sah das Beschaffungsprogramm aus dem Jahre 1936 sechs Versuchsfahrzeuge als Doppeltriebwagen mit Einzeldrehgestellen und hydrodynamischer Leistungsübertragung vor. Die Maschinenanlage war als Unterfluranlage auszuführen; hierfür war die Entwicklung liegender Dieselmotoren bei den Firmen Humboldt-Deutz und DWK erforderlich. Die ersten sechs VT 137 326 – 331 a/b wurden bei der WUMAG in Görlitz bestellt. An der Lieferung waren Humboldt-Deutz und DWK mit Dieselmotoren sowie Voith mit dem hydraulischen Getriebe beteiligt. Die Bestellung wurde später um die Triebwagen VT 137 367 – 376 a/b erweitert. Der Kreis der Zulieferfirmen wurde ebenfalls ausgedehnt: MAN und Daimler-Benz lieferten Dieselmotoren und die AEG die hydraulische Kraftübertragung, die in ihrem Zweigwerk EMG in Werdohl gefertigt wurde. Alle Fahrzeuge wurden erst nach Kriegsbeginn ausgeliefert, so daß ein regulärer Einsatz der Triebwagen im Stettiner Raum nicht mehr möglich wurde. Die Doppeltriebwagen mit Unterflurmaschinenanlage waren die letzten Triebwagen der Deutschen Reichsbahn, die im Zuge der ab 1932 betriebenen Leichtbauentwicklung unter wachsender Nutzung der modernen Schweißtechnik für Wagenkästen und Unter- sowie Drehgestelle geliefert wurden.

Konstruktion

Die als kurzgekuppelte Doppelwagen mit Einzeldrehgestellen ausgeführten Triebwagen wurden in geschweißter Stahlleichtbauweise aus Profilen und tragenden Blechen ausgeführt. Die beiden Wagenhälften waren durch eine im Betrieb nicht lösbare Schraubenkupplung und einseitige Stoßpuffer verbunden. Der Übergang von einem zum anderen Wagenteil wurde durch Übergangsbleche hergestellt, die durch einen Faltenbalg verschlossen wurden. Durch die unterhalb des Wagenkastens angebrachte Maschinenanlage war die gesamte Fahrzeugfläche für Fahrgäste und Gepäck nutzbar. Im Wagen „a“ folgte auf den Führerstand 1 der Gepäckraum mit vier Klappsitzen sowie das geschlossene Postabteil. Diesem schloß sich der Raum für Traglasten mit zwölf Sitzplätzen und weiteren vier Klappsitzen an. Nach dem mittleren Einstiegsraum, in dem auch eine Toilette untergebracht war, folgte ein Großraum mit 38 Sitzplätzen der 3. Klasse in der Sitz-

TECHNISCHE DATEN

Baureihenbezeichnung			VT 137 326-331, 367-376
	ab 1947 (DB)		VT 45.5
	ab 1968 (DB)		645
Indienststellung (1. Jahr)			1938
Hersteller			WUMAG
Achsformel			(A1)2'+2'(1A)
Spurweite		mm	1435
Länge über Puffer		mm	40960
Dienstmasse		t	77
Dieselmotor(en)	Anzahl		2
	Hersteller		Daimler-Benz Deutz, MAN, DWK
	Leistung	kW	406
	Drehzahl	U/min	1500
Art der Kraftübertragung			hydraulisch
Höchstgeschwindigkeit		km/h	90
Sitzplätze (2. + 3. Klasse)			18+102

Bei der DB erhielten einige VT 45.5 noch eine computergerechte Nummer (Bw Braunschweig, 1969)

teilung 2+3 beiderseits eines offenen Mittelganges. Anschließend war der Endeinstiegsraum plaziert. Im Wagen „b" schloß sich an den Einstiegsraum ein Seitengang mit geschlossenen 2. Klasse-Abteilen mit 18 Sitzplätzen an. Hierauf gelangte man in den Mitteleinstiegsraum und danach in einen weiteren 3. Klasse-Großraum mit insgesamt 48 Sitzplätzen. Es folgte noch der Endeinstiegsraum und der Führerstand 2.

Beide Fahrzeuge liefen auf geschweißten Blechträgerdrehgestellen Bauart Görlitz mit dreifacher Federung. Die darin befindlichen Radsätze waren rollengelagert und gegenüber dem Drehgestell mit Schrauben- und Blattfedern abgefedert. Als durchgehende selbsttätige Bremse war eine mehrlösige Hildebrand-Knorr-Bremse mit Triebwagensteuerventil eingebaut. Die mechanische Abbremsung der Radsätze erfolgte mittels Graugußbremsklötzen, die beidseitig auf alle Räder wirkten. Als Feststellbremse zur Sicherung im Stillstand diente eine Spindelhandbremse in jedem Führerstand, die auf das jeweils darunter befindliche Drehgestell wirkte.

Die Triebwagen waren mit einer neu entwickelten dieselhydraulischen Unterflurmaschinenanlage ausgerüstet, die als Doppelanlage ausgeführt war. Die in jedem Wagen separat ausgeführte Anlagenhälfte bestand aus je einem liegenden Dieselmotor mit gegenläufigen Kolben („Boxermotor"), dem hydrodynamischen Getriebe sowie dem Radsatzwendegetriebe im Triebdrehgestell. Die Verbindung der Antriebsaggregate untereinander erfolgte durch Gelenkwellen. Aus dieser Anordnung der Maschinenanlage ergab sich die Radsatzanordnung (A1)2'+2'(1A). Zur Anwendung als Antriebsmotor gelangten bei den insgesamt 16 gebauten Doppeltriebwagen vier verschiedene Typen: A 12 M 319 von Deutz, 12 V 19 von DWK, W 12 V 13/19 von MAN und MB 807 von Daimler-Benz. Die Leistungsübertragung erfolgte mit hydrodynamischen Zweiganggetrieben der Firmen Voith bzw. AEG. Während das Getriebe der Firma Voith die Anordnung Wandler/Kupplung besaß, wies das AEG-Getriebe zwei Wandler-Gänge auf. Beide Varianten waren für eine Eingangsleistung von 188 kW ausgelegt. Auch die Kühlanlage war unterflur angeordnet. Die vorhandenen Kühlerteilblöcke waren durch mechanisch angetriebene Lüfterräder zwangsbelüftet. Bei niedrigen Außentemperaturen und Fahrten im Teillastbereich waren die Lüfterflügel durch eine Kupplung vom Antrieb trennbar, um eine Unterkühlung der Motoren zu verhindern.

Alle Triebwagen waren bei ihrer Ablieferung mit einer ölgefeuerten Pinsch-Warmwasserheizung mit Umlaufpumpe ausgerüstet. Der selbsttätig geregelte Heizofen war ebenfalls unterhalb des Wagenkastens eingebaut. Jede der beiden Wagenhälften besaß eine eigene Heizung mit getrenntem Kreislauf. Die Abgase der Heizöfen wurden durch Rohre im mittleren Einstiegsraum nach oben über das Dach abgeführt. Wiederum für jede Fahrzeughälfte getrennt war ein elektrisch angetriebener Luftpresser vom Typ Knorr VV 48/75, der die Hauptluftbehälter mit einem Druck von 8 bar füllte. Zusätzlich zu den beiden Hauptluftbehältern war noch ein Sonderluftbehälter vorhanden, der die zur Steuerung benötigte Luft speicherte. Das elektrische Bordnetz jedes Fahrzeuges mit einer Nennspannung von 110 Volt wurde von einer 6,2 kW starken Lichtmaschine versorgt. Bei Stillstand des Antriebsmotors versorgte eine Batterie mit 150 Ah Kapazität das Fahrzeug mit elektrischer Energie.

Betriebseinsatz

Die schon 1936 bestellten Triebwagen wurden ab 1940 abgenommen und in den Betriebsbestand eingereiht. Zwar wurden die Fahrzeuge noch wie geplant dem Bw Stettin zugeteilt, doch wurden sie dort nur noch kurzfristig eingesetzt, bevor sie der Wehrmacht unterstellt wurden. Größere Einsätze für das Militär sind aber nicht bekannt: die Fahrzeuge wurden nur als Reserve vorgehalten. Der VT 137 327 wurde noch während des Krieges ausgemustert, nachdem er nach einem Angriff vollständig ausgebrannt war. Bei Kriegsende fanden sich im Fahrzeugpark der sowjetisch besetzten Zone neun der insgesamt 16 gebauten Doppeltriebwagen. Dabei handelte es sich um die Nummern VT 137 328, 329, 331, 367, 368, 371, 373, 374 und 376. Vier Fahrzeuge wurden mit zum Teil erheblichen Schäden in der britischen Besatzungszone vorgefunden. Wegen dieser Schäden wurden die beiden VT 137 370 a und VT 137 326 b ausgemustert. Ihre Voith-Getriebe wurden gegen die AEG-Getriebe in den verbleibenden Triebwagen getauscht. Somit standen der Deutschen Bundesbahn drei Doppeltriebwagen zur Verfügung, die 1947 die Nummern VT 45 502, 503 und 504 zugewiesen bekamen. Die restlichen zwei Triebwagen VT 137 330 und 372 waren anfangs verschollen. Der VT 137 372 tauchte aber bei der ČSD auf und gelangte später zur DR, wo er 1951 zerlegt wurde.

Die drei Triebwagen der DB wurden über lange Jahre hinweg beim Bw Bielefeld beheimatet. Der Einsatz dieser VT 45.5 erfolgte u.a. auf den Strecken nach Osnabrück, Detmold und Altenbeken bzw. Kassel. Im Sommerfahrplan 1953 wurden in einem dreitägigen Umlauf neben Leistungen im Bezirksverkehr auch die Route Bielefeld – Würzburg – Hannover – Kassel – Bielefeld gefahren. 1960 wurden zwei Triebwagen in Zusammenhang mit dem Einbau einer modernen Maschinenanlage von Daimler-Benz auch im Innenbereich modernisiert. Nach 1966 kamen die Fahrzeuge zum Bw Braunschweig, wo sie noch bis 1969 im Einsatz standen. Im Rahmen der Einführung von EDV-Nummern hatten diese Triebwagen noch die Bezeichnungen 645 102/402, 103/403 und 104/404 erhalten. Aufgrund ihrer baldigen Ausmusterungen waren sie jedoch kaum noch mit diesen Nummern unterwegs.

Von den bei der DR verbliebenen Doppeltriebwagen waren nur der VT 137 329 und 331 betriebsfähig. Zwischen 1948 und 1950 wurden drei Triebwagen in Betrieb genommen, und zwar der VT 137 329, 331 und 371. Ein vierter Triebwagen, der VT 137 373, gehörte zum z-Bestand des Bw Berlin Anhalter Bf; er wartete ab 1953 im Raw Wittenberge auf seine Ausbesserung. Einer der letzten bei der DR eingesetzten Stettiner Doppeltriebwagen war der VT 137 331 a/b der Rbd Halle. Sein letzter Einsatzort war das Bw Dresden-Pieschen. Nach Ausbau der Maschinenanlage lief der Wagen als zweiteiliger Beiwagen VB 147 553a/b. Der ebenfalls zum Beiwagen umgebaute VT 137 368 erhielt 1970 noch die Nummer 197 841 und wurde bis 1973 beim Bw Stendal eingesetzt.

REDAKTION: BODO JASTER; FOTOS: ILLNER/SLG. KNIPPING, KUHNKE/WIESEL

Bei den ersten drei 220 kW-Einheitstriebwagen war der Kühler im Fahrzeug untergebracht. Die Kühlluft wurde über Schlitze in der Seitenwand angesaugt

Baureihe VT 137 025 ff.

(DB VT 50.0/50.1/50.2/51.0/51.1)

Für den Einsatz auf Flachlandstrecken außerhalb der großen Ballungszentren beschaffte die Deutsche Reichsbahn Gesellschaft Mitte der dreißiger Jahre auch Dieseltriebwagen mit einer Leistung von 220 kW. Als erste wurden drei Triebwagen (VT 137 025 – 027) zum Jahreswechsel 1933/34 an die Reichsbahn ausgeliefert. Mit ihnen sollte die dieselelektrische Kraftübertragung auf breiterer Basis erprobt werden. Außerdem sollten Rückschlüsse auf den Instandhaltungsaufwand der Dieselmotoren gezogen werden, wenn sie nur mit einer Drehzahl von 1100 U/min betrieben werden. 1934/35 lieferte Linke-Hofmann-Busch weitere drei Triebwagen (VT 137 055 – 057), die aber anstelle eines MWM-Motors mit einem von Daimler-Benz ausgerüstet waren. Kurz darauf bestellte die Reichsbahn nochmals sechs Wagen mit den Nummern VT 137 111 – 116. Es folgten zwei weitere Baulose, die wieder mit einem MWM-Motor ausgerüstet wurden. Für diese Triebwagen wurden die Betriebsnummern VT 137 117 – 120 und VT 137 296 – 300 vergeben. Auch die letzten Serien wurden von der Firma Linke-Hofmann-Busch in Breslau gefertigt und in den Jahren 1936 und 1937 der Reichsbahn übergeben. Bei diesen 220 kW-Dieseltriebwagen kam erstmals das später typische Erscheinungsbild für DRG-Triebwagen zur Verwendung.

Konstruktion

Das geschweißte Untergestell aus leichten Stahlprofilen trug an beiden Stirnseiten die Zug- und Stoßeinrichtungen der Regelbauart. Die Puffer waren als Stangenpuffer ausgeführt. Der Wagenkasten war ebenfalls eine Schweißkonstruktion, die aus einem mit Blech verkleideten Profilstahlgerippe bestand. Die geschweißten Drehgestelle entsprachen der Bauart Görlitz. Die darin laufenden Radsätze waren rollengelagert. Der Wiegenträger des Maschinendrehgestells war leicht außermittig angebracht, was eine bessere Verteilung von Dieselmotor und Hauptgenerator zuließ. Als durchgehende Bremse war eine Knorr-Zweikammerbremse (Kzp) eingebaut, die über Graugußbremsklötze auf alle Radsätze wirkte. Ab dem VT 137 111 wurde eine Hildebrand-Knorr-Bremse verwendet. Weiterhin war in jedem Führerstand eine Spindelhandbremse vorhanden.
Die Fahrgasträume waren von den Einstiegsvorräumen aus erreichbar. Die Fahr-

TECHNISCHE DATEN

Baureihenbezeichnung		VT 137 025-027	VT 137 055-057 111-116	VT 137 117-120 296-300
ab 1947 (DB)		VT 50.0	VT 51.0/51.1	VT 50.1/50.2
Indienststellung (1. Jahr)		1933	1934	1936
Hersteller		LHB	LHB	LHB
Achsformel		2'Bo'	2'Bo'	2'Bo'
Spurweite	mm	1435	1435	1435
Länge über Puffer	mm	22035	22035	22035
Dienstmasse	t	42,2	41	44,7/46
Dieselmotor(en) Anzahl		1	1	1
Hersteller		MWM	Daimler-Benz	MWM
Leistung	kW	220	220	220
Drehzahl	U/min	1100	1500	1100
Art der Kraftübertragung		elektrisch	elektrisch	elektrisch
Höchstgeschwindigkeit	km/h	90	90	90
Sitzplätze (2. + 3. Klasse)		14+52	14+55	14+52

Dieselelektrischer Einheitstriebwagen mit 220 kW-Daimler-Benz-Motor OM 85 (VT 137 055 – 057)

zeugtüren waren nach innen öffnende Drehtüren. Die 3. Klasse Großräume hatten eine Sitzteilung von 3+2. Von den 3. Klasse-Großräumen gelangte man durch eine Drehtür in die 2. Klasse-Abteile mit ihrer Platzanordnung von 3+1. Neben den Türen waren die Plätze 2+1 angeordnet. Alle Fenster in den Fahrgasträumen waren herablaßbare Kurbelfenster. Oberhalb des Maschinendrehgestells befand sich die Motorkammer. Gegenüber der VT 137 025 – 027 konnte diese bei den späteren Serienfahrzeugen verkürzt ausgeführt werden. Auch die an dieser Stelle in der Seitenwand befindlichen Kühlluftschlitze waren nur bei den drei Vorserienfahrzeugen vorhanden.

Alle Fahrzeuge besaßen einen dieselelektrischen Antrieb. Der Motor und Hauptgenerator saßen im Maschinendrehgestell, während die beiden Gleichstrom-Fahrmotoren im Triebdrehgestell untergebracht waren. Als Dieselmotoren kamen Modelle von zwei verschiedenen Hersteller zur Anwendung. Erstmals wurden bei einem Teil der Triebwagen Aggregate der Motorenwerke Mannheim (MWM) eingebaut. Die VT 137 025 – 027 erhielten den Motor RS 125 von MWM, während die VT 137 117 – 120 und 296 – 300 das leicht modifizierte Modell RS 125 S besaßen. Alle anderen Triebwagen dieser Bauart hatten einen Daimler-Benz OM 85-Motor eingebaut. Alle Motoren gaben eine Leistung von 220 kW bei einer Nenndrehzahl von 1100 U/min (RS 125) bzw. 1500 U/min (OM 85). Der Motor war in einem Hilfsrahmen im Maschinendrehgestell gelagert. Er trieb den Hauptgenerator über eine elastische Kupplung an. Wie der Dieselmotor, so war auch der Generator mit dem angebauten Hilfsgenerator in einem Hilfsrahmen gelagert. Der Hauptgenerator besaß eine besondere Anlaßwicklung, mit deren Hilfe er den Dieselmotor starten konnte. Die Welle des Generators war rollengelagert. Die beiden eigenbelüfteten Reihenschluß-Fahrmotoren des Triebwagens waren als Tatzlagermotoren im Triebdrehgestell eingebaut. Die Steuerung der Antriebsleistung war unterschiedlich aufgebaut. Während die VT 137 025 – 027 hierfür eine AEG-Lemp-Schaltung besaßen, arbeiteten die übrigen Triebwagen dieser Reihe mit einer RZM-Einfachsteuerung. Ausgenommen hiervon waren nur die VT 137 296 – 300, die eine RZM-B-Steuerung anwendeten.

Mit Ausnahme der ersten drei Vorserienfahrzeuge war die Maschinenkühlanlage unterhalb des Wagenkastens angebaut. Bei den Versuchsfahrzeugen lag die Kühlanlage innerhalb des Fahrzeuges neben der Maschinenkammer. Ein direkt vom Dieselmotor angetriebener Lüfter saugte Frischluft an und drückte diese über den Öl- und anschließend über den Wasserkühler. Alle Fahrzeuge besaßen eine Warmwasserheizung, die mit Koks bzw. ab VT 137 111 mit Öl befeuert wurde. Eine elektrische Pumpe wälzte hierzu das Wasser um. Zur Erzeugung der für den Betrieb des Fahrzeuges nötigen Druckluft war ein elektrisch betriebener Luftpresser der Firma Knorr vorhanden, der im Maschinendrehgestell untergebracht war. Nur die drei Versuchsfahrzeuge waren mit zwei Luftpressern ausgerüstet, die ebenfalls elektrisch betrieben wurden. Zur Versorgung des elektrischen Fahrzeugnetzes mit Energie diente der Hilfsgenerator. Er lud auch die 200 Ah-Fahrzeugbatterie nach, sobald seine abgegebene Spannung über 130 Volt lag. An Sicherheitseinrichtungen besaßen die Fahrzeuge eine zeitabhängige Sifa, Sandstreueinrichtungen, Läutewerk und Typhon.

Betriebseinsatz

Nach Ablieferung der Fahrzeuge wurden diese in den Raw Nürnberg bzw. Königstein durch die Reichsbahn abgenommen. Die ersten Fahrzeuge einer Serie wurden dabei meist ausführlicheren Tests unterzogen. Die Vt 137 025 – 027 wurden im Bw Würzburg beheimatet. Die nächsten neun Fahrzeuge teilte man dem Bw Allenstein zu, während die Fahrzeuge der letzten beiden Lieferungen ihre Heimat in Nürnberg Hbf fanden. Nach Beginn den Zweiten Weltkrieges wurden die Fahrzeuge abgestellt. Einige von ihnen wurden jedoch nach kurzer Zeit für Sonderdienste der Wehrmacht herangezogen.

Bei Kriegsende verblieb der VT 137 112 in der sowjetisch besetzten Zone. Nach seiner Wiederaufarbeitung, bei der sein alter Grundriß beibehalten wurde, lief er 1950 beim Bw Berlin Anhalter Bf. Etwa 1952 beheimatete ihn die DR im Bw Rummelsburg. Schon 1953 gelangte das Fahrzeug zum Triebwagen-Bw Berlin-Karlshorst. Ende der sechziger Jahre wurde der zuletzt von Aschersleben aus eingesetzte Triebwagen ausgemustert.

Die drei Vorserienfahrzeuge wurden nach dem Krieg schadhaft abgestellt im Raw Nürnberg vorgefunden. Ab 1950 erhielten diese Fahrzeuge eine Aufarbeitung und gelangten unter ihren ab 1947 gültigen Nummern VT 50 000 – 002 beim Bw Buchholz in den Einsatz.

Von den Triebwagen der zweiten und dritten Lieferung gelangten nur sechs Exemplare in den Bestand der späteren DB. Auch sie erhielten, soweit nötig, eine Aufarbeitung sowie neue Betriebsnummern. Für die vierachsigen Hauptbahntriebwagen mit 220 kW und MWM-Motor war bereits die Bezeichnung VT 50 vergeben. Für die Fahrzeuge mit Daimler-Benz-Motor waren Nummern der Baureihenbezeichnung VT 51 vorgesehen. Für die sechs verbliebenen Triebwagen der zweiten und dritten Lieferung wurden folgende Nummern vergeben: VT 51 000 (VT 137 056), 001 (137 057), 101 (137 113), 102 (137 114), 103 (137 115) und 104 (137 116).

Die Fahrzeuge der vierten und fünften Lieferung wurden nach 1945 ebenfalls in den westlichen Zonen vorgefunden. Auch diese Triebwagen waren beschädigt oder ausgeplündert und mußten vor ihrer Wiederinbetriebnahme gründlich aufgearbeitet werden. Da sie wiederum mit MWM-Motoren ausgerüstet waren, ordnete man sie der Baureihe VT 50 zu. Dabei erhielten die VT 137 117 – 120 die Nummern VT 50 100 – 103. Aus den VT 137 296 – 300 wurden die VT 50 200 – 204.

Einige der Triebwagen wurden schon zu Beginn der fünfziger Jahre zu Steuerwagen umgebaut. Bekannt ist dies von folgenden Fahrzeugen: VT 50 000, 50 100, 50 204, 51 000, 51 001. Allesamt erlebten die VT 50/51 keine lange Betriebszeit mehr bei der DB. Bereits Mitte der fünfziger Jahre wurden nach und nach alle VT ausgemustert oder verkauft. Der Vorletzte im Bestand der Deutschen Bundesbahn war der VT 51 103. Das zuletzt im Bw Darmstadt beheimatete Fahrzeug wurde mit Wirkung vom 30. November 1956 ausgemustert. Ihm folgte nur noch der VT 51 102, der erst am 8. März 1957 aus dem Fahrzeugbestand gestrichen wurde.

1956 kaufte die Bremervörde-Osterholzer Eisenbahn den Ende 1954 ausgemusterten VT 51 104. Das Fahrzeug erfuhr eine gründliche Aufarbeitung. Dabei wurden auch zwei neue Deutz-Dieselmotoren mit jeweils 107 kW Leistung eingebaut. Anschließend stand der Triebwagen noch lange Jahre als VT 170 im Dienst.

REDAKTION: BODO JASTER; FOTOS: SLG. ASMUS

Eine der letzten Vorkriegsentwicklungen der DR auf dem Gebiet der vierachsigen Triebwagen war die spätere DB-Baureihe VT 60.5 (Nürnberg Hbf, 1964)

Baureihe VT 137 347 ff.

(DB VT 60.5/660/DR 185.0)

Als Weiterentwicklung der vierachsigen 129 kW- bzw- 155 kW-Nebenbahntriebwagen der Bauart EVA-Wumag/Maybach mit mechanischer Kraftübertragung beschaffte die DR in den Jahren 1939/40 mehrere Dieseltriebwagen mit hydraulischem Antrieb. Sie hatten eine Höchstgeschwindigkeit von 80 km/h und konnten somit auch bedingt auf Hauptstrecken verkehren. Bei einem Betrieb mit Steuerwagen eigneten sie sich wegen ihrer relativ geringen Motorleistung vorrangig für Strecken ohne stärkere Neigungen. An der Lieferung der Triebwagen waren drei Firmen beteiligt. Von Westwaggon wurden die VT 137 347 – 358, von der Waggon- und Maschinenfabrik Bautzen die VT 137 359 – 366 und von der Düsseldorfer Waggonfabrik schließlich die VT 137 377 – 396 gebaut. Die insgesamt 40 Triebwagen wurden bis zum Sommer 1940 an die DR übergeben. Zusätzlich wurden für die Motorwagen noch 30 Steuerwagen bestellt. 20 Exemplare wurden von der Firma Busch in Bautzen mit den Betriebsnummern VS 145 184 – 203 gebaut. Weitere zehn kamen mit den Nummern VS 145 204 – 213 von der Firma Lindner in Ammendorf.

Konstruktion

Das Fahrzeug wurde in weitgehend geschweißter Stahlleichtbauweise gefertigt. Die Kopfform entsprach der klassischen Reichsbahnbauart mit Korbbogenelementen. Das 20840 mm lange schürzenlose Untergestell trug an beiden Enden Zug- und Stoßeinrichtungen der leichten Regelbauart. Die Drehgestelle nach der Görlitzer Grundbauart waren aus Stahlblechen vollständig geschweißt. Das Laufdrehgestell war dreifach, das Maschinentriebdrehgestell vierfach abgefedert. Die Leichtbauradsätze mit einem Laufkreisdurchmesser von 900 mm waren rollengelagert. Mit Rücksicht auf die niedrigen Bahnsteighöhen der Nebenbahnen wurde die Fußbodenhöhe im Fahrgast- und Einstiegsraum auf 1070 mm, im Maschinen- und Gepäckraum auf 1180 mm festgesetzt. Der Wagengrundriß wurde gegenüber dem 265 kW-Nebenbahnwagen nochmals geändert. Auf den Maschinenraum folgte der Gepäckraum mit 8,3 m² Nutzfläche und vier Klappsitzen. Diesem schloß sich der Einstiegsraum mit WC und kurzem Seitengang an, von dem aus das geschlossene Abteil 2. Klasse mit sechs gepolsterten Sitzplätzen zugänglich war. Der genannte Seitengang führt in den Fahrgastgroßraum 3. Klasse mit Raucher- und Nichtraucherplätzen. Bei einer Sitzteilung von 2+3 beiderseits eines offenen Mittelganges wurden 39 Sitzplätze angeboten. Schließlich folgten der zweite Einstiegsraum, der zugleich Traglastenraum mit vier festen und vier Klappsitzen war, und der zweite

TECHNISCHE DATEN

Baureihenbezeichnung			VT 137 347-366, 377-396
	ab 1968 (DB)		VT 60.5
	ab 1970 (DR)		185.0
Indienststellung (1. Jahr)			1939
Hersteller			VWW, WB Bautzen
Achsformel			(A1)2'
Spurweite		mm	1435
Länge über Puffer		mm	22080
Dienstmasse		t	37,5
Dieselmotor(en)	Anzahl		1
	Hersteller		Maybach
	Leistung	kW	166
	Drehzahl	U/min	1450
Art der Kraftübertragung			hydraulisch
Höchstgeschwindigkeit		km/h	80
Sitzplätze (1. + 2. Klasse)			6+43

Die DB setzte die Triebwagen der Baureihe 660 bis in das Jahr 1972 ein (Nürnberg Hbf, März 1970)

Führerraum, der durch eine Drehtür vom Traglastenraum abgetrennt war. Die Aussentüren waren als einflügelige Schiebetüren ausgeführt. Die Innenräume wurden durch fünf Luftsauger auf dem Wagendach entlüftet. Motorabgase und Rauchgase des Heizofens wurden durch Hutzen über das Dach abgeführt. Die Triebwagen waren mit der Hikp-Druckluftbremse mit Triebwagensteuerventil ausgerüstet; das Gestänge wirkte auf Graugruß-Bremsklötze. Als Feststellbremse war eine Spindelhandbremse vorhanden, die jeweils auf daś darunterliegende Drehgestell wirkte.

Die Anordnung der Maschinenanlage im Triebdrehgestell entsprach der üblichen Bauart. Der in den Maschinenraum hineinragende Dieselmotor wurde dort durch eine Haube abgedeckt. Die 40 Triebwagen waren mit dem Sechszylinder-Reihenmotor GO 56 h von Maybach ausgerüstet. Der Dieselmotor arbeitete mit einer Drehzahlregelung und Vorgabe des Sollwertes durch einen elektrischen Drehzahlsteller, der vom Fahrschalter angesteuert wurde. Der Dieselmotor übertrug seine Leistung auf das Voith-Strömungsgetriebe T 25 MW (FC 8,8), von dessen Abtrieb aus mittels Gelenkwellen der erste Radsatz angetrieben wurde. Das Wendeschaltgetriebe war im Radsatzgetriebe integriert und wurde mittels Druckluftzylindern geschaltet. Das Strömungsgetriebe besaß zwei Gänge, die als Wandler ausgeführt waren und in Abhängigkeit von der Geschwindigkeit selbsttätig schalteten.

Alle Triebwagen waren mit einer Einheitsunterflurkühlanlage ausgerüstet. Die Kühllüfter wurden vom Strömungsgetriebe aus über Gelenkwellen angetrieben. Zur Beheizung des Innenraumes war eine Pintsch-Warmwasserheizung mit Umlaufpumpe vorhanden. Der koksgefeuerte Heizkessel war unterhalb des Wagenkastens angebracht. Die Abgase wurden über ein Rohr durch den Gepäckraum nach oben über das Dach geleitet. Zur Versorgung des Triebwagens mit Druckluft war ein elektrisch angetriebener Knorr-Luftpresser vom Typ V 70/150 vorhanden. Das elektrische Fahrzeugnetz mit einer Nennspannung von 110 Volt wurde von einer Siemens-Gleichspannungslichtmaschine gespeist. Bei Motorstillstand übernahm diese Aufgabe eine Batterie mit einer Kapazität von 160 Ah. Die Stromversorgung des Steuerwagens erfolgte über eine Kabelverbindung durch das Netz des Motorwagens.

Betriebseinsatz

Die ersten zwölf Triebwagen wurden 1939 noch vor Kriegsausbruch geliefert und nach ihrer Abnahme im Raw Friedrichshafen den Bw Fulda, Kreuzberg und Heidelberg zum Einsatz zugewiesen. Die nach Kriegsausbruch gelieferten VT 137 359 – 366 und 137 377 – 396 werden im öffentlichen Verkehr nicht mehr eingesetzt, sondern nach der Abnahme „buchmäßig" den Bw Hannover Hgbf, Kreuzberg und Trier Hbf zugewiesen, jedoch dort sogleich „betriebsfähig abgestellt".

Über den Wehrmachtseinsatz ist aus den verfügbaren Unterlagen wenig bekannt. Beispielsweise waren die Trierer Wagen VT 137 394 – 396 1940 leihweise zum Bw Oebisfelde gekommen und wurden auf dem Versuchsschießplatz Hillersleben eingesetzt. Durch die Kriegsereignisse gingen sechs Fahrzeuge verloren: VT 137 349, 388 – 392. Fünf Wagen tauchten später als M 150.001 – 005 bei den ČSD auf.

Vier Fahrzeuge blieben im Gebiet der sowjetischen Besatzungszone: 137 348, 349, 137 366 (Bw Magdeburg) und 137 387. Der mit 31 Triebwagen bei weitem größte Teil fand sich bei Kriegsende in den westlichen Besatzungszonen. Für die 1947 vorhandenen Triebwagen wurden im neuen Nummernplan für die Triebwagen 137 347, 349 – 362, 364-365, 377 – 386 und 389-396 die neuen Betriebsnummern VT 60 500, 502 – 526 und 528 – 531 festgelegt. Der schon einmal ausgemusterte 137 363 erhielt später die Betriebsnummer VT 60 532. Für die damals zweifelsfrei in der sowjetischen Besatzungszone befindlichen Wagen VT 137 348 und 387 waren die Nummern VT 60 501 und VT 60 527 freigehalten worden. Der VT 137 366, der im Westen als zunächst nicht auffindbar galt, erhielt im Nummernplan von 1947 keine Betriebsnummer.

Ende 1951 waren die bei der DB eingesetzten Fahrzeuge bei folgenden Bahnbetriebswerken beheimatet: Offenburg, Kassel Hbf, Stuttgart Hbf, Nürnberg Hbf, Rheine Rbf, Frankfurt-Griesheim, Heidelberg und Landau (Pfalz). Einsatzschwerpunkte waren die Bw Frankfurt-Griesheim mit neun, Stuttgart mit sieben und Rheine mit fünf Fahrzeugen. Ende 1952 waren noch alle 31 Triebwagen im Bestand. Bis Ende 1954 hatten sich die Einsatzorte wieder ausgeweitet. Hinzugekommen waren die Bw Karlsruhe, Friedrichshafen und Darmstadt. Die Rheiner Wagen liefen – übrigens noch 1966 – überwiegend auf den Strekken Rheine – Gronau und Rheine – Freren – Quakenbrück sowie auf der Strecke Rheine – Ibbenbüren.

In den folgenden Jahren traten bis zum Beginn der Ausmusterungswelle kaum noch Änderungen in der Beheimatung auf. 1960 zeichnete sich erstmals die drohende Ausmusterung deutlich ab. 1961 waren von den 28 Wagen des Bestandes bereits zwölf Triebwagen abgestellt. Gegen Ende der Einsatzzeit der VT 60 bei der DB wurde Rheine praktisch zum Auslauf-Bw für diese Triebwagen. Soweit sie noch über das Jahr 1968 im Dienst standen, erhielten sie noch die neue Bauartbezeichnung 660. In der Umzeichnungsliste von 1967 waren die folgenden 17 Triebwagen auf geführt: VT 60 500, 505 – 508, 512, 514, 516, 517, 521 – 523, 525, 526, 529, 531, 532. Im Dezember 1970 wurden die VT 660 506 und 531 zu Funkmeßfahrzeugen der Versuchsanstalt München umgebaut. Abgesehen von diesen beiden Sonderlingen war die Ausmusterung der Fahrzeuge bei der DB Mitte 1972 abgeschlossen.

Die beiden in der DDR gebliebenen Wagen 137 348 und 387 gehörten am 1. März 1946 zur RBD Dresden (nicht betriebsfähig) und ab 1950 zum z-Bestand des Bw Berlin Anhalter Bf. 1953 waren sie im Raw Dessau abgestellt und wurden später der Rbd Magdeburg zugeteilt. Der VT 137 366, der erst später bei der DDR Reichsbahn auftauchte, lief dort noch 1969 und erhielt die neue Nummer 185 023-9; die Umzeichnung unterblieb jedoch, da der Wagen Ende 1970 ausgemustert wurde. Alle Triebwagen der DR liefen ab 1960 gemeinsam beim Bw Aschersleben der Rbd Magdeburg. Der VT 137 348 wurde Ende 1966 als Erster ausgemustert. Der VT 137 387 erhielt seine letzte Bremsuntersuchung im Februar 1967, während der VT 137 366 am 8. Oktober 1969 seine letzte Fahrt antrat.

REDAKTION: BODO JASTER; FOTOS: K. MÜLLER, KNIPPING

Die EVA-Maybach-Triebwagen waren die ersten „echten“ Serientriebwagen, von denen 15 Exemplare gebaut wurden (VT 853 im Stuttgarter Raum)

Baureihe VT 853 ff. (DB 62.9)

Bereits kurze Zeit nach Beendigung der Versuchsfahrten mit dem Vorserientriebwagen VT 851 bestellte die Deutsche Reichsbahn Gesellschaft bei der Waggonfabrik Wismar neun Triebwagen, die auf der gleichen Konstruktion basierten. Ab 1927 wurden die Fahrzeuge unter den Betriebsnummern VT 853 bis 861 ausgeliefert. Kurz darauf folgte eine zweite Serie von weiteren sechs, nahezu baugleichen Triebwagen. Diese wurden ebenfalls von der Waggonfabrik Wismar gebaut und unter den Nummern VT 866 bis 871 an die DRG übergeben. Die entscheidende Neuerung an diesen Fahrzeugen waren die erstmals speziell für diesen Zweck entwickelten Antriebsanlagen. Bislang waren diese nur auf das jeweilige Fahrzeug adaptiert gewesen. Dies war auch einer der Gründe, warum der Prototyp VT 851 auf der Seddiner Fahrzeugausstellung der interessierten Fachwelt besonders aufgefallen war.

Konstruktion

Die schweren Ganzstahlwagen liefen auf zweiachsigen Drehgestellen. Der Drehzapfen des Maschinentriebdrehgestells lag außermittig; die Teilradstände betrugen 1865 und 1635 mm. Die rollengelagerten Laufradsätze stützen sich über außenliegende Blattfedern auf den Drehgestellrahmen, der seinerseits mit längsliegenden Blattfedern den Wagenkasten aufnahm. Die gleitgelagerten Treibradsätze waren innen gelagert; dementsprechend lagen auch die Achsblattfedern innen. Die Kastenabstützung erfolgte durch hochliegende Blattfedern. An beiden Enden des Untergestells waren normale Schraubenkupplungen mit Sicherheitskupplung angeordnet. Die anfänglich verwendeten Stangenpuffer wurden bald gegen Hülsenpuffer ausgewechselt. Der Führerstand 1 im 2444 mm breiten Motorraum verfügte über zwei Stirn- und zwei Seitenfenster. Ihm folgte – durch eine Trennwand mit Drehtür abgeteilt – der vordere Einstiegsraum. Von hier gelangte man über eine Schiebetür in den Traglastenraum mit zwei längsstehenden Bänken. Der Traglastenraum war bei allen Triebwagen vorhanden, während die weitere Grundrißaufteilung im 2974 mm breiten mittleren Teil des Wagenkastens unterschiedlich war. Der Abort war in Wagenmitte eingebaut. Am Wagenende „2“ befanden sich ein weiterer Einstiegsraum und der zweite Führerstand. Führer- und Einstiegsräume waren auf jeder Wagenseite mit je einer einflügeligen nach außen aufschlagenden Drehtür versehen, deren charakteristisches Merkmal die abgeschrägten oberen Ecken waren. Im Gegensatz zu den Zwillingsfenstern des VT 852 hatten alle Triebwagen normale, 800 mm breite Fenster in den Fahrgasträumen, die in der bei der DR üblichen Weise absenkbar waren. Die Stirnfenster des Führerstandes waren fest ein eingebaut. Das in Fahrtrichtung jeweils rechte Fenster war mit einem Blendschirm und Scheibenwischer ausgerüstet.

TECHNISCHE DATEN

Baureihenbezeichnung			VT 853-861, 866-871
	ab 1947 (DB)		VT 65.9
	ab 1952 (DB)		VT 62.9
Indienststellung (1. Jahr)			1927
Hersteller			Waggonfabrik Wismar
Achsformel			B'2'
Spurweite		mm	1435
Länge über Puffer		mm	21040
Dienstmasse		t	39-44,3
Dieselmotor(en)	Anzahl		1
	Hersteller		Maybach
	Leistung	kW	111/129
	Drehzahl	U/min	1400
Art der Kraftübertragung			mechanisch
Höchstgeschwindigkeit		km/h	65
Sitzplätze			70-84

Der letztgebaute Triebwagen dieser Reihe war der VT 871 (Mainz Hbf)

Das in den Drehgestellen eingebaute Klotzbremsgestänge wurde durch die Knorr-Einkammerbremse mit Drehschieber-Führerbremsventil gesteuert. Die zusätzlich vorhandene Spindelhandbremse wirkte auf jeweils ein Drehgestell.
Die Anordnung der Maybach-Maschinenanlage entsprach dem Seddiner Probewagen. Eingebaut waren der Maybach-Dieselmotor G 4a mit Kompressor K 2a und ein Maybach Viergang-Getriebe T 1 mit druckölgeschalteten Lamellenkupplungen. Die drei Druckluft-Anlaßflaschen mit je 115 1 Inhalt waren für einen Druck von 120 bar bemessen. Die aus Röhrenelementen aufgebaute Maybach-Kühlanlage war auf dem Wagendach unter einem Aufsatz untergebracht. Während der Heizperiode wurde die Kühlwasserwärme für die Wagenheizung genutzt.
Die für die Bremse und sonstigen Niederdruckverbraucher benötigte Druckluft wurde über ein Reduzierventil dem am Dieselmotor angebauten Hochdruck-Kompressor K 2a entnommen, der als dreistufiger Verdichter mit Zwischenkühlung arbeitete. Der Hochdruckausgang speiste eine Batterie von drei Stahlflaschen unterhalb des Wagenbodens (Nenndruck 100 bar, Inhalt je 115 l). Die hochgespannte Luft diente auch zum Anfahren des Triebwagens und zum Einblasen des Kraftstoffs. Zu den Niederdruckverbrauchern zählten neben der Bremse ein Knorr-Läutewerk, zwei Krupp Tyfone, die Sandstreuer und – soweit vorhanden – der Scheibenwischer. Die Förderleistung des Kompressors betrug 300 Liter in der Minute bei Nenndrehzahl des Dieselmotors. Das 24 V-Bordnetz des Triebwagens wurde von einer Bosch-Lichtmaschine mit 500 W Leistung gespeist. Die Lichtmaschine arbeitete in Pufferschaltung auf eine Batterie mit 100 Ah Kapazität. Alle Triebwagen waren elektrisch beleuchtet. Die Anzeige der Fahrgeschwindigkeit erfolgte elektrisch durch Hartmann & Braun-Geräte.

Betriebsdienst

Zu Beginn der 30er Jahre waren die Wagen bei den Rbd Stuttgart (853, 854 und 857), Mainz (858, 859, 870 und 871), Osten (866 und 867), Schwerin (855, 856, 860, 861 und 868) und Kassel (869) beheimatet. Die Stuttgarter VT 853 und VT 854 (beide in Rosenstein beheimatet) legten dabei im Stuttgarter Vorortverkehr etwa 350 km täglich zurück. Bedient wurden die Strecken von Stuttgart nach Schorndorf, Weil der Stadt und Crailsheim sowie an Sonn- und Feiertagen auch die Strecke Plochingen – Süßen. Um die Nachfrage zu decken, wurden in der Regel zwei zweiachsige Mitteleinstiegswagen württembergischer Bauart mitgeführt. Der VT 857 wurde zusammen mit dem VT 851 vom Bw Ulm aus in einem Umlauf eingesetzt, der u.a. die Donautalbahn bediente. Monatlich legte jeder Triebwagen etwa 7000 km zurück; die einzelnen Streckenlängen schwankten dabei zwischen 16 km und 135 km.
Die vier Mainzer Triebwagen – alles reine 3. Klasse-Fahrzeuge – wurden auf den Strecken Darmstadt – Goddelau – Groß Gerau – Mainz, Mainz – Alzey – Marnheim und Münster am Stein – Rüdesheim – Wiesbaden – Mainz eingesetzt. Die fünf Schweriner Wagen, denen bis 1934 noch der Kasseler VT 869 folgte, bedienten ein Streckennetz von 400 km Länge zwischen Schwerin, Rostock und Neustrelitz. Die beiden VT 866 und 867 der Rbd Osten liefen im Raum Frankfurt (Oder) auf den Strecken nach Fürstenwalde, Reppen, Podelzig/Küstrin und Küstrin – Landsberg. Der Kasseler Einzelgänger VT 869 bediente die Strecke Kassel – Eschwege über Walburg (Hessen-Nassau).
Im Betriebseinsatz wurde übrigens schon sehr bald wegen des hohen Luftverbrauches insbesondere auf Strecken mit kurzen Halteabständen auf das Anfahren des Triebwagens mit Druckluft verzichtet. Vielmehr wurde nach dem Druckluftstart des Dieselmotors bei ausgelegtem Gang mit Kupplungsbetätigung und Gangschaltung angefahren, also in einer auch beim Auto üblichen Weise.
Mit Kriegsausbruch wurden die Wagen zunächst stillgelegt. Ende 1940 war kein Wagen im öffentlichen Verkehr ausgewiesen. Die Wehrmacht hatte einige Wagen übernommen, die vorzugsweise von Eisenbahn-Bataillonen eingesetzt wurden. Die von der Wehrmacht übernommenen Triebwagen blieben bestandsmäßig bei ihrer jeweils letzten Heimatdirektion. Die Rbd Mainz führte lediglich die statistischen Nachweisungen. Im amtlichen Sprachgebrauch waren die Triebwagen an die Rbd Mainz daher lediglich „vorübergehend abgegeben".
Die Triebwagen erzielten im Kriegseinsatz naturgemäß nicht die hohen Laufleistungen des Zivilverkehrs. Nur einzelne Fahrzeuge erreichten bis zu 50 000 km im Jahr. Nur wenige der 15 Triebwagen überstanden den Krieg. Als nachgewiesene Kriegsverluste sind anzusehen: die VT 854, 855, 858, 861 (ausgebrannt), 866, 867 ausgebrannt), 868, 869 und 870. Von den übrigen sechs wurden die VT 857 und 871 am 8. Februar 1944 bzw. 16. Juli 1944 dem Raw Dessau zur Ausbesserung zugeführt. Beide VT blieben nach Kriegsende in der sowjetischen Besatzungszone. Von den übrigen vier wurde der VT 860 am 28. November 1944 ausgemustert. Die beiden VT 853 und 856 blieben in der sowjetischen Besatzungszone (853 war allerdings am 11. April 1945 bereits ausgemustert worden). VT 856 lief noch bis 1960 beim Bw Bitterfeld. Als einziger gelangte der VT 859 noch in den Eigentumsbestand der DB. Das Fahrzeug ist im Februar 1946 im Raw Friedrichshafen abgestellt und erhält dort eine Hauptuntersuchung am 22. Dezember 1951 (T3). Im neuen Nummernplan von 1947 bekommt das Fahrzeug die Betriebsnummer VT 65 903. Für die in der sowjetischen Besatzungszone verbliebenen Triebwagen bleiben die folgenden Betriebsnummern reserviert: VT 65 900 für VT 853, VT 65 902 für VT 857 und VT 65 904 für VT 871.
Die Zusammenstellung der Wagennummern für Triebwagen aller Antriebsarten vom 1. April 1950 gab für den VT 65 903 bereits 154 kW Motorleistung an. Die für den 154 kW-Wagen neu festgelegte Betriebsnummer VT 62 904 erschien erst im Nummernplan vom Januar 1952. Der Triebwagen mit dem Betriebsgattungszeichen CPw war im Bw Friedrichshafen der ED Karlsruhe beheimatet. Zuständiges Unterhaltungswerk war das AW Friedrichshafen. Das Fahrzeug kam schließlich zum Bw Braunschweig, wo es auf den Strecken nach Vorsfelde, Gifhorn, Lüneburg und Altenau (Harz) eingesetzt wurde. Im Juli 1957 wurde der Triebwagen nach einem irreparablen Riß des Triebdrehgestellrahmens abgestellt und am 7. September 1957 ausgemustert.

REDAKTION: BODO JASTER; FOTOS: SLG. ASMUS

Als Weiterentwicklung der EVA-Maybach-Triebwagen stellte die DRG auch den einer Serie von 54 Exemplaren entstammenden VT 137 036 in Dienst

Baureihe VT 137 005 ff.

(DB VT 62.9)

Die guten betrieblichen Erfahrungen mit den Triebwagen VT 853 – 861 und VT 866 – 871, die noch in schwerer Ganzstahlbauweise erstellt wurden, einerseits und mit den Fortschritten in der Herstellung von Leichtbau-Fahrzeugen andererseits, veranlaßten die Deutsche Reichsbahn Gesellschaft im Jahre 1932 zum Bau von fünf Versuchstriebwagen mit 130 kW Leistung (VT 137 000 – 004). Durch den Leichtbau konnte eine Masseersparnis von etwa 25 Prozent erzielt werden. Aufgrund der guten Erfahrungen, die damit gemacht wurden, beschaffte die DRG in den Jahren 1932 und 1933 weitere 20 Exemplare mit den Betriebsnummern VT 137 005 – 024. Geliefert wurden diese Fahrzeuge von WUMAG in Görlitz und den Linke-Hofmann-Werken in Breslau. 1934 und 1935 folgten nochmals 34 Triebwagen mit den Nummern VT 137 036 – 054 und VT 137 121 – 135. Diese beiden Serien besaßen im Gegensatz zu den ersten 20 Serientriebwagen eine auf 155 kW erhöhte Leistung. Für die Herstellung zeichneten die WUMAG, die Dessauer Waggonfabrik, Talbot und die Waggonfabrik Danzig verantwortlich.

Konstruktion

Der geschweißte Wagenkasten konnte seine Abstammung von den VT 853 ff. nicht verleugnen. Trotz der abgerundeten Stirnpartie und eines gewölbten Daches ließ sich noch immer das Wismarer Grundkonzept erkennen. An beiden Enden war der Fahrzeugaufbau eingezogen. In diesem Bereich befanden sich die Führerstände, die Einstiegsräume und die Motor- bzw. Gepäckkammer. Im Bereich des Fahrgastraumes erstreckte sich der Wagenkasten über eine Breite von 2925 mm. Die eingezogenen Bereiche maßen nur 2350 mm Breite. Das 19350 mm lange Untergestell war aus geschweißten Walzprofilen erstellt und trug an beiden Enden die Zug- und Stoßeinrichtungen mit Stangenpuffern und einer leichten Schraubenkupplung. Der Fahrgastraum war in drei Abteile aufgeteilt, die jeweils durch eine Zwischenwand mit Drehtür abgetrennt waren. Das Abteil der 2. Klasse mit acht Sitzplätzen der Teilung 3+1 befand sich oberhalb des Laufgestells. Daran schlossen sich zwei Abteile der 3. Klasse an (Raucher und Nichtraucher), die bei einer Platzteilung von 3+2 insgesamt 55 Fahrgästen Platz boten. Im mittleren Abteil waren auch die Toilette sowie ein Raum für die Warmwasserheizung untergebracht. Die Außentüren des Fahrzeuges wurden als einflügelige Drehtüren vorgesehen. Der Wagenkasten ruhte auf zwei zweiachsigen Drehgestellen. Das Maschinendrehgestell entsprach der Bauart Wismar und hatte innengelagerte Radsätze mit

TECHNISCHE DATEN

Baureihenbezeichnung			VT 137 005-024, 036-054, 121-135
	ab 1947		VT 62.9
Indienststellung (1. Jahr)			1927
Hersteller			WUMAG u.a.
Achsformel			B'2'
Spurweite		mm	1435
Länge über Puffer		mm	20590
Dienstmasse		t	28,4/30,7[1]
Dieselmotor(en)	Anzahl		1
	Hersteller		Maybach
	Leistung	kW	130/155[1]
	Drehzahl	U/min	1400
Art der Kraftübertragung			mechanisch
Höchstgeschwindigkeit		km/h	80
Sitzplätze (3. + 4. Klasse)			8+55/16+45[1]

[1] VT 137 036-054, 121-135

Blick in den Führerstand: oben erkennt man die großen Anlaß-Druckluftflaschen; im Führerpult sieht man Fahr- und Wendeschalter sowie das Bremsventil. Im Vordergrund die isolierte Motorabdeckung

einem Achsstand von 3800 mm. Das Laufdrehgestell wurde nach Görlitzer Bauart mit einem Achsstand von 3000 mm gefertigt. Während die Treibradsätze gleitgelagert waren, verwendete man für die Laufradsätze Rollenlager der Bauart Jaeger. Die Abfederung erfolgte über eine zweistufige Primärfederung mit Blatt- und Schraubenfedern sowie über eine einstufige Sekundärfederung mit in Längsrichtung eingebauten Wiegeblattfedern. Die Triebwagen waren mit einer Knorr-Zweikammerdruckluftbremse (Kzpbr) ausgerüstet, die auf alle Radsätze beidseitig über Klotzbremsen wirkte. Eine in jedem Führerstand eingebaute Spindelhandbremse wirkte auf das jeweils nächstgelegene Drehgestell.
Die dieselmechanische Antriebsanlage war vollständig im Triebdrehgestell untergebracht. Der Dieselmotor ragte dabei teilweise in den Wagenkasten hinein (Motorkammer) und wurde durch eine isolierte Haube abgedeckt. Als Antriebsaggregat fand ein wassergekühlter Sechszylinder-Reihenmotor G 4b von Maybach Verwendung. Die Leistungsabgabe betrug 130 kW bei einer Drehzahl von 1400 U/min. Der Motor übertrug sein Drehmoment auf das mechanische Vierganggetriebe T 2, das ebenfalls von der Firma Maybach stammte. Integriert war ebenfalls das Wendegetriebe und die Blindwelle. Das zum Schalten der Gänge erforderliche Drucköl wurde von einer im Getriebgehäuse eingebauten Pumpe gefördert, die bei arbeitendem Dieselmotor ständig mitlief. Die beim Schalten auftretenden Druckänderungen wurden durch einen zweiteiligen Druckspeicher abgefangen. Die Betätigung der Wendeschaltung erfolgte mittels Seilzug vom Führerstand aus. Die Blindwelle übertrug die Antriebsenergie über zwei Kuppelstangen auf beide Radsätze.
Der Kühler war unterhalb des Wagenbodens angebracht. Eine vom Dieselmotor angetriebene Kreiselpumpe wälzte das Wasser um. Die benötigte Kühlluft wurde von einem durch das Getriebe angesteuerten Lüfter angesaugt. Für die Beheizung der Fahrzeuge war eine in einem gesonderten Raum untergebrachte Narag-Warmwasserheizung vorhanden. Ihr Ofen wurde mit Koks befeuert. Die Druckluft für die einzelnen Verbraucher (Bremse, Sandstreuer, Läutewerk, Scheibenwischer) wurde über ein Zwischenventil dem Hochdruckkompressor entnommen und bei acht bar im Hauptluftbehälter gespeichert. Der Hochdruckkompressor war direkt mit dem Motor verbunden und lieferte auch die hochverdichtete Luft zum Starten des Motors. Die elektrische Versorgung des 24 Volt Fahrzeugnetzes übernahmen zwei Bosch-Lichtmaschinen. Bei Stillstand des Motors wurde die Verbraucher aus einer 160 Ah-Batterie gespeist.
Bei den späteren Serien (VT 137 036 – 054 und VT 137 121 – 135) kam ein Sechszylinder-Viertaktmotor vom Typ GO 5h mit 155 kW bei 1400 U/min zum Einbau. Im Gegensatz zu den ersten Fahrzeugen konnte nun der Motor über einen elektrischen Anlasser gestartet werden. Die weitere Leistungsübertragung erfolgte durch eine angebaute Flüssigkeitskupplung und eine Zwischenwelle auf das verbesserte Getriebe T 2a. Statt des hochdruckverdichters kam ein Knorr-Luftpresser zum Einbau.

Betriebseinsatz

Die 20 Triebwagen der ersten Serie wurden 1933 geliefert und in den Raw Wittenberge, Jülich, Dessau und Friedrichshafen abgenommen. Ihr anschließender Einsatz erfolgte über das gesamte Gebiet der Deutschen Reichsbahn verteilt. 1934 und 1935 folgten die restlichen 34 Triebwagen nach. Sie kamen zu den Bahnbetriebswerken Krefeld Hbf (VT 137 036 – 041), Kreuzberg (VT 137 042 – 044), Stuttgart-Rosenstein (VT 137 045 – 049), Trier Hbf (VT 137 050 – 054), Ulm (VT 137 121 – 123), Friedrichshafen (VT 137 124 – 125), Kolberg (VT 137 126 – 128), Templin (VT 137 129 – 130, 132 – 133, 135) und Neustrelitz (VT 137 131, 134). Nach Beginn des Zweiten Weltkrieges wurden die Fahrzeuge aus dem zivilen Verkehr abgezogen und größtenteils der Wehrmacht übergeben oder abgestellt. Zahlreiche Triebwagen wurden wegen Kriegsschäden ausgemustert: VT 137 009, 010, 011, 014 – 017, 019, 020, 022 – 024, 036, 038, 040, 043, 045, 047, 048, 050, 052 – 054, 125, 126, 129, 131. Bereits vor 1939 wurde der VT 137 039 ausgemustert.
Neben den bereits im Krieg ausgemusterten Fahrzeugen verblieben auch einige Triebwagen nach 1945 im Ausland. Dies gilt u.a. für den VT 137 008, der sich in Österreich wiederfand. Am 3. September 1948 gelangte er aber aufgrund eines Fahrzeugtausches in den Bestand der späteren DB. Der VT 137 018 stand mit Totalschaden im Raw Nürnberg abgestellt und wurde 20. November 1946 ausgemustert. Stark beschädigt war auch der in Ochsenfurt hinterstellte VT 137 021. Im neuen Nummernplan wurde für dieses Fahrzeug die Nummer VT 65 916 vorgesehen. Dem VT 137 008 war die Nummer VT 65 917 zugedacht. Da beide Triebwagen zu diesem Zeitpunkt aber nicht betriebsfähig waren, dürften sie diese Nummer nicht getragen haben. Zu ihrer Wiederinbetriebnahme waren umfangreiche Ausbesserungen nötig. In diesem Zusammenhang erhielten auch beide Fahrzeuge die maschinelle Ausrüstung der späteren Serie. Wegen der höheren Motorleistung bekamen die Wagen die Nummern VT 62 905 (ehemals VT 65 916) und VT 62 906 (ehemals VT 65 917) zugeteilt. Von den Fahrzeugen der zweiten Bauserie verblieben nur die VT 137 121 und 127 in des westlichen Zonen. Wegen starker Beschädigungen wurde der VT 137 121 bald ausgemustert. Der leicht beschädigte VT 137 127 erhielt ab 1947 die Nummer VT 62 902 und ging nach erfolgter Ausbesserung beim Bw Bielefeld wieder in Betrieb. 1952 wurde das Fahrzeug an das Bw Braunschweig abgegeben, wo sein Einsatz zusammen mit den VT 62 905 und 906 erfolgte. Während diese bereits 1957 aus dem Fahrzeugbestand ausschieden, wurde der VT 62 902 erst im August des Jahres 1958 ausgemustert.
Im Bereich der sowjetisch besetzten Zonen verblieben nach 1945 die VT 137 005, 006, 007, 012, 013, 044, 122 und 132. Die Triebwagen liefen bei der DR noch einige Zeit, bevor gegen Ende der fünfziger Jahre ihre Ausmusterung verfügt wurde. Als letzter schieden die beiden VT 137 005 und 007 im Juni 1961 aus dem Betriebsdienst aus.

REDAKTION: BODO JASTER; FOTOS: SLG. ASMUS

Bei den VT 137 136 – 148 kamen erstmals Gelenk- statt Blindwellen zum Einbau. VT 63 909 des Bw Nürnberg Hbf in der Nähe von Steinach (April 1959)

Baureihe VT 137 136 ff.

(DB VT 63.9)

Für den Personenverkehr auf Nebenbahnen beschaffte die DRG Mitte der dreißiger Jahre auch eine größere Anzahl vierachsiger Triebwagen. Augenfälligste Veränderung gegenüber früheren Typen war die Verwendung von Gelenkwellen, die den Einsatz von Blindwellen überflüssig machte. Auch die Form des Wagenkastens, bei der die Einstiegsräume nicht mehr seitlich eingezogen waren, ergab ein verändertes Erscheinungsbild, das dem der dieselelektrischen Einheitstriebwagen glich. An der Lieferung der 13 Triebwagen beteiligten sich die Dessauer Waggonfabrik, die Gottfried Lindner AG und die Waggonfabrik Talbot GmbH. Die Fahrzeuge wurden in den Jahren 1935 und 1936 abgeliefert und erhielten die Nummern VT 137 136 – 137 148. Sie bildeten die letzte geschlossene Serie mit mechanischer Leistungsübertragung, die von der DRG beschafft wurde. Bei den leistungsstarken Fahrzeugen für den Verkehr auf Hauptbahnen hatte sich der dieselelektrische Antrieb erfolgreich bewährt, während bei Triebwagen mittlerer Leistungen die hydraulische Kraftübertragung auf dem Vormarsch war. Der geringere Anschaffungspreis für mechanische Getriebe führte aber noch zu Versuchen, die Getriebebauart auch in Fahrzeugen höherer Leistungen einzusetzen. Dabei entstand der VT 137 235, der im Gegensatz zu den 13 Serienfahrzeugen, die 155 kW stark waren, eine Leistung von 206 kW besaß. Gegenstück dazu waren die zwei Triebwagen VT 137 162 und 163 mit hydraulischer Kraftübertragung und ebenfalls 206 kW starkem Antrieb. Hergestellt wurden diese beiden Exemplare bei der Firma Talbot im Jahre 1937, während der VT 137 235 im gleichen Jahr von der Waggonfabrik Dessau geliefert wurde.

Konstruktion

Die Fahrzeuge besaßen zwei zweiachsige Drehgestelle, von denen eines angetrieben war. Die Triebdrehgestelle waren aus Profilen und Blechen geschweißt. Die Laufdrehgestelle entsprachen der Bauart Görlitz IV leicht. Die Drehgestelle der Erprobungsfahrzeuge (VT 137 162, 163 und 235) waren in geschweißter Blechträgerbauweise erstellt. Die Radsätze besaßen Wälzlager und waren gegenüber dem Drehgestellrahmen mit Schrauben- und Blattfedern abgestützt. Der Wagenkasten war eine Schweißkonstruktion aus Walzprofilen. Die äußere Verkleidung erfolgte mit verkupferten Blechen, die ebenfalls eine tragende Rolle spielten. Die Außenseiten der Fahrzeuge waren weitgehend

TECHNISCHE DATEN

Baureihenbezeichnung			VT 137 136-148, 162-163, 235
	ab 1947 (DB)		VT 63.9
Indienststellung (1. Jahr)			1935
Hersteller			Dessauer Waggonfabrik, Talbot, Lindner
Achsformel			B'2'
Spurweite		mm	1435
Länge über Puffer		mm	21873
Dienstmasse		t	31,1-38,6
Dieselmotor(en)	Anzahl		1
	Hersteller		MAN
	Leistung	kW	155/206[1]
	Drehzahl	U/min	1400
Art der Kraftübertragung			mechanisch[2]
Höchstgeschwindigkeit		km/h	80/90[3]
Sitzplätze (1. + 2. Klasse)		16+47	

[1] VT 137 162-163, VT 137 235
[2] VT 137 162-163: hydraulische Kraftübertragung
[3] VT 137 235

Der VT 63 905 der Deutschen Bundesbahn steht abfahrbereit in Nürnberg Hbf (Juli 1957)

glatt. Die Zug- und Stoßeinrichtungen entsprachen der Regelbauart, waren aber in einer leichteren Ausführung vorhanden.
Die Maschinenanlage, bestehend aus Motor und Getriebe, war in einem Hilfstragrahmen federnd im Triebdrehgestell aufgehängt. Als Motor fand dabei ein Viertakt-Dieselmotor vom Typ L 6 V 17,5/18 mit sechs V-förmig angeordneten Zylindern Verwendung. Vom Motor aus wurde die Antriebskraft über eine Zwischenwelle auf das Zahnradgetriebe LRG 175 D übertragen. Es standen vier Gänge zur Verfügung, die über Lamellenkupplungen geschaltet werden konnten. Das Wendegetriebe war im gleichen Gehäuse wie das Schaltgetriebe untergebracht. Über Gelenkwellen gelangte die Antriebsleistung von dort aus auf die Radsatzgetriebe der beiden angetriebenen Achsen. Die Füllung des Motors wurde über einen Seilzug geregelt. Das Wendegetriebe und auch die Lamellenkupplungen der einzelnen Gänge waren druckluftbetätigt. Der Kühler für das Motorkühlwasser war unterhalb des Wagenkastens montiert. Sein Antrieb erfolgte über eine Gelenkwelle vom Getriebe aus. Zwar besaß der VT 137 235 den gleichen Dieselmotor wie die Serienfahrzeuge, jedoch verfügte er zur Leistungssteigerung über einen Abgasturbolader, der die Leistung von 155 auf 206 kW erhöhte. Das eingebaute mechanische Schaltgetriebe war gegenüber der Serienausführung die stärkere Version LRG 250 D. Größere Abweichungen ergaben sich hingegen bei den beiden dieselhydraulischen VT 137 162 und 163. Zwar wurde auch hier der gleiche Motortyp (ebenfalls mit Aufladung) verwendet, jedoch war er nicht in einem Drehgestell, sondern unterhalb des Wagenkastens angebracht. Vom Abtrieb des Motors aus gelangte die Antriebsenergie über ein drehzahlsteigerndes Vorgelege und eine Gelenkwelle in das Strömungsgetriebe ACL 36 m 1, das über einen Wandler- und einen Kupplungsgang verfügte. Von dort aus wurde die Antriebskraft wiederum über Gelenkwellen auf die Radsatzgetriebe weitergegeben. Das Wendegetriebe war bei dieser Ausführung bereits mit dem Vorgelege vereint.
Als Bremsanlage erhielten die Fahrzeuge eine mehrlösige selbsttätige Trommelbremse der Bauart Hikpt. Die erforderliche Druckluft erzeugte ein am Getriebe angebauter dreizylindriger Luftpresser. Zur Speicherung der Druckluft waren zwei Behälter von je 100 Litern Fassungsvermögen und ein zusätzlicher Sonderluftbehälter mit ebenfalls 100 Litern Inhalt vorhanden. Der Inhalt des Sonderluftbehälters wurde zur Betätigung der Hilfsbetriebe (Getriebeschaltung etc.) verwendet. Seine Füllung erfolgte über ein Überströmventil, das erst öffnete, wenn die beiden anderen Behälter ausreichenden Druck aufwiesen.
Die Gestaltung des Fahrgastraumes entsprach den damaligen Ansprüchen an Nahverkehrsfahrzeuge. Dabei gliederten sich die Fahrzeuge in folgender Reihenfolge: Führerstand, Maschinenraum, Einstiegsraum, Großraum 2. Klasse mit Traglastenabteil und zwei Abteilen, Großraum 2. Klasse mit zweieinviertel Abteilen, zwei Abteile 1. Klasse, Einstiegsraum, Gepäckraum, Führerstand.
Der Zugang für die Reisenden war von außen über je eine an den Fahrzeugenden vorhandene, einflügelige Schiebetür möglich. Die 1. Klasse-Abteile mit Mittelgang hatten eine Sitzplatzanordnung von 1+3. Die Sitze besaßen Polsterbezüge. In der zweiten Klasse war die Sitzplatzteilung 2+3 gegeben.
Die Beheizung des Fahrzeuges erfolgte über eine Warmwasserheizung, die mittels eines koksgefeuerten und unterhalb des Wagenkastens montierten Ofens betrieben wurde. Bei den VT 137 162 und 163 war statt der Koksfeuerung eine Ölfeuerung vorhanden. Die Beleuchtung geschah durch Glühlampen, die aus dem batteriegepufferten Bordnetz gespeist wurden.

Betriebseinsatz

Die Serienfahrzeuge gelangten nach ihrer Abnahme zunächst zu den Bw Rheine und Landau (Pfalz). Nach Beginn des Zweiten Weltkrieges wurden sie der Wehrmacht unterstellt und als Befehlswagen oder Lazarettfahrzeuge benutzt. Durch Kriegseinwirkungen wurden die VT 137 139, 145 und 147 stark beschädigt, so daß ihre Ausmusterung verfügt wurde. Nach dem Krieg waren alle Fahrzeuge bis auf den VT 137 146 abgestellt. Ende 1947 waren alle Triebwagen schadhaft im Bww Kassel hinterstellt. Ausgenommen waren hiervon nur der VT 137 136, der sich in der sowjetisch besetzten Zone befand, der VT 137 137 im Saarland und der im Raw Opladen befindliche VT 137 143. Nach dem neuen Nummerplan von 1947 erhielten die in den Westzonen verbliebenen Fahrzeuge die Betriebsnummern VT 63 902 – 909. Für die VT 137 136 und 137 blieben die Nummern VT 63 900 und 901 reserviert. Die in Kassel stehenden Triebwagen mußten wegen Kriegsschäden und Plünderungen fast alle eine Vollaufarbeitung der Schadgruppe T 4 erfahren, die zwischen 1950 und 1952 erfolgten. Bereits 1956 begann die DB mit der Ausmusterung der ersten Fahrzeuge dieser Baureihe. Mit der Eingliederung des Saarlandes zur Bundesrepublik Deutschland gelangte auch der VT 137 137 in den Fahrzeugbestand der DB. Er erhielt aber keine neue Nummer mehr, sondern wurde am 4. Dezember 1957 ausgemustert.
Der als einziger in den Bestand der Deutschen Reichsbahn der DDR gelangte VT 137 136 wurde 1950 beim Bw Berlin Anhalter Bf in Betrieb genommen. Seine Ausmusterung erfolgte im Januar 1964 unter seiner angestammten Nummer im Bw Zittau, wo der Einzelgänger zuletzt im Einsatz war. 1962 schieden bei der DB die letzten beiden Exemplare (VT 63 907 und 909) aus dem aktiven Dienst aus. Drei Triebwagen, die VT 63 905, 906 und 907 gelangten zur Montafonerbahn, wo zwei von ihnen zu elektrischen Zweisystem-Triebwagen ET 10 103 und ET 10 104 umgebaut wurden.
Der Probetriebwagen VT 137 235 wurde 1937 dem Bw Nürnberg Hbf zugeteilt. Während des Krieges war er als Personaltriebwagen bei der Munitionsfabrik Desching im Einsatz. Hinweise über einen weiteren Verbleib finden sich nicht, so daß er vermutlich durch Kriegseinwirkungen zerstört wurde. Die beiden dieselhydraulischen Triebwagen VT 137 162 und 163 wurden nach ihrer Abnahme 1937 bzw. 1938 dem Bw Rheine zugewiesen. Während des Krieges wurden auch diese beiden Fahrzeuge von der Wehrmacht genutzt. Der VT 137 162 wurde 1944 wegen Kriegsschäden ausgemustert. Der VT 137 163 verblieb nach 1945 in der sowjetisch besetzten Zone. Ob er nochmals eingesetzt wurde, steht nicht fest. Später lief er als Beiwagen VB 147 532.

REDAKTION: BODO JASTER; FOTOS: NOWAK

Die Dachlüfter verliehen den späteren VT 66.9 ein markantes Aussehen. Der VT 66 902, früher als VT 759 bezeichnet, war 1957 in Hamm Hbf abgestellt

Baureihe VT 757 ff. (DB VT 66.9)

Die vier Triebwagen VT 757 – 760 der Bauart Wumag gehörten damals mit ihrer Doppelmaschinenanlage von 2x66 kW (2x90 PS) zu den leistungsstärksten Triebwagen der DRG. Die Fahrzeuge wurden als CD4vT ausgeführt und 1927 ausgeliefert. Die beiden VT 761 – 762, ebenfalls von Wumag in Görlitz geliefert, glichen weitgehend den VT 757 – 760. Äußerlich wichen sie vor allem wegen der fehlenden Führerstandstüren ab. Die Fahrzeuge wurden 1927 bzw. 1929 geliefert. Auch sie waren mit Abteilen dritter und vierter Klasse versehen.

Konstruktion

Das aus Profilstahl genietete Untergestell trug das stählerne, ebenfalls genietete Kastengerippe, das außen mit Stahlblechen verkleidet war. An den beiden Stirnseiten waren Zug- und Stoßeinrichtungen der Regelbauart angebracht. Der Wagenkasten stützte sich auf zwei zweiachsigen Drehgestellen der Bauart Görlitz mit außermittigen Drehzapfen ab. Als Bremseinrichtungen waren eine einlösige Knorr-Bremse und in jedem Führerstand eine Spindelhandbremse vorhanden. Der Wagenkasten war in zwei Großräume mit 27 Sitzplätzen in der 3. Klasse und 49 Plätzen in der 4. Klasse unterteilt. Zwischen den Fahrgasträumen lag eine von beiden Seiten aus zugängliche Toilette. An den Enden der Fahrgasträume schlossen sich die Einstiegsräume und die Führerstände an.

Die benzolgetriebenen Maschinenanlagen waren jeweils auf einem Tragrahmen im Drehgestell untergebracht. Es gelangten Sechszylinder-Viertakt-Ottomotoren vom Typ D2 von Büssing zum Einbau. Sie leisteten 66 kW bei 1000 U/min. Die Motoren übertrugen ihr Drehmoment über eine Trockenlamellenkupplung auf ein Fünfganggetriebe TS 18,5. Von dort aus gelangte die Antriebsenergie über eine Gelenkwelle auf das Radsatzwendegetriebe. Markant waren die auf dem Dach montierten Kühler. Die für die Bremsanlage und Leistungssteuerung benötigte Druckluft wurde von zwei Knorr-Luftpressern vom Typ V 56/60 erzeugt. Zwei Lichtmaschinen von je 12 Volt versorgten das elektrische Bordnetz und die 24 V Fahrzeugbatterie.

Betriebseinsatz

Nach ihrer Abnahme gelangten die Fahrzeuge zu den Bw Frankfurt (Oder), Breslau Hbf, Trier und Oldenburg. Ab 1932 waren alle Triebwagen bei der Rbd Nürnberg eingesetzt. Bei Kriegsende wurden alle sechs Triebwagen in Nürnberg vorgefunden. Sie wurden alle wieder aufgearbeitet und erhielten ab 1947 die Nummern VT 66 900 – 905. Bereits am 21. Dezember 1950 wurde der VT 66 900 ausgemustert und an die Buxtehude-Harsefelder Eisenbahn (BHE) verkauft. Bis 1959 wurden auch die anderen Triebwagen ausgemustert und teilweise verkauft. Am längsten stand der ehemalige VT 761 bei der BHE im Einsatz. Das erst in den siebziger Jahren abgestellte Fahrzeug wird heute museal erhalten.

TECHNISCHE DATEN

Baureihenbezeichnung			VT 757 – 762
	ab 1947 (DB)		VT 66.9
Indienststellung (1. Jahr)			1927
Hersteller			WUMAG
Achsformel			(1A)(A1)
Spurweite		mm	1435
Länge über Puffer		mm	19704/21020[1]
Dienstmasse		t	41,5
Motor(en)	Anzahl		2
	Hersteller		Büssing
	Leistung	kW	66
	Drehzahl	U/min	1000
Art der Kraftübertragung			mechanisch
Höchstgeschwindigkeit		km/h	65/70[1]
Sitzplätze (3. + 4. Klasse)			26+49/28+51[1]

[1] VT 761 und 762

REDAKTION: BODO JASTER; FOTO: NOWAK

Für den Einsatz im leichten Nebenbahnverkehr wurden von der Triebwagenbau AG in Berlin die VT 135 051 – 059 (später VT 75.9 der DB) entwickelt

Baureihe VT 135 051 ff.
(DB VT 75.9/DR 186.2)

Die DRG erprobte in den dreißiger Jahren eine Vielzahl von zweiachsigen Triebwagen für den Einsatz auf Nebenbahnen. Als sogenannte Baureihe 3 entstanden in den Jahren 1935/36 neun Triebwagen mit den Nummern VT 135 051 bis VT 135 059, die Weiterentwicklungen aus den Baureihen 1 und 2 waren.

Konstruktion

Der Wagenkasten und das Untergestell der neun Triebwagen waren vollständig geschweißt. An beiden Enden des Untergestells waren die Zug- und Stoßvorrichtungen der leichten Regelbauart angebracht. Der Wagenkasten war im Bereich der Türen eingezogen. Dem Führerraum 1 war ein Gepäckraum mit 4,45 m² Grundfläche angegliedert. Der restliche Teil bildete den Fahrgastraum. Auch eine Toilette war vorhanden. Das Fahrzeug lief auf zwei Radsätzen mit 900 mm Durchmesser. Die eingebaute selbsttätige Hildebrand-Knorr-Bremse mit Triebwagensteuerventil wirkte über Außenbackentrommelbremsen auf beide Radsätze. Als Feststellbremse wurde eine vom Führerstand aus bedienbare Druckölhandbremse der Bauart Teves verwendet. Das Antriebsaggregat war ein Daimler-Benz-Motor vom Typ OM 54. Der Motor übertrug sein Drehmoment auf ein Viergang-Getriebe LRG 125. Die einzelnen Gänge wurden über druckluftbetätigte Kupplungen geschaltet. Das Wendegetriebe war im Schaltgetriebe integriert. Das Kühlwasser konnte seine Wärme über zwei auf dem Dach montierte Lamellenkühler abgeben. Die für die Bremse und Steuerung benötigte Druckluft wurde von einem DWK-Luftpresser erzeugt. Eine Lichtmaschine vom Typ GUL S6 sorgte in Verbindung mit einer 125 Ah-Batterie für elektrische Energie im 24 Volt-Bordnetz.

Betriebseinsatz

Nach ihrer Ablieferung wurden die Triebwagen den Bw Regensburg und Oppeln zugeteilt. Während des Krieges waren die meisten Fahrzeuge abgestellt. Vereinzelt gab es auch Einsätze für die Wehrmacht. Nach Kriegsende fanden sich im Bereich der späteren DB bis auf den VT 135 054 alle Fahrzeuge wieder. Der VT 135 051 wurde bereits 1946 verschrottet. Die übrigen Triebwagen erhielten 1947 die Bezeichnung VT 75 906 bis 912. 1951 waren wieder alle VT 75.9 in Betrieb und wurden bei den Bw Hof, Plattling und Oldenburg beheimatet. Ende März 1962 schieden mit den VT 75 906 und 912 die beiden Letzten dieser Reihe bei der DB aus.

Der VT 135 054 stand ab 1950 für den Dienstverkehr beim Bw Berlin Anhalter Bf zur Verfügung. 1970 erhielt er die EDV-gerechte Nummer 186 257. Unter dieser Nummer stand er als Salontriebwagen noch lange Zeit beim Bw Stendal im Dienst.

TECHNISCHE DATEN

Baureihenbezeichnung			VT 135 051-059
	ab 1947 (DB)		VT 75 906-912
	ab 1970 (DR)		186 257
Indienststellung (1. Jahr)			1935
Hersteller			Waggonfabrik Bautzen
Achsformel			A1
Spurweite		mm	1435
Länge über Puffer		mm	12200
Dienstmasse		t	15,5
Dieselmotor(en)	Anzahl		1
	Hersteller		Daimler-Benz
	Leistung	kW	99
	Drehzahl	U/min	1700
Art der Kraftübertragung			mechanisch
Höchstgeschwindigkeit		km/h	75
Sitzplätze			35/45

REDAKTION: BODO JASTER; FOTO: BELLINGRODT/SLG. KNIPPING

Erste vereinheitlichte, zweiachsige Triebwagenbauart für den Einsatz auf den Nebenstrecken waren die Vertreter der späteren DB-Baureihe VT 70.9

Baureihe VT 135 061 ff.

(DB VT 70.9/DR 186.0)

Bereits 1934 begann die Deutsche Reichsbahn Gesellschaft mit der Entwicklung von zweiachsigen Einheits-Nebenbahntriebwagen, die, auf längere Zeit gesehen, die bis dahin gebauten und in Dienst gestellten Vorserien- und Prototypen-Triebwagen ablösen sollten. Diese Entwicklung wurde durch den Zweiten Weltkrieg zwar verhindert, doch wurden einschließlich zweier Versuchs-Leichtbautriebwagen, der sogenannten Hydronaliumwagen, insgesamt 66 Exemplare dieser Einheits-VT in Dienst gestellt. Damit stellte diese Baureihe lange Zeit die zahlenmäßig größte einheitliche Serie zweiachsiger Triebwagen dar. Erst mit der Fertigung der Uerdinger Schienenbusse der DB wurden wieder höherer Stückzahlen erreicht. MAN entwickelte dieses neue Nebenbahnfahrzeug, das anschließend auch unter Beteiligung anderer Firmen in mehreren Baulosen gefertigt wurde. So waren neben MAN in Nürnberg auch die Waggonfabrik Bautzen, Rathgeber in München und die Maschinenfabrik Esslingen am Bau der Fahrzeuge beteiligt. Der Wunsch nach leichter Bauweise erforderte die Neukonstruktion des Wagenkastens und des Hilfsrahmens für die Maschinenanlage. Die Triebwagen setzten sich im Nebenbahnverkehr rasch durch und waren teilweise noch lange Zeit im Einsatz anzutreffen. Abgesehen von einer nicht voll befriedigenden Konstruktion des Laufwerkes, dessen Mängel sich vor allem auf kurvenreichen Nebenbahnstrecken zeigten, konnte diese Triebwagenbaureihe im Betriebs durchaus überzeugen.

Konstruktion

Das Untergestell war aus abgekanteten Blechen und Stahlprofilen in Achweißkonstruktion erstellt. An den beiden Stirnseiten befanden sich die Zug- und Stoßeinrichtungen, die in leichter Bauart ausgeführt waren. Der Fahrzeugaufbau ist aus miteinander verschweißten Profilen erstellt und wurde mit 1,5 mm starken Seitenblechen verkleidet. Das zu den Rändern hin herabgezogene Dach bestand aus 1 mm starkem Stahlblech. Die beiden rollengelagerten Radsätze waren als Lenkachsen ausgebildet. Sie waren mit Blatt- und Schraubenfedern gegenüber dem Untergestell abgefedert. Der Treibradsatz besaß eine Vollwelle, wo hingegen der Laufradsatz nur mit einer Hohlwelle erstellt war. Als Betriebsbremse war die selbsttätige, mehrlösige Hildebrand-Knorr-Bremse vorhanden. Der mechanische Teil bestand aus einer beidseitig auf alle Radsätze wirkenden Klotzbremse. Die Spindelhandbremse konnte von jedem Führerstand aus bedient werden und wirkte über einen gemeinsamen Hebel auf die Radsätze. Zur Erzeugung der nötigen Druckluft war ein Knorr-Luftverdichter vom Typ V 57/60 mit 380 l/min För-

TECHNISCHE DATEN

Baureihenbezeichnung	bis 1947		VT 135 061 – 064
			VT 135 067 – 076, 083 – 132
	ab 1947 (DB)		VT 70.9
	ab 1970 (DR)		186.0
Indienststellung (1. Jahr)			1936
Hersteller			WF Bautzen
Achsformel			A1
Spurweite		mm	1435
Länge über Puffer		mm	12280
Dienstmasse		t	16,4
Dieselmotor(en)	Anzahl		1
	Hersteller		MAN
	Leistung	kW	111
	Drehzahl	U/min	1500
Art der Kraftübertragung			mechanisch
Höchstgeschwindigkeit		km/h	75
Sitzplätze (1. + 2. Klasse)			0+40

Zur DR gelangten zehn Einheits-Nebenbahntriebwagen. Sie wurden als BR 186.0 bezeichnet (1975)

derleistung vorhanden. Die damit gewonnene Druckluft wurde in einem Hauptluftbehälter mit 200 Litern Inhalt und einem 100 Liter fassenden Sonderluftbehälter gespeichert.
Die gesamte Maschinenanlage war in einem besonderen Maschinenrahmen unterhalb des Fahrzeugkastens zwischen den beiden Radsätzen untergebracht. Der darin montierte Dieselmotor ragte in den Fahrgastraum hinein und wurde von aufklappbaren Sitzbänken abgedeckt. Verwendung als Antriebsaggregat fand ein wassergekühlter Viertakt-Dieselmotor vom Typ W 6 V 15/18 oder W 6 V 15/18 A mit sechs Zylindern. Für das Starten des Motors war ein elektrischer Anlasser vorhanden. Die Antriebsenergie gelangte vom Motor über eine Gelenkwelle zum mechanischen Viergang-Schaltgetriebe vom Typ cv 2 leicht. Nachgeschaltet war ein auf dem Treibradsatz angebrachtes Radsatzwendegetriebe der Bauart H leicht. Die Bedienung der Kupplung erfolgte mittels Druckluft, während die Gänge über einen Seilzug mechanisch vorgewählt wurden.
Die Kühlanlage des Triebwagens mit insgesamt 160 Litern Wasserinhalt war im Maschinenrahmen angeordnet. Der Wasserkreislauf wurde von einer durch die Kurbelwelle angetriebenen Umwälzpumpe aufrechterhalten. Zur Beheizung des Innenraumes konnte Kühlwasser vor dem Eintritt in den Kühler abgezweigt und durch drei einzeln abschaltbare Heizungen, die unter Sitzbänken angebracht waren, geleitet werden. Das 24 Volt-Bordnetz des Triebwagens wurde von einer Bosch-Lichtmaschine mit Energie versorgt. Bei Motorstillstand speiste eine 400 Ah-Batterie das Netz. Die Beleuchtung der Triebwagen erfolgte durch zehn Glühlampen.
Der 3035 mm breite Wagenkasten war in den Fahrgastraum, den Führerraum 1 und den kombinierten Führer-/Gepäckraum 2 unterteilt. Der Fahrgastraum bot bei der gegebenen Sitzteilung von 2+3 insgesamt 36 Fahrgästen Platz, wovon vier Plätze nur als Klappsitze ausgeführt waren. Weitere sechs Sitzplätze standen im Gepäckraum auf zwei Klappbänken zur Verfügung. Zusätzlich befanden sich nebem jedem Führertisch zwei Sitzplätze, die von den Fahrgästen auf der gerade nicht genutzen Führerstandsseite eingenommen werden konnten. Der Fahrgastraum war durch eine Drehtür vom Gepäckraum bzw. eine einflügelige Schiebetür vom Führerraum 1 abgetrennt.

Betriebseinsatz

Die ersten Triebwagen wurden im Mai 1937 von der Waggon- und Maschinenfabrik Bautzen an die DRG abgeliefert und dem Raw Nürnberg zur Endabnahme zugewiesen. Am 11. Juni 1937 gingen die beiden ersten Wagen beim Bww Nürnberg Hbf und Bw Gemünden in Betrieb. Die Einheitstriebwagen verbreiteten sich mit zunehmender Auslieferung über das gesamte Reichsbahnnetz. Während des Krieges wurden einige Fahrzeuge auch für Wehrmachtszwecke eingesetzt. Nach Kriegsende fanden sich insgesamt 30 VT im Gebiet der englischen und amerikanischen Besatzungszonen; zehn Wagen verblieben in der sowjetisch besetzten Zone. Während der VT 135 089 nachweislich als Kriegsverlust 1945 ausgemustert wurde, fehlten von den übrigen 23 Wagen weitere Hinweise über den Verbleib. Bis November 1949 waren alle 30 im Westen verbliebenen Triebwagen wieder aufgearbeitet und im Betriebsbestand. Sie trugen inzwischen die Baureihenbezeichnung VT 70.9. Ende 1951 verteilen sie sich auf die Bahnbetriebswerke Augsburg, Bamberg, Coburg, Frankfurt-Griesheim, Gemünden, Goslar, Hagen-Eckesey, Heidelberg, Ingolstadt, Marburg, Nürnberg Hbf, Regensburg, Weiden und Wuppertal-Steinbeck. Ende der fünfziger Jahre sind die VT 70.9 neben Nürnberg Hbf und Gemünden mit je sieben Exemplaren nur noch in Augsburg in größeren Stückzahlen eingesetzt: dort liefen im Dezember 1957 die vier VT 70 926, 937, 945 und 990. Die Ausmusterung der Fahrzeuge erfolgte innerhalb der kurzen Zeitspanne von Ende 1959 bis Anfang 1961. Letzter VT 70.9 der DB war der VT 70 951 (ex VT 135 132), der erst am 30. März 1962 aus dem Betriebspark ausschied. Einige Triebwagen konnten an Nichtbundeseigene Eisenbahnen verkauft werden. So setzte beispielsweise die Lokalbahn Lam – Kötzting oder auch die Regentalbahn Triebwagen der Reihe VT 70.9 ein. Auch bei der „Dampfbahn Fränkische Schweiz" befindet sich heute ein Vertreter dieser Einheits-Nebenbahntriebwagen: der frühere VT 135 069, später als VT 70 919 bezeichnet.
Die bei der Reichsbahn der DDR verbliebenen zehn Exemplare wurden ebenfalls wieder weitgehend aufgearbeitet und in Betrieb genommen. Einsatzschwerpunkt war das Bw Dresden-Pieschen. Mit Einführung der EDV-gerechten Baureihennummern im Jahre 1970 erhielten die noch in Betrieb befindlichen Fahrzeuge die neue Bezeichnung 186.0. Nur der zu einem Salontriebwagen umgebaute VT 135 110 wurde seither als 186 258 im Bestand geführt. Noch bis Ende der siebziger Jahre nutzte die DR vereinzelte Triebwagen im Nahverkehr oder als Personalfahrzeuge.

Der frühere VT 135 069 wird heute noch von der „Dampfbahn Fränkische Schweiz" genutzt (1986)

REDAKTION: BODO JASTER; FOTOS: VÖLK, SLG. REIMER, SYDOW

Der große Erfolg mit dem elektrisch betriebenen „Gläsernen Zug“ veranlaßte die DRG zur Beschaffung der dieselhydraulischen Variante (Opladen, 1957)

Baureihe VT 137 240 ff.

„Gläserner Zug“ (DB VT 90.5)

Der erste große Erfolg der beiden elektrischen Aussichtstriebwagen elT 1998 und 1999 (später als ET 91 bezeichnet) veranlaßte die DR, ähnliche Fahrzeuge auch für nicht elektrifizierte Strecken entwickeln zu lassen. Insgesamt wurden drei Triebwagen als dieselhydraulische Variante des „Gläsernen Zuges“ beschafft: der Prototyp VT 137 240 und zwei Nachlieferungen aus dem Jahr 1939 mit den Nummern VT 137 462 und 463. Der im Mai 1936 von der Waggonfabrik Fuchs in Heidelberg gelieferte VT 137 240 war am 28. September 1935 bestellt worden. Die VT 137 462 und 463 waren ebenfalls bei der Firma Fuchs in Heidelberg bestellt worden und wurden 1939 ausgeliefert.

Konstruktion

Die aus Blechen geschweißten Drehgestellen waren eine Sonderkonstruktion. Der vordere Kopfträger war wegen einer darüber angebrachten Toilette gekröpft ausgeführt. Der Wagenkasten war eine Schweißkonstruktion aus Rohren, Profilen und Blechen. Wegen der weitgehenden Verglasung des oberen Aufbaus wurde die untere Partie besonders stabil ausgeführt. Der Rand des Dachs bestand ebenfalls aus Fenstern. Die Dachmitte war als Rolldach ausgeführt, das elektrisch oder von Hand geöffnet werden konnte. In Fahrzeugmitte war ein Spriegel zur Versteifung vorhanden. Als Zug- und Stoßeinrichtungen waren ungefederte Notpuffer und Kupplungshaken vorhanden.

Die Fahrzeuge besaßen zwei gleiche Maschinenanlagen, die vollständig außerhalb des Wagenkasten untergebracht waren. Dazu zählten der wassergekühlte Dieselmotor 2 x 4 V 18 L, das Voith-Strömungsgetriebe JJ 5,4 CG 3,3 und das Radsatzwendegetriebe vom Typ 5-OR. Die Steuerung der Motoren erfolgte pneumatisch. Als Bremse fand eine selbsttätige Druckluftbremse der Bauart Hikpt mit Scheibenbremsen Verwendung.

Der Fahrgastraum war als Großraum ausgeführt. Die Lehnen der Sitzplätze konnten je nach Fahrtrichtung umgeklappt werden. Durch die großzüge Verglasung hatten die Fahrgäste ungehinderte Sicht nach allen Seiten. An den Stirnseiten befanden sich nach unten abgesenkte Toiletten neben den Führertischen. Zusätzlich war eine Beschallungsanlage vorhanden.

Betriebseinsatz

Der VT 137 240 kam nach seiner Abnahme im Juli 1936 zum Bw Koblenz. Er legte bis Mitte 1939 knapp 130000 km zurück. Größere Einsätze der im April bzw. August gelieferten VT 137 462 und 463 sind hingegen kaum anzunehmen, da alle drei Aussichtstriebwagen bereits kurz nach Beginn des Krieges abgestellt wurden. Der VT 137 462 wurde durch einen Bombentreffer 1944 zerstört und noch im gleichen Jahr ausgemustert. Die beiden anderen Triebwagen fanden sich bei Kriegsende mit ausgebauten Maschinenanlagen in Ingolstadt wieder. 1950 wurden die nun als VT 90 500 und 501 bezeichneten Fahrzeuge aufgearbeitet und beim Bw Köln Bbf bzw. Bww Suttgart Hbf wieder in Betrieb genommen. 1960 schied der VT 90 500 aus dem Betriebspark aus. Zwei Jahre später, am 22. März 1962 wurde auch der VT 90 501 ausgemustert.

TECHNISCHE DATEN

Baureihenbezeichnung	bis 1947		VT 137 240, 462, 463
	ab 1947		VT 90 500, 501
Indienststellung (1. Jahr)			1936
Hersteller			Fuchs
Achsformel			(A1)(1A)
Spurweite		mm	1435
Länge über Puffer		mm	22240
Dienstmasse		t	44
Dieselmotor(en)	Anzahl		2
	Hersteller		DWK
	Leistung		kW 132
	Drehzahl	U/min	1500
Art der Kraftübertragung			hydraulisch
Höchstgeschwindigkeit		km/h	120
Sitzplätze (1. + 2. Klasse)			0+60

REDAKTION: BODO JASTER; FOTO: HAHMANN

Zur Erprobung von Antriebskonzepten und der Formgebung für den VT 08 baute MAN den früheren VT 872 zum „Kartoffelkäfer“ genannten VT 92 501 um

VT 92 501 (DB 692 501)

Vor der Lieferung neuer Fernschnelltriebwagen für die DB entstand 1949 bei MAN in Versuchsfahrzeug zur Erprobung neuer Aggregate und Techniken für die späteren Serienfahrzeuge. Zusätzlich wollte man mit diesem „1:1-Modell“ die neue Kopfform strömungstechnisch untersuchen. Als Erprobungsträger diente der 1932 gebaute VT 872. Nach Beedigung der Umbauten erhielt das Fahrzeug neben dem völlig geänderten Aussehen auch eine neue Nummer: VT 92 501. Wegen der anfänglich orange-braunen Lackierung trug er bald den Spitznamen „Kartoffelkäfer“.

Konstruktion

Beim Umbau des VT 872 wurde lediglich das geschweißte Untergestell weitgehend unverändert übernommen. Im Gegensatz zu den späteren Baureihen VT 08 und VT 12 erhielt das Fahrzeug Zug- und Stoßeinrichtungen der Regelbauart. Die Drehgestelle waren geschweißte Neukonstruktionen. Der in geschweißter Spantenbauweise erstellte Wagenkasten war ebenfalls eine Neukonstruktion. Die Kopfenden hatten eine aus dreidimensional gekrümmten Blechen bestehende abgerundete Form, die den damit ausgerüsteten Fahrzeugen später den Namen „Eierköpfe“ eintrug. Hinter dem Führerraum 1 folgte das Maschinenabteil. Daran schloß sich ein Einstiegsbereich mit doppelflügeligen Drehtüren an. Der Fahrzeuginnenraum enthielt einige Abteile für Begleitpersonale und Meßeinrichtungen bei Versuchsfahrten. Nach einen weiteren Einstiegsraum folgte der etwas geräumigere Führerstand 2.
Die Ausführung der Maschinenanlage, die auf dem Triebdrehgestell untergebracht war, entsprach wiederum dem VT 08. Anfangs war ein MAN-Motor mit einer Leistung von 590 kW eingebaut. Im Rahmen der Versuchseinsätze wurden die Motoren und Getriebe jedoch mehrfach getauscht. Der Kühler befand sich oberhalb des Triebdrehgestells im Fahrzeugaufbau. Der Luftaustausch erfolgte über in den Dachrundungen eingebaute Lüfterschlitze. Als Bremseinrichtung wurde eine mehrlösige Knorr-Bremse verwendet.

Betriebseinsatz

Nach Abschluß der Umbauarbeiten wurde das Fahrzeug eingehenden Untersuchungen im Hinblick auf die Konstruktion des neuen VT 08 unterzogen. Aber auch für den Bau der Lokbaureihen V 80 und V 200 lieferte er wertvolle Informationen. Nach Abschluß der Versuche kam er zum Bw Nürnberg Hbf, wo man ihn wegen seiner fehlenden Fahrgasträume als Schlepptriebwagen vor Personenzügen einsetzte. Da das Fahrzeug jedoch über keine Zugheizeinrichtung verfügte, blieben diese Aufgaben auf die wärmere Jahreszeit beschränkt. Ab 1960 gelangte der VT 92 zum AW Nürnberg, wo er vor allem bei der Zuführung schadhafter Lokomotiven und Triebwagen bis zu seiner Abstellung im August 1978 verwendet wurde. Heute gehört er zum Bestand der nicht betriebsfähigen Fahrzeuge des Nürnberger Verkehrsmuseums und steht im Bayerischen Eisenbahnmuseum in Nördlingen.

TECHNISCHE DATEN

Baureihenbezeichnung			VT 92 501
	ab 1968		692 501
Indienststellung nach Umbau			1951
Umbaufirma			MAN
Achsformel			B'2'
Spurweite		mm	1435
Länge über Puffer		mm	21850
Dienstmasse		t	51,5
Dieselmotor(en)	Anzahl		1
	Hersteller		MAN
	Leistung	kW	590[1]
	Drehzahl	U/min	1400
Art der Kraftübertragung			hydraulisch
Höchstgeschwindigkeit		km/h	120
Sitzplätze			–

[1] später erfolgte der Einbau eines 735 kW-Serien-Motors

REDAKTION: BODO JASTER; FOTO: DB/ARCHIV GN

Die für den Pendlerverkehr im Ruhrgebiet entwickelten VT 137 288 bis 295 kamen nach dem Krieg im Raum Berlin zum Einsatz (Wustermark, 1963)

Baureihe VT 137 283 ff.

Bauart „Ruhr" (DR 184.0)

Die Dieseltriebzüge der Bauart „Ruhr" waren, wie schon die Bezeichnung sagte, für den Berufsverkehr im Ruhrgebiet gedacht gewesen. Beschafft wurden 1939 fünf dreiteilige VT 137 283 bis 287 mit hydraulischer Kraftübertragung und zweiachsigen Jacobsgestellen sowie 1938 acht zweiteilige Züge mit elektrischer Kraftübertragung und Jacobsgestell als VT 137 288 bis 295. Trotz hoher Beschleunigung und einer Höchstgeschwindigkeit von 120 km/h erwiesen sich die Züge wegen zu geringen Fassungsvermögens und nicht ausreichender Zahl von Einstiegen den Aufgaben des Ruhrschnellverkehrs nicht gewachsen. So wanderten sie bald in den Personen-, Eil- und Schnellzugdienst auf andere Strecken ab.

Konstruktion (283-287)

Die Wagenkästen entstanden bei den Vereinigten Westdeutschen Waggonfabriken (VT 137 283 – 287) bzw. bei WUMAG in Görlitz (VT 137 288 – 295) als Stahlgerippe aus leichten Profilen, wobei die äußere Kastenverkleidung zum Tragen mit herangezogen wurde. Die Übergänge innerhalb des Triebzuges waren asymmetrisch und durch innere Faltenbälge geschützt. Die äußeren Faltenbälge schlossen bündig mit der Außenhaut ab. Als Zug- und Stoßvorrichtung diente die selbsttätige Mittelpufferkupplung der Bauart Scharfenberg, die die elektrischen und pneumatischen Leitungen mitkuppelte.

Die Einstiegstüren wurden als einflügelige Schiebetüren ausgebildet. Sie konnten von den Führerständen aus geschlossen werden. Die Führerstände waren durch einflügelige, der Gepäckraum durch zweiflügelige Drehtüren zugänglich.

Das Laufwerk bestand aus vier zweiachsigen Drehgestellen. Die Enddrehgestelle waren eine geschweißte Konstruktion und dienten gleichzeitig als Triebdrehgestelle. Blatt- und Schraubenfedern übernahmen die Federung. Die mittleren Drehgestelle waren eine Kastenkonstruktion nach dem System Jacobs. Auf sie stützten sich je ein Maschinen- und das Mittelteil ab. Der Durchmesser der Treib- und der Laufräder betrug 930 mm. Sämtliche Radsätze liefen in Wälzradsatzlagern. Bei den VT 137 288 bis 295 waren drei Drehgestelle vorhanden, wobei das mittelere (Jacobs-) Drehgestell die Maschinenanlage trug.

Als Antriebsanlage wurde bei den Wagen VT 137 283 bis 285 in jedes Maschinentriebdrehgestell ein wassergekühlter Zwölfzylinder-Viertakt-Dieselmotor GO 56 der Firma Maybach in V-Form mit einer Leistung von 302 kW bei einer Drehzahl von 1400 U/min und elektrischem Anlasser ein-

TECHNISCHE DATEN

Baureihenbezeichnung			VT 137 283-287	VT 137 288-295
	ab 1970 (DR)		–	184.0
Indienststellung (1.Jahr)			1938	1938
Hersteller			VWW	WUMAG
Achsformel			2'Bo'+2'2'+2'2'+Bo'2'	2'Bo'2'
Spurweite		mm	1435	1435
Länge über Puffer		mm	53400	44186
Dienstmasse		t	103,6	99,0
Dieselmotor(en)	Anzahl		2	2
	Hersteller		Maybach	Maybach
	Leistung	kW	302	302
	Drehzahl	U/min	1400	1400
Art der Kraftübertragung			hydraulisch	elektrisch
Höchstgeschwindigkeit		km/h	120	120
Sitzplätze (2. + 3. Klasse)			30+108	18+96

Zwei dreiteilige dieselhydraulische Triebwagen der Bauart „Ruhr“ im Sonderzugeinsatz bei der DR

gebaut. Die VT 137 286 und 137 287 erhielten dagegen je zwei wassergekühlte Zwölfzylinder-Viertakt-Dieselmotoren OM 86/28 (später als MB 806 bezeichnet) von Daimler-Benz mit einer Leistung von 331 kW. Zur Leistungsübertragung diente ein hydraulisches Zweiwandler-Strömungsgetriebe T 45 M 2 der Firma Voith. Über Gelenkwellen wurde das Drehmoment auf die Radsatzwendegetriebe 5 OL bzw. 5 UL übertragen.

Als Antriebsanlage für die VT 137 288 bis 295 wurden ebenfalls die GO 56-Motoren eingebaut. Sie wurden durch eine Zusatzwicklung in den Hauptgeneratoren angelassen. Dieselmotor und Generator waren in jedem Maschinendrehgestell auf zwei miteinander verbundenen Hilfsrahmen angeordnet, die an fünf Punkten im Drehgestellrahmen aufgehängt waren.

Zur Leistungsübertragung diente jeweils ein Hauptgenerator aG 280/25 von SSW mit angebautem Hilfsgenerator aGV 240/6. Letzterer übernahm außer der Erregung des Hauptgenerators die Stromversorgung der Hilfsbetriebe und die Batterieladung. Jede Maschinenanlage versorgte einen der beiden Fahrmotoren des mittleren Triebdrehgestells. Zur Anwendung kamen Gleichstrom-Reihenschlußmotoren vom Typ Dy 1411a in Tatzlageranordnung.

Die Leistungssteuerung erfolgte mittels RZM-Vielfachsteuerung in fünf Fahrstufen. Die Bremsausrüstung bestand aus einer einlösigen Klotzbremse, die durch elektrische Steuerung mehrlösig arbeiten konnte. Als Feststellbremse diente eine Spindelhandbremse. Die Druckluftversorgung erfolgte über Luftverdichter, Hauptluftbehälter und Hauptluftbehälterleitung.

Die Wagenaufteilung der VT 137 283 –287 erfolgte entsprechend den Anforderungen des Vorortverkehrs: Auf den Führerstand mit Maschinenraum folgten im VTa der 3800 mm lange Gepäckraum mit vier Klappsitzen. Dem schloß sich das Traglastenabteil an, das sechs Sitzplätze auf Längsbänken und vier Klappsitze besaß. Das Traglastenabteil war türlos mit dem Einstiegsraum verbunden. Der Großraum 3. Klasse enthielt vier Abteile mit einer Sitzplatzanordnung von 1+3. Der VMc hatte einen Großraum 3. Klasse mit zwei Abteilen, dem sich ein Einstiegsraum anschloß. Danach folgten zwei Großräume 2. Klasse mit je zwei Abteilen. Die Sitzplatzanordnung war hier 1+3. Den beiden Großräumen schloß sich der zweite Einstiegsraum an. Der VTb besaß einen Großraum 3. Klasse mit vier Abteilen, an den sich ein Einstiegsraum und ein weiterer Großraum 3. Klasse mit vier Abteilen anschloß. Danach folgten der zweite Einstiegsraum und der Maschinenraum mit Führerstand.

Bei den VT 137 288 – 295 folgte im VTa auf den Führerstand mit Maschinenraum der Gepäckraum. Dem schlossen sich der Traglastenraum mit fünf Sitzplätzen auf Längsbänken und ein Einstiegsraum an. Der Großraum 3. Klasse enthielt sechs Abteile mit Mittelgang. Die Polstersitzbänke hatten eine Sitzplatzanordnung von 2+3. Dann folgte der zweite Einstiegsraum.

Der VTb besaß einen Einstiegsraum, dem sich ein Großraum 3. Klasse mit fünf Abteilen anschloß. Darauf folgten ein zweiter Einstiegsraum, ein Abteil 2. Klasse und ein Großraum 2. Klasse mit zwei Abteilen und Mittelgang. Die Polstersitze hatten die Anordnung 1+2. Im Anschluß daran war der dritte Einstiegsraum und der Maschinenraum mit Führerstand vorhanden.

Die Beheizung erfolgte über eine ölgefeuerte Warmwasserheizung. Glühlampen beleuchteten sämtliche Räume.

Die Farbgebung entsprach der auch bei anderen VT der Deutschen Reichsbahn (außer SVT) verwendeten. So waren die Drehgestelle in schwarz und die Wagenschürze aluminiumfarben gehalten. Darauf folgten ein in Kupplungshöhe umlaufender schwarzer Streifen mit einem schmalen elfenbeinfarbenen Zierstreifen. Der Wagenkasten war weinrot mit einem schmalen elfenbeinfarbenen und schwarz abgesetzten umlaufenden Streifen unterhalb der Fenster. Das Fensterband war elfenbeinfarben. Der Bereich zwischen Fensterband und Dach war ebenfalls weinrot mit schwarzen Absetzstreifen ober- und unterhalb. Das Dach wiederum war grau.

Betriebseinsatz

Im Ruhrschnellverkehr bewährten sich die Triebwagen nicht und übernahmen deshalb andere Dienste, für die sie geeigneter waren. Den Krieg überstanden nicht alle Züge. So verbrannte der VT 137 285 im Bw Dresden-Pieschen. Bei der DR verblieben zunächst nur die VT 137 284 und 137 287 sowie sechs dieselelktrische „Ruhr“-Triebwagen. Die beiden VT 137 283 und 286 waren im einstigen Sudetenland hinterstellt und so in den Bestand der ČSD übernommen worden. 1948 erfolgte die Rückgabe an die DR in der sowjetischen Zone. Der VT 137 286 wurde jedoch nicht wieder aufgearbeitet, sondern 1956 verschrottet. Die übriggebliebenen drei Züge waren vor allem im Schnellzugdienst eingesetzt. Sie befuhren in der Hauptsache die Strecke Dresden – Berlin – Stralsund in einem eintägigen Umlauf als Dt 179/180. Die Sitzplatzanordnung wurde in der 2. Klasse noch auf 1+2 und in der 3. Klasse auf 2+2 umgebaut. Nach einer Abgabe an das Bw Templin fuhren sie im Personenzugdienst, so 1966 als T 3339 auf der Strecke Löwenberg (Mark) – Oranienburg. Im Jahre 1969 ereilte sie das Schicksal so vieler Vorkriegs-VT mit hydraulischer Kraftübertragung – sie wurden ausgemustert.

Die sechs dieselelektrischen Triebwagen kamen zum Bw Berlin-Karlshorst. Sie wurden vor allem im Eil- und Schnellzugdienst bei geringerem Verkehrsaufkommen sowie im Zubringerdienst des Berliner Berufsschnellverkehrs eingesetzt. Gelegentlich sprangen sie auch bei Ausfall von SVT ein. So gelangte ein zweiteiliger VT „Ruhr“, vermutlich der VT 137 294 oder der 137 295, am 25. Juni 1954 auf der Strecke Berlin – Hamburg als Ersatz für einen SVT „Köln“ zu Schnellverkehrs-Ehren.

Die Deutsche Reichsbahn änderte die Sitzplatzanordnung in der 3. Klasse in 2+2. Die Umzeichnung mit EDV-gerechten Betriebsnummern erlebten nur noch fünf Züge: Der VT 137 288 als 184 001-6, der VT 137 291 als 184 002-4, der VT 137 293 als 184 003-2 und der VT 137 294 als 184 004-0 sowie noch der VT 137 295 als 184 005-7. Ein langes Leben war ihnen allerdings nicht mehr beschieden: 184 002 und 184 004 wurden 1974 ausgemustert. Die übrigen VT folgten 1975 (184 005), 1976 (184 003) und 1978 (184 001). Letzterer hatte noch am 6. Oktober 1975 bei einer Sternfahrt des Deutschen Modelleisenbahn-Verbandes der DDR nach Beeskow Aufsehen erregt, wo er gemeinsam mit 182 003/503/004 (SVT „Köln“) mit 173 002 (Neubau-LVT) zusammentraf.

REDAKTION: HANS-JOACHIM WEISE; FOTOS: DR/SLG. KNIPPING, DR/SLG. REIMER

Für eine wirtschaftliche Abwicklung des Betriebs in verkehrsschwachen Zeiten setzte die DR vier Schmalspurtriebwagen auf dem Zittauer Netz ein

Baureihe VT 137 322–325

Bereits in den dreißiger Jahren war der Ausflüglerverkehr auf den von Zittau ausgehenden Schmalspurstrecken in das Zittauer Gebirge vorherrschend. Um in den verkehrsschwächeren Zeiten und bei Schlechtwetter dem weitaus geringeren Verkehrsaufkommen und außerdem auch dem Einsatz auf der heute fast in Vergessenheit geratenen Strecke von Zittau nach Hermsdorf gerecht zu werden, bestellte die Deutsche Reichsbahn bei der Waggonfabrik Busch in Bautzen eine Prototypserie von vier Triebwagen, denen später weitere Serienfahrzeuge folgen sollten. Die nunmehr modernsten sächsischen Schmalspurfahrzeuge kamen im ersten Quartal 1938 zur Auslieferung und wurden dem Bw Zittau zugeteilt. Man bezeichnete sie fortlaufend, trotz baulicher Unterschiede, als VT 137 322 bis 325.

Konstruktion

Die ursprünglich für eine Höchstgeschwindigkeit von 60 km/h konzipierten vierachsigen Fahrzeuge waren in ihrer technischen und maschinellen Ausbildung identisch. Jeweils ein Drehgestell wurde angetrieben, während das andere als Laufgestell fungierte. Als Motor verwendete man einen von der Vogtländischen Maschinenbau AG (VOMAG) gelieferten wassergekühlten Achtzylinder-Viertakt-Dieselmotor mit einer Leistung von 132 kW, der seinen Platz unterhalb der 1030 mm über der Schienenoberkante liegenden Fußbodenebene in einem Hilfsrahmen hatte. Die Kraftübertragung erfolgte hydraulisch über Strömungs- und Achswendegetriebe auf eine Achse des Triebgestells. Wegen der beengten Platzverhältnisse im Schmalspurtriebgestell konnte die andere Achse nur über außenliegende Kuppelstangen angetrieben werden. Die Bedienung erfolgte über eine erstmals verwendete automatische Schaltung mit Auf- und Absteuerung, die eine stufenlose Drehzahlregelung ermöglichte. Für den geplanten paarweisen Einsatz erhielten die VT eine Vielfachsteuerung, die zwar die Führung von drei VT erlaubte, bei der aber nur zwei Anlagen überwacht werden konnten.
Die Aufteilung der Wagenkästen war unterschiedlich. Die VT 137 322 und 324 hatten an beiden Enden Einstiegs- und gleichzeitig Führerräume und waren dann in zwei Großraumabteile 3. Klasse mit 11 bzw. 23 Sitzplätzen unterteilt. Vom größeren Abteil aus wurde die Toilettenkabine erreicht. Die beiden anderen VT besaßen einen Einstiegs- und Führerraum. Dem folgte ein Großraumabteil 3. Klasse mit 28 Plätzen und einer Toilette. Im Anschluß daran befand sich ein kombiniertes Gepäck- und Führerabteil mit zusätzlichen sechs Klappsitzen. Außerdem befand sich darin der Platz des Zugführers.
Der Abbremsung diente eine mehrlösige Druckluftbremse der Bauart Hildebrand-Knorr (Hikpbr), die ein Bremsgewicht von 16,4 t erreichte. Dieser Wert wurde später auf 13 t korrigiert. Außerdem war eine Spindelhandbremse vorhanden. Zur Heizung

TECHNISCHE DATEN

Baureihenbezeichnung			VT 137 322-325
Indienststellung (1. Jahr)			1938
Hersteller			Busch Bautzen
Achsformel			B'2'
Spurweite		mm	1435
Länge über Kupplung		mm	14860
Dienstmasse		t	21
Dieselmotor(en)	Anzahl		1
	Hersteller		VOMAG
	Leistung	kW	132
	Drehzahl	U/min	1500
Art der Kraftübertragung			hydraulisch
Höchstgeschwindigkeit		km/h	60
Sitzplätze			28/34

Nur der VT 137 322 blieb erhalten und gehört heute zum Bestand des Dresdener Verkehrsmuseums

der Wagen wurde einerseits das Motorkühlwasser herangezogen. Andererseits besaßen die Fahrzeuge einen Unterflurofen. Die elektrische Ausrüstung der Triebwagen stammte von BBC. Verbunden wurden die Fahrzeuge über eine die elektrischen Leitungen mitkuppelnde Scharfenbergkupplung. Die Luftleitungen mußten gesondert verbunden werden. Bei der Auslieferung trugen die Triebwagen eine weinrote Lackierung des Wagenkastens. Rahmen und Dach waren hellgrau. Zwischen Rahmen und Wagenkasten, unterhalb der Fenster und zur Dachkante hin wurden weiße, dünne Zierlinien angebracht.

Betriebseinsatz

Die erste Probefahrt im Zittauer Stadtgebiet führte man am 21. März 1938 durch. Recht schnell stellte man fest, daß die vorgesehene Höchstgeschwindigkeit von 60 km/h nicht nur wegen der Gleislage durch starkes Wanken der VT unrealistisch war. Obwohl die VT auch zur Beschleunigung des Reiseverkehrs in Dienst gestellt wurden, mußte bald darauf die Höchstgeschwindigkeit auf 50 km/h begrenzt (dieser Wert wurde nur selten von den VT-Führern ausgefahren) und nach dem Krieg sogar auf 30 km/h herabgesetzt werden. Im Planbetrieb, der am 7. Juli des gleichen Jahres begann, bewährten sich die Fahrzeuge hervorragend und fanden auch bei den Fahrgästen Zustimmung. In der Regel fuhren immer zwei VT miteinander auf den Strecken nach Jonsdorf und Oybin. Letztere Strecke wurde sogar zweigleisig ausgebaut und in Spitzenzeiten abwechselnd von Dampfzügen und Triebwagen im zehnminütigen Abstand befahren. Auf der Hermsdorfer Strecke nutze man die Triebwagen im Schülerverkehr, und im Sondereinsatz gelangten sie sogar auf die benachbarte 750 mm Strecke der Friedländer Bezirksbahn, die ohnehin bald darauf verstaatlicht werden sollte. Der Zweite Weltkrieg setzte der hoffnungsvollen Entwicklung ein Ende. Schon am 2. September 1939 mußten alle vier Triebwagen wegen des Kraftstoffbedarfs der Wehrmacht abgestellt werden. Bis zum Sommer 1944 blieben die Fahrzeuge außer Dienst. Danach begann ihre Verladung zum Abtransport in Richtung Osten, wobei allerdings der VT 137 322 entgleiste und dadurch zurückblieb. Bei Kriegsende stand er immer noch so da. Das Bw Zittau machte ihn im Rahmen einer Schadgruppe T 4 vom 1. September bis zum 15. Oktober 1946 wieder flott und ab dem 21. Oktober des selben Jahres stand er dem Betrieb wieder zur Verfügung. Hierbei mußte das Fahrzeug einige Anpassungsarbeiten hinnehmen. Unter Verzicht auf zwei Sitzplätze wurde dem Zugführer im Anschluß an die Toilette ein neuer Platz eingerichtet. Dabei wurde das Fenster etwa um die Hälfte gekürzt. Das steigende Verkehrsaufkommen und der langsam wieder einsetzende Urlauberverkehr machten die Bereitstellung von Beiwagen erforderlich. Durch Anpassung der Heiz- und Bremsanlage wurden die Wagen 970-239, 255 und 280 als Beiwagen hergerichtet. Für die Einstellung in Regelzügen erhielten sie zusätzlich eine durchgehende Leitung für die sonst übliche Saugluftbremse, was aber die Einstellung am Zugschluß verbot. Farblich wurden die Wagen dem VT, der inzwischen im Fensterbereich einen cremefarbenen Anstrich trug, angepaßt. Den roten Streifen oberhalb der Fenster erhielt er erst später. Da die Leistung des VT nicht ausreichte, konnte bergwärts nur ein Beiwagen befördert werden. Die anderen beiden liefen in einem Dampfzug mit und wurden zur Talfahrt dem VT beigegeben und in Zittau-Süd wieder an einen Zug der Gegenrichtung übergeben. Wegen des geringen Platzangebotes gestaltete sich der Einsatz der Garnitur öfters problematisch. Später setzte man ihn zwischen Bertsdorf und Oybin ein oder er lief in verkehrsstarken Zeiten als Vorzug zu den Regelzügen.

Ein Getriebeschaden zwang 1964 zur Abstellung des Einzelgängers. Danach stellte man ihn im nicht mehr genutzten Bertsdorfer Lokschuppen ab. Mittlerweile in den Museumsbestand des Verkehrsmuseums Dresden aufgenommen, ist er noch heute dort vorhanden. Beheimatet waren die Triebwagen generell beim Bw Zittau der Rbd Dresden, die allerdings zwischenzeitlich der Rbd Cottbus unterstand. Über den Verbleib der drei anderen Triebwagen ist nicht sehr viel bekannt. Einer der beiden mit Gepäckabteil wurde 1975 abgestellt und ziemlich heruntergekommen als PKP MBxd 1-114 in Trebnitz nahe Breslau entdeckt. Seine Ausmusterung erfolgte bereits am 4. September 1974. Es ist mit ziemlicher Wahrscheinlichkeit anzunehmen, daß auch die beiden anderen Triebwagen auf dem Streckennetz der ehemaligen Kleinbahn Breslau – Trebnitz – Prausnitz und der angrenzenden Trachenberg-Militscher Kreisbahn zum Einsatz kamen.

REDAKTION: JÖRG BADMANN; FOTOS: REIMER

Die Triebwagen der Baureihe VT 08.5 waren als Ersatz für die Vorkriegsschnelltriebwagen gedacht. Mit den VT 08 wurde sogar der TEE-Verkehr eröffnet

Baureihe VT 08.5 (DB 608/613)

Für den im Jahre 1950 mit den Vorkriegs-SVT aufgenommenen Schnellverkehr benötigte die junge DB leistungsfähige moderne Triebwagen. Deshalb ergingen noch in diesem Jahr die Aufträge für eine neue Triebwagenbaureihe. Hierbei flossen die Erfahrungen ein, die mit dem als Erprobungsträger dienenden VT 92 501 „Kartoffelkäfer" gewonnen wurden. Mit den als VT 08.5 bezeichneten dieselgetriebenen Schnelltriebwagen beschritt die DB Neuland. Die Stromlinien-Eleganz begeisterte Reisepublikum und Fachwelt, galt die halbkugelige Kopfform doch als progressiv und aerodynamisch ideal. Die Grundeinheit des VT 08.5 bestand aus Trieb-, Mittel- und Steuerwagen. Sie ließ sich durch weitere Mittel- und Motorwagen verstärken. In den Jahren 1954/55 erfolgte eine Nachlieferung von sechs Triebwagen und sieben Mittelwagen. Während die Mittelwagen unverändert nachgebaut wurden, verzichtete man bei den VT auf das Speiseabteil und die Küche, da sie als zweite Motorwagen zur Bildung vier- und fünfteiliger Einheiten vorgesehen waren. Die nachgelieferten VT 08 515 – 520 waren 250 mm länger als die Triebwagen der ersten Serie, was der Verlängerung des Führerstandes zugute kam.

Konstruktion

Der Wagenkasten war als selbsttragende, verwindungssteife Röhre in kombinierter Schalen- und Spantenbauweise weitgehend geschweißt ausgeführt. Dabei bildeten Bodenwanne, Seitenschürzen, Längsträger, Außenwände und Dachkonstruktion als tragende Elemente eine Röhre, die durch Querspanten zusätzliche Stabilität gewann. Die Kopfenden der Motorwagen wurden analog zum VT 92 501 aus dreidimensional gekrümmtem Stahlblech gefertigt. Hinter dem engen Führerstand lag die Motorkammer mit Seitengang zum Gepäckraum. Daran schlossen sich ein Vorratsraum für die Küche, der Einstiegsbereich und die Küche an. Hinter dem Oberkellnerraum folgte das Speiseabteil mit 24 Plätzen in der Sitzteilung 1+2, die Abteillänge betrug 1700 mm. Der Mittelwagen bot in zehn geschlossenen Abteilen mit Seitengang 60 Sitzplätze, die beiden Toiletten waren von den Einstiegsräumen an den Wagenenden aus zugänglich. Die Abteile mit einer Länge von 2060 und einer Breite von 1900 mm hatten je sechs plüschgepolsterte Einzelsitze. Neben den acht normalen Abteilen verfügte der Steuerwagen als Besonderheit über ein längeres Konferenzabteil mit vier Sitzplätzen in loser Einzelbestuhlung sowie einem Tisch. Das Maschinentriebdrehgestell (MTD) bestand aus zwei geschweißten Doppel-T-Längsträgern, die im Bereich der Radsatzausschnitte als Hohlträger ausgeführt waren. Die Treibradsätze von 930 mm Durchmesser liefen in außenliegenden Doppelpendolrollenlagern, die von Blattfedern abgefedert wurden. Die innenliegenden Rahmen der Laufdrehgestelle (LD) waren

TECHNISCHE DATEN

Baureihenbezeichnung			VT 08.5
	ab 1968		608
Indienststellung (1.Jahr)			1952
Hersteller			MAN u.a.
Achsformel			B'2'+2'2'+2'2'
Spurweite		mm	1435
Länge über Puffer		mm	79970
Dienstmasse		t	120
Dieselmotor(en)	Anzahl		2
	Hersteller		Maybach, Daimler, MAN
	Leistung	kW	736
	Drehzahl	U/min	1500
Art der Kraftübertragung			hydraulisch/mechanisch
Höchstgeschwindigkeit		km/h	120/140
Sitzplätze (1. + 2. Klasse)			114+0/30+138[1]

[1] nach Umbau zur Baureihe VT 12.6 (613)

Die Formgebung der neuen Triebwagen begeisterte Reisende und Fachwelt (München Hbf, ca. 1959)

ebenfalls aus Blechträgern zusammen geschweißt. Die Radsätze von 900 mm Durchmesser waren in Achslenkern eingebaut und mit Schraubenfedern abgefedert. Im Maschinentriebdrehgestell waren der Motor, das hydraulische Getriebe, die Lichtanlaßmaschine und der Achsantrieb untergebracht. Drei verschiedene Motoren wurden in die VT 08 eingebaut: Daimler-Benz MB 820 Bb, MAN L 12 V 17,5/21 B und Maybach MD 650. Sie waren auf einem besonderen Tragrahmen, der auf dem Drehgestellrahmen in drei Punkten gelagert war, aufgebaut. Das Getriebe wurde vom Motor über eine Gelenkwelle angetrieben. Insgesamt vier verschiedene Kraftübertragungssysteme kamen zur Anwendung: Die Maybach-Mekydro-Getriebe K 104 und K 104 SU waren mechanische Vierganggetriebe mit vorgeschaltetem hydraulischen Drehmomentwandler. Die Getriebe T 36 bzw. LT 306r von Voith hingegen waren hydrodynamische Dreiganggetriebe mit drei Wandlern. Bei allen Kraftübertragungen war die Stirnradwendestufe im Getriebe integriert, so daß für die beiden Achsantriebe des MTD einfache Kegelradgetriebe verwendet werden konnten. Die Kühlanlage mit zwei Kühlkreisläufen hing in einem Ausschnitt des Wagendaches oberhalb des Motors.

Die VT 08 waren mit einer selbsttätigen Druckluftbremse mit elektrischer Steuerung ausgerüstet. Sämtliche Radsätze wurden durch Scheibenbremsen mit jeweils eigenem Bremszylinder abgebremst. An je einem Laufdrehgestell von Trieb-, Mittel- und Steuerwagen befanden sich zusätzlich Magnetschienenbremsen. Die Druckluft wurde von einem elektrisch angetriebenen Kompressor erzeugt. Jeder Wagen des VT 08 war mit einer eigenen ölgefeuerten Warmwasserheizung mit Umwälzpumpe ausgestattet. Das 110 Volt-Gleichstrom-Bordnetz wurde von einer vom Getriebe angetriebenen Lichtanlaßmaschine gespeist. Bei Stillstand des Motors versorgte eine Batterie von 300 Ah den Zug mit elektrischer Energie. Die Steuer- und Mittelwagen hatten eigene Lichtmaschinen und Batterien. Die VT 08 515 – 520 erhielten zusätzlich eine Umluftheizung. An Sicherheits- und Schutzeinrichtungen waren Sifa und Indusi vorhanden. Für den Einsatz bei der SNCF wurden die Triebwagen später mit einer mechanisch-elektrischen Zugbeeinflussung ausgerüstet.

Betriebseinsatz

Als erster neuer Triebwagen erreichte der VT 08 501 am 22. April 1952 sein Heimat-Bw Frankfurt-Griesheim. Weitere vier trafen dort zwischen dem 8. und 17. Mai ein. Im Winterfahrplan 1952/53 wurde für sie ein Umlaufplan von vier Tagen, in dem die Ft 28/27 „Rheinblitz" Dortmund – München, Ft 46/45 „Schauinsland" Frankfurt – Basel und Ft 44/43 „Roland" Bremen – Basel gefahren wurden. Die bis Oktober ausgelieferten acht VT 08 liefen gemeinsam mit den von Dortmund Bbf umstationierten VT 07 501 – 502 in diesem Plan. Ende Mai 1953 war die erste Bauserie mit 13 Einheiten, einem Reservemotorwagen und zwei Mittelwagen komplett ausgeliefert. Zum Winterfahrplan wurden drei Garnituren nach Hamburg-Altona umbeheimatet. Mit dem Sommerfahrplan 1954 gab Griesheim weitere VT 08, nunmehr an das Bww Dortmund Bbf, ab. Schon bei den ersten Einsätzen des VT 08 zeigte sich, daß das Konzept der DB, mit modernen und komfortablen Schnelltriebzügen attraktive Fernverbindungen anzubieten, ein voller Erfolg beim Publikum war.

Die VT 08 eröffneten 1957 das TEE-Zeitalter bei der DB, das Emblem der Europazüge trugen sie auf einer kleinen Blechtafel oberhalb der Scharfenbergkupplung. Die VT 11.5 konnten nicht rechtzeitig zum Planwechsel fertiggestellt werden, erst nach und nach übernahmen sie diesen Dienst von den „Eierköpfen". Durch die fortschreitende Elektrifizierung der Hauptstrecken und die neuen VT 11.5 wurde es zunehmend schwieriger, für die VT 08 sinnvolle Einsatzgebiete zu finden. Deshalb entschloß man sich, die erst zehn Jahre alten VT 08 zu zweiklassigen Triebzügen umzubauen. Ihr zukünftiges Einsatzgebiet sollte ähnlich dem der VT 12.5 sein, ihre Baureihenbezeichnung ebenfalls: VT 12.6. Als erster verließ der VT 12 609 am 6. Mai 1963 mit dem Ziel Braunschweig das AW Nürnberg. Im neuen Nummernplan von 1968 erhielten die VT 08.5 die neue Bezeichnung 608, während die Umbauversion VT 12.6 von nun an als Baureihe 613 bezeichnet wurde.

Neben dem Bw Köln-Nippes, das noch kurzzeitig drei 613 erhielt, wurden die umgebauten „Eierköpfe" den Bw Hamburg-Altona und Braunschweig 1 zugeteilt. Über viele Jahre änderte sich an den Braunschweiger Umläufen nur wenig. Erst mit der Elektrifizierung der Strecke Braunschweig – Hannover 1976 kam Bewegung in den Einsatz der „Eierköpfe". Bevor Hamburg-Altona seine 612er und 613er zum Sommerfahrplan 1982 nach Braunschweig abgab, erhielten die 613 im letzten Betriebsjahr erstmalig einen eigenen Umlaufplan. Bedingt durch zahlreiche Abstellungen konnte zum Sommerfahrplans 1983 nur noch ein viertägiger sowie ein zweitägiger Umlaufplan erstellt werden. Ende Mai 1985 wurden die 613 abgestellt. Am 6. Mai 1985 sprang eine „Eierkopf"-Garnitur noch einmal für einen schadhaften 634 ein.

Fast alle VT 08.5 wurden zur Baureihe VT 12.6 (ab 1968: 613) umgebaut (Göttingen, 29. Mai 1982)

REDAKTION: BODO JASTER; FOTOS: SCHULZ, SCHEINGRABER/SLG. HÖRNEMANN, SLG. VÖLK

Große Beachtung fanden die in den fünfziger Jahren gebauten Gliedertriebzüge der Reihe VT 10.5. Wegen vieler Mängel hielt diese Freude nicht lange an

Baureihe VT 10.5

Für das Streben um höhere Geschwindigkeiten ist die Verringerung der toten Fahrzeugmasse von herausragender Bedeutung, um nicht zu hohe Antriebsleistungen installieren zu müssen. Dabei war der Übergang vom Einzelwagen zum Triebzug ein wesentlicher Schritt. Im Ausland waren bereits frührer Gliedertriebzüge gebaut worden, die durch ihre niedrige Sitzplatzmasse bestachen.

Gerade rechtzeitig zur Deutschen Verkehrsausstellung in München im Sommer 1953 konnten von der Industrie zwei Schnelltriebwagen ausgeliefert werden, die allerdings die Fachwelt nur für kurze Zeit begeisterten. Aufbauend auf dem Prinzip des in Spanien bereits erfolgreich eingesetzten Talgo-Zuges hatten die Deutsche Bundesbahn und die Schienenfahrzeug-Industrie ebenfalls Entwürfe für Gliedertriebzüge entwickelt, die zunächst in zwei Varianten realisiert wurden. An der Konstruktion dieser Fahrzeuge wurde ein Konstruktionsbüro unter der maßgeblichen Leitung von Franz Kruckenberg, der hier sein umfangreiches Wissen aus dem Bau des Schienenzeppelins und des nach ihm benannten SVT 137 155 noch einmal einbringen konnte, beteiligt. Bei weitgehender Verwendung von Leichtmetallen entstand einerseits ein achtteiliger Schlafwagengliedertriebzug, dessen einzelne Glieder über die bereits früher im Schnelltriebwagenbau verwendeten Jacobsdrehgestelle miteinander verbunden waren, und andererseits ein siebenteiliger Tagesgliederzug mit Einzelachslaufgestellen. Trotz des unterschiedlichen Verwendungszwecks waren die beiden Probezüge in ihrer maschinentechnischen Ausrüstung weitgehend vereinheitlicht, um die Ergebnisse aus dem gemeinsamen Versuchsbetrieb miteinander vergleichen zu können.

Während der Tagesgliederzug, der die Betriebsnummer VT 10 501 erhielt, bei Linke-Hofmann-Busch auf Rechnung der DB gebaut wurde, fertigte Wegmann in Kassel den Schlafwagengliedertriebzug im Auftrag der DSG. Dieser als VT 10 551 bezeichnete Zug ging erst am 1. Januar 1955 in den Fahrzeugbestand der DB über. Ein entsprechendes Vorhaben der Deutschen Bundespost, ebenfalls Gliedertriebzüge zur Postbeförderung einzusetzen, wurde nicht verwirklicht.

Konstruktion

Beide Triebwagen bestanden ursprünglich jeweils aus zwei Maschinen- und fünf Mittelwagen; der Schlafwagenzug konnte jedoch nach ersten Probefahrten um einen weiteren Mittelwagen verstärkt werden. Die Länge der einzelnen Segmente betrug jeweils 12 200 mm – für die Motorwagen 17 850 mm – und erlaubte damit eine Wagenkastenbreite, die 300 mm über dem üblichen Wert für Schnellzugwagen lag.

TECHNISCHE DATEN

Baureihenbezeichnung			VT 10 501	VT 10 551
Indienststellung			1954	1953
Hersteller			LHB	Weg
Achsformel			B'1'1'1'1'1'1'B'	B'2'2'2'2'2'2'2'B'
Spurweite		mm	1435	1435
Länge über Puffer		mm	96700	108900
Dienstmasse		t	104	122
Dieselmotor(en)	Anzahl		4	4
	Hersteller		MAN	MAN
	Leistung	kW	118/92	118/92
	Drehzahl	U/min	2000/1500	2000/1500
Art der Kraftübertragung			hydromechanisch	hydromechanisch
Höchstgeschwindigkeit		km/h	120	120
Sitzplätze (1. + 2. Klasse)			135+0	24+12[1]

[1] 24 Bettplätze + 12 Liegesitze

Der VT 10 501 „Senator" als Tagestriebzug im Hamburger Hbf

Auf diese Weise konnte der bei den früheren Triebwagenkonstruktionen oft als unzureichend bemängelte Komfort erheblich verbessert werden. Der Triebdrehgestellrahmen beider Züge bestand aus einer Blechträgerkonstruktion in Stahlbauweise mit Wälzachslagern und Achslenkern. Für die Achsfederung wurden Blatt- und Schraubenfedern verwendet. Die Laufdrehgestelle des Tagesgliederzuges waren dagegen als Einachslaufwerke System Kruckenberg ausgebildet, während sich beim Schlafwagenzug jeweils zwei Wagenkästen auf ein Jacobsdrehgestell abstützten. Der Fahrzeugaufbau wurde als verwindungssteife Röhre in Aluminium-Leichtbau-Konstruktion ausgeführt, und bei der Gestaltung des Interieurs legte man auf eine höchst komfortable Ausstattung besonderen Wert. Die Inneneinrichtung des Tageszuges bestand aus 2 300 mm langen offenen Abteilen und Mittelgang mit insgesamt 135 Plätzen 1. Klasse. Der Schlafwagenzug bot 40 Bettplätze 1. und 2. Klasse in Abteilen, die sowohl in Längs- als auch Querrichtung angeordnet waren sowie zwölf Liegesitze und 23 Plätze im Speiseraum und an der Bar. Bei der Benutzung im Tagesbetrieb konnten die Betten jeweils in zwei bequeme einander gegenüberliegende Sitze mit einem dazwischenliegenden Tisch umgebaut werden.
Als Antriebsmotoren wählte man bei beiden Triebwagen aufgeladene Acht-Zylinder-V-Motoren der MAN, Typ D 1548 G mit 118 kW, von denen vier Stück auf die Maschinenwagen eines Zuges verteilt wurden. Zwei Hilfsdieselmotoren mit je 92 kW zur Energieversorgung der Hilfseinrichtungen kamen hinzu. Die Höchstgeschwindigkeit war zunächst auf 120 km/h festgelegt, konnte jedoch nach lauftechnischen Gesichtspunkten und nach einem Motortausch bei gleichzeitiger Leistungssteigerung auf 154 kW pro Motor auf 160 km/h angehoben werden. Die Kraftübertragung erfolgte über ein hydromechanisches Getriebe mit einem Wandler und vier Gängen. Letztendlich waren mit den beiden Gliedertriebzügen Fahrzeuge in Leichtmetallbauweise entstanden, die in ihrer Konstruktion zahlreiche neuartige Ideen aufwiesen: Leichte Fahrzeuge, geringe Fahrzeughöhe, niedriger Schwerpunkt sowie nur geringe Wagenlängen waren charakteristische Merkmale der VT 10.5. Die Ausführung des Tagesgliederzuges VT 10 501 mit Einachslaufgestellen verlieh diesem mit 1,21 t/m-Zuglänge und 0,92 t/Sitzplatz so günstige Parameter, wie sie zuvor und auch anschließend im deutschen Triebwagenbau nicht wieder erreicht wurden. Der Schlafwagenzug „Komet" VT 10 551 schließlich war trotz der Verwendung von Drehgestellen der Bauart Jacobs und der Erweiterung der Garnitur um einen Wagen nur um 3,7 t schwerer als der Tagestriebzug VT 10 501.

Betriebseinsatz

Der planmäßige Einsatz der Gliedertriebzüge begann im Mai 1954. Während der Tageszug als „Senator" auf der Strecke Frankfurt (Main) – Hamburg im Einsatz war, befuhr der Schlafwagentriebzug unter dem Namen „Komet" die Strecke Hamburg – Zürich. Der tägliche Einsatz zeigte, daß nicht alle Ideen für den Triebwagenbau als empfehlenswert angesehen werden konnten. So ließen sich gute Laufeigenschaften mit dem VT 10 501 über längere Zeitabschnitte nicht erhalten. Ebenso erschwerte die Aufteilung der Leistung auf sechs Motoren die Unterhaltung. Die beiden Prototypen konnten damit die in sie gesetzten hohen Erwartungen leider nicht erfüllen, so daß sie nur für relativ kurze Zeit auf den Schienenwegen der DB zu sehen waren. Da die Gliedertriebzüge Einzelstücke blieben, galten sie auch vom Gesichtspunkt der Instandhaltung als unwirtschaftlich, und besonders die erforderliche Ersatzzuggestellung bei Ausfällen wirkte sich negativ auf das Ansehen dieser Züge aus. Aufgrund der lauftechnischen Mängel mußte der Tagesgliederzug VT 10 501 bereits im November 1957 aus dem Betriebsdienst abgezogen werden und erreichte mit seiner Ausmusterung am 12. Juni 1959 die kürzeste Lebensdauer aller hochwertigen DB-Fahrzeuge. Auch der VT 10 551 wurde bald darauf – die Ausmusterung erfolgte am 20. Dezember 1960 – abgestellt. Trotz allem stellt die Entwicklung der Gliedertriebwagen einen richtungsweisenden Fortschritt in der Geschichte des deutschen Triebwagenbaus dar. Die gewonnenen Erfahrungen bildeten letztendlich die Grundlage für die Entwicklung der späteren TEE-Triebwagen der Baureihe VT 11.5, der wohl gelungensten und über die Grenzen hinaus anerkanntesten Konstruktion deutscher Triebwagen.

Wirtschaftsminister Ludwig Erhardt benutzte den „Komet" sogar für einen Staatsbesuch in Athen

REDAKTION: BODO JASTER; FOTOS: SLG. SCHRICKER, ARCHIV GN (2)

Für den Einsatz im TEE-Verkehr entwickelte die DB die Baureihe VT 11.5. Später wurden die formschönen Züge auch im IC- und Sonderverkehr genutzt

Baureihe VT 11.5 (DB 601/602)

Für die in den fünfziger Jahren gegründete Organisation für den Eisenbahnfernschnellverkehr (Trans Europ Express – TEE) stellte die Deutsche Bundesbahn eine Triebzugbaureihe in Dienst, die in der Grundeinheit aus sieben Wagen (zwei Trieb- und fünf Mittelwagen) bestand. Da nur sehr wenig Zeit für Konstruktion und Fertigung verblieb, waren keine umfangreichen Neuentwicklungen möglich. Ein Triebzug bestand aus folgenden Fahrzeugen: Triebwagen, Reisewagen mit Abteilen, Reisewagen mit Fahrgastgroßraum, Speisewagen mit Bar und Fahrgastraum sowie Küchenwagen mit Speiseraum. Der Triebzug konnte mit weiteren Mittelwagen zu einer maximal zehnteiligen Einheit erweitert werden. Er eignete sich auch für den Fährverkehr nach Dänemark und Schweden.

1972 wurden vier Triebwagen auf Gasturbinenantrieb umgebaut und als Baureihe 602 bezeichnet. Ohne Gewichtserhöhung konnte die Traktionsleistung der Triebzüge (10-teilig mit je einem Triebwagen der Baureihen 601 und 602) wesentlich gesteigert werden. Bei Versuchsfahrten wurde mit einem Triebzug, der aus zwei 602 und zwei Mittelwagen bestand, die Geschwindigkeit von 200 km/h überschritten.

Konstruktion

Zur Verbesserung des Reisekomforts wurden die Wagenkästen möglichst breit gestaltet. Daher legte man in Anlehnung an die Baureihe VT 10.5 eine Kastenbreite von 3012 mm fest, wodurch sich eine Wagenlänge von nur 17 400 mm ergab. Jeder Wagen hatte zwei Drehgestelle. Die beiden Triebwagen konnten wegen der besonderen Kopfform 19200 mm lang sein. Die Wagenkästen sind in kombinierter Spanten-Schalenbauweise ausgeführt. Das Untergestell der Triebwagen war eine geschweißte Stahlkonstruktion. Die Seiten- und Stirnwände, das Dach, die Bodenwanne, das Kastengerippe und die Vorbauhaube bestanden aus Aluminiumverbindungen verschiedener Festigkeit. Die Verbindungen wurden größtenteils als Schweißkonstruktion ausgeführt; aber es gab auch Nietungen. Das Seitenwandblech war leicht gewölbt und bestand aus einem Stück, um Schweißnähte zu vermeiden. Die Wagen hatten tief herabgezogene Schürzen und eine geschlossene Bodenwanne. Bei den Mittelwagen war der Wagenkasten aus Leichtmetall, nur die Hauptquerträger für die Drehgestelle und die Kupplungen bestanden aus Stahl. Die Mittelwagen waren eine selbsttragende Konstruktion, bei der die Bauelemente verschweißt und genietet waren und besaßen ebenfalls eine Bodenwanne.

TECHNISCHE DATEN

Baureihenbezeichnung			VT 11.5	VT 11.5
	ab 1968		601	602
Indienststellung/Umbau (1. Jahr)			1957	1972
Hersteller			MAN u.a.	MAN u.a.
Achsformel			B'2'+2'2'+2'2'+2'2' +2'2'+2'2'+2'B'	B'2'+2'2'+2'2'+2'2'+2'2' +2'2'+2'2'+2'2'+2'2'+2'B'
Spurweite		mm	1435	1435
Länge über Puffer		mm	130680	185200
Dienstmasse		t	211	292,5
Dieselmotor(en)	Anzahl		2	2
	Hersteller		Daimler, Maybach, MAN	KHD
	Leistung	kW	2058	2868
	Drehzahl	U/min	1500	13700
Art der Kraftübertragung			dieselhydraulisch	dieselhydraulisch
Höchstgeschwindigkeit		km/h	140/160	160
Sitzplätze (1. Klasse)			122	227

Seit Anfang der achtziger Jahre waren die Triebzüge im Touristikverkehr eingesetzt (31. August 1984)

Die Triebdrehgestelle waren eine geschweißte Blechträgerkonstruktion mit einem Radsatzabstand von 3400 mm. Die Drehgestelle hatten weder Wiege noch Drehzapfen, sondern wurden durch Lenker und seitliche Gleitstücke geführt. Für die Laufdrehgestelle wählte man die Bauart München-Kassel mit einem Radsatzabstand von 2300 mm. Als Zug- und Stoßeinrichtung wurde die selbsttätige Mittelpufferkupplung der Bauart Scharfenberg verwendet, die gleichzeitig die pneumatischen und elektrischen Leitungen miteinander verband. Die Wagenübergänge sind mit doppelten schalldämmenden Gummibälgen abgeschlossen.

Der Triebwagen bestand aus dem Maschinenraum im Vorbau für die Antriebsanlage, einem Raum für den Hilfsdiesel und die Kühlanlage sowie einem dazwischen gelegenen Führerstand, der eine gute Sicht bot. Er war weitgehend schallisoliert, weil man das schalldichte Führerhaus als getrenntes Bauteil in die Seitenwände des Wagenkastens elastisch einhängte. Der Triebwagen enthielt außerdem ein Gepäckabteil mit Doppelflügeltüren und zwei Abteile für das Zugpersonal.

Die geschlossenen Fahrgastabteile hatten eine Abteiltiefe von 2200 mm, eine Sitzbreite von 700 mm und eine Sitzplatzanordnung von 0+3. Der Großraum enthielt 33 Sitze, von denen 27 als drehbare Liegesitze ausgeführt wurden. Es gab nur die 1. Wagenklasse. Der Küchenwagen bestand aus einer Küche, einem Büfett und einem Speiseraum mit 4 Abteilen in der Sitzplatzanordnung von 1+2. Im folgenden Speisewagen waren weitere 4 Speiseabteile, eine Bar und ein Großraum, der notfalls als Speiseraum dienen konnte, vorhanden.

Die Antriebsanlage war in zwei Maschinenanlagen aufgeteilt. Sie wurden in den Wagenkästen der Triebwagen eingebaut, da dies gegenüber dem Einbau in den Triebdrehgestellen eine größere Betriebssicherheit versprach. Die Kraftübertragung erfolgte dieselhydraulisch. Alle Dieselmotoren waren auf eine Leistung von 810 kW eingestellt.

Die Motoren trieben über eine Schwingmetallkupplung die hydraulischen Getriebe der Bauart Voith bzw. hydromechanischen Getriebe der Bauart Maybach an. Über Gelenkwellen und Achstriebe wurde die Kraft auf jeweils beide Treibradsätze des betreffenden Drehgestells übertragen. Von den Getrieben wurden auch die Hydraulikpumpen der Lüfter angetrieben.

Die elektrisch steuerbare KE-Bremse wurde als Scheibenbremse ausgebildet. Jeder Wagen enthielt zusätzlich Magnetschienenbremsen. Außerdem besaß jeder Triebwagen ein dieselelektrisches Aggregat von 210 kW, welches das Bordnetz mit 380/220 V speiste. Aus dem Bordnetz wurden die Beleuchtung und Heizung, die Klimaanlagen, die Kücheneinrichtungen, der Luftverdichter usw. versorgt. Die Vielfachsteuerung wurde mit 110 V Gleichspannung betrieben; sie konnte auch mit der Baureihe 608 zusammenarbeiten. Eine zeit- und wegabhängige Sicherheitsfahrschaltung, die Indusi, die Zugsicherungseinrichtung der SNCF und eine Lautsprecheranlage waren ebenfalls vorhanden.

Betriebseinsatz

Die erste komplette Garnitur wurde am 15. Mai 1957 im AW Nürnberg abgenommen und in Dienst gestellt. Nach ersten Fahrten zur Vorstellung der neuen Züge für die Presse begann der reguläre Einsatz im TEE-Verkehr ab Juni 1957. Gefahrene Leistungen waren dabei TEE-Züge wie der „Helvetia" (Hamburg – Zürich), der „Rhein – Main" (Frankfurt (Main) – Amsterdam), der „Saphir" (Dortmund – Bruxelles – Ostende) und der „Paris – Ruhr" (Dortmund – Paris). Sie bewährten sich dabei sehr gut im alltäglichen Betriebseinsatz. Beheimatet waren die VT 11.5 zu dieser Zeit bei den Bw Frankfurt (Main), Dortmund und Hamburg-Altona (ab 1960 nur noch Altona und Griesheim). Nach und nach ging die DB dazu über, die TEE-Züge als lokbespannte Garnituren zu fahren. Als letzte TEE-Leistung bis August 1972 galt es für die nun als Baureihe 601 bezeichneten Triebzüge, den TEE 84 Mediolanum zu befördern. Seit Herbst 1968 fanden sie zunehmend Verwendung im neu eingerichteten InterCity-Verkehr. In dieser Zeit gelangten auch alle 601 zum Bw Frankfurt (Main).

1972 erhielten vier Triebköpfe eine Gasturbine eingebaut. Dadurch konnte die Leistung eines Triebzuges mit je einem Triebkopf der Baureihe 601 und 602 um 810 kW gesteigert werden. Vereinzelt erfolgte der Einsatz der umgebauten Triebwagen auch artrein, d.h. zwei Triebköpfe der Baureihe 602 bildeten gemeinsam mit den Mittelwagen einen kompletten Triebzug. Allerdings bewährte sich der Gasturbinenantrieb im alltäglichen Einsatz nicht gut. Häufige Defekte und Ausfälle führten schließlich zwischen 1978 und 1979 zur Abstellung der in Hamburg-Altona beheimateten 602.

Wegen der auch bislang schon erfolgten Einsätze im Charterverkehr beschloß die DB, die Triebwagen der Reihe 601, die nun nicht mehr im IC-Dienst benötigt wurden, im Rahmen einer Hauptuntersuchung für den Touristikverkehr anzupassen. Die Ausstattung der Mittelwagen wurden in diesem Zusammenhang modernisiert. Einer der Schwerpunkte lag in der Beförderung des „Alpen-See-Expreß". Aber auch andere Leistungen dieser Art waren zu erbringen. Die in den letzten Jahren wieder in Hamburg beheimateten Fahrzeuge wurde zu Beginn der achtziger Jahre nach Hamm verlegt, das zur letzten Heimat der 601 wurde. Obwohl der Touristikverkehr die Triebwagen gut auslastete, wurde von einer erneuten Untersuchung Abstand genommen. Einige der ehemaligen VT 11.5 konnten jedoch vor der Verschrottung bewahrt werden und sind auch heute noch im Charter- und Sonderverkehr unterwegs.

Die Gasturbinen-602 wurden bald abgestellt (AW Nürnberg, 1983)

REDAKTION: BODO JASTER; FOTOS: KEMPF, W. BÜGEL, GUSSMANN

Im Gegensatz zur Schwesterbaureihe VT 08.5 waren die VT 12.5 für die Verwendung im Bezirks- und Städteverkehr konstruiert (Seesen, 24. Juli 1982)

Baureihe VT 12.5 (DB 612)

Noch vor Ablieferung der VT 08.5 bestellte die Bundesbahn bei der Firma Rathgeber vier dreiteilige Dieseltriebzüge für den Bezirks- und Städteschnellverkehr. Sie entsprachen im Fahrzeugaufbau und dem maschinellen Teil weitgehend dem VT 08.5. Die Aufteilung und Ausstattung der Innenräume wichen jedoch erheblich von diesem ab, breitere Endeinstiege und zusätzliche Mitteleinstiege gewährleisteten einen rascheren Fahrgastwechsel. Die VT 12.5 genannten Züge führten auch die damalige 3. Klasse. Mit Abschaffung der 3. Wagenklasse im Jahr 1956 wurden die 3. zur 2. und die 2. zur 1. Klasse „aufgewertet".

Äußerlich unterschieden sich die VT 12.5 von den VT 08.5 auf den ersten Blick durch die doppelflügligen Mitteleinstiegstüren und die andere Fensterteilung. Recht augenfällig war auch noch die im Bereich des Maschinentriebdrehgestells ausgesparte Seitenschürze. Trotz konstruktiver Auslegung für 140 km/h galt für die VT 12.5 anfangs nur eine Höchstgeschwindigkeit von 120 km/h. Nachdem in den fünfziger Jahren bei vielen Strecken der Oberbau saniert war, wurde die maximale Geschwindigkeit der Triebzüge auf 140 km/h heraufgesetzt.

In der Zeit von Januar bis Juni 1957 erhielt das Bw Hamburg-Altona acht weitere von der Firma Rathgeber gebaute Motorwagen mit den Betriebsnummern VT 12 505 – 512. Neun Mittelwagen (VM 12 505 – 513) lieferte die Firma Waggon- und Maschinenbau Donauwörth GmbH. Während die ersten VT 12 und VS 12 bei Auslieferung noch das große gelbe Flügelrad am Kopf trugen, wurden die VT 12 505 – 512 mit dem anthrazitfarbenen Pfeil und dem neuen DB-Emblem abgeliefert. Die benötigten Steuerwagen entstanden durch den Umbau überzähliger VS 08.5, die in VS 12 505 – 509 umgezeichnet wurden. Alle neuen Fahrzeuge sowie die Umbau-Steuerwagen waren für den Trajektverkehr nach Dänemark geeignet.

Konstruktion

Der Wagenkasten war wie beim VT 08.5 als selbsttragende, verwindungssteife Röhre in kombinierter Schalen- und Spantenbauweise weitgehend geschweißt ausgeführt. Dabei bildeten Bodenwanne, Seitenschürzen, Längsträger, Außenwände und Dachkonstruktion als tragende Elemente eine Röhre. Die erste Hälfte des Motorwagens war dienstlichen Zwecken sowie der Post- und Gepäckbeförderung vorbehalten. Der Führerraum konnte im Gegensatz zum VT 08.5 erfreulicherweise verlängert ausgeführt werden. Darauf folgten der Motorraum und der 4440 mm lange Gepäckraum mit doppelten Flügeltüren auf beiden Fahrzeugseiten, der 1500 mm lange Heiz- sowie der 2000 mm lange Postraum. Hinter dem 1915 mm langen Einstiegsraum mit jeweils doppelten Schwenkschiebetüren lagen die Toilette und ein Großraum mit fünfeinhalb Abteilen und 44 Sitzplätzen 3. Klasse. Die Sitzteilung war 2+2, die

TECHNISCHE DATEN

Baureihenbezeichnung			VT 12.5
	ab 1968		612
Indienststellung (1.Jahr)			1952
Hersteller			Rathgeber
Achsformel			B'2'+2'2'+2'2'
Spurweite		mm	1435
Länge über Puffer		mm	80220
Dienstmasse		t	120
Dieselmotor(en)	Anzahl		2
	Hersteller		Maybach, Daimler, MAN
	Leistung	kW	736
	Drehzahl	U/min	1500
Art der Kraftübertragung			hydraulisch/mechanisch
Höchstgeschwindigkeit		km/h	120/140
Sitzplätze (1. + 2. Klasse)			40+176

Bis zum Sommer 1985 konnten sich die 612 im Einsatzbestand behaupten (Puttgarden, 3. April 1982)

Abteiltiefe betrug 1600 mm. Am Ende des VT lag der zweite, 1175 mm lange Einstiegsraum mit je einer Schwenkschiebetür von 750 mm lichter Weite mit dem Übergang zum Mittelwagen. Die Endeinstiege der VM und VS entsprachen in Abmessung und Türausstattung dem des VT. Wiederum einem Einstiegsraum folgte in den Mittelwagen ein Großraum 3. Klasse mit fünfeinhalb Abteilen und 44 Plätzen, danach der mittlere Einstiegsraum mit Doppeltüren, die Toilette und ein Großraum 3. Klasse mit 28 Plätzen in dreieinhalb Abteilen. In einem weiteren Großraum befanden sich drei Abteile 2. Klasse mit 24 Plätzen, ebenfalls mit einer Sitzteilung von 2+2, jedoch einer Abteiltiefe von 2000 mm. Daran schloß sich der zweite Endeinstiegsraum an. Im Steuerwagen folgte dem Endeinstiegsraum ein Großraum mit drei Abteilen 2. Klasse und 24 Sitzplätzen, dann ein Raum mit nur zwei Abteilen 3. Klasse und 16 Sitzplätzen. Der doppeltürige Mitteleinstiegsraum war mit 2295 mm um 380 mm länger als beim VT und VM und wies zwei Notsitzbänke auf. Daran grenzten die Toilette und ein Großraum 2. Klasse mit zweieinhalb Abteilen und 20 Plätzen. Einem weiteren Einstiegsraum folgte nochmals ein Großraum 3. Klasse mit 24 Plätzen in drei Abteilen und schließlich der (gegenüber dem Motorwagen etwas vergrößerte) Führerstand des Steuerwagens.
Im technischen Bereich waren die Unterschiede zum VT 08.5 gering, so daß hier nur auf die Abweichungen eingegangen wird. Beim VT 08.5 verfügte jeder Einzelwagen über eine eigene, ölgefeuerte Heizung. Der VT 12.5 hingegen besaß eine zentrale Warmwasserheizung für drei Wagen, die von einem ölgefeuerten Heizkessel aus versorgt wurde. Die Heizenergie wurde durch die Scharfenbergkupplung übertragen, so daß zusätzliche Heizschläuche zwischen den Wagen überflüssig waren. Der Betriebsvorrat an Heizöl betrug 200 Liter. Bei späteren gemeinsamen Einsätzen mit den aus VT 08.5 umgebauten VT 12.6 (ab 1968: 613) brachte diese „Sparversion“ der Heizung Probleme, da die Fahrzeuge nicht freizügig miteinander kuppelbar waren und nur bestimmte Zugkombinationen erlaubten. Die VM 12.5 und VS 12.5 waren nur verwendbar, wenn auch ein VT 12.5 vorhanden war, da er die Heizenergie lieferte. Auch durfte zwischen dem VT und den VM oder VS kein VM 12.6 laufen, da dieser keine durchgehende Heizleitung besaß.

Betriebseinsatz

Der VT 12 501 wurde Anfang Februar 1953 an die DB abgeliefert und im Bww Dortmund Bbf beheimatet. Der vierte Triebzug der ersten Serie, VT 12 504, wurde nach seiner Abnahme zur Deutschen Verkehrsausstellung nach München überführt, wo er vom 20. Juni bis zum 11. Oktober 1953 neben der V 200 001 und anderen Fahrzeugen die moderne Bundesbahn repräsentierte. Anschließend kam auch er zum Bww Dortmund Bbf. Die anderen drei liefen ab Sommerfahrplan 1953 in einem zweitägigen Umlauf im Städteschnellverkehr zwischen Dortmund und Köln und erreichten im Durchschnitt pro Plantag 560 km Laufleistung. Im Mai 1954 gab das Bww Dortmund Bbf alle vier Triebwagen an das Bw Hamburg-Altona ab. Zum Sommerfahrplan 1955 fuhren sie Eilzugleistungen nach Flensburg, Kiel, Lübeck-Travemünde, Lübeck und Bremen. Zum Winterfahrplan 1961/62 gab das Bw Hamburg-Altona die VT 12 510 und 512 sowie VM 12 510, 512 und 513 nach Frankfurt-Griesheim ab. Zusammen mit den VT 08 bildeten sie vierteilige Einheiten.
Neben dem „Kopenhagen-Express“ gab es eine weitere internationale Leistung der Hamburger VT 12.5; allerdings nicht „reinrassig“. Die Garnitur bestand aus einem VT 08.5 mit Speiseabteil, zwei VM 12.5 sowie einem VT 12.5. Mit ihr wurde im Sommerfahrplan 1964 der Dt 195/196 Hamburg-Altona – Hengelo gefahren. Am 30. November 1963 wurde VT 12 504 an das Bw Braunschweig abgegeben, um dort die Gruppe der VT 12.6 zu unterstützen. Nach gut einem Jahr kehrte er jedoch wieder in sein altes Heimat-Bw zurück. – Erst Mitte 1974 war auch der 612 506 vom 1. Juli bis 13. August kurzzeitig beim Bw Braunschweig beheimatet. Alle übrigen Triebwagen waren, sofern nicht zwischenzeitlich ausgemustert, bis Mai 1982 im Bw Hamburg-Altona stationiert.
Im Winterfahrplan 1963/64 hatten die VT 12.5 neben dem schon erwähnten Dt 141/142 „Kopenhagen-Express“ unter anderem folgende bemerkenswerte Leistungen: die Dt 774/773 und Et 377/378 von Kiel nach Hannover, den Et 878/875 von Hannover nach Kassel sowie den Langlauf Et 778/777 von Flensburg über Hamburg nach Helmstedt. Dabei fuhren von Kiel bis Hannover Et 378 und 778 gemeinsam, auf der Rückfahrt wurden sie in Lehrte vereint. Als sonstige Leistungen wurden Eil- und Personenzüge in Schleswig-Holstein und im nördlichen Niedersachsen erbracht.
Mit Einführung EDV-gerechter Nummern ab Januar 1968 erhielten die VT 12.5 die Baureihenbezeichnung 612. Haupteinsatzstrecken waren in dieser Zeit die Verbindungen Hamburg-Altona – Neumünster – Flensburg und Hamburg-Altona – Neumünster – Kiel. Weiterhin wurden auf der Strecke Flensburg – Kiel – Lübeck – Büchen – Lüneburg etliche Leistungen von Eierköpfen erbracht. Weitere Züge fuhren von Flensburg über Eckernförde, Kiel und Neumünster nach Hamburg-Altona. Am 10. August 1971 wurde 612 501 nach einem Unfall als erster Eierkopf ausgemustert. Trotzdem blieb es im Umlauf bei zehn Plantagen.
Mit dem Somerfahrplan 1980 gab es die ersten Planeinbußen. Obwohl die Ausmusterung der 612 abzusehen war, lagen sie 1980 in der DB-Laufleistungsstatistik für Triebwagen noch auf dem ersten Platz, gefolgt von der Schwesterbaureihe 613. Am Abend des 22. Mai 1982 wurden die Triebzüge in Hamburg-Altona und Kiel zusammengestellt und auf den Weg in ihre neue Braunschweiger Heimat geschickt. Dort wurden die 612 vorzugsweise in zweiteiligen Einheiten auf den Strecken von Braunschweig nach Salzgitter-Lebenstedt und Helmstedt über Jerxheim eingesetzt. Erst zum Ende kamen sie auch auf den Strecken nach Kreiensen und darüber hinaus zum Einsatz. Mit dem Ende des 612/613-Einsatzes beim Bw Braunschweig zum Sommerfahrplan 1985 wurden die wenigen noch verbliebenen 612 und 912 ausgemustert. Eine komplette VT 12.5-Einheit wurde nach mehrjähriger Abstellzeit betriebsfähig aufgearbeitet und ist heute von der württembergischen Landeshauptstadt aus als „Stuttgarter Rössle“ im Sonderverkehr unterwegs.

REDAKTION: BODO JASTER; FOTOS: U. WEHMEYER, SCHULZ

Für den Einsatz auf schwach frequentierten Nebenbahnen entstanden unter Verwendung von Teilen aus dem Lkw-Bau die Schienenbusse der Reihe VT 95

Baureihe VT 95 (DB 795)

Nach den guten Erfahrungen der DRG mit leichten, aus Komponenten des Lkw-Baues hergestellten Schienenomnibussen entschloß sich auch die junge DB zur Entwicklung derartiger Fahrzeuge, um den Betrieb auf schwach frequentierten Nebenbahnen günstiger zu gestalten. In enger Zusamenarbeit mit dem Zentralamt München lieferte die Waggonfabrik Uerdingen 1950 die elf als VT 95 901 – 911 bezeichneten Vorserienfahrzeuge an die DB. Entsprechend der Eisenbahn-Bau- und Betriebsordnung (EBO) wiesen sie den für Fahrzeuge mit festen Achsen zulässigen Achsstand von 4,5 m auf. Die Fahrzeuge mit dem charakteristischen, über die Führerstandsfenster überstehenden Fahrzeugdach, erhielten den unterflur eingebauten Büssing-Dieselmotor U 9 mit einer Leistung von 81 kW. Um trotz des kurzen Wagenkastens noch genügend Sitzplätze zu erhalten, besaßen sie auf jeder Seite diagonal gegenüber nur je eine zweiflügelige Falttür. Zwei leichte Stoßbügel dienten als Aufprallschutz, eine Lkw-Ringfeder-Anhängerkupplung ermöglichte das Kuppeln der Beiwagen.

Eine Ausnahmegenehmigung der EBO ermöglichte im gleichen Jahr den Bau des VT 95 912 mit einem Achsstand von 6 m und nunmehr zwei Einstiegen je Fahrzeugseite. Nachdem die Probefahrten zufriedenstellend verliefen, konnte dieser Achsstand für die 1952 beginnenden Serienlieferungen ab VT 95 9113 beibehalten werden. Lediglich die Beiwagen VB 142 behielten den kurzen Achsstand von 4,5 m bei. Äußerlich unterschieden sich die Serienfahrzeuge durch die bündig mit den Frontscheiben abschließenden Dächer mit ihren über den Führerständen eingebauten Oberlichtfenstern und der Verwendung einer leichten Scharfenberg-Kupplung von den Prototypen. Ab dem VT 95 9173 kam der fortentwickelte Büssingmotor U 9 A mit 96 kW Motorleistung zum Einbau.

Zu den bis 1955 von Uerdingen und MAN gelieferten 557 Schienenbussen der Serienbauart VT 95 9113 – 9669 wurden gleichzeitig von verschiedenen Herstellern insgesamt 563 Beiwagen VB 142 007 – 569 geliefert. Sie besaßen ein Gepäckabteil, zehn Stück auch ein zusätzliches Bedarfspostabteil mit Klappsitzen. Ein weiterer Beiwagen VB 142 901 entstand als Ultraleichtanhänger bei Uerdingen im Jahre 1955, er verfügte über einen Achsstand von 6 m, sein Leergewicht betrug aufgrund der besonders weit getriebenen Leichtbauweise nur 6 t. Speziell für den Transport von Fahrrädern und sperrigem Gepäck baute Fuchs in Heidelberg nach zehn 1952 gefertigten Prototypen, VB 141 120 – 122 für die Aussichtstriebwagen ET 91 und VT 90.5 sowie VB 141 200 – 206 für VT 95, im Jahre 1955 eine Serie von 50 Einachsanhängern VB 141 207 – 256.

Als Probefahrzeuge entstanden 1953 die Schienenbusse VT 98 901 – 903, die mit zwei Maschinenanlagen und Motorbremse ausgerüstet auch auf Gebirgsstrecken einsetzbar sein sollten.

TECHNISCHE DATEN

Baureihenbezeichnung		VT 95 901-911	VT 95 9113 ff.
ab 1968		–	795 113 ff.
Indienststellung (1. Jahr)		1950	1952
Hersteller		Uerdingen	Uerdingen MAN
Achsformel		A1	A1
Spurweite	mm	1435	1435
Länge über Puffer	mm	10650	13265
Dienstmasse	t	11,5	13,2-13,9
Dieselmotor(en) Anzahl		1	1
Hersteller		Büssing	Büssing
Leistung	kW	81	111
Drehzahl	U/min	1800	1800
Art der Kraftübertragung		mechanisch	mechanisch
Höchstgeschwindigkeit	km/h	90	90
Anzahl der Sitzplätze		41	60

Für den Transport von Fahrrädern und Gepäck wurden auch einachsige Spezialanhänger geliefert

Auch die noch selbständigen Eisenbahnen des Saarlandes erhielten in den Jahren 1956 – 1958 eine Serie von 15 Schienenbussen VT 95 9901 – 9915 und 12 Beiwagen VB 142 570 – 581, welche von der Saarbrückener Firma Lüttgens in Lizenz gefertigt wurden.
Im Jahre 1961 begann die Umrüstung der VT 95 auf die in den zweimotorigen Schienenbussen VT 98 bewährten Büssingmotoren U 10 mit nunmehr 111 kW, die im Lauf der kommenden Jahre alle Serienfahrzeuge und die VT 98.9 erhielten. Einige VT 95 erhielten diverse Sonder- und Versuchsausstattungen, wie eine Kleinsteuerung zum Führer zweier VT 95 von einem Führerstand, eine Luftfederung des Wagenkastens oder den Zugbahnfunk.
Im Jahre 1968 wurden die Schienenomnibusse der Reihe VT 95 EDV-gerecht in 795 und die drei zweimotorigen Prototypen VT 98.9 in 798.9 umgezeichnet. Die Beiwagen VB 142 wurden, passend zu den Triebwagen, zu 995. Auch die zwei noch vorhandenen Einachsanhänger VB 141 erhielten noch kurzzeitig die Nummern 941 210 und 247.
Einige VT 95 wurden nach ihrem Ausscheiden aus dem Betriebsdienst zu Bahndienstfahrzeugen umgebaut. Zu Indusi-Prüfwagen 724 001 – 003 wurden VT 95 906 als Prototyp sowie 795 471 und 144, zum LZB-Prüfwagen 727 001 der ehemalige 795 113. Weitere Fahrzeuge wurden zu Bergungs-, Enteisungs- oder Mannschaftswagen umgebaut, aber bald ausgemustert.

Konstruktion

Der Fahrzeugteil der Schienenbusse VT 95 bestand aus dem aus Walzprofilen und Blechen geschweißten Untergestellrahmen und dem Wagenkasten, der in vier Punkten federnd auf dem Untergestell gelagert war. Der selbsttragende, verwindungssteife Wagenkasten war eine Stahl-Leichtbaukonstruktion mit aufgenieteten, mittragenden Bekleidungsblechen. Das Fahrzeugdach wurde aus Stabilitätsgründen mit Sicken ausgeführt. Der Untergestellrahmen war über Blattfedern, die gleichzeitig als Achslenker dienten, auf den beiden in Außenrollenlagern geführten Radsätzen abgefedert. Alle Aggregate wie Dieselmotor, Getriebe, Luftpresser, Lichtmaschine oder Kühlanlage waren unterflur am Fahrgestellrahmen befestigt. Der Sechszylinder-Diesel-Reihenmotor vom Typ Büssing U 10 war am Untergestellrahmen an drei Punkten elastisch aufgehängt. Über eine Gelenkwelle gelangte die Antriebskraft zum 6-Gang-Schaltgetriebe mit einer elektromagnetischen Kupplung und über eine weitere Gelenkwelle zum pneumatisch geschalteten Achswendegetriebe des dem Dieselmotor gegenüber liegenden Radsatzes. Der Füllungsregler des Dieselmotors wurde über ein Fußpedal gesteuert. Über den durch die Toilette geführten Auspuffschacht gelangten die Motorabgase am Fahrzeugdach ins Freie. Einige Fahrzeuge verfügten über eine Kleinsteuerung zum Fahren zweier VT 95 in Doppeltraktion, allerdings konnten Anlasser und Achswendegetriebe nur im besetzten Führerstand bedient werden. Die VT 95 verfügten über eine selbsttätige, mehrlösige Westinghouse-Autobremse, die auf je eine auf die Achsen aufgeschrumpfte Bremsscheibe wirkte. Um den leichten Fahrzeugen eine sichere Abbremsung auch bei schlechten Reibungsverhältnissen zu gewährleisten, war zusätzlich eine Magnetschienenbremse vorhanden.
An den Fahrzeugenden befanden sich beidseitig dreiflüglige Drehfalttüren, die in den als Großraum der 2. Klasse eingerichteten Wagen führten. Die beiden Führerstände an den Fahrzeugenden waren nicht abgetrennt und besaßen ein mit Rolladen verschließbares Führerpult. Die Lehnen der gepolsterten Sitzbänke mit ihrem blauen Kunststoffbezug waren in Fahrtrichtung umklappbar.

Betriebseinsatz

Die kurzen Prototypen VT 95 901 – 910 wurden neu den Bw Flensburg (2), Heiligenhafen (2), Husum (1) und Kempten (5) zur Betriebserprobung zugeteilt. Die ab 1952 abgelieferten Serienfahrzeuge wurden bei über 70 auf das gesamte Gebiet der Deutschen Bundesbahn verteilten Betriebswerken eingesetzt. Am 29. April 1965 wurde mit dem VT 95 904 des Bw Husum der letzte kurze Prototyp, am 22. November 1966 beim Bw Landau der lange Prototyp VT 95 911 ausgemustert. Als letzter der zweimotorigen Prototypen wurde der 798 903 am 1. Juli 1976 beim Bw Passau, von dem aus die drei Fahrzeuge auf der ehemaligen Zahnradstrecke nach Wegscheid eingesetzt wurden, abgestellt.
Ab etwa 1970 begann die Ausmusterung der einmotorigen Schienenbusse. Nach dem Ausscheiden aus dem Plandienst zum Ende des Winterfahrplanes 1979/80 wurden die VT 95 bei den letzten sieben Bahnbetriebswerken endgültig abgestellt. Lediglich der 795 445 blieb für den Personalverkehr des Bw Köln-Nippes bis zum 27. Oktober 1983 im Bestand der DB. Einige VT 95/VB 142 kamen bei in- und ausländischen Privatbahnen, aber auch bei der Staatsbahn von Uruguay wieder in Betrieb. Als Museumsfahrzeug der Deutschen Bundesbahn ist der VT 95 9240, zusammen mit dem VB 142 019, beim Bw Heidelberg betriebsfähig erhalten.

Die Vorserien-VT 95 unterschieden sich noch in vielen Punkten von der späteren Serienausführung

REDAKTION: AXEL ENDERLEIN; FOTOS: GUSSMANN, SCHAMBACH/SLG. KNIPPING, BELLINGRODT/SLG. KNIPPING

Nur zwei Prototypen eines vierachsigen Leichtbautriebwagens (LVT) ließ die DR als Baureihe VT 4.12 für den Einsatz im Nahverkehr bauen (1969)

Baureihe VT 4.12 (DR 173.0)

Bereits während der Serienfertigung der zweiachsigen Leichttriebwagen (LVT) der Baureihe VT 2.09 (BR 171) zwischen 1962 und 1963 gab es vor allem von Seiten ausländischer Bahnverwaltungen Interesse an einem vierachsigen LVT. Unter Verwendung bereits bewährter Bauteile schuf die Schienenfahrzeugindustrie der DDR in nur einem Jahr das Baumuster VT 4.12.01, das auf der Leipziger Frühjahrsmesse 1964 vorgestellt wurde. Ein Jahr später erschien das Baumuster VT 4.12.02, das hinsichtlich seiner äußeren Formgebung und des Fahrkomfort wesentlich verbessert worden war. Die Höchstgeschwindigkeit betrug 120 bzw. 125 km/h.

Konstruktion

Die Wagenkästen waren eine selbsttragende Schweißkonstruktion. Das Untergestell wurde ebenfalls in Schweißtechnik gebaut. Es bestand aus Walzprofilen und gekanteten Trägern. Im Bereich der Einstiege waren starke Längsträgerumführungen vorhanden. Dach, Seitenwand und Untergestell waren verwindungssteif miteinander verbunden. Der zweite Baumuster-VT besaß klappbare Schürzen. Die Stirnenden waren abgerundet – beim VT 4.12.02 stärker als beim ersten Baumuster. Typisch für den VT 4.12.02 waren die großen Stirnseitenfenster, die später durch zusätzliche Streben geteilt wurden, und das vorgezogene Dach sowie die zum Kupplungsbereich abgeschrägte Schürze. Der Wagenkasten war durch Antidröhnmittel und Glaswolle schall- und wärmeisoliert und wurde durch auf dem Dach befindliche Kuckuckslüfter belüftet. Die 1200 bzw. 1000 mm breiten Fenster waren rahmenlos und im oberen Teil nach innen klappbar. Beide Triebwagen besaßen eine selbsttätige Scharfenberg-Kupplung. Die Einstiegtüren wurden als zweiflügelige Drehfalttüren ausgebildet. Auf jeder Wagenseite waren zwei solcher Einstiege vorhanden. Sie waren über Trittstufen zugänglich und konnten beim VT 4.12.02 von den Führerständen elektropneumatisch geschlossen werden. Die Führerstände waren durch einflügelige Drehtüren zugänglich, beim VT 4.12.01 nur von den Fahrgasträumen und beim VT 4.12.02 direkt von außen.

Das Laufwerk bestand aus insgesamt zwei zweiachsigen Drehgestellen mit einem Achsstand von 2500 mm. Es handelte sich um eine Schweißkonstruktion, wobei der Rahmen ohne Kopfstücke ausgeführt worden war. Gummi-Metall-Federn nahmen die Dreiecklenker für die Radsätze auf. Die Wiege wurde durch Lenker geführt, die Radsätze liefen in Wälzlagern. Schraubenfedern übernahmen die Radsatzfederung, wogegen die Wiege eine höhengeregelte Luftfederung besaß. Dadurch wurden unabhängig von der Belastung stets gleiche Federungseigenschaften und am Bahnsteig eine gleichbleibende Höhe der Einstiege gewährleistet.

Die gesamte Antriebsanlage war außerhalb des Wagenkastens angeordnet und mit Hilfe von Gummi-Metall-Elementen

TECHNISCHE DATEN

Baureihenbezeichnung		VT 4.12.01	VT 4.12.02
ab 1970		173 001	173 002
Indienststellung (1. Jahr)		1964	1965
Hersteller		Bautzen	Bautzen
Achsformel		(1A)(A1)	(1A)(A1)
Spurweite	mm	1435	1435
Länge über Puffer	mm	24500	24700
Dienstmasse	t	43,5	46,0
Dieselmotor(en) Anzahl		2	2
Hersteller		Roßlau	Roßlau
Leistung	kW	147	162
Drehzahl	U/min	1500	1500
Art der Kraftübertragung		mechanisch	mechanisch
Höchstgeschwindigkeit	km/h	120/125	125
Sitzplätze (1. + 2. Klasse)		0+84	9+56

Triebwagen 173 002 (VT 4.12.02) anläßlich einer Sonderfahrt im Bahnhof Beeskow (6. Oktober 1975)

befestigt. Der VT 4.12.01 besaß zwei liegende wassergekühlte Viertakt-Unterflur-Dieselmotoren 6 KVD 18 S/HRW mit sechs Zylindern und einer Leistung von je 147 kW bei einer Nenndrehzahl von 1500 U/min. Der VT 4.12.02 dagegen war mit zwei liegenden wassergekühlten Viertakt-Unterflur-Dieselmotoren 6 KVD 18/1 S/HRW mit ebenfalls sechs Zylindern, aber einer Nennleistung von 162 kW bei 1500 U/min ausgerüstet. Die vom VEB Elbewerk Roßlau gelieferten Motoren verfügten über elektrische Anlasser.
Zur Leistungsübertragung dienten jeweils eine hydraulische Strömungskupplung und ein mechanisches Zahnradgetriebe. Die Zahnräder waren bei diesem ständig im Eingriff, die Gänge wurden über elektromagnetische Kupplungen geschaltet. Das Schalten erfolgte ohne Zugkraftunterbrechung. Gelenkwellen übertrugen das Drehmoment auf die elektropneumatisch geschalteten Radsatz-Wendegetriebe. Angetrieben wurden die inneren Radsätze. Nach anderen Quellen bewährte sich beim VT 4.12.02 das Sechsgang-Elektroschaltgetriebe nicht, weshalb er ein Strömungsgetriebe erhielt und so zu einem dieselhydraulischen Fahrzeug wurde.
Die Leistungssteuerung war eine Vielfachsteuerung, die wegen der Steuerspannung von 24 V – auf eine Zuglänge von 150 m (5 Wagen) beschränkt wurde. Da Bei- und Steuerwagen aber niemals gebaut wurden, war diese Beschränkung praktisch bedeutungslos. Die Steuerleitungen mußten von Hand über Steuerstromkupplungen miteinander verbunden werden. Die Steuerung bestand aus siebenstufiger elektrischer Motorregulierung, elektrischer Getriebeschaltung und elektropneumatischer Achswendegetriebe-Schaltung.
Die Bremsausrüstung bestand aus einer mehrlösigen Scheibenbremse der Bauart KE. Die Nachrüstung mit einer Magnetschienenbremse war möglich. Als Feststellbremse diente eine Spindelhandbremse. Die Druckluftversorgung erfolgte über Luftverdichter, Hauptluftbehälter und Hauptluftbehälterleitung.
Die Wagenaufteilung erfolgte entsprechend den Anforderungen des Nah- und Mittelstreckenverkehrs auf Haupt- und Nebenbahnen: Auf den Führerstand folgte beim VT 4.12.01 ein Großraum 2. Klasse mit drei Abteilen und Mittelgang. Die Sitzplatzanordnung war 2+2. Verwendet wurden Polstersitzbänke. Dem nun folgenden Einstiegsraum schloß sich ein Großraum 2. Klasse mit viereinhalb Abteilen an. Dann kamen der zweite Einstiegsraum, ein weiterer Großraum 2. Klasse und der zweite Führerstand. Beim VT 4.12.02 folgten auf den Führerstand ein Großraum 1. Klasse mit 3 Sitzreihen in der Anordnung 1+2 mit Mittelgang. Die Sitze waren drehbar, so daß man stets in Fahrtrichtung sitzen konnte. Danach folgten ein Einstiegsraum, ein Großraum 2. Klasse, der zweite Einstiegsraum, ein Großraum 2. Klasse mit drei Abteilen und der zweite Führerstand.
Die Beheizung erfolgte über zwei voneinander unabhängige thermostatgeregelte Luftheizungsanlagen, deren Wärmeaustauscher vom Kühlwasser durchflossen wurden. Bei längerem Stillstand konnten Warmwasser-Ölheizgeräte eingeschaltet werden. Im Sommer war die Luftheizungsanlage als Zusatzbelüftung verwendbar.
Die Farbgebung wich von der bei den VT der DR sonst üblichen ab. Beim VT 4.12.01 waren die Drehgestelle in schwarz gehalten. Der Wagenkasten war im Grundton beigefarben. Unterhalb des Daches und des Fensterbandes befand sich je ein umlaufender orangefarbener schmaler Streifen. Die Seitenflächen unterhalb der Fensterbänder waren orange und verjüngten sich nach den Stirnseiten zu bogenförmig nach oben, wo sie dann in schmale Streifen übergingen, die wiederum an den Stirnseiten in Lätzchen ausliefen. Unterhalb der Führerstands-Seitenfenster waren auf den beigefarbenen Flächen drei unterschiedlich lange schmale graue Streifen angeordnet, von denen der unterste nach den Stirnseiten zu in einer breiteren und zu den Kupplungen hin ausgerundeten Fläche auslief. Beim VT 4.12.02 waren die Drehgestelle schwarz und die Schürze dunkelblau. Der Wagenkasten war im Fensterbereich elfenbeinfarben und unterhalb der Fenster in blau gehalten. Im Bereich der Signallampen waren vier umlaufende schwarze Streifen vorhanden.

Betriebseinsatz

Beide VT wurden der Rbd Cottbus zugewiesen. Zunächst mußten sie eine Reihe von Probefahrten und anschließend Meßfahrten bei der Versuchs- und Entwicklungsstelle für die Maschinenwirtschaft (VESM) in Halle (Saale) durchführen. So war der VT 4.12.02 auf den Strecken zwischen Bautzen und Bad Schandau, Bad Schandau und Heidenau, Bautzen und Löbau sowie Bautzen und Dresden im Versuchseinsatz. Wegen Störungen an einzelnen Baugruppen mußten die VT des öfteren außer Betrieb gesetzt werden. Obwohl für die Strecken der Rbd Dresden und Rbd Erfurt ab 1968 sowie der Rbd Berlin und Rbd Magdeburg ab 1969 ein Einsatz von Serienfahrzeugen vorgesehen war, vergab die DR keinen Auftrag zur Serienfertigung. Einerseits wurden dreiteilige Triebzüge für zweckmäßiger gehalten, obwohl dieses Ziel auch mit Fahrzeugen der BR VT 4.12 und dazugehörigen Bei- und Steuerwagen mit Übergängen hätte erreicht werden können. Andererseits spielten natürlich die vorhandenen Kapazitäten des Schienenfahrzeugbaus eine entscheidende Rolle.
Im Jahre 1970 erhielten beide VT noch die EDV-gerechten Bezeichnungen 173 001-9 und 173 002-7. Der 173 002-7 kam 1972 zur Est Luckau des Bw Cottbus und wurde dort zusammen mit dem auf Scharfenbergkupplungen umgerüsteten vierachsigen Altbau-Beiwagen 197 821-2 (VB 147 081) eingesetzt. Nach einem Unfall am 11. Mai 1973 wurde er im Herstellerwerk wieder instand- und dann erneut eingesetzt. Bei einer Sternfahrt des Deutschen Modelleisenbahn-Verbandes der DDR nach Beeskow am 6. Oktober 1975, wo er mit dem 182 003/503/004 (SVT „Köln") und 184 001 (VT „Ruhr") zusammentraf, hatte er noch einmal Aufsehen erregt. Danach allerdings war er kaum noch im Einsatz.
Der 173 001-9 war schon früher abgestellt und im Oktober 1975 ausgemustert worden. Er wurde zusammen mit der Neubau-Dampflok 35 1019 (23 1019) am Bw Hoyerswerda aufgestellt und diente der dortigen Arbeitsgemeinschaft des Deutschen Modelleisenbahn-Verbandes der DDR als Arbeits- und Unterkunftsraum. Der 173 002 wurde 1978 ausgemustert. Zunächst war an eine Herrichtung als rollendes Ferienheim für Eisenbahner gedacht worden, er diente dann aber ebenfalls stationären Zwecken.

REDAKTION: HANS-JOACHIM WEISE; FOTOS: SLG. REIMER, SLG. HEILMANN

Für den Einsatz im internationalen, hochwertigen Reisezugverkehr waren die Triebzüge der Baureihe VT 18.16 vorgesehen (Berlin Ostbahnhof, 1977)

Baureihe VT 18.16 (DR 175)

Die gestiegenen Anforderungen im internationalen Reiseverkehr, besonders in die nichtsozialistischen Staaten, machten nicht zuletzt auch aus Prestigegründen die Beschaffung neuer Fahrzeuge notwendig. Wesentliche Teile der Maschinenanlage sollten aus Gründen einer wirtschaftlichen Unterhaltung identisch mit der gleichzeitig in Entwicklung stehenden Diesellok der Reihe V 180 sein. Mit Entwicklung und Bau beauftragte man den VEB Waggonbau Görlitz, der bereits vor dem Krieg unter dem Namen WUMAG SVT-Geschichte schrieb. Nach erfolgten Probefahrten im Februar 1963 wurde der VT 18.16.01 aus eigener Kraft nach Leipzig überführt, um auf der dortigen Frühjahrsmesse erstmals präsentiert zu werden. Am 27. Mai 1963 erfolgte zwischen Jüterbog und Luckenwalde ein Schnellfahrversuch, bei dem der VT 18.16.01 eine Geschwindigkeit von 178 km/h erreichte. Bis zum Oktober weilte der Triebzug wieder im Herstellerwerk. Seine offizielle Indienststellung bei der Deutschen Reichsbahn erfolgte am 15. Oktober 1963. Neben der Betriebsnummer führten die Maschinenwagen (VT) in ihrer Bezeichnung zusätzlich die Buchstaben a und b, die Mittelwagen (VM) c und d. Als erstes Serienfahrzeug kam im Mai 1965 der VT 18.16.02. Ihm folgten im Mai und Juni 1966 die VT 18.16.03 und 04. Die VT 18.16.05 und 06 stellte die DR im Mai 1967 in Dienst. Ebenfalls 1967 kam es zur Auslieferung von vier Mittelwagen, die – als VMe bezeichnet – zur Verstärkung der VT 18.16.01 bis 04 in fünfteilige Einheiten verwendet wurden. Noch bevor die vierteiligen VT 18.16.07 und 08 1968 in Dienst gestellt wurden, lieferte man 1967 den ersten Reservetriebwagen VTa 18.16.09 aus. Zwei weitere Mittelwagen, diesmal für die VT 18.16.05 und 06 und der zweite Reservetriebwagen VTa 18.16.10 beendeten 1968 die Serie. Alle Fahrzeuge wurden beim VT-Bw Berlin-Karlshorst beheimatet.

Konstruktion

Alle Wagen des Triebzuges waren in ihrem Gesamtaufbau vollständig geschweißt. Das Untergestell bestand aus Walzprofilen und Blechen, der Wagenkasten aus Blechen und Leichtprofilen. Eine Ausnahme bildete der Triebzug VT 18.16.04. Seine Vorbauten wurden einschließlich der Schürzen aus glasfaserverstärktem Kunststoff gefertigt. Bei den nachfolgenden Fahrzeugen wurden nur noch die Schürzen aus diesem Material hergestellt. Die Führerkabine wurde auf das Dach aufgesetzt. An ihr veränderte man ab dem zweiten Triebzug die Frontfenster, um auf die kostspielig gerundeten Scheiben verzichten zu können. Die Rahmen der Laufdrehgestelle, als geschweißte Kastenkonstruktion ausgebildet, waren ohne Achshalter. Zur Abfederung der rollengelagerten Achsen dienten Schraubenfedern; ebenso zur Wiegenfederung,

TECHNISCHE DATEN

Baureihenbezeichnung			VT 18.16
	ab 1970		175
	ab 1992		675
Indienststellung (1. Jahr)			1963
Hersteller			VEB Waggonbau Görlitz
Achsformel			B'2'+2'2'+2'2'+2'B'
Spurweite		mm	1435
Länge über Kupplung		mm	98140
Dienstmasse		t	212,7
Dieselmotor(en)	Anzahl		2
	Hersteller		VEB Kühlautomat Berlin-Johannisthal
	Leistung	kW	736
	Drehzahl	U/min	1500
Art der Kraftübertragung			hydraulisch
Höchstgeschwindigkeit		km/h	160
Anzahl der Sitzplätze (1 + 2. Klasse)			36+104

Alle Angaben beziehen sich auf eine vierteilige Garnitur

Der 175 019 (früher VT 18.16.14) steht noch heute für Sonderfahrten zur Verfügung (Berlin, 1991)

die wiederum durch hydraulische Stoßdämpfer gedämpft wurde. Die Triebgestelle waren ebenfalls eine geschweißte Kastenkonstruktion, besaßen aber gegenüber den Laufdrehgestellen mit 2500 mm Achsstand einen solchen von 4000 mm und trugen die Haupt- und Hilfsaggregate der Antriebsanlage. Die Maschinenanlage bestand jeweils aus einem aufgeladenen Zwölfzylindermotor der Bauart 12 KVD 18/21 A mit 662 kW Leistung. Ab dem dritten Triebzug kam ein verstärkter Motor mit 736 kW zum Einbau. Der VT 18.16.02 erhielt im Rahmen einer Ausbesserung nachträglich die verstärkten Motoren eingebaut. Vom Motor wurde die Kraft über eine Gelenkwelle zum Strömungsgetriebe der Bauart LT 306r mit drei Drehmomentwandlern, das mit dem Wendegetriebe vereinigt war, übertragen. Vom Strömungsgetriebe erfolgte die weitere Kraftübertragung erneut über Gelenkwellen auf die Achsgetriebe beider Achsen. Die Drehzahl und Leistung der Motoren konnte über sechs Stufen reguliert werden. Auf dem Dach des Maschinenraums fand das Kühlaggregat seinen Platz. Die Lüfter wurden über einen eigenen Generator angetrieben. Jeder Maschinenanlage stand ein Kraftstoffvorrat von 4000 l zur Verfügung. Die Fahrzeuge besaßen eine Vielfachsteuerung, die eine Steuerung von zwei Triebzügen gestattete. Außerdem wurden die Triebzüge mit Indusi und einer wegabhängigen Sicherheitsfahrschaltung ausgerüstet. Die Maschinenräume verfügen über eine halbautomatische Löschanlage. Die Kupplung der Wagen erfolgte an den Enden über eine die elektrischen und pneumatischen Leitungen mitkuppelnde Scharfenbergkupplung. Zwischen den Wagen war eine im Betrieb unlösbare Scharfenbergkurzkupplung und eine separate Verbindung für die elektrischen Leitungen vorhanden. Die Übergangsverbindungen zwischen den Wagen hatten innen Gummiwülste und außen Faltenbälge. Alle Achsen wurden über Klotzbremsen abgebremst. Zudem behielten die Laufdrehgestelle ihre Magnetschienenbremsen, die aus Gewichtsgründen beim VT 18.16.01 aus den Triebdrehgestellen wieder ausgebaut werden mußten. Beim Prototypzug kam eine Bremse der Bauart Hikss zur Anwendung, bei den folgenden Serienfahrzeugen eine solche der Bauart KEs.

Beide Maschinenwagen glichen sich in ihrem Aufbau. Dem Vorbau mit integriertem Triebgestell und dem darüberliegenden Führerstand, der vom anschließenden Maschinenraum über eigene Türen erreicht wurde, folgte ein Gepäck- und Postabteil, das von beiden Seiten über doppelte Drehtüren zugänglich war. Darauf folgte ein Einstiegsraum, über den ein Großraum 2. Klasse mit 36 Sitzplätzen betreten wurde. Den Abschluß der Triebwagen bildete eine Toilette und ein ihr gegenüberliegender Heizkesselraum. Im Mittelwagen c befand sich nach dem Einstiegsraum mit einer Toilette für das Küchenpersonal die Küche und die Anrichte. Im Anschluß daran der Speiseraum mit 23 Sitzplätzen. Drei Abteile 2. Klasse mit Seitengang und je acht Plätzen und ein Vorraum komplettierten den Wagen. Die Ausstattung des VMd 18.16.01 unterschied sich von den übrigen Fahrzeugen. Dem Einstiegsraum und einer Toilette folgten drei Abteile 1. Klasse mit Seitengang und je sechs Plätzen. Danach befand sich ein Konferenzraum mit acht Sitzen und vier Sesseln und im Anschluß daran nochmal vier Abteile 1. Klasse womit sich eine Gesamtsitzzahl von 54 Plätzen erster Klasse ergab. Bei den Serienfahrzeugen verzichtete man auf das Konferenzabteil und stattete die Wagen mit sechs Abteilen 1. Klasse und drei Abteilen 2. Klasse mit Seitengang aus. Am anderen Ende der d-Wagen befanden sich noch eine Toilette und ein Heizkesselraum, die vom Vorraum erreicht wurden. Die e-Wagen schließlich erhielten beidseitig Einstiegsräume mit Toilette und Waschraum bzw. Heizkesselraum und neun Abteile 2. Klasse mit Seitengang.

Betriebseinsatz

Der VT 18.16 begann seinen Plandienst im Sommer 1964 als „NEPTUN" in der Relation Berlin – Kobenhagen. Als „VINDOBONA" kam er ab 1966/67 zwischen Berlin – Prag – Wien zum Einsatz. Im Sommer 1968 wurde mit dem „BERLINAREN" eine Verbindung zwischen Berlin und Malmö eingerichtet, die ebenfalls von VT 18.16 bedient wurde. Für die turnusmäßig freiwerdenden Triebzüge aus der „VINDOBONA"-Verbindung wurde ab dem Sommerfahrplan 1969 die Strecke Berlin – Karlsbad als „KARLEX" eingerichtet. Zu deren Entlastung kam ab 1972 der Zuglauf Leipzig – Karlsbad unter dem Namen „KAROLA" hinzu. Hierfür wurden freiwerdende Einheiten aus den zum Sommer 1971 aufgegebenen Triebwagenläufen nach Kobenhagen und Malmö verwendet. Eine weitere internationale Verbindung bestand als „HUNGARIA" auf der Strecke Berlin – Prag – Bratislava – Budapest bis 1974. Zudem wurden im Binnenverkehr von Berlin aus Leipzig und Magdeburg angefahren.

Die voranschreitende Elektrifizierung und die Trendwende zurück zu lokbespannten Zügen entzog den „Görlitzern" ihr Einsatzgebiet. Mit dem Verzicht der Traktionsstellung für die Ex 66/67(KARLEX) und Ex 68/69(KAROLA) endete 1981 der internationale Einsatz. Bereits 1979 entfiel die VINDOBONA – Leistung. Danach wurden die seit 1970 als Baureihe 175 bezeichneten Einheiten nur noch zwischen Berlin und Bautzen, im Messeverkehr nach Leipzig und im Sonderdienst für das Reisebüro der DDR eingesetzt.

Der planmäßige Einsatz der 175er endete im Herbst 1985. Danach erfolgte die weitere Ausmusterung der Baureihe. Erster Verlust war der 175 004, der zusammen mit zwei Beiwagen nach einem am 30. Oktober 1972 erlittenen Unfall-Totalschaden ausgemustert werden mußte. Unter Verwendung des Reservetriebwagens 175 017 und einem Beiwagen konnte die Garnitur 1975 wieder in Betrieb genommen werden, wobei der Reservetriebwagen die Nummer 175 004 in Zweitbesetzung erhielt. Der Vorserienzug wurde 1982/83 ausgemustert, aber erst 1989 im Erhaltungs-Raw Wittenberge verschrottet. Nach Auflösung des Bw Berlin-Karlshorst am 31. März 1981 gelangte die BR 175 zum Bw Berlin Ostbahnhof. Als fahrender Jugendclub fand der 175 005/006 nach einem entsprechenden Umbau bis 1989 noch Verwendung. Im Umzeichnungsplan vom 1. Januar 1992 tauchten nur die 175 014 und 019 auf, die nach erfolgter Aufarbeitung 1988 noch im Betriebsbestand waren und seither als Baureihe 675 in sechsteiliger Ausführung mit teilweise umgebauten Mittelwagen (975 313/511/509/413) für Sonderfahrten beim Bw Berlin Hbf eingesetzt werden. Eine weitere Garnitur (175 015/016 und 315/415 wurde von einer BSW-Gruppe äußerlich aufgearbeitet.

REDAKTION: JÖRG BADMANN; FOTOS: KEMPF, SCHULZ

Zur Unterstützung der im Fernverkehr eingesetzten Vorkriegs-Schnelltriebwagen erwarb die DR 1954 in Ungarn drei Triebzüge der Baureihe VT 12.14

Baureihe VT 12.14 (DR 181.0)

Mit den vom Raw Wittenberge nach dem Krieg wieder aufgebauten Schnelltriebwagen verschiedener, auf dem Gebiet der sowjetischen Besatzungszone verbliebener Bauarten, konnte ab 1949 der planmäßige Verkehr auf der Linie Berlin – Hamburg und ein Jahr darauf auf der grenzüberschreitenden Strecke Berlin – Prag aufgenommen werden. Jedoch herrschte stets ein akuter Fahrzeugmangel. Trotz Aufarbeitung weiterer SVT blieb eine Neubeschaffung unumgänglich. Da die volkseigene Schienenfahrzeugindustrie dazu, zumindest kurzfristig, nicht in der Lage war, orientierte man sich auf dem sozialistischen Markt. Der ungarische Hersteller Ganz in Budapest, schon seit mehreren Jahrzehnten erfolgreich im Triebwagenbau, hatte zu dieser Zeit ein den Vorstellungen der DR entsprechendes Fahrzeug im Programm. Unter Berücksichtigung der bei den Tschechischen Staatsbahnen mit ähnlichen Fahrzeugen gemachten Betriebserfahrungen bestellte die DR bei Ganz im März 1953 drei leicht modifizierte Triebzüge. Auf der Leipziger Herbstmesse 1954 konnte der erste ausgelieferte Triebzug besichtigt werden. Die Ablieferung der beiden anderen Triebzüge erfolgte ebenfalls noch im Jahre 1954.

Konstruktion

Der vierteilige Triebzug bestand aus zwei Motorwagen mit je einem Führerstand und aus zwei Mittelwagen. Zur besseren Unterscheidung der Wagen untereinander gab man den beiden Motorwagen neben der Betriebsnummer als Zusatz die Buchstaben a und b, den Beiwagen die Buchstaben c und d. Beide Motorwagen verfügten über die gleiche Maschinenanlage. Bei den Motoren handelte es sich um Zwölfzylinder-Diesel der Bauart Ganz-Jendrassik vom Typ XII Jv 170/240 mit je 331 kW. Der Motor befand sich im jeweils in Fahrtrichtung führenden dreiachsigen Triebdrehgestell und ragte in den Führer- und Maschinenraum hinein. Das Triebgestell wurde nur zur Einhaltung der geforderten Radsatzlast dreiachsig ausgeführt, wobei die vordere Achse nicht angetrieben wurde. Die Spurkränze des mittleren Radsatzes im Triebgestell waren geschwächt. Die Kraftübertragung erfolgte mechanisch über eine elektropneumatisch geschaltete Trockenlamellenkupplung und über ein ebenso geschaltetes fünfgängiges mechanisches Zahnradgetriebe mit Richtungswechsel sowie über Kegelräder auf die Treibachsen. Die Verbindung der Kraftübertragungsteile erfolgte über Kardanwellen. Am Untergestell der Motorwagen wurde ein Rahmen zur Aufnahme der Hilfsmaschinen angebracht. Darin befanden sich der Luftverdichter, der Gleichstromgenerator für 110 Volt für die Bordbeleuchtung und der Wasserkühler mit den zugehörigen Ventilatoren. Zum Abbremsen des Triebzuges diente eine mehrlösige Hildebrand-Knorr-Bremse und eine Spindelhandbremse.

Der Aufbau der untereinander mit Zug- und Stoßeinrichtungen der Regelbauart verbundenen Fahrzeuge war eine komplette

TECHNISCHE DATEN

Baureihenbezeichnung			VT 12.14
	ab 1970		181.0
Indienststellung (1.Jahr)			1954
Hersteller			Ganz
Achsformel			(1B)2'+2'2'+2'2'+2'(B1)
Spurweite		mm	1435
Länge über Puffer		mm	96030
Dienstmasse		t	194,5
Dieselmotor(en)	Anzahl		2
	Hersteller		Ganz
	Leistung	kW	331
	Drehzahl	U/min	1150
Art der Kraftübertragung			mechanisch
Höchstgeschwindigkeit		km/h	125
Sitzplätze (1. + 2. Klasse)			54+112

Die Laufruhe der ansonsten befriedigenden VT 12.14 konnten im Alltagsbetrieb nicht überzeugen

Stahlschweißkonstruktion aus Profilstählen. Am abgeschrägten Frontteil und zwischen den Drehgestellen aller Wagen wurde zur Verringerung des Luftwiderstandes Schürzen angebracht.

Der a-Wagen unterteilte sich in Führerstand und Maschinenraum, in Gepäckabteil, Funkraum, zwei Einstiegsräumen und fünf Abteile dritter Klasse. Im b-Wagen waren neben identischem Führer- und Maschinenraum und Gepäckabteil zwischen den beiden Einstiegsräumen Speiseraum, Küche und ein Kiosk untergebracht. Der c-Wagen enthielt drei gleichgroße Großraumabteile dritter Klasse und ebenfalls zwei Einstiegsräume, während der d-Wagen neben seinen zwei Einstiegsräumen in neun Einzelabteile zweiter Klasse mit Seitengang aufgeteilt war. Vom Einstiegsraum des a-Wagens wurden zwei Toiletten erreicht. Die Wagen c und d verfügten in den Einstiegsräumen über je eine Toilette sowie einerseits über die Kesselkammer und andererseits über ein Abteil für die Lüftungseinrichtung. Im b-Wagen befand sich noch ein Waschraum. Die Heizung des Triebwagens erfolgte über Heizkessel mit Kohlefeuerung und Warmwasserumlauf. Ebenso wurde zur Heizung das Kühlwasser mit herangezogen.

Betriebseinsatz

Nach seiner Abnahme durch die Ungarische Staatsbahn verließ der erste Triebzug am 2. September 1954 das Herstellerwerk und kam direkt zur Präsentation auf die Herbstmesse nach Leipzig. Am 17. September 1954 gelangte er dann zum Heimat-Bw Berlin-Karlshorst. Hier blieb der VT 12.14.01 für einige Wochen abgestellt, da die Nachlieferung einiger defekter Maschinenteile durch den Hersteller nicht sofort erfolgte. Von Nauen nach Schwanheide und von Schönefeld nach Rathen erfolgten am 3. und 5. November 1954 die Reichsbahnabnahmefahrten. Inzwischen traf am 20. Oktober 1954 der bereits in Ungarn abgenommene VT 12.14.02 ein und wurde ab dem 25. Oktober zur Personalschulung eingesetzt. Zur Vorstellung der neuen Triebzüge unternahm die Deutsche Reichsbahn am 8. Dezember 1954 eine Pressefahrt von Leipzig nach Berlin. Am 18. Dezember 1954 begann der Planeinsatz zwischen Berlin und Erfurt. Da die Nachfrage für die als Verstärkungszüge laufenden Triebwagen zu groß war, wurden zwei miteinander gekoppelte VT 12.14 eingesetzt. Bis zum Beginn des Sommerfahrplans 1955 befuhren die Triebzüge von Berlin aus die Strecken nach Erfurt, Halle und Leipzig. Bereits bei den Probefahrten hatte sich gezeigt, daß die VT 12.14 nur sehr träge auf ihre zugelassene Höchstgeschwindigkeit kamen. Zur vorgesehenen Verwendung im Interzonenverkehr wurde darauf die fahrplanmäßige Höchstgeschwindigkeit auf 110 km/h festgelegt, um noch etwas Reserven verfügbar zu haben. Neben dem Interzonenverkehr zwischen Berlin und Hamburg wurde ab Sommer 1955 auch Frankfurt (Oder), Rostock und Dresden angefahren.

Die recht robusten Fahrzeuge befriedigten allgemein recht gut, lediglich die Laufruhe ließ etwas zu wünschen übrig. Am Einsatzgebiet der VT 12.14 ergaben sich zunächst keine Veränderungen. Danach erfolgte, insbesondere in den Wintermonaten wegen der unproblematischen Koks-Heizung der Ganz-Triebwagen, der Einsatz als Ext 21/22 bzw. später als Ext125/126 „BEROLINA" von Berlin nach Brest. Nach der erfolgten Ausrüstung mit 400 Litern mehr Kraftstoff pro Maschinenanlage fassenden Tanks konnte auch als „HUNGARIA" Ext 154/155 nach Budapest ab dem 29. Mai 1960 im Wechsel mit ČSD und MAV gefahren werden.

Die Lok 52 3312 stand durch einen Irrtum des Fahrdienstleiters noch im durchgehenden Hauptgleis von Doberlug-Kirchhain, als der fast bauartgleiche ČSD-Triebzug bei seiner Durchfahrt frontal mit ihr zusammenstieß. Dabei wurde der tschechische Lokführer und der Karlshorster Lotse getötet. Triebwagen M 495 010a und Mittelwagen 495 007c erlitten Totalschaden. Zur betrieblichen Entschädigung übergab die Deutsche Reichsbahn die beiden Maschinenwagen des VT 12.14.02 und dessen Mittelwagen c. Der d-Wagen verblieb vermutlich zu Reservezwecken bei der Reichsbahn. Bei der CSD ging der Triebzug unter der Bezeichnung M 295 201 a-d, und damit unter Verwendung eines weiteren Mittelwagens, in Betrieb.

Bei der DR waren ohnehin die neuen Görlitzer Triebzüge im Kommen und demnach die Abgabe des Ganz-Zuges vertretbar, denen mittlerweile nur noch nationale Einsätze, wie nach Leipzig und Stendal oblagen. Dennoch wurden die beiden Triebzüge im Rahmen einer Hauptuntersuchung wieder aufgearbeitet und dabei einem größeren Umbau unterzogen. Hierbei wurden die c-Wagen zu Großraumabteilen umgebaut, dabei die zweite Wagenklasse generell eingeführt und das Speiseraumabteil umgestaltet. Danach liefen sie auf den Inlandsverbindungen nach Bautzen, Eisenhüttenstadt, Frankfurt (Oder) und Neubrandenburg. Vor allem die immer öfter auftretenden Störungen und schwieriger werdende Ersatzteilbeschaffung verdrängten die Ganz-Triebzüge immer mehr aus dem Betriebsdienst. Zuletzt blieben den Karlshorster Triebwagen für den Inlandverkehr nur noch die Bautzener Strecke, die jetzt weiter bis Neukirch befahren wurde. Gelegentlich sah man in diesem Umlauf noch die VT 12.14, doch standen die Triebzüge meistens in Karlshorst und Wittenberge abgestellt. Im Raw Wittenberge erhielt der VT 12.14.01 letztmalig vom 3. März 1970 bis 8. September 1970 eine Ausbesserung. Dabei erhielt er sogar noch die seit dem EDV-Umzeichnungsplan gültige Betriebsnummer 181 001/501/502/002. Der andere Triebzug war bereits mit Wirkung vom 13. November 1969 abgestellt. Zum 30. Januar 1972 wechselten alle Fahrzeuge in den Schadpark. Zuerst wurde der verbliebene 12.14.02d am 25. April 1973 ausgemustert. Darauf folgten am 6. November 1974 die Motorwagen 181 001/002 und am 11. März 1975 der komplette 181 003/004/503/504. Die verbliebenen Mittelwagen musterte man schließlich am 17. September 1975 aus. Noch vor der Ausmusterung wurden die 181 001/002 im Raw Wittenberge bis zum 30. April 1974 verschrottet. In Brandenburg zerlegte man bis zum 23. Dezember 1976 die Wagen 181 003/503 und 004. Im Bw Karlshorst diente 181 504 noch als Sozialraum, wurde dann mit der Auflösung des Bw im März 1981 im Bw Rummelsburg der FDJ zur Verfügung gestellt und dort wenige Jahre später zerlegt. Noch lange diente der 181 502 im Bw Wustermark als Frühstücksraum.

REDAKTION: JÖRG BADMANN; FOTOS: BELLINGRODT/SLG. KNIPPING, SLG. ASMUS

Die Baureihe 201 und ihre Varianten tragen bei der Reichsbahn die Hauptlast der Zugförderung auf den Nebenbahnen (Bw Magdeburg, 24. Mai 1992).

Baureihen 201–204 (ex 110–114)
Baureihen 293, 298 (ex 111, 108)
Baureihe 710 (ex 110.9)

Zwischen den Baureihen V 60^{10} und V180^{0}, deren Indienststellung Anfang der sechziger Jahre begann, klaffte vom Leistungsvermögen her eine gewaltige Lücke. Die für den Rangierdienst konzipierte V 60^{10} brachte es auf 478 kW, die für den mittelschweren Streckendienst auf Hauptbahnen vorgesehene V 180^{0} auf 2 x 662 kW. Dazwischen sah das Typenprogramm der Deutschen Reichsbahn eine Baureihe V 100 vor, deren Motorleistung – abhängig vom erreichten Stand der Technik – zwischen 650 und 1200 PS liegen sollte. In diesem Leistungsbereich tat der Traktionswechsel ganz besonders not, stammten doch viele Tenderlokomotiven und kleine Schlepptenderlokomotiven noch aus Länderbahnzeiten.
1963 erteilte die DR dem VEB Lokomotivbau „Karl Marx" Babelsberg (LKM) den Auftrag für eine vierachsige dieselhydraulische Drehgestellokomotive mit Einmaschinenanlage, mittig angeordnetem Führerhaus und einer Achslast von 16 Tonnen. Die Lokomotive war vorgesehen für den schweren Rangierdienst und für den Ein-

TECHNISCHE DATEN

Baureihenbezeichnung ab 1992		201.0-1	201.2-8	202	204	293	298	710
1970-1991		110.0-1	110.2-8	112	114	111	108	110.9
bis 1970		V $100^{0.1}$	-	-	-	-	-	-
Indienststellung (1. Jahr)		1966	1969	-	-	1982	-	1982
Umbau (1. Jahr)		-	-	1981	1983	-	1978	-
Hersteller		VEB Lokomotivbau Elektoitechnische Werke „Hans Beimler" Hennigsdorf						
Umbauer		-	-	Raw Std	Raw Std	-	Raw Std	-
Achsformel		B'B'	B'B'	B'B'	B'B'	B'B'	B'B'	B'B'
Spurweite	mm	1.435	1.435	1.435	1.435	1.435	1.435	1.435
Länge über Puffer	mm	13.940	14.240	13.940[1]/ 14.240	14.240	14.240	13.940[2]/ 14.240	14.240
Dienstmasse (bei 2/3 Vorräten)	t	63,7	60	64	64	62,2	67,3	62,2
Dieselkraftstoff	l	2.600	2.600	2.600	2.600	2.780	1.920	2.780
Dieselmotor Anzahl		1	1	1	1	1	1	1
Hersteller		VEB Kühlautomat Berlin-Johannisthal						
Leistung	kW	736	736	883	1.100	736	750	736
Drehzahl	U/min	1.500	1.500	1.500	1.500	1.500	1.350	1.500
Art der Kraftübertragung		hydr.	hydr.	hydr.	hydr.	hydr.	hydr.	hydr.
Höchstgeschwindigkeit								
Rangiergang	km/h	65	-	65[1]	-	-	33	-
Streckengang	km/h	100	100	100	100	65	80	100
Anfahrzugkraft	kN	206,0	222,5			207	220[3]/172[4]	147
Dauerzugkraft	kN	136,4	151,9			142	210[3]/136[4]	93
Art der Zugheizeinrichtung		Dampf	Dampf	Dampf	Dampf	-	-	-

[1] 202.0-1, [2] 298.0-1, [3] Rangiergang, [4] Streckengang

satz vor Personen- und Güterzügen im Nebenbahn- und im leichten Hauptbahndienst und mußte die Einrichtungen für Einmannbedienung und Doppeltraktion mitbringen.
Auf der Leipziger Frühjahrsmesse 1964 wurde die V 100 001 vorgestellt, ein Jahr darauf folgte V 100 002. Die Betriebserprobungen verliefen erfolgreich, so daß die Serienfertigung ohne grundlegende konstruktive Veränderungen hätte aufgenommen werden können. Inzwischen waren aber die Kapazitäten des LKM durch den forcierten Bau der V 180 erschöpft, so daß die staatliche Planungsbehörde die V 100 dem VEB Lokomotivbau Elektrotechnische Werke „Hans Beimler" Hennigsdorf (LEW) übertrug. Die DR forderte dort ein drittes Baumuster, die V 100 003, an, und im Januar 1967 bekam sie mit V 100 004 die erste Serienlokomotive. Die beiden Babelsberger Prototypen sind nach dem Abschluß der Betriebserprobung nicht übernommen worden. Ihre Betriebsnummern V 100 001 und V 100 002 wurden im Jahre 1969 durch die Umzeichnung von V 100 172 und 173 neu besetzt.
Nahezu 900 Lokomotiven des ab 1970 unter der Baureihenbezeichnung 110 geführten Typs verließen bis 1978 die Hennigsdorfer Werkhallen. Selbstverständlich nahmen Hersteller und Betreiber in den zwölf Jahren der Beschaffung einige konstruktive Veränderungen vor. Deren markanteste war der Entfall des Stufengetriebes, welches die Wahl zwischen Schnellgang und Langsamgang ermöglicht. Über das Stufengetriebe verfügen die Maschinen bis zur Ordnungsnummer 171; 172 bis 200 sind nicht besetzt, und die Lokomotiven ab Ordnungsnummer 201 haben kein Stufengetriebe.
Modifizierte Varianten der Baureihe 110 für den Rangier- und Güterzugdienst stellte LEW für den Export, vor allem nach China, her. 1981/82 kaufte die Reichsbahn 37 solcher nur 65 km/h schnellen Maschinen und vergab dafür die Baureihenbezeichnung 111 (jetzt 293). Zur selben Zeit stellte sie auch drei Lokomotiven der Reihe 110.9 (jetzt 710) in Dienst, die als Antriebsmaschinen für Grabenräumeinheiten oder für Hochleistungsschneefräsen dienen und deren Dieselmotoren deshalb jeweils mit einem zweiten Abtrieb versehen sind.

BEHEIMATUNGEN

Bahnbetriebswerke (Sachs), Bautzen, Chemnitz, Cottbus, Dresden, Erfurt, Gera, Jerichow, Jüterbog, Kamenz, Neuruppin, Nossen, Roßlau, Rostock, Saalfeld (Saale), Seddin, Stendal, Weißenfels, Wittenberge, Zittau

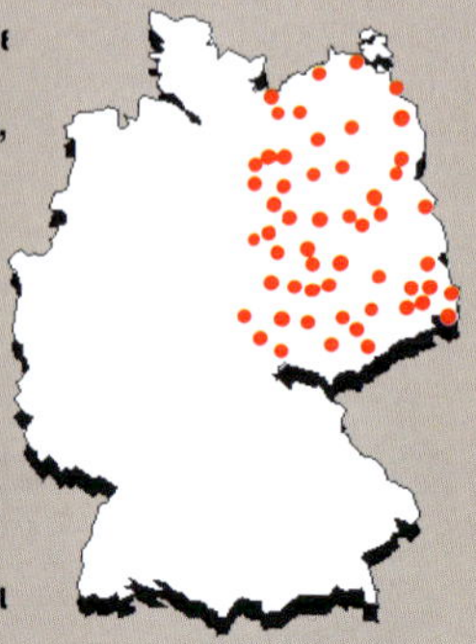

Mit ihren 736 kW Motor- und ca. 680 kW Traktionsleistung blieb die Baureihe 110 (jetzt 201) zumindest auf Mittelgebirgsstrecken und im Güterzugdienst teilweise hinter den Wünschen des Betriebs zurück. Nach fast zehnjährigen Versuchen, u.a. mit 110 137 und 110 457, erhielt ab 1981 eine größere Stückzahl von Lokomotiven während der planmäßigen Ausbesserungen im Raw Stendal neue 883-kW-Motoren, ab 1983 wurden sogar 1100-kW-Aggregate eingebaut. Die so leistungsverstärkten Maschinen erhielten die Baureihenbezeichnungen 112 (jetzt 202) bzw. 114 (jetzt 204), ihre Ordnungsnummern wurden beibehalten.
Zwar hatte man die Baureihe 110 grundsätzlich auch für den Rangierdienst vorgesehen, aber von den Bedieneinrichtungen, der Motorsteuerung und von der Bremskonfiguration her war sie im Grunde eine reine Streckenlokomotive. Noch bevor an die Beschaffung der Baureihe 111 gedacht war, begann die Deutsche Reichsbahn deshalb, aus der Baureihe 110 eine für den schweren Rangier- und mittelschweren Güterzugdienst gleichermaßen geeignete Lokomotive abzuleiten. 1978 ließ sie die 110 156 und die 110 161 mit neuentwickelten Strömungswendegetrieben und Auf-Ab-Steuerungen ausrüsten. Sie erhielten die neue Baureihenbezeichnung 108 und wurden im Bahnbetriebswerk Halle G dem Langzeitversuch unterzogen. Die dabei gewonnen Erfahrungen sollten eigentlich in eine für Anfang der

Mit 1.100 kW Motorleistung ist die 204 das stärkste Mitglied der Familie. Vor dem Nahverkehrszug ist sie unterfordert (Gunsleben, 15. Mai 1992).

Die rekonstruierte Reihe 298 ist für den schweren Rangierdienst und für den mittelschweren Streckendienst gleichermaßen gut geeignet.

90er Jahre vorgesehene Neubaulokomotive einfließen, für die die Reihe 109 reserviert war. Dazu kam es aber nicht; vielmehr überarbeitete die Zentralstelle Maschinentechnik der DR die Reihe 108 (jetzt 298) grundlegend. Seit 1991 baut das Raw Stendal die BR 298 aus Spenderlokomotiven der Reihen 201.0-1 (ex 110.0-1) und 293 (ex 111) um. Während die ehemaligen 201er ihre Ordnungsnummern behalten, steht bei den früheren 293ern als erste Ziffer der Ordnungsnummer eine Drei an die Stelle der Null.

Im Raw Stendal entstanden als weitere Umbauten aus 110er Ursprungslokomotiven in den Jahren 1988 und 1990 sechsachsige 1000-mm-Schmalspurlokomotiven. Für die BR 199.8 der Harzbahnen wurden zehn der jüngsten Maschinen 110.8 (Baujahre 1976 bis 1978) verwendet.

Konstruktion

Der geschweißte Hauptrahmen ist aus zwei kastenförmigen Längs- und mehreren Querträgern zusammengesetzt. Auf ihm ruhen das über die gesamte Rahmenbreite reichende Führerhaus und die beiden schmaleren, als nichttragende Leichtbauhauben ausgeführten Vorbauten. Im vorderen Vorbau sind die Kühleranlage, der Dieselmotor und – außer bei BR 293, 298 und 710 – ein Kesselspeisewasserbehälter untergebracht. Im hinteren, etwas kürzeren Vorbau befinden sich die Lichtanlaßmaschine und der Lüftergenerator, die Druckluftbehälter und die Batterien, ein weiterer Kesselspeisewasserbehälter sowie der Heizkessel (BR 293, 298 und 710: Vorwärmgeräte und Ballastgewichte anstelle der Zugheizeinrichtung). Das Strömungsgetriebe und zwei elektrisch angetriebene Luftverdichter ruhen unter dem hochgesetzten Führerhausboden. Die Kraftstoffbehälter sind zwischen den Drehgestellen unter dem Hauptrahmen angebracht.

Alle regelspurigen Varianten der Baureihenfamilie verfügen über zwei zweiachsige Drehgestelle. Deren Rahmen bestehen aus kastenförmigen Längsträgern, die durch drei Querträger verbunden sind. In die jeweils mittleren Querträger sind die Drehzapfenlager integriert. Der Lokomotivrahmen stützt sich jeweils über je zwei Schraubenfederpaare und im Ölbad laufende Stahl-Hartgewebe-Gleitpaarungen auf die Drehgestellrahmen ab, welche sich ihrerseits über acht Schub-Druck-Gummiachsfedern auf die Radsatzlagergehäuse stützen.

Zur Bremsausrüstung zählen die selbttätige, indirekt wirkende einlösige Druckluftbremse der Bauart K-GP, die nichtselbsttätige, direkt wirkende Zusatzbremse und eine Handspindelbremse als Feststellbremse. Je Drehgestell sind zwei Bremszylinder vorhanden, die über Gestänge und Bremsklötze auf alle Räder beidseitig wirken.

Sämtliche Lokomotiven verfügen über aufgeladene Zwölfzylinder-Kurzhub-Viertakt-V-Dieselmotoren mit der Typenbezeichnung 12 KVD 18/21 (Bauform A-2 und A-3 für 736 kW, Bauform AL-4 und AL-5 mit Ladeluftkühlung für 883 bzw. 1100 kW). Die Motoren arbeiten im Vorkammerverfahren.

Die veränderte Lage der Ansauggitter verrät die Lokomotiven mit leistungsverstärkten Motoren.

Eine der Bahndienstlokomotiven für Grabenräumeinheiten, hier noch mit alter Betriebsnummer.

Ihre Kolbenbohrungen betragen 180 mm, ihr Kolbenhub 210 mm.
Über eine Gelenkwelle ist der Dieselmotor mit dem Dreiwandler-Strömungsgetriebe verbunden. Abhängig von der Fahrgeschwindigkeit schaltet sich das Strömungsgetriebe selbsttätig durch Füllen und Entleeren der Wandlerkreisläufe. Wende- und Stufengetriebe (letzteres nur bei 201.0-1, 202.0-2 und 298) sind im Strömungsgetriebe integriert. Die beiden Abtriebe des Strömungsgetriebes sind über Gelenkwellen mit den Radsatzgetrieben der zweiten und dritten Achse verbunden. Diese haben wiederum eine Gelenkwellenverbindung zur ersten bzw. vierten Achse.
Der Wasserrohr-Rauchrohrkessel zur Zugheizung wird mit Dieselkraftstoff betrieben; die Zugheizeinrichtung arbeitet vollautomatisch.
Im Führerhaus ist für jede Fahrtrichtung ein Führerpult angeordnet. Der Dieselmotor wird (außer bei BR 298) über einen elektrischen Stellmotor in sechs Fahrstufen geschaltet. Das Wendegetriebe wird elektropneumatisch, das Stufengetriebe – soweit vorhanden – mechanisch geschaltet. Für die Fahrt in Doppeltraktion oder mit Wendezügen sind die entsprechenden Einrichtungen vorhanden. Alle Maschinen verfügen über Sicherheitsfahrschaltung, ein Teil über die Fahrzeugeinrichtungen der punktförmigen Zugbeeinflussung (PZB 80), Rangierfunk- oder Zugfunkstationen (MESA).
In folgenden Details weichen einige Unterbaureihen vom oben beschriebenen Standard ab:
298: Auf-Ab-Steuerung zur stufenlosen Drehzahlverstellung des Dieselmotors (Bauform AL-4 oder AL-5, aber auf 750 kW Nennleistung eingestellt). Das Strömungswendegetriebe verfügt über jeweils einen Anfahr- und einen Marschwandler für jede Fahrtrichtung. Wenn beim Fahren in die eine Richtung der Anfahrwandler für die entgegengesetzte Richtung mit Getriebeöl gefüllt wird, arbeitet das Getriebe als Bremse. Die hydrodynamische Bremskraft kann dabei kurzzeitig bis 160 kN im Schnellgang und 170 kN im Langsamgang betragen. Durch Veränderung der Dieselmotor-Drehzahl kann die Bremskraft verstellt werden. Die beim hydrodynamischen Bremsen im Getriebe entstehende Wärme wird über das Kühlwasser abgeführt; die Kühlanlage ist darum mit 72 Kühlelementen (BR 201/293: 56 Elemente) versehen. Zusätzlicher Ballast sorgt für die Gesamtmasse bei vollen Vorräten von 68 t +- 3% (BR 201: 65 t, BR 111: 63,5 t). Die Lokomotive wird nicht von in Fahrtrichtung angeordneten Fahrpulten aus, sondern von kleinen Seitenpulten, die jeweils unter den seitlichen Schiebefenstern angebracht sind, gesteuert. Der Lokomotivführer kann ohne Schalter- oder Schlüsselbewegungen zwischen den Pulten beliebig wechseln. Die Druckluftbremsen werden elektropneumatisch betätigt.
710: Der Dieselmotor (Bauform A-3) verfügt über einen zweiten Abtrieb, der für eine Leistungsabgabe von etwa 300 kW vorgesehen ist. Eine Gelenkwelle führt zum Zwischenlager, das auf dem vorderen Umlauf montiert ist. Hier wird beim Arbeitseinsatz die Antriebswelle der Grabenräumeinheit oder der Hochleistungsschneefräse angeflanscht. In Arbeitsstellung tritt eine hydraulisch verspannte Gelenkbrücke an die Stelle der vorderen Zug- und Stoßvorrichtungen. So nimmt die Lokomotive Massenkräfte des Arbeitsfahrzeuges auf und gewährleistet dessen Standsicherheit. Die Lok kann auch als Traktionsmittel im gewöhnlichen Zugdienst verwendet werden.

Betriebseinsatz

Die Lokomotiven der Reihen 201 (über 250 Maschinen), 202 (nahezu 500 Maschinen) und 204 (60 Maschinen) bilden nach wie vor das Rückgrat der Zugförderung im Nebenbahnnetz und sind auch auf einigen nicht elektrifizierten Hauptbahnen anzutreffen. Daran wird sich im nächsten Jahrzehnt nichts ändern. Sie sind beheimatet in den Bahnbetriebswerken Aue (Sachs), Angermünde, Bautzen, Berlin Hbf, Berlin-Pankow, Blankenburg (Harz), Brandenburg, Chemnitz, Cottbus, Dresden, Eberswalde, Eisenach, Erfurt, Falkenberg, Frankfurt (Oder), Gera, Glauchau, Görlitz, Güsten, Güstrow, Hagenow Land, Halberstadt, Haldensleben, Halle G, Heringsdorf, Hoyerswerda, Jerichow, Jüterbog, Kamenz, Leipzig Hbf Süd, Magdeburg, Meiningen, Neubrandenburg, Neuruppin, Neustrelitz, Nordhausen, Nossen, Pasewalk, Reichenbach (Vogtl), Roßlau, Rostock, Saalfeld (Saale), Salzwedel, Sangerhausen, Schwerin, Seddin, Stendal, Stralsund, Weißenfels, Wismar, Lutherstadt Wittenberg, Wittenberge und Zittau. Die Baureihe 293 ist inzwischen nahezu vollständig zur Baureihe 298 umgebaut worden; letztere ist stationiert in den Bahnbetriebswerken Chemnitz, Cottbus, Dresden, Erfurt, Frankfurt (Oder) Glauchau, Halle G, Leipzig Hbf Süd, Neubrandenburg, Rostock, Seddin, Stralsund, Weißenfels.
Die Arbeitslokomotiven der Reihe 710 sind Baubetrieben der Deutschen Reichsbahn unterstellt.

Die Güterzuglokomotiven der Reihe 293 sollen vollständig zur Reihe 298 umgebaut werden.

REDAKTION: CLEMENS HAHN; AUFNAHMEN: HEILMANN, MEHNERT (2), MIETHE, SCHULZ, VÖLK

Die Bullaugen in den Seitenwänden brachten der rumänischen Diesellokomotive den Spitznamen „U-Boot" ein. Dresden Hbf, 3. Oktober 1992.

Baureihen 219/229 (ex 119)

Mitte der siebziger Jahre konnte die Deutsche Reichsbahn auf Dampflokomotiven noch immer nicht gänzlich verzichten. Die Baureihen 50, 52, 58 und 95 sollten endlich von einer vergleichbar starken Diesellokomotive abgelöst werden, deren Achslast aber 16 bis 17 Tonnen nicht überschreiten durfte. Im Grunde ging es also um eine der Baureihe 118.2-4 (228.2-4) ähnliche Maschine. Der DDR-Schienenfahrzeugindustrie hätte es leichtfallen müssen, solche Lokomotiven – natürlich in fortentwickelter Form – herzustellen. Doch die Regierung hatte sich einer Abmachung innerhalb der Ostblock- Wirtschaftsgemeinschaft RGW angeschlossen, wonach sich der einheimische Lokomotivbau auf Diesellokomotiven mit einer Leistung bis 2000 PS spezialisieren sollte. Darum ging der Auftrag für die Baureihe 119 an die rumänische Lokomotivfabrik „23. August". Dem von der Deutschen Reichsbahn aufgestellten Bedingungswerk zufolge sollten jedoch zahlreiche Hilfs-, Steuer- und Überwachungseinrichtungen, die sich bei den Baureihen 106 (345/346), 110 (201/202/204) und 118 (228) bewährt hatten, verwendet werden. Strömungsgetriebe und Dieselmotor mußten so konzipiert sein, daß sie auch für eine eventuelle Modernisierung der BR 118 genutzt werden konnten. Schließlich verlangte der Auftraggeber den Einbau einer elektrischen Zugheizeinrichtung.

Die Baumusterlokomotive 119 001 wurde zunächst einigen Probefahrten in Rumänien unterzogen und dann am 6. Januar 1977 von der Deutschen Reichsbahn übernommen. Insgesamt beschaffte die DR bis 1985 200 Maschinen. Kennzeichnend für die Baureihe 119 war von Anfang an die große Störanfälligkeit aufgrund von Fertigungsmängeln an den Achsgetrieben, den Dieselmotoren, den Rohrverbindungen und an der Zugheizeinrichtung. Im Jahre 1990 verzeichnete das zuständige Raw Chemnitz einen Reparaturrückstand von über 100 Lokomotiven, was auch von der schlechten Ersatzteilversorgung durch den Produzenten herrührte. Die Deutsche Reichsbahn begann deshalb frühzeitig, die störanfälligsten Baugruppen, insbesondere den in Rumänien nach MTU-Lizenz hergestellten Dieselmotor MB 820 SR, durch ostdeutsche Aggregate zu ersetzen. Verwendung fand der – auch bei den remotorisierten 110ern und 118ern benutzte – 12 KVD 18/21 AL-4 bzw. AL-5. Gegenwärtig sind alle Lokomotiven mit Originalmotor abgestellt. Auch nach dem Verkehrsrückgang im Gefolge der der politischen Wende konnte und wollte die DR auf die Baureihe 119 nicht verzichten, zumal der Ersatz der stark verschlissenen 118er akut wurde. Darum forcierte sie die Aufarbeitung der Reihe 119. Weil das Raw Chemnitz seinerzeit ausgelastet war, gab man 1990 zwei Lokomotiven – 119 078 und 087 – zur Aufarbeitung an die Regentalbahn AG nach Viechtach. (Außer dem neuroten Lack und den weißen „Lätzchen" an den Stirnfronten erfuhren diese beiden Lokomotiven jedoch keinerlei Veränderung.)

TECHNISCHE DATEN

Baureihenbezeichnung ab 1992		219	229
bis 1991		119	-
Indienststellung (1. Jahr)		1977	1977
Umbau (1. Jahr)			1992
Hersteller		Lokomotivfabrik Bukarest	
Umbauer			Krupp, Essen
Achsformel		C' C'	C' C'
Spurweite	mm	1435	1435
Länge über Puffer	mm	19.500	19.500
Dienstmasse (bei 2/3 Vorräten)	t	96	96
Dieselkraftstoff	l	4000	4000
Dieselmotoren		2	2
Hersteller		Rumänien bzw. KAB	MTU
Leistung	kW	2x990 bzw. 2 x 883	2x1380
Drehzahl	U/min	1500	1800
Art der Kraftübertragung		hydraulisch	hydraul.
Höchstgeschwindigkeit	km/h	120	140
Anfahrzugkraft	kN	198	276
Dauerzugkraft	kN	146	180
Art der Zugheizeinrichtung		elektrisch	elektrisch

Farbgebungs-Varianten: 229 193 (von Krupp umgebaut), daneben 219 039 im alten DR-Lack und die bei der Regentalbahn ausgebesserte 219 087.

Anders die bei der Krupp Verkehrstechnik GmbH in Essen rekonstruierten und danach als BR 229 neu eingereihten Maschinen. Ihre Modernisierung kommt vom Umfang her einem Neubau nahe, ist aber um 50 Prozent kostengünstiger. Mit 3754 PS Motorleistung sind sie die stärksten dieselhydraulischen Lokomotiven der Deutschen Bahnen. Von den 20 in Auftrag gegebenen Umbauten hatte Krupp im Januar 1993 zwölf abgeliefert. 13 Lokomotiven der Baureihe 219 (ex 119) waren Mitte 1992 bereits ausgemustert.

Konstruktion BR 219

Hauptrahmen und Aufbauten bestehen aus einer verschweißten, gemeinsam tragenden Leichtbaukontruktion, deren Rahmenkopfstücke für den Einbau einer automatischen Mittelpufferkupplung vorbereitet sind. An beiden Rahmenenden sind vor den Drehgestellen angewinkelte Bleche montiert, die als Schienenräumer dienen. Die Lokomotive ist mit den üblichen Zug- und Stoßvorrichtungen gemäß UIC-Standard ausgerüstet. Der Fahrzeugkasten umfaßt Maschinenraum und Führerstände, die schallisoliert sind. Das Dach ist in mehrere Teile gegliedert, die für Montagearbeiten einzeln abgenommen werden können. Zwischen den Baulosen gibt es geringfügige äußere Unterschiede: Bei 119 001 bis 116 ist das Spitzenlicht in die vorgezogene Dachschürze integriert; ab 119 117 befindet sich das Spitzenlicht unterhalb der Frontfenster, und die Dachschürze fehlt. Die Rahmen der dreiachsigen Drehgestelle sind als Schweißkonstruktionen ausgeführt. Während sich der Lokomotivrahmen an vier Punkten über je drei Flexicoilfedern auf den Drehgestellrahmen abstützt, stützen sich letztere über Schraubenfedernpaare auf die Radsatzlagergehäuse. Die Zug- und Bremskräfte werden von den Drehgestellen über gummigelagerte, seitlich verschiebbare und wartungsfreie Drehzapfen auf den Hauptrahmen übertragen. Die Radsätze werden über Achslenker geführt, wobei hydraulische Stoßdämpfer die Laufeigenschaften verbessern. Zur Bremsausrüstung gehören die indirekt wirkende, selbsttätige mehrlösige Druckluftbremse mit Selbstregler- Führerbremsventilen (DAKO BS2) und Achslagerbremsdruckregler, weiterhin die direkt wirkende Druckluft-Zusatzbremse sowie zwei mechanische Feststellbremsen, die von jedem Führerstand aus auf jeweils einen Radsatz wirken. Ursprünglich waren zwei Zwölfzylinder-Dieselmotoren MB 820 SR eingebaut; inzwischen verfügen sämtliche im Betriebsdienst stehenden 219 über die bei den Baureihen 202 und 204 bereits näher beschriebenen 12 KVD 18/21 AL-4 bzw. AL-5, hier auf 883 kW bei 1500 U/min eingestellt. Die Motordrehzahl kann in 13 Fahrstufen verstellt werden. Die Motoren sind hintereinander angeordnet und jeweils zur Mitte der Lok hin über Hilfsgetriebe mit dem Generator für die Zugheizeinrichtung verbunden. Dabei handelt es sich um einen Gleichstrom- Synchrongenerator für 1000 V Heizspannung. Das Drehmoment der Hauptabtriebe wird über Gelenkwellen, Dreiwandler- Strömungsgetriebe und Achsgetriebe jeweils auf die drei Achsen eines Drehgestells übertragen. Die beiden Luftverdichter werden durch Gleichstrommotore angetrieben. Für die Energieversorgung der Lokomotive sorgen zwei Lichtanlaßmaschinen (24 kW), welche jeweils über das Strömungsgetriebe mit einem Motor verbunden sind, und die im Pufferbetrieb arbeitenden Bleibatterien (320 Ah). Bis zur Ordnungsnummer 030 verfügen die Maschinen über eine Wendezugsteuerung. Alle im Betriebsdienst stehenden Lokomotiven sind mit Zugfunk und Fahrzeugeinrichtungen der PZB ausgerüstet. Ihre Höchstgeschwindigkeit liegt bei 120 km/h.

Konstruktion BR 229

Die bei Krupp remotorisierten Lokomotiven verfügen über jeweils zwei aufgeladene Zwölfzylindermotoren vom Typ 12 V 396 TE 14. Deren Nennleistung liegt zusammen bei 2760 kW (3754 PS). Für die Kraftübertragung stehen weiterentwickelte Strömungsgetriebe aus der Strömungsmaschinen GmbH Dresden zur Verfügung. Die Gesamtleistung der beiden neuen Generatoren für die Zentrale Energieversorgung des Zuges liegt bei 800 kW. Kühlanlage und Lüfter erfuhren einige Veränderungen. Die Drehgestelle sind lauf- und bremstechnisch für 140 km/h Höchstgeschwindigkeit angepaßt, die Bremsausrüstung ist vollständig erneuert. Mit den von der Krupp-MAK DE 1024 (BR 240 DB) übernommenen Führerpulten haben sich die Arbeitsbedingungen für den Triebfahrzeugführer erheblich verbessert. Die neue Taststeuerung ähnelt der des ICE. Als Zugfunkanlage dient die MESA 2002, ein Gerät, daß ohne Funktionseinschränkungen sowohl im analogen Zugfunknetz der DR als auch im digitalen Zugbahnfunknetz der DB arbeiten kann. Bei den letzten sechs Umbaulokomotiven werden die mittleren Achsen eines jeden Drehgestells axial verschiebbar sein. Mit 72 dB(A) liegt der Geräuschpegel der BR 229 deutlich unter dem erlaubten Grenzwert von 80 dB(A).

BEHEIMATUNGEN

Bahnbetriebswerke Aue (Sachs), Berlin-Pankow, Dresden, Gera, Görlitz, Halle G, Oebisfelde, Probstzella, Saalfeld (Saale), Salzwedel, Schwerin, Zittau

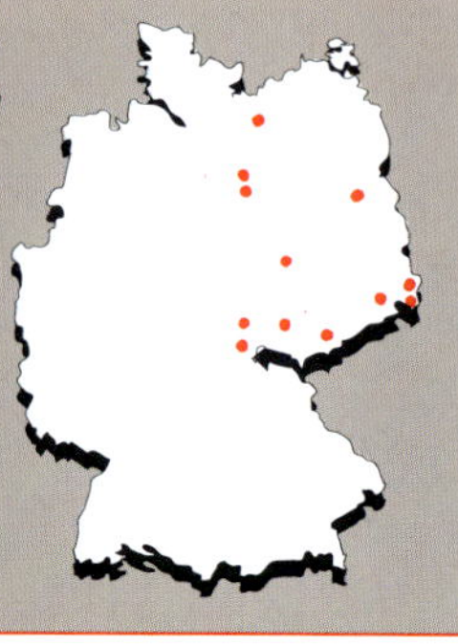

Betriebseinsatz

Die Lokomotiven erfuhren viele Umbeheimatungen; aufgrund der geschilderten Mängel suchten und fanden viele Bahnbetriebswerke Gründe, die Maschinen wieder abzugeben. Nachdem die Störanfälligkeit deutlich zurückgegangen ist, sind die 219 beheimatet in Aue (Sachs), Dresden, Gera, Halle G, Oebisfelde, Probstzella, Saalfeld (Saale), Salzwedel, Schwerin und Zittau. Zum Fahrplanwechsel 1993 wird das Bw Görlitz hinzukommen. Die Lokomotiven sind vor nahezu allen Zuggattungen anzutreffen. Die Strecken im Thüringer Schiefergebirge und in der Oberlausitz gehören sicherlich zu den besonders attraktiven Einsatzgebieten. Sämtliche Lokomotiven der Baureihe 229 sind im Bahnbetriebswerk Berlin-Pankow beheimatet. Von hier aus werden sie noch unregelmäßig vor IC zwischen Berlin und Hamburg, Hamburg und Stralsund, Berlin und Braunschweig sowie vor Schnellzügen zwischen Berlin und Rostock eingesetzt. Sie entlasten die BR 234 im hochwertigen Reisezugdienst und übernehmen bald alle IC und IR auf nicht elektrifizierten Strecken.

REDAKTION: FRANK HEILMANN; AUFNAHMEN: HAHN, HEILMANN, MEHNERT

Bei den meisten 220ern wurden im Raw nachträglich Griffstangen unterhalb der Frontfenster angebracht (Bw Leipzig-Wahren, 26. September 1992).

Baureihe 220

Abstimmungen im „Rat für gegenseitige Wirtschaftshilfe" (RGW), der im Westen als COMECON bezeichneten Wirtschaftsgemeinschaft des Ostblocks, hatten eine gewisse Spezialisierung der Mitgliedsstaaten im Lokomotivbau zum Ziel. Unter anderem wiesen sie der Sowjetunion den Bau schwerer dieselelektrischer Streckenlokomotiven zu.
Die Diesellokomotivfabrik „Oktoberrevolution" Lugansk leitete bereits Anfang der sechziger Jahre aus ihrem bis dahin allein für die Breitspurstrecken der Sowjetischen Eisenbahnen (SZD) bestimmten Programm eine regelspurige sechsachsige Lokomotive mit mitteleuropäischen Fahrzeugumgrenzungsmaßen ab. Von 1965 an kauften die Staatsbahnen Ungarns, Polens, der Sowjetunion, der Tschechoslowakei, des Iraks, Nordkoreas und Kubas diese Lokomotiven. Vor dem Hintergrund der ins Stocken geratenen Streckenelektrifizierung und der dringend nötigen Ablösung vieler Güterzug-Dampflokomotiven schloß sich die Deutsche Reichsbahn auf Weisung der DDR-Regierung den Bestellern an. Im Dezember 1966 erhielt sie zwei Probelokomotiven, im folgenden Jahr bereits die ersten 88 Serienmaschinen. Sie wurden unter der Baureihenbezeichnung V 200 eingeordnet und 1970 zur Reihe 120 umgezeichnet. In mehreren Lieferserien kamen bis 1975 insgesamt 378 solcher Lokomotiven aus der Sowjetunion.
Einerseits brachten sie den Traktionswechsel bei der Deutschen Reichsbahn weit voran, andererseits genügten sie nicht in jeder Beziehung den Einsatzbedingungen im Osten Deutschlands. Beispielsweise blieben der fehlenden Heizeinrichtung wegen ihre Einsatzmöglichkeiten auf den Güterzugdienst beschränkt. Der Motorenlärm galt zunächst als unerträglich und brachte ihnen den Spitznamen „Taigatrommeln" ein; Bauartänderungen und nachträgliche Verbesserungen waren darum beim Abgasschalldämpfer ebenso nötig wie beispielsweise bei den Warmhaltegeräten für das Kühlwasser oder bei der Führerraumheizung. Danach aber waren die ebenso robusten wie anspruchslosen Maschinen bei den Personalen außerordentlich beliebt.

Konstruktion

Der Rahmen, eine Schweißkonstruktion, trägt unmittelbar alle großen Aggregate der Lokomotive – Dieselmotor, Hauptgenerator, Kühlanlage und Luftverdichter – sowie die Zug- und Stoßeinrichtungen. Die eingeschweißten Drehzapfen übertragen die Zug- und Bremskräfte auf den Lokomotivrahmen. Über vier Lagerstützpunkte (Gleitplatten und Rollen im Ölbad) wird die Masse des Rahmens und der Aufbauten auf die Drehgestelle übertragen. Die Rahmen der beiden dreiachsigen Drehgestelle sind aus Stahlblechen geschweißt. Auf die

TECHNISCHE DATEN

Baureihenbezeichnung	ab 1992	220
	1970-1991	120
	bis 1970	V 200
Indienststellung (1. Jahr)		1966
Hersteller		Lugansk
Achsformel		Co'Co'
Spurweite	mm	1.435
Länge über Puffer	mm	17.550
Dienstmasse (bei 2/3 Vorräten)	t	116
Dieselkraftstoff	l	3.900
Dieselmotor Anzahl		1
Hersteller		
Leistung	kW	1.470
Drehzahl	U/min	750
Art der Kraftübertragung		elektrisch
Höchstgeschwindigkeit	km/h	100
Anfahrzugkraft	kN	300
Dauerzugkraft	kN	196
Art der Zugheizeinrichtung		keine

Radsatzlager stützen sich über zylindrische Schraubenfedern (jeweils 1. und 3. Radsatz) bzw. über ein vereinigtes Schrauben- und Blattfedernsystem Ausgleichhebel ab. Die Radsätze laufen in Rollenlagern, die seitlich verschiebbar und mit Rückstellfedern versehen sind.
Der Lokomotivkasten ist aus Stahlprofilen und Blechen geschweißt. An beiden Seiten des Maschinenraumes sind Fensterreihen sowie Jalousien zum Ansaugen der Luft für den Dieselmotor, für die Kühlanlage sowie für die Belüftung von Hauptgenerator und Fahrmotoren eingelassen. Das Dach ist abnehmbar, so daß bei Reparaturen die Hauptaggregate von oben her ausgetauscht werden können.
Die Antriebstechnik der Lokomotive ist ungewöhnlich einfach. Der langsamlaufende wassergekühlte Zwölfzylinder-Zweitakt-V-Dieselmotor mit Direkteinspritzung und ventilgesteuertem Auslaß ist eigentlich als Schiffsdiesel konstruiert worden. (Ein Umstand, der der Reichsbahn gelegen kam – konnte sie sich doch manches Ersatzteil bei der Marine besorgen!) Direkt angeflanscht an den Motor ist der – zugleich als Anlaßmaschine dienende – Traktionsgenerator, ein fremderregter zwölfpoliger Gleichstromgenerator mit 1.254 kW Dauer- und 1.490 kW Stundenleistung.
Gesteuert wird die Lokomotive von einem der beiden 15stufigen Fahrschalter in den Endführerständen aus; bei jedem Schalten von Fahrstufe zu Fahrstufe wird die Drehzahl des Dieselmotors um jeweils 25 min^{-1} verändert; der Drehzahlbereich reicht von 400 bis zu 750 min^{-1}.
Jeder der sechs Radsätze wird durch einen Gleichstrom-Tatzlager-Fahrmotor angetrieben. Die Motoren haben Reihenschlußerregung mit zweistufiger geschwindigkeitsabhängiger Feldschwächung. Durch Fremdeinspeisung in einen der Fahrmotoren ist es möglich, die Lokomotive über kurze Strecken zu bewegen, ohne den Dieselmotor anzulassen.
Das Kühlsystem besteht aus zwei Kreisläufen – einen für das Kühlwasser des Dieselmotors und einen für das Kühlwasser des Motorschmieröls. Jeder Kreislauf verfügt über 15 Flachrohrkühlelemente; beide sind durch einen Ausgleichbehälter miteinander verbunden. Der Kühlerlüfter wird vom Dieselmotor über ein Verteilergetriebe und eine hydraulische Kupplung angetrieben. Auch zum zweistufigen Luftverdichter besteht eine direkte mechanische Verbindung vom Motor her.
Zur Bremsausrüstung zählen die selbsttätige, indirekt wirkende mehrlösige Druckluftbremse mit geschwindigkeitsabhängigem Wechsel zwischen Niedrig- und Hochabbremsung, die direkt wirkende pneumatische Zusatzbremse sowie zwei Handbremsen als Feststellbremsen. Die Lokomotiven verfügen über Vielfachsteuerung, zeitabhängige Sicherheitsfahrschaltung sowie teilweise über Zugbeeinflussungseinrichtungen und Rangier- oder Streckenfunkstationen.

Bei der 220 338 blieb die originale Farbgebung erhalten (Bw Gera/Einsatzstelle Greiz, Mai 1992).

BEHEIMATUNGEN

Bahnbetriebswerke Altenburg, Angermünde, Berlin-Pankow, Cottbus, Dresden, Eberswalde, Eisenach, Gera, Güsten, Hagenow Land, Leipzig-Wahren, Pasewalk, Senftenberg

Betriebseinsatz

Nach den Plänen der Deutschen Reichsbahn sollte die Reihe 120 bereits Ende der achtziger Jahre vollständig ausgemustert werden. Wegen des großen Schadbestands bei anderen Diesellokreihen konnte man auf die Maschinen dann aber doch nicht so bald verzichten. Erst im Herbst 1990 stellte das Raw Cottbus die Instandsetzung der Baureihe 120 ein. Rund 250 Maschinen wurden 1992 zur Baureihe 220 umgezeichnet, ein großer Teil davon war da aber bereits abgestellt. Die Bahnbetriebswerke Altenburg, Angermünde, Berlin-Pankow, Cottbus, Dresden, Eberswalde, Eisenach, Gera, Güsten, Hagenow Land, Leipzig-Wahren, Pasewalk und Senftenberg beheimaten gegenwärtig noch 220er. Einige dieser Werke „verwalten" aber nur noch den abgestellten Park oder setzen hin und wieder einzelne Maschinen für Arbeitszugleistungen ein. Regelmäßige Einsätze in größerem Umfang erleben die 220er noch bei den Bw Berlin-Pankow, Dresden (mit pneumatischen Klauenkupplungen versehen als Schlepplokomotiven auf dem Rangierbahnhof Dresden-Friedrichstadt!) und Gera.
Die in der Nähe von Gera ansässige Wismut AG setzt einige bauartgleiche Lokomotiven in ihrem Industriebahnnetz ein.

Die 220 288 bekam den DR-typischen Zierstreifen, die metallenen Zierbänder blieben erhalten.

REDAKTION: WA; FOTOS: MIETHE, SCHWADE (2)

Das Bahnbetriebswerk Brandenburg setzt als eines der letzten Bw Lokomotiven der BR 228 in größerer Stückzahl ein (Brandenburg Hbf, 9.11.1992).

BR 228.5, 228.6-8 (ex 118.5, 118-6-8)

Mit der V 180 001 absolvierte im Jahre 1960 die erste dieselhydraulische Streckenlokomotive aus DDR-Produktion ihre Probefahrten. Nach Versuchen mit drei weiteren Baumustern begann 1962 die Montage der ersten Serie $V 180^{0}$, vierachsiger Lokomotiven mit 2 x 662 kW Motorenleistung. Sie wurde Ende des Jahres 1965 mit der V 180 087 abgeschlossen; bis 1967 folgten die auf zweimal 736 kW verstärkten V 180 101 bis 182.
Zwar konnten die neuen Maschinen die Dampflokomotiven im mittelschweren Reise- und Güterzugdienst vollwertig ersetzen, mit ihrer Achsfahrmasse von nahezu 20 Tonnen waren sie aber für viele Strecken zu schwer. Darum gab die Reichsbahn beim VEB Lokomotivbau „Karl Marx", Babelsberg, eine sechsachsige Variante der V 180 in Auftrag. Das Baumuster V 180 201 erschien bereits 1964, die Serie wurde von 1966 bis 1970 ausgeliefert und endete – nach der Umzeichnung der V 180 in BR 118 – mit der 118 406.
Vom Hersteller wie von der DR initiiert, gab es in den sechziger Jahren mehrere Versuche, die Leistung der V 180 weiter zu steigern. So stand beispielsweise bereits 1965 ein Erprobungsträger mit 2 x 883 kW auf den Schienen. Nachdem die Entscheidung gefallen war, in großer Stückzahl dieselelektrische Lokomotiven aus der Sowjetunion einzuführen, wurde die Weiterentwicklung schwerer dieselhydraulischer Lokomotiven in der DDR jedoch abgebrochen. In den siebziger und achtziger Jahren aber ließ die Reichsbahn sechsachsige 118er in großer Zahl mit 883-kW-Motoren ausrüsten; sie wurden in die neue Unterbaureihe 118.6-8 eingeordnet. Zugleich remotorisierte man die 118.0; mit 2 x 736 kW fuhren sie fortan als 118.5.

TECHNISCHE DATEN

Baureihenbezeichnung	ab 1992		228.1	228.5	228.2-4	228.6-8
	1970-1991		118.1	118.5	228.2-4	118.6-8
	bis 1970		$V180^{1}$	$(V180^{0})$	$V180^{2-4}$	$(V180^{2-4})$
Indienststellung (1. Jahr)			1965	1962	1966	1966
Umbau (1. Jahr)			-	1980	-	1972
Hersteller			VEB Lokomotivbau "Karl Marx" Babelsberg			
Umbauer				-	Raw Chemnitz	Raw Chemnitz
Achsformel			B'B'	B'B'	C'C'	C'C'
Spurweite		mm	1.435	1.435	1.435	1.435
Länge über Puffer		mm	19.460	19.460	19.460	19.460
Dienstmasse (bei 2/3 Vorräten)		t	78	80	90	92
Vorräte	Dieselkraftstoff	l	3.700	3.800	3.700	3.700
	Keselspeisewasser	l	3.000	3.000	3.000	3.000
Dieselmotor	Anzahl		2	2	2	2
	Hersteller		VEB Kühlautomat Berlin-Johannisthal			
	Leistung	kW	2 x 736	2 x 736	2 x 736	2 x 883
	Drehzahl	U/min	1.500	1.500	1.500	1.500
Art der Kraftübertragung			hydraulisch	hydraulisch	hydraulisch	hydaulisch.
Höchstgeschwindigkeit		km/h	120	120	120	120
Anfahrzugkraft		kN	255	255	235	270
Dauerzugkraft		kN	160	160	152	180
Art der Zugheizeinrichtung			Dampf	Dampf	Dampf	Dampf

228 505, beim Bw Wustermark beheimatet, trägt als „heimliche Traditionslok" den alten Lack.

Konstruktion

Rahmen und Lokomotivkasten sind als gemeinsame Tragkonstruktion in Leichtbauweise aus Profilen und Blechen geschweißt. Im oberen, leicht angewinkelten Bereich des Fahrzeugkastens sind die Kühlerjalousien und die Ansaugöffnungen des Dieselmotors angebracht. Während die 228.5 über vier Seitenfenster auf jeder Seite verfügen, haben alle anderen Loks nur zwei Seitenfenster und zwei zusätzliche Lüftergitter. Die Pufferträger an den Kopfenden mit den Zug- und Stoßvorrichtungen sind auswechselbar. Das Dach ist in sieben einzeln abnehmbare Sektionen geteilt.
Die Lokomotiven laufen auf zwei zwei- (228.1 und 5) bzw. dreiachsigen (228.2-4 bzw. 6-8) Drehgestellen. Gemeinsam ist ihnen, daß die Drehgestellrahmen als geschweißte Blechträgerkonstruktionen mit mehreren Querträgern ausgeführt sind. Bei den vierachsigen Lokomotiven werden die Zug- und Bremskräfte ohne mittigen Drehzapfen übertragen; vielmehr besteht eine Federbandanlenkung mit je zwei Gelenkzapfen im Lokomotiv- und im Drehgestellrahmen. Schub-Druck-Gummifedern führen die Radsatzlager und besorgen die Primärfederung; Blattfedern die Sekundärfederung. Sie sind an den Enden mit Gummielementen aufgehängt.
Hingegen werden die Zug- und Bremskräfte bei den sechsachsigen Maschinen über Drehzapfen mit Federbandanlenkung am Drehgestellrahmen übertragen. Die Radsatzlagergehäuse werden mit verschleißfesten Manganstahlwangen in den Drehgestell-Längsträgern geführt. Die Primärfederung besorgen hier Blattfedern mit Gummielementen an den Enden, die Sekundärfederung Kombinationen aus Blatt- und Schraubenfedern.
In allen Lokomotiven der Baureihenfamilie sind zwei Antriebsanlagen, bestehend jeweils aus Dieselmotor, Kühlanlage, Strömungsgetriebe, Lichtanlaßmaschine und Lüftergenerator, installiert. Sie werden synchron gesteuert, arbeiten aber völlig unabhängig voneinander, so daß die Lokomotive nach dem Ausfall einer Anlage mit halber Leistung weiterfahren kann. Als Dieselmotoren werden solche des (unter BR 201 ff. ausführlich beschriebenen) Typs 12 KVD 18/21 A verwendet: Bauformen A-2 und A-3 mit 736 kW, Bauform AL-4 mit 883 kW. Jeder Dieselmotor treibt über eine drehelastische Kupplung ein Dreiwandler-Strömungsgetriebe mit eingebauter Wendestufe an. Die Strömungsgetriebe liegen unter den beiden Endführerständen und sind über Gelenkwellen mit Lichtanlaßmaschine und Lüftergenerator verbunden. Ebenfalls über Gelenkwellen treiben die Strömungsgetriebe die Radsatzgetriebe der ersten beiden Achsen eines jeden Drehgestells an; bei den sechsachsigen Loks besteht eine weitere Gelenkwellenverbindung vom mittleren Radsatzgetriebe zu dem der dritten Achse.
Für die Zugheizung steht ein automatisch gesteuerter Wasserrohr-Heizrohr-Kessel mit einer Verdampfungsleistung von 800 kg/h zur Verfügung. Zur indirekt wirkenden selbsttätigen Druckluftbremse und zur direkt wirkenden Zusatzbremse kommen zwei Handbremsen, die, ebenso wie die pneumatischen Bremsen, jeweils beidseitig auf alle Räder eines Drehgestells wirken.
Die Lokomotiven haben Vielfachsteuerungen für Doppeltraktion und Wendezugbetrieb, wegabhängige Sicherheitsfahrschaltungen sowie teilweise Fahrzeugeinrichtungen für die punktförmige Zugbeeinflussung (PZ 80) und Zugfunkstationen (MESA).

BEHEIMATUNGEN

Bahnbetriebswerke Arnstadt, Aue (Sachs), Cottbus, Brandenburg, Chemnitz, Görlitz, Güstrow, Jüterbog, Kamenz, Leipzig Hbf Süd, Neustrelitz, Wismar, Wustermark, Zittau

Betriebseinsatz

Seitdem das Verkehrsaufkommen bei der DR drastisch zurückgegangen ist und der Schadlokbestand bei der wesentlich jüngeren und von den Parametern her vergleichbaren Reihe 219 abgebaut werden konnte, werden die 228er in großem Umfang ausgemustert und im Raw Chemnitz zerlegt. In erster Linie betroffen sind die Unterbaureihen 228.1, 228.5 und 228.2-4.
Regelmäßig eingesetzt werden noch Lokomotiven der Unterbaureihen 228.5 und 228.6-8. Sie sind beheimatet bei den Bahnbetriebswerken Arnstadt, Aue (Sachs), Cottbus, Brandenburg, Chemnitz, Görlitz, Güstrow, Jüterbog, Kamenz, Leipzig Hbf Süd, Neustrelitz, Wismar, Wustermark und Zittau. Ihre sicherlich interessantesten und für Fotografen ergiebigsten Einsatzfelder finden die 228.6-8 auf den thüringischen Steilstrecken Ilmenau – Schleusingen (KBS 566) und Suhl – Schleusingen (KBS 568) sowie auf den Strecken rund um Chemnitz und Brandenburg. 228.5 sind bei den Bahnbetriebswerken Neustrelitz und Wustermark anzutreffen.

Doppeltraktion: 228 745 und 228 777 (Bw Chemnitz) bei Burgstädt, 24. Juli 1992.

REDAKTION: WA; FOTOS: HEILMANN, WUNDER (2)

Seit nunmehr 20 Jahren führt die Reihe 232 (früher 132) schwere Reise- und Güterzüge (132 100 vom Bw Eisenach am 10 April 1992 in Förtha).

Baureihen 230, 231, 232, 234, 242 und 754 (ex 130, 131, 132 und 142)

Von 1970 an beschaffte die Deutsche Reichsbahn eine zweite Type dieselektrischer Lokomotiven aus der Sowjetunion – hauptsächlich für den schweren Güterzugdienst, diesmal aber auch für den hochwertigen Reisezugdienst. Die neuen Lokomotiven sollten die Dampflok-Reihen 44 und 52 im Güterzugdienst sowie 01 und 03 im Schnellzugdienst gleichermaßen ersetzen können. Dazu bedurfte es der Leistung von 3000 PS und einer Zugheizeinrichtung.

Die Diesellokomotivfabrik „Oktoberrevolution" Lugansk (1972 in Woroschilowgrad umbenannt) lieferte in den Jahren 1970 bis 1972 unter der Baureihenbezeichnung V 300 bzw. 130 zunächst allerdings 80 Güterzuglokomotiven, weil die Entwicklung der elektrischen Zugheizanlage nicht rechtzeitig abgeschlossen war. Mit 130 101 und 102 standen 1972 die beiden ersten Reichsbahnlokomotiven zur Erprobung der elektrischen Heizeinrichtung zur Verfügung. Konstruktiv war die Baureihe 130 für 140 km/h Höchstgeschwindigkeit ausgelegt, im Regelbetrieb wurden aber stets nur 120 km/h gefahren. 1972 und 1973, solange die die elektrische Heizung noch nicht die Serienreife erlangt hatte, nahm die DR mit 131 001 bis 076 eine weitere Serie reiner Güterzuglokomotiven ab. Es lag nahe, für die BR 131 eine veränderte Antriebsübersetzung zu wählen, so daß die Höchstgeschwindigkeit auf 100 km/h beschränkt und die Anfahr-

TECHNISCHE DATEN

Baureihenbezeichnung		ab 1992	230	754.1	231	232	234	242
		1970-1991	130	130.1	131	132	-	142
		bis 1970	V 300	-	-	-	-	-
Indienststellung (1. Jahr)			1970	1972	1972	1973	1973	1977
Umbau (1. Jahr)			-	-	-	-	1991	-
Hersteller			Diesellokomotivfabrik „Oktoberrevolution" Woroschilowgrad (bis 1972 Lugansk)					
Umbauer			-	-	-	-	Raw Cottbus	-
Achsformel			Co'Co'	Co'Co'	Co'Co'	Co'Co'	Co'Co'	Co'Co'
Spurweite		mm	1.435	1.435	1.435	1.435	1.435	1.435
Länge über Puffer		mm	20.620	20.620	20.620	20.820	20.820	20.820
Dienstmasse (bei 2/3 Vorräten)		t	115	120	115	122	122	124,7
Dieselkraftstoff		l	6.000	6.000	6.000	6.000	6.000	6.000
Dieselmotor	Anzahl		1	1	1	1	1	1
	Hersteller		Kolomna	Kolomna	Kolomna	Kolomna	Kolomna	Kolomna
	Leistung	kW	2.200	2.200	2.200	2.200	2.200	2.940
	Drehzahl	U/min	1.000	1.000	1.000	1.000	1.000	1.000
Art der Kraftübertragung			elektrisch	elektrisch	elektrisch	elektrisch	elektrisch	elektrisch
Höchstgeschwindigkeit		km/h	140	140	100	120	140	120
Anfahrzugkraft		kN	250	250	340	340	250	343
Dauerzugkraft		kN	172	172	270	200	172	241
Art der Zugheizeinrichtung			keine	elektrisch	keine	elektrisch	elektrisch	elektrisch

Die 130 101 diente zunächst als Erprobungsträger für die elektrische Zugheizeinrichtung und steht jetzt als 754 101 für Meßfahrten bereit.

zugkraft deutlich angehoben wurde. Später erhielten 130 058, 060 und 064 die Getriebeübersetzung der BR 131 und wurden neu als 131 158, 160 und 164 bezeichnet. Die Universallokomotive, die sich die DR eigentlich von Anfang an gewünscht hatte, stand mit 132 001 im Jahre 1973 endlich auf den Schienen. Konstruktiv entsprach die 132 bis auf Details der 130 und 131; die Änderungen standen zumeist im Zusammenhang mit der E-Heizung. Selbstverständlich flossen auch Erfahrungen aus dem Betrieb der Vorgänger ein. Die Baureihe 132 wurde bis ins Jahr 1982 in einer Stückzahl von insgesamt 709 Lokomotiven importiert. Die Maschinen verdrängten schnell die Schnellzug-Dampflokomotiven der Reihen 01, 01.05, 01.15, 03 und 03.10. Zu ihren ersten „großen" Diensten gehörten die Transitreisezüge zwischen dem Bundesgebiet und Berlin (West). Auch die hochwertigen Reisezüge – InterCities und InterRegios –, die ab 1990 zwischen Ost und West fuhren, wurden zunächst ausschließlich von 132ern gezogen. Weil nämlich die SED-Politbürokratie bis zuletzt darauf spekulierte, für die Elektrifizierung der „Transitstrecken" die Alt-Bundesrepublik zur Kasse bitten zu können, waren sie ohne Fahrdraht geblieben. Den neuen Zügen war die BR 132 (seit 1992: 232) zunächst nicht ganz gewachsen. Die Schwierigkeiten bei der Stromversorgung von Bistro-Wagen und Zugrestaurants konnten verhältnismäßig bald durch technische Veränderungen behoben werden. Mit ihren 120 km/h Höchstgeschwindigkeit waren die Maschinen auf den Bundesbahnstrecken zu langsam. Da der schnell voranschreitende Streckenausbau bei der DR auch hier bald höhere Geschwindigkeiten zuließ, erhielt das Raw Cottbus den Auftrag, 1991 und 1992 zunächst 35 Lokomotiven im Rahmen von Generalreparaturen für die Höchstgeschwindigkeit von 140 km/h umzurüsten. Sie bekamen die Baureihenbezeichnung 234, behielten aber die alten Ordnungsnummern.

Die Deutschen Bahnen werden eine nennenswerte Anzahl von Lokomotiven der Reihe 232/234 über das Jahr 2000 hinaus benötigen. Künftig sollen sie auch in westdeutschen Bahnbetriebswerken beheimatet werden. Voraussetzung für den längerfristigen Einsatz ist allerdings, daß die Lokomotiven standfester und wirtschaftlicher werden. Darum erproben die Deutschen Bahnen gegenwärtig in sechs Maschinen neue Dieselmotoren: jeweils zwei kommen von Kolomna (Rußland), Caterpillar (USA) und von Krupp Verkehrstechnik. Diese Lokomotiven tragen ebenfalls die Baureihenbezeichnung 234. Betriebskosten, Kraftstoffverbrauch, Lärmpegel und Schadstoffemission sind die Kriterien, nach denen der geeignete Motor bestimmt wird. Etwa 150 Lokomotiven sind zur Remotorisierung vorgesehen.

Zur Baureihenfamilie gehören schließlich noch 242 001 bis 006. Zwischen 1976 und 1978 wurden sie als Prototypen mit 4000 PS Motorleistung beschafft. Ihrer größeren Achslast wegen konnten diese Lokomotiven allerdings nur beschränkt eingesetzt werden. Weil die DR Ende der siebziger Jahre außerdem ihr Elektrifizierungsprogramm wiederaufnahm, unterblieb der

Aus dem russischen Motorenwerk Kolomna kam die neue Antriebsmaschine für die 234 440.

Serienbau. Durch Sperrung ihrer oberen Fahrstufen sind die 242er vom Traktionsvermögen her den 232ern angeglichen worden.

Konstruktion

Der Lokomotivrahmen ist eine aus Blechen und Profilen bestehende Schweißkonstruktion, wobei die Längsträger als Kastenprofile ausgebildet sind. Zwischen den beiden Drehgestellen befinden sich der Kraftstoffbehälter und an dessen Längsseiten je drei Batteriekästen. Sie fungieren als mittragende Elemente des Rahmens. An den Stirnseiten sind Zug-und Stoßvorrichtungen nach UIC-Standard montiert.

Die beiden dreiachsigen Drehgestelle sind aus Kastenprofilen geschweißt. Ein jedes Drehgestell besteht aus zwei Rahmenwangen und drei Querträgern, der mittlere Querträger nimmt die seitenverschiebbaren Drehzapfenlager auf. Die Drehzapfen übertragen die Zug- und Bremskräfte von den Drehgestellen auf den Rahmen. Der Lokomotivkasten stützt sich mit vier Abstützrückstelleinrichtungen je Drehgestell auf die Drehgestellrahmen ab; zwischen den Drehgestellrahmen und jedem Radsatzlagergehäuse arbeiten zwei Schraubenfedern mit parallelgeschaltetem Reibungsstoßdämpfer. Die einzeln angetriebenen Radsätze laufen seitenverschiebbar in außenliegenden Rollenlagern. Zur Bremsausrüstung zählen die indirekt wirkende, selbsttätige, mehrlösige Druckluftbremse (Bauart KE) mit Selbstregler-Führerbremsventil, die nichtselbsttätige, direkt wirkende Druckluft-Zusatzbremse sowie zwei Handbremsen. Diese wirken jeweils nur auf die linken Radscheiben des 2. und des 3. Radsatzes. Mit den Druckluftbremsen werden alle Räder beidseitig durch jeweils einen eigenen Bremszylinder abgebremst. Die Bremszylinder sind am Drehgestellrahmen montiert.

Der Fahrzeugkasten ist mit dem Rahmen verschweißt. Er besteht aus Blechen und Profilen, wobei seitliche Versteifungssicken für erhöhte Festigkeit sorgen. Drei der fünf Dachsektionen sind abnehmbar. Das Innere der Lokomotive ist gegliedert in die beiden schall- und wärmeisolierten Führerstände, den Maschinenraum und die Kühlerkammer.

Der aufgeladene Dieselmotor vom Typ 5 D 49, ein wassergekühltes Viertakt-Aggregat mit 2.200 kW Nennleistung, hat 16 v-förmig angeordnete Zylinder. Die Kraftübertragung erfolgt über den direkt am Dieselmotor mit einer halbelastischen Kupplung angeflanschten Traktionsgenerator, einem fremderregten Dreiphasen-Wechselstrom-Synchrongenerator mit der Ausgangsleistung von 2.190 kW. Der Strom wird gleichgerichtet. Die sechs Gleichstrom-Tatzlager-Fahrmotoren vom Typ ED-118 sind in Reihe geschaltet und haben eine Einzel-Nennleistung von 305 kW. Der Lichtmaschine kommen zwei Funktionen zu: sie dient zum Anlassen des Dieselmotors, und im Generatorbetrieb der Versorgung des elektrischen Bordnetzes (110 V) und der Batterieaufladung.

Das Kühlsystem ist als geschlossener Kreislauf gestaltet. Die Kühlwasser-Umwälzpumpe wird über Zahnräder direkt von der Kurbelwelle des Dieselmotos angetrieben. Sie drückt das im Dieselmotor erhitzte Kühlwasser in die beiden v-förmig angeordneten Kühlerblöcke. In der Mitte über den beiden Blöcken sind drei eletrisch angetriebene Kühlerlüfter installiert. Sie saugen Luft durch Seitenwandöffnungen an, diese umspült die Kühlerelemente und wird nach oben abgeleitet. Die Kühlerjalousien in den Seitenwänden und die Kühlerlüfter werden abhängig von der Kühlwassertemperatur automatisch betätigt.

Ein unter den Kühlerblöcken montierter Luftverdichter erzeugt die Druckluft für Bremsen und pneumatische Schaltgeräte.

230 001 bis 011 unterscheiden sich von allen anderen Lokomotiven der Baureihenfamilie durch größere Frontfenster.

Besonderheiten BR 754: Höchstgeschwindigkeit 140 km/h. Elektrische Zugheizeinrichtung mit einer Spannung von 1000 V und einer Frequenz von 16 2/3 Hz.

Besonderheiten BR 231: Antriebsübersetzung für 100 km/h Höchstgeschwindigkeit. Die ursprünglich mit der BR 230 identische Bremsanlage ist gelegentlich von Raw-Aufenthalten der geringeren Höchstgeschwindigkeit angepaßt worden. Der Motor verfügt über einen hydromechanisch arbeitenden Drehzahlregler.

Besonderheiten BR 232: Höchstgeschwindigkeit 120 km/h. Der serienmäßige Einbau eines Heizgenerators (GS-507) und die Umgruppierung einiger Aggregate im Maschinenraum haben die geringfügige Verlängerung des Rahmens um 200 mm

Noch stehen einige 230er im Betriebseinsatz, darunter auch die 230 001 vom Bw Seddin.

Als Reservoir dienen zwei Hauptluftbehälter mit je 600 Litern Fassungsvermögen, die an den Querseiten des Kraftstofftanks angebracht sind.

Beide Führerstände haben den gleichen Aufbau. Der Fahrschalter gestattet die Wahl zwischen Leerlauf und 15 Fahrstufen. Alle wichtigen Aggregate werden elektrisch überwacht, ihr Betriebszustand wird auf dem Führerstand angezeigt. Zur Wachsamkeitskontrolle des Lokomotivführers steht eine zeitabhängige Sicherheitsfahrschaltung (Sifa) zur Verfügung. Die Lokomotiven verfügen über Zugbeeinflussungsanlagen (I 60 oder PZ 80) und sind überwiegend mit Zugfunkeinrichtungen (MESA) ausgerüstet.

Besonderheiten BR 230: Die konstruktive Höchstgeschwindigkeit liegt bei 140 km/h, im Betriebsdienst sind jedoch nur 120 km/h zulässig. Ab 230 037 verfügen die Lokomotiven über eine automatisch wirkende fremderregte Gleichstrom-Widerstandsbremse, die je nach Bremsarteinstellung (G, P P2 oder R) parallel zur Druckluftbremse reagiert. Das Übersetzungsverhältnis der Radsatzgetriebe beträgt 3,15:1.

zur Folge. Die elektrischen Schaltgeräte sind in einer Hochspannungskammer separiert. Alle Lokomotiven verfügen über eine fremderregte elektrische Widerstandsbremse, deren höchste Bremsleistung bei 1.260 kW liegt. Das Führerbremsventil der Bauart Knorr D 5 mit integriertem Bremssteller erlaubt pneumatisches und elektrisches Bremsen oder elektrisches Bremsen allein. Die elektri-

BEHEIMATUNGEN

Bahnbetriebswerke Arnstadt, Berlin Hbf, Chemnitz, Cottbus, Eisenach, Erfurt, Falkenberg (Elster), Frankfurt (Oder), Güsten, Görlitz, Halberstadt, Halle G, Leipzig Hbf Süd, Neustrelitz, Saalfeld, Seddin, Stralsund, Weißenfels u.a.

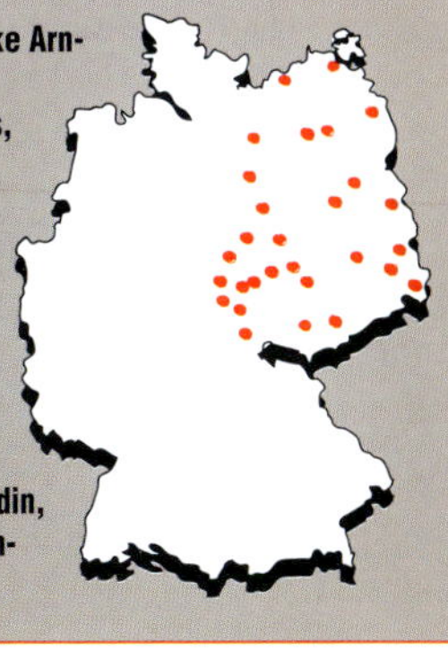

Die stärkere 242 unterscheidet sich äußerlich nicht von ihren Schwesterlokomotiven 230-234.

sche Bremse wirkt in Kombination mit der pneumatischen Bremse unabhängig von der Stellung des Fahrschalters auch bei Zwangsbremsung durch Druckabfall in der Hauptluftleitung – ausgelöst durch Notbremse oder Zugtrennung -, Ansprechen der Sifa oder der Zugbeeinflussung. (Ab 232 540 sind die Bremssysteme von vornherein so gestaltet gewesen, 232 001 – 539 wurden entsprechend nachgerüstet.)
Fahr- und Heizschaltung sind miteinander verbunden; ab Fahrstufe 12 ist die verzögerte Freigabe ungenutzter Heizleistung als Traktionsleistung möglich. Nach Abschalten der Heizeinrichtung steht die gesamte Dieselmotorleistung als Traktionsleistung zur Verfügung, was das Anfahren schwerer Züge und das Fahren in Steigungen erleichtert.
Gegenwärtig erhalten alle im Raw Cottbus hauptuntersuchten Lokomotiven Funkgeräte „MESA 2002" für den Betrieb unter dem analogem Zugfunksystem der DR und dem digitalen Zugbahnfunksystem der DB sowie Einrichtungen zur Blindleistungskompensation wegen des erhöhten Energiebedarfs moderner Reisezüge. Sechs Lokomotiven wurden jüngst in einem Werkteil der Regentalbahn AG in Reichenbach (Vogtl) aufgearbeitet. Ihre Maschinenräume erhielten eine besondere Schallisolation. Äußerlich auffällig sind ihre veränderten Luftansauggitter.
Besonderheiten BR 234: Die veränderte Antriebsübersetzung sowie angepaßte Bremsbauteile ermöglichen die gegenüber der Ursprungsbaureihe 232 auf 140 km/h heraufgesetzte Höchstgeschwindigkeit.
Besonderheiten BR 242: Der Motor 2-9 DG mit Hochaufladung bringt es auf eine Leistung von 2.940 kW bei 1.000 U/min. Zwangsläufig haben auch der Hauptgenerator vom Typ GS-504 (2.750 kW) und die Fahrmotoren vom Typ ED-120 (408 kW) deutlich höhere Leistungswerte. Die drehelastisch gelagerten Großräder halten den Verschleiß an Oberbau, Zahnrädern und Fahrmotoren gering.

Betriebseinsatz

Haupteinsatzgebiete der Reihe 230 waren in der Vergangenheit die Räume Halle (Saale), Sangerhausen, Schwedt und Rostock, wo sie schwere Güterzüge führten. Gegenwärtig setzen die Bahnbetriebswerke Frankfurt (Oder), Neustrelitz und Seddin 230er planmäßig ein. Die Reihe 231 ist in den Bahnbetriebswerken Arnstadt, Falkenberg (Elster), Halle G und Weißenfels beheimatet.
Seitdem 1990/91 das Güterverkehrsaufkommen drastisch zurückging, verzichtet die DR auf größere Reparaturen an den Lokomotiven der Reihen 230 und 231. Diese Triebfahrzeuge werden nach und nach ausgemustert. Im Jahre 1991 stand die DR mit der Iranischen Staatsbahn in Verhandlungen, 20 Lokomotiven der BR 131 (jetzt 231) zu vermieten. Man hatte die Maschinen bereits im Bw Halle G zusammengezogen und zur Verschiffung via Hamburg vorbereitet, als der Vertrag kurz vor seinem Abschluß platzte.
Die ehemaligen 130 101 und 102 sind seit vielen Jahren im Bw Halle G stationiert und werden von der Zentralstelle Maschinentechnik, der früheren Versuchs- und Entwicklungsstelle der Maschinenwirtschaft (VES-M) in Halle (Saale) als Bremslokomotiven für Probefahrten verwendet. Daher hat man sie 1992 als Bahndienstfahrzeuge eingeordnet, sie tragen jetzt die Betriebsnummern 754 101 und 102.
Die Reihe 232 ist vor allen Zugarten anzutreffen. Folgende Bahnbetriebswerke setzen sie ein: Arnstadt, Berlin Hbf, Chemnitz, Cottbus, Eisenach, Erfurt, Falkenberg (Elster), Frankfurt (Oder), Güsten, Görlitz, Halberstadt, Halle G, Hoyerswerda, Leipzig Hbf Süd, Magdeburg, Meiningen, Neubrandenburg, Nordhausen, Pasewalk, Reichenbach (Vogtl), Rostock, Saalfeld, Sangerhausen, Schwerin, Seddin, Stralsund, Weißenfels und Wittenberge.
Alle Lokomotiven der Reihe 234 – sowohl jene mit veränderter Getriebeübersetzung als auch die sechs remotorisierten Loks - sind im Bw Berlin Hbf beheimatet; sie werden im IC- und IR-Netz zwischen Berlin, Hamburg, Braunschweig, Hannover, Rostock und Stralsund eingesetzt.
Die sechs 242er sind seit jeher im Bw Stralsund zu Hause; in gemeinsamen Umlaufplänen mit der Reihe 232 kommen sie von hier aus nach Rostock, Neubrandenburg, Neustrelitz, Binz und Saßnitz.

Als erste für 140 km/h umgebaute Lokomotive verließ 1991 die 234 335 das Raw Cottbus.

REDAKTION: FRANK HEILMANN; AUFNAHMEN: GRÖSSE, HEILMANN (3), KRENTZIEN, V. MITZLAFF

Die 310 708 (Bw Berlin-Pankow) gehört zu einem BMAG-Baulos aus dem Jahre 1942. Auch nach fünfzig Jahren verrichtet sie zuverlässig ihren Dienst.

Baureihe 310 (ex 100)

Bereits Anfang der 30er Jahren mußte die Deutsche Reichsbahn-Gesellschaft (DRG) im Stückgutverkehr den Konkurrenzkampf mit dem Lastkraftwagen aufnehmen. Es galt, besonders die Nahgüterzüge und damit die Zustellung zu den einzelnen Bahnhöfen zu beschleunigen. Die Lösung des Problems fand die DRG in der Beschaffung von Kleindiesellokomotiven, die auf den wichtigsten Unterwegsbahnhöfen stationiert wurden.

Die von den Herstellern zu erfüllenden Anforderungen an die Kleinlokomotiven waren einfache (Einmann)Bedienung durch angelerntes Personal, seitlich offener Führerstand, um das Verlassen der Lok zum Kuppeln und Weichenstellen zu erleichtern, Streckenfähigkeit für Übergabefahrten zu benachbarten Bahnhöfen, einfache Unterhaltung. In den Jahren 1930 bis 1944 wurden rund 1280 Maschinen der sogenannten Leistungsgruppe II mit einer Motorleistung zwischen 40PS und 110PS an die DRG geliefert. Die Kraftübertragung erfolgte mechanisch, elektrisch oder hydraulisch. Treibstoffmangel zwang im Verlauf des Krieges dazu, den Großteil der Maschinen auf den Betrieb mit Flüssig- und Generatorgas (Holzgas) umzurüsten.

Nach Kriegsende fand die Deutsche Reichsbahn in der Sowjetischen Besatzungszone etwa 345 Maschinen der Leistungsgruppe II vor, die meisten mehr oder weniger beschädigt, die dann zum Teil jahrelang im Raw Dessau herumstanden und erst zwischen 1950 und 1954 im Rahmen einer ErsatzInvestition (EI) oder einer GeneralReparatur (GR) wieder in Betrieb genommen werden konnten. Wie die Deutsche Bundesbahn reihte auch die Deutsche Reichsbahn Loks aus Wehrmachtsbeständen, von Privatbahnen, Ostrückführloks sowie Neubauten in ihren Bestand ein, hier als Reihe 5710 ff. bezeichnet. Zwei Maschinen verfügten über 160 PS bzw. 150 PS Motorleistung und wurden bald in die Baureihen V 16 (Kö 5713) und V 15 (Kö 5732) umgezeichnet. Lokomotiven mit Stangenantrieb wurden 1960 im Rahmen einer Generalreparatur umgebaut und äußerlich den Serienloks angeglichen. Heute haben nur noch die DWK-Maschinen (310 929, 930, 949, 950 und 952) ihr typisches markantes Profil.

Von Ende 1960 bis Mitte 1962 baute das Raw Dessau 32 Kö neu. Sie erhielten die Betriebsnummern Kö4001 bis 4032, die damit zum zweiten Male besetzt wurden.

Konstruktion

Die Kleinlokomotiven der Leistungsgruppe 2 sind zweiachsig. Ihr technischer Aufbau

TECHNISCHE DATEN

Baureihenbezeichnung		ab 1992	310
		1970 1091	100.1-9
		vor 1970	Kö/Köf
Indienststellung (1. Jahr)			1930
Umbau (1. Jahr)			1940
Hersteller			BMAG, Borsig, Henschel, Jung, Krauss-Maffei, KHD, O&K, Windhoff, Krupp
Umbauer			verschiedene RAW (DRG) bzw. Raw (DR)
Achsformel			B
Spurweite		mm	1435
Länge über Puffer		mm	6.450
Dienstmasse (bei 2/3 Vorräten)		t	17
Dieselkraftstoff		l	110
Dieselmotor	Anzahl		1
	Hersteller		Motorenwerk Schönebeck
	Leistung	kW	77
	Drehzahl	U/min	1.250
Art der Kraftübertragung			mechanisch oder hydraulisch
Höchstgeschwindigkeit		km/h	30
Anfahrzugkraft		kN	39,2
Dauerzugkraft		kN	6,9

Die 310 735 verfügt im Gegensatz zu vielen anderen Kleinlokomotiven über die Druckluftbremse.

geht im Grunde aus den weiter oben bereits erwähnten Anforderungen des Bestellers hervor.
Die Ursprungsmotoren der Firmen Deutz, Kämper, MAN, Krupp, Daimler-Benz, Henschel, MWM, O & K, Büssing und Jung mit einer Leistung von 65 bis 75 bzw. 110 PS wurden zunächst bei planmäßigen Ausbesserungen in den 50er Jahren wahlweise durch IFA Horch-Motoren EM 415 mit 60/65 PS, Johannisthaler SM 410 mit 80/90 PS und SM 412,5 mit 115/120 PS ersetzt. Später gelangten die Motoren 4 KVD 18 oder 6 KVD 14,5 zum Einbau. Mitte der 70er Jahre wurden sie gegen 6 VD 14,5 getauscht (Sechzylinder-Viertakt-Dieselmotoren mit 14,5 cm Kolbenhub).
Als die DR 1970 ihre seinerzeit 371 Maschinen EDV-gerecht zur Baureihe 100 umzeichnete, vergab sie für die Maschinen mit mechanischem Antrieb die Ordnungsnummern bis 699 und für diejenigen mit hydraulischem Antrieb die ab 700.
Bereits 1967 hatte man begonnen, nach und nach die Flüssigkeitsgetriebe der noch vorhandenen Köf gegen Rädergetriebe auszutauschen, so daß, bis auf ganz wenige Ausnahmen, heute die Kleinlokomotiven der Deutschen Reichsbahn als Kö zu

BEHEIMATUNGEN

Bahnbetriebswerke Angermünde, Aue (Sachs), Berlin-Grunewald, Berlin Hbf, Berlin-Pankow, Chemnitz, Cottbus, Dresden, Gera, Leipzig-Wahren, Magdeburg, Neubrandenburg, Nordhausen, Pasewalk, Schwerin, Stendal, Wustermark, Zittau u.a.

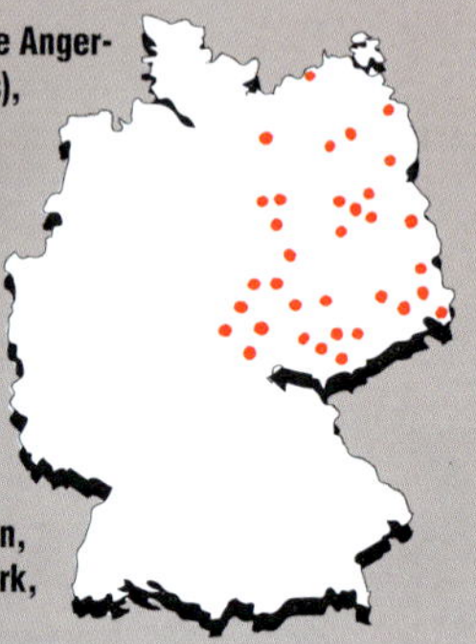

bezeichnen sind. Der Einbau einer Druckluftbremse begann etwa zum gleichen Zeitpunkt und dauerte noch bis 1991.
Zahlreiche weitere Änderungs und Sonderarbeiten im Zuge der planmäßigen Raw-Aufenthalte erhöhten im Laufe der Zeit den technischen Standard der Maschinen. Dazu zählten beispielsweise die veränderte Befestigung der Sichtscheiben, das Anbringen verstärkter Bremsschutzkästen, von Dachrinnen auf der Motorhaube, Druckluftscheibenwischern oder elektrischen Scheibenwischern, Motorstundenzählern, Gummipuffern, Schutzvorhängen, Öfen und Heizkörpern, UIC-Typhonen sowie der Umbau der Lichtanlage auf 24 Volt. Die Führerhäuser wurden mit Türen und Fenster versehen, die Lokomotiven erhielten Laufstege aus Streckmetall.
Alle Maschinen haben noch den traditionellen schwarzen Anstrich, auffällig sind die Luftfilter am Kühler, und die Luftbehälter sind nicht quer wie bei der DB, sondern längs auf dem Vorbau angeordnet.

Betriebseinsatz

Bei der erneuten Umzeichnung im Jahre 1992 wegen der geplanten Zusammenführung beider deutscher Bahnen waren 318 Kleinlokomotiven der Baureihe 100 zur Umbenennung in 310 vorgesehen. Der allgemeine Verkehrsrückgang sorgte auch bei ihnen dafür, daß in machen Betriebswerken viele Loks abgestellt sind. In den Jahren 1991 und 1992 wurden 36 Maschinen ausgemustert und weitere 60 von der Ausbesserung zurückgestellt.
Eingesetzt werden die Lokomotiven wie zu Zeiten der DRG: ImÜbergabe- und Arbeitszugdienst, im Bahnhofsverschub, in Anschlüssen, bei Bahnmeistereien und in Werkstätten, sie werden an Dritte verliehen – kurz gesagt, sie sind „Mädchen für Alles“. Anzutreffen sind die Kleinlokomotiven der Baureihe 310 noch in folgenden Bahnbetriebswerken: Angermünde, Arnstadt, Aue (Sachs), Berlin-Grunewald, Berlin Hbf, Berlin-Pankow, Chemnitz, Cottbus, Dresden, Eisenach, Frankfurt (Oder), Gera, Glauchau, Güsten, Jüterbog, Kamenz, Leipzig-Wahren, Magdeburg, Meiningen, Neubrandenburg, Neustrelitz, Nordhausen, Oebisfelde, Pasewalk, Reichenbach (Vogtl), Riesa, Rostock, Saalfeld (Saale), Sangerhausen, Schwerin, Seddin, Stendal, Weißenfels, Wustermark und Zittau. Auch die Reichsbahn-Ausbesserungswerke Cottbus, Dessau und Meiningen setzen für den internen Verschub je eine Kleinlok ein. Die meisten Dienststellen beheimaten nur wenige Fahrzeuge, manche nur eine einzige Lok, außer Leipzig-Wahren, wo der gesamte Bestand der Rbd Halle untergebracht ist.

310 927 (Bw Berlin-Grunewald) entstammt dem BMAG-Typ LD 110; 310 947 (Bw Jüterbog) ist eine der letzten Kleinloks mit Flüssigkeitsgetriebe.

Rangierlok-Parade in Berlin-Grunewald. Viele Bahnbetriebswerke halten Lokomotiven der Reihe 311 für den Dienst auf kleineren Bahnhöfen vor.

Baureihe 311 (ex 101.0, 101.1-3, 101.5-7)

Im Neubauprogramm der Deutschen Reichsbahn war eine leichte Rangier-Diesellokomotive mit einer Leistung von 110 bis 132 kW vorgesehen, die die Kleinlokomotiven (Kö u.a., ex BR 100, heute BR 310) ablösen sollte. Die von LKM Babelsberg im Jahre 1956 entwickelte Lokomotive mit hochgesetztem Führerstand, 75 kW Motorleistung und mechanischer Kraftübertragung, die für Werk- und Anschlußbahnen bestimmt war, hat die DR in der Grundkonzeption akzeptiert. Die Bahn forderte jedoch für ihre Belange die o.g. Motorleistung, hydrodynamische Kraftübertragung, Bedieneinrichtung auf beiden Seiten des Führerstandes und minimalen Wartungs- und Unterhaltungsaufwand. LKM lieferte Ende 1959 mit den Lokomotiven V 15 1001-1005 die Nullserie und bis Mitte 1960 als V 15 1006-1020 eine Kleinserie. Ab Jahresmitte 1960 kam die V 15 in verbesserter und leistungsstärkerer Ausführung als V 15^{20} mit 132 kW Motorleistung und (ab V 15 2026) mit von 900 mm auf 1000 mm vergrößertem Raddurchmesser. Die letzte Lokomotive ist 1964 mit der Betriebsnummer V 15 2347 von LKM an die DR abgeliefert worden. Ab 1975 erhielten die Lokomotiven ab V 15 2026 im Raw Halle im Rahmen planmäßiger Schadgruppen neue Motoren mit 162 kW Leistung und neue Strömungsgetriebe. Die Motoren entsprachen denen, die in der inzwischen entwickelten Baureihe 102 (heute BR 312) eingesetzt worden waren. Im EDV-Nummernplan der DR von 1970 sind Null- und Kleinserie als 101.0, die V 15^{20-23} als 101.1-3 bezeichnet worden. Die vom Raw Halle umgebauten Lokomotiven bekamen die Baureihenbezeichnung 101.5-7. Der Nummernplan von 1992 bezeichnet alle drei Bauartvarianten als BR 311.

Konstruktion

Der stabile Innenrahmen ist aus Stahlblech geschweißt, hat verstärkte Enden mit Zug- und Stoßeinrichtung und eine Rahmenabdeckplatte. Im Gegensatz zum Vorbau, der beiderseits einen Umlauf zur Wartung der Maschinenanlage hat, nimmt das Führerhaus die gesamte Fahrzeugbreite ein und ist von beiden Seiten durch Türen zugänglich. Das Dach des Vorbaus ist zum Ausbau der Aggregate abnehmbar. Die Radsätze laufen in Gleitlagern und werden durch oberhalb der Achslager und innerhalb des Rahmens liegende Blattfedern abgefedert (Vierpunktabstützung). Die selbsttätige Einkammer-Druckluftbremse Bauart Knorr (mit Zusatzbremse) bremst alle Räder einseitig von vorn. Als Feststellbremse wirkt eine Handspindelbremse auf das Gestänge der Druckluftbremse. Pneumatisch werden 78 %, mechanisch 38 % der Lokomotivdienstmasse abgebremst. Der Bremszylinder ist unterhalb des Führerhauses, die Handspindelbremse an der Rückwand des Führerhauses angebracht.

Die V 15 1001-1020 waren mit mit Sechszylinder-Viertakt-Dieselmotor 6 KVD 18 SRW ausgerüstet. Das war ein schnellaufender, wassergekühlter Sechszylinder-Reihenmotor, der auf eine Nennleistung von 110 kW bei 1500 min-1 eingestellt war. Ab 1960 lieferte der Motor 132 kW bei gleicher Drehzahl, weil man auf die Kürzung des Regelstangenweges an der Einspritzpumpe verzichtete. Die 1975-1979 eingebauten Motoren vom Typ 6 KVD 18/15

TECHNISCHE DATEN

Baureihenbezeichnung		ab 1992	311.0	311.1-3	311.5-7
		1970-1991	101.0	101.1-3	101.5-7
		bis 1970	V 15^{10}	V 15^{20-23}	-
Indienststellung (1. Jahr)			1959	1960	
Umbau (1. Jahr)					1975
Hersteller			LKM	LKM	LKM
Umbauer					Raw Halle
Achsformel			B	B	B
Spurweite		mm	1.435	1.435	1.435
Länge über Puffer		mm	6.940	6.940	6.940
Dienstmasse (bei 2/3 Vorräten)		t	20	21,5	21,5
Reibungsmasse		t	20	21,5	21,5
Betriebsvorräte	Dieselkraftstoff	l	350	350	400
	Kesselspeisew.	l	-	-	-
Dieselmotor	Anzahl		1	1	1
	Hersteller			Elbewerk Roßlau	
	Leistung	kW	110	132	162
	Drehzahl	U/min	1.500	1.500	1.510
Art der Kraftübertragung			hydraulisch	hydraulisch	hydraulisch
Höchstgeschwindigkeit					
	Rangiergang	km/h	21	21	
	Streckengang	km/h	32	37	42
Anfahrzugkraft		kN			66
Dauerzugkraft		kN		40,2	42

Die kleinen Dieselloks sind über viele Betriebswerke verstreut; die 311 529 gehört zum Bw Riesa.

SRW liefern 162 kW bei 1510 min^{-1} und haben einen Verstellregeler im Gegensatz zum Zweistufenregler des Vorgängers. Die Kraftübertragung erfolgt vom Dieselmotor über drehelastische Kupplung und Gelenkwelle auf das Strömungsgetriebe (Typ GSR 12/3,7 bei 101.0-3, Typ GSU 20/4,2 bei 101.5-7). Die drehelastische Kupplung ist keine Schaltkupplung; sie hält Drehmomentstöße, wie sie beim Anlassen und Abstellen des Dieselmotors auftreten, von den Primärteilen des Strömungsgetriebes fern. Das Strömungsgetriebe treibt über das Wendegetriebe (Umschaltung auf Vorwärts- oder Rückwärtsfahrt) die Blindwelle an. Diese treibt über Treibstangen den vorderen Radsatz an. Die hinteren Treibstangen sind mit gabelförmigen Bolzen an die vorderen Treibstangen angelenkt. Die rechten Kurbelzapfen der Radkörper eilen den linken um 90° voraus.

Zu den Hilfsbetrieben zählt die Kühlanlage, die aus den Hauptbaugruppen Kühlaggregat, Wärmetauscher und Kühlwasserpumpe (Kreiselpumpe) besteht. Das an der Stirnseite der Lokomotive angeordnete Kühlaggregat ist ein Rippenrohrkühler, der die Kühlluft durch vom Dieselmotor angetriebene Lüfterflügel erhält. Für Motorschmieröl und Strömungsgetriebeöl sind Wärmetauscher nach dem Prinzip des Oberflächenvorwärmers Bauart Knorr vorhanden. Das zu kühlende Öl durchfließt die Rohre, die vom Kühlwasser umspült werden. Zu den Hilfsbetrieben gehört weiterhin die Luftversorgungsanlage, die Brems-, Signal-, Sandstreu- und Scheibenreinigungsanlage mit Druckluft versorgt. Der Luftverdichter wird über Keilriemen von der Eingangswelle des Strömungsgetriebes angetrieben. Die Stromversorgung besorgen zwei hintereinander geschaltete Bleibatterien (12 V/180 Ah) und ein 24 V-Gleichstromgenerator mit einer Leistung von 700 W. Der Kraftstoffbehälter besitzt 350 l Fassungsvermögen, bei der BR 101.5-7 ein Volumen von 400 l.

BEHEIMATUNGEN

Bahnbetriebswerke Altenberg, Berlin-Grunewald, Berlin-Pankow, Chemnitz, Cottbus, Dresden, Eisenach, Frankfurt (Oder), Gera, Güsten, Güstrow, Hagenow Land, Halle G, Kamenz, Leipzig-Wahren, Magdeburg, Meiningen, Neubrandenburg, Neuruppin, Neustrelitz, Pasewalk, Probstzella, Reichenbach (Vogtl) Riesa, Saalefeld (Saale), Salzwedel, Schwerin, Seddin, Weßenfels, Wittenberge, Zittau

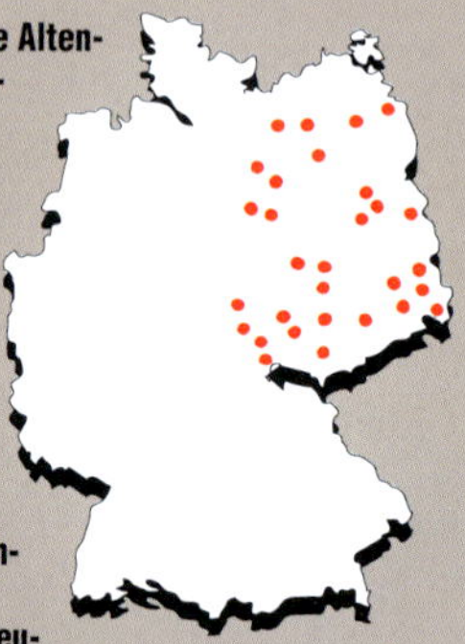

Betriebseinsatz

Die Lokomotiven der BR 311 sind für den leichten Rangierdienst bestimmt, werden aber auch vor Arbeitszügen eingesetzt und sind bei nahezu allen Bahnbetriebswerken der DR beheimatet. Einige Maschinen hat die DR an Industriebetriebe verkauft. Die Baumusterlokomotive V 15 1001 km (LKM 253 002/1959) kam 1961 als Werklok zum Seifenwerk Riesa. Dort sollte sie 1991 verschrottet werden, doch das Bw Riesa hat die Maschine erworben und betriebsfähig aufgearbeitet. Bis auf die V 15 1004 hatte die DR alle Lokomotiven der Nullserie verkauft. Die V 15 1004, beim Bw Grunewald beheimatet, war dort auch noch nach Inkrafttreten des neuen Nummernplanes 1992 als 311 004-6 zu finden. LKM Babelsberg verkaufte Lokomotiven, die der BR 101 entsprachen, auch an Werk- und Anschlußbahnen.

So sind die V 15 2200 (101 200, nach Umbau 101 633, heute 311 633) und die V 15 2348 und 2349 (101 348-349, nach Umbau 101 596 und 549, heute 311 596 und 311 549) Ankäufe von Industrielokomotiven. Die V 15 2200 (LKM 261 265/1963) war ursprünglich als V 15 2292^{I} eingeordnet und ist 1964 umgezeichnet worden. Die heute noch beim Bw Dresden beheimatete V 15 2292^{II} (LKM 261 305/1963) wurde zur 101 292, nach Umbau zur 101 621 und trägt heute die Betriebsnummer 311 621.

Eisenbahner aus dem Bw Riesa retteten die Baumusterlokomotive V 15 1001 vor der Verschrottung.

REDAKTION: MANFRED WEISBROD; AUFNAHMEN: SCHULZ, WEISBROD (2)

„Briefkasten", „Gartenlaube" – vielfältig sind die Spitznamen für die 312.1-2 (312 236 am 25. Mai 1992 in ihrem Heimat-Bahnbetriebswerk Güsten).

Baureihe 312 (ex 102.0, 102.1-2)

Mit der neuentwickelten Dieselmotorenbaureihe 6 VD 18/15-1 SRW, die als Saugmotor, mit Aufladung und mit Hochaufladung ein breites Leistungsspektrum abdeckte, stand LKM Babelsberg ein neuer Motorentyp zur Verfügung. Als Saugmotor entwickelte der neue 6 VD eine Leistung von 162 kW bei 1510 min^{-1}. Babelsberg bot seinen Industriekunden eine auf der Basis der V 15 (BR 101, neu BR 311) entwickelte, leistungsgesteigerte Lokomotive mit der Werksbezeichnung V 22B an, die die guten Gebrauchswerteigenschaften der V 15 und eine höhere Traktionsleistung besaß. Weil LKM die Herstellung der V 15 (BR 101) einstellte, die Deutsche Reichsbahn aber weiteren Bedarf an leichten Rangier-Diesellokomotiven hatte, zeigte die Bahn Interesse an dieser Lokomotive. LKM baute den neuen Motor und das neue, dreistufige Strömungsgetriebe GSU 21/4,5 in die V 15 2210 ein und überließ sie der DR zur leistungstechnischen Untersuchung und zur Betriebserprobung. Nach Auswertung der Erprobungsergebnisse begann Ende 1967 bei LKM die Serienfertigung für Industrie- und Anschlußbahnen. Die Deutsche Reichsbahn erhielt am 30. März 1968 die als V 23 001 bezeichnete Baumusterlokomotive, der in den Jahren 1968 und 1969 die V 23 002-080 folgten. Die V 23 001 trug die Fabriknummer LKM 262 026/1967. Die V 23 002-038 sind mit den Fabriknummern 262 036-262 072 geliefert worden. Dann folgten die V 23 039 mit der Nummer 262 089 und die V 23 040 mit der Nummer 262 076. Von V 23 041-080 an ist die Nummerung wieder durchgehend von 262 090 bis 129. Die Lokomotive mit der Fabriknummer 262 130 ist 1968 von LKM an eine Industriebahn geliefert, jedoch 1970 von der DR angekauft worden. Ab Juli 1970 galt der EDV-Nummernplan, der für die V 23 die Baureihenbezeichnung 102.0 vorsah. So ist die angekaufte Lokomotive gleich als 102 081 eingeordnet worden.

Äußerlich gab es fast keinen Unterschied zur BR 101; Achsstand, Länge über Puffer und Höhe der Dachkante über Schienenoberkante stimmten überein. Lediglich die seitlichen Schürzen, zugleich Versteifung der Rahmenabdeckplatte, wiesen einen minimalen Unterschied auf: bei der BR 101 liefen sie glatt durch, bei der BR 102.0 waren sie unterhalb des Führerhauses etwas breiter.

Die DR verkaufte einige Lokomotiven an Gleisbaubetriebe und Ausbesserungswerke, so die V 23 003, 030, 046, 053, 061, 075 und 079.

LKM Babelsberg lieferte ab 1970 eine weiterentwickelte Lokomotive mit dem 162-kW-Dieselmotor der BR 102.0, die in enger Zusammenarbeit zwischen Hersteller und DR entstanden war. Obwohl in der gleichen Leistungsklasse wie die 102.0 angesiedelt, war sie doch wesentlich universeller einsetzbar als die Vorgängerin. Die Lokomotive konnte wahlweise mit Sifa oder Rangierfunk ausgerüstet werden und war deshalb im Strecken-, Übergabe- und Rangierdienst verwendbar. Dieselmotor und

TECHNISCHE DATEN

Baureihenbezeichnung	ab 1992	312.0	312.1-2
	1970-1991	102.0	102.1-2
	bis 1970	V23.0	
Indienststellung (1. Jahr)		1968	1970
Hersteller		LKM	LKM
Achsformel		B	B
Spurweite	mm	1435	1435
Länge über Puffer	mm	6940	8000
Dienstmasse (bei 2/3 Vorräten)	t	23	24,3
Reibungsmasse	t	23	24,3
Dieselkraftstoff	l	400	500
Dieselmotor Anzahl		1	1
Hersteller		Elbewerk Roßlau	
Leistung	kW	162	162
Drehzahl	U/min	1510	1510
Art der Kraftübertragung		hydraul.	hydraul.
Höchstgeschwindigkeit			
Rangiergang	km/h	19,2	16
Streckengang	km/h	55	40
Anfahrzugkraft	kN	80	71
Dauerzugkraft	kN	55	50

Eine der umgebauten Loks: 312 032 vom Bw Riesa.

BEHEIMATUNGEN

Bahnbetriebswerke Chemnitz, Eberswalde, Erfurt, Gera, Glauchau, Görlitz, Güsten, Halle G, Jerichow, Leipzig Hbf Süd, Magdeburg, Fk Mukran, Nordhausen, Roßlau, Rostock, Rostock Seehafen, Sangerhausen, Stendal, Wustermark u.a.

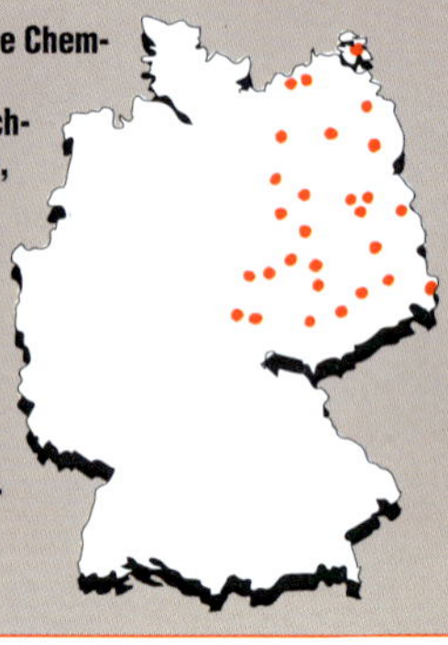

Strömungsgetriebe stammten von der BR 102.0, bewährte Konstruktionselemente auch von der BR 101.1-3. Die äußere Erscheinung war jedoch völlig neu, wenngleich man das bewährte Prinzip des hinten angesetzten Führerhauses beibehalten hatte. Die weichen Konturen der BR 101 und 102.0 waren kantig geworden, das Führerhaus oberhalb der Seitenfenster nach innen abgewinkelt. Der Achsstand betrug jetzt 3560 mm (bisher 2500 mm), die LüP war auf 8000 mm (bisher 6940 mm) angewachsen. Beim Einsatz im Streckendienst war der größere Achsstand durchaus vorteilhaft für die Laufruhe. Die orangegelbe Farbgebung und die kantige Erscheinung von Führerhaus und Vorbau trugen den Lokomotiven den Spitznamen „Briefkasten" ein. LKM Babelsberg hat 1970 die Lokomotiven 102 101-102 250 mit den Fabriknummern 265 001-265 150, 1971 die restlichen sieben mit den Betriebsnummern 102 251-257 und den Fabriknummern 265 151-265 157 geliefert. Im neuen Nummernplan vom 1.1.1992 sind die BR 102.0 und 102.1 als BR 312.0 und 312.1 ausgewiesen.

Konstruktion

Die Lokomotiven der BR 312.0 (ex 102.0) entsprechen konstruktiv, vom Dieselmotor und dem Strömungsgetriebe abgesehen, im Prinzip den Lokomotiven der BR 311.1-3 (ex 101.1-3). Der als Saugmotor arbeitende Dieselmotor 6 VD 18/15-1 ist ein wassergekühlter Sechszylinder-Viertakt-Reihenmotor (Hub 180 mm, Bohrung 150 mm) mit Verstellregler, der nach dem Vorkammerbrennverfahren arbeitet. Das in der Erprobungslokomotive V 15 2210 eingesetzte dreistufige Strömungsgetriebe GSU 21/4,5 (Wandler/Wandler/Kupplung) ist für die Serienfertigung nicht verwendet worden, weil der Kupplungsgang im leichten Rangierdienst keine Vorteile bot. Die Lokomotiven besitzen das Zweiwandler-Strömungsgetriebe GSU 20/4,5.

Die BR 312.1 (ex 102.1) besitzt den gleichen Dieselmotor und die gleiche Kraftübertragungsanlage wie die BR 312.0 (ex 102.0), jedoch einen völlig neuen Fahrzeugteil. Der geschweißte Blech-Innenrahmen besteht aus 20 mm dicken Stahlblechen, in die vorn beidseits bequeme Rangiertritte eingelassen sind. Auch am hinteren Fahrzeugende sind Rangiertritte mit einer Übergangsbühne vorgesehen. Der Rahmen ist an den Stirnseiten zur Aufnahme der Zug- und Stoßvorrichtungen verstärkt und zum Einbau einer Mittelpufferkupplung vorbereitet; er ist wie bei der BR 311 mit Blattfedern in vier Punkten gegen die Radsätze abgestützt. Radsätze und Achslager sind gegenüber der BR 311 geringfügig verstärkt. Die Aufbauten, Führerhaus und Vorbau, berühren sich nicht, sind aber durch eine Labyrinthdichtung verbunden. Das Führerhaus ist doppelwandig und schallisoliert ausgeführt. Der Zugang erfolgt durch eine Tür von der Übergangsbühne aus. Die gesamte Maschinenanlage ist im Vorbau untergebracht und vom Umlauf aus beidseits durch drei zweiteilige Klapptüren zugänglich.

Betriebseinsatz

Von den 157 gebauten Lokomotiven der BR 312.1 sind bis auf die 102 108 (schon vor 1984 ausgemustert) alle im neuen Umzeichnungsplan vom 1.1.1992 enthalten. Rangierlokomotiven sind ziemlich standorttreu, so daß sich im Laufe der letzten 20 Jahre gegenüber der Beheimatung bei Neuanlieferung nur minimale Verschiebungen ergeben haben. Der Bestand des Bw Rostock Seehafen ist bedarfsbedingt von acht auf fünf Maschinen zurückgegangen. Die Lokomotiven der BR 312.0 und 312.1-2 sind bei vielen Bw der Deutschen Reichsbahn beheimatet; bei Betriebswerken, die größere Personenbahnhöfe zu bedienen haben, meist in mehreren Exemplaren. Der gelegentlich zu beobachtende Einsatz vor einigen Reisezugwagen auf Nebenstrecken ist nur im Sommer möglich, weil die Lokomotiven keine Zugheizeinrichtung besitzen.

REDAKTION: MANFRED WEISBROD; AUFNAHMEN: WEISBROD, MIETHE

Vor dem Ringlokschuppen des Bahnbetriebswerkes Leipzig-Wahren haben am 26. September 1992 gleich drei 346er Aufstellung genommen.

Baureihe 344 (ex 104)
Baureihe 345 (ex 105)
Baureihe 346 (ex 106)
Baureihe 347 (ex 105/106 Breitspur)

Ausgangspunkt dieser Lokomotivfamilie war die BR V 60^{10}, deren Baumuster V 60 1001 Anfang 1959 fertiggestellt war. 1970 ist die V 60 zur BR 106 umgezeichnet worden. Die Reihen 105 und 106 sind baugleich, die BR 347 ist die Breitspurausführung der BR 105/106 für den Fährhafen Mukran. Unter der Baureihenbezeichnung 344 werden Lokomotiven der BR 105/106 zusammengefaßt, die mit einem für den Rangierdienst optimierten Motor ausgerüstet sind.

Eine Diesellokomotive mit hydraulischer Kraftübertragung und einer Traktionsleistung von ca. 440 kW (= 600 PS) war im Neubauprogramm der Deutschen Reichsbahn schon Anfang der 50er Jahre vorgesehen. Sie sollte die Dampflokomotiven der Baureihen 89, 91 und 92 im mittelschweren Rangierdienst ersetzen. Das Pflichtenheft forderte eine Radsatzfahrmasse von < 15t, das Befahren von Gleisbögen mit 80 m Radius, sichere Rangiertritte und gesicherte Übergänge an beiden Enden des Fahrzeugs, das Befahren von Ablaufbergen mit 400 m Radius im Anfahrbogen und 300 m Radius im Ablaufbogen, geringen Lärmpegel zum Wahrnehmen der Rangiersignale, Einmannbedienung und zwei Geschwindigkeitsstufen für Rangier- und Streckendienst.

Als Antriebseinheit war der aufgeladene Achtzylinder-Viertakt-Dieselmotor 8 KVD 21 A vorgesehen, der bereits vor der Fertigstellung der Baumusterlokomotive zusammen mit dem neuen Strömungsgetriebe GSR 12/5,1 in der V 36 080 erprobt wurde. Parallel zur Erprobung von Motor und Strömungsgetriebe entstand bei LKM Babelsberg die Baumusterlokomotive. Es war ein D-Kuppler mit asymmetrisch angeordnetem Mittelführerstand, dessen Radsätze über eine Blindwelle angetrieben wurden. Vom serienmäßigen Einbau des 8 KVD 21 A mußte man jedoch Abstand nehmen. In der Serie ist der 12 KVD 21 aus der gleichen Baureihe als Saugmotor verwendet worden, der in seiner aufgeladenen Version auch bei den Streckendiesellokomotiven der Baureihen 110 und 118 eingebaut war. Die Baumusterlokomotive V 60 1001 ging am 5.2.1959 zur Leerprobefahrt auf die Strecke und absolvierte am 5.3.1959 mit der 19 017 als Bremslok und dem Meßwagen 1 der VES-M Halle eine Meßfahrt. Die V 60 1002 als zweites Baumuster ist im September 1959 der DR übergeben worden. Für die Serienfertigung waren einige konstruktive Nacharbeiten erforderlich, so daß erst 1961 eine soge-

Für den Dienst auf kleineren Bahnhöfen angepaßt: die Baureihe 344 mit gedrosselter Leistung.

nannte Kleinserie mit den Lokomotiven V 60 1003-1009 abgeliefert werden konnte. In den folgenden drei Jahren lieferte LKM Babelsberg die Serienlokomotiven:
1962: V 60 1010-1081
1963: V 60 1082-1145
1964: V 60 1146-1170
Obwohl die Ausführung der V 60^{10} als zufriedenstellend eingeschätzt worden ist, waren doch noch Verbesserungswünsche und konstruktive Änderungen erforderlich. LKM lieferte 1964 mit der Betriebsnummer V 60 1201 darum eine Baumusterlokomotive der neuen Ausführung. Die Serienproduktion dieser Version übernahm jedoch LEW Hennigsdorf. Sie begann 1964 mit der V 60 1202 und endete 1969 mit der Lokomotive V 60 1610. Im Jahre 1969 lieferte LEW die V 60 1550 mit der Fabriknummer 12260/1969; die V 60 1551 trug die Nummer 12267/1969. Dazwischen lagen die nicht mehr als V 60, sondern als 106 181-185 gelieferten Lokomotiven mit den Fabriknummern LEW 12263-12267 des Baujahres 1969. Die Betriebsnummern V 60 1171-1180 und 1185-1200 blieben unbesetzt. Ab 1.7.1970 galt der EDV-Nummernplan bei der DR, in dem die V 60 die Baureihennummer 106 erhalten hatte. Von 1970 bis 1975 lieferte LEW die 106 611-999. Damit war diese Nummernreihe besetzt, die folgende (BR 107) durch die V 75 von CKD Prag belegt, so daß die weiteren Lokomotiven als Baureihe 105.0-1 genummert werden mußten. Die Lieferung begann 1975 mit der 105 001 an das Bw Jüterbog (Fabriknummer LEW 14801/1975) und endete 1982 mit der 105 165 (Fabriknummer 17691/1982) für das Bw Halle G. Lokomotiven der BR 105 mit 900er Ordnungsnummern sind ehemalige Werklokomotiven, die von der Industrie angekauft wurden.

BEHEIMATUNGEN

Bahnbetriebswerke Angermünde, Arnstadt, Bautzen, Berlin Hbf, Berlin-Schöneweide, Chemnitz, Dresden, Elsterwerda, Erfurt, Glauchau, Görlitz, Güstrow, Halberstadt, Halle G, Jüterbog, Leipzig Hbf Süd, Leipzig-Wahren, Magdeburg, Neubrandenburg, Nossen, Fk Mukran, Riesa, Roßlau, Rostock Seehafen, Salzwedel, Schwerin, Seddin, Senftenberg, Wittenberge, Wustermark, Zittau u.v.a.m.

Konstruktion

Der geschweißte Blech-Innenrahmen ist mit einer angeschweißten Deckplatte versehen. Besonderen Wert legte man auf die Längsversteifung, um die im Rangierbetrieb auftretenden Stöße aufzufangen. Stirnseitig sind die üblichen Zug- und Stoßvorrichtungen nach UIC angebracht; die Pufferbohlen sind auswechselbar. Zwischen dem 2. und 3. Radsatzlagerausschnitt liegt der Ausschnitt für das Blindwellen-Rahmenlager.
Die Lokomotive besitzt Vierpunktabstützung. Die Blattfedern sind zwischen Radkörper und Rahmen angeordnet. Die Federn des 1. und 2. sowie des 3. und 4. Radsatzes sind durch Ausgleichhebel verbunden. Zur Verbesserung des Bogenlaufes besitzt die Lokomotive zwei Beugniot-Gestelle, in dem jeweils die beiden vorderen und die beiden hinteren Radsätze zusammengefaßt sind. Die maximale Seitenverschiebbarkeit beträgt beidseits 25 mm. Bis auf den Drehzapfen gehört das Beugniot-Gestell zu den abgefederten Teilen.
Der vordere und der hintere Aufbau sind wie das Führerhaus auf dem Rahmendeckblech in Gummi gelagert. Der vordere Aufbau enthält den Dieselmotor und das Verteilergetriebe, die Lichtanlaßmaschine und den Lüftergenerator. Im kleineren Aufbau hinter dem Führerhaus sind Kraftstoffbehälter, die Druckluftbehälter und die Batterien untergebracht.
Die Räder aller vier Radsätze werden einseitig von vorn abgebremst. Dazu sind eine indirekt wirkende, selbsttätige Einkammer-Druckluftbremse und eine direkt wirkende, nichtselbsttätige Druckluftbremse vorhanden. Führerbremsventil und Zusatzbremsventil können von beiden Seiten des Führerstandes aus bedient werden.
Der Zwölfzylinder-Viertakt-V-Dieselmotor 12 KVD 12 SVW arbeitet (ohne Aufladung) nach dem Vorkammerverfahren und besitzt eine Nennleistung von 478 kW (650 PS) bei 1500 min^{-1}. Die Leistungsübertragung erfolgt vom Dieselmotor über eine drehelastische Kupplung und das Verteilergetriebe zum dreistufigen Strömungsgetriebe GSR 12/5,1 (Anfahrwandler und zwei Kupplungen), das automatisch in Abhängigkeit von der Fahrgeschwindigkeit schaltet. Das am Strömungsgetriebe angeflanschte Nachschaltgetriebe enthält ein Zweistufen-

Die Baureihe 346 trägt die Hauptlast des Rangierdienstes auf den Personen- und Güterbahnhöfen.

Für den Arbeitszugdienst bei der Elektrifizierung erhielten einige Lokomotiven, darunter die346 083 aus der LKM-Lieferserie, Lehrstromabnehmer.

Wechselgetriebe für Rangier- und Streckengang, die Wendeschaltung und die Zahnradübertragung zur Blindwelle. Diese bewegt über Treibstangen den 2. und 3. Radsatz; r 1. und 4. Radsatz werden von den benachbarten Radsätzen über Kuppelstangen angetrieben.

Zu den Hilfseinrichtungen gehört die Lichtanlaßmaschine, die vom Verteilergetriebe des Dieselmotors oder, bei Motorstillstand, von den Bleibatterien angetrieben wird und das 110 V-Bordnetz mit Spannung versorgt. Elektrisch angetrieben werden u.a. der Dreizylinder-Luftverdichter, die Kühlwasserpumpe, der Kühlerlüfter (eigener Drehstrom-Synchrongenerator mit Antrieb vom Verteilergetriebe). Das Vorwärmgerät wird mit Dieselkraftstoff beheizt; das Einspeisen von Fremddampf in den Kühlkreislauf ist ebenfalls möglich.

Änderungen bei den BR 346.2-9 (ex 106.2-9) und 345.0-9 (ex 105.0-9)

Äußerlich ist die V 60^{12} (106.2 ff./346.2 ff.) am über die gesamte Fahrzeugbreite reichenden Führerhaus und dem als Schutz gegen Sonne und Regen über die Stirnseiten vorgezogenen Führerhausdach erkennbar. Die Reibungsmasse ist durch den Einbau von Graugußballast von 55 t auf 60 t erhöht. Ab Baujahr 1970 ist das im Gesamtwirkungsgrad bessere Strömungsgetriebe GS 12/5,2 verwendet worden; die Betriebssicherheit und Lebensdauer verschiedenen Baugruppen wurde verbessert. Ab 346 613 besteht der Kühler aus 18 Flachrohrelementen, ab 346 590 wird der Fremddampf zur Vorwärmung nicht mehr direkt ins Kühlwasser, sondern in den Wärmetauscher eingeführt. Die 1971/72 entwickelten Vielfachsteuerung ist bei einigen vorher gelieferten Lokomotiven nachgerüstet worden.

Betriebseinsatz

Die Lokomotiven der Baureihen 345 und 346 sind für den mittelschweren Rangier- und den leichten Zugdienst bestimmt; schwerer Rangierdienst kann in Doppeltraktion gefahren werden. Seit mehr als 20 Jahren gehören diese Maschinen zum vertrauten Bild fast aller Bahnhöfe der Deutschen Reichsbahn. Auch Industrie- und Anschlußbahnen haben sich diese Maschinen als Werklokomotiven angeschafft. Lokomotiven der Reihe 346.0-1 sind jedoch heute kaum noch im Betriebseinsatz zu finden. Die ersten Ausmusterungen wegen Überalterung gab es bereits 1983. Zwar betrug der Bestand im Jahre 1991 noch 136 Lokomotiven, er ist jedoch in der Folgezeit drastisch geschrumpft. Die Baumusterlokomotive V 60 1001, ab 1965 Lehrmittel an der Ingenieurschule für Eisenbahnwesen in Dresden, war vorübergehend in den Museumsbestand der DR aufgenommen worden und wird jetzt vom Bahnbetriebswerk Halle G erhalten.

Einige Lokomotiven aus der Baureihe 346.2-9 sind mit Sonderaufgaben betraut worden. Die 346 578 und 625 des Bw Wustermark bekamen zusätzlich Sonderkupplungen, um Neubaufahrzeuge mit Mittelpufferkupplungen aus der Produktion von LEW Hennigsdorf (z.B. Berliner U-Bahn-Wagen oder ungarische Mx-Vororttriebzüge) auf DR-Gleisen überführen zu können. Einige Lokomotiven (darunter. 346 318, 377, 575, 737) erhielten auf dem Führerhausdach einen Lehrstromabnehmer. Als Arbeitszuglokomotiven dienen sie

TECHNISCHE DATEN

Baureihenbezeichnung		ab 1992	346.0-1	346.2-9/345.0-1	344	347
		1970-1991	106.0-1	106.2-9/105.0-1	104	106.9/105
		bis 1970	V 60$^{10-11}$	V 60^{12}	-	-
Indienststellung (1. Jahr)			1960	1964		
Umbau (1. Jahr)					1991	1987
Hersteller			LKM	LEW		
Umbauer					Raw Chemnitz	Raw Chemnitz
Achsformel			D	D	D	D
Spurweite	mm		1435	1435	1435	1520
Länge über Puffer	mm		10880	10880	10880	–
Dienstmasse (bei 2/3 Vorräten)		t	55	60	55	60
Dieselkraftstoff		l	2100	2100	2100	2100
Dieselmotor	Anzahl		1	1	1	1
	Hersteller		KAB	KAB	KAB	KAB
	Leistung	kW	478	478	365	478
	Drehzahl	U/min	1500	1500	1100	1500
Art der Kraftübertragung			hydraulisch	hydraulisch	hydraulisch	hydraulisch

In Doppeltraktion arbeiten die 347er im Breitspurteil des Fährbahnhofes Mukran. Sie bedienen die Eisenbahn-Güterfähren der Linie nach Klaipeda.

mit beigestellten Bahndienstwagen zur Montage und Instandsetzung von Fahrleitungsanlagen.

Baureihe 347

Der noch zu DDR-Zeiten in Betrieb genommene Fährhafen Mukran auf der Insel Rügen mit seiner Trajektlinie nach dem litauischen Klaipeda (ehemals Memel) ist auf die Trajektierung von russischen Breitspurfahrzeugen (1.520 mm Spurweite) mit Spurwechsel in Mukran ausgelegt. Die DR, die die Lokomotiven zu stellen hatte, ermittelte als günstigste Variante den Einsatz der auf 1520 mm umgespurten Lokomotiven der BR 105/106 (neu 345/346) in Doppeltraktion.

Außer der Umspurung der Radsätze, einer Verlängerung der Blindwelle und Umbau der elektrischen Ausrüstung war der Einbau der Mittelpufferkupplung russischer Bauart erforderlich. Der hierfür nötigen Voraussetzungen waren vorhanden, ist doch die RTeihe 345/346 bereits konstruktiv für den eventuellen Einbau einer automatischen Mittelpufferkupplung vorbereitet worden.

Um die Breitspurlokomotiven von den normalspurigen Maschinen zu unterscheiden, erhielten sie im neuen, ab 1.1.1992 gültigen Nummernplan die Baureihenbezeichnung 347. Am Tag der Umzeichnung waren folgende Maschinen umgespurt:

Nummer alt	Nummer neu	Nummer alt	Nummer neu
106 975	347 975	105 079	347 079
105 024	347 024	105 096	347 096
105 027	347 027	105 120	347 120
105 036	347 036	105 126	347 126
105 039	347 039	105 140	347 140
105 058	347 058	105 141	347 141
105 074	347 074	105 142	347 142

Baureihe 344 (ex 104)

Es war ermittelt worden, daß die Lokomotiven der BR 105/106 auf verschiedenen Bahnhöfen nicht wirtschaftlich arbeiten, weil hohe Leerlauf- und Teillastanteile den Kraftstoffverbrauch, gemessen an der erbrachten Leistung, ungünstig beeinflussen. Um die Bereiche des günstigsten Kraftstoffverbrauchs den am häufigsten genutzten Lastbereichen anzugleichen, ist bereits 1984 in die 106 900 ein aufgeladener Sechszylinder-Reihen-Dieselmotor (6 VD 18/15-1) mit 365 kW Nennleistung eingebaut worden. Der erhebliche Umbauaufwand veranlaßte die DR, von der Remotorisierung Abstand zu nehmen und den bisher eingesetzten 12 KVD 21-3 mit abgesenkter Drehzahl (1100 min^{-1}) und einer von 478 kW auf 365 kW zurückgenommenen Leistung zu verwenden. Das neue Strömungsgetriebe GS 20/4,9 mit Anfahr- und Marschwandler ermöglicht einen wirtschaftlichen Betrieb bei gleicher Anfahrzugkraft und fast gleicher Zugkraft im unteren Geschwindigkeitsbereich wie mit 478-kW-Motor. Die Baumusterlokomotive 106 736 ist in 104 736 umgezeichnet und beim Bw Halle G längere Zeit erprobt worden. Die DR plant, eine größere Anzahl von Lokomotiven der BR 345/346 in die verbrauchsgünstigere Reihe 344 umzubauen. Der Serienumbau begann im September 1991 in Raw Chemnitz mit der 344 163 (aus 106 163). Pro Maschine und Jahr erwartet man eine Kraftstoffeinsparung von 15 t.

Zusätzlich zu den üblichen Stoßvorrichtungen erhielten die Breitspurloks Mittelpufferkupplungen.

REDAKTION: MANFRED WEISBROD; AUFNAHMEN: HAHN, KRENTZIEN (2), MIETHE, SCHULZ, WEISBROD

Die letzte betriebsfähige Einheit geht oft auf Sonderfahrt: 175 019 mit Gefolge durcheilt am 6. Juli 1991 den Bahnhof Berlin-Charlottenburg.

Baureihe 675/975 (ex 175.0/175.3-5)

Als die Deutsche Reichsbahn am 21. Dezember 1950 auf der Strecke Berlin – Prag ihre erste internationale Schnelltriebwagen-Verbindung eröffnete, genügten zunächst die wenigen aus der Vorkriegszeit stammenden Dieseltriebzüge der Bauarten „Hamburg", „Leipzig" und „Köln". Der nach und nach steigende Bedarf konnte in den folgenden Jahren durch drei dieselmechanische Triebzüge der ungarischen Bauart „Ganz" (VT 12.14, später 181.0 und 181.5) sowie den Erwerb von DB- Triebzügen der Vorkriegsbaureihen gedeckt werden.
Anfang der sechziger Jahre reichte dieser Park jedoch nicht mehr aus. Die über 20 Jahre alten Vorkriegszüge erforderten eine immer aufwendigere Unterhaltung und entsprachen weder den gewachsenen Anforderungen noch dem neuesten Stand der Technik. Die ungarischen Triebzüge befriedigten vor allem hinsichtlich ihrer Laufeigenschaften nicht. So erteilte die Deutsche Reichsbahn dem VEB Waggonbau Görlitz 1962 den Auftrag zur Entwicklung und zum Bau eines vierteiligen Schnelltriebzuges für den Fernreiseverkehr.
Verlangt wurden einheitliche Längen sowohl für die Maschinen- als auch für die Mittelwagen, die weitgehende Verwendung von Teilen anderer in Entwicklung befindlicher bzw. noch zu entwickelnder Dieseltriebfahrzeuge und eine Höchstgeschwindigkeit von 160 km/h. Hinsichtlich der Laufgüte, der Innenausstattung und des Komforts sollten die alten Bauarten übertroffen werden.
1963 wurde der Baumusterzug der Öffentlichkeit vorgestellt. Äußerlich bestach er durch seine moderne, windschnittige Formgebung. Zweifellos folgte der VT 18.16 konsequent den Baugrundsätzen für Schnelltriebzüge, die der legendäre Franz Kruckenberg 1938 mit dem SVT 137 155 geschaffen hatte, welcher ebenso wie der berühmte VT 877 „Fliegender Hamburger" in der damaligen Waggon- und Maschinenbau-AG Görlitz (Wumag) entstanden war. So war es kein Wunder, daß die Deutsche Reichsbahn den Auftrag für ihren neuen SVT nach Görlitz vergeben hatte. Eingehende Versuchsfahrten durch die Versuchs- und Entwicklungsstelle der Maschinenwirtschaft (VES-M) in Halle (Saale) stellten die Zuverlässigkeit des neuen Triebzuges unter Beweis. So änderte sich an der Serienausführung kaum etwas.
In der Bezeichnung VT 18.16 wurden die Fahrzeugart, die Leistung (in 100 PS) und die Höchstgeschwindigkeit (in km/h) ausgedrückt. Das damit noch vergrößerte Durcheinander bei der Bezeichnung von Verbrennungstriebwagen (z.B. Vorkriegsbaureihen als VT 133 bis 137 und SVT 137, Bauart „Ganz" mit Angabe von Höchstgeschwindigkeit und Achsfahrmasse) wurde erst mit Inkrafttreten des neuen Nummernschlüssels am 1. Juli 1970 beseitigt. Die VT 18.16 erhielten die neue Baureihenbezeichnung 175 (1 – Triebfahrzeug mit Verbrennungsmotor, 7 – Triebwagen aus der DDR-Produktion, 5 – Kennzeichnung der Baureihe) Die Ziffer 0 an der ersten Stelle der Ordnungsnummer kennzeichnete die Maschinenwagen, bei den Mittelwagen standen die Ziffern 3 für den VMc, 4 für den VMd und 5 für den VMe. Die Maschinenwagen wurden durch ungerade (VTa) und gerade Endziffern (VTb) voneinander unterschieden.

TECHNISCHE DATEN

Baureihenbez. ab 1992			675.0/975.3/975.4/975.5
	1970-1991		175.0/175.3/175.4/175,5
	bis 1970		VT 18.16a, b/VMc/VMd/VMe
Indienststellung (1. Jahr)			1963
Hersteller			VEB Waggonbau Görlitz
Achsformel	viertlg		B'2'+2'2'+2'2'+2'B,
	fünftlg.		B'2'+2'2'+2'2'+2'2'+2'B,
	sechstlg.		B'2'+2'2'+2'2'+2'2'+2'2'+2'B,
Spurweite		mm	1435
Länge u.K.	viertlg.	mm	97.360
	fünftlg.	mm	120.880
	sechstlg.	mm	144.400
Dienstmasse	viertlg.	t	212,7
	fünftlg.	t	255,2
	sechstlg.	t	297,7
Dieselkraftstoff		l	4.000
Dieselmotor		Anzahl	2
		Hersteller	VEB Kühlautomat Berlin-Johannisthal
Leistung		kW	2x736
Drehzahl		U/min	1500
Art der Kraftübertragung			hydraulisch
Höchstgeschwindigkeit			
	urspr.	km/h	160
	sechstlg.	km/h	140
	ohne Mg	km/h	120
Art der Zugheizeinrichtung			Warmwasserheizung
Anzahl der Sitzplätze		VT	28 (2. Klasse)
		VMc	24 (2. Klasse) + 23 (Speiseraum)
		VMd	54 (1. Klasse)
		VMe	72 (2. Klasse)

Konstruktion

Untergestell und Wagenkasten bilden eine geschweißte Leichtbau- Konstruktion. Die Wagenkästen bestehen aus Abkantprofilen und angeschweißten Dach- und Seitenwandblechen, die zum Tragen mit herangezogen werden. Der mit den Längs- und Querträgern verschweißte gesickte Blechfußboden trägt wesentlich zur Diagonalsteifigkeit des Untergestells bei. Die Führerkabine ist als windschnittige Kanzel auf das Dach aufgesetzt und mit dem Wagenkasten verschweißt. Der anfangs aus Tiefziehblechen gefertigte Vorbau bestand bei VT 18.16.04 a und b einschließlich der Schürzen aus glasfaserverstärktem Polyester. Ab VT 18.16.05 wurden die Schürzen serienmäßig aus diesem Material hergestellt. Als Einstiegtüren wurden beim Triebzug VT 18.16.01 Schiebe-, bei den nachfolgenden Zügen Drehfalttüren verwendet. Alle Fahrzeuge laufen auf achshalterlosen Drehgestellen der Bauart Görlitz. Für die Triebdrehgestelle wurde wegen der Maschinenanlage eine Sonderkonstruktion mit 4,0 m Radstand gewählt. Schraubenfedern übernehmen die Achs- und Wiegenfederung. Den Wiegenfedern sind hydraulische Stoßdämpfer parallelgeschaltet.

Als Antriebsanlage dient in jedem Maschinenwagen ein wassergekühlter Zwölfzylinder-Viertakt-Dieselmotor mit Abgasturbolader und einer Leistung von 600 kW (VT 18.16.01 sowie anfangs bei VT 18.16.02 bis VT 18.16.08) bzw. 736 kW (ab VT 18.16.02). Die Kraftübertragung geschieht über ein hydraulisches Dreiwandler-Getriebe, einer vor- und einer nachgeschalteten Zahnradübersetzung und dem Wendegetriebe. Die beiden Treibachsen werden über Gelenkwellen und Achsgetriebe angetrieben. Die gesamte Maschinenanlage ruht auf dem Triebdrehgestell. Sie entspricht von den Bauteilen her im wesentlichen der der Diesellokomotiven der Baureihen 201 ff. und 228.

Die Bremsausrüstung besteht aus der elektrisch gesteuerten KE-Druckluftbremse (Klotzbremse) mit eigenen Bremszylindern und Gleitschutzreglern für jede Achse sowie einer Magnetschienenbremse. Der Baumusterzug VT 18.16.01 war mit einer zweistufigen Hikss-Bremse ausgerüstet. Die Magnetschinenbremsen in Hochaufhängung befinden sich alle in den Laufdrehgestellen. Sie schalten sich bei einer Schnellbremsung selbsttätig ein, können aber gesondert bedient werden.

Als Zug- und Stoßvorrichtung ist eine selbsttätige Mittelpuffer-Kupplung der Bauart Scharfenberg vorhanden. Sie kuppelt sämtliche elektrischen und pneumatischen Leitungen mit. Innerhalb des Triebzuges wird eine Scharfenberg-Kurzkupplung mit parallelgeschalteten Dämpfern verwendet. Die Übergänge zwischen den Wagen sind innen durch Gummiwülste und außen durch mit der Außenhaut bündige Faltenbälge geschützt.

Wagenaufteilung: Dem Maschinenwagen VTa mit Maschinenvorbau, Führerstand, Maschinenraum, Gepäck- bzw. Postabteil, Dienst- bzw. Funkabteil, Einstieg, Großraum 2. Klasse und Toilette folgt der Mittelwagen VMc mit Einstieg, Toilette, Küche, Anrichte, Speiseraum mit 23 Plätzen, drei Abteilen 2. Klasse und Vorraum. Daran schließen sich die Mittelwagen VMd mit Einstieg, Toilette, neun Abteilen 1. Klasse, Toilette, Waschraum und Einstieg sowie der Maschinenwagen VTb mit der (in umgekehrter Reihenfolge) gleichen Aufteilung wie beim VTa an. Ergänzt wurden die Züge 1967/68 durch 6 Einheitsmittelwagen VMe mit Einstieg, Toilette, 9 Abteilen 2. Klasse, Toilette, Waschraum, Einstieg. Dadurch konnten bei Bedarf auch fünf- und sechsteilige Züge gefahren werden. Bei letzteren verringerte sich allerdings die Höchstgeschwindigkeit auf 140 km/h. Zwei Reserve-Maschinenwagen vervollständigten 1967/68 den Park.

BEHEIMATUNGEN

Die 54 Sitze in den Abteilen 1. Klasse (Anordnung 0 + 3) haben Federböden, sind schaumgummigepolstert und in Längsrichtung verschiebbar. In der 2. Klasse werden 80 (vierteilige Einheit) bzw. 152 (fünfteilige Einheit) Sitzplätze geboten. Dabei verfügen die Großräume über dreh- und verstellbare Doppelsitze. Die Sitzplatzanordnung in den Abteilen ist bei einer Tiefe von 1.750 mm (VMc) bzw. 2.000 mm (VMe) 0 + 4.

Betriebseinsatz

Die Züge galten über viele Jahre als die Verkörperung des technischen Fortschritts bei der Deutschen Reichsbahn. Die „Flaggschiffe" sollten für Leistungsfähigkeit, Zuverlässigkeit, Reisekomfort und Schnelligkeit stehen – doch all dem war schon durch den Zustand vieler Strecken Grenzen gesetzt. Beheimatet wurden die Züge im Triebwagen-Bw Berlin-Karlshorst, nach dem 31. März 1981 Einsatzstelle des Bw Berlin Ostbahnhof. Geplant war die Beschaffung von 21 SVT „Görlitz", gebaut wurden allerdings nur acht, zuzüglich der beiden Reserve- Maschinenwagen. Eingesetzt wurden sie vorrangig im grenzüberschreitenden Fernverkehr, zuerst ab September 1964 auf der Strecke Berlin – Praha (Prag). Es folgten die Verbindungen Berlin – Praha – Wien („Vindobona") ab 1. Oktober 1965, Berlin – Malmö („Berlinaren") mit Trajektierung zwischen Saßnitz und Trelleborg ab 21. Mai 1968, Berlin – Karlovy Vary (Karlsbad) als „Karlex" ab 31. Mai 1970 sowie Leipzig – Karlovy Vary („Karola") ab 1972. Der „Karlex" wurde zwischen Berlin und Plauen (Vogtl) ob Bf häufig in Doppeltraktion gefahren.

Zwischen 1982 und 1984 befuhren die Triebzüge als Dt die Strecke Berlin – Bautzen. Hinzu kamen zu den Leipziger Messen im Frühjahr und im Herbst Fahrten als Messesonderzüge zwischen Berlin Friedrichstraße über Berlin Zoologischer Garten nach Leipzig Hbf.

Der Baumusterzug 175 001/002 wurde 1980 z-gestellt und 1986 im Raw Wittenberge zerlegt. Die übrigen Züge erhielten zwischen 1975 und 1978 eine letzte große Instandhaltungsstufe, die ihren Einsatz bis 1992/93 ermöglichen sollte. Der bereits 1972 infolge eines schweren Unfalls am 30. Oktober bei Schweinsburg-Culten ausgeschiedene Maschinenwagen 175 004 war durch den Reserve-Maschinenwagen 175 017 ersetzt worden, der dazu in 175 004 (II) umgezeichnet wurde. Für den 1982 ausgeschiedenen 175 007 stand der Reserve-Maschinenwagen 175 019 als Ersatz bereit.

Abgesehen davon, daß die Fahrzeuge infolge ungenügenden Rostschutzes viel rascher als gedacht verschlissen, fehlten angesichts der vorangeschrittenen Streckenelektrifizierung ab 1982 wirtschaftlich sinnvolle Einsatzmöglichkeiten im Regelzugdienst.

Der Zug 175 005/305/405/006 wurde 1985 zum „Rollenden Jugendklub ‚Ernst Thälmann'" umgebaut und war an zentralen Baustellen des Elektrifizierungsprogramms im Einsatz, um dort interessante Freizeitmöglichkeiten anzubieten. Im Winter 1989/90 sollte er mit großem Aufwand aufgearbeitet werden, was die DR-Spitze angesichts der politischen und wirtschaftlichen Veränderungen dann aber nicht mehr verantworten wollte. Zunächst als Ersatzteilspender genutzt, soll er nunmehr zusammen mit ex 175 003/303/403/004 für einen privaten Auftraggeber zu einer nicht betriebsfähigen sechsteiligen Einheit hergerichtet werden.

Der betriebstüchtig vorgehaltene Bestand wurde seit 1986 immer weiter verringert. Mittlerweile ist nur noch der Triebzug 675 014/975 313, 975, 413, 509, 511/675 019 (ex 175 014/313/413/509/511/019) einsatzfähig. Nach dem Ausbau der Magnetschienenbremsen wurde er vorerst nur für eine Höchstgeschwindigkeit von 120 km/h zugelassen. Seine Erhaltung als – leider! – nicht betriebsfähiges Museumsfahrzeug ist vorgesehen. Er wurde mit dem 1. Januar 1992 nach dem DB-Nummernschema umgezeichnet in 675 014-5/975 313 8/413-6/509-1/511-7/675 019-4.

REDAKTION: HANS-JOACHIM WEISE; AUFNAHME: SCHULZ

Für Sonderfahrten steht passend zum Einheits-VT ein Beiwagen zur Verfügung.

TECHNISCHE DATEN

Baureihenbezeichnung	ab 1992	685 254
	1970-1991	185 254
	bis 1970	VT 137 099
Indienststellung		1935
Umbau		1956 (Salon)
Hersteller		Westwaggon
Umbauer		Raw Dessau
Achsformel		2'Bo'
Spurweite	mm	1435
Länge über Puffer	mm	21.873
Dienstgewicht (bei 2/3 Vorräten)	t	46,1
Dieselkraftstoff	l	330
Dieselmotor Anzahl	1	
Hersteller		CKD
Leistung	kW	302
Drehzahl	U/min	1.400
Art der Kraftübertragung		elektrisch
Höchstgeschwindigkeit	km/h	110

685 254 (ex 185 254)

Die Anfang der 30er Jahre erworbenen Erfahrungen mit 130-kW-Triebwagen schwerer Bauart sowie im Leichtbau veranlaßten die DRG zum Bau von fünf vierachsigen Versuchstriebwagen mit gleicher Leistung (VT 137 000 – 004) für einen schnellen Zubringerverkehr. Nach weiteren Serien verschiedener Hersteller in der Variante mit 220 kW Leistung entschied sich die DRG Mitte der 30er Jahre in ihrem Typenprogramm für die Weiterbeschaffung der „400-PS-Einheitstriebwagen". Das Hauptziel war, eine vereinheitlichte Baureihe zu schaffen, was aufgrund weiterer technischer Entwicklungen nur teilweise gelang.

Die Triebwagen waren für die verkehrsschwachen Zeiten im leichten Schnell-, Eil- und Personenzugdienst auf Hauptbahnen vorgesehen. Die Einheiten wurden zumeist aus einem Trieb- und einem Steuerwagen gebildet. Ein Großteil der Fahrzeuge fuhr ab 1935 im Ruhrschnellverkehr, oft im 30- bzw. 60-Minuten-Takt. Der sogenannten Essener Grundriß des Fahrzeugteils bewährte sich gut. Aufgrund der kurzen Aufenthalte im Schnellverkehr wurden ab VT 137 094 die Stauräume an den Mitteleinstiegen vergrößert und die WC's aus dem Inneren zum Mitteleinstieg gelegt. 1936 besaß die DRG insgesamt 81 dieselelektrische und vier dieselhydraulische vierachsige Hauptbahnwagen mit einheitlicher Grundrißgestaltung. Firmen wie Westwaggon, Düwag, Wismar, Talbot und MAN waren als Lieferer daran beteiligt. Das Fahrzeugbeschaffungsprogramm von 1937 umfaßte noch den Bau von 35 weiteren 302-kW-Fahrzeugen; es wurde wegen der politischen Ereignisse storniert.

Konstruktion

Der Wagenkasten ist weitgehend geschweißt aus leichtem Walzprofilen und Stahlblechen, die mit zum Tragen herangezogen werden. Das Untergestell ist zur Verminderung des Luftwiderstandes mit einer umlaufenden Schürze versehen. Es trägt an beiden Enden eine Leichtbau-Zug- und Stoßeinrichtung (Stangenpuffer). Maschinen- und Laufdrehgestell entsprechen im Grundsatz der Serie Görlitz III leicht mit dreifacher Federung. Die Leichtbau-Radsätze laufen in Rollenlagern.

Die Außentüren der Fahrgasträume sind als Schiebetüren ausgebildet, an den Stirnwänden waren Übergangsbrücken angeordnet. Dem allgemeinen Standard entsprachen die Holzlattensitze in der 3. und die gepolsterten Sitze in der 2. Klasse.

Trotz ansonsten modernster Ausrüstung waren die VT mit einer koksgefeuerten Pintsch-Unterflur-Heizung versehen; im Krieg folgte der Umbau auf kombinierte Kühlwasser-/Ofenheizung.

Im Laufe der Jahre mußten die VT weitere Bauartänderungen über sich ergehen lassen. Die DR rüstete sie mit einem Dieselmotor der Firma CKD Praha aus, ferner wurden die Fahrgasträume modernisiert, teilweise zu Sonderfahrzeugen (Salon) umgerüstet.

Betriebseinsatz

Aus der erwähnten Serie VT 137 097 – 110 verblieben bei der DR im Osten sechs Triebwagen. Vorrangig waren sie als Salontriebwagen eingesetzt. Während der VT 137 106 dem DDR-Innenministerium diente, wurde der VT 137 100 zum Tunnelprüfwagen umgebaut. VT 137 099, ab 1970 als 185 254, seit 1992 als 685 254 bezeichnet, blieb Salonfahrzeug. Nach dem Krieg zunächst in Berlin beheimatet, wurde er 1956 im Raw Dessau grundlegend „salonfähig" modernisiert. Er kam im selben Jahr zum Bw Stralsund. Dort wurde er für Sonderzwecke der Rbd Greifswald vorgehalten. Zeitweilig gehörte der VT zum Museumsbestand der DR/VM Dresden. Heute wird er mit einem Beiwagen für Sonderfahrten genutzt.

BEHEIMATUNGEN

Bahnbetriebswerk Stralsund

REDAKTION: MICHAEL REIMER; AUFNAHME: KRENTZIEN

Auf der Steilstrecke Suhl – Schleusingen war die „dicke Babelsbergerin" auch mit einem Personenwagen gefordert (Viadukt in Hirschbach, Oktober 1996) B. O. Sydow

Als die Deutsche Reichsbahn 1955 den elektrischen Zugbetrieb im Raum Halle/Leipzig wieder aufnahm, brauchte sie Fahrzeuge zur Abnahme, Überwachung und Störungsbeseitigung an den Fahrleitungsanlagen. So entstanden im VEB Waggonbau Görlitz 1956 und 1958 insgesamt fünf Dieseltriebwagen für Fahrleitungsinstandhaltung. Bahnamtlich wurden sie als Oberleitungs-Revisionstriebwagen (ORT) bezeichnet. Der bei der DRG und bei der Deutschen Bundesbahn üblich gewesene Begriff „Turm(trieb)wagen" (TVT) wurde nicht gebraucht, jedenfalls nicht offiziell.
Geliefert wurden zwei Serien, einmal zwei und dann drei Fahrzeuge. Sie unterscheiden sich durch die Motortypen.
Die Bezeichnung wechselte im Laufe der Jahre. Zunächst war an den ORT der Name der Heimatdirektion und eine Fahrzeugnummer angeschrieben, z.B. „Halle 701427". Später wurde „ORT 135.70" üblich. Man ordnete die beiden Fahrzeuge der ersten Lieferserie als ORT 135 701 und

188 006 auf dem Leipziger Hauptbahnhof.

702 ein; die drei der nachfolgenden Serie erhielten die Nummern ORT 135 703, 705 und 706. Die Ordnungnummer 704 wurde nicht besetzt. Als mit dem EDV-gerechten Nummernsystem ab 1. Juli 1970 Ordnung

Baureihe 708.0 (ex 188.0)

TECHNISCHE DATEN

Bezeichnung	ab 1992		708.0
	1970-1991		188.0
	bis 1970		ORT 135.70
Indienststellung (1. Jahr)			1956
Hersteller			VEB Waggonbau Görlitz
Achsformel			A 1
Spurweite	mm		1435
Länge über Puffer	mm		13.100
Dienstmasse (bei 2/3 Vorräten)	t		26
Dieselmotor	Anzahl		1
	Leistung	kW	99/111
	Drehzahl	U/min	2.000
Art der Kraftübertragung			mechanisch
Höchstgeschw.	km/h		70
Arbeitsgeschw.	km/h		7
Heizeinrichtung			kohlegefeuerte Warmwasserheizung

Kennzeichnend für die ORT ist der Turm zur Beobachtung der Fahrleitung.

Mit der Ausdehnung des elektrifizierten Streckennetzes der Deutschen Reichsbahn in den sechziger Jahren reichten die zweiachsigen Oberleitungs-Revisionstriebwagen ORT 135.70 nicht mehr aus. Deren Nachbau kam jedoch nicht in Frage. Die Fahrleitungsmeistereien brauchten größere, vierachsige Fahrzeuge. Ende 1968 lieferte der VEB Waggonbau Görlitz den ersten Triebwagen der neuen Baureihe ORT 137 710 bis 715 (ab 1. Juli 1970 188 200 bis 205). Dabei richtete sich die Umnumerierung offensichtlich schematisch nach der alten Bezeichnung, denn bei der Deutschen Reichsbahn war es ansonsten nicht üblich, dem ersten Fahrzeug einer Unterbaureihe die Endziffer 0 anstelle der 1 zu geben. Ein „nulltes" Fahrzeug erscheint ja auch unlogisch! Die kuriosen Ordnungsnummern blieben bei der jüngsten Umzeichnung zur BR 708.2 erhalten.

Baureihe 708.2 (ex 188.2)

TECHNISCHE DATEN

Bezeichnung	ab 1992		708.2
	1970-1991		188.2
	bis 1970		ORT 137.71
Indienststellung (1. Jahr)			1968
Hersteller			VEB Waggonbau Görlitz
Achsformel			(1A)'2'
Spurweite	mm		1435
Länge über Puffer	mm		19.300
Dienstmasse (bei 2/3 Vorräten)	t		43
Dieselmotor	Anzahl		1
	Leistung	kW	132
	Drehzahl	U/min	1.500
Art der Kraftübertragung			mechanisch
Höchstgeschw.	km/h		80
Arbeitsgeschw.	km/h		7,5
Heizeinrichtung			Warmwasserheizung

Deutsche Bahn 2 Baureihe 708.0

in die kunterbunte VT-Numerierung kam, erhielten die ORT die Bezeichnungen 188 001 und 002 sowie 188 003, 005 und 006. Bei der Umzeichnung am 1. Januar 1993 erhielten die ORT die neue Baureihenbezeichnung 708, da waren noch die Fahrzeuge mit den Ordnungsnummern 001, 002, 003 und 006 vorhanden.

Konstruktion

Auffällig am Wagenkasten sind die vier schmalen Stirnfenster und die aufgesetzten Spitzensignale. Rahmen und Wagenkasten sind geschweißte Stahlkontruktionen. Klappen im Fußboden ermöglichen den Zugang zur unterflur angeordneten Maschinenanlage. Als Zug- und Stoßvorrichtung dienen eine Regel-Schraubenkupplung ohne durchgehende Zugstange und leichte Puffer.

Die Achsen sind rollengelagert und durch Blattfedern abgefedert. Alle Räder werden beidseitig klotzgebremst. Die beiden Handbremsen wirken jeweils auf einen Radsatz.

BEHEIMATUNGEN

Bahnbetriebswerke Güsten, Seddin, Leipzig Hbf Süd

Der Dieselmotor ist am Untergestell elastisch aufgehängt und leistet bei den ORT 188 001 und 002 je 99 kW, bei den übrigen 111 kW. Die Kraftübertagung geschieht mechanisch über eine Zweischeiben-Reibungskupplung, ein pneumatisch geschaltetes Viergang-Zahnradwechselgetriebe, eine Gelenkwelle und ein ebenfalls pneumatisch geschaltetes Kegelrad-Wendegetriebe. Die Höchstgeschwindigkeit des allein fahrenden ORT beträgt 70 km/h, mit 25 Tonnen Anhängemasse 50 km/h. Für die Arbeitsbeleuchtung sind ein Diesel-Generator-Aggregat (2 kW) und eine Batterie (300 Ah) vorhanden. Der Innenraum des ORT ist über mittig angeordnete zweiflügelige Schiebetüren zu erreichen. Auf den Führerstand 1 folgt der Arbeitsraum mit Werkbank sowie Schränken für Werkzeug und Ersatzteile. Unter dem Aufgang zum Beobachtungsdom befinden sich der Maschinen- und der Generatorraum, die Kohlen- und Kraftstoffbehälter sowie die Toilette. An den Arbeitsraum schließen sich der Aufenthaltsraum mit Tisch, Stühlen und Schränken sowie schließlich der Führerstand 2 an.

Vom Dom hinter dem Führerstand 1 kann der Lehrstromabnehmer beobachtet werden. Er wird elektropneumatisch gehoben und abgesenkt.

An seinem Schleifstück befinden sich eine Skala zum Ablesen der Fahrdraht-Seitenlage und ein Meßwerk zur Anzeige der Fahrdrahthöhe. Die um 2 x 90° schwenkbare Arbeitsbühne kann vom Dom aus betreten werden, nachdem der Stromabnehmer angelegt und die Fahrleitung geerdet worden ist. Die klappbare Leiter läßt sich bis auf 9.000 mm über Schienenoberkante ausziehen. Der Wagenkasten ist weinrot, das Untergestell schwarz gespritzt. Unter- und oberhalb des Fensterbandes befinden sich umlaufende, im Türbereich unterbrochene, schmale weiße Streifen.

Betriebseinsatz

Die zweiachsigen ORT waren zunächst im Raum Halle/Leipzig/Magdeburg im Einsatz. Mit der Ausdehnung des elektrischen Zugbetriebes wuchs ihr Aufgabenbereich stark an, wobei der Schwerpunkt nach wie vor im genannten Gebiet liegt. Sie sind jetzt beheimatet in den Bahnbetriebswerken Güsten, Seddin und Leipzig Hbf Süd.

REDAKTION UND AUFNAHME: HANS-JOACHIM WEISE

Deutsche Bahn 2 Baureihe 708.2

Konstruktion

Der mit Stahlblech bekleidete Wagenkasten ist eine geschweißte Stahlkonstruktion. Die seitlichen Dachteile werden zum Tragen herangezogen; sie sind deshalb verstärkt. Im Bereich der Hebebühne ist das Dach abgesetzt, weil es die Tragekonstruktion der Hubvorrichtung mit aufnimmt. Das Wageninnere ist wie beim zweiachsigen ORT durch eine mittig angeordnete Doppelschiebetür zu betreten. Die Führerstände besitzen nach innen aufschlagende Drehtüren.

Der Rahmen ist aus Blechen und Profilen zusammengeschweißt. Trieb- und Laufdrehgestell stimmen nahezu überein. Die Radsätze laufen in Rollenlagern. Die Radsatzfederung übernehmen Blattfedern, die Wiegenfederung und Schraubenfedern mit parallelgeschalteten Reibungsstoßdämpfern. Die Treibachse kann beidseitig gesandet werden. Jedes Rad ist beidseitig klotzgebremst. Die in jedem Führerstand vorhandene Handbremse wirkt jeweils nur auf ein Drehgestell.

Der Sechszylinder-Dieselmotor ist unterflur im Hauptrahmen angebracht; die Strömungskupplung und das Sechsgang- Elektroschaltgetriebe übertragen das Drehmoment auf das Achswendegetriebe der innenliegenden Achse des Triebdrehgestells. Die Höchstgeschwindigkeit des ORT beträgt als Einzelfahrzeug 80 km/h und mit einer Anhängelast von 50 t rund 58 km/h in der Ebene. Als Arbeitsgeschwindigkeit sind 7,5 km/h möglich.

In das Dach ist über dem Laufdrehgestell ein Beobachtungsdom integriert, ausgestattet mit zwei Klappsitzen, einem Schreibpult und einem höhenverstellbaren Drehstuhl. Vom Dom aus kann der Lehrstromabnehmer und dessen Zusammenwirken mit der Fahrleitung beobachtet werden. Am Schleifstück befinden sich eine Skala zum Ablesen der Fahrdraht-Seitenlage und ein Meßwerk zur Anzeige der Fahrdrahthöhe.

Die Arbeitsbühne kann vom Dom aus betreten werden. Dazu muß zuvor der Stromabnehmer angelegt und die Fahrleitung geerdet worden sein. Die Bühne ist um 2 x 90° schwenkbar. Ihr hydraulischer Antrieb wird vom Dom aus elektrisch gesteuert. Die Bühne kann bis auf 5.720 mm über Schinenoberkante angehoben werden.

BEHEIMATUNGEN

Bw Chemnitz, Cottbus, Eisenach, Leipzig Hbf Süd, Riesa, Rostock

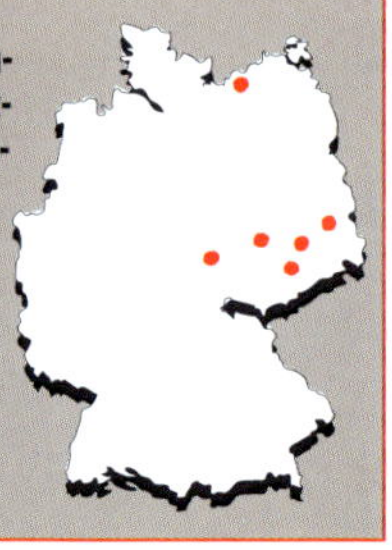

Auf den Führerstand 1 folgen der Aufenthaltsraum, die Toilette, der Werkstattraum und der Führerstand 2. Der Aufenthaltsraum ist mit einem Tisch, sechs Stühlen, einer Sitzbank und mehreren Schränken ausgestattet. Im Werkstattraum befinden sich eine Werkbank, ein Werkzeugschrank sowie Material und Arbeitsgeräte. Die Arbeitsmaschinenanlage ist unter dem Beobachtungsdom angeordnet.

Der Stromversorgung des ORT dient ein eigenes Diesel-Generator-Aggregat (9,5 kW) sowie die gepufferte Batterie mit 260 Ah. Von den beiden Generatoren erzeugt einer Gleichspannung von 24 V (2 kW), der andere Drehstrom von 380/220 V, 50 Hz (5 kW).

Die Farbgebung des Wagenkastens ist weinrot mit einem umlaufenden weißen Streifen unterhalb des Fensterbandes.

Betriebseinsatz

Die Reihe 708.2 ist beheimatet in den Bw Chemnitz, Cottbus, Eisenach, Leipzig Hbf Süd, Riesa und Rostock und wird jeweils von nahegelegenen Bahnstromwerken aus eingesetzt.

REDAKTION: HANS-JOACHIM WEISE; AUFNAHME: VÖLK

Mit seinem kantigen Fahrzeugkasten erinnert der ORT 708.3 an neuere Elektrolokomotiven.

Angesichts der starken Ausdehnung des elektrifizierten Streckennetzes in den achtziger Jahren reichten die wenigen ORT nicht mehr aus. Auf der Leipziger Frühjahrsmesse 1987 wurde darum ein neuer Triebwagen, Baureihe 188.3, vorgestellt. Hersteller war wiederum der VEB Waggonbau Görlitz. Bis November 1991 übernahm die Deutsche Reichsbahn 36 dieser Triebwagen. Sie werden jetzt unter der Baureihenbezeichung 708.3 geführt.

Konstruktion

Der Wagenkasten, ebenso wie der Rahmen eine geschweißte Stahlkonstruktion aus Blechen und Profilen, wirkt äußerlich einfach und kantig, die Stirnseiten erinnern an die Ellok-Baureihe 155.

Trieb- und Laufdrehgestell sind Modifikationen der bei vielen DR-Reisezugwagen ver-

TECHNISCHE DATEN

Bezeichnung	ab 1992		708.3
	1970-1991		188.3
Indienststellung (1. Jahr)			1987
Hersteller			VEB Waggonbau Görlitz
Achsformel			(1A)'2'
Spurweite	mm		1435
Länge über Puffer	mm		22.400
Dienstmasse (bei 2/3 Vorräten)	t		58
Dieselmotor	Anzahl		1
	Leistung	kW	330
	Drehzahl	U/min	1.500
Art der Kraftübertragung			hydraulisch
Höchstgeschw.	km/h		100
Arbeitsgeschw.	km/h		5
Heizeinrichtung			Warmwasserheizung

Baureihe 708.3 (ex 188.3)

Der Funkmeßtriebwagen (FMT) ist im Bahnbetriebswerk Berlin Hbf beheimatet und wird von hier aus im gesamten Streckennetz der Deutschen Reichsbahn eingesetzt.

TECHNISCHE DATEN

Bezeichnung	ab 1992		723 101
	1970-1991		188 101
	bis 1970		VT 137 700
Indienststellung (1. Jahr)			1934
Umbau			ca. 1965
Hersteller			Waggonfabr. Wismar
Achsformel			2'Bo'
Spurweite	mm		1435
Länge über Puffer	mm		21.873
Dienstmasse (bei 2/3 Vorräten)	t		42 (urspr.)
Dieselmotor	Anzahl		1
	Leistung	kW	302
	Drehzahl	U/min	1.400
Art der Kraftübertragung			dieselelektrisch
Höchstgeschwind.	km/h		100
Heizeinrichtung			Warmwasserheizung

723 101 (ex 188 101)

wendeten Bauart „Görlitz V". Die Radsätze laufen in Rollenlagern. Radsatz- und Wiegenfederung werden von Schraubenfedern besorgt.
Gebremst wird mit Scheibenbremsen der Bauart KE-GP. Daneben stehen von beiden Führerständen aus zu betätigende Handbremsen zur Verfügung. Der aufgeladene Sechszylinder-Dieselmotor 6 VD 18/15 AL-2 ist liegend im Hauptrahmen angeordnet. Die Kraftübertragung erfolgt über eine drehelastische Kupplung, das Strömungsgetriebe vom Typ GS 20/4,2 und das Achsgetriebe. Mit dem Strömungsgetriebe ist außerdem ein Drehstromgenerator mit nachgeschaltetem Gleichrichter gekuppelt. Er übernimmt die Versorgung mit Gleichspannung von 130/110 V. Das ebenfalls unterflur befestigte Diesel-Generator-Aggregat mit 12 kW Nennleistung versorgt Arbeitsbühnen und Maschinen mit Drehstrom 380/220 V, 50 Hz. Die Höchstgeschwindigkeit des ORT beträgt 100 km/h, mit einer Anhängemasse von 50 t erreicht er in der Ebene noch 80 km/h.

BEHEIMATUNGEN

Bw Chemnitz, Dresden, Cottbus, Neustrelitz, Pasewalk, Seddin, Stendal u.a

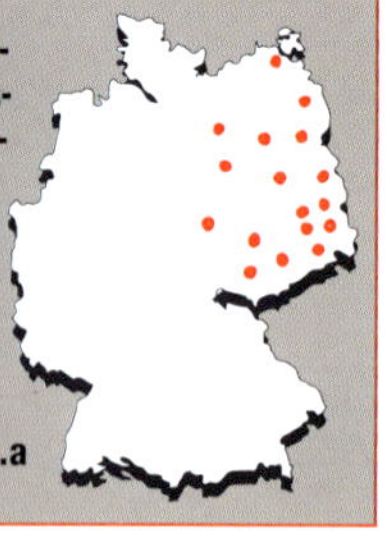

Das Fahrzeug ist geteilt in zwei Führerstände, einen Aufenthaltsraum, einen Werkstattraum und eine Toilette. In unmittelbarer Nähe des Mitteleinstieges ist der Beobachtungsdom aufgesetzt. Als Lehrstromabnehmer wird ein Einholm-Stromabnehmer verwendet. Der ORT verfügt über eine feste und eine bewegliche Arbeitsbühne. Die vom Dom aus gesteuerte bewegliche Bühne ist um 2 x 100° schwenkbar und kann um 2.000 mm angehoben werden. Unter ihrem Fußboden befindet sich eine hydraulisch aufrichtbare Leiter, die bis zu einer Höhe von 18 m über Schienenoberkante ausgefahren werden kann. Geheizt werden die Innenräume durch eine Warmwasserheizung, deren Heizgerät im Untergestell angeordnet ist. Das Motorkühlwasser kann sowohl für die Warmwasserheizung genutzt als auch durch diese vorgewärmt werden.
Der Aufenthaltsraum ist mit Tisch, diversen Sitzgelegenheiten, Schränken, Kühlschrank und Kochgelegenheit ausgestattet. Im Werkstattraum befinden sich eine Werkbank von 6 Metern Länge mit Schraubstöcken, Bohrmaschine und Schleifbock, ferner Wandschränke für Werkzeug und Material, Halterungen für Gasflaschen und Seilrollen, eine Beladeeinrichtung, Schaltschränke und der Aufstieg zu den Arbeitsbühnen.
Der ORT ist mit einer mobilen Eisenbahnstreckenfunk-Anlage (MESA) und punktförmiger induktiver Zugbeeinflussung (PZB 80) ausgerüstet. Im Gegensatz zu den vorangegangenen ORT-Baureihen haben die Wagenkästen einen Anstrich in Orange mit schwarzbraunem Fensterband. Rahmenenden und -seitenwangen sind ebenfalls schwarzbraun, die Drehgestelle grau gespritzt.

Betriebseinsatz

Die vierachsigen ORT sind bei nahezu allen Bahnstromwerken im Wechselstromnetz der DR im Einsatz und darum in vielen Bahnbetriebswerken beheimatet: Angermünde, Chemnitz, Cottbus, Dresden, Elsterwerda, Frankfurt (Oder) Hagenow Land, Hoyerswerda, Leipzig Hbf Süd, Neustrelitz, Pasewalk, Reichenbach (Vogtl), Sangerhausen, Seddin, Senftenberg, Stendal und Stralsund.

REDAKTION: HANS-JOACHIM WEISE; AUFNAHME: MEHNERT

Das Ursprungsfahrzeug, ein 302-kW-Einheits-Triebwagen, entstammt der Lieferserie VT 137 058 bis 067 aus dem Jahre 1934. Der Grundriß war entsprechend den damaligen Eilzugwagen gestaltet.
Die Deutsche Reichsbahn baute den VT 137 063 in den sechziger Jahren zu einem Funkmeß-Triebwagen um und gab ihm zunächst die Bezeichnung VT 137 700. Ab 1. Juli 1970 trug er die Betriebsnummer 188 101, und seit 1. Januar 1992 heißt er 723 101.

Konstruktion

Der Wagenkasten ist als Stahlkonstruktion in geschweißter Leichtbauweise gestaltet, der übrige wagenbauliche Teil wegen des verstärkten Untergestells leichter ausgeführt. Die Stirnseiten des Wagenkastens sind korbbogenförmig ausgebildet. Ursprünglich war der Triebwagen gegliedert in Führerstand, Maschinenraum, Einstiegsraum, zwei Großräume 2. Klasse, Toilette, zwei Abteile 1. Klasse, Einstiegsraum, Gepäckraum und Führerstand. Aus Gründen der Masse-Ersparnis erhielt der Triebwagen eine leichte Regel-Schraubenkupplung.
Die Radsätze laufen in Rollenlagern. Sie sind dreifach abgefedert. Der Drehzapfen des Maschinendrehgestells ist asymmetrisch angeordnet.
Der Triebwagen verfügt – entsprechend den in den dreißiger Jahren angewandten Baugrundsätzen – über eine elektrische Kraftübertragung. Dieselmotor, Haupt- und Hilfsgenerator sind auf einem besonderen Tragrahmen im Maschinendrehgestell aufgehängt. Sie tauchen tief in das Drehgestell hinein. Dennoch ragt der Motor wegen seiner Höhe in den Wagenkasten. Er ist deshalb mit einer Haube abgedeckt. In der Ursprungsausführung erhielt der Triebwagen einen Zwölf-Zylinder-Viertakt-Dieselmotor vom Typ Maybach GO 5. Verwendet wurde die RZM-Schaltung (einfach). Im Triebdrehgestell wurden zwei Fahrmotoren vom Typ GBMy 700 von SSW mit einer Dauerleistung von 120 kW eingebaut. Die Deutsche Reichsbahn stattete die ihr verbliebenen Triebwagen der Einheitsbauart mit neuen 302-kW-Dieselmotoren der Firma CKD Prag aus. Beim Umbau zum Funkmeß-Triebwagen wurden die Innenräume den neuen Erfordernissen angepaßt. Sitze, Gepäcknetze usw. wurden entfernt, der Meßraum mit den erforderlichen Meß- und Prüfgeräten, Tischen und Schränken ausgestattet.
Die offenen Übergangsbühnen für das Personal an den Stirnseiten wurden ebenfalls entfernt. Der Triebwagen erhielt das Dreilicht-Spitzensignal mit getrennten Schlußsignalen.
Der Wagenkasten ist durchgängig weinrot gespritzt mit schmalem weißem Streifen unterhalb des Fensterbandes. Rahmen und Drehgestelle sind schwarz.

BEHEIMATUNGEN

Bahnbetriebswerk Berlin Hbf

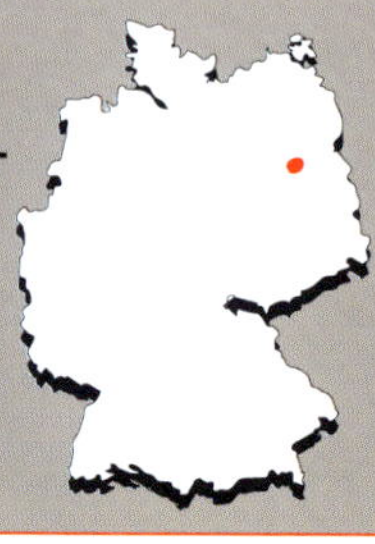

Betriebseinsatz

Beheimatet ist der Funkmeß-Triebwagen im Bw Berlin Hauptbahnhof. Von dort aus wird er für Meß- und Überwachungsfahrten im Funknetz eingesetzt. Am 1. Januar 1992 wurde er gemäß dem gemeinsamen Nummernschema der Deutschen Bahnen in 723 101-2 umgezeichnet.

REDAKTION: HANS-JOACHIM WEISE; AUFNAHME: HEILMANN

Die Trieb- und Beiwagen der ersten Lieferserien fallen durch die gebogenen Fensterscheiben an den Wagenecken auf (771 004 vom Bw Salzwedel).

Baureihen 771/971 (ex 171/771)

Nach dem Zweiten Weltkrieg waren bei der Deutschen Reichsbahn in der Sowjetischen Besatzungszone etwa 100 Verbrennungstriebwagen sechs verschiedener Bauarten verblieben. Als 1949 die Verwaltung und Nutznießung der Klein- und Privatbahnen auf die DR überging, erhöhte sich der Triebwagenbestand auf rund 200 Fahrzeuge. Viele von ihnen waren durch Kriegseinwirkungen oder lange Abstellzeiten stark beschädigt. Ob der vielen Bauartunterschiede war an eine wirtschaftliche Ersatzteilvorhaltung nicht zu denken. Darum begann das Raw Wittenberge erst 1951 mit der Aufarbeitung beschädigter und defekter Triebwagen.
Auf das Drängen des DDR-Verkehrsministers und DR-Generaldirektors Erwin Kramer hin stellte das SED-Zentralkomitee im Juli 1955 die Weichen für einen ersten Rationalisierungsschub bei der Deutschen Reichsbahn. Dabei sollte insbesondere der Personalaufwand bei den Nebenbahnen deutlich verringert werden. Das war die Geburtsstunde des Leichtverbrennungstriebwagens (LVT). Mit Konstruktion und Fertigung beauftragte man den VEB Waggonbau Bautzen, dessen Vorgängerunternehmen bereits Erfahrungen beim Bau von Triebwagen gesammelt hatte. Ende 1957 war der erste LVT fertiggestellt; er wurde aber erst im Januar 1960 von der DR als VT 2.09.001 übernommen und beim Bw Haldensleben beheimatet. Kurz darauf folgte der VT 2.09.002, und 1962 erschien die Nullserie VT 2.09.003-007 mit den Beiwagen VB 2.07.503-507. Bis Januar 1965 lieferte der Waggonbau dann je 63 Serien-VT bzw. -VB ab.
In mittlerweile über dreißig Jahren wurden die LVT zwar regelmäßig aufgearbeitet, Ausstattung und Design sind aber inzwischen alles andere als zeitgemäß. Um angesichts des dramatischen Verkehrsrückganges auf den Nebenbahnen wieder mehr Fahrgäste für die Schiene zu begeistern, unternahm die DR den bemerkenswerten Versuch, die LVT zu modernisieren. 1991 und 1992 baute das Raw Halle (Saale) vier Einheiten in verschiedenen Ausführungen um und versah sie mit den RegionalBahn-Farben. Die umfangreichsten Veränderungen erfuhren dabei 771 014/971 014. Für dieses Jahr erteilte die DR-Hauptverwaltung nun den Auftrag zur Rekonstruktion von 36 Einheiten, deren Beiwagen bei dieser Gelegenheit als Steuerwagen hergerichtet werden sollen.

Konstruktion

Der Rahmen ist eine vollständig geschweißte Konstruktion aus Walzprofilen und Blechen. Die in Rollenlagern laufenden Radsätze werden im Rahmen spielfrei geführt. Parallel zu deren Schrauben-

TECHNISCHE DATEN

Baureihenbezeichnung		ab 1992	771/971
		1970-1991	171.0/171.8
		bis 1970	VT 2.09.0/VB 2.07.5
Indienststellung (1. Jahr)			1960
Umbau (1. Jahr)			1992
Hersteller			VEB Waggonbau Bautzen
Umbauer			Raw Halle (Saale)
Achsformel (VT/VB)			1A/2
Spurweite		mm	1435
Länge über Kupplung		mm	13.180
Dienstmasse VT		t	19,3
Dieselkraftstoff		l	250
Dieselmotor	Anzahl		1
	Hersteller		VEB Elbewerk Roßlau
	Leistung	kW	132
	Drehzahl	U/min	1500
Art der Kraftübertragung			mechanisch
Höchstgeschwindigkeit		km/h	90
Art der Zugheizeinrichtung			Frischluftheizung
Anzahl der Sitzplätze (VT/VB)			54/45, alle 2. Klasse

Ab 771/971 032 haben die Wagen drei flache Frontscheiben, deren mittlere die größte ist.

federn sind Stoßdämpfer und Stabilisatoren zur Verbesserung der Laufeigenschaften geschaltet. Die Maschinenanlage, ein im Vorkammerverfahren arbeitender Sechszylinder-Viertakt-Dieselmotor vom Typ 6 KVD 18 S/HRW mit 180 PS aus dem VEB Elbewerk Roßlau, ist im Rahmen unterflur angeordnet. Das Drehmoment wird über eine Flüssigkeitskupplung stoßfrei auf das Schaltgetriebe, ein mechanisches Sechsganggetriebe, dessen Zahnräder ständig im Eingriff sind, übertragen. Das Getriebe wird von einem Gangwahlschalter im Führerstand aus betätigt. Es ist als Achswendegetriebe ausgeführt, enthält also auch den Achsantrieb und die Wendeschaltung für Vorwärts- bzw. Rückwärtsfahrt. Am Rahmen befinden sich ferner alle Nebenaggregate, Kraftstoffbehälter, Sandstreueinrichtung, Bremsanlage, Einrichtungen der Sicherheitsfahrschaltung und Spurkranzschmierung. Zwei über Keilriemen angetriebene Lichtmaschinen von jeweils 1,2 kW Leistung sowie zwei Batterien von je 180 Ah dienen der Stromversorgung.
Der Rahmen trägt die Bremsmagnete. Die Magnetschienenbremse kann nur im Zusammenwirken mit der Druckluftbremse, einer einlösigen Einkammer-Scheibenbremse mit einer Bremsscheibe pro Radsatz, betätigt werden.
Als Zug- und Stoßvorrichtung dient eine automatische Mittelpufferkupplung der Bauart Scharfenberg. Für den Notfall ist daneben eine Hilfskupplung montiert, die die Verbindung zur üblichen Schraubenkupplung ermöglicht. Um beim Abschleppen mit Schraubenkupplung Beschädigungen der Stirnfronten zu vermeiden, sind in normaler Pufferhöhe Notpuffer aus Hartgummi befestigt.
Der Wagenkasten ist als selbsttragende Stahlleichtbaukonstruktion ausgeführt. Seine sehr gute Festigkeit bezieht er aus dem gesickten Stahlblech des Fußbodens und der robusten, verwindungssteifen Verbindung zwischen Dach, Seitenwand und Untergestell. Der Wagenkasten stützt sich über Schraubenfedern auf die vier Eckpunkte des Rahmens ab. Die Fenster aus Sicherheitsglas sind rahmenlos mit Gummi im Wagenkasten gelagert. Bis zur Ordnungsnummer 032 sind die Stirnfronten der Trieb- und Beiwagen mit einer viereckigen Frontscheibe und zwei jeweils um die Ecke gezogenen Scheiben versehen. Alle anderen Fahrzeuge besitzen drei flache Frontschieben, deren mittlere die größere ist. Der Fahrgastraum ist als Großraum gestaltet und bietet 54 Sitzplätze; die Führerstände schließen sich ohne Trennwände an beiden Enden an. Der Triebwagen hat auf jeder Seite zwei elektropneumatisch betätigte Drehfalttüren; er ist mit einer wegabhängigen (2 x 75 m) Sicherheitsfahrschaltung ausgestattet.
Die Beiwagen (BR 971) entsprechen vom konstruktiven Aufbau her weitgehend den Triebwagen und gleichen letzteren auch äußerlich vollständig. Ihr Wagenkasten stützt sich aber über Gummi-Schichtenfedern auf dem Rahmen ab. Der Fahr-gastraum bietet 45 Sitzplätze sowie ein 9 Quadratmeter großes Traglastenabteil.Die Beiwagen verfügen über eine eigene Stromversorgung.
Als nachteilig bei den Einheiten 771/971 erwies sich die einfache Fahrsteuerung, die keine Steuerung mehrerer gekuppelter LVT-Einheiten von einem Führerstand aus ermöglicht. In den Wendebahnhöfen muß der Triebwagen daher stets umsetzen.
Bislang wurden als Muster vier LVT-Einheiten in verschiedenen Varianten modernisiert. Die Einheit 771 014/971 014 verkörpert die Version mit den am weitesten gediehenen Veränderungen. Der Triebwagen ist mit den Fahrzeugeinrichtungen für die punktförmige Zugbeeinflussung (PZ 80) und den Zugfunk (MESA) versehen und für den Einbau einer Abgasreinigungsanlage vorbereitet. Der Lokomotivführer sitzt in einem separierten Führerraum, der besser bestuhlt und beheizt ist. In den Fahr-gasträumen wurde die Sitzplatzanordnung zwar beibehalten, doch die Sitze sind gepolstert, Fußbodenbelag und Beleuchtung sind erneuert. Der Beiwagen dient jetzt als Steuerwagen. Die Garnitur verfügt über Kassiereinrichtungen, Beschallungsanlage, Türschließ-Warnanlage sowie Zugzielanzeige.

BEHEIMATUNGEN

Bahnbetriebswerke Dresden, Frankfurt (Oder), Güsten, Halberstadt, Haldensleben, Jerichow, Leipzig Hbf Süd, Pasewalk, Salzwedel, Seddin, Stendal, Wittenberge, Wustermark

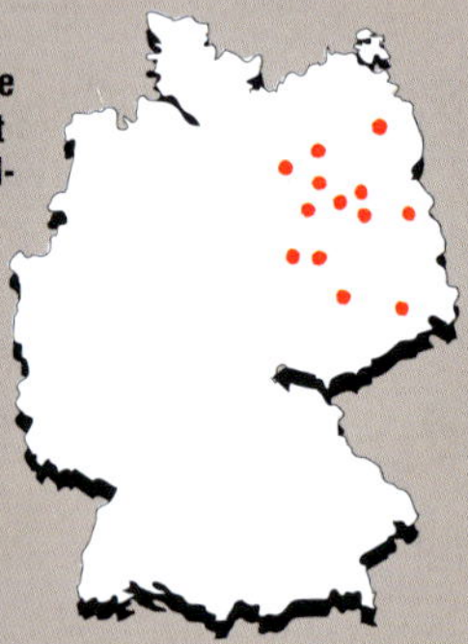

Betriebseinsatz

Obgleich die LVT in den letzten Jahren stärker konzentriert wurden und die Beheimatungen in Cottbus, Erfurt, Hoyerswerda, Reichenbach (Vogtl) und Zittau der Vergangenheit angehören, findet man sie doch noch immer in fast allen Regionen der neuen Bundesländer. Die 771/971 gehören zum Bestand der Bahnbetriebswerke Dresden, Frankfurt (Oder), Güsten, Halberstadt, Haldensleben, Jerichow, Leipzig Hbf Süd, Pasewalk, Salzwedel, Seddin, Stendal, Wittenberge und Wustermark. Bemerkenswert sind die Umlaufpläne des Bw Dresden (Einsatzstelle Pirna), die täglich ein Dienstpersonenzug-Paar zwischen Bad Schandau und Decin (CSD) für das Zollpersonal vorsehen.

Der rekonstruierte 771 043 im Bahnhof Bonese (KBS 302 Diesdorf (Altmark) – Salzwedel).

REDAKTION: FRANK HEILMANN; AUFNAHMEN: SCHULZ (2), GOTTSCHALL

Im Jahre 1964 stellte das Bautzener Werk neben der laufenden Triebwagen-Serie mit VT 2.09.101-102/VS 2.07.101-102 zwei Mustereinheiten fertig, bei denen der Beiwagen als Steuerwagen diente. Bereits 1965 folgten 14 entsprechende Serien-Züge. Nachdem sich der Waggonbau Bautzen im Zuge der RGW-Planwirtschaft auf den Bau von Reisezugwagen spezialisiert hatte, kam die letzte LVT-Serie VT 2.09.201-273/VS 2.08.201-273 im Jahre 1969 aus dem VEB Waggonbau Görlitz.

Konstruktion

Die Triebwagen der Baureihe 772 entsprechen in der Gestaltung und Ausstattung denen der Reihe 771. Wichtigster Unterschied ist ist die Mehrfachsteuerung der BR 772. Es war die logische Folge dieser Verbesserung, die Beiwagen (BR 972) von vornherein mit einem Führerstand zu versehen und als Steuerwagen auszuführen. Das Anlassen des Dieselmotors ist aber nur vom Triebwagen aus möglich.

Anders als bei den Vorgängern (BR 971) sind die Beiwagen (BR 972) als Steuerwagen ausgeführt.

Da es bei den LVT bereits in den ersten Jahren häufig zu Rahmenrissen kam, testete man bei VT 2.09.105 und 113 einen verstärkten Rahmen mit veränderter Lastaufnahme. Die VT. 2.09.2 (jetzt BR 772.1) sind dann alle mit verstärkten Rahmen gebaut worden. Sie erhielten auch einen schwereren Dieselmotor, den

Baureihen 772/972 (ex 172/772)

Die Reichsbahndirektion Magdeburg hält das Triebwagen-Unikat als Bahndienstfahrzeug vor.

Bereits kurz nach dem Zusammenschluß der deutschen Länderbahnen zur Deutschen Reichsbahn (DRG) gab es zahlreiche Entwicklungen von leichten Triebwagen für den Nebenbahndienst.

786 257

Vorrang genossen Versuche mit Dieseltriebwagen. Verdient machten sich die Firmen MAN (1927 erste Triebwagen VT 801 – 804 für die DRG) und die Waggonfabrik Bautzen mit der Erprobung der VT 133 000 – 002 im Jahre 1932. Neben der DRG signalisierten auch private Bahnbetreiber Interesse.

Nach 1932/1933 und 1934 lieferte die Bautzener Waggonfabrik in den Jahren 1935 und 1936 bereits die dritte Serie von zweiachsigen, inzwischen bahnerprobten, Triebwagen aus. Als Fortentwicklung der ersten Baulose (VT 135 002 – 011 und VT 135 022 – 031) ist das Hauptmerkmal der Reihe VT 135 051 – 059 die gesteigerte Motorleistung und die verringerte Dienstmasse. Der 1936 gefertigte VT 135 060

TECHNISCHE DATEN

Baureihenbezeichnung	ab 1992	786 257
	1970-1991	186 257
	bis 1970	VT 135 054
Indienststellung		1935
Hersteller		Waggonfabrik Bautzen
Achsformel		A1
Spurweite	mm	1.435
Länge über Puffer	mm	12.200
Dienstmasse (bei 2/3 Vorräten)	t	15,4
Dieselkraftstoff	l	230
Dieselmotor Anzahl		1
Hersteller		VEB Elbewerk Roßlau
Leistung	kW	81
Drehzahl	U/min	1.700
Art der Kraftübertragung		mechanisch
Höchstgeschwindigkeit	km/h	75
Art der Zugheizeinrichtung		Luft-/Ölzusatzheizung
Anzahl der Sitzplätze (VT/VB)		45 (2. Kl.)

Auch die Einheiten der Reihe 772/972 werden jetzt im Raw Halle rekonstruiert.

6 VD 18/15-1 (ebenfalls mit 180 PS), und ein überarbeitetes Schaltgetriebe.
Auch Einheiten der Reihe 772/972 sind in das derzeit laufende Rekonstruktionsprogramm einbezogen.

Betriebseinsatz

Einheiten der BR 772/972 sind stationiert in den Bahnbetriebswerken Altenburg, Eisenach, Frankfurt (Oder), Güsten, Jerichow, Neuruppin, Neustrelitz, Seddin, Stralsund, Wittenberge und Wustermark. LVT des Bw Neuruppin fahren zwischen Neustadt (Dosse) und Pritzwalk (KBS 183) sowie teilweise weiter bis Güstrow (KBS 174) als Eilzüge! Im Jahresfahplan 1992/93 sind dies E 3982, E 3983, E 3993 und E 3997. Im Gespräch ist gegenwärtig der Einsatz von LVT auf der „Inselbahn" Usedom (Wolgaster Fähre – Zinnowitz/Seebad Ahlbeck – Zinnowitz – Peenemünde, KBS 193) im Stundentakt, möglicherweise bereits von Fahrplanwechsel im Mai 1993 an.

BEHEIMATUNGEN

Bw Altenburg, Güsten, Jerichow, Neuruppin, Seddin u.a.

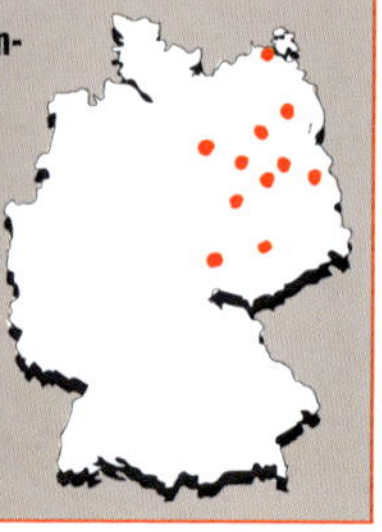

TECHNISCHE DATEN

Baureihenbezeichnung		ab 1992	772.0/972.6	772.1/972.7
		1970-1991	172.0/172.6	172.1/172.7
		bis 1970	VT 2.09.1/VS 2.07.1	VT 2.09.2/VS 2.08.2
Indienststellung (1. Jahr)			1964	1969
Umbau (1. Jahr)			1991	
Hersteller			VEB Waggonbau Bautzen	VEB Waggonbau Görlitz
Umbauer				Raw Halle (Saale)
Achsformel (VT/VB)			1A/2	1A/2
Spurweite		mm	1435	1435
Länge über Kupplung		mm	13.180	13.180
Dienstmasse VT		t	19,4	22,1
Dieselkraftstoff		l	300	300
Dieselmotor	Anzahl		1	1
	Hersteller		VEB Elbewerk Roßlau	VEB Elbewerk Roßlau
	Leistung	kW	132	132
	Drehzahl	U/min	1500	1500
Art der Kraftübertragung			mechanisch	mechanisch
Höchstgeschwindigkeit		km/h	90	90
Art der Zugheizeinrichtung			Frischluftheizung	Frischluftheizung
Anzahl der Sitzplätze (VT/VB)			54/45, alle 2. Klasse	54/45, alle 2. Klasse

REDAKTION: FRANK HEILMANN; AUFNAHMEN: HÖRSTEL, HEILMANN

zeichnete sich durch seine von 135 auf 180 PS erhöhte Leistung aus. Parallel dazu fertigte die Firma MAN weitere Verbrennungstriebwagen, die ebenfalls die Bezeichnung VT 135 erhielten. Die Entwicklung weiterer Bauarten schritt sehr schnell voran, der Stahl-Leichtbau und leistungsstärkere Motoren hielten Einzug. Die Triebwagen waren ernsthafte Konkurrenten für die jungen Einheitsdampflokomotiven geworden. 1936 entschied die DRG, mit einem neuen zweiachsigen Einheits-Nebenbahntriebwagen auf lange Sicht alle zuvor beschafften zweiachsigen Nebenbahn-Fahrzeuge – Prototypen und Vorserien – abzuschaffen. Der zweite Weltkrieg verhinderte dies, zahlreiche „alte" Fahrzeuge blieben Jahrzehnte, zum Teil auf Privatbahnen, im Betrieb.
Als einziger aus der dritten Serie verblieb der VT 135 054 nach dem Krieg auf dem Gebiet der sowjetischen Besatzungszone. Der 1935 in der Direktion Oppeln eingestellte Wagen gehörte bis dahin zum Bw Löbau.

Konstruktion

Der Wagenkasten und das Untergestell sind durchgehend geschweißt. An beiden Enden des Untergestells sind lange leichte Hülsenpuffer und eine leichte Schraubenkupplung ohne Sicherheitskupplung angebracht. Beide 900-mm-Leichtbauradsätze, abgestützt auf Blattfedern, laufen in Doppelrollenlagern. Weitgehend ist die Maschinenanlage von der ersten Serie übernommen; von Anfang an ist der Daimler-Benz-Motor OM 54 mit 125 mm Bohrung und 99 kW (135 PS) Konstruktionsleistung eingebaut. Geschaltet wird mit einem Viergang-Getriebe LRG 125 der TAG Berlin. Zwei auf dem Dach montierte Lamellenkühler der Deutschen Werke Kiel komplettierten die Maschinenanlage.
Der Wagenkasten ist an beiden Enden eingezogen; die schmalen Vorbauten sind als kombinierte Einstieg-/Führerräume ausgebildet. Der Führerstand 1 (über dem Treibradsatz) ist zu einem Gepäckraum erweitert. Dieser enthält zwei Notsitze, eine Klappbank und sechs Fahrradständer. Es schließen sich an der Fahrgastraum und neben dem 2. Führerstand der Trockenabort. Zu den weiteren Ausrüstungen gehören RZM-Sifa und die selbsttäige Hildebrand-Knorr-Personenzugbremse (Hikpt). Im Krieg waren zahlreiche Veränderungen vorgesehen (u.a. VT 135 054 mit Leuchtgasbetrieb), die jedoch nicht mehr zur Ausführung kamen. Bei der DR folgte der Tausch der Daimler-Benz-Motoren gegen einen Dieselmotor 6 KVD.

Betriebseinsatz

Der VT 135 054 lief zunächst beim Bw Berlin Anhalter Bahnhof im Dienstverkehr, ab 1953 gehörte er zum Bw Berlin-Rummelsburg. Nach Einsätzen im Personenverkehr in der Altmark folgte die Nutzung als Salontriebwagen der Rbd Magdeburg, Heimat-Bw Stendal. Nur selten wurde das Sonderfahrzeug für Kontrollfahrten eingesetzt. Vorübergehend gehörte es zum Bw Magdeburg und wurde als betriebsfähige Reserve geführt. Nach zahlreichen Fahrzeugausstellungen im Bezirk der Rbd Magdeburg ist der VT, seit 1.1.1992 als 685 254, in der ehemaligen Einsatzstelle Staßfurt des Bw Güsten für Sonderdienste hinterstellt.

BEHEIMATUNGEN

Bahnbetriebswerk Güsten

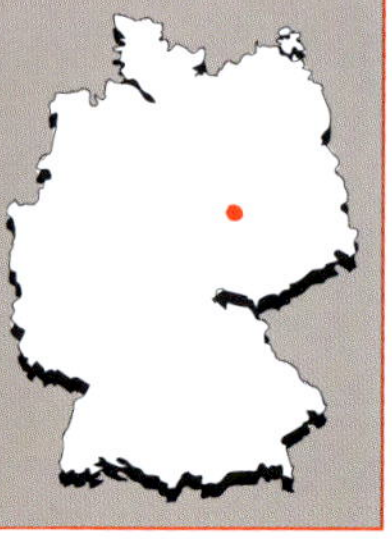

REDAKTION: MICHAEL REIMER; AUFNAHME: MEHNERT

Die unscheinbar anmutende Schmalspurlokomotive 399 703 ist ein Unikat im Bestand der Deutschen Reichsbahn. Sie hat eine bewegte Vergangenheit hinter sich. Gebaut war sie als Feldbahnlokomotive für die Wehrmacht. Aus deren Nachlaß gelangte die ebenso einfach wie robust konstruierte Maschine über viele Stationen zur Schmalspurbahn Putbus – Göhren auf der Insel Rügen. Dort wird sie von der Einsatzstelle Putbus noch immer für den Rangier- und Arbeitszugdienst vorgehalten.

399 703 (ex 199 001)

Mitte der dreißiger Jahre wurden für Transport- und Nachschubbahnen auf militärisch-feldmäßig verlegten Gleisen Schmalspurdiesellokomotiven unterschiedlicher Leistung entwickelt. Man ging dabei von den Erfahrungen aus dem Ersten Weltkrieg beim Feldbahneinsatz im frontnahen Raum aus. Unter den 1100 schmalspurigen Feldbahnlokomotiven waren etwa zwei von drei Motorlokomotiven. Im Unterschied zu Dampflokomotiven boten sie bessere Tarnungsmöglichkeiten der Transporte und schnellere Verfügbarkeit.
Als Köf 6001 und Köf 6003 wurden die zwei Diesellokomotiven bezeichnet, die die Deutsche Reichsbahn zu Beginn der fünfziger Jahre als Schadfahrzeuge aus früheren Wehrmachtsbeständen übernahm. Sie befanden sich 1945 wahrscheinlich im Fahrzeugdepot Mellensee des früheren Eisenbahnpionierparks Rehagen-Klausdorf, eines großräumig angelegten Übungsplatzes für Eisenbahnpioniere an der Strecke Berlin – Jüterbog. Die Fahrzeuge stammten aus einer Serie des Typs HF 130 C, die während des Krieges für die Spurweiten von 600 und 750 mm gebaut wurde und die durch Umpressen der Radscheiben auf beiden Spurweiten einsetzbar war. Zwischen 1937 und 1944 lieferten sechs Hersteller 341 solcher Maschinen. Allein von der Firma Gmeinder kamen 130 Stück.
Die DR setzte die beiden Diesellokomotiven zunächst auf Schmalspurbahnen der Rbd Berlin (z.B. in Nauen und im Netz Dahme) ein. Die Strecke Dahme – Jüterbog besaß einen Anschluß zu der schon erwähnten militärischen Bahn. 1964 kamen die Maschinen auf die Insel Rügen. Hier waren sie zum Rangierdienst auf den Bahnhöfen Bergen Rügen Ost und Altefähr eingesetzt.
Als vom 1. Januar 1970 an der Personenverkehr zwischen den Bahnhöfen Bergen, Rügen Ost und Wittower Fähre eingestellt worden war, bewältigten die Lokomotiven – unter den neuen Betriebsnummern 100 901 und 100 902 – noch einige Zeit den Güterverkehr bis zum Bahnhof Trent.
Anschließend dienten sie als Bauzuglokomotiven beim Abbau der Strecke, um dann in Bergen vor sich hin zu rosten. Als der Beschluß gefaßt wurde, die Strecke Putbus – Göhren unter Denkmalschutz zu stellen, gelangten sie nach Putbus, um in der Werkstatt der Lokeinsatzstelle wieder betriebsfähig hergerichtet zu werden. Ab 1975 beförderten sie, mittlerweile umgezeichnet in 199 001 und 002, unter der Regie der Bahnmeisterei Bergen Bauzüge für die Generalreparatur der Strecke. Wegen eines Getriebeschadens mußte die 199 002 in den achtziger Jahren abgestellt und verschrottet werden.

Konstruktion

Die Lokomotive wird angetrieben von einem KHD-Dieselmotor des Typs A 6 M 517. Sie ist mit einem zweistufigen Strömungsgetriebe ausgerüstet. Die Kraftübertragung erfolgt weiter über das Wendegetriebe, die Blindwelle und die Kuppelstangen auf drei Radsätze, die im Außenrahmen gelagert sind. Die Handspindelbreme wirkt jeweils einseitig auf den ersten und den dritten Radsatz.

Betriebseinsatz

Die Maschine ist in der Einsatzstelle Putbus des Bw Stralsund zu Hause. Die Aufgaben der 199 001 (seit 1992: 399 703) übernahm zwar inzwischen ein SKL tschechischer Produktion. Trotzdem blieb sie bis heute betriebsfähig für Gleisbau und Rangierarbeiten erhalten.

BEHEIMATUNGEN

Bahnbetriebswerk Stralsund, Einsatzstelle Putbus

TECHNISCHE DATEN

Bezeichnung	ab 1992	399 703
	1973-1991	199 001
	1970-1973	100 901
	vor 1970 Köf 6001	
Indienststellung		1955
Umbau		um 1950/1975
Hersteller		Gmeinder
Umbauer		Raw Dessau/ Bw Stralsund, Est Putbus
Achsformel		C
Spurweite	mm	750
Länge über Puffer	mm	5.356
Dienstmasse (bei 2/3 Vorräten)	t	16,5
Dieselkraftstoff	l	110
Dieselmotor Anzahl		1
Hersteller		KHD, Köln
Leistung	kW	96
Art der Kraftübertragung		hydraulisch
Höchstgeschwindigkeit	Pkm/h	20

REDAKTION: WULF KRENTZIEN; AUFNAHME: GUSSMANN

Ohrdruf
772 159-0
DB

Die umgespurten Kö der Harzbahnen werden vor allem im Rangierdienst in Wernigerode und Nordhausen verwendet.

Baureihe 199.0 der HSB

Als in den sechziger Jahren die meterspurige Spreewaldbahn ihren Betrieb einstellte, mußten die zahlreichen verbliebenen Gleisanschlüsse in und um Cottbus weiterbedient werden. Um diese Aufgabe rationell erledigen zu können, kaufte die DR 1970 vom VEB Spanplattenwerk Gotha zwei SchmalspurDiesellokomotiven des Typs V 10 C. Beide waren 1964 im VEB Lokomotivbau „Karl Marx" Babelsberg (LKM) gebaut worden. Bei der DR erhielten sie zunächst die Betriebsnummern 100 905 und 100 906. 1973 wurden sie in 199 005 und 199 006 umgezeichnet. Als Anfang 1983 der Schmalspurbetrieb in Cottbus eingestellt und die letzten 1000-mm-Gleisjoche abtransportiert waren, wurden die beiden Lokomotiven wurden zur

Die 199 301, als Erprobunsträger für einen Exportauftrag gebaut, blieb nach den Tests im Harz.

199 301 der HSB

Der Lokomotivbau zählte unbestritten zu den leistungsfähigsten Industriezweigen der DDR. Nicht selten bekam er recht große Bestellungen aus dem Ausland. So erhielt der VEB Lokomotivbau „KarlMarx" in Babelsberg (LKM) Mitte der sechziger Jahre von der Indonesischen Staatsbahn den Auftrag zur Lieferung von dreißig dieselhydraulischen Lokomotiven, die in der Hauptsache für den Rangierdienst vorgesehen waren.

Nachdem die Konstruktionsarbeiten abgeschlossen waren, baute man zunächst eine Musterlokomotive mit der werksinternen Bezeichnung V 30 C, die 1966 fertiggestellt wurde. Da diese Lokomotive eingehenden Erprobungen unterzogen werden sollte, mußte sie erst einmal für eine der in der DDR vorhandenen Spurweiten ausgerüstetet werden. Die Meterspur bot den Vorteil, daß man die Bedingungen Indonesiens auf einem recht großen und topographisch anspruchsvollen Sreckennetz nachvollziehen konnte. So begann 1966 ein umfangreiches Erprobungsprogramm auf der Harzquer und Brockenbahn, das sich auf Leistungs, Schwingungs, Spannungs und Geräuschmessungen sowie bremstechnische Untersuchungen erstreckte. Im Jahr darauf liefer-

Harzquerbahn umgesetzt. Vorübergehend als 399 112 und 399 113 umgezeichnet, gehören sie jetzt unter ihren alten Betriebsnummern zum Bestand der Harzer Schmalspurbahnen GmbH (HSB).
Diese besitzen auch drei 1985 bzw. 1990 umgespurte Kö: 199 010 – 012, vorübergehend als 399 114 – 116 bezeichnet.

Konstruktion

Die Lokomotiven 199 005 und 006 verfügen über ein Viergang-Rädergetriebe mit Kraftübertragung über Blindwelle und Kuppelstangen. 199 010 – 012 sind Kö der üblichen Bauart (siehe Beschreibung der Baureihe 310).

Betriebseinsatz

Die Maschinen sind inm Bw Wernigerode Westerntor beheimatet und werden im Rangier- und Arbeitszugdienst verwendet. 199 005 und 006 sind gegenwärtig in der Werkstatt Wernigerode abgestellt, ihr weiterer Einsatz erscheint fraglich.

Die 199 006 hat wohl keine Zukunft mehr.

TECHNISCHE DATEN

Bezeichnung			199 005, 199 006	199 010 – 012
	bis 1973			100 905, 100 906
Indienststellung (1. Jahr)			1964	1934
Umbau (1. jahr)			-	1984
Hersteller			VEB Lokomotivbau "Karl Marx", Babelsberg	Berliner Maschinenbau-AG
Umbauer				Raw Halle (Saale)
Achsformel			C	B
Spurweite		mm	1.000	1.000
Länge über Puffer		mm	5.400	6.450
Dienstmasse (bei 2/3 Vorräten)		t	16	16
Dieselkraftstoff		l	350	110
Dieselmotor	Anzahl		1	1
	Hersteller		VEB Dieselmotorenwerk Schönebeck	VEB Dieselmotorenwerk Schönebeck
	Leistung	kW	75	92
	Drehzahl	U/min	1.500	1.250
Art der Kraftübertragung			mechanisch	mechanisch
Höchstgeschwindigkeit		km/h	24	30
Anfahrzugkraft		kN	48	39,2

BEHEIMATUNGEN

Bahnbetriebswerk Wernigerode-Westerntor

REDAKTION: THOMAS GOTTSCHALL; AUFNAHMEN: GUSSMANN, SCHULZ

der LKM die komplette Serie an die Indonesische Staatsbahn.
Die als Musterlokomotive konzipierte und für 1000 mm gebaute V 30 C blieb in der DDR. Die DR kaufte sie 1969 dem Lokomotivbau Babelsberg ab und paßte sie den Erfordernissen der Harzquer und Brockenbahn an, wobei die wirtschaftliche Unterhaltung eine große Rolle spielte.

TECHNISCHE DATEN

Baureihenbezeichnung			199 301
	bis 1970		V 30 001 c
Indienststellung			1969
Hersteller			VEB Lokomotivbau "Karl Marx", Babelsberg
Achsformel			C
Spurweite		mm	1.000
Länge über Puffer		mm	8.200
Dienstmasse (bei 2/3 Vorräten)		t	30
Dieselkraftstoff		l	500
Dieselmotor	Anzahl		1
	Hersteller		VEB Elbwerk Roßlau
	Leistung	kW	243
	Drehzahl	U/min	1.500
Art der Kraftübertragung			hydraulisch
Höchstgeschwindigkeit		km/h	30
Anfahrzugkraft		kN	97

Von der Deutschen Reichsbahn erhielt die Lokomotive zunächst die Betriebsnummer 103 901, sie wurde aber 1973 bei der Neuvergabe der Betriebsnummern für Schmalspur-Diesellokomotiven in 199 301 umbenannt. 1993 ging sie mit allen anderen Betriebsmitteln der Harzquer-, Selketal- und Brockenbahn an die Harzer Schmalspurbahnen GmbH (HSB) über. Dort trägt sie nicht die im Umzeichnungsplan von 1991 vorgesehene Betriebsnummer 399 130, sondern – wie alle Harzbahnlokomotiven – wieder ihre alte Reichsbahn-Nummer, also 199 301.

BEHEIMATUNGEN

Konstruktion

Um den speziellen Einsatzbedingungen gerecht zu werden, wurden vom Autraggeber folgende Forderungen an den Erbauer gestellt:
- Einbau eines Dieselmotors dem Typenprogramm der westdeutschen Firma Maybach (MTU),
- hydraulische Kraftübertragung mit Voith-Strömungsgetriebe,
- Fortsetzung der Kraftübertragung auf die Radsätze vermittels Blindwelle und angebauten Treibstangen,
- Spurweite 1067 mm,
- Radsatzfahrmasse 10t,
- kleinster befahrbarer Bogenhalbmesser 50 m,
- Höchstgeschwindigkeit 30 km/h,
- tropengeschützte Ausführung des Fahrzeuges, sowie
- Außenabmessungen nach den Indonesischen Fahrzeugumgrenzungsmaßen.

Den Prämissen folgt – bis auf die Spurweite von 1000 mm und die Verwendung eines Dieselmotors aus dem VEB Elbewerk Roßlau – auch die Musterlokomotive.

Betriebseinsatz

Die Lokomotive ist seit 1970 im Bahnbetriebswerk Wernigerode Westerntor beheimatet. Sie wird von dort aus sowohl im Rangierdienst auf den Bahnhöfen Wernigerode und Nordhausen Nord als auch zur Beförderung von Arbeitszügen im gesamten Netz der Harzer Schmalspurbahnen eingesetzt.

REDAKTION: THOMAS GOTTSCHALL; AUFNAHME: HEILMANN

Vor der Neubau-Dampflokomotive 99 247 wirkt die Diesellokomotive geradezu gewaltig.

Baureihe 199.8 der HSB

Zwischen 1981 und 1983 baute die Deutsche Reichsbahn den 14 Kilometer langen Streckenabschnitt Stiege – Straßberg (Harz) wieder auf. Diese Verbindung zwischen Harzquerbahn und Selketalbahn sorgte für das deutliche Anwachsen des Güterverkehrsaufkommens im meterspurigen Harzbahnnetz. Zur selben Zeit häuften sich die Schäden an den Altbau-Dampflokomotiven. Darum entschloß sich die DR, die Zugförderung weitgehend zu „verdieseln“. Zunächst erwog die Hauptverwaltung der Maschinenwirtschaft, Neubau-

TECHNISCHE DATEN

Baureihenbezeichnung		199.8
Indienststellung (1. Jahr)		1976
Umbau (1. Jahr)		1988
Hersteller		VEB Lokomotivbau Elektrotechnische Werke „Hans Beimler“ Hennigsdorf
Umbauer		Raw Stendal
Achsformel		C'C'
Spurweite	mm	1.000
Länge über Puffer	mm	13.560
Dienstmasse (bei 2/3 Vorräten)	t	60
Dieselkraftstoff	l	2.600
Dieselmotor Anzahl		1
Hersteller		Kühlautomat Berlin-Johannisthal
Leistung	kW	883
Drehzahl	U/min	1.500
Art der Kraftübertragung		hydraulisch
Höchstgeschw.	km/h	50
Anfahrzugkraft	kN	ca. 220
Dauerzugkraft	kN	ca. 130
Art der Zugheizeinrichtung		Dampf

AUFNAHME: D. ENDISCH

lokomotiven beim LEW Hennigsdorf oder bei einem ausländischen Hersteller in Auftrag zu geben. Nach längeren Verhandlungen fiel dann aber Mitte der achtziger Jahre eine andere Entscheidung. 30 Lokomotiven der Baureihe 110 sollten umgespurt werden. Deren für Schmalspur-Verhältnisse gewaltig erscheinender Querschnitt bereitete dabei keine Probleme: Das Lichtraumprofil der Harzbahnen ermöglichte ja auch den Transport regelspuriger Güterwagen auf Rollböcken oder Rollwagen.

Das Raw Stendal baute in den Jahren 1988 und 1990 insgesamt zehn 110er um. Dann stoppte die Reichsbahn-Hauptverwaltung den Auftrag, weil der Güterverkehr im Harz dramatisch zurückging und die Attraktivität des Personenverkehrs unter den Dieselloks litt.

Für die BR 199.8 wurden zehn der jüngsten 110er (Baujahre 1976 bis 1978) verwendet. Die Maschinen wechselten mit dem Umbau zwar die Reihe, behielten aber ihre Ordnungsnummern 861, 863, 870, 871, 872, 874, 877, 879, 891 und 892.

BEHEIMATUNGEN

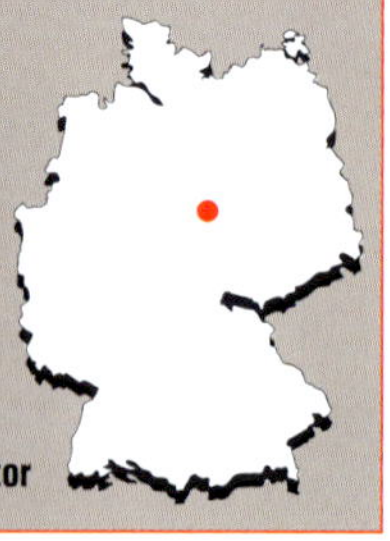

Konstruktion

Vom grundsätzlichen Aufbau her gleichen die 199.8 ihren Spenderlokomotiven (siehe Beschreibung der Baureihe 201).

Weil die Achslast auf 10 Tonnen beschränkt ist, erhielten die Schmalspurlokomotiven allerdings dreiachsige Drehgestelle. Aus Platzgründen mußten neue, besonders kleine Achsgetriebe entwickelt werden. Jedes Achlager ist mit zwei Schraubenfedern gegenüber dem Drehgestellrahmen abgefedert.

Die bei den Harzbahnen üblichen Zug- und Stoßvorrichtungen – ein gefederter Mittelpuffer, daneben in Fahrtrichtung rechts der Zughaken und in Fahrtrichtung links die Schrauben-Kupplungskette – sind am vorderen Querträger eines jeden Drehgestells angebracht. Sie wie bei den Regelspurlokomotiven am Hauptrahmen zu befestigen war wegen dessen Höhe gegenüber den Pufferbohlen der anderen Schmalspurfahrzeuge unmöglich.

In die Lokomotiven sind 883-kW-Motoren eingebaut worden, wie sie bei der Reihe 202 verwendet werden.

Die Lokomotiven sind 4.355 mm über Schienenoberkante hoch und 3.140 mm breit.

Betriebseinsatz

Mit der Privatisierung der Harzquer-, Brocken- und Selketalbahn gingen die zehn Maschinen am 1. Februar 1993 an die Harzer Schmalpurbahnen GmbH (HSB) über. Gemäß Umzeichnungsplan der DR trugen sie seit dem 1. Januar 1992 die neuen Betriebsnummern 299 110 bis 119. Sie fuhren jedoch weiter mit den alten Anschriften als 199.8. Sie behalten diese alte Baureihenbezeichnung auch bei den HSB.

Der Großteil der Lokomotiven ist gegenwärtig im Bahnbetriebswerk Wernigerode Westerntor betriebsfähig abgestellt. Mittlerweile kam nämlich der Güterverkehr auf den Harzbahnen fast völlig zum Erliegen. Für den Personenzugdienst sind die 199.8 zwar bestens geeignet, doch die Touristen, die den Großteil der Fahrgäste ausmachen, erwarten Dampflokomotiven vor den Zügen. Und weil die HSB ihr Publikum nicht ohne Not enttäuschen möchten, fahren die Diesellokomotiven nur dann, wenn es wirklich nicht anders geht.

REDAKTION: CH, AUFNAHME: GUSSMANN

AUFNAHME: D. ENDISCH

Als Universallokomotive für den leichten Hauptbahndienst sowie für Nebenbahnen konstruiert: die Baureihe V 100. Die 211 (V 100.1) entstand ab 1961

Baureihen 211-214 (ex V 100)

Im Typenprogramm für die Beschaffung von Dieseltriebfahrzeugen der Deutschen Bundesbahn, das Mitte der fünfziger Jahre aufgestellt wurde, war auch eine 650 PS-Lokomotive für den leichten Reise- und Güterzugdienst mit einer maximalen Achslast von 15 – 16 t vorgesehen. Diese geplante V 65.2 war sowohl für den leichten Dienst auf Hauptbahnen als auch den gemischten Dienst auf Nebenbahnen als Ersatz für die Dampflokomotiven der Reihen 64 und 86 gedacht. Für diese Lokomotive sollten die gleichen Bedingungen gelten wie auch für die anderen Neuentwicklungen nach dem Kriege: hydraulische Kraftübertragung, Antrieb über Gelenkwellen und teilweise Vereinheitlichung der Bauteile. Seit 1952 standen der DB die zehn Lokomotiven V 80 001 bis 010 (seit 1968: 280 001 – 010) zur Verfügung, die zwar den genannten Anforderungen entsprachen, aber hier standen anfängliche Probleme mit den Gelenkwellen und vor allem eine zu aufwendige und damit kostspielige Konstruktion einem Weiterbau entgegen. Bei den fünfzehn von der Lokomotivfabrik Maschinenbau Kiel (MaK) im Jahre 1956 erworbenen Lokomotiven vom Typ V 65, V 65 001 bis 015 (seit 1968: 265 001 – 015), welcher besonders für Privatbahnen entwickelt worden war und dort eine größere Verbreitung fand, sprach vor allem die inzwischen vom Betriebsdienst als zu gering angesehene Motorleistung von 650 PS und die Höchstgeschwindigkeit von nur 80 km/h gegen eine Weiterbeschaffung durch die DB. Somit wurde die MaK beauftragt, in Zusammenarbeit mit dem Bundesbahn-Zentralamt in München eine robuste und kostengünstige Lokomo-

TECHNISCHE DATEN

Baureihenbezeichnung	ab 1968	211	212	213	214
	bis 1968	V 100.10	V 100.20	V 100.20	V 100.20
Indienststellung (1. Jahr)		1958/1961	1959/1962	1965	-
Umbau (1. Jahr)		-	-	-	1988
Hersteller		MaK, Jung, KHD, KM, ME, Henschel, Krupp	MaK, Jung, KHD Henschel	MaK	-
Umbauer		-	-	-	MaK
Achsformel		B'B'	B'B'	B'B'	B'B'
Länge über Puffer	mm	12.100	12.100/12.300[2]	12.300	12.300
Dienstmasse (bei 2/3 Vorräten)	t	62	63	63	63
Dieselkraftstoff	l	2.270	2.270	2.270	2.270
Dieselmotor(en) Anzahl		1	1	1	1
Hersteller		MTU	MTU	MTU	MTU
Leistung	kW	809/990	990	990	990
Drehzahl	U/min	1.500	1.500	1.500	1.500
Art der Kraftübertragung		hydraulisch	hydraulisch	hydraulisch	hydraulisch
Höchstgeschwindigkeit					
Langsamgang	km/h	65	65	65	65
Schnellgang	km/h	100	100	100	100
Anfahrzugkraft	kN	176	176,4	186,2	176,4
Dauerzugkraft	kN	125,4	141,1	141,1	141,1
Art der Zugheizeinrichtung		Dampf	Dampf	Dampf	Dampf

Das Bw Hof setzt seine 211 – wie bereits 1969, Bild mit 211 186 – großflächig im Norden Bayerns ein

tive mit der nunmehrigen Baureihenbezeichnung V 100 zu entwickeln. Ende 1958/Anfang 1959 konnten schließlich die sechs Vorauslokomotiven V 100 001 bis 006 der Deutschen Bundesbahn übergeben werden. Sie besaßen die gleichen 1100 PS-„Einheits-Dieselmotoren", welche von MAN, Maybach und Daimler-Benz gebaut wurden, wie die bereits im Betriebsdienst stehenden zweimotorigen V 200.0 (spätere 220) und die TEE-Triebwagen VT 11.5 (601). Die V 100 006 erhielt im Jahre 1960 versuchsweise einen Daimler-Benz-Motor mit einer Leistung von 1350 PS. Die Fahrzeuge wurden von der Lok-Versuchsanstalt München eingehenden Erprobungen unterzogen, bevor sie dem Bw Münster übergeben wurden. Die 1350 PS-Lokomotive V 100 006 wurde beim Bw Nürnberg Hbf beheimatet.

Es zeigte sich, daß mit dieser Lokomotive auch die Ablösung der noch aus Länderbahnzeiten stammenden Dampflokomotiven der Reihen 38.10 und 57.10 möglich wurde. Eine weitere Lokomotive, ebenfalls mit einer Motorleistung von 1100 PS und als V 100 000 bezeichnet, baute MaK auf eigene Rechnung, sie diente Werkserprobungen und Vorführfahrten und wurde schließlich im Oktober 1959 von der DB angekauft und als V 100 007 eingereiht. Die Betriebserfahrungen und Probezerlegungen zeigten, daß nur wenige kleine Änderungen an der Konstruktion der Fahrzeuge nötig waren, so daß zum Jahreswechsel 1959/60 eine Bestellung von 36 Vorauslokomotiven mit 1100 PS Motorleistung erfolgen konnte. Etwa zeitgleich wurden die Erprobungslokomotiven V 100 001 – 005 und 007 in V 100 1001 – 1005 und 1007 (ab 1968: 211 001 – 005, 007) umgezeichnet, die stärkere V 100 006 wurde zur V 100 2001 (ab 1968: 212 001). Die Nummerngruppe ab V 100 001 wurde für die geplante schwere Rangierlokomotive auf der Basis der V 100, ohne Zugheizeinrichtung und mit Ballastgewichten zur

BEHEIMATUNGEN

Betriebswerke Braunschweig, Darmstadt, Freiburg, Gießen, Göttingen, Hagen, Hof, Kaiserslautern, Karlsruhe, Kempten, Köln 2, Kornwestheim, Lübeck, Mühldorf, Osnabrück, Saarbrücken, Siegen, Ulm, Würzburg

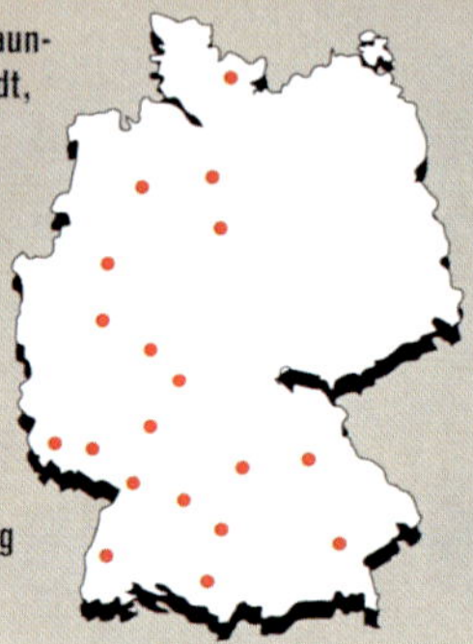

Erhöhung der Achslast, vorgesehen. Die Planungen wurden jedoch zugunsten der V 90 bald wieder aufgegeben. Als erste Prototyplokomotive wurde die 211 007 am 21. März 1981 nach einem Unfall ausgemustert und anschließend verschrottet. Die anderen 211-Prototypen folgten am 1. Januar 1984 (211 001) und am 28. Juni 1985 (211 002 – 005), alle waren zuletzt in Osnabrück beheimatet und wurden nach Italien verkauft. Nur die ehemalige V 100 006 ist als 212 001 noch heute beim Bw Darmstadt im Einsatz.

Die Vorauslokomotiven V 100 1008 – 1043 wurden von den Lokfirmen MaK und Jung gebaut und zwischen Januar 1961 und April 1962 von der DB abgenommen. Die ersten Heimatbetriebswerke waren Bamberg, Bielefeld, Jünkerath, Köln-Nippes, Marburg, Passau, Rosenheim und Schwandorf. Jedoch noch vor deren Auslieferung hatte die DB bereits weitere 322 Lokomotiven der 1100 PS-Reihe V 100.10 sowie zwanzig Vorauslokomotiven der 1350 PS-Reihe V 100.20 bei der Lokomotivindustrie geordert. Die Lokomotiven V 100 1044 – 1365 konnten zwischen Oktober 1961 (V 100 1224) und Mai 1963 (V 100 1113) durch die Bundesbahn abgenommen werden. Von Januar (V 100 2002 – 2004) bis August 1962 (V 100 2021) erfolgte die bahnseitige Abnahme der Vorauslokomotiven der Reihe V 100.20. Während die schwächere Variante der V 100 auf das gesamte Gebiet der Bundesbahn verteilt war, wurden die starken Lokomotiven zunächst nur bei den norddeutschen Betriebswerken Bielefeld, Delmenhorst, Münster und Oldenburg Hbf beheimatet. Schließlich wurde eine weitere Serie von 210 Lokomotiven V 100 2022 bis 2231 bestellt, welche die Bundesbahn zwischen April 1963 (V 100 2024) und August 1964 (V 100 2106) abnehmen konnte. Diese Lokomotiven wurden wie die V 100.10 im gesamten Bereich der Deutschen Bundesbahn verteilt und lösten zahlreiche Verschiebungen bei den Einsätzen der V 100.10 aus. Die letzte Serienlieferung von V 100 erfolgte dann zwischen Dezember 1964 (V 100 2235) und August 1966 (V 100 2231) mit den Lokomotiven V 100 2232 bis 2381. In dieser Serie enthalten waren zehn Steilstreckenlokomoti-

Mit 990 kW für viele Nahverkehrszüge deutlich übermotorisiert: 211 277 in Rippberg (KBS 709)

AUFNAHMEN: STUMPF, RAMSENTHALER, SCHULZ

ven V 100 2332 – 2341. Diese Fahrzeuge wurden für die Ablösung des Dampfbetriebes auf den Steilstrecken von Passau nach Wegscheid, einer ehemaligen Zahnradbahn, sowie von Baiersbronn nach Freudenstadt im Verlauf der Murgtalbahn mit Steigungen von bis zu 50‰ beschafft. Um den Vorschriften für den Steilstreckenbetrieb,welche ein zweites, unabhängiges Bremssystem verlangen, zu genügen und auch zur Schonung der Radsätze bei Talfahrten erhielten diese Lokomotiven eine zusätzliche hydrodynamische Bremse. Entgegen den Planungen kamen alle zehn Loks zum Bw Karlsruhe, wo sie zum Beginn des Sommerfahrplanes 1966 die bis dahin auf der Murgtalbahn eingesetzten Dampflokomotiven der Baureihen 82 und 94 ablösen konnten. Nachdem sie zwischenzeitlich lange vom Bw Gießen aus im Steilstreckendienst tätig waren, sind die 213 heute alle beim Bw Köln beheimatet.

Mit der Eröffnung der ersten Neubaustrecke der Deutschen Bundesbahn am 27. Mai 1988 von Fulda nach Würzburg mit ihren zahlreichen langen Tunnelabschnitten wurde zwei erste sogenannte „Tunnelhilfszüge" in Betrieb genommen. Diese bestehen jeweils aus je einer Lokomotive an jedem Zugende, zwei Transportwagen, einem Gerätewagen, einem Löschwasserwagen und einem Sanitätswagen. Als Triebfahrzeuge wählte man solche der Baureihe 212, die dem Verwendungszweck entsprechend umgerüstet wurden. Um eine ständige Betriebsbereitschaft zu gewährleisten, besitzen die Lokomotiven ein Warmhaltegerät für das Speisewasser. Äußerlich fallen besonders eine Anzahl von Scheinwerfern und eine gelbe Rundumleuchte am kurzen, dem Zug abgewandten Vorbau ins Auge. Dort ist auch eine Fernsehkamera installiert, die es dem Lokführer bei starker Rauchentwicklung ermöglicht, von einem in den gasdichten Transportwagen eingebauten Führerstand aus die Lokomotive zu bedienen. Die Umbauten wurden von der Firma MaK ausgeführt, bis heute sind dreizehn Lok der Baureihe 212 für die inzwischen sechs Tunnelhilfszüge umgebaut und, unter Beibehaltung ihrer alten Betriebsnummer, zur Baureihe 214 umgezeichnet worden: 214 033, 046, 235, 236, 244 – 246, 251, 257, 260, 271, 277 und 352.

Mit der Umstellung der Loknummern auf ein EDV-gerechtes System wurde aus der bisherigen Baureihe V 100.10 die neue Baureihe 211, aus den V 100.20 wurden die 212, und die zehn Steilstreckenlokomotiven erhielten die neue Baureihenbezeichnung 213 zugewiesen, wobei alle Lokomotiven ihre alten Ordnungsnummern, auf die letzten drei Stellen gekürzt, behielten.

Während von der Baureihe 212 bis heute nur vier Lokomotiven, meist nach Unfällen, ausgemustert wurden, ist der Einsatzbestand der Baureihe 211 inzwischen um mehr als die Hälfte auf 147 Fahrzeuge zurückgegangen. Bis auf wenige Ausnahmen konnten sie alle, meist über Lokhändler, verkauft werden. Viele ehemalige 211 sind in Italien und Frankreich bei Gleisbaufirmen eingesetzt, zum Beispiel beim Kanaltunnelbau. Auch deutsche Privatbahnen, wie die „Nordfriesischen Verkehrsbetriebe AG" und die „Eisenbahnen und Verkehrsbetriebe Elbe Weser GmbH"

Nicht viele wurden bisher umlackiert: 212 264

Die stärkere V 100-Variante in blau/beige; 370 Exemplare der 212 stehen bis heute im DB-Dienst

sowie ausländische Staatsbahnen sind Abnehmer der 211. So konnten bereits 1982 fünfzehn 211 zunächst an die türkische Staatsbahn TCDD vermietet, zum 1. August 1985 dann, nachdem 211 339 ausgebrannt war und verschrottet werden mußte, noch 14 verkauft werden. Weitere bisher 24 Lokomotiven kauften die Österreichischen Bundesbahnen ÖBB; sie erhielten neue Motoren von Caterpillar und werden als Reihe 2048 im Osten des Landes eingesetzt.

Bei ihrer Ablieferung waren alle Lokomotiven der Baureihen 211, 212 und 213 im DB-üblichen Rot lackiert. Mit dem 1974 eingeführten Farbschema begann die Lackierung der Fahrzeuge in ozeanblau-beige. Erste V 100 im neuen Himbeerrot mit grauer Kontrastfläche war nach ihrer Hauptausbesserung am 18. Februar 1987 die 212 176 des Betriebswerks Karlsruhe. Seither werden alle anstehenden Lokomotiven so gespritzt. Während bei den Baureihen 211 und 212 zur Zeit noch Lokomotiven in allen drei Farbvarianten im Einsatz stehen, gibt es bei den 213 keine Lokomotive im ursprünglichen Rot mehr. Alle 214 sind inzwischen himbeerrot im Einsatz.

Insgesamt wurden innerhalb von nur etwa fünf Jahren 702 Serienlokomotiven der Baureihe V 100 beschafft, zuzüglich der sieben Erprobungsloks und der 36 VorserienmaschinenV 100.10. Die Bestaände: BR 211 – 322 Stück, BR 212 – 370 Stück, BR 213 – 10 Stück.

Konstruktion

Der Fahrzeugteil der Lokomotiven setzt sich aus dem Lokrahmen, den beiden Vorbauten, dem Führerhaus und den zwei Drehgestellen zusammen. Zwei durch Querträger verbundene Doppel-T-Längsträger bilden den Lokrahmen. Die beiden zweiachsigen Drehgestelle sind mittels je eines sogenannten „Turmes" und zweier Rohrstutzen mit dem Lokrahmen verbunden und über Schraubenfedern abgefedert. Die Drehgestellrahmen selbst sind aus Längs- und Querrohren zusammengeschweißt.

Elastisch auf dem Lokrahmen gelagert sind der Fahrdieselmotor, der Hilfsdieselmotor und die Kühlanlage, wogegen das Hydraulikgetriebe und der Heizkessel nicht elastisch gelagert sind. Im längeren vorderen Vorbau befinden sich der Fahrdieselmotor, die Kühlanlage und dazwischen der Hilfsdiesel. Der kurze hintere Vorbau beherbergt den Heizkessel, den Speisewasserbehälter, die Anlaßlichtmaschine und den Luftpresser. Unter dem Führerhaus findet man das Getriebe und die Kraftstoffbehälter. Über Türen und Klappen und eine haubenförmige Schiebetür über dem Fahrdieselmotor, sind die Einrichtungen in den aus Profilstahl mit Stahlblechen verschweißten Aufbauten von außen bequem zugänglich. Auf Gummileisten befestigt, befindet sich das Führerhaus etwa in Fahrzeugmitte. Darin sind zwei diagonal gegenüberliegend angeordnete Führertische eingebaut.

Aus der Baureihe 212 wurde eine Steilstreckenvariante weiterentwickelt, die über eine zusätzliche hydrodynamische Bremse verfügt: Baureihe 213

Mit den ursprünglichen Motoren von MAN und Maybach ist keine 211 mehr im Bestand der DB. Inzwischen haben sie alle neue Motoren erhalten.
In insgesamt 52 Lokomotiven ist der Motor MTU MB 12 V 493 TZ eingebaut, er besitzt 12 Zylinder und eine Leistung von 809 kW (1100 PS). Durch den stärkeren Motor MTU MB 12 V 652 TZ werden 93 Fahrzeuge der Reihe 211 und alle Lokomotiven der Reihen 212, 213 und 214 angetrieben. Auch hier handelt es sich um einen 12 Zylinder-Motor, allerdings mit einer Leistung von 990 kW (1350 PS). Über eine elastische Kupplung und eine Gelenkwelle wird die Motorleistung auf das hydraulische Getriebe der Firma Voith übertragen, welches mittels eines Stufengetriebes die Wahlmöglichkeit zwischen einem Schnell- und einem Langsamgang bietet. Über Gelenkwellen gelangt schließlich die Antriebskraft zu den Radsatzgetrieben der vier Achsen. Der Versorgung der Lichtmaschine für den Heizkessel während des Vorwärmens der Maschinenanlage und der Versorgung des elektrischen Luftpressers dient bei den Baureihen 211, 212 und 214 ein Hilfsdieselmotor mit der Leistung von 16 kW (22 PS).
An Bremseinrichtungen sind vorhanden eine durchgehende, schnellwirkende, mehrlösige Druckluftbremse mit Zusatzbremse und eine Handbremse, die auf die Räder des hinteren Drehgestelles wirkt. Speziell für den Einsatz auf Steilstrecken besitzen die Lokomotiven der Reihe 213 eine hydrodynamische Bremse, welche imstande ist, allein in einem Gefälle von 50 ‰ einen Zug von 120 t bei einer Beharrungsgeschwindigkeit von von 40 km/h zu halten. Durch die größere Bauweise des erforderlichen Getriebes mußte bei den 213 der Hilfsdieselmotor entfallen, dafür besitzen sie ein Ladegerät zum Laden der Batterie von außen.
Die Lokomotiven der vier Baureihen haben Sicherheitsfahrschaltung, induktive Zugbeeinflussung und Zugbahnfunk. Mit einer Vielfachsteuerung für Doppeltraktion und Wendezugbetrieb ausgerüstet sind die Lokomotiven 211 009 – 063 (außer der 211 017), 212 001, 022 – 106, 222, 232 – 331, 342 – 378, 380 und 381 sowie alle 213 und 214.

Betriebseinsatz

Die Lokomotiven der Baureihe 211 werden noch im gemischten Dienst vorwiegend auf den Nebenbahnen rund um die Bahnbetriebswerke Braunschweig, Darmstadt, Gießen, Hagen, Hof, Osnabrück, Ulm und Würzburg eingesetzt.
In den selben Diensten kommen auch die 212 zum Einsatz. Die Lokomotiven verteilen sich auf die Bahnbetriebswerke Braunschweig, Darmstadt (hier ist auch der letzte Prototyp 212 001 beheimatet), Freiburg, Gießen, Göttingen, Hagen, Kaiserslautern, Karlsruhe, Kempten, Köln, Kornwestheim, Lübeck, Mönchengladbach, Mühldorf, Saarbrücken, Siegen und Würzburg.
Auf den Strecken der nördlichen Eifel und des Westerwaldes sind die 213 des Bw Köln zu Hause. Besonders interessant ist hierbei der Steilstreckenbetrieb zwischen Boppard und Emmelshausen.
Die 214 sind bei den Bahnbetriebswerken Braunschweig, Karlsruhe, Kornwestheim und Würzburg beheimatet und zusammen mit den Tunnelhilfszügen an den Endpunkten der zu betreuenden Neubaustreckenabschnitte bereitgestellt. In Ausnahmefällen können sie bei Lokmangel auch in den Plänen der 212 zum Einsatz gelangen.

Die vierte V 100: Für den Tunnel-Hilfszug auf der NBS umgerüstete ex-212 der neuen Baureihe 214

REDAKTION: AXEL ENDERLEIN; AUFNAHMEN: STUMPF, BÜGEL, SLG. GN, HAJT

Parade der Baureihe 218 mit vier der fünf existenten Farbgebungen: in orange/kieselgrau (CityBahn), rot/beige, türkis/beige sowie in altem DB-Rot

Baureihen 215–218 und 753

Für den mittleren Leistungsbereich, zwischen den leichten 1100 PS-Strecken-Dieselloks der Reihe V 100 (211) und den großen 2200 PS-Lokomotiven der Reihe V 200 (220), war im vorläufigen Typenprogramm für Diesellokomotiven, das die DB zu Beginn der fünfziger Jahre aufstellte, auch eine einmotorige mittelschwere Type mit einer Leistung von 1600 PS vorgesehen. Diese Lok sollte in der Lage sein, Dampflokomotiven in der Größenklasse der Reihen 03, 23, 38 und 50 zu ersetzen. Erste Entwürfe zeigen eine aus der V 80 (280) abgeleitete, gegenüber dieser jedoch gestreckte, Lokomotive mit Mittelführerstand und abgerundeten, breiten Vorbauten. Ein dieselhydraulischer Antrieb stand für diese Lokomotiven nach den bisherigen guten Erfahrungen mit den V 80 und V 200 von vorherein fest.

Als erster Prototyp dieser neuen Reihe wurde am 6. August 1960 die Lokomotive V 160 001, die spätere 216 001 von Krupp in Essen an die DB ausgeliefert. Sie war das Ergebnis eines gemeinsamen Entwurfes des Bundesbahn-Zentralamtes (BZA) in München und der Firma Krupp. Bis 1962 folgten noch die baugleichen Lok V 160 002 – 009 mit ihrer typischen abgerundeten Front, welche ihnen den Spitznamen „Lollo" einbrachten. Die 1963 abgelieferte V 160 010 erhielt als erste die heute bekannte, aus der sechsachsigen Henschel-Versuchslok V 320 001 abgeleitete, eckige Front, jedoch erinnerten hier der Rahmen und die Kraftstoffbehälter noch an die übrigen Prototypen. Zu umfangreichen Erprobungen wurden die Lokomotiven V 160 001 – 009 beim Bahnbetriebswerk Hamburg-Altona beheimatet, von wo aus sie vorwiegend in Richtung Lübeck im gemischten Zugdienst eingesetzt wurden. V 160 010 kam nach ihrer Anlieferung zum Bw Lübeck, wohin ihr auch die übrigen Prototypen folgten. Am 6. Juni 1978 wurden als erste die 216 007 und 009, am 3. April 1984 als letzte die heutige betriebsfähige Museumslok 216 003 ausgemustert. Die Lokomotiven wurden an Privatbahnen sowie nach Italien verkauft, wo sie teilweise heute noch im Einsatz stehen.

TECHNISCHE DATEN

Baureihenbezeichnung	ab 1968	215	216	217 003	217 011-022	218.0	218.1	218.9	753
	bis 1968	-	V 160	V 162 003	-	V 164			
Indienststellung (1. Jahr)		1968	1964	1965	1968	1968	1971	1970	1965
Umbau (1. Jahr)		-	-	-	-	-		1979	1974
Hersteller		Krupp, KM,		Henschel,	Krupp	Krupp	Krupp	KM, MaK,	Krupp
Krupp									
		Henschel,	Krupp, KM				Krupp,		
		MaK	MaK, KHD				Henschel		
Umbauer		-	-	-	-	-	-	DB	DB
Achsformel		B'B'	B'B'	B'B'	B'B'	B'B'	B'B'	B'B'	B'B'
Länge über Puffer	mm	16.400	16.000	16.400	16.400	16.400	16.400	16.400	16.400
Dienstmasse (bei 2/3 Vorräten)	t	79,0	76,0	81,5	79,5	76,7	78,5	78,7	79
Dieselkraftstoff	l	2.700	2.700	2.780	3.150	3.150	3.150	3.320	3.150
Dieselmotor(en) Anzahl		1	1	1 + 1	1 + 1	1	1	1	1 + 1
Hersteller		MTU	MTU	MTU/MAN	MTU/MAN	MTU	MTU, KHD	MTU	MTU, MAN
Leistung	kW	1.397/1.840[2]		1.397	1.397/370	1.397/370	1.840	1.840/2061	1.840
1.397/370									
Drehzahl	U/min	1.500	1.500	1.500	1.500	1.500	1.500	1.500	1.500
Art der Kraftübertragung		hydr.	hydr.	hydr.	hydr.	hydr.	hydr.	hydr.	hydr.
Höchstgeschwindigkeit									
Langsamgang	km/h	80/90[1]	80	80	80	80	90	90	90
Streckengang	km/h	130/140[1]	120	120	130	130	140	140	140
Anfahrzugkraft	kN	235,2	235,2	235,2	235,2	235,2	235,2	235,2	235,2
Dauerzugkraft	kN	166,6	166,6	166,6	166,6	166,6	166,6	166,6	166,6
Art der Zugheizeinrichtung		Dampf/elektr[3]	Dampf	elektr.	ohne	elektr.	elektr.	elektr.	elektr.

[1] 215 001-004: 80/130 km/h [2] 215 001-010, 071-093 [3] 215 030-032 elektrisch

Bis auf wenige Ausnahmen heizen die Lokomotiven der Baureihe 215 ihre Züge noch mit Dampf

Im Sommer 1964 begann die Serienlieferung von 214 Lokomotiven V 160 011 – 224, (seit 1968: 216 011 – 224), die bis 1968 andauerte. Da bei diesen Lokomotiven die Zugheizung nur mit Dampf möglich ist, sich die internationale Entwicklung aber zu einer elektrischen Zugheizung hinbewegte, wurden bereits im Jahre 1965 drei Prototypen der Reihe V 162, später 217, in Dienst gestellt, die über einen 500 PS-Dieselmotor zur Versorgung der elektrischen Zugheizung verfügen. Durch diesen zusätzlichen Motor mußten die Lokomotiven um 400 mm länger ausgeführt werden. Während bei den Lok V 162 001 und 002 der Generator der Zugheizung über ein Zwischengetriebe angetrieben wurde, war dieser bei der V 162 003 direkt an den Hilfsdiesel gekuppelt. Die V 162 003 erhielt bereits ab Werk eine hydrodynamische Bremse. Im Jahre 1968 erfolgte noch der Bau von 12 Vorserienlokomotiven 217 011 bis 022, ein Serienbau folgte aber wegen der geringen Motor- und Getriebeleistung von 1900 PS nicht, da inzwischen stärkere Antriebe zur Verfügung standen, welche den Hilfsdieselmotor überflüssig machten. Diese neuentwickelten 2500 PS-Motore wurden in die 1968 abgelieferten 12 Vorserienlokomotiven V 164 001 – 012, spätere 218 001 – 012 eingebaut, welche wie die 217 eine Länge von 16.400 mm und ebenso nur die Einrichtung für eine elektrische Zugheizung haben. Ebenfalls 1968 kamen zehn Vorserienlok 215 001 – 010, inzwischen schon mit der neuen EDV-gerechten Loknummer, zur Auslieferung. Sie dienten als Erprobungsträger für die neuen, stärkeren Motoren, wiesen aber wieder nur die Einrichtung für eine Zugbeheizung mit Dampf auf. Von 1969 bis 1971 wurden 140 Serienlokomotiven 215 011 – 150 geliefert, jedoch wieder mit dem schwächeren 1900 PS-Dieselmotor. 215 030 – 032 wurden inzwischen für elektrische Zugheizung umgerüstet.

Von 1971 bis 1979 wurden schließlich 398 Serienlokomotiven 218 101 – 398 und 400 – 499 gebaut. Sie stellen eine Zusammenfassung der geeignetsten Entwicklungen ihrer Vorgängerreihen dar. Mit der Indienststellung der 218 499 beim Bw Lübeck endete bislang am 21. Juni 1979 die Beschaffung von Diesellokomotiven durch die DB. Die Lokomotive 218 399 entstand im Jahr 1979 aus Teilen der unfallbeschädigten 215 112. 218 001 fällt durch ihre geänderten Lüfteröffnungen und Dachaufbauten auf, die Versuchen zur Verminderung der Geräuschentwicklung und Abgasemission dienen.

Um bei den im Jahre 1964 ausschließlich zur Verfügung stehenden 1900 PS-Dieselmotoren die zusätzliche Leistung für den Generator der elektrischen Zugheizung abdecken zu können, entschloß man sich, auf der Basis der V 160, eine Lokomotive mit einer zusätzlichen Gasturbine zu entwickeln. Dieser Prototyp V 169 001, später 219 001, erhielt eine Hubschrauber-Turbine von General Motors, welche der Lokomotive eine Leistungsreserve von 900 PS bescherte, die hauptsächlich bei schweren Anfahrten und am Berg genutzt werden konnte. Die Lokomotive wurde beim Bw Kempten erprobt. Ein Serienbau erfolgte jedoch nicht, und der Einzelgänger wurde am 26. Januar 1978 beim Bw Gelsenkirchen-Bismarck ausgemustert.

Die Erfahrungen aus der 219 flossen in die Entwicklung der neuen Gasturbinen-Lokomotiven der Reihe 210, die jedoch aus der stärkeren 218 entwickelt wurden. Die in den Jahren 1970/71 von Krupp gebauten 210 001 – 008 erhielten eine Zweiwellen-Gasturbine der Bauart AVCO Lycoming T53-L-13, welche von Klöckner-Humboldt-Deutz in Lizenz hergestellt wurde, mit einer Nennleistung von 880 kW (1150 PS). Mit insgesamt 2720 kW (3650 PS) waren die 210 nun die stärksten und mit ihrer Höchstgeschwindigkeit von 160 km/h, auch die schnellsten Diesellokomotiven der DB. Sie wurden vom Bw Kempten aus im schweren Reisezugdienst zwischen München und Lindau erprobt. Um 50% höhere Unterhaltungskosten gegenüber der Baureihe 218 und schließlich ein Brand der Gasturbine der 210 008 am 31. Dezember 1978 im Bahnhof Fürstenfeldbruck veranlaßten die Abschaltung und, zwischen 1979 und 1981, den Ausbau der Turbinen und die Eingliederung der Lokomotiven in die Baureihe 218 als 218 901 – 908.

Die seit dem Nachbau der hydrodynamischen Bremse und dem Ausbau der Zugheizanlage im Jahre 1974 in erster Linie für Versuchsfahrten als Bremslokomotiven den BZA Minden und München zur Verfügung stehenden Vorserienlokomotiven 217 001

BEHEIMATUNGEN

Betriebswerke Braunschweig, Flensburg, Gießen, Hagen, Haltingen, Kaiserslautern, Karlsruhe, Kassel, Kempten, Köln 2, Lübeck, Mühldorf, Oberhausen, Osnabrück, Regensburg, Ulm

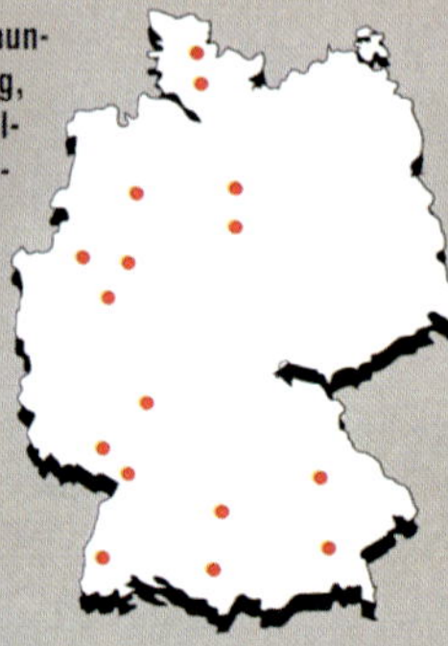

Die Kleinsten in der Familie: die Loks der Reihe 216 sind kürzer und leichter als ihre Schwestern

AUFNAHMEN: ERNST, PILLMANN, SCHULZ

und 002 wurden am 28. April 1989 in 753 001 und 002 umgezeichnet und damit den Bahndienstfahrzeugen zugeordnet.
Die ursprüngliche Lackierung unserer Diesellokomotiven erfolgte nach dem Farbschema der DB in Rot. Anfang 1974 kam jedoch mit den beiden von Krupp gelieferten 218 217 und 218 Bewegung in dieses Schema. 218 217 erhielt einen Versuchsanstrich in rot-beige, der sich jedoch nicht durchsetzte, aber diese Lokomotive bis heute schmückt und zum begehrtesten Fotomotiv des Bw Regensburg macht. Die 218 218 kam als erste Lokomotive der Deutschen Bundesbahn mit dem in der Folgezeit weit verbreiteten Anstrich in ozeanblau-beige zur Anlieferung. Die nach diesen beiden Lokomotiven gelieferten 218 219 – 314, 340 – 352 und 361 – 375 erhielten ab Werk noch den alten, roten Anstrich, während alle übrigen Lokomotiven der Reihe 218 nach dem neuen Farbschema lackiert wurden. Alle Lokomotiven der übrigen Reihen 210, 215, 216, 217 und 219 waren in rot geliefert worden und erhielten ab 1975 im Rahmen von Ausbesserungen den neuen Anstrich in ozeanblau-beige. Trotzdem sind bis heute noch einige Fahrzeuge im ursprünglichen roten Lack im Einsatz. Im Rahmen des Projekts „City-Bahn" auf der Strecke Köln – Gummersbach erhielt die 218 137 des Bw Hagen 1 im Jahr 1984 einen neuen, zum Wagenzug passenden Anstrich in kieselgrau-orange, den dann auch die 218 134, 135, 140, 142 – 146 und 148 bekamen. Auch heute noch tragen diese zehn Lokomotiven zur Farbenvielfalt bei der DB bei, wobei die Baureihe 218 mit ihren mittlerweile fünf Farbvarianten die Spitzenposition innehat. Erste Lokomotive der V 160-Familie im derzeit aktuellen Anstrich, himbeerrot mit hellgrauer Kontrastfläche („Lätzchen"), war die Haltinger 218 286, deren Lätzchen noch mittelgraue Streifen besaß, die dann aber doch nicht ins Lackierungsschema übernommen wurden und auch bei 218 286 inzwischen entfernt worden sind. Seit 1987 werden alle zur Neulackierung vorgesehenen 215 bis 218 nach dem neuen Farbschema gespritzt.

Die Baureihe 217 verfügt über einen zusätzlichen 500-PS-Dieselmotor zur Versorgung der elektrischen Zugheizung, was zu einer Verlängerung des Lokomotivkastens um 400 mm führte. 2500 statt 1900 PS wies dann die Nachfolgebaureihe 218 auf, die sich bei der Beschaffung durchsetzte

Konstruktion

Der Untergestellrahmen, die Aufbauten und die zwei zweiachsigen Drehgestellrahmen bilden den Fahrzeugteil der Lokomotiven. Zusammen mit den Kastenaufbauten bildet der aus Stahlblechen geschweißte Untergestellrahmen eine tragende Einheit. Die Lokomotiven sind für den Einbau einer automatischen Kupplung vorbereitet. In Rahmenausschnitten sind der Motor und das Getriebe elastisch gelagert. Geschweißte Blechträgerkonstruktionen bilden die Drehgestellrahmen. Über einen tiefliegenden Querträger werden die Zug- und Bremskräfte auf die Drehzapfen des Lokomotivrahmens übertragen.
Mittig an den Seiten des Drehgestellrahmens befinden sich die Auflagerstützpunkte für die seitlichen Federungselemente und die Anschlußpunkte für die Achslenkerlagerung. Über je vier Schraubenfedern wird der Untergestellrahmen auf den Drehgestellen abgestützt. Ab 218 299 erhielten die Drehgestelle eine neuartige Kastenabstützung mittels Flexicoil-Federn, welche eine gleitstücklose Drehbewegung der Drehgestelle gegenüber dem Lokkasten ermöglichen.
Die Aufbauten sind eine Schweißkonstruktion in Schalenbauweise aus Blechen und Profilstählen und mit dem Untergestellrahmen verschweißt. Durch Zwischenwände sind die Aufbauten unterteilt. Zwischen den beiden schallisolierten Endführerständen, welche bei der Reihe 216 durch einen, bei den übrigen Baureihen durch zwei Seitengänge miteinander verbunden sind, befinden sich in, je nach Baureihe unterschied-

217 001 und 002 wurden in ihrer Eigenschaft als Bremslokomotiven der BZA München und Minden in Bahndienstfahrzeuge umgruppiert; sie erhielten die neuen Baureihennummern 753 001 und 002

Einige Farbvarianten der 218: Sonderling 218 217 in rot/beige, 218 278 in Neurot, CityBahn-218

lich abgetrennten Einzelräumen, der Fahrdieselmotor, das Flüssigkeitsgetriebe, die Kühlanlage, der Heizkessel Bauart Vapor-Heating mit einer Dampfleistung von 840 kg/h mit Heizwasserbehälter (nur bei 215/216), der Hilfs-Dieselmotor (nur bei 215 - 217) und der Generator für die elektrische Zugheizung (nur bei 217/218), sowie die übrigen Aggregate.
Äußerlich unterscheiden sich die Lokomotiven durch die unterschiedliche Länge der Reihe 216 (16.000 mm) gegenüber den übrigen Baureihen (16.400 mm) sowie die unterschiedliche Aufteilung der Maschinenraumfenster und -lüfteröffnungen.
Innerhalb der V 160-Familie kommen fünf verschiedene Dieselmotoren zu Einsatz:
- MD 16 V 538 TB von MTU mit 16 Zylindern und einer Leistung von 1397 kW (1900 PS) in einem Teil der Reihe 216.
- MB 16 V 652 TB von MTU mit 16 Zylindern und einer Leistung von 1397 kW (1900 PS) in den Lokomotiven 215 011 – 070, 094 – 111, 113 – 150, einem Teil der 216 und bei allen 217/753
- MA 12 V 956 TB 10 von MTU mit 12 Zylindern und einer Leistung von 1840 kW (2500 PS) in 215 001 – 010 und 071 – 093 sowie 218 001 – 012, 101 – 196, 242 – 288 und 901 – 908 (ex 210).
- MA 12 V 956 TB 11 von MTU mit 12 Zylindern und einer Leistung von 2061 kW (2800 PS) in 218 198 – 241, 289 – 322, 340 – 426, 435 – 455 und 463 – 484.
- 16 PA 4 V 200 von Pielstick, Frankreich, von KHD in Lizenz gebaut, mit 16 Zylindern und 2061 kW (2800 PS) in 218 197, 323 – 339, 427 – 434, 456 – 462 und 485 – 499 (alle Bw Lübeck).

Über ein hydraulisches Getriebe, welches die Möglichkeit bietet, je nach Einsatz zwischen einem Schnell- und einem Langsamgang zu wählen, wird die Motorleistung mittels Gelenkwellen zu den Radsatzgetrieben der einzelnen vier Achsen übertragen. Bei der Reihe 218 wird die Energie für die Zugheizung dem Fahrdieselmotor entnommen, was besonders im Winter bei längeren Reisezügen eine Doppeltraktion erforderlich macht. Die Lok der Reihe 217 haben einen Hilfsdieselmotor vom Typ MAN D 3650 HM 3U mit 331 kW, wie er auch als Antriebsmotor in den Triebwagen der Baureihen 614, 624 und 634 verwendet wird. Er dient primär der Versorgung des Heizgenerators, seine Leistung kann aber auch zur Beförderung des Zuges genutzt werden. Die Baureihen 215 und 216 besitzen zum Anlassen der Lokomotive und zur Aufrechterhaltung des Bordstromnetzes im Störungsfall einen kleinen Hilfsdieselmotor mit einer Leistung von 16 kW. Der Generator für die elektrische Zugheizung der Baureihe 217 hat eine Heizleistung von 310 kW, derjenige der Reihe 218 eine Heizleistung von 400 kW.
Die Lokomotiven sind mit einer durchgehenden, schnellwirkenden, mehrlösigen Druckluftbremse der Bauart Knorr, einer Zusatzbremse und pro Drehgestell einer Handbremse ausgestattet. Alle Loks der Reihen 217, 218 und 753 sowie die 215 005 – 150 sind zusätzlich mit einer hydrodynamischen Bremse versehen. Eine Vielfachsteuerung für Doppeltraktion und Wendezugbetrieb besitzen alle 215, ein Teil der 216, die 217 (außer 217 003) und alle 218. Ebenfalls vorhanden sind Sicherheitsfahrschaltung, induktive Zugbeeinflussung und Zugbahnfunk.

Betriebseinsatz

Die Lokomotiven der V 160-Familie sind im Reise- und Güterzugdienst auf fast allen nicht elektrifizierten Strecken der DB anzutreffen.
Die Lok der Baureihe 215 bedienen die Strecken von den Bw Köln, Mönchengladbach, Oberhausen, Trier und Ulm aus.
In den Einzugsbereichen der Bw Braunschweig, Gießen, Kassel, Oberhausen, Oldenburg und Osnabrück sind die Lokomotiven der Baureihe 216 unterwegs.
Zusammen mit den hier eingesetzten Serien-218 kommen die innerhalb der Baureihenfamilie interessantesten Lokomotiven, die Reihen 217, 218 (Vorserie) und 753 vom Bw Regensburg aus im gesamten nord- und ostbayerischen Raum sowie in Richtung Baden-Württemberg zum Einsatz. Wenn die 753 nicht von den BZA benötigt werden, sind sie ebenfalls hier im Güterzugdienst anzutreffen.
Die Serienlokomotiven der Baureihe 218 sind auf den Strecken um die Bw Braunschweig, Flensburg, Hagen, Haltingen, Kaiserslautern, Karlsruhe, Kempten, Lübeck, Mühldorf und Regensburg eingesetzt. Die 218 901 – 908 (ex 210) sind beim Bw Braunschweig beheimatet.

REDAKTION: AXEL ENDERLEIN; AUFNAHMEN: SLG. HENSCHEL, ENDERLEIN, M. WEHMEYER, EISENSCHINK, SCHULZ, LINDENBLATT

Die von Krupp-Mak gebaute und an die Bundesbahn lediglich vermietete Prototyp-Baureihe 240 (DE 2400) baut auf dieselelektrische Kraftübertragung

Baureihe 240 (Krupp-MaK DE 1024)

Im Gegensatz zu Bahnverwaltungen im Ausland, wo die elektrische Kraftübertragung mittels Generator und Elektromotoren für Diesellokomotiven fast überall gebräuchlich ist, hat die Deutsche Bundesbahn ihre Groß-Diesellokomotiven ausschließlich mit hydraulischer Kraftübertragung in Dienst gestellt. Lediglich im Versuchsbetrieb mit von der Lokindustrie angemieteten, von dieser auf eigene Rechnung gebauten, Lokomotiven kam auch die elektrische Kraftübertragung bei der DB zum Einsatz. Genannt seien die wohl bekanntesten Vertreter, die Lokomotiven des Typs DE 2500 von Henschel und Brown, Boveri & Cie (BBC, heute ABB Henschel), die als 202 002 – 004 von 1971 bis 1985 vom Bw Mannheim aus eingehend von der DB erprobt wurden. Doch trotz der guten Bewährung kam keine Bestellung seitens der DB zustande, wogegen sich einige ausländische Bahnverwaltungen zum Kauf derartiger Lokomotiven entschieden.

Fast genau zehn Jahre nach der Anlieferung der letzten Strecken-Diesellokomotive

TECHNISCHE DATEN

Baureihenbezeichnung		240
Indienststellung (1. Jahr)		1989
Hersteller		Krupp-MaK
Achsformel		Co'Co'
Länge über Puffer	mm	20.960
Dienstmasse (bei 2/3 Vorräten)	t	117
Dieselkraftstoff	l	5.000
Dieselmotor(en) Anzahl		1
Hersteller		MaK
Leistung	kW	2.650
Drehzahl	U/min	1.000
Art der Kraftübertragung		elektrisch
Höchstgeschwindigkeit	km/h	160
Anfahrzugkraft	kN	400
Art der Zugheizeinrichtung		elektrisch

Drei Maschinen umfaßt die Reihe „DE 2400"; sie werden von Hamburg aus im Norden eingesetzt

218 499 an die DB am 21. Juni 1979 stellte die Kieler Lokomotivfabrik Krupp-MaK am 2. Oktober 1989 eine völlig neuartige sechsachsige dieselelektrische Lokomotive mit der Bezeichnung DE 1024 der Öffentlichkeit vor. Mit finanzieller Unterstützung durch das Land Schleswig-Holstein und der Europäischen Gemeinschaft wurden in eigener Regie drei Lokomotiven gebaut, welche von der DB angemietet wurden und beim Bw Hamburg 4 beheimatet sind. Sie sind als Mehrzwecklokomotiven sowohl für den schweren Reisezug- als auch Güterzugdienst geeignet. Die bahnamtlichen Abnahmen der als Baureihe 240 bezeichneten Loks erfolgten für die 240 001 am 11. Januar 1990, 240 002 am 20. April 1990 und 240 003 am 2. Februar 1990. Alle drei Fahrzeuge erhielten anläßlich feierlicher Loktaufen die Namen „Kiel" (240 001), „Westerland" (240 002) und „Lübeck" (240 003). Zahlreiche Meßfahrten fanden nicht nur allerorts bei der DB statt, sondern auch bei der Deutschen Reichsbahn und in Norwegen. Zuletzt durfte die 240 003 zwischen dem 18. Januar und dem 6. Februar 1993 ihre Leistung vor den schweren „Krupp-Zügen" zwischen Bochum und Duisburg zeigen, wobei sie in einer Steigung von 11 ‰ in der Lage war, einen Zug mit 3080 Tonnen Last anzufahren.

Der Einsatz der Lokomotiven im Planbetrieb des Bw Hamburg 4 machte vor allem anfangs durch zahlreiche Ausfälle von sich reden. Nach einem Maschinenraumbrand vor dem IC 827 im Bahnhof St. Michaelisdonn am 12. November 1992 kam die 240 002 zur Aufarbeitung zum Hersteller MaK, wo sie, nachdem die Norwegischen Staatsbahnen eine Serie DE 1024 bestellt haben, auch dementsprechend modifiziert wurde. Bei der DB besteht angesichts der Fusion der beiden deutschen Eisenbahnen zur „Deutschen Bahn AG" und den vorhandenen Reichsbahn-Diesellokomotiven der Reihen 219/229 und 232/234 kein Interesse an einem Kauf.

BEHEIMATUNGEN

Konstruktion

Der Fahrzeugteil der Lokomotive setzt sich aus dem Lokrahmen, den Aufbauten, den beiden Endführerständen und den beiden Drehgestellen zusammen. Die dreiachsigen Drehgestelle sind asymmetrisch und haben eine gleitstücklose Abstützung gegenüber dem Lokrahmen und Flexicoil-Federung. Zur besseren Zugänglichkeit der Aggregate sind die als Module konzipierten vier Aufbauten über dem Maschinenraum einzeln abnehmbar. Die Führerstände sind geräuschmindernd elastisch gelagert, sie besitzen Führertische nach der aktuellen DB-Norm.

Als Antriebsmotor wird ein mittelschnell laufender Zwölf-Zylinder-Motor des Typs MaK 12 M 282 verwandt, dessen Achtzylinder-Variante sich bereits in den Rangierlokomotiven der Reihe 291 bewährt hat. Er hat eine Leistung von 2650 kW (3600 PS). Direkt gekoppelt ist der Hauptgenerator, der die Motorleistung in elektrische Energie mit einer erstmals verwendeten maximalen Spannung von 2800 V in einen Gleichstrom-Zwischenkreis einspeist. Mit Hilfe von „Gate-Turn-Off-Thyristoren" (GTO-Thyristoren) wird der Strom umgeformt und den auch bei den 120 und 401 verwandten Drehstrom-Asynchronmotoren zugeführt. Die elektrische Ausrüstung und die Lok- und Antriebssteuerung stammen von ABB. Außer dem hydrostatisch betriebenen Kühlerlüfter werden alle Hilfsmaschinen elektrisch angetrieben.

Neben der herkömmlichen Druckluft-Bremsanlage verfügt die MaK-DE 1024 auch über eine elektrische Bremse, deren beim Bremsen freiwerdende Energie wieder in die Zugstromversorgung einfließen kann.

Betriebseinsatz

Die drei Lokomotiven sind beim Bw Hamburg 4 (Wilhelmsburg), Außenstelle Altona, beheimatet und kommen, sofern sie nicht für Probe- oder Vorführfahrten gebraucht werden, in einem zweitägigen Umlaufplan zum Einsatz. Dabei erreichen sie, vor allem im hochwertigen Reisezugdienst, von Hamburg aus ihre Wendebahnhöfe Kiel, Lübeck und Westerland.

REDAKTION: AXEL ENDERLEIN; AUFNAHMEN: SCHULZ, VATTEROTH, NIEDT, WERNING

Zwischen den Baureihen 290 und 291 bestehen lediglich hinsichtlich der Motorisierung geringfügige Unterschiede. 290 391 hat eine-MTU-Maschine

Baureihen 290/291

Da die neuen Rangierdiesellokomotiven der Baureihe V60 für den schweren Rangierbetrieb nur sehr beschränkt tauglich sind, standen der Deutschen Bundesbahn hierfür zu Beginn der sechziger Jahre in der Hauptsache nur die Dampflokomotiven der Baureihen 50, 55, 57, 82 und 94 zur Verfügung. Der Rangierbetrieb mit Dampflokomotiven war jedoch recht unwirtschaftlich, neben dem relativ hohen Energieaufwand waren die Personalkosten durch die zweimännig besetzten Lokomotiven beträchtlich. Deshalb war auch hier die Forderung nach einer Traktionsumstellung und der Schaffung schwerer Rangier-Diesellokomotiven nur verständlich.

Ende der fünfziger Jahre wurde die leichte Mehrzweck-Diesellokomotive Baureihe V 100 entwickelt, aus welcher durch Änderung der Getriebeübersetzung eine Rangierlok mit der Baureihenbezeichnung V 100.0 entstehen sollte. Jedoch ließ die Konstruktion der V 100 keine Erhöhung der Achslast von 16,8 auf 20 Tonnen zu, so daß sich das Bundesbahn-Zentralamt in München genötigt sah, zusammen mit dem Lokomotivhersteller Maschinenbau Kiel (MaK) eine komplett neue Lokomotive zu entwickeln. Als Vorgabe blieb jedoch, möglichst viele Bauteile der V 100 in die Neukonstruktion mit einzubeziehen. Auch die weiteren Grundfaktoren standen von vornherein fest: Drehgestellbauart, hydraulische Kraftübertragung, durchgehender Getriebewellenstrang, die Verwendung des bereits in der Bauereihe V 100.20 bewährten Dieselmotors sowie ein Mittelführerhaus.

In den Jahren 1964/65 konnte die MaK bereits die ersten 20 Vorserienlokomotiven ausliefern. Sie wurden bei sechs verschiedenen Bahnbetriebswerken stationiert und dort eingehenden Erprobungen unterzogen. Aus den leicht unterschiedlichen Ausführungen der Drehgestelle, des Kühlkreislaufes und anderer Baugruppen wählte man schließlich das jeweils Optimale, so daß, nachdem die Erprobungen sehr erfolgreich verliefen, bereits 1966 mit der Serienlieferung durch die MaK sowie die Firma Klöckner-Humboldt-Deutz begonnen werden konnte. Bis zum Jahre 1974 wurden schließlich insgesamt 387 Serienlokomotiven V 90, ab der Betriebsnummer 071 mit der neuen EDV-gerechten Betriebsnummer 290, geliefert. Sie unterscheiden sich auch äußerlich nur unwesentlich von den Vorserienlokomotiven. Eine weitere Lokomotive erhielt die Bundeswehr, sie trägt die Betriebsnummer 290 999 und wird vom Bw Köln 2 betreut.

TECHNISCHE DATEN

Baureihenbezeichnung	ab 1968	290	291
	bis 1968	V 90	V 90.9
Indienststellung (1. Jahr)		1964	1965[1]/1973
Hersteller		MaK, KHD, Henschel, Jung	MaK
Achsformel		B'B'	B'B'
Länge über Puffer	mm	14.320	14.320
Dienstmasse (bei 2/3 Vorräten)	t	78,8	78,8
Dieselkraftstoff	l	3.650	3.500
Dieselmotor(en) Anzahl		1	1
Hersteller		MTU	MaK
Leistung	kW	809	809
Drehzahl	U/min	1.400	927
Art der Kraftübertragung		hydraulisch	hydraulisch
Höchstgeschwindigkeit			
Rangiergang	km/h	40	40
Streckengang	km/h	80	80
Anfahrzugkraft	kN	231,5	235,2

[1] Prototypen

Ein großer Teil der Lokomotiven wurde in den 70ern und 80ern ozeanblau-beige lackiert oder umgespritzt

Im Jahre 1965 baute die Firma MaK auf eigene Rechnung drei Lokomotiven mit der Bezeichnung V 90P, welche mit dem hauseigenen langsamlaufenden Dieselmotor MaK 8 M 282 A(K) ausgerüstet wurden, ansonsten aber weitestgehend den Serienlokomotiven der Reihe V 90 entsprachen. Dieser Motor hatte sich bereits als Schiffsantrieb und in stationären Anlagen bewährt. Trotz seiner etwas größeren und schwereren Ausführung standen seinem Einbau in die V 90 keine Hindernisse entgegen. Die von der DB angemieteten und als V 90 901 – 903 bezeichneten Lokomotiven wurden dem Bw Delmenhorst zur Erprobung übergeben. Zwei Lokomotiven waren für ein halbes Jahr zur Erprobung auch in Schweden eingesetzt, wo sie sich auch bei extremer Kälte ausgezechnet bewährten. Wegen des günstigeren Angebotes für eine im Jahr 1973 erfolgte Nachbestellung weiterer insgesamt 100 schwerer Rangierlokomotiven erhielt die Firma Mak den Auftrag zum Bau dieser Fahrzeuge nach dem Muster der V 90 P mit dem inzwischen überarbeiteten Motor MaK 8 M 282 AKB. Auch die drei Vorserienlokomotiven erhielten nachträglich diesen Motor, sie wurden zu Beginn der siebziger Jahre von der DB angekauft und im 1968 eingeführten neuen Nummernsystem als 291 901 – 903 geführt. Die zwischen 1974 und 1978 gelieferten Serienlokomotiven erhielten die Betriebsnummern 291 001 – 100.

Bei der Anlieferung waren alle 290, die 291 901 – 903 und 291 001 – 020 im für DB-Diesellok üblichen Rot lackiert, die ab 1974 gelieferten 291 021 – 100 erhielten bereits den damals neuen Anstrich in ozeanblau-beige, den im Zuge von Neulackierungen auch ältere Lokomotiven bekamen. Seit 1987 werden die 290/291 nach dem derzeit aktuellen Farbschema, himbeerrot mit grauer Kontrastfläche, lackiert, so daß die Lokomotiven derzeit in drei verschiedenen Farbvarianten im Einsatz stehen.

BEHEIMATUNGEN

Betriebswerke Bremen, Dortmund, Hamburg 4, Hamm, Hannover, Kassel, Köln 2, Kornwestheim, Mannheim, Nürnberg 2, Oberhausen, Saarbrücken, Ulm u.v.a.

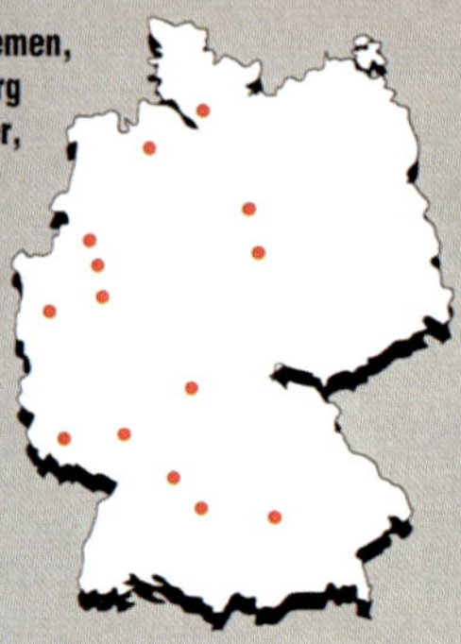

Konstruktion

Der Fahrzeugteil der 290/291 besteht aus dem Lokomotivrahmen, den beiden Vorbauten, dem Führerhaus und den beiden Drehgestellen. Zwei durch Querbleche und Doppel-T-Träger kastenförmig miteinander verbundene Doppel-T-Längsträger mit dem darauf aufgeschweißten Rahmendeckblech mit den Ausschnitten für den Dieselmotor und das Getriebe bilden den Lokomotivrahmen. Da kein Zwang zum Gewichtsparen bestand, konnte er robust und kostengünstig ausgeführt werden. Im Bereich des vorderen Aufbaus sind Ballastgewichte zur Erhöhung des Reibungsgewichtes der Lokomotive angeschraubt. Die Lokomotiven besitzen Verschleißpufferbohlen und sind für den Einbau der automatischen Kupplung vorbereitet. Als einzige Lok besitzt die 290 023 des Bw Oberhausen tatsächlich diese Einrichtung. Durch Drehtürme werden die Zug- und Bremskräfte zu und von den beiden zweiachsigen Drehgestellen übertragen. Diese sind in geschweißter Kastenform ausgebildet. Mittels Gummischubfedern und Schraubenfedern wird der Lokrahmen auf den Drehgestellen abgestützt. Die beiden Vorbauten aus Profilstahl mit aufgeschweißten Blechen sind angeschraubt. Im vorderen, längeren Vorbau befinden sich der Dieselmotor, die Auspuffanlage, die Vorwärmanlage, die Maschinenraumlüfter und die Kühlanlage. Der kürzere hintere Vorbau beherbergt den Luftpresser, die Luftbehälter,die Batterie, die Lichtmaschine und den Schaltschrank der elektrischen Ausrüstung. Über dem Dieselmotor befinden sich beidseitig Schiebetüren, und über weitere Türen und Klappen sind alle Aggregate in den Vorbauten von außen zugänglich. Unter dem Führerhaus befinden sich das hydraulische Getriebe und die beiden Kraftstoffbehälter mit 3650 Litern Fassungsvermögen. Das schallisolierte Führerhaus ist aus Profilstahl und Blechen geschweißt und auf Gummileisten gelagert. Klappen in seinem Fußboden machen das Getriebe zugänglich. An der vorderen Wand mittig befindet sich der Führertisch, welcher beidseitig von rechts und links bedient werden kann.

Die Lokomotiven der Baureihe 290 besitzen den bereits in der 212 bewährten Motor MTU MB 12 V 652 TZ 10 mit 12 Zylindern, der hier auf eine Leistung von 809 kW (1100 PS) eingestellt ist. Auf die selbe Leistung ist der in die 291 eingebaute Motor Mak 8 M282 AKB gedrosselt, er besitzt acht Zylinder. Über das hydraulische Getriebe von Voith, welches die Wahlmöglichkeit zwischen einem Schnell- und einem Langsamgang bietet, wird die Antriebsleistung über Gelenkwellen zu den Radsatzgetrieben der vier Achsen geleitet. Die Lokomotiven besitzen eine durchgehende einlösige Druckluftbremse mit Zusatzbremse und eine Handbremse, die auf die Räder des hinteren Drehgestelles wirkt. Sicherheitsfahrschaltung, induktive Zugsicherung und Zugbahnfunk sind bei allen Fahrzeugen vorhanden. Eine Funkfernsteuerung besitzen acht Lokomotiven der Reihe 290 und vier der Reihe 291, die an automatisierten Ablaufbergen eingesetzt sind. Ihrem Verwendungszweck entsprechend besitzen die 290/291 keinerlei Einrichtungen für eine Zugbeheizung.

Betriebseinsatz

Die 20 Vorserienlokomotiven 290 001 – 020 verteilen sich auf die Bahnbetriebswerke Karlsruhe, Kornwestheim, Mannheim, Saarbrücken und Ulm. Insgesamt 27 Bw der Deutschen Bundesbahn besitzen Serienlokomotiven 290, das Bw Köln 2 betreut die Bundeswehrlok 290 999, welche auch im DB-Dienst verwendet wird. Die Vorserienlokomotiven 291 901 – 903 werden vom Bw Bremen aus eingesetzt, die Serienlokomotiven findet man bei den Bw Bremen, Bremerhaven, Emden, Hamburg 4 und, als südlichstem Einsatzort, Osnabrück. Ihrem Einsatzzweck entsprechend sind die Lokomotiven fast überall im schweren Rangierdienst, besonders natürlich auf den großen Rangierbahnhöfen, eingesetzt. Auch im Übergabedienst auf der freien Strecke, wobei sie vielerorts für den Personenverkehr bereits stillgelegte Strecken befahren, sind die Fahrzeuge regelmäßig anzutreffen.

REDAKTION: AXEL ENDERLEIN; FOTOS: SCHULZ, HAJT

Eine Reihe der Kleinlokomotiven erhielt in den letzten Jahren abgeschlossene, beheizbare Führerstände. Der ebenerdige Einstieg ist recht bequem

Baureihen 323 und 324

Ende der zwanziger Jahre bekam die Deutsche Reichsbahn im Nahgüterverkehr zunehmend Konkurrenz durch Lastkraftwagen. Diese konnten die Kunden wesentlich schneller bedienen, als es der Reichsbahn mit Güterzügen möglich war, deren Zugloks auf allen Unterwegsbahnhöfen auch den Rangierdienst miterledigten und so äußerst lange Fahrzeiten hatten. So reifte der Gedanke, auch kleinere Bahnhöfe mit einer eigenen, billigen und einfach zu bedienenden Rangierlok auszustatten, wie es sich in den Niederlanden bereits bewährt hatte. Damit dies auch zum gewünschten Erfolg führen konnte, mußte dies flächendeckend für das ganze Reichsbahngebiet erfolgen.

In der Folge stellte die deutsche Lokomotivindustrie eine Vielzahl verschiedenartiger, als Kleinlokomotiven bezeichnete Fahrzeuge, mit verschiedenen Antriebsarten und Motorleistungen von 23 und 60 PS vor. Aufgrund der mit diesen Fahrzeugen gemachten Erfahrungen stellte die Reichsbahn ein Typenprogramm für Kleinlokomotiven auf. Lokomotiven mit einer Motorleistung bis 39 PS sollten die künftige Leistungsklasse I bilden, solche mit einer Leistung von 40 bis 149 PS die Leistungklasse II. Vorgeschrieben waren einmännige Bedienbarkeit, tiefliegender Führerstand, die Hauptabmessungen und eine einfache Unterhaltung. Als Antriebsmotoren konnten Diesel- und Vergasermotoren benutzt werden, auch die Art der Kraftübertragung blieb den Herstellern überlassen. Mit diesen Vorgaben wurden weitere Fahrzeuge gebaut, deren Führerhaus schon den späteren Serienlokomotiven entsprach, deren Vorbauten aber in verschiedenen Ausführungen gestaltet waren. Eine 1932 gegründete Arbeitsgemeinschaft unter dem Vorsitz der Reichsbahn wertete die mit den Probefahrzeugen gemachten Erfahrungen aus, so daß ab 1933 der Serienbau von Kleinlokomotiven der Leistungsgruppe II beginnen konnte. Alle Fahrzeuge entsprachen vom Fahrzeugteil her dem heute noch bekannten Aussehen, unterschieden sich jedoch in der Antriebsart und der Art der Kraftübertragung voneinander. Es konnten über 30 verschiedene Motoren, in der Hauptsache Diesel-, aber auch Ottomotoren, eingebaut werden, die Kraftübertragung konnte hydraulisch, mechanisch und, bei etwa 40 Fahrzeugen, auch elektrisch erfolgen. Die Kleinlokomotiven mit Verbrennungsmotor erhielten folgende Bezeichnungen:

- Kb: Vergasermotor und Rädergetriebe,
- Kö: Dieselmotor und Rädergetriebe,
- Kbs: Vergasermotor, Stromspeicher, E-Motor,
- Kbe: Vergasermotor und el. Kraftübertragung,
- Köe: Dieselmotor und el. Kraftübertragung,
- Kbf: Vergasermotor mit hydr. Kraftübertragung,
- Köf: Dieselmotor mit hydr. Kraftübertragung.

Insgesamt nahm die Deutsche Reichsbahn bis 1945 etwa 1236 Kleinlokomotiven der Leistungsklasse II mit Verbrennungsmotor in Betrieb. Von diesen Fahrzeugen verblie-

TECHNISCHE DATEN

Baureihenbezeichnung	ab 1968	323/324
	bis 1968	Köf 6100 - 6835
Indienststellung (1. Jahr)		1948
Hersteller		Gmeinder, KHD, Jung, O&K
Achsformel		B
Länge über Puffer	mm	6.450
Dienstmasse (bei 2/3 Vorräten)	t	17
Dieselkraftstoff	l	200
Dieselmotor(en) Anzahl		1
Hersteller		KHD, Kaelble
Leistung	kW	94
Drehzahl	U/min	1.250
Art der Kraftübertragung		hydraulisch mit Rollenketten
Höchstgeschwindigkeit	km/h	45
Anfahrzugkraft	kN	27,5
Dauerzugkraft	kN	9,8

Viele der Maschinen haben noch offene Führerstände – im Sommer angenehm, im Winter lästig

ben 461 Stück in den drei westlichen Besatzungszonen, davon hatte die neugegründete Deutsche Bundesbahn im Jahre 1950 noch 428 Stück im Dienst. Hinzu kamen noch 48 Kleinlokomotiven von der Wehrmacht und von kriegswichtigen Betrieben. Bereits 1948 begann die Ablieferung neuer Kleinlokomotiven durch die Firma Deutz, und bis 1965 erhielt die DB insgesamt 736 Neubauloks Köf 6100 – 6835. Hersteller waren die Firmen Gmeinder, Klöckner-Humboldt-Deutz, Jung und Orenstein & Koppel. Alle diese Lokomotiven hatten einen Dieselmotor von Deutz oder Kaelble mit einer Leistung von 107 – 128 PS, hydraulische Kraftübertragung und größtenteils Druckluftbremse.

Ab 1954 wurde die Höchstgeschwindigkeit generell von 30 auf 45 km/h erhöht. Parallel zur Auslieferung der Neubaulokomotiven wurden auch die Vorkriegslokomotiven mit den Deutz- oder Kaelblemotoren ausgerüstet, mit einheitlichen Getrieben von Voith versehen und die Druckluftbremse nachgebaut. Dieser Umbau war 1974 abgeschlossen.

Mit der Einführung des EDV-gerechten Nummernsystems für die Triebfahrzeuge der DB am 1. Januar 1968 erhielten die Kleinlokomotiven der Leistungsklasse II die Baureihennummern 321 bis 324:

- 321: Druckluftbremse, Vmax. 30 km/h
- 322: mit Druckluftbremse, Vmax.. 45 km/h
- 323, 324: mit Druckluftbremse, Vmax45 km/h.

Mit dem Umbau der 321 604 zur 322 663 am 4. Februar 1974 verschwand die Baureihe 321 im Nummernplan der DB.

Ursprünglich erhielten Köf mit Deutz-Motor die Nummern 323 001 – 499, diejenigen

BEHEIMATUNGEN

Betriebswerke Braunschweig, Bremen, Darmstadt, Dortmund, Frankfurt 2, Gießen, Göttingen, Gremberg, Haltingen, Hamburg 4, Hannover, Karlsruhe, Kassel, Mannheim, Mönchengladsbach, München 1, Offenburg, Osnabrück u.v.a.

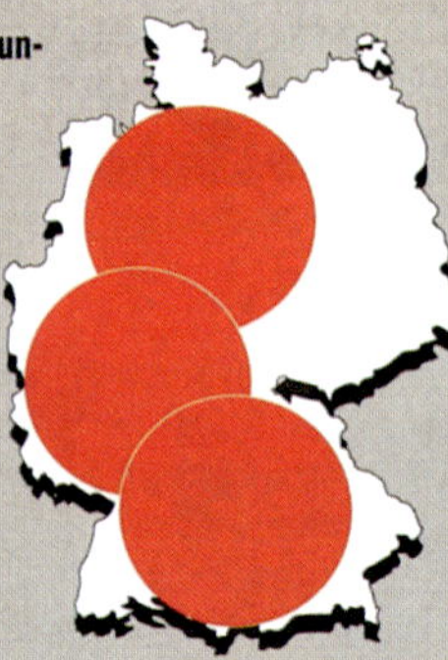

mit Kaelble-Motor die Nummern 323 501 – 999. Dieses System verlor jedoch mit den Umbauten und dem Motortausch an Bedeutung. Die Baureihe 324 ist lediglich die Fortsetzung der Baureihe 323. Insgesamt gilt folgende Nummernverteilung:

323 001 – 059: Altbau-Köf
323 065 – 355: Neubau-Köf
323 401 – 437: Altbau-Köf
323 438 – 499: Umbau aus 321
323 501 – 514: Altbau-Köf
323 521 – 884: Neubau-Köf
323 901 – 926, 928: Altbau-Köf
323 927, 929 – 999: Umbau aus 321/322
324 001 – 060: Umbau aus 321/322

Innerhalb der Baureihe 323 wurden 108 Nummern nicht belegt.

Mit der Ausmusterung der 323 412 am 31. Dezember 1992 wurde die letzte Vorkriegs-Köf der DB ausgemustert, so daß heute nur noch Neubaufahrzeuge im Dienst sind. Ab dem Beginn der siebziger Jahre wurden die Kleinlokomotiven durch den Einbau von Seitenfenstern und Türen winterfest gemacht. Nicht winterfest sind lediglich noch die als „Säcke-Köf" bezeichneten 323 192, 221, 302, 303, 556, 576, 860 und 867. Im Bestand der DB sind noch 159 Lokomotiven, alle anderen sind ausgemustert und teils verschrottet, teils auch an Privatbahnen und Betriebe im In- und Ausland verkauft worden.

Während alle Vorkriegs-Köf und die ersten Neubau-Köf bei ihrer Anlieferung schwarz lackiert waren, wurden sie ab 1957 im für Rangierlokomotiven vorgeschriebenen Rot gespritzt. Diesen Anstrich tragen heute alle 323/324 der DB.

Konstruktion

Der Fahrzeugteil der Kleinlokomotiven setzt sich zusammen aus dem Rahmen, dem Führerstand, dem Vorbau und dem Laufwerk. Der Rahmen ist ein kastenförmig geschweißter Blechträger. In Ausschnitten der Rahmenwangen sind die beiden Achsen gelagert.

Das tiefliegende Führerhaus beinhaltet an der Vorderseite den von beiden Seiten aus bedienbaren Führertisch, darüber ist der Kraftstofftank montiert. Im abnehmbaren Vorbau befinden sich der Dieselmotor, das Getriebe die Kühlanlage, der Luftpresser und die Lichtmaschine. Beiderseits des Vorbaus sind Laufbretter mit Handgriffen angebracht, unter denen sich in Blechkästen Ballastgewichte befinden.

Als Antriebsmotor kommen wahlweise der Typ A6 M 517/617 von Klöckner-Humboldt-Deutz oder der Typ GN 130 s von Kaelble, beide mit sechs Zylindern und auf eine Leistung von 94 kW (128 PS) eingestellt, zum Einsatz. Über eine drehelastische Kupplung, eine Verbindungswelle mit elastischen Seilscheiben, das hydraulische Voith-Getriebe und das Wendegetriebe werden die beiden Achsen über zwei Hochleistungs-Rollenketten angetrieben.

Die Fahrzeuge sind mit einer mechanischen Fußbremse ausgestattet, auf deren Gestänge auch die selbsttätige Druckluftbremse wirkt. Der Luftbehälter für die Bremse liegt vor dem Führerhaus auf dem Vorbau. Die durch den Einbau von Seitenfenstern und Türen winterfest gemachten Kleinlokomotiven haben zur Führerstandsbeheizung eine Heizung von Webasto erhalten.

Betriebseinsatz

Die verbliebenen 159 Kleinlokomotiven der Baureihen 323/324 sind noch bei den meisten Bahnbetriebswerken der Deutschen Bundesbahn eingesetzt. Waren sie früher auf kleineren Bahnhöfen, im Übergabe- und teilweise sogar im Personenzugdienst tätig, verdienen sich die meisten heute ihr Gnadenbrot als Schuppenlok der Bahnbetriebs- und Wagenwerke, in den Ausbesserungswerken und bei Bahnmeistereien als Arbeitszuglok.

REDAKTION: AXEL ENDERLEIN; FOTOS: STUMPF, EISENSCHINK

Die 332 unterscheiden sich von ihren Schwestern durch die Kraftübertragung: während hier Rollenketten verwendet werden, haben 333 und 335 Gelenkwellen

Baureihen 332, 333, 335 (Köf III)

In der Mitte der fünfziger Jahre erkannte die Deutsche Bundesbahn, daß die Kleinlokomotiven der Leistungsgruppe II (323/324) vielerorts im Rangier-, Übergabe- und Arbeitszugdienst nicht mehr ausreichten, die Verwendung der V 60 jedoch noch nicht gerechtfertigt war. Somit wurde 1958 mit der Entwicklung einer stärkeren Kleinlokomotive der Leistungsgruppe III begonnen. Die DB forderte eine Leistung von 150 PS und eine Höchstgeschwindigkeit von 45 km/h, um den Status der Kleinlokomotive und damit die Verwendung von Kleinlokbedienern zu sichern, eine gute Rundumsicht vom geschlossenen und beheizbaren Führerhaus, eine Druckluftbremse und einfache Bedienbarkeit und Unterhaltung. Von der Lokfirma Gmeinder im badischen Mosbach, die in enger Zusammenarbeit mit dem Bundesbahn-Zentralamt München die Entwicklung betrieb, konnten in den Jahren 1959/60 acht Vorauslokomotiven geliefert werden. Drei Fahrzeuge hatten eine Höchstgeschwindigkeit von nur 30 km/h, sie erhielten die Nummern Köf 10 001 – 003. Die anderen fünf, als Köf 11 001 – 005 bezeichneten Lokomotiven, erreichten eine Höchstgeschwindigkeit von 45 km/h. Zu Vergleichszwecken erhielten die Köf 10 001 und 002 und die Köf 11 001 den Motor RH 518 A mit einer Leistung von 177 kW (240 PS) der Motorenwerke Mannheim (MWM), während in die übrigen Fahrzeuge der Kaelble-Motor GO 135 A mit einer Leistung von 170 kW (232 PS) eingebaut wurde. Diese Motorleistungen ergaben die geforderte Zughakenleistung von 114 kW (145 PS). Auch kamen zwei verschiedene Getriebebauarten der Firma Voith zum Einbau, und nach Abschluß der Betriebserprobungen bei verschiedenen Bahnbetriebswerken entschloß man sich zum Einbau des MWM-Motors und des Getriebes L 213 U, von dem die Antriebsleistung über Rollenketten zu den beiden Treibachsen übertragen wurde. Die Bauart Köf 10 wurde nicht weitergebaut, während von den Köf 11 in den Jahren 1962/63 weitere 31 Vorserienfahrzeuge Köf 11 006 – 036 und von 1963 bis 1966 die 281 Serienfahrzeuge Köf 11 037 – 317 geliefert wurden.

Eine weiterentwickelte Lok mit Antrieb über Gelenkwellen anstelle der Rollenketten und einem versuchsweise eingebauten Strömungsgetriebe L 303 U von Voith baute die Firma Gmeinder im Jahre 1965. Sie wurde nach ausgiebigen Erprobungen in Nürnberg als Köf 12 001 im Mai 1967 von der DB übernommen. Nach ihrem Vorbild erfolgte 1968/69 die Auslieferung von 100 Serienfahrzeugen, jedoch mit dem Strömungsgetriebe L 203 kU. Äußerlich unterschieden sich die bisher gebauten Köf 10, 11 und 12 kaum voneinander

TECHNISCHE DATEN

Baureihenbezeichnung	ab 1968	332	333, 335
	bis 1968	Köf 10, Köf 11	Köf 12
Indienststellung (1. Jahr)		1959	1965
Hersteller		Gmeinder, Jung, O&K	dto.
Achsformel		B	B
Länge über Puffer	mm	7.830	7.830
Dienstmasse (bei 2/3 Vorräten)	t	22	22
Dieselkraftstoff	l	300	300
Dieselmotor(en) Anzahl		1	1
Hersteller		MWM	MWM
Leistung	kW	177	177
Drehzahl	U/min	1.600	1.600
Art der Kraftübertragung		hydr. mit Rollenketten	hydr. mit Gelenkwelle
Höchstgeschwindigkeit	km/h	45	45
Anfahrzugkraft	kN	83,4	83,4

Mit Funkfernsteuerung und automatischer Kupplung ermöglichen die 335er rationelles Rangieren

Mit der Einführung des EDV-gerechten Nummernsystems am 1. Januar 1968 erhielten die Köf 10 die Baureihenbezeichnung 331, die Köf 11 wurden zur 332 und die Köf 12 001 zur 333 001, alle weiteren 333 wurden bereits mit ihrer neuen Nummer ausgeliefert. Die alten Ordnungsnummern wurden beibehalten, lediglich die folgenden 332 erhielten wegen kleiner Bauartunterschiede eine abweichende Betriebsnummer: 332 701 (Köf 11 001), 702 (Köf 11 004), 801 (Köf 11 003), 901 (Köf 11 063) und 902 (Köf 11 211). Anläßlich von Umbauten wurde zwischen 1982 und 1985 die Geschwindkeit der 331 auf 45 km/h angehoben, so daß die beiden nach der Ausmusterung der 331 003 am 30. September 1989 verbliebenen 331 001 und 002 zum 1. Januar 1992 in 332 601 und 602 umgezeichnet werden konnten.
Äußerliche Unterschiede gibt es ab der sechsten Bauserie der Köf III, die ab 1973 beginnend mit der 333 102 ausgeliefert wurde. Sie sind am freiliegenden, nur durch ein Schutzgitter gesicherten Lüfterrad in der Stirnseite des Vorbaus und dem oberen vorderen Spitzenlicht erkennbar. In der zwischen 1975 und 1978 gelieferten letzten Bauserie 333 182 – 251 kam schließlich der MWM-Motor D 601-6 zum Einbau.
An der Lieferung der 332 und der 250 Serien-333 beteiligten sich die Firmen Gmeinder, Jung und Orenstein & Koppel.
Im Jahre 1984 erhielten die 333 108, 114 und 138 zusammen mit drei Loks der Reihe 261 versuchsweise eine Funkfernsteuerung. Nach der Auswertung der Versuchsergebnisse wurden 1986 weitere 17 Fahrzeuge mit einer Vorserien-Fernsteuerung ausgestattet, bevor 1988 der serienmäßige Umbau der 333 begann. Die Funkfernsteuerloks sind äußerlich am Geräteschrank an der Rückseite des Führerhauses und den Lampen hinter den Türen zu erkennen. Vom 1. Januar 1988 an erhielten sie die neue Baureihenbezeichnung 335. Zu Jahresbeginn 1993 waren bereits 190 Fahrzeuge umgebaut.
Alle 331, 332 und die 333 001 – 181 waren bei ihrer Anlieferung rot lackiert. Mit der Auslieferung der 333 182 begann 1975 auch bei der Köf III die ozeanblau-beige Ära, die auch die älteren Fahrzeuge anläßlich von Ausbesserungen ereilte. Seit 1988 erhalten die Lokomotiven einen Anstrich nach dem derzeitigen Farbkonzept in himbeerrot mit hellgrauer Kontrastfläche. Noch sind die 332 – 335 in allen drei Farbvarianten zu beobachten.
Nicht mehr im Bestand der DB sind die 331 003, 332 306, 333 020, 049 und 145.
Ein kurzes Intermezzo gaben zwei als 333 901 und 902 eingenummerten Lokomotiven V 18 und V 19 der 1975 von der DB übernommenen Kerkerbachbahn. Die beiden 1958 von Ruhrthaler gebauten Fahrzeuge wurden bereits 1979 und 1981 weiterverkauft.

BEHEIMATUNGEN

Konstruktion

Der Fahrzeugteil der Köf III besteht aus dem Außenrahmen, dem Führerhaus, dem Vorbau und dem Laufwerk. Im kastenförmig geschweißten Rahmen mit tauschbaren Pufferbohlen sind die beiden Achsen in Ausschnitten gelagert. Der Rahmen nimmt auch den Kraftstofftank auf. Seitliche Laufbleche mit Handgriffen sorgen für die Sicherheit des mitfahrenden Rangierpersonals. An der Vorderseite des schallisolierten, für den Transport abnehmbaren Führerhauses befindet sich der beidseitig bedienbare Führertisch, darüber ein Instrumentenpult. Im durch Türen und Klappen zugänglichen und geteilt abnehmbaren Vorbau sind auf dem Rahmen der Dieselmotor, der Wärmetauscher, der Kühler und der Luftpresser elastisch und das Getriebe starr gelagert. Als Antriebsmotor dient bei den 332 und 333 001 – 181 der Typ RHS 518 A der Motorenwerke Mannheim mit acht Zylindern und einer Leistung von 177 kW (240 PS). Die gleichen Daten hat auch der in die 333 001 eingebaute Kaelble-Motor MD 140a. Ab der 333 182 kommt der gleichstarke Sechszylinder-Motor D 601-6 desselben Herstellers zum Einbau. Über eine drehelastische Kupplung und eine Gelenkwelle gelangt die Antriebsleistung zum Hydraulikgetriebe, das unter dem Führertisch eingebaut und von unten ausbaubar ist. Die 332 besitzen den Typ L 213 U von Voith mit zwei Drehmomentwandlern und einer Kupplung, von dem aus die Leistung über das angeflanschte Kegelradwendegetriebe über je eine Rollenkette auf die beiden Achsen übertragen wird. Bei den 333 ist das Voith-Hydraulikgetriebe L 203 kU mit zwei Wandlern eingebaut, von dem aus der Antrieb auf die Radsatzgetriebe der Achsen über das Wendegetriebe und Gelenkwellen erfolgt. Über den Stirnkühler, der ab der 333 102 und der 333 182 nochmals verbessert wurde, wird die Wärme des Motors und des Schmieröls abgeführt. Bei den 332 ist die Drehzahl des Lüfters abhängig von der Motordrehzahl, während bei den 333 ab Ordnungsnummer 182 die Lüfterdrehzahl in Abhängigkeit von der Kühlwassertemperatur durch eine hydraulische Lüfterkupplung gesteuert wird. Die 332 und die älteren 333 besitzen eine Gleichstromlichtmaschine mit einer Leistung von 700 W, ab der 333 182 kommt eine Drehstromlichtmaschine mit einer Leistung von 1000 W zum Einsatz.
Die Kleinlokomotiven haben eine selbsttätige Druckluftbremse der Bauart Knorr mit Einfachsteuerventil und Zusatzbremse und eine Handbremse, die über das Bremsgestänge auf den vorderen Radsatz wirkt. Die Druckluft, deren Behälter beiderseits seitlich unter dem Führerhaus angeordnet sind, dient auch der Besandung und den Makrofonen. Ab der 333 102 besitzen die Fahrzeuge eine Fahr- und Stillstandsüberwachung, ab 333 142 auch die induktive Zugsicherung und die Grundausstattung für den Zugbahnfunk.

Betriebseinsatz

Die Kleinlokomotiven 332 – 335 sind bei fast allen Bahnbetriebswerken der DB beheimatet und im Arbeitszug-, Rangier- und Übergabedienst allerorts anzutreffen.

REDAKTION: AXEL ENDERLEIN; AUFNAHMEN: HÖRSTEL, SCHULZ

Aus der alterwürdigen V 60 wurde im Laufe der Zeit mit der Baureihe 364/365 eine durchaus modern zu nennende funkferngesteuerte Kleinlokomotive entwickelt

Baureihen 360/361, 364/365 (ex V 60)

Bei der Aufstellung des Typenprogrammes für die Diesellokomotiven der Deutschen Bundesbahn zu Beginn der fünfziger Jahre stand eine Lokomotive für den mittelschweren Rangier- und Übergabedienst im Vordergrund. Gerade hier war der Einsatz von Dampflokomotiven besonders unwirtschaftlich, zum einen wegen der Personalkosten durch die notwendige zweimännige Besetzung, zum anderen durch den hohen Brennstoffverbrauch vor allem während der Stillstandszeiten. Auch waren, wegen der größeren Betriebsvorräte, viele Schlepptenderloks der Baureihen 50, 55 und 57 im Rangierdienst tätig, welche aber leistungsmäßig nicht ausgenutzt wurden, was den Verantwortlichen die Unwirtschaftlichkeit deutlich vor Augen führte. Im Jahre 1953 schlossen sich die deutsche Lokomotivindustrie und die DB zu einer Arbeitsgemeinschaft zusammen, die unter der Leitung des Bundesbahn-Zentralamtes München eine solche Rangierlokomotive erarbeitete. Als Grundlage sollten die von der deutschen Wehrmacht ab 1938 beschafften Lokomotiven des Typs WR 360 C, die späteren V 36, dienen. Gegen eine Weiterbeschaffung dieses Typs, die nach dem Kriege noch mit wenigen Maschinen erfolgte, sprach hauptsächlich die als zu gering erachtete Motorleistung von 360 PS, sowie die Bauart mit einem Endführerstand und einem hohen Vorbau, welche ursprünglich eine zweimännige Bedienung erforderte. Der Antrieb sollte, nachdem die Gelenkwellen bei den V 80 noch nicht genügend befriedigten, in der bewährten Art über Blindwelle und Treibstangen erfolgen. Auch der Rahmen und das hydraulische Getriebe sollten weitgehend von der V 36 übernommen werden. In den Jahren 1955/56 schließlich konnten die Lokfirmen Krupp, Krauss-Maffei, MaK und Henschel die Vorauslokomotiven V 60 001 – 004 mit Motoren verschiedener Hersteller liefern. In den Probeeinsatz beim Bw Hamburg-Harburg gelangten die V 60 001 und 003, die V60 004 wurde zunächst beim Bw Nürnberg Hbf beheimatet, während die V 60 002 vom Versuchsamt für Brennkraftfahrzeuge in München eingehend erprobt wurde. Die Erprobungsergebnisse übertrafen die Erwartungen, so daß bereits Ende 1955 eine erste Serie von 275 Lokomotiven bestellt wurde. Bis 1961 folgte die Auslieferung von insgesamt 942 Lokomotiven durch die Firmen Deutz, Gmeinder, Hen-

TECHNISCHE DATEN

Baureihenbezeichnung	ab 1968	360, 364	361, 365
	bis 1968	V 60	V 60
Indienststellung (1. Jahr)		1955	1955
Hersteller		Esslingen, Gmeinder, Henschel, Jung, KHD, KM, Krupp, MaK	
Achsformel		C	C
Länge über Puffer	mm	10.450	10.450
Dienstmasse (bei 2/3 Vorräten)	t	48-50	54
Dieselkraftstoff	l	1.350/2.000	1.350/2.000
Dieselmotor(en) Anzahl		1	1
Hersteller		MTU	MTU
Leistung	kW	478	478
Drehzahl	U/min	1.400	1.400
Art der Kraftübertragung		hydraulisch	hydraulisch
Höchstgeschwindigkeit			
Rangiergang	km/h	30	30
Streckengang	km/h	60	60
Anfahrzugkraft	kN	117,6	132,3

Bis zu Beginn der 80er Jahre waren alle V 60 blau-beige umlackiert. Viele fahren so noch heute

schel, Jung, Krauss-Maffei, Krupp, MaK und MF Esslingen, davon 623 Stück mit einem Reibungsgewicht von 48 t, welche ab 1968 die Baureihe 260 bildeten, und 319 Stück mit einem Reibungsgewicht von 54 t, ab 1968 die Baureihe 261. Die Lokomotiven 261 001 – 004 waren die vier Vorauslokomotiven, sie unterschieden sich geringfügig von den Serienfahrzeugen und wurden inzwischen verkauft. Auch im Ausland zeigte man Interesse an der V 60, so daß die Staatsbahnen in Belgien, Griechenland, Israel und der Türkei neue Fahrzeuge kauften. Am 1. Oktober 1987 erfolgte die Eingruppierung der V60 bei den den Kleinlokomotiven, da diese anstelle von Lokomotivführern auch von ausgebildeten Lokrangierführern gefahren werden dürfen. Aus den 260 wurden so die 360, aus den 261 die 361. Für weitere Vielfalt im Nummernsystem der DB sorgte die Ausrüstung von V 60 mit Funkfernsteuerung, welche ab 1984 in je drei Lokomotiven der Reihen 261 und 333 erprobt worden war. Seit 1987 läuft das Umbauprogramm, zum 1. Januar 1988 erfolgte die Umzeichnung der 360 mit Funkfernsteuerung in 364 und der 361 in 365. Äußerlich sind sie außer an der Betriebsnummer an den Lampen seitlich am Führerstand erkennbar, die dem Bediener den Betriebszustand des Fahrzeugs anzeigen. Während ursprünglich nur 361 umgebaut werden sollten, was inzwischen fast abgeschlossen ist, werden seit 1990 auch die 360 in das Umbauprogramm einbezogen.
Obwohl die DB in den Jahren 1982/83 beim Bw München 1 fünf moderne Rangierlokomotiven unter der Baureihenbezeichnung 259 erprobte, ist eine Ablösung der bewährten, jedoch veralteten V 60 nicht in Sicht. Seit 1984 wurden allerdings etliche Lokomotiven beider Bauarten der V 60 überflüssig, sie konnten unter anderem an die Staatsbahnen im ehemaligen Jugoslawien, in Norwegen und der Türkei verkauft werden. Zum derzeitigen Einsatzbestand der Deutschen Bundesbahn gehören BR 360: 441 Lok, BR 364: 78 Lok, BR 361: 25 Lok, BR 365: 263 Lok.

BEHEIMATUNGEN

41 Betriebswerke in allen Bundesbahndirektionen

Für die Jubiläumsparade 1985 mit den ursprünglichen Farben versehen: 260 150

Die Ursprungsfarbgebung der V 60 war Rot. Gegen Ende der sechziger Jahre erhielt die 261 001 versuchsweise einen hellen Kontrastanstrich der Stirnseiten. Nachdem 1974 das Farbschema „ozeanblau-beige" eingeführt wurde, erhielt die V 60 als einzige Lokomotivreihe der DB sie bis zum Beginn der achtziger Jahre vollständig den neuen Anstrich. Extra für die 150-Jahr-Feiern der Bahn 1985 erhielt die 260 150 des Bw Nürnberg 1 wieder die alte, rote Farbgebung, die sie bis heute schmückt. Seit 1987 schließlich werden die Lokomotiven anläßlich von Hauptuntersuchungen nach dem derzeit gültigen Farbschema in Himbeerrot mit grauen Stirnflächen lackiert.

Konstruktion

Der Lokomotivrahmen, das Laufwerk, das Führerhaus und die beiden Vorbauten bilden den Fahrzeugteil der Lokomotiven. Der Rahmen ist vollständig geschweißt, wobei zur Erzielung des höheren Reibungsgewichtes bei den 361/365 die Materialstärken erhöht wurden. Die Rahmenwangen besitzen Ausschnitte für die Lager der drei Achsen und der Blindwelle. Die Achsen sind assymetrisch angeordnet, wobei die mittlere Achse um 30 mm seitenverschiebbar ist. Zwischen der zweiten und der dritten Achse befindet sich die Blindwelle, von der aus die Achsen über Treibstangen angetrieben werden. Unter dem etwa mittig angeordneten Führerhaus befinden sich das hydraulische Getriebe und das Nachschaltgetriebe, im längeren vorderen Vorbau der elastisch auf dem Rahmen gelagerte Dieselmotor und die Kühlanlage. Der kurze hintere Vorbau beherbergt die Luftpresser, den Hauptluftbehälter, die Kraftstoffanlage und einen der drei Kraftstofftanks, die zwei anderen sind beiderseits unter dem Umlaufblech des vorderen Vorbaus angeordnet. An der vorderen Wand des schallisolierten Führerhauses befindet sich der von beiden Seiten bedienbare Führertisch.
Von den verschiedenen erprobten Dieselmotoren hat sich der ursprünglich von Maybach stammende MTU-Typ GTO 6 und 6A mit 12 Zylindern und einer eingestellten Leistung von 478 kW (650 PS) am besten bewährt und ist in die meisten V 60 eingebaut. Einige wenige besitzen noch den von Mercedes-Benz stammenden 12-Zylinder-Motor MTU MB 12 V 493 AZ mit derselben Leistung. Das Drehmoment wird über eine Gelenkwelle auf das Voith-Hydraulikgetriebe übertragen, von wo es über das Nachschaltgetriebe auf die Blindwelle gelangt. Es besteht die Wahlmöglichkeit zwischen einem Schnell- und einem Langsamgang. Die ursprünglich vorhandene Motorvorwärmung durch Koksöfen wurde inzwischen weitgehend durch Ölöfen beziehungsweise elektrische Vorwärmanlagen ersetzt. Die Lokomotiven besitzen eine durchgehende Druckluftbremse, eine Zusatzbremse und eine Handbremse, die auf die dritte Achse wirkt. Alle Fahrzeuge haben Sicherheitsfahrschaltung, Indusi und Zugbahnfunk, einige auch eine Vielfachsteuerung für Doppeltraktion.

Betriebseinsatz

Fast alle Bahnbetriebswerke der DB besitzen Rangierlokomotiven der Baureihen 360 – 365. Sie kommen entsprechend ihrem Verwendungszweck auf Rangierbahnhöfen und kleineren Bahnhöfen zum Einsatz. Vielerorts sind sie im Übergabe- und Bauzugdienst auch auf der freien Strecke zu beobachten.

REDAKTION: AXEL ENDERLEIN; AUFNAHMEN: PILLMANN, VÖLK, SCHULZ

Am Wangerooger Hafen: links 399 104 (hier noch als 329 504 bezeichnet) beim Rangieren und rechts 399 102 (ex 329 502) mit dem Personenzug

Baureihe 399.1 (Inselbahn Wangerooge)

Die einzige Schmalspurbahn der Deutschen Bundesbahn befindet sich auf der Nordseeinsel Wangerooge und hat eine Spurweite von 1000 mm. Die planmäßig befahrene Strecke führt vom Schiffsanleger zum Ort über eine Länge von 3,4 km, ein nicht planmäßig befahrenes Gleis Richtung Westen dient der Versorgung der Jugendherberge und Gästeheime. Die Strecke dient hauptsächlich dem Personenverkehr auf der autofreien Insel, wobei sich der Fahrplan nach den Gezeiten richtet, da bei Niedrigwasser die Schiffe nicht verkehren können. Zusätzlich findet auch ein wenig Güterverkehr statt. Bis 1952 waren ausschließlich die Dampflokomotiven der Baureihen 99.02 und 99.21 im Einsatz, die bis 1958 dann vollständig durch die neuen Dieselloks abgelöst werden konnten. Als erste Diesellok wurde im Jahre 1952 die dreiachsige V 11 901 von der Lokfirma Gmeinder in Mosbach/Baden beschafft, welche auf der Konstruktion der 750 mm-Heeresfeldbahnlok vom Typ HF 130C der Wehrmacht aus dem Jahre 1941 basiert. Eine solche Lok ist als 399 703 auf der Insel Rügen noch im Dienst. Da die Sicht vom Führerstand durch die ursprünglich vorhandenen zwei kleinen Stirnfenster recht ungenügend war, wurde die Lok schon nach wenigen Jahren modernisiert, wobei sie neben größeren Stirnfenstern auch Fenster neben den Führerstandstüren erhielt.

Im Jahre 1957 lieferte wiederum Gmeinder zwei weitere, untereinander baugleiche Lokomotiven V 11 902 und 903. Die technische Ausstattung, die Hauptabmessungen und die Triebwerksanordnung blieben weitgehend unverändert, jedoch wurde das Führerhaus um 570 mm von 2.030 mm auf 2.600 mm verbreitert, und gegenüber der kantigen Bauform der ersten Lok wirken sie durch Abrundungen gefälliger. Mit der Auslieferung dieser beiden Lokomotiven wurde die endgültige Ablösung der Dampflokomotiven ermöglicht. Die Lokomotiven wurden zwischenzeitlich den Kleinlokomotiven der Leistungsgruppe II zugeordnet und als Köf 99 501 – 503 bezeichnet, im Jahre 1968 folgten mit der Einführung der EDV-gerechten Nummern die Betriebsnummern 329 501 – 503. Zum 1. Januar 1992 erfolgte mit der Einführung des gemeinsamen Nummernsystems für die Deutsche Bundesbahn und die Deutsche Reichsbahn eine erneute Umnummerung der Lokomotiven in 399 101 – 103. Die DB kaufte die heutige 399 104 im Jahre 1971 von der privaten Inselbahn auf Juist. Die 1952 von Klöckner-Humboldt-Deutz gebaute zweiachsige Lokomotive „Heinrich" bekam zunächst die Nummer 329 504 und wurde als Reservelok auf Wangerooge eingesetzt.
Von der Mansfeld Transport GmbH in Helbra (Sachsen-Anhalt) konnte die Deutsche Bundesbahn am 27. November 1992

TECHNISCHE DATEN

Baureihenbezeichnung	ab 1968	399 101	399 102, 103	399 104	399 105, 106
	bis 1968	Köf 99 501	Köf 99 502,503	-	
Indienststellung (1. Jahr)		1952	1957	1971 (Baujahr 1952)	1993 (Baujahr1990)
Hersteller		Gmeinder	Gmeinder	KHD	Lokfabrik Bukarest
Achsformel		C	C	B	C
Länge über Puffer	mm	5.566	5.566	6.090	5.400
Dienstmasse (bei 2/3 Vorräten)	t	16,5	16,5	13,0	16,5
Dieselkraftstoff	l	136	136	180	200
Dieselmotor(en) Anzahl		1	1	1	1
Hersteller		KHD	KHD	KHD	(MAN)[1]
Leistung	kW	94	94	87	ca. 120
Drehzahl	U/min	1.500	1.500	1.500	2.000
Art der Kraftübertragung		hydr.	hydr.	hydr.	hydr.
Höchstgeschwindigkeit	km/h	20	20	20	20
Anfahrzugkraft	kN	50	50	50	

[1] Motor in Rumänien gebaut mit MAN-Lizenz

Die 399 105 während der Umbauarbeiten am 14. März 1993 in der Werkstatt des Bw Wangerooge. Sie war in Rumänien für eine Bergwerksbahn in Sachsen-Anhalt gebaut worden

zwei neuwertige Schmalspurdiesellokomotiven des Typs L 18 H-C erwerben. Diese wurden zusammen mit acht weiteren im Jahre 1990 von der Lokomotivfabrik „23. August" in Bukarest/Rumänien geliefert, kamen jedoch aufgrund der Schließung des Bergwerks nicht mehr zum Einsatz. Die beiden Fahrzeuge erhielten die Betriebsnummern 399 105 und 106. Sie mußten zunächst auf DB-Standard umgerüstet werden, bevor sie im Sommer 1993 zusammen mit den rekonstruierten Wagen ihren Dienst auf der Inselbahn aufnahmen.
Alle Lokomotiven sind weinrot lackiert. Nur die Lokomotiven verfügen über eine Betriebsbremse, die Wagen sind ungebremst. Übrigens beschaffte die Deutsche Bundesbahn noch fünf weitere 1000 mm-Diesellokomotiven. Drei B´B´-Lokomotiven V 29 951 – 953 mit einer Motorleistung von 290 PS wurden 1952 von Jung für die Strecke Meckenheim – Mundenheim in der Pfalz beschafft. Nach der Stillegung im Jahre 1956 kam die V 29 952 zur Strecke Nagold – Altensteig, bevor sie 1967 an die Mittelbadische Eisenbahngesellschaft als V 29 01 verkauft wurde. Sie ist heute Eigentum der Deutschen Gesellschaft für Eisenbahngeschichte. Die beiden anderen Lokomotiven kamen zur Walhallabahn Regensburg – Wörth, wo sie nach ihrer Umzeichnung in 299 951 und 953 zu Ende des Jahres 1968 ausgemustert und verschrottet wurden. Zwei weitere, wesentlich moderner wirkende Lokomotiven V 52 901 und 902 mit 540 PS wurden 1964 von Gmeinder für die badische Strecke Mosbach – Mudau beschafft. Nach deren Stillegung 1973 wurden die äußerlich der V 100 ähnelnden Fahrzeuge auf Normalspur umgebaut und je eine an die Albtalbahn (V 62) und die Südwestdeutsche Eisenbahngesellschaft (VL 46 01) verkauft, von wo aus sie 1985/86 nach Italien bzw. Spanien gelangten.

Konstruktion

Die Lokomotiven 399 101 – 103 sind fast baugleich. Alle drei Fahrzeuge haben geschweißte Außenrahmen, die vom Fahrwerk nur die Gegengewichte der jeweils drei Achsen sichtbar werden lassen. Die Fahrzeuge besitzen an den Stirnseiten je einen Mittelpuffer mit danebenliegenden Haken, die mittels eines Eisenringes die Kupplung bilden. Das Führerhaus befindet sich am Fahrzeugende, an seiner Vorderseite ist der Führertisch angeordnet. Im Vorbau sorgt der auch in der Baureihe 323/324 verwandte Dieselmotor des Typs A6 M 617 von Klöckner-Humboldt-Deutz mit sechs Zylindern und einer Leistung von 94 kW (128 PS) für die nötige Antriebleistung. Über das Hyraulikgetriebe von Voith gelangt die Antriebskraft zum unter dem Führerhaus gelegenen Wendegetriebe mit der Blindwelle, welche über eine Treibstange die mittlere Achse antreibt. Mittels einer Kuppelstange sind die drei Achsen miteinander verbunden. Zur Bremsung dient eine Handspindelbremse.
Die Lokomotive 399 104 hat einen Innenrahmen, so daß die beiden Treibachsen mit ihren Speichenrädern frei liegen. Auch sie hat ein rückliegendes Führerhaus. Im Vorbau befindet sich ein Klöckner-Humboldt-Deutz-Dieselmotor vom Typ A6 M 517 mit sechs Zylindern und einer Leistung von 87 kW (118 PS), welche über ein Voith-Hydraulikgetriebe und die direkt vor der hinteren Achse gelegene Blindwelle auf beide Treibachsen übertragen wird. Gebremst wird auch hier mit einer Handspindelbremse.
Die beiden Importlokomotiven 399 105 und 106 besitzen ebenfalls einen Innenrahmen. Sehr modern wirkt im Vergleich zu den anderen Lokomotiven der Endführerstand mit seinem großen einteiligen Stirnfenster. Dem Antrieb dient hier ein in MAN-Lizenz gebauter Dieselmotor vom Typ D 2156 HMN 8, welcher in sechs Zylindern eine Leistung von 120 kW entwickelt. Über ein Hydraulikgetriebe der Firma „Hidromecanica" gelangt die Antriebsleistung über eine Gelenkwelle zum Achsgetriebe der vorderen Achse, welche über Treibstangen die beiden anderen Achsen antreibt. Die Lokomotiven besitzen Vollscheibenräder und verfügen über eine Druckluftbremse. Der Einbau von Streckenfunk ist vorgesehen.

BEHEIMATUNGEN

Betriebseinsatz

Die Lokomotiven werden vom Bw Wangerooge, welches zum Geschäftsbereich „Schiffsdienst und Inselbahn Wangerooge" (SIW) der BD Hannover gehört, eingesetzt. Planmäßig gelangen alle Fahrzeuge in den Streckeneinsatz, lediglich die kleine 399 104 wird normalerweise als Rangierlokomotive verwendet und ist selten auf der Strecke zu beobachten.
Wegen des gezeitenabhängigen Schiffsverkehrs sind auch die Fahrzeiten der Züge jeden Tag anders, im Kursbuch der Deutschen Bahnen sind sie im Schiffsfahrplan der Tabelle 10007 integriert.

Die kleine 399 104 (hier noch mit der alten Betriebsnummer) läuft vorrangig im Rangierdienst

REDAKTION: AXEL ENDERLEIN; AUFNAHMEN: NIEDT, WERNING, LINDENBLATT

605 002 bei Probefahrten in der Nähe von Zwickau: Der ICE-TD soll auch auf nichtelektrifizierten Strecken neue Komfortmaßstäbe setzen

Baureihe 605

Anschließend an die Bestellung der aktuellen ICE-Generationen ICE 3 und ICE-T für den Oberleitungsbetrieb erfolgte seitens der DB im Februar 1995 die Ausschreibung für einen vierteiligen Dieseltriebzug mit Neigetechnik und Ausstattung entsprechend dem ICE-Standard. Im Juli 1996 bestellte die DB beim Konsortium ICT-VT, welches sich unter der Federführung von Siemens aus den Firmen DUEWAG, DWA und Siemens zusammensetzte, 20 dieselelektrisch angetriebene Schnelltriebwagen mit Neigetechnik als zukünftige Baureihe 605. Festgelegt wurden seitens der DB die Höchstgeschwindigkeit von 200 km/h, 195 Sitzplätze sowie die maximale Radsatzlast von 14,5 t. Gefordert wurde weiterhin die gemeinsame Steuerung von bis zu drei Zügen 605 und als Neuheit auch die Doppeltraktionsfähigkeit mit dem elektrischen Triebzug ICE-T. In der Ausführung und im fahrgastrelevanten Bereich sollten die elektrischen Neigetechnikzüge des ICE-T – die DB-Baureihen 411 und 415 – als Vorbild dienen. Nachträgliche Änderungswünsche seitens der DB betrafen die Vergrößerung der kleinen Bistro-Küche hin zu einer Speisewagen-Küche sowie die Ausstattung aller Züge für Einsätze in der Schweiz.
Die Fertigung der Triebköpfe Züge erfolgte im Bombardier-Werk Ammendorf (vormals DWA), die Rohbauten erstellte Fiat Ferroviaria in Savigliano. Der Mittelwagen entstand bei Siemens-Duewag in Uerdingen , die Fahrzeugelektrik bei Siemens Verkehrstechnik in Erlangen.
Im Februar 1999 begann im Siemens-Prüfzentrum Wildenrath die Inbetriebnahme des ersten Zuges, im April schon konnten mit dem Zug 605 001 die ersten Probefahrten mit eigener Kraft auf dem Versuchsring durchgeführt werden. Auf der Strecke Hamm – Bielefeld fuhr ein 605 am 18. August 1999 erstmals die Geschwindigkeit von 200 km/h; Am 13. Februar 2000 erreichte der Zug 605 002 anlässlich von Schnellfahrversuchen auf der Strecke Göttingen – Hannover die Geschwindigkeit von 222 km/h und damit den deutschen Rekord für Brennkrafttriebfahrzeuge. Im Mai 2000 erfolgten mit dem 605 011 die Einstellungsfahrten für das Netz der Schweizerischen Bundesbahn im Raum Zürich. Ab Ende 1999 begann schließlich die Unterweisung des DB-Personales des Bh Hof, des zukünftigen Heimatstandortes der ICE-TD-Züge.
Der ICE-TD bietet durch das Einfügen eines weiteren, mit Stromabnehmer, Hochspannungsausrüstung, Transformator und Gleichrichter ausgestatteten Mittelwagens die Möglichkeit, einen Zweikraft-Triebzug zu bilden und damit auf elektrifizierten Strecken besonders wirtschaftlich betrieben werden zu können.

Technische Daten

Baureihenbez.	605.0+...605.5
Eigentümer	DB Reise & Touristik
Indienststellung	1999
Hersteller	Bombardier, Siemens
Achsformel	2'Bo'+Bo'2'+2'Bo'+Bo'2'
Länge über Kupplung mm	106.700
Dienstmasse t	217
Dieselmotor(en) Anzahl	4
Hersteller	Cummins
Leistung kW	560
Art der Kraftübertragung	elektrisch
Höchstgeschw. km/h	200
Sitzplätze 1. Klasse	41
2. Klasse	154
Gesamt	195

An einen Planeinsatz war noch lange nicht zu denken, als 605 511 in München zu Probefahrten weilte

Konstruktion

Ein Triebzug ICE-TD besteht aus zwei technisch identischen Triebköpfen 605.0 und 605.5 mit je 27.000 mm Länge sowie zwei wieder untereinander identischen Mittelwagen 605.1 und 605.2 mit einer Länge von je 25.000 mm, wobei je ein Triebkopf und der benachbarte Mittelwagen traktionstechnisch eine Einheit bilden. Die Wagenkästen wurden in einer gewichtssparenden spantenlosen Aluminium-Integralbauweise gefertigt. Die Kopfteile sind aus glasfaserverstärktem Kunststoff gefertigt und mit dem Rohbauunterteil verklebt. Jeder Einzelwagen besitzt zwei neuentwickelte Komfort-Drehgestelle des Typs Siemens-SGP SF 600, deren Rahmen als offener, doppelter H-Rahmen ausgeführt ist. Die Radsätze werden in einer Schwinge geführt.

Die Neigetechnik erlaubt einen maximalen Neigewinkel von 8 Grad nach jeder Seite. Die von Siemens entwickelte Neigetechnik mit dem elektromechanischen Stellantrieb ist vollständig im Drehgestell integriert. Neben der Luftfederung sind die Drehgestelle zusätzlich mit einem aktiven Querzentrierungssystem aus einem Paar elektronisch geregelter, pneumatischer Zylinder ausgestattet, welche den Wagenkasten auch bei schneller Bogenfahrt in Mittelstellung halten und somit unangenehme Querstöße vermeiden. Die beiden quer eingebauten, zweilagerigen schleifringlosen Drehstrom-Synchronmotoren des einen Triebgestelles jeden Wagens sind ebenfalls vollständig im Drehgestell integriert und treiben über eine Bogenzahnkupplung und Getriebe den zugehörigen Radsatz an. Jeder Wagen verfügt über einen wassergekühlten Cummins-Sechszylinder-Viertakt-Dieselmotor QSK 19-R mit einer Leistung von 560 kW in Unterflurbauweise, wie er auch beim RegioSwinger der Baureihe 612 verwandt wird. Der Dieselmotor und der direkt daran angeflanschte Generator sind auf einem gemeinsamen unterflurigen Tragrahmen aufgebaut. Dieser ist gegenüber den beiden Aggregaten als auch gegenüber dem Wagenkasten mittels Gummi-Metall-Elementen gelagert, um die Körperschallübertragung auf die Fahrgasträume zu vermindern. Die Generatoren eines Mittelwagens und des zugehörigen Kopfwagens weisen über Gleichrichterbrücken auf einen gemeinsamen Zwischenkreis, an den der Traktionswechselrichter im Kopfwagen und der Energieversorgungsblock zur Bereitstellung der elektrischen Hilfsbetriebeenergie in den Mittelwagen angeschlossen ist. Der wassergekühlte GTO-Wechselrichter versorgt die vier parallel geschalteten Fahrmotoren der beiden Wagen. Aus dem Zwischenkreis der Energieversorgung wird der Energieversorgungsblock (EVB) im Mittelwagen gespeist. Ein Energieversorgungsblock versorgt die verschiedenen Bordnetze eines Kopf- und eines Mittelwagens. Dazu werden über die IGBT-Eingangsmodule und den EVB-Zwischenkreis verschiedene IGBT-Drehrichter betrieben.

Die Leittechnik des ICE-TD besteht aus zwei redundanten Zugsteuergeräten (ZSG), welche die Traktionswertsollvorgaben für die Antriebssteuergeräte (ASG), die Bordnetz- und Hilfsbetriebesteuerung, die Befehlsvorgaben für die Subsysteme wie Klimaanlage oder Türsteuerung und die Kontrolle über den Multifunctional Vehicle Bus (MVB) und die Gateway-Kommunikation regeln. Als Steuerungselement übernimmt das ZSG die Auswertung der Bedienungselemente und die Ansteuerung der Anzeigen im Führerpult, die Traktionssollwertvorgabe für den gesamten Zug, die Automatische Fahr- und Bremssteuerung, das Ankoppeln der Zugsicherungssysteme LZB 80/16 für die DB und ZUB 262 für die Geschwindigkeitsüberwachung Neigetechnik sowie die SBB-Funktion, die Sifa-Funktion, die zentrale Weg- und Geschwindigkeitserfassung sowie die Steuerung des Vorbereitungs- und Abschlussdienstes. Die beiden ASG übernehmen die Steuerungs- und Regelungsaufgabe sowie die Diagnose- und Überwachungsfunktion für den Antrieb einer Traktionseinheit und steuern die beiden "Power Interface Module" der Dieselmotoren. Der ICE-TD verfügt über eine selbsttätig wirkende, mehrlösige Druckluftscheibenbremse der Bauart KE, Magnetschienenbremsen sowie eine elektrodynamische Widerstandsbremse.

Der Kopfwagen 605.0 verfügt über ein Großraum der 2. Wagenklasse mit 55 Sitzplätzen. Zwischen dem Führerraum und dem Einstiegsbereich ist eine Lounge mit acht Sitzplätzen eingerichtet. Zur Mitnahme von Fahrrädern kann der an den Einstiegsbereich anschließende Teil des Großraums auf eine Länge von 4.800 mm zu einem Fahrradabteil mit Haltemöglichkeiten für zehn Fahrräder umgestaltet werden. Im Mittelwagen 605.1 finden sich ein weiterer Großraum 2. Klasse mit 45 Sitzplätzen, das Eltern-Kind-Abteil, der behindertengerechte Bereich einschließlich eines WC, an den Wagenenden je ein weiteres WC sowie eine Telefonzelle. Der Mittelwagen 605.2 beinhaltet einen weiteren Großraum 2. Klasse mit 40 Sitzplätzen, die Bordküche, das Stehbistro, das Zugbegleiterabteil sowie zwei Toiletten am dem Kopfwagen 605.5 zugewandten Wagenende. Dieser reine 1. Klasse-Wagen verfügt über einen Großraum mit 35 Sitzplätzen und zwei Vierer-Sitzgruppen um je einen Tisch, welche durch halbhohe Abteilwände abgetrennt sind. Zwischen dem Einstiegsbereich und dem Führerraum bietet eine weitere Lounge sechs Fahrgästen der 1. Klasse den Blick durch den Führerraum auf die Strecke. Die Fahrgasträume werden durch eine Klimaanlage be- und entlüftet sowie beheizt. Die Beheizung erfolgt im Wesentlichen durch die Abwärme der Dieselmotoren, für den Bedarfsfall ist eine zusätzliche elektrische Beheizung des Wasserkreislaufes möglich.

Beheimatung

Hof

Betriebseinsatz

Ein ursprünglich für den Sommerfahrplan 2000 geplanter Einsatz auf der Strecke Nürnberg – Hof – Dresden konnte wegen der damals fehlenden Abnahme durch das Eisenbahn-Bundesamt nicht realisiert werden. Er wurde auf November 2000 verschoben. Ein weiteres Einsatzgebiet wird die Ablösung der lokbespannten EC-Garnituren auf der Allgäubahn von München über Lindau nach Zürich werden.

AUTOR: ENDERLEIN; AUFNAHMEN: KLAUS, VOLK

Von Nürnberg aus erschließen die „Pendolini" oder NeiTec-Züge, wie die Bahn die 610er gern nennt, wichtige Städte Frankens und der Oberpfalz

Baureihe 610 „Pendolino"

Vor über hundert Jahren setzte die Topographie dem Bahnbau oft Grenzen, doch bestand der Wunsch vieler Dörfer und Städte nach einem Bahnanschluß. Als Folge winden sich heute viele Strecken, vor allem in ländlichen Regionen, gemächlich in engen Bögen durch die Landschaft. Im Wettbewerb mit dem Pkw sind aber Schnelligkeit und Komfort mehr denn je gefragt. Linienverbesserungen, also die nachträgliche Begradigung von Bögen, und Gleisüberhöhungen können oft nur bedingt Abhilfe schaffen. Schon in den sechziger Jahren hatten sich die Ingenieure der Deutschen Bundesbahn und der Fahrzeugindustrie intensiv mit der Frage, wie die für die Reisenden unangenehmen Fliehkräfte überwunden werden können, beschäftigt. Nach entsprechenden Tests und Probefahrten wurden zwischen 1969 und 1972 zehn Triebzüge der Baureihe VT 624/924, bestehend aus zwei Trieb- und einem Mittelwagen, mit einer gleisbogenabhängigen Luftfedersteuerung zur Baureihe VT 634/934 umgerüstet. Der daraus entwickelte VT 614 wurde in Serie mit dieser Wagenkastensteuerung ausgestattet. Damals hielt man diese Technik jedoch noch nicht für ausgereift und kam wieder davon ab.

Unterdessen hatten sich auch andere europäische Bahnen intensiv mit dieser Thematik auseinandergesetzt. Auf der Suche nach Neigetechniken wurde die Deutsche Bundesbahn in Italien bei den dortigen Staatsbahnen und auch in Schweden und Spanien fündig. „Pendolino", „X 2000" und „Talgo" heißen die dort entwickelten Züge, mit denen der Fliehkraft ein Schnippchen geschlagen wird. Das ebenso einfache wie geniale Prinzip: diese Züge legen sich wie ein Motorradfahrer in die Kurve.

Im Jahre 1987 entschloß sich die Deutsche Bundesbahn, auf die Technik des italienischen „Pendolino" von FIAT zurückzugreifen. Auf dessen Grundlage entstand der deutsche Dieseltriebzug VT 610. Die Entwicklung dieses Fahrzeugs lief unter der Federführung von AMS Nürnberg unter Mitarbeit der DUEWAG für den mechanischen Teil und für den elektrischen Teil unter Leitung der Firma Siemens in Zusammenarbeit mit ABB und AEG. Die für den Einmannbetrieb konzipierte Triebwageneinheit setzt sich aus einem VT 610.0 und einem VT 610.5 zusammen und kommt als sogenannte Regional-SchnellBahn zum Einsatz.

Am 20. April 1989 wurde eine erste Serie von 10 Triebzügen in Auftrag gegeben. Drei Jahre später, am 31. Mai 1992, nahmen diese NeiTech-Fahrzeuge - so die DB-Bezeichnung - zwischen Nürnberg, Bayreuth und Hof ihren Betrieb als Regional-SchnellBahn (RSB) auf. Eine zweite Serie von 10 Einheiten rollte ein Jahr später aus der Fabrik.

Auf den ersten Blick erinnert das Äußere des VT 610 an die Triebwageneinheit 628/928, denn dieser bewährte Nahverkehrstriebwagen lieferte die Grundstruktur. Zusätzliche Vorgaben waren Einmannbe-

TECHNISCHE DATEN

Baureihenbezeichnung			610.0	610.5
Indienststellung (1. Jahr)			1992	1992
Hersteller			MAN (Generalunternehmer)	
Achsformel			2'(A1)'	(1A)'(A1)'
Länge über Puffer		mm	51.750	
Dienstmasse (bei 2/3 Vorräten)		t	47,45	47,9
Dieselkraftstoff		l	1000	1000
Dieselmotor(en)	Anzahl		1	1
	Hersteller		MTU	MTU
	Leistung	kW	485	485
	Drehzahl	U/min	2.100	2.100
Art der Kraftübertragung			elektrisch	
Höchstgeschwindigkeit		km/h	160	
Art der Zugheizeinrichtung			Warmwasserheizung und elektrische Zusatzheizung	
Anzahl der Sitzplätze			72	64

dienung, keine diagonal angeordneten Zustiege und komfortable Sitze für eine Fahrtdauer von bis zu 2 1/2 Stunden.

Konstruktion

Die Wagenkästen wurden mit Aluminium-Großstrangpreßprofilen in geschweißter, selbsttragender Bauweise hergestellt, was gegenüber der Stahlleichtbauweise eine Gewichtseinsparung von rund drei Tonnen je Wagenkasten bringt. Jeder Wagenkasten wird von zwei Drehgestellen getragen, die aus den von FIAT entwickelten Typen des ETR 450 entstanden. Wegen der Radsatzlast von 13 Tonnen ist das vordere Drehgestell des VT 610.0 als Laufdrehgestell ausgebildet und bei den anderen Drehgestellen wird jeweils der innere Radsatz angetrieben. Neben Schraubenfedern sorgt eine pneumatisch aktive Querfederung dafür, daß der Wagenkasten bei der Fahrt durch Gleisbögen genau mittig zum Drehgestell steht. Die gleisbogenabhängige Wagenkastensteuerung (GSt) der Bauart FIAT neigt bei der Fahrt durch Gleisbögen den Wagenkasten, der freischwingend an Pendellenkern aufgehängt ist, nach innen und vermindert so für die Reisenden die Seitenbeschleunigung. Sie ist im Vergleich zum spanischen „Talgo" ein „aktives" System. In den Drehgestellen befinden sich Beschleunigungsmesser, die im Zusammenspiel mit sogenannten „Kreiselgeräten" den Wagenkasten steuern. Sensoren erkennen dabei den Beginn und auch das Ende einer Kurve. Geneigt wird der Wagenkasten durch Hydraulikzylinder, die aus einem Hochdruckspeicher versorgt und über magnetische Ventile gesteuert werden. Der maximale Neigungswinkel beträgt acht Grad.

Verbunden ist die Einheit über eine verschraubte Kurzkupplung mit Hydraulikfeder. Der Übergang wird durch einen Faltenbalg geschützt. An den Stirnseiten befinden sich automatische Mittelpufferkupplungen. Die Einstiege sind wegen der Einmannbedienung direkt hinter dem Führerstand angeordnet. Neu sind die um 45° gedrehten Stufen, die auch bei unterschiedlichen Bahnsteighöhen ein bequemes Ein- und Aussteigen ermöglichen. Die Schwenkschiebetüren sind behindertengerechte 85 cm breit. Mit dem Türsteuerprogramm kann der Triebfahrzeugführer die Türen für die eine oder andere Fahrzeugseite freigeben und sie zentral mit Druckluft wieder schließen. Am Kurzkuppelende befinden sich vier weitere vis-à-vis angeordnete Türen. Bei der Anordnung der Sitze stand der Komfort im Vordergrund. In der 1. Klasse bieten 110 cm für Sitz und Beine genügend Freiheit und auch 85 cm in der 2. Klasse ermöglichen ein bequemes Reisen in der RegionalSchnellBahn. In jedem Triebzugteil gibt es zwei Fahrgasträume. Im VT 610.5 befindet sich die 1. Klasse mit 16 Sitzplätzen und vier Garderoben. In der 2. Klasse ist die

Der 610: wie ein Motorradfahrer in der Kurve!

BEHEIMATUNGEN

Betriebswerk Nürnberg 1

Hälfte der Sitze in Reihen bzw. vis-à-vis mit Tischen angeordnet. Einzelne in die Decke eingelassene Strahler können vom Fahrgast individuell ein- oder ausgeschaltet werden. Über den Fenstern befinden sich die Gepäckablagen, die durch ihre wechselseitige Anordnung ebenso das Interieur der Fahrgasträume beleben, wie das ansprechende Design von Sitzen, Wänden und den Wagendecken. Eine Zwangsbelüftung sorgt im Innern für frische Luft. Dabei wird im Bereich der Seitenwand Luft angesaugt und über ein Luftaufbereitungsgerät von der Decke her in den Fahrgastraum gedrückt; die verbrauchte Luft wird seitlich über den Fenstern durch den Dachbereich über Lüfter wieder abgeführt. Zentral gesteuerte Zugzielanzeigen zwischen den beiden Großräumen informieren die Reisenden über Fahrtstrecke und Ziel des jeweiligen Kurses.

Der Triebzug wird von zwei extrem abgas- und verbrauchsarmen MTU-Dieselmotoren vom Typ 12 V 183 TD 12 mit 12 Zylindern und Ladeluftkühlung, in Fahrt gebracht. Die für die Verbrennung erforderliche Luft saugen die Motoren über Gitter an den Seitenwänden und Trockenluftfilter an. Die Abgase werden durch Schalldämpfer und Steigrohre über das Dach abgeführt. Beide Motoren sind mit Siemens-Drehstromsynchrongeneratoren gekuppelt. Über Gelenkwellen treiben drei im Untergestell angeordnete AEG-Drehstromfahrmotoren jeweils das Radsatzgetriebe des innenliegenden Radsatzes eines Drehgestelles an. Sollten bei Störungen Spannungsspitzen auftreten, werden sie durch eine Rutsch-Kupplung abgebaut. Die elektrische Leistung wird von den Generatoren über Gleichrichter und einen Gleichspannungszwischenkreis auf den GTO-Traktionswechselrichter übertragen. Während der Fahrt wird der Zwischenkreis aus den Dieselmotor-Generator-Aggregaten versorgt, vor Ort über stationäre Zugvorheizanlagen. Gespeist werden die Hilfsbetriebe mit dreimal 400 Volt Drehstrom.

Die Fahrzeugsteuerung erfolgt über Siemens-Mikrocomputer SIBAS 16. In Vielfachsteuerung können bis zu vier Triebzüge von einem Führerraum aus bedient werden. Dem Standard der Deutschen Bundesbahn entsprechend, sind die VT 610 mit Sicherheitsfahrschaltung und induktiver Zugbeeinflussung ausgestattet. Ein punktförmiges Zugbeeinflussungssystem (ZUB 122) ergänzt die Indusi und überwacht in Gleisbögen die zulässigen Geschwindigkeiten. Ist dieses ZUB gestört oder der Triebzug überladen, darf nur mit normaler Streckengeschwindigkeit gefahren werden. Zugbahnfunk und Lautsprecheranlage gehören zur Grundausstattung.

Der Triebzug hat eine selbsttätige KE-Druckluftscheibenbremse mit elektronischem Gleitschutz, eine elektrische Widerstandsbremse und Magnetschienenbremsen. Die Feststellbremse ist eine Federspeichenbremse.

Beheizt werden die VT 610 mit einer Warmwasserkonvektionsheizung, die die Motorwärme nutzt. Sollte diese nicht ausreichen, sorgt eine elektrische Zusatzheizung für weitere Energie.

Betriebseinsatz

Die bisher ausgelieferten 20 Doppeleinheiten mit den Betriebsnummern 610 001–020 und 610 501–520 sind beim Betriebswerk Nürnberg 1 beheimatet.

Die ersten zehn Züge starteten ihren Einsatz am 31. Mai 1992 zwischen Nürnberg und Bayreuth bzw. Hof, wo sie die Fahrzeiten von 80 auf 57 Minuten bzw. von 130 auf 100 Minuten reduzierten.

Seit dem 23. Mai 1993 sind die weiteren VT 610 in der Region Nürnberg, Weiden, Schwandorf und Furth im Wald unterwegs, wo sie gemeinsam mit VT 628/928-Einheiten in einem Integralen Taktfahrplan verknüpft als RegionalSchnellBahn verkehren. Auch in Rheinland-Pfalz, Baden-Württemberg und Thüringen sowie im Allgäu und in der Eifel ist man an einem Einsatz dieser zweckmäßigen und zwischenzeitlich bestens bewährten Triebzüge sehr interessiert.

REDAKTION: HEIKO HAMANN; FOTOS: EISENSCHINK

Sorglos?
Gesichert ist der Betrieb auf der Linie Magdeburg – Güsten – Sangerhausen (Foto vom 12. Oktober 2003); doch auf drei anderen Strecken bestellte das Land Sachsen-Anhalt zum Fahrplanwechsel den Verkehr ab B. Schulz

611 010 in Gießen: Der Einsatz der 611 blieb jahrelang ein schlagzeilenträchtiges Problemkind

Baureihe 611

Um den Bedarf weiterer Bundesländer nach Neigetechnikzügen für den Regionalverkehr zu decken, bestellte die Deutsche Bahn AG im Herbst 1994 bei AEG Nürnberg 50 in der wagenbaulichen Konzeption dem 610 folgende Fahrzeuge zur Lieferung ab 1996 mit einer Option auf weitere 50 Fahrzeuge. Die AEG hatte mit der Firma Extel Systems Wedel (ESW) ein bisher im militärischen Sektor genutztes Antriebssytem zur elektronisch angetriebenen Neigetechnik "neicontrol E(r)" für den Einsatz in Schienenfahrzeugen weiterentwickelt, welches gegenüber dem bisher verwandten FIAT-System („Pendolino") den Vorteil der platzsparenden unterflurigen Bauweise bietet. Als Erprobungsträger diente ab dem Sommer 1995 der Zug 610 009/509 mit vier verschiedenen Drehgestell-Konfigurationen. Am 10. Juni 1996 erfolgte bei Adtranz der feierliche Roll-Out des ersten Zuges 611 004/504 statt.

Technische Daten

Baureihenbezeichnung		611.0 + 611.5
Eigentümer		DB Regio
Indienststellung		1996
Hersteller		Adtranz
Achsformel		2'B' + B'2'
Länge über Kupplung	mm	51.750
Dienstmasse	t	116
Dieselkraftstoff	l	2 x 1.300
Dieselmotor(en)	Anzahl	2 x 1
Hersteller		MTU
Leistung	kW	2 x 540
Drehzahl	U/min	2.100
Art der Kraftübertragung		hydraulisch
Höchstgeschwindigkeit	km/h	160
Sitzplätze		148

Konstruktion

Der Triebzug 611 besteht aus zwei technisch identischen kurzgekuppelten Einzelfahrzeugen 611.0 und 611.5. Neu gestaltet wurde gegenüber dem 610 vor allem der Frontbereich durch die tiefer herabgezogene Schräge unter der größeren Windschutzscheibe mit integrierter Zugzielanzeige. Die Drehgestelle am Kurzkupplungsende der Fahrzeuge dienen als Triebdrehgestelle. In den als geschlossene Kastenrahmen mit einer schraubengefederten Primärfederung und luftgefederter Sekundärfederung ausgeführten Drehgestellen konnte die gesamte Neigetechnik integriert werden. Die Neigetechnik "neicontrol-E(r)" ermöglicht eine Neigung des Wagenkastens um bis zu acht Grad durch einen bürstenlosen elektrischen Servomotor über Stirnradgetriebe und einem linearen Spindeltrieb. Über Gelenkhebel werden die Stellkräfte auf die Wiege des Drehgestelles übertragen und damit die Neigung des Wagenkastens über die Luftfedern auslöst. Mittels der Sensoren in den Drehgestellen werden die beim Bogeneinlauf auftretenden Reaktionskräfte erfasst und an die Leistungselektronik der Neigetechnik weitergegeben.

Je Triebwagen ist ein Zwölfzylinder-Dieselmotor des MTU-Typs 12 V 183 TD 13 schwingungsisoliert unterflur am Fahrzeugrahmen aufhängt. Die Kraftübertragung erfolgt über ein mikroprozessorgesteuertes hydrodynamisches Voith-Strömungsgetriebe der Bauform Wandler-Kupplung vom Typ T 312br und Gelenkwellen auf die beiden Achsen des Triebgestelles. Die Steuerung des Triebzuges erfolgt durch die elektronische Leittechnik "Geatrac II" mit einem 32-Bit-Prozessor mit Multi-Bus-Architektur. Es können vier Triebzüge von einem Führerstand gesteuert werden.

Durch die Unterbringung der gesamten Neigetechnik außerhalb des Fahrzeuges konnte der Innenraum des 611 gegenüber dem 610 vergrößert werden. Die bisherigen Gestaltungsmerkmale wurden weitgehend beibehalten, allerdings konnte die Anzahl der Sitzplätze auf nunmehr 148 erhöht werden.

Die Farbgebung der ersten Züge erfolgte noch in Grün-Kieselgrau, mit dem Zug 611 030/530 begann im August 1997 die Auslieferung der Fahrzeuge in verkehrsrot. Mittlerweile wurden schon einige ältere Fahrzeuge mit der neuen Farbgebung versehen.

Betriebseinsatz

Als erster Betriebshof wurde Kaiserslautern ab Juni 1996 mit den NeiTech-Triebwagen 611 bestückt. Die ersten Planeinsätze erfolgten zu Beginn des Winterfahrplans 1996/97 auf der Strecke Frankfurt am Main – Saarbrücken. Im Juli 2000 waren hier 30 Züge stationiert und befuhren auch den Karlsruher Raum sowie Strecken in Hessen und im Saarland. Weitere 20 Züge beheimatete der Bh Ulm für den Einsatz im Regionalverkehr in den Räumen Schwäbische Alb und Bodensee sowie zwischen Heilbronn und Stuttgart.

Beheimatung

Kaiserslautern, Ulm

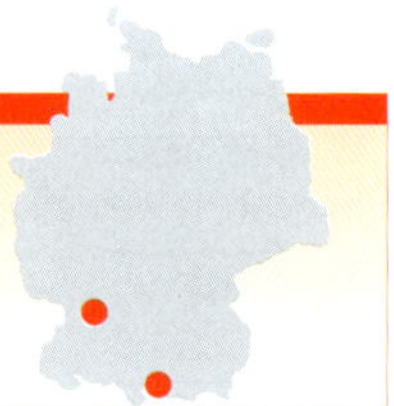

Wie kaum ein weiterer Vertreter der neuen DB-Fahrzeuge kamen die Dieseltriebwagen der Baureihe 611 immer wieder in die Schlagzeilen. Immer neue Pannen sorgten für Verzögerungen und verursachten teilweise sogar den vollständigen Abzug der 611er aus dem Plandienst, so dass lokbespannte Ersatzzüge notwendig wurden. Mit Beginn des Sommerfahrplanes 2000 konnte die DB die vollständige, aber immer noch nicht ganz störungsfreie Rückkehr aller 611er-Triebwagen in den Zugdienst vermelden.

AUTOR: ENDERLEIN; AUFNAHMEN: HEIDERICH

612 001 und 013 in Könnern: Der Regioswinger kam besser in Fahrt als sein Vorgänger 611

Baureihe 612

Als Nachfolger für den glücklosen NeiTech-Zug 611 entwickelte Adtranz noch vor Auslieferung des Vorgängers den firmenintern "Regio-Swinger" genannten zweiteiligen Triebwagen 612. Hierfür wurden die Baugrundsätze sowie die wesentliche Technik vom 611 übernommen, entscheidende Änderungen betreffen die Wahl der Dieselmotoren und die Gestaltung des aus glasfaserverstärktem Kunststoff hergestellten Führerhauses.

Auf der Fachmesse Innotrans in Berlin wurde im Oktober 1998 der erste Triebzug 612 001/501 vorgestellt. Im Frühjahr 1999 begannen die ersten Probefahrten in der Pfalz. Im Januar 2000 erfolgte die Abnahme der ersten Züge durch die DB, welche sie zunächst dem Bh Kaiserslautern zuteilte. Im Sommer 2000 löste die DB die Option über weitere 46 ab 2003 zu liefernde Triebzüge ein, so dass der Gesamtbestand 200 Fahrzeuge umfassen wird. Aufbauend auf der Konstruktion des 612 plant Adtranz einen vierteiligen Zug sowie weitere Varianten für den Regional- und Fernverkehr. Im Eigentum des Herstellers verbleibt der Prototyp, nummeriert als 612 901/902.

Beheimatung

Kaiserslautern, Erfurt, Leipzig

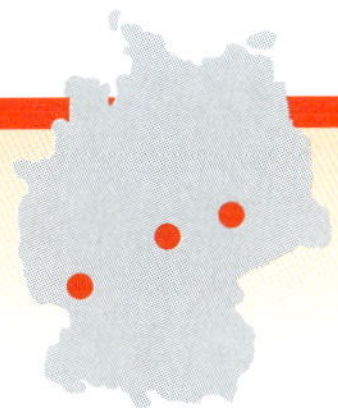

Konstruktion

Die Rohwagenkästen der technisch identischen Einzelfahrzeuge 612.0 und 612.5 sind selbsttragende spantenlose Schweißkonstruktionen aus Aluminium-Großstrangpressprofilen. Die Führerhäuser sind aus glasfaserverstärktem Kunststoff (GFK) gefertigt, ebenso die Führerpulte. Die Neigetechnik "neicontrol-E(r)" und die Antriebstechnik entsprechen denen des 611. Jeder Triebwagen verfügt über einen unterflur aufgehängten, elektronisch geregelten Sechszylinder-Dieselmotor QSK 19 der britischen Firma Cummins mit 559 kW Leistung. Die Kraftübertragung auf die Achstriebe der unter den Kurzkupplungsenden platzierten Triebdrehgestelle erfolgt hydraulisch über Voith-Strömungsgetriebe Tr 312 b. Die 612 sind verkehrsrot lackiert.

Betriebseinsatz

Im Juli 2000 gehörten 32 Züge der Baureihe 612.0/5 zum Bestand der DB. Sie waren bei den Betriebshöfen Kaiserslautern, Erfurt und Leipzig Süd beheimatet.

Technische Daten

Baureihenbezeichnung		612.0 + 612.5
Eigentümer		DB Regio
Indienststellung		1998
Hersteller		Adtranz
Achsformel		2'B' + B'2'
Länge über Kupplung	mm	51.750
Dienstmasse	t	116
Dieselkraftstoff	l	2 x 1.300
Dieselmotor(en)	Anzahl	2 x 1
Hersteller		Cummins
Leistung	kW	2 x 559
Drehzahl	U/min	2.100
Art der Kraftübertragung		hydraulisch
Höchstgeschwindigkeit	km/h	160
Sitzplätze		146

AUTOR: ENDERLEIN; AUFNAHME: MIETHE

Aufnahme: M. Beitelsmann

Zumeist trifft man die Triebzüge dreiteilig: an den beiden Enden jeweils einen Triebwagen BR 614 und dazwischen einen Mittelwagen der BR 914

Baureihen 614 und 914

Als Fortentwicklung für den Nah- und Bezirksverkehr entstand ab 1971 aus dem bewährten Dieseltriebwagen der Baureihe 624/634 die Baureihe 614 (Triebwagen)/914 (Mittelwagen), die sich äußerlich vor allem durch die neugestaltete schnittigere Kopfform ohne Stirnwandtüren und den zeitgemäßen Anstrich von ihrem Vorbild unterscheidet. Der Wagenkasten ist zur Mitte hin so verjüngt, daß er sich auch bei eingeschalteter gleisbogenabhängiger Wagenkastensteuerung (GSt) nur innerhalb des zulässigen Profils bewegt. Der dreiteilige Dieseltriebzug 614/914 bietet insgesamt 252 Reisenden Platz. Weiter sind für Verkehrsspitzen 77 Stehplätze ausgewiesen.

Die beiden Prototypen 614 001/914 001/614 002 und 614 003/914 002/614 004 wurden zunächst in Trier beheimatet und auf der Moselstrecke eingesetzt. In der Zeit der Pop-Wagen-Versuchslackierungen bei den Reisezugwagen der DB begann Mitte 1973 die Auslieferung der ersten 25 Serienfahrzeuge in der kieselgrau-blutorangen Farbgebung, die zusammen mit den Prototypen beim Bw Nürnberg Hbf beheimatet wurden. Zwischen 1975 und 1977 rollte schließlich die dritte und letzte Serie 614/914 aus dem Werk und wurde beim Bw Braunschweig beheimatet. Diese Züge erhielten den Anstrich in ozeanblau/beige. Insgesamt wurden 84 Triebwagen 614 und 42 Mittelwagen 914 gebaut, die normalerweise als drei- und vierteilige Garnituren, auch zusammen mit Mittelwagen 934, eingesetzt werden. Inzwischen werden die 614/914 anläßlich fälliger Neulackierungen in den aktuellen Farben der Regionalbahn, kieselgrau-grün, gespritzt.

Konstruktion

Die Wagenkästen dieses von der Waggonfabrik Uerdingen und von MAN entwickelten Leichttriebzuges sind aus leichten Walzprofilen und abgekanteten Blechen in selbsttragender Bauweise gefertigt, die MAN-Drehgestelle als leichte H-Rahmen ausgeführt. Das Triebdrehgestell befindet sich unter dem Gepäckraum. Der Wagenkasten wird durch Luftfedern abgefedert, auf die bei schneller Fahrt durch Gleisbögen die GSt wirkt. Untereinander sind die einzelnen Wagen durch eine Scharfenberg-Mittelpufferkupplung mit automatischer Kabelkupplung und pneumatischer Entkupplungseinrichtung verbunden.

Für die nötige Antriebskraft sorgt ein MAN-Dieselmotor vom Typ D 3650 HM 12 U. Dieser wassergekühlte Zwölfzylinder-Viertakt-Boxermotor hat eine Leistung von 367 kW (500 PS) und entspricht weitgehend dem des Vorgängertriebwagens VT 624/634. Über eine kurze Gelenkwelle gelangt die Antriebskraft vom Motor zum

TECHNISCHE DATEN

		614	914
Baureihenbezeichnung		614	914
Indienststellung (1. Jahr)		1972	1972
Hersteller		Waggonfabrik Uerdingen	
Achsformel		B'2'	2'2'
Länge über Puffer	mm	26.650	26.160
Zug	mm	79.460	
Dienstmasse (bei 2/3 Vorräten)	t	46	32
Dieselkraftstoff	l	700+100	160
Dieselmotor(en) Anzahl		1	-
Hersteller		MAN	-
Leistung	kW	367	-
Drehzahl	U/min	1.950	-
Art der Kraftübertragung		hydraulisch	
Höchstgeschwindigkeit	km/h	140	
Art der Zugheizeinrichtung		Warmwasserheizung, ölgefeuert	
Anzahl der Sitzplätze		80	92

Mitunter kommen auch zweiteilige Garnituren, also Triebwagen ohne Mittelwagen, zum Einsatz: 614 072, 083 und 084 in Kreiensen (1986)

Getriebe, einem Voith T 420r-Zweiwandlergetriebe mit Wendegetriebe. Von der Antriebswelle geht es weiter über eine lange Gelenkwelle zu den Radsatzgetrieben. Eine Leerlaufbelastungseinrichtung sorgt bei Leerlauf für ein besseres Abgasverhalten und verhindert sogenannten Blaurauch. Die Kraftstoffbehälter für 700 Liter je Triebwagen sorgen für den nötigen Energievorrat.
Gebremst wird der Zug mit einer mehrlösigen, lastabhängigen Druckluft-Scheibenbremse KE-P-A mit elektronischem Gleitschutz. Die Druckluft wird in einem zweistufigen vierzylindrigen Luftpresser erzeugt. Der 24-Volt-Gleichstrom zum Starten und Steuern der Maschinenanlage wird in jedem Triebwagen durch eine Drehstrom-Lichtmaschine mit nachgestaltetem Gleichrichter erzeugt. Ein 7,7-kW-Drehstromgenerator sorgt für die 110-Volt-Gleichspannung der Heizung und Beleuchtung. Ein 110-Volt/10-Ampère-Gleichrichter ermöglicht den Anschluß an das 220-Volt/50-Hertz-Ortsnetz, um bei abgestelltem Fahrzeug den für den Warmhaltebetrieb erforderlichen Strombedarf zu decken. Die Steuerung der Maschinenanlage geschieht

BEHEIMATUNGEN

Betriebswerke Nürnberg 1, Braunschweig

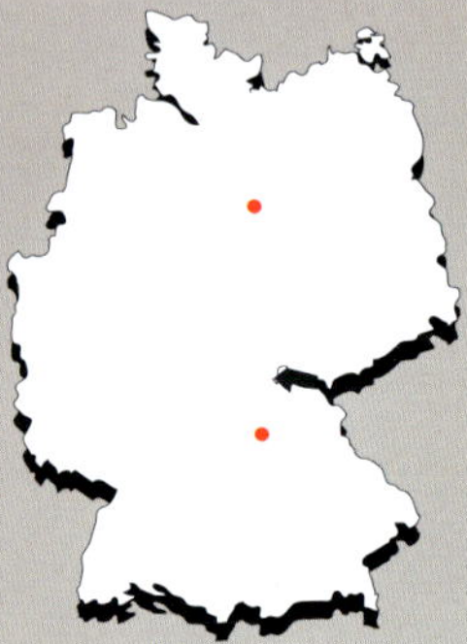

durch eine Vielfachsteuerung, so daß von einem Führerstand aus drei weitere Triebwagen, auch der Baureihe 624/634, gesteuert werden können. Die Maschinenanlage überwacht sich in den wichtigsten Funktionen selbst. Die Fahrzeuge besitzen Sicherheitsfahrschaltung, induktive Zugsicherung, Zugbahnfunk und eine Lautsprecheranlage zur Information der Reisenden.
In den beiden Triebwagen befindet sich hinter dem Führerraum ein kleiner Gepäckraum, der bis zur Betriebsnummer 614 054 mit Klappsitzen ausgestattet ist. Dahinter folgen ein 2.-Klasse-Großraum und ein Einstiegsraum mit Doppelschiebetüren. In der Mitte des Triebwagens befindet sich auch die Toilette. Es folgen wieder ein 2.-Klasse-Großraum sowie zwei 1.-Klasse-Abteile. Eine Pendeltür bildet mit dem Endeinstieg den Abschluß zum Mittelwagen VM 914, in den man durch einen mit staubdichten Gummifaltenbälgen geschützten Übergang gelangt. An den Enden des Mittelwagens befindet sich jeweils eine Toilette.
Schaumstoffpolster und abnehmbare Dralon-Plüsch-Bezüge sorgen für Sitzkomfort. Darüber befinden sich freitragende Gepäckablagen. Leuchtstarke blendfreie Mittelbandleuchten in den Fahrgastgroß- und Gepäckräumen sowie Einzelleuchten in den anderen Bereichen des Zuges bieten die erforderliche Helligkeit. Die Türen können vom Führerraum aus für die linke, die rechte oder beide Seiten gleichzeitig freigegeben oder auch geöffnet werden. Die Gepäckräume hinter den Führerständen können – allerdings nicht durch die Fahrgäste – durch zwei handbetätigte zweiflüglige Drehtüren erreicht werden. Die Sitze sind im Mittelgang in einer 2 + 2-Formation angeordnet.

Schließlich eine vierteilige Garnitur, farblich gemischt, im ehemaligen Bahnhof Wackersdorf

Betriebseinsatz

Die 54 Triebwagen 614 001 – 046, 051, 054, 071, 072, 075, 076, 083 und 084 sind zusammen mit 27 Mittelwagen 914 und sechs Mittelwagen 934 beim Bw Nürnberg 1 beheimatet, von wo aus sie in Franken und der Oberpfalz eingesetzt werden. Die restlichen Triebwagen sind zusammen mit 15 Mittelwagen 914 beim Bw Braunschweig zuhause, von wo aus sie, auch als gemischte 614/914/934/634-Garnituren, auf den nicht elektrifizierten Strecken im östlichen Niedersachsen fahren.

REDAKTION: HEIKO HAMANN; FOTOS: SCHULZ, HÖRSTEL, SANDNER

Bei den Serienfahrzeugen VT 24.6/VM 24.6 (BR 624.6/924.6) setzte sich die MAN-Kopfform durch

Baureihen 624/924 und 634/934

Als Ersatz für Dieseltriebwagen der Vorkriegsbauarten entwickelte das Bundesbahn-Zentralamt München mit MAN Nürnberg und der Waggonfabrik Uerdingen Dieseltriebzüge für den Nah- und Bezirksverkehr. Ursprünglich als zweiteilige Einheiten konzipiert, konnten sie aufgrund der starken Maschinenanlagen durch Mittelwagen verstärkt werden. MAN lieferte 1961 die Prototypzüge VT 23 501/ VM 23 501/VT 23 502 und VT 23 503/ VM 23 502/VT 23 504, Uerdingen die Züge VT 24 501/VM 24 501/VT 24 502 und VT 24 503/VM 24 502/VT 24 504, mit denen beim Bw Bielefeld die Betriebserprobung durchgeführt wurde.

1964 bis 1968 folgte die Serienfertigung von 80 Triebwagen VT 24.6 und 40 Mittelwagen VM 24.6, die äußerlich den MAN-Prototypen entsprachen und im Gegensatz zu denen von Uerdingen gerade Frontpartien aufwiesen. Um vierteilige Züge bilden zu können, folgten 1968 nochmals 15 Mittelwagen, die nach dem neuen Nummernsystem als reine 2.-Klasse-Wagen 924 441 bis 450 sowie mit 1. und 2. Klasse als 924 561 bis 565 geliefert wurden. Zur gleichen Zeit nahm die DB die Umnummerung der VT/VM 23.5 und VT/VM 24.5 in 624.5/924.5 und der VT.24.6/VM.24.6 zu 624.6/924.4 vor.

Der Zug aus 624 651, 924 422, 624 652 erhielt versuchsweise eine gleisbogenabhängige Steuerung (GSt) der Luftfederung, um den Fahrkomfort bei höheren Geschwindigkeiten zu verbessern. Nach guten Erprobungsergebnissen wurden ab 1969 insgesamt 25 Triebwagen und 17 Mittelwagen mit der GSt ausgerüstet und unter Beibehaltung der Ordnungsnummern in die Baureihen 634 und 934 umgezeichnet. Inzwischen ist die GSt abgeschaltet.

Von den 88 gelieferten Triebwagen sind heute noch 85 im Bestand der DB. In der ursprünglichen roten Farbgebung ist nur noch der Triebwagen 624 668 anzutreffen, alle übrigen Fahrzeuge erhielten ab 1975 den ozeanblau-beigen Anstrich, inzwischen gefolgt von den aktuellen Farben des Nahverkehrs kieselgrau-grün. Gegenwärtig werden die Innenräume modernisiert.

BEHEIMATUNGEN

Betriebswerke Braunschweig, Nürnberg 1, Osnabrück

Konstruktion

Die Fahrzeugteile der Trieb- und Mittelwagen bestehen aus Untergestellen, Wagenkästen und Drehgestellen. Wagenkasten und Untergestell sind aus leichten Walzprofilen und Blechen in Stahlleichtbauweise zusammengeschweißt. Die Kupplung der Fahrzeuge untereinander besorgen Scharfenberg-Mittelpufferkupplungen, während an den Stirnseiten der Triebwagen normale Zug- und Stoßeinrichtungen installiert sind.

Die gesamte Maschinenanlage einschließlich der Hilfsbetriebe ist unterflur am Fahrzeug angebracht. Als Antriebsmotor dient je Triebwagen ein Dieselmotor von MAN, Typ D 3650 HM 1 U mit 12 Zylindern . Die Kraftübertragung erfolgt entweder mit dem hydraulischen Zweiwandler-Getriebe T 420 r oder dem hydromechanischen Getriebe EMG S 350; beide sind untereinander tauschbar. Als Triebdrehgestell dient jeweils das unter dem Führerstand. Die übrigen Drehgestelle entsprechen der Bauart München-Kassel. Die Fahrzeuge besitzen die selbsttätige KE-Bremsen, Handbremse, Sicherheitsfahrschaltung, induktive Zugsicherung und Zugbahnfunk.

Die Triebwagen bieten in zwei Großräumen 62 Sitzplätze der 2. Klasse sowie in zwei Einzelabteilen je sechs Sitzplätze der 1. Klasse; die Mittelwagen führen in drei Großräumen der 2. Klasse 88 Plätze. Fünf Mittelwagen haben daneben auch Sitzplätze der 1. Klasse. Die Gepäckräume hinter den Führerständen sind mit Klappsitzen ausgestattet.

Betriebseinsatz

Alle 624/924 sind beim Bw Osnabrück beheimatet, ebenso 10 Triebwagen 634. Die übrigen 15 VT 634 sind zusammen mit 10 VM 934 in Braunschweig stationiert, sieben 934 dienen beim Bw Nürnberg 1 als Mittelwagen in 614/914-Garnituren.

TECHNISCHE DATEN

Baureihenbezeichnung			624	924	634	934
	bis 1968		VT 23.5[1]/24.5[1]/ VT 24.6[2]	VB 23.5[1]/24.5[1]/ VT 24.6[2]	–	–
Indienststellung (1. Jahr)			1961[1]/1964[2]	1961[1]/1964[2]		
Hersteller			Waggonfabrik Uerdingen, MAN			
Umbau (1. Jahr)					1969	1969
Achsformel			B'2'	2'2'	B'2'	2'2'
Länge über Puffer		mm	26.580	26.260	26.60	26.260
	Zug	mm	79.420		79.460	
Dienstmasse (bei 2/3 Vorräten)		t	40	32	43	32
Dieselkraftstoff		l	800	–	800	–
Dieselmotor(en)	Anzahl		1	-	1	-
	Hersteller		MAN	-	MAN	-
	Leistung	kW	331	-	331	-
	Drehzahl	U/min	1.900	-	1.900	-
Art der Kraftübertragung			hydraulisch	-	hydraulisch	-
Höchstgeschwindigkeit		km/h	120	120	120	120
Art der Zugheizeinrichtung			Warmwasserheizung, ölgefeuert		Warmwasserhz., ölgef.	

[1] Baumuster [2] Serienfahrzeug

REDAKTION: AXEL ENDERLEIN; FOTO: RIEDEL

Umdenken: Die Baureihe 628, hier im März 2003 bei Bogen in Bayern unterwegs, bekommt Gesellschaft. Unter der Ägide der Deutschen Bahn AG fahren immer mehr Triebwagen im Personenverkehr M. Niedt

Die 627.0 teilen sich mit Schienenbussen den Nahverkehrsdienst rund um Tübingen. Sie sind alle im Betriebswerk der Universitätsstadt beheimatet

Baureihen 627.0 und 627.1

Gemeinsam mit dem Bundesbahn-Zentralamt in München entwickelte die Maschinenbau GmbH Kiel (MaK) parallel zum zweiteiligen Triebzug 628 eine einteilige Variante BR 627, welche 1974 geliefert werden konnten. Vor allem für den Nah- und Bezirksverkehr bestimmt, sollten sie auch auf Hauptbahnen eingesetzt werden können. Doch die verkehrspolitischen Entwicklungen waren ausschlaggebend, daß der 627.0 nur in acht Exemplaren gebaut wurde. Zusammen mit der Prototypserie des zweiteiligen 628.1/928.1 kamen 1981 noch einmal fünf Prototypen 627.1 zur DB, jedoch unterblieb zugunsten der zweiteiligen 628.2/928.2 der Serienbau der einteiligen Fahrzeuge. Alle 627 besitzen seit ihrer Anlieferung den ozeanblau-beigen Anstrich.

Konstruktion

Der 627 besteht aus dem Wagenkasten und zwei Drehgestellen, einem Lauf- und einem Triebdrehgestell. Wie beim „großen Bruder" 628 ist auch der Wagenkasten des 627 aus leichten Walzprofilen und profilförmig gekanteten Blechen in Stahlleichtbauweise hergestellt. Außenwände, Dächer und Fußböden bestehen aus Stahlblechen. Entdröhnmaterial und Resonaflexmatten dienen der Vibrations- und Schalldämmung. Im Bereich der Maschinenanlage sorgt eine Schwermatte für zusätzliche Dämmung. Die H-förmigen Rahmen der Drehgestelle sind verwindungsweich in Leichtbauweise hergestellt und über Rahmenstützlager mit Gummiblockfedern auf den Radsatzlagern abgestützt. Der Wagenkasten selbst sitzt ohne zusätzlichen Wiegenträger auf den Drehgestellen und wird mit Luftfederbälgen abgestützt. Die Querfederung der Drehgestelle wird durch Gummipuffer begrenzt, und zur Dämpfung der Ausschläge sind hydraulische Dämpfer eingebaut. Die Zug- und Druckkräfte werden über eine Zug-Druckstange, die über ein Gummikugelgelenk am Wagenkasten befestigt ist, drehzapfenlos von den bzw. auf die Drehgestelle übertragen. Die Radsätze haben Leichtbau-Vollräder und sind in Zylinderrollenlagern gelagert.
Als Fahrmotoren sind entweder ein luftgekühlter 12-Zylinder-Motor von KHD, Typ BF 12 L 413 mit 390 PS oder ein wassergekühlter MB-Motor OM 404 mit 400 PS eingebaut. Als Strömungsgetriebe ist das hydraulische 2-Wandler-Getriebe der Bauart Voith T 320r installiert, versuchsweise auch mit hydrodynamischer Bremse. Die Radsatzgetriebe sind vom Typ Gmeinder teils als einfache Kegeltriebe, teils als Kegeltriebe mit Stirnradvorgelege ausgeführt. Motor und Getriebe sind elastisch am Untergestell aufgehängt und durch eine Gelenkwelle über eine elastische Kupplung miteinander verbunden. Weitere Gelenkwellen schaffen

TECHNISCHE DATEN

Baureihenbezeichnung		627.0	627.1
Indienststellung (1. Jahr)		1974	1981
Hersteller		MaK	MaK
Achsformel		B'2'	2'B
Länge über Puffer	mm	22.500	22.500
Dienstmasse (bei 2/3 Vorräten)	t	34	34
Dieselkraftstoff	l	725	725
Dieselmotor(en) Anzahl		1	1
Hersteller		MAN/KHD/KHD/Daimler-Benz	
Leistung	kW	213/221/392/294	287
Drehzahl	U/min	2.100/2.400	2.400
Art der Kraftübertragung		hydraulisch	hydraulisch
Höchstgeschwindigkeit	km/h	120	120
Art der Zugheizeinrichtung		Warmwasserheizung, ölgefeuert	
Anzahl der Sitzplätze		64	70

Die 627er haben übliche Zug- und Stoßeinrichtungen und können daher Reisezugwagen mitführen

zwischen dem Strömungsgetriebe und den Radsatzgetrieben die für die Kraftsübertragung notwendige Verbindung. Der Motor wird über einen elektronischen Drehzahlversteller in sieben Stufen geregelt. Der 725-Liter-Kraftstoffbehälter ist ebenfalls unterflur befestigt, er versorgt neben dem Fahrmotor auch die Heizung. Gebremst wird mit einer selbsttätigen lastabhängigen KE-Druckluft-Scheibenbremse mit elektronischem Gleitschutz und einer Magnetschienenbremse am Laufdrehgestell. Eine 100-Volt-Gleichstromanlage versorgt die Fahrzeugsteuerung, die Beleuchtung und die Heizung. Bei Stillstand des Motors übernimmt diese Aufgabe eine 9 x 12-Volt-Bleibatterie mit der Kapazität von 204 Ah. Das Gleichrichtergerät von 110 Volt und 10 Ampére ermöglicht auch den Anschluß an das 220-Volt-Netz. Die Fahrsteuerung ist so ausgelegt, daß bis zu sechs Maschinen der BR 627 und 628 von einem Führertisch aus gesteuert werden können. Alle Maschinenanlagen überwachen sich in ihren wichtigsten Funktionen selbst. Die Fahrzeuge besitzen Sicherheitsfahrschaltung, induktive Zugsicherung und Zugbahnfunk.

Der 627 ist in zwei größere Abschnitte eingeteilt: den Einstiegsbereich mit Führerstand und Gepäckraum und den Fahrgastraum. Der Fahrgastraum und bietet auf Doppelgegensitzen insgesamt 64 Reisenden Platz. Die Sitze sind mit Textilien, die Kopf- und Armlehnen mit Kunstleder bezogen. Es steht eine ölgefeuerte Warmwasserheizung zur Verfügung; der Belüftung dienen elektrisch angetriebene Dachlüfter.

Die Außentüren haben eine lichte Weite von 77 cm und sind als einflüglige Schwenkschiebetüren mit Druckluftbetätigung. Die Steuerung ermöglicht die Freigabe der Türen der linken, der rechten oder auch beider Fahrzeugseiten gleichzeitig. Daneben ist für den Einmannbetrieb eine vereinfachte Einzeltürsteuerung vorgesehen.

Besonderheiten 627.1: Wurden bei den Prototypen noch Mittelpufferkupplungen der Bauart Scharfenberg mit elektropneumatischer Entkupplungseinrichtung und automatischer Kupplung der Steuer- und Luftleitungen verwendet, haben die 627.1 Zug- und Stoßeinrichtungen der Regelbauart. Die VT 627.0 sind inzwischen entsprechend umgebaut worden.

Der Wagenkasten ist um 700 mm auf 22,7 Meter verlängert, wodurch im Mehrzweckraum etwa ein Quadratmeter Fläche mehr zur Verfügung steht. In diesem Gepäckraum sind sechs Klappsitze angebracht. Die Sitze im Fahrgastraum sind wechselnd in Reihen und via-à-vis angeordnet. Um Reisenden im Rollstuhl die unkomplizierte Mitfahrt zu ermöglichen, sind die lichten Türweiten auf 850 mm vergrößert. Die Stufen der Einstiege liegen zueinander im Winkel von 45°, was bei allen gebräuchlichen Bahnsteighöhen das bequeme Ein- und Aussteigen erlaubt.

BEHEIMATUNGEN

Betriebswerke Kempten (Allgäu), Tübingen

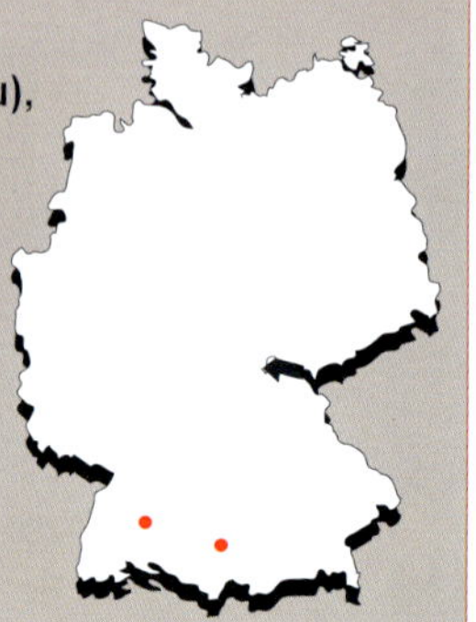

Betriebseinsatz

Die acht 1974 ausgelieferten Baumuster waren während der Testphase bei den Betriebswerken Kempten (Allgäu) und Braunschweig beheimatet und belegten dort Schienenbus-Umläufe. Zeitweilig gehörten dann sowohl die 627.0 als auch die 1981 ausgelieferten 627.1 zum Bw Kempten (Allgäu). Die 627.0 wurden 1985 zum Bw Tübingen umgesetzt, wo sie bis heute unverändert stationiert sind.

REDAKTION: HEIKO HAMANN; FOTOS: HÖRSTEL, C. MÜLLER

Die Triebwagenzüge der Baureihen 628.0 und 628.1/928.1 sind im Bw Kempten konzentriert. Im Bild: 628 009 auf dem Wege nach Fils (Österreich)

Baureihen 628.0, 628.1/928.1

Schon Ende der sechziger Jahre, als die veranschlagte Nutzungszeit der Schienenbusse abgelaufen war, wurde der Ruf nach einem neuen komfortableren und leistungsfähigeren Triebwagen laut. Die hohen Vorhaltungskosten der damals eingesetzten VT 612/613 und der hohe Energieverbrauch sowie die ständigen Zwischenladungspausen der elektrischen Akku-Triebzüge 515 taten dabei ein Übriges. Erste Überlegungen wollten am System des Schienenbusses festhalten. Da die neuen Fahrzeuge jedoch auch im Regionalverkehr und auf Hauptbahnen eingesetzt werden sollten, mußten an die Höchstgeschwindigkeit, an die Bremsanlagen und auch an den Komfort des neu zu entwickelnden Fahrzeuges höhere Anforderungen gestellt werden. Prämisse war dabei, daß die Betriebskosten gegenüber den Kosten der Schienenbusse nicht steigen durften. Das Ergebnis der gemeinsam vom Bundesbahn-Zentralamt München und der Waggonfabrik Uerdingen 1972 begonnenen Entwicklungsarbeiten war der aus zwei gleichen, motorisierten Triebwagen bestehende Leichttriebzug 628.0/628.0 mit 136 Sitzplätzen und parallel dazu der einteilige Leichttriebwagen VT 627.0 mit 64 Plätzen.

Nur zwei Jahre später gingen die ersten zwölf dieser Triebwagen-Einheiten VT 628.0 in die praktische Erprobung. Doch das erste Serienfahrzeug war noch nicht in Sicht, entbrannte bereits eine Diskussion über die angeblich "mangelnde Leistungsfähigkeit" dieses neuen Fahrzeugs. Je länger allerdings die Erprobungszeit dauerte, um so mehr verstummten diese Kritiker. Nach der praktischen Testphase kam man schließlich zu dem Ergebnis, daß dieser neuentwickelte Triebzug für den Nahverkehr hervorragend geeignet sei! Doch gerade um diese Zeit wurde mehr denn je darüber gestritten, wie eigentlich der Nahverkehr der Zukunft aussehen soll. Statt eines Auftrags für den Bau von Serienfahrzeugen – das erste sollte 1978 aus dem Werk rollen – stand eine drei- bis vierjährige Warteschleife auf dem Programm. Denn zunächst mußten von politischer Seite die Aufgaben des künftigen Schienenpersonennahverkehrs neu definiert werden. Erst dann konnte konkret gesagt werden, wieviel Fahrzeuge dafür gebraucht werden. Zwischenzeitlich waren die Ingenieure eifrig beim Weiterentwickeln. Und als es dann soweit war, präsentierten sie unter anderem neue, leistungsfähigere Motoren. Sorgten bis dahin im Prototyp 628.0 zwei Motoren mit zusammen 400 kW für das Fortkommen dieses Dieseltriebzuges, brachte diese erforderliche Leistung jetzt ein Motor alleine auf die Schiene. Damit war es möglich, ohne Leistungs-Einbußen den Doppeltriebwagen in einen Trieb- und einen

TECHNISCHE DATEN

Baureihenbezeichnung		628.0/628.0	628.1/928.1
Indienststellung (1. Jahr)		1974	1981
Hersteller		Waggonfabrik Uerdingen/MaK Kiel	
Achsformel		2'B'+B'2'	2'B'+2'2'
Länge über Puffer	mm	44.350	45.150
Dienstmasse (bei 2/3 Vorräten)	t	2 x 32	34,7+26,3
Dieselkraftstoff	l	2 x 675	800+200
Dieselmotor(en) Anzahl		2	1
Hersteller		MAN/KHD	Daimler-Benz
Leistung	kW	2 x 213/2 x 221	357
Art der Kraftübertragung		hydraulisch	hydraulisch
Höchstgeschwindigkeit	km/h	120	120
Art der Zugheizeinrichtung		Warmwasserheizung, ölgefeuert	
Anzahl der Sitzplätze		72+72	72+79

Durch das Fehlen von Unterflur-Aggregaten lassen sich die Steuerwagen 928.1 leicht erkennen

Steuerwagen (VT und VS) zu trennen. Weitere Veränderungen wie der Einbau nur einer Toilette, die Reduzierung der Einstiege je Seite von vier auf drei und die Ausstattung für Einmannbetrieb sollten gegenüber dem Ursprungsfahrzeug einen noch wirtschaftlicheren Einsatz garantieren. Die Entwicklungsarbeiten wurden von der Waggonfabrik Uerdingen AG und der Fa. MaK Kiel in Zusammenarbeit mit dem Bundesbahn-Zentralamt München durchgeführt.
1981 wurden die ersten Einheiten des weiterentwickelten VT 628.1/VS 928.1 ausgeliefert, dann zwei Jahre lang getestet und im praktischen Einsatz erprobt. Das Ergebnis konnte sich sehen lassen, denn Marktuntersuchungen sprachen von einer hervorragenden Eignung und einer sehr guten Akzeptanz bei den Reisenden. Die vier Triebwagen 628 006, 007, 016 und 017 wurden durch den Ausbau ihrer Motoren zu Steuerwagen umgebaut, sie erhielten zum 1. März 1991 in der genannten Reihenfolge die Nummern 928 023, 024, 021 und 022.

BEHEIMATUNGEN

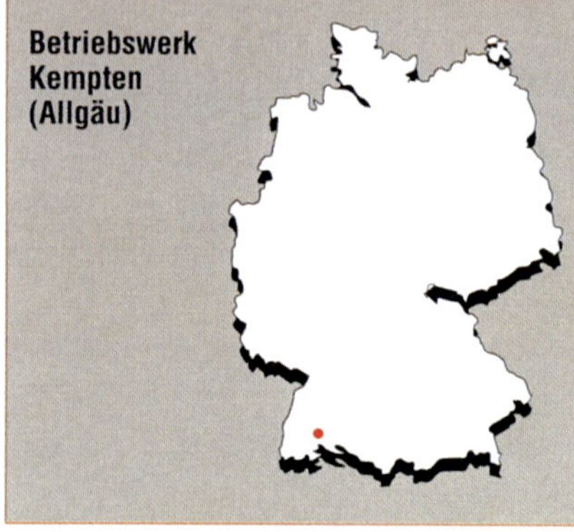

Konstruktion

Jeder Wagen besteht aus dem Wagenkasten und zwei Drehgestellen, bei den Triebwagen sind es ein Lauf- und ein Triebdrehgestell. Aus leichten Walzprofilen und profilförmig gekanteten Leichtstahl-Blechen entstanden die Wagenkasten. Ein besonderes Augenmerk galt dabei der Geräusch- und Wärmedämmung. Abschied nahm man von der Mittelpufferkupplung der Prototypen und ging wieder zu den herkömmlichen Zug- und Stoßeinrichtungen über. Der Wagenübergang ist durch einen Faltenbalg geschützt. Dort beim Kurzkuppelende sind zwei diagonal angeordnete Einstiege. Der Wunsch, den VT 628/928 auch im Einmannbetrieb einsetzen zu können, ließ bei den Führerständen größere Mehrzweckräume entstehen. Klappsitze bieten Platz für Reisende, es können aber auch ohne Probleme Fahrräder oder größere Gepäckstücke transportiert werden. Der Fahrersitz wird durch einen Zugluft- und Blendschutz geschützt. Die Stufen der dortigen Einstiege sind im 45 Grad-Winkel angeordnet und ermöglichen so ein bequemes Ein- und Aussteigen. Die Türen lassen sich mit Druckluft zentral öffnen und schließen und können für jede Fahrzeugseite freigegeben werden. "Spürt" die Tür beim Schließen einen Widerstand, führt sie aus Sicherheitsgründen eine Reversierbewegung aus, das heißt, sie öffnet sich nochmals. Die Außentüren sind Schwenkschiebetüren, die mit ihrer lichten Weite von 85 cm auch für Rollstuhlfahrer geeignet sind. Klappsitze in der Fahrzeugmitte bieten entsprechenden Raum. Ebenfalls zentral in der Mitte befindet sich am Ende des VT die Toilette. Die Sitze sind in Reihe angeordnet. Durch einen Richtungswechsel entstand jedoch jeweils in der Mitte des VT und des VS und auch an den Fahrzeugenden eine vis-à-vis-Bestuhlung. Der sogenannte Sitzteiler, also der Raum, der für einen Sitz zur Verfügung steht, ist mit knapp 82 cm noch nicht so großzügig wie bei späteren Fahrzeuggenerationen, etwa dem VT 610 mit über 85 cm in der 2. Klasse. Die Gepäckablagen sind längs angeordnet und für das rechte Licht sorgen ebenfalls längs angeordnete Lichtbänder.

Die Belüftung der Innenräume erfolgt durch sieben elektrisch angetriebene Dachlüfter. Geheizt wird mit einer Hagenuk-Warmwasserheizung, gleichzeitig kann auch die Wärme des Motorkühlwassers genutzt werden.
Der wassergekühlte Daimler-Benz-Dieselmotor „OM 424 A" hat 12 Zylinder und bringt eine Leistung von 357 kW (490 PS). Der Motor und das hydraulische Zwei-Wandler-Getriebe T 320 r von Voith sind elastisch am Untergestell aufgehängt und über eine elastische Kupplung und eine Gelenkwelle miteinander verbunden. Weitere Gelenkwellen bringen die Kraft zu den beiden Radsatzgetrieben im Triebdrehgestell. Über einen elektrischen Drehzahlversteller kînnen sieben Motordrehzahlen eingestellt werden. Die erforderliche Verbrennungsluft wird über ein Gitter an der Seitenwand angesaugt und durch einen Trockenluftfilter gereinigt. Die Auspuffgase werden durch Steigrohre über das Dach abgeführt. Der 800 Liter fassende Kraftstoffbehälter des VT 628 ist unterflur angeordnet und versorgt sowohl Motor als auch die Wagenheizung. Beim VS ist stattdessen ein kleiner 250-Liter-Heizölbehälter installiert. Die für Türschließeinrichtung und Bremsen erforderliche Druckluft wird mit einem Motorluftpresser erzeugt.
Eine 110-Volt-Gleichstromanlage versorgt die elektrischen Einrichtungen des Triebzuges und die Fahrzeugsteuerung. Die Lichtanlaßmaschine hat eine Leistung von 12 kW und wird bei stillstehendem Motor von einer parallel geschalteten 9 x 12 Volt-Bleibatterie mit 200 Amperestunden abgelöst. Ein Gleichrichtergerät mit 110 V und 10 Ampere macht bei Warmhaltebetrieb während des Stillagers den Anschluß an das 220 Volt-Ortsnetz möglich.
Die elektrische Fahrzeugsteuerung wird mit 110 Volt betrieben. Eine Vielfachsteuerung erkaubt es, daß bis zu sechs Fahrzeuge von einem Führerstand aus bedient werden können. Alle wichtigen Funktionen der Maschinenanlage werden ständig selbsttätig überwacht.
Wie der Wagenkasten ist auch der Rahmen der zweiachsigen Luftfeder-Drehgestelle in Leichtbauweise gefertigt. Gebremst wird mit einer selbsttätigen lastabhängigen KE-Druckluftscheibenbremse und Magnetschienenbremsen. Die Züge verfügen über Sicherheitsfahrschaltung, induktive Zugsicherung und Zugbahnfunk.

Betriebseinsatz

Zusammen mit den drei VT 628.1-Einheiten sind die 628.0 beim BW Kempten beheimatet. Unterwegs sind sie zwischen Eichstätt Bahnhof und Eichstätt Stadt sowie in der Region Schwaben/Allgäu, wo sie mit ihren moderneren Nachfahren, den VT 628.2/VS 928.2, in einem verknüpften „Integralen Taktfahrplan" ein attraktives und zugkräftiges Angebot bieten.

REDAKTION: HEIKO HAMANN; FOTOS: RAMPP, RIEDEL

628 659 als Regionalbahn im Bahnhof Storkow (Mark)

Baureihen 628.2-7,9; 629

Die zwischen der DB und einzelnen Bundesländern geschlossenen Rahmenvereinbarungen über die zukünftige Entwicklung des Schienenpersonennahverkehrs sicherten den Serienbau von Nahverkehrstriebwagen auf der Basis der 628.1. Während deren Betriebserprobung und anhand von Marktuntersuchungen wurde die Ausführung des zukünftigen Serientriebzuges 628/928.2, mit technischen als auch komfortsteigernden Verbesserungen, konkretisiert. Im Juni 1985 erhielt die Industrie den Auftrag zum Bau von 150 Nahverkehrstriebzügen 628/928.2. Der Bau der Fahrzeuge wurde in Gruppen von jeweils 50 Zügen an die Firmen Duewag, MBB und LHB vergeben. Ein Teil des MBB-Kontingents musste allerdings von LHB und Duewag übernommen werden. Ende 1986 konnte der 628/928 201 der DB zur Erprobung bei der Versuchsanstalt Minden übergeben werden. Zwischen März 1987 und September 1989 erfolgte die Inbetriebnahme aller Fahrzeuge.

Bereits ein Jahr nach der Ablieferung des letzten 628.2 bestellte die DB im September 1990 bei der Industrie eine zweite Serie mit 63 Fahrzeugen. In deren Entwicklung flossen die im mittlerweile fünfjährigen Einsatz der ersten Serientriebzüge gemachten Betriebserfahrungen mit ein. Insbesondere die Einstiege in Zugmitte hatten sich als zu schmal dimensioniert erwiesen. Weiterhin war eine Erhöhung der Motorleistung gewünscht, um die Höchstgeschwindigkeit auch auf 140 km/h anheben zu können. Wegen der Bauartunterschiede wurde die neue Serie nunmehr als Baureihe 628/928.4 geführt. Als federführender Hersteller wurde Duewag beauftragt, ein Konsortium, bestehend aus Duewag, LHB und AEG (als Nachfolger des ostdeutschen Herstellers LEW in Hennigsdorf) für den mechanischen Teil sowie ABB, AEG und Siemens für die elektrische Ausrüstung zu führen. Für den Einsatz in den neuen Bundesländern kam es im Sommer 1991 zu einer Erhöhung der Serie um weitere 73 Triebzüge, Anfang 1993 erfolgte eine nochmalige Aufstockung der Serie auf 189 Züge. Die Bestellung einer dritte Serie mit 120 Fahrzeugen direkt im Anschluss an die zweite Serie ließ schließlich die Gesamtzahl der von der DB bestellten neuen Triebzüge einschließlich der zweimotorigen Unterbauart auf 309 Triebzüge anwachsen, die in einem Zeitraum von gut drei Jahren zwischen November 1992 und Januar 1996 geliefert wurden. Die vorgesehenen 628 405 – 408 wurden ab Werk

Technische Daten

			628.2/928.2	628.4/928.4	629
Baureihenbez.			628.2/928.2	628.4/928.4	629
Indienstellung			1987	1992	1995
Hersteller			Duewag, LHB, MBB	AEG, Duewag, LHB	AEG
Achsfolge			2'B'+2'2'	2'B'+2'2'	2'B'+B'2'
Länge über Puffer		mm	45.400	46.400	46.400
Dienstmasse		t	66,9	69,9	84
Kraftstoffvorrat		l	960+240	1.000+250	2x1.000+250
Motor	Anzahl		1	1	2 x 1
	Hersteller		MB	MTU	MTU
	Leistung	kW	410	485	2x485
	Drehzahl	U/min	1.950	2.100	2.100
Kraftübertragung			hydraulisch	hydraulisch	hydraulisch
Höchstgeschwindigkeit		km/h	120	120	120
Zugheizung			Warmwasser	Warmwasser	Warmwasser
Sitzplätze			143	146	144

628 256 gehörte zur ersten Großserie der 628er – zu erkennen an dem zweiten Türfenster

an die "Eisenbahnen und Verkehrsbetriebe Elbe-Weser" (EVB) geliefert, 628 505 und 506 sind im Besitz der luxemburgischen Staatsbahn CFL und 628 679 und 680 wurden nach Vorführfahrten von der rumänischen Staatsbahn SNCFR gekauft, so dass nur 301 der hellgrün-lichtgrau lackierten Triebzüge in den Bestand der DB gelangten. Im Mai 1995 wurde schließlich noch der 628 677 an die Westerwaldbahn verkauft. Da die Betriebsnummern nicht neu vergeben wurden, entstanden Lücken in der durchgehenden Nummerung der 628.4, die luxemburgischen Fahrzeuge tragen weiterhin die DB-Nummern unter ihrem CFL-Emblem und werden auch durch die DB gewartet.
Für den Einsatz auf der steigungsreichen Strecke Mainz - Alzey war für die Triebwagen 628 460 - 463 zunächst die Kupplung zweier Motorwagen vorgesehen. Endgültig wurden fünf zweimotorige Triebwagenzüge gebaut. Der dem 628.4 entsprechende Triebwagen wurde als 628.9 bezeichnet, der 629.0 entspricht mit dem 1. Klasse-Abteil dem 928.4. Im Jahre 2000 entstand eine sechste 628.9/629-Garnitur durch den Umbau des 628 522 und dem unfallbeschädigten Steuerwagen 928 607, der einen Motor eingebaut bekam. Ausgeliefert wurden alle Fahrzeuge in dem ab 1987 geltenden Farbschema kieselgrau-mintgrün für Regionalbahnfahrzeuge, doch wurde mittlerweile eine beträchtliche Anzahl an Zügen verkehrsrot umlackiert.

Konstruktion

Als Fahrmotor des 628.2 dient der aufgeladene Daimler-Benz-Motor OM 444 A mit einer Leistung von 410 kW. Für den 628.4 konnte MTU einen bahntauglichen Dieselmotor mit Ladeluftkühlung mit einer um 20 Prozent höheren Leistung gegenüber dem bisher eingesetzten Motor anbieten, der MTU-Motor 12 V 183 TD 12 mit Abgasturboaufladung leistet 485 kW. Eine weitgehende Umgestaltung der Unterflur-Bodengruppe der 628.4 erforderte vor allem der gegenüber der Motorkühlanlage etwa halb so große Ladeluftkühler zur Wärmereduzierung der dem Motor aus den Abgasturboladern zugeführten Ladeluft. Der weitere Antrieb vom Motor erfolgt über eine Gelenkwelle und bei den 628.2 über ein Zweiwandler-Getriebe, bei den 628.4 über ein Wandler-Kupplungs-Getriebe. Die Steuerung und selbsttätige Überwachung der Maschinenanlage, der Drehzahlregelung des Motors und der Türsteuerung geschieht durch das Mikrocomputer-System MICAS von BBC/ABB. Die Vielfachsteuerung ermöglicht den Betrieb von drei Triebzügen von einem Führerstand aus. Als Betriebsbremse dient eine selbsttätige und lastabhängige, auf die beiden Wellenscheiben jeden Radsatzes wirkende Druckluftbremse mit mikroprozessorgesteuertem Gleitschutz. Die Magnetschienenbremsen werden bei Schnellbremsungen aktiviert. Der Versorgung des 110-Volt-Stromnetzes für die elektrische Ausrüstung und die Fahrzeugsteuerung dienen eine direkt durch den Dieselmotor angetriebene Anlass-Lichtmaschine sowie eine über ein eingebautes Gleichrichtergerät aus dem Ortsnetz nachladbare Bleibatterie. Äußerlich unterscheiden sich die Serien-628 von den Vorgängerfahrzeugen durch die neu gestaltete Stirnpartie mit dem höher liegenden "Knick" und dem in die Frontscheibe integrierten Zugzielanzeiger mit durch das integrierte Bordinformationssystem gesteuerten Anzeigemodulen. Die Durchgangsbreite der Übergänge zwischen Trieb- und Steuerwagen konnte durch die Verwendung eines Faltenbalges vergrößert werden. Die Steuerwagen 928.2 erhielten erstmals ein Erste-Klasse-Abteil mit zehn Sitzplätzen. Der Zweite-Klasse-Großraum im Steuerwagen enthält 48 Plätze für Raucher, derjenige des Triebwagens 64 für Nichtraucher, am jeweiligen Kurzkupplungsende befinden sich je zwei Klappsitze, um Stellmöglichkeiten für Rollstühle zu erhalten. Die Bestuhlung der ersten Klasse besteht aus Sitzen für Luxus-Reiseomnibusse, die der zweiten Klasse aus Systemsitzen. Die für den Einbau von Fahrscheinautomaten vorbereiteten Mehrzweckräume sind mit Klappsitzen ausgestattet, für die Beförderung von Fahrrädern sind besondere Halterungen vorhanden. Die Führerstände sind durch verglaste Wände und Türen abgeschlossen. Die wesentliche wagenbauliche Änderung der 628.4 ist die Vergrößerung des Einstieges am Kurzkupplungsende von bisher 1 050 mm auf nunmehr 1 680 mm. Hier findet jetzt eine elektropneumatisch betätigte Doppel-Schwenkschiebetüre mit einer lichten Öffnungsweite von 1 280 mm Verwendung. Durch diese rollstuhl- und kinderwagenfreundlicheren Einstiege mußte der Überhang des Wagenkastens am Kurzkupplungsende um 500 mm verlängert werden, was zur Einhaltung des Lichtraumprofiles einen seitlichen Einzug des Wagenkastens um 55 mm bedingte. Die spoilerartig unterhalb der Puffer angebrachten Unterfahrschutzbleche sorgen für mehr Sicherheit bei Unfällen. Aus dem NeiTech-Triebwagenzug VT 610 wurde der neue Aufbau des Fußbodens aus mehreren Lagen schalldämmenden Materials auf dem mit Spritzisolierung versehenen Wellblechboden übernommen. Die Abmessungen und die Aufteilung der neben der neuen Bestuhlung und Beleuchtung auch im Farbdesign überarbeiteten Innenräume wurde beibehalten. Durch den Fortfall der Kofferboxen erhöhte sich die Sitzplatzzahl der ersten Klasse auf zwölf Plätze. Die Beheizung erfolgt durch die Abwärme des Motorkühlwassers, zum Vorwärmen und bei tiefen Temperaturen kann zusätzlich eine ölgefeuerte Warmwasserheizung der Bauart Hagenuk genutzt werden.

Betriebseinsatz

Die Triebwagen der Baureihe 628 gehören nach wie vor in ganz Deutschland zum gewohnten Bild. Dagegen sind die 628.9 und 629 in ihrem Einsatzgebiet eingeschränkter: Sie gehören zum Bestand des Bh Kaiserslautern, wo auch die beiden Triebwagen der CFL unterhalten werden.

Beheimatung

Kaiserslautern, Kiel, Gießen, Kempten, Dortmund, Neustrelitz u.a.

AUTOR: WERNING; AUFNAHMEN: MIETHE, VOLK

Ein weiterer Neuling für den deutschen Nahverkehr: der Triebwagen der Baureihe 640

Baureihen 640, 648

Im Juni 1996 bestellte die DB 30 Triebwagen des Typs "LINT 27", der von LHB Salzgitter als Weiterentwicklung des 1994 im Modell präsentierten, aber nie gebauten "Leichten Innovativen Nahverkehrs-Triebwagens" (LINT) angeboten wurde. Die neue LINT-Reihe ist im Gegensatz zu ihrem projektierten Vorgänger voll EBO-tauglich. Die einteilige Ausführung bleibt bislang DB Regio vorbehalten. Weitere Fahrzeuge dieses Typs fanden bisher nur in der zweiteiligen Variante "LINT 41" Käufer – darunter die DB selbst, denn sechs der Zweiteiler sollen als BR 648 bei DB ZugBus Schleswig-Holstein eingereiht werden. Ende 1998 stellte das nunmehr als Alstom-LHB-Werk Salzgitter firmierende Werk den ersten 640 fertig, der 1999 und 2000 mit den ersten Schwesterfahrzeugen ausgiebig erprobt wurde.

Konstruktion

Der Wagenkasten ist eine als verwindungssteife Röhre ausgeführte Stahlleichtbaukonstruktion, das Untergestell besteht aus verschweißten Stahlprofilen. Die jeweiligen Wagenendköpfe wurden dabei als Schutz vor eventuellen Auffahrunfällen verstärkt, die Wagendächer werden aus Abkantprofilen in herkömmlicher Gerippebauweise geschweißt. Die Köpfe selbst sind aus vorgefertigten GFK-Formteilen mit dem Rohbau verklebt. Der Boden ist im Hinblick auf optimale Schalldämpfung in Sandwichbauweise aus Mineralwolle, Blech, Sperrholzplatten und Kautschukbelag hergestellt worden. Zwischen den Drehgestellen befindet sich der Niederflurbereich der Fahrzeuge, wo die Fußbodenhöhe auf 598 mm über SO abgesenkt wurde. Beim 648 ruhen die beiden Wagenkästen auf einem gemeinsamen Jakobsdrehgestell. Wie alle Neubautriebwagen der Reihen 640-648 besitzen die Fahrzeuge Scharfenbergkupplungen für freizügige Zugbildungen. Der 640 erhielt auf jeder Fahrzeugseite zwei doppelflügelige Schwenkschiebetüren, der 648 hingegen nur eine Tür pro Triebkopf.
Motorisiert sind die Wagen unterflur mit einem 315-kW-Dieselmotor von MTU, der 648 besitzt zwei Antriebsanlagen. Die Aufhängung des Motors beim 640 bedingt die asymmetrische Anordnung des Niederflurbereichs, deutlich an den etwas versetzten Einstiegstüren zu sehen. Neben einer hydrodynamischen Retarderbremse besitzen die Wagen noch je eine am Triebdrehgestell angebrachte Magnetschienenbremse und eine elektropneumatisch gesteuerte Scheibenbremse.
Im Innenraum befindet sich ein geräumiger Mehrzweckraum mit Vakuum-WC im Niederflurbereich. Im kürzeren Hochflurbereich gibt es ein kleines 1.-Klasse-Abteil, beim 640 bestehend aus acht Sitzplätzen mit Tischchen. Der 648 wird 16 Sitzplätze in der 1. Klasse bieten.

Betriebseinsatz

Die 30 einteiligen 640er sollen zusammen mit den 643ern ab Herbst 2000 von Dortmund und Essen aus die Strecken Münster – Gronau bzw. – Coesfeld befahren. Gleiches gilt für mehrere von Duisburg ausgehende Strecken sowie die Relationen Siegen – Bad Berleburg und Finnentrop – Olpe. Die 648 werden von Kiel aus über Husum nach St. Peter-Ording eingesetzt und gemeinsam mit den baugleichen Fahrzeugen der Nord-Ostsee-Eisenbahn zwischen Neumünster und Kiel pendeln.

Technische Daten

Baureihenbezeichnung	640	648
Indienststellung	1999/2000	1999/2000
Hersteller	Alstom-LHB	Alstom-LHB
Achsformel	B'2'	B'(2) B'
Länge ü. Kuppl. mm	27.260	41.810
Eigengewicht	40,9 t	63,5 t
Dieselmotoren Anzahl	1	2
Hersteller	MTU	MTU
Leistung kW	315 kW	2x315 kW
Art der Kraftübertragung	hydrodynamisch	
Höchstgeschwindigkeit km/h	120 km/h	
Zugheizung	Warmwasser, Öl-Zusatzheizung	
Sitzplätze	52	98

AUTOR: WERNING; AUFNAHME: B. SCHULZ

Auf der InnoTrans 2000 präsentierte sich der neue 641 der Firma Alstom-LHB der Öffentlichkeit

Baureihe 641

Im Oktober 1996 bestellte die DB AG weitere vierzig einteilige Nahverkehrstriebwagen. Erstaunlicherweise war dies aber kein Folgeauftrag an die bereits bestellten 640er, sondern an den aus dem gleichen Hause stammenden "Transport Express Regionaux": Die Bezeichnung deutet bereits die französisch geprägte Herkunft an: Auch die französische Staatsbahn SNCF bekundete seinerzeit Interesse an der Beschaffung neuer Triebwagen für den Regionalverkehr, so dass beide Bahngesellschaften zur Kosteneinsparung ein gemeinsames Fahrzeug orderten. Geleitet wird das Projekt dann auch vom französischen Hersteller De Dietrich, der ebenfalls zum Alstom-Konzern gehört. Hauptunterschied zum 640 ist die zweite Motorenanlage des nun als Baureihe 641 bezeichneten und futuristisch designten Wagens, wodurch der Triebwagen eine Leistung über 500 kW erreicht. Der erste neue 641 ging Anfang 2000 in den langwierigen Prozess der Betriebszulassung, mit Planeinsätzen ist ab 2001 zu rechnen.

Technische Daten

Baureihenbezeichnung	641
Indienststellung	2000
Hersteller	De Dietrich / Alstom-LHB
Achsformel	(1A)'(A1)'
Länge über Kupplung	28.900 mm
Eigengewicht	47 t
Dieselmotoren Anzahl	2
Hersteller	MAN
Leistung kW	257
Art der Kraftübertragung	hydrodynamisch
Höchstgeschwindigkeit km/h	120 km/h
Zugheizung	Warmwasser, Öl-Zusatzheizung
Sitzplätze	63

Konstruktion

Ähnlich wie beim 640 befindet sich ein Niederflurbereich mit 550 mm über SO zwischen den beiden Drehgestellen. Der gesamte Wagenkasten besteht aus einer geschweißten Aluminiumkonstruktion und den beiden hochgezogenen Untergestellenden. Diese Kopfstücke sind so konstruiert, dass im Falle einer Kollision oder eines Aufpralls die gesamte Aufprallenergie absorbiert wird und der eigentliche Fahrgastraum schadensfrei bleibt. Er soll auch bei einer Längskraft von 1.500 kN noch verformungsfrei bleiben. Auf den Kopfenden sind die eigentlichen Führerräume aufgesetzt, die wiederum aus GFK-Formteilen miteinander und dem Wagenkasten verklebt wurden.
Die Bremsanlage besteht aus einer hydrodynamischen Retarderbremse im Getriebe sowie über elektropneumatisch gesteuerte Scheibenbremsen.

Der Antrieb erfolgt mittels zweier 257-kW-MAN-Sechszylindermotoren, die jeweils unter den Führeräumen angebracht sind, und über Voith-Strömungsgetriebe. Aus Platzgründen muss ein Teil der Aggregate im Dach des Wagens über dem Niederflurbereich untergebracht werden.
Im Gegensatz zu den anderen neuen Regionaltriebwagen besitzt der 641 nur einflügelige Türen. Im Niederflurbereich ist neben einem Mehrzweckraum und dem Vakuum-WC ein Großteil der 2. Klasse angeordnet. Ein achtsitziges 1.-Klasse-Abteil befindet sich in einem der beiden Hochflurbereiche.

Betriebseinsatz

Durch seine ausgesprochen starke Motoranlage ist der 641 ein für den Steilstreckendienst prädestiniertes Fahrzeug. Im Frühjahr 2000 allerdings absolvierte das Fahrzeug erst einmal Probefahrten auf einem Testring in der Tschechischen Republik. Die Strecken, auf denen das einteilige Fahrzeug später einmal verkehren soll, sind bis dato noch nicht endgültig festgelegt. Doch lässt sich absehen, in welche Regionen es den Triebwagen der Baureihe 641 einmal verschlägt: Als Einsatzstrecken bieten sich die Linien im Thüringerwald, im Schwarzwald, im Erzgebirge sowie im Westerwald an. So ist zu vermuten, dass die Deutsche Bahn AG den Neuling auf den von Limburg ausgehenden Bahnen nach Siershahn und Au ebenso einsetzt wie auf den Strecken Weimar – Kranichfeld oder Basel – Waldshut.

AUTOR: WERNING; AUFNAHME: MIETHE

In Thüringen schon im planmäßigen Einsatz: der Desiro, bei der DB AG als Baureihe 642 bezeichnet

Baureihe 642

In ihrer ersten großen Regionaltriebwagenbestellung im Juni 1996 wurden von der DB bei Siemens-Duewag 150 Triebzüge einer modifizierten Variante des von der Dürener Kreisbahn her bekannten Regiosprinters in Auftrag gegeben. Der Triebwagen, der nun letztlich aus dieser Bestellung hervorging, hat aber mit dem ursprünglichen Regiosprinter praktisch nichts mehr zu tun.
Offensichtlich auch wegen fehlender Marktchancen verabschiedete sich Duewag von seinem nur begrenzt EBO-tauglichen Regiosprinter-Konzept, das letztlich nur bei der DKB, der Vogtlandbahn sowie bei dänischen Privatbahnen Abnehmer fand.
Die als Reihe 642 an die DB gelieferten Triebwagen gehören nun zur 1998 gegründeten "Desiro"-Familie des Herstellers und stellen zweiteilige Dieseltriebzüge dar, dessen beide angetriebenen Fahrzeugteile ähnlich wie bei dem für Schleswig-Holstein gelieferten 648 auf einem mittigen Jakobsdrehgestell aufliegen. Auffällig ist auch wieder das Design, das wie beim »Talent« (BR 643/644) von Alexander Neumeister gestaltet wurde.
Etwas ungewöhnlich wirkt die Zugzielanzeige, die unterhalb der Frontfenster angebracht ist. Im Herbst 1999 wurde mit dem 642 002/502 der erste Zug fertig gestellt, seit Mai 2000 sind die ersten neuen 642-Einheiten in Thüringen im Planeinsatz zu bewundern.

Konstruktion

Die Wagenkästen der beiden Fahrzeugteile des 642 bestehen aus einer verwindungssteifen Röhre, gebaut in Aluminium-Integralbauweise ähnlich wie die des ICE. Die Fahrzeugköpfe entstehen als selbsttragende GFK-Schale in Sandwichbauweise und werden mit dem ebenfalls auf diese Weise hergestellten Fußboden im Kopfbereich verklebt. Die Antriebsanlagen befinden sich unter den Hochflurbereichen zwischen Einstieg und den Triebdrehgestellen, verwendet werden MTU-Motoren mit 275 kW Leistung. Die Leistungsübertragung erfolgt über ein hydrodynamisch-mechanisches 5-Gang-Ecomat-Getriebe mit Anfahrwandler. Die Einheiten verfügen über verschleißfreie Retarderbremsen, eine direkte elektropneumatische Bremse, eine indirekte pneumatische Bremse und Magnetschienenbremsen an den Triebdrehgestellen. Auch diese Baureihe kann mittels Scharfenbergkupplung mit den anderen Baureihen der Gruppe 640-648 gekuppelt werden. Den Wagenübergang stellt ein Doppelwellenbalg her.

Zwischen den beiden zweiflügeligen Einstiegen liegt der Niederflurbereich mit Sitzplätzen der 2. Klasse. Im Triebkopf 642.0 ist ein Mehrzweckraum mit Vakuum-WC vorhanden, zwölf 1.-Klasse-Sitzplätze bietet der Hochflurbereich des 642.5.

Einsatz

Durch die hohe Stückzahl von 150 Garnituren werden die 642 ein weit verbreitetes Einsatzgebiet in Deutschland erhalten. Für den Standort Erfurt, der als Erstes die neuen 642 zugewiesen bekam, sind immerhin 45 Garnituren für den Einsatz in Thüringen vorgesehen. 40 Züge sollen in Sachsen stationiert werden, wo von Chemnitz und Dresden aus u.a. die Strecken ins Erzgebirge zur Bedienung vorgesehen sind. In Bayern sollen 58 Garnituren vor allem die Baureihe 628 verdrängen, hier steht die Strecke Nürnberg Nordost – Gräfenberg u.a. auf dem Programm. Dem Einsatz auf der Außerfernbahn wird allerdings die Stilllegung der Strecke offenbar zuvorkommen. In deutlich kleinerer Stückzahl wird vermutlich auch Rostock (7 Wagen für Wismar – Rostock) weitere Fahrzeuge dieses Typs erhalten. Eine geplante Beheimatung in Darmstadt ist allerdings offen.

Technische Daten

Baureihenbezeichnung	642
Indienststellung	2000
Hersteller	Siemens-Duewag
Achsformel	B'(2) B'
Länge über Kupplung	41.700 mm
Eigengewicht	66 t
Dieselmotoren Anzahl	2
Hersteller	MTU
Leistung kW	275
Art d. Kraftübertr.	hydrodynamisch-mechanisch
Höchstgeschwindigkeit km/h	120
Zugheizung	Warmwasser, Öl-Zusatzheizung
Sitzplätze	110

AUTOR: WERNING; AUFNAHME: HEYM

Ein neues Fahrzeug für den Regionalverkehr: der 643 aus der „Talent"-Familie

Baureihen 643, 644

Die "Talent"-Familie ist sicherlich die eindrucksvollste Variante der neuen Regionaltriebwagen, zumal sie zusammen mit der Reihe 650 bereits im Jahre 2000 in nahezu kompletter Stückzahl zur Verfügung steht. Der Talent (Talbots Leichter Nahverkehrstriebzug) wurde eigentlich geplant, um in die Auftragsbücher der Waggonfabrik Talbot neues Leben zu bekommen. Talbot setzte auf ein innovatives Aussehen und ließ den ICE-Designer Neumeister die patentierte Kopfform eines Modells gestalten, das in die Auslieferung des bekannten zweiteiligen Talent-Prototypen im Jahre 1996 mündete. Im Juni 1996 bestellte die DB insgesamt 120 Triebwagen in zwei Varianten, wobei die Bestellung später noch aufgestockt wurde. Die markante Form des Talent inspirierte zwischenzeitlich auch die anderen Hersteller neuer Triebwagen, so dass die Formgestaltung der Reihen 642 und 646 auch auf die neue stärkere Betonung des Designs zurückgeht.

DB Regio entschied sich für eine dieselelektrische S-Bahn-Variante, die besonders sprintstark für das »Mitschwimmen« auf der Kölner S-Bahn-Stammstrecke sein sollte (BR 644). Die 45 bestellten Einheiten wurden in mehreren Etappen auf 63 erhöht. Nicht weiter erhöht wurde die Stückzahl einer dieselmechanischen Überlandvariante BR 643 (75 Garnituren), die weniger Eingänge aufweisen, deutlich preiswerter und geringer motorisiert sein sollte. Leider waren vor allem die 644 nicht vor »Kinderkrankheiten« gefeit, die den Talenten zunächst schlechte Presse lieferten.

Technische Daten

Baureihenbezeichnung	643	644
Indienststellung	2000	1998
Hersteller	Bombardier/Talbot	
Achsformel	B´(2) (2) B´	
Länge über Kupplung	43.860 mm	52.160 mm
Eigengewicht	72,7 t	75 t
Dieselmotoren Anzahl	2	2
Hersteller	MTU	MTU
Leistung kW	315	505
Art der Kraftübertr.	hydrodyn.mech.	elektrisch
Höchstgeschw. km/h	120 km/h	120 km/h
Zugheizung	Warmwasser, Öl-Zusatzheizung	
Sitzplätze	120	120

Konstruktion

Die Einheiten des 643 und 644 bestehen aus drei Wagen, zwei Endwagen mit äußerem Triebdrehgestell und einem mittig eingesetzten antriebslosen Mittelwagen (BR 943 bzw. 944), der auf Jakobsdrehgestellen fest mit den Triebköpfen verbunden ist und im Betrieb nicht getrennt werden kann. Die Wagenkästen bestehen aus einem geschweißten Untergestell, auf dem ein Stahlgerippe mit aufgeklebter und aus Kunststoff hergestellter Außenhaut montiert ist. Auch die Fahrzeugdächer und die Fenster sind eingeklebt. Die Fahrzeugköpfe bestehen auch beim Talent aus GFK-Formteilen. Die Überlandversion 643 ist mit je zwei 315 kW-MTU-Motoren ausgestattet, während der 644 mit je zwei 505 kW-MTU-Motoren deutlich leistungsstärker ist.

Gebremst wird "dreistufig" über die im Getriebe integrierte Retarderbremse (nur beim 643, der 644 besitzt eine elektrische Widerstandsbremse), Scheibenbremsen an allen Achsen sowie Magnetschienenbremsen an den Triebdrehgestellen. Der 643 überträgt die Motorleistung über ein hydrodynamisches mechanisches Ecomat-Getriebe mit Anfahrwandler, während der dieselelektrische 644 über nachgeschaltete Synchrongeneratoren und die auf dem Dach angebrachte Leistungselektronik die eigentlichen 300 kW starken ELIN-Drehstromasynchronfahrmotoren betreibt.

Die Triebzüge der Reihe 644 besitzen auf jeder Fahrzeugseite sechs breite Einstiege mit doppelflügeligen Schiebetüren, der deutlich kürzere 643 dagegen nur drei Türen. Der Niederflurbereich ist komplett zweitklassig, in jeweils einem Endwagen befindet sich ein großer Mehrzweckraum.

Betriebseinsatz

Die letzten Exemplare der Baureihe 643 werden derzeit ausgeliefert. Haupteinsatzgebiet ist neben Rheinland-Pfalz, wo von Kaiserslautern aus die Strecken nach Kusel und Lauterecken-Grumbach bedient werden, sowie gemeinsam mit der Reihe 640 der linke Niederrhein, das Ruhrgebiet und das Münsterland. Die Baureihe 644 ist fast vollständig in Köln beheimatet und bedient vor allem die Aggertalbahn Köln – Gummersbach und den Regionalverkehr um Euskirchen. Drei Einheiten des 644 kommen auf der Expo-Strecke Bielefeld – Dissen-Bad Rothefelde zum Einsatz.

AUTOR: WERNING; AUFNAHME: WERNING

Die Trennung von Antriebseinheit und Fahrgastraum macht den 646 zu einer Besonderheit unter den neuen Dieseltriebwagen

Durch die Unterbringung der Antriebsanlagen im Mittelcontainer können die beiden Steuerwagen weitgehend von Geräusch- und Vibrationsquellen getrennt werden. Die Steuerwagen sind wiederum in einen Hoch- und Niederflurbereich getrennt, wobei sich im 946.5 ein Mehrzweckabteil befindet. Ein 15-sitziges 1.-Klasse-Abteil befindet sich im 946.0. Die an die Usedomer Bäderbahn gelieferten 946.1/646.1/946.6 unterscheiden sich von der DB Regio-Version in erster Linie durch die Bestuhlung, das Fehlen der 1. Wagenklasse und die leicht unterscheidliche Fußbodenhöhe. Die Steuerwagen besitzen auf jeder Wagenseite je eine doppelflügelige Einstiegstür.

Baureihe 646

Einen ungewöhnlichen Weg beschreitet die Konstruktion der Baureihe 646, die auf das vom Schweizer Hersteller Stadler entworfene Konzept von der völligen Trennung von Fahrgast- und Antriebsbereich zurückgeht. Der "GTW 2/6" ist eigentlich dreiteilig ausgeführt: Kernstück ist ein Antriebscontainer in Zugmitte, auf dem die beiden antriebslosen Steuerwagen in beide Fahrtrichtungen aufliegen. DB Regio entschied sich vergleichsweise spät für eine Beschaffung des GTW 2/6 und orderte erst 1998 bei einem Herstellerkonsortium (DWA / Bombardier und Adtranz) insgesamt 44 Einheiten, von denen 14 Stück für den Einsatz bei der DB-Tochter Usedomer Bäderbahn bestimmt wurden. Auch die übrigen 30 Einheiten sollen ausschließlich bei DB Regio Berlin/Brandenburg zum Einsatz kommen, so dass diese Baureihe zu einer rein "ostdeutschen" Type wird. Während die DB-Fahrzeuge im bekannten Verkehrsrot lackiert werden, hat sich die UBB für eine eigenwillige, weiße Farbgebung mit angedeuteten blauen "Ostseewellen" entschieden.

Konstruktion

Die beiden Steuerwagen, die jeweils die Bezeichnungen 946.0 und 946.5 erhalten, werden in einer kombinierten Schraub-/Schweiß-Konstruktion aus Aluminium gefertigt, wobei vor allem die der Gesamtstabilität dienenden Teile geschweißt werden. Das Dach wird in Aluminium-Sandwichbauweise hergestellt und mit den Dachlängsträgern verklebt. Auch beim 946 ist der Fahrzeugkopf ein GFK-Produkt, das mit dem Wagenkasten verklebt wird. Getrennt betrachtet werden muss hier der Kasten des kurzen Antriebscontainers 646: Er wurde in Gerippebauweise als geschweißte und verwindungssteife Stahlkonstrukltion hergestellt. Einige Streben in den Seitenwänden sind herausnehmbar angebracht, damit von außen Elemente der Antriebseinheit leichter ausbaubar sind.

Die DB-Fahrzeuge der Reihe 646 sind allesamt dieselelektrisch ausgeführt. Der Antriebscontainer besitzt grundsätzlich auch Durchgangsmöglichkeiten für den Fahrgastverkehr, und so sind beiderseits des Durchgangs die Antriebsanlagen in getrennten "Maschinenräumen" untergebracht. Als Motor wird ein aufgeladener MTU-Motor mit 550 kW Leistung verwendet, der einen Drehstrom-Synchrongenerator betreibt, der wiederum zwei Adtranz-Drehstromasynchronmotoren mit je 262 kW Leistung speist. Auch dieser Triebzug besitzt eine elektrodynamische Widerstandsbremse, direkte elektropneumatische Bremse und eine indirekte pneumatische Bremse, außerdem Magnetschienenbremsen.

Betriebseinsatz

Die Usedomer Triebwagen werden auf dem Streckennetz der UBB zwischen Peenemünde, Zinnowitz Ahlbeck eingesetzt, wo sie die bisher hier eingesetzten "Ferkeltaxen" der Reihe 771 ablösen. Außerdem kommen sie im nun eröffneten durchgehenden Verkehr zwischen Zinnowitz und Züssow zum Einsatz. Das Einsatzgebiet bei DB Regio Berlin/Brandenburg umfasst die RE-Linie Berlin-Charlottenburg – Rheinsberg/Wittstock, Berlin-Lichtenberg – Beeskow, Berlin Wannsee – Jüterbog, Fürstenwalde – Bad Saarow-Pieskow – Beeskow und Rathenow – Belzig.

Technische Daten

Baureihenbezeichnung	646.0	646.1
Indienststellung	2000	2000
Hersteller	Bombardier-DWA/Adtranz	
Achsformel	2'Bo 2'	2'Bo 2'
Länge ü. Kupplung	38.660 mm	38.660 mm
Eigengewicht	55,6 t	56,1 t
Dieselmotoren Anzahl	1	1
Hersteller	MTU	MTU
Leistung kW	550 kW	550 kW
Art der Kraftübertr.	elektrisch	elektrisch
Höchstgeschw. km/h	120 km/h	120 km/h
Zugheizung	Warmwasser	
Sitzplätze	93	111

AUTOR: WERNING; AUFNAHME: KLEIN

Der Regioshuttle wird immer mehr zum Rückgrat des Nahverkehrs auf nichtelektrifizierten Strecken

Baureihe 650

Unter dieser Baureihenbezeichnung verbirgt sich die DB-Variante des bereits bei zahlreichen Privatbahnen mit großem Erfolg eingesetzten Adtranz-Triebwagens "RegioShuttle". Insgesamt 47 Exemplare hat die Deutsche Bahn AG geordert, die als 650 001 – 027 und 100 – 119 bezeichnet werden. Die unterschiedliche Nummerierung deutet nicht etwa auf Bauartunterschiede hin, sondern auf unterschiedliche Geldgeber! Denn die Fahrzeuge mit den Ordnungsnummern 100 bis 119 wurden vom Land Baden-Württemberg finanziert. Eingesetzt werden die Wagen von Tübingen und Ulm aus für die DB-Tochtergesellschaft ZugBus Regionalverkehr Alb-Bodensee (RAB). Als erstes Fahrzeug wurde im April 1999 der 650 100 abgenommen, seit Mai 2000 stehen alle 650er im Einsatz.

Konstruktion

Der Wagenkasten der 650er besteht aus verschweißten Stahlvierkantrohren und Stahlblechabkantprofilen, die in Fachwerkstruktur zusammengefügt wurden. Die Ober- und Untergurte werden dabei mit Diagonalstreben verbunden, die eine besondere Stabilität bei gleichzeitiger enormer Gewichtseinsparung garantieren. Die Diagonalstreben lassen sich in den Fensterpartien der Wagen deutlich erkennen. Die Außenhaut und die Dachverkleidung der Triebwagen bestehen aus glasfaserverstärktem Kunststoff, kurz GFK. Dabei wurden GFK-Sandwichplatten mit dem Fachwerk verklebt. Auch die Fahrzeugköpfe bestehen aus GFK-Material.

Die 650er sind zweimotorig ausgeführt und besitzen zwei 257 kW-MAN-Dieselmotoren. Die Leistung wird über automatische Voith-DIWA-Getriebe mit nachgeschalteten Gelenkwellen und Achswendegetrieben auf alle vier Achsen weitergegeben. Im Gegensatz zu den Triebwagen der Baureihengruppe 640 – 648 besitzen die 650er keine Scharfenbergkupplung, sondern gewöhnliche Zug- und Stoßvorrichtungen, so dass diese Fahrzeuge nicht mit den übrigen neuen Triebwagentypen kompatibel sind.

Gebremst wird auch beim 650 über eine ins Getriebe integrierte Retarder-Bremse, direkt auf die Radsätze wirkende Scheibenbremsen sowie eine Magnetschienenbremse.

Die 650er besitzen zwei Mitteleinstiege mit zweiflügeliger Schiebetür. Die Fahrzeuge sind ausschließlich mit der 2. Wagenklasse ausgestattet und bieten insgesamt 72 Sitzplätze.

Betriebseinsatz

Nach Ablieferung aller 47 Fahrzeuge sind die 650 im Raum Baden-Württemberg konzentriert und kommen dort vor allem in Oberschwaben zum Einsatz. Im Einzelnen findet man die RegioShuttles auf folgenden Strecken: (Aalen) – Ulm – Laupheim Stadt / Biberach, Metzingen – Bad Urach, Tübingen – Herrenberg, Tübingen – Sigmaringen – Ulm, Ehingen – Ulm – Memmingen, Tübingen – Horb. Dabei kann man regelmäßig verschiedene Lackierungen der RegioShuttles sehen; die Relation Tübingen – Ulm etwa wird gemeinsam mit den HzL-Zügen bedient.

Auch bei den Privatbahnen, wie hier der Erfurter Industriebahn, fand der RegioShuttle Abnehmer

Technische Daten

Baureihenbezeichnung	650
Eigentümer	RAB
Indienststellung	1999
Hersteller	Adtranz
Achsformel	B'B'
Länge über Kupplung mm	25.500
Eigengewicht t	40
Dieselmotoren Anzahl	2
Hersteller	MAN
Leistung kW	257
Kraftübertragung	hydrodyn.-mechanisch
Höchstgeschw. km/h	120 km/h
Zugheizung	Warmwasser
Sitzplätze	72

Innovativ, aber mit vielen technischen Tücken. Doppelstock-Triebwagen »Alma«, 670 002, in Stendal

Baureihe 670

Der Betriebsteil Ammendorf der Deutschen Waggonbau AG stellte 1994 einen aufsehenerregenden Doppelstock-Schienenomnibus als kostengünstige Alternative für den Nahverkehr auf schwächer frequentierten Nebenstrecken vor. Die Konstruktion geht unmittelbar zurück auf eine Anregung des seinerzeitigen DB-Vorstandsvorsitzenden Heinz Dürr. Die nicht den Bestimmungen der Eisenbahn-Bau- und Betriebsordnung entsprechenden Festigkeitswerte sollen durch einen artreinen Einsatz der Fahrzeuge auf der jeweiligen Strecke sowie das besonders leistungsfähige Bremssystem ausgeglichen werden. Die DB beschaffte fünf Doppelstock-Schienenbusse als 670 001 - 005, eine Option sah die Bestellung von ca. 28 weiteren Triebwagen einer überarbeiteten Reihe 670.1 mit WC vor. Neben dem eigentlichen Versuchsfahrzeug "Demonstrator" von 1994, der nie für den öffentlichen Fahrgastverkehr zugelassen wurde, und dem 670 006, der im Eigentum des Herstellers blieb, gingen die DB-Wagen im Lauf des Jahres 1996 auf ausgewählten Strecken in Betrieb. Doch schnell machten sie durch zahlreiche Pannen von sich reden, betroffen waren insbesondere die Getriebe, durch Schnellbremsungen verursachte Flachstellen der Räder, die nicht profilfrei zu öffnenden Türen sowie eine ungünstige Schwerpunktlage bei vollbesetztem Oberdeck. Der 670 003 trug als erster die neuen verkehrsroten Farben, wohingegen 670 001, 002 und 005 noch an das ICE-Schema erinnerten. Bald wurden auch diese Wagen farblich angepasst. Aufgrund der zahllosen Pannen hat die DB mittlerweile von einer weiteren Bestellung Abstand genommen.

Konstruktion

Der niederflurige Wagenkasten ist als stählerne Kastenprofil-Gerippekonstruktion mit aufgeklebten verzinkten Blechen im Mittelteil ausgeführt. Die zu durchgehenden Fensterbändern gefügten Festfenster sind geklebt. Auf jeder Fahrzeugseite ist eine zweiflügelige Schwenk-Schiebetür mittig angeordnet. Angetrieben wird der Wagen von einem MTU-Sechszylinder-Dieselmotor vom Typ 6 V 183 TD 13 mit Abgasturboaufladung und Ladeluftkühlung und einer Leistung von 250 kW. Der Kraftübertragung dient das hydromechanische Viergang-Lastschaltgetriebe 4 PW 95 mit integriertem Wendegetriebe, das über eine Gelenkwelle auf ein Radsatzgetriebe wirkt. Treib- und Laufradsatz sind mit Vollrädern versehen und werden in Einzel-Radsatzlaufwerken mit Schraubenfederung geführt. Die 670 werden mit einer hydraulisch betätigten und elektronisch gesteuerten Scheibenbremsanlage mit zwei Bremsscheiben am Laufradsatz sowie einer am Radsatzgetriebe des Treibradsatzes angeflanschten Bremsscheibe gebremst, die als Haltebremse vorgesehene Federspeicherbremse wirkt bei Schnellbremsungen als unabhängiges zweites Bremssystem. Zwei Drehstromgeneratoren versorgen das Gleichstrombordnetz und die Anlasseinrichtung des Dieselmotors mit elektrischer Energie. Ungewöhnlich für ein Nahverkehrsfahrzeug, durch die Konstruktion mit Festfenstern aber zwingend notwendig, ist der Einsatz eines Bus-Klimagerätes zur Lüftung und Klimatisierung. Daneben sind eine Kühlwasserumlaufheizung, die die Motorabwärme nutzt, und ein Webasto-Ölheizgerät für Motorvorwärmung sowie Stand- und Zusatzheizung installiert. Auf Zug- und Stoßeinrichtungen ist beim 670 gänzlich verzichtet worden, die Mitführung von Beiwagen ist nicht vorgesehen. Bei Bedarf kann der Wagen mittels einer Abschleppstange gezogen werden. Der 670 bietet 78 Sitzplätze sowie 32 Stehplätze. Die Innenaustattung mit großflächigen Kunststoff-Formteilen zur Wandverkleidung, gläsernen Trennwänden, Einzelsitzen und zwei Wendeltreppen zwischen Ober- und Unterdeck ist den Bedürfnissen im modernen Nahverkehr angemessen.

Betriebseinsatz

Die 670er bedienten zunächst die Linien Weimar – Kranichfeld bzw. Bullay – Traben-Trarbach. Aufgrund der Störanfälligkeit der Wagen lehnten die Länder weitere Einsätze ab, so dass zurzeit keine Fahrten stattfinden. Mit größerem Erfolg ist der 670 002 seit 1997 auf der Strecke Stendal – Tangermünde unterwegs. Dennoch steht das Schicksal der 670er in den Sternen.

Technische Daten

Baureihenbezeichnung		670
Indienststellung		1996
Hersteller		DWA
Achsformel		1'A'
Länge über Puffer	mm	16332
Dienstmasse	t	34,25
Dieselkraftstoff	l	555+255
Dieselmotor(en)	Anzahl	1
Hersteller		MTU
Leistung	kW	250
Drehzahl	U/min	2100
Art der Kraftübertragung		hydromech.
Höchstgeschwindigkeit	km/h	100
Zugheizung		Warmwasserheizung, Öl-Zusatzheizung
Sitzplätze		78

Beheimatung

Erfurt, Stendal

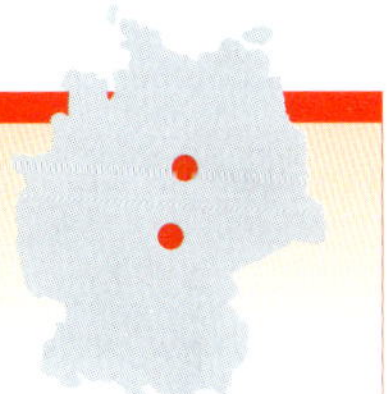

Glücklos blieb das Gastspiel der Baureihe 691 bei der Deutschen Bahn: 691 501 steht im Mai 2000 arbeitslos in Osnabrück

Baureihe 690, 691

Am 10. Oktober 1996 präsentierte die DB AG in Frankfurt (Main) eine Weltneuheit: Die STE, die "selbstangetriebenen Transporteinheiten" mit der neudeutschen Bezeichnung "CargoSprinter". Mit zunächst sieben Versuchszügen versuchte DB Cargo im Rahmen eines Entwicklungsvertrages, die zuvor längst verschüttet geglaubte Tradition der Gütertriebwagen wieder aufleben lassen zu können. Hintergrund war der Versuch, mit solchen Zügen im Wettbewerb mit Speditionen mehr Verkehr aus Gleisanschlüssen zu gewinnen und wettbewerbsfähig zu transportieren. Beabsichtigt war, solche Cargo-Sprinter-Garnituren dezentral bei den Gleisanschließern zu beladen und selbsttätig zu Knotenbahnhöfen fahren zu lassen. Dort werden die Einheiten mit gleicher Zielregion per automatischer Kupplung zu einem Zug vereint und gemeinsam zum Zielknotenpunkt gefahren, wo die Reise für die einzelnen Zugteile getrennt weitergeht.
Hierfür lieferte der Rheiner Hersteller Windhoff vier Züge mit zwei Endwagen und drei eingestellten Mittelwagen. Im Februar 1997 folgten drei weitere Züge bei der zu Bombardier gehörenden Waggonfabrik Talbot , die dort in Anlehnung an den großen Erfolg des Talent die firmeninterne Bezeichnung "Talion" bekamen. Die sieben Züge wurden zunächst in den Güterwagenpark der DB eingestellt und bekamen die Gattungsbezeichnung "Sggoorrss 701", ab 1998 wurden sie dann als Reihe 690 (für die Windhoff-Züge) und 691 (für die Talent-Züge) auch im Triebfahrzeugpark eingereiht. Nach einem viel versprechenden Auftakt mit interessierten Speditionen flaute offenbar auch bei DB Cargo das Interesse an der Pflege dieses Angebots ab, so dass ab Mitte 1999 nach Vertragskündigungen die Züge in ihrem Heimatstandort Osnabrück abgestellt wurden. Über eine weitere Verwendung ist derzeit nichts bekannt.

Konstruktion

Basis der Fahrzeuge sind Flachwagen für den Containerverkehr. An einem Wagenende der Triebköpfe befindet sich das schmale Führerhaus. Bei den Windhoff-Wagen sind zwischen den Triebköpfen jeweils drei antriebslose Flachwagen eingereiht. Bei den Talbot-Wagen ruhen die Mittelwagen jeweils auf Jakobsdrehgestellen, so dass sie im Betrieb nur von den Triebköpfen, nicht aber untereinander getrennt werden können. Auf jeder Zuggarnitur finden bis zu zehn Container für den kombinierten Verkehr Platz. In den technischen Komponenten sind sich die Zuggarnituren beider Hersteller ähnlich: Gebremst wird mit je zwei Knorr-Scheibenbremsen pro Achse. Das elektrisch/elektronische Bremsabfrage- und Steuerungssystem EBAS führt selbstständig Bremsproben durch, gekuppelt wird grundsätzlich mit automatischer Mittelpufferkupplung (Z-AK). Angetrieben werden die Garnituren mit vier 265 kW-Volvo-Motoren pro Einheit. Die Kraftübertragung erfolgt über ein Fünfgang-Automatikgetriebe mit Retarder. Über die Vielfachsteuerung können sechs CargoSprinter-Einheiten gemeinsam in einem Zugverband laufen.

Betriebseinsatz

Seit September 1999 erfolgen keine planmäßigen Einsätze der Züge, die derzeit in Osnabrück abgestellt sind.

Technische Daten

Baureihe	690	691
Hersteller	Windhoff	Bombardier/Talbot
Indienststellung	1996	1997
Vmax km/h	120	120
Eigengewicht t	120	113
Höchstgewicht	280	273
Motoren	4	4
Motoren Hersteller	Volvo	Volvo
Leistung kW	265	265
Kraftstoffvorrat	2 x 770 l	2 x 940 l

AUTOR: WERNING; AUFNAHMEN: WERNING

701 102 in Laufach – für die Reihen 701 und 702 droht nun eine Ausmusterungswelle

Baureihen 701, 702

Die von der jungen Deutschen Bundesbahn 1949 übernommenen Fahrleitungsuntersuchungswagen der Deutschen Reichsbahn waren meist über 20 Jahre im Einsatz. Ihre technische Ausstattung sowie die geringe Höchstgeschwindigkeit ließen einen Neubau von Bahndienstfahrzeugen für die Oberleitungen notwendig erscheinen. Die ehrgeizigen Ausbaupläne bezüglich der neu zu elektrifizierenden Strecken sorgten langfristig für einen erhöhten Bedarf dieser Fahrzeugart.

Die Neukonstruktion der nun Turmtriebwagen (TVT) genannten Bahndienstfahrzeuge erfolgte auf Basis des zweimotorigen Uerdinger Schienenbusses VT 98. Im Jahr 1955 lieferte die Waggon- und Maschinenbau GmbH (WMD) in Donauwörth den ersten neuen TVT, der in Zusammenarbeit mit dem Bundesbahnzentralamt München entstand.

Der Bau der TVT erfolgte mit 148 Fahrzeugen zum größten Teil bei der WMD, welche ab 1972 zur Messerschmidt-Bölkow-Blohm GmbH (MBB) gehörte. Daneben baute die Waggonfabrik Uerdingen AG in Krefeld-Uerdingen 15 und Rathgeber in München drei TVT.

Technische Daten

Baureihenbezeichnung	701	702
Indienststellung	1954	1954
Hersteller	WMD, Rathgeber, Uerdingen	
Achsformel	AA	A1
Länge ü. Puffer mm	13 950	13 950
Dienstmasse t	24,4	21,8
Dieselkraftstoff l	360	180
Dieselmotor(en) Anzahl	2	1
Hersteller	Büssing	Büssing
Leistung kW	222	111
Drehzahl U/min	1 800	1 800
Art der Kraftübertr.	mechanisch	mechanisch
Höchstgeschw. km/h	90	90

Konstruktion

Die erste Lieferserie wurde 1955 von der DB abgenommen. Diese neun Fahrzeuge unterscheiden sich etwas von den späteren Modellen. Das Wagendach war noch mit Holzlattenrosten ausgelegt, ab 1957 wurden hierfür Gitterroste aus Leichtmetall verwendet. Das Schwenken der Arbeitsbühne erfolgte ausschließlich manuell, die später vorhandene Leiter fehlte noch.

Der Wagenkasten der Turmtriebwagen besteht aus einem Kastengeripe und darauf aufgenieteten oder geschweißten mittragenden Bekleidungsblechen. Die Abfederung gegen das Fahrgestell geschieht durch Schraubenfedern und Teleskopstoßdämpfer. Das geschweißte zweiachsige Fahrgestell verfügt über eine Zug- und Stoßeinrichtung mit Hülsenpuffern der Regelbauart. Im Fahrgestell, unterflur elastisch montiert, befinden sich zwei Maschinenanlagen. Jede Anlage besteht aus einem wassergekühlten Dieselmotor des Typs Büssing U 10. Dieser liefert mit sechs Zylindern eine Leistung von 110 kW. Die Radsätze sind als Leichtscheibenräder mit Wälzradsatzlager ausgeführt. Komponenten des Laufwerkes sind Radsatzfederung, als Radsatzlenker wirkende Blattfedern, schrägliegende Schraubenfedern und Stoßdämpfer.

Vier Bosch-Lichtmaschinen vom Typ LJ/GT2 zu je 700 W erzeugen Gleichstrom mit 12 V Spannung. Je zwei Lichtmaschinen eines Motors sind mit einer Massenverbindung zwischen den beiden Lichtmaschinen in Reihe geschaltet. Durch diese Mittelleiterschaltung liegt eine Spannung von 24 V zwischen den beiden äußeren Klemmen und 12 V zwischen einer Lichtmaschine und der Masseleitung in der Mitte.Eine Westinghouse-Autobremse mit Übergang zur Druckluftbremse, eine von der Arbeitsbühne zu bedienende Zusatzbremse sowie je eine Handbremse in den Führerräumen sind im TVT der Baureihe 701 vorhanden. Für den Einsatz auf Steilstrecken sind bei den Fahrzeugen der BR 702 zusätzlich eine dynamische Bremse und eine Magnetschienenbremse eingebaut. An beiden Fahrzeugenden befinden sich die abgeschlossenen Führerräume, die denen der Schienenbusse entsprechen. Zwischen ihnen liegt der Werkstattraum. Hier befinden sich Regale, Sitz- und Waschgelegenheiten für die Mannschaft, eine Werkbank und Stauraum für die Utensilien der Fahrleitungsinstandsetzung. Auf beiden Seiten gewährleistet eine in der Fahrzeugmitte befindliche vierflügelige Doppelfalttür das Ein- und Ausladen von sperrigen Gegenständen.

Das Dach ist durch Gitterroste begehbar. Hier finden sich Arbeitsbühne, Leiter und Mess-Stromabnehmer. Die Beobachtungskanzel dient zur visuellen Überprüfung der Fahrleitung. Zwei starke Suchscheinwerfer ermöglichen die Beobachtung des Fahrdrahtes auch bei Nacht oder im Tunnel. Zusätzliches Licht liefern vier Leuchtstofflampen, die seitlich am Dach befestigt sind.

Im Dezember 1998 nahm die DB den ersten Diagnosetriebwagen (DVT) ab. Insgesamt wurden im Werk Kassel sieben TVT zu DVT umgebaut. Auffälligstes Merkmal ist die fehlende Arbeitsbühne. An ihre Stelle trat ein zweiter Stromabnehmer. Aufgabe des DVT ist die Fahrdrahtprüfung mittels kombinierter Video- und Lasertechnik.

Betriebseinsatz

Von den gebauten 166 Turmtriebwagen sind noch etwa 140 in den alten Bundesländern im Einsatz. Aufgrund des hohen Alters gibt es zunehmend Probleme mit der Ersatzteillieferung. Sobald genug Neubaufahrzeuge der Baureihen 703.1 und 711.1 fertig gestellt sind, wird mit einer größeren Ausmusterungswelle gerechnet.

AUTOR: BOLDT; AUFNAHME: VOLK

Neun Fahrzeuge der Baureihe 703.0 sind im Einsatz, im Bild 703.007 in München

Baureihen 703.0, 703.1

Im Jahr 1994 liefen bei der DB die europaweiten Ausschreibungen für zwei neue Typen von Oberleitungsfahrzeugen, die kurzfristig den vermehrten Bedarf an Instandhaltungsfahrzeugen decken und langfristig die Turmtriebwagen der Baureihe 701 und 702 ablösen sollten. Die Ingenieure bei Windhoff in Rheine entwickelten für die regelmäßigen Instandhaltungsarbeiten ein kleineres, zweiachsiges Fahrzeug (IFO, BR 703.0), für die umfangreicheren Arbeiten bei Störungen wurde ein größeres, vierachsiges Fahrzeug konzipiert (HIOB, BR 711.0). Zwischen 1995 und 1996 wurden neun Fahrzeuge der Nullserie gebaut und in Betrieb genommen.

Konstruktion

Der selbsttragende Rahmen ist aus Walzprofilen und Blechen geschweißt. Die schallisolierte Kabine ist freitragend und gegenüber dem Fahrzeugrahmen gedämpft aufgehängt. Die Fahrzeugaufbauten gliedern sich grob je zur Hälfte in die Kabine und in die Plattform. An beiden Enden der Kabine befinden sich die zwei Fahrpulte. Der 703.0 verfügt über eine Dachkanzel zur Beobachtung des Fahrdrahtverlaufs. Das Kabinendach ist mit einem Mess-Stromabnehmer und den Arbeitsscheinwerfern bestückt. Auf der Plattform sind der Hubsteiger und die Anhebevorrichtungen für das Tragseil und den Fahrdraht plaziert. Unterflur ist ein Antriebsmotor MAN D 2865 LF24 eingebaut. Er leistet 213 kW und beschleunigt das Fahrzeug auf bis zu 90 km/h. Für Geschwindigkeiten bis 5 km/h und die hydraulische Versorgung der Arbeitsgeräte ist der wassergekühlte Arbeitsdieselmotor MAN D 0824 4FL04 mit vier Zylindern und einer Leistung von 81 kW vorgesehen.

Beim IFO der Regelserie wurde die modulare Bauweise der Gleisarbeitsfahrzeuge GAF 100 und GAF 200 der GB übernommen. Fahrzeugrahmen, Kabine, Aufstiegbühne und Ladepritsche sind konstruktiv getrennte Baugruppen. Der geschweißte Fahrzeugrahmen besteht aus gewalzten Kastenprofilen. Auf dem Rahmen aufgebaut ist die Fahrzeugkabine, die Ladepritsche und die Hubarbeitsbühne. Das Bordnetz wird mit 24 Volt betrieben. Das Fahrzeug besitzt eine Zweikanal-Sicherheitsfahrschaltung ES 116 a und die induktive Zugsicherung vom Typ I 60 R.

Für den Antrieb sorgt hier der wassergekühlte Sechszylinder-Dieselmotor vom Typ D 2876 LOH 01 von MAN. Er leistet 338 Kilowatt. Der Motor verleiht dem IFO 100 km/h Höchstgeschwindigkeit. Für die Arbeitsfahrt im Geschwindigkeitsbereich bis 10 km/h übernimmt ein MAN-Vierzylinder-Dieselmotor vom Typ D 0824 LFL 06 die Traktion. Dieser Motor erbringt eine Leistung von 89 Kilowatt. Die Bremsung des IFO wird durch Scheibenbremsen realisiert. Die Bremsanlage verfügt über Gleit- und Schleuderschutz.

Betriebseinsatz

Die neun IFO sind derzeit in Karlsruhe, Erfurt, Hagen, Mainz, Köln, Magdeburg, München und Freiburg stationiert. Eine weitere Beschaffung der bei Windhoff gefertigten Fahrzeuge der Baureihe 703.0 wird es allerdings nicht geben. Die endgültige Ablösung für die betagten Turmtriebwagen wird durch die Baureihe 703.1 erfolgen. Dabei entschied sich die Deutsche Bahn AG nach einer weiteren Ausschreibung für die Angebote der Firma Gleisbaumechanik Brandenburg (GB). Im Sommer 2000 war das erste Fahrzeug mit der Nummer 703 101 fertiggestellt. Derzeit sind zehn weitere IFOs fest bestellt.

Technische Daten

Baureihenbezeichnung		703
Indienststellung		1996
Hersteller		Windhoff
Achsformel		B
Länge über Puffer	mm	13,94
Dienstmasse	t	32
Dieselkraftstoff	l	450
Dieselmotor(en) Anzahl		2
Hersteller		MAN
Leistung	kW	213/81
Drehzahl	U/min	2.000/2.400
Kraftübertragung		hydromech.
Höchstgeschwindigkeit	km/h	100

AUTOR: BOLDT; AUFNAHME: VOLK

Die Ähnlichkeit der vierachsigen TVT zu den Nahverkehrstriebwagen der BR 627 ist unverkennbar

Baureihe 704

Die Turmtriebwagen der Baureihe 701/702 ließen durch ihre Höchstgeschwindigkeit von nur 90 km/h vor allem angesichts der neuen Schnellfahrstrecken größere Betriebsbeeinträchtigungen erwarten, so daß zu Beginn der siebziger Jahre der Wunsch nach einem schnelleren und größeren Fahrzeug aufkam. Als Basisfahrzeug erschien der 1974 erstmals gelieferte einteilige Nahverkehrstriebwagen der Reihe 627 geeignet. Der neue Turmtriebwagen sollte folgenden Anforderungen entsprechen: Höchstgeschwindigkeit 140 km/h, in Steigungen von 5 ‰ mit Anhängelast eine Geschwindigkeit von 100 km/h, großer Werkstattraum und hohe Tragfähigkeit, Hubeinrichtung mit einer Tragfähigkeit von 300 kg, Aufenthaltsmöglichkeit für 6 – 8 Personen, gute Beleuchtung innen und außen, ein leistungsfähiges Drehstrom-Bordnetz und eine Anzeige der Fahrdrahtspannung im Führerraum.
Fünf Prototypen lieferte in den Jahren 1977/78 die Firma MBB in Donauwörth unter Beteiligung der Waggonfabrik Uerdingen in Krefeld. Sie wurden von der DB als 704 001 – 005 in den Bestand genommen und den Fahrleitungsmeistereien Nürnberg, Osnabrück, Offenburg und Villingen zur Erprobung zugeteilt. Sie sind seit der Anlieferung gelb lackiert. Obwohl sie sich gut bewährten, wurden bislang keine weiteren neuen Turmtriebwagen beschafft.

Konstruktion

Der Wagenkasten ist eine geschweißte Stahlgerippekonstruktion mit aufgeschweißten Bekleidungsblechen. Der Fußboden und das Dach sind aus Edelstahl. Auf eine gute Schallisolierung wurde besonderer Wert gelegt, auch sind alle geräuscherzeugenden Aggregate elastisch aufgehängt. Die beiden luftgefederten zweiachsigen Drehgestelle entsprechen denen der Triebwagen 627/628, wurden jedoch der höheren Traglast wegen verstärkt ausgeführt. Als Antriebsmotoren dienen zwei unterflur angebrachte Dieselmotoren von Klöckner-Humboldt-Deutz vom Typ BF 12 L 413 mit je acht Zylindern und 287 kW (390 PS) Leistung. Jeder Motor treibt über ein hydraulisches Zweiwandlergetriebe Voith T 320r und Gelenkwellen ein Drehgestell an. Neben einer mehrlösigen Druckluftbremse ohne Zusatzbremse und einer Handbremse besitzen die 704 auch eine hydrodynamische Bremse.
Die beiden Endführerstände sind weitestgehend aus den Triebwagen 627/628 übernommen und nur durch einige spezifische Ausrüstungsteile ergänzt. Nach dem Führerstand des mit dem Dachstromabnehmer versehenen Wagenendes folgt der Aufenthaltsraum mit einem abgeschlossenen Waschraum, Kleiderschrank, Anrichte mit Kochgelegenheit, Kühlschrank, Geschirrschrank, Tisch, Sitzbank und Stühlen für acht Personen. Daran schließt sich der große Werkstattraum an. An der Wand zum Aufenthaltsraum ist ein Podest für den Ausguck zur Beobachtung der Fahrleitung mit Fenstern aus 16 mm starkem Sicherheitsglas angeordnet. An den Seitenwänden des Werkstattraumes befinden sich auf der einen Seite die Werkbank und die Aufhängevorrichtung für die Seiltrommeln, auf der anderen Seite ein großes Regal und ein Gerüst für die Flaschenzüge. Zwischen den gegenüberliegenden vierflügeligen Ladetüren ist der Ladekran montiert, der nach rechts und links verschiebbar ist und so ein Be- und Entladen nach beiden Seiten ermöglicht. Über eine Drehtür ist der zweite Führerstand erreichbar.
Über eine Klappe gelangt man vom Werkstattraum auf das Dach, welches auf der gesamten Länge mit Gitterrosten ausgelegt ist. Über dem Aufenthaltsraum befindet sich der Prüfstromabnehmer vom Typ DBS 54. Am anderen Wagenende ist die hydraulisch um 2000 mm ausfahrbare und schwenkbare Arbeitsbühne. Für Arbeiten bis in 18 m Höhe gehört zur Arbeitsbühne eine hydraulisch auf 12 m ausfahrbare und seitlich verschiebbare Steigleiter.
Die Fahrzeuge sind mit Sicherheitsfahrschaltung, induktiver Zugsicherung, Zugbahnfunk und einer Wechselsprechanlage ausgestattet.

Betriebseinsatz

Die Turmtriebwagen 704 sind bei den Bahnbetriebswerken Göttingen, Kassel, Mannheim und Würzburg beheimatet und kommen hauptsächlich auf den anliegenden Neubaustrecken zum Einsatz.

BEHEIMATUNGEN

Betriebswerke Göttingen, Kassel, Mannheim, Würzburg

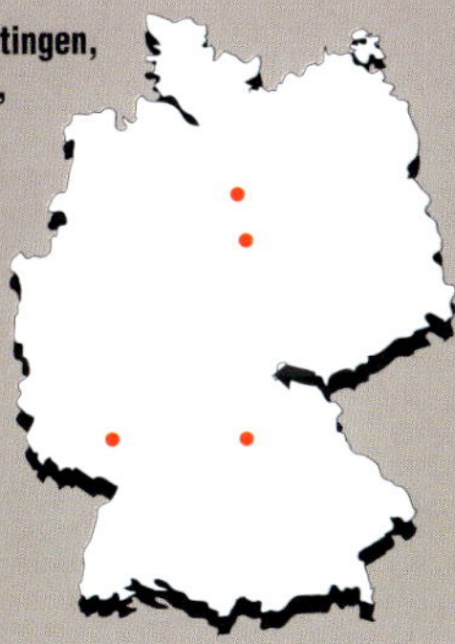

TECHNISCHE DATEN

Baureihenbezeichnung		704
Indienststellung (1. Jahr)		1977
Hersteller		MBB, Uerdingen
Achsformel		B'B'
Länge über Puffer	mm	23.400
Dienstmasse (bei 2/3 Vorräten)	t	52
Dieselkraftstoff	l	1.100
Dieselmotor(en) Anzahl		2
Hersteller		KHD
Leistung	kW	574
Drehzahl	U/min	2.400
Art der Kraftübertragung		hydraulisch
Höchstgeschwindigkeit	km/h	140

Das „Tunnelinstandhaltungsfahrzeug" 705 001 ist im Betriebswerk Karlsruhe beheimatet

Baureihe 705

Zur Wartung vor allem der zahlreichen und teilweise recht langen Tunnel insbesondere im Verlauf der Neubaustrecken benötigte die Deutsche Bundesbahn ein leistungsfähiges Untersuchungs- und Instandhaltungsfahrzeug, nachdem ein entsprechender „Tunneluntersuchungswagen" mit der Betriebsnummer 711 001 bereits 1983 ausgemustert worden war. Dabei handelte es sich um einen Akkumulatortriebwagen, der 1958 von den Firmen Wegmann, Schaltbau und der Accumulatorfabrik Hagen AG gebaut wurde. Einen vorübergehenden Ersatz schuf man durch die provisorische Umrüstung eines Turmtriebwagens der Reihe 701 sowie ab 1985 durch den von der Firma Robel hergestellten Klv 93-0001. In Zusammenarbeit mit dem Bundesbahn-Zentralamt in München entwickelte die Deutsche Plasser Bahnbaumaschinen GmbH in Freilassing, aufbauend auf dem Fahrgestell der Motorturmtriebwagen des Typs MTW 100 für die Österreichischen Bundesbahnen, das „Tunnelinstandhaltungsfahrzeug" (TIF), welches mit der Betriebsnummer 705 001 am 03.11.1992 in den Bestand der DB aufgenommen wurde.

Konstruktion

Aus dem selbsttragenden, aus Walzprofilen und Stahlblechen geschweißten Fahrzeugrahmen mit der nach UIC-Norm ausgeführten Regel-Zug- und Stoßeinrichtung, dem Wagenkasten aus Stahlprofilen mit aufgeschweißten Bekleidungsblechen und den beiden Drehgestellen setzt sich der Fahrzeugteil des TIF 705 zusammen. Für Überführungsfahrten mit einer Höchstgeschwindigkeit von 120 km/h dient ein Dieselmotor von Klöckner-Humboldt-Deutz (KHD) vom Typ BF 12 L 513 C mit 12 Zylindern und einer Leistung von 367 kW (500 PS), dessen Antriebsleistung mit Gelenkwellen über das Verteilgetriebe, das hydrodynamische 3-Gang-Lastschaltgetriebe mit Wendegetriebe und ein weiteres Verteilgetriebe zu den Achsgetrieben der beiden Achsen eines Drehgestelles übertragen wird. Zwei angebaute 2,5 kW-Drehstromlichtmaschinen dienen der Versorgung des Bordstromnetzes. Für die Untersuchungsfahrten erhielt das TIF einen zusätzlichen schadstoffarmen Dieselmotor vom Typ KHD BF 4 L 1011 T mit Rußpartikelfilter, er hat vier Zylindern und eine Leistung von 44 kW (60 PS), und ermöglicht ein Fahren im Geschwindigkeitsbereich zwischen vier und sieben Stundenkilometern. Das TIF besitzt eine Druckluftklotzbremse und eine Federspeicherbremse zum Sichern des stehenden Fahrzeugs. Entsprechend den Vorschriften der DB sind Induktive Zugsicherung, Sicherheitsfahrschaltung und Zugbahnfunk vorhanden
Der 11800 mm lange und somit gegenüber dem Rahmen kürzere Wagenkasten ist mittig aufgebaut. Neben zwei Endführerständen enthält er einen Mehrzweckraum mit einer Küchenzeile und Klappbetten, einen Büroraum, einen Aufenthaltsraum und eine Naßzelle. Das Dach ist als begehbare Fläche auf seiner Gesamtlänge mit Gitterrosten versehen und besitzt ein umklappbares Geländer. Auf dem Wagendach ist eine Hubdrehbühne mit einer Länge von 2700 mm ab Drehpunkt installiert. Auf die Plattform des vordenen Wagenendes ist ein um 400 ° schwenkbarer Hubsteiger aufgebaut, dessen niveaugeregelter und abnehmbarer Arbeitskorb eine maximale Ausladung von 8500 mm erreicht. Er kann zwei Personen in eine Arbeitshöhe von bis zu elf Metern über Schienenoberkante heben. Sowohl von der Hubdrehbühne als auch vom Hubsteiger aus ist das Fahren und Bremsen des TIF während der Arbeiten möglich. Von der vorderen Plattform ist das Fahrzeugdach mittels einer Treppe erreichbar, von der hinteren über eine Leiter. Diese Plattform ist mit einem Kran mit einer maximalen Hubkraft von 51 kNm versehen, und mit einer nach rechts oder links verschiebbaren Verbreiterungsfläche kann das TIF auf 3500 mm gegenüber der Fahrzeugachse verbreitert werden. Beide Plattformen sind an den Fahrzeugstirnseiten mit Geländern gesichert. Mit fünf Scheinwerfern wird eine gute Ausleuchtung des Arbeitsfeldes im Tunnel erreicht. Seitlich am Fahrzeugrahmen sind zwei Stangen für die Fahrleitungerdung befestigt.

Beheimatungen

Betriebswerk Karlsruhe

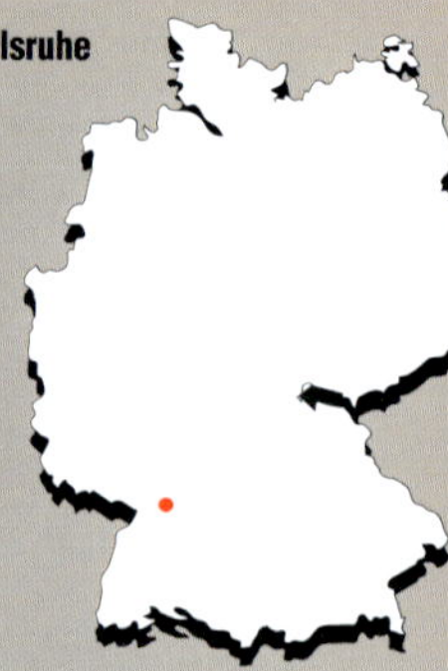

Betriebseinsatz

Der Tunnelinstandhaltungstriebwagen 705 001 ist zusammen mit den Profilmeßwagen 712 beim Bw Karlsruhe beheimatet.

Technische Daten

Baureihenbezeichnung		705 001
Indienststellung (1. Jahr)		1992
Hersteller		Deutsche Plasser
Achsformel		2'B'
Länge über Puffer	mm	15.920
Dienstmasse (bei 2/3 Vorräten)	t	50
Dieselkraftstoff	l	700
Dieselmotor(en) Anzahl		2
Hersteller		KHD
Leistung	kW	367/44
Drehzahl	U/min	2.300/2.500
Art der Kraftübertragung		hydromechanisch
Höchstgeschwindigkeit	km/h	120

REDAKTION: AXEL ENDERLEIN; AUFNAHMEN: PILLMANN, CP

BR 706

Nachdem der SKL 26 und die Gleisarbeitsfahrzeuge GAF 100 und 200 erfolgreich bei der DB in Dienst gestellt wurden, stellte die Firma Gleisbaumechanik Brandenburg 1997 erstmals ein Bahndienstfahrzeug für die Montage, Wartung und Instandhaltung von Oberleitungsanlagen vor. Dem ersten Oberleitungs- und Montagefahrzeug OMF-1 folgte 1998 ein zweites Fahrzeug.

Konstruktion

Der stabile Fahrzeugrahmen ist eine Schweißkonstruktion aus Quer- und Längsträgern. An beiden Stirnseiten besitzt das OMF einen abgeschlossenen Führerraum. Nach dem Führerraum an der Kranseite folgt ein kleiner Sozialraum. Von hier aus erfolgt der Aufstieg auf das Dach. An den Sozialraum schließt sich der Laderaum mit kleinem Werkstattbereich an. Der Arbeitskorb der frei schwenkbaren Hubarbeitsbühne erreicht eine Hubhöhe bis zu 14.300 mm sowie eine horizontale Ausladung bis zu 12.900 mm. Der Arbeitskorb kann bis 4.000 mm unter die Schienenoberkante abgesenkt werden. Eine Funkfernsteuerung übernimmt während der Arbeitsfahrt die Steuerung der Hubarbeitsbühne, des Arbeitsantriebes sowie der Fahrzeugbremse. Zum Anheben und Positionieren von Fahrdraht bzw. Tragseil ist eine entsprechende Vorrichtung auf dem Fahrzeugdach installiert. Der am Fahrzeugende installierte Palfinger-Kran erreicht 17.000 mm Auslegerweite bei 940 kg Tragfähigkeit im abgestützten Bereich. Es kann ein Arbeitskorb am Ladekran installiert werden.
Vom 24-V-Bordnetz werden alle für den eigentlichen Fahr- und Arbeitsbetrieb notwendigen elektrischen Systeme mit Strom versorgt. Neben einem Fremdspannungsanschluss besitzt das Fahrzeug auch ein separates Dieselelektroaggregat 380 V / 230 V, 7 kVA. Für den Fahr- und Arbeitsantrieb ist das OMF-1 mit zwei getrennten Dieselmotoren ausgestattet. Den Fahrbetrieb übernimmt ein MAN-Motor vom Typ D 2840 LF20 mit 441 kW Leistung. Der hydrodynamische Wandler ist mit einem automatisch schaltbaren Lastschaltgetriebe Clark CL + C16000 versehen. Die Antriebseinheit ist elastisch aufgehängt. Für Arbeitsfahrten kann man 0 bis 5 km/h stufenlos einstellen. Dafür gibt es einen hydrostatischen Fahrantrieb mit dem Vier-Zylinder-MAN-Motor D 0824 LFL 06, der 89 kW leistet. Er bewegt auch die Hubbühne und den Kran. Das OMF 1 ist mit je einem zweiachsigen Lauf- und Triebdrehgestell des Typs GPH200 ausgestattet. Beide sind mit einer speziellen hydraulischen Abstütz- und Blockiereinrichtung versehen und besitzen Scheibenbremsen. Eine direktwirkende Druckluftbremse fungiert als Zusatzbremse, eine Federspeicherbremse als Feststellbremse. Darüber hinaus ist eine Bremsanlage für Anhänger in Nebenfahrzeugbauart eingebaut.

Betriebseinsatz

Das OMF wird beim Neubau von Oberleitungsanlagen verwendet.. Beide OMF-1 gehören zum DB Bahnbau, BNB Südost in Halle (Saale) und tragen jetzt Betriebsnummern für Nebenfahrzeuge: 97 99 10 101 17 und 97 99 10 102 17.

BR 707

Bei der Betriebsleittechnik strebt die Bahn neue Wege an. Alle Informationen für den Triebfahrzeugführer sollen zukünftig per Funk auf einen Monitor in die Führerräume der Fahrzeuge übertragen werden. Dies soll auf der Basis des internationalen Mobilfunkstandards GSM (Global System for Mobile Communication) geschehen. Erweitert um die bahnspezifischen Sicherheitsanforderungen wird der neue Bahnfunk auch GSM-Rail genannt. Für den Hochgeschwindigkeitsverkehr wurde das European Train Control System (ETCS) entwickelt, während der Funkfahrbetrieb (FFB) für den Zugverkehr auf Nebenstrecken eingeführt werden soll. Das vierachsige Trägertechnologiefahrzeug (TTF) der Baureihe 707 dient der Erprobung der zukünftigen Betriebsleittechniken unter Alltagsbedingungen.

Konstruktion

Der 707 001 lehnt sich an die von der Gleisbaumechanik Brandenburg gebauten Oberleitungsmontagefahrzeuge (OMF-1) an. Fahrgestellrahmen und Kabinenaufbau sind als stabile Schweißkonstruktion ausgeführt. Den größten Teil des Fahrzeugs nimmt das Messabteil ein. Es dient zur Aufnahme der unterschiedlichen 19-Zoll-Messgestelle. Das TTF besitzt eine speicherprogrammierbare Steuerung. Der Zehnzylinder-Antriebsmotor vom Typ MAN D2840 LF20 erbringt eine Leistung von 441 Kilowatt. Der Motor ist wassergekühlt und verfügt über eine Aufladung mit Ladeluftkühlung. Die Antriebseinheit ist elastisch aufgehängt und unterflur montiert. Lauf- wie Triebgestell sind konstruktiv für 200 km/h ausgelegt. An den Drehgestellen sind neben Bahnräumern die Halterungen für die Antennen der Linienzugbeeinflussung und des ETCS montiert.
Die elektrische Anlage besteht aus dem 400/230-Volt-Netz mit 50 Hz und dem 24-Volt-Gleichstrom-Netz. Ersteres wird durch ein Diesel-Elektro-Aggregat mit einer Leistung von 11 kVA versorgt. Zudem ist eine Fremdeinspeisung möglich. Das 24-Volt-Netz speisen zwei Lichtmaschinen sowie zwei Batteriesätze.

Untersuchungen bei der Betriebsleittechnik erledigt die Baureihe 707

Betriebseinsatz

Im Jahr 2000 sind hauptsächlich Tests zwischen Jüterbog und Leipzig geplant. Zum Programm des 707 zählen unter anderem Versuche zum Nachweis der Funktauglichkeit der Strecke.

Technische Daten

Baureihenbez.	707 001 (TTF)
Indienststellung	2000
Hersteller	Gleisbaumechanik Brandenburg
Achsformel	B' 2'
Länge über Puffer	18.700 mm
Dienstmasse t	62
Dieselmotor	D 2840 LF20
Hersteller	MAN
Leistung kW	441
Drehzahl U/Min	1.900
Kraftübertragung	hydromechanisch
Höchstg. km/h	120 km/h

AUTOR: BOLDT; AUFNAHME: BOLDT

Ab Mitte 1989 begann die Serienauslieferung der Baureihe 708.3

Baureihe 708.3

Nach dem Zweiten Weltkrieg wurde in der DDR das elektrische Netz wieder aufgebaut und erweitert. Für dessen Errichtung, Instandhaltung und Reparatur musste auch die Deutsche Reichsbahn Turmtriebwagen vorhalten. Bei der VEB Waggonbau Görlitz entstanden 1956 und 1959 fünf zweiachsige Fahrzeuge, die Oberleitungsrevisionstriebwagen (ORT) der späteren Baureihe 708.0. Im Jahre 1968 wurden in Görlitz sechs vierachsige Fahrzeuge der Baureihe 708.2 gebaut. Im Jahre 1987 wurden die ersten zwei Fahrzeuge der dritten Generation von Oberleitungsrevisionstriebwagen der Deutschen Reichsbahn vorgestellt. Mitte 1989 begann dann die Serienauslieferung der Baureihe 708.3.

Technische Daten

Bezeichnung	ab 1992	708.3
	bis 1991	188.3
Indienststellung (1. Jahr)		1987
Hersteller		VEB Waggonbau Görlitz
Achsformel		(1A)'2'
Spurweite	mm	1435
Länge über Puffer	mm	22400
Dienstmasse	t	58
Dieselmotor	Anzahl	1
Hersteller		VEB Elbewerk Roßlau
Leistung	kW	330
Drehzahl	U/min	1500
Art der Kraftübertragung		hydraulisch
Höchstgeschwindigkeit	km/h	100
Arbeitsgeschwindigkeit	km/h	5

Konstruktion

Der Wagenkasten und der Rahmen sind aus Blechen und Profilen als selbsttragende Schweißkonstruktion hergestellt und mit Hülsenpuffer und Schraubenkupplung versehen. Der Wagenkasten beinhaltet je einen Führerraum an den Stirnseiten, einen Aufenthalts- und einen Werkstattraum sowie ein WC. Im Werkstattraum ist neben einer Werkbank und zahlreichen Staumöglichkeiten für Werkzeug und Gerät auch der Treppenaufstieg zum Beobachtungsdom integriert. Über eine weitere Treppe ist der Aufstieg auf das Dach möglich. Die elektrisch verriegelten Klappen lassen sich erst öffnen, wenn der an die Fahrleitung angelegte Stromabnehmer bahngeerdet ist. An der Decke im Bereich der doppelflügeligen Schiebetüren in der Fahrzeugmitte ist ein verschiebbarer Ladekran mit einer Tragkraft von 300 kg angeordnet. Eine Halterung für Gasflaschen, Spezialwerkzeuge sowie eine Bohrmaschine und eine Schleifbank komplettieren die Ausrüstung der Werkstatt. Die beiden Führerräume sind baugleich. Auf dem Dach über dem Aufenthaltsraum ist der Stromabnehmer installiert.
Der 708.3 verfügt sowohl über eine bewegliche als auch über eine feste 4.400 mm lange Arbeitsplattform mit einer Gesamtfläche von 17,7 Quadratmetern sowie den Beobachtungsdom. Zur Ausleuchtung des Kettenwerkes und der Fahrleitungen sind an beiden Stirnseiten und in der Nähe des Beobachtungsdoms Suchscheinwerfer angeordnet.
Der Antrieb erfolgt durch einen elastisch am Untergestell aufgehängten Sechszylinder-Dieselmotor vom Typ 6 VD 18/15 Al-2 HRW 123. Bei einer Leistung von 330 kW verleiht er dem Fahrzeug eine Höchstgeschwindigkeit von 100 km/h. Die Antriebsleistung wird übertragen durch eine drehelastische Kupplung KJ 2 MD/7015, das Strömungsgetriebe vom Typ GS 20/4,2, das Wendegetriebe EWU 5500 und schließlich das Achsgetriebe AYD 145 mit Durchtrieb bzw. AKK 145 ohne Durchtrieb. Die zweiachsigen Drehgestelle sind geschweißt und Modifikationen der Bauart Görlitz Va. Die beiden Achsen des Triebdrehgestells tragen Achsgetriebe, wobei das Moment des Strömungsgetriebes über eine Gelenkwelle auf das Achsgetriebe der innen liegenden Achse übertragen wird und von dort über eine weitere Gelenkwelle auf das Achsgetriebe der zweiten Treibachse.
Unterflur angeordnet ist ein Diesel-Generator-Aggregat mit 12 kW Nennleistung. Mit seinen 380 / 220 V, 50 Hz werden die Arbeitsbühne und die Maschinen an Bord mit Drehstrom versorgt. Es gestattet, über einen Transformator die 110-Volt-Batterie und über ein Batterieladegerät die 24-Volt-Starter-Batterie nachzuladen. Dem Drehstromgenerator RGA 15 kW, der mit dem Strömungsgetriebe gekuppelt wird, ist ein Gleichrichter nachgeschaltet, dessen Aufgabe die Versorgung des Bordnetzes mit Gleichspannung von 130 / 110 V ist. Bei Fahrzeugstillstand ist die Energieversorgung durch die im Untergestell angeordneten Bleibatterien 4 PZ 6 V, 240 Ah sicher gestellt. Auch Beleuchtung, Motoren der Hilfseinrichtungen, Kochplatten, die Geräte der Sifa, der Indusi und der Funkeinrichtungen werden durch dieses Netz versorgt. Die 24-V-Anlage wird durch eine Drehstromlichtmaschine 24 V / 28 V und 50 A mit 2 kW Leistung sowie durch eine Batterie 3 PZ 6V, 195 Ah, bestehend aus zwölf Zellen, versorgt. Die Spannung wird unter anderem für die 24-V-Anlasser der beiden Dieselmotoren und des Diesel-Generator-Aggregates sowie der Wechselsprecheinrichtung benötigt. Das Fahrzeug besitzt eine Warmwasserheizung, deren Heizgerät im Untergestell des Fahrzeugs eingebaut ist.
Der 708.3 ist mit einer selbsttätigen, indirekt wirkenden KE-Druckluft-Scheibenbremse ausgestattet.

Betriebseinsatz

Alle 37 gebauten Fahrzeuge 708 301 bis 708 337 sind weiterhin in den neuen Bundesländern stationiert. Die Vorgängerfahrzeuge wurden größtenteils 1998 ausgemustert. Der 708 200 gelangte als Museumsfahrzeug zum Verkehrsmuseum Dresden.

AUTOR: BOLDT; AUFNAHME: MIETHE

Aus Österreich stammen die Fahrzeuge der Baureihe 709.0. Sie sind bis zu 120 km/h schnell

Baureihe 709.0

Die drei Fahrzeuge der BR 709.0 wurden von der ehemaligen Deutschen Reichsbahn 1992 direkt bei der österreichischen Firma Plasser & Theurer, Linz, bestellt und zum Jahreswechsel 1993/94 ausgeliefert. Das Fahrzeugkonzept lehnt sich eng an den österreichischen Motorturmtriebwagen (MTW) an.

Konstruktion

Der selbsttragende Wagenkasten ist als stabile Schweißkonstruktion gefertigt. An den Fahrzeugenden befinden sich Zug- und Stoßeinrichtungen der Regelbauart. An beiden Enden der Kabine verfügt der 709 über einen Führerraum. Der Aufbau beinhaltet die Werkstatt- und Sozialräume für sieben Personen, eine Kochnische sowie den Messplatz für die Aufzeichnung des Fahrdrahtverlaufs mittels Video. Am Fahrzeugende über dem Triebdrehgestell befindet sich der leistungsstarke Kran der Firma Palfinger, auf dem Dach die frei verschwenkbare Hubarbeitsbühne. Sie ist mit einer Reihe von Zubehörteilen ausgerüstet bzw. bestückt, wie Werkzeugablage, zwei Erdungsstangen, Steckdosen und Beleuchtungselementen, ebenso ist ein Druckluftanschluss vorhanden. An den Seiten der Plattform sind Schiebearme mit Klauen für Seile und Drähte sowie eine Fahrdraht-Auflagerolle vorhanden. Der Mess-Stromabnehmer über dem vorderen Drehgestell und die Fahrdrahtmessanlage sind ebenso auf dem Dach platziert wie die Fahrdraht- und Tragseilanhebevorrichtung. Als Fahrmotor dient der hydrodynamische Zwölfzylinder-KHD-Dieselmotor BF L 513 C mit einer Leistung von 367 kW. Das Drehmoment wird vom Motor über eine Gelenkwelle, das Lastschaltgetriebe und eine weitere Gelenkwelle zum Verteilergetriebe übertragen. Von hieraus erfolgt die Kraftübertragung mittels Gelenkwelle, Antriebszwischenwelle und einer weiteren Gelenkwelle schließlich zum Achsgetriebe des Triebdrehgestells. Die Höchstgeschwindigkeit beträgt 120 km/h. Der Vierzylinder-Arbeitsmotor dient als Antrieb während der Langsamfahrt. Der KHD-Motor BF 4L 1011 T leistet 44 kW. Damit kann die maximale Geschwindigkeit bei Arbeitsfahrten bis 5 km/h stufenlos geregelt werden. Der Antrieb erfolgt hydrostatisch. Das Drehmoment wird vom Motor zuerst über eine Gelenkwelle zum Pumpengetriebe, dann über weitere Komponenten schließlich zum Achsgetriebe geführt. Ein Generator mit 10 kVA für 220/380 Volt übernimmt die Stromversorgung. Zudem existieren Steckdosen für eine ortsfeste Fremdeinspeisung. Die Triebwagen besitzen eine direkt wirkende Knorr-Druckluftbremse mit KE-Ventil, die mittels Klotzbremse alle Räder abbremst.

Betriebseinsatz

Die drei Fahrzeuge sind in Dresden (001), Halle (002) und Berlin (003) stationiert. Es wird keine weiteren Beschaffungen der Baureihe 709.0 geben.

Technische Daten

Baureihenbezeichnung		709
Indienststellung		1994
Hersteller		Plasser & Theurer
Achsformel		2'B'
Länge über Puffer	mm	15840
Dienstmasse	t	57
Dieselkraftstoff	l	700
Dieselmotor(en)	Anzahl	2
Hersteller		KHD
Leistung	kW	367/44
Drehzahl	U/min	2300/2500
Art der Kraftübertragung		hydromech.
Höchstgeschwindigkeit	km/h	120

AUTOR: BOLDT; AUFNAHME: HEIDERICH

711 007 wartet in Kassel auf den nächsten Einsatz

Baureihe 711.0

Die Baureihe 711.0 ist eine neue Turmtriebwagengeneration, die 1996 von Windhoff in Rheine in neun Exemplaren gefertigt wurde. Der auch Hubarbeitsbühne-Instandhaltungsfahrzeug Oberleitungsanlagen (HIOB) genannte vierachsige Turmtriebwagen gewährleistet nicht nur die Entstörung, sondern ist zudem für größere Instandsetzungsarbeiten wie Seilzug- und Fahrdrahtwechsel ausgelegt.

Konstruktion

Der Wagenaufbau auf dem geschweißten Wagenkasten erstreckt sich über die gesamte Rahmenlänge und besitzt an jedem Ende einen Führerraum. Der Führerraum 1 (unterhalb des Stromabnehmers) ist durch eine Tür vom anschließenden Lager- und Werkstattraum getrennt. Der Führerraum 2 geht dagegen ohne Abtrennung in den Aufenthaltsraum über. Hier befindet sich die Küchenzeile, die Sitzgruppe sowie der Kleider- und Trockenschrank nebst Nasszelle. In der Fahrzeugmitte ist der Video-Auswerteplatz integriert.

Durch eine Drehtür gelangt man in den Werkstattraum. Auf dem Dach sind der Mess-Stromabnehmer WBL 85 und eine umfangreiche Beleuchtungsanlage mit Arbeits- und Suchscheinwerfer sowie Langfeldleuchten installiert. Ferner sind hier die Fahrdraht- und Tragseilanhebevorrichtung, die Aussichtskanzel, eine Videoausrüstung, eine reine Scherenhubbühne sowie eine frei schwenkbare Hubarbeitsbühne installiert. Werkzeug und Ersatzmaterialien für den Instandhaltungsdienst, zum Beispiel eine fahrbare Leiter, ergänzen die Ausrüstung.

Die Maschinenanlage ist unterflur montiert. Der wassergekühlte MAN-Fahrmotor des Typs D 2876 verfügt über sechs Zylinder und erbringt eine Leistung von 338 kW. Vom Fahrmotor mit nachgeschaltetem hydrodynamischen Lastschaltgetriebe wird der Kraftfluss über ein Zwischengetriebe mit Abschaltung für den hydrostatischen Fahrbetrieb und über die Gelenkwellen auf die beiden Radsatzgetriebe eines Drehgestells übertragen. Den besonderen Anforderungen, wie wechselnder Belastung, häufigem Anfahren und extremer Langsamfahrt, werden durch diese Antriebskonzeption auch in wirtschaftlicher Weise Rechnung getragen.

Für den unteren Geschwindigkeitsbereich ist ein schadstoffarmer MAN-Motor vom Typ D 0824 mit vier Zylindern und einer Leistung von 118 kW vorgesehen. Dieser Motor wurde zudem mit einer hochwirksamen Rußfilteranlage ausgestattet. Mit dem Arbeitsmotor kann die Geschwindigkeit im Bereich von 0 bis 5 km/h stufenlos eingestellt und weitestgehend eingehalten werden. Als Bremse dient eine indirekt wirkende Druckluft-Klotzbremse nach UIC-Norm. Zum Bremssystem gehört ferner ein elektronischer Gleitschutz und eine direkte Zusatzbremseinheit.

Für die Energieversorung aller Dreh- und Wechselstromverbraucher ist das HIOB mit einer Stromversorgungseinheit 230/400 V, 10 kVA ausgerüstet. Die Batteriespannung beträgt 24 V. Zudem besteht ein Fremdspannungsanschluss mit 230 V 16 A. Wie auch der 703.0 wird der HIOB durch einen einzigen Fahrbremshebel gesteuert. Dabei werden durch eine integrierte sicherheitsgerichtete Steuerung von Krauss-Maffei alle fahrtechnischen Aufgaben durchgeführt bzw. überwacht. Hiermit ist die Überwachung der beiden Dieselmotoren, der Bremsanlage und der Schaltung der Getriebe gemeint. Ferner werden die integrierten Achs- und Wiegenfederblockierungen gesteuert und überwacht und die entsprechenden Bewegungsfreigaben für die installierten Arbeitsgeräte erteilt.

Das Fahrzeug wurde mit der Indusi I 60 R, Sifa und Zugbahnfunk ZF 90 sowie Teleport 10 ausgestattet. Um auch auf spätere höhere Geschwindigkeiten vorbereitet zu sein, ist für den nachträglichen Einbau einer LZB 80 vorgesorgt. Die letzten drei Fahrzeuge (007, 008 und 009) werden werksseitig mit Linienzugbeeinflussung ausgerüstet.

Technische Daten

Baureihenbezeichnung		711
Indienststellung		1996
Hersteller		Windhoff
Achsformel		2'B'
Länge über Puffer	mm	17,24
Dienstmasse	t	61
Dieselkraftstoff	l	700
Dieselmotor(en)	Anzahl	2
Hersteller		MAN
Leistung	kW	338/118
Drehzahl	U/min	2000/2400
Art der Kraftübertragung		hydromech.
Höchstgeschwindigkeit	km/h	120

Betriebseinsatz

Alle neun Triebwagen sind im Einsatz. Standorte waren im Sommer 2000 Würzburg (001), Hamburg (002), Zwickau (003), Erfurt (004), Nürnberg (005), Frankfurt am Main (006), Kassel (007), Hannover (008) und Stuttgart (009).

Die vierachsigen Serienfahrzeuge der Baureihe 711.1 sollen ab Herbst bei der Gleisbaumechanik Brandenburg in Bau gehen. Geplant sind derzeit 22 Stück bis zum Jahr 2002.

AUTOR: BOLDT; AUFNAHME: HEIDERICH

712 002: Der Profil-Messtriebwagen in Karlsruhe

BR 712.0

Die Aufgabe des Profil-Messtriebwagens (PROM) 712 002 besteht in der Messung des Tunnelprofils. Der Ersatz für den mechanisch arbeitenden „Tunneligel" (712 001) entstand 1992, basiert auf dem österreichischen Motorturmtriebwagen und wurde von der Deutschen Plasser in Freilassing gebaut.

Konstruktion

Der selbsttragende Fahrzeugrahmen wurde aus Walzprofilen und Stahlblechen in Schweißtechnik hergestellt. Zur Aufnahme der Mess-Säule ist ein Durchbruch im Fahrzeuguntergestell freigehalten. Der Fahrzeugkasten ist in diesem Bereich über eine verschiebbare Haube zu öffnen.

Über dem angetriebenen Drehgestell liegt der Führerraum 2. Über ihm befindet sich auf dem Dach ein Einholm-Mess-Stromabnehmer vom Typ WBL 85. An den Führerraum schließen sich der Aufenthaltsraum, die Nasszelle und ein Raum für die Sanitärtechnik an. Der Rechenraum beinhaltet zwei Arbeitsplätze. Es folgen der Raum für die Mess-Säule und der Schaltraum, in dem die Messwerte registriert, zum Teil verarbeitet und das Laserlicht erzeugt werden. Der Führerraum 1 bildet den Wagenabschluss.

Die Unterflur-Antriebsanlage besitzt eine hydrodynamische Kraftübertragung, die auf die beiden Achsen des vorderen Drehgestells wirkt. Der Hauptantrieb erfolgt bei der Streckenfahrt durch einen Zwölf-Zylinder-Motor von Klöckner-Humboldt-Deutz des Typs BF 12 L 513 C. Er leistet 367 kW. Für die Messfahrten bis 5 km/h erhielt der 712 002 einen zusätzlichen Vier-Zylinder-Dieselmotor vom Typ KHD BF 4 L 1011 T mit 44 kW Leistung. Durch die hydrostatische Kraftübertragung lässt sich die Messgeschwindigkeit feinfühlig regeln.

Das 24-V-Gleichstrom-Bordnetz speist die Fahrzeugsteuerung und die Nebenbetriebe. Das 230-V- / 380-V-Drehstromnetz versorgt unter anderem die Mess- und Auswerteeinrichtungen. Indusi I 60, Zwei-Kanal-Sifa vom Typ STG 206 und Zugfunk Mesa 2002 sind ebenfalls vorhanden.

Betriebseinsatz

Die mechanische Profilmessung ist beim 712 002 Vergangenheit. Der Clou des PROM ist die ausfahrbare Mess-Säule, welche die Profilfreiheit mittels Laser berührungsfrei misst. Diente der alte Tunneligel fast nur zur Aufnahme diverser Profile, so kann der PROM auch langgestreckte Bauwerke bis zu einer Entfernung von 12 m von der Gleisachse vermessen. So erfasst er zum Beispiel die Daten von Stützmauern, Lärmschutzwänden, Widerlagern, Bahnsteigkanten oder -dächern.

Technische Daten

Baureihenbez.	712 002 (Prom)
Indienststellung	20.01.1993
Hersteller	Deutsche Plasser
Achsformel	B' 2'
Länge über Puffer mm	17.420
Dienstmasse t	54
Dieselkraftstoff l	700
Dieselmotor (Fahrbetrieb)	BF 12L 513 C
Hersteller	Klöckner Humboldt Deutz
Leistung kW	367
Kraftübertragung	hydromechanisch
Höchstgeschw. km/h	120
ggf. Heizeinrichtung	Warmwasser

BR 712.1 und 713

Auf den Gleisen der DB müssen immer wieder Lichtraumprofile vermessen werden; zudem gibt es ca. 500.000 Lademaßüberschreitungs-Engstellen. Um dies datenmäßig zu erfassen, entstand 1995 der erste selbstfahrende Lichtraumprofil-Messzug (LIMEZ I) der DB. Dieses Nebenfahrzeug 97 86 21 101 10 konnte aber die anfallende Arbeit nicht bewältigen, so dass man ein weiteres Fahrzeug beschaffte. Im Januar 1997 übergab die Deutsche Plasser Freilassing den zweiten Lichtraumprofil-Messzug (LIMEZ II). Diese Garnitur besteht ohne Ausnahme aus dem Triebwagen 712 101 und dem Messwagen 713 001.

Der 712.1 ist mit seinem Pendant 713.0 unterwegs

Konstruktion

Auf den Führerraum 1 folgen der Rechnerraum, die Werkstatt, ein Geräteraum, eine Nasszelle, ein Sozialraum und der Führerraum 2. An der Fahrzeugfront sind Videokameras und Scheinwerfer montiert. Zur Vermessung des Fahrdrahthöhenverlaufs ist der 712 101 mit einem Mess-Stromabnehmer vom Typ WBL 85 ausgerüstet. Die auf dem Dach installierte Videokamera nimmt den Fahrdrahtverlauf auf. Im Rechnerraum untergebrachte Videorecorder erfassen computergesteuert die Aufnahmen, Zeitimpulse und weitere Daten. Den Antrieb übernimmt der KHD-Motor BF 8 M 1015 C mit 370 kW Leistung. Der 712 101 erreicht 120 km/h, bei Messungen fährt er etwa 30 km/h.

Der zweiachsige Messanhänger des LIMEZ II trägt an der Vorderseite einen Referenzrahmen; die Messachse läuft ganz vorne. Die Messfahrt erfolgt immer mit Anhänger und Referenzrahmen voraus. Für das Doppelbild-Lichtraum-Messsystem (DOLIM) sind im Referenzrahmen auf jeder Seite zwei Kameras, Blitzlichter und Videokameras installiert. Mit der Messachse und einem optoelektronischen Wegmesser nimmt der 713 die örtliche Lage der Objekte auf. Ein Inklinbometer erfasst Gleisüberhöhungen, zudem werden Objekte entlang der Strecke per Videoaufnahme dokumentiert.

Betriebseinsatz

Der LIMEZ II, bestehend aus dem Triebwagen 712 101 und dem Messwagen 713 001, wird in ganz Deutschland zu Messungen an der Strecke eingesetzt.

Technische Daten

Baur.bez.	712 101 (LIMEZ II)	713 001
Indienststellung	31.01.1997	31.01.'97
Hersteller	Deutsche Plasser	Dt. Plasser
Achsformel	B' 2'	1+1
Länge ü. P. mm	15.920	14.600
Dienstmasse t	46	13
Dieselkraftstoff l	700	–
Motor (Fahrt)	BF 8 M 1015 C	–
Hersteller	KHD	–
Leistung kW	370	–
Drehzahl U/min	2.300	–
Kraftübertr.	hydromechanisch	–
Höchstgeschw. km/h	120	120
Heizeinrichtung	Warmwasser	–

AUTOR: BOLDT; AUFNAHMEN: VOLK

Bespannung für den Schleifzug: die Diesellok der Baureihe 715

BR 715

Bei der DB sind schon seit den fünfziger Jahren Schienenschleifzüge im Einsatz. Die Schleifwagen verwenden meist rotierende Scheiben oder aber oszillierende Schleifsteine, um die Unebenheiten der Schienenoberfläche zu glätten und bei Bedarf das Schienenprofil wieder herzustellen. Die bei der DB eingesetzten Schienenschleifmaschinen und Schienenschleifzüge sind als Schwere Nebenfahrzeuge eingestuft und alle selbstfahrend. Daneben gibt es noch einen lokbespannten Schleifzug. Der auch als Speno RR 1455 bezeichnete achtteilige Zug ist an den Enden mit den Dieselloks 715 003 und 006 gekuppelt.

Konstruktion

Der Rahmen der symmetrisch aufgebauten Loks ist als geschweißte Profilkonstruktion ausgeführt. Er besteht aus Längsträgern und Quertraversen. An das Zentralführerhaus mit zwei Führertischen schließen sich die Vorbauten an.
Die Loks sind mit jeweils zwei Motoren ausgestattet, wobei jeder Motor auf ein Drehgestell wirkt. Zum Einsatz kommen Zwölf-Zylinder-Motoren vom Typ DNP12 der Firma Baudoins mit je 310 kW. Die Kraftübertragung erfolgt auf ein hydromechanisches Acht-Gang-Wendegetriebe des Typs Asynchron. Das Schalten der einzelnen Gänge erfolgt hydraulisch. Der Antrieb wirkt auf beide Achsen des Drehgestells. Die Abstützung von Radsatz und Drehgestellrahmen erfolgt über zwei Bügel und acht Spiralfedern sowie zwei Koni-Dämpfer pro Drehgestell in senkrechter Richtung. Die Kastenabstützung erfolgt pro Drehgestell innenliegend über zwei seitliche Reibungselemente auf dem mittleren Drehgestellquerträger.
Als Bremse dient eine Knorr-Klotzbremse mit Zusatzbremse. An jeder Lok ist eine Wasserspritzanlage vorhanden, die eventuell durch Funkenflug entstandene Brandherde löscht.

Betriebseinsatz

Eingesetzt wird der RR 1455 A im gesamten Bundesgebiet. Zwischen den Loks fahren acht zweiachsige gedeckte Wagen, die für diverse Schleiffunktionen modifiziert wurden. Einige davon dienen überdies als Werkstatt- bzw. Wohnwagen. Von Lok zu Lok misst der Zug 103 Meter. Die Höchstgeschwindigkeit beträgt 80 km/h,

BR 716

Die DB nahm 1994 die selbstfahrenden Schneeschleudern 716 001 und 002 ab. Sie sind speziell für den Einsatz auf der Neubaustrecke Hannover – Würzburg konzipiert. Dort gibt es breitere Gleisabstände, zudem können durch Schneeverwehungen beachtliche Schneehöhen entstehen, die rasch zu räumen sind. Die Schleuderbauten stammen von der Rosenheimer Firma Beilhack, die Triebdrehgestelle von Kaelble-Gmeinder. Das DB-Werk Meiningen fertigte die Aufbauten und übernahm die Endmontage.

Konstruktion

In der Fahrzeugmitte liegt eine Kugeldrehverbindung, mit der sich die Aufbauten um 180 Grad gegenüber der Fahrtrichtung verdrehen lassen. Das in der Fahrzeugmitte gelegene, klimatisierte und schallisolierte Führerhaus kann über die beiden seitlichen Zugänge betreten werden. Große beheizbare Seitenfenster und die mit rotierenden Scheibenwischern ausgestatteten Frontscheiben gewährleisten eine gute Sicht. Nach einer kleinen Plattform vor dem Führerhaus schließen die Schleudervorbauten mit Vorschneidepropellern, verstellbaren Rafferblechen und Auswurfkaminen das Fahrzeug ab.
Daimler-Benz fertigte einen Fahrmotor und zwei Motoren für die Schneeschleudern. Die Leistung des Zwölf-Zylinder-Fahrmotors vom Typ OM 444 la beträgt 605 kW. Die Antriebsleistung gelangt über ein Voith-Turbogetriebe, Verteilergetriebe und Gelenkwellen auf die Achsgetriebe der vier Radsätze. Das Bordnetz arbeitet mit 24 V Gleichstrom, die Versorgung stellt eine Bleibatterie mit 400 Ah Gesamtkapazität sicher. Die Schneeschleuder verfügt über eine Warmwasserheizung und eine Webasto-Warmluftheizung. Das Fahrzeug besitzt eine Sicherheitsfahrschaltung, Indusi und Zugfunk.
Die Schneeschleudern werden durch zwei wassergekühlte Schleudermotoren mit je zwölf Zylindern und einer Leistung von je 605 kW angetrieben. Auch sie verfügen über eine Abgasturboaufladung mit Ladeluftkühlung. Über eine mechanische Dreischeiben-Trockenkupplung, ein Zwei-Gang-Schaltgetriebe und ein Verbindungsgetriebe gelangt die Antriebsleistung auf die Schleudervorbauten. Das hinter Schaltgetriebe und Gelenkwelle liegende Verbindungsgetriebe ist in der Lage, die Kraft der beiden Schleudermotoren zu koppeln. So wird erreicht, dass entweder nur ein Schleudermotor beide Wurfräder mit halber Kraft antreibt oder die zweifache Leistung auf ein Wurfrad gelangt.

Modernes Gerät: die Schneeschleuder BR 716 für die Neubaustrecken

Betriebseinsatz

Beide Schneeschleudern sind in Fulda beheimatet und dort im Freien hinterstellt. Meter ab Gleismitte variiert werden. Die Räumgeschwindigkeit hängt jeweils von der Menge und der Beschaffenheit des Schnees ab.

Technische Daten

Baureihenbezeichnung	716 001
Indienststellung	14.04.1994
Hersteller	Beilhack, AW Meiningen
Achsformel	B' B'
Länge über Puffer mm	16.500
Dienstmasse t	80
Dieselkraftstoff l	3.400
Dieselmotor (Fahrbetrieb)	OM 444 la
Hersteller	Daimler-Benz
Leistung kW	612
Drehzahl U/min	2.100
Kraftübertragung	hydromechanisch
Höchstgeschw. km/h	120
Heizeinrichtung	Warmwasser

AUTOR: BOLDT; AUFNAHMEN: BOLDT, SLG. VOLK

Ultraschall für müde Gleise: 719 102, 720 101 und 719 101 im Münchener Hauptbahnhof

BR 719.1, 720.1

Seit Beginn der fünfziger Jahre überprüft die DB regelmäßig ihre Gleise zerstörungsfrei mittels Ultraschall auf innere Fehler und Materialermüdungen. Der erste Schienenprüfzug (SPZ) wurde 1956 aus einem Schienenbustriebwagen nebst -beiwagen umgebaut und war bis 1976 im Einsatz. Er fuhr zuletzt als 721 001 und 722 001 mit einer Prüfgeschwindigkeit von 30 km/h. Auf der Basis der dreiteiligen Nahverkehrstriebwagen 614/914 entstand 1974 bei MBB der zweite Schienenprüfzug 719 001, 720 001 und 719 501. Mit diesem Zug konnte die Prüfgeschwindigkeit auf 50 Stundenkilometer gesteigert werden. Nach Fristablauf im Februar 1998 wartet der 2. SPZ seither auf sein weiteres Schicksal. Im März 1996 wurde mit dem SchienenprüfExpress (SPE) die dritte Generation dieses Fahrzeugtyps abgenommen.

Konstruktion

Der von Plasser & Theurer im Werk Linz gebaute Schienenprüfzug SPE 140 ist ein dreiteiliger Triebzug mit zwei Trieb- und einem Mittelwagen. In den beiden Endwagen befinden sich je ein unterflur angeordneter MTU-Zwölfzylinder-Dieselmotor vom Typ 12 V 183 TD 13 mit einer Leistung von 540 kW. Die Höchstgeschwindigkeit beträgt 160 km/h. Die Prüfgeschwindigkeit liegt jetzt bei 70 km/h und kann durch eine halbautomatische Regelung konstant gehalten werden. Die Drehgestelle fertigte SIG, Schaffhausen. Ferner sind die Endführerräume, Sozialräume und Schlafkabinen für die Besatzung in den Triebwagen untergebracht. Des weiteren existieren für die Energieversorgung der Hilfsbetriebe und der Messeinrichtungen zwei Hilfsmotoren mit 50 bzw. 60 kW Leistung.

Herzstück des Zuges ist der Mittelwagen 720 101. In ihm ist die Prüf-, Mess- und Auswertetechnik untergebracht. Die DB führt die Ultraschallprüfung nach dem Impuls-Echo-Verfahren durch. Beim SPE 140 stehen elf Prüfkanäle zur Verfügung. Der Schall wird dabei senkrecht (0 Grad) und schräg unter Winkeln von minus 35 Grad und minus 70 Grad in die Schiene geleitet. Für die Senkrechtstrahler werden Longitudinalwellen mit einer Frequenz von 4 MHz, für die Schrägstrahler hingegen Transversalwellen mit einer Frequenz von 2 MHz benutzt, was im Schienenstahl zu einer Wellenlänge von 3 Millimeter führt. Ein weiterer Prüfkanal misst die Schienenhöhe. Aussender der Schallimpulse und Empfänger der Echos sind die Prüfköpfe, die im so genannten Prüfkopfträgerwagen montiert sind und auf einem feinen Wasserfilm, dem Koppelwasser, über die Schienen gleiten. Durch eine aufwendige und sicher einmalige Computeranlage werden die Messignale und die Referenzsignale verstärkt und nach der Laufzeit und der Amplitude klassiert, digital verschlüsselt und anschließend – zusammen mit den Streckendaten – abgespeichert. Die Überwachung und Steuerung der Anlage obliegt dem Messmeister, der – ähnlich wie im Vorgängerfahrzeug – auf Monitoren im Mittelwagen die Lage der Prüfköpfe regelt und die Echoimpulse beobachtet. Mit dieser Prüftechnik können Quer- und Längsfehler im Schienenkopf, Längsrisse und Anrisse im Schienensteg und Fehler im Schienenfuß festgestellt werden. Die Schienenprüfgeschwindigkeit konnte auf 70 km/h angehoben werden. Auf Neubaustrecken sind Prüffahrten mit 100 km/h möglich. Je nach Strecke sind so tägliche Prüfleistungen von 350 km, entsprechend 70.000 km im Jahr, möglich.

Betriebseinsatz

Wie seine Vorgänger befährt auch der SPE 140 nach einem festen Plan die Hauptstrecken der Bahn mindestens einmal pro Jahr, stark frequentierte Strecken auch alle vier Monate. Für Nebenstrecken reicht ein Untersuchungsintervall von nur drei Jahren.

Der Messzug wird vom Forschungs- und Technologie-Zentrum der Bahn in Minden (Westfalen) eingesetzt.

Technische Daten

Baureihenbezeichnung		719 001/720 001/ 719 501
Indienststellung		1975
Hersteller		MBB
Achsformel		B'2+2'2'+2'B'
Länge über Puffer	mm	79.460
Dienstmasse (bei 2/3 Vorräten)	t	164
Dieselkraftstoff	l	1.400
Dieselmotor(en)	Anzahl	2
Hersteller		MAN
Leistung	kW	736
Drehzahl	U/min	1.950
Art der Kraftübertragung		hydraulisch
Höchstgeschwindigkeit	km/h	140

AUTOR: BOLDT; AUFNAHME: MIETHE

HIOB heißt das Instandhaltungsfahrzeug für Oberleitungen, das al Baureihe 711.1 bei der Deutschen Bahn AG geführt wird. Im August 2003 wartet 711 106 im Karlsruher Hauptbahnhof auf neue Einsätze U. Miethe

Neue Aufgabe für den Senior: Der Bundesbahn-Turmtriebwagen 701 165 fungiert jetzt als Diagnose-Triebwagen (DVT); hier im Oktober 2002 bei Langenbach U. Miethe

Mit den Bahndienstfahrzeugen der Reihe 724 werden regelmäßig die Indusi-Gleismagnete überprüft

Baureihen 724/727

Aus einmotorigen Schienenbussen der Baureihe 795 entstanden 1971/72 die drei Bahndienstfahrzeuge 724 002 und 003 zur Überprüfung der Gleismagnete der induktiven Zugbeeinflussung (Indusi) und 727 001 zur Kontrolle der Linienzugbeeinflussung (LZB). Die Fahrzeuge tragen heute einen gelben Anstrich.

Konstruktion

Der Fahrzeugteil der einmotorigen Bahndienstfahrzeuge 724 und 727 besteht aus dem geschweißten zweiachsigen Fahrgestell mit einer einfachen selbsttätigen Mittelpufferkupplung und dem Wagenkasten, auf dessen Kastengerippe mittragende Bekleidungsblechen genietet sind. Je eine Drehfalttür pro Wagenseite und -ende und einige Seitenfenster wurden mit Blechen verschlossen. Der Wagenkasten ist durch Schwingungsdämpfer gegen das Fahrgestell abgefedert. Im Fahrgestell ist der Fahrmotor vom Typ Büssing U 10 mit sechs Zylindern und einer Leistung von 111 kW (150 PS) unterflur elastisch befestigt, der die Achse am gegenüberliegenden Wagenende antreibt. Über eine am Motor angebaute hydraulische Kupplung und das elektromechanische Schaltgetriebe gelangt die Antriebsleistung über eine Gelenkwelle zum Radsatzwendegetriebe der Achse. Die Fahrzeuge besitzen Westinghouse-Autobremsen, Magnetschienenbremsen und zwei Handbremsen, die jeweils auf die nächstgelegene Achse wirken. Sie sind mit Sicherheitsfahrschaltung, induktiver Zugbeeinflussung und Zugbahnfunk ausgestattet. Im Wageninneren sind neben den spezifischen Prüfeinrichtungen eine Werkbank und eine Sitzgruppe unterbracht.

BEHEIMATUNGEN

Betriebswerke München 1 (727), Köln 2 (724)

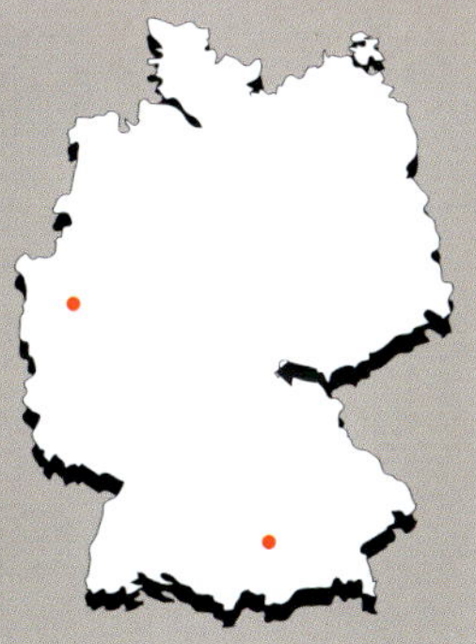

Besonderheiten 724

Die Überprüfung der Wirksamkeit der Gleismagnete für die Induktive Zugsicherung (Indusi) geschah durch die Signalwerkstätte Wuppertal zunächst mit tragbaren Meßkoffern und ab 1957 mit dem Gleismagnet-Prüfwagen Skl 81.9601. Dessen geringe Geschwindigkeit von ursprünglich 50 km/h, ab 1963 dann 70 km/h, und die weitere Verbreitung der Indusi erforderten neue und schnellere Fahrzeuge. Zunächst entstand 1964 aus dem Vorserien-Schienenbus VT 95 906 der „Wuppertal 6205“, später 724 001, der 1986 ausgemustert wurde. Mehr Platz boten die beiden im Juni 1972 im Aw Kassel aus den einmotorigen Serien-Schienenbussen 795 471 und 144, von Uerdingen 1954 und 1952 geliefert, umgebauten 724 002 und 003 mit ihrem um 2600 mm längeren Wagenkasten, die heute zusammen mit dem 728 001 noch im Einsatz sind. Für alle Indusi-Prüfzüge lieferte die Firma Siemens in Braunschweig die Meßtechnik. Am Rahmen sind zusätzlich Meßmagnete angebracht, welche die Wirkung der Gleismagnete auf einer Anzeigetafel neben dem Führerpult anzeigen.

Besonderheiten 727

Nach ersten Erprobungen im Jahre 1963 zwischen Bamberg und Forchheim und ab 1965 auf mehreren Strecken begann die DB im Jahre 1977 mit der planmäßigen Ausrüstung der Schnellfahrstrecken mit der Linienzugbeeinflussung (LZB), die es dem Triebfahrzeugführer auf dem Anzeigegerät im Führerstand ermöglicht, die Stellung der Signale zehn Kilometer voraus zu erkennen. Zur Überprüfung der Funktionsfähigkeit der LZB erhielt das Bundesbahn-Zentralamt in München im Juni 1971 einen LZB-Prüftriebwagen 727 001, der aus dem ersten, von Uerdingen gebauten, Serien-Schienenbus 795 113 umgebaut wurde. Die Prüfeinrichtung im Wagen besteht aus dem LZB-Meßschrank und einem Industrie-PC zur Auswertung der Pegel- und Kreuzungsmessung.

Betriebseinsatz

Die Indusi-Prüfwagen 724 002 und 003 sind zusammen mit dem zweimotorigen 728 001 beim Bw Köln 2 beheimatet. Sie werden von der zentralen Signalwerkstätte Wuppertal zu Meßfahrten im gesamten Bereich der DB verwandt.

Der Prüfwagen für die Linienzugbeeinflussung 727 001 ist beim Bw München 1 beheimatet und dient dem Bundesbahn-Zentralamt in München für Meßfahrten auf allen LZB-Strecken im Bereich der DB

TECHNISCHE DATEN

Baureihenbezeichnung	ab 1968	724	727
	bis 1968	(VT 95)	(VT 95)
Indienststellung (1. Jahr)		1952	1952
Umbau (1. Jahr)		1971	1971
Hersteller		Uerdingen	Uerdingen
Umbauer		Aw Kassel	Aw Kassel
Achsformel		A1	A1
Länge über Puffer	mm	13.298	13.298
Dienstmasse (bei 2/3 Vorräten)	t	17	17,7
Dieselkraftstoff	l	240	240
Dieselmotor(en) Anzahl		1	1
Hersteller		Büssing	Büssing
Leistung	kW	111	111
Drehzahl	U/min	1.900	1.900
Art der Kraftübertragung		mechanisch	mechanisch
Höchstgeschwindigkeit	km/h	90	90

Pärchenweise unterwegs: Das Duo 726 003 mit 725 in München

Baureihen 725, 726

Zur Überprüfung der geometrischen Lage der Gleise bedient sich die Bahn der „Oberbaumesswagen" und der „Gleismesszüge". Sie haben die Aufgabe, die Gleisgeometrie als Abnahme bei erneuerten und durchgearbeiteten Gleisen zu erfassen. Des Weiteren sollen sie für die Überprüfung von Anschlussstrecken, Verbindungsgleisen und Nebenbahnen eingesetzt werden. Bei den Gleismesszügen greifen je drei Messtastscheiben, welche die Fahrkanten der Schienen berühren, die Lage des Gleises ab.

Konstruktion

Als Trieb- und Aufenthaltswagen wurden parallel zur Beschaffung der antriebslosen Gleismesswagen der Baureihe 726.0 fünf Schienenbusse bei MBB in Donauwörth bzw. im AW Kassel umgebaut und zwischen 1974 und 1975 als 725 001 bis 005 in den Bestand der DB übernommen. Die Schienenbusse wurden nur innen verändert. Aufbau, Motor, Laufwerk und ein Führerraum blieben unverändert. Zur Übernachtung der Mannschaft ist der Triebwagen mit zwei Schlafkabinen mit Waschgelegenheit ausgestattet. Jede Kabine, die über den Seitengang erreichbar ist, verfügt über zwei Etagenbetten. An die Schlafräume schließt sich ein Aufenthaltsraum mit Küchenzeile, Tisch, Stühlen und Schränken an. Am gegenüberliegenden Wagenende ist seit dem Umbau der zweite Führerraum entfallen, da die beiden Fahrzeuge immer als Einheit gefahren werden. Hier ist schallisoliert ein Dieselaggregat untergebracht.

Die antriebslosen Messwagen sind auf der Basis der Regelturmtriebwagen BR 701 entstanden. Dennoch ist der Wagenkasten hier höher ausgelegt. Den Vorgaben der Gleisvermessung entsprechend, wurde besonderer Wert auf eine geringe Verwindung und Durchbiegung gelegt. Die Federung des Wagenkastens ist so ausgelegt, dass immer der gleiche Pufferstand gegenüber der Schieneoberkante und eine waagerechte Lage des Wagenkastens gewährleistet ist.

In der Mitte des großen, fast zwölf Meter langen Arbeitsraumes befindet sich der Messtisch zur Auswertung der Messaufzeichnungen. An der zum Triebwagen liegenden Wagenseite ist eine Werkbank installiert; am anderen Wagenende befindet sich ein Führerraum. Neben den beiden Radsatzachsen dienen drei zusätzliche, in Bissel-Gestellen untergebrachte Messachsen als Träger der Messeinrichtung. Die Messwerte werden mechanisch von der Schiene abgegriffen, mit Induktivgebern in elektrische Signale umgewandelt und am Zeichentisch in einen Mess-Streifen übertragen, der die aufgenommenen sieben Parameter jeweils als eine mehr oder weniger gezackte Linie darstellt.

Der Papiervorschub ist elektrisch mit den Achsen des Messwagens gekuppelt und kann so drei Längsmaßstäbe der abgenommenen Strecke aufzeichnen.

Technische Daten

Baureihenbezeichnung ab 1968		725/726
Indienststellung		1974 (726)
Umbau		1974 (725)
Hersteller		MBB
Umbauer		MBB
Achsformel		AA+2
Länge über Puffer	mm	27.900
Dienstmasse (bei 2/3 Vorräten)	t	37
Dieselkraftstoff	l	360
Dieselmotor(en)	Anzahl	2
Hersteller		Büssing
Leistung	kW	222
Drehzahl	U/min	1.800
Art der Kraftübertragung		mechanisch
Höchstgeschwindigkeit	km/h	90

Messaufgaben

Sieben Parameter bestimmen die Gleisgeometrie, sie werden alle vom Gleismesswagen erfasst und aufgezeichnet. Die Messung der Längshöhe wird auf jeder der beiden Schienen durch den Vergleich der Höhenbewegung von je drei Rädern erfasst. Die Pfeilhöhe ist ähnlich wie die Längshöhe eine relative Dreipunktmessung. Die Messbasis beträgt zehn Meter – dies entspricht dem Abstand der Tast-Roulettes an den äußeren Bissel-Achsen. Die Messung der Spurweite erfolgt mechanisch durch die Tasträder an den Bisselgestellen. Die Verwindung ist definiert als Änderung der Überhöhung längs des Weges. Es handelt sich hierbei um eine dimensionslose Größe, die meist in Promille angegeben wird.

Die absolute Verwindung ist dabei die maßgebende Größe zur Ermittlung der Entgleisungssicherheit bei Eisenbahnfahrzeugen. Die Messung erfolgt aus dem Vergleich der zwei Querhöhen an den beiden Messachsen. Alle Gleismesszüge sind heute noch im Einsatz.

AUTOR: BOLDT; AUFNAHME: VOLK

Die 740er werden speziell für die Neubaustrecken vorgehalten. 740 002 in Kassel-Wilhelmshöhe

Baureihen 728/740

Aus zweimotorigen Schienenbussen der Reihe 798 der neueren Bauserien entstanden im Jahr 1985 ein Prüf-Triebwagen 728 001 für die induktive Zugsicherung (Indusi) und in den Jahren 1990 – 1992 sechs Triebwagen 740 001 – 006 für den Signaldienst der Neubaustrecken. Alle Fahrzeuge tragen den für Bahndienstfahrzeuge üblichen gelben Anstrich.

Konstruktion

Der Fahrzeugteil der zweimotorigen Bahndienstfahrzeuge der Baureihen 728 und 740 setzt sich zusammen aus dem geschweißten zweiachsigen Fahrgestell mit der Regel-Zug- und Stoßeinrichtung und dem Wagenkasten, bestehend aus einem Kastengerippe und darauf aufgenieteten , mittragenden Bekleidungsblechen. Die Seitenfenster wurden entsprechend dem Verwendungszweck teilweise mit Blechen verschlossen. Der Wagenkasten ist durch eine lastabhängig gesteuerte Luftfederung gegenüber dem Fahrgestell abgefedert. Unterflur sind im Fahrgestell die zwei Fahrmotoren vom Typ Büssing U 10 mit je sechs Zylindern und einer Leistung von 111 kW (150 PS) elastisch befestigt. Jeder Motor treibt die Achse am gegenüberliegenden Wagenende an. Über je eine am Motor angebaute hydraulische Kupplung und das elektromechanische Schaltgetriebe gelangt die Antriebsleistung über eine Gelenkwelle zum Radsatzwendegetriebe der Achse. Die Fahrzeuge besitzen eine selbsttätige Druckluftbremse, Magnetschienenbremse und je Achse eine Handbremse. Sie sind mit Sicherheitsfahrschaltung, induktiver Zugbeeinflussung und Zugbahnfunk ausgestattet.

BEHEIMATUNGEN

Betriebswerke Göttingen (740), Kassel (740), Stuttgart (740), Köln 2 (728)

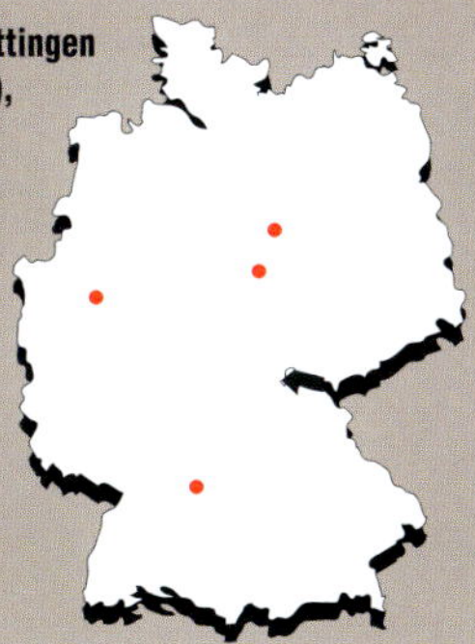

Besonderheiten 728

Als Ersatz für den 1986 ausgemusterten Indusi-Prüfwagen 724 001 wurde zum 23. Februar 1985 der 798 813 (MAN, 1962) in den 728 001 umgebaut. Damit wurde die Baureihenbezeichnung 728 innerhalb von sechs Jahren zum dritten Mal vergeben: 1979 entstanden aus zwei 795 die „Mannschafts- und Gerätewagen für die Kabelverlegung" für die Elektrifizierung der Emslandstrecke. Sie wurden 1980 ausgemustert. 1981 entstand aus dem 795 409 der 728 101 als Tunnelrettungsfahrzeug der Frankfurter S-Bahn. Er wurde im selben Jahr ausgemustert, da er sich wegen seiner zu geringen Motorleistung nicht bewährte.

Wie schon für die älteren Indusi-Prüfzüge lieferte die Firma Siemens in Braunschweig auch die Meßtechnik für den 728 001, wobei am Rahmen zusätzliche Meßmagnete angebracht wurden, deren Beeinflussung durch die Gleismagnete am Meßplatz neben dem Führerpult angezeigt wird. Seine Inneneinrichtung besteht neben der Prüfeinrichtung aus einer Werkbank und einer Aufenthaltsecke für die Begleitmannschaft.

Besonderheiten 740

Um auf den Neubaustrecken bei Signal- und Weichenstörungen schnell an den Einsatzort gelangen zu können, benötigten die jeweiligen Nachrichtenmeistereien eigens umgerüstete Fahrzeuge. Aus den Schienenbussen 798 827, 705, 574, 735, 693 und 681 entstanden in den Jahren 1990 bis 1992 die sechs „Signaldienst"-Triebwagen 740 und erhielten in der genannten Reihenfolge die Nummern 740 001 – 006. Sie besitzen hierfür im ehemaligen Fahrgastraum eine Werkstatteinrichtung und ein Dieselaggregat zur Stromversorgung. In den Seitenwänden wurden zusätzliche halbhohe Türen zum Ein- und Ausladen von Signalteilen eingebaut. Auf dem Wagendach wurden schwenkbare Suchscheinwerfer installiert.

Betriebseinsatz

Der Indusi-Prüfwagen 728 001 ist zusammen mit den einmotorigen 724 beim Bw Köln 2 beheimatet. Er wird von der zentralen Signalwerkstätte Wuppertal zu Meßfahrten im gesamten Bereich der DB verwandt.

Die Signaldienstwagen 740 sind bei den Bw Göttingen, Kassel, Mannheim und Stuttgart beheimatet. Sie kommen bei Signalarbeiten ihrer Nachrichtenmeistereien auf den Neubaustrecken zum Einsatz.

TECHNISCHE DATEN

Baureihenbezeichnung	ab 1968	728	740
	bis 1968	(VT 98)	(VT 98)
Indienststellung (1. Jahr)		1955	1955
Umbau (1. Jahr)		1985	1990
Hersteller		MAN	WMD, MAN, Uerdingen
Umbauer		Aw Kassel	Aw Kassel
Achsformel		AA	AA
Länge über Puffer	mm	13.950	13.950
Dienstmasse (bei 2/3 Vorräten)	t	24	25
Dieselkraftstoff	l	390	390
Dieselmotor(en) Anzahl		2	2
Hersteller		Büssing	Büssing
Leistung	kW	222	222
Drehzahl	U/min	1.800	1.900
Art der Kraftübertragung		mechanisch	mechanisch
Höchstgeschwindigkeit	km/h	90	90

REDAKTION: AXEL ENDERLEIN; AUFNAHME: WERNING

Jahrzehntelang waren die Schienenbusse typisch für Nebenbahnen. Mit ihrer Ausmusterung gingen oft Betriebseinstellungen der Strecken einher

Baureihen 796-798/996-998

Um den Verkehr auf Nebenstrecken kostengünstiger betreiben zu können, entschloß sich die DB, einfache Triebwagen zu beschaffen, die durch die Übernahme von Bauteilen aus Straßenbussen möglichst preiswert zu bauen wären. Im Juni 1949 wurden gemeinsam mit Vertretern der Waggonfabrik Uerdingen die Baugrundsätze abgesteckt. Von Mai bis August 1950 lieferte Uerdingen die Prototypen VT 95 901 – 911 und VB 140 701 – 706 (ab 1952: VB 142 001 – 006) mit einem Achsstand von 4500 mm und einer Wagenkastenlänge von 10250 mm und im November 1950 den VT 95 9112 mit einem Achsstand von 6000 mm und einem 12750 mm langen Wagenkasten, er wurde zum Muster der Serienfahrzeuge. Als Antriebsmotor erhielten die Schienenbusse den Büssing U 9 mit 81 kW (110 PS) Leistung. Sie waren mit Scharfenbergkupplung und Stoßfederbügeln ausgestattet. Von den Serienfahrzeugen unterschieden sich die Prototypen vor allem in der Gestaltung der Stirnseiten. Nach den erfolgreichen Erprobungen erfolgte 1952 – 1955 die Serienlieferung der einmotorigen Schienenbusse mit einer Stückzahl von 557 Fahrzeugen VT 95 9113 – 9669 für die DB, weitere 15 Fahrzeuge VT 95 9901 – 9915 beschafften die Eisenbahnen des Saarlandes 1955 – 1958. Dazu kamen 563 Beiwagen VB 142 007 – 569, zuzüglich 12 für das Saarland sowie VB 142 570 – 581, mit dem kurzen Achsstand von 4500 mm. 1968 erfolgte die Umzeichnung der VT 95 in 795, der VB 142 in 995. Bis 1980 waren bis auf den für Personalfahrten des Bw Köln-Nippes bis 1983 eingesetzten 795 445 alle einmotorigen Schienenbusse ausgemustert. Einige konnten verkauft werden, ein paar wurden in Bahndienstfahrzeuge umgebaut, die meisten wurden verschrottet. Als Museumsfahrzeug ist beim Bw Heidelberg der VT 95 9240 und der VB 142 019 erhalten.

1953 lieferte Uerdingen drei, wagenbaulich den VT 95 entsprechende, Prototypen VT 98 901 – 903 mit je zwei 96 kW-Motoren Büssing U 9A, da sich die einmotorigen Schienenbusse teilweise als zu schwach erwiesen hatten. Aus diesen Fahrzeugen entstanden die Serien-VT 98, nun mit Regel-Zug- und Stoßeinrichtung, die ab 1955 ausgeliefert

TECHNISCHE DATEN

Baureihenbezeichnung	ab 1968		796/797/798	996.0/998.0	996/997/990.6
	bis 1968		VT 97.9/VT 98.9	VB 98	VS 97/VS 98
Indienststellung (1. Jahr)			1955	1955	1955
Umbau (1. Jahr)			1988 (796)	1988 (996)	1988 (996)
Hersteller			MAN, WMD Uerdingen	Orion, Rathgeber Uerdingen, WMD	Credé, MAN, WMD Uerdingen
Umbauer			Aw Kassel	Aw Kassel	AW Kassel
Achsformel			AA	2	2
Länge über Puffer		mm	13.950	13.950	13.950
Dienstmasse (bei 2/3 Vorräten)		t	20,3	10,5	10,5
Dieselkraftstoff		l	390	-	-
Dieselmotor(en)	Anzahl		2	-	-
	Hersteller		Büssing	-	-
	Leistung	kW	222	-	-
	Drehzahl	U/min	1.900	-	-
Art der Kraftübertragung			mechanisch	-	-
Höchstgeschwindigkeit		km/h	90	90	90
Art der Zugheizeinrichtung			Warmwasser	Warmwasser	Warmwasser
Anzahl der Sitzplätze VT/VB			56	52/63[1]	51

[1] 998 001-220 52 Pl., 998 221-320 63 Pl.

1987 wurde zwischen Prien und Aschau das „Chiemgaubahn-Konzept" mit 798/998 eingeführt

wurden. Bis 1962 lieferten die Firmen MAN, Uerdingen und die Waggon- und Maschinenbau GmbH, Donauwörth (WMD) insgesamt 329 zweimotorige Triebwagen VT 98 9501 – 9829. Die 320 Beiwagen VB 98 001 – 220 und 2221 – 2320 entstanden bei Orion, Rathgeber, Uerdingen und WMD, die 310 Steuerwagen VS 98 001 – 321 (ohne 049, 050, 085 – 090) bei Credé, MAN, Uerdingen und WMD. Hinzu kamen 1958 die aus den VB 98 100 – 102 umgebauten VS 98 046 – 048. Die VB/VS 98 hatten wie die Triebwagen den langen Achsstand von 6000 mm. 1968 erhielten die VT die neuen Betriebsnummern 798, die VB wurden zu 998.0 und die VS zu 998.6.
Für den Einsatz auf der Zahnradstrecke Honau – Lichtenstein baute Uerdingen 1961 – 1965 acht Schienenbusse VT 97 901 – 908. Sie besaßen eine Zahnradausrüstung der Schweizer Lokomotiv- und Maschinenfabrik Winterthur und deshalb einen verstärkten Rahmen. Wegen der Länge der Zahnstangen hatten sie einen Achsstand von 5950 mm. Seit 1968 tragen die Fahrzeuge die Baureihennummern 797 (VT) und 997 (VS). Ab 1970 wurde die Zahnradausrüstung ausgebaut, seitdem laufen die Fahrzeuge als normale Reibungs-Schienenbusse. Bis auf 797 505 sind heute alle ausgemustert. Dazu entstanden bereits 1959 die, der VS 98-Serie entnommenen, Steuerwagen VS 97 001 – 006 mit einer verstärkten Handbremse, von denen heute noch 997 604 und 605 im Einsatz sind.
Das AW Kassel richtete 1979 die Garnitur 798 666, 998 271 und 998 640 durch den Einbau von Rückspiegeln und druckluftbetätigten Türschließeinrichtungen für den Einmann-Betrieb her. 1988 wurden schließlich 47 VT, 26 VB und 43 VS für den Einmannbetrieb umgebaut, sie erhielten am 1. Januar 1989 die Baureihenbezeichnung 796/996. Einige Fahrzeuge bekamen modernisierte Inneneinrichtungen.

BEHEIMATUNGEN

Betriebswerke Augsburg, Gießen, Hof, Karlsruhe, Kassel, Mühldorf, Siegen, Tübingen

Als Folge eines Untersuchungsberichts der Arbeitsgruppe ÖPNV der BD München zum Fortbestehen der einstellungsgefährdeten Nebenbahn von Prien nach Aschau in Oberbayern wurden 1987 die 798 652 und 653 und 998 896 weitgehend modernisiert. Neben einer zeitgemäßen Inneneinrichtung und dem Umbau auf Einmannbedienung fällt besonders der Anstrich in den grau-grünen Farben des Regionalverkehrs ins Auge, bei 798 653 und 998 896 durch einen großen Schriftzug „Chiemgau-Bahn" an den Wagenseiten ergänzt, 798 652 ist Reservefahrzeug ohne diese Aufschrift. Alle anderen Schienenbusse sind seit der Anlieferung rot lackiert.
Gegenwärtig befinden sich noch 42 Triebwagen der Reihe 796, einer der 797 und 58 der 798, 22 Beiwagen der Reihe 996 und 41 der 998 sowie 39 Steuerwagen der Reihe 996, zwei der 997 und 42 der 998 im Bestand der DB. Sie werden mit der zunehmenden Auslieferung der 628.4 ebenfalls bald ihren Abschied von den Nebenstrecken nehmen. Die bisher ausgemusterten Fahrzeuge konnten teilweise verkauft werden, so in die Türkei oder an Privatbahnen, größtenteil erfolgte jedoch die Verschrottung.

Konstruktion

Aus dem geschweißten zweiachsigen Fahrgestell mit der Regel-Zug- und Stoßeinrichtung und dem Wagenkasten, bestehend aus dem KastengeripPe und darauf aufgenieteten mittragenden Bekleidungsblechen, setzt sich der Fahrzeugteil der Schienenbusse zusammen. Der Wagenkasten ist durch Schraubenfedern und Teleskop-Stoßdämpfern, bei den neueren Fahrzeugen ab 796/798 651 und den 797 mit einer lastabhängig gesteuerten Luftfederung gegen das Fahrgestell abgefedert. Im Fahrgestell der Triebwagen 796 bis 798 sind zwei Fahrmotoren vom Typ Büssing U 10 mit je sechs Zylindern und einer Leistung von 111 kW (150 PS) unterflur elastisch befestigt, die jeweils die Achse des anderen Wagenendes antreiben. Über die am Motor angebaute hydraulische Kupplung und das elektromechanische Schaltgetriebe gelangt die Antriebsleistung über eine Gelenkwelle zum Radsatzwendegetriebe der Achse. Die Schienenbusse verfügen über eine selbsttätige Druckluftbremse der Bauart Knorr, Magnetschienenbremse und zwei auf die nächstgelegene Achse wirkende Handbremsen. Die Fahrzeuge 796/798 531 – 550 und 571 – 600 und die 797 erhielten für den Einsatz auf Steilstrecken zusätzlich eine Motorbremse. Die Fahrzeuge besitzen Induktive Zugsicherung, Sicherheitsfahrschaltung und Zugbahnfunk.
Die VT 796 – 798 und die VB 996/998 110 und 221 – 320 sind reine Sitzwagen, die VB 998 001 – 220 und die VS 996 – 998 haben dazu ein Gepäckabteil mit Klappsitzen. Die Schienenbusse bieten nur die zweite Wagenklasse. Die größtenteils mit Kunstleder bezogenen Sitzbänke sind mit klappbaren Rückenlehnen versehen, so daß man stets in Fahrtrichtung sitzen kann. Dem Fahrradtransport dient der 998 069 ohne Sitzbänke mit 627 auf der Strecke Horb – Hausach.

Betriebseinsatz

Die Bahnbetriebswerke Gießen, Karlsruhe, Kassel, Nürnberg 1, Siegen und Tübingen setzen die Einmann-Schienenbusse der Baureihe 796/996 ein.
Die verbliebenen 797/997 sind zusammen mit 798/998 beim Bw Tübingen eingesetzt. Die Bw Augsburg, Flensburg, Gießen, Karlsruhe, Mühldorf und Tübingen schließlich besitzen noch 798/998.

REDAKTION: AXEL ENDERLEIN; AUFNAHMEN: CWS, SCHWADE

DIESELTRIEBFAHRZEUGE DER RHÄTISCHEN BAHN

Gut zu erkennen: Halbscherenstromabnehmer und Auspufftopf auf dem Dach der Gem 2/4

Baureihe Gem 2/4

Im Jahre 1943 entstand aus der braunen Ge 2/4 Nr. 202 eine völlig neue Maschine mit der Bezeichnung Gea 2/4 Nr. 211. Die 1913 beschaffte elektrische Streckenlokomotive der ersten Generation wurde damit in eine Rangiermaschine mit neuem Mittelführerstand umgewandelt. Für die Überbrückung von nicht mit Fahrleitung ausgerüsteten Gleisabschnitten und für die Überfahrt ins Churer Bahnhofsareal der Arosa-Linie, das mit 2400 Volt überspannt ist, erhielt die Lokomotive zunächst eine Akkumulatoren-Batterie. Diese war aber sehr unterhaltsintensiv und nach elf Betriebsjahren hätte bereits die dritte Batterie ersetzt werden sollen; deshalb beschlossen die Verantwortlichen der Rhätischen Bahn, die Lokomotive anläßlich der Revision erneut umzubauen und anstelle der Traktionsbatterie einen Deutz-Dieselmotor mit Generator zu installieren. Die Gea 2/4 verwandelte sich dadurch in eine Gem 2/4.

Konstruktion

Design: Die Gem 2/4 ist eine typische Rangierlokomotive mit ungleich langen Vorbauten und Zentralführerstand. Auffällig ist der modern wirkende Siemens-Halbscherenstromabnehmer und der gefällige orange Anstrich mit schwarz/gelb markierten Stoßbalken.

Mechanik: Die Lokomotive wurde bis auf den Rahmen abgebrochen. Mit Ausnahme des langen Vorbaus sind beim zweiten Umbau das Führerhaus und der kurze Vorbau neu konstruiert worden, weil der Einbau der Diesel-Generator-Gruppe samt Druckluftstartvorrichtung und Brennstofftank, die Änderung der Steuerung, die Neuverkabelung der Apparate, eine Neueinteilung der Maschinen- und Apparateräume nötig machte. Um den bei 2000 Umdrehungen in der Minute vom Dieselmotor erzeugten Lärm auf ein Minimum zu reduzieren, mußte eine sehr aufwendige Schallisolation angebracht werden.
Der mechanische Teil der Lokomotiven entspricht weitgehend demjenigen der Baureihe Ge 2/4 212. Der Umbau im Jahre 1967 umfaßte folgende Teile: Ersatz der Traktionsbatterie durch eine Diesel-Generator-Gruppe, Einbau der nötigen Dieselsteuerung und Überwachung, Einbau der Sécheron-Hüpfersteuerung, Neugestaltung der gesamten Führerstandausrüstung, Modernisierung des mechanischen Teils, Kuppelstangen mit Tokatbronce-Büchsen, versuchsweiser Einbau von Kunststoffbremsklötzen. Den 12-Zylinder Deutz-Dieselmotor mit angeflanschtem Generator brachte man im kurzen Vorbau unter, wo auch der Vorrattank und die Pressluftflaschen zum Anlassen des Motors installiert wurden. Im großen Vorbau befinden sich die Wechselstromapparate.

Führerraum: Beim zweiten Umbau konnte kein größeres Führerhaus als es die ehemalige Gea 2/4 besaß, erstellt werden. Die Instrumente und Bedienungshebel wurden jedoch modernisiert. Neu ist nur noch in Fahrrichtung links eine Türe zu finden. Die Bedieungsapparaturen für Fahren und Bremsen sind auf beiden Seiten angeordnet.

Elektrische Ausrüstung: Diese entspricht weitgehend derjenigen der ebenfalls erneuerten Ge 2/4 212. Das Bordnetz wird mit 36 Volt Gleichspannung versorgt.

Betriebseinsatz

Von 1967 bis 1995 war die Gem 2/4 211 dem Rangierdienst 4 im Bahnhof Chur zugeteilt und bediente neben dem Nordkopf des Bahnhofes auch die Gleise beim Güterschuppen und diejenigen der Chur-Arosa-Linie.
Weil der Rangierdienst in Chur sehr hart ist und mit dem zunehmenden Alter der Lok die Störungsanfälligkeit zugenommen hat, wurde sie nach einem Schaden am Elektromotor im Jahre 1995 nach Landquart versetzt, wo sie seither im Rangierdienst am Personenbahnhof und für die Bedienung von Anschlußgleisen eingesetzt wird.

TECHNISCHE DATEN

Baureihenbezeichnung	Gem 2/4
Indienststellung/Umbau	1913 (43/67)
Hersteller	SLM, BBC, RhB
Betriebsnummer	211
Anzahl 1996	1
Höchstgeschwindigkeit	55 km/h
Gewicht	34 t
Länge über Puffer	8700 mm
Höhe	3810 mm
Kastenbreite	2700
Radstand	5800 mm
Netzspannung	11 kV/16,7 Hz
Stundenleistung (elektr.)	230 kW
Anzahl Fahrmotoren	1 Elektromotor 1 Dieselmotor
Fahrmotoren Typ (elektr.)	ELM 424
Fahrmotor Typ (Diesel)	Deutz A12L-714
Anfahrzugkraft	31,4 kN
Stundenzugkraft (elektr.)	26,2 kN

REDAKTION: GIAN BRÜNGGER; FOTO: RONALD GOHL

In der Depotwerkstätte von Pontresina sind die beiden bullig wirkenden Zweikraftloks Gem 4/4 801 – 802 stationiert

Baureihe Gem 4/4

Erste Studien zur Anschaffung von drei Zweikraftlokomotiven gehen auf das Jahr 1962 zurück. Die neuen Maschinen sollten als Ersatz für die Dampflokomotiven G 3/4 11 und 14, G 4/5 107 – 108, den Triebwagen ABe 4/4 33 (Brand bei Alp Grüm am 8. Mai 1962) sowie die Dampfschneeschleudern Xrotd 9213 und 9214 dienen. Nach interner Preisberechnung wäre eine Lokomotive auf eine Million Franken zu stehen gekommen. Die bei der Fahrzeugindustrie eingeholten Offerten zeigten jedoch rasch, daß für drei Millionen Franken lediglich zwei Lokomotiven erhältlich waren.
Neben dem Eidgenössischen Militärdepartement (EMD), welches im Rahmen des Militäreisenbahndienstes an fahrdrahtunabhängigen Lokomotiven größerer Leistung interessiert war, schien auch bei der Furka-Oberalp-Bahn (FO) und bei der schmalspurigen Brüniglinie der SBB ein Bedarf nach einer Diesellokomotivreserve vorhanden zu sein. Schließlich kam es dann zur Bestellung von je zwei Lokomotiven für die FO, jedoch nur als reine Dieselmaschinen und von zwei Zweikraftlokomotiven für die RhB, unter finanzieller Beteiligung der Eidgenossenschaft.
Das Pflichtenheft für die beiden Zweikraftlokomotiven sah zunächst Triebfahrzeuge vor, die sowohl als Dieselreserve, zum Schieben der neuen elektrischen Schneeschleudermaschinen für die Berninalinie, als auch zur Führung von Güterzügen und als Vorspanntriebfahrzeuge zum Einsatz kommen sollten. Die elektrische Ausrüstung würde in Anlehnung an die im Bau befindlichen Triebwagen ABe 4/4 II 41 – 46, für den Einsatz auf der Berninalinie, ausgeführt. Nach den ersten Projekten waren Lokomotiven mit Zentralführerstand und grossen Vorbauten vorgesehen. Ein weiteres Projekt sah eine der Ge 4/4 I ähnliche Lokomotivform vor. Schließlich einigte man sich zusammen mit der FO und dem Militärdepartement auf die jetzige, einheitliche Form aller vier Lokkästen. Gleichzeitig wurden auch Überlegungen angestellt, nur reine Diesellokomotiven anzuschaffen. Erheblich günstiger als eine Zweikraftlokomotive wäre aber nur eine Serienlokomotive gekommen. Die

TECHNISCHE DATEN

Baureihenbezeichnung	Gem 4/4
Indienststellung	1968
Hersteller	SLM, SWS, BBC
Betriebsnummern	801 – 802
Anzahl 1996	2
Höchstgeschwindigkeit	65 km/h
Gewicht	50 t
Länge über Puffer	13540 mm
Höhe	3820 mm
Kastenbreite	2700
Radstand	10200 mm
Netzspannung	1000 V=
Stundenleistung (elektr.)	680 kW
Anzahl Fahrmotoren	4 Elektromotoren 2 Dieselmotoren
Fahrmotoren Typ (elektr.)	EMR 475
Fahrmotor Typ (Diesel)	Cum. VT12-825BI
Anfahrzugkraft	192 kN
Stundenzugkraft	106 kN

FOTO: RONALD GOHL

Die Gem 4/4 802, noch mit der alten Beschriftung: aufgesetzte Buchstaben und Zahlen

serienmäßig hergestellten Schmalspur-Diesellokomotiven (zum Beispiel in Deutschland) wiesen entweder eine zu geringe Leistung oder einen zu hohen Achsdruck auf, und die wenigsten konnten enge Bögen von 45 Meter Radius (Bernina) befahren. Die ausländischen Serienprodukte weichen zudem bezüglich der Bauelemente (Ersatzteile) weitgehend von Schweizer Normalien ab. Besonders die hydraulische Leistungsübertragung hätte für den Betrieb und Unterhalt ein Novum bedeutet.

Trotz der notwendigen Unabhängigkeit vom Fahrdraht kann im Schwerpunkt der Schneeräumung auf der Berninalinie in rund 90 Prozent aller Einsätze mit intakter Fahrstromversorgung gerechnet werden. Der leistungsmäßig überlegene elektrische Antrieb (kurzzeitig überlastbar) sollte deshalb weitgehend eingesetzt werden können, und die teueren Spezialfahrzeuge mußten möglichst vielseitig und wirtschaftlich bleiben. Außerdem paßt der dieselelektrische Antrieb besser in die vorhandene tech- nische Organisation als die Dieselhydraulik. Weil für die Dieselelektrik ohnehin eine Gleichstromausrüstung notwendig ist, konnten die Triebdrehgestelle samt Motoren, der neuen Bernina-Triebwagen ABe 4/4 II 41 – 46 übernommen werden. Wenn diese Gleichstromausrüstung schon eingebaut wurde, schien die Ergänzung für den wahlweisen Betrieb mit 1000 V Fahrdrahtspannung (Bernina) ein kleiner Schritt. Eine Zweikraftlokomotive (Diesel: ganzes Netz – Fahrdraht: Bernina) ist natürlich vielseitiger und

STATIONIERUNGSORTE

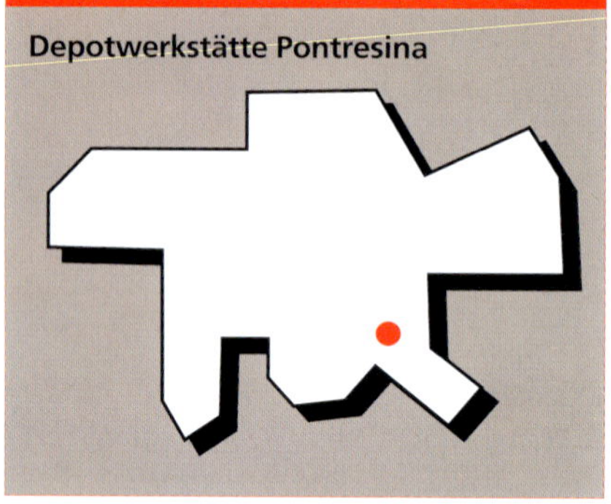

wirtschaftlicher verwendbar als eine in relativ wenigen Fällen benötigte reine Reserve-Diesellokomotive.

Die Berninalinie erhielt mit den beiden Gem 4/4 801 – 802 im Jahre 1968 zwei weitere, leistungsfähige Triebfahrzeuge, welche mit den neuen Triebwagen in Vielfachsteuerung verkehren können. Eher als Hilfsausrüstung, daher einfacher gestaltet, ist die Dieselausrüstung gedacht; es konnten also ohne Bedenken schnellaufende, leichte Dieselmotoren mit einer weniger raffinierten Steuerung gewählt werden.

Konstruktion

Design: Die Form dieser Zweikraftlokomotiven füllt das Lichtraumprofil voll aus, weshalb das Fahrzeug sehr bullig aussieht. Die seitlichen Öffnungsluken, welche als Düsenlüftungsgitter ausgebildet sind, verleihen der Lokomotive ein ganz besonderes Aussehen. Die breiten Stirnfenster gleichen denjenigen der Ge 6/6 II 703 – 707. Auffallend sind wie bei den Triebwagen 41 – 46 die großen Seitenfenster im Führerstand. Von Anfang an erhielten die Lokomotiven einen roten Anstrich, wobei die Düsengitter ursprünglich farblos waren. Auf jeder Seitenwand schmückt ein Tiersymbol (Nr. 801: Steinbock, Nr. 802: Murmeltier) die Lokomotive.

Mechanik: Die von der SLM gebauten Lokomotivkästen sind als vollständig verschweißte Stahlkonstruktion ausgebildet. Die Drehgestelle entsprechen in ihrer Bauart denjenigen der Triebwagen ABe 4/4 II 41 – 46 und wurden von der SWS in Schlieren gebaut. An den Enden befinden sich die Führerstände. Im Maschinenraum

Markant: zwei rechteckigen Frontfenstern

sind die beiden Cummins-Motoren, der Kompressor und die Vakuumpumpe, sowie ein Teil der elektrischen Steuerung untergebracht. Im Rahmen unterhalb des Maschinenraums gibt es einen für 1225 Litern Fassungsvermögen ausgestatteten Brennstofftank. Bei Vollast verbraucht die Maschine etwa 230 Liter Dieselöl. Auf dem Dach erkennt man die beiden Siemens Einholmstromabnehmer, die Auspufftöpfe der beiden Dieselmotoren und die Schaufelräder für die Lüftung der Dieselmotoren. Die Belüftung des Maschinenraums erfolgt zusätzlich über mehrere am Dach angeordnete Düsenlüftungsgitter. Das Dach hat drei Öffnungsluken, die den Ein- und Ausbau der Dieselmotoren erlauben. Für den normalen Unterhalt können die seitlichen Düsengittertore geöffnet werden, womit ein einfacher Zugang zu den Dieselmoto-

FOTOS: RONALD GOHL

ren und elektrischen Apparaten besteht.

Führerraum: Der etwas enge Arbeitsplatz des Lokführers entspricht demjenigen in den ABe 4/4 41 – 46. Die Anordnung des Steuerkontrollers und der elektrischen Instrumente ist analog wie bei den Triebwagen. Zusätzlich findet man natürlich Bedienungs- und Überwachungseinrichtungen für die Dieselmotoren. Im Gegensatz zu den Triebwagen besteht der Zugang zum Führerstand über eine Seitentüre, welche links angeordnet ist.

Elektrische Ausrüstung: Der elektrische Teil der Lokomotiven lehnt sich ebenfalls sehr stark an denjenigen der ABe 4/4 II 41 – 46 an. Die Gleichstromgeneratoren liefern praktisch dieselbe Spannung wie die Fahrleitung, so daß die bewährte Sécheron-Hüpfersteuerung der Triebwagen übernommen werden konnte. Dies erlaubte auch die Anwendung derselben Antriebsmotoren und Drehgestelle, welche untereinander austauschbar sind. Die Steuerung ist so ausgelegt, daß die beiden Zweikraftlokomotiven Gem 4/4 mit einem Triebwagen ABe 4/4 II oder ABe 4/4 III in Vielfachsteuerung verkehren können. Es spielt keine Rolle, ob der Triebwagen oder die Lok an der Spitze fährt. Ebenso können sie von den beiden elektrischen Schneeschleudermaschinen Xrot et 9218 und 9219 aus, sowohl im elektrischen als auch im Dieselbetrieb, fernbedient werden. Wie bei den Triebwagen befinden sich auch hier die Anfahr- und Bremswiderstände auf dem Dach der Lokomotive. Im Fahrdrahtbetrieb kann zusätzlich zur elektrischen Widerstandsbremse die Rekuperationsbremse angewendet werden, sofern der Wechselrichter oder ein bergwärts fahrender Zug die Spannung aufnehmen kann. Als unabhängige Bremse für Gefälle größer als 60 Promille sind in den Drehgestellen zwischen den Radsätzen Magnetschienenbremsen aufgehängt. Diese können durch den Lokführer mittels Steuerschalter am Führertisch, mit Schwenkschalter am Handbremstisch oder mittels Vakuumschieber bei Einleitung einer „Vollbremsung“ betätigt werden.

Bei Fahrdrahtbetrieb können die Wagen auf der Berninalinie über die übliche Dachkupplung (Kabel) mit 1000 Volt Gleichspannung geheizt werden. Im Dieselbetrieb müssen die Wagen auf allen Strecken (auch Bernina) über die 300 V/16,7 Hz Steckkupplung, welche sich auf Boden-

Kurz nach der Station Morteratsch steigt die Trasse, und die Gem 4/4 802 überquert auf einem Viadukt den Bernina-Wasserfall

Sehr oft ist die Gem 4/4 als Vorspannlok in Vielfachsteuerung mit den ABe 4/4 II oder III unterwegs. Nach der Station Alp Grüm nimmt der Zug die erste Kehre in Richtung Poschiavo. Im Hintergrund leuchtet der 2,5 km lange und 1,5 km breite Puschlaver See

FOTOS: RONALD GOHL (2)

Auf der steilen Strecke zwischen Bernina-Lagalb und Ospizio Bernina leistet die Zweikraftlok gute Vorspanndienste

höhe befindet, versorgt werden. Über die Heizkupplung kann auch bei Dieselbetrieb die Spannung an die elektrischen Schneeschleudermaschinen Xrot et 9218 und 9219 geleitet werden. Somit ist es möglich, diese Gleichstromschneeschleudern auch auf dem übrigen Netz einzusetzen. Wird im Dieselbetrieb geschleudert oder geheizt (Wagenheizung), kann nur noch ein Dieselmotor für die Traktion benutzt werden, so daß entweder die Anhängelast verringert oder die Geschwindigkeit halbiert werden muß. Für die Vielfachsteuerung im Dieselbetrieb muß noch eine zusätzliche, gelbe Kupplung gesteckt werden. Dieselbetrieb in Vielfachsteuerung ist nur mit den beiden Zweikraftlokomotiven unter sich möglich oder in Fernsteuerung von der Schneeschleudermaschine.

Damit beim Übergang von der Berninalinie auf das Stammnetz nicht ungewollt der Stromabnehmer gehoben wird und Wechselspannung an die Triebmotoren gelangt, ist ein Systemschutz eingebaut. Beim Befahren eines Verbindungsgleises BB/StN (z.B. Pontresina) schaltet ein außerhalb der Spur montierter, permanenter Gleismagnet den Systemschutz ein. Dieser unterbricht die Ansteuerung der Stromabnehmerventile und zeigt diese Position bei eingeschaltetem Steuerstrom mit einer orangen Meldelampe (Elektroblock) an. Die Rückstellung ist mit besonderem Steuerstromschlüsselschalter auf jedem Führerstand möglich. Sie darf jedoch erst erfolgen, nachdem die Lok auf die Berninalinie zurückgekehrt ist.

Betriebseinsatz

Die beiden Zweikraftlokomotiven Gem 4/4 801 und 802 sind vorwiegend in Pontresina stationiert. Von hier aus werden sie normalerweise zusammen mit den Triebwagen ABe 4/4 II und ABe 4/4 III in Vielfachsteuerung auf der Berninalinie eingesetzt. Im Winter fahren sie vorwiegend bei Schneefall oder Schneesturm mit den Schneeschleudermaschienen Xrot et 9218 und 9219. Mit diesen Schneeschleudern können sie bei Bedarf auch auf dem übrigen Netz verkehren. Dies geschieht vor allem, wenn größere Schneefälle im ganzen Kanton auftreten und die beiden im Norden stationierten Schneeschleudern nicht mehr genügen. In diesem Fall werden die Berninaschleudern vorwiegend im Engadin und auf der Albulalinie bis Filisur eingesetzt. Auf dem Stammnetz kommen sie aber auch bei Lokmangel vor den Zug; meist vom Depot Samedan aus Richtung Scuol oder Chur. In den Jahren 1968 und 1969 führte eine der Zweikraftlokomotiven regelmäßig Schnellzüge auf der Albulalinie. Im Sommer 1969 war eine Lokomotive eine Zeit lang mit Zementzügen zwischen Bever und Scuol unterwegs. Zwischen 1973 und 1980 haben beide Lokomotiven während des Sommers täglich den Bernina-Express von Samedan bis Tirano und zurück befördert. In Pontresina fuhr der Zug jeweils von Gleis 1 direkt Richtung Bernina. Weil das Anlassen und Abstellen der Dieselmotoren nicht über die Fernsteuerung möglich ist, mußte bis zum nächsten Halt in Bernina Diavolezza mit Diesel gefahren werden.

Aber auch zur Führung von Schwertransporten, welche bei ausgeschalteter Fahrleitung durchgeführt werden, sind die Gem 4/4 immer wieder im Einsatz.

Die bald dreißigjährigen Lokomotiven dieser Baureihe gelten als Diesellokomotiven schon bald als Oldtimer und müssen nächstens einer größeren Erneuerung unterzogen werden.

REDAKTION: GIAN BRÜNGGER; FOTO: RONALD GOHL

Im Rangiergang erbringt die 1975 erbaute Gm 3/3 231 eine Anfahrzugkraft von 153 kN

Baureihe Gm 3/3

In den Jahren 1972 – 73 prüfte die Rhätische Bahn verschiedene Projekte für Zweikraft-Rangierlokomotiven (11 kV/dieselelektrisch) und für Diesellokomotiven mit hydraulischer und elektrischer Kraftübertragung. Leider zeigte sich dabei, daß Fahrzeuge, die nicht serienmäßig oder zumindest in größerer Stückzahl gebaut werden, unverhältnismäßig teuer zu stehen kommen. Drei Zweikraft-Rangierlokomotiven mit ungefähr 500 PS hätten über vier Millionen Franken gekostet. Auch durch die Vorteile des zuschaltbaren, billigeren elektrischen Betriebes war ein so hoher Anschaffungspreis eindeutig mehr, als die Rhätische Bahn hätte bezahlen können.
Aus diesem Grund wurden Mitte Januar 1974 bei der französischen Firma Moyse, Paris, drei dieselelektrische Rangierlokomotiven (ohne Fahrdrahtbetrieb) bestellt. Die wichtigsten Teile dieser Maschinen konnten in Verbindung mit anderen Fahrzeugen in Serie gefertigt werden.
Der Auslöser zum Bau der Gm 3/3 war die Betriebsaufnahme der neuen, zentralen Güterumladeanlage (Normalspur/Schmalspur) in Landquart. Mit mehrmonatiger Verspätung konnte die erste Lokomotive im Oktober 1975 dem Betrieb übergeben werden. Pro Lokomotive bezahlte die Rhätische Bahn schließlich den Preis von rund 700 000 Franken.

Konstruktion

Design: Die großen, tiefergezogenen Fenster und die bis unten verglasten Türen ermöglichen dem Lokführer eine optimale Sicht auf die Strecke. In einem Kasten auf dem Dach sind die Bremswiderstände für die elektrische Bremse untergebracht. Anfänglich waren längsgeschlitzte, streckmetallähnliche Rechteckkanäle, für die RhB damals neuartige Widerstandselemente, eingebaut. Diese sind in der Zwischenzeit durch ME-Widerstände ersetzt worden. Kaum sichtbar ragt aus dem vorgezogenen Dach die Auspuffleitung

FOTO: RONALD GOHL

TECHNISCHE DATEN

Baureihenbezeichnung	Gm 3/3
Indienststellung/Umbau	1975 – 76 (84 – 85)
Hersteller	Moyse, MTU
Betriebsnummern	231-233
Anzahl 1996	3
Höchstgeschwindigkeit	55 km/h
Gewicht	34 t
Länge über Puffer	7960 mm
Höhe	3560 mm
Kastenbreite	2700 mm
Radstand	4200 mm
Anzahl Zylinder	6
Stundenleistung (b. 26 km/h)	220 kW
Anzahl Fahrmotoren	1 Dieselmotor
Fahrmotor Typ	MTU 6V 331 TC10
Anfahrzugkraft	153 kN
Stundenzugkraft	83 kN

des 6-Zylinder-Dieselmotors, natürlich hitzeabschirmend verpackt.

Mechanik: Statt der zur Moyse-Normalausrüstung gehörenden 12 Zylinder-2-Takt-General-Motors-Maschine mußte ein 6-Zylinder-MTU-Dieselmotor (4-Takt) eingebaut werden. Dieses Aggregat mit 538 PS/396 kW bei 2100 U/min ist eine Weiterentwicklung eines Panzermotors.

Der wassergekühlte, turboaufgeladene Motor bringt auf kleinstem Raum größtmöglichste Leistung. Die MTU in Friedrichshafen ist eine Tochterfirma von MAN und Mercedes. Ein mechanischer Ventilator wird mittels Keilriemen vom Dieselmotor angetrieben und kühlt Gleichrichter und Fahrmotor. Im langen Vorbau befinden sich der Reihe nach der Generator, die Brems-Vakuumpumpe, der Lüfter, der Fahrmotor und das Zwischengetriebe. Darunter liegen der Sanderkasten, der Hauptluftbehälter und ein Kraftstofftank für 1500 Liter Diesel. Alle drei Achsen sind mittels Kardanwellen verbunden.

Führerraum: Auch die Normführerkabine Typ Moyse entsprach nicht den Anforderungen der Rhätischen Bahn (Sicht auf Kupplungen) und mußte einer angepaßten Konstruktion weichen.

In der Schreinerei der Hauptwerkstätte entstand ein Modellführerhaus aus Holz (Maßstab 1:1), das von der Firma Moyse als Grundlage für die Detailkonstruktion übernommen wurde.

Die Führerkabine versetzte man bei dieser Gelegenheit gegen die Fahrzeugmitte der Lokomotive und der Arbeitsplatz des Lokführers wurde ebenfalls neu überdacht und möglichst funktional gestaltet. Erstmals plazierten die Konstrukteure sämtliche Meldelampen der Lokomotive auf dem Führertisch, so daß die ganze Maschine thermisch, mechanisch, elektrisch oder gar elektronisch auf einen Blick überwacht werden kann.

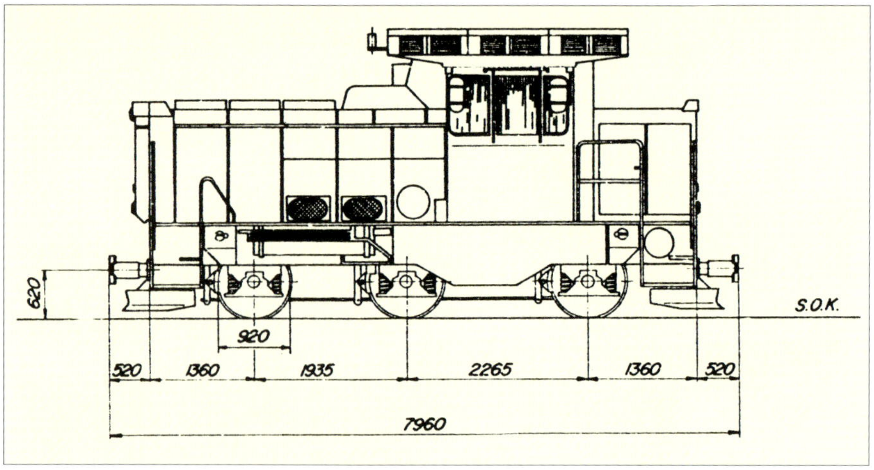

STATIONIERUNGSORTE

Depot Landquart, Bahnhof Chur

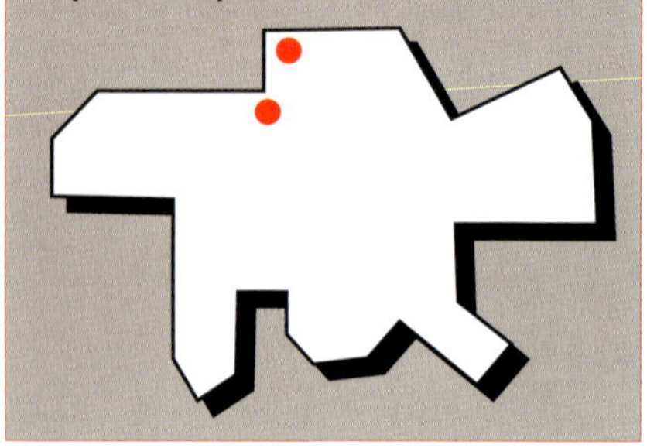

Elektrische Ausrüstung: Im hinteren, kürzeren Vorbau sind etwa 80 Prozent der elektrischen Apparate untergebracht, also die gesamte Steuerung und Regelung, die Gleichrichter, die Wende-, Fahr- und Bremsschütze, die Starterbatterie usw.

Die Baureihe Gm 3/3 ist für Vielfachsteuerung (Gm 3/3 untereinander) ausgerüstet, damit die Lokomotiven notfalls auch im Streckendienst eingesetzt werden können. Weil man die Gm 3/3 231 – 233 oft als Schubloks für die Schneeschleuder Xrotmt 9217 heranzieht, ist eine entsprechende Fernsteuerung eingebaut. Die Lok kann damit von der Schneeschleuder aus fernbedient werden.

Betriebseinsatz

Von vornherein war klar, daß die Baureihe Gm 3/3 ganz speziell auf die neue zentrale Landquarter Güterumladeanlage Normalspur/Schmalspur (SBB/RhB) zugeschnitten sein mußte. Einige Gleise dieser Anlage sind nicht mit Fahrdraht überspannt, so daß ein Rangierfahrzeug mit Diesel- oder Hilfsdieselmotor notwendig ist. Ähnliche Verhältnisse bestehen in Chur und in Untervaz. Weil die Gm 3/3 vielfachsteuerbar sind, können sie notfalls, zwei Fahrzeuge gekuppelt, auch größere Traktionsleistungen erbringen – beispielsweise Züge bei Stromausfall abschleppen, Vorspann auf der Strecke Chur – Arosa leisten oder die Schneeschleudern schieben. Moyse-Diesellokomotiven leisten in der Schweiz übrigens auch an vielen anderen Orten Manöverdienste, so auch bei den Emser Werken. Beim Personal fällt die Baureihe Gm 3/3 vor allem durch die Lärmdämmung positiv auf.

Die andere Seite der Gm 3/3: Der lange Vorbau enthält den Motor und den Generator

REDAKTION: RONALD GOHL; FOTO: RONALD GOHL; TYPENBILD: RHÄTISCHE BAHN

Die Gmf 4/4 kann sowohl direkt vom Führerstand als auch von außen per Funk bedient werden

FOTO: RHÄTISCHE BAHN

Baureihe Gmf 4/4

Die Rhätische Bahn hat 1991/92 eine neue Generation Dieseltriebfahrzeuge in Betrieb genommen, bestehend aus den zwei Dieselloks Gmf 4/4 242 – 243 und den sechs Traktoren Tmf 2/2 85 – 90. Obwohl diese Fahrzeuge für sehr unterschiedliche Zwecke bestimmt sind (Bauzüge und Ausbruch des Vereinatunnels für die Gmf 4/4, Rangieraufgaben auf größeren Bahnhöfen wie St. Moritz, Pontresina, Davos usw. für die Tmf 2/2), weisen sie folgende Ähnlichkeiten und standardisierte Baugruppen auf: Dieselmotoren, Achsgetriebe, Lastschaltgetriebe, Drehmomentwandler, Wirbelstrombremse, Steuerungskonzept (Funkfernsteuerung).

Konstruktion

Design: Der Lokkasten unterteilt sich in den vorderen, langen Vorbau, den Führerstand und den hinteren, kurzen Vorbau. Der Carterpillar-Dieselmotor, das Turbowendegetriebe und der Wasserkühler befinden sich im langen Vorbau. Wegen der Steinschlaggefahr beim Tunnelbau ist der hydrostatisch angetriebene Kühlerventilator nicht wie üblich dachseitig, sondern frontseitig montiert. Im hinteren, kurzen Vorbau befinden sich neben dem Hauptvakuumbehälter für die Vakuumbremse diverse Hilfsbetriebe und -apparate. Der gelbe Anstrich für die Baudienst-Fahrzeuge der Rhätischen Bahn verleiht der Lok ein gefälliges Aussehen.

Mechanik: Die Lok besteht aus einem Hauptrahmen, der mittels je eines Kugeldrehkranzes auf den beiden Drehgestellen ruht. Diese Ausführung erlaubt das Befahren enger Kurven ohne übermäßige Beanspruchung des Gleises und der Lokachsen, da fast keine Rückstellkräfte auftreten. Die Drehgestelle entsprechen einer schon öfter beim Hersteller Kaelble-Gmeinder verwendeten Bauart, bestehend aus Rahmen und Wiege aus geschweißten Kastenprofilen und gewalzten Hohlprofilen. Die Primärfederung besteht aus langhubigen Gummirollfedern (Bauart Clouth) zwischen dem Drehgestellrahmen und den Radsatzgehäusen. Diese führen die Radsätze sowohl längs- wie auch querelastisch. Die Radsätze werden von dem Turbowendegetriebe über großzügig dimensionierte Gelenkwellen und die Radsatzgetriebe angetrieben. Die Sekundärfederung besteht aus zwei Schraubenfederpaaren zwischen der Wiege und dem Drehgestellrahmen. Die zwischen den Federn und dem Drehgestellrahmen befindlichen Gummiplatten bringen dazu eine Dämpfung der Geräusche, die zwischen Drehgestell und Lokkasten übertragen werden.

Die Motorhaube und die Wartungstüren sind alle doppelwandig und aus Schallschutzgründen innen mit Steinwolle und Lochblech versehen. Dies erlaubt, den Schallpegel bei voller Drehzahl des Motors auf 83 dB(A) bei 7,5 m Abstand zu begrenzen.

Die Kühlanlage, von der Firma Voith geliefert, ist vom Motorraum abgetrennt. Die Kühlleistung ist so dimensioniert, daß die Lok auch im Sommer auf der Gefällsstrecke Davos – Klosters nur mit der Reversierbremse auf der zulässigen Höchstgeschwindigkeit ohne Temperaturüberschreitungen gehalten werden kann.

Direkt am V12-Dieselmotor vom Typ Caterpillar ist eine druckgeregelte Verstellpumpe für den Ventilatorantrieb und die Vakuumpumpe angeflanscht. Unabhängig von der Motordrehzahl liefert sie stets nur den Ölstrom, der für den Ventilator und die jeweilige Kühlleistung nötig ist.

Das Getriebe arbeitet nach dem hydrodynamischen Prinzip. Verwendet wird ein Turbowendegetriebe der Firma Voith. Die verschiedenen Gänge werden durch das automatische Füllen bzw. Leeren der entsprechenden Drehmomentwandler geschaltet. Die verschiedenen Zahnräder des Getriebes bleiben dabei unabhängig von der Gangschaltung und der Fahrtrichtung stets im Eingriff.

Die Zugkraft wird durch die Verstellung der Motordrehzahl reguliert. Hydrodynamisches Bremsen (Reversierbremse) ist durch Einschalten der Gegenfahrtrichtung im gesamten Geschwindigkeitsbereich der modernen

TECHNISCHE DATEN

Baureihenbezeichnung	Gmf 4/4
Indienststellung	1991
Hersteller	Kaelble-Gmeinder
Betriebsnummern	242 – 243
Anzahl 1996	2
Höchstgeschwindigkeit	60 km/h
Gewicht	50 t
Länge über Puffer	11700 mm
Höhe	3820 mm
Kastenbreite	2660 mm
Radstand	7500 mm
Anzahl Zylinder	12
Stundenleistung bei 20 km/h	350 kW
Anzahl Fahrmotoren	6 Dieselmotoren
Fahrmotor Typ	Cat. 3412 DI-TA
Anfahrzugkraft	147 kN
Stundenzugkraft	70 kN

Baudienstlokomotive Gmf 4/4 problemlos möglich.
Die beiden Gmf 4/4 242 – 243 sind mit drei verschiedenen Bremssystemen ausgerüstet. Mit der Hydrodynamischen Bremse (Reversierbremse) kann durch Umschalten des Getriebes auf die Gegenfahrtrichtung die Lok gebremst werden. Die Bremskraft wird durch die Drehzahlregelung des Dieselmotors fein geregelt. Bis zum Halten des Fahrzeuges arbeitet diese Bremse verschleißfrei, setzt aber viel Wärme im hydrodynamischen Getriebe frei.
Bei der direkten Druckluftbremse werden die Bremszylinder über ein Proportionalventil (Bauart Facto) mit Druckluft gespeist. Diese Bremse wirkt nur auf die Räder der Lokomotive. Die normale, auf alle Radsätze des Zuges wirkende Vakuumbremse steuert der Lokführer über einen speziell von der RhB entwickelten Vakuumschieber mit Servoantrieb. Dieses Ventil ist auch für den Einbau in weiteren RhB-Triebfahrzeugen vorgesehen.

Führerhaus: Der Führerstand kann durch zwei seitliche Türen erreicht werden. Eigentliche Führerpulte gibt es nicht; an den Seitenwänden sind lediglich Aufnahmen (Adressierstationen) für die portablen Funkfernsteuergeräte System ATB vorhanden. Auch wenn der Lokführer sich im Führerhaus befindet, wird die Lok immer über den Sender gesteuert, allerdings direkt über eine Induktivkupplung statt über Funk. Auf dem Bedientableau des Senders befindet sich neben verschiedenen für den Funkverkehr nötigen Schaltern und dem Fahrtrichtungsschalter ein einziger Fahr- und Bremsknüppel, mit dem, fast wie bei einem ferngesteuerten Spielzeugauto, sämtliche Fahr- und Bremsbefehle an die Lok gegeben werden können.
Die Direktbremse ist im Funkbetrieb nicht bedienbar. Um hydrodynamisch zu bremsen, wird einfach die Fahrtrichtung gewechselt. Die Regelung der Bremskraft erfolgt über die Stellungen „Zugkraft auf – Konstant – ab“, da eine höhere Motordrehzahl eine größere Bremskraft bewirkt.
In einem zweifeldrigen Universalschrank ist der größte Teil der elektrischen Apparate untergebracht. Der Kasten ist zentral an der Stirnseite des Führerhauses montiert und ersetzt den fehlenden Führertisch.

STATIONIERUNGSORTE

Vereinatunnel-Baustellen Susch und Klosters

Elektrische und elektronische Ausrüstung: In Bezug auf die Steuerung boten die vierachsigen Gmf-Lokomotiven besondere Anforderungen, weil die Maschinen im funkferngesteuerten Betrieb unbemannt sind. Bei eventuellen Unstimmigkeiten, die normalerweise vom Lokführer erkannt und behoben werden (zum Beispiel Schleudern oder Gleiten), muß die automatische Loksteuerung selbst reagieren. Dies ergibt eine komplette Selbstüberwachung der Lok. Charakteristisch für die Gmf 4/4 ist auch, daß alle Elemente, die beim normalen Fahrbetrieb direkt vom Lokführer betätigt werden (Geschwindigkeitsregelung, Bremsen, usw.) mit Servoantrieben ausgerüstet wurden, um von der Loksteuerung bedient werden zu können. Die zentrale Steuerung lieferte die Firma Krauss-Maffei. Über die Schutz- und Diagnoseanlage werden der Dieselmotor, das Getriebe, die verschiedenen Bremsanlagen und die Sicherheitssteuerung erfaßt. Die Befehle des Lokführers erreichen die Steuerung immer über den Empfänger und werden entweder über Funk (Lokführer außerhalb des Führerhauses, er trägt den Sender der Funkfernsteuerung mit sich) oder über die induktive Koppelung (Lokführer im Führerhaus, der Sender steckt in der Adressierstation der Führerhauswand) übertragen.

Die funkferngesteuerten Gm 4/4 242 und 243 mit einem Bauzug bei Bever

Betriebseinsatz

Die zwei Diesellokomotiven Gmf 4/4 242 und 243 wurden 1989 bei der Firma Kaelble-Gmeinder in Mosbach im Auftrag gegeben, und 1991 an die RhB geliefert. Sie sollten primär den Bau- und Aushubzügen im Vereinatunnel dienen, können aber auch freizügig praktisch auf dem gesamten Netz der Rhätischen Bahn für alle Zwecke eingesetzt werden. Einzige Ausnahme bildet die Bernina-Linie, die besondere bremstechnische Anforderungen stellt. Vorläufig ist je eine Lok bei der nord- und südseitigen Baustelle des Vereinatunnels tätig.

Der lange Vorbau enthält den Wasserkühler, den Motor und das Turbo-Wendegetriebe

REDAKTION: PIERRE NOEL RIETSCH; FOTOS: RHÄTISCHE BAHN (OBEN), RHÄTISCHE BAHN (UNTEN)

Im Bahnhof von Zernerz steht der Tmf 2/2 Nr. 85 für Rangierdienste bereit

Baureihe Tmf 2/2

Anfang der neunziger Jahre mußte nach steigendem Verkehrsaufkommen eine Lösung gefunden werden, um die kleinen Rangiertraktoren Tm 2/2 15 – 26 von ihren vielfältigen und teilweise sehr anspruchsvollen Aufgaben zu entlasten. Die Verantwortlichen der Rhätischen Bahn entschieden, ein Fahrzeug zu beschaffen, bei dem das Antriebskonzept der vier, 1985 in Betrieb genommenen Baudiensttraktoren Tm 2/2 81 – 84 übernommen werden konnte. Die ersten fünf ferngesteuerten Dieseltraktoren des Typs Tmf 2/2 85 – 89 wurden im Jahre 1989 bei der Firma Robert Aebi, Regensdorf, in Auftrag gegeben und 1991 – 92 bei der RhB in Betrieb genommen. Die Nachbestellung eines einzelnen Fahrzeuges (Nr. 90) erfolgte zwei Jahre später. Die sechs Dieseltriebfahrzeuge sind für den Rangierbetrieb auf größeren Bahnhöfen des Stammnetzes und bei Bedarf auf der Strecke Chur – Arosa bestimmt. In Doppeltraktion können zwei Tmf 2/2 eine Lokomotive des Typs Gmf 4/4 ersetzen. Bedingt durch die installierte Funk-Fernsteuerung sind sicherheitsrelevante Komponenten als Abweichungen zu den Tm 2/2 81 – 84 vorhanden.

Konstruktion

Design: Die Traktoren weisen das typische Aussehen von Rangierfahrzeugen auf, die im Schmal- und Normalspurbereich von verschiedenen Schweizer Herstellern in den achtziger- und neunziger Jahren gebaut wurden. Der geräumige Führerstand befindet sich im hinteren Bereich, während ein langer, schmaler Vorbau mit Wartungstüren für den Dieselmotor und dem markanten Kühlergrill den übrigen Platz bis zur vorderen Rangierplattform beansprucht.
Wie alle übrigen Rangiertraktoren der Rhätischen Bahn erhielt auch der Kasten des Tmf 2/2 eine orange Lackierung. Die Stoßbalken sind entsprechend der RhB-Norm (Warnanstrich) gelb/schwarz gestreift.

Mechanik: Der Rahmen ist eine massive Schweißkonstruktion, in welcher die beiden Radsätze mittels vier Clouth-Rollfederelemente abgestützt werden. Darüber befindet sich der Dieselmotor mit dem Getriebe. Die Kraftübertragung basiert auf der Serie der Baudienst-Traktoren Tm 2/2 81 –

TECHNISCHE DATEN

Baureihenbezeichnung	Tmf 2/2
Indienststellung	1991/92 und 1994
Hersteller	AEB
Betriebsnummern	85 – 90
Anzahl 1996	6
Höchstgeschwindigkeit	50 km/h
Gewicht	24 t
Länge über Puffer	7490 mm
Höhe	3600 mm
Kastenbreite	2700 mm
Radstand	3750 mm
Anzahl Zylinder	6
Stundenleistung bei 25 km/h	205 kW
Anzahl Fahrmotoren	1 Dieselmotor
Fahrmotor Typ	Cum. KT-1150-L
Anfahrzugkraft	78 kN
Stundenzugkraft	30 kN

FOTO: RONALD GOHL

84. Der 6-Zylinder-Cummins-Dieselmotor treibt beide Achsen über ein elektrohydraulisch geschaltetes 3-Gang-Schaltgetriebe mit Drehmomentwandler (Bauart Twin Disc) an. Das Getriebe erlaubt Geschwindigkeiten von 16, 31 und 50 km/h. Eine verschleißfreie Telma-Wirbelstrombremse ist im vorderen Gelenkwellenstrang eingebaut. Diese kann bei Fahrten bis kurz vor dem Stillstand des Traktors wirkend eingesetzt werden.
Im Funkbetrieb ist das Getriebe entweder auf den ersten oder zweiten Gang zugeschaltet. Im manuellen Betrieb (Lokführer im Führerhaus) können alle drei Gänge während der Fahrt benutzt werden.

Führerraum: Die geräumige Kabine entspricht weitgehend den Lokomotiven der Baureihe Gmf 4/4. An der hinteren Stirnwand befindet sich beim Tmf 2/2 die Einstiegstüre, so daß das Fahrzeug von der Plattform aus erreicht werden kann. Pneumatische Scheibenwischer befinden sich an den beheizten Stirnfenstern. Besonders markant: Weil die Traktoren immer mit der Funkfernsteuerung bedient werden, konnte auf einen herkömmlichen Führertisch verzichtet werden.
Wenn sich der Lokführer nicht im Führerstand befindet, trägt er den Sender mit sich und steuert den Traktor über Funk. Bei dieser Betriebsart ist die Höchstgeschwindigkeit allerdings auf 30 km/h begrenzt. Wird die Maschine vom Führerstand aus gefahren, wird der Funksender in einen dafür vorgesehenen Ständer (Adressierstation) eingeschoben.

STATIONIERUNGSORTE

Bahnhöfe Zernez, Davos, Thusis, Pontresina, St. Moritz und Klosters

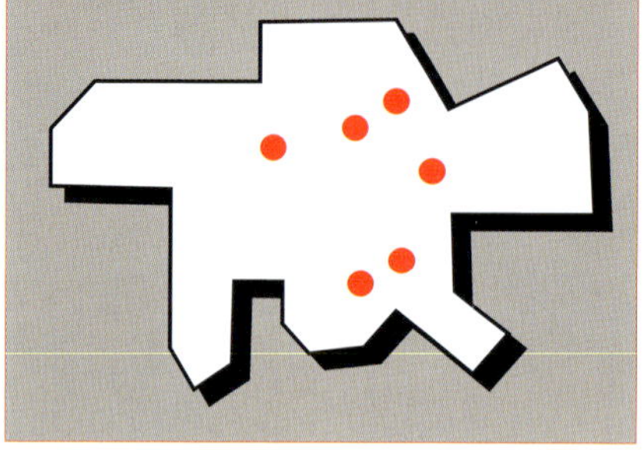

Elektrische und elektronische Ausrüstung: Das elektrische Bordnetz des Tmf 2/2 wird mit 24 Volt gespeist und entspricht damit der bei der RhB üblichen Praxis.
Alle elektrischen Apparate sind in einem großen Universalschrank untergebracht, der sich an der vorderen Frontwand des Führerstandes befindet. Nur die verschiedenen Meßwertgeber, die Stellglieder und die Heiz- und Beleuchtungskörper sind auf verschiedene Stellen des Fahrzeuges bzw. Führerstandes verteilt.
Eine Fahrzeugelektronik steuert und überwacht diverse Funktionen des Fahrzeuges. Vor allem sicherheitsrelevante und traktionstechnische Funktionen werden kontinuierlich überwacht und entlasten den Führer.
Die Fahr- und Bremsbefehle des Lokführers werden über den Funkempfänger und die zentrale Loksteuerung (Lieferant: Krauss-Maffei, München), an die verschiedenen Elemente und Komponenten weitergeleitet.
Auf dem Bedienungstableau des Senders befindet sich neben verschiedenen für den Funkverkehr nötigen Schaltern und dem Fahrtrichtungsschalter ein einziger Fahr- und Bremsknüppel, mit dem sämtliche Fahr- und Bremsbefehle an die Fahrzeugsteuerung gegeben werden können.
Die zentrale Fahrzeugsteuerung reagiert auf die Befehle, die sie vom Funksender erhält – einschließlich aller wichtigen Funktionen des Traktors, wie zum Beispiel der Drehzahlsteuerung des Dieselmotors oder die Wirbelstrombremse.
Dabei müssen elektronisch Vorgänge überwacht werden, die normalerweise vom Lokführer erkannt werden, die er aber im Funkbetrieb gar nicht wahrnehmen kann. In diesem Sinn ergänzt die zentrale Fahrzeugsteuerung den Lokführer in gewissen Arbeitsbereichen.
Ein spezielles Schutzgerät sorgt für die optimale Zugkraftübertragung Rad – Schiene. Dieses erfaßt beim Fahren und Bremsen die unterschiedlichen Schleudervorgänge in beiden Richtungen und leitet automatisch die nötigen Maßnahmen an die zentrale Fahrzeugsteuerung, ohne daß der Traktorführer eingreifen muß.

Betriebseinsatz

Die Tmf 2/2 sind als Stationstraktoren auf größeren Bahnhöfen wie Davos, Thusis, St. Moritz oder Pontresina tätig. Auch Übergabezüge und damit Streckeneinsätze gehören zu den Aufgaben der neuen, leistungsstarken Dieseltriebfahrzeuge.

Der Tmf 2/2 88 ist mit Rangieraufgaben im Bahnhof Pontresina betraut

REDAKTION: PIERRE-NOEL RIETSCH; FOTO: RONALD GOHL

Im vielgleisigen Bahnhof von Reichenau/Tamins ist der Tm 2/2 Nr. 22 stationiert

STATIONIERUNGSORTE

Bahnhöfe und Stationen Arosa, Disentis, Klosters, Reichenau, Schiers, Scuol, Surava, St. Moritz, Tiefencastel, Tirano, Trun sowie ein Reservefahrzeug. Die Traktoren werden je nach Bedarf auch in anderen Stationen und Diensten eingesetzt.

Baureihe Tm 2/2 (15 – 26)

Die typisch schweizerischen Rangiertraktoren mit der großen Plattform entdeckt man überall auf kleinen Bahnhöfen und Stationen – ob bei den normalspurigen SBB oder bei den meterspurigen Privatbahnen. Auch die Rhätische Bahn kann auf ihre Dienste nicht verzichten. Die kleinen Tm 2/2 manövrieren Güter- und Personenwagen und werden vom Personal auf den Stationen bedient. Auch für die morgendlichen Streckenkontrollen (vor dem ersten Zug) mußten diese Traktoren während Jahren „herhalten". Erst mit der Inbetriebnahme der Tmf 2/2 85 – 90, die eine bedeutend größere Leistung aufweisen, wurden die kleinen, schwächeren Tm 2/2 15 – 26 von ihrer strengen Arbeit abgelöst und auf andere Stationen verteilt.
Lieferantin dieser Traktoren war die Firma Robert Aebi AG in Regensdorf, welche bereits ähnliche Fahrzeuge für die SBB hergestellt hatte. Die erste Serie von vier Traktoren mit Dieselmotor wurde von der RhB im Jahre 1957 beschafft. Weitere Einheiten folgten in den Jahren 1961 (Nr. 19 und 20), 1965 (Nr. 21 – 25) und 1969 (Nr. 26). Die ursprünglich als Tm 2/2 56 – 67 bezeichneten Maschinen wurden anläßlich der Revision (Einbau eines neuen Dieselmotors) in den Jahren 1989-90 umnumeriert. Diese drängte sich aus „Konfliktgründen" mit der neusten Serie der Bernina-Triebwagen 51 – 56 auf.

Konstruktion

Design: Ihre einfache, schlichte Form ist genauso unverkennbar wie die diesen Traktoren zugewiesene Aufgabe. Das kurze Führerhaus mit den grossen hellen Fenstern ist etwa gleich lang, wie die vorangestellte Plattform. Diese ist als Ladefläche ausgebildet. Transporte und das Mitführen von kleinen Gütern wie Fässer oder Paletten, werden damit ermöglicht. Damit keine Zweifel aufkommen, wo vorne und hinten ist, sind beide Seiten beschriftet. Die Stirnwand trägt den Buchstaben „H", auf der gegenüberliegenden Seite mit der Plattform prangt ein „V". Das abgerundete Dach ist für die damalige Bauweise charakteristisch. Heute liegt auf dem Dach die Auspuffanlage. Die frühere, oxydrote Farbe ersetzte man 1989/90 durch eine verkehrsorange Lackierung. Die auffälligen gelben Warnstreifen an den Stirnseiten dienen der Sicherheit.

Mechanik: Der Aufbau dieser Zwei-Achs-Fahrzeuge ist sehr einfach, entsprechend leicht sind sie zu bedienen. Das Fahrgestell ist mittels Blattfedern auf zwei Triebachsen mit vier Achslagern abgestützt. Im Fahrgestell sind die quer zur Fahrzeugachse angeordnete Antriebsgruppe, das Bremsgestänge, eine Vakuum-Durchgangsleitung und die Sandstreuvorrichtung eingebaut.
Die Kraftquelle in der Antriebsgruppe ist ein wassergekühlter Dieselmotor. Die Kraft wird über die Kupplung, das

TECHNISCHE DATEN

Baureihenbezeichnung	Tm 2/2
Indienststellung/Umbau	1957 – 69 (89 – 90)
Hersteller	AEB/RhB
Betriebsnummern	15 – 26
Anzahl 1996	12
Höchstgeschwindigkeit	30 km/h
Gewicht	9 t
Länge über Puffer	5060 mm
Höhe	3450 mm
Kastenbreite	2640 mm
Radstand	2500 mm
Anzahl Zylinder	4
Stundenleistung bei 10 km/h	40 kW
Anzahl Fahrmotoren	1 Dieselmotor
Fahrmotor Typ	Cum. 4B-3,9
Anfahrzugkraft	30kN
Stundenzugkraft	15kN

FOTO: RONALD GOHL

4-Gang-Getriebe und die Rollenketten auf die Radsätze übertragen.
Der Tank faßt max. 70 Liter Dieselkraftstoff. Der Tm 2/2 wird meist vom Personal mittels einer 20-Liter-Kanne von Hand betankt.
Es besteht eine mechanische Wurfhebelbremse, die durch Muskelkraft über das Bremsgestänge betätigt wird und als Klotzbremse auf die Räder wirkt. Diese wird während der Fahrt wie auch als Stillhaltebremse benutzt. Neben der Wurfhebelbremse verfügen die Tm 2/2 15 – 26 und der Xm 2/2 9912 auch über eine Motorbremse.
Die Bremswirkung erzielt man mit einer im Auspuffrohr eingebauten Klappe. Durch Betätigen des Gashebels in der Gegenrichtung des Gasgebens wird diese Klappe geschlossen. Die vom Motor komprimierte Luft wirkt damit als Bremse. In leichten Streckengefällen ermöglicht die Auspuffbremse, die Fahrgeschwindigkeit verschleißfrei und subtil zu regulieren.
Gleichzeitig mit dem Einbau des neuen Dieselmotors wurde das Auspuffrohr nach oben verlegt sowie der Auspufftopf auf dem Dach montiert. Früher endete das Rohr an der Stirnfront des Fahrzeuges und das Rangierpersonal war den Abgasen ausgesetzt.

Führerraum: Die Motorgruppenverkleidung bildet gleichzeitig den Führerstand. Auf der rechten Hälfte des Führerhauses bildet das Instrumentenbrett das Zentrum des Traktorführers.
Die Instrumente und Schalter auf dem Führertisch sind entsprechend der Aufgabe und Bedienung des Tm 2/2 recht einfach gehalten. Es gibt einige Schalter, Kontrolleuchten, und Überwachungsanzeigen (Öldruck, Wassertemperatur). Gefahren wird mit dem Handgashebel. Mittels des Kupplungspedals, das mit dem Fuß betätigt wird, und des Gangschalthebels lassen sich die vier verschiedenen Gänge einlegen. Ein weiterer Hebel dient der Fachrtrichtungswahl. Der Geschwindigkeitsmesser befindet sich in der Mitte des Führertisches. Selbstfahrend erreicht das Fahrzeug max. 30 km/h; im Schleppbetrieb darf mit max. 50 km/h gefahren werden. Rechts und links an den Seitenwänden ist je ein Hebel der Wurfhebelbremse angeordnet.
Die Rückwand der Kabine ist im unteren Bereich mit Wandbänken bestückt, worin die Batterien, das Werkzeug und das Inventarmaterial plaziert sind.

Elektrische Ausrüstung: Anlasser, Horn und Licht werden elektrisch betrieben. Durch das Betätigen des Steuerstromschalters auf dem Führertisch gelangt der Strom zu den Verbrauchern. Weil die Fahrzeuge auch in der kalten Jahreszeit mit bis zu minus 30° C im Freien abgestellt werden, wird das Kühlwasser mittels einer Vorheizung ab Ortsnetz erwärmt. Durch das Vorheizen muß der Motor nicht kalt gestartet werden.

Betriebseinsatz

Die Tm 2/2 15 – 26 werden vom Stationspersonal mit einer Ausbildung als Kleinmotorfahrzeugführer bedient. Diese sind für ihr Fahrzeug verantwortlich und nehmen auch kleinere Wartungsarbeiten vor.
Der Einsatz auf der Strecke ist wegen der Vmax von nur 30 km/h nicht ideal, jedoch nicht untersagt. Hauptsächlich kommen die Tm 2/2 in den Bahnhöfen und Stationen für den Rangierdienst mit leichten Zügen zum Einsatz.
Der Fahrleitungsdienst erhielt ein angepaßtes Fahrzeug des gleichen Typs. Die Bezeichnung Xm 2/2 9912 deutet auf die Verwendung als Dienstfahrzeug hin.
Die Traktorführer müssen bei den Manövern und in Gefällen jeweils berücksichtigen, daß sie mit mehreren ungebremsten Anhängern (Wagen) fahren, was unweigerlich zu einem längeren Bremsweg führt. Die Tm 2/2 15 – 26 haben keine Vakuumbremse, sondern nur eine Durchgangsleitung. Aus diesem Grund dürfen diese Fahrzeuge bei mehr als 30 Promille Steigung nie am Zugschluß angehängt werden – es sei denn, das Fahrzeug wird begleitet. Müßte der Begleiter aus irgend einem Grund den ganzen Zug anhalten, so steht ihm die Notbremsklappe auf dem Führertisch zur Verfügung.
Es gibt Stationen mit geringem Güteraufkommen, wo der Tm 2/2 weniger oft gebraucht wird. Andere Einheiten stehen dagegen mehr oder weniger streng täglich im Einsatz (Stückgutverkehr).
In Ausnahmefällen werden die Traktoren auch der Bauabteilung für Arbeiten in Tunnels „ausgeliehen“.

Im Bahnhof von Tiefencastel wartet der Tm 2/2 15 auf sein nächstes Manöver

REDAKTION: RONALD GOHL/RETO VITAL; FOTO: RONALD GOHL

Der Tm 2/2 Nr. 81, fotografiert in Landquart, ist dem Bahnmeister von Ilanz zugeteilt

Baureihe Tm 2/2 (81 - 84)

Die 1985 in Betrieb genommenen vier Baudienst-Traktoren des Typs Tm 2/2 81 – 84 sind mit einem 330 kW (450 PS) starken Dieselmotor bestückt und zudem robust und zweckmäßig gebaut. Die massive Zweiseiten-Kippbrücke erlaubt das Mitführen von Lasten von bis zu vier Tonnen. Das Kippen der Brücke erfolgt wie bei Lastwagen hydraulisch. Der Ladekran, an der vorderen Partie des Fahrzeuges angeordnet, erleichtert dem Personal manche Arbeit, die früher mit Muskelkraft durchgeführt werden mußte, z.B. das Abladen von Schienenschwellen.

Konstruktion

Design: Die große Kabine über der Hinterachse, die Ladebrücke und der Kran sind die wichtigsten äußeren Merkmale dieser zweiachsigen Traktoren. Wie bei allen Diensttriebfahrzeugen ist die Kabine gelb gespritzt. Der Aufbau auf dem Fahrzeugdach enthält den Auspufftopf. Mit den großen Fenstern an den Seitenwänden sowie den beidseitig angeordneten Einstiegstüren wird die Zweckmäßigkeit des Tm 2/2 unterstrichen. Die metallfarbene Kippbrücke und der orangefarbene Ladekran gleichen optisch den hinterachsigen Aufbau etwas aus.

In der Führerfront der Kabine ist der Wasserkühler sichtbar, welcher durch ein weitmaschiges Gitter mechanisch geschützt wird. Im Untergestellrahmen sind die Brennstofftanks, die Stromaggregatgruppe, die Vakuumpumpe und der Hydrauliköltank sowie die Brennstoffbehälter angeordnet.

Mechanik: Die Antriebsquelle der Tm 2/2 81-84 bildet ein Cummins-Dieselmotor – der gleiche, der übrigens auch bei den Tmf 2/2 85-90 eingebaut ist. Auch sonst standen die Baudienst-Traktoren beim Grundaufbau der jüngsten Rangierfahrzeuge Pate. Der Dieselmotor leitet die Kraft an einen Drehmomentwandler weiter. Eine Gelenkwelle stellt die Verbindung zum 3-Gang-Schaltgetriebe her. Je nach zu fahrender Geschwindigkeit bzw. Anhängelast wird der entsprechende Gang vom Traktorführer vorgewählt. Die Gänge können jedoch auch während der Fahrt neu eingelegt werden. Über Zahnräder, welche im ständigen Eingriff zueinander stehen, und die Kupplung wird das hydraulisch geschaltete Getriebe betätigt. Vom diesem aus wird die Kraft über zwei zu den Achsgetrieben führenden Gelenkwellen übertragen. Im Gelenkwellenstrang der Vorderachse ist auch die verschleißfreie Wirbelstrombremse integriert. Dieselmotor, Drehmomentwandler und Getriebe sind in der Längsachse des Fahrzeuges angeordnet.

Mit dem an der Vorderseite des Fahrzeuges angebrachten Ladekran kann man bei einer Ausladung von bis zu sechs Metern ab Drehachse 830 Kilogramm Lasten anhängen und bewegen. Sicherheitsstützen werden dabei nicht benötigt: zur Absicherung wird bei Kranarbeiten die Federung der Vorderachse mittels Hydraulikzylinder automatisch aufgehoben bzw. blockiert. Dieser Vorgang erfolgt über die Hydraulik des Krans.

Ungewöhnlich sind die an den Längsseiten angeordneten ausschwenkbaren Konsolen. In ausgeschwenkter Stellung dienen diese dem Transport von Schienen oder längeren Gegenständen.

Seitlich am Fahrzeug ist ein Stromaggregat für die Versorgung der an einer Baustelle benötigten Werkzeuge und der Arbeits-Scheinwerfer angeordnet.

Die abgegebene Leistung der Gruppe beträgt 5kVA (220-380 Volt/50Hz). Das Aggregat wird von einem autonomen, luftgekühlten Dieselmotor an-

TECHNISCHE DATEN

Baureihenbezeichnung	Tm 2/2
Indienststellung	1985
Hersteller	AEB
Betriebsnummern	81 – 84
Anzahl 1996	4
Höchstgeschwindigkeit	60 km/h
Gewicht	22 t
Länge über Puffer	8790 mm
Höhe	3750 mm
Kastenbreite	2700 mm
Radstand	4750 mm
Anzahl Zylinder	6
Stundenleistung bei 25 km/h	205 kW
Anzahl Fahrmotoren	1 Dieselmotor
Fahrmotor Typ	Cum. KT-1150-L
Anfahrzugkraft	78 kN
Stundenzugkraft	30 kN

FOTO: RONALD GOHL

getrieben. Der Start der Gruppe erfolgt vom Führerstand aus.
Das Bremssystem besteht aus einer direktwirkenden Druckluftbremse, einer vollausgebauten Vakuumbremse, aus der elektrischen Wirbelstrombremse sowie aus einer mechanischen Handbremse (keine Federspeicherbremse).
Die Kraft der Bremszylinder wird auf das Bremsgestänge und auf die acht Bremsklötze geleitet. Die Handbremse, als übliche Spindelbremse ausgebildet, wirkt ebenfalls auf das gleiche Gestänge der Druckluftbremse, jedoch nur auf einer Fahrzeugseite. Lose an den Rädern anliegende Bremsklötze bedeuten demzufolge noch nicht, daß die Bremse gelöst ist, was vor dem Schleppbetrieb speziell beachtet werden muß.
Bei den Tm 2/2 81-84 wurden erstmals an RhB-Fahrzeugen eine sogenannte Rollgummi-Achsfederung angewendet. Das äußere Kennzeichen dieser Federart sind die beiden pro Achsbüchse sichtbaren Stahlbüchsen, welche die Gummielemente beinhalten. Die Eigenschaft dieser Federung ist, daß vertikale und horizontale Federwege gleichzeitig aufgenommen werden können.

Führerraum: Die große für sechs bis acht Mann konzipierte Kabine ist gleichzeitig auch der Führerraum. Im quer abgesetzten Führertisch sind die Zugsicherung, der pneumatische Ausschaltzylinder für das Getriebe sowie das Elektrotableau untergebracht. Seitlich am mittleren Korpus befindet sich der Bedienungshebel für die Betätigung der Wirbelstrombremse. Der gleiche Drehhebel bewirkt in der anderen Stellung die Erhöhung der Motordrehzahlen und damit der Geschwindigkeit.
Die Anzeigeinstrumente und die einzelnen Schalter sind zentral auf dem Führertisch angeordnet. Diejenigen Überwachungsinstrumente, welche für die Fahrt wichtig sind, wurden näher beim Traktorführer platziert, d.h. rechts, wo sich auch die Bremsventile für die Vakuum-Zugbremse sowie für die direkte Bremse befinden. Ein zweites Bremsventil ist auf der linken Führertischhälfte angebracht.
Links und rechts der Kabinenwände sind Sitzbänke mit Klappdeckeln angeordnet. Darin versorgten die Konstrukteure die Starterbatterien sowie Werkzeug und Inventarmaterial. Ebenfalls in der Führerkabine ist die Motorhaube untergebracht. Vier große Wartungstüren erlauben eine gute Zugänglichkeit zum Dieselmotor.
Die Tm 2/2 81-84 sind sehr einfach in der Handhabung. Mit dem Fahr- und Bremshebel wird die Geschwindigkeit reguliert. Der Gangwahlhebel befindet sich auf dem Führertisch und im gleichen Bedienungshebel ist auch die Fahrrichtungswahl integriert.

Elektrische Ausrüstung: Wie bei allen Dieseltriebfahrzeugen sind vier Starterbatterien, der Alternator und der Starter nötig, welche auf 24 Volt Gleichstrom ausgelegt sind. Über die Elektrik werden auch die Anzeigen für die Geschwindigkeit und die anderen Instrumente gespiesen. Ebenfalls elektrisch erfolgt die Ansteuerung der Funktionen des Schaltgetriebes, der verschiedenen elektro-pneumatischen Ventile des Bremssystems, der Sicherheitssteuerung, der Wirbelstrombremse und der Frontfensterheizung.
Damit der Dieselmotor auch bei kalter Witterung, insbesondere im Engadin, gestartet werden kann, ist das Fahrzeug mit einer Kühlwasservorheizung sowie einer Brennstoff-Tankheizung ausgerüstet. Diese werden ab dem Ortsnetz mit 220 Volt gespiesen.

STATIONIERUNGSORTE

Bahnmeister in Ilanz, Davos, Samedan und Zernez

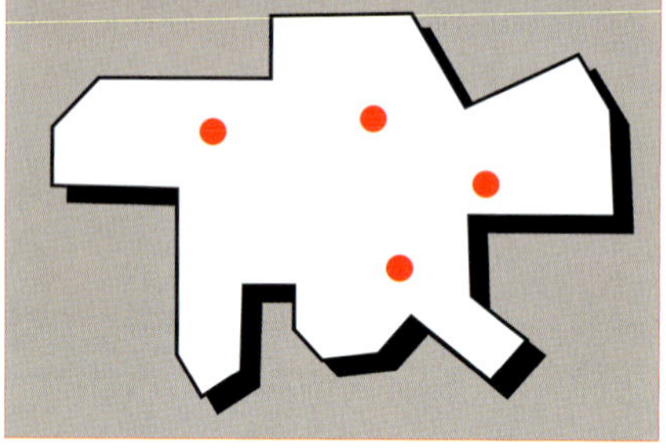

Betriebseinsatz

Die Fahrzeuge sind auf dem RhB-Streckennetz wie folgt vergeteilt: Nr. 81 – Bahnmeister Ilanz /Bezirk 2, Nr. 82 – Bahnmeister Davos-Platz/Bezirk 5, Nr. 83 – Bahnmeister Samedan /Bezirk 6, Nr. 84 – Bahnmeister Zernez/Bezirk 7.
Für den Einsatz auf Baustellen stellt die Unabhängigkeit vom Fahrdraht ein wichtiger Vorteil dar. Die Verschiebung der Traktoren mit einer Geschwindigkeit von 50 km/h ermöglicht einen äußerst flexiblen Einsatz.
Die große Zugkraft erlaubt auch das Mitführen von Schotterwagen, die bei der Neuschotterung von Streckenabschnitten zum Einsatz kommen.
Während den Wintermonaten stehen die Tm 2/2 81-84 für die Schneeräumung und als Stoßfahrzeuge für die Spurpflüge im Einsatz.
1986 erlitt der Tm 2/2 Nr. 81 während der Fahrt einen schweren Brandschaden. Die Aufbauarbeiten erfolgten in der RhB-Hauptwerkstätte Landquart.

Lasten von bis zu 830 Kilogramm bei 6 m Ausladung können am Kran angehängt werden

REDAKTION: RETO VITAL; FOTO: RONALD GOHL

In Ihrer gelben Lackierung sind die Tm 2/2 91 und 92 schon von weitem zu erkennen

STATIONIERUNGSORTE

Station Preda (Nr. 91)
Kabeldienst Chur (Nr. 92)

Baureihe Tm 2/2 (91 – 92)

Bereits über 35 Jahre alt sind die beiden gelben Baudiensttraktoren Tm 2/2 91 und 92, die im Jahre 1959 von der Rhätischen Bahn in Betrieb genommen wurden.
Während der Tm 2/2 91 noch seinem ursprünglichen Zweck dient, baute man das Schwesterfahrzeug mit der Nummer 92 im Jahre 1986 um. Für seine neue Aufgabe bei der Sektion Kabeldienst erhielt die seitlich offene Plattform Rollladen. Gleichzeitig wurde die Kabine mit einer Warmwasserheizung bestückt.

Konstruktion

Design: Beide Traktoren sind reine Zweckfahrzeuge. Bei Ihrer Konstruktion orientierte man sich an der damals üblichen Bauweise: kantige Form, Fenster mit abgerundeten Ecken, gebogenes Dach.
An der vordernen Stirnfront führt der Auspuff, ein schlankes, schwarzes Rohr nach oben. Wie bei Bau- und Diensttriebfahrzeugen üblich, wurden die Stoßbalken auf den Stirnseiten gelb/ schwarz lackiert. Die gedeckte Plattform erlaubt Materialtransporte bis 2000 Kilogramm.

Mechanik: Im Rahmen befinden sich die beiden Radsätze des Fahrzeuges. Der Dieselmotor wie auch die Hydrostatik-Einheit sind quer zur Fahrzeugachse eingebaut. Mit dem Hydrotitan-Antrieb der Firma Von Roll läßt sich die Geschwindigkeit stufenlos regulieren.
Über das 2-Gang-Getriebe beschleunigt der Traktor auf 23 bzw. 40 km/h. Ein Kettenantrieb überträgt das Drehmoment auf beide Radsätze.
Der hydrostatische Antrieb ist so ausgelegt, daß er auch als Fahr-Bremse benützt werden kann. Weiter steht eine durch Muskelkraft zu betätigende Wurfhebelbremse zur Verfügung, welche mechanisch auf die Bremsklötze des Fahrzeuges wirkt. Eine normale Zug- und Stoßvorrichtung nach RhB-Norm ist an jeder Stirnseite montiert.

Führerraum: Durch die geschlossene Plattform ist die Sicht nach vorne eingeschränkt. Auf beiden Seiten der Kabine ist je eine Türe angeordnet, was das Ein- und Aussteigen bei Manövern erleichtert.
Die Tm 2/2 91 – 92 werden wie die Nr. 15 – 26 und die Nr. 93 stehend bedient. Auf dem Führertisch befinden sich neben zahlreichen Anzeige-Instrumenten und Schaltern auch der Gang-Wahlhebel sowie der Gashebel für die Regulierung der Fahrgeschwindigkeit.
Die Kupplung und die Sandstreueinrichtung werden mit dem Fuß betätigt. Mit den kleinen Tm 2/2 darf selbstfahrend auf höchstens 40 km/h beschleunigt werden.

Elektrische Ausrüstung: Der Anlasser, ein Elektromotor, funktioniert wie bei einem Auto oder Lastwagen. Die Batterien versorgen die Verbraucher mit einer Spannung von 12 Volt. Drei Scheinwerfer sorgen an beiden Stirnseiten für eine ausreichende Beleuchtung der Strecke.

Betriebseinsatz

Der Traktor mit der Nummer 91 steht heute für die Inspektion des Albulatunnels und für leichte Rangierarbeiten im Bahnhof Preda zur Verfügung. Nr. 92 ist in Chur beheimatet, und der Sektion Kabelbau zugeteilt. Beide Fahrzeuge sind im ganzen RhB-Netz lauffähig.

TECHNISCHE DATEN

Baureihenbezeichnung	Tm 2/2
Indienststellung/Umbau	1959 (86)
Hersteller	AEB, SAUR, VonRoll
Betriebsnummern	91 – 92
Anzahl 1996	2
Höchstgeschwindigkeit	40 km/h
Gewicht	10 t
Länge über Puffer	5040 mm
Höhe	3120 mm
Kastenbreite	2640 mm
Radstand	2500 mm
Anzahl Zylinder	4
Stundenleistung bei 30 km/h	43 kW
Anzahl Fahrmotoren	1 Dieselmotor
Fahrmotor Typ	Saurer C415D
Anfahrzugkraft	30 kN
Stundenzugkraft	25 kN

REDAKTION: RONALDGOHL/RETO VITAL; FOTO: RONALD GOHL

Fast ein Exote: Den in Untervaz stationierten Tm 2/2 93 gibt es bei der RhB nur einmal!

STATIONIERUNGSORTE

Bahnhof Untervaz

Baureihe Tm 2/2 (93)

Seit 1981 steht als Ersatz für den ausrangierten Traktor Tm 2/2 Nr. 69 die Rangierlok Tm 2/2 93 im Einsatz.
Das gebraucht erworbene Fahrzeug gilt bei der Rhätischen Bahn als Einzelexemplar. In ihren ersten Betriebsjahren stand die 1972 von der Firma Schöma, Diepholz (Deutschland), erbaute Lok am Arlberg (Österreich) im Einsatz. Dort besorgte sie den Abtransport des Ausbruchmaterials im Arlberg-Straßentunnel.
Die Inbetriebsetzung bei der Rhätischen Bahn erfolgte am 8. Mai 1981. Wegen zu großer Schall-Emissionen wurde das Fahrzeug nachträglich von der Hauptwerkstätte Landquart mit Schallisolationen leiser gemacht und gleichzeitig auch den geltenden RhB-Normen angepaßt.

Konstruktion

Design: Die kantigen, bulligen Formen dieses Fahrzeuges erinnern an die Vorgeschichte als Stollenlokomotive. Der kurzen Führerkabine ist der Motorblock vorangestellt.
Für die Lüftung des luftgekühlten Dieselmotors sind seitlich und an der Stirnfront mehrere Jalousien angebracht. Die verkehrsorange Lackierung verleiht dem einfachen Fahrzeug ein gefälliges Aussehen.

Mechanik: Die Kraftübertragung erfolgt vom 12-Zylinder-4-Takt-Dieselmotor des Typs Deutz F12L-614 an ein hydrodynamisches 4-Gang-Getriebe und mit Gelenkwellen an die Achsgetriebe.
Die Stirnseiten des Fahrzeuges sind mit Rücksicht auf starke Pufferstöße besonders versteift und zur Aufnahme der Zug- und Stoßvorrichtungen ausgebildet. An beiden Längsseiten sind abnehmbare 10 – 12 Millimeter starke Blechverkleidungen als Schutz für die Achslager angebracht. Die Abfederung des Rahmens gegenüber den Radsätzen erfolgt durch wartungsfreie Gummi-Federelemente des Fabrikats „Phönyx“ (sogenannte Megifedern).
Für die Abbremsung gibt es eine direkte Lokbremse (Fabrikat Westinghouse), die über die Gestänge und Bremsklötze auf die Räder wirkt.

Führerraum: Damit der Traktor sicher und bequem bedient werden kann, sind verschiedene Bedienungsorgane wie das Handrad für die Drehzahlregelung, das Führerbremsventil für die Lokbremse, die Handbremskurbel, der Gangwahlhebel oder der Wendeschalthebel auf beiden Seiten des Führerhauses angebracht worden. Das übersichtlich angeordnete Instrumentenpult im Führerhaus umfaßt verschiedene Geräte wie Motordrehzahlmesser, Betriebsstundenzähler, Motoröldruckmesser und Motortemperaturanzeige. Das Warnhorn arbeitet mit Druckluft.

Elektrische Ausrüstung: Die Verbraucher beschränken sich auf den Dieselmotor mit dem Anlasser, die Fahrzeugbeleuchtung und den Alternator. Das Bordnetz wird von 24-Volt-Batterien gespeist.

Betriebseinsatz

Der Tm 2/2 93 wird in Untervaz, einem kleinen Bahnhof mit Zementumschlag (Landquart–Chur), als Rangiertraktor eingesetzt. Die Bedienung obliegt dem Stationspersonal mit einer Ausbildung als Kleinmotorfahrzeugführer.
Der Traktor dient vor allem der Zusammenstellung und Bereitstellung der Zementwagen, die auch unter dem Namen „Mohrenköpfe“ bekannt sind.

TECHNISCHE DATEN

Baureihenbezeichnung	Tm 2/2
Indienststellung/Umbau	1972 (86)
Hersteller	Schöma/RhB
Betriebsnummer	93
Anzahl 1996	1
Höchstgeschwindigkeit	35 km/h
Gewicht	21 t
Länge über Puffer	6500 mm
Höhe	2700 mm
Kastenbreite	2200 mm
Radstand	2300 mm
Anzahl Zylinder	12
Stundenleistung	130 kW/20 km/h
Anzahl Fahrmotoren	1 Dieselmotor
Fahrmotor Typ	Deutz F12L-614
Anfahrzugkraft	62 kN
Stundenzugkraft	25 kN

REDAKTION: RONALD GOHL/RETO VITAL; FOTO: RONALD GOHL

Xm 2/2 9912

Fahrleitungs-Turmwagen: Design und mechanischer Grundaufbau erinnert an die Rangiertraktoren Tm 2/2 15 – 26. Der 1962 beschaffte Xm 2/2 9912 war ursprünglich mit einem lufgekühlten SLM 4VD11-Dieselmotor ausgerüstet. Später wurde dieser duch einen wassergekühlten CUMMINS Dieselmotor vom Typ 4BT-3,9 ausgetauscht. 1994 ersetzte man die Arbeits-Hebebühne durch eine Scherenbühne und rüstete sie mit einem festinstallierten Stromaggregat aus.1996 erfolgte der Einbau einer Vakuumbremse, damit wird das Mitführen von Wagen auch bei größerem Gefälle möglich. Das Dienstgewicht beträgt 12,3 t.

Xm 2/2 9914

Fahrleitungs-Turmwagen: Der Aufbau dieses dieselelektrisch angetriebenen Fahrzeuges erfolgte 1950 durch die Hauptwerkstätten der RhB in Zusammenarbeit mit der MFO, welche die Diesel-/Generatorengruppe lieferte. Das Untergestell und der Wagenkasten sind 1965 neu gebaut worden. Beim langhubigen Dieselmotor handelt es sich um einen Saurer BXD, welcher heute als Rarität bezeichnet werden kann. Die Arbeitsbühne wird hydraulisch der Arbeitshöhe angepaßt. Der Pantograph dient der Kontrolle der Fahrleitungslage. Im Fahrzeug werden Teile sowie Werkzeuge für den Fahrleitungsbau mitgeführt.

Diensttriebfahrzeuge

Xm 2/2 9915

Fahrleitungs-Turmwagen: Das „Schwesterfahrzeug" des Xm 2/2 9914 wurde 1958 gebaut. Die Kastenkonstruktion ist gegenüber dem 9914 vollständig auf Stahlprofilen aufgebaut. Nach einem Kurbelwellenbruch am alten Saurer-Motor (Typ BXD) wurde das Fahrzeug im Jahre 1995 mit einem Mercedes-Dieselmotor (Typ OM 447) ausgerüstet. Die Diesel-/Generatorengruppe brachte man in einer schallisolierten Verkleidung unter, so daß der Lärmpegel im Fahrzeug um 20 dB(A) reduziert werden konnte. Das Dienstgewicht beträgt 22 t.

Xm 2/2 9916

Fahrleitungs-Turmwagen: Dieses Dienstriebfahrzeug konzipierte man speziell für die Bernina-Strecke. Es verfügt über einen hydrostatischen Antrieb mit entsprechend den Streckenverhältnissen ausgelegter hydraulischer Bremse. Die Leistungsübertragung erfolgt über moderne hydrostatische Komponenten des Fabrikates SAUER über ein Verteilgetriebe auf beide Achsen. Der Dieselmotor von Deutz (Typ F8L-714) verfügt über 135 PS. Selbstfahrend erreicht die 1964 beschaffte Einheit 40 km/h. Der Turmwagen ist dem Fahrleitungsunterhalt Poschiavo zugeteilt.

FOTOS: RONALD GOHL (3), RENATO MENGOTTI (OBEN LINKS)

Xm 2/2 9917

Fahrleitungs-Turmwagen: In Landquart stationiert ist der 1974 von Stadler, Bussnang, gelieferte Xm 2/2 9917. Das Fahrzeug verfügt über einen luftgekühlten 12-Zylinder-Deutz-Dieselmotor des Typs BF 12L-714. Mit einem Dienstgewicht von 27 t erbringt die Einheit eine Stundenleistung von 175 kW bei 27,5 km/h. Vollwertige Werkstattausrüstung!

Xmf 2/2 9921

Brückenuntersichtsfahrzeug mit Kran: Ebenfalls im Jahre 1994 wurde (gleichzeitig mit den beiden Xmf 2/2 9918 und 9919) dieses Diensttriebfahrzeug beschafft. Damit ist es erstmals möglich, Brücken und Viadukte von unten zu inspizieren und zu warten. Das Brücken-Untersichtsgerät wird bei Nichtgebrauch durch einen Ladekran ersetzt. Das Fahrzeug ist mit dem gleichen Dieselmotor wie die Tmf 2/2 85 – 90 ausgerüstet.

Xmf 4/4 9918-19

Fahrleitungs-Turmwagen mit Kran: Die beiden baugleichen Fahrzeuge 9918 und 9919 zählen zu den jüngsten Fahrzeugen der Rhätischen Bahn, sie wurden 1994 beschafft. Lieferant ist die Firma Windhoff GmbH (Deutschland). Ein wassergekühlter 6-Zylinder-Unterflur-Dieselmotor des Typs CUMMINS KTA-19R2 erbringt eine Stundenleistung von 485 kW. Das Dienstgewicht beträgt 47 t. Beide Fahrzeuge sind maximal 60 km/h schnell.

Xe 4/4 9920

Hilfstriebwagen: Bei diesem Fahrzeug handelt es sich um eine eigentliche fahrbare Werkstätte, die im Jahre 1952 aus den Überresten des bei Alp Grüm verunfallten und abgestürzten BCe 4/4 Nr. 9 entstand. Die Einheit kann notfalls auch als „Lokomotive" zur Verstärkung von Zügen eingesetzt werden. In den sechziger Jahren verlieh man dem bis dahin wagengrünen 9920 einen für Diensttriebfahrzeuge typischen rotbraunen Anstrich, gleichzeitig versetzte man die Anfahr- und Bremswiderstände aufs Dach.

Xe 4/4 9922

Hilfstriebwagen: Aus dem 1911 beschafften und 1949 umgebauten BDe 4/4 Nr. 38 entstand im Jahre 1992 das zur Zeit in Poschiavo stationierte Diensttriebfahrzeug Xe 4/4 9922. Der Triebwagen verfügt über vier Fahrmotoren des Typs T 405 b und erbringt eine Stundenleistung von 440 kW bei 28 km/h. Das Dienstgewicht beträgt 30 t. Neben einer vakuumgesteuerten Druckluftbremse ist auch eine elektrische Widerstands- und Rekuperationsbremse eingebaut.

REDAKTION: RONALD GOHL (OBEN LINKS, MITTE, UNTEN RECHTS), RHÄTISCHE BAHN (OBEN RECHTS, UNTEN LINKS)/RETO VITAL; FOTOS: RONALD GOHL

DIESELTRIEBFAHRZEUGE DER SBB

Im Mai 1939 an der Landesausstellung in Zürich viel bestaunt, heute als historische Lok im Fahrzeugpark der Bundesbahnen: die im Depot Olten stationierte Bm 4/4 II 18451

Beheimatungen

Depot Olten

Baureihe Bm 4/4 II

Die SBB bestellten im November 1937 bei der Schweizerischen Lokomotiv- und Maschinenfabrik Winterthur zwei schwerfällige, fast 20 Meter lange Gepäck-Dieseltriebwagen. Doch schon wenige Wochen nach der Auftragserteilung änderten die Bundesbahnen das Projekt in eine reine Lokomotive ab. Damit sollte verhindert werden, daß bei einer Panne nicht auch gleich noch der Gepäckwagen ausfiel. Außerdem konnte eine Lok an den Endpunkten sofort manövriert werden, ohne daß man zunächst noch den Post- und Gepäckauslad abwarten mußte. Auf den damals noch nicht elektrifizierten Strecken sollte das thermisch angetriebene Fahrzeug die schwerfällig gewordene Dampftraktion ablösen. Das Pflichtenheft der Am 4/4, wie das Fahrzeug vorerst hieß, schrieb einen 1000 PS starken Dieselmotor und eine maximale Anhängelast von 140 t vor. Die beiden bestellten Triebfahrzeuge 1001 und 1002 waren für den Einsatz vor Reisezügen vorgesehen, häufige Anfahrten gehörten ebenso in den Aufgabenbereich wie der Dienst auf Steigungen von bis zu 12 ‰.

Konstruktion

Im **Design** läutete die Bm 4/4 II das Zeitalter einer neuen Lokgeneration ein. Nachdem bereits die 1935 abgelieferten Roten Pfeile einen Quantensprung im Fahrzeugbau ankündigten, setzte der Besteller die neue Linie auch beim Lokomotivbau konsequent durch. Die Bm 4/4 II, 1939 fertiggestellt, standen für die Form der späteren Re 4/4 I Pate. Ihre abgerundete Front, die nach innen gebogenen Schürzen und das wohlproportionierte, ebenfalls gerundete Dach verliehen dem Fahrzeug ein revolutionäres Aussehen. Die SBB wollten mit der äußeren Erscheinung ein harmonisches Zugbild mit den damals modernen Leichtstahlwagen erzielen – in Wirklichkeit kamen die beiden Dieselmaschinen jedoch nur ganz selten vor diesen Schnellzügen zum Einsatz.

Der **mechanische Teil** der Bm 4/4 II besteht aus einem geschweißten Rahmen mit Längsträgern, Stoßbalken und Querträgern. Aus Stahlblech und Leichtmetall sind der Kasten, die Dachaufsätze, Jalousien und Verschalungen gefertigt. Seitlich gelagerte Kugelpfannen dienen dem Kasten als Abstützung auf die Wiegen der Drehgestelle. Die Zug- und Stoßkräfte werden über tiefliegende, zylindrische Drehzapfen übertragen. Zwischen den beiden Führerständen wurden eine abgedichtete Apparatekammer und der Maschinenraum mit seinem riesigen Dieselaggregat angeordnet.

Der **Führerraum** war für stehende Bedienung vorgesehen. Wie bei den Roten Pfeilen wurde der Steuerkontroller einem Auto-Steuerrad nachempfunden. Auch die übrigen Bedienungselemente waren erstmals sehr zentral in einem übersichtlichen „Armaturenbrett“ angeordnet. Die Bm 4/4 II setzte also auch bei der Ausstattung der Führerräume ganz neue Maßstäbe.

Der **thermische und elektrische Teil** besteht aus einem wassergekühlten Diesel-Viertaktmotor mit acht senkrecht angeordneten Zylindern. Vom Dieselmotor wird die Kraft auf den Gleichstrom-Hauptgenerator übertragen, der seinerseits die vier parallel geschalteten Fahrmotoren mit Gleichstrom versorgt. Mittels einer Servofeldregler-Steuerung können vom Steuerkontroller aus neun Fahrstufen eingestellt werden. Der Einphasenwechselstrom-Heizgenerator liefert den Strom für die Heizung in den mitgeführten Personenwagen. Von dem 1100 PS starken Dieselmotor wurden in besonders kalten Wintern bis zu 63 Hz für die Heizung abgezweigt. Dadurch sank natürlich die Traktionsleistung der vier Fahrmotoren.
Weiter ist ein Hilfsgenerator angeschlossen, der den Ventilator für die Kühlung des Dieselmotors mit Strom versorgt. An Hilfsbetrieben sind vorhanden: Kühlwasserpumpe, Kompressor und Spannungsumformergruppe. Die Vielfachsteuerung der beiden Loks wurde nie benutzt, weil keine passenden Steuerwagen gebaut wurden.

Betriebseinsatz

Beide Maschinen standen anfänglich in der Westschweiz im Einsatz, während des Krieges erhielten die Dieselloks wegen Brennstoffmangels zeitweise Fahrverbot. Ab 1956 folgten für beide Einzelstücke Gelegenheitsarbeiten in der West- und Ostschweiz. Anfang der sechziger Jahre wurden die Am 4/4 durch Umbau in Bm 4/4 II „degradiert“. Die Dieselmaschinen verkehrten als 18451 und 18452 bis in die achtziger Jahre. In dieser Zeit setzten die SBB ihre in Olten stationierte 18452 oft bei Aufräumarbeiten nach Unfällen ein. So war es denn kein gutes Zeichen, dieser Maschine zu begegnen. Im August 1990 erfolgte der Abbruch der 18452. Die 18451 blieb als historische SBB-Lok erhalten.

Technische Daten

Baureihenbezeichnung	Bm 4/4 II
Indienststellung	1939
Hersteller	SLM, BBC
Betriebsnummern	18451
Gesamtzahl der gebauten Lokomotiven	2
Anzahl 1997	1
Höchstgeschwindigkeit	75 km/h
Gewicht	66 t
Länge über Puffer	14900 mm
Höhe mit Auspuffanlage	4220 mm
Achsfolge	Bo'Bo'
Radstand	11000 mm
Triebrad-Durchmesser	1040 mm
Anzahl Dieselmotoren	1
Anzahl elektr. Fahrmotoren	4
Stundenleistung	611 kW

REDAKTION: RONALD GOHL – AUFNAHME: JOEL BESSARD

Die Bm 6/6 verfügt über zwei Diesel- und sechs elektrische Fahrmotoren – bei leichten Belastungen kann ein Dieselmotor ausgeschaltet werden

Baureihe Bm 6/6

Um die großen Dampflokomotiven nicht mehr länger im Betrieb zu halten, beschafften die SBB in den Jahren 1954 und 1955 zunächst vier Prototypen der leistungsstarken Diesellokomotive Bm 6/6. Die vier Prototypen bewährten sich vom betrieblichen Aspekt her sehr gut, einzig die Lärmentwicklung führte bei Einsätzen in Wohngebieten zu Klagen. Dem Lärmschutz wurde dann bei den 1960 bis 1961 beschafften zehn Serienloks die nötige Beachtung geschenkt.

Konstruktion

Design: Die Lok besitzt mit ihrem, das ganze Lichtraumprofil ausfüllenden, Mittelführerhaus ein markantes Aussehen. Der vorwiegende Einsatz im Rangierdienst und die kurzen Streckendienste rechtfertigten die Wahl des Mittelführerstands. So kann der Lokführer, ohne seinen Standort zu wechseln, auf beiden Seiten die Strecke überblicken.

Der **mechanische Teil** besteht aus den beiden Vorbauten, die je einen 6-Zylinder-Dieselmotor mit starr gekuppelter Generatoren-Gruppe sowie die nötigen Hilfseinrichtungen zur Kühlung von Diesel- und Fahrmotoren enthalten. Vorbauten und Führerhaus sind auf der Lokomotivbrücke, welche auch die Zug- und Stoßkräfte zu übertragen hat, aufgeschraubt. Der Dieselöltank ist unter dem Führerhaus an der Brücke aufgehängt. Aus abgekanteten Stahlblechen, zwei längs- und vier querverlaufenden Hohlträgern, ist der Drehgestellrahmen zusammengebaut.

Im zweckmäßig eingerichteten **Führerstand** werden die Zug- und Bremskräfte über einen Hebel reguliert. Der Steuerblock stellt die richtige Erregung des Hauptgenerators ein, der dann den nötigen Fahrstrom an die Fahrmotoren abgibt. Die Lok kann wahlweise mit einem oder zwei arbeitenden Dieselmotoren betrieben werden.

Der **elektrische Antrieb** erfolgt über sogenannte Tatzlagerantriebe. Diese Antriebsart ist bei den Straßenbahnen sehr beliebt und darüber hinaus bekannt für geringes Gewicht und kleine Baugröße.

Betriebseinsatz

Die Lok ist für den schweren Rangierdienst und für Hilfsleistungen bei Störungen vorgesehen. Zwischen Etzwilen und Singen waren von der Bm 6/6 bis vor kurzem auch schwere Güter- und Huckepackzüge zu befördern.

Beheimatungen

Depots Lausanne, Brig, Bern, Bellinzona, Basel, Rorschach, Winterthur

Technische Daten

Baureihenbezeichnung	Bm 6/6
Indienststellung	1954-1961
Hersteller	SLM, Sulzer, BBC, SAAS
Betriebsnummern	18501-18514
Gesamtzahl der gebauten Lokomotiven	14
Anzahl 1997	14
Höchstgeschwindigkeit	75 km/h
Gewicht	106 t
Länge über Puffer	17000 mm
Höhe mit Auspuffanlage	4500 mm
Achsfolge	Co'Co'
Radstand	12900 mm
Triebrad-Durchmesser	1040 mm
Anzahl Dieselmotoren	2
Anzahl elektr. Fahrmotoren	6
Stundenleistung	956 kW

REDAKTION: HANSUELI REICH – AUFNAHME: DOMINIK MADÖRIN

Acht Jahre lang standen die gebraucht gekauften ex DB V 200 als Am 4/4 bei den SBB im Einsatz – der Kauf wurde von den Medien als Skandal aufgebauscht

Baureihe Am 4/4

Bissig der Kommentar des „Schweizerischen Beobachters", als er im April 1994 den Occasionskauf von sieben ehemaligen V 200 der DB mit den Worten „Aufgemöbelten Schrott gekauft" kommentierte. Die in den Jahren 1956-1959 erbauten, leistungsstarken Streckendieselloks der Deutschen Bundesbahn kamen 1988 für je 356 000 DM über eine liechtensteinische Firma zu den SBB. Der Zwischenhändler hatte nach den Angaben des „Beobachters" eine Maschine für 240 000 DM bei der DB eingekauft. Auch der Revisionsvertrag mit einem deutschen Werk genügte den Schweizer Normen nicht, so daß die Am 4/4, wie die sieben V 200 jetzt hießen, nochmals in die Werkstatt mußten. Der seltsame Gebrauchtlokkauf führte schließlich sogar in der parlamentarischen Verkehrskommission zu unbequemen Fragen, denen sich der damalige SBB-Generaldirektor Hans Eisenring stellen mußte. In der Tat bereiteten die Am 4/4 18461-18467 den SBB während ihrer kurzen Einsatzzeit nur Ärger.

Konstruktion

Vom **Design** her unterscheidet sich die Am 4/4, wohl von allen je gebauten Lokomotiven. Die bullige, runde Nase, der erhöhte Führerstand im Dachbereich und die tief nach unten gezogenen Schürzen verleihen ihr eine gefällige Form. Auch in den neuen SBB-Farben überzeugt die Lok auf Anhieb. Der rote Lokkasten wird durch eine weiße Zierlinie von den schwarz gespritzten Schürzen getrennt. Pufferteller und Räder erhielten ebenfalls eine weiße Zierlinie. Zwei große Fenster an jeder Seite des Maschinenraums erlauben einen Blick ins Innere.

Der **mechanische Teil** der Am 4/4 setzt sich aus dem Untergestellrahmen und dem Oberrahmen für die Aufbauten zusammen. Stahlrohre, Quer- und Längsblechverbindungen sind verschweißt. Aus Z-Profilen und verschweißten Stahlblechen besteht der mittragende Kasten. Ebenfalls aus Blechen sind die Drehgestellrahmen gefertigt. Der Kasten stützt sich über eine Kombination von Schrauben-, Blatt- und Gummifedern ab. Zur Übertragung der Zug- und Bremskräfte dienen Druckstücke aus Manganstahl. Im großen Maschinenraum arbeiten zwei voneinander unabhängige 12-Zylinder-Dieselmotoren vom Typ Maybach MD 650. Im Gegensatz zu allen übrigen SBB-Dieselmaschinen wird die Zugkraft nicht elektrisch, sondern hydraulisch übertragen. Das Drehmoment läßt sich über eine Gelenkwelle und eine Schwingmetallkupplung auf das hydraulische Getriebe weiterleiten. Dieses ist am Untergestell montiert, reicht aber bis ins Drehgestell hinunter. Vom Getriebe mit drei hydraulischen Drehmomentwandlern erfolgt die Kraftübertragung auf die Achsgetriebe der entsprechenden Drehgestelle.
Im Dach der Am 4/4 befinden sich vier Lüftergruppen für die Kühlung, die beiden Auspuffkamine der Dieselmotoren sowie eine Öffnung für die Vorwärmgeräte.

Ebenso ungewöhnlich wie das Design ist die Anordnung des **Führerraums**. Das Fahrpersonal sitzt entgegen der SBB-Norm rechts und die Maschine kann nur sitzend bedient werden. Eine altmodische Kurbel dient als Steuerkontroller. Auf dem viel zu schmalen Fahrpult sind alle weiteren Bedienungselemente untergebracht. Hinter dem Fahrersitz führen einige Stufen auf die Höhe der Einstiegstüre, von denen gleich vier vorhanden sind. Unter dem Führerstand befinden sich übrigens die Apparateräume für die pneumatische Ausrüstung.

Die **elektrische Ausstattung** der Lokomotive basiert auf einer in der Mitte des Maschinenraums aufgestellten Motorgeneratoren-Gruppe. Sie versorgt die Lokomotive und den ganzen Zug ohne Batteriebelastung mit Strom. Die Am 4/4 verfügt über eine Vielfachsteuerung. Steckdose und 36-poliges Kabel übertragen die Steuerbefehle. In den runden Vorbauten befinden sich die Anlaßlichtmaschine und die Doppellüfterpumpe, die über zwei Hilfsabtriebe mit dem Wendegetriebe verbunden sind.

Betriebseinsatz

In der Hauptwerkstätte Biel fanden die Anpassungen für den Einsatz auf dem Schweizer Schienennetz statt. Acht Jahre später stehen sie wiederum vor dem Depot Biel und warten seit Januar 1997 auf ihr weiteres Schicksal. Von den sieben Maschinen, die während ihrer SBB-Zeit insgesamt 215 048 Kilometer zurücklegten, wurde 1994 bereits die Nr. 18462 abgebrochen; einzig noch voll betriebsfähig ist die Lok 18465. Ob die Am 4/4 auf dem Schrottplatz landen oder privat verkauft werden, entscheidet sich im Laufe des Jahres 1997. Wenig Freude bereitete immer wieder der lärmende und stinkende Betrieb der Am 4/4. Wurde das Seitenfenster bei Regenwetter geöffnet, floß Wasser ins Innere. Und der Dieselgestank im Führerraum störte unzählige Lokführer.

Beheimatungen

Depot Biel (abgestellt)

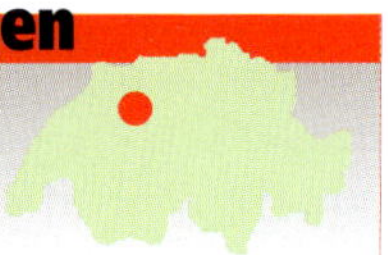

Technische Daten

Baureihenbezeichnung	Am 4/4
Indienststellung SBB	1988-89
Hersteller	Krauss-Maffei
Betriebsnummern	18461-18467
Gesamtzahl der gekauften Lokomotiven	7
Anzahl 1997 (betriebsfähig)	1
Höchstgeschwindigkeit	140 km/h
Gewicht	80 t
Länge über Puffer	18470 mm
Höhe mit Auspuffanlage	4160 mm
Achsfolge	B'B'
Radstand	14700 mm
Triebrad-Durchmesser	950 mm
Anzahl Dieselmotoren	2
Anzahl elektr. Fahrmotoren	0
Stundenleistung	1093 kW

REDAKTION: RONALD GOHL – AUFNAHME: JOEL BESSARD

Mit 40 Einheiten zählt die Em 3/3 zu den meist gebauten Schweizer Rangierloks. Sie kommt auf mittelgroßen Bahnhöfen zum Einsatz – im Bild die 18837 im Bahnhof Thun (April 1997)

Baureihe Em 3/3

Zur Domäne der dreiachsigen Diesel-Rangierlokomotiven Em 3/3 gehören Industriegleise ohne Fahrleitungen. Sollte gar einmal der Strom ausfallen, bilden die über die ganze Schweiz verstreuten 41 Einheiten eine willkommene Traktionsreserve.
Die Beschaffung der Em 3/3 hängt mit der Geschichte der weitläufigen Rangieranlagen zusammen, die aus Kostengründen bis heute nie vollständig elektrifiziert wurden. Bis in die sechziger Jahre leisteten die vom Streckendienst suspendierten Dampflokomotiven hier Dienst. Als die alten Maschinen immer schadenanfälliger wurden, drängte sich eine Lösung auf. Elektrifikation kam aus verschiedenen Überlegungen nicht in Frage, es blieb also nur die Bestückung des Fahrzeugparks mit Dieselmaschinen. Zwischen 1959 und 1963 erfolgte die Ablieferung der bei SLM, SAAS und BBC gebauten Lokomotiven. Sie sollten die Dampf-Rangiermaschinen der Typen E 3/3 und E 4/4 ablösen. Mit dieser Maschine konnte nicht nur der Rangierbetrieb günstiger und flüssiger abgewickelt werden, die Em 3/3 eignet sich dank ihrer Geschwindigkeit von 65 km/h auch zur Führung von leichten Dienst- und Überfuhrzügen.

Konstruktion

Das **Design** entspricht einem klassischen Zweckbau der sechziger Jahre. Kantige Formen, übersichtliche Fenster und Rangierplattformen auf beiden Seiten verraten das Einsatzgebiet der Em 3/3. Ein extrem kurzer und ein recht langer Vorbau befinden sich vor bzw. hinter dem Führerhaus, das von der hinteren Plattform aus zugänglich ist. Besonders auffällig sind die Kuppelstangen mit Gegengewichten, welche die drei Achsen untereinander verbinden.

Auf einem starken, robusten Rahmen baut sich der **mechanische Teil** der Em 3/3 auf. Rahmen und Aufbauten wurden aus den Materialien Profilstahl und Blech geschweißt. Der lange Vorbau enthält den Dieselmotor und ist auf jeder Seite mit zwei Flügeltüren ausgestattet. Die Kraftübertragung erfolgt auf zwei Fahrmotoren, die dritte Achse ist mit den Kuppelstangen verbunden, so daß dieses Fahrzeug über alle drei Achsen angetrieben wird. Auf dem Dach des Führerhauses befindet sich die Auspuffanlage mit den Schalldämpfern.

Der **Führerraum** ist gegen das hintere Ende der Lokomotive zwischen den beiden Vorbauten angeordnet. Dank den großen Fenstern bietet sich dem Personal ein überaus heller und geräumiger Arbeitsplatz. Die Stirnwand auf der Seite des langen Vorbaus verfügt über zwei durch den Kamin getrennte Fenster. Die hintere Front weist ein breites und zwei schmale Fenster mit Zugangstüre auf. An der vorderen Stirnwand (also auf der Seite des langen Vorbaus) befindet sich der Führertisch. Die Bedienungsinstrumente zum Fahren und Bremsen sind auf beiden Seiten, die Anzeigegeräte nur in der Mitte zwischen den Fenstern vorhanden.

Der **thermische und elektrische Teil** der Em 3/3 besteht aus dem 600 PS-Dieselmotor, der sich mit relativ kleinen Hauptabmessungen und einer hohen Nenndrehzahl von 1200 U/min auszeichnet. Im Hauptgenerator wird die mechanische Energie in elektrische Spannung umgewandelt. Ein automatisch wirkender Regler dosiert die Einspritzmenge des Dieselöls und die Erregung des Hauptgenerators. Zwei in Tatzlager-Aufhängung fixierte elektrische Fahrmotoren werden vom Hauptgenerator gespeist, sie treiben die Achsen 1 und 2 an. Zum Anlassen des Dieselmotors wird der Generator als Motor geschaltet, als Stromquelle dient dabei eine leistungsfähige Akkumulatorenbatterie. Unter der kurzen Haube hinter dem Führerstand befinden sich der Kompressor für die Druckluftbremse und der Ventilator. Er dient zur Kühlung der Fahrmotoren und wird über einen Keilriemen angetrieben. Die Em 3/3 verfügt über eine wirkungsvolle elektrische Widerstandsbremse, die eine zu rasche Abnützung der Bremsklotzsohlen verhindert.

Beheimatungen

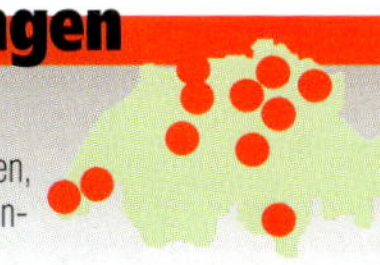

Depots Genève, Lausanne, Bern, Bellinzona, Luzern, Olten, Basel, Zürich, Rorschach, Winterthur und Bischoffszell

Betriebseinsatz

Der Erprobung der Prototypserie 18801-18806 schloß die SBB eine Bestellung von 35 Serienfahrzeugen an. Sie unterscheiden sich nur in Details von den Prototypen und kommen in allen drei SBB-Kreisen zum Einsatz. Sie sind zwar in den größeren Depots beheimatet, versehen aber auf zumeist mittelgroßen Bahnhöfen, auf nicht elektrifizierten Rangieranlagen und Industriezonen Dienst. Auch der Basler Rheinhafen ist ein bevorzugtes Tätigkeitsfeld für die Rangierlokomotiven des Typs Em 3/3. Die zwei in Genève stationierten Lokomotiven müssen bei Triebfahrzeugpannen auf der Strecke nach La Plaine zur Verfügung stehen. Fällt ein Bem-Triebwagen aus, haben sie einzuspringen.

Technische Daten

Baureihenbezeichnung	Em 3/3
Indienststellung	1959-1963
Hersteller	SLM, BBC, SAAS
Betriebsnummern	18801-18841
Gesamtzahl der gebauten Lokomotiven	41
Anzahl 1997	40
Höchstgeschwindigkeit	65 km/h
Gewicht	49 t
Länge über Puffer	10020 mm
Höhe mit Auspuffanlage	4478 mm
Achsfolge	C
Radstand	4000 mm
Triebrad-Durchmesser	1040 mm
Anzahl Dieselmotoren	1
Anzahl elektr. Fahrmotoren	2
Stundenleistung	326 kW

REDAKTION UND AUFNAHME: RONALD GOHL

Im Bahnhof Thun steht die Bm 4/4 18414 vor einer der letzten Ae 4/7 (Oktober 1995). Auffällig ist der aufgesetzte hohe Kamin über dem langen Vorbau

Baureihe Bm 4/4

Als das Ende des Dampfbetriebes im Streckeneinsatz nur noch eine Frage der Zeit war, überlegten sich die SBB, ob es noch sinnvoll ist, Dampfloks für den Rangierbetrieb zu unterhalten. Unter diesen Umständen wurde die mittelschwere Diesellokomotive Bm 4/4 zur eigentlichen Nachfolgerin der bewährten E 4/4-Rangier-Dampflokomotive. Durch ihre Höchstgeschwindigkeit von 75 km/h kann sie aber auch Hilfszugeinsätze fahren und es wird auch bei Stromausfällen auf sie zurückgegriffen. Nach der Bestellung von zunächst sechs Prototypen im Jahre 1957, folgte in den Jahren 1964 und 1965 eine erste Serie von 20 Stück, eine zweite Serie von nochmals 20 Maschinen kam von 1968 bis 1970 zur Ablieferung. Die Lok ist im elektrischen und thermischen Teil eine Weiterentwicklung der Em 3/3.

Konstruktion

Design: Die Lokomotive macht einen gedrungenen, bulligen Eindruck – Zweckmäßigkeit stand in den fünfziger- und sechziger Jahren im Vordergrund. Zur Zeit ihrer Ablieferung galt die Bm 4/4 als kürzestes Dieselfahrzeug ihrer Leistungsklasse in Europa. Die kurze Bauform mußte wegen der zum Teil engen Rangier- und Depotanlagen gewählt werden.

Der **mechanische Teil** gliedert sich in drei Bereiche: das Fahrwerk, die Längsbrücke und die Aufbauten. Die beiden zweiachsigen Drehgestelle mußten sehr kurz konstruiert werden, wobei sich der elektrische Antrieb im inneren Teil des Drehgestellrahmens direkt bei den Achsen befindet. Sehr kräftig ist die Mitteltraverse ausgebildet, sie nimmt auch den Drehzapfen der Längsbrücke auf. Die Gleichstrom-Tatzlagermotoren und die Mitteltraverse füllen den gesamten Innenraum des Drehgestelles aus. Deshalb mußten die Bremszylinder und das Bremsgestänge für die Klotzbremse außen am Drehgestellrahmen angebracht werden. Das hat aber den Vorteil, daß die für den Unterhalt wichtigen Teile sehr gut zugänglich sind. Über eine Querkupplung sind die beiden Drehgestelle miteinander verbunden. Diese Querkupplung bewirkt die radiale Einstellung der Drehgestelle in den Kurven, was den Kurvenlauf verbessert und die Abnützung der Spurkränze und Schienen vermindert. Die Längskräfte werden über den gummigelagerten Drehzapfen auf die Längsbrücke übertragen. Diese stützt sich über vier, auf der Mitte der Längsträger jedes Drehgestells angebrachte, Gummifedern auf das Drehgestell ab. Auf der Längsbrücke sind die beiden Vorbauten und das Führerhaus aufgebaut. Der lange Vorbau beherbergt den aufgeladenen 12-Zylinder-Dieselmotor mit den nötigen Hilfsaggregaten und die Generatorgruppe. Zuvorderst ist die Motorenkühlung plaziert. Die nötige Luft wird durch seitliche Schlitze angesaugt, durch den Wasserkühler gesogen und mit dem Kühlerventilator vertikal nach oben durch die Austrittsöffnung herausgeblasen. An den Kühler schließt der voluminöse Auspuffschalldämpfer mit der Austrittsöffnung nach oben an. Auf diese Austrittsöffnung ist in letzter Zeit ein Kamin aufgesetzt worden, der die Abgase bei Vorwärtsfahrt über das Führerhaus leitet. Die Bm 4/4 galt dank ihrer guten Schalldämpfung lange als eine der leisesten Dieselloks ihrer Leistungsklasse. Im hinteren, kurzen Vorbau sind die Trenn- und Bremshüpfer untergebracht. An beiden Stirnseiten ist noch genügend Platz für die Rangier-Plattformen.

Das **Führerhaus** mit den auf dem Dach montierten Bremswiderständen ist direkt über dem hinteren Drehgestell aufgebaut. Der Lokführer muß für beide Fahrrichtungen seinen Standort nicht wechseln, was bei Rangierbetrieb sehr wichtig ist. Durch einen Hebel läßt sich vom Lokführer die Zugkraft einstellen – der Dieselmotor erhöht seine Drehzahl auf den eingestellten Wert, wobei über die Hüpfer die Erregung des Hauptgenerator geregelt und die Ausgangsspannung den Fahrmotoren zugeführt wird. Wenn man den gleichen Hebel über den Nullpunkt hinaus auf die Stellung „Bremsen" bringt, wirkt zunächst die elektrische Widerstandsbremse und bei höherer Bremsleistung die Druckluftbremse.

Elektrische Ausrüstung: Der fremderregte Gleichstromgenerator ist durch eine Zwischenwand vom Dieselmotor getrennt und befindet sich unmittelbar vor dem Führerhaus. Der Kompressor und der Hilfsgenerator werden durch Zahnriemen von der Antriebswelle des Hauptgenerators angetrieben.

Betriebseinsatz

Die Lokserie wird für den mittelschweren Verschubdienst und für Hilfsdiensteinsätze auf der Strecke benötigt. Wo fahrdrahtunabhängige Triebfahrzeuge gebraucht werden, ist die Bm 4/4 anzutreffen (beheimatet in allen drei SBB-Kreisen). Sie wird auch bei Betriebsstörungen, sowie für Einsätze mit Hilfswagen, gebraucht.

Beheimatungen

Depots Genève, Lausanne, Bern, Bellinzona, Luzern, Olten, Basel, Zürich, Rorschach, Winterthur

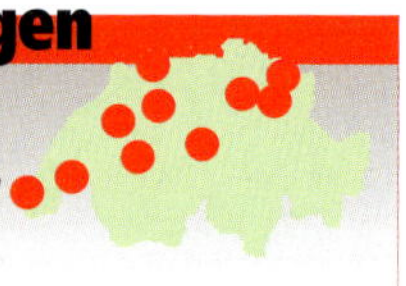

Technische Daten

Baureihenbezeichnung	Bm 4/4
Indienststellung	1957-1970
Hersteller	SLM, SAAS
Betriebsnummern	18401-18446
Gesamtzahl der gebauten Lokomotiven	46
Anzahl 1997	46
Höchstgeschwindigkeit	75 km/h
Gewicht	72 t
Länge über Puffer	12650-13150 mm
Höhe mit Auspuffanlage	4500 mm
Achsfolge	Bo'Bo'
Radstand	8620 mm
Triebrad-Durchmesser	1040 mm
Anzahl Dieselmotoren	1
Anzahl elektr. Fahrmotoren	4
Stundenleistung	620 kW

REDAKTION: HANSUELI REICH – AUFNAHME: RONALD GOHL

Die schwere Rangierlokomotive des Typs E(e)m 6/6 wird heute nicht mehr über Gleichrichter mit elektrischem Strom aus der Fahrleitung versorgt, sondern ausschließlich über den Dieselmotor

Baureihe E(e)m 6/6

Für den schweren Rangierdienst in großen Bahnhöfen beschaffte die SBB 1970 bis 1971 eine Serie von sechs Lokomotiven. Da im vorgesehenen Einsatzgebiet nicht alle Geleise elektrifiziert waren, mußte eine Zweikraftlokomotive beschafft werden. Der Großteil des Rangierdienstes konnte aber elektrisch besorgt werden. Die kleine Serie bedingte, daß möglichst viele Bauelemente von bestehenden Triebfahrzeugen verwendet werden konnten. Für den mechanischen Teil, inklusive Dieselmotor, war die Schweizerische Lokomotiv- und Maschinenfabrik (SLM) in Winterthur und für den elektrischen Teil die Firma SA des Ateliers de Sécherons (SAAS) in Genf verantwortlich.

Konstruktion

Das **Design** der fast 18 Meter langen Maschine wirkt zweckgebunden. Es scheint, als habe man hier zwei Traktionseinheiten im Baukastenverfahren „zusammengehängt". Der kurze Mittelführerstand will nicht so recht zur Länge des Fahrzeugs passen. Auf jeder Seite der Vorbauten sind geräumige Rangierplattformen angebracht.

Der **mechanische Teil** der Lokomotive besteht aus zwei kurzgekuppelten Hälften. Im hinteren Teil wurde der thermische Antrieb und im vorderen die elektrische Traktionsausrüstung untergebracht. Für die Fahrzeughälfte mit dem Dieselmotor übernahmen die Konstrukteure weitgehend den Vorbau der Bm 4/4. Die Anordnung der verschiedenen Elemente entspricht dieser vierachsigen Diesellok. Auf der „elektrischen Lokseite" befindet sich das Führerhaus. Der zweite Vorbau mit dem thermischen Antrieb ist viel breiter und mußte neu konstruiert werden. Als Laufwerke verwendeten die Konstrukteure die Fahrwerke der Em 3/3. Auf der thermischen Seite mußte der Rahmen zur Aufnahme des Vorbaus angepaßt werden. Die äußere und mittlere Achse werden mit je einem Fahrmotor angetrieben, die innere Achse erhielt eine Kuppelstangenverbindung. Jede Lokhälfte besitzt ihre eigene Bremseinrichtung.

Die mechanische Drehzahlregelung der Bm 4/4 wurde in eine elektrische Regelung umgebaut. Durch den betrieblichen Einsatz waren auch weitere Abweichungen gegenüber der Bm 4/4 unumgänglich. Das Kühlwasser des Dieselmotors wird auch bei elektrischem Betrieb immer geheizt. So kann der Dieselmotor jederzeit gestartet und belastet werden.

Das zentral angeordnete **Führerhaus** wird über die seitlich angebrachten Türen betreten. Auf dem in der Mitte aufgebauten Führertisch befinden sich alle wichtigen Instrumente und Bedienungselemente. Im elektrischen Betrieb sind 26 Fahrstufen und im Dieselbetrieb 29 Fahrstufen vorhanden. Diese große Anzahl ermöglicht eine sehr feine Abstufung der Zugkraft. Die elektrische Bremse, welche auf Widerstände arbeitet, verfügt über sechs Stufen. Mittels eines Hebels stellt der Lokführer auch im thermischen Betrieb die Zugkraft ein – der Dieselmotor erhöht seine Drehzahl auf den eingestellten Wert, wobei über die Hüpfer die Erregung des Hauptgenerators geregelt und die Ausgangsspannung den elektrischen Fahrmotoren zugeführt wird. Wenn der gleiche Hebel über den Nullpunkt hinaus auf die Stellung Bremsen gebracht wird, kommt die elektrische Bremse in Kombination mit der Druckluftbremse zum Einsatz.

Der **elektrische Teil** des Triebfahrzeugs stammt von der Ee 3/3 IV. Für den Einsatz als Dieselfahrzeug mußte aber der Steuerkontroller der Ee 3/3 IV modifiziert werden. Auf die Mehrstromausrüstung wurde natürlich verzichtet. Die Stromspannung gelangt über den Einholmstromabnehmer auf dem Führerhausdach zum Hauptschalter und von dort weiter zum Transformator. Dieser liefert eine konstante Wechselspannung, welche an vier parallelgeschaltete Gleichrichter weitergeleitet wird. Neben dem Hauptgenerator verfügt die Lok über zwei Hilfsgeneratoren, diese speisen die Fremderregung der Fahrmotoren und die Batterien. Weil im elektrischen Betrieb die Fahrmotoren auch über den Hilfsgenerator I gespeist werden, ist dieser mit einer elektromagnetischen Kupplung auf der gleichen Welle mit dem Dieselmotor verbunden.

Betriebseinsatz

Die Lokserie wird für den schweren Verschubdienst auf den Rangierbahnhöfen in Genf, Basel und Chiasso benötigt. Ideal für den Einsatz am Ablaufberg ist die feine Abstufung der Zugkraft. Die zunehmende Störanfälligkeit der Gleichrichter bewogen die SBB, diese aus dem Betrieb zu nehmen, die noch brauchbaren Teile zu demontieren und die Lok als Em 6/6 weiterfahren zu lassen. Im Jahre 1997 war nur noch die Lok Nr. 17003 mit Eem 6/6 bezeichnet.

Beheimatungen

Depots Bellinzona und Basel

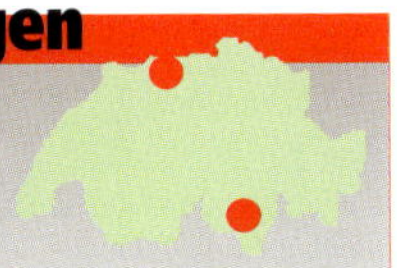

Technische Daten

Baureihenbezeichnung	E(e)m 6/6
Indienststellung	1970-71
Hersteller	SLM, SAAS
Betriebsnummern	18401-18446
Gesamtzahl der gebauten Lokomotiven	6
Anzahl 1997	6
Höchstgeschwindigkeit	65 km/h
Gewicht	104 t
Länge über Puffer	17850 mm
Höhe mit Auspuffanlage	4800 mm
Achsfolge	C+C
Radstand	11790 mm
Triebrad-Durchmesser	1040 mm
Anzahl Dieselmotoren	1
Anzahl elektr. Fahrmotoren	4
Stundenleistung	800 kW

REDAKTION: HANSUELI REICH – AUFNAHME: HEINZ SIGRIST

Die im Rangierbahnhof Limmattal eingesetzte Am 6/6 könnte in Krisenzeiten auch einen 700 t-Zug über die 26 ‰-Rampe am Gotthard ziehen

Baureihe Am 6/6

Eine hohe Zugkraft, verteilt auf sechs Achsen: So ließen sich die SBB Mitte der siebziger Jahre die Umrichter-Diesellokomotiven für schwere Rangierarbeiten maßschneidern. Angeschafft wurden damals sechs Fahrzeuge.
Trotz vollständiger Elektrifizierung des SBB-Streckennetzes, benötigen die Bundesbahnen eine sogenannte thermische Betriebsreserve. Diese Lokomotiven sollen in Krisenzeiten oder bei Fahrdrahtspannungsausfällen einen Notbetrieb ermöglichen. Normalerweise werden diese Lokomotiven aber am Ablaufberg eingesetzt.

Konstruktion

Schon das bullige **Design** läßt erahnen, daß unter der Haube ein Kraftpaket steckt. Die eckige Kastenform ist ein reiner Zweckbau. Einzig die Führerkabine mit der abgewinkelten Dachpartie durchbricht die Strenge der Formen. Besonders auffällig ist das lange, aufgesetzte Mittelteil über dem vorderen Vorbau.

Beheimatungen

Depot Zürich

Der **mechanische Teil** der Baureihe Am 6/6 besteht aus dem verschweißten Lokrahmen und den aufgeschraubten Aufbauten. Im langen Vorbau befinden sich der Dieselmotor, der Kompressor, Generator und der große Ventilator für den Wasserkühler. Der kürzere Vorbau enthält neben dem Ölkühler die gesamte Elektrik, Elektronik und die pneumatische Apparatetafel.

Bei der Disposition des **Führerstandes** wurde vor allem auf gute Sichtverhältnisse und auf einfache Bedienung geachtet. Die Am 6/6 ist in beiden Fahrtrichtungen bedienbar. Dazu sind die wichtigsten Steuerorgane wie Fahrschalter, Fahrtrichtungsschalter, Bremsauslöseschalter usw. doppelt installiert.

Das **thermische und elektrische Leistungsübertragungskonzept** setzt sich aus folgenden Komponenten zusammen: Der Dieselmotor treibt den direkt gekuppelten schleifringlosen Hauptgenerator an. Dieser speist über die Trennschütze und die beiden Gleichrichter den Gleichspannungszwischenkreis. Hier sind induktivitätsarm die beiden Wechselrichter angeschlossen. Jeder Wechselrichter versorgt die drei Fahrmotoren eines Drehgestells mit variabler Spannung und Frequenz.

Betriebseinsatz

Die sechs Umrichter-Diesellokomotiven Am 6/6 sind hochspezialisierte „Exoten“ im Fahrzeugpark der Schweizerischen Bundesbahnen. Sie kommen ausschließlich im Rangierbahnhof Limmattal (RBL) zum Einsatz. Da auch weiterhin Bedarf an dieser leistungsstarken Baureihe besteht, werden die Maschinen im Rahmen einer Rekonstruktion für die weitere Verwendung im nächsten Jahrtausend grundlegend erneuert.

Technische Daten

Baureihenbezeichnung	Am 6/6
Indienststellung	1976
Hersteller	Thyssen-Henschel, BBC
Betriebsnummern	18521-18526
Gesamtzahl der gebauten Lokomotiven	6
Anzahl 1997	6
Höchstgeschwindigkeit	85 km/h
Gewicht	111 t
Länge über Puffer	17400 mm
Höhe mit Auspuffanlage	4250 mm
Achsfolge	Co'Co'
Radstand	12200 mm
Triebrad-Durchmesser	1250 mm
Anzahl Dieselmotoren	1
Anzahl elektr. Fahrmotoren	6
Stundenleistung	1440 kW

REDAKTION: RONALD GOHL – AUFNAHME: FOTO-SERVICE SBB

Die Em 831 kommt im Betriebs- und Baudienst zum Einsatz

Baureihe Em 831

In den Jahren 1987/88 stieg der Bedarf nach einer leistungsfähigen Lokomotive für schwere Bauzüge, Rangier- und Zustellfahrten. Sie sollte sowohl im Baustellenbetrieb wie auch im mittelschweren Rangierdienst in den zahlreichen Anschlußgeleisen ohne Fahrdraht zum Einsatz kommen. Auch kleinere Streckendienste wie das Führen von Güterzügen über zwei bis drei Stationen waren vorgesehen. Von den zahlreichen aus dem In- und Ausland eingegangenen Offerten evaluierte die SBB ein Angebot der Robert Aebi AG, Regensdorf (RACO), das eine dreiachsige dieselhydraulische Lokomotive des Typs Em 831 vorsah. Ende 1989 erfolgte der Auftrag für drei Einheiten, die erste wurde im Februar 1992 von den Bundesbahnen in Betrieb genommen.

Konstruktion

Das moderne, eckige **Design** der wohlproportionierten Maschine entspricht dem Formentrend der späten achtziger Jahre. Auffälligste Merkmale sind der lange Vorbau und das geräumige Führerhaus im hinteren Bereich. Zweckmäßige Wartungstüren für den Dieselmotor sowie die seitlich angebrachten Kühlergitter beanspruchen die Rangierplattform. Der etwas unförmige Kasten auf dem Dach enthält die Auspuffanlage mit den Schalldämpfern.

Beheimatungen

Depot Olten

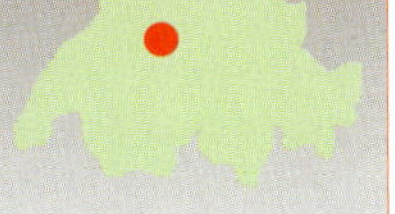

Der **mechanische Teil** der Em 831 besteht aus dem Fahrgestellrahmen mit zwei durchgehenden Längsträgern. Er ist über die Querträger und Stoßbalken zu einer verwindungssteifen Einheit verschweißt. Bereits für den nachträglichen Einbau einer automatischen Kupplung wurden die Stoßbalken vorbereitet. Für das Rangierpersonal sind an den Stirnseiten durchgehende Plattformen angeordnet. Auf beiden Seiten des Vorbaus bestehen zudem Laufstege. Die Böden sind mit gleitsicherem Alu-Riffelblech abgedeckt, die Trittflächen der Aufstiegstreppen weisen ebenfalls Gleitschutzkanten auf. Gut zu erkennen ist auch der Kaminvorbau zwischen den Fenstern der Führerkabine. Am Fahrgestellrahmen sind die beiden großen, je 500 Liter fassenden Treibstofftanks angebracht.

Ein amerikanischer Cummins-Dieselmotor aus New Malden (Typ: KTA 38-L) dient als **Traktionsmotor**. Er weist eine Leistung von max. 900 kW bzw. 1220 PS auf. Über zwei Ansaugstutzen im vordersten Teil der langen Haube wird die Verbrennungsluft zugeführt. Die Abgase lassen sich durch den gut isolierten Kamin in die zwei Schalldämpfer auf dem Dach leiten. Vom Dieselmotor wird das Drehmoment über eine elastische Kupplung zur Gelenkwelle und weiter in das Turbo-Wendegetriebe übertragen.

Die **Führerkabine** besteht aus zusammengeschweißten Stahlprofilen und -blechen. Nicht nur die seitlichen Schiebefenster, sondern auch die Frontscheiben bestehen aus Verbundglas. Im zentralen Instrumentenschrank befinden sich die allgemeinen Bedienungselemente und Anzeigegeräte. Alle für das Fahren wichtigen Steuerorgane erreicht man auf dem Führerpult, die gleich wie auf dem tragbaren Funksender angeordnet sind. Wie jedes Rangierfahrzeug weisen auch die Em 831 eine SBB-Sprechfunkanlage auf. Fest installiert sind Mikrofon, Lautsprecher, Gerätehalter und Antenne. Das tragbare Rangierfunkgerät wird in die Halterung eingeschoben.

Zentrales Element der **elektronischen Ausrüstung** ist die Lokomotivsteuerung. Mikroprozessoren überwachen die Hauptfunktionen der Em 831. Eine Diagnose-Einrichtung ist in der Lage, die meisten Fehler zu lokalisieren und dem Lokführer über eine vierstellige Anzeige zu melden. Weil die Lokomotive im funkferngesteuerten Betrieb unbemannt ist, muß die automatische Steuerung selbst reagieren können (z.B. Schleudern und Gleiten). Die Befehle des Lokführers erreichen die Steuerung im Funkbetrieb über den im Führerhaus montierten Empfänger. Die zentrale Steuerung lieferte die Firma Krauss-Maffei, die mikroprozessorgestützte Hochsicherheitsfernsteuerung stammt von der ATB Luzern AG.

Die **Stromversorgung** des 24-Volt-Bordnetzes wird mittels vier 12-Volt-Batterien sichergestellt. Ein am Dieselmotor angebauter Alternator besorgt die Aufladung der Batterien.

Betriebseinsatz

Die drei Lokomotiven Em 831 000-002 kommen im Betriebs- und Baudienst zum Einsatz; anzutreffen sind sie meist im Kreis II. Gerade bei Einsätzen auf Baustellen ist die Unabhängigkeit vom Fahrdraht ein wichtiger Vorteil. Auch Übergabezüge und damit kurze Streckeneinsätze gehören zu den Aufgaben der dieselhydraulischen Triebfahrzeuge. Mit den Lokomotiven können Kleinstradien von bis zu 50 Metern befahren werden.

Technische Daten

Baureihenbezeichnung	Em 831
Indienststellung	1992
Hersteller	RACO
Betriebsnummern	831 000-002
Gesamtzahl der gebauten Lokomotiven	3
Anzahl 1997	3
Höchstgeschwindigkeit	80 km/h
Gewicht	60 t
Länge über Puffer	9840 mm
Höhe mit Auspuffanlage	4350 mm
Achsfolge	C
Radstand	4200 mm
Triebrad-Durchmesser	950 mm
Anzahl Dieselmotoren	1
Anzahl elektr. Fahrmotoren	0
Stundenleistung	900 kW

REDAKTION: RONALD GOHL – AUFNAHME: MATTHIAS EMMENEGGER

Beide Am 842 wurden von den SBB gebraucht gekauft. Vorbesitzer war die Gleisbau- und Schienenschweißunternehmung SERSA AG in Zürich

Baureihe Am 842

Auf einen eher unüblichen „Werdegang" können die beiden SBB-Lokomotiven Am 842 000 und 842 001 zurückblicken. Sie wurden Anfang der neunziger Jahre von der Gleisbau- und Schienenschweißunternehmung SERSA AG in Zürich zusammen mit einer dritten Maschine beschafft. Lieferant war die deutsche Firma Krupp-MaK in Kiel – das Kaufobjekt; drei dieselhydraulische Loks vom Typ G 1204. Diese Maschine „ab Stange" steht heute weltweit mit über 100 Einheiten im Einsatz, sie wurde speziell für Hafen-, Industrie- und Bergbaubahnen entwickelt.

Als deutscher Exportartikel kommt die G 1204 auch in Entwicklungsländern zum Einsatz, deshalb soll das Triebfahrzeug möglichst einfach zu handhaben und zu unterhalten sein. Die hohe Zuverlässigkeit und eine robuste, einfache Konstruktion sind weitere Pluspunkte, aufgrund derer die drei Maschinen auch von der SERSA AG erworben wurden. Sie kamen im Jahre 1992 in die Schweiz und wurden auf die Namen „Daniela", „Bettina" und „Corinne" getauft. Ein Jahr später übernahmen die SBB zwei Maschinen, die heute als Am 842 verkehren. „Corinne" erhielt die Nummer 000, „Daniela" wurde in die Am 842 001 umbezeichnet. Die Lok „Bettina" verblieb im Besitz der Firma SERSA.

Beheimatungen

Depot Zürich

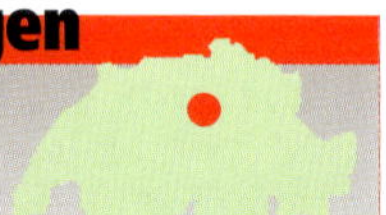

Konstruktion

Vom **Design** her zeichnet sich die Am 842 als unauffällige Zwecklokomotive aus. Sie verfügt über einen in der Mitte angeordneten Führerstand, einen langen und einen kurzen Vorbau. Der Anstrich wurde von der SERSA übernommen, und nur die neue Nummer und das SBB-Logo aufgespritzt. So kommt die Am 842 mit einer weißen Zierlinie daher. Die Stoßbalken sind gelb/schwarz gestreift, was eher der RhB- als der SBB-Norm entspricht. Sehr modern erscheinen die breiten, einteiligen Frontscheiben. Beide Stirnseiten verfügen über durchgehende Plattformen. Die auffällig breiten Laufstege entlang den Vorbauten sind mit Geländern gesichert.

Der **mechanische Teil** der Lokomotive besteht aus dem robust verschweißten Rahmen. Längs- und Querträger sind mit den Zug- und Stoßbalken zu einer verwindungssteifen Einheit zusammengefügt worden. Ohne Formveränderungen in Kauf zu nehmen, kann die Lok am Rahmen samt Drehgestellen und Aufbauten angehoben werden. Im langen Vorbau ist der MTU-Diesel, ein 12 Zylinder-Aggregat, untergebracht. Das vom Traktionsmotor abgegebene Drehmoment von rund 1800 U./min wird über Hauptabtriebswelle, drehelastische Kupplung und Gelenkwelle an das Turbowendegetriebe abgegeben. Dieses befindet sich, fast so groß wie der Dieselmotor, zwischen den beiden Drehgestellen und reicht bis unter den Lokrahmen. Im Turbowendegetriebe, gebaut von der Firma Voith, Heidensheim, werden die verschiedenen Gänge vorgewählt: 1185 U./min im Rangiergang, 2966 U./min im Streckengang. Pneumatische Stufenschaltung und zwei Drehmomentwandler für jede Fahrrichtung sind die weiteren Charakteristiken des Am 842-Getriebes. Über Gelenkwellen erfolgt die Weiterleitung des Drehmoments von der Getriebeabtriebswelle zu den Radsatzgetrieben. Weiter befindet sich im vorderen, langen Vorbau die Kühlanlage. Hinter der Führerkabine wurde im kürzeren Vorbau die Druckluftausrüstung für die Bremsanlage, der Kompressor, die Hauptluftbehälter und die Batterie untergebracht.

In der hellen und übersichtlichen **Führerkabine** sind zwei diagonal versetzte Bedienungspulte vorhanden. Als zentrale Steuerelemente stehen dem Personal der elektrische Fahrschalter und der Schalthebel für die automatische Bremse zur Verfügung. Ins Schwitzen kommt dabei kein Lokführer, denn die Führerkabine ist mit einer Klimaanlage ausgerüstet. Auch die beiden gepolsterten Führersitze lassen keine Komfortwünsche auf der Am 842 offen.

Die **elektrische Ausrüstung** der beiden Maschinen umfaßt die Lokomotivsteuerung, die Energieversorgung, die Motoren und Heizgeräte der Hilfsbetriebe sowie die Schutz- und Überwachungseinrichtung. Auf einem bei der Firma MaK entwickelten Mikroprozessor-Steuerschutzgerät erfolgt die elektropneumatische Steuerung der Am 842. Für die elektrische Versorgung sind vier Gitterplatten-Bleibatterien vorhanden.

Betriebseinsatz

Weil die SBB nur über wenig eigene, leistungsfähige Baudienst-Triebfahrzeuge, die unabhängig vom Fahrdraht verkehren können, verfügten, entschlossen sie sich zur Übernahme der beiden Am 842. Sie kommen seither hauptsächlich im Kreis III vor schweren Bauzügen zum Einsatz. Zu ihren Diensten gehören, die Gleisumbau-Kompositionen möglichst schnell vom Baustützpunkt zur Baustelle zu fahren.

Technische Daten

Baureihenbezeichnung	Am 842
Indienststellung SBB	1993
Hersteller	Krupp-MaK
Betriebsnummern	842 000-001
Gesamtzahl der gekauften Lokomotiven	2
Anzahl 1997	2
Höchstgeschwindigkeit	85 km/h
Gewicht	80 t
Länge über Puffer	12500 mm
Höhe mit Auspuffanlage	4220 mm
Achsfolge	B'B'
Radstand	8200 mm
Triebrad-Durchmesser	1000 mm
Anzahl Dieselmotoren	1
Anzahl elektr. Fahrmotoren	0
Stundenleistung	1120 kW

REDAKTION: RONALD GOHL – AUFNAHME: FOTO-SERVICE SBB

Jüngstes Glied im Fahrzeugpark der Schweizerischen Bundesbahnen: die in Spanien gebaute Am 841

Baureihe Am 841

Der Auftrag für 40 dieselelektrische Lokomotiven ging einmal nicht an die SLM, auch nicht an ADtranz oder an ein anderes einheimisches Konsortium – die SBB bestellten ihre jüngsten Lokomotiven im fernen Spanien bei der Firma GEC Alsthom Transport SA. Grund für dieses „Fremdgehen“ war einerseits die günstige Offerte aus Valencia, andererseits stehen bei den Spanischen Staatsbahnen RENFE bereits 60 Maschinen der Serie 311 in Betrieb. Diese Lokomotiven, die sich seit 1990 bewährt haben, dienten denn auch als Vorbild für den Bau der Am 841. Der Spanier auf Schweizer Geleisen ist keineswegs ein Exote, denn die SBB forderten von den Konstrukteuren ein auf die Schweiz zugeschnittenes Anforderungsprofil. Dabei standen Forderungen wie gute Umweltverträglichkeit, geringe Abgas- und Lärmemissionen, problemlose Ersatzteilbeschaffung oder geringe Unterhalts- und Betriebskosten ganz oben.
Schon von Anfang an war klar, daß diese Aufgaben am besten von einer dieselelektrischen Maschine der Achsfolge Bo'Bo' wahrgenommen werden kann. Wie bei den SBB üblich wird auch bei der Am 841 die mechanische in elektrische Energie umgewandelt. Durch moderne Drehstromtechnik mit vier Asynchronfahrmotoren läßt sich die 920 kW Leistung des Dieselmotors praktisch verlustlos an den Lokantrieb weitergeben.

Konstruktion

Das **Design** der Am 841 entspricht in praktisch allen Punkten dem spanischen Vorbild. Einziger wesentlicher Unterschied zur Serie 311 ist die auf den Seiten abgewinkelte Dachform, die dem Fahrzeug ein modernes Aussehen verleiht. Zwischen zwei langen, ebenfalls abgewinkelten Vorbauten befindet sich das Führerhaus, vorne und hinten steht dem Personal eine schmale Plattform zur Verfügung. Auch entlang den Vorbauten gibt es Laufstege mit Geländersicherung. Auffällig ist der große Kamin über dem Maschinenraum. Die Lackierung entspricht der SBB-Norm: roter Lokkasten und schwarz gespritzter Rahmen.

Der **mechanische Teil** der Am 841 zeichnet sich durch einen robust verschweißten Lokrahmen mit einer oberseitig durchgehenden Stahlplatte aus. Weiter verleihen zwei Querträger und die stirnseitigen Stoßbalken der Lokomotive den nötigen verwindungsfreien Rahmen. Damit das Triebfahrzeug durch Hebeböcke oder ein Seilgehänge hochgehoben werden kann, gibt es an gut zugänglichen Stellen stabile Anhängebolzen und Auflager. Aus Stahlprofilen und -blechen bestehen die Aufbauten, ebenfalls in geschweißter

Technische Daten

Baureihenbezeichnung	Am 841
Indienststellung	1996-1997
Hersteller	GEC Alsthom Transport
Betriebsnummern	841 000-039
Gesamtzahl der gebauten Lokomotiven	40
Anzahl 1997	40
Höchstgeschwindigkeit	80 km/h
Gewicht	73 t
Länge über Puffer	14160 mm
Höhe mit Auspuffanlage	4275 mm
Achsfolge	Bo'Bo'
Radstand	9759 mm
Triebrad-Durchmesser	1100 mm
Anzahl Dieselmotoren	1
Anzahl elektr. Fahrmotoren	4
Stundenleistung	900 kW

AUFNAHME: MATTHIAS EMMENEGGER

Abgewinkelte Vorbauten und Führerkabinen verleihen den Am 841 ihr charakteristisches Aussehen

Konstruktion. Beide Vorbauten und die Führerkabine sind mit dem Lokrahmen fest verschraubt, lassen sich aber einzeln zu Unterhaltszwecken anheben. Wenn die Lok nicht zerlegt werden soll, sind die Apparate und Maschinen über die rundum angebrachten Schwenktüren bequem zugänglich. Im längeren Vorbau sind das Dieselaggregat mit dem angeflanschten Hauptgenerator, die Auspuffanlage sowie das Kühlsystem für die Motorengruppe untergebracht. Der unwesentlich kürzere Vorbau auf der hinteren Seite enthält die Leistungselektronik mit angebautem Ventilator, die pneumatische Apparatetafel, den Kompressor und den Bremswiderstandsturm der Traktionsausrüstung.

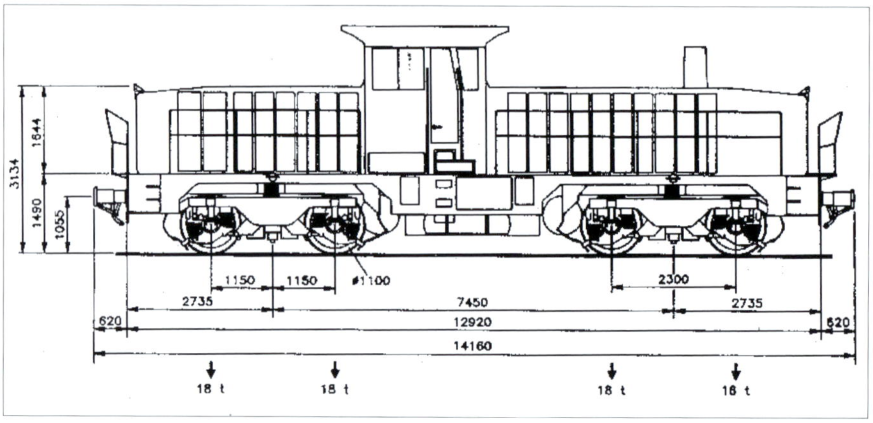

Die **Führerkabine** weist beidseitig kurze Vorbauten auf und ermöglicht dank den großen Fenstern einen übersichtlichen Rundum-Blick. Auf jeder Seite bestehen die Frontfenster aus dreilagigem Sicherheitsglas. Je ein Bedienpult mit Instrumenten, Schaltern und Anzeigen ist in Fahrtrichtung links angeordnet. Der Lokführer kann sein Gefährt sitzend oder stehend bedienen, selbst die ergonomisch geformten Sessel sind zweifach vorhanden. In den Schaltschränken befindet sich die Elektronik für das ZUB, die Zugsicherung, das Leitgerät für die Steuerung, der Fernsteuerungs-Funkempfänger sowie die Geräte für den Sprechfunk. Auf dem Bedienpult ist in der Mitte der Fahr- und Brems-Schalter (FBS) angeordnet. Mit dem Steuerschalter wird die Fahrrichtung gewählt. Vor der Abfahrt müssen am Zugfunkeingabegerät Zugnummer und Zugdaten eingegeben werden.

Die **thermische und elektrische Ausrüstung** besteht aus dem MTU-Viertakt-Dieselmotor mit Direkteinspritzung und Turbolader. Der vordere Vorbau wurde gegen Schall schutzisoliert, um die von den SBB verlangten Lärmwerte einzuhalten. Eine Vorwärmanlage, in der das Kühlwasser vor dem Anlassen auf mindestens 40° Celsius vorgewärmt wird, dient zur Schonung des Dieselaggregates. Das Vorheizgerät kann so programmiert werden, daß es sich automatisch vor der Inbetriebnahme einschaltet. Im Generator, der an den Dieselmotor angeflanscht ist, wird die mechanische Energie in elektrische Spannung umgewandelt, die zur Speisung der elektrischen Fahrmotoren nötig ist. Die vier sechspoligen, parallel geschalteten Dreiphasen-Asynchronfahrmotoren befinden sich in den beiden Drehgestellen. Sie erbringen eine maximale Leistung von je 190 kW bei 3285 U./min. Im hinteren Vorbau ist die elektrische Traktionsausrüstung mit den Umrichtern untergebracht. Der Antriebswechselrichter formt durch Ein- und Ausschalten der GTO-Thyristoren die Gleichspannung in Drehstrom mit variabler Fahrmotorenspannung und Frequenz um.

Die Am 841 ist mit reichlich Elektronik ausgestattet. Eine Schnittstelle erlaubt mittels eines angeschlossenen PCs direkt auf das Lokprogramm zuzugreifen. Mit einer Fernsteuerung läßt sich das Triebfahrzeug auch unbemannt manövrieren. In Vielfachsteuerung können schließlich bis zu drei Am 841 verkehren. Mit der hochmodernen Geschwindigkeitsmeßanlage Teloc 2200 werden alle Werte digital im Speicher festgehalten.

Betriebseinsatz

Die ersten neuen Am 841 stehen seit Juni 1996 bei den SBB im Einsatz, die Lieferung der gesamten Serie konnte bereits im Juni des darauffolgenden Jahres abgeschlossen werden. Das neue Triebfahrzeug wird vor allem im Baudienst eingesetzt. Mit der Am 841 lassen sich beispielsweise schwere Gleisbauzüge zwischen Baustelle und Baustützpunkt mit einer Geschwindigkeit von bis zu 80 km/h bewegen. Im Baustellenbereich ist die Maschine auch in der Lage, sehr langsam zu fahren und dabei außergewöhnlich hohe Zugkräfte zu entwickeln. Nebst den Baudiensten sind für die Am 841 auch leichte Güterzugeinsätze auf kurzen Strecken vorgesehen. Natürlich läßt sich die Universallok auch auf Rangierfeldern gut manövrieren und dient zur Verstärkung der dort beheimateten Flotte.

Die Am 841 sind den verschiedenen Depots in allen drei SBB-Kreisen zugeteilt. Den elektrischen Betriebsunterhalt besorgt die Hauptwerkstätte Yverdon, für den mechanischen Unterhalt ist die Hauptwerkstätte Biel verantwortlich.

Beheimatungen

Depots Genève, Lausanne, Basel, Olten, Luzern, Bellinzona, Zürich, Winterthur, Rorschach

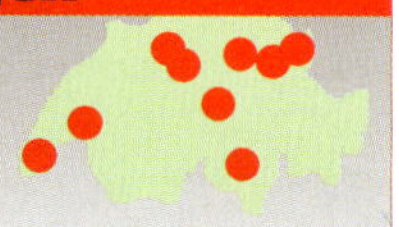

REDAKTION: RONALD GOHL – AUFNAHME: JOEL BESSARD – TYPENBILD: GEC ALSTHOM

In der kleinen, ländlich anmutenden Station Russin stehen zwei in Doppeltraktionen fahrende SBB-Gelenktriebwagen Bem 550 (Achsfolge B'2'B')

Baureihe Bem 550

Bereits 1858, elf Jahre nach der Eröffnung der Spanisch-Brötli-Bahn, wurde die 14,5 km lange Strecke von Genève nach La Plaine gebaut. Im Jahre 1913 erfolgte die Übernahme durch die Schweizerischen Bundesbahnen. Das Besondere an dieser Strecke ist, daß sie zur französischen Linie Genève – Lyon gehört und deshalb mit 1500 Volt Gleichstrom betrieben wird. Seit 1987 führt auf einem Teil der Strecke parallel zum französischen Gleichstrombetrieb eine SBB-Wechselstromlinie zum Genfer Flughafen. Dennoch werden die SBB-Züge zwischen Genève und La Plaine auf dem französischen Gleis geführt, das sie unter anderem auch mit den TGV-Zügen teilen müssen. Doch nicht nur die Stromspannung stellt auf dem SBB-Netz ein Unikat dar, die Signalisierung entspricht den Normen der Französischen Staatsbahn (SNCF). Es ist einleuchtend, daß für diesen Betrieb besondere Fahrzeuge notwendig sind. In den Jahren 1956/57 beschaffte die SBB zwei Triebwagen des Typs BDe 4/4 II 1301 und 1302, die mit den beiden ABt-Steuerwagen 1801 und 1802 fast vierzig Jahre den Pendlerverkehr auf der grenznahen Bahn- Strecke gewährleisteten. Weil das Rollmaterial nicht mehr ganz dem Bild eines modernen, attraktiven Verkehrsmittels entsprach und allmählich seine Alters- und Laufleistungsgrenze erreichte, überlegten sich die SBB in den achtziger Jahren mehrere neue Fahrzeuge zu beschaffen. Geprüft wurden verschiedene Varianten, unter anderem auch den Einsatz von auf 1500 Volt Gleichstrom umgebaute NPZ (RBDe 560). Ungewöhnlich war aber dann doch die Entscheidung, ein Leichtbau-Straßenbahnfahrzeug nach dem Vorbild der Lausanner S-Bahn TSOL (Tramway du Sud-Ouest Lausanne) zu beschaffen. Untersuchungen zeigten, daß der Gelenktriebwagen Bem 558 sehr günstig im Betrieb sein würde. Im Mai 1992 erfolgte die Bestellung von fünf Einheiten eines leicht modifizierten Typs. Der Auftrag ging an das westschweizer Unternehmen Vevey Technologies in Villeneuve für den wagenbaulichen Teil sowie an ABB für die elektrische Traktionsausrüstung. Vier Jahre später erfolgte die Lieferung und die Betriebsaufnahme auf der Strecke Genève – La Plaine. Damit die sechsachsigen Gelenktriebwagen der Baureihe Bem 550 auch auf den SBB-Gleichstromgleisen fahren können, erhielten sie neben der elektrischen Ausrüstung ein dieselelektrisches Notfahraggregat.

Konstruktion

Schon das **Design** des Bem 550 läßt auf eine Leichtbauweise wie bei Straßenbahnfahrzeugen schließen. Die viereckige, rot gespritzte Front verfügt über ein großes „Panoramafenster". Auch auf den

Technische Daten

Baureihenbezeichnung	Bem 550
Indienststellung	1994
Hersteller	VT, ABB
Betriebsnummern	550 000-004
Gesamtzahl der gebauten Triebwagen	5
Anzahl 1997	5
Höchstgeschwindigkeit	100 km/h
Gewicht	42,5 t
Länge über Puffer	30000 mm
Höhe mit gesenktem Stromabnehmer	3948 mm
Achsfolge	B'2'B'
Radstand	24100 mm
Triebrad-Durchmesser	740 mm
Anzahl Motoren	2+1
Netzspannung	1500 V=
Stundenleistung	600 kW

AUFNAHME: SAMMLUNG LAN

Als Vorbild für die SBB-Gelenktriebwagen der Baureihe Bem 550 (unten) diente der TSOL-Triebwagen Bem 558 der Lausanner S-Bahn (oben)

Seiten des Führerstandes wurde nicht mit Fensterflächen gespart. Der Wagenkasten ist in den Farben blau-weiß gespritzt, die Türen sind gelb. Der vordere Triebwagenkasten weist eine, der hintere Kasten zwei Einsteigeplattformen auf. Das formschöne Fahrzeug bildet für Pendler eine attraktive Fahrgelegenheit vom Westen des Kantons in die Stadt. Wie das Design und die Traktionsausrüstung ist auch der über die ganze Front reichende Gummirammbalken ungewöhnlich. Das Fahrzeug mit seinen tiefgezogenen Schürzen ist mit herkömmlichen Trittstufen für eine Bahnsteighöhe von 0 bis 350 mm ausgerüstet.

Der **mechanische Teil** des Bem 550 setzt sich aus dem Leichtbaukasten, zwei Trieb- und einem Laufdrehgestell zusammen. Abkant- und Walzprofile sowie Blech wurden als Material für den Kasten verwendet. Die beiden Fahrmotoren sind nicht in den Drehgestellen eingebaut, deshalb erhielt das Triebfahrzeug die Achsfolge B'2'B'. Der breite Rammbalken auf Pufferhöhe verstärkt die Frontwände und schützt vor Rangieraufstößen. Mit sechs Außenschwingtüren ist der 79-plätzige Fahrgastraum ausgerüstet. Diese sind hinsichtlich aktiver Sicherheit besonders gut ausgestattet und schützen die Passagiere gegen Einklemmen. Im übrigen wurde der mechanische Teil des Fahrzeugs weitgehend den Lausanner TSOL-Gelenktriebwagen der Baureihe Bem 558 angepaßt.

Gegenüber allen anderen SBB-Triebwagen stellt der Führerraum des Bem 550 eine Besonderheit dar. Der Lokführer sitzt nicht nur in Fahrtrichtung rechts, das Fahrzeug ist auch für Einhandbedienung ausgelegt. Sämtliche Fahr- und Bremsbefehle übermittelt der Führer mit dem sogenannten Sollwertgeber. Das Führerbremsventil sucht man auf dem Bem 550 vergeblich, denn ein elektronischer Rechner bestimmt, ob die elektrische oder druckluftgespeiste Bremse zum Einsatz kommt. Dadurch wird ähnlich wie bei Straßenbahnfahrzeugen die Bedienung des Bem 550 wesentlich vereinfacht, was natürlich bei Einmannbetrieb von Vorteil ist. Das halbkreisförmige Armaturenbrett verfügt über ein Anzeigegerät des französischen Zugsicherungssystems KVB. Der Zugfunk ist dagegen in der SBB-Norm ausgeführt. Die Türen werden im Sommer durch den Lokführer vom Führerpult aus geschlossen, im Winter verläuft der Schließvorgang automatisch. Ein kleiner Rechner macht den Lokführer darauf aufmerksam, wieviel Zeit seit der Türentriegelung verstrichen ist.

Entsprechend der Stromspannung unterscheidet sich der **elektrische Teil** des Bem 550 grundlegend von den übrigen SBB-Triebfahrzeugen. Herzstück ist bei einer Fahrleitungsspannung von 1500 Volt Gleichstrom nicht der Transformator sondern der Gleichstrom-Drehstrom-Umrichter, der auch bei den neuen Triebwagen der Centovallibahn (FART) eingebaut wurde. Über den in der Mitte des Gelenktriebwagens angeordneten Einholmstromabnehmer mit einem Schleifstück nach SNCF-Norm fließt die Fahrleitungsspannung in die Hauptstromkreise des Fahrzeuges. Auf dem Dach befinden sich ein Trenner mit elektro-pneumatischem Antrieb, ein Schnellschalter von Sécheron (Typ UR 6) sowie ein Bremswiderstand. Der Stromrichter und seine Komponenten sind in zwei Behältern unter dem Wagenboden untergebracht. Als weitere Besonderheit verfügt das Triebfahrzeug über einen kleinen Dieselmotor mit 88 kW Leistung. Dieser treibt einen Generator an, dessen Strom gleichgerichtet wird und anschließend die beiden Drehstrom-Asynchron-Fahrmotoren mit begrenzter Leistung versorgt. Dies reicht für Überfahrten vom Bahnhof ins Lokomotivdepot.

Betriebseinsatz

Die seit Juni 1994 in Betrieb stehenden Gelenktriebwagen erfreuen sich bei den Fahrgästen, Lokführern und Depotangestellten großer Beliebtheit. Auf ihrem Weg von Genève über Cornavin nach La Plaine an der schweizerisch-französischen Grenze begegnen die Bem 550 modernsten Fernverkehrszügen wie dem grauen TGV der zweiten Generation.

Beheimatungen

Depot Genéve

REDAKTION: RONALD GOHL – AUFNAHMEN: SAMMLUNG LAN

DIESELTRIEBFAHRZEUGE DER ÖBB

Oldtimer?

Es gab eine lange Diskussion in der Redaktion, ob der 627.1 schon ein Oldtimer ist. Doch auch er hat mittlerweile 20 Dienstjahre auf dem Buckel und steht angesichts der Invasion neuer Nahverkehrstriebwagen sicherlich nicht mehr lange im Unterhaltungsbestand von DB Regio. Am 2. Oktober 2001 sind 627 102, 627 105 und die ÖBB-Diesellok 2043.059 auf der Außerfernbahn bei Lähn unterwegs O. EDINGSHAUS

Zur dieselhydraulischen Einheitslok wurden die Reihe 2043, hier mit 2043.068 in Jenbach vor einem Güterzug im Juni 1997

Baureihen 2043, 2143

Die frühzeitige Elektrifizierung der wichtigsten Hauptstrecken (Westbahn Bregenz – Wien 1923 bis 1952, Südbahn Wien – Villach/Graz 1956 bis 1966 usw.) brachte es mit sich, daß die Ablösung der Dampfdurch Dieseltraktion fast nur sekundäre Hauptlinien und den Nebenbahnbereich betraf. Dementsprechend beschränkte sich der Diesellokomotivpark der ÖBB auf die Leistungskategorie bis 1100 kW (1500 PS), 110 km/h und Achslasten von 16,7 bis maximal 18,9 t.

Die 1500 PS-Einheitsdieselloks der ÖBB mit einmotorigem Fahrantrieb basieren auf der Grundkonzeption der 1961 von den Jenbacher Werken (JW) vorgestellten Prototyplok 2043.01 (die spätere ÖBB 2043.501). Voith St. Pölten hatte JW dabei für ein unkonventionelles Antriebskonzept gewinnen können: Das Drehmoment wurde vom Motor über ein mechanisches Verteilgetriebe und Teleskop-Gelenkwellen bis in die Drehgestelle übertragen, ohne daß ein Turbowandler in diesen Antriebsstrang eingefügt gewesen wäre.

Jeder Achse war ein gesondertes, im Drehgestellrahmen gelagertes Turbowendegetriebe zugeordnet, dessen Abtrieb auf eine Hohlwelle arbeitete. Die von der Primärfederung bewirkten Relativbewegungen zwischen Treibachse und der sie umfassenden Hohlwelle wurden durch einen BBC-Federantrieb auskompensiert, wie er z.B. in den Ellok-Reihen 1010/1110 eingebaut ist. Dem ungewöhnlichen Konzept des Jenbacher-„Jumbos“ 2043.(5)01 blieb die Bewährung versagt. Es scheiterte letztlich an Problemen der Synchronisierung der vier unabhängigen Wandler. Die Prototyplok wurde schon 1974 ausgemustert und zerlegt.

Für die Serienloks wurde stattdessen nach dem Vorbild der zwischenzeitlich realisierten DB V 160 ein zentrales Turbogetriebe L 830rU2 von Voith Heidenheim vorgeschrieben. Ebenso verlangte das Pflichtenheft der ÖBB vom Juli 1963 eine durchlaufende, ebene Fußbodenhöhe von Führerständen und Maschinenraum anstelle der à la V 200 hochgesetzten Führerkabine bei der 2043.(5)01). Statt des in der 2043.(5)01 noch vorhandenen Dampfheizkessels wurde ein elektrisches Zugheizaggregat 1000 V/250 kW vorgeschrieben, wie es in der von SGP als Alternative angebotenen schwächeren Mittelführerstand-Musterlok 2041.001

Technische Daten

Baureihenbezeichnung		2043	2143
Indienststellung (1. Jahr)		1965	1965
Anzahl gebaut/Bestand 1998		77/72[1]	77/76
Betriebsnummern, Stand 1998		005–071 073–077	001, 003–077
Hersteller			
Fahrzeugteil		Jenbacher	SGP Wien
Achsformel		B'B'	B'B'
Länge über Puffer	mm	15760	15800
Dienstmasse	t	67-68	67
Dieselmotor		LM 1500[2]	T12c[2]
Leistung	kW	1104	1115
Drehzahl	U/min	1000	1515
Arbeitsweise		Zweitakt	Viertakt
Höchstgeschwindigkeit	km/h	hydraulisch	hydraulisch
Zugkraft bei Dauerleistung	kN	132	132
Anfahrzugkraft	kN	196	196
Bauart Zugheizung		JW 400	S 108a + Asynchrongenerator 1000 V

[1] Vorserienloks 2043.001–004 ausgemustert (LüP 14760 mm)

[2] 2143.001–022 umgerüstet aufg JW 608 DS; 2043.062 umgerüstet auf Caterpillar 3516 STD

AUFNAHME: PETROVITSCH

Das Gegenstück zur Jenbacher 2043: 2143.071 von SGP im ursprünglichen Design (Mai 1992)

erstmalig ausgeführt worden war. Ein gesonderter 400 PS Dieselmotor treibt einen mittels eines Kondensatorschwingkreises erregten Einphasen-Asynchrongenerator, der 240 kW Heizleistung mit der nominellen Spannung von 1000 V bei maximal 18 Hz abgibt. Theoretisch sollten zwei solcher Zugheizaggregate sogar parallel auf die Zugsammelschiene einspeisen können. Das DB-Konzept eines wegschaltbaren Generatorantriebs durch den Traktionsdieselmotor war verworfen worden.

Einen Monat nach Vorstellung der SGP-2041.001 stand im September 1962 bereits fest, daß deren an der DB V 100 orientiertes Konzept nicht weiter verfolgt würde. Die verwendete Turbogetriebebauart L 28 von Voith St. Pölten (wie in den 600-PS-Reihen 2067 und 2095) kam für eine Leistungsanhebung auf 1500 PS nicht in Betracht. Jedoch flossen innovative Lösungsansätze des SGP-Prototyps wie das erwähnte E-Heizaggregat oder der hydrostatische Lüfter- und Kompressorantrieb in die Definition der Serienloks 2043/2143 ein.

In Anbetracht des Auftragsvolumens (154 Loks verteilt über einen Beschaffungszeitraum von 12 Jahren) stand – unabhängig von der Bewertung der jeweiligen Prototyploks – von vorneherein eine Teilung der Vergabe zwischen JW und SGP fest. Den beiden Herstellern verblieb ein beträchtlicher Variationsspielraum für unterschiedliche Konstruktionsprinzipien, sodaß sich letztlich die Gemeinsamkeit der Reihen 2043 und 2143 auf den Grundentwurf und die Austauschbarkeit einzelner Baugruppen (z.B. Drehgestelle) und Ausrüstungskomponenten beschränkt.

Die SGP-Loks 2143 unterscheiden sich vor allem in der Viertakt-Motorbauart T12c mit Abgasturbolader und Ladeluftkühlung als Fahrdiesel und 108a als Zugheizdieselmotor von der Jenbacher 2043 mit deren zweitaktigen LM 1500 bzw. JW 400. In der Planungskoordination verlangte SGP gegenüber dem JW-Projekt eine Verlängerung von Drehzapfenabstand und Kastenlänge um einen Meter.

JW lehnte mit Bedenken bezüglich einer Gewichtsüberschreitung dieses Ansinnen anfänglich ab, so daß die 2043.01-04 kürzer als die 2143.01-03 gebaut wurden. Ab der 2043.05 übernahm JW für die weitere Serie im Interesse der Typenvereinheitlichung doch die Kastenlänge der 2143 – ohne eigentliche konstruktive Notwendigkeit, aber mit dem Vorteil besserer Zugänglichkeit der Aggregate im Maschinenraum.

Alle 2143 sind für Vielfachsteuerung vorbereitet, tatsächlich mit Tandemfunktion ausgerüstet sind nur 2143.34-77. Die 2143.001 bis 022 wurden nach 1980 auf eine neue achtzylindrige Motorbauart günstigerer Kraftstofföknomie umgerüstet (JW DS 608). Die 2043.062 erhielt dagegen bei Layritz in München versuchsweise einen Caterpillar-Motor 3516 eingebaut. Überlegungen zu einer umfassenden Rekonstruktion der 2043/2143 sind seit kurzem durch die aktuelle ÖBB-Ausschreibung von Diesellok-Neulieferungen obsolet geworden.

2043 kamen mit Ersatzkompositionen des „Venezia" bis in die Lagunenstadt, 1970 – 1996 fuhren sie über den Südtirol-Korridor. 2143 kamen nach der Ostwende zu Auslandseinsätzen bis Bratislava. Die 2043.55-58 wurden 1979 als 2043.555-558 für den Adhäsions-Steilrampendienst auf der bis 71 Promille steilen Zahnradbahn über den Präbichl bremstechnisch (u.a. mit nachgerüsteten Magnetschienenbremsen) angepaßt. Abgesehen von den irreparablen Unfalloks 2043.72 und 2143.02 sind auch die gedrungenen Vorserienmaschinen 2043.01 - 04 inzwischen schon ausgemustert worden.

Unabhängig von Systemgrenzen: 2043.067 bespannt Ex 432 durch Südtirol (Innichen, August 1993)

Beheimatungen

Zugförderungsstellen
2043:
Knittelfeld, Krems, Gmünd (Nö), Wels, Villach, Innsbruck, Linz
2143:
Wiener Neustadt, Wien Ost, Gmünd (Nö), Graz, Knittelfeld

AUFNAHMEN: MÖSL

Hinter der remotorisierten 2048.009 verbirgt sich die ehemalige DB 211 359, hier im September 1995 in Hohenau

Baureihe 2048

Mit der Einführung des neuen Austro-Taktfahrplanes „NAT 91“ ab Sommerfahrplan 1991 ergab sich für die ÖBB das Problem, kurzfristig Laufkilometersteigerungen bis zu 35 % am Triebfahrzeugsektor ohne nennenswerten Zugang von Neubaufahrzeugen bewältigen zu müssen. Insbesondere sorgte der Integrale Taktfahrplan auch für eine massive Zunahme an Zugleistungen auf Nebenbahnen, so daß sich gerade hier der Mangel an Streckenlokomotiven spürbar auswirkte. Zur Lösung dieses Problems boten sich die trotz ihres Alters von rund 30 Jahren noch brauchbaren, von der DB ausgemusterten dieselhydraulischen Lokomotiven der Reihe 211 an.

Ebenso wie andere Bahnunternehmen (z.T. auch österr. Werksbahnen) erwarben daher die ÖBB in den Jahren 1991 bis 1993 über den Zwischenhändler Layritz/Penzberg insgesamt 34 modernisierte Lokomotiven. Damit konnten die ÖBB mit den zu einem günstigen Preis gekauften Maschinen, die ausschließlich für den Einsatz im Güterverkehr gedacht waren, einige der bislang in diesen Diensten eingesetzte Lokomotiven der ÖBB-Reihen 2043/2143 für den Personenverkehr freisetzen. Außerdem war mit der Leistung von 810 kW die Ablösung der veralteten, sehr erhaltungsaufwendigen Reihe 2045 möglich. Wie bereits bei der DB war die Reihe 2048 damit als leichte Streckendiesellokomotive für den Nebenbahn-Einsatz prädestiniert.

Der Fahrzeugteil der Lokomotiven wurde belassen und setzt sich aus dem Lokrahmen, den beiden Vorbauten, dem Führerhaus und den zwei Drehgestellen zusammen. Zwei durch Querträger verbundene Doppel-T-Längsträger bilden den Lokrahmen. Die beiden zweiachsigen Drehgestelle sind über Schraubenfedern abgefedert. Die Drehgestellrahmen selbst sind aus Längs- und Querrohren zusammengeschweißt. Die Zugkraftübertragung erfolgt über turmähnliche Drehzapfen, die in die Drehgestelle hineinragen. Im längeren, vorderen Vorbau befinden sich der Fahrdieselmotor und stirnseitig die Kühlanlage. Anstelle des ursprünglich vorhandenen Hilfsdieselaggregates kam eine 24-Volt-Batterieanlage für die Motornotstarteinrichtung zum Einbau. Der kürzere, hintere Vorbau beherbergt daneben nur mehr das zweite Kompressoraggregat. Die ursprünglich vorhandene Dampfheizanlage und der Speisewasserbehälter wurden mangels Erforderlichkeit seitens der ÖBB ausgebaut und durch Ballastgewichte ersetzt.

Beheimatungen

Zugförderungsstellen
Wien Nord, Wels,
St. Pölten

Technische Daten

Baureihenbezeichnung		2048
Indienststellung (1. Jahr)		1991[1]
Anzahl gebaut/Bestand 1998		34/34
Betriebsnummern, Stand 1998		001–034
Lieferfirma		Layritz[2]
Achsformel		B'B'
Länge über Puffer	mm	12100
Dienstmasse	t	62
Dieselmotor		CT 3512
Leistung	kW	1500
Drehzahl	U/min	1000
Arbeitsweise		Viertakt/Turbo
Kraftübertragung		hydraulisch
Höchstgeschwindigkeit	km/h	100
Anfahrzugkraft	kN	160
Bauart Zugheizung		ohne

[1] remotorisierte ex DB 211, Dampfheizung ausgebaut
[2] Zwischenhändler

AUFNAHME: PETROVITSCH

Bei der Reihe 2050 stammt die Dieselelektrik von General Motors aus den USA (Typ G 12), Lokkasten und Drehgestelle kommen aus Deutschland

Baureihe 2050

Mit der Antriebstechnik der 1955 bei den ÖBB erprobten General Motors-Baumusterlok lieferte Henschel in Kassel 1958/62 die dieselelektrischen Loks 2050.01-18. Entgegen der Roadswitcher-Bauform der Vorführlok 7707, die letztlich als SJ T 42 205 in Schweden verblieben war, hatten die ÖBB eine übliche Kastenbauform mit Endführerständen bestellt. Für die Zugheizung wurde die Lokreihe mit Dampfkesseln mit automatischer Ölfeuerung ausgerüstet. Die wagenbauliche Konstruktion verwendet den Kasten als mittragendes Element und unterscheidet sich hierin prinzipiell vom G 12-Prototyp, der mit alleintragendem Hauptrahmen und abhebbaren Aufbauhauben ausgeführt war. Die Drehgestelle sind in geschweißter Kastenbauweise mit Flexicoil - Abstützung ausgeführt. Die Gleichstrom - Fahrmotoren treiben in Tatzlageraufhängung die Achsen über einseitige Stirnradvorgelege an. Der langsamlaufende Dieselmotor, ein stehender wassergekühlter Zwölfzylinder-Zweitaktmotor mit direkter Einspritzung entstammt der seit 1937 gefertigten EMD-Typenserie 567 C. Er treibt über eine dreheleastische Kupplung den angeflanschten einlagerigen Hauptgenerator. Die Motorleistung wird durch Drehzahlverstellung in acht Stufen von 275 bis 835 U/min verändert. Ein Woodwardregler betätigt die Regelstangen der Einspritzpumpen wie auch den Servofeldregler am Hilfgenerator. Die Fahrtrichtungsänderung erfolgt durch Umpolung der Motorfelder, wobei die Absteuerung der elektrischen Traktionsleistung ohne Unterbrechung der Hauptstromkreise durch Entregung des Generators zustandekommt.

Ab 1980 waren alle 2050 der Zf. Wien Nord zugeteilt, abgesehen vom erwähnten temporären Einsatz der 2050.014 - 018 in Knittelfeld. Sechs 2050 wurden seit 1994 ausgemustert.

Technische Daten

Baureihenbezeichnung		2050
Indienststellung (1. Jahr)		1958
Anzahl gebaut/Bestand 1998		18/12
Betriebsnummern, Stand 1998		*)
Hersteller		Henschel
Achsformel		Bo'Bo'
Länge über Puffer	mm	17740
Dienstmasse	t	75,5
Dieselmotor		GM 12-567
Leistung	kW	1119
Drehzahl	U/min	835
Arbeitsweise		Zweitakt/Roots
Kraftübertragung		elektrisch
Höchstgeschwindigkeit	km/h	100
Anfahrzugkraft	kN	178
Dauerzugkraft	kN	145
Bauart Zugheizung		ohne[1]

*) 002, 003, 005, 006, 008, 009, 011, 012, 015–018

[1] Dampfheizung ausgebaut, nur 2050.002 Ehz wie 2143

Nostagielok 2050.002 mit Dachkühleraufsatz des Heizstrom-Aggregats (Wien Nord 1995)

Beheimatungen

Zugförderungsstelle
Wien Nord

AUFNAHMEN: MÖSL, PETROVITSCH

Dieselverschublok 2062.026 (Typ Jenbacher JW 400) vor dem Rundschuppen in Saalfelden, Dezember 1997

Baureihen 2060, 2062

Zur Kostensenkung im noch überwiegend mit Dampflokomotiven ausgeführten Verschubdienst leiteten die ÖBB ab 1954 ein Verdieselungsprogramm ein. Im Auftrag der ÖBB entwickelten die Jenbacher Werke AG (JW) für den leichten Verschubdienst eine dieselhydraulische Lokomotive mit der Typenbezeichnung „Jenbach 200", wobei sich die Bezeichnung von der PS-Leistung des Motors ableitete. Da die Konstruktion dieser bei den ÖBB als Reihe 2060 eingereihten Type mit einem stangenlosen Antrieb fortschrittlich war und auch ein großer Bedarf an solchen Lokomotiven gegeben war, wurden zwischen 1954 und 1962 insgesamt 100 Lokomotiven an die ÖBB abgeliefert. Die ersten 73 Lokomotiven erhielten eine Tandemsteuerung, die aber bei den beiden darauffolgenden Nachbestellungen in den Jahren 1958 (2060.074-080) und 1962 (2060.081-100) wieder weggelassen wurde.

Mit über 160 gebauten Maschinen wurde diese Lokomotiv zu einer der erfolgreichsten JW-Entwicklungen. So konnten neben 51 gleichartigen Breitspurloks an die Sowjetische Staatsbahn weitere Einzelstücke an verschiedene Werksbahnen in Österreich, Italien und Brasilien sowie an die Italienischen Staatsbahnen FS geliefert werden.

Im Verschub ist ein Großteil dieser zuverlässigen Lokomotiven noch in ganz Österreich anzutreffen.

Letztgebaute 2060.100, aus Einsparungsgründen herabgestuft zum Motorbahnwagen X 260

Beheimatungen

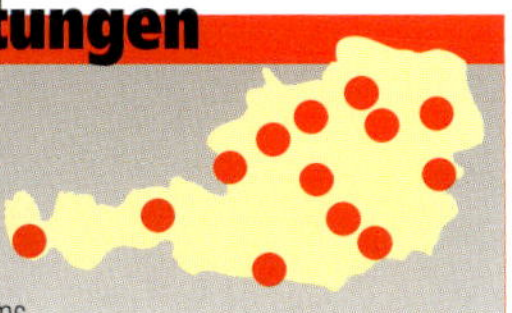

Zugförderungsstellen
2060/X260:
Linz, Salzburg,
Villach, St. Pölten,
Wien Nord, Wels, Krems
2062:
Wels, Salzburg, Selzthal, Innsbruck, Bludenz, Villach, Graz, Knittelfeld, Wiener Neustadt, Wien Ost, St. Pölten

Technische Daten

Baureihenbezeichnung		2060/X260	2062
Indienststellung (1. Jahr)		1954	1958
Anzahl gebaut/Bestand 1998		100/19+5	65/59
Betriebsnummern, Stand 1998		*)	**)
Hersteller		Jenbacher	Jenbacher
Achsformel		B'B'	B'B'
Länge über Puffer	mm	6700	8000
Dienstmasse	t	27,4/28,3[1]	31,9
Dieselmotor		JW 200	JW 400
Leistung	kW	147	294
Drehzahl	U/min	1500	1500
Arbeitsweise		Zweitakt	Zweitakt
Kraftübertragung		hydraulisch	hydraulisch
Höchstgeschwindigkeit	km/h	60/30[2]	60/30[2]
Anfahrzugkraft	kN	100	120
Dauerzugkraft	kN	67,8[2]	78,4[2]
Bauart Zugheizung		ohne	ohne

*) 013, 037, 045, 051, 079, 082, 084–091, 093–096, 099; deklassiert zu X260 sind 012, 083, 097, 098, 100

**) 001–006, 008, 024, 026–033, 035–039, 041, 042, 044–065

[1] Nachlieferserie 2060.081–100 (erstes Baujahr 1962)

[2] im Verschubgang

AUFNAHME: MÖSL

Stangen-Verschublok 2067.089 in Wien Ost im Juli 1989

Baureihe 2067/2167

Die ab 1954 bzw. 1958 beschafften Verschublokomotiven der Reihen 2060 und 2062 erwiesen sich mit einer Leistung von 200 bzw. 400 PS für die endgültige Ablöse des Dampfbetriebs im Verschubdienst als zu schwach, so daß in das Verdieselungsprogramm für den Verschubdienst auch eine 600 PS starke dieselhydraulische Lokomotivtype aufgenommen werden mußte. Der Auftrag für die Fertigung wurde an die Simmering-Graz-Pauker AG (SGP) vergeben, da diese Firma bereits eine entsprechende dreiachsige Diesellokype mit Stangenantrieb an verschiedene Werksbahnen geliefert hatte. Im Rahmen dieses Diesellok-Programms baute das Floridsdorfer SGP-Werk zunächst 1959 auf eigene Rechnung eine dreiachsige Prototypenlok mit einer Motorleistung von 442 kW (600 PS). Aufbauend auf diesem Prototyp wurde nun die Reihe 2067 entwickelt, die aufgrund ihrer Bewährung in einer Stückzahl von 111 Maschinen beschafft wurde. Bis 1977 wurden insgesamt vier Lieferserien in Auftrag gegeben, die sich durch die 18 Jahre lange Bauzeit in einigen technischen Details unterscheiden. Die letzte Bauserie 2067.102-111 erhielt bereits ab Werk eine Vielfachsteuerung. Als 112. Maschine beschafften die ÖBB mit der Ordnungsnummer 2067.201 eine dieser Werkslokomotiven, die bereits als Vorausexemplar der Reihe 2067 für das Stahlwerk VOEST gebaut wurde und heute im ÖBB-Werk Floridsdorf/Wien eingesetzt wird. Bis heute stellt die Reihe 2067 im schweren Verschub das Rückgrat dar, weshalb sie auch in ganz Österreich beheimatet sind.

Ein Teil der als Rangierlokomotiven eingesetzten Loks wurde bereits mit Funkfernsteuerung für die einmännige Bedienung durch einen Rangierer ausgerüstet.

Technische Daten

Baureihenbezeichnung		2067
Indienststellung (1. Jahr)		1959
Anzahl gebaut/Bestand 1998		111/112[2)]
Betriebsnummern, Stand 1998		*)
Hersteller		SGP Wien
Achsformel		C
Länge über Puffer	mm	10484
Dienstmasse	t	49,5
Dieselmotor		SGP S12(n)a[3)]
Leistung	kW	442
Drehzahl	U/min	1500
Arbeitsweise		Viertakt/Turbo
Kraftübertragung		+Turbogetriebe/Stangen
Höchstgeschwindigkeit	km/h	65
Anfahrzugkraft	kN	118
Dauerzugkraft	kN	176
Bauart Zugheizung		ohne

*) 2067.001–092, 094–111; 2167.093[1)]; 2067.201[2)]

[1)] 2067.093 nachgerüstet mit Funkfernsteuerung, neu 2167

[2)] Werklok Floridsdorf, Umbau aus Industrielok LDH 420

[3)] 2067.076 versuchsweise mit Caterpillar 3508 (477 kW)

Vorläufig ein Einzelstück: Die 2167.093 ist die erste ÖBB-Lok mit Funkfernsteuerung und BSI-Rangierkupplung in Knittelfeld, Mai 1997

Beheimatungen

Zugförderungsstellen
Villach, Graz, Wels, Salzburg, Linz, Selzthal, Wien Ost, Innsbruck, Gmünd (Nö), Knittelfeld, Wiener Neustadt, Bludenz
2167: Wien Ost

AUFNAHMEN: INDERST

Die „flüsternde" Dieselverschublok aus Jenbach: 2068.022 auf Abnahmefahrt in Zirl im März 1993

Baureihe 2068

Hohe Einsatzverfügbarkeit und niedriger Erhaltungsaufwand werden als Gründe dafür genannt, daß sich die ÖBB für ein Antriebssystem mit hydrodynamischer Kraftübertragung (und damit gegen Drehstrom-Asynchron-Technik) für die künftige Standard-Diesellok entschieden haben. Durch optimale Schalldämmung konnten die Jenbacher Werke sicherstellen, daß die neue Diesellok leiser tuckert, als es der Lüfter-Lärmentwicklung einer leistungsgleichen Ellok entspräche. Im Zusammenspiel mit rechnergestützter Leittechnik erlaubt heute auch ein Turbowendegetriebe weitreichende regeltechnische Optimierungen samt ausgeklügeltem Gleit- und Schleuderschutz, verschleißfreier hydrodynamischer Bremsung und Fahrtwendung wie auch Schwerlast-Schleichfahrt mit akzeptablem Wirkungsgrad. Rollbergeinsatz bleibt den Elloks 1063, 1163 und 1064 in Asynchrontechnik vorbehalten und zählt nicht zum Aufgabenbereich der neuen Diesellok für den Fahrverschub.

Das tragende Untergestell der Lok setzt sich aus zwei durchgehenden, kastenförmigen Langträgern, Querträgern und Pufferträgern zusammen. Die Rangiererauftrittsnischen liegen im Schutz der massiven Stirnträger. Die Zug- und Bremskraftübertragung erfolgt über ein tiefliegendes Drehzapfenlager, die Kastenabstützung über 4 x 3 Flexcoil-Federn. Mittelführerhaus und Vorbauhauben sind einzeln abhebbar. Der Führerstand ähnelt jenem der Reihe 1063 mit zentralem Melde- und Schaltertableau, zwei Hauptfahrpulten und zwei Hilfsfahrpulten. Brems-, Löse- und Füllvorgänge werden von den einzelnen Bedienständen aus elektrisch angesteuert, nur die Schnellbremsung wirkt direkt pneumatisch.

Die Betätigung der verschleißfreien hydrodynamischen Bremse ist in die Fahr-Brems-Steuerung integriert und ermöglicht zielgenaues Abbremsen wie bei einer Ellok ohne Benutzung der Druckluftbremse. Das zentrale Loksteuergerät SIBAS 16 koordiniert alle Funktionen der Steuerung, Regelung, Überwachung und Diagnose. Die Vielfachsteuerung zweier Loks arbeitet als Zweidraht-Bus auf den Zusatzadern 14/15 der UIC-Leitung.

Die „Flüsterlok" 2068 verdrängte nicht nur alte, lärmende 2067 in untergeordnete Verwendung, sondern brach vielerorts auch in bisherige Domänen elektrischen Verschubs ein. Ihr niedriger Lärmpegel besänftigt mitunter Anrainerproteste.

Beheimatungen

Zugförderungsstellen Wien Ost, Innsbruck, Bludenz, Salzburg, Linz, Graz, St. Pölten, Wiener Neustadt, Villach, Knittelfeld

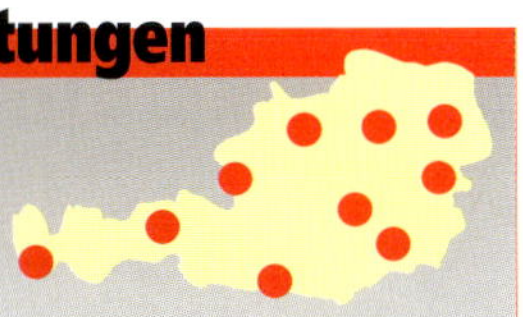

Technische Daten

Baureihenbezeichnung		2068
Indienststellung (1. Jahr)		1990
Anzahl gebaut/Bestand 1998		60/60
Betriebsnummern, Stand 1998		001–060
Hersteller		Jenbacher
Achsformel		B'B'
Länge über Puffer	mm	13770
Dienstmasse	t	66,7
Dieselmotor		JW 608 DS
Leistung	kW	820
Drehzahl	U/min	1500
Arbeitsweise		Viertakt/Turbo
Kraftübertragung		hydraulisch
Höchstgeschwindigkeit	km/h	100
Anfahrzugkraft	kN	176
Bauart Zugheizung		ohne

AUFNAHME: PETROVITSCH

Die Beilhack-Schneeschleuder 2080.011 wartet in Innsbruck auf den nächsten Räumeinsatz (März 1990)

Baureihen 2080, 2180

Die heute im Bahnbereich dominierende Schneeschleudertechnik wurde aus dem Straßenwinterdienst übernommen. Ausgedient haben Henschel-Einradschleudern, die die Funktionsmerkmale der amerikanischen „Rotaries“ nach den Leslie-Patenten von 1884 tradierten. Von den beiden konkurrierenden Schleudertechnologien der Anbieter Beilhack (Hohlschleuderräder mit Vorschneidpropellern) bzw. Rolba (Frässchnecke) gilt erstere auf dem Bahnsektor bei Großgeräten als marktführend. Beilhack-Bahnschneeschleudern HB 600 S bis HB 1200 S werden u.a. auch bei NSB, DB, SBB, RhB, FO, SNCF und FS zur winterlichen Streckenfreihaltung bereitgehalten. Die ÖBB erwarben 1975 von Beilhack in Rosenheim als 2080.01 eine Zweiachsschleuder des Werkstyps HB 800 S für die Zugförderung Innsbruck, 1982 eine HB 900 S als 2180.01 für Villach. Die Doppelradschleudern System Beilhack arbeiten mit schnellaufenden, gegensinnig rotierenden Schaufelrädern, deren Formgebung das Fördergut gleichmäßig beschleunigt und auf kürzestem Wege auswirft. Auf den verlängerten Wurfradwellen sind Vorschneidflügel angebracht, deren Rotation verfestigte Altschneeschichten auflockert und auch solchen Schnee als Fördergut für die Hohlschleuderschaufeln fließfähig macht.

Das räumliche Schluckvermögen der beiden Schleuderräder beläuft sich bei der Maximaldrehzahl von 392 U/min auf etwa 28 300 Kubikmeter in der Stunde. Die tatsächlich erreichte Fördermenge hängt neben der verfügbaren Motorleistung auch von der Konsistenz und der Dichte des Räumgutes ab.

Technische Daten

Baureihenbezeichnung		2080	2180
Indienststellung (1. Jahr)		1975	1982
Anzahl gebaut/Bestand 1998		1/1	1/1
Betriebsnummern, Stand 1998		001	001
Hersteller		Beilhack	Beilhack
Achsformel		B	B
Länge über Puffer	mm	12350	12620
Dienstmasse	t	42	43
Dieselmotor		Deutz BF 12 L 413	
Leistung	kW	261	302
Drehzahl	U/min	2300	2300
Arbeitsweise		Viertakt/Abgasturbolader	
Schleudermotoren		2x Deutz BF 12 L 413 mit Verbindungsgetriebe	
Leistung	kW	2x 313	2x 335
Drehzahl	U/min	2500	2500
Arbeitsweise		Viertakt/Abgasturbolader	
Höchstgeschwindigkeit	km/h	80	80
Räumleistung pro Stunde	t		12700
Räumbreite	mm	3066–4066	3800–4600[1]
Bauart Zugheizung		ohne	

[1] mit ausgefahrenen Rafferblechen

Bei den Paraden in Straßhof im August 1987 war die Villacher 2180.001 mit von der Partie

Beheimatungen

Zugförderungsstellen
2080: Innsbruck
2180: Villach

AUFNAHMEN: MÖSL, PETROVITSCH

2190.003 stammt ursprünglich von der Strecke Ruprechtshofen – Gresten und versieht nun remotorisiert den Verschub in der HW St. Pölten (1996)

Baureihen 2090, 2190

Zwei technikgeschichtlich interessante Lokomotivtypen stellen die beiden Einzelstücke 2090.001 und 2190.003 dar, die mit rund 70 Jahren die ältesten Schmalspur-Diesellokomotiven im ÖBB-Bestand sind.

Älsteste ÖBB-Lok mit Verbrennungsmotor ist die Schmalspurige 2090.001, geliefert 1927 an die Zillertalbahn (Obergrafendorf, 1989)

Beheimatungen

Zugförderungsstellen
2090: Waidhofen(Y)
2190: St. Pölten

Als erste schmalspurige Diesellokomotive mit Verbrennungsmotor entstand in Österreich die 1927 von den Firmen Warchalowski/Lofag gebaute spätere ÖBB 2090.001. Diese zweiachsige Diesellok mit benzinelektrischem Antrieb sollte als Überbrückung bis zur Lieferung eines Triebwagens desselben Herstellers bei der Zillertalbahn dienen. Damit war die Zillertalbahn die erste Schmalspurbahn Österreichs mit Verbrennungstriebfahrzeugen. Die Lokomotive wurde im Sommer im Personenverkehr eingesetzt und übernahm im Winter Verschubaufgaben. Nach Lieferung des Triebwagens endete 1930 das Mietverhältnis und die Lok wurde von den BBÖ als 2021.01/s angekauft. Die dieselelektrische Lokomotive zeichnet sich durch das bekannte, von der Salzburger Firma Ing. Moritz Gelinek & Co. entwickelte Gebus-System aus. Unter diesem System versteht man, daß ein Generator ohne Feldregelung direkt auf die beiden parallel geschalteten Fahrmotoren arbeitet. Nur mit der Dieselmotordrehzahl wird die Generatorspannung und somit die Fahrmotorleistung reguliert. Geschwindigkeit und Zugkraft der Lokomotive passen sich bei konstanter Tourenzahl und Leistung der Dieselmotoren automatisch den jeweiligen Anhängelasten und den Neigungsverhältnissen der Strecke an.

Technische Daten

Baureihenbezeichnung		2090	2190
Indienststellung (1. Jahr)		1930[1]	1934
Anzahl gebaut/Bestand 1998		1/1	3/1
Betriebsnummern, Stand 1998		001	003[2]
Spurweite	mm	760	760
Hersteller			
Fahrzeugteil		WLF	Simmering
Elektr. Teil		Gebus	ÖSSW
Achsformel		Bo	Bo
Länge über Puffer	mm	5620	5720
Dienstmasse	t	12,5	12,9
Dieselmotor		Saurer BXD	SGP SV8
Leistung	kW	74	107
Drehzahl	U/min	1000	1500
Arbeitsweise		Viertakt	Viertakt
Kraftübertragung		elektrisch	elektrisch
Höchstgeschwindigkeit	km/h	45	45
Anfahrzugkraft	kN	19,6	24,5
Dauerzugkraft	kN	...	8,3
Bauart Zugheizung		ohne	ohne

[1] Baujahr 1927, zunächst bei Zillertalbahn
[2] 2190.003 Werklok TS-R St. Pölten Nr. 053/s

AUFNAHME: PETROVITSCH, MÖSL

Eine diesel-elektrische Lok ist die schmalspurige Reihe 2091: vorne Motor, hinten Gepäckvorbau mit Wassertankaufsatz (Wieselburg, August 1990)

Baureihe 2091

Die Erfolge mit dieselbetriebenen Normalspurtriebwagen hatten die BBÖ ermuntert, auch das bislang vorwiegend mit Dampftraktion betriebene umfangreiche Schmalspurnetz zu verdieseln. Zur Rationalisierung dieser Strecken beschafften die BBÖ im Jahr 1936 als vierachsige Weiterentwicklung der Reihe 2190 sieben Schmalspurdieselloks. Diese neue Reihe 2041/s unterschied sich durch die höhere Leistung von 154 kW (210 PS) und aufgrund des angebauten Gepäckraumes, weshalb die dieselelektrischen Maschinen anfänglich auch als Gepäcktriebwagen klassifiziert wurden. Aufgrund ihrer guten Bewährung bestellte die DRG 1939 weitere fünf Exemplare (2091.08-012); alle zwölf Exemplare wurden als VT 137.332-343 eingereiht. Während des Zweiten Weltkrieges wurden sieben Loks wegen der kriegsbedingten Treibstoffknappheit auf Holzgasbetrieb umgebaut, wobei die Gaserzeugungsanlage im Gepäckraumvorbau untergebracht war. Allerdings blieben nur zwei Lokomotiven auf den Waldviertelbahnen in Betrieb, während die restlichen Maschinen geschützt hinterstellt wurden. So gelangten die Fahrzeuge vollzählig in den ÖBB -Bestand und wurden ab 1953 als 2091.001-012 bezeichnet. Die von der Simmeringer Maschinen und Waggonbau Fabriks-AG zusammen mit den österreichischen Siemens-Schuckert-Werken gebauten Mittelführerstands-Lokomotiven weisen zwei recht unterschiedliche Vorbauten auf. Im niedrigeren Vorbau sind der Dieselmotor und der Generator untergebracht. Der höhere, gedrungene Vorbau wurde als Gepäckraum konzipiert. Die Reihe 2091 hat die Achsfolge 1'Bo1': Davon sind die beiden Treibradsätze im Hauptrahmen gelagert, die vordere und rückwärtige Laufachse sind in Deichseln mit Rückstellfedern untergebracht. Durch die Vor- und Nachlaufachse ist eine gute Kurvengängigkeit gegeben. Der Rahmen stützt sich wie bereits bei der Vorgängertype 2190 über Blattfedern auf den Radsätzen ab. Im elektrischen Teil wurde von der Reihe 2190 der Gebus-Antrieb übernommen. Die Fahrmotoren sind Reihenschlußmotoren in Tatzlagerausführung. Ebenso wie sämtliche anderen österreichischen Schmalspurlokomotiven besitzt die Reihe 2091 eine Vakuumbremse. Ursprünglich verfügte die Lokomotivtype über eine Dampfheizung für den Wagenzug, die im Führerstand untergebracht war. Im Laufe der Jahre wurden die Loks in unterschiedlichem Maße modernisiert; 1963 erfolgte der Ausbau des Dampfkessels zur Kühlwasservorwärmung.

Technische Daten

Baureihenbezeichnung		2091
Indienststellung (1. Jahr)		1936
Anzahl gebaut/Bestand 1998		12/4
Betriebsnummern, Stand 1998		002, 007, 009, 011
Spurweite	mm	760
Hersteller		Jenbacher/ÖSSW
Achsformel		1' Bo 1'
Länge über Puffer	mm	10800
Dienstmasse	t	22–23,2
Dieselmotor		SGP R8
Leistung	kW	154
Drehzahl	U/min	1350
Arbeitsweise		Viertakt
Kraftübertragung		elektrisch
Höchstgeschwindigkeit	km/h	50
Anfahrzugkraft	kN	35
Dauerzugkraft	kN	12
Bauart Zugheizung		ohne

Beheimatungen

Zugförderungsstellen
Gmünd (Nö),
Waidhofen (Ybbs)

AUFNAHMEN: MÖSL

Eine ehemalige Heeresfeldbahnlok (Typ HF 130 C) ist die Reihe 2092, hier die mit Neubauführerhaus versehene 2092.01 in St. Pölten (August 1988)

Baureihe 2092

Nach Ende des Zweiten Weltkrieges verblieb eine große Anzahl ehemaliger Heeresfeldbahn-Lokomotiven in Österreich. Darunter befanden sich auch einige Exemplare der als KML 3 (Kriegsmotorlok 3) gebauten Type HF 130 C. Als kriegswichtige Lokomotive wurden ab 1938 von den führenden deutschen Lokomotivfabriken Orenstein & Koppel, Jung, Deutz, Windhoff, Gmeinder und Schwartzkopff insgesamt über 350 Exemplare gebaut. In Österreich wurden nach Kriegsende auf den Abstellgleisen der Steyrtalbahn und der Pinzgaubahn (Heeresversuchsanstalt Mittersill) insgesamt 11 reparierfähige Maschinen der Spurweite 750 mm vorgefunden. Vier auf der Steyrtalbahn abgestellte Diesellokomotiven wurden von den amerikanischen Besatzungsbehörden den ÖBB übergeben, die diese aufgrund unterschiedlicher technischer Charakteristiken ab 1949 als 2092.001 und 002 (130 PS, erbaut 1944 von Gmeinder) sowie 2092.101 und 102 (120 PS, erbaut 1943 von Windhoff AG) in Betrieb nahm. Die bei der Heeresversuchsanstalt Mittersill vorgefundenen Maschinen wurden ebenfalls umgespurt und gelangten zur Zillertalbahn, den Steiermärkischen Landesbahnen und zur Lokalbahn Payerbach – Hirschwang. Auch bei einigen schmalspurigen Werksbahnen kam dieser Typ zum Einsatz. Mittlerweile befinden sich einige dieser Maschinen bei verschiedenen österreichischen Museumsbahnen.

Der Lokomotivkasten der Type HF 130 C wird durch den schmalen Motorvorbau mit Umlaufblechen und dem Endführerhaus charakterisiert. Dieser befindet sich über dem Außenrahmen mit drei gekuppelten Radsätzen, die über eine Blindwelle von einer Kuppelstange angetrieben werden. Der Rahmen stützt sich über Blattfedern auf den Radsätzen ab. Das Herzstück der Lokomotiven sind die wahlweise von sechs Lieferanten stammenden Sechszylinder-Dieselmotoren, wobei am häufigsten der Deutz-Motor A6M 517, der MWM-Motor GS 17S und der Kaelble-Motor G 125 S verwendet wurden. Als Getriebe kam vorwiegend das Voith-Getriebe L 22 zum Einbau. In den Gmeinder-Loks 2092.001 und 002 baute man einen Deutz-Motor mit Voith-Getriebe ein. In den Windhoff-Loks 2092.101 und 102 wurden ein Kämpermotor und ein Trilokgetriebe verwendet. Anfang der 60er Jahre wurde in diesen Maschinen das Trilok-Getriebe durch das Voith-Getriebe ersetzt; sie wurde in 2092.003 und 004 umgezeichnet.

Beheimatungen

Zugförderungsstellen
St. Pölten
Zell am See

Technische Daten

Baureihenbezeichnung		2092
Indienststellung (1. Jahr)		1949[1]
Anzahl übernommen/Bestand 1998		4/3
Betriebsnummern, Stand 1998		002–004
Spurweite	mm	760
Hersteller		Gmeinder Windhoff
Achsformel		C
Länge über Puffer	mm	5325
Dienstmasse	t	16,5
Dieselmotor		Deutz A6M 517
Leistung	kW	96
Drehzahl	U/min	1500
Arbeitsweise		Viertakt
Kraftübertragung		hydraulisch
Höchstgeschwindigkeit	km/h	20
Anfahrzugkraft	kN	49
Bauart Zugheizung		ohne

[1] ex Heeresfeldbahn HF 130 C, Baujahre 1943/44

AUFNAHME: PETROVITSCH

Zur Standard-Diesellok auf der Schmalspur wurde die Reihe 2095, hier mit einem Rollwagenzug auf der „Krumpen" in Wieselburg (August 1990)

Baureihe 2095

Für eine endgültige Ablösung der Dampftraktion auf den österreichischen Schmalspurbahnen erwiesen sich die ab 1936 gelieferten zwölf Diesellokomotiven der Reihe 2091 aufgrund ihrer geringen Anzahl und vergleichsweise geringen Leistung als unzureichend. So nahmen die ÖBB im Zuge ihres Verdieselungsprogrammes nach dem Zweiten Weltkrieg auch eine starke Diesellokomotive für ihre Schmalspurstrecken auf. So erging an die Firma SGP der Auftrag, zunächst drei 600 PS starke Prototypen einer solchen Schmalspur-Diesellok zu bauen. 1958 wurde die vierachsige Drehgestell-Lokomotive mit der Typenbezeichnung LDH 600s vorgestellt, die zu ihrer Zeit die stärkste Schmalspurlokomotive der Welt auf 750/760-mm-Spur darstellte. Der als 2095.001 in den ÖBB-Bestand übernommenen Lokomotive folgten 1960 noch zwei weitere gleichartige Prototypen. Nach ihrer guten Bewährung wurden in der Folge von 1960 bis 1962 zwölf weitere Lokomotiven (2095.004-015) geliefert. Bei der Reihe 2095 handelt es sich um ein vierachsiges Drehgestell-Triebfahrzeug mit hydraulischer Kraftübertragung. Der Lokkasten ist geschweißt und weist zwei Endführerstände auf. Der mittig angeordnete Maschinenraum enthält den Dieselmotor, das Turbogetriebe, Kühlergruppe und die Hilfsmaschinen. Der Kasten insgesamt ruht auf einem geschweißten Rahmen, der aus verstärkten U-Längsträgern mit kräftigen Querverbindungen konstruiert ist. Die stirnseitig angeordneten, starken Brustträger nehmen die bei den österreichischen Schmalspurbahnen gebräuchliche Bosna-Mittelpufferkupplung auf. Die beiden Drehgestelle mit der Achsfolge B'B' sind in Kastenbauweise ausgeführt. Ein tiefliegender, kugelig gelagerter Drehzapfen überträgt die Zug- und Bremskräfte. Nachträglich wurde in allen Lokomotiven eine Spurkranzschmierung eingebaut.

Technische Daten

Baureihenbezeichnung		2095
Indienststellung (1. Jahr)		1958
Anzahl übernommen/Bestand 1998		15/15
Betriebsnummern, Stand 1998		001–015
Spurweite	mm	760
Hersteller		SGP Wien
Achsformel		B'B'
Länge über Puffer	mm	10400
Dienstmasse	t	30,8–32
Dieselmotor		SGP S12a
Leistung	kW	442
Drehzahl	U/min	1500
Arbeitsweise		Viertakt
Kraftübertragung		*)
Höchstgeschwindigkeit	km/h	60
Anfahrzugkraft	kN	98
Dauerzugkraft	kN	74
Bauart Zugheizung		[1]

[1] 2095.01–03 bis 1967 mit Dampfheizkessel
*) Turbogetriebe, Gelenkwellen, Stangen

SGP LDH 600 s-Vorserienlok 2095.003 besaß einst einen Heizkessel für die Wagenheizung

Beheimatungen

Zugförderungsstellen
Zell am See, Gmünd,
St. Pölten,
Waidhofen (Ybbs)

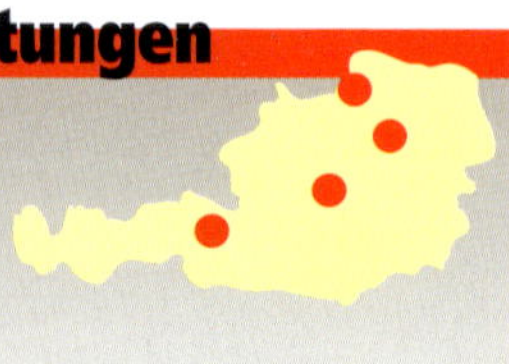

AUFNAHMEN: MÖSL

Von 1993 bis 1996 wurde der durchgehende Verkehr zwischen Garmisch und Pfronten mit 5047 abgewickelt: bei Lermoos vor dem Zugspitzmassiv

Baureihen 5047, 5147

Nachdem seit den Schienenbussen der Reihe 5081 von den ÖBB für ihre normalspurigen Nebenbahnen keine neuen Fahrzeuge beschafft wurden und die dort eingesetzten Triebwagentypen in Konzeption und Komfortgrad im Grunde aus der unmittelbaren Nachkriegszeit stammten, schrieben die ÖBB 1983 einen neuen Dieseltriebwagen für Nebenbahnen aus. Die Jenbacher Werke erhielten schließlich den Auftrag zum Bau von zunächst 20 Einheiten. Im Frühjahr 1987 wurden die ersten Triebwagen der Reihe 5047 in Dienst gestellt und sorgten für eine Attraktivierung auf den zahlreichen ÖBB-Nebenbahnen. Schlußendlich wurden von 1987 bis 1995 von den ÖBB insgesamt 100 Stück der Reihe 5047 beschafft. Sie ermöglichten damit das Ausscheiden der veralteten Reihen 5042, 5044, 5144 und 5081. Außerdem wurden aufgrund von Kapazitätsproblemen auf manchen Strecken auch zehn zweiteilige Garnituren als Reihe 5147 bestellt.

Damit wurde die Typenreihe 5047/5147 zu einem der erfolgreichsten Fahrzeuge im österreichischen Schienenfahrzeugbau. Innerhalb eines neunjährigen Fertigungszeitraumes konnten zwischen 1987 und 1996 insgesamt 117 Exemplare an die ÖBB, die Steiermärkischen Landesbahnen, die Raab-Oedenburg-Ebenfurther-Eisenbahn/GySEV und die deutsche Privatbahn NVAG geliefert werden. Aufgrund firmeninterner Umstrukturierungen tragen sie dabei die Fabrikschilder der Jenbacher Werke AG, der Jenbacher Transportsystem AG (seit 1990) und der Jenbacher Energiesysteme AG (seit 1995). Zudem fand die 5047-Kopfform Verwendung bei den durch diverse Umbauten älterer Wagen entstandenen neuen Wendezügen der ÖBB und der Steiermärkischen Landesbahnen.

Der Erfolg dieses Nebenbahn-Triebwagens liegt nicht zuletzt in seiner Fahrzeugkonzeption: Um eine Attraktivierung der bislang vernachlässigten Nebenbahnen erzielen zu können, mußte ein kostengünstiger Einmannbetrieb mit diesem Solo-

Beheimatungen

Zugförderungsstellen
Krems, Wien Ost,
Wels, Graz, Villach
Wiener Neustadt
5047.4: STLB Weiz
5047.5/5147.5: ROeEE Sopron

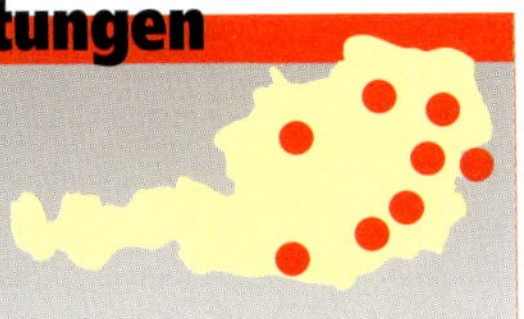

Technische Daten

Baureihenbezeichnung		5047	5147[1]
Indienststellung (1. Jahr)		1987	1992
Anzahl gebaut/Bestand 1998		100+4/100+4	10+2/10+2
Betriebsnummern, Stand 1998		*)	**)
Hersteller		Jenbacher[3]	Jenbacher[3]
Achsformel		2'B'	2'B'+B'2'
Länge über Puffer	mm	25420	24510
Dienstmasse	t	47	2x 50
Dieselmotor		MTU 12V 183 TC 12 (OM 444 La)	
Leistung	kW	419	2x 419
Drehzahl	U/min	2000	2000
Arbeitsweise		Viertakt/Turbo	Viertakt/Turbo
Kraftübertragung		Turbogetriebe m. hydr. Bremse	
Höchstgeschwindigkeit	km/h	120	120
Anfahrzugkraft	kN	68	2x 68
Dauerzugkraft	kN	48	2x 48
Bauart Zugheizung		Kühlwasser + Webasto	

[1] Doppeltriebwagen mit einzeln genummerten Triebköpfen
[2] StLB-intern als VT 51 und VT 52 bezeichnet
[3] Jenbacher Werke AG/Jenbacher Transportsysteme/Jenbacher Energiesysteme
*) ÖBB 5047.001–100; StLB[2] 5047.401, 402; GySEV/ROeEE 5047.501, 502
**) ÖBB 5147.001–010; GySEV/ROeEE 5147.511, 512

AUFNAHME: INDERST

Doppeltriebwagen 5147.005 und 006 auf Probefahrt über die Mittenwald- und Außerfernbahn

triebwagen möglich sein. Zudem sollte er gute Beschleunigungswerte auch auf steigungsreichen Strecken, eine große Laufruhe und einen dem Standard der neuen ÖBB-Inlandswagen vergleichbaren Einrichtungskomfort aufweisen.

Der Jenbacher Entwurf übernahm weitgehend die Grundkonzeption und Antriebstechnik des bereits seit 1974 in Dienst befindlichen DB-Triebwagens VT 627.1. Abgeändert wurde allerdings die dichtgedrängte Reihenbestuhlung, die durch eine den ÖBB-Inlandswagen Bmpz 20-75 entsprechende Sitzgruppeneinteilung ersetzt wurde. Der Fahrgastraum besteht aus einem Nichtraucherabteil mit 39 Sitzen und dem Raucherabteil mit 23 Sitzen. Beim hinteren Führerstand ist der verlängerte Einstiegsbereich als Mehrzweckraum für die Gepäckbeförderung gestaltet. Ab dem 5047.061 wurden die Toiletten als geschlossenes System ausgeführt.

Der Kasten des 5047 ist in Stahlleichtbauweise gefertigt und bildet mit dem Untergestell eine tragende Einheit. Der Rahmen ist aus Längs- und Querträgern zusammengeschweißt. Bei diesem dieselhydraulischen Triebwagen ist die gesamte Maschinenanlage unterflur angeordnet. Die Antriebsanlage besteht aus einem Viertakt-Dieselmotor vom Typ MTU 12 V 183 TC 12, der dem Daimler-Benz-Motor OM 444 LA des VT 627.1 entspricht. Dieser Dieselmotor wurde mit Ladeluftkühlung ausgewählt und ist damit um 44 kW stärker als die bei der DB verwendete Version. Die Leistungsübertragung erfolgt über das hydraulische Voith-Getriebe T 320rz auf die Achsgetriebe des hinteren Triebdrehgestells, von dem beide Radsätze angetrieben werden. Das vordere Drehgestell hat die Funktion eines Laufdrehgestells, an dem die für Schnellbremsungen vorgesehene Magnetschienenbremse angeordnet ist. Die beiden Drehgestelle wurden in Kastenbauweise gefertigt und weisen eine Wagenkastenabstützung über Luftfeder auf. Als primäre Betriebsbremse ist eine verschleißfreie, hydrodynamische Bremse vorhanden. Als zweite Betriebsbremse wurde eine elektropneumatisch gesteuerte, direkt wirkende Druckluft-Scheibenbremse installiert. Zur Vermeidung von Flachstellen an den Rädern ist zusätzlich in die Knorr-Bremsanlage eine mikroprozessorgesteuerte Gleit- und Schleuderschutzeinrichtung integriert. Die elektrische Ausrüstung des 5047 wurde von Siemens Österreich geliefert, die Traktionssteuerung von der AEG.

Mit ihrer großen Stückzahl haben die 5047 auf den zahlreichen außeralpinen Nebenbahnen im Osten und Süden Österreichs für eine Attraktivierung gesorgt, die sich in beachtlichen Fahrgastzuwächsen niederschlug und damit zum Erhalt vieler Nebenbahnen beigetragen hat. Um die gute Beschleunigung nicht zu beeinträchtigen, waren für die Reihe 5047 weder Zwischen- noch Steuerwagen konzipiert. Allerdings erfordert mancher Einsatzzweck das Mitführen von Expreßgut- und Postwagen. Für den Fahrradtransport auf bei Radfahrern besonders beliebten Strecken wurden insgesamt sechs Fahrradtransporter aus ehemaligen Schienenbus-Beiwagen umgebaut (Reihe 7047/7147).

Da die Solotriebwagen insbesondere die Garnituren der Reihe 5145 nicht immer ersetzen konnten und dies auf manchen Strecken zu Kapazitätsproblemen führte, lieferten die Jenbacher Werke von 1992 bis 1993 insgesamt zehn Triebwagengarnituren mit der Reihenbezeichnung 5147.

Dabei handelt es sich um einen in Anlehnung an den 5047 konzipierten Doppeltriebwagen, der aus zwei kurzgekuppelten Motorwagen mit je einem Endführerstand besteht. Die Reihe 5147 entspricht technisch und wagenbaulich völlig dem 5047. Die führerstandslosen Hinterseiten sind durch eine Scharfenbergkupplung fest miteinander verbunden. Der Faltenbalgübergang gleicht jenem der DB-Triebwagen 628.2 und 610. Da jede Fahrzeugeinheit mit einem Motor ausgerüstet ist, wurden die Fahrzeuge aus diesem Grund nicht als a+b-Teile bezeichnet, sondern anlog der DB-Reihe 628.0 fortlaufend numeriert. Insgesamt verfügt der 5147 über 124 Sitzplätze. Wie schon ab dem 5047.061 ist das WC als geschlos-

Leicht modifizierter 5047: NVAG T 4 für die nordfriesische Nebenbahn Niebüll – Dagebüll (1995)

AUFNAHMEN: INDERST, PETROVITSCH

sene Anlage ausgeführt. Sämtliche dieser Triebwagen sind in Wiener Neustadt stationiert und kommen auf den Regionalbahnen der Umgebung zum Einsatz

5047/5147 bei Privatbahnen

Als erste österreichische Privatbahn bestellten die Steiermärkischen Landesbahnen (StLB) Triebwagen der Reihe 5047. Da das Pachtverhältnis für die beiden ÖBB 5047.016 und 017, die seit November 1989 den direkten Verkehr zwischen der Bezirksstadt Weiz und der Landeshauptstadt Graz besorgten, auslief, beschafften 1992 die StLB zwei gleichartige 5047 für ihre Strecke Gleisdorf – Weiz. Die als VT 51 und 52 bezeichneten Triebwagen erhielten wegen des Durchlaufs auf dem ÖBB-Streckennetz auch die ÖBB-Nummern 5047.401 und 402 zugeteilt.

Die StLB-Triebwagen gleichen technisch völlig der ÖBB-Ausführung. Durch Verzicht auf den Mehrzweckraum und eine dadurch geändert Raumaufteilung konnte jedoch das Platzangebot auf 73 Sitze erhöht werden. Außerdem wurden sie im Gegensatz zu den ÖBB-Fahrzeugen mit Zugzielanzeigen ausgestattet, was eine Gemeinsamkeit aller an Privatbahnen gelieferter 5047/5147 darstellt. Besonders auffällig ist das neue, recht farbenfroh gehaltene StLB-Design, das erstmals bei diesen Triebwagen zur Anwendung kam.

Als zweite Privatbahn beschaffte die österreichisch-ungarische Privatbahn-Gesellschaft Raab-Oedenburg-Ebenfurther-Eisenbahn/GySEV eine 1995/1996 zwei 5047 und einen 5147. Ähnlich wie bei den Steiermärkischen Landesbahnen fahren ÖBB-5047 seit 1988 im Rahmen des Verkehrsverbundes Ostregion auch über die GySEV-Strecke Sopron – Ebenfurth. Zwecks Achskilometerausgleichs und Attraktivierung des eingesetzten Fahrzeugparks hat die GySEV diese Fahrzeuge in Auftrag gegeben. Analog den StLB-Triebwagen tragen diese deshalb auch die ÖBB-konforme Typenbezeichnung 5047.501 und 502 sowie 5147.511/512 und sind wie alle GySEV-Fahrzeuge im ungarischen Sopron stationiert.

Erster 5047 für eine Privatbahn war der StLB VT 51 alias 5047.401 für die Strecke Gleisdorf – Weiz, hier bei der Abnahmefahrt im Oktober 1992 in Innsbruck

Technisch unterscheiden sich die drei Triebwagen nur durch den Wegfall der hydrodynamischen Bremse, auf die wegen der Strecken-Topographie verzichtetet wurde, und durch das in Ungarn erforderliche Sicherungssystem EVM 120. Das Fahrzeuginnere unterscheidet sich nur unwesentlich von der ÖBB-Ausführung. Es entfiel jeweils die Zugführerkabine, deren Platz für ein erweitertes Gepäckabteil genutzt wurde. Entsprechend dem Charakter als grenzüberschreitende Privatbahn sind alle Beschriftungen auch in ungarischer Sprache ausgeführt.

Als bisher einziger Exportauftrag wurde Ende 1995 der Schlepptriebwagen T 4, der auf 5047-Basis entstand, an die Nordfriesischen Verkehrsbetriebe (NVAG) in Deutschland geliefert. Von der ÖBB-Ausführung unterscheidet sich der T 4 durch Abstriche in der Bremsausrüstung und im Einrichtungskomfort. So wurde auf die hydrodynamische Bremse und die Magnetschienenbremse verzichtet. Zu den Neuerungen gehört ein zusätzliches, unter dem zweiten Führerstand angeordnetes Zugheizaggregat für das Mitführen der Reisezugwagen. Zur Erhöhung der Anfahrzugkraft wurde die Höchstgeschwindigkeit von 120 km/h auf 100 km/h reduziert. Für den Einsatz vor dem Wendezug ist eine Vielfachsteuerung nach NVAG-Norm eingebaut.

Anstelle des zurückversetzten Schneepflugs trat eine tiefreichende Frontschürze, die dem T4 eine vom 5047 abweichende Kontur verleiht. Der Fahrgastraum weist insgesamt 72 Sitzplätze in der üblichen DB-Nahverkehrsbestuhlung auf, wobei erstmals ein 5047 auch ein in der Fahrzeugmitte angeordnetes Erster-Klasse-Abteil bekam. Wie alle NVAG-Fahrzeuge wurde der T 4 in Rubinrot und Perlweiß sehr ansprechend lackiert, wobei das Dach silbergrau gehalten ist.

Die 5147-Komposition für die GySEV 5147.511 + 512 auf Probefahrt (Hochzirl, April 1996)

AUFNAHMEN: MÖSL, PETROVITSCH

Für den Verkehr auf den verbleibenden Schmalspurbahnen beschaffte die ÖBB 17 dieselelektrische Triebwagen der Reihe 5090 (010 in Lunz/See)

AUFNAHME: INDERST

Baureihe 5090

Seit den 60er Jahren waren die ÖBB-Schmalspurbahnen im Personenverkehr durch einen unwirtschaftlichen Lokbetrieb mit modernisierten Spantenwagen gekennzeichnet. Zum langfristigen Erhalt dieser Strecken war daher ein kostengünstiger Einmannbetrieb mit einem modernen Solotriebwagen nötig. Zudem sollte dieser gute Beschleunigungswerte, eine im Vergleich zu den alten Wagengarnituren bessere Laufruhe sowie einen zeitgemäßen Einrichtungskomfort aufweisen. Anfang der 80er Jahre beschafften die Steiermärkischen Landesbahnen (StLB) für die Murtalbahn bei der Firma Knotz/Wien insgesamt vier moderne, vierachsige Triebwagen (VT 31-34) mit dieselelektrischem Antrieb. Diese konnten technisch und betrieblich allen Anforderungen bestens entsprechen und weisen die für die 760-mm-Spurweite beachtliche Höchstgeschwindigkeit von 70 km/h auf. 1982 wurden die Steuerwagen VS 41-44 geliefert, 1998 ein zusätzlicher VT 35. Animiert durch diesen Erfolg gingen 1984 auch an die Zillertalbahn zwei Garnituren mit Steuerwagen (VT/VS 3-4). Insgesamt vier weitere Triebwagen folgten 1992 bzw. 1998 (VT 5-8).

Nach den erfolgreichen Demonstrationsfahrten eines StLB-Triebwagens auf ÖBB-Strecken bestellten die ÖBB fünf solcher Neubau-Triebwagen als modifizierte Nachbauten der Murtalbahn-Triebwagen, die sich seit 1986 als Reihe 5090 im Einsatz befinden. 1991 wurden mit finanzieller Unterstützung des Landes Salzburg zwei weitere Triebwagen (5090.006, 007) für die Pinzgaubahn ausgeliefert. Schließlich bestellten die ÖBB zur weiteren Erneuerung des Fahrzeugparks eine dritte Lieferserie über zehn Triebwagen, die ebenso wie die zweite Lieferserie nach dem Konkurs der Firma Knotz von den Firmen Bombardier-Rotax/Wien und ABB gebaut und bis 1995 abgeliefert wurden.

Die Reihe 5090 unterscheidet sich von den Vorgängerfahrzeugen durch eine geringfügige Erhöhung der Antriebsleistung und geräumigere Führerstände. Alle Triebwagen zeichnen sich durch extremen Leichtbau aus, um die geforderten niedrigen Radsatzlasten von 8,4 Tonnen einzuhalten. Der Wagenkasten mit den zwei Endführerständen ist selbsttragend geschweißt und besitzt einen leichten Untergestellrahmen.

Technische Daten

Baureihenbezeichnung		5090[1)]
Indienststellung (1. Jahr)		1986
Anzahl übernommen/Bestand 1998		17/17
Betriebsnummern, Stand 1998		001–017
Spurweite	mm	760
Hersteller		Knotz, BRW BBC/ABB/Adtranz
Achsformel		B'B'
Länge über Puffer	mm	18300
Dienstmasse	t	29
Dieselmotor		MAN D 2866 LUE
Leistung	kW	235
Drehzahl	U/min	2100
Arbeitsweise		Viertakt
Kraftübertragung		*)
Höchstgeschwindigkeit	km/h	70
Anfahrzugkraft	kN	82
Dauerzugkraft	kN	21,5
Bauart Zugheizung		Kühlwasser+Webasto

[1)] basiert auf StLB VT 31–34 der Murtalbahn

*) elektrisch (Synchrongenerator mit Gleichrichter); längs liegende Gleichstrommotoren mit Gummi-Kardanantrieb

Beheimatungen

Zugförderungsstellen
Zell am See, Gmünd
St. Pölten,
Waidhofen (Ybbs)

Nicht in Serie gebaut wurde der Prototyp eines neuen, zweiachsigen Motorturmwagens, bezeichnet als X 521.003 (Innsbruck, im Juni 1991)

Motorturmwagen

MTW Reihe X 521

Als Nachfolgetype des Standardturmwagens X 534 wurde abermals eine zweiachsige Bauform in Betracht gezogen. Zusätzlich zu einer konventionellen Hub-Schwenk-Arbeitsbühne wurde ein weitreichender Teleskopkran angeordnet. Dieser kann bei Bedarf die Funktion eines „Hubsteigers“ – für Arbeiten an hochliegenden Anlagenteilen – erfüllen, wenn das Hebezeug gegen einen Zweimann-Arbeitskorb getauscht wird.

Die Basiskonstruktion des dieselhydraulischen Motorturmwagens X 521 leitet sich aus der Plasser&Theurer-Produktpalette der OBW 10-Bauhilfsfahrzeuge ab. Der Hauptfahrantrieb erfolgt durch einen Unterflur-KHD-Dieselmotor mit Kraftübertragung über hydrodynamisches Dreigang-Lastschaltgetriebe und Gelenkwellen auf beide Achsen. Ein abgasoptimierter kleinerer Hilfsdieselmotor dient an der Arbeitsstelle zur Energieversorgung der Arbeitsaggregate und für Kriechgangbewegungen des Fahrzeuges. Dieser hydrostatische Alternativantrieb kann ebenso wie Bühne, Kran und Seilrückarme funkferngesteuert werden.

Plasser lieferte anfangs 1991 die vier Prototypen X 521.001-004 an die Elektrostreckenleitungen aus. Ein Serienbau unterblieb jedoch zugunsten der Vierachs-MTW X 552. Die X 521 sind inzwischen nicht mehr in der Fahrleitungserhaltung im Einsatz, sondern als Bauhilfsfahrzeuge des Energie-Anlagenbaus in Verwendung (Einsatzbereich Süd/Mitte/Ost).

MTW Reihe X 532/s

Als 1922 die mit 6,5 kV/25 Hz elektrifizierte schmalspurige Mariazellerbahn von den Niederösterreichischen Landesbahnen an die Bundesbahnen überging, blieb jedoch die Energieversorgung und die Fahrleitungserhaltung in der Gestion der Landeselektrizitätsgesellschaft NEWAG (heute: EVN).

Den ÖBB obliegt jedoch die Stellung der Schienenhilfsfahrzeuge für die EVN-Elektromeister Obergrafendorf und Gösing. Dies sind neben zwei normalen Motorbahnwagen X 625.901+902 (U-Bahnmeisterdraisinen) zwei 1964 von Tobisch/BBC gelieferte, kompakt gebaute Motorturmwagen X 532.s 01 und 02. Die besondere Profilsituation der Mariazellerbahn, in deren Tunneln der Fahrdraht z.T. nur 3,9 m über SOK liegt, machte umklappbare Geländer der hydraulischen Hubbühne erforderlich. Für Fahrleitungsarbeiten im engen Tunnel findet sich an der

Technische Daten

Baureihenbezeichnung		X 521	X 532/s
Indienststellung (1. Jahr)		1991	1964
Anzahl gebaut/Bestand 1998		4/4	2/2
Betriebsnummern, Stand 1998		001–004	01, 02
Hersteller		Plasser	Tobisch/BBC
Spurweite	mm	1435	760
Achsformel		B	Bo
Länge über Puffer	mm	11940	7860
Dienstmasse	t	42	14,5
Fahrmotor		Deutz F8L513	JW 100
Leistung	kW	177	66
Drehzahl	U/min	2300	1500
Arbeitsweise		Viertakt	Zweitakt
Kraftübertragung		hydrodynamisch	elektrisch
Arbeitsmotor		Deutz BF4L1101	–
Leistung	kW	48	–
Kraftübertragung		hydrostatisch	
Höchstgeschwindigkeit	km/h	80/5	45
Ausstattung		Hub/Drehbühne	Hub/Drehbühne

AUFNAHME: PETROVITSCH

Die Reihe X 534 war die langjährige Standardbauform der dieselelektrischen Motorturmwagen

rückwärtigen Stirnseite des Fahrzeugs eine niedrige, nicht verstellbare Standfläche.

Mit Bezug auf den gleichartigen dieselelektrischen Antrieb mit JW 100-Dieselmotor sind die beiden schmalspurigen MTW der Reihe X 532 zugeordnet. Der JW 100-Motor treibt einen 70 kW Generator. Im Gegensatz zu den MTW X 532 bis 534 mit Achsfolge 1A sind die X 532/s auf beiden Achsen von Tatzlagermotoren angetrieben.

MTW Reihe X 534

Fast fünfzig Jahre, beginnend mit dem X 532.24 (BBÖ MTW 24, Baujahr 1936) wurde die Grundkonzeption der Motorturmwagen als dieselelektrisch angetriebene, gedrungene Zweiachser mit Vorbau-Motorhaube beibehalten. Die ab 1963 gebaute Type X 534 wird von einem Zweitakt-Dieselmotor JW 200 (wie in Verschubloks Reihe 2060, jedoch gedrosselt auf 122 kW) angetrieben. Traktions- und E-Bremsleistung dieser MTW sind im Gegensatz zu Vorläufertypen - dem Einsatz auf Rampenstrecken 25 Promille, Arlberg 31 Promille) angepaßt. Der Dieselmotor JW 200 treibt einen 106-kW-Gleichstromgenerator. Alternativ kam ab 1977 ein MAN-Viertakt-Dieselmotor zum Einbau. Ein 95 kW-Tatzlager-Gleichstrommotor treibt die hintere Wagenachse.

Die Steuerung erfolgt mittels Kontrollers durch Veränderung der Dieselmotordrehzahl und der Generatorerregung. Bei still stehendem Wagen kann der Generator zur elektrischen Speisung von Arbeitsmaschinen dienen. Die Bauart X 534 entwickelte sich zur Standardtype, von der bis 1983 insgesamt 82 Stück in Dienst gestellt wurden. Der X 534.78 wurde 1988 zum X 534.101 mit hochreichendem Ruthmann-Hubsteiger umgebaut. Die X 534.01 -33 stehen inzwischen schon auf dem Ausmusterungsetat. Jede der österreichweit 22 Elektrobetriebsstellen verfügt zusätzlich zum neuen Vierachs-MTW-Typ X 552 durchschnittlich über drei X 534.

Letzte dieselelektrische MTW-Version war der X 535.01, ausgemustert schon 1996

MTW Reihe X 535

Nach anfänglichen Intentionen sollte die Nachfolgegeneration zu den X 534 wiederum mit elektrischer Kraftübertragung ausgeführt werden. Die 1984 (so wie die Vorgängertypen) von Knotz und BBC gelieferten Prototypen X 535 weisen analog den Schmalspurtriebwagen 5090 einen schleifringlosen Drehstromgenerator mit integrierter Erregermaschine auf, die über kurzschlußfeste ungesteuerte Gleichrichterbrücken konventionelle Gleichstrom-Reihenschlußmotoren in Tatzlagerbauart speisen. Der Erdungsstromabnehmer kann nach Öffnen eines Trenners zu Bügelkon-

Technische Daten

Baureihenbezeichnung		X 534	X 535	X 551	X 552
Indienststellung (1. Jahr)		1971	1984	1983	1989
Anzahl gebaut/Bestand 1998		84/64	2/1	1/1	32/31
Betriebsnummern, Stand 1998		*)	02	001	001–011 013–032
Hersteller		Tobisch, Knotz, BRW, BBC-ABB	Tobisch/BBC Knotz/BBC	Plasser	Plasser
Spurweite	mm	1435	760	1435	1435
Achsformel		1 A	Bo	2'B'	2'B'
Länge über Puffer	mm	7740	13060	15340	15840/16640[3]
Dienstmasse	t	21	40	50	52/61[3]
Fahrmotor		JW 200[2] MAN D2566 MTE	MAN D2542 MLE	Deutz BF 12 L 414 FC	Deutz BF 12 L 313 C
Leistung	kW	122[2]/147	363	353	367
Drehzahl	U/min	1500[2]/1650	2100	2500	2300
Arbeitsweise				Viertakt/Turbo	Viertakt/Turbo
Kraftübertragung		elektrisch	elektrisch	hydrodynamisch	hydrodynamisch
Arbeitsmotor		–	–	–	Deutz BF4L1011T
Leistung	kW	–	–		44
Kraftübertragung		–	–	hydrostatisch[4]	hydrostatisch
Höchstgeschwindigkeit	km/h	80	100	120/5	120/8
Ausstattung		Hub/Drehbühne	Hub/Drehbühne	Hubsteiger Teleskopkran Arbeitsbühne	Seildrücker Teleskopkran Arbeitsbühne an Knickarm

*) 10, 11, 13, 17, 18, 20–23, 26–28, 30–32, 34–45, 48–77, 79–84, 101[1])

[1] X 534.101 mit Hubsteiger (Umbau aus X 534.78)

[2] gilt für X 534.01–69

[3] abweichende Detailbauformen bei X 552.001–003, 004–010, 011–026, 027–032

[4] Kriechgang-Zusatzantrieb ab Hauptdieselmotor

Beheimatungen

Energieanlagenbau:
Ost (Wien)
West (Innsbruck)
Süd (Villach)
Mitte (Linz)
Elektrobetriebsstellen (nicht in der Karte markiert):
Feldkirch, Landeck, Innsbruck, Wörgl, St. Johann (P), Salzburg, Attnang-P., Riedau, Linz Klein., Selzthal, Mallnitz, Villach, St. Veit (Gl), St. Michael, Graz, Wiener Neustadt, Tulln, Amstetten, Meidling, Hütteldorf, Floridsdorf, Simmering

AUFNAHMEN: PETROVITSCH

trollfahrten unter spannungführender Fahrleitung verwendet werden (Beobachtungskanzel-Aufbau). Die beiden Prototypen konnten weder in fahrzeugtechnischer noch in arbeitsmäßiger Hinsicht voll befriedigen. Die konventionelle Hub-Drehbühne war in der Wertung des Personals der alternativen Lösung mit Hubsteiger und Teleskopkran von Plasser & Theurer unterlegen. Ein Weiterbau der Type X 535 unterblieb. Nach einem Maschinenschaden wurde 1996 der X 535.01 ausgemustert. Der verbliebene X 535.02 steht als Reservefahrzeug beim Energie-Anlagenbau (Ost) hinterstellt.

MTW Reihen X 551/X 552

Der Elektrobetriebsdienst der ÖBB hielt bis in die achziger Jahre an der langjährig bewährten Motorturmwagen-Bauform kurzgebauter, dieselelektrischer Fahrzeuge mit Vorbauhaube und Hubsäulen-Drehturm ebenso wie auch an den eingeführten Lieferanten (Tobisch bzw. Knotz/BBC) fest. Eine Alternative in Bezug auf Antriebs- und Arbeitstechnik stellte der 1983 als Versuchsmuster bei Plasser & Theurer bestellte „Motorsteigerwagen" MSW 100 dar. Hochreichender Hubsteiger und Teleskopkran eröffneten neue Perspektiven in der Arbeitstechnik von Fahrleitungsbau und -erhaltung. Ein unterflur situierter luftgekühlter Zwölfzylinder-Viertakt-Dieselmotor treibt über einen hydrodynamischen Drehmomentwandler und eine elektrohydraulisch betätigte Lamellenkupplung ein vierstufiges Clark-Lastschaltgetriebe. Der weitere Kraftfluß läuft über Verteilgetriebe und Gelenkwellen zu den Achsgetrieben des kranseitigen Drehgestelles. Vom Arbeitskorb aus sind hydrostatischer Zusatzantrieb und direkte elektropneumatische Bremse für Kriechgangbewegungen des Fahrzeuges an der Einsatzstelle steuerbar. Zwar blieb der MSW 100 Nr. X 551.001 als solcher ein Prototyp-Einzelstück, wurde aber zum Wegbereiter der neuen Generation von vierachsigen MTW. Der X 551.001 ist heute dem Energie-Anlagenbau (Projektabwicklung Mitte in Linz) zugeteilt. Unter der Typenbezeichnung X 552 werden die seit 1989 von Plasser & Theurer an die ÖBB gelieferten 32 vierachsigen MTW 100 subsummiert: Die Grundcharakteristik des Fahrzeugs (dieselhydraulischer Fahrantrieb und dieselhydrostatischer Arbeits- und Hilfsfahrantrieb) wurde vom X 551 übernommen. Beim unmittelbaren Arbeitseinsatz kann der Fahrmotor abgestellt werden. Ein schadstoffarmer 44 kW-Hilfsdiesel übernimmt diesfalls die Energieversorgung der Arbeitsaggregate und ermöglicht über Hydrostatik-Alternativantrieb auch Kriechgangbewegungen des Fahrzeuges bis 5 km/h Konstant-Fahrgeschwindigkeit. X 552.001-003 (P&T MTW 100.013/1) wurden entgegen dem Muster X 551 noch mit einer traditionellen Hubsäulenbühne bestückt. Erst die ab 1992 gelieferten, um 9 Tonnen schwereren MTW X 552.004 ff. (MTW 100.013/2) verfügen über eine funkferngesteuerte, frei schwenkbare Arbeitsbühne an einem hydraulisch knick- und teleskopierbaren Hubsteiger-Kragarm. Drei MTW, die weitgehend dem Typenbild der ÖBB X 52.004 009 entsprechen, waren von der noch eigenständigen DR bestellt worden und figurieren heute als BR 709 im Bestand der DB. Das Tunnelinstandhaltungsfahrzeug TIF 705 der DB leitete sich dagegen aus der Vorserie ÖBB X 552.001-003 ab.

Frei verschwenkbare Hubarbeitsbühne und Teleskopkran kennzeichnen den MTW X 552.005 von Plasser & Theurer, hier in Purkersdorf im August 1994 im Einsatz

Vorläufer der neuen MTW-Generation: Motorsteigerwagen X 551.01 in Wien Nord, Oktober 1987

Die Bauzugversion des MTW X 552 mit geteiltem Aufbau wurde im September 1997 vorgestellt

AUFNAHMEN: PETROVITSCH

Bis 1997 wurden die in St. Leonhard am Forst geernteten Zuckerrüben auf dem Schienenweg abtransportiert. Am 30.10.1997 führten zwei Loks der Reihe 2095 einen Leerwagenzug zum Verladeplatz, aufgenommen bei Bischofstetten. W. Kaiser

Der X 627.951 ist die vierachsige Schmalspurversion des sonst zweiachsigen OBW 10 (Ober-Grafendorf, August 1989)

Baudienst-Skl

X 627

Unter der Reihenbezeichnung X 627 werden unterschiedliche Bauformen aus der Plasser & Theurer-Typenreihe normalspuriger OBW 10 der Lieferjahre 1974 bis 1987 subsummiert. Die Oberbau-Motorwagen sind zweiachsige, mit 146-kW-Unterflurantrieb bestückte Bauhilfsfahrzeuge. Sie dienen in der Bauform ab 1978 mit geräumiger Mannschaftskabine zugleich dem Transport von Personen und Gerätschaften. Sie können mit einer kippbaren Ladefläche und Ladekran ausgerüstet werden.

Der Fahrzeugrahmen hat normale Längsfestigkeit eines Regelfahrzeugs nach UIC, verfügt über direkte und indirekte Druckluftbremseinrichtungen und trägt beidseits normale Zug- und Stoßeinrichtungen. Ein OBW 10 kann daher ohne Einschränkung in Regelzüge bis 100 km/h eingereiht werden oder umgekehrt als Zugtriebfahrzeug eines Arbeitszuges fungieren.

Für Ladearbeiten ist das Fahrzeug heckseitig mit einem einmal abgewinkelten, dreifach ausschiebbaren Teleskopkran mit Hochsitzsteuerung ausgestattet. Alle Kranbewegungen, die direkte Bremse, Kriechgangbewegungen des Fahrzeugs und alle Signale können vom Kranbedienplatz aus betätigt werden. Eine elektrohydraulische Hubhöhenbegrenzung erlaubt gefahrlosen Kranbetrieb unter eingeschalteter Fahrleitung. Der Kran wird entweder

Technische Daten

Baureihenbezeichnung		X 627[1]	X 627.9	X 627.7[3]	X 627.8[4]
Indienststellung (1. Jahr)		1974	1986	1987	1985
Anzahl gebaut/Bestand 1998		23/23	1/1	2/2	1/1
Betriebsnummern, Stand 1998		*)	951	701–702	801
Hersteller		Plasser	Plasser	Plasser	Plasser
Spurweite	mm	1435	760	1435	1435
Achsformel		B	B'B'	B	B
Länge über Puffer	mm	9700/10130	10600	10130	12640
Dienstmasse	t	27	42	38	27
Fahrmotor		Deutz F 8 L 413	Deutz F 8 L 413 F	MWM D232V12 ex-geschützt	Deutz F 8 L 413 F
Leistung	kW	146	147	165	174
Drehzahl	U/min	2500	2500	2500	2500
Arbeitsweise		Viertakt	Viertakt	Viertakt	Viertakt
Kraftübertragung		hydrodynamisch	Dreiganggetr.	hydrodynamisch	Dreiganggetr.
Höchstgeschwindigkeit	km/h	65/80	60	80	80
Ausstattung		Ladekran[2]	Ladekran[2]	Ladekran Beiwagen m. Luftflaschen	3 anhebbare Tastradsätze Profilscanner

*) 001, 011, 021–023, 031–036, 051–055, 101, 501, 511–514
1) Sammeltypenbezeichnung OBW 10 unterschiedlicher Bauformen/Ausstattungsversionen
2) z.T. mit Vorsatzschneeschleuder Beilhack HB 280/BW 10
3) Tunnelrettungsfahrzeug
4) Gleis-/Profilmeßfahrzeug

AUFNAHME: MÖSL

Die war die standardisierte Bauform des OBW 10s: X 628.013 des Bauhofs Wiener Neustadt

mit einem 210-l-Zweischalengreifer oder einem Schwellengreifer ausgerüstet. Da der OBW den Drehkran an der freien Stirnseite trägt, kann er auch zu Ladearbeiten auf einem angehängten Waggon herangezogen werden.

Es wird darüber hinaus eine weite Palette von Anbauaggregaten in verschiedenen Kombinationsmöglichkeiten angeboten, z.B. als Reparaturfahrzeug mit Schienenzangen und Seilwinden oder als Winterdienstfahrzeug mit Pflug, Schneeschleuder oder Schneekehraggregat. Kabinenseitig kann eine Beilhack-Schneeschleuder HB 280 vorgebaut werden. Sie wird hydrostatisch mittels Öldruckleitungen von einem eigenen 200-kW-Antriebsaggregat, das auf die Ladefläche der OBW 10 aufgebaut wird, in Funktion gesetzt.

Die für Schleudereinsatz vorbereiteten OBW 10 sind bei den ÖBB in der Untergruppe X 627.5 zusammengefaßt. Sie unterscheiden sich von den Standardfahrzeugen durch zusätzliche rotierende Klarsichtscheiben in den Führerstandstirnfenstern und eine Aushebe- und Drehvorrichtung. Zum Wenden beim Schneeschleudereinsatz wird genau unter dem Fahrzeugschwerpunkt auf horizontalem Gleis ein Tragkranz auf die Schienen abgesenkt, der komplette Wagen darauf mittels hydraulischen Hubstempeln aus den Gleisen gehoben und händisch auf dem eingebauten Drehkranz in die Gegenrichtung geschwenkt.

Zusätzlich zu den 23 normalspurigen X 627 (davon 5 mit Winterdiensteignung) steht auf der 760-mm-spurigen Mariazellerbahn ein auf allachsgetriebenen Drehgestellen laufendes OBW-10/s-Einzelstück X 627.951 Baujahr 1986 im Einsatz.

SKL Reihe X 627 700

Im Gegensatz zu den aufwendigen Rettungsvorsorgen auf deutschen Neubaustrecken werden bei den langen Neubautunnels in Österreich (Sittenbergtunnel der Westbahn und Inntaltunnel Brennerlinie) lediglich Transportfahrzeuge für Einsatzkräfte und Feuerwehrautos bereitgehalten. Nach anfänglicher Intention sollten die entsprechenden OBW 10 mit Sonderausrüstung gar als normale Baustellenfahrzeuge genutzt werden, die sich dabei bis 15 km vom Einsatzstartpunkt entfernt hätten.

Die explosionsgeschützten OBW 10 S-2 Nr. X 627.701 und 702 werden in verqualmter Atmosphäre aus einer 200 bar-Druckflaschenbatterie auf einem mitgeführten Beiwagen mit Verbrennungsluft versorgt. Motor, Abgassammelrohre und Kompressor sind wassergekühlt, sodaß die Oberflächentemperatur an keiner Stelle 160 °C überschreitet. Bei Notbetrieb in explosionsgefährlichen Bereichen müssen Lichtmaschine und Anlasser desaktiviert werden, an ihre Stelle treten Druckluftstarter und ex-geschützte Notstromversorgung der wichtigsten Geräte.

Die beschränkte Traktionsleistung und das geringe Adhäsionsgewicht des OBW 10 S-2 (32.5 t) reichen kaum aus, um allenfalls einen schwereren Zugteil aus einem Gefahrenbereich zu ziehen. Bei einer Katastrophenübung im Türkenschanztunnel der Wiener Vorortlinie (S 45) vermochte der X 627.701 nicht einmal eine Schnellbahngarnitur zu bewegen. Die X 627.7 werden in Pöchlarn sowie in Hall in Tirol einsatzbereit gehalten.

SKL X 627 801

Unter der Skl-Nummer X 627.801 figuriert ein 1985 geliefertes, kombiniertes Gleis- und Lichtraum-Meßfahrzeug, das in der Werkstypenbezeichnung von Plasser & Theurer nicht der Gruppe OBW 10, sondern der Serie EM 80 E zugeordnet wird. Das selbstfahrende Trägerfahrzeug X 627.801 vereinigt in sich zwei voneinander eigentlich unabhängige Meßfunktionen: Beurteilung der Gleisgeometrie und fotogrammetrische Aufnahme von Profilsituationen (Impulslaserscanner für Tunnelquerschnitte, Tageslicht-Stereokameras für offene Strecke). Im Meßbasisabstand von 2 x 5 Metern erfassen drei mittels Längslenkern unter dem Fahrzeugrahmen abgehängte Teleskop-Meßachsen die Gleislage. Ihre einzeln seitenverschieblichen kleinen Meßräder werden vertikal und horizontal durch Druckluftzylinder so an die Schienen angepreßt, daß die Spurkränze beide Fahrkanten, fortlaufend abtasten.

Eine Kopplung der Meßräder mit Tastschwertern der Gegenseite verhindert in Herzstückbereichen ein Abirren in die falsche Spurrille. Aus dem relativen Über- und Höhenversatz der sechs Tasträder im Bezug zueinander und zum Fahrzeugrahmen bzw. den Hauptradsätzen wird die Gleisgeometrie ermittelt. Der Antrieb (Viertaktmotor 165 hW, Clarkgetriebe, Kegelrad-Achsgetriebe) dient der 80-km/h-Eigenfahrt des bei der Fahrweg-Meßgruppe in Tulln stationierten Einzelstückes.

X 628

Die über die Jahre 1974 bis 1987 de facto in Einzelstückzahlen beschafften OBW 10 (ÖBB X 627) fehlt jegliche Typennormierung, was Ersatzteilvorhaltung und Instandsetzung durch die Hauptwerkstätte erschwert. Künftige Beschaffungen sollten neben den definierten Bedürfnissen der Verwendungsdienstelle einheitliche, in einem Lastenheft zusammengefaßte Grundmerkmale aufweisen und die Tauschbarkeit bestimmter Bauteile sicherstellen. Vereinheitlichungen betrafen auch die Anbaumöglichkeiten von Zusatzeinrichtungen.

Der OBW 10 S unterscheidet sich von früheren Grundtypen durch eine breitere Kabine. Er verfügt über eine Schakenaufhängung der Achsen und Federn. Die kippbare Ladefläche der X 627 wurde kaum für Schüttguttransporte genutzt,

AUFNAHME: PETROVITSCH

Der X 629.004 entspricht der Leichtbauversion OBW 9 (Innsbruck, September 1994)

um gröbere Verschmutzung des OBW zu vermeiden. Dementsprechend wurde auf der Bühne des OBW 10 S (ÖBB-Type X 628) nur noch eine kleine Kippladefläche für die Mitnahme von Gerätschaften angeordnet und das Antriebsaggregat oberflur aufgebaut. Die Leistung des Dieselmotors wurde auf 268 kW (gegenüber 146 kW beim X 627) hinaufgesetzt. Neben dem hydromechanischen Vierganggetriebe besteht ein zusätzlicher hydrostatischer Kriechgangantrieb für Fahrzeugbewegungen an der Arbeitsstelle mit maximal 8 km/h. Die Kraftübertragung auf die beiden Antriebsachsen erfolgt mit Hilfe von Gelenkwellen und Kegelradgetriebe. Fährt der X 628 mit gerillnger Netto-Antriebsleistung im Kriechgang, kann die verbleibende Motorleistung von etwa 200 kW über eine Nebenabtriebswelle am Getriebe als Kraftquelle z.B. für eine Beilhack-Vorsatzschneeschleuder genutzt werden.

Die Fahrzeuge, die mit Winterdienstausrüstung bestellt wurden, verfügen über Aushub- und Drehvorrichtung sowie rotierende Klarsicht-Fenstereinsätze.

Der hydraulische Ladekran verfügt über Dreifachausschub und erreicht abgestützt eine Tragfähigkeit von ca. 3,5 t bei 4 m Ausladung. Im unabgestützten Zustand des Fahrzeugs, das somit während des Kraneinsatzes im Kriechgang verfahrbar bleibt, beträgt die Belastung dagegen nur 1,5 t. Bei Arbeiten unter eingeschalteter Fahrleitung wird eine automatische Hubhöhenbegrenzung aktiviert.

Insgesamt wurden bislang nur 13 Stück OBW 10 S des Typs X 628 in Dienst gestellt, wobei auch die angestrebte Vereinheitlichung nicht im vollen Maße durchgezogen wurde. Ab X 628.007 bestehen bereits wieder typenmäßige Differenzierungen im Vergleich zu der 1989/90 gelieferten Erstbauserie. Die OBW 10 sind nicht den Zugförderungsleitungen (Traktionsstandorten), sondern den Bauhöfen des Infrastruktur-Geschäftsbereiches Fahrweg zugeordnet. Die Großerhaltung erfolgt durch den TS-Geschäftszweig Sonderfahrzeuge und Komponenten mit den Werken Knittelfeld und Wörth.

X 629

Die weitverbreiteten kleinen Motorbahnwagen X 626 (BM 70) der Bahnmeisterstellen sollten mittelfristig durch adäquate Neubaufahrzeuge abgelöst werden. Zwar reduziert sich die erforderliche Anzahl (128 Stück X 626) durch die Zusammenlegungen einzelner Bahmeistereien zu größeren Bauhöfen. Dennoch kommt kein durchgehender Ersatz der „Draisinen“ BM 70 durch aufwendige OBW 10 der Typen X 627/628 in Betracht. Als mögliche Ablöse entwickelte Plasser & Theurer eine billigere und leichtere Bauform seiner Oberbau-Bahnwagen, die die Typenbezeichnung OBW 9 erhielt.

Der OBW 9 eignet sich neben den üblichen Aufgaben des Personal-, Geräte- und Materialtransports zu einer Baustelle mit seinem Ladekran auch für Oberbau- oder Aushubarbeiten kleineren Umfangs. Die normalspurigen OBW 9 sind seit Ablieferung des Prototyps X 629.001 im Jahr 1991 bislang erst in fünf Exemplaren nachbestellt worden.

Als kostengünstigere Alternative zum OBW 9 interessierten sich die ÖBB für ein von der Firma GSM Technorail in Boudry vorgeschlagenes Zweiwegefahrzeug, das bei der belgischen Firma Mol in Hooglede gefertigt wurde.

Zwei als SKL X 690.001 und 002 bezeichnete Prototypen wurden anfangs 1995 in Bludenz getestet. Der X 690 stellte ein echtes Zweiwegefahrzeug dar (im Gegensatz etwa zu einem Unimog, der mit den Gummirädern auf den Schienenköpfen fährt und nur Führungsrollen aufweist): Zur Gleisfahrt wurden am X 690 an Schwenkarmen montierte Achsen mit üblichen Eisenbahnräder ausgefahren und das Fahrzeug hiermit soweit hochgehoben, daß die Pneuräder 150 mm über SOK, aber noch innerhalb

Ein Meßtriebwagen für die Gleislageerfassung und Profilabtastung verbirgt sich hinter X 627.801

AUFNAHMEN: PETROVITSCH

Schmalspurversion des OBW 9 der Mariazellerbahn: X 629.901, verladen in Hütteldorf (April 1994)

AUFNAHME: INDERST

der Eisenbahn-Fahrzeugumgrenzung „schwebten". Die Bahnachsen wurden hydrostatisch mit Öldruckmotoren angetrieben bzw. gebremst. Die nominielle Höchstgeschwindigheit bei Schienenfahrt sollte 60 km/h betragen, tatsächlich war aber die Grenze der Laufstabilität bei 45 km/h erreicht. Das 17 Tonnen schwere Gefährt bestand weder die Straßenverkehrszulassung noch die eisenbahnbehördliche Abnahme und wurde an den Hersteller zurückgegeben.

Für die Schmalspurstrecken wurden 1993 zwei zweiachsige Motorbahnwagen X 629.901 und 902 mit ähnlichen Charakteristiken wie die OBW 9 beschafft. Ein oberflur angeordneter 177-kW-Dieselmotor treibt über ein hydrodynamisches Dreiganggetriebe beide Achsen. Die Höchstgeschwindigkeit in Eigenfahrt erreicht 60 km/h.

Mit doppelter Bremsausrüstung, Druckluft und Vakuum, können die Fahrzeuge bei Überstellfahrten sogar in Reisezüge eingereiht werden. Mit der Drehvorrichtung kann das Fahrzeug hydraulisch gehoben, händisch gewendet und wieder hydraulisch abgesenkt werden.

Ein schmalspuriger OBW 9 ist der Bahnmeisterstelle Mittersill (Krimmlerbahn), der zweite der Mariazellerbahn zugeteilt.

AUFNAHME: W. KAISER

Der als X 401.001 bezeichnete, zweiteilige Tunnel-Untersuchungswagen besitzt einen Hubsteiger (Innsbruck, September 1997)

Bahndienst-Skl

TUF X 401 001

Seit September 1996 verfügt der Geschäftsbereich Fahrweg über ein neues selbstfahrendes, zweiteiliges Tunneluntersuchungsfahrzeug SKL X 401.001 (Typenbezeichnung Plasser & Theurer TUF 100). Der vierachsige Antriebsteil, dessen Führerstand mit Meßraum und Sichtkanzel kombiniert ist, leitet sich aus der Bauform der Motorturmwagen X 552 ab. Der Kabinenaufbau nimmt zugleich Sozial- und Schlafraume auf.

Die frei verschwenkbare Hubarbeitsbühne, die ohne Fahrzeugabstützung auskommt, hat eine seitliche Reichweite von 12,9 m und erreicht eine Höhe von mehr als 13 m. Alle Bewegungen der Bühne und die wichtigsten Fahrzeugfunktionen sind funkferngesteuert und können somit von der Arbeitsbühne aus betätigt werden. Mit dem weitreichenden Hubsteiger eignet sich der TUF 100 – neben dem unmittelbaren Einsatzzweck der Tunneluntersuchung – auch für Inpektions-, Erhaltungs- und Sicherungsarbeiten an Stützmauern und Lehnenverbauungen. Der aufgesattelte Anhängerteil fungiert nicht nur als Schutzwagen für den gesenkten Teleskoparm, sondern weist zur Erleichterung der Tunnelwandinspektion auch seitlich hydraulisch ausfahrbare Verbreiterungsplattformen auf und trägt den rückwärtigen Führerhausaufbau. Das Tunneluntersuchungsfahrzeug X 401.001 ist im Oberbau-Stofflager Linz-Wegscheid beheimatet.

SKL X 432 001

Unter der Maschinennummer 568 lieferte Plasser & Theurer 1991 den Prüftriebwagen X 432.001 an die Signalstreckenleitung Linz, in deren Erhaltungsbereich der vorläufig einzige mit LZB ausgerüstete Streckenabschnitt der ÖBB (Linz – Wels – Lambach) liegt. Zusätzlich übernimmt der X 432.001 die periodische Funktionsprüfung der Indusi-Magneten im Gesamtnetz der ÖBB. Das Fahrzeug leitet sich konstruktiv aus dem Lieferprogramm OBW/MTW 100 ab.

Die Maschinenanlage entspricht der Ausrüstung des MTW X 552 mit dem KHD-Viertakt-V-12-Dieselmotor mit Abgasturbolader und Ladeluftkühlung, hydrodynamischer Drehmomentwandler mit Viergang-Lastschaltge-

Technische Daten

Baureihenbezeichnung		X 401[1]	X 432[3]
Indienststellung (1. Jahr)		1996	1991
Anzahl gebaut/Bestand 1998		1/1	1/1
Betriebsnummern, Stand 1998		001	001
Hersteller		Plasser	Plasser
Spurweite	mm	1435	1435
Achsformel		(B'2')'(2')'	2'B'
Länge über Puffer	mm	25430	15840
Dienstmasse	t	...	43,4
Fahrmotor		Deutz BF 12 L513C	Deutz BF 12 L513C
Leistung	kW	367	367
Drehzahl	U/min	2300	2300
Arbeitsweise		Viertakt	Viertakt
Kraftübertragung		hydrodynamisch[2]	hydrodynamisch
Höchstgeschwindigkeit	km/h	120 bzw. 6	120
Ausstattung		Hubbühne Ladekran Kanzel Verbreiterungsplattform Erdungsstromabnehmer Sozial- u. Schlafraum	Meß-, Sozial- u. Schlafräume

[1] für Inspektionen und Erhaltungsarbeiten an Tunneln und Lehnen
[2] Kriechgang hydrostatisch (Arbeitsmotor Deutz 74 kW)
[3] Meßtriebwagen für LZB und Indusi

AUFNAHME: PETROVITSCH

Mit der Fahrleitungs-Umbaumaschine X 556.001 können neue Fahrleitungen aufgezogen werden

X 554.201 besitzt eine schwenkbare Hubbühne

triebe und nachgeordnetem Wendegetriebe. Die Meßeinrichtungen sind im verlängerten Führerstandraum I konzentriert. Der überwiegende Teil des Fahrzeugaufbaus wird von Aufenthalts- und Schlafräumen für die begleitende Meßmannschaft eingenommen.

Die Höchstgeschwindigkeit in Eigenfahrt von 120 km/h (lauftechnische Schleppgeschwindigkeit nominell 140 km/h) wird nur bei LZB-Kontrollfahrten Linz – Lambach oder zu Überstellzwecken genutzt. Die Überprüfung der Indusi-Einrichtungen kann systembedingt nur bei haltzeigenden Signalen nach den betrieblichen Regeln einer NO-Nebenfahrt abgewickelt werden. Der X 432.001 ist in Linz Hauptbahnhof stationiert (Standort zumeist am Ostkopf).

Technische Daten

Baureihenbezeichnung		X 556.0[1]	X 556.1[2]
Indienststellung (1. Jahr)		1996	1996
Anzahl gebaut/Bestand 1998		1/1	1/1
Betriebsnummern, Stand 1998		001	101
Hersteller		Plasser	Plasser
Spurweite	mm	1435	1435
Achsformel		2'B'	3'C'
Länge über Puffer	mm	19240	20240
Dienstmasse	t	...	...
Fahrmotor		Deutz BF 12 L 513 C	Deutz BF 12 L 513 C
Leistung	kW	367	367
Drehzahl	U/min	2300	2300
Arbeitsweise		Viertakt/Turbo	Viertakt/Turbo
Kraftübertragung		hydrodyn.[3]	hydrodyn.[3]
Höchstgeschwindigkeit			
Kriechgang	km/h	0–7	0–8
Eigenfahrt	km/h	24	24
Schleppfahrt	km/h	100	100

[1] Fahrleitungs-Umbaumaschine „FUMA" zum Aufziehen von Neufahrleitungen
[2] Maststellgerät „MAGE"; 2 Schwerlastkräne (75 m) mit Greifern für Betonmasten
[3] Kriechgang hydrostatisch

Zugehörige, selbstfahrende Hilfsfahrzeuge:
X 554.201 mit verschwenkbarer Hubarbeitsbühne
X 554.101–103 Motorgerüstwagen (FGW 10.001 mit Hebebühnen)

Zugehörige, nicht selbstfahrende Hilfsfahrzeuge:
80 81 9740 516–6 FUMA-Steuerwagen mit Büro- und Sozialräumen
X 501.001 Fahrleitungs-Windenwagen zur Aufwicklung von Altfahrdrähten

Fahrleitungsumbauzug (X 554/556)

Steigendes Geschwindigkeitsniveau und höhere Traktionsströme bedingen de facto schrittweise eine völlige Neuelektrifizierung auf bestehenden Strecken. „Fahrleitungsumbau" bedeutet fast immer die parallele Neuerrichtung einer kompletten Fahrleitungsanlage inklusive neugestellter Betonmasten. Für die dem Fahrleitungs-Kettentausch vorauseilenden Mastsetzarbeiten griff man in früheren Jahren problemlos auf die vorhandenen Dampf- und Dieselkräne der Zugförderung zurück. Nach der ÖBB-Organisationsreform beschaffte der Energie Anlagenbau einen eigenen selbstfahrenden Schwerlastkran (Maststellgerät MAGE X 556.101). An beiden Enden des sechsachsigen Tragwagens sind 75 mt-Teleskop-Schwenkkräne mit speziellen Klemmgreifern für Betonmasten aufgebaut.

Für den Abbau der bestehenden und Aufziehen der neuen Fahrleitungskette während relativ kurzer Sperrpausen hatte Plasser & Theurer ab 1990 für die schwedische SJ/Banverhet und die SBB entsprechende Fahrzeugsysteme geliefert. Ein Rollenwindwerk mit hydrostatischem Regelantrieb zieht Fahrdraht und Tragseil bereits unter solchem Abspannzug auf, wie er der Sektion letztlich durch die Gewichtsnachspannung aufgeprägt wird.

Der eigentlichen vierachsigen Fahrleitungsumbaumaschine (Werktyp FUM 100.046, ÖBB (FUMA-X 556.001) fährt ein MTW mit dem Windenwagen X 501.001 (P&T FWW 10.001) zum Aufwickeln des abgebauten Kettenwerkes voraus. Auf Sichtweite hinter der FUMA folgen mehrere getrennt selbstfahrende Arbeitsfahrzeuge (X 554.201, 101-103) mit Hubsteiger bzw. Hubbühnen für die manuelle Einrichtung der Schwenkausleger und den Einbau von Hängern, Klemmen, Stromverbindern usw.

Der Doppel-Teleskopkran X 556.101 „MAGE" dient zum Aufstellen schwerer Betonmasten, hier im Einsatz im Ötztal im Oktober 1996

AUFNAHMEN: PETROVITSCH

Noch können auf dem Gelände der Hauptwerkstatt Neckarbischofsheim der Südwestdeutschen Verkehrs-AG (SWEG) Triebwagen verschiedener Generationen besichtigt werden. Links MAN-Fahrzeuge aus den fünfziger und sechziger Jahren; rechts und hinten Triebwagen des Typs NE 81

AUFNAHME: B. SCHULZ

Nichtbundeseigene Bahnen

Von der Privat- und Kleinbahnära bis ins Zeitalter der Regionalisierung

Der traditionelle Begriff ist längst überholt, trotzdem werden die nichtbundeseigenen Eisenbahnen häufig noch als Privatbahnen bezeichnet. Aber auch die offizielle Bezeichnung hat ihre Tücken. Spätestens wenn die ab 1999 unter dem Dach der DB AG selbständig operierenden fünf Aktiengesellschaften den Börsengang antreten, verschwimmen auch die Grenzen zwischen nichtbundeseigenen Eisenbahnen und der gegenwärtig voll im Bundesbesitz befindlichen ehemaligen Staatsbahn.

Zur Definition ein wenig „Juristerei"

Schon die Gesellschaftsform verrät, daß die Deutsche Bahn bereits jetzt privatrechtlich organisiert, mithin formal selbst eine riesengroße „Privatbahn" ist. In absehbarer Zeit dürfte sie mindestens teilweise nicht mehr bundeseigen sein, dann taugen die herkömmlichen Unterscheidungskriterien erst recht nicht mehr. Der neuerdings häufig verwendete Begriff „Regionalbahnen" wird der aktuellen Entwicklung schon eher gerecht, in den amtlichen Sprachgebrauch hat er aber noch keinen Eingang gefunden.

Auch in der seit 1. Januar 1994 gültigen Fassung kennt das Allgemeine Eisenbahngesetz zum einen die Eisenbahnen des Bundes, zum anderen eben die nichtbundeseigenen Eisenbahnen. Das Gesetz gilt für beide Arten, regelt Einzelfragen jedoch unterschiedlich. So entscheiden bei den nichtbundeseigenen Eisenbahnen die Länder, ob diese dem öffentlichen oder nur dem nichtöffentlichen Verkehr dienen. Womit wir schon bei einem weiteren Kriterium wären, das eine lange Geschichte hat.

Die traditionell als Privat- oder Kleinbahnen bezeichneten Eisenbahnen dienten überwiegend von jeher dem öffentlichen Verkehr, letztere allerdings eingeschränkt. Die des nichtöffentlichen Verkehrs dagegen sind meist als Werks-, Hafen- oder Anschlußbahnen geläufig. Ausschlaggebend für die Zuordnung ist, ob eine Bahn der Allgemeinheit oder nur einem begrenzten Benutzerkreis zur Verfügung steht.

Um einer babylonischen Verwirrung vorzubeugen, sei zunächst erklärt, wie es zum Begriff der (häufig wie ein Eigenname groß geschriebenen) „Nichtbundeseigenen Eisenbahnen" kam.

Als 1951 das Bundesbahngesetz in Kraft trat, wurden die bisherigen Privat- und Kleinbahnen des öffentlichen Verkehrs insgesamt als „Nebenbahnen nichtbundeseigener Eisenbahn- oder Verkehrsunternehmen", kurz NE, eingestuft. Damals gab es schon den am 10. Mai 1950 gegründeten „Verband Deutscher Nichtbundeseigener Eisenbahnen (VDNE)". Ab 2. Dezember 1965 firmierte er als „Bundesverband Deutscher Eisenbahnen (BDE)" mit dem Zusatz „Eisenbahnen des öffentlichen und nichtöffentlichen Verkehrs – Berg- und Seilbahnen – Kraftverkehrsbetriebe". Dieser wiederum ging am 1. Januar 1991 im „Verband Deutscher Verkehrsunternehmen" (VDV) auf, einem Zusammenschluß aus BDE und dem „Verband öffentlicher Verkehrsbetriebe" (VÖV)". Die meisten NE-Betriebe sind im VDV organisiert, auch die Deutsche Bahn zählt inzwischen ebenfalls zu den Mitgliedern.

Mit Privatbahnen fing es an

Der Oberbegriff „Nichtbundeseigene Eisenbahnen" umfaßt auch zahlreiche, nur dem nichtöffentlichen Verkehr dienende Betriebe. Nur die öffentlichen sind aber als Nachfolger der Privat- und Kleinbahnen im engeren Sinn anzusehen. Deren Ursprung reicht weit ins 19. Jahrhundert zurück.

Die 1835 eröffnete erste deutsche Eisenbahn zwischen Nürnberg und Fürth wurde mit privatem Aktienkapital finanziert und

Die Triebwagen-Ära auf den deutschen Privat- und Kleinbahnen begann in den dreißiger Jahren mit Schienenbussen der Bauart Hannover aus Wismar; hier der heute als Museumsfahrzeug genutzte VT 0508 in Scheuen (Osthannoversche Eisenbahnen) am 27. April 1995

kam über lokale Bedeutung nie hinaus. Sie ging später in der Nürnberg-Fürther Straßenbahn auf. Mehr Erfolg war der Leipzig-Dresdener Eisenbahn beschieden, die bis 1839 etappenweise die erste deutsche Fernbahnstrecke errichtete. Im Jahr 1876 wurde sie in die Sächsische Staatseisenbahn eingegliedert.

Private Gesellschaften bauten und betrieben zunächst auch die meisten anderen Fernstrecken, die schließlich ein zusammenhängendes Netz bildeten und ab etwa 1875 bis auf wenige Ausnahmen verstaatlicht wurden. Einige deutsche Länder, wie Baden und Bayern, setzten von vornherein auf den Staatsbahngedanken – dies hier aber nur am Rande. Sowohl die privaten Investoren als auch die Länder engagierten sich vor allem beim Bau solcher Strecken, die später in die Kategorie Hauptbahnen fielen. Diese mußten entweder Profit abwerfen oder – für den Staat – zumindest von militärischem oder volkswirtschaftlichem Nutzen sein. Das preußische Eisenbahngesetz von 1838 wie auch die später erlassenen Gesetze in anderen Ländern waren eher auf hauptbahngemäßen Bau und Betrieb zugeschnitten. Für die Erschließung verkehrsschwacher Gebiete erwiesen sie sich häufig als überzogen.

Ab 1. Juli 1878 erleichterte die *„Bahnordnung für deutsche Eisenbahnen untergeordneter Bedeutung"* den Bau und Betrieb einfach trassierter, mit wenig technischem und personellem Aufwand zu sichernder Strecken. Freilich handelte es sich um ein Reichsgesetz, das für die in den Ländern zu erlassenden Vorschriften nur die Rahmenbedingungen lieferte. Bayern war in dieser Hinsicht mit dem „Vicinalbahngesetz" von 1869 vorgeprescht, schuf zusätzliche Anreize zum Bau der dann so genannten Lokalbahnen, aber wie die meisten anderen Länder erst auf Grundlage des erwähnten Reichsgesetzes.

Kleinbahnen ergänzen das Staatsbahnnetz

Das bekannteste Gesetz zur Förderung des Bahnbaus in verkehrsschwachen Gebieten verordnete am 28. Juli 1892 „Wilhelm, von Gottes Gnaden König von Preußen". Überschrieben als *„Gesetz über Kleinbahnen und Privatanschlußbahnen"* verhalf es eben dem Begriff Kleinbahnen zum Durchbruch, der gelegentlich fälschlich für alle Bahnen unterhalb der Normalspurweite gebraucht wird. Das am 1. Oktober 1892 in Kraft getretene preußische Gesetz definierte jedoch Kleinbahnen als *„die dem öffentlichen Verkehre dienenden Eisenbahnen, welche wegen ihrer geringen Bedeutung für den allgemeinen Eisenbahnverkehr dem Gesetze über die Eisenbahnunternehmungen vom 3. November 1838 nicht unterliegen"*. Im weiteren wurden sie als Bahnen charakterisiert, die *„hauptsächlich den örtlichen Verkehr vermitteln"* oder solche, die *„nicht mit Lokomotiven betrieben werden"*. Kein Wort über die Spurweite! – Im übrigen differenzierte erst die Ausführungsbestimmung

Mehrere NE-Bahnen übernahmen in den fünfziger Jahren DB-Altbau-Triebwagen. Dazu gehörte auch der heutige VT 04 der Württembergischen Eisenbahn-Gesellschaft mbH (WEG) von 1926

AUFNAHMEN: LINDENBLATT, B. SCHULZ

Die Hohenzollerische Landesbahn AG modernisierte in den fünfziger Jahren ihren Schienenpersonennahverkehr mit derartigen Triebwagengarnituren. Das Foto vom VT 7 und VB 7 entstand bei Sigmaringen; im Hintergrund das Schloß Sigmaringen

vom 13. August 1898 zwischen Straßenbahnen und „nebenbahnähnlichen Kleinbahnen“. In letztere Kategorie fielen Strecken, die Güter- und Personenverkehr zwischen mehreren Orten vermittelten.
Das Kleinbahngesetz löste in Preußen einen Bauboom aus. Provinzen, Kreise, Kommunen, Genossenschaften, Industrielle und Großgrundbesitzer gründeten Kleinbahnunternehmen mit unterschiedlicher Rechtsform. Dabei befanden sich Anteile vieler Kapitalgesellschaften von vornherein in „öffentlicher Hand“ oder wurden, wenn private Anteilseigner mangels Rendite wieder ausstiegen, beispielsweise von Kreisen oder Gemeinden übernommen. Die mit dem Bau betrauten Firmen waren häufig auch mit der Betriebsführung beauftragt. Viele traten diese dann nach einer vereinbarten Frist wieder an die Eigentümer ab, manche Firmen behielten – unter neuem Namen – die Betriebsführung bis heute.
Die in anderen deutschen Ländern für Bahnen einfachster Bauart erlassenen Gesetze entsprachen teils dem preußischen Strickmuster, die bayerischen Lokal- oder die württembergischen Sekundärbahnen waren nur bedingt mit den preußischen Kleinbahnen vergleichbar. Häufig setzte sich nach dem Ersten Weltkrieg der Begriff „Kleinbahnen“ durch, die gesetzlichen Grundlagen für derartige Bahnen blieben jedoch Ländersache.

Privat- und Kleinbahnen bis 1945

Das Eisenbahnnetz des Deutschen Reiches umfaßte am 1. April 1920 insgesamt 67 938 km Strecken mit öffentlichem Verkehr. Diese teilten sich wie folgt auf:

Reichseisenbahnen (ehemalige Länderbahnen)	53 560 km
Privateisenbahnen	4 673 km
nebenbahnähnliche Kleinbahnen	9 705 km.

Den Übergang der früheren Länderbahnen auf das Reich regelte der Staatsvertrag vom 31. März 1920. Zudem bestimmte die Weimarer Verfassung, daß alle *„Eisenbahnen des allgemeinen Verkehrs“* in Reichseigentum zu überführen seien. – Schon wieder ein neuer Begriff! Leider, lieber Leser, muß der Begriffsvielfalt an dieser Stelle noch etwas hinzugefügt werden. Denn für die Einstufung als „Kleinbahn“ war es entscheidend, ob eine Strecke dem *„allgemeinen“* oder *„nicht allgemeinen Verkehr“* diente. Öffentlich waren wohlgemerkt beide Arten, doch besaßen die Bahnen des „nicht allgemeinen Verkehrs“ nur lokale Bedeutung. Sie wurden nach einfachen, den örtlichen Gegebenheiten angepaßten Vorschriften betrieben und durften auf die Staatsbahn übergehende Güter nicht durchgehend abfertigen. Alle in diesem Sinne nicht dem allgemeinen Verkehr dienenden Bahnen wurden ab 1920 eben Kleinbahnen oder nebenbahnähnliche Kleinbahnen genannt. Mit der Spurweite – das sei nochmals betont – hatte das rein gar nichts zu tun. Auch unter den oben genannten Reichseisenbahnen und Privateisenbahnen gab es zahlreiche Schmalspurstrecken; die nichtöffentlichen Werks-, Hafen- oder Anschlußbahnen blieben in

Esslingen lieferte 1957 diese D-dh-Lokomotive an die Hohenzollerische Landesbahn als V 81

AUFNAHMEN: ARCHIV HZL/VON MEISSNER

NICHTBUNDESEIGENE EISENBAHNEN DES ÖFFENTLICHEN VERKEHRS 1998 (I)

Unternehmensbezeichnung	Spurweite (mm)	Eröffnung	Eigentumslänge (km)	Verkehrsaufgaben
Schleswig-Holstein/Hamburg				
AKN Eisenbahn AG (ex Eisenbahn Altona-Kaltenkirchen-Neumünster)	1435	1884	128,8	Personen- und Güterverkehr
Hafen- und Verkehrsbetriebe der Landeshauptstadt Kiel	1435	1918	18,7	Güterverkehr
Nordfriesische Verkehrsbetriebe AG	1435	1895	13,6	Personen- und Güterverkehr
Uetersener Eisenbahn AG	1435	1873	4,1	Güterverkehr
Verkehrsbetriebe Kreis Plön GmbH (ex Kiel-Schönberger Eisenbahn)	1435	1897	20,5	Güterverkehr
Verkehrsbetriebe des Kreises Schleswig-Flensburg (ex Schleswiger Kreisbahn)	1435	1883	14,6	Güterverkehr
Niedersachsen/Bremen				
Bentheimer Eisenbahn AG	1435	1896	75,7	Güterverkehr
Borkumer Kleinbahn und Dampfschiffahrt GmbH	900	1888	7,3	Personenverkehr
Bremische Hafeneisenbahn	1435	1860	64,0	Güterverkehr
Delmenhorst-Harpstedter Eisenbahn GmbH	1435	1912	27,1	Güterverkehr
Eisenbahn Bremen – Thedinghausen	1435	1908	26,2	Güterverkehr
Eisenbahnen und Verkehrsbetriebe Elbe-Weser GmbH	1435	1981	286,0	Personen- und Güterverkehr
Emsländische Eisenbahn GmbH	1435	1993	97,0	Güterverkehr
Farge-Vegesacker Eisenbahn GmbH (ex Wilstedt-Zeven-Tostedter Eisenbahn, ex Bremervörde-Osterholzer Eisenbahn und Buxtehude-Harsefelder Eisenbahn)	1435	1888	10,4	Güterverkehr
Ilmebahn AG	1435	1883	13,1	Güterverkehr
Langeooger Inselbahn	1000	1937	3,0	Personen- und Güterverkehr
Lüchow-Schmarsauer Eisenbahn GmbH	1435	1911	0,3	Güterverkehr
Osthannoversche Eisenbahn AG	1435	1902	326,2	Güterverkehr
Rinteln-Stadthagener Eisenbahn AG	1435	1900	20,4	Güterverkehr
Steinhuder Meer-Bahn GmbH	1435	1898	5,9	Güterverkehr
Verkehrsbetriebe Extertal GmbH	1435	1927	23,8	Güterverkehr
Verkehrsbetriebe Grafschaft Hoya GmbH	1435	1881	37,0	Güterverkehr
Verkehrsbetriebe Peine-Salzgitter (ex Peine-Ilseder Eisenbahn, Kleinbahn Groß-Ilsede – Broistedt und Salzgitter Eisenbahn)	1435	1865	69,8	Güterverkehr
Verden-Walsroder Eisenbahn GmbH	1435	1910	24,9	Güterverkehr
Vorwohle-Emmerthaler Verkehrsbetriebe GmbH	1435	1900	31,8	Güterverkehr
Verkehrsgesellschaft Landkreis Osnabrück mit Betriebsteilen:				
Ankum-Bersenbrüker Eisenbahn GmbH	1435	1915	5,3	Güterverkehr
Georgsmarienhütten-Eisenbahn GmbH	1435	1866	7,3	Güterverkehr
Wittlager Kreisbahn	1435	1900	33,7	Güterverkehr
Nordrhein-Westfalen				
Ahaus-Altstätter Eisenbahn GmbH (ex Ahaus-Enscheder EisenbahnAG)	1435	1901	9,3	Güterverkehr
Bahnen der Stadt Monheim GmbH	1435	1908	9,5	Güterverkehr
Dortmunder Eisenbahn	1435	1898	20,3	Güterverkehr
Dortmund-Märkische Eisenbahn GmbH		1998		Personenverkehr
Drachenfelsbahn (Bergbahnen im Siebengebirge AG)	1000	1883	1,5	Personenverkehr
Dürener Kreisbahn GmbH (ex Jülicher Kreisbahn)	1435	1993/ 1908	60,5	Personen- und Güterverkehr
Eisenbahn Köln-Mülheim-Leverkusen	1435	1898	5,0	Güterverkehr
Häfen und Güterverkehr Köln GmbH (ex Köln-Bonner Eisenbahnen AG, Köln-Frechen-Benzelrather Eisenbahn und Häfen Köln GmbH)	1435	1893	131,6	Güterverkehr
Industriebahn Beuel (ex Kleinbahn Beuel – Großenbusch	1435	1900	4,7	Güterverkehr
Industriebahn Kaldenkirchen GmbH (ex Kleinbahn Kaldenkirchen-Brüggen)	1435	1904	10,7	Güterverkehr
Kreiswerke Heinsberg (ex Geilenkirchener Kreisbahn)	1435	1900	0,5	Güterverkehr
Märkische Eisenbahngesellschaft GmbH (ex Plettenberger Kleinbahn und Kreis Altenaer Eisenbahn)	1435	1896	0,9	Güterverkehr
Mindener Kreisbahnen GmbH	1435	1898	42,6	Güterverkehr
Neusser Eisenbahn	1435	1904	49,3	Güterverkehr

NICHTBUNDESEIGENE EISENBAHNEN DES ÖFFENTLICHEN VERKEHRS (II)

Unternehmensbezeichnung	Spurweite (mm)	Eröffnung	Eigentumslänge (km)	Verkehrsaufgaben
Niederrheinische Verkehrsbetriebe AG	1435	1909	35,8	Güterverkehr
Regionalverkehr Ruhr-Lippe GmbH (ex Kleinbahn Neheim-Hüsten-Sundern, Ruhr-Lippe Eisenbahnen)	1435	1898	44,6	Güterverkehr
Regionalverkehr Münsterland GmbH (ex Tecklenburger Nordbahn, ex Kleinbahn Piesberg-Rheine)	1435	1905	48,8	Güterverkehr
Rhein-Sieg-Kreis-Eisenbahn	1435	1914	15,3	Güterverkehr
Siegener Kreisbahn GmbH, (ex Eisern-Siegener Eisenbahn AG, Kleinbahn Weidenau-Deutz und Freien Grunder Eisenbahn)	1435	1881	32,4	Güterverkehr
Städtische Eisenbahn Krefeld	1435	1904	23,6	Güterverkehr
Städtische Werke Krefeld AG, (ex Krefelder Eisenbahn AG)	1435	1870	21,0	Güterverkehr
Teutoburger Wald-Eisenbahngesellschaft	1435	1900	103,2	Güterverkehr
Wanne-Bochum-Herner Eisenbahn	1435	1914	12,4	Güterverkehr
Werne-Bockum-Höveler Eisenbahn	1435	1904	15,0	Güterverkehr
Westfälische Landes-Eisenbahn GmbH	1435	1883	116,5	Güterverkehr
Hessen				
Butzbach-Licher Eisenbahn AG	1435	1904	10,6	Güterverkehr
Deutsche Eisenbahngesellschaft mbH				[1] Personen- und Güterverkehr
Frankfurt-Königsteiner Eisenbahn AG	1435	1902	16,1	Personen- und Güterverkehr
FKE-Betrieb Friedrichsdorf – Gräfenwiesbach (Taunusbahn)	1435	1895	28,8	[2] Personen- und Güterverkehr
Groß Bieberau-Reinheimer Eisenbahn GmbH (ex Reinheim-Reichelsheimer Eisenbahn)	1435	1902	3,7	Güterverkehr
Hessische Landesbahn GmbH		1955		[1] Personen- und Güterverkehr
Kassel-Naumburger Eisenbahn AG	1435	1903	32,6	Güterverkehr
Kreiswerke Gelnhausen GmbH (Bad Orber Kleinbahn)	1435	1901	6,5	zur Zeit kein Schienenverkehr
Rheinland-Pfalz				
Brohltal Schmalspurbahn Betriebsgesellschaft mbH	1000	1910	19,6	[2] Personen- und Güterverkehr
Rhein-Haardt-Bahn GmbH	1000	1913	27,7	Personenverkehr
Westerwaldbahn (Betzdorf – Daaden)	1435	1913	21,6	Güterverkehr
Baden-Württemberg				
Albtal-Verkehrs-Gesellschaft mbH	1435	1897	80,1	Personen- und Güterverkehr
AVG-Betrieb Menzingen (Kraichtalbahn)	1435	1896	30,6	Personen- und Güterverkehr
Bahngesellschaft Waldhof AG (ex Waldhof – Sandhofen)	1435	1900	4,8	Güterverkehr
Bodensee-Oberschwaben-Bahn GmbH		1993		[3] Personenverkehr
Hohenzollerische Landesbahn AG	1435	1900	107,4	Personen- und Güterverkehr
Mittelthurgau-Bahn-Gesellschaft mbH				
Radolfszell – Stockach	1435	1867	17,3	[2] Personenverkehr
Oberrheinische Eisenbahn-Gesellschaft	1000	1887	58,8	Personenverkehr
Südwestdeutsche Verkehrs AG mit Betriebsteilen:				
SWEG Verkehrsbetrieb Endingen				
Breisach – Gottenheim/Riegel (Kaiserstuhlbahn)	1435	1894	39,5	Personen- und Güterverkehr
SWEG Verkehrsbetrieb Ottenhöfen				
Achern – Ottenhöfen (Achertalbahn)	1435	1898	10,4	Personen- und Güterverkehr
SWEG Verkehrsbetrieb Schwarzach				
Bühl – Schwarzach – Söllingen/Greffern (ex Mittelbadische Eisenbahn Nord)	1435	1909	14,9	Güterverkehr
SWEG Verkehrsbetrieb Staufen				
Bad Krozingen – Staufen – Untermünstertal/Grunern	1435	1894	12,8	Personen- und Güterverkehr
SWEG Verkehrsbetrieb Waibstadt				
Meckesheim – Hüffenhardt/Aglasterhausen	1435	1902	35,9	Personen- und Güterverkehr
SWEG Verkehrsbetrieb Zell				
Biberach – Oberharmersbach-Riersbach	1435	1904	10,6	Personen- und Güterverkehr
SWEG Verkehrsbetrieb Dörzbach				
Möckmühl – Dörzbach (Jagsttalbahn)	750	1900	39,2	zur Zeit kein Schienenverkehr
SWEG-Tochtergesellschaften:				
Breisgau-S-Bahn GmbH		1997		[3] Personenverkehr
Ortenau-S-Bahn GmbH		1998		[3] Personenverkehr
Württembergische Eisenbahn-Gesellschaft mbH mit Betriebsteilen:				
WEG Böblingen – Dettenhausen	1435	1911	17,1	[2] Personen- und Güterverkehr
WEG Gaildorf – Untergröningen	1435	1903	18,3	Personen- und Güterverkehr
WEG Korntal – Weissach	1435	1906	21,9	Personen- und Güterverkehr
WEG Nürtingen – Neuffen	1435	1900	8,4	Personen- und Güterverkehr
WEG Rudersberg – Schorndorf	1435	1908	9,9	[2] Personen- und Güterverkehr
WEG Vaihingen – Enzweihingen	1435	1904	7,1	Personen- und Güterverkehr
Trossinger Eisenbahn	1435	1898	4,5	Personenverkehr

NICHTBUNDESEIGENE EISENBAHNEN DES ÖFFENTLICHEN VERKEHRS (III)

Unternehmensbezeichnung	Spurweite (mm)	Eröffnung	Eigentumslänge (km)	Verkehrsaufgaben
Bayern				
Augsburger Localbahn GmbH	1435	1889	26,0	Güterverkehr
Bayerische Oberlandbahn GmbH		1998		[3] Personenverkehr
Bayerische Zugspitzbahn AG	1000	1929	19,7	Personenverkehr
Chiemseebahn – Chiemsee-Schiffahrt Ludwig Feßler	1000	1887	1,7	Personenverkehr
Hafenbahn Aschaffenburg	1435	1921	2,2	Güterverkehr
Hafenbahn Regensburg	1435	1910	5,5	Güterverkehr
Kahlgrund-Verkehrs-GmbH	1435	1898	23,0	Personenverkehr
Regental Bahnbetriebs-GmbH (ex Regentalbahn AG)	1435	1889	43,0	Personen- und Güterverkehr
Tegernsee-Bahn Betriebsgesellschaft mbH	1435	1883	12,4	Personen- und Güterverkehr
Wendelsteinbahn GmbH	1000	1912	8,4	Personenverkehr
Mecklenburg-Vorpommern				
Klützer Ostsee-Eisenbahn GmbH, Grevesmühlen – Klütz	1435	1905	15,3	Personenverkehr
Mecklenburgische Bäderbahn Molli GmbH Bad Doberan – Ostseebad Kühlungsborn	900	1886	15,4	[2] Personenverkehr
Ostmecklenburgische Eisenbahngesellschaft mbH	1435	1998		[3] Personenverkehr
Rügensche Kleinbahn GmbH & Co Putbus – Göhren	750	1896	24,4	[2] Personenverkehr
Berlin/Brandenburg				
Neukölln-Mittenwalder Eisenbahn AG	1435	1900	8,9	Güterverkehr
Niederbarnimer Eisenbahn AG	1435	1901	59,2	[4] Personen- und Güterverkehr
Osthavelländische Eisenbahn AG	1435	1893	14,5	Güterverkehr
Prignitzer Eisenbahn GmbH		1996		[3] Personen- und Güterverkehr
Sachsen-Anhalt				
Deutsche Regionalbahn Dessau – Wörlitz	1435	1894	18,7	[2] Personenverkehr
Harzer Schmalspurbahnen GmbH	1000	1887	131,2	Personen- und Güterverkehr
Karsdorfer Eisenbahn GmbH	1435	1889	30,0	[5] Personen- und Güterverkehr
Kreisbahn Mansfelder Land GmbH	1435	1911	13,0	[5] Personen- und Güterverkehr
Sachsen				
BVO Bahn GmbH Cranzahl – Kurort Oberwiesenthal	750	1897	17,3	Personenverkehr
Döllnitzbahn GmbH Oschatz – Mügeln – Kemmlitz	750	1885	17,1	Schüler- und Güterverkehr
Regental Bahnbetriebs-GmbH mit Tochter Vogtlandbahn GmbH		1997		[3] Personenverkehr
Sächsisch-Oberlausitzer Eisenbahn Gesellschaft mbH (Zittauer Schmalspurnetz)	750	1890	14,4	Personenverkehr
Thüringen				
Erfurter Industriebahn GmbH	1435	1912	15,0	[6] Personen- und Güterverkehr
Hörseltalbahn GmbH	1435	1993	9,2	Güterverkehr

Anmerkungen:
Die Eröffnungsjahre beziehen sich ggf. auf Vorgängerbetriebe oder auf die genannten Strecken. Bei neuen Eisenbahnverkehrsunternehmen, die nur auf Strecken der DB AG fahren, ist das Jahr der Übernahme von Verkehrsleistungen angegeben.

[1] Muttergesellschaften (Hauptaktionäre) verschiedener Bahnen
[2] Betriebsstreckenlänge; Infrastruktur nicht im Eigentum des Eisenbahnverkehrsunternehmens
[3] Eisenbahnverkehrsunternehmen nur auf Strecken der DB AG
[4] Personenverkehr durch DB AG als Auftragsunternehmen
[5] Gleislänge eigener Werks- und Anschlußgleise; Personenverkehr nur auf Strecken der DB AG
[6] eigene Güterstrecken; Personenverkehr nur auf Strecken der DB AG

Die Regentalbahn übernahm bereits 1940 diesen 1935 gebauten Triebwagen von der DR. Bis 1978 trug er die Betriebsnummer VT 03

AUFNAHME: CWS

dieser Statistik ohnehin außen vor. Dem Verfassungsauftrag, sämtliche „Eisenbahnen des allgemeinen Verkehrs“ zu verstaatlichen, kam das Deutsche Reich nicht nach.

Neben kleinen Unternehmen behaupteten auch große Privateisenbahnen wie die Lübeck-Büchener Eisenbahn oder die Münchener Localbahn A.G. lange ihre Eigenständigkeit. Einige Strecken wurden zwar stillgelegt, andere aber sogar noch in privater oder kommunaler Regie eröffnet. Eine Vielzahl von Betrieben war allerdings konzernartig miteinander verflochten: Unter dem Dach der Aktiengesellschaft für Verkehrswesen (AGV) mit den Töchtern Lenz & Co. GmbH, Ostdeutsche Eisenbahn-Gesellschaft (OEG), Allgemeine Deutsche Eisenbahnbetriebs-Gesellschaft m.b.H. (ADEG), Deutsche Eisenbahn-Gesellschaft (DEAG) und Vereinigte Kleinbahn AG (VKAG) waren 90 Privat- sowie Kleinbahnen zusammengefaßt. Vor allem Kleinbahnen wurden zunehmend auch der Verwaltung von Landeseisenbahndirektionen oder Landeseisenbahnämtern unterstellt.

Erst 1938 setzte in größerem Umfang die Verstaatlichung ein. Ab 1. Januar übernahm die Deutsche Reichsbahn die Lübeck-Büchener Eisenbahn-Gesellschaft und die Braunschweigische Landesbahngesellschaft, zum 1. August gliederte sie die Münchener Localbahn A.G. ein. Weitere Verstaatlichungen folgten bis 1943, dennoch überdauerten viele Privateisenbahn- und Kleinbahnunternehmen den Zweiten Weltkrieg.

In der BRD eigenständig

Neben der Deutschen Bundesbahn existierten 1950 in Westdeutschland 193 Eisenbahnen des öffentlichen Verkehrs. Ihre Streckenlänge betrug etwa 6 000 km, was immerhin einem Sechstel des Gesamtnetzes entsprach. Die Aufsichtspflicht für die nunmehrigen nichtbundeseigenen Eisenbahnen (NE) oblag den Landesbehörden, tatsächlich wurde sie aber meist von den Bundesbahndirektionen wahrgenommen. Das Allgemeine Eisenbahngesetz von 1951 bildete die Grundlage für die jeweiligen Landeseisenbahngesetze, die auf ehemals preußischem Gebiet das alte Kleinbahngesetz ablösten. Etliche NE befanden sich ohnehin in Landeseigentum oder gingen im Lauf der Zeit auf dieses über. Beispielsweise wurde 1955 die Hessische Landesbahn gegründet, die einige Bahnen voll übernahm und an weiteren Anteile erwarb. Im übrigen führten große Gesellschaften wie die Deutsche Eisenbahn-Gesellschaft in Frankfurt (jetzt DEG abgekürzt) wie schon vor dem Krieg auf zahlreichen Strecken den Betrieb.

Anfangs profitierten auch die nichtbundeseigenen Eisenbahnen vom „Wirtschaftswunder“, schon ab Mitte der fünfziger Jahre machte die Omnibus- und Lastwagenkonkurrenz aber vielen, insbesondere schmalspurigen Strecken den Garaus. Bis 1975 schrumpfte die Betriebsstreckenlänge der NE des öffentlichen Verkehrs auf 3 150 km. Trotzdem erbrachten diese beachtliche Leistungen, 1975 beförderten allein die öffentlichen NE 89 Millionen Tonnen Güter. Die im Bundesverband Deutscher Eisenbahnen (BDE) organisierten NE des nichtöffentlichen Verkehrs brachten es auf ihren insgesamt 5 000 Gleiskilometern in Industriegebieten, Häfen und Werken sogar auf 155 Millionen Tonnen. Verblüffen mag auf den ersten Blick der Vergleich mit der Deutschen Bundesbahn: Sie beförderte 1975 rein mengenmäßig nur gut das Doppelte, nämlich 312,5 Millionen Tonnen Güter. Bei den Netto-Tonnenkilometern übertraf sie die Leistungen der NE mit 66 Milliarden tkm aber um gut das Dreißigfache. Allerdings ging der Löwenanteil der DB-Fracht auf NE-Strecken über oder wurde von dort übernommen.

Laut BDE-Statistik stieg die Transportmenge in den folgenden Jahren sogar gewaltig an. Für 1989 weist sie bei den öffentlichen Bahnen 86,2 Millionen, bei den nichtöffentlichen 394,6 Millionen Tonnen aus. Zunehmend flossen in die Statistik jedoch auch von NE auf Bundesbahnstrecken erbrachte Beförderungsleistungen ein, denn diese waren mit ihren Lokomotiven dort immer öfter als Auftragsunternehmer unterwegs. Der Trend dazu sollte sich in den neunziger Jahren noch verstärken. Im Schienenpersonennahverkehr (SPNV) spielten die nichtbun-

Die für die Extertalbahn 1927 gebauten Elektrolokomotiven sind heute die ältesten noch im regulären Betrieb genutzten Fahrzeuge dieser Art

Diese C-dh der Berliner Hafen- und Lagerhausbetriebe lieferte Krauss-Maffei 1973 (Typ M 700 C)

Die Westerwaldbahn beschaffte 1956 diese zweiachsige Maschine des Typs R 30 B von Jung

deseigenen Eisenbahnen dagegen eine immer geringere Rolle. 1989 bedienten nur 28 der 110 öffentlichen NE-Betriebe noch ca. 40, insgesamt 990 km lange Strecken regulär mit Reisezügen. Auf mehr als zwei Drittel der Betriebsstreckenlänge von 3 135 km herrschte also planmäßig ausschließlich Güterverkehr. Anders stellte sich das Bild oft an Wochenenden dar: dann erinnerten Museumszüge mehr oder minder stilecht an die alte „Kleinbahnherrlichkeit".

In der sowjetischen Zone zur Reichsbahn

Nach dem Zweiten Weltkrieg lagen etwa 120 Privat- und Kleinbahnen in der Sowjetischen Besatzungszone. 1946/47 wurden die meisten der zusammen fast 4 000 km langen öffentlichen Bahnen den Länder- oder Provinzialverwaltungen unterstellt und ihr Vermögen beschlagnahmt. Großenteils gelangten sie schon 1948 in „Volkseigentum", 31 Bahnen blieben bis 1949 landeseigen, einige weitere gehörten vorerst Städten und Kreisen, fünf Bahnen sogar noch privaten Gesellschaften.

Ausgenommen wenige Strecken übernahm ab 1. April 1949 die Deutsche Reichsbahn die „Verwaltung und Nutznießung". Vom 1. Januar 1950 an ging auch das Eigentum der ehemaligen Privat- und Kleinbahnen (Immobilien, Infrastruktur, Fahrzeuge) auf die DR über. Nicht eingegliedert wurde unter anderem die Strausberger Eisenbahn, da diese de facto schon seit 1921 Straßenbahncharakter trägt. Die meisten der rund 100 nichtöffentlichen Anschlußbahnen kamen zu „Volkseigenen Betrieben".

Die DR stufte die einverleibten Strecken ungeachtet ihres vorherigen Status generell als Nebenbahnen ein, auch wenn es sich nur um eine mit 600 mm Spurweite handelte. Dennoch blieb das Preußische

AUFNAHMEN: HÖGEMANN, B. SCHULZ, WERNING

Talbot-Triebwagen 164 aus dem Jahre 1955. Der Vierachser wurde an die Bremervörde-Osterholzer Eisenbahn geliefert, die seit 1981 zu den Eisenbahnen und Verkehrsbetrieben Elbe-Weser GmbH gehört. Das Fahrzeug steht heute für Sonderfahrten zur Verfügung

Kleinbahngesetz formell in Kraft; es wurde zu keinem Zeitpunkt offiziell aufgehoben. Real blieben selbst allerkleinste, mit uralten Lokomotiven betriebene Bahnen für die DDR-Volkswirtschaft bis Ende der fünfziger Jahre unverzichtbar, nur ganz wenige segneten vorher das Zeitliche. Eine ab 1958 wirksame Tarifmaßnahme läutete aber bereits den Niedergang ein: Der neue Tarif verteuerte Gütertransporte auf der Schiene im Nahbereich – im Interesse *„einer ökonomisch richtigen Arbeitsteilung und Kooperation zwischen den Verkehrsträgern“*, versteht sich. Eben diese setzte die DDR ab 1964 beschleunigt in die Tat um. Innerhalb der nächsten 15 Jahre büßte die Deutsche Reichsbahn 2 200 km Nebenstrecken, darunter 750 km mit schmaler Spur, ein. Am häufigsten waren frühere Kleinbahnen betroffen.

Die in den achtziger Jahren drastisch gestiegenen Erdölpreise brachten erneut einen Verkehrsträgerwechsel, bloß dieses Mal genau andersrum. Streckenstillegungen gab es jetzt nurmehr vereinzelt. So überdauerten 45 der 112 im Jahr 1949 übernommenen Bahnen auch die Fusion der DR mit der DB, sie wurden 1994 noch ganz oder zumindest abschnittsweise betrieben. Weitere 15 überlebten als Anschlußbahnen oder Anschlußgleise. Das Schmalspurnetz der ehemaligen Nordhausen-Wernigeroder Eisenbahn AG (NWE) und Gernrode-Harzgeroder Eisenbahn-Gesellschaft (GHE) kam nicht mehr unter die Fittiche der DB AG. Dort ließ es bereits ab 1993 die neu gegründete Harzer Schmalspurbahnen GmbH (HSB) kräftig weiterdampfen.

Ganz besonders verhält es sich mit der im Westteil Berlins ansässigen Niederbarnimer Eisenbahn AG (NEB): Deren in West-Berlin und in der DDR vorhandene Infrastruktur hatte die Deutsche Reichsbahn lediglich in treuhänderische Verwaltung übernommen. Der Vertrag vom 28. Juni 1950 beinhaltete zugleich eine

Die Regental-Betriebs GmbH frischte ihren Maschinenpark unlängst mit Lokomotiven der DR-Baureihe 118 (ab 1992: 228) auf, die bis 1969 im LKM Potsdam-Babelsberg gebaut worden waren

LHB und BBC bauten 1987 diesen Triebwagen als VT 1 A/B für die Frankfurt-Königsteiner Eisenbahn

AUFNAHMEN: LAUSCHER, B. SCHULZ, VÖLK

Der 1938 von Esslingen und der AEG gebaute Triebwagen 3 der Trossinger Eisenbahn wurde 1990 modernisiert. Das für 550-V-Gleichspannung ausgelegte Fahrzeug wird demnächst aus dem Betrieb genommen, da auf dieser Stichbahn künftig Dieseltriebwagen verkehren werden

AUFNAHME: VÖLK

Klausel, daß dieses Trauhandverhältnis „nach der Wiederherstellung der Einheit Berlins" enden sollte. Erst Anfang September 1998 war es dann endgültig so weit: Die DB AG übergab die Strecken nach Liebenwalde und Groß Schönebeck sowie der Industriebahn Tegel – Friedrichsfelde wieder in volle Zuständigkeit der NEB, ausdrücklich auch die Unterhaltung und den Betrieb der Infrastruktur. Den Verkehr führt aber weiterhin die Deutsche Bahn durch! Die große DB AG betätigt sich also auf nichtbundeseigener Infrastruktur als reines Verkehrsunternehmen – auf öffentlichen NE-Strecken bislang ein seltener Fall.

Heute: Unternehmen mit und ohne Netz

Das seit 1994 gültige Allgemeine Eisenbahngesetz teilt öffentliche wie nichtöffentliche Bahnen in zwei Gruppen ein:

- *Eisenbahninfrastrukturunternehmen*, die ein eigenes Schienennetz betreiben und so unterhalten, daß darauf jederzeit Verkehr möglich ist;
- *Eisenbahnverkehrsunternehmen*, die in eigener wirtschaftlicher Verantwortung oder im Auftrag „Dritter" gegen Entgelt Verkehrsleistungen erbringen.

Viele Unternehmen erfüllen beide Kriterien, haben in der Rechnungsführung dann aber beide Bereiche zu trennen. Gegebenenfalls muß also der eigene Verkehrsbetrieb an den Geschäftsbereich Infrastruktur Trassenpreise entrichten. Generell müssen Infrastrukturunternehmen, deren Schienenwege für den öffentlichen Verkehr bestimmt sind, gemäß EG-Richtlinie auch „Dritten" den Zugang ermöglichen. Dabei ist der Begriff der Infrastruktur sehr weit gefaßt, er schließt zum Beispiel Fahrkartenausgaben und Güterabfertigungen ein.

Jeder Unternehmer, der Zuverlässigkeit, finanzielle Leistungsfähigkeit und Fachkunde nachweist, kann beantragen, Eisenbahnverkehrsleistungen erbringen oder Eisenbahninfrastruktur betreiben zu dürfen. Aufsicht und Genehmigung nichtbundeseigener Eisenbahnen obliegen den Ländern. Sie können die Aufsicht aber auch dem Eisenbahnbundesamt (EBA) übertragen, das ansonsten für Eisenbahnen des Bundes und im Ausland ansässige nichtbundeseigene Eisenbahnen zuständig ist. Genug der Theorie. Schauen wir uns einige Beispiele an.

NE mit Verkehr auf eigenem Netz

Trossinger Eisenbahn

Das kleine städtische Unternehmen hält eine eigene Infrastruktur vor und betreibt auf dieser nur noch Schienenpersonennahverkehr. Konzessioniert ist die nur 4,5 km lange, elektrifizierte Bahn auch für den seit 1994 ruhenden Güterverkehr. Noch handelt es sich um eine „klassische Privatbahn" rein lokaler Bedeutung, ab 1999 soll sie aber in ein regionales Ringzugkonzept integriert und mit Dieseltriebwagen eines anderen Unternehmens bedient werden.

NE mit Verkehr auf eigenem Netz und auf weiteren Strecken

Albtal-Verkehrsgesellschaft (AVG), Karlsruhe

Die AVG zählt zu den bedeutendsten nichtbundeseigenen Eisenbahnen. Der Personen- und Güterverkehr beschränkt sich längst nicht mehr auf das eigene, rund 80 km lange Netz.

Darüber hinaus fährt die AVG mit Stadtbahnwagen auf Straßenbahngleisen der Verkehrsbetriebe Karlsruhe (VBK) und auf Strecken der Deutschen Bahn. Das mit Stadtbahnwagen der AVG bediente Gebiet reicht bis Baden-Baden, Pforzheim, Eppingen und ab 1999 bis Heilbronn.

Schon jetzt ist die AVG vom Land mit dem Schienenpersonennahverkehr zwischen Eppingen und Heilbronn beauftragt, wobei zunächst noch die Deutsche Bahn die Fahrzeuge stellt. Ferner ist die AVG auf der DB-Strecke Karlsruhe Gbf – Malsch und auf Anschlußgleisen in Industriegebieten mit Güterzügen unterwegs.

Auf dem Streckennetz der Osthavelländischen Eisenbahn AG, Berlin, bewährt sich die im Jahre 1972 von Jung gebaute B'B'-Lokomotive des Typs RC 70

Osthannoversche Eisenbahnen AG (OHE), Celle
Mit 326 km Länge besitzt die OHE das größte Netz aller NE-Unternehmen. Das Kerngeschäft ist der Güterverkehr auf eigenen Strecken. Außerdem führt die OHE den Betrieb der Rinteln-Stadthagener Verkehrs GmbH und der Verkehrsbetriebe Grafschaft Hoya GmbH. Als Auftragsunternehmen bedient sie mehrere DB-Strecken mit Güterzügen.

NE als reines Infrastrukturunternehmen

Bremische Hafeneisenbahn
Dieser Eigenbetrieb der Stadt Bremen gehört zur Gruppe der „Eisenbahnen öffentlicher Häfen (EöH)". Er ist direkt dem Senator für Häfen, Schiffahrt und Aussenhandel unterstellt. Das Streckennetz mit den Teilbetrieben Bremen Stadt und Überseehafen Bremerhaven umfaßt immerhin 64 km, die Gleislänge 440 km. Den Betrieb führt jedoch die DB AG mit ihrem Personal und ihren Fahrzeugen durch.

An Großbetriebe gebundene NE

Bahn und Hafenbetriebe der Ruhrkohle AG (RAG), Essen
Hier handelt es sich um eine der größten NE mit nichtöffentlichem Verkehr. Das weitverzweigte Anschlußbahnensystem umfaßt rund 600 km Gleislänge, davon sind 230 km elektrifiziert. Das Unternehmen setzt insgesamt etwa 130 eigene Lokomotiven ein und besitzt immerhin rund 3 800 Güterwagen. Zum Bedienungsbereich zählen auch zahlreiche DB-Strecken.

V.A.G. Transport GmbH & Co. OHG, Wolfsburg
Der Volkswagen-Konzern setzt auf die Schiene. Er ist nicht nur ein Großkunde der Deutschen Bahn, sondern besitzt auch ein für den Werks- und Anschlußverkehr sehr wichtiges Eisenbahnunternehmen mit ca. 25 Diesellokomotiven. Insgesamt verfügt die V.A.G. über 174 km Gleislänge in den VW- und Audi-Werken Braunschweig, Emden, Hannover, Ingolstadt, Kassel, Mosel (Sachsen), Neckarsulm, Salzgitter und natürlich Wolfsburg.

Infra Leuna – Infrastruktur und Service GmbH, Leuna
Die Gleislänge dieses ehemaligen Kombinatsbetriebs beträgt insgesamt 82 km. Eine 11 km lange Strecke verbindet das Leuna-Werk 1 über Merseburg Süd und Großkorbetha mit dem Leuna-Werk 2. Außerdem werden mit werkseigenen Lokomotiven Ölzüge nach Lützkendorf gefahren.

NE als reine Eisenbahnverkehrsunternehmen

Bodensee-Oberschwaben-Bahn GmbH (BOB), Friedrichshafen
Seit 1993 ergänzt die BOB den regionalen Personenverkehr auf der DB-Strecke Friedrichshafen – Ravensburg, 1997 kamen die Abschnitte nach Aulendorf bzw. Friedrichshafen Hafen hinzu. Ein eigenes Netz hat sie nicht, wohl aber eigene Fahrzeuge. Die RegioShuttles und andere Triebwagen werden von der Hohenzollerischen Landesbahn gewartet. Besteller der Zugleistungen ist das Land Baden-Württemberg.

Prignitzer Eisenbahn GmbH (PEG), Putlitz
Als Drei-Mann-Unternehmen 1996 auf der Strecke Pritzwalk – Putlitz gestartet, hat die PEG inzwischen den Nahverkehr auf weiteren DB-Strecken übernommen. Die von der früheren Bundesbahn stammenden PEG-Schienenbusse brummen auch zwischen Rathenow, Neustadt (Dosse) und Pritzwalk sowie zwischen Pritzwalk und Güstrow. Voraussichtlich Ende 1998 kommt die Strecke Neustadt (Dosse) – Neuruppin – Herzberg (Mark) hinzu. Zunächst hat die PEG den Verkehr im Auftrag der DB AG durchgeführt, seit Ende September 1998 fährt sie überwiegend direkt auf Bestellung des Landes Brandenburg.

Was die Übernahme des SPNV oder auch des Gesamtbetriebs auf DB-Strecken betrifft, spielten rührige Gesellschaften schon in den siebziger und achtziger Jahren den Vorreiter. So fahren Triebwagen der Regentalbahn (bzw. der A.G. Lam – Kötzting) seit 1973 zwischen Kötzting und Cham, damals freilich direkt von der Bundesbahn damit beauftragt. Die Südwestdeutsche Verkehrs AG betreibt seit 1983 eigenverantwortlich die Strecke Meckesheim – Aglasterhausen. Die erwähnte Albtalbahn übernahm 1979 ein erstes Teilstück der im Karlsruher Stadtgebiet liegenden Haardtbahn bis Neureut; im Eigentum der DB verbliebene Strecken bedient sie seit 1992.

Die neuen Regionalen

Mit der „Regionalisierung" hat am 1. Januar 1996 für den Schienenpersonennahverkehr ein neues Zeitalter begonnen. Seitdem müssen Länder oder Kommunen

AUFNAHME: B. SCHULZ

NE-BAHNEN EROBERN DEN PERSONENVERKEHR

Viele nichtbundeseigene Eisenbahnen betreiben heute ehemalige DB/DR-Strecken, vor allem aber übernehmen sie immer mehr Nahverkehrsleistungen auf dem Netz der DB AG. Die Tabellen geben einen Gesamtüberblick.

NE auf von der DB, DR oder DB AG übernommenen Strecken

SPNV ab	Bahn	Strecken
1979/1986	Albtal-Verkehrs-Gesellschaft (AVG)	Karlsruhe/Nordweststadt – K.-Neureut – Leopoldshafen
1983	Südwestdeutsche Verkehrs-AG (SWEG)	Meckesheim – Aglasterhausen
1992/1993	Eisenbahnen und Verkehrsbetriebe Elbe-Weser GmbH (EVB)	Bremerhaven-Wulsdorf – Bremervörde – Buxtehude
1993	Harzer Schmalspurbahnen GmbH (HSB)	Harzer Schmalspurnetz
1993	Dürener Kreisbahn (DKB)	Düren – Heimbach, Düren – Jülich
1994	Westerwaldbahn (WeBa)	Betzdorf – Daaden
1995	Döllnitzbahn GmbH	Oschatz – Mügeln – Kemmlitz
1996	Sächsisch-Oberlausitzer Eisenbahnges. (SOEG)	Zittauer Schmalspurbahnen
1997	Klützer Ostsee-Eisenbahn GmbH	Klütz – Grevesmühlen
24.5.1998	BVO Bahn GmbH	Cranzahl – Kurort Oberwiesenthal

Anmerkung: Regionale Gebietskörperschaften sind meist als Gesellschafter an den genannten Eisenbahnunternehmen beteiligt.

NE auf ehemaligen DB/DR/DBAG-Strecken, die von Gebietskörperschaften oder Zweckverbänden übernommen wurden (Infrastruktur nicht im Eigentum der NE)

SPNV ab	Bahn	Strecken
1993	Frankfurt-Königsteiner Eisenbahn AG (FKE)	Friedrichsdorf – Grävenwiesbach
1995	Württembergische Eisenbahngesellschaft (WEG)	Schorndorf – Rudersberg Nord
1995	Mecklenburgische Bäderbahn	Bad Doberan – Kühlungsborn West
1996	Rügensche Kleinbahn	Putbus – Göhren
1996	Württembergische Eisenbahngesellschaft (WEG)	Böblingen – Dettenhausen
1996	Mittelthurgau-Bahn-Gesellschaft mbH (MthB)	Radolfzell – Stockach

NE im Auftrag von Gebietskörperschaften auf Strecken der DB AG

SPNV ab	Bahn	Strecken
1987	Frankfurt-Königsteiner Eisenbahn AG (FKE)	Frankfurt-Höchst – Frankfurt Hbf
1990	Hohenzollerische Landesbahn GmbH (HzL)	Tuttlingen – Fridingen
1992 ff.	Albtal-Verkehrs-Gesellschaft (AVG)	Karlsruhe – Eppingen (von AVG gepachtet), Karlsruhe – Bruchsal, Bruchsal – Bretten, Karlsruhe – Baden-Baden, Karlsruhe – Pforzheim, Karlsruhe – Wörth
1993	Bodensee-Oberschwaben-Bahn (BOB)	Friedrichshafen – Ravensburg
1995	Kassel-Naumburger Eisenbahn AG (KNE)	Bebra – Bad Hersfeld
1996	Württembergische Eisenbahn-Gesellschaft (WEG)	Korntal – Stuttgart-Feuerbach
1997	Bodensee-Oberschwaben-Bahn (BOB)	Friedrichshafen Stadt – Hafen, Ravensburg – Aulendorf
1997	Hohenzollerische Landesbahn GmbH (HzL)	Tübingen – Sigmaringen
1997	Hessische Landesbahn GmbH (HLB)	Bad Soden – Frankfurt-Höchst
1997	Breisgau S-Bahn GmbH (SWEG-Tochter)	Freiburg – Breisach
23.11.1997	Vogtlandbahn GmbH (RBG-Tochter)	Zwickau – Falkenstein – Adorf, Reichenbach – Klingenthal
24.5.1998	Ortenau S-Bahn GmbH (SWEG-Tochter)	Offenburg – Bad Griesbach, Offenburg – Hausach, Offenburg – Kehl
24.5.1998	Dortmund-Märkische Eisenbahn GmbH (DME)	Dortmund – Lüdenscheid
24.5.1998	Hessische Landesbahn GmbH (HLB)	Friedberg – Friedrichsdorf, Wabern - Bad Wildungen
24.5.1998	Erfurter Industriebahn GmbH	Erfurt – Leinefelde
24.5.1998	Kreisbahn Mansfelder Land GmbH	Klostermansfeld – Wippra
24.5.1998	Ostmecklenburgische Eisenbahn GmbH (OME)	Bützow – Neubrandenburg – Pasewalk, Pasewalk – Ueckermünde
27.9.1998	Prignitzer Eisenbahn GmbH	(Neustadt –) Kyritz – Karow – Güstrow
11.1998		Neustadt (Dosse) – Neuruppin, Neuruppin – Herzberg
29.11.1998	Bayerische Oberlandbahn GmbH (BOB) (Tochter von DEG und Bayer. Zugspitzbahn)	München – Holzkirchen – Lenggries/ Bayrischzell/Tegernsee
vsl. 6.99	Hessische Landesbahn GmbH (HLB)	Friedberg – Beienheim – Hungen/Nidda
vsl. 9.99	DEG-Tochter und Stadtwerke Osnabrück	Osnabrück – Wilhelmshaven/Esens, Osnabrück – Delmenhorst

NE im Auftrag der DB AG auf DB-eigenen Strecken

1973	Regental-Bahnbetriebs GmbH (RBG)	Cham – Kötzting
1993	Regental-Bahnbetriebs GmbH (RBG)	Zwiesel – Grafenau, Zwiesel – Bodenmais
1993	AKN Eisenbahn AG	Neumünster – Heide
1995	Mittelthurgau-Bahn-Gesellschaft mbH	Konstanz – Engen
1995/1996	Karsdorfer Eisenbahngesellschaft (KEG)	Naumburg – Artern, Naumburg – Teuchern und andere Strecken in Sachsen-Anhalt
1996	Dürener Kreisbahn (DKB)	Horrem – Neuss
1996/1997	Prignitzer Eisenbahn GmbH	Pritzwalk – Putlitz *, Neustadt (Dosse) – Kyritz *, Neustadt (Dosse) – Rathenow Nord
1997	Regental-Bahnbetriebs GmbH (RBG)	Plattling – Bayerisch Eisenstein

* ab 27.9.1998 direkt im Auftrag des Landes Brandenburg

Einen festen Platz unter den NE-Betrieben hat sich die Karsdorfer Eisenbahn erobert. Hier ein Schienenbus und eine Ex-BR 75 der DR in Karsdorf

AUFNAHME: B. SCHULZ

jeden Zugkilometer bestellen und bezahlen, gleichgültig ob bei der DB AG oder einer nichtbundeseigenen Eisenbahn. Dafür erhalten sie vom Bund jährlich einen Betrag, der mindestens ausreicht, um das Gesamtangebot im Umfang des Jahresfahrplans 1993/94 sicherzustellen. Für die Jahre 1996 und 1997 war dieser Betrag auf 7,9 Milliarden DM festgelegt, seit 1998 ist er jährlich anzupassen. Gegebenenfalls muß der Bund nachzahlen, allerdings kann er eine Wirtschaftsprüfungsgesellschaft damit beauftragen, die Kosten- und Ertragslage im SPNV zu untersuchen. Schon um nicht den Vorwurf zu riskieren, die Mittel uneffektiv einzusetzen, werden die Länder bestrebt sein, für möglichst wenig Geld möglichst viel Leistung zu erhalten.

So manche nichtbundeseigene Eisenbahn hat vorexerziert, wie effizient sich Nebenstrecken betreiben lassen. Mitunter ist der Betriebsleiter zugleich Triebfahrzeugführer, Zugführer und Schaffner in einer Person. Die bislang noch übermächtige DB AG „produziert" ihre Leistungen in vielen Fällen zu teuer. Auf dem liberalisierten Verkehrsmarkt erhält sie aber zunehmend Konkurrenz. Regionale Gesellschaften haben allein in Baden-Württemberg seit der Bahnreform auf drei ehemaligen Bundesbahn-Strecken den SPNV wieder aufgenommen. Außerdem führen sie im „Ländle" auf etlichen zur Infrastruktur der DB AG gehörenden Strecken SPNV durch – überwiegend mit „RegioShuttles". Jüngste Beispiele sind die Hohenzollerische Landesbahn AG (HzL) zwischen Tübingen und Sigmaringen, die Breisgau-S-Bahn GmbH (BSB) zwischen Freiburg und Breisach und die Ortenau-S-Bahn GmbH (OSB) auf drei von Offenburg ausgehenden Strecken. Bei BSB und OSB handelt es sich um neugegründete Töchter der SWEG und kommunaler Verkehrsbetriebe.

Ebenfalls eine Neugründung ist die Bayerische Oberlandbahn GmbH. Als gemeinsame Betreibergesellschaft der Deutschen Eisenbahn-Gesellschaft Verkehrs-GmbH (DEGV) und der Bayerischen Zugspitzbahn AG (BZB) übernahm sie am 29. November 1998 den Personenverkehr auf den Strecken von München nach Lenggries, Bayrischzell und Tegernsee. Ab 1999 ersetzen Dieseltriebwagen des Typs „Integral" die bis dahin vorherrschenden Fahrzeuge der DB AG. Ein alteingesessenes bayerisches Unternehmen, die Regentalbahn AG (RAG), ist mit einer Tochtergesellschaft auch in Sachsen präsent: „Regio-Sprinter" der Vogtlandbahn GmbH besorgen seit 23. November 1997 den Personenverkehr auf den DB-Strecken Zwickau – Falkenstein – Adorf und Reichenbach – Falkenstein – Klingenthal.

Internationaler Wettbewerb

Eine neue Form der Zusammenarbeit mit der DB AG praktiziert die in Sachsen-Anhalt ansässige Karsdorfer Eisenbahngesellschaft (KEG): Bislang bedient sie als Auftragsunternehmen Strecken im Burgenland rund um Naumburg, ab 1. Januar 1999 übernimmt die gemeinsam mit der DB AG gegründete Tochter Burgenlandbahn GmbH diese Aufgabe. Zum Einsatz kommen alsbald neue DWA-Schienenbusse des Typs LVT/S.

In der Vergangenheit wurden Eisenbahnunternehmen meist auf dem Wege der sogenannten Direktvergabe mit der Durchführung des SPNV beauftragt. Zunehmend nutzen die Länder, kommunale Zweckverbände oder landeseigene Gesellschaften jedoch die Möglichkeit, Nahverkehrsleistungen europaweit öffentlich auszuschreiben. Im freien Wettbewerb soll der günstigste Anbieter den Zuschlag erhalten – wobei nicht allein der Preis, sondern vor allem auch die Qualität entscheidet.

Dreimal ging 1997 die Deutsche Bahn aus internationalen Ausschreibungen als Sieger hervor: in Nordrhein-Westfalen (Besteller Verkehrsverbund Rhein-Sieg), in Brandenburg (Besteller Verkehrsministerium) und in Sachsen-Anhalt (Besteller Nahverkehrsservice Sachsen-Anhalt GmbH). Im letztgenannten Fall sitzt aber auch die Karsdorfer Eisenbahngesellschaft mit im Boot, genauer: in einem mit dem Bundesunternehmen gebildeten Konsortium.

In Bayern dagegen verlor die Deutsche Bahn das Rennen im internationalen Wettbewerb gegen die erwähnte Bayerische Oberlandbahn GmbH. Auf dem bisher größten, öffentlich ausgeschriebenen Netz gibt die DB AG im Herbst 1999 den SPNV ebenfalls an „Dritte" ab. Es handelt sich um zusammen 290 km lange Strecken im westlichen Niedersachsen (Osnabrück – Oldenburg – Wilhelmshaven/Esens und Osnabrück – Delmenhorst). Im Vorfeld hatten 15 in- und ausländische Unternehmen ihr Interesse bekundet, sechs kamen in die engere Wahl. Den Zuschlag erhielt dann eine Bietergemeinschaft der Deutschen Eisenbahn-Gesellschaft Verkehrs-GmbH (DEGV) und der Stadtwerke Osnabrück. Die 22 für das Netz vorgesehenen Triebwagen des Typs LINT werden vom

NICHTBUNDESEIGENE EISENBAHNEN IM ZAHLENSPIEGEL

Verkehrsaufkommen und Verkehrsleistungen 1997

		NE des öffentlichen Verkehrs	NE des nichtöffentlichen Verkehrs	zum Vergleich VDV-Unternehmen gesamt (ohne DB AG) [1]	zum Vergleich SPNV/Güterverkehr der DB AG
SPNV					
Fahrgäste	Mio.	94,3	-	7 172	1 230
Personenkilometer	Mio.	781,4	-	43 848	28 077
Güterverkehr					
beförderte Tonnen	Mio.	70,2	710	-	295
Tariftonnenkilometer (bei nichtöffentlichen NE: Nettotonnenkilometer)	Mio.	775,6	ca. 6 500	-	72 389

[1] VDV gesamt: Unternehmen mit U-Bahnen, Stadtbahnen, Straßenbahnen, NE und Bahnen besonderer Bauart sowie Busverkehr

Betriebsleistungen 1997

		NE des öffentlichen Verkehrs	NE des nichtöffentlichen Verkehrs: alte Bundesländer Hafeneisenbahnen	NE des nichtöffentlichen Verkehrs: alte Bundesländer Werkeisenbahnen	NE des nichtöffentlichen Verkehrs: neue Bundesländer Werk-, Hafen- und Werkeisenbahnen	NE gesamt
Lokomotivkilometer	Tsd. km	7 675	395	8 700	4 400	21 170
- Dieseltraktion	Tsd. km	7 215	395	3 260	2 050	12 920
- elektr. Traktion	Tsd. km	45	-	5 440	2 350	7 835
- sonstige Traktion	Tsd. km	415	-	-	-	415
Wagenkilometer nur im Personenverkehr	Tsd. km	24 500	-	-	-	24 500
Bestandszahlen per 31.12.1997						
Beschäftigte		5 425	520	3 635	1 385	10 965
Strecken und Gleisanlagen						
Betriebsstreckenlänge	km	3 720	k.A.	k.A.	k.A.	k.A.
- davon mit Personenverkehr	km	1 584	-	-	-	1 584
Gleislänge	km	5 115	1 355	1 655	1 205	9 330
- davon elektrifiziert	km	480	120	650	375	1 625
Privatgleisanschlüsse	Anzahl	1 265	620	145	100	2 130
Fahrzeuge						
- Diesellokomotiven		425	55	225	135	840
- elektrische Lokomotiven		5	-	130	85	220
- sonstige Lokomotiven		35	-	-	5	40
- Zweiwegefahrzeuge		25	15	15	15	70
- Triebwagen		324	k.A.	k.A.	k.A.	k.A.
- Beiwagen/Reisezugwagen		288	k.A.	k.A.	k.A.	k.A.
- Güterwagen		3 255	150	7 240	1 200	11 845
Im VDV organisierte NE-Unternehmen (1.1.1998)	Anzahl	95	37	13	27	166

Anmerkung: Gesamtsumme der im VDV organisierten Eisenbahnunternehmen um Doppelzählungen bereinigt, da einige Unternehmen sowohl NE mit öffentlichem als auch nichtöffentlichem Verkehr betreiben.

Quelle: Verband Deutscher Verkehrsunternehmen, VDV-Statistik 1997; für Zahlen der DB AG: DB-Statistik 1997

Land Niedersachsen beschafft und an die Betreibergesellschaft vermietet. Die nichtbundeseigenen Eisenbahnen drängen also massiv ins Geschäft. Das gilt selbst für den grenzüberschreitenden Güterverkehr. So befördern Großdiesellokomotiven der Häfen und Güterverkehr Köln AG (HGK) Containerzüge zwischen Köln-Niehl und Rotterdam; außerdem sind die hier eingesetzten früheren DB-Mietloks 240 001 bis 240 003 (Typ DE 1024 der MaK) im Auftrag der Rotterdamer „Short Lines“ im niederländischen Binnenverkehr aktiv. – Stichwort „Short Lines“: der Begriff kommt aus den USA. Nach amerikanischem Vorbild könnten kleine Gesellschaften in Deutschland vielerorts auch den regionalen Güterverkehr wiederbeleben. In Nordbayern startet demnächst das Pilotprojekt „Coburg Short Line“, unter anderem von der Europäischen Union finanziell unterstützt. Immer mehr einst nur lokal präsente Unternehmen agieren heute bundesweit und international, teils über Töchter eng mit ehemaligen Staatsbahnen verflochten. Wer mit wem? – Der Überblick fällt schwer, denn ständig formieren sich neue Gesellschaften. Spannend bleibt es allemal, diesen dynamischen Prozeß zu verfolgen.

AUTOR: KONRAD KOSCHINSKI

Die von MAN zu Beginn der sechziger Jahre an die Hohenzollerische Landesbahn AG (HzL) ausgelieferten Bo-Triebwagen am 11. Mai 1994 in Gammertingen

AUFNAHME: B. SCHULZ

NE-Diesel-Triebwagen

Eine neue Entwicklungsetappe hat längst begonnen

Die Leistungen der NE-Bahnen im Bereich der Personenbeförderung nehmen wieder zu. Um hier den heutigen Ansprüchen der Kunden gerecht zu werden, sind in den letzten Jahren von mehreren Bahnen moderne Fahrzeuge in Dienst gestellt worden.

Die Entwicklung zeitgemäßer Triebwagen geht zurück auf eine Anregung des VDV (Verband Deutscher Verkehrsunternehmer). Der VDV bat alle namhaften deutschen Hersteller von Schienenfahrzeugen um einen Entwurf für einen Leichttriebwagen.

Zu den vom Verband vorgegebenen Rahmenbedingungen zählten die Verwendung von Serienbauteilen aus dem Programm der Bus- und Nutzfahrzeugindustrie (Motoren, Getriebe, Heizungs- und Lüftungsanlagen) sowie ein konsequenter Leichtbau ohne jedoch die Sicherheit der Fahrgäste zu gefährden. Zudem wurden ein hoher Fahrgastkomfort durch große Niederfluranteile und ein ansprechendes Gesamtdesign, hohe Beschleunigung und Bremsverzögerung, um ggf. auch im Mischbetrieb mit der Staatsbahn fahren zu können, gefordert. Das Ergebnis dieser Wünsche konnte und kann sich sehen lassen: Verschiedene neuentwickelte Fahrzeugtypen, die sich inzwischen auch schon bei mehreren NE-Bahnen etabliert haben, stehen zur Auswahl: der Regio-Shuttle von Adtranz, der Talent von Bombardier (ex Talbot) und der RegioSprinter von Siemens-Duewag. Außerdem wurden folgende neue Typen auf den Markt gebracht, die jedoch zunächst nur bei der Deutschen Bahn zum Einsatz kommen: der EBO-Lint von LHB Salzgitter, der Doppelstock-Schienenbus und der LVT/S von der Deutschen Waggonbau AG.

Nachkriegstradition

Doch zunächst ein Exkurs in die Vergangenheit, dem Beginn der fünfziger Jahre. Denn schon damals galten Triebwagen bei vielen NE-Bahnen als die einzige Alternative, um den Schienenpersonennahverkehr längerfristig sichern zu können. Die meist mit Dampflokomotiven bespannten Züge waren zu langsam und zu teuer.

Gelegenheitskäufe

Verfolgt man die Fahrzeug-Geschichte der NE-Bahnen zurück bis zum Beginn der fünfziger Jahre, so lassen sich zwei verschiedene Wege ausmachen. Zunächst versorgten sich zahlreiche Bahnen mit Fahrzeugen, die die Deutsche Bundesbahn aus Gründen der Typenbereinigung abgab. Gekauft wurden vor allem zweiachsige Fahrzeuge der Baureihen VT 70.9, VT 75.9 und vierachsige Triebwagen der Reihen VT 50, VT 51, VT 66 und VT 86. Die von der Deutschen Bundesbahn übernommenen Fahrzeuge arbeiteten die NE-Bahnen vielfach in den eigenen Werkstätten auf. Danach versahen diese Triebwagen oft jahrelang zuverlässig ihren Dienst und bildeten mitunter sogar das Rückgrat des Betriebsmittelparks der jeweiligen Bahnen.

Bereits zu Beginn der sechziger Jahre war die große Beschaffungsperiode von Triebwagen der Deutschen Bundesbahn beendet. Geeignete Fahrzeuge standen entweder nicht mehr zur Verfügung oder wurden von der Staatsbahn selbst benötigt.

Für Aufsehen sorgte dieser 1957 von LHB ausgelieferte Triebwagenzug für die damaligen Verkehrsbetriebe Salzgitter (VBS). Das in Leichtbauweise hergestellte Fahrzeug war 38,3 Meter lang, bot 182 Sitzplätze, blieb aber ein Einzelgänger

Heute sind von diesen Fahrzeugen nur noch der T 03 bei der Teutoburger Waldeisenbahn (TWE), ein ehemaliger VT 70.9, und der VT 401 bei der Württembergischen Eisenbahngesellschaft (WEG) anzutreffen, wobei letzterer eine grundlegende Modernisierung hinter sich hat und nichts mehr an seine Vergangenheit als VT 66 der DB erinnert. Dieses Fahrzeug ist übrigens der leistungsstärkste Dieseltriebwagen auf Deutschlands Schienen. Einige andere ehemalige DB-VT sind durch den Einsatz bei den NE-Bahnen der Verschrottung entgangen, und stehen heute als Museumsfahrzeuge zur Verfügung.

DB-Schienenbusse

Nachdem viele Schienenbusse durch die Stillegung zahlreicher DB-Nebenstrecken überflüssig geworden waren, versuchte die Deutsche Bundesbahn, die Fahrzeuge zu verkaufen. Zunächst wurden vereinzelt die Vorserienfahrzeuge abgegeben. In den Folgejahren veräußerte die Behördenbahn auch ausgemusterte Fahrzeuge. Neue Eigentümer der Schienenbusse wurden in nicht wenigen Fällen NE-Betriebe. Noch heute besitzen die Dürener Kreisbahn (DKB) und die Verkehrsbetriebe Elbe-Weser (EVB) Schienenbusse der Reihe VT 98 für Reservezwecke.

Baureihe 628

Anfang der neunziger Jahre erhielt die Deutsche Bundesbahn umfangreiche Lieferungen der Baureihe 628.2. Jetzt griffen auch mehrere NE-Bahnen zu und beschafften Fahrzeuge aus den laufenden Serienfertigungen. Dies war teilweise recht kurzfristig möglich, weil einige NE-Bahnen auf bestimmten Strecken den Personenverkehr im Auftrage der Deutschen Bundesbahn führten oder die Übernahme unmittelbar bevorstand.
Einige NE-Bahnen bekundeten aber auch Interesse, Triebwagen der inzwischen bewährten Baureihe 628 für ihre eigenen Strecken zu beschaffen. Heute haben die Eisenbahnen und Verkehrsbetriebe Elbe-Weser (EVB) fünf und die Frankfurt-Königsteiner Eisenbahn (FKE) drei Triebwagen dieses Typs in ihrem Bestand, davon zwei Exemplare der Baureihe 629. Ein weiteres Fahrzeug ist bei der Westerwaldbahn (WEBA) vorhanden.
Bei verschiedenen Museumsbahnen sind noch Vorkriegsfahrzeuge im Einsatz, so das „Schweineschnäuzchen“ aus der Wismarer Produktion bei den Osthannoverschen Eisenbahnen (OHE).

Neuentwicklungen für die NE-Bahnen

Einen anderen Weg zur Modernisierung der Betriebsmittel schlugen ebenfalls zahlreiche NE-Bahnen in den fünfziger Jahren ein. Sie beschafften Neubaufahrzeuge der Firmen Esslingen, LHB, MAN, MaK und Talbot. Am häufigsten wurden die zweiachsigen, mit Lenkachsen ausgeführten Schienenbusse der MAN in Dienst gestellt. Galten bei der Deutschen Bundesbahn VT 95 und VT 98 als „Retter der Nebenbahn“, waren es bei den NE-Bahnen die MAN-Fahrzeuge. Eine Renaissance erlebten unlängst mehrere MAN-Schienenbusse, die die Karsdorfer Eisenbahngesellschaft u. a. von der Eisenbahn Atlona-Kaltenkirchen-Neumünster (AKN) erworben hat. Diese Fahrzeuge wurden aufgearbeitet und verrichten nun in modernem Design auch Leistungen im Auftrage der Deutschen Bahn. Die Esslinger Triebwagen, von denen es ungeachtet der verschiedenen Antriebs- und Leistungskonzepte im wesentlichen zwei verschiedene Ausführungen gab, führten bei den NE-Bahnen einen neuen Komfort ein.

Der Triebwagen 102 der Südwestdeutschen Verkehrs-AG (SWEG) wurde 1952 in Esslingen gebaut, an die Deutsche Eisenbahn-Betriebs-Gesellschaft geliefert und später von der SWEG übernommen. Inzwischen ist der Vierachser nicht mehr in Betrieb und stand mehrere Jahre unter freiem Himmel auf dem Endbahnhof Oberhamersbach abgestellt

AUFNAHMEN: ROSE, KÜSTNER

Der Triebwagenbau bei Gmeinder hielt sich in Grenzen. 1968 lieferte Gmeinder diesen Schlepp-Triebwagen an die Württembergische Eisenbahngesellschaft

Einige Unternehmen hatten einen relativ großen Bestand an Esslinger Fahrzeugen, unter ihnen die Frankfurt-Königsteiner Kleinbahn (FKE), die Südwestdeutsche Eisenbahngesellschaft (SWEG), die Württembergische Eisenbahngesellschaft mbH, (WEG) aber auch die Regental Bahnbetriebs-GmbH (RBG). Inzwischen sind von den nun bald 40 Jahre alten Fahrzeugen nur noch wenige im Einsatz. Meist dienen sie ebenso wie die MAN-Triebwagen Reservezwecken und rosten in den Bahnbetriebswerken vor sich hin, um dann bei Ablauf der Fristen endgültig verschrottet zu werden. Eine Ausnahme bildet der von Grund auf überholte VT 406 der Kreisbahn Mansfelder Land. Die Neubaufahrzeuge von Talbot, die entsprechend ihrem Einsatzgebiet Namen wie „Eifel" oder „Taunus" trugen, hatten nicht den Erfolg der Esslinger- bzw. MAN-Triebwagen. Von den wenigen gebauten Wagen sind die meisten für den Touristikverkehr im Einsatz oder werden als Reserve vorgehalten. Gänzlich verschwunden sind inzwischen die MaK-Triebwagen. Von diesen, auf der Basis der 26,4-m-Personenwagen weiterentwickelten Fahrzeugen sind inzwischen alle Vertreter ausgemustert und verkauft bzw. verschrottet worden. Einige der Fahrzeuge rollen noch in modernisierter Form in Italien. Bei der SWEG ist ein MaK-Triebwagen als Beiwagen vorhanden. Von den vierachsigen Nebenbahntriebwagen, die mit Beginn der fünfziger Jahre von Uerdingen für die Westfälische Landes-Eisenbahn gebaut (WLE) wurden, sind ebenfalls keine Fahrzeuge mehr in Deutschland vorhanden. Die WLE verkaufte sie nach Italien.

Einzelanfertigungen

Nicht unerwähnt bleiben sollen auch jene Firmen, deren Triebwagenbau sich auf nur ein bzw. zwei Fahrzeuge beschränkte und die eigentlich vor allem aus dem Lokomotivbau bekannt sind. Beispielweise fertigten im Jahre 1956 Henschel und Credé für die Kassel-Naumburger Kleinbahn (KNK) einen vierachsigen Triebwagen mit zwei Antriebsanlagen. Nach Einstellung des Personenzugverkehrs 1977 wurde das Fahrzeug an die Württembergische Eisenbahngesellschaft mbH (WEG) verkauft und einige Jahre in Weisach abgestellt. Die Firma Gmeinder baute im Jahre 1967 zwei zweiachsige Triebwagen für die Strecke Nürtingen – Neuffen der WEG. Die als Pärchen eingesetzten T 23 und T 24 bespannten auf dieser Strecke jahrelang die Steinzüge von Neuffen aus. Inzwischen sind die Fahrzeuge bei der Westerwaldbahn (WEBA) im Einsatz. Ebenfalls ein Einzelstück war der „Hüttenflitzor" von LHB, der bei den Verkehrsbetrieben Peine-Salzgitter (VPS) bzw. deren Vorläuferin Salzgitter Verkehrsbetriebe (SVB) in Betrieb war. Bei diesem

NE-Schienenbus für die Hersfelder Kreisbahn nach DB-Muster aus Uerdingen

Dieser VT 98 wurde 1996 von der DB an die Prignitzer Eisenbahn GmbH verkauft

AUFNAHMEN: LINDENBLATT, B. SCHULZ, HEINISCH

Drei Triebfahrzeug-Generationen repräsentieren diese Krauss-Maffei-Loks der Frankfurter Hafenbahn: MH 05, M 700 C und ML 550 D (v.l.n.r.)

zweiteiligen Fahrzeug mit der Achsfolge (1A)'2'(A1)' bestand die Karosserie aus „Nirosta-Stahl" mit dem auch von den DB-Silberlingen bekannten Pfauenaugenmuster. Nach der Einstellung des Personenverkehrs bei den VPS wurde der Wagen nach einer mehrjährigen Abstellzeit 1982 nach Italien verkauft.

Verschiedene Firmen, die vor allem durch den Bau von Straßenbahnfahrzeugen bekannt sind, lieferten darüber hinaus vereinzelt Dieseltriebwagen an NE-Bahnen. Die Firma Fuchs in Heidelberg stellte mehrere zweiachsige Triebwagen für die WEG her, von denen einer noch in Betrieb und ein weiterer als Ersatzteilspender abgestellt ist. Die Firma Graaff aus Elze lieferte Anfang der fünfziger Jahre zwei vierachsige Dieseltriebwagen an die Bremervörde-Osterholzer Eisenbahn. Beide Fahrzeuge wurden Ende der siebziger Jahre ausgemustert.

Neue Generationen

Die Entwicklung einer neuen Triebwagengeneration kam erst um 1980 in Gang. Bis dahin waren zahlreiche NE-Bahnen aufgrund verkehrspolitischer Entscheidungen gezwungen, sich in fast allen ländlichen Einzugsbereichen aus dem Schienenpersonennahverkehr zurückzuziehen. Dennoch wurden die Triebwagen für den Nahverkehr weiterentwickelt und präsentieren sich mittlerweile in unterschiedlichsten Formen. Sie werden in den einzelnen Beschreibungen genauer vorgestellt.

ENTWICKLUNG DES ALTFAHRZEUGBESTANDS

Jahr	Anzahl der beschafften Triebfahrzeuge davon			Anzahl der vorhandenen Triebfahrzeuge davon			Summe
	ET	V	VT	ET	V	VT	
1951	0	1	3	0	1	3	4
1952	0	1	7	0	1	7	8
1953	0	4	0	0	4	0	4
1954	0	3	1	0	3	1	4
1955	0	5	12	0	5	7	12
1956	1	7	9	1	11	9	21
1957	1	8	6	1	5	3	9
1958	0	8	4	0	7	2	17
1959	0	11	4	0	14	4	18
1960	0	13	10	0	10	19	29
1961	0	16	8	0	23	1	24
1962	0	18	6	0	26	4	30
1963	1	24	8	1	9	8	18
1964	0	32	0	0	32	0	32
1965	0	37	0	0	37	0	37
1966	0	31	2	0	31	2	33
1967	0	15	0	0	15	0	15
1968	1	9	1	1	9	1	11
1969	0	7	3	0	7	3	10
1970	0	12	0	0	12	0	12
1971	0	9	0	0	5	0	5
1972	0	14	0	0	24	0	24
1973	0	12	0	0	7	0	7
1974	0	11	0	0	6	0	6

Jahr	Anzahl der beschafften Triebfahrzeuge davon			Anzahl der vorhandenen Triebfahrzeuge davon			Summe
	ET	V	VT	ET	V	VT	
1975	0	11	0	0	11	0	11
1976	0	10	10	0	12	10	22
1977	0	11	5	0	3	5	8
1978	0	11	0	0	13	0	13
1979	0	10	0	0	14	0	14
1980	0	9	0	0	9	0	9
1981	0	16	9	0	16	9	24
1982	0	21	0	0	21	0	21
1983	5	15	0	5	15	0	15
1984	15	6	0	0	15	6	21
1985	0	10	3	0	12	3	15
1986	0	8	0	0	6	0	6
1987	20	10	8	20	10	8	38
1988	0	6	0	0	6	0	6
1989	17	4	0	17	4	0	21
1990	1	6	0	1	6	0	7
1991	10	10	0	10	10	0	20
1992	0	0	10	12	0	9	22
1993	0	11	21	0	12	31	43
1994	15	4	16	22	4	6	32
1995	13	1	19	6	1	19	26
1996	15	2	36	15	2	36	53
1997	21	16	33	21	16	33	70
1998	0	6	46	0	6	46	52

ET = Elektrotriebwagen; V = Diesellokomotive; VT = Dieseltriebwagen

AUTOR: R. HEINISCH; AUFNAHME: KARKOWSKI

Bereits 1981 führte die Südwestdeutsche Verkehrs AG (SWEG) auf einigen Strecken den damals modernsten Nahverkehrs-Triebwagen des Typs NE 81 ein. Damit gelang es diesem Unternehmen, wieder Fahrgäste für regelmäßige Bahnfahrten zu begeistern

Triebwagen NE 81

Der bei einigen NE-Bahnen dringende Bedarf an modernen leistungsfähigen Triebwagen für die Bedienung von ländlichen Einzugsbereichen erforderte völlig neu zu entwickelnde Fahrzeuge. Mehrere Bahnen aus dem süddeutschen Raum gaben gemeinsam bei der Waggon Union einen entsprechenden Triebwagen in Auftrag. Erstmals kamen hier Bauteile aus der Großserienfertigung der Nutzfahrzeug- und Bushersteller zum Einsatz. Das als Typ „NE 81" bezeichnete und erstmals 1981 eingesetzte vierachsige Triebfahrzeug stieß bei den Fahrgästen auf große Resonanz und sicherte einigen NE-Bahnen den Schienenpersonenverkehr auf längere Sicht. Die gleichzeitig für die Deutsche Bundesbahn entwickelten Baureihen 627 und 628 berücksichtigen nicht die speziellen Belange der meisten bestellenden NE-Bahnen.

Konstruktion

Die Konstruktion des NE 81 ist so ausgelegt, daß er im reinen Personen-Nahverkehr, in Mehrfachsteuerung mit einem weiteren Trieb- oder Steuerwagen, aber auch im Güterverkehr als Schlepptriebwagen genutzt werden kann.
Der Wagenkasten ist eine stabile Stahlkonstruktion in Profil-Bauweise, die elektrisch verschweißt wurde. Der Antrieb auf allen vier Achsen durch zwei MAN-Motoren mit je 201 kW gibt dem Triebwagen ausreichend Kraft, um in der Ebene eine Anhängelast von 400 t befördern zu können. Einige Bahnen haben ihre Fahrzeuge für den Güterverkehr mit Funkfernsteuerung ausgerüstet.
Da dieses Fahrzeug von den NE-Unternehmen in Auftrag gegeben wurde, die in der Regel auch eine größere Omnibusflotte betreiben, griff man – wie erwähnt - auf möglichst viele Teile aus dem Omnibus-Serienbau zurück.
So werden bei Omnibussen und beim NE 81 nicht nur die gleichen Motoren verwendet, sondern auch Türen, Fenster und die elektrische Energieversorgung sind weitgehend identisch. Damit verbunden ist eine äußerst ökonomische Vorhaltung von Ersatzteilen.
Der NE 81 ist für den Einmann-Betrieb ausgelegt, zwischen den Führerständen und dem Fahrgastraum ist keine Trennung vorhanden. Damit ist ein eventueller Fahrkartenverkauf durch den Triebfahrzeugführer möglich.
Die Eingangstüren befinden sich an den beiden Enden des Fahrzeugs. Der Fahrgastraum ist durch eine Glaswand mit Pendeltür in ein Nichtraucher- und ein Raucherabteil aufgeteilt. Bei einem Teil der Triebwagen ist ein geschlossenes WC vorhanden, andere Bahnen verzichteten darauf und installierten statt dessen Fahrkartenautomaten.

Betriebseinsatz

In fast 15 Jahren wurden 26 Triebwagen und weitere Steuer- und Beiwagen gebaut. Sie sind im Einsatz bei der Albtal-Verkehrs-Gesellschaft (AVG), der Bodensee-Oberschwaben-Bahn GmbH (BOB), der Hohenzollerischen Landesbahn (HzL), der Kahlgrund Verkehrs Gesellschaft (KVG), der Regental Bahnbetriebs GmbH (RBG), der Südwestdeutschen Verkehrs AG (SWEG), der Württembergischen Eisenbahngesellschaft (WEG) und beim Zweckverband Verkehrsverband Wieslauftalbahn (ZVVW).

TECHNISCHE DATEN

Indienststellung (bei NE-Bahnen)		1981
Hersteller		Waggon Union und andere
Achsfolge		B'B'
Länge über Puffer	mm	23 894
Dienstmasse	t	39
Motor Anzahl		2
Motor Hersteller		MAN
Leistung	kW	201
Drehzahl	U/min	2 200
Art der Kraftübertragung		hydrodynamisch
Höchstgeschwindigkeit	km/h	90
Anzahl der Sitzplätze		84

AUTOR: R. HEINISCH; AUFNAHME: WELTNER

Uerdinger Schienenbusse
...laufen nach wie vor im täglichen Planeinsatz bei der Prignitzer Eisenbahn (Rhinow, 8. September 2001) J. LUKNER

„Esslinger und älter"
...könnte man diese Aufnahme nennen. Trieb- und Beiwagen-Versammlung bei der WEG in Untergröningen, dem Endpur der Strecke von Gaildorf D.HÖLLERH

Auf einer der jüngsten NE-Bahnen Deutschlands, der Taunusbahn (TSB), verkehren überwiegend LHB-Triebwageneinheiten des Typs VT/VS2E

VT2E, VT/VS2E, VTA

Nach 20 Jahren Unterbrechung wurden in Deutschland wieder Neubautriebwagen für den Personenverkehr auf NE-Bahnen in Dienst gestellt. Die Fahrzeuge der ersten Generation aus den fünfziger Jahren hatten inzwischen das Ende ihrer Nutzungsdauer erreicht. Die Ausfälle häuften sich, der Wartungsaufwand hielt die bahneigenen Werkstätten auf Trab. Für ihren S-Bahn-ähnlichen Verkehr im Norden des Großraums Hamburg benötigte die Eisenbahn Altona-Kaltenkirchen-Neumünster (AKN) moderne Fahrzeuge mit einem hohen Beschleunigungsvermögen. Die von LHB konstruierten und ab 1976 ausgelieferten dieselelektrischen Triebfahrzeuge des Typs VT2E entsprachen diesen Anforderungen.

Konstruktion

Der wagenbauliche Teil der VT2E-Triebwagen entstand auf der Basis der U-Bahn-Wagen des Typs DT 3 der Hamburger Hochbahn. Im Hinblick auf eine rationelle Fahrzeugunterhaltung sollten möglichst viele Bau- und Ausrüstungsteile mit denen des DT 3 übereinstimmen. Der VT2E ist ein zweiteiliger Doppeltriebwagen, der betrieblich eine nichttrennbare Einheit bildet. Beide Fahrzeughälften liegen auf dem mittleren antriebslosen Jakobsdrehgestell auf. Jedem Wagenkasten ist ein zweiachsiges Triebgestell zugeordnet. Beide Wagenhälften sind weitgehend identisch.

Der Wagenkasten selbst ist eine Stahlleichtbaukonstruktion mit Edelstahlbeblechung. An jeder Längsseite sind zwei Doppelschiebetüren vorhanden. Jeder Wagenteil hat seine komplette vom anderen Wagenteil unabhängige Traktionsanlage und Bremsausrüstung.

Die MAN-Motoren mit 228 kW sind fest mit einem BBC Drehstromgenerator verbunden. Die beiden Fahrmotoren je Drehgestell werden mit Gleichstrom versorgt. Die ab 1987 in Dienst gestellten und äußerlich sehr ähnlichen Fahrzeuge der Frankfurt-Königsteiner Eisenbahn (FKE) und der Verkehrsbetriebe Hochtaunus (VHT) sind in der Kombination VT/VS2E gebaut. Dies bedeutet, daß nur eine Motorenanlage vorhanden ist. Eingebaut wurde ein Mercedes-Benz-Motor mit 463 kW. Die weitere Antriebskonzeption blieb erhalten. Für die Ausweitung ihres Verkehrs und die Ablösung von noch vorhandenen alten Schienenbussen sollten bei der AKN ab 1993 neue Fahrzeuge beschafft werden. Da sich die VT2E in den mehr als 15 Jahren bestens bewährt hatten, wurde diese Konstruktion überarbeitet, und es entstand der Typ VTA. An der Grundkonzeption gab es keine großen Veränderungen. Der VTA wird mit einem liegenden 485-kW-Cummins-Motor ausgerüstet. Diese Bauweise

TECHNISCHE DATEN

Typ		VT2E	VT/VS2E	VTA
Indienststellung (bei NE-Bahnen)		1976	1981	1993
Hersteller		LHB	LHB	LHB
Achsfolge		Bo'2'Bo'	Bo'2'Bo'	Bo'2'Bo'
Länge über Puffer	mm	32 520	32 620	32 600
Dienstmasse	t	51,9	55,0	55,5
Motor Anzahl		2	1	1
Motor Hersteller		MAN	Mercedes-Benz	Cummins
Leistung	kW	228	463	485
Drehzahl	U/min	2 100	2 100	2 100
Art der Kraftübertragung		elektrisch	elektrisch	Drehstrom
Höchstgeschwindigkeit	km/h	88	100	100
Anzahl der Sitzplätze		96	96	96

AUFNAHME: BEYER

Triebwagenzug 2.54 der Eisenbahn Altona – Kaltenkirchen – Neumünster am Haltepunkt Meeschensee der Alsternordbahn im Juni 1995

Die ehemalige Elmshorn-Barmstedter Eisenbahn wird seit 1957 von der AKN betrieben

erlaubt den Verzicht auf Klappen im Motorraum. Dadurch konnten die Schallemission im Fahrgastraum reduziert und der Fahrkomfort erhöht werden. Wesentlich modernisiert wurde die Technik. Der VTA besitzt die wartungsarme Drehstromantriebstechnik. Dennoch sind beide Bauarten untereinander kuppelbar und können in Vielfachtraktion, bis zu vier Einheiten, eingesetzt werden. Vorhanden ist eine Mittelpufferkupplung.

Betriebseinsatz

Inzwischen sind bei den genannten Betrieben mehr als 50 Fahrzeuge aller drei Typen vorhanden. Die AKN, die die Entwicklung dieses bewährten Triebwagenzugs maßgeblich beeinflußte, besitzt 16 Fahrzeuge des zweimotorigen Typs VT2E und 18 Fahrzeuge der einmotorigen Variante VTA. Die FKE verfügt über neun und die VHT über elf einmotorige VT/VS2E.

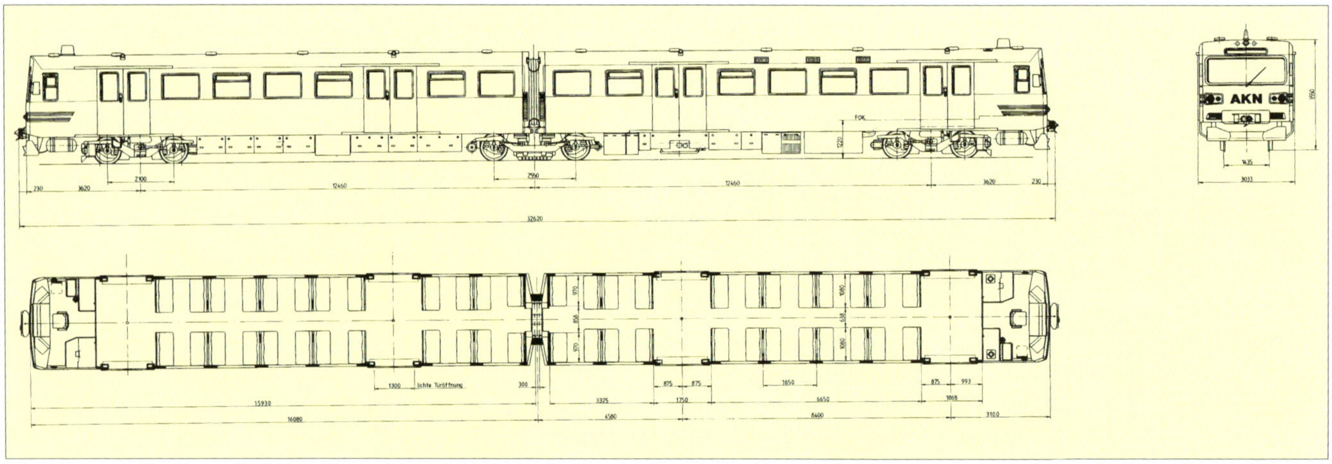

Die Fahrzeuge der Typen VT2E bewähren sich seit 1976 auf den von der Eisenbahn Altona – Kaltenkirchen – Neumünster (AKN) bedienten Strecken

AUTOR: R. HEINISCH; AUFNAHMEN: B. SCHULZ, SLG. VÖLK

Auf den von der Dürener Kreisbahn betriebenen Strecken gehört der RegioSprinter zum täglichen Bild. Hier eine Zugeinheit bei Abenden im Jahr 1997

RegioSprinter

Am 20. März 1995 konnte der erste von der zur Siemens Verkehrstechnik gehörenden DUEWAG AG konzipierte und gebaute RegioSprinter an die Dürener Kreisbahn GmbH (DKB) übergeben werden. Die Entwicklungsarbeiten gehen jedoch zurück bis in die Jahre 1992/93. Basierend auf den Rahmenvorgaben des Verbandes Deutscher Verkehrsunternehmen (VDV) und dem von DUEWAG erarbeiteten Fahrzeugkonzept entwickelte die DKB hierzu ein Lastenheft, in dem neben den technischen Daten auch die Einsatzbedingungen und die wagenbauliche Gestaltung festgelegt wurden. Nachdem im September 1993 ein Vertrag zur Beschaffung von 16 Fahrzeugen unterzeichnet worden war, begannen die konkreten Planungen. Entsprechend den VDV-Vorgaben wurde für die Fahrzeuge eine Nutzungsdauer von 15 Jahren berücksichtigt. Bei der Entwicklung wurden immer wieder die Anforderungen mit den finanziell und technisch machbaren Lösungen verglichen. Herausgekommen ist ein modernes Fahrzeug, dessen Prototyp auf Herz und Nieren geprüft wurde.

Konstruktion

Der RegioSprinter besteht aus drei gelenkig miteinander verbundenen Teilen. Die beiden baugleichen Triebzugteile sind mit je einem Führerstand und breiten Niederflureinstiegen auf beiden Seiten ausgestattet. Die sehr gedrungene Bauweise läßt eine Fahrzeugbreite von fast drei Metern zu, wodurch der RegioSprinter um einiges breiter als die herkömmlichen anderen Triebfahrzeuge ist. Die Breite läßt eine Sitzanordnung von 2 + 3 Sitzen je Reihe zu. Im Mittelteil ist jedoch nur eine übliche Bestuhlung von 2+2 vorhanden. Je eine kompakte Unterfluranlage, bestehend aus einem umweltfreundlichen Dieselmotor nach Euro-II-Norm sowie Fünf-Gang-Getriebe mit Retarder und Kühler lassen eine maximale Beschleunigung von 1,1 m/s² zu.

Die Kraft wird auf ein Einachsfahrwerk übertragen. Beide Endteile stützen sich auf ein kurzes antriebsloses zweiachsiges Mittelteil auf. Bei der Konstruktion des Wagenkastens berücksichtigte DUEWAG bewährte Bauteile aus der Omnibusfertigung. Auf einem geschweißten Untergestell aus Großstrangpreßprofilen sind die Seitenwände und auch die Dachvouten mit speziellen Eckverbindungen verschraubt. Wo möglich, so bei den Kopfteilen und dem Dach, wurden die Teile miteinander verklebt.

Der dreiteilige RegioSprinter weist einen Niederfluranteil von 75 Prozent auf.

Betriebseinsatz

Das Demonstrationsfahrzeug des RegioSprinter absolvierte auf vielen Privatbahnen des In- und Auslands Vorstellungsfahrten. Es ist Eigentum des Herstellers. Insgesamt 16 Fahrzeuge sind im Besitz der Dürener Kreisbahn und vorwiegend auf der Rurtalbahn im Einsatz. Inzwischen hat auch die Regental-Bahnbetriebs GmbH (RBG) RegioSprinter erhalten, die sie im Auftrag der Deutschen Bahn einsetzt.

Für die RBG sind 18 Fahrzeuge vorgesehen. Zehn Triebzüge entsprechen den Forderungen der BO Strab. Sie werden künftig einige Streckenabschnitte der Zwickauer Straßenbahn auf einem Dreischienengleis befahren. Neben weiteren Bestellungen aus Dänemark hat auch die Deutschen Bahn einen Auftrag von 150 Fahrzeugen für einen aus dem RegioSprinter abgeleiteten Fahrzeugtyp als Baureihe 642 erteilt. Mit seiner Lieferung ist ab März 1999 zu rechnen.

TECHNISCHE DATEN

Indienststellung (bei NE-Bahnen)		1995
Hersteller		DUEWAG
Achsfolge		A+2+A
Länge über Puffer	mm	24 800
Dienstmasse	t	30
Motor Anzahl		2
Motor Hersteller		MAN
Leistung	kW	198
Drehzahl	U/min	2 000
Art der Kraftübertragung		hydrodynamisch
Höchstgeschwindigkeit	km/h	100
Anzahl der Sitzplätze		74

AUTOR: R. HEINISCH; AUFNAHME: LINDENBLATT

Trotz gelegentlicher Ausfälle wegen technischer Probleme erfreuen sich die Doppelstocktriebwagen zwischen Weimar und Kranichfeld großer Beliebtheit

Doppelstock-VT

Auf der Straße, vor allen in Ballungsgebieten, weiß man Doppelstockbusse schon seit langem zu schätzen. Auch bei der Deutschen Bahn nimmt der Anteil an Doppelstockwagen kontinuierlich zu. Die Deutsche Waggonbau AG, seit einiger Zeit Teil der Bombardier Transportation, stellte bereits 1994 auf der Hannover Messe das erste Demonstrationsmodell eines Doppelstocktriebwagens vor. Aus den Erkenntnissen dieses Prototyps wurden sechs Vorserienfahrzeuge für die Deutsche Bahn gebaut. Zudem nutzen auch NE-Bahnen die Möglichkeit, diesen Zweiachser auf ihren Strecken fahren zu lassen, um die Akzeptanz bei den Kunden zu testen.

Konstruktion

Beim Bau des Fahrzeugs wurden viele Konstruktionselemente aus dem Omnibus-, Straßen- und Stadtbahnbereich übernommen. Der Wagenkasten besteht aus einem Stahlgerippe mit aufgeklebten verzinkten Blechen. Bei den Stirnseiten handelt es sich um glasfaserverstärkte Kunststoffe. Unter- und Obergeschoß sind über zwei Wendeltreppen verbunden. Eine großzügige Verglasung – die Fensterscheiben sind mit der Tragkonstruktion verklebt – bietet dem Fahrgast vor allem im Oberstock einen tollen Ausblick. Das klimatisierte Fahrzeug verfügt einschließlich der Klappsitze über 78 Sitzgelegenheiten. Je Fahrzeugseite ist eine Doppeltür vorhanden.

Der Doppelstock-VT wird durch einen MTU-Motor mit 250 kW auf einer Achse angetrieben. Antriebsachse und Laufachse lassen sich radial einstellen. Die Bremsausrüstung besteht aus einer elektronisch gesteuerten, hydraulisch betätigten Scheibenbremse, aus einer Magnetschienenbremse und der Feststellbremse. Beim Doppelstock-Schienenbus sind standardmäßig keine Kupplungsmöglichkeiten vorhanden. Zum Abschleppen dienen Kuppelstangen und -ösen.

Der 16 100 mm lange Triebwagen ist als Einzelfahrzeug ausschließlich für den Regional- und Nahverkehr konzipiert worden.

Betriebseinsatz

Die zur Zeit sechs vorhandenen Fahrzeuge sind, wenn sie sich nicht wegen technischer Probleme beim Hersteller befinden, in der Regel auf ausgewählten Strecken der Deutschen Bahn, aber auch bei NE-Bahnen im Auftrag der Deutschen Regionalbahn im Einsatz.

Verschiedentlich sind immer wieder Gerüchte über den Verkauf eines der Vorserienfahrzeuge an die eine oder andere Bahn im Gespräch, konkretes kam aber bisher noch nicht zustande.

Bestellungen für weitere Fahrzeuge liegen derzeit nicht vor. Ob überhaupt eine weitere Serienlieferung folgen wird, bleibt abzuwarten.

TECHNISCHE DATEN

Indienststellung (bei NE-Bahnen)		1994
Hersteller		DWA
Achsfolge		1'A'
Länge über Puffer	mm	16 332
Dienstmasse	t	34,25
Motor Anzahl		1
Motor Hersteller		MTU
Leistung	kW	250
Drehzahl	U/min	2 100
Art der Kraftübertragung		hydrodynamisch
Höchstgeschwindigkeit	km/h	100
Anzahl der Sitzplätze		78

AUTOR: R. HEINISCH; AUFNAHME: LINDENBLATT

Dieser zweiteilige Talent-Triebwagen absolvierte 1996 auf verschiedenen Strecken Vorführfahrten und fand bei Fachleuten und Publikum großes Interesse

Talent

Ein einprägsamer Name zeichnet eines der ersten Fahrzeuge der neuen Triebwagen-Generation aus: Talbot-Leichtbau-Niederflur-Triebzug – „Talent". Bereits wenige Monate nach dem Rollout im Jahre 1996 beim traditionsreichen Hersteller von Triebzügen, der Firma Talbot in Aachen, die schon damals wie heute auch die DWA zum kanadischen Bombardier-Konzern gehörte, wurde dieses Fahrzeug auf zahlreichen Strekken des Bundesgebiets und im Ausland vorgeführt. Bei der Konzeption des Triebwagens wurden die vom Verband Deutscher Verkehrsunternehmen (VDV) erarbeiteten Rahmenvorgaben berücksichtigt. Es entstand eine Triebwagenfamilie von Fahrzeugen, die vom zweiteiligen – unter anderem dem Prototyp – bis zu drei- und vierteiligen Fahrzeugen reicht. Allerdings liegen vom vierteiligen Triebwagen bisher nur Konzepte vor.

Konstruktion

Der Talent besticht vor allem durch sein Äußeres. Die windschnittige Form erinnert sehr an das Design der Schnelltriebwagen aus den dreißiger Jahren. Ebenso liegt die Vermutung nahe, daß die Achsanordnung mit einem Jakobsdrehgestell vom „Fliegenden Hamburger" stammt. Auch die bei Zulassungsfahrten erreichte Höchstgeschwindigkeit von 160 km/h des Talent erinnert an die Schnelltriebwagen-Ära der DRG bzw. DR. Doch damit ist dem Gesamtkonzept keinesfalls Rechnung getragen. Der Aufbau besteht beim Serientriebzug im Unterteil aus Stahl, die Seitenwände sind aus korrosionsträgem Stahl mit aufgeklebter Kunststoffaußenhaut gefertigt. (Der Prototyp erhielt Aluminium-Stangenpreßprofile).

Die Triebfahrzeugköpfe bestehen aus glasfaserverstärktem Kunststoff. Je nach Einsatzzweck können Motoren zwischen 228 und 550 kW eingebaut werden. Die Kraft wird entweder dieselmechanisch über ein Fünf-Gang-Automatik-Getriebe mit integriertem Retarder, ein hydraulisches Getriebe oder über Elektromotoren mittels Synchrongenerator und Leistungselektronik (IGBT) übertragen. In allen Fällen sind Motor und Getriebe in einem Rahmen hinter dem Triebgestell untergebracht, in letzterem befinden sich Motor und Generator. Bei allen Antriebsarten werden die beiden Achsen der Triebdrehgestelle angetrieben Das Jakobsdrehgestell bzw. die beiden Jakobsdrehgestelle bei der dreiteiligen Einheit sind antriebslos.

Bedingt durch diese Drehgestellbauart können die Fahrzeuge nur in der Werkstatt getrennt werden.

Gekuppelt wird über eine automatische Mittelpuffer-Kupplung, die ein schnelles Kuppeln bzw. Lösen von Zügen für eine mögliche Flügelzugbildung erlaubt.

Ebenso wurde viel für einen hohen Fahrkomfort getan. Bis zu 1 300 mm breite Türen gestatten einen zügigen Fahrgastfluß. Die Drehgestelle besitzen eine Gummiprimär- und eine Luftsekundärfederung. Je nach Kundenwunsch können verschiedene Fußbodenhöhen und Niederfluranteile gewählt werden. Bei der zweiteiligen Einheit beträgt der Niederfluranteil mehr als 50 Prozent. Getönte Scheiben und eine Klimaanlage nach VDV-Richtlinien runden die Konstruktion ab.

Betriebseinsatz

Der Prototyp, der durch Sonder- und Vorführfahrten manche für den Personen-

TECHNISCHE DATEN

Typ		Talent, zweiteilig (Prototyp)	Talent, dreiteilig (OME/DME)	Talent, zweiteilig Regio-Bahn
Indienststellung (bei NE-Bahnen)		1996	1998/1999	1999
Hersteller		Talbot	Talbot	Talbot
Achsfolge		B' (2) B'	B' (2) (2) B'	B' (2) (2) B'
Länge über Puffer	mm	30 710	48 360	34 610
Dienstmasse	t	48,0	72,0	59,0
Motor Anzahl		2	2	2
Motor Hersteller		MAN	MTU	MTU
Leistung	kW	228	315	315
Drehzahl	U/min	2 000	1 900	
Art der Kraftübertragung		mechanisch	mechanisch	mechanisch
Höchstgeschwindigkeit	km/h	140	120	100
Anzahl der Sitzplätze		80	129/133	100

AUTOR: R. HEINISCH; AUFNAHME: LINDENBLATT

Talent-Triebzug der Ostmecklenburgischen Eisenbahn auf dem Endbahnhof Feldberg (Meckl) im September 1998 abfahrbereit nach Neustrelitz Süd

verkehr stillgelegte Strecke aus dem Dornröschenschlaf gerissen hat, bekam inzwischen durch mehr als 20 Triebzüge der Baureihe 644 bei der Deutschen Bahn in Köln und vier Fahrzeuge bei der Ostmecklenburgischen Eisenbahn (OME) Geschwister.

Der Prototyp ist inzwischen mit Neigetechnik ausgerüstet worden. Er wird bei den Norwegischen Staatsbahnen (NSB) ausgiebig getestet. Auch die Fahrzeuge für die NSB und weitere von der Regiobahn Kaarst – Mettmann bestellte Fahrzeuge werden zweiteilig ausgeführt. Die zur Zeit an die Deutsche Bahn ausgelieferten Triebzüge sind dreiteilig.

Insgesamt wurden 60 Talent-Triebzüge mit dieselelektrischem Antrieb (DB-Baureihe 644) für den S-Bahn-ähnlichen Betrieb im Kölner „Dieselnetz" und 75 mit dieselmechanischem Antrieb (DB-Baureihe 643) bestellt.

Neben dem unterschiedlichen Antriebskonzept sind die dieselmechanischen Fahrzeuge auch rund vier Meter kürzer und erhalten pro Wagenkasten eine Tür weniger.

Die Ostmecklenburgische Eisenbahngesellschaft (OME) hat neun und die Dortmund-Märkische Eisenbahn vier dreiteilige Talent-Triebwagen-Züge bestellt. Die ersten „Talente" wurden bereits im Herbst 1998 an die OME ausgeliefert. Interesse an der „Talent-Familie" besteht inzwischen bei mehreren europäischen Bahnverwaltungen.

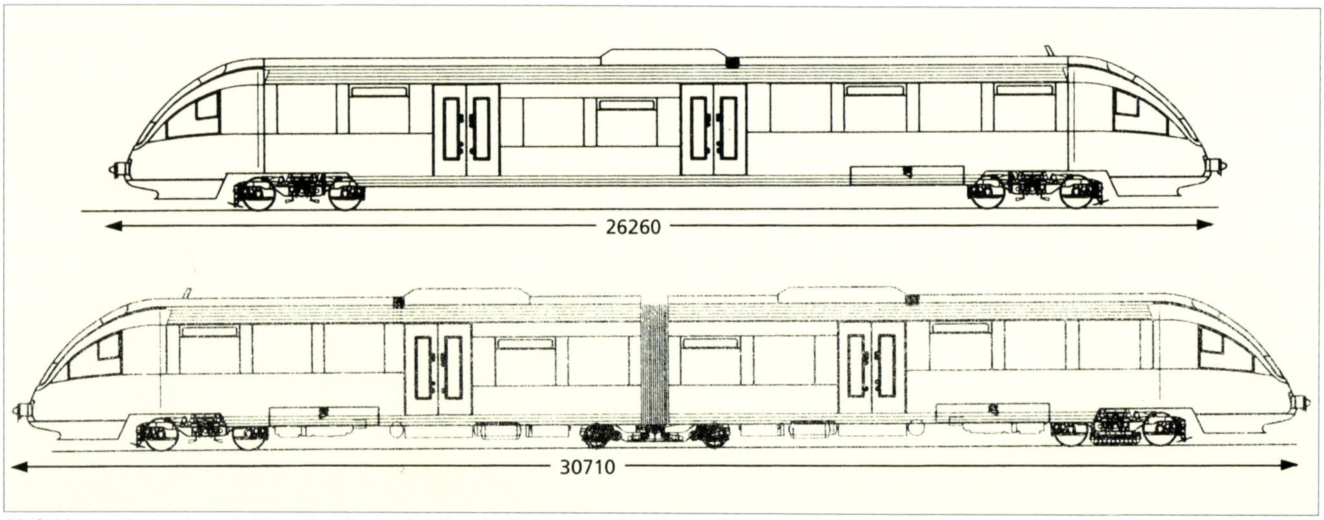

Maßskizzen ein- und zweiteiliger Versionen der Talent-Triebwagen. Der Hersteller entschied sich bei mehrteiligen Wagen für Jakobsdrehgestelle

AUTOR: R. HEINISCH; AUFNAHME: WERKFOTO BOMBARDIER

Auf der ehemaligen Kleinbahn Niebüll – Dagebüll Mole bewährt sich der in Jenbach gebaute VT 4 als Universalfahrzeug (April 1996 in Maasbüll)

Triebwagen VT 5047

Als bei den Nordfriesischen Verkehrsbetrieben AG (NVAG) die Ablösung der inzwischen mehr als 30 Jahre in Dienst stehenden Betriebsmittel anstand, war man darauf bedacht, daß auch das neue Fahrzeug den Anforderungen an den Schleppdienst auf der Strecke Niebüll – Dagebüll Mole gerecht wird.
Schließlich entschied sich die NVAG für den Kauf des VT 5047 aus dem österreichischen Jenbach. Noch im Jahre 1995 wurde der Vierachser in Auftrag gegeben und gelangte fast 1 000 Kilometer von seiner „Wiege“ entfernt zum Einsatz. Das Fahrzeug gilt als „Exote“ auf Deutschlands NE-Bahnen.
Über 100 derartige von der Jenbacher Energiesysteme AG gefertigte Triebwagen versehen jedoch bei den Bundesbahnen und einigen Privatbahnen Österreichs zuverlässig ihren Dienst.

Konstruktion

Das als Einzeltriebwagen für die Belange der Österreichischen Bundesbahnen (ÖBB) konzipierte Fahrzeug hat auf zahlreichen Strecken eine Renaissance des regionalen Verkehrs bewirkt. Neben einem hohen Fahrgastkomfort wurde bei der Gesamtkonzeption auch konsequent auf eine hohe Instandhaltungs- und Reinigungsfreundlichkeit geachtet. Der Wagenkasten besteht aus einem Grundgerüst von Quer- und Längsträgern und gekanteten Stahlblechprofilen. Der gesamte Aufbau ist verschweißt. An den Enden des Triebfahrzeuges sind hinter den Führerständen beidseitig Türen vorhanden. Der Innenraum gliedert sich in drei Bereiche, wovon der mittlere das 1.-Klasse-Abteil bildet.
Die zweiachsigen Drehgestelle sind eine Eigenentwicklung der Integral Verkehrstechnik AG. Ein Drehgestell ist als Laufgestell, das zweite als Antriebsgestell ausgebildet.
Für den Antrieb sorgt ein leistungsstarker MTU-Motor mit 419 kW. Ein Voith-Getriebe bringt die Leistung auf die Schienen. Für die Mitnahme von Güter- und/oder Reisezuwagen sind Regelpuffer und -Kupplungen vorhanden. Bei der NVAG werden bis zu drei Kurswagen befördert.
Die Unterschiede zwischen der ÖBB- und NVAG-Ausführung halten sich in Grenzen. Die markanteste und auch von außen sichtbare Veränderung sind die Frontschürzen. Hinter einer Frontschürze befindet sich ein Dieselaggregat für die Stromerzeugung, um die mitgeführten Kurswagen zu heizen bzw. zu klimatisieren. Die zweite Frontschürze ist aus Gründen der Symmetrie angebracht worden. Ausserdem konnte auf die in Österreich notwendigen hydrodynamischen Bremsen verzichtet werden, da bei der NVAG keine nennenswerten Steigungen vorhanden sind. Die bei dem NVAG-Triebwagen auf 100 km/h reduzierte Geschwindigkeit erfolgte zugunsten einer merklich höheren Zugkraft.

Betriebseinsatz

Wie bereits angedeutet, ist der bei der NVAG als T 4 bezeichnete Triebwagen das einzige in Deutschland stationierte Fahrzeug der ÖBB-Baureihe VT 5047. Allerdings kommen gelegentlich verschiedene ÖBB-Triebwagen gleicher Bauart im grenzüberschreitenden Verkehr nach Deutschland.
Bei der NVAG erledigt der T 4 fast alle anfallenden Aufgaben, den Bäderverkehr, die Beförderung der Kurswagen sowie die äußerst selten gewordene Zustellung von Güterwagen.

TECHNISCHE DATEN

Indienststellung (bei NVAG)		1995
Hersteller		Jenbach (Österreich)
Achsfolge		2'B'
Länge über Puffer	mm	25 420
Dienstmasse	t	45
Motor Anzahl		1
Motor Hersteller		MTU
Leistung	kW	419
Drehzahl	U/min	2 000
Art der Kraftübertragung		hydrodynamisch
Höchstgeschwindigkeit	km/h	120
Anzahl der Sitzplätze		62

AUTOR: R. HEINISCH; AUFNAHME: LINDENBLATT

Der im österreichischen Jenbach entwickelte INTEGRAL ID 5 kann entsprechend unterschiedlicher Bedürfnisse in seiner Länge variiert werden

INTEGRAL ID 5

Das von der Integral Verkehrstechnik Aktiengesellschaft, Jenbach (Österreich) entwickelte Fahrzeug besticht durch ein unkonventionelles Konzept. Der Gliederzug INTEGRAL kann durch die Verwendung verschiedener Komponenten aus dem Baukasten vielfältigen Ansprüchen genügen.
Die ersten Fahrzeuge sind für die Bayerische Oberland Bahn (BOB) bestimmt, und haben ab Jahreswechsel 98/99 den Verkehr südlich von München übernommen. Neben dem österreichischen Hersteller fertigt auch die PFA Weiden größere Baugruppen für dieses Fahrzeug.

Konstruktion

Das Baukastensystem des INTEGRAL-Gliederzugs basiert auf folgender Grundidee: Zwischen Antriebsmodulen werden radlose Fahrgastzellen befestigt. Diese Zellen können je nach Bedarf oder Kundenwunsch ein- oder doppelstöckig ausgeführt werden. Ebenso ist eine Variation in der Länge möglich. Zur Verlängerung eines Zugs können Zwischenwagen mit oder ohne Antrieb eingestellt werden. In die jeweiligen Endwagen werden die Führerstände installiert. Die bei der BOB zum Einsatz kommenden Fahrzeuge sind fünfteilig. Sie bestehen aus zwei Triebwagen, einem Zwischenwagen und zwei Fahrgastzellen. Insgesamt sind drei MAN-Motoren mit jeweils 315 kW vorhanden; zwei Motoren sind im ersten, ein Motor im letzten Triebkopf untergebracht. Bei dem mittleren Zwischenwagen handelt es sich um einen sogenannten Laufwagen.
Jeweils einem Motor bzw. einer Achse ist ein hydraulisches Getriebe von Voith zugeordnet.
Die Antriebseinheiten sind mit 6 700 mm bei einem Achsstand von 4 700 mm relativ kurz.
Die Achsen sind nicht fest gelagert, sondern bilden eine Art „virtuelles Drehgestell“, bei dem sich die Achsen automatisch in eine optimale Lage zum Kurvenradius bringen können.
Die Fahrgastzellen haben eine Länge von 12 900 mm. An beiden Enden befinden sich Türen. Der Bereich zwischen den Türen ist in Niederflurbauweise ausgeführt. Das gesamte Fahrzeug ist durchgehend begehbar. In den Fahrgastzellen, im Mittelteil und in den Triebwagen stehen 150 Sitzplätze (einschl. Klappsitze) in der 2. Klasse und zwölf Sitzplätze in der 1. Klasse zur Verfügung. Für die Kupplung mit anderen Zügen ist eine Mittelpufferkupplung vorhanden.

Betriebseinsatz

Die BOB hat 17 Fahrzeuge des Typs INTERGRAL ID 5 bestellt. Die ersten Fahrzeuge sind bereits in Deutschland eingetroffen und wurden auch schon auf den zukünftigen Heimatstrecken, im Süden von München, gesichtet. Außerdem ist der Integral im Rahmen von Vorführfahrten bei anderen Bahnen zu Gast.

TECHNISCHE DATEN

Indienststellung		1998
Hersteller		Jenbach
Achsfolge		A'A'-1'1'-1'A'
Länge über Puffer	mm	53 430
Dienstmasse	t	74,5
Motor Anzahl		3
Motor Hersteller		MAN
Leistung	kW	315
Drehzahl	U/min	2 200
Art der Kraftübertragung		hydrodynamisch
Höchstgeschwindigkeit	km/h	140
Anzahl der Sitzplätze		162

AUTOR: R. HEINISCH; AUFNAHME: WERKFOTO JENBACHER WERKE

Diese Triebwagen-Parade steht für ein neues Zeitalter im Schienenpersonennahverkehr. Schon jetzt gibt es unterschiedlichste Farbvarianten

RegioShuttle

Sieht man von den Bestellungen durch die Deutsche Bahn ab, so ist der RegioShuttle das am häufigsten bei NE-Bahnen anzutreffende Dieselfahrzeug. Gebaut werden die RegioShuttles von Adtranz (ABB Daimler Benz Transportation), einem Zusammenschluß der beiden Schienenfahrzeughersteller ABB Henschel und der ehemaligen AEG. Der Triebwagen wurde noch vor der Fusion von ABB Henschel entwickelt und in die Ehe mit der AEG eingebracht. Das Fahrzeug ist für den Regionalverkehr konzipiert. Obwohl der Triebwagen äußerlich in der Grundkonzeption den bisherigen vierachsigen Drehgestell-Triebzügen gleicht, so steckt doch sehr viel Innovation in dieser Neuentwicklung.

Konstruktion

Der Wagenkasten ist ähnlich einer Gitterbrücke aufgebaut. Ober- und Untergurt sind aus Stahlblech-Vierkantrohren und Abkantprofilen zusammengefügt. Diagonalstreben verbinden die Teile und sorgen für die notwendige Stabilität. Das Konstruktionsprinzip ist von außen an der Gestaltung der Fenster sichtbar. Die trapezförmigen Fensterscheiben sind in den stabilen Rahmen eingepaßt. Zwischen beiden Eingangstüren bietet die Niederflurbauweise – ihr Anteil beträgt 65 Prozent – einen hohen Fahrgastkomfort.

Motor und Antriebseinheit sind in einem separaten Rahmen schwingungsisoliert aufgehängt. Angetrieben werden alle Achsen der beiden luftgefederten Drehgestelle. Die wassergekühlten Fünf- oder Sechs-Zylinder-Motoren erreichen 228 bzw. 257 kW. Gummielemente, auf denen der Fußboden aufgesetzt ist, halten Erschütterungen vom Fahrgast fern. Bei der Konstruktion berücksichtigte man zahlreiche bewährte Komponenten aus dem Omnibus- und Schwerlastkraftwagen-Bau. Bisher wurden nur einteilige Fahrzeuge gefertigt; bei Adtranz sind zwei- und dreiteilige Triebzüge in Planung, allerdings noch nicht bestellt worden. Der RegioShuttle ist zum Schleppen von Güterwagen geeignet.

Betriebseinsatz

Derzeit sind mehr als 70 Fahrzeuge in Betrieb. Eingesetzt werden elf Fahrzeuge bei der Regental Bahnbetriebs GmbH (RBG), vier bei der Schönbuchbahn (ZVS), acht bei der Südwestdeutschen Verkehrs AG (SWEG) und drei bei der Württembergischen Eisenbahngesellschaft mbH (WEG). Über den momentan größten Bestand verfügt die Hohenzollerische Landesbahn (HzL) mit 24 RegioShuttles. Weitere Fahrzeuge erhielten die Kahlgrundbahn (KVG), die Wieslaufbahn (ZVVW) sowie die Erfurter Industriebahn (EIB). Ausgeliefert wurden zudem vier Fahrzeuge an die BOB (Bodensee-Oberschwaben Bahn) sowie 18 Triebwagen an die Ortenau-S-Bahn (OSB) und die Breisgau-S-Bahn (BSB). Demnächst soll die WEG drei Fahrzeuge erhalten. Die Rheinland-Pfalz-Eisenbahn plant, mit einem RegioShuttle den Verkehr auf der Strecke Alzey – Kirchheimbolanden wieder aufzunehmen. Inzwischen hat die DB ZugBus für den Regionalverkehr Alb-Bodensee (RAB) im Zusammenwirken mit dem Nahverkehrsverband Baden-Württemberg 37 Fahrzeuge bestellt, die derzeit gebaut werden.

TECHNISCHE DATEN

Indienststellung (RS 1)		1996
Hersteller		Adtranz
Achsfolge		B'B'
Länge über Puffer	mm	25 500
Dienstmasse	t	31,5
Motor Anzahl		2
Motor Hersteller		MAN
Leistung	kW	228
Drehzahl	U/min	2 000
Art der Kraftübertragung		hydrodynamisch
Höchstgeschwindigkeit	km/h	120
Anzahl der Sitzplätze		76

AUTOR: R. HEINISCH; FOTO: V. MEISSNER

Auf der von der Württembergischen Eisenbahn-Gesellschaft (WEG) betriebenen Strecke Schorndorf – Rudersberg bewährt sich der RS 1 ausgezeichnet

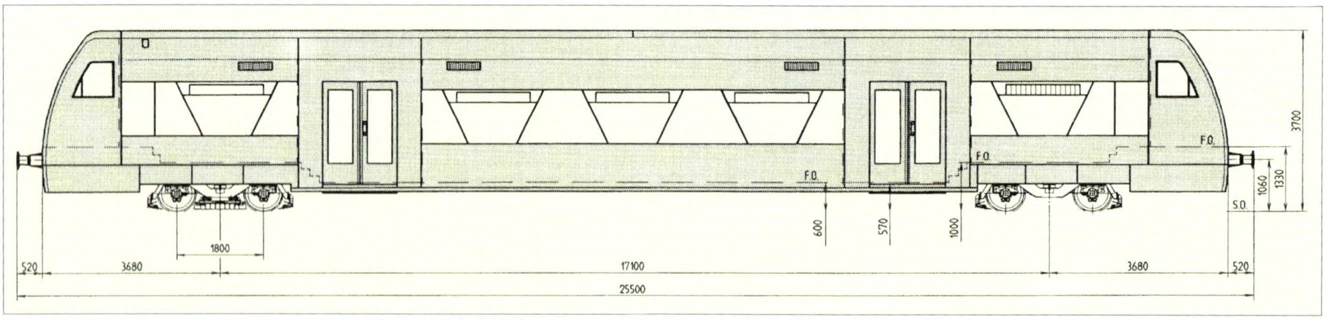

Maßskizze des RegioShuttle RS 1. Geliefert werden bei Bedarf auch zwei- und dreiteilige Triebwagen. Schon der RS 1 kann 181 Fahrgäste aufnehmen

Ein neues Zeitalter brach mit den Einsatz der RegioShuttle bei der Regental Bahnbetriebs-GmbH (RBG) im Raum Zwiesel an, hier VT 24 und VT 25

AUTOR: R. HEINISCH; AUFNAHMEN: KÜSTNER, VÖLK

Zwischen Konstanz, Radolfzell und Stockach bewähren sich inzwischen die GTW 2/6-Triebwagen der Schweizer Mittelthurgaubahn

GTW 2/6

An den Ausschreibungen für ein neues Fahrzeugkonzept beteiligten sich nicht nur alle deutschen Hersteller, sondern auch verschiedene Firmen aus dem benachbarten Ausland, insbesondere aus Österreich und der Schweiz. Bei dem aus der Schweiz, dem Hause Stadler-Fahrzeug AG, stammenden GTW 2/6 (gemäß der Schweizer Terminologie „Gelenk-Triebwagen mit zwei angetriebenen Achsen und insgesamt sechs Achsen") handelte es sich in Deutschland zunächst noch um ein Einzelexemplar. Ein Konsortium unter der Führung der Deutschen Waggonbau AG bietet dieses Fahrzeug ebenfalls in Deutschland an.

Konstruktion

Der gesamte Antrieb ist in einem Mittelteil konzentriert, an den sich die beiden Endwagen mit den Fahrgastabteilen anschließen. Je nach Bedarf kann der dieselelektrische Antrieb, wie er auf der Strecke Radolfzell – Stockach im Einsatz ist, oder der elektrische Antrieb mit Energiespeisung über die Fahrleitung, wie er sich bei verschiedenen Schweizer Privatbahnen bewährt, ausgewählt werden. Theoretisch besteht sogar die Möglichkeit, durch den Tausch des Antriebsteils den Dieseltriebwagen in einen Elektrotriebwagen umzurüsten. Die Konstruktion bringt den Vorteil, daß sich die beiden Fahrgastabteile in konsequenter Leichtbauweise ausführen lassen, da alle wesentlichen Teile in der Antriebseinheit untergebracht sind.
Zudem sichert die Konzentration der Aggregate auf eine kompakte Einheit eine sehr hohe Reibungsmasse im Bereich der Treibachsen. Die Wagenkästen der beiden Niederflurendteile wurden aus Aluminium gefertigt. Für die Verbindung der einzelnen Bauteile bewährt sich eine kombinierte Schraub-Schweiß-Konstruktion. Die Fahrgastzellen stützen sich an den Kopfenden auf zweiachsigen Drehgestellen ab; an dem dem Antriebsteil zugewandten Ende liegen die Fahrgastzellen auf dem Drehgestell auf. Der Antrieb des GTW 2/6 erfolgt dieselelektrisch. In der 2. Klasse entschied man sich für die Sitzanordnung 2+3, in der 1. Klasse besteht die bewährte, konventionelle 2+2-Bestuhlung.

Betriebseinsatz

Zur Zeit verkehren drei Fahrzeuge in Deutschland. Sie sind auf der Strecke Konstanz – Radolfzell – Stockach im Einsatz. Eigentümer ist die Schweizer Mittelthurgaubahn, die diese Strecke im Auftrag befährt.
Mittlerweile hat die Deutsche Bahn bei Adtranz und der DWA 56 Fahrzeuge dieses Typs geordert.
Weitere Bestellungen liegen von der Usedomer Bäderbahn und von der Hessischen Landesbahn über jeweils 14 Triebwagen vor.
An Schweizer Bahnen sind bereits Fahrzeuge mit elektrischem Antrieb geliefert worden. Weitere wurden bestellt.

TECHNISCHE DATEN

Indienststellung		1996
Hersteller		Stadler
Achsfolge		2+Bo+2
Länge über Puffer	mm	37 144
Dienstmasse	t	47,5
Motor Anzahl		1
Motor Hersteller		MTU
Leistung	kW	540
Drehzahl	U/min	2 100
Art der Kraftübertragung		Drehstrom
Höchstgeschwindigkeit	km/h	130
Anzahl der Sitzplätze		106 + 12

AUTOR: R. HEINISCH; AUFNAHME: KÜSTNER

Am 3. Juni 1998 wurden die fabrikneuen LVT/S 504 003 und LVT/S 504 004 von DWA auf dem Bahnhof Bad Wildungen vorgestellt

LVT/S

Totgesagte leben länger: Diese Redewendung läßt sich sehr gut auf die Schienenbusse der Deutschen Bundesbahn, die Baureihen VT 795 bis VT 798, und die „Blutblasen", die Baureihe 771 der Deutschen Reichsbahn, anwenden. Auch nach über 40jähriger Einsatzzeit sind die Nebenbahnretter von einst immer noch auf einigen schwach frequentierten Strecken anzutreffen, da die Triebwagen zuverlässig und anspruchslos in der Unterhaltung sind.

Mit dem „Leichten Verbrennungs-Triebwagen/Schienenbus" (LVT/S) versucht die DWA, inzwischen eine Tochter der Bombardier Transportation, an diesen Mythos anzuknüpfen. Der LVT/S wurde erstmals 1996 auf der Innotrans in Berlin vorgestellt. Das Fahrzeug ist gedacht für die Bedienung wenig frequentierter Strecken mit einer Länge bis zu 100 Kilometern.

Konstruktion

Durch den Einsatz bewährter Großserienteile aus dem Bus- und Straßenbahnbau entstand ein in der Anschaffung, im Betrieb und in der Wartung kostengünstiges Fahrzeug. Der konsequente Leichtbau – der Wagenkasten besteht aus einer korrosionsträgen Stahl-Leichtbau-Konstruktion – garantiert ein gutes Beschleunigungsvermögen und einen geringen Kraftstoffverbrauch. Angetrieben wird der LVT/S durch einen Sechs-Zylinder-Dieselmotor mit 265 kW, der über ein automatisches Schaltgetriebe mit hydrodynamischem Anfahrwandler und Retarder auf eine Achse wirkt. Die zweite Achse ist antriebslos. Beide Einzelrad-Fahrwerke haben den gleichen Aufbau und sind radial einstellbar. Die Fahrgäste werden das moderne Design, den großen Niederfluranteil, das geschlossene Toilettensystem sowie das leistungsfähige Lüftungs- und Heizungssystem begrüßen. Die breiten Türen im Niederflurbereich, eine Doppelschwenk-Schiebetür pro Seite, erleichtern das Einsteigen im Bereich niedriger Bahnsteige auf dem „flachen Land".

Das Fahrzeug bietet die Möglichkeit der Mehrfachtraktion mit bis zu vier gleichen Triebfahrzeugen. Standard-Regelkupplungen und Standardpuffer ermöglichen außerdem die Kombination mit herkömmlichen Fahrzeugen. Der Einbau von automatischen Mittelpufferkupplungen mit entsprechendem Adapter für Standardregelkupplungen ist möglich.

Betriebseinsatz

Die fünf Vorserienfahrzeuge waren bei vielen Bahnen zu Vorführ- und Testfahrten im Einsatz. Mehrere Unternehmen testeten die Triebwagen über einen kürzeren oder längeren Zeitraum im Fahrgastverkehr.

So hat die Hessische Landesbahn über ihre Tochter, die Frankfurt-Königsteiner-Eisenbahn, die Möglichkeit genutzt und die LVT/S auf der Strecke Friedrichsdorf – Friedberg bzw. von der Kassel-Naumburger Eisenbahn aus auf der Strecke Wabern – Bad Wildungen der Deutschen Bahn planmäßig eingesetzt.

Feste Bestellungen liegen über 18 Fahrzeuge von der Karsdorfer Eisenbahn mbH vor.

Die Fahrzeuge für die Burgenlandbahn GmbH (BLB) erhalten automatische Mittelpufferkupplungen. Weitere Bahnen planen ebenfalls, Fahrzeuge dieses Typs in Auftrag zu geben.

TECHNISCHE DATEN

Indienststellung		1996
Hersteller		DWA
Achsfolge		A'1'
Länge über Puffer	mm	16 540
Dienstmasse	t	24
Motor Anzahl		1
Motor Hersteller		Volvo
Leistung	kW	265
Drehzahl	U/min	2 100
Art der Kraftübertragung		hydrodynamisch
Höchstgeschwindigkeit	km/h	100
Anzahl der Sitzplätze		56

AUTOR: R. HEINISCH; AUFNAHME: DWA

Die B'B'-Lokomotive 36 der Häfen und Güterverkehr Köln GmbH wurde 1961 von Klöckner-Humboldt-Deutz als Typ DG 1200 BBM gebaut

An Traditionen angeknüpft

Den weitaus größten Anteil an Triebfahrzeugen bei den deutschen NE-Bahnen haben die Dieselloks. Obwohl von den einst zahlreichen deutschen Produzenten derartiger Maschinen nur wenige überlebten, so sind 1999 doch noch Lokomotiven von allen Herstellern vorhanden.

Nach 1945 machten der deutschen Lokomotiv-Industrie zunächst die Kriegsfolgen zu schaffen. Es sollte noch einige Jahre dauern, bis der Fahrzeugbau wieder aufgenommen werden konnte. So blieb einigen NE-Bahnen nichts anderes übrig, als die vorhandenen (Dampf-)Lokomotiven weiter zu nutzen oder den Maschinenpark mit aus zweiter Hand beschafften Lokomotiven aufzufrischen. Manche Lokomotive erhielt bei ihrem einstigen Hersteller eine Generalreparatur.

Indes war den Vorausdenkern in den Lokomotivfabriken bereits klar, daß sich die Ära der Dampftraktion früher oder später ihrem Ende zuneigen würde. Ein Beispiel hierzu boten die USA, wo die Verdieselung unaufhörlich voranschritt. Dort hatte man sich eindeutig für die dieselelektrische Kraftübertragung entschieden. In Deutschland bestand jedoch eine andere Ausgangssituation. In dem dicht besiedelten Land war der Abstand zwischen den Stationen gering. Außerdem wiesen die deutschen Strecken zahlreiche Krümmungen und Steigungen auf, die einen ständigen Lastwechsel erforderten, so daß man zunächst weiterhin auf die Dampf- bzw. E-Traktion setzte.

Während der ersten Nachkriegsjahre wurden in der Literatur noch feinfühlige Auseinandersetzungen über die Vorzüge und Nachteile des dieselelektrischen bzw. dieselhydraulischen Antriebs geführt. Doch schnell wurde klar, daß sich die unter anderem von der Staatsbahn geforderte Leistung unter Beachtung der Massebeschränkungen nur über dieselhydraulische Getriebe verwirklichen ließ. Beispielsweise betrug die Achsfahrmasse auf einem großen Teil des Nebenbahnnetzes nur 16 Tonnen.

Gute Voraussetzungen

Während des zweiten Weltkriegs hatte die dieselhydraulische Kraftübertragung ihre Bewährungsprobe in den Wehrmachtsdiesellokomotiven der Typen WR 200 B (DB-Baureihe V 20) und WR 360 C (DB-Baureihe V 36, mehr als 300 Exemplare) sowie in den Maschinen der Typenreihe Köf II unter zum Teil ungünstigsten Einsatz- und auch Wartungsbedingungen bestanden. Beste Voraussetzungen für eine Weiterentwicklung dieser Traktionsart boten schließlich die in Westdeutschland ansässigen Lieferanten von dieselhydraulischer Antriebstechnik, unter ihnen Maybach (Mekydro-Getriebe) und Voith (Voith-Getriebe). Beim dieselelektrischen Antrieb konnte man zwar auch auf die Erfahrungen mit rund 200 Triebwagen und drei Doppellokomotiven der Baureihe V 188 zurückgreifen, jedoch lag hier die Leistungsgrenze bei rund 300 PS. Sicherlich kann das Pro für den dieselhydraulischen Antrieb auch im politischen Bereich gesucht werden kann. Eine entscheidende Rolle spielte jedoch die hohe Masse des Kupfers, das als Werkstoff für die E-Motoren bei einem dieselelektrischen Antrieb benötigt wurde. Damals mußte ein sehr hoher Preis für diesen Rohstoff bezahlt werden. Deshalb konzentrierten die Elektrofirmen ihre Entwicklungskapazitäten auf die Konstruktion neuer Elektrolokomotiven. So nimmt es aus heutiger Sicht nicht Wunder, daß man in den ersten

AUFNAHME: VÖLK

Die Lok V 4 der Häfen und Güterverkehr Köln GmbH (Deutz, 1953) dient heute Traditionszwecken

Neubaufahrzeugen einen dieselhydraulischen Antrieb berücksichtigte.
Die ersten nach dem Zweiten Weltkrieg gefertigten Lokomotiven wurden teilweise noch mit Sondergenehmigungen der Alliierten gebaut und waren weitgehend identisch mit den bis 1945 hergestellten Baureihen Köf II, V 20 und V 36. In fast allen Fällen erhielten die nachgebauten Fahrzeuge eine neue Typenbezeichnung.
Für den Privat-, Werk- und Industriebahn-Bereich boten die Hersteller von Anfang an dieselhydraulische Lokomotiven an. Unter dem Aspekt, daß sich die Staatsbahn als Hauptabnehmer für diese Technik entschieden hatte, dürfte diese Tatsache auch nicht weiter verwunderlich sein. Von den verschiedenen deutschen Lokomotivfabriken wurde unabhängig voneinander im Laufe der fünfziger Jahre ein Typenprogramm aufgestellt.

Die erste Generation

Heute werden die in den fünfziger Jahren entwickelten und gebauten Maschinen als die Dieselloks der ersten Generation bezeichnet. Äußerliche Merkmale der Fahrzeuge war der Stangenantrieb und die teilweise nicht übersehbare Ähnlichkeit mit den „Kriegs-Diesellokomotiven".
In den Übersichten wurden die jeweiligen Typen der einzelnen Hersteller in einzelnen Gruppen zusammengefaßt. Unberücksichtigt blieben Lokomotiven mit einer Leistung von weniger als 180 PS, Prototypen und Kleinserien mit nur wenigen Fahrzeugen, Schmalspurlokomotiven und Fahrzeugtypen, die ausschließlich exportiert wurden. Kleinlokomotiven mit einer Leistung unter 100 PS sind bei NE-Bahnen selten zu finden. Wenn Bedarf bestand, so bediente man sich der bewährten Baureihe Köf II oder verwendete einen der vorhandenen Triebwagen. Die Lokomotiven mit einer Leistung ab 50 PS aufwärts rüstete man meistens mit Kettenantrieb aus. In der Regel waren sie im Rangierdienst bei Industrie- und Werkbahnen im Einsatz.
Während der Bauzeit, die mitunter fast zwanzig Jahre betrug, veränderte sich teilweise das Gesicht der Diesellokomotiven, ohne daß die Typenbezeichnung geändert wurde.
So gab es die DHG 700 C von Henschel oder die ML 400 C von Krauss-Maffei sowohl mit abgeschrägten als auch mit eckigen Vorbauten.
Die verschiedenen in den jeweiligen Spalten der Tabelle über die Fahrzeuge der ersten Generation zusammengefaßten Typen können äußerlich durchaus identisch sein bzw. sich in den Hauptabmessungen nur um wenige Zentimeter unterscheiden, aber in der jeweiligen Leistung sehr stark differieren.

Die zweite Generation

Die Fahrzeuge der zweite Typenreihe wurden ab 1965 bis Anfang/Mitte der achtziger Jahre gebaut.
Wie bereits erwähnt, sind die Drehgestell-Lokomotiven, auch wenn sie schon früher gebaut wurden, in der Zusammenstellung über die Lokomotiven der zweiten Generation enthalten. Äußerliches Kennzeichen der Lokomotiven ist der fehlende Stangenantrieb.
Bei allen Maschinen dieser Generation wird die Antriebskraft vom Getriebe zu den Radsätzen durch Gelenkwellen übertragen. In den jeweiligen Typenverzeichnissen der einzelnen Herstellerfirmen sind die D-gekuppelten Maschinen gänzlich verschwunden, ihr Platz wurde mittlerweile von den Drehgestell-Lokomotiven eingenommen.

DIESELLOKOMOTIVEN DER ERSTEN GENERATION

Hersteller	Deutz	Gmeinder	Henschel	Jung	Krauss-Maffei	Krupp	LHB	MaK	Esslingen	Orenstein & Koppel
zweiachsige Starrahmen-Lok mit 200 – 300 PS	T4 M 525/ KS 225 B T4 M 625/ KS 230 B KS 240 B	(200 PS) (225 PS) D 25	DH 200 B DH 240 B DH 360 B	RK 15 B RK 20 B R 24 B R 30 B	ML 225 B	220 PS B 225 PS B 230 PS	250 B	240 B	Bern 170 PS 225 PS 250 PS 325 PS	MV 0 – MV 10 325 PS
dreiachsige Starrahmen-Lok mit 240 – 500 PS	V6 N4 36/53 MS 450 C TMN 625/ MS 530 C MS 600 C	(435 PS) (500 PS) D 50 C	DH 360 C DH 440 C DH 500 C DH 600 C	R 30 C R 40 C R 42 C	ML 400 C ML 440 C ML 500 C	440 PS C 500 PS C	385 C	240 C 400 C 450 C	450 PS 650 PS 900 PS	
vierachsige Starrahmen-Lok mit 500 – 1 000 PS mit Beugniot-Drehgestellen	BT8 M 625/ MS 650 D T12 M 525/ MS 800 D	V 65	DH 360 D DH 700 D DH 850 D DH 1100 D DH 1200 D	R 40 D R 60 D R 80 D	ML 550 D	830/750 PS D (Rheinhausen)		600 D 650 D 800 D 850 D 1000 D 1200 D	Alb	

AUFNAHME: VÖLK

Die dritte Generation

Meistens handelt es sich bei den Loks der dritten Generation um technische Weiterentwicklungen der Fahrzeuge aus der zweiten Generation. Berücksichtigt wurden außerdem Standardisierungs-Empfehlungen des Bundesverbandes Deutscher Eisenbahnen (BDE) hinsichtlich der verwendeten Teile. Sie sind in den Rahmenrichtlinien für konstruktive Gestaltung einer dreiachsigen Starrahmen-Lokomotive mit 500 bis 700 PS und einer vierachsigen Drehgestell-Lok mit 1 000 bis 1 200 PS enthalten. An den Standardisierungs-Runden, die Anfang der siebziger Jahre begannen, waren alle zu jenem Zeitpunkt noch produzierenden Firmen beteiligt. Festgelegt wurden hierbei für die Lokomotiven die Richtmaße für Länge, Breite und Höhe – sofern hier nicht schon die Eisenbahnbau- und Betriebsordnung (BO bzw. EBO) Grenzen setzte –, die Achsfahrmassen sowie die ohnehin von den Herstellern verwendeten Haupt- und Nebenaggregate. Zudem sollten die Hauptmaße der jeweils verwendeten Teile so normiert werden, daß ein Austausch der Teile verschiedener Fabrikate ohne größere Umbauarbeiten möglich ist.

Schöma hat sich auf den Kleinlokbau spezialisiert. Die Maschine 9 der Delmenhorst-Harpstedter Eisenbahn GmbH (DHE) wurde 1991 unter der Typenbezeichnung CFL 250 DVR hergestellt

Dieselelektrische Fahrzeuge

Die in Deutschland für den Einsatz im eigenen Land gebauten dieselelektrischen Fahrzeuge lassen sich an einer Hand abzählen. Es fertigten Krupp die ME 1500, Siemens/Henschel die DE 2000, BBC/Henschel die DE 2500 (drei Lokomotiven) und Gmeinder die DE 100 (V 126). Die ME 1500 und die DE 2000 waren bei der Westfälischen Landes-Eisenbahn, die DE 100 bei der Hohenzollerischen Landesbahn bzw. bei den Südwestdeutschen Eisenbahnen im Einsatz. Alle Maschinen wurden zwischenzeitlich verschrottet oder ins Ausland verkauft. Die DE 2500 wurden zwar bei mehreren NE-Bahnen getestet, gelangten aber nie in deren Bestand. Alle drei Maschinen sind heute in verschiedenen Museen zu besichtigen.

Bei den modernen Drehstrom-Lokomotiven konnten nur zwei Hersteller, Krauss-Maffei und MaK, nennenswerte Absätze verzeichnen. Bis auf die Lokomotiven von Orenstein & Koppel (O & K) besitzen die dreiachsigen Maschinen einen fast identischen Aufbau. Dennoch können die Fahrzeuge voneinander unterschieden werden. Die Loks von Gmeinder, Typenbezeichnung DE 500 Co, erhielten leicht abgerundete Ecken und Kanten. Bei den Henschel-Loks, ebenfalls mit der Typenbezeichnung DE 500 C (ohne „o") gekennzeichnet, sind die Vorbauten asymmetrisch auf den Grundrahmen aufgesetzt. Somit steht auf dem Umlauf im Bereich der Einstiegsseite mehr Platz zur Verfügung. Eine reine Modeerscheinung waren die dieselelektrischen Lokomotiven mit zwei Endführerständen von O & K sowie die erste Serie der Krauss-Maffei-Maschinen. Die O & K-Lokomotiven haben die Typenbezeichnung MEC 502 erhalten, mit MH 05 sind die Krauss-Maffei-Lokomotiven bezeichnet.

Sowohl die Kunden als auch die Hersteller suchten nach Möglichkeiten, dem Rangierlokführer die Arbeitsbedingungen durch das Steuern über eine Funkfernbedienung zu erleichtern.

DIESELLOKOMOTIVEN DER ZWEITEN GENERATION

Hersteller	Deutz	Gmeinder	Henschel	Jung	Krauss-Maffei	Krupp	LHB	MaK	Esslingen	Orenstein & Koppel
zweiachsige Starrahmen-Loks mit 200 – 300 PS	KG 160 B KG 230 B KG 275 B	(240 PS) D 25 B D 35 B	DHG 240 DHG 275 DHG 300 DHG 350	RC 24 B RC 25 B	ML 275 B M 200 B M 240 B M 250 B	keine Lokomotiven der zweiten Generation	S 400 ES 400 S 200 250 B 180 B	G 320 B	keine Lokomotiven der zweiten Generation	MB 5 N MB 11 N MB 150 N MB 200 N MB 300 N MB 360 N
dreiachsige Starrahmen-Loks mit 500 – 800 PS	MG 430 C MG 530 C	(530 PS) D 50 C D 60 C	DHG 440 DHG 500 DHG 700	RC 24 C RC 43 C	M 350 C M 400 C M 500 C M 700 C		375 C 530 C 685 C	G 500 C G 700 C		MC 14 N MC 24 N MC 360 N MC 500 N MC 700 N
vierachsige Drehgestell-Loks mit 800 – 1500 PS	DG 1000 BBM DG 1200 BBM DG 1500 BBM DG 2000 BBM	D 65 BB	DHG 1000 DHG 1100 DHG 1200	RC 70 BC	M 800 BB M 1200 BB			G 850 BB G 1100 BB G 1300 BB G 1600 BB		MBB 1000 N
sechsachsige Drehgestell-Loks mit 1 500 – 2 000 PS	DG 1600 CCM DG 2000 CCE DG 2000 CCM									

AUFNAHME: SLG. VÖLK

Oft vielfältig ist der Lokomotivpark der NE-Bahnen. Dabei macht die Neukölln-Mittenwalder Eisenbahn mit ihren Maschinen keine Ausnahme

DIESELLOKOMOTIVEN DER DRITTEN GENERATION

Hersteller	Deutz	Gmeinder	Henschel	Krauss-Maffei	MaK	Orenstein & Koppel
zweiachsige Starrahmen-Lok mit 240 – 300 PS		D 35 B			G 321 G 322	
dreiachsige Starrahmen-Lok mit 500 – 800 PS	MG 600 C	D 65 C	DHG 700 C DHG 300 B	MH 05	G 761 G 762 G 763 G 764 G 765	MC 700
vierachsige Starrahmen-Lok mit 800 – 1500 PS	DG 1100 BBM DG 1500 BBM	D 75 BB D 100 BB	DHG 1200 BB		G 1201 G 1202 G 1203 G 1204 G 1205 G 1206	MBB 1200
sechsachsige Drehgestell-lok mit 800 – 1 500 PS	DG 1500 CCM					

DIESELELEKTRISCHE LOKOMOTIVEN

Hersteller	Gmeinder	Henschel	Krauss-Maffei	MaK	Orenstein & Koppel
dreiachsige Starrahmen-Lok mit 240 – 300 PS	DE 500 Co	DE 500	ME 05	DE 501 DE 502	MEC 502
vierachsige Starrahmen-Lok mit 500 – 800 PS			ME 07 DE 1000	DE 1002 DE 1003 DE 1004	
sechsachsige Starrahmen-Lok mit 800 – 1500 PS				DE 1024	

Da der Rangierlokführer während des Rangiervorgangs meist auf den Rangiertritten an den Lokenden steht, wollte man die zwischendurch notwendigen Wege zum Führerhaus verkürzen.

Von Krauss-Maffei sind sowohl Loks mit End- als auch Loks mit Zentralführerhaus erhältlich. Beide Typen sind baugleich; einige Baugruppen wurden lediglich anders angeordnet. Die Version mit den Endführerständen hat sich nicht durchgesetzt, in Deutschland sind derartige Fahrzeuge von Krauss-Maffei (zehn Lokomotiven) und von O & K (drei Lokomotiven) bei der Dortmunder Eisenbahn (DE) im Einsatz. Krauss-Maffei-Maschinen mit Zentralführerhaus besitzen die Verkehrsbetriebe Peine-Salzgitter (VPS, sechs Lokomotiven). Weitere Maschinen mit dieselelektrischem Antrieb sind bei verschiedenen Industriebahnen anzutreffen. Vierachsige Lokomotiven mit Drehstromantrieb gibt es bei deutschen NE-Bahnen nur von MaK. In Deutschland ist der Typ DE 1002 vorhanden. Mehr als zwei Drittel der gesamten Lieferungen sind bei den Bahnen des Unternehmens Häfen und Güterverkehr Köln (HGK) zu finden, weitere Maschinen versehen Dienst bei der Eisenbahn Altona-Kaltenkirchen-Neumünster (AKN) und der DE. Die größten und leistungsstärksten Dieselloks setzen ebenfalls die HGK ein. Es handelt sich hierbei um die drei MaK-Loks des Typs DE 1024, die lange Zeit für Versuchszwecke unter der Baureihenbezeichnung 240 bei der Bundesbahn fuhren.

AUTOR: R. HEINISCH; AUFNAHME: B. SCHULZ

Die 1968 von KHD gebaute B'B'-Lok des Typs DG 1000 BBM der Eisenbahn Altona-Kaltenkirchen-Neumünster (AKN) mit der Betriebsnummer 2.015 hat inzwischen einen MaK-Motor erhalten. Die Aufnahme entstand im April 1995 in Kaltenkirchen

Klöckner-Humboldt-Deutz

Bereits gegen Ende des 19. Jahrhunderts lieferte die damalige Gasmotoren-Fabrik Deutz die erste Motorlokomotive aus. Bis zum ersten Weltkrieg wurden vor allem Feldbahnlokomotiven gebaut. Im November 1936 wurde die Klöckner-Humboldt-Deutz AG (KHD) ins Leben gerufen. Auch danach fertigte man vor allem Gruben- und Feldbahnlokomotiven. Während des Zweiten Weltkriegs baute KHD Kleinloks der Baureihe Köf II und Wehrmachtslokomotiven des Typs WR 360 C14. Nach 1945 nahm KHD die Produktion von Kleinlokomotiven wieder auf. Lange vor den anderen Lokomotivherstellern begann KHD mit dem Bau von vier- und sechsachsigen, leistungsstarken Drehgestellmaschinen. Die letzte KHD-Lok verließ am 25. Mai 1970 die Werkhallen in Köln-Deutz. Die noch nicht ausgeführten Aufträge wurden von Henschel übernommen. KHD war eine der wenigen Firmen, die fast ausschließlich Motorlokomotiven herstellten, dafür aber in fast allen erdenklichen Spurweiten und Leistungsklassen.
Die Angebote reichten von kleinen Feldbahnlokomotiven mit etwa 10 PS bis zur sechsachsigen, doppelmotorigen Drehgestell-Lok mit 2 000 PS.
Die Lokomotiven von KHD waren zunächst nach Motortypen klassifiziert. Der in der Köf II verwendete Motor hatte die Bezeichnung A6M517, unter der auch die Lokomotiven ausgeliefert wurden. Den Motor T4M525 erhielten Maschinen des Typs KS 225 B, den Motor T8M625 die MS 530 C-Lokomotiven, und der Motor T12M625 wurde für die Maschinen des Typs MS 800 D verwendet. Dementsprechend unterschieden sich die Typenbezeichnungen. Ab Ende der fünfziger Jahre wurde die auf den verwendeten Motortyp beruhende Bezeichnung durch eine neue Typenbezeichnung abgelöst. Hierbei bedeuten:
Der erste Buchstabe kennzeichnet die Lokomotivklasse,

K Kleinlokomotive,
M Mittellokomotive und
D Drehgestell-Lokomotive.

Der Buchstabe G für eine „Großlokomotive“ konnte nicht verwendet werden; er war schon für die Typenreihe „Grubenloks“ vergeben worden.
Der zweite Buchstabe kennzeichnet den Antrieb,

K Kraftübertragung durch Kette,
S Stangenantrieb und
G Verwendung von Gelenkwellen für die Übertragung der Kraft vom Getriebe zu den Achsen.

Die Zahlengruppe gibt die Leistung in PS an, der nachfolgende Buchstabe die Achsfolge. Bei den Drehgestell-Lokomotiven gab ein weiterer Buchstabe die Lage der Führerhauses an. Hierzu ein Beispiel: „M“ besagte, daß ein Mittelführerhaus vorhanden war und „E“, daß die Lok mit zwei Endführerhäusern ausgestattet war. Von der letztgenannten Lok wurde nur ein Exemplar gebaut, die DG 2000 BBE, die lange Zeit von der Regentalbahn eingesetzt, inzwischen aber nach Frankreich verkauft wurde. Vor allem die Leistungsangaben müssen heute nicht unbedingt mehr mit denen der ursprünglichen Leistung übereinstimmen. Vielfach wurden den Lokomotiven mit anderen Motoren bestückt, ohne jedoch die Maschinen anders zu bezeichnen. KHD war der erste Hersteller, der Drehgestell-Lokomotiven für NE-Bahnen baute und anbot. Auch wenn diese Maschinen in den Zeitraum der Lokomotiven der ersten Generation fallen, so sind sie der Übersicht halber bei den Loks der zweiten Generation aufgeführt (*siehe Einleitung Dieselloks*).
Rund 600 Lokomotiven aus der ersten Generation wurden bei KHD gebaut. Noch heute zählen Maschinen aus jener Zeit bei den NE-Bahnen Häfen und Güterverkehr Köln GmbH (HGK) mit Kleinloks und dem Typ KS 225 B sowie bei der Osthannoverschen Eisenbahnen AG (OHE) mit dem Typ KS 230 B zum Bestand. Die mit Endführerhaus versehenen Lokomotiven sind bei gleicher Länge über Puffer weitgehend identisch. Von den Mittelloks ist eine Maschine des Typs MS 650 D bei der Emsländischen Eisenbahn EEB zu finden. Die Westfälische Landes-Eisenbahn (WLE) hat eine MG 530 C gekauft und sie grundlegend modernisiert. Die Mittellokomotiven haben ein außermittig angeord-

AUFNAHME: BEYER

Auch KHD lieferte Diesellokomotiven unterschiedlicher Leistungsklassen für NE-Bahnen. Hier die VL 0633 der Westfälischen Landes-Eisenbahn

netes Führerhaus. Um die Bogenläufigkeit der D-gekuppelten Maschine zu gewährleisten, wurden Beugniot-Gestelle verwendet. Aber auch Kleinloks aus der ersten Generation sind noch vorhanden, eine KS 55 B und drei KK 130 B bei der WLE sowie eine KK 130 B bei der OHE und zwei bei der Dortmunder Eisenbahn (DE), wobei drei Maschinen über Industriebetriebe zu ihren jetzigen Eigentümern kamen. Am häufigsten sind von den KHD-Loks bei NE-Bahnen die Drehgestell-Lokomotiven anzutreffen. Immerhin handelt es sich noch um 37 Fahrzeuge der Typen DG 1000 BBM, DG 1100 BBM, DG 1200 BBM, DG 1500 BBM, DG 1500 CCM, DG 1600 BBM und DG 2000 CCM. Sie gehören der Eisenbahn und Häfen, Duisburg (EH), der HGK, der Karsdorfer Eisenbahn Gesellschaft (KEG), der OHE, der Regionalverkehr Ruhr-Lippe GmbH (RLG), dem Regionalverkehr Münster (RVM) und der WLE. Nur sehr schwer als DG 2000 CCM wiederzuerkennen sind die beiden Loks der Kassel-Naumburger Eisenbahn (KN). Sie wurden bei Henschel im Jahre 1985 bzw. 1986 auf alten Rahmen neu aufgebaut. Diese Drehgestell-Lokomotiven haben ein außermittig angeordnetes Führerhaus.

An Kleinloks der zweiten Generation existieren noch je eine KG 125 B bei der Chiemseebahn, eine KG 130 B bei der Dürener Kreisbahn (DKB) und eine KG 275 B bei der EEB. Auch die Schmalspurmaschine KG 125 der Chiemseebahn wurde äußerlich stark verändert. Als Reservefahrzeug für die Dampflok erhielt sie den Aufbau einer Tramway-Maschine. Bei den Mittellokomotiven hat die Georgsmarienhütten-Eisenbahn und Transport GmbH noch etliche Maschinen des Typs MG 530 C in ihrem Bestand. Ein weiteres Fahrzeug dieses Typs beschaffte die WLE, um es in ihrer eigenen Werkstatt zu modernisieren.

Vor Aufgabe der Lokomotivproduktion bei KHD wurden hier nur noch wenige Lokomotiven der dritten Generation gebaut, obwohl man zuvor ein entsprechendes Typenprogramm aufgestellt hatte.

Ausliefern konnte KHD nur Drehgestell-Lokomotiven der Typereihen DG 1100 BBM an die WLE, DG 1500 BBM an die OHE und zwei DG 1500 CCM-Lokomotiven ebenfalls an die WLE. Die Drehgestell-Lokomotiven der dritten Generation fallen durch ihr sehr „hochbeiniges" Aussehen auf.

Die Hümmlinger Kreisbahn nutzt im Güterverkehr die 1962 von KHD gebaute Lok des Typs KG 275 B

AUFNAHMEN: BEYER, HÖGEMANN

Obwohl die Gmeinder-Loks des Typs DD 100 BB sehr leistungsfähig sind, muß die Hohenzollerische Landesbahn (HzL) gelegentlich vor ihren schweren Güterzügen eine zweite Maschine gleicher Leistung vorspannen

Gmeinder & Co GmbH

Bei den Vorgängern der Firma Gmeinder & Co GmbH begann man bereits kurz nach dem ersten Weltkrieg mit dem Bau von Motorlokomotiven. In der Hauptsache handelte es sich um kleine Feldbahn-Maschinen. Für die Deutsche Reichsbahn-Gesellschaft bzw. Deutsche Reichsbahn wurden in den dreißiger Jahren zahlreiche Kö I-Lokomotiven hergestellt. Während des Zweiten Weltkriegs und bis in die fünfziger Jahre fertigte man mehrere Schmalspurlokomotiven des Typs HF 130 C.

Die Deutsche Bundesbahn bestellte bei Gmeinder mehrere Kleinlok-Großserien der Reihen Köf II und später Köf III. Die von der Deutschen Bundesbahn ausgelösten Aufträge umfaßten fast ein Drittel der gesamten Nachkriegsproduktion.

Eine Spezialität von Gmeinder sind die explosionsgeschützten Lokomotiven. Erst in den letzten Jahren entstanden bei Gmeinder, nachdem man bis auf wenige Ausnahmen nur Starr-Rahmen-Loks gebaut hatte, leistungsstarke Drehgestell-Lokomotiven. Ansonsten hat Gmeinder neben einigen Akku-Maschinen und Sonderfahrzeugen fast nur Motor-Lokomotiven gebaut.

Die Typenbezeichnung bei Gmeinder war etwas uneinheitlich. Zum einen wurde der Buchstabe „V" für Verbrennungslokomotiven verwendet, gefolgt von einer Zahl, die in etwa die Leistung in einem Zehntel der PS angab. Zum anderen führte man das „D" für Diesellokomotiven. Die nachfolgende Zahl gab, wie bei den Verbrennungslokomotiven, ungefähr ein Zehntel der Leistung an.

Für eine ganze Reihe von Lokomotiven ist keine Typenbezeichnung überliefert. Sie wurden einfach gemäß ihrer Leistung typisiert, zum Beispiel „Diesellok mit 440 PS". In neuerer Zeit folgt hinter der Typenangabe die Achsfolge, so daß die Bezeichnung „D 100 BB" lauten kann.

Leider lassen sich die Lokomotiven der verschiedenen Generationen nicht durch die Typenbezeichnung unterscheiden. So gab es eine D 25 sowohl in der ersten Generation als auch in der dritten Generation. Außer der Bezeichnung haben diese Lokomotiven jedoch nichts gemeinsam. Zwischen ihnen liegen fast 30 Jahre technische Weiterentwicklung, und auch die äußere Form wurde den technischen Erkenntnissen bzw. dem aktuellen Geschmack angepaßt.

Von Gmeinder sind nur noch wenige Lokomotiven aus der ersten Generation in Betrieb. Schmalspurloks besitzen die Oberrheinische Eisenbahn-Gesellschaft (OEG), die Rhein-Hardt-Bahn (RHB) und die Südwestdeutsche Verkehrs AG (SWEG). Ein Nachbau der V 20 befindet sich bei der Verden-Walsroder Eisenbahn (VWE). Eine Wehrmachtslokomotive des Typs HF 130 C besitzt die OHE, jedoch wurde diese ursprünglich für Schmalspur gebaute Lok später auf Normalspur umgebaut.

Die Dieselloks der zweiten Generation haben das typische Gmeinder-Gesicht. Die Fronten der Vorbauten sind leicht schräg ausgeführt, das Führerhaus ist bei den leistungsstärkeren Fahrzeugen etwa mittig angeordnet

Die in jenen Jahren gelieferten 240-PS-Typen mit Endführerstand lehnen sich im Aussehen stark an die Köf III der Deutschen Bundesbahn an. Vorhanden sind ein 240-PS-Typ bei der SWEG und vier Lokomotiven des Typs D 35 B bei der Bahngesellschaft Waldhof.

Gmeinder war eine der ersten Firmen, die für ihre Lokomotiven das von Voith entwickelte Turbowende-Getriebe verwendete. Für die Aufbauten wurde die kantige Version gewählt. Hatte man sich bisher eher in dem Leistungsbereich unter 500 PS bewegt, wurden von der dritten Generation mit Erfolg auch Lokomotiven mit einer Leistung bis rund 1 500 PS angeboten. Diese vierachsigen Maschinen des Typs D 75 BB und D 100 BB sind bei der Hohenzollerischen Landesbahn (HzL), bei den Verkehrsbetrieben Peine-Salzgitter (VPS) und bei der SWEG im Einsatz. Von den zwei- bzw- dreiachsigen Lokomotiven ist bei NE-Bahnen nur der Typ D 25 B als Rangiermaschine bei der HzL vorhanden.

AUTOR: R. HEINSICH; AUFNAHME: HÖGEMANN

Eine ehemalige Gmeinder-Heeresfeldbahn-Diesellok der Wehrmacht, 1944 gebaut für 600-mm- und 750-mm-Spur als Typ HF 130 C, übernahm die Osthannoversche Eisenbahnen AG im Jahre 1963. Sie nutzte die auf Normalspur umgebaute Maschine als DKL 0607 für leichtere Rangieraufgaben

Ein knappes halbes Jahrhundert erfolgreicher Lokbau bei Gmeinder liegen zwischen der HF-Maschine (oben) und der V 151 des Typs D 100 BB der HzL

AUFNAHMEN: WELTNER, KÜSTNER

Die Südwestdeutsche Verkehrs AG (SWEG) nutzt für den Güterverkehr u. a. die mit der Nummer V 102 bezeichnete D 75 BB-Lok von Gmeinder

D 75 BB / D 100 BB

Mit der Lokomotive des Typs D 75 BB stieg Gmeinder in den Bau leistungsstarker Diesellokomotiven ein, sieht man von wenigen Ausnahmen nach dem Zweiten Weltkrieg ab. Über Jahrzehnte fertigte Gmeinder nur Starrrahmenloks in zwei-, drei und vierachsiger Ausführung. Im Jahre 1984 stellte die traditionsreiche Firma die erste Drehgestellokomotive der neuen Generation vor. Die mit einem stärkeren Motor ausgerüstete D 100 BB ist weitgehend baugleich mit der D 75 BB. Auch bei dieser Konstruktion wurden Empfehlungen des auf Initiative vom Bundesverband Deutscher Eisenbahnen gegründeten Arbeitskreises „Standard-Diesellok" berücksichtigt. Eine Besonderheit stellen die von Gmeinder gebauten Maschinen in explosionsgeschützer Ausführung dar.

Konstruktion

Bei dieser vierachsigen Drehgestellokomotive stützen sich die beiden Drehgestelle auf einen robusten, verwindungssteifen Rahmen ab. An den Ecken befinden sich breite Aufstiege, die beim Rangiereinsatz dem Personal genügend Platz bieten.
Der Umlauf ist durch Geländer gesichert. Der Zugang zum Führerhaus erfolgt über den Umlauf (stirnseitige Türen). Das Führerhaus ist weitgehend identisch mit dem der D 25 B. Es wurde außerhalb der Mitte angeordnet, so daß ein Getriebewechsel ohne Demontage des Führerhauses möglich ist. An das Führerhaus schließt sich ein langer Vorbau mit dem Voith-Getriebe L 3r4 oder L 4r4, dem Motor und dem Kühlaggregat an. Je nach Wunsch des Kunden können Motoren unterschiedlicher Leistung eingebaut werden. Im kurzen Vorbau befinden sich die Hauptluftbehälter, das Bremsgerüst und die Batterien. Der Tank liegt unterhalb des Rahmens, und zwar zwischen den Drehgestellen.

Betriebseinsatz

Die NE-Bahnen verfügen über Maschinen beider Typen. Zwei kleinere, rund 1 000 PS starke Maschinen besitzt die Südwestdeutsche Verkehrs AG. Die starke Version mit maximal 1 500 PS, die D 100 BB, ist bei der Hohenzollerischen Landesbahn (HzL) dreimal und bei den Verkehrsbetrieben Peine-Salzgitter (VPS) sechsmal vertreten.

TECHNISCHE DATEN

Typenbezeichnung		D 75 BB	D 100 BB
Indienststellung		1984	1984
Hersteller		Gmeinder	Gmeinder
Achsfolge		B'B'	B'B'
Länge über Puffer	mm	12 000	12 400
Dienstmasse	t	80	80
Dieselkraftstoffvorrat	l	2 500	2 500
Motor Anzahl		1	1
Motor Hersteller		MTU	MWM, MTU
Leistung	kW	745	1 095 – 1 500
Drehzahl	U/min	1 500	1 500
Art der Kraftübertragung		hydraulisch	hydraulisch
Getriebetyp		L 3r4	L 4r4

AUTOR: R. HEINSICH; AUFNAHME: VÖLK

Gmeinder-Maschinen des Typs D 65 BB sind auf der SWEG-Strecke Artern – Ottenhöfen in Betrieb. Sie bewältigen hier einen Teil des Güterverkehrs

Zu den neueren Lokomotiven der Hohenzollerischen Landesbahn AG (HzL) gehört diese Gmeinder-Lokomotive des Typs D 100 BB aus dem Jahre 1980

AUFNAHMEN: PILLMANN, VÖLK

Dieselloks des Typs DH 1200 von Henschel bewähren sich auf einigen NE-Bahnen. Dazu gehört auch die Lok 511 der Eisenbahn und Häfen Duisburg

Henschel & Sohn

Die Firma Henschel, die im Verlaufe von 150 Jahren mehrfach den Namen gewechselt hat, ist eine der ältesten deutschen Lokomotivfabriken. Bereits 1848 wurde die erste Dampflokomotive an die damalige Friedrich-Wilhelms-Nordbahn ausgeliefert. Zu Beginn des 20. Jahrhunderts zählte das Werk in Kassel zu den großten deutschen Lokomotivfabriken. Im Jahre 1910 verließ die erste Lokomotive mit Vergasermotor das Werk. Aber die Dampflokomotive sollte noch bis Anfang der fünfziger Jahre die tragende Säule des Produktionsprofils bleiben. 1955 endete bei Henschel der Dampflokbau.

Fortan lieferte die traditionsreiche Firma Elektrolokomotiven an die Deutsche Bundesbahn. Wenig später begann Henschel mit dem Bau von Diesellokomotiven, die in jede Ecke der Welt geliefert werden konnten. Allein die Ägyptische Staatsbahn gab bei Henschel mehrere 100 Diesellokomotiven in Auftrag.

Die Lokomotiven der Firma Henschel haben eindeutige Typenbezeichnungen erhalten. „DH ...“ heißt in jedem Fall „dieselhydraulisch“. Die hier betrachteten Maschinen wurden durchweg mit einem zentralen, bei größeren Lokomotiven außermittig angeordnetem Führerhaus ausgestattet. Die Ziffernfolge gab jeweils die Leistung an. Bei teilweise identischem Aussehen unterscheiden sich die Maschinen nur in der installierten Leistung.

Eine Besonderheit gab es bei den Lokomotiven des Typs DH 500 C. Sie stattete man entweder mit Blindwelle außerhalb oder innerhalb der Achsen aus. Teilweise wurden diese Unterschiede in der Typenbezeichnung mit DH 500 Ca (außen) und DH 500 Ci (innen) berücksichtigt. Um die Verwirrung komplett zu machen, gab es bei der DH 500 Ci auch noch zwei verschiedene Achsstände, den kurzen und den langen. Ansonsten änderte sich im Laufe der Jahre an der Typenbezeichnung trotz eines veränderten Aussehens der Lokomotiven nichts.

Fast 450 Maschinen der ersten Generation wurden bis weit in die siebziger Jahre hinein gebaut, wenn auch die letzten Lokomotiven speziell für den Export gebaut wurden und eher als Sonderbauart gelten.

Neben dem Export sind Henschel-Lokomotiven vor allem bei Industrie- und Werkbahnen zu finden. Bei den NE-Bahnen existieren nur noch wenige Maschinen aus der ersten Generation. Eine DH 240 B gehört der Karsdorfer Eisenbahngesellschaft (KEG), die diese Maschine (fast) bundesweit im Bauzugdienst nutzt, und vier DH 600 C werden von dem Duisburger Unternehmen Eisenbahn und Häfen (EH) eingesetzt. Bei letzteren handelt es sich übrigens um Lokomotiven mit außenliegender Blindwelle, also korrekt um den Typ DH 600 Ca.

Wie bereits bei den Loks der ersten Generation sind auch die Henschel-Dieselloks der zweiten Generation überwiegend im Industrie- und Werkbahn-Bereich anzutreffen. Lediglich ein Fahrzeug gehört zum Bestand der EH, und auch nur deshalb, weil diese Bahn den öffentlichen Verkehr zwischen mehreren Stahlwerken betreibt. Dabei handelt es sich um eine Lokomotive des Typs DHG 500 C. Mit ihrem leicht abgeschrägten Vorbauten hat diese Maschine das typische Henschel-Aussehen.

Von den Lokomotiven der dritten Generation gibt es wenige Fahrzeuge bei den NE-Bahnen. Von den kantig ausgeführten Maschinen sind von jedem Typ nur einige Fahrzeuge vorhanden. Jeweils zwei DHG 300 B bzw. DHG 700 C besitzt die Neukölln-Mittenwalder Eisenbahn in Berlin, mehrere DHG 700 C befinden sich bei der EH. Vier Drehgestell-Lokomotiven des Typs DHG 1200 BB setzt die Dortmunder Eisenbahn ein und eine die EH. Gemessen an der gesamten Kasseler Lokomotivproduktion beschafften die NE-Bahnen nur relativ wenige Fahrzeuge.

AUTOR: R. HEINISCH; AUFNAHME: CRONE

Für die schweren Güterzugleistungen auf der Kassel-Naumburger Eisenbahn (KNE) steht u. a. diese von Henschel umgebaute Lokomotive zur Verfügung. Sie wurde 1965 von KHD geliefert und gehörte bis 1970 der Dortmunder Eisenbahn. 1985 baute Thyssen die Drehgestellok völlig um

Die Eisenbahnen und Verkehrsbetriebe Elbe-Weser GmbH (EVB) besitzt mit ihrer V 274 eine 1956 gebaute Henschel-Lokomotive des Typs DH 360

AUFNAHMEN: LUDWIG, HÖGEMANN

Bevor diese 1986 hergestellte DHG 300 B zur Neukölln-Mittenwalder Eisenbahn gelangte, rangierte sie auf dem Werkgelände ihres Erbauers in Kassel

DHG 700 C, DHG 300 B

Eine dieselhydraulische Rangierlokomotive mit der Typenbezeichnung DHG 700 C gab es bei Henschel bereits in der zweiten Generation. Die hier zu beschreibende Maschine der dritten Generation unterscheidet sich von ihrer Vorgängerin durch das modernere „kantigere" Aussehen. Alle Erfahrungen, die in der rund zwanzigjährigen Bauzeit gesammelt wurden, flossen in diese Konstruktion ein. Die DHG 700 C ist das Kernstück im Henschel-Standardprogramm. Die Maschine erfüllt die Forderungen des Lastenheftes „Einheitslokomotiven" des Bundesverbandes Deutscher Eisenbahnen (BDE).

Bei der DHG 300 B handelt es sich um die kleinste Lokomotive im Standardprogramm.

Aufgrund der geringeren Leistung genügte eine zweiachsige Ausführung. Dadurch reduzierte sich natürlich auch die Gesamtlänge. Ansonsten sind beide Lokomotivtypen bis auf die unterschiedlichen Leistungen weitgehend identisch.

Konstruktion

Ein geschweißter, verwindungssteifer Außenrahmen bildet die Basis sowohl für die zweiachsige als auch für die dreiachsige dieselhydraulische Lokomotive. Die Mittelführerhaus-Maschine hat je einen kurzen und einen langen Vorbau. Rutschsichere Laufbleche führen um diese Vorbauten herum. Das Führerhaus wird auf der einen Seite über eine Leiter von der untersten Stufe des Rangiertrittes, auf der anderen Seite über eine Leiter an der Längsseite erreicht. Im langen Vorbau sind Motor Luftfilter, Abgasanlage und Kompressor untergebracht, im kurzen Vorbau befinden sich Kraftstoffbehälter und Kühlergruppe.

Neben Motoren aus der eigenen Fertigung wurden für die dreiachsigen Lokomotiven auch solche anderer Fabrikate verwendet. Die zweiachsigen Maschinen erhielten KHD-Motoren.

Wenn vom Kunden nicht anders gefordert, stammt die Kühlergruppe aus dem eigenen Haus. Die verwendeten Turbowendegetriebe der Typen L3r4 und L4r4 für die großen Lokomotiven und der Typen L2r2 bzw. L2r4 für die kleinen Lokomotiven stammen, wie bei fast allen Diesellokomotiven, von der Firma Voith. Für beide Fahrzeuge sind die Druckluftanlage, die elektrische Ausrüstung, die elektronische Steuerung, das komplette Führerhaus mit Inneneinrichtung sowie die mechanische Bremse identisch.

Betriebseinsatz

Der Anteil dieser Henschel-Fahrzeuge geht bei den Industrie-, Werk- und NE-Bahnen immer weiter zurück.

Nur wenige Loks des Typs DHG 700 C der dritten Generation wurden ausgeliefert.

Als einzige NE-Bahn verfügt die Neukölln-Mittenwalder Eisenbahn (NME) über je zwei Maschinen der Typen DHG 300 B und DHG 700 C.

TECHNISCHE DATEN

Typ		DHG 700 C	DHG 300 B
Indienststellung (bei HzL)		1981	1986
Hersteller		Henschel	Henschel
Achsfolge		C	B
Länge über Puffer	mm	9 840	8 240
Dienstmasse	t	60	20
Dieselkraftstoffvorrat	l	1 600	
Motor Anzahl		1	1
Motor Hersteller		MTU u.a.	KHD
Leistung	kW	500	225
Drehzahl	U/min	1 800	
Art der Kraftübertragung		hydraulisch	hydraulisch
Getriebetyp		L3r4, L4r4	L2r2, L2r4

AUTOR: R. HEINISCH; AUFNAHME: B. SCHULZ

Die 1962 von Henschel gebaute Lok des Typs DH 1200 wurde an die Butzbach-Licher Eisenbahn AG (BLE) geliefert und ist dort noch in Betrieb

Das Unternehmen Eisenbahn und Häfen in Duisburg setzt auf seinem Schienennetz mehrere Henschel-Diesellokomotiven des Typs DH 600 C ein

AUFNAHMEN: LIPPERT, LAUSCHER

Die Siegener Kreisbahn GmbH (SKB) besitzt eine dreiachsige Jung-Lokomotive des Typs R 42 C. Die Maschine wurde im Jahre 1961 gebaut

Arnold Jung GmbH

Die Firma Arnold Jung Lokomotivfabrik GmbH in Jungenthal bei Kirchen an der Sieg wurde 1885 als Arnold Jung und Christian Staimer oHG gegründet. Zunächst stellte das Unternehmen Feldbahnlokomotiven her, die von Händlern vertrieben wurden. In den zwanziger Jahren nahm Jung den Bau von Motorlokomotiven auf, ohne jedoch den Dampflokomotivbau aufzugeben. So fertigte Jung Serien für die Preußischen Staatseisenbahnen. Als letzte Neubaudampflok verließ die 23 105 der Deutschen Bundesbahn das Werk. Danach gab die Deutsche Bundesbahn bei Jung mehr als 200 Köf II und Köf III in Auftrag. Hinzu kamen kleinere Lose der Baureihen V 100 und V 90.

Im Vordergrund der Produktion stand jedoch die Fertigung von Feldbahn- und Grubenloks mit Verbrennungsmotoren, Preßluftantrieb oder Akkus. Diese Loks wurden in den unterschiedlichsten Spurweiten sowohl an Kunden im Inland als auch im Ausland geliefert. Die Produktion von Schienenfahrzeugen mußte 1976 aufgegeben werden.

Die von Jung eingeführte Typenbezeichnung setzt sich zusammen aus einem Buchstaben, wobei R „Regelspur“ und „L“ Schmalspur, abgeleitet vom englischen „little“ bedeutet. Es folgten die Leistungsangabe mit einem Zehntel der PS und die Achsfolge. Fahrzeuge mit Kettenantrieb bekamen an der zweiten Stelle zusätzlich noch ein „K“.

Die Lokomotiven der ersten Generation hatten ihr eigenes Gesicht. Die Typen R 30 B und R 30 C wurden mit einem Endführerhaus und im vorderen Bereich mit einem leicht abgeschrägten Vorbau ausgestattet.

Die Blindwelle befindet sich bei der R 30 C hinter den Achsen und damit direkt unter dem Führerhaus.

Die gleiche Anordnung bewährte sich bei den dreiachsigen Typen R 40 C und R 42 C. Im Aufbau unterschieden sie sich jedoch deutlich von den leistungsschwächeren Maschinen. Das Führerhaus war mittig angeordnet, und die Vorbauten hatte man dazu fast symmetrisch ergänzt. Dieses Aussehen gab den Lokomotiven den typischen „Jung-Look“. In gleicher Weise waren auch die vierachsigen Lokomotiven aufgebaut. Heute noch vorhanden sind Maschinen des Typs R 30 B bei der Westerwaldbahn (WEBA), des Typs R 30 C bei der Ahaus-Alstätter-Eisenbahn (AAE) und der Verden-Walsroder Eisenbahn (VWE). R 40 C-Maschinen versehen zuverlässig ihren Dienst in Krefeld.

Lokomotiven des Typs R 42 C zählen zum Bestand der Siegener Kreisbahn GmbH (SK) und der Butzbach-Licher Eisenbahn (BLE).

Zwei R 60 D-Lokomotiven besitzt die Osthavelländischen Eisenbahn (OHE). Dabei handelt es sich um die letzten vierachsigen Starr-Rahmen-Lokomotiven, die im regulären Betrieb bei NE-Bahnen genutzt werden.

Die Lokomotiven der zweiten Generation wurden überwiegend direkt an Industrie- und Werkbahnen geliefert. Nur zwei Maschinen gelangten zu NE-Bahnen.

Ein sehr gefälliges Aussehen hat die R 43 C der Neukölln-Mittenwalder Eisenbahn. Dagegen erinnert die RC 70 BB der OHE ein wenig an die V 90 der Deutschen Bundesbahn.

AUTOR: R. HEINISCH; AUFNAHME: GROSSKOPF

Lokomotive 6 der Osthavelländischen Eisenbahn, Berlin-Spandau. Die vierachsige Maschine des Typs R 60 D wurde 1966 von Jung gebaut

Für die Kleinbahn Bad Zwischenahn – Edewechterdamm fertigte Jung 1958 u. a. diese Maschine des Typs R 30 C, die jetzt in Ahaus genutzt wird

AUFNAHME: B. SCHULZ, BEYER

Das NE-Unternehmen Eisenbahn und Häfen Duisburg verfügt über zahlreiche Krauss-Maffei-Lokomotiven. Hier die Lokomotive 576 aus dem Jahre 1967. Die Drehgestell-Maschine trägt die Typenbezeichnung M 800 BB. Die Aufnahme entstand im April 1997

Krauss-Maffei

Die heutige Krauss-Maffei AG entstand aus den beiden Münchner Firmen Krauss & Comp. und der J. A. Maffei AG. Diese Unternehmen nahmen den Lokomotivbau 1866 bzw. 1841 auf. Gefertigt wurden in beiden Werken überwiegend Dampflokomotiven aller Leistungsbereiche und Spurweiten. Aus München kamen so legendäre Lokomotiven wie die S 3/6 oder die Mallet der DRG-Baureihe 96⁰. Um 1900 bauten beide Firmen unabhängig voneinander die ersten Elektrolokomotiven.

Die ersten Motorlokomotiven entstanden jedoch erst nach dem Zusammenschluß der beiden Firmen im Jahre 1931.

Als letzte Dampflokomotive lieferte Krauss-Maffei 1956 die 65 018 an die Deutsche Bundesbahn aus. Heute werden vor allem Elektrolokomotiven hergestellt. Zu ihnen zählen derzeit 195 Lokomotiven der Baureihe 152 für die Deutsche Bahn.

Kleinere Serien von Diesellokomotiven mit elektrischem oder hydraulischem Antrieb ergänzen das Programm. Schon früh wurde ein Typenprogramm aufgestellt. Die Bezeichnung begann mit „ML" für Motorlokomotive, ihr folgten die Leistung in PS und die Achsfolge. Diese Kennzeichnung erhielten die stangengekuppelten Maschinen. Bei den mit Gelenkwellen gekuppelten Lokomotiven entfiel das „L". Die dreiachsigen Stangenloks hatten das charakteristische Krauss-Maffei-Design der fünfziger Jahre: außenliegende Blindwelle unter dem kurzen Vorbau und einen langen, im vorderen Bereich abgeschrägten Vorbau. Die zwei- und auch die vierachsigen Maschinen erhielten jeweils Endführerhäuser. Derartige Fahrzeuge sind als ML 440 C bei der Augsburger Localbahn vorhanden.

Bei den Lokomotiven der zweiten Generation wurde das Aussehen nur dann geändert, wenn technische bzw. sicherheitstechnische Anforderungen berücksichtigt werden mußten. Identisch sind die bei NE-Bahnen vorhandenen M 500 C und M 700 C, nur die Leistung wurde entsprechend erhöht. Fahrzeuge dieser Typen sind bei der Dortmunder Eisenbahn (M 700 C), beim Unternehmen Eisenbahn und Häfen Duisburg (M 500 C und M 700 C), bei der Neusser Eisenbahn (M 700 C), bei der Neukölln-Mittenwalder Eisenbahn (M 700 C) und bei der Albtal-Verkehrs-Gesellschaft (AVG) vorhanden. Drehgestellmaschinen der Typen M 800 BB und M 1200 BB wurden an die Eisenbahn und Häfen Duisburg geliefert und sind dort noch im Einsatz. Zwei weitere M 1200 B-Lokomotiven, jedoch mit geändertem Aussehen, bewähren sich bei der Hohenzollerischen Landesbahn.

Bei der Typenreihe der dritten Generation verzichtete Krauss-Maffei auf eine zweiachsige Version. Angeboten und auch ausgeliefert wurden bisher hauptsächlich dreiachsige Lokomotiven, die dem Baukasten-Prinzip folgten und als Typ MH 05 (motorhydraulische Lokomotive mit 500 kW) bezeichnet werden. Mehrere Fahrzeuge besitzt das Unternehmen Eisenbahn und Häfen Duisburg. Die vierachsige Variante ist aber weiterhin Bestandteil der Angebotspalette und kann damit jederzeit in Auftrag gegeben werden.

AUTOR: R. HEINISCH; AUFNAHME: CRONE

Für den schweren Güterzugdienst auf der Hohenzollerischen Landesbahn lieferte Krauss-Maffei 1978 diese 861 kW starke Drehgestell-Lokomotive

Für den Rangier- und Güterzugdienst entwickelte Krauss-Maffei in den fünfziger Jahren eine dreiachsige Diesellok. Die Augsburger Localbahn GmbH (ALB) erhielt 1956 vier derartige als Typ ML 400 C bezeichnete Lokomotiven. Vor einem Bauzug war die V 23 am 29. Juli 1991 in München Nord im Einsatz. Die ALB erwirtschaftete sich schon damals durch derartige Drittleistungen zusätzliche Erlöse auch außerhalb ihres eigentlichen Einzugsbereichs

Rangierpause für die aus dem Jahre 1966 stammende und von Krauss-Maffei gebaute Lok des Typs M 800 BB am 8. Mai 1997 in Duisburg Hochfeld

AUFNAHMEN: VÖLK (2), CRONE

Diese Drehgestell-Maschine des Typs ME 05 der Dortmunder Eisenbahn besitzt zwei Endführerstände und wurde 1988 von Krauss-Maffei geliefert

Rangierlok ME 05

Die ME 05 war die erste Lokomotive einer von Krauss-Maffei vorgestellten Typenreihe dieselelektrischer Lokomotiven mit Drehstromtechnik. Berücksichtigt wurde in einem Baukastensystem eine ganze Lokomotivfamilie ausgehend von der dreiachsigen ME 05 bis zu einer sechsachsigen ME 15.

Die jeweiligen Hauptkomponenten bzw. Baugruppen sollten weitgehend baugleich sein. Letztendlich gefertigt wurden die dreiachsigen ME 05 sowie die vierachsigen Drehgestell-Lokomotiven ME 07 und ME 10, beide jedoch ausschließlich für den Export.

Konstruktion

Bei der Konstruktion griff man auf die Erfahrungen mit den dieselhydraulischen Lokomotiven der Typen M 500 C und M 700 C zurück.

Die ME 05 wurde in zwei verschiedenen Ausführungen geliefert, in konventioneller Bauweise mit Mittelführerhaus und mit zwei Endführerhäusern. Die für dreiachsige Maschinen sehr selten verwendete Version mit Endführerhäusern versprach für den Kunden eine Verbesserung der Sicherheit im Rangierdienst, hier vor allem im funkferngesteuerten Betrieb, sowie einen günstigeren und einfacheren Zugang zum Führerhaus.

Bei beiden Bauarten ist der gesamte mechanische Teil in Modulbauweise ausgeführt. Der massive und bei beiden Ausführungen identische Rahmen entstand in Vollprofilbauweise, wodurch im Interesse eines maximalen Reibwertes eine bewußt gewollte, hohe Masse gewährleistet wird.

Die beiden Endführerhauser sind identisch und genauso breit wie die gesamte Anlage. Ein notwendiger Wechsel von einem in das andere Führerhaus ist über den mit rutschfestem Belag ausgeführten Umlauf möglich.

Hinter dem Führerhaus befinden sich die Module für die Leistungselektronik, der Motor mit angeflanschtem Generator und das Kühlermodul mit Motorkühler, Zentrallüfter und Kompressor. Der Tank ist unter dem Elektronikmodul angeordnet.

Bei den Lokomotiven mit Mittelführerhaus befinden sich im längeren Vorbau der Dieselmotor mit Generator sowie das Kühlermodul mit Motorkühler, Zentrallüfter und Kompressor. Das Modul für die Leistungselektronik ist im kurzen Vorbau untergebracht, der Tank unter dem Führerhaus installiert. Die Ausrüstung der Elektrik bzw. Elektronik stammt von BBC/ABB und berücksichtigt den modernsten Stand der Technik.

Betriebseinsatz

Beide Varianten der ME 05 sind bei deutsche NE-Bahnen zu finden. Alle ME 05 der Dortmunder Eisenbahn sind Endführerhausloks.

Sechs Maschinen der konventionellen Bauart mit Mittelführerhaus besitzen die Verkehrsbetriebe Peine-Salzgitter (VPS). Die VPS-Lokomotiven sind mit einer Vielfachsteuerung ausgerüstet, so daß zur Beförderung schwerer Züge mehrere Loks zusammengekuppelt und von einem Führerhaus aus gesteuert werden können. Eine Maschine ist beim Unternehmen Eisenbahn und Häfen Duisburg, weitere Lokomotiven sind bei verschiedenen Industriebetrieben vorhanden.

TECHNISCHE DATEN

Typ		ME 05 mit Endführerhaus	ME 05 mit Mittelführerhaus
Indienststellung (bei HzL)		1982	1981
Hersteller		Krauss-Maffei	Krauss-Maffei
Achsfolge		Co	Co
Länge über Puffer	mm	10 000	10 000
Dienstmasse	t	60 – 75	60 – 75
Dieselkraftstoffvorrat	l	2 100	2 800
Motor Anzahl		1	1
Motor Hersteller		MTU	MTU
Leistung	kW	500	500
Drehzahl	U/min		
Art der Kraftübertragung		elektrisch	elektrisch
Hersteller (elektrischer Teil)		BBC	BBC

AUTOR: R. HEINISCH; AUFNAHME: VÖLK

Diese Aufnahme einer ME 05 des Unternehmens Eisenbahn und Häfen Duisburg vermittelt einen guten Eindruck von der äußerlich sehr ähnlichen MH 05. Die abweichende Technik für den dieselelektrischen Antrieb ist auf den ersten Blick nicht zu erkennen

Rangierlok MH 05

Die dieselhydraulische Rangierlok MH 05 wurde drei Jahre nach der ME 05 präsentiert. Die erste Maschine diente als 259 005 für einige Zeit Erprobungszwecken bei der Deutschen Bundesbahn. Die Konstruktion basiert auf den Erfahrungen, die sich bereits in der Vorgängerbauart M 500 C/M 700 C bewährten.
In der Gesamtkonzeption und im mechanischen Bereich sind die Typen MH 05 und ME 05 in vielen Teilen und Baugruppen weitgehend identisch. Genauso wie bei der dieselelektrischen Schwester entstand auch die MH 05 unter Berücksichtigung einer konsequenten Modul-Bauweise. Die dieselhydraulischen MH 05 gibt es bisher nur in der Ausführung mit Mittelführerhaus.

Konstruktion

Der massive Brammenrahmen dient hauptsächlich der Erzielung einer hohen Gesamtmasse. Rund um beide Vorbauten sind stufenlos Laufbleche mit rutschfestem Belag vorhanden. Der Zugang zur Lokomotive erfolgt über seitliche Türen. Hinter der Pufferbohle sind besonders breite Rangierstände vorhanden, um beim Betrieb mit Funkfernsteuerung dem Personal einen sicheren Standplatz zu geben. Die Module sind bereits vor dem Einbau komplett vormontiert, so daß sie bei notwendigen Wartungsarbeiten leicht austauschbar sind. Im langen Vorbau befinden sich der Motor, das Voith-Reversier-Getriebe und der Kompressor.
Der kurze Vorbau beherbergt die komplette Kühlanlage. Der Tank wurde wie bei der ME 05 unter dem Führerhaus plaziert.

Betriebseinsatz

Als einzige NE-Bahn hat bisher nur das Unternehmen Eisenbahn und Häfen Duisburg (EH) Fahrzeuge des Typs MH 05 beschafft. Immerhin handelt es sich um 14 Maschinen. Hier bewährten sich die Lokomotiven, so daß EH drei weitere MH 05 bestellte, die bis Ende 1998 ausgeliefert wurden. Die Maschinen erreichen eine höhere Endgeschwindigkeit und sind damit auch im Streckendienst nutzbar. Weitere vier NE-Bahnen haben zwischenzeitlich ebenfalls Maschinen des Typs MH 05 in Auftrag gegeben.

TECHNISCHE DATEN

Indienststellung		1997
Hersteller		Krauss-Maffei
Achsfolge		C
Länge über Puffer	mm	9 860
Dienstmasse	t	66
Dieselkraftstoffvorrat	l	2 100
Motor Anzahl		1
Motor Hersteller		MTU
Leistung	kW	560
Drehzahl	U/min	2 100
Art der Kraftübertragung		hydraulisch
Getriebetyp		L3r4
Höchstgeschwindigkeit	km/h	

AUTOR: R. HEINISCH; AUFNAHME: CRONE

Seit Mitte der siebziger Jahre beschafft die Eisenbahn-AG Altona-Kaltenkirchen-Neumünster (AKN) ihre Triebwagen von Linke-Hofmann-Busch aus Salzgitter

Linke-Hofmann-Busch/Krupp

Linke-Hofmann-Busch

Die Linke-Hofmann-Busch-Werke (LHB) in Salzgitter bauen vor allem Waggons und Straßenbahn-Triebwagen. Mit lediglich 83 Lokomotiven fiel die Produktion auf diesem Fahrzeugsektor äußerst bescheiden aus. Diese auf 13 Baureihen verteilten Maschinen wurden von 1959 bis 1974 ausgeliefert. Fünf Lokomotiven (Typenreihe ES 400) erhielten elektrischen Antrieb für 700-V-Gleichspannung). Allein 57 Lokomotiven bekamen die Salzgitter Verkehrsbetriebe (SVB). Die LHB-Werke bauten nur Lokomotiven mit Gelenkwellenantrieb, also nach der gewählten Einteilung nur solche der zweiten Generation. Die Typenbezeichnung setzt sich aus der Leistungsangabe in PS und der Achsfolge zusammen. Unklar ist bei den zur zweiten Typenreihe zählenden zweiachsigen Lokomotiven S 200 – S 204 und S 400 die Bedeutung des „S“. Die zweiachsigen Maschinen waren symmetrisch zum Führerhaus aufgebaut. Die dreiachsigen Lokomotiven, von denen die 375 C mit 36 Fahrzeugen die höchste Stückzahl erreichte, hatten ein leicht aus der Mitte versetztes Führerhaus. Vorhanden sind bei den Verkehrsbetrieben Peine-Salzgitter (VPS), der Nachfolgerin der SVB, Loks der Typen 530 C, darunter sowohl unveränderte 375 C als durch Remotorisierung umgebaute Maschinen, 685 C und zwei der drei gefertigten vierachsigen Drehgestell-Loks 1100 BB.

Krupp-Lok, Baujahr 1957, des Betriebes Eisenbahn und Häfen Duisburg

Krupp

Erst 1919 nahm die Friedrich Krupp AG den Bau von Lokomotiven auf. Zu jenem Zeitpunkt wurden in Deutschland bereits 70 Jahre Eisenbahnfahrzeuge hergestellt. Die drei ineinander verschlungenen Ringe im Firmenlogo des Unternehmens sind das Symbol für die Entwicklung der nahtlosen Radreifen. Krupp war vor allem Lieferant für die Staatsbahnen. Aber auch ein zunehmender Exportanteil auf dem Dampfloksektor füllte die Auftragsbücher.

Nach dem Zweiten Weltkrieg wurden größere Serien Elektrolokomotiven, unter anderem die E 10, E 40 und E 50 an die Deutsche Bundesbahn geliefert. Hinzu kamen Diesellokomotiven der Baureihen V 60, V 100, 215, 216 und 218. Die für Industriebetriebe und den Export bestimmten dieselhydraulischen Maschinen erhielten ein im eigenen Hause entwickeltes Getriebe. Dieselelektrische Lokomotiven wurden nach Lizenz des amerikanischen Herstellers General Motors gebaut und ausschließlich exportiert.

Mit der Auslieferung des ICE-Triebkopfs 402 046 endete im März 1997 die Produktion von Schienenfahrzeugen in Essen. Für die Fahrzeuge, die im Inland verblieben, gab es keine durchgängige Typenbezeichnung. Sie beinhaltete die Leistung in PS, die Achsfolge und den Namen des jeweiligen Kunden. Bei Export-Lokomotiven wurde genau umgekehrt verfahren, zuerst die Achsfolge und dann die Leistungsangabe. Zur Auslieferung innerhalb Deutschlands kamen nur Lokomotiven der ersten Generation, also durchweg Maschinen mit Stangenantrieb bzw. bei Leistungen unter 225 PS mit Kettenantrieb Zum Bestand der NE-Bahnen gehört nur noch eine zweiachsige Lok 388 des Unternehmens Eisenbahn und Häfen Duisburg. Lokomotiven der zweiten und dritten Generation wurden in Deutschland nicht ausgeliefert.

AUTOR: R. HEINISCH; AUFNAHMEN: BEYER, CRONE

Die ersten Bauzüge kehren nach Siegburg zurück. Im Hintergrund ist der Ölberg im Siebengebirge zu erkennen (Juni 2001)

In Porz wird die viergleisige Rheinstrecke auf sechs Gleise erweitert – zwei neue für die Neubaustrecke. Die Baufirma Wiebe schickte dazu ihre Paradelok V 7 (ehemalige DB V 320 001) ins Rennen

AUFNAHMEN: W. GLÖSSNER

Diese Co'Co'-Diesellok mit Drehstromleistungsübertragung entwickelte MaK für die Deutsche Bundesbahn. Von den Erprobungsmustern gelangte die 240 001 in den Besitz der HGK. Hier wird die als DE 11 bezeichnete Maschine im schweren Güterzugdienst genutzt

Maschinenbau Kiel

Die Firma Maschinenbau Kiel (Mak) bzw. ihre Vorläufer, die Deutschen Werke Kiel (DWK) und Holmag, sind ein typisches Zeugnis der Zeit nach dem Ersten Weltkrieg. Die bisherige Produktion mußte auf Zivilgüter umgestellt werden. Man entschied sich für den Bau von Lokomotiven und Triebwagen. Bis zum Ende der Zweiten Weltkriegs wurden rund 400 Triebwagen bzw. Teile (Motor und/oder Getriebe) für Triebwagen und etwa 300 Lokomotiven gebaut. Die große Zeit von MaK begann nach 1945. Fast die Hälfte der bisher gefertigten Dieselloks wurde an die Deutsche Bundesbahn ausgeliefert. Rund ein Drittel der bei den NE-Bahnen eingesetzten Dieselmaschinen stammt aus dem Hause MaK. Bis auf wenige Triebwagen fertigte MaK nach dem zweiten Weltkrieg Diesellokomotiven. Seit 1994 firmiert das Unternehmen als Siemens Schienenfahrzeugtechnik GmbH.
Schon frühzeitig entstand ein Typenprogramm, in dem NE-Fahrzeuge berücksichtigt wurden. Bei der Entwicklung der Lokomotiven standen ein einfacher, aber robuster Aufbau, eine geringe Dienstmasse, die einfache Bedienung und kostengünstige Kalkulationen im Vordergrund. Mit einer rationellen Fertigung – teilweise wurden für die gesamte Typenreihe identische Führerhäuser verwendet – entstanden wenige Grundtypen, die variiert werden konnten. Den Kunden wurden dennoch maßgeschneiderte Lokomotiven angeboten. Ein firmeneigner Service unterstützte die Arbeit der bahneigenen, bisher meist mit der Instandhaltung von Dampflokomotiven befaßten Werkstätten. Mit dieser Konzeption traf man voll ins Schwarze.
Die bei den Lokomotiven der ersten Generation verwendete Typenbezeichnung setzt sich aus der Leistung in PS sowie der Achsfolge zusammen. Von jedem in Deutschland verkauften Typ ist, nach nun annähernd 40 Dienstjahren, heute mindestens noch eine Maschine vorhanden.
Die kleinen Maschinen der Typen 240 B und 240 C sind weitgehend einheitlich aufgebaut. Die zweiachsigen 240 B gibt es noch bei folgenden Bahnen: Hohenzollerische Landesbahn (HzL, zwei Lokomotiven), Steinhuder Meer-Bahn (StMB), Städtische Werke Krefeld (SWK), Norddeutsche Eisenbahn GmbH (NEG, ex Uetersener Eisenbahn) und Verden-Walsroder Eisenbahn (VWE).
Über dreiachsige Maschinen verfügen die Bahnen der Stadt Kiel und die StMB. Von den leistungsstärkeren 400 C und 450 C existiert nur noch eine 450 C bei den Hafen- und Verkehrsbetrieben der Stadt Kiel. Von den „großen" Maschinen der Typen 600 D, 650 D und 800 D gelangte die 650 D als V 65 auch zur Deutschen Bundesbahn. Im Einsatz sind derartige Lokomotiven noch bei der Farge-Vegesacker Eisenbahn (FVE), der Emsländischen Eisenbahn GmbH (EEB), den Eisenbahnen und Verkehrsbetrieben Elbe-Weser GmbH (EVB) und den Osthannoverschen Eisenbahnen (OHE, drei Lokomotiven), bei der Tegernseebahn (TAG) und bei den Mindener Kreisbahnen (MKB). Die ganz „großen" Lokomotiven der Typen 1000 D und die 1200 D sind im Besitz der Eisenbahn Bremen-Thedinghausen (BTh) und den OHE (1000 D und 1200 D). Viele der aufgeführten Bahnen erfassen diese Lokomotiven zwar noch in ihrem Bestand, nutzen sie jedoch nicht mehr planmäßig im Streckendienst. Nicht wenige Maschinen dienen als Reserve oder sind schon abgestellt, um bei nächster Gelegenheit ausgemustert und verschrottet zu werden. Vielfach schlachtet man diese Maschinen aber vorher noch aus. Mit den gewonnenen Ersatzteilen können dank der konsequenten Typisierung andere Loks instand gehalten werden.
Nachdem bei den meisten Bahnen die Dampflokomotiven durch MaK-Maschinen der ersten Generation ersetzt worden waren, erreichte MaK mit den Fahrzeugen der zweiten Generation bei weitem nicht mehr die Absatzzahlen der ersten Generation. Die Typenbezeichnung setzte sich jetzt aus Buchstaben zusammen. Nunmehr stand das „G" für Gelenkwellen-Lokomotive. Dem Buchstaben folgten die Leistung in PS und die Achsfolge. Angeboten wurden zunächst nur die dreiachsigen G 500 und G 700 und die

AUTOR: R. HEINISCH; AUFNAHME: CRONE

Für die Wanne-Bochum-Herner Eisenbahn (WBHE) lieferte MaK 1973 diese B'B'-Maschine. Zum MaK-Typ G 1100 gehörend, erhielt die Drehgestell-Maschine bei der WBHE die Betriebnummer 20. Die Aufnahme entstand am 1. September 1996 auf dem Gelände des Bahnhofs Wanne Westhafen

Auch bei den Niederrheinischen Verkehrsbetrieben (NIAG) bewähren sich die schweren MaK-Loks

Für den Güterverkehr hält die Albtal-Verkehrs-Gesellschaft (AVG) diese B'B'-MaK-Maschine vor

Drehgestell-Lokomotiven der Typen G 850 BB und G 1100 BB. Da weiterhin Bedarf an Lokomotiven im unteren Leistungsbereich bestand, wurde die zweiachsige G 320 B ins Programm aufgenommen.

Die Loks der zweiten Generation sind in ihrem Aussehen ähnlich. Die Länge des kurzen bzw. langen Vorbaus verlängerte sich aufgrund des verwendeten Motors und der zugehörigen Komponenten. Bei der Dürener Kreisbahn (DKB) ist noch eine G 320 vorhanden. G 500- bzw. G 700-Loks besitzen die Eisenbahnen und Verkehrsbetriebe Elbe-Weser (EVB), die Farge-Vegesacker Eisenbahn (FVE), die Städtischen Werke Krefeld (SWK), die Neusser Eisenbahn, die Rhein-Sieg Verkehrsgesellschaft mbH (RSVG) und die Werkbahn Wolf in Walsrode. Drehgestell-Lokomotiven des Typs G 1100 BB bekamen die Eisenbahn Altona-Kaltenkirchen-Neumünster (AKN, vier Maschinen), die Bentheimer Eisenbahn (BE), die Hafen- und Verkehrsbetriebe der Stadt Kiel sowie die Wanne-Herner Eisenbahn und Hafen GmbH (WHE). Der Typ G 850 BB wurde nur an Industriebahnen geliefert. Die Loks der dritten Generation wurden nach den „unverbindlichen Typenempfehlungen" des Bundesverbandes Deutscher Eisenbahnen (BDE) gebaut. Analog zu den anderen Herstellern stellte MaK eine Typenreihe auf, die sich am Baukastenprinzip orientiert. Die Typenreihe der dritten Generation läßt nicht mehr unbedingt auf die Leistung schließen. Die jeweilige Bezeichnung wurde im Verlauf der Jahre einfach hochgezählt, um die technische Weiterentwicklung der jeweiligen Bauart gegenüber den Kunden zu dokumentieren. In jüngster Zeit wird in der Typenbezeichnung die Achsfolge weggelassen.

AUTOR: R. HEINISCH; AUFNAHMEN: WERNING, GROSSKOPF, BAYER

Für den Rangierdienst beschaffte die Häfen Köln GmbH (HGK) von Mak im Jahre 1981 diese Maschine des Typs G 321 B. Das Foto entstand 1996 in Brühl

G 321, G 322

Die Lokomotive des MaK-Typs G 321 ist für den leichten und mittelschweren Rangier- und Übergabedienst konzipiert. Es handelt sich um eine Weiterentwicklung des Typs G 320. In die Konstruktion der G 321 flossen Erfahrungen aus dem Betrieb und der Wartung der G 320 ein. Die Lokomotive des Typs G 321 ist die kleinste Maschine aus dem MaK-Baukastenprogramm, das weitgehend die unverbindlichen Typenempfehlungen des früheren Bundesverbands Deutscher Eisenbahnen (BDE) berücksichtigt.

Konstruktion

Der Aufbau der Lok gliedert sich in die sichtbaren Bereiche Rahmen, Laufwerk und Aufbauten. Der Rahmen ist eine Schweißkonstruktion aus Doppel-T-Trägern und Stahlblechen. Die Radsätze der zweiachsigen Lokomotive sind mit Megi-Federn (Metall-Gummi-Schichtfedern) gegen den Rahmen abgefedert.
Im vorderen langen Lokomotivvorbau befindet sich die komplette Antriebsanlage mit Dieselmotor, hydraulischem Getriebe, Kühlanlage, Abgasanlage mit Schalldämpfer und die Luftansauganlage mit den zugehörigen Filtern, wobei das Getriebe bauartbedingt etwas unter das Führerhaus reicht. Im hinteren, kurzen Vorbau befinden sich der Kraftstofftank und die Druckluftanlage für Bremsen und Steuerung.
Zwischen den beiden Vorbauten ist das Führerhaus angeordnet. Hier befinden sich zwei diagonal angeordnete Führerstände. Der Zugang erfolgt über die Stirnseite auf dem Umlauf, der mit einem rutschsicheren Belag und Geländern versehen ist. An den vier Ecken befinden sich Aufstiege mit großen Rangiertritten. Für eine gute Sicht sorgen große ungeteilte Fenster, die nur durch das seitlich versetzte Auspuffrohr leicht eingeschränkt wird.
Für die Leistungsübertragung wird ein hydraulisches Voith-Getriebe des Typs L2r2 oder alternativ ein solches des Typs L2r4 verwendet. Dieses auch als Reversiergetriebe bezeichnete Getriebe erlaubt, daß schon während der Vorwärtsfahrt die Kammern für die Rückwärtsfahrt gefüllt werden, mithin die Fahrenergie in Bremsenergie umgesetzt werden kann. Außerdem garantiert diese Technik ein sehr sanftes Abbremsen und vermindert zudem den Bremsklotz-Verschleiß. Zum Einbau gelangen überwiegend Motoren der Firma Deutz, die je nach den Wünschen der Kunden in der Leistung variieren.

Betriebseinsatz

Bei NE-Bahnen sind Fahrzeuge des Typs G 321 bei der Neukölln-Mittenwalder-Elsenbahn und bei dem Unternehmen Häfen und Güterverkehr Köln eingesetzt. Die G 322, eine Weiterentwicklung der G 321, wurde in 25 Exemplaren an die Dänischen Staatsbahnen geliefert. Eine weitere Maschine wird von Siemens als Vorführlok auch bei NE-Bahnen genutzt.

TECHNISCHE DATEN

Indienststellung		1991
Hersteller		MaK
Achsfolge		B
Länge über Puffer	mm	7 240
Dienstmasse	t	32 – 40
Dieselkraftstoffvorrat	l	1 000
Motor Anzahl		1
Motor Hersteller		KHD
Leistung	kW	246
Drehzahl	U/min	2 500
Art der Kraftübertragung		hydraulisch
Getriebetyp		L2r2
Höchstgeschwindigkeit	km/h	

AUTOR: R. HEINISCH; AUFNAHME: VÖLK

Diese MaK-Diesellokomotive war im Juli 1994 zu Gast bei den Niederrheinischen Verkehrssbetrieben (NIAG) und unterstützte hier die Rangiergeschäfte

Die V 35 der Dürener Kreisbahn GmbH ist eine MaK-Maschine des Typs G 320 B und wurde im Jahre 1968 unter der Fabriknummer 220090 ausgeliefert

AUFNAHMEN: VÖLK, BEYER

Die Eisenbahn Köln-Mülheim-Leverkusen der Bayer AG setzt unter anderem eine 1983 gelieferte MaK-Lokomotive des Typs G 763 als D II ein

G 761 – G 765

Die erste Lokomotive der Typenreihe G 760 C, eine G 762 C, wurde im Juni 1977 in Kiel der Öffentlichkeit vorgestellt. In der Grundkonzeption wurden Erkenntnisse und Erfahrungen aus dem Bau und Einsatz der Typenreihen G 500 C / G 700 C berücksichtigt. Basis für die Gesamtkonzeption waren auch hier die Empfehlungen aus dem Arbeitskreis „Standard-Diesellokomotiven" des früheren Bundesverbandes Deutscher Eisenbahnen (BDE). So sind viele Teile bzw. Anschlüsse genormt. Dadurch wird bei den NE- und Werkbahnen eine rationelle Wartung und Ersatzteilbevorratung gesichert.

Konstruktion

Das Konzept der Lok ist klar nach Funktionsbereichen gegliedert. Im vorderen Teil der dreiachsigen Lok, dem langen Vorbau, befindet sich die komplette Antriebsanlage mit Dieselmotor, hydraulischem Getriebe, Kühlanlage, Abgasanlage mit Schalldämpfer und die Luftansaugung mit den zugehörigen Filtern. Im hinteren, kurzen Vorbau sind die Aggregate und Geräte für die Brems- und Steuereinrichtungen sowie die Fahrzeugbatterien plaziert. Beide Vorbauten sind durch das Führerhaus getrennt, in dem diagonal angeordnete Führerstände vorhanden sind. Der Zugang erfolgt über die Stirnseite auf dem Umlauf. Rutschsichere Beläge, breite Aufstiege und Geländer sorgen für zusätzliche Sicherheit. Die großen ungeteilten Fenster garantieren eine gute Sicht, die nur durch das seitlich versetzte Auspuffrohr leicht eingeschränkt wird. Da das Getriebe vor dem Führerhaus untergebracht wurde, konnte auf die sonst üblichen Bodenklappen verzichtet werden. Außerdem hält sich der Schallpegel durch eine wirkungsvolle Geräuschisolierung sehr in Grenzen.

Der aus Stahlblechen bestehende Rahmen ist eine robuste, verwindungssteife Schweißkonstruktion. Durch die Verwendung von Stahlblechen der Stärken 60 bis 90 mm wird eine hohe Reibungsmasse erzielt. Der Kraftstofftank ist sehr sicher innerhalb des Rahmens untergebracht. Für die Leistungsübertragung wird ein hydraulisches Voith-Getriebe des Typs L3r4 verwendet. Da schon während der Vorwärtsfahrt die Kammern für die Rückwärtsfahrt gefüllt werden, wird die vorhandene Fahrenergie bei Bedarf in Bremsenergie umgesetzt. Dadurch ist ein sanftes Abbremsen möglich, das wiederum einen geringen Verschleiß der Bremsklötze garantiert. Für die Maschinenanlage werden überwiegend Motoren der Firma MTU eingesetzt, die je nach Anforderungen oder Wünschen des Kunden in der Leistung variieren. Die mit der G 761 C begonnene Typenreihe ist inzwischen bei G 765 C angelangt.

Betriebseinsatz

Insgesamt sind bei den NE-Bahnen 13 Fahrzeuge der Typenreihe G 760 vorhanden. Bei den Neusser Eisenbahnen sind zwei G 761 C im Einsatz.

Die Typenreihe G 763 C ist bei der Eisenbahn Köln-Mülheim-Leverkusen, der Krefelder Eisenbahn und bei der Siegener Kreisbahn zu finden, der Typ G 765 C bewährt sich bei den Unternehmen Eisenbahn und Häfen Duisburg sowie auf der Hörseltalbahn in Thüringen.

TECHNISCHE DATEN

Typ		G 761	G 763	G 765
Indienststellung		1978	1982	1993
Hersteller		MaK	MaK	MaK
Achsfolge		C	C	C
Länge über Puffer	mm	1 500	1 500	1 500
Dienstmasse	t	60	60	60
Dieselkraftstoffvorrat	l	1 500	1 500	1 500
Motor Anzahl		1	1	1
Motor Hersteller		MTU	MTU	MTU
Leistung	kW	470	560	560
Drehzahl	U/min	2 075	2 075	
Art der Kraftübertragung		hydraulisch	hydraulisch	hydraulisch
Getriebetyp		L 3r4	L 3r4	L 3r4

AUTOR: R. HEINISCH; AUFNAHME: VÖLK

Im Jahre 1981 wurde diese Lokomotive des Typs DE 501 von MaK an das Duisburger Unternehmen Eisenbahn und Häfen ausgeliefert

DE 501, DE 502

Die serienreife Entwicklung des Drehstromantriebs unter Verwendung von Dieselmotoren war zu Beginn der achtziger Jahre abgeschlossen. Die Industrie bot nun auch kleinere Rangierlokomotiven mit dieselelektrischer Kraftübertragung an. Von MaK wurden zwei Typenreihen gebaut. Zunächst handelte es sich um den Typ DE 501, dem sich ab 1985 der Nachfolgetyp DE 502 anschloß. Die Maschinen unterscheiden sich äußerlich von den dieselhydraulischen Fahrzeugen durch die unter dem langen Vorbau befindliche mittlere Achse. Bei den dieselhydraulischen Lokomotiven ist diese Achse unterhalb des Führerhauses angeordnet.

Konstruktion

Die bereits bewährten Konstruktionstechniken aus dem Bau von dieselhydraulischen Lokomotiven wurden bei der Fertigung der DE 501 beibehalten. Allerdings war zu berücksichtigen, daß die Komponenten der Drehstrom-Leistungsübertragungsanlagen wesentlich mehr Volumen erfordern, als bei den Maschinen mit hydraulischer Kraftübertragung. Schließlich gelang es den Kieler Technikern, die Hauptabmessungen der dieselhydaulischen Schwestern beizubehalten. Auch vom Aufbau gleichen sich die Lokomotiven. Im kurzen Vorbau befinden sich die Komponenten für die Bremsen und die Batterie, das Führerhaus ist identisch mit den Maschinen des Typs G 760.

Im auffallend langen Vorbau sind der Motor mit angeflanschtem Generator und die Kühlanlage untergebracht. Die Wechselrichter befinden sich im kurzen Vorbau.

Lokomotive 766 des MaK-Typs DE 501 der Eisenbahn und Häfen Duisburg (EH)

Betriebseinsatz

Nur zwei NE-Bahnen besitzen Lokomotiven des Typs DE 501/DE 502. Das Unternehmen Eisenbahn und Häfen Duisburg besitzt insgesamt sieben DE 501-Maschinen, und die Wanne-Bochum-Herner Eisenbahn setzt eine Lokomotive dieser Typenreihe ein.

TECHNISCHE DATEN

Indienststellung		1980/1985
Hersteller		MaK
Achsfolge		Co
Länge über Puffer	mm	9870
Dienstmasse	t	60-66
Dieselkraftstoffvorrat	l	1700
Motor Anzahl		1
Motor Hersteller		MTU
Leistung	kW	500-560
Drehzahl	U/min	2200
Art der Kraftübertragung		elektrisch
Hersteller (elektrischer Teil)		BBC/ABB
Höchstgeschwindigkeit	km/h	45

AUTOR: R. HEINISCH; AUFNAHMEN: CRONE

Zu den jüngsten Fahrzeugen der Westfälischen Landes-Eisenbahn gehört die Lokomotive 72 von MaK. Sie wurde als Typ G 1204 BB ausgeliefert

G 1201 BB – G 1206 BB

Die Universal-Lokomotiven des MaK-Typs G 1200 können sowohl im Rangier- als auch im Streckendienst eingesetzt werden kann. In die Konstruktion flossen die Erkenntnisse aus dem Betrieb und der Wartung der Vorgängertypen, der G 850 BB und der G 1100 BB, ein. Wesentliche Impulse zur Entwicklung dieser Typenreihe gaben außerdem die Empfehlungen des früheren Bundesverbandes Deutscher Eisenbahnen (BDE).

Konstruktion

Die vierachsige Drehgestell-Lokomotive besitzt einen robusten verwindungssteifen Rahmen aus Doppel-T-Trägern und Stahlblechen. Die meisten Maschinen sind ab Werk für die Nachrüstung mit Mittelpufferkupplung vorbereitet. An den vier Ecken befinden sich breite Aufstiege. Die Umläufe werden durch rutschfesten Belag und Geländer gesichert. Vom Umlauf gelangt man jeweils linksseitig in das Führerhaus, in dem sich zwei diagonal angeordnete Führerstände befinden. Für eine gute Sicht sorgen große ungeteilte Fenster, die nur durch das seitlich versetzte Auspuffrohr leicht eingeschränkt wird. Das Führerhaus liegt hinter dem Voith-Getriebe. Dadurch ist ein Getriebewechsel ohne den Abbau des Führerhauses möglich.

Verwendet werden Reversiergetriebe der Typen L4r4 und L5r4. Vor dem Getriebe ist der Motor installiert; meist handelt es sich um einen solchen des Typs MTU. Den Abschluß des langen Vorbaus bildet die Kühlergruppe. Im kurzen Vorbau sind Kompressor, Luftbehälter und Batterie untergebracht. Der Tank liegt zwischen den Drehgestellen. Inzwischen ist die Typenreihe bei der laufenden Nummer 6 angelangt. Anfangs konnte man über die Typenbezeichnung noch auf die Leistung der Lok schließen. Die Typenreihe G 1201 BB – G 1206 BB ist äußerlich weitgehend identisch.

Unterscheide gibt es unter anderem bei der Leistung und den Hauptabmessungen. Wie bei anderen MaK-Lokomotiven soll bei diesen Maschinen die fortlaufende Typenbezeichnung dem Käufer die techni-

TECHNISCHE DATEN

Typ		G 1202 BB	G 1203 BB	G 1204 BB	G 1205 BB	G 1206 BB
Indienststellung		1978	1982	1982	1991	1997
Hersteller		MaK	MaK	MaK	MaK	MaK
Achsfolge		B'B'	B'B'	B'B'	B'B'	B'B'
Länge über Puffer	mm	12 500	12 500	12 500	12 800	14 700
Dienstmasse	t	80	80	80	80	80
Dieselkraftstoffvorrat	l	2 500	2 500	2 500	2 500	3 500
Motor Anzahl		1	1	1	1	1
Motor Hersteller		MTU	MTU	MTU	MTU	MTU
Leistung	kW	1 000	745	1 120	1 120	1 570
Drehzahl	U/min					
Art der Kraftübertragung		hydraulisch	hydraulisch	hydraulisch	hydraulisch	hydraulisch
Getriebetyp		L4r4, L5r4	L4r4	L5r4	L4r4, L5r4	L5r4

AUTOR: R. HEINISCH; AUFNAHME: BEYER

Die Südwestdeutsche Verkehrs AG (SWEG) erhielt für den Güterverkehr von MaK 1982 zwei Diesellokomotiven des Typs G 1202 BB

sche Weiterentwicklung verdeutlichen. Die zur Zeit aktuelle G 1206 BB besitzt eine Leistung von 1 570 kW und dürfte somit eine der leistungsstärksten Lokomotiven der dritten Generation sein. Aufgrund des längeren Motors wurde der Rahmen um fast zwei Meter verlängert.

Betriebseinsatz

Die Lokomotiven der Typenreihe G 1200 BB sind am häufigsten auf NE- und Werkbahnen anzutreffende Vertreterinnen der dritten Generation.

Fast 60 Loks werden bei mehreren Unternehmen eingesetzt. Maschinen des Typs G 1202 BB besitzen die folgenden Bahnen: Bentheimer Eisenbahn, Niederrheinische Verkehrsbetriebe (NIAG), Osthannoversche Eisenbahnen (OHE), Osthavelländische Eisenbahn (OHE-SP), Regental Bahnbetriebs-GmbH (RBG) sowie die Wanne-Herner Eisenbahn und Hafen (WHE).

Die G 1203 BB-Lokmotiven sind bei Albtal-Verkehrs-Gesellschaft (AVG), der Dortmunder Eisenbahn (DE), den Mindener Kreisbahnen (MKB), beim Regionalverkehr Ruhr-Lippe (RLG), bei den Häfen und Verkehrsbetrieben Kiel, bei der Südwestdeutsche Verkehrs AG (SWEG) und der Tegernsee-Bahn Betriebsgesellschaft (TAG) in Betrieb.

Vertreter der G 1204 BB gehören zum Fahrzeugpark der NIAG, Moers, der OHE, der Werne-Bockum-Höveler Eisenbahn (WBH, vier Loks), der WHE und der Westfälischen Landes-Eisenbahn (WLE).

Die meisten typengleichen Lokomotiven mit zwölf Exemplaren des Typs G 1205 BB gibt es bei dem Unternehmen Eisenbahn und Häfen Duisburg. Weitere Maschinen dieses Typs erwarben die Neusser Eisenbahn, die NIAG Moers, die Teutoburger Waldeisenbahn (TWE) und die Verkehrsbetriebe Kreis Plön.

Von den leistungsstärksten Lokomotiven, der G 1206 BB, wird zur Zeit eine Maschine von Siemens für Vorführzwecke verwendet.

Mehrere Maschinen sind bereits bei verschiedenen Industriebetrieben im Einsatz. Unter anderem hat die neu gegründete Norddeutsche Eisenbahn-Gesellschaft, Uetersen, (NEG, ex Uetersener Eisenbahn) zwei Lokomotiven dieses Typs geordert.

Zur neuesten Generation des MaK-(Siemens-)Fahrzeugbaus gehören die Maschinen des Typs G 1206 BB. Hier eine Lokomotive der Ruhrkohle AG

AUTOR: R. HEINISCH; AUFNAHMEN: WELTNER, GROSSKOPF

Für den mitunter schweren Güterverkehr stellte die Mindener Kreisbahnen GmbH im Jahre 1991 eine MaK-Lokomotive des Typs G 1203 BB in Dienst

Die 1964 gebaute 1300-BB-MaK-Lok für die Hohenzollerische Landesbahn zeigt im Vergleich zu neueren Maschinen äußerlich kaum Veränderungen

AUFNAHMEN: HÖGEMANN; KÜSTNER

Mit dieser Lokomotive des Typs DE 1002 ist es der Eisenbahn Altona-Kaltenkirchen-Neumünster (AKN) möglich, den Güterverkehr effektiv zu gestalten. Die Maschine erhielt bei der AKN die Betriebsnummer V 2.022

DE 1002 – DE 1004

Zwei Jahre nach der Präsentation der DE 501 erschien die erste Maschine des Typs DE 1002, die unter den Technikern für viel Aufsehen sorgte.
Die Bezeichnung soll in etwa die doppelte Leistung der DE 501 ausdrücken. Diese Lokomotiven zählen inzwischen zu den erfolgreichsten dieselelektrischen Maschinen mit Drehstrom-Leistungsübertragung in Europa, beruhen doch 120 Exemplare der Baureihe DE 6400 der Norwegischen Staatsbahnen im wesentlichen auf der Konzeption der DE 1002.
Die Nachfolgebaureihen DE 1003 und DE 1004 sind nicht bei deutschen NE-Bahnen anzutreffen.

Konstruktion

Bei der vierachsigen Drehgestell-Lokomotive wurden die bewährten Erfahrungen aus dem Bau von dieselhydraulischen Maschinen angeknüpft. Bedingt durch die umfangreiche Technik für die Drehstrom-Leistungsübertragung mußten die Lokomotiven allerdings um einen halben Meter länger ausgeführt werden. Im kurzen Vorbau befinden sich die Bremstechnik und die Wechselrichter, die aus dem Gleichstrom den Drehstrom erzeugen. Das Führerhaus ist identisch mit dem der Lokomotiven des Typs G 1200. Im langen Vorbau sind der Motor mit angeflanschtem Generator sowie die Kühlanlage untergebracht. Verwendet werden die Motoren der dieselhydraulischen Maschinen.

Betriebseinsatz

Die größte Flotte dieselelektrischer Lokomotiven besitzt das Unternehmen Häfen und Güterverkehr Köln mit 16 Maschinen. Ebenfalls dieselelektrische Fahrzeuge dieser Typenreihe sind vorhanden bei der Eisenbahn Altona-Kaltenkirchen-Neumünster (AKN), der Bentheimer Eisenbahn (BE), der Hessischen Landesbahn (HLB), der Dortmunder Eisenbahn (DE) und der Siegener Kreisbahn (SK).

Bei der HGK im Großraum Köln bewähren sich ebenfalls MaK-Loks des Typs G 1002

TECHNISCHE DATEN

Indienststellung		1982
Hersteller		MaK
Achsfolge		Bo'Bo'
Länge über Puffer	mm	13 000
Dienstmasse	t	72-88
Dieselkraftstoffvorrat	l	2900
Motor Anzahl		1
Motor Hersteller		MTU
Leistung	kW	1120-1320
Drehzahl	U/min	1900
Art der Kraftübertragung		elektrisch
Hersteller		BBC/ABB
Höchstgeschwindigkeit	km/h	90

AUTOR: R. HEINISCH; AUFNAHMEN: BEYER

Für die Dortmunder Eisenbahn (DE) lieferte Orenstein & Koppel 1980 drei Lokomotiven des Typs MEC 502 mit je zwei Endführerständen. Die dreiachsigen Maschinen leisten 510 kW. Auf dem Foto: DE-Lok 762 am 1. März 1992 in Dortmund

Orenstein & Koppel

Die von Benno Orenstein und Arthur Koppel im Jahre 1976 gegründete Firma Orenstein & Koppel oHG (O & K) war zunächst ein Handelsunternehmen für Feldbahndampflokomotiven. Letztere wurden unter anderem von Jung bezogen. Der eigene Dampflokbau wurde 1892 aufgenommen.

Die ersten Motorlokomotiven entstanden 1907 im O & K-Werk Nordhausen, der MONTANIA AG. Bis Anfang der dreißiger Jahre handelte es sich fast ausschließlich um Feldbahnlokomotiven.

Mit Beginn der nationalsozialistischen Herrschaft erhielt die Firma größere Aufträge von Wehrmachtsloks der Typen WR 200 B14 und WR 360 C14, aber auch für Dampflokomotiven der Staatsbahn-Baureihen 44 und 52. Nach dem Zweiten Weltkrieg wurde die Produktion wieder aufgenommen.

Das traditionsreiche Werk in Potsdam-Babelsberg firmierte ab 1948 als VEB Lokomotivbau „Karl Marx“ (LKM). In Dortmund entstand 1949 aus dem Zusammenschluß mit der Lübecker Maschinenbau AG (LMAG) die neue Orenstein & Koppel AG. Im folgenden soll nur die Produktion dieser Firma betrachtet werden.

In Dortmund wurden zunächst mit überwiegend von Schöma hergestellten Feldbahnlokomotiven gehandelt. Die eigene Produktion begann im Jahre 1950. Bis in die sechziger Jahre hinein baute O & K überwiegend zweiachsige Feldbahnlokomotiven für alle gängigen Spurweiten. Überwiegend wurden die Maschinen an Industrie- und Werkbahnen ausgeliefert. Nur sehr wenige Fahrzeuge gelangten zu NE-Bahnen.

Die Typenbezeichnung bei den Lokomotiven der ersten Generation setzt sich aus der Buchstaben-Kombination „MV“ und einem Zwanzigstel der Leistung zusammen. Bis auf wenige Ausnahmen hatten diese Maschinen Kettenantriebe erhalten. Die Normalspurloks erhielten ein Mittelführerhaus mit fast symmetrischen Vorbauten. Heute noch vorhanden ist eine Lokomotive des Typs MV6b bei der Delmenhorst-Harpstedter Eisenbahn (DHE).

Bei den Diesellokomotiven der zweiten Generation wurde eine neue Typenbezeichnung eingeführt. Sie setzt sich zusammen aus einem „M“ (Motorlokomotive), der Achsfolge und wiederum dem Zwanzigstel der Motorleistung. Der nachfolgende Buchstabe gibt an, ob es sich um eine Normalspur- („N“) oder eine Schmalspurmaschine („S“) handelt. Die mit Gelenkwellenantrieb ausgeführten Lokomotiven waren zwei- oder dreiachsig und leisteten 100 bis 500 PS. Ansonsten entsprachen die Lokomotiven denen der ersten Generation, also mit etwa mittig angeordnetem Führerhaus und zwei kurzen Vorbauten.

Derzeit verfügt das Duisburger Unternehmen Eisenbahn und Häfen (EH) noch über eine Maschine des Typs MC14 C aus der zweiten Generation.

Die Lokomotiven der dritten Generation hatten das von den anderen Herstellern bekannte kantige Aussehen. Abermals änderte O & K für diese Generation die Typenbezeichnung: „M“ stand für Motorlok, die Achsfolge wurde beibehalten, die Leistungsangabe erfolgte aber in voller Leistung. Nachgestellt waren wiederum die Buchstaben „N“ oder „S“ für Normal oder Schmalspur.

Erstmals wurden in dieser Generation Drehgestell-Lokomotiven angeboten. Von den insgesamt neun gebauten Maschinen gelangten sechs in Sonderausführung nach Holland, drei des Typs MBB 1200 N erhielt das Unternehmen EH.

Von den kleineren Lokomotiven sind bei NE-Bahnen nur dreiachsige anzutreffen. Je eine MC 360 N gibt es bei den Verkehrsbetrieben Land Osnabrück (VLO) und der Odenheimer Hartstein Industrie, eine MC 500 N bei der Eisenbahn Köln-Mülheim – Leverkusen der Bayer AG (EKML) und zwei MC 700 N beim Unternehmen Eisenbahn & Häfen bzw. bei der Dortmunder Eisenbahn.

AUTOR: R. HEINISCH; AUFNAHME: VÖLK

Für den Rangierdienst hält die Verkehrsgesellschaft des Landkreises Osnabrück GmbH diese O & K-Lokomotive vor

Während eines Reparaturaufenthalts bei der NIAG in Moers entstand am 5. Mai 1993 diese Aufnahme der von O & K umgebauten Lokomotive MORITZ

AUFNAHMEN: HÖGEMANN, SLG. VÖLK

Die Lokomotive 81 der Hohenzollerische Landesbahn AG (HzL) wurde von der Maschinenfabrik Esslingen im Jahre 1957 als Typ Alp ausgeliefert. Die vierachsige Maschine besitzt 700 kW und hat eine Masse von 62 Tonnen. Ihre Höchstgeschwindigkeit beträgt 60 km/h

Maschinenfabrik Esslingen

Die Maschinenfabrik Esslingen gehörte zu den ersten Lokomotivherstellern in Deutschland. Bereits 1847 lieferte der Gründer Emil Kessler seine erste Lokomotive an die Königlich Württembergische Staatseisenbahn.
Gegen Ende des 19. Jahrhunderts wurde außerdem mit dem Bau von elektrischen Gruben- und Feldbahnlokomotiven begonnen. Mit an großer Sicherheit grenzender Wahrscheinlichkeit ist der mechanische Teil der ersten Motorlokomotive von Daimler in den Hallen der Maschinenfabrik Esslingen hergestellt worden.
Berühmt wurde Esslingen durch die hier konstruierten und gefertigten Zahnradmaschinen. Dabei handelte es sich vor allem um Dampflokomotiven, die zunächst bei der Königlich Württembergischen Staatseisenbahn, später aber im gesamten Deutschen Reich und im Ausland begehrt waren.
Nach 1949 lieferte die Maschinenfabrik Esslingen auch Diesellokomotiven an die Deutsche Bundesbahn. Insgesamt blieb der Diesellokbau jedoch bescheiden. Von den knapp 200 ausgelieferten Dieselmaschinen waren mehr als 40 Fahrzeuge von deutschen NE-Bahnen in Auftrag gegeben worden. Die Bauzeit dieser Fahrzeuge verteilt sich auf knapp elf Jahre. Schließlich mußte der Lokomotivbau 1965 in Esslingen aufgegeben werden. Eine einheitliche Typenbezeichnung gab es bei der Maschinenfabrik Esslingen nicht. Die Fahrzeuge wurden entweder gemäß dem Empfänger, beispielsweise als „Alb", oder nach der Leistung bezeichnet. Die überwiegende Anzahl der in Esslingen hergestellten Diesellokomotiven hatten Stangenantrieb. Nur wenige Maschinen wurden mit einem Gelenkwellenantrieb ausgerüstet. Heute ist nur noch die zweiachsige „Bern" bei der Märkischen Eisenbahngesellschaft GmbH (MEG) vorhanden.

Die Märkische Eisenbahngesellschaft GmbH (MEG) besitzt diese 1964 in Esslingen gebaute Diesellok

AUTOR: R. HEINISCH; AUFNAHMEN: KÜSTNER, LINDENBLATT

Unlängst kaufte die Ausgburger Localbahn GmbH Diesellokomotiven von der Deutschen Bahn, die ursprünglich als Baureihe 110 der DR gehörten

Wieder gut in Schuß

Ehemalige Staatsbahn-Diesel in Diensten der Nichtbundeseigenen Eisenbahnen

Anders als bei den Triebwagen konnte man nach dem Zweiten Weltkrieg bei den Dieselloks nicht auf gebrauchte Fahrzeuge aus Beständen der Staatsbahn zurückzugreifen. Bis 1970 musterte die Deutsche Bundesbahn nur verschieden Splitterbaureihen aus. Mitte der fünfziger Jahre verkaufte man beispielsweise die V 16 100 und die V 22 100 an die Mindener Kreisbahnen. Die komplette Wehrmachtslok-Baureihe V 36.3 teilten sich, mit Zwischenstationen bei der Maxhütte, die Mindener Kreisbahnen und die Westfälische Landes-Eisenbahn auf. Ebenso wechselten die ersten älteren Köfs ihren Besitzer. Fast 30 Jahre später verkaufte die Deutsche Bundesbahn wiederum zahlreiche Diesellokomotiven. So wechselten im Rahmen der Typenbereinigung einige V 36 zu den Verkehrsbetrieben Grafschaft Hoya (VGH), je eine V 65 zur Meppen-Haselünner Eisenbahn (MHE) und zur Bentheimer Eisenbahn (BE) sowie eine V 80 und die V 320 zur Hersfelder Kreisbahn. Die großen Renner unter den Ex-DB-Fahrzeugen waren dann aber ab Mitte der achtziger Jahre die Köf II und die V 100. Fast ein Dutzend dieser inzwischen schon 30 Jahre alten Lokomotiven erlebten ihren zweiten Frühling bei verschiedenen NE-Bahnen. Bis auf die V 100 sowie einige Köf II und Köf III wurden inzwischen alle von der Deutschen Bundesbahn übernommenen Fahrzeuge ausgemustert und verschrottet oder wurden von Museumsbahnen übernommen. Einige Fahrzeuge erhielten in Italien eine neue Heimat.

Ähnlich sieht es bei den Fahrzeugen aus, die von der ehemaligen DR übernommen wurden. Hier sind es vor allem die kleinen Rangierloks der früheren Baureihen V 15 und V 22 aus dem VEB Lokomotivbau „Karl Marx“ Potsdam-Babelsberg (ex O & K) bzw. das Äquivalent zur V 60 der Deutschen Bundesbahn, die vierachsige V 60 aus der Produktion des ehemaligen Kombinats VEB Lokomotivbau – Elektrotechnische Werke „Hans Beimler“ Hennigsdorf (heute Adtranz).

Von der zweimotorigen V 180 befinden sich inzwischen zwei (modernisierte) Lokomotiven bei der Regental Bahnbetriebs GmbH (RBG) und drei Maschinen bei der Karsdorfer Eisenbahn GmbH (KEG). Die KEG-Lokomotiven, die überwiegend im Bauzugverkehr auch außerhalb des KEG-Netzes anzutreffen sind, stammen nicht aus DR-Beständen. Eine der leistungsstärksten Maschinen bei den NE-Bahnen ist die 232 305-P des Eisenbahn-Museums Hermeskeil, die von der Westerwaldbahn (WEBA) genutzt wird.

Die Karsdorfer Eisenbahn übernahm eine V 180 der früheren DR. Die Aufnahme entstand in Zwickau

AUTOR: R. HEINISCH; AUFNAHMEN: NIEDT, B. SCHULZ

▲ Bereits im Jahre 1882 ließen die Königlich Bayerischen Staatseisenbahnen diesen doppelstöckigen (!) „Schienen-Dampf-Omnibus" entwickeln

▲ Schienenbus der Eckernförder Kreisbahn, 1929 ▼ Insel-Express auf Sylt, 1960 ▲ Kleinbahn-Motorwagen der Gesellschaft für Bahnbedarf, 190

▲ Schienenbus der Schmalspurbahn Amstetten – Laichingen, um 1960

▲ VT 135 007 der Deutschen Reichsbahn-Gesellschaft, 1933

▲ VT 135 066 der Reichsbahn, bekannt als Hydronalium-Wagen (1937)

▲ „Wismarer" Schienenbus mit dem markanten „Schweineschnäuzchen"

Mit Benzin, Benzol und Diesel

Frühe zweiachsige Verbrennungs-Triebwagen

Zu massenhafter Präsenz brachten es Schienenbusse in Deutschland erst in den fünfziger Jahren. Doch der Gedanke, auf Straßen bewährte Fahrzeuge bahntauglich zu machen, kam bereits vor dem Ersten Weltkrieg auf. Die Entwicklung von Triebwagen mit Verbrennungsmotoren überhaupt begann sogar lange bevor 1895 der erste Automobil-Omnibus übers Pflaster polterte.

Im Jahr 1887 erprobte die Königlich Württembergische Staatseisenbahn den von Daimler gebauten, mit einem 12-PS-Benzinmotor und mechanischer Kraftübertragung ausgerüsteten BW 1 im Streckendienst. Zwischen 1894 und 1900 kamen vier weitere „Benzinwagen" mit 20 und 30 PS Leistung hinzu. Ein ähnlich konstruiertes Fahrzeug nannte damals auch schon die Sächsische Staatsbahn ihr eigen. Zunächst vierachsige, äußerlich noch stark an Abteilwagen erinnernde benzolelektrische Triebwagen beschaffte ab 1908 die Preußische Staatsbahn. An diese lieferten Deutz und die Bergmann-Elektrizitätswerke Berlin im Jahr 1910 den zweiachsigen, 50 PS starken und ebenfalls benzolelektrischen VT 21. Nimmt man aber typische Konstruktionsmerkmale eines Straßenfahrzeugs zum Kriterium, muß die Sächsische Staatsbahn als Schienenbus-Pionier gelten. Um 1913 ließ sie die hartgummibereiften Räder eines Omnibusses mit Saurer-Benzinmotor durch eine Eisenbandage mit Spurkranz ersetzen. Zur gleichen Zeit entstanden erste betriebstüchtige Dieseltriebwagen, allerdings mit Drehgestellen.

Der Erste Weltkrieg brachte die Aktivitäten auf dem Triebwagensektor weitgehend zum Erliegen. Umso mehr standen dann die 1924 auf der Seddiner Eisenbahnausstellung gezeigten zweiachsigen, meist benzolgetriebenen Wagen sowie ein Vierachser mit Dieselmotor, im Brennpunkt des Interesses. Die Deutsche Reichsbahn-Gesellschaft forcierte ab 1925 die Entwicklung von Triebwagen, insbesondere solcher mit Dieselaggregat. Ausdrücklich lehnte sich die DRG dabei aber nicht an Straßenfahrzeuge an.

Mehrere private Bahngesellschaften unternahmen dagegen erneut Versuche, normale Straßenomnibusse mit Eisenbahnrädern zu versehen. Ein derartig umgebauter Bus befuhr ab 1929 regulär die meterspurige Strecke der Gera-Meuselwitz-Wuitzer Eisenbahn und war natürlich an den jeweiligen Endstationen zu drehen.

Ohne Fortune: Henschel-Schienenbusse

1930/31 bauten Henschel und die Sächsische Waggonfabrik Werdau einen von vornherein für den Einsatz auf Schienen konzipierten Omnibus mit Otto-Vergasermotor – präsentiert 1931 bemerkenswerterweise auf der Berliner Internationalen Automobilausstellung. Ab August 1931 auf der Grifte-Gudensberger Kleinbahn (bei Kassel) verkehrend, galt er nach den bisherigen Provisorien als der erste echte Schienenomnibus. Allerdings mußte auch dieser „Triebwagen Nr. 1" (so bei der Kleinbahn bezeichnet) noch bei jedem Fahrtrichtungswechsel gedreht werden, da er nur über einen Führerstand verfügte. Trotzdem blieb er mehr als zwei Jahrzehnte im Einsatz und wurde erst 1955 verschrottet.

Zu Beginn der dreißiger Jahre bekundete auch die Deutsche Reichsbahn-Gesell-

FOTONACHWEIS: DEUTSCHES MUSEUM MÜNCHEN, SLG. GOTTWALDT (4), SLG. ERNST, SLG. PILLMANN (2) schaft Interesse an Schienenomnibussen. Inzwischen hatte sie die Vorteile der extremen Leichtbauweise, der kostengünstigen Beschaffung wie auch des besonders rationellen Betriebs mit Straßenbussen verwandter Fahrzeuge erkannt. Die DRG forderte aber etliche Modifikationen, insbesondere die Ausrüstung mit zwei Führerständen. Henschel entwickelte daraufhin – basierend auf dem 1931 erschienenen Kleinbahn-Prototyp – einen Zweirichtungs-Schienenbus und fertigte das Fahrgestell, während die Waggonfabrik Bautzen (vormals Busch, Bautzen) für den Wagenkasten verantwortlich zeichnete. Als VT 133 006 bis 008 reihte die DRG 1933 bis 1934 drei solcher rot-cremefarbener Schienenomnibusse in ihren Bestand ein. Bei einem Gesamtgewicht von nur 11,9 Tonnen boten sie 52 Sitzplätze, mit dem 100 PS starken Otto-Motor (Kraftstoff also Benzin) wurden 60 Stundenkilometer erreicht. Der in VT 133 006 und 007 anfangs eingebaute, recht komplizierte Zweiachsantrieb mittels Gelenk- und Zwischenwelle vermochte indes nicht zu befriedigen, so daß er bereits kurz nach Ablieferung durch einen Einachs-Antrieb ersetzt wurde. VT 133 008 war bereits direkt ab Herstellerwerk damit ausgestattet.

Nach ihrer Abnahme gelangten die drei Henschel-Schienenbusse im Direktionsbezirk Regensburg in den Plandienst, einer beim Bw Weiden und zwei beim Bw Passau. Viel Freude brachten sie den Personalen leider nicht, da im alltäglichen Einsatz doch erhebliche Mängel zutage traten. Weder das Dreigang-Getriebe noch das Laufwerk zeigten sich den Dauerbeanspruchungen gewachsen, schließlich wurde die Höchstgeschwindigkeit auf 40 Stundenkilometer reduziert. Der Einsatz im Personenverkehr endete 1939, anschließend ließ die DRG alle drei Triebwagen mit Flüssiggasantrieb ausrüsten und setzte sie als Fahrleitungsuntersuchungswagen ein. Ihre Ausmusterungsdaten oder ein etwaiger Nachkriegsverbleib sind nicht bekannt.

Von Erfolg gekrönt: der „Wismarer"

Anders als der trotz hohem Werbeaufwand auf dem Schienenbus-Sektor letztlich glücklosen Firma Henschel gelang der Triebwagen- und Waggonfabrik Wismar auf Anhieb der große Wurf. Nach dem Debüt des ersten „Wismarers" im Jahre 1932 auf der Kleinbahn Lüneburg – Soltau beschafften bald zahlreiche private Bahn-Unternehmen die Schienenbusse mit den charakteristischen, spitz zulaufenden Motorvorbauten meist an beiden Enden. Jeweils eine der zwei Maschinenanlagen trieb die in Fahrtrichtung vordere Achse an. Anfangs handelte es sich um Ford-Benzinmotoren, später auch um Humboldt-Deutz-Dieselmotoren. Das Viergang-Getriebe ließ sich ebenso unkompliziert wie bei Straßenomnibussen schalten. Die „Wismarer" überzeugten durch kostensparenden Betrieb, Anspruchslosigkeit in Wartung wie Bedienung und durch hohe Zuverlässigkeit.

In der Grundkonzeption stimmten die 49 an deutsche Privatbahnen gelieferten Exemplare der sogenannten „Bauart Hannover" überein. Allerdings kam die Wismarer Herstellerfirma mit zahlreichen Detailänderungen den speziellen Kundenwünschen sehr entgegen. So verhalfen die Schienenbusse angesichts der aufkommenden Kraftwagenkonkurrenz etlichen Kleinbahnen zum Überleben. Für die vor allem in ländlichen Regionen, auf Schmalspur- und Normalspurgleisen anzutreffenden Fahrzeuge prägte der Volksmund den Begriff „Ferkeltaxe". In ihren spartanisch, teils mit Klappsitzen ausgestatteten Innenräumen wurde auch Kleinvieh aller Art befördert. So manches quiekende, gackernde und quakende Gut erreichte in oder sogar auf den praktischen Gefährten – nämlich auf Dachgepäckträgern – den Wochenmarkt. Zudem erweckten die Motorvorbauten durchaus Assoziationen an „Schweineschnäuzchen".

1935 kamen acht Schienenbusse aus Wismarer Produktion zur Reichsbahn. Sie waren 1933 und 1934 noch von der Eisenbahndirektion im damals einer Völkerbundregierung unterstellten Saarland beschafft worden. Nach dessen Rückkehr zum Deutschen Reich gingen die Saarbahnen in der DRG auf. Die Triebwagen Nr. 71, 72, 81 und 82 mit je zwei 40 PS-Benzinmotoren erhielten nun die Bezeichnung VT 133 009 bis 012, die Nr. 73 bis 76 mit je zwei 50 PS-Dieselaggregaten wurden zu VT 135 077 bis 080. Die Höchstgeschwindigkeit der benzingetriebenen Version war zunächst auf 56 km/h festgelegt und wurde dann auf Tempo 45 herabgesetzt. Die Dieselvariante erreichte 60 km/h. Außerdem unterschieden sich beide Spielarten durch Achsstand, Wagenlänge und Sitzplatzzahl (siehe Tabelle). Als Besonderheit konnten bei VT 133 011 und 012 die Längs-Sitzbänke teilweise oder ganz entfernt werden, womit die Fahrzeuge zu Gütertriebwagen mutierten; ansonsten entsprachen sie in den Hauptabmessungen dem für die Kleinbahn Lüneburg – Soltau gebauten Prototyp. Bei den längeren und schwereren VT 135 sorgten bei Bedarf auch beide Motoren gleichzeitig für die nötige Antriebsleistung. Alle acht Wismarer Schienenbusse der früheren Saarbahnen waren mit speziellen Beiwagen (VB 140 274 bis 283 sowie VB 140 294 und 295) kuppelbar.

Nach Verlassen ihres angestammten Heimat-Bw Homburg gastierten VT 133 009 bis 012 im Jahr 1936 kurzzeitig in Gronau und Rheine in der Rbd Münster, dann erhielten sie eine feste Bleibe in Oberhausen (VT 133 009) und Hamm (VT 133 010 bis 012) im Direktionsbezirk Essen. Nur für eines der benzingetriebenen Fahrzeuge ist der Verbleib nach dem Krieg nachgewiesen: VT 133 010 stand als Dienstfahrzeug der DR in den Westzonen bzw. bei der DB mit der neuen Nummer VT 89 900 noch von April 1948 bis Dezember 1950 beim Bw Oberhausen im Einsatz. Zu den bis um 1940 im Saarland eingesetzten VT 135 077 bis 080 gibt es widersprüchliche Verbleibs-Angaben. Während VT 135 079 im Krieg verlorengegangen oder aber spätestens 1946 verschrottet worden ist, gelangten die anderen drei jedenfalls noch zur Deutschen Bundesbahn (1950 wohl Bw Heilbronn bzw. Regensburg). Für VT 135 077 und 080 hatte die DB die Umzeichnung in

Technische Daten der DRG-Schienenbusse

Henschel-Schienenbusse

Betriebsnummern	VT 133 006 – 008
Indienststellung	1933/34
Hersteller	
Fahrgestell:	Henschel & Sohn, Kassel
Wagenkasten:	Waggonfabrik Bautzen, vorm. Busch
Achsformel	A 1 (urspr. B bei VT 133 006, 007)
Gesamtlänge	11.460 mm (über Notpuffer)
Achsstand	5000 mm
Raddurchmesser	965 mm
Dienstmasse	11,9 t
Motor	Otto-Vergasermotor
Leistung	74 kW
Kraftübertragung	mechanisch
Höchstgeschwindigkeit	60 km/h (später 45 km/h)
Anzahl d. Sitzplätze	34 + 12 Klappsitze (3. Kl.)

Die „Wismarer"

Betriebsnummern	VT 133 009 – 012
Indienststellung	1933 / 1934 *
Hersteller	Triebwagen- und Waggonfabrik Wismar
Achsformel	Bo (in jeder Fahrtrichtung A 1)
Gesamtlänge	10.100 mm (über Kupplung)
Achsstand	4000 mm
Raddurchmesser	700 mm
Dienstmasse	6,1 t / 7,2 t *
Motor	2 Otto-Vergasermotoren, Ford (einer für jede Fahrtrichtung)
Leistung	je 29 kW
Kraftübertragung	mechanisch
Höchstgeschwindigkeit	56 km/h (später 45 km/h)
Anzahl d. Sitzplätze	24 + 8 / 24 + 6 * (3. Kl.)

* Angaben nach Schrägstrich für VT 133 011 und 012, bei Einrichtung eines Güterabteils nur 16 Sitzplätze

Betriebsnummern	VT 135 077 – 080
Indienststellung	1934
Hersteller	Triebwagen- und Waggonfabrik Wismar
Achsformel	Bo (auch als A 1 einsetzbar)
Gesamtlänge	11.700 mm (über Kupplung)
Achsstand	6000 mm
Raddurchmesser	700 mm
Dienstmasse	10,1 t
Motor	2 Dieselmotoren
Leistung	je 37 kW
Kraftübertragung	mechanisch
Höchstgeschwindigkeit	60 km/h
Anzahl d. Sitzplätze	40 + 10 (3. Klasse)

VT 88 900 bzw. 901 zumindest geplant, für den vorübergehend in die Tschechoslowakei verbrachten VT 135 078 die Umnummerung in VT 88 902. Von diesem ist auch der Verkauf an die Wittlager Kreisbahn im Jahr 1951 überliefert.

Andere Zweiachs-Triebwagen der DRG

Abgesehen von den erwähnten Henschel-Fahrzeugen beschaffte die DRG keine Schienenbusse direkt. Mit Verstaatlichung der Privatbahnen gelangten nach dem Krieg lediglich einige schmal- und normalspurige Exemplare, darunter auch „Wismarer", zur Reichsbahn in der DDR.

Die Deutsche Reichsbahn-Gesellschaft rationalisierte den Betrieb ihrer Nebenstrecken in den dreißiger Jahren vor allem mit zweiachsigen Triebwagen, die über massive Zug- und Stoßvorrichtungen verfügten. Dank Schraubenkupplung und Hülsenpuffer konnten nicht bloß spezielle Beiwagen, sondern auch normale Reisezug- und Güterwagen mitgeführt werden. Auch waren die Fahrzeuge trotz leichter Bauweise deutlich schwerer als Schienenbusse und – schon im Hinblick auf die angestrebte mehrteilige Zugbildung – stärker motorisiert. Diversen Versuchsbauarten und Kleinstserien mit Benzin-, Benzol- und Dieselaggregaten unterschiedlicher Kraftübertragung folgten ab 1936 insgesamt 64 dieselmechanische Einheitstriebwagen mit den DRG-Nummern ab VT 135 061 sowie ab VT 135 083. Mit 150 PS Leistung brachten sie es auf 75 km/h. Federführend bei der Entwicklung war die Firma MAN, am Bau beteiligten sich dann auch andere Hersteller. Im Jahr 1937 lieferte MAN außerdem die aus hochwertigem Leichtmetall „Hydronalium" gefertigten VT 135 065 und 066. Weitere konstruktive Fortschritte vereitelte der Krieg.

Etliche zweiachsige VT 135-Typen nebst Beiwagen kamen noch zur DB und DR (Ost). Die Bundesbahn bezeichnete die Motorwagen Anfang der 50er Jahre meist als VT 70, Einzelstücke und Kleinserien reihte sie beispielsweise als VT 72.9 und 75.9 ein. Während die letzten zweiachsigen Vorkriegstriebwagen der DB 1967 ausschieden, hielten sich bei der Reichsbahn einige Vertreter der Einheitsbauart (ab 1970 BR 186.0 und 186.2) noch bis 1977. Ein enger Verwandter, der 1935 von der Waggonfabrik Bautzen gelieferte VT 135 054 erlebte beim Bw Güsten als 786 257 sogar die Gründung der Deutschen Bahn AG. Lange Zeit diente der Einzelgänger als „Präsidentenwagen" der Rbd Magdeburg.

KONRAD KOSCHINSKI

Von oben: „T 1" der Verkehrsbetriebe der Grafschaft Hoya, VT deutscher Bauart in England, ein indischer Schienenbus in Delhi und VT 70 947 der Bundesbahn

AUFNAHMEN: HÜGEMANN, ERNST, GOTTWALDT, SLG. PILLMANN

Wie entstand eigentlich der Uerdinger?

Die ersten Schienenbusse – Chance für Nebenbahnen

Vieltausendfach als Nebenbahnretter gelobt, trifft dies auf den roten „Uerdinger" eigentlich nur für eine kurze Zeitspanne zu. Im letzten Abschnitt ihres langen – allzulangen? – Lebens wird ihnen gar eine abschreckende Wirkung aufs Reisepublikum nachgesagt. Ja, daß sie überhaupt ein derart hohes Alter erreicht haben, gilt heute eher als Indiz für das Desinteresse der DB an ihren Zweigstrecken. Vor über vier Jahrzehnten jedenfalls stellten sie die Ultima Ratio dar, um den schon damals drohenden Rückzug der Eisenbahn aus der Fläche zu vermeiden.

Für die Deutsche Reichsbahn in den Westzonen brachte die Währungsreform vom 20. Juni 1948 eine Zäsur. Schlagartig bestimmte der Wettbewerb die Situation auch auf dem Verkehrsmarkt. Mit der in den Kriegs- und frühen Nachkriegsjahren faktisch wieder erlangten Monopolstellung der Eisenbahn war es vorbei. Wie bereits in den dreißiger Jahren, traten vermehrt private Busunternehmer auf den Plan, boten wohlfeile Ausflugsfahrten und bewarben sich auch um Konzessionen für Liniendienste. Die flexibel agierende Straßenkonkurrenz machte der Schiene vor allem in ländlichen Regionen das Feld streitig. Zudem begann der Kampf um den Kunden in einer Zeit, als die gerade neu erwachte Reisefreudigkeit in der Bevölkerung fürs erste wieder gebremst war – denn anders als zu späten Reichsmarkzeiten mußten die meisten Deutschen ihre knappen Budgets in harter D-Mark jetzt sorgfältig einteilen.

Noch rumpelten gut ausgelastete Züge über die Nebenstrecken. Doch entsprachen die bunt zusammengewürfelten Wagengarnituren hinter schnaubenden Tenderlokomotiven weder hinsichtlich Komfort noch Reisetempo den gewachsenen Ansprüchen. Besonders im Berufsverkehr gab es zwar volle Abteile, die der Bahn indes nur relativ wenig Geld einbrachten. Stark ermäßigten Tarifen (1949 zwischen 0,6 und 1,4 Pfennige je Kilometer bei Zeitkarten) stand ein viel zu hoher Aufwand an Personal und rollendem Material gegenüber. Nur ein Viertel der Reisenden zahlte den vollen Fahrpreis, und gerade dieser Kundenkreis drohte auf die Straße abzuwandern. Er bevorzugte vielfach den Kraftomnibus mit seinen die Dörfer, Kleinstädte und Ausflugsziele besser erschließenden Routen – oder auch schon das Gespann eines Motorrads der Marken BMW, DKW oder NSU mit Beiwagen. Bemerkenswert übrigens, daß die DR-West bzw. DB trotz der mit der Währungsreform prekärer gewordenen Finanzlage schon 1949 selbst 124 Straßenomnibusse beschaffte.

Mehr Zugfahrten zu geringeren Kosten

Nun hatte ja gerade im ländlichen Raum das Bedürfnis nach Mobilität drastisch zugenommen. Im Westen des untergegangenen Deutschen Reiches lebte rund ein Viertel mehr Menschen als vor dem Kriege, ein Großteil der Flüchtlinge und Übersiedler aus den ehemaligen Ostgebieten fand auf dem „flachen Land" eine neue Heimat. Und zeitgenössische Aufsätze belegen es: den Begriff „Stadtflucht" für den Trend zum Wohnen im Grünen kannte man schon in der frühen Nachkriegszeit. Auch dadurch entstand für die Bahn das Dilemma, eine gewachsene Verkehrsnachfrage befriedigen zu müssen, der das Angebot auf den Nebenstrecken aber nur unzureichend gerecht werden konnte. Gefragt waren zum Beispiel mehr über den Tag verteilte Fahrten mit kürzeren Reisezeiten und Durchläufe zwischen Dörfern und an Hauptbahnen gelegenen Zentren. Solche zusätzliche Verbindungen mit Dampfzügen zu schaffen, verbot sich allein aus dem Zwang heraus, die Zugförderungskosten zu senken.

Bei Gründung der Deutschen Bundesbahn im September 1949 waren von rund 30.500 Kilometern Betriebslänge (einschließlich des Netzes der Südwestdeutschen Eisenbahnen im französischen Besatzungsgebiet) noch 11.700 Kilometer oder 38 Prozent als Nebenstrecken eingestuft, auf denen immerhin gut ein Fünftel der Gesamteinnahmen im Personenverkehr erzielt wurden. In einer ersten systematischen „Durchleuchtung" auf Basis der Zahlen des Jahres 1950 kam die Bundesbahn zu dem Schluß, daß 403 von insgesamt 482 untersuchten Nebenbahnen zwar für sich genommen die notwendigen Ausgaben nicht deckten, wegen ihres hohen Zubringerwerts für die Hauptstrecken aber nicht stillgelegt werden sollten. Dringend erforderlich war allerdings die flüssigere und kostensparende Gestaltung des Betriebsablaufs. Nur mit ansprechenden, dennoch billigen und zeitgemäßen Fahrzeugen ließ sich die verstärkt einsetzende Abwanderung der Fahrgäste auf die Straße stoppen.

Wie kam es zum Uerdinger?

Motorkraft statt unwirtschaftliche Dampfkraft hieß die Devise bereits, als sich die „Deutsche Reichsbahn im Vereinigten Wirtschaftsgebiet" (der damaligen amerikanischen und britischen Zone) 1948 mit technischen und verkehrlichen Anforderungen an leichte Triebwagen befaßte. Zunächst war an abgespeckte Versionen von projektierten Hauptbahnfahrzeugen gedacht, mit sechszylindrigen Dieselmotoren von 400 bis 500 PS Leistung. Eine Vorabprüfung der Baukosten und Wirtschaftlichkeit derartiger Einheiten zeigte jedoch rasch, daß sich gegenüber den für dem Fernverkehr bestimmten Triebwagen nur recht geringe Einsparungen erzielen ließen. Denn – so resümierte es Dr.-Ing. G. A. Gaebler 1952 in der Zeitschrift Die Bundesbahn – „Elemente wie Kühl- und Lüfteranlagen, Fernsteuerung, Kraftübertragungsanlagen ... usw. blieben auch bei den leichten Fahrzeugen in etwa gleich kostspieliger Form notwendig". Dr. Gaebler weiter: „Solche Einheiten sind aber einsatztechnisch an mittlere bis große tägliche Laufleistungen gebunden, wenn sie wirtschaftlich bleiben sollen." Eben dies schien auf den schwach belasteten Nebenbahnen nicht realisierbar.

Als Alternative bot sich an, mit Bauelementen aus in Großserie gefertigten Straßenfahrzeugen ein Schienenfahrzeug zu entwickeln, das verhältnismäßig billig in Anschaffung und Unterhaltung sein konnte und trotzdem den hohen technischen und betrieblichen Anforderungen der Eisenbahn genügen würde. So lag es nahe, Schienenomnibusse zu konzipieren. Darunter verstand man zweiachsige Leicht-Triebwagen, deren Konstruktionsmerkmale sich stark an Straßenomnibussen orientierten und gemäß älterer Definition eigentlich nicht mit Regeleisenbahnfahrzeugen – also normalen Reisezug- oder Güterwagen – zusammengekuppelt werden durften.

Fast zwei Jahrzehnte nach Indienststellung der ersten Schienenbusse griffen die Ingenieure den Gedanken, sich im wagenbaulichen wie maschinellen Teil weitgehend an Straßenfahrzeuge anzulehnen, wieder auf. Die zu Beginn der dreißiger Jahre begonnene Entwicklung hatte der Krieg unterbrochen, jetzt galt es, die Nachteile früherer Typen zu vermeiden. Selbstverständlich kamen nur Zweirichtungsfahrzeuge in Betracht (der Henschel-Schienenbus aus dem Jahre 1931 für die Grifte-Gudensberger Kleinbahn war noch ein reines Einrichtungsfahrzeug!), die bei einer angetriebenen und einer antriebslosen Achse quasi vorwärts wie rückwärts möglichst gleich gute Laufeigenschaften aufweisen sollten. In dieser Hinsicht hatten einige der 1932 bis 1938 gelieferten VT 133- bzw. VT 135-Bauarten Kummer bereitet. Ebenso erwiesen sich zu geringe Motorleistungen, nur schwer von Hand schaltbare Getriebe und das zu kleine Fassungsvermögen (oft weniger als 40 Sitzplätze) als problematisch. Die auch in Straßenfahrzeugen verwendeten Otto- oder Dieselmotoren hielten der höheren Beanspruchung im Eisenbahnbetrieb häufig nicht stand. Überdies genügte die meist auf 60 bis 70, allenfalls auf 75 Kilometer in der Stunde festgesetzte Höchstgeschwindigkeit nicht mehr der Forderung, auf Hauptbahnabschnitten mithalten zu können.

Motorkraft statt unwirtschaftlicher Dampfkraft hieß die Devise. Ihren Forderungskatalog für leichte Triebwagen stellte die (West-)Reichsbahn bereits 1948 auf

Im Frühjahr 1949 lauteten die groben Vorgaben der zuständigen DR-Stellen für den Motorwagen:

- leichte Bauweise,
- möglichst 50 Prozent mehr Sitzplätze als der Regelstraßenomnibus (mindestens aber 40 Plätze),
- voraussichtlich doppelte tägliche Laufleistung eines Straßenbusses,
- bei Bedarf Mitführen eines leichten Anhängers mit Gepäck- und Traglastenraum,
- Einbau langlebiger und leicht schaltbarer Getriebe,
- freizügig in beiden Richtungen einsetzbar,
- Ausstattung mit WC.

Die vorgenannten Bedingungen schien am ehesten die von der Waggonfabrik Uerdingen vorgeschlagene Omnibusbauart zu erfüllen. Der niederrheinische Hersteller verfügte über reiche Erfahrungen sowohl im Straßen- als auch Schienenfahrzeugbau. Am 29. Juni 1949 trafen sich Vertreter der Waggonfabrik und der Offenbacher Reichsbahn-Hauptverwaltung zu einer Planungsbesprechung. In deren Verlauf wurden die bahnseitigen Anforderungen näher bestimmt. Das Fahrzeug sollte – umgerechnet auf DM pro Sitzplatz – in der Preislage eines Straßenomnibusses gefertigt werden können und sich auch hinsichtlich der Lebensdauer an diesem orientieren. Außer Motor, Getriebe und Zubehör sollten auch Teile des Wagenkastens der Omnibusfertigung entnommen werden. Als Motor wünschte die Bahn einen damals in Serie gehenden Unterflurmotor der Firma Büssing, der durch seine besondere Konstruktion die völlige Trennung des Laufgestells vom Wagenkasten ermöglichte. Der Achsstand der „festen Achsen" war gemäß Eisenbahn-Bau- und Betriebsordnung (EBO) für Trieb- wie Beiwagen auf 4,5 Meter zu begrenzen, bei einer Gesamtlänge von etwas über zehn Metern war das Eisenbahnprofil in der Breite mit 3000 Millimetern voll auszunutzen.

Unzureichend erschienen der Bahnverwaltung dann erste Vorschläge der Herstellerfirma für ein Fahrzeug mit Vierganggetriebe und 70 km/h Höchstgeschwindigkeit. Schließlich sollte der Schienenbus auch hauptbahntauglich sein, zum Beispiel über Abzweigstationen der Nebenstrecken hinaus direkt bis in große Knotenbahnhöfe verkehren. Um die Fahrpläne von Eil- und Schnellzügen nicht zu stören, waren 90 Kilometer pro Stunde als Spitzentempo gefordert, obwohl das für ein allein laufendes zweiachsiges Fahrzeug eine nur schwer erfüllbare Bedingung darstellte.

Glücklicherweise standen inzwischen sechsgängige Elektromagnetgetriebe der Zahnradfabrik Friedrichshafen zur Verfügung, die sich über ein elektrisches Kabel von beiden Führerständen aus problemlos schalten ließen. Mittels einer pendelnden Wagenkastenaufhängung gelang es der Waggonfabrik Uerdingen, trotz der geforderten Geschwindigkeit eine ausreichende Laufruhe zu gewährleisten.

Auf Anhieb erfolgreiche Prototypen

Nach Festlegung weiterer Einzelheiten – maßgeblich auch durch das Eisenbahnzentralamt München – bestellte die neu gegründete Deutsche Bundesbahn noch 1949 zehn einmotorige, 110 PS starke Prototypen, die zwischen Mai und August 1950 als VT 95 901 bis 910 in Dienst gestellt wurden. Dazu lieferte das Uerdinger Werk sechs Beiwagen, anfangs bezeichnet mit VB 140 701 bis 706 (später VB 142 001 bis 006). In den Bestand der noch nicht vollständig in die DB integrierten Südwestdeutschen Eisenbahnen (SWDE) gelangte im August 1950 ferner VT 95 911. Sogleich nach ihrer Abnahme setzte die Bundesbahn die Fahrzeuge von den Bahnbetriebswerken Kempten (ED Augsburg), Husum, Flensburg und Heiligenhafen (ED Hamburg) aus planmäßig ein. Die beiden Direktionsbezirke im hohen Norden und tiefen Süden waren gezielt ausgewählt worden, um unter grundverschiedenen klimatischen Bedingungen auf Flachlandstrecken wie auch krümmungs- und steigungsreichen Bergstrecken Erfahrungen zu sammeln. Im ersten Einsatzjahr erreichten die einzeln und mit Beiwagen gefahrenen Einheiten monatliche Laufleistungen zwischen rund 8000 und 10.500 Kilometern, im Extremfall sogar 14.000 Kilometer. Insgesamt 3086 Betriebstagen standen 281 Ausfalltage wegen technischer Störungen und notwendiger Ergänzungs- und Änderungsarbeiten gegenüber. Dies werteten die DB-Stellen als überaus zufriedenstellend – immerhin handelte es sich um eine vollkommene Neukonstruktion.

Im November 1950 erschien mit dem VT 95 912 (später VT 95 9112) der erste Schienenbus mit auf sechs Meter ver-

ABB.: SLG. GOTTWALDT (3), GRONWALD/SLG. KNIPPING

Als Alternative zur teuren Neukonstruktion bot sich die Nutzung von Großserien-Teilen aus dem Straßenfahrzeug-Bau an, was Anschaffung und Unterhaltung enorm verbilligte

größertem Achsstand. Anders als die ersten elf Probefahrzeuge besaß er zwei Einstiegstüren pro Seite. Die überraschend günstigen Laufeigenschaften bewogen die Bundesbahn, künftige Motorwagen ausschließlich mit dem längeren Achsstand zu beschaffen. Dieser war für starre Einzelradsätze durch die EBO zwar immer noch auf 4,5 Meter begrenzt, doch erteilte der Bundesverkehrsminister im Dezember 1951 eine Ausnahmegenehmigung. Der ebenfalls verlängerte Wagenkasten ermöglichte eine Aufstockung der Sitzplatzzahl, was natürlich die Betriebskosten je Platz nochmals minderte.

Nach den Erfahrungen mit den Prototypen zog Dr.-Ing. Gaebler 1952 in der Zeitschrift „Die Bundesbahn" eine positive Bilanz. Unter anderem führte er aus: „Der Schienenomnibus genannte Leichtbautriebwagen schafft bei geringem Verkehrsvolumen die Möglichkeit, die Zugförderungskosten so weit zu senken, daß dem Straßenomnibusverkehr vergleichbare Werte erreicht werden können. Darüberhinaus erleichtert er die Bestrebungen, auch den Betrieb auf den hierzu geeigneten Nebenbahnen ... dem im Straßenverkehr üblichen näher zu bringen, z. B. dadurch, daß man zum Ein- und Aussteigen von Fahrgästen auch an Wegübergängen oder sonstigen geeigneten günstig gelegenen Punkten hält oder daß man – vor allem mit Fahrzeugen, die zusätzlich mit Magentschienenbremse ausgerüstet sind – auch das Fahren auf Sicht gestattet." Da bereits alle Schienenomnibusse mit einer Sicherheitsfahrschaltung (Totmanneinrichtung) ausgerüstet seien, könne auch der Einmannbetrieb erwogen werden, wobei der Triebwagenführer dann die Aufgaben des Schaffners mit übernehme. „Jedenfalls wird sich dieses Fahrzeug, das sich nach übereinstimmenden Äußerungen der Eisenbahner und des Publikums bemerkenswerter Beliebtheit erfreut, in Zukunft in zunehmendem Maße nicht nur auf unseren deutschen, sondern wie wir glauben, hoffen zu dürfen, auch auf außerdeutschen Strecken Eingang verschaffen... Bereits heute kann festgestellt werden, daß der Bedarf der Deutschen Bundesbahn an Fahrzeugen dieser Gattung nicht annähernd durch die inzwischen in Auftrag gegebenen gedeckt werden kann."

1951 hatte die DB bei der Waggonfabrik Uerdingen 60 einmotorige Schienenbusse und bei den Orion-Werken in Eschwege 50 Anhänger – wie man die Beiwagen damals noch bezeichnete – bestellt. Sie und weitere Serienfahrzeuge eroberten ab 1952 zahlreiche Strecken im ganzen Bundesgebiet. Bald gesellten sich die zweimotorigen VT 98 mit Bei- und Steuerwagen hinzu. Obwohl im Laufe der Jahre auch andere Firmen an der Lieferung beteiligt waren, wurden die roten Nebenbahnretter vielfach schlicht „Uerdinger" genannt – und gaben nicht bloß der Eisenbahn abseits der Magistralen eine Überlebenschance, sondern verhalfen auch dem bei der Konstruktion federführenden Herstellerwerk zu größter Popularität. Dank der Rundumsicht im Schienenbus, zumal von jeweils in Fahrtrichtung klappbaren Sitzen aus, erschloß sich den Reisenden eine neue Erlebniswelt. Vereine und Betriebe charterten die „Uerdinger" liebend gerne für Ausflugstouren, und selbst die tägliche Fahrt zur Arbeit bot – verglichen mit den alten Donnerbüchsen – bisher unbekannte Annehmlichkeiten. Daß es schon Mitte der 50er Jahre zu einer größeren Stillegungswelle bei Nebenstrecken kam, steht auf einem anderen Blatt. Ursache war die stiefmütterliche Behandlung der Eisenbahn durch die Politik. Da konnte auch ein noch so wirtschaftliches Fahrzeug nichts mehr retten.

KONRAD KOSCHINSKI

Der Uerdinger macht Karriere

Die Einsatzgeschichte von VT 95, VT 98 und VT 97

Die ersten Betriebsergebnisse der zwölf VT 95-Prototypen waren recht vielversprechend. Ihre günstigen Anschaffungs- und Unterhaltungskosten ließen eine Lösung des „Nebenstreckenproblems" in greifbare Nähe rücken. So verwundert es nicht, daß bereits nach kürzester Entwicklungszeit Großaufträge für die „Uerdinger" an die Industrie vergeben wurden und Schienenbusse geradezu massenweise innerhalb weniger Jahre das Erscheinungsbild der Bundesbahn in der Fläche umkrempelten. Hierbei darf nicht vergessen werden, daß die VT 95 und VT 98 nicht nur kostengünstig zu betreiben waren und so die Wirtschaftlichkeit zahlreicher von der Stillegung bedrohter Zweigstrecken nachhaltig verbesserten, sondern daß der Schienenbus einen enormen Beliebtheitsgrad beim Publikum erlangte. Gerade auf „Bimmelbahnen" avancierten Schienenbusse nicht selten zu Kaffeeklatschkutschen auf dem Weg zum nächsten Markt. Wo sonst war die Kluft zwischen Fahrgästen und Bundesbahnpersonal so klein, die

▲ **Nebenbahn pur –**

AUFNAHMEN: SÄUBERLICH, K. MÜLLER, SLG. GOTTWALDT (2), SCHÖPPNER, RAMSENTHALER

Der VT 95 mit VB zwischen Remscheid und Opladen .. ▲ ... und in Hollfeld, dem Endpunkt der Strecke von Bayreuth

▲ Im kriegszerstörten Offenbacher Lokalbahnhof (1955)

▲ Nach Osterburken unterwegs ist VT 95 9566 (Königshofen, 1966)

Hp Bad Salzhausen zwischen Nidda und Friedberg (1966)

▲ Ein VT 95 mit Dachlampe auf dem Viadukt von Spiegelau (Strecke Grafenau – Zwiesel)

▲ Nicht alltäglich: im Schlepp einer 50er (Mörlenbach, 1971)

VT 95 mit übermaltem Dachfenster (Weinzierlein, 1964) ▶

▲ Als Lastenesel in Flammersfeld (1970) ...

▲ ... und als Solo-Triebwagen in Garmisch-Partenkirchen

AUFNAHMEN: DR. KLEIN, RAMSENTHALER, HORN, SLG. GOTTWALDT, ARCHIV. SCHÖPPNER

▲ Ein Vorserien-VT während der ersten Fahrten auf der Außerfernbahn Kempten – Garmisch

▲ Kraftstoffvorrat für die nächsten Fahrten (Lauda, 1963)

Atmosphäre im Fahrzeug so „familiär"?

Im Februar 1952 begann die Waggonfabrik Uerdingen mit der Auslieferung der ersten Serienfahrzeuge VT 95.91. Knapp vier Monate später, am 17. Mai 1952, war die erste Bauserie von 60 Triebwagen bereits in Betrieb genommen. Zeitgleich hatte Orion die ersten 50 Beiwagen (VB 142 007 bis 056) ausgeliefert. Die Bundesbahn legte von Anfang an Wert auf den flächendeckenden Einsatz der neuen Fahrzeuge, und so wurden die VT 95.91 auf immerhin 18 Bahnbetriebswerke verteilt, von denen nicht wenige heute schon längst in Vergessenheit geraten sind: Ansbach, Geldern, Frankfurt-Griesheim, Freilassing, Freiburg, Heiligenhafen, Holzminden, Husum, Jünkerath, Kassel, Kempten, Konstanz, Nördlingen, Oldenburg, Seesen, Simbach (Inn), Regensburg, Wuppertal-Steinbeck.

Die weite Streuung der Einsatzgebiete sollte schnellstmöglich Aufschluß über die Belastbarkeit der VT 95 bieten. Darum waren auch die ersten Einsatzgebiete der VT 95 sehr unterschiedlich: Von reinen Nebenbahndiensten – wie etwa beim Bw Simbach (Inn) – reichten die Einsätze über Lang- und Kurzstreckenleistungen auf Haupt- und Nebenbahnen bis hin zu kilometerintensiven Vorortdiensten und echten Paradeleistungen, wie etwa den Eiltriebwagen 842/841 Rothenburg – München. Für den kleinen Triebwagen herrschte Platzkarten- und Zuschlagpflicht!

Die ausgezeichnete Rundumsicht in den Wagen sprach sich schnell herum, und so gehörten auch Charterfahrten und außerplanmäßige Wochenendausflüge – wie etwa die beliebten „Fahrten ins Blaue", die es schon in den dreißiger Jahren mit den „Gläsernen Zügen" gab – bald zum festen VT 95-Repertoire.

Kilometer-Spitzenreiter war im ersten Jahr der Serien-VT 95 des Bw Holzminden, das zwei Triebwagen in Langläufen auf der Strecke Ottbergen – Bodenfelde – Kreiensen mit durchschnittlich 482 km Laufleistung pro Tag einsetzte. Schon im Winterfahrplan 1952/53 dehnte sich das Einsatzgebiet der Schienenbusse erheblich weiter aus. Ab August 1952 wurde die zweite Lieferserie VT 95 in Betrieb genommen, so daß immer neue Einsatzräume entstanden. Innerhalb weniger Monate eroberten sich die Uerdinger ein weites Einsatzfeld mit ständig steigenden Leistungen.

Neue Zugarten

Bereits beim Kursbuchstudium sollten die Reisenden seinerzeit auf das neue Fahrerlebnis aufmerksam werden. Gleich drei neue Zugarten wurden für die Schienenbusse eingeführt. Hinter der Bezeichnung „Nto", die bis heute gelegentlich bahnintern oder auf Abfahrtplänen Verwendung findet, versteckte sich ursprünglich ein Nahschnellverkehrsschienenomnibus, hinter „To" verbarg sich eine gewöhnliche Schienenomnibusfahrt, wobei das „T" wie gewohnt für Triebwagen, „o" für Omnibus stand. Besonders flotte Schienenbusfahrten verdienten die Abkürzung „STo": das waren Städteschnellverkehrsschienenomnibusse! Diese Bezeichnungen konnte man bis Mitte der fünfziger Jahre lesen, ehe die Deutsche Bundesbahn das bekannte Triebwagen-Symbol im Kursbuch einführte, das in den achtziger Jahren wegen der Verwechslungsgefahr mit dem Kurswagen-Symbol leider ersatzlos wegfiel.

Verbreitung des Schienenbusses

Aus der Sicht des Dampflokfreundes muß sich die rasche Ausbreitung der roten Brummer Anfang der fünfziger Jahre wie eine Landplage ausgemacht haben. Zug um Zug wurden Nebenbahnleistungen von Dampfzügen auf die kleinen Dieseltriebwagen übertragen, die Ende 1953 – nach noch nicht einmal zwei Jahren der Auslieferung – bereits von 46 Einsatzstellen aus in Betrieb waren. Im Jahre 1954 erhöhte sich deren Anzahl gar auf 56, wobei fast jeder zehnte im Personenverkehr der Deutschen Bundesbahn erbrachte Zugkilometer auf einen VT 95 entfiel. Vier Jahre später galt das für jeden fünften Personenzugkilometer! Zu dieser Zeit erreichte die Verteilung auch ihren Höchststand mit 80 Heimat-Bahnbetriebswerken. Durch die zunehmende Konzentration im Werkstattbereich der DB nahm die Zahl der Heimatdienststellen in der Folgezeit wieder ab, auch wenn sich oftmals an den angestammten Einsatzbereichen nichts änderte.

VT 98 – zweimotorig für das Gröbste

Trotz aller positiven Stimmen blieben einige – im wahrsten Sinne des Wortes! – Schwachpunkte. So war der VT 95 zwar durchaus in der Lage, mit zwei Beiwagen zu fahren. Dann durften aber keine größeren Steigungen auftreten, wenn der VT 95 nicht an die Grenzen seiner Leistungsfähigkeit gelangen sollte. Steilstrecken waren sogar nur solo befahrbar. Konzepte zur Leistungssteigerung – entweder durch Erhöhung der Motorleistung von 110 auf 130 PS, später auf 150 PS, oder einer zweimotorigen Version – waren bereits in der Diskussion.

Die ersten zweimotorigen Schienenbusse standen im Sommer 1953 zur Verfügung und wurden dem Bw Passau zugeteilt. Von den ursprünglich 100 bestellten VT 95 der zweiten Bauserie waren drei Wagen abgeleitet worden, die einen zweiten Antriebsmotor erhielten. Als VT 98 901 bis 903 bezeichnet, kamen sie auf die Strecke Passau – Erlau – Wegscheid, eigentlich eine Zahnradbahn!, und liefen dort im Reibungsbetrieb. Für den Personenverkehr befriedigten die VT 98.9 vollauf; die Zahnrad-Dampfloks konnten sie dennoch nicht ablösen, weil die direkt vom VT 95 abgeleiteten Fahrzeuge mit den leichten Scharfenbergkupplungen ausgerüstet waren und darum keine Güterwagen mitnehmen konnten. Dagegen waren hier die einachsigen Gepäckanhänger VB 141 gut einsetzbar, die sich anderenorts kaum durchsetzen konnten. Die drei VT 98-Prototypen sollten bis zu ihrer Ausmusterung beim Bw Passau bleiben.

Trotz der prinzipiellen Bewährung der zweimotorigen Schienenbusversion lief die VT 95-Auslieferung ungehindert weiter. Bis es zu den ersten Serien-VT 98 kam, gingen noch zwei Jahre ins Land. Wie dringend sie gebraucht wurden, zeigte sich schon darin, daß von den einhundert Exemplaren der ersten VT 98-Bauserie gleich die Hälfte der Triebwagen mit Steilstreckenausrüstungen versehen wurde.

Im Juli 1955 begann bei der Waggonfabrik Uerdingen die Auslieferung der ersten Serienfahrzeuge VT 98.95. Bemerkenswerterweise kristallisieren sich zunächst nur sehr wenige reine VT 98-Einsatzgebiete heraus. In den meisten Fällen wurden einzelne VT 98 den Bahnbetriebswerken zugewiesen, die ohnehin schon VT 95 beheimateten, so daß den stärkeren Zweimotorern oft spezielle Aufgaben zuteil wurden, für die die VT 95 nicht geeignet waren (z.B. Steilstrecken, höhere Zuglasten, Mitnahme von Güterwagen etc.). Eine Ausnahme blieb das Bw Gemünden (Main), das Ende 1956 mit elf Schienenbussen einen reinen VT 98-Bestand hielt.

Überhaupt nicht verbreiten konnten sich die VT 98 im Ruhrgebiet und im Bereich der BD Köln, wo der Akkutriebwagen ETA 150 verstärkt zur Konkurrenz der VT 95 wurde. Dagegen verdrängte der VT 98 vor allem in Süddeutschland die etwas „schwachbrüstigen" Einmotorer, die indes im Flachland gut aufgehoben waren.

Auf dem Höhepunkt der Karriere

Die wirklich entscheidende Bedeutung der Uerdinger Schienenbusse im Regionalverkehr der Deutschen Bundesbahn läßt sich heute kaum noch erahnen. Der damaligen „Wert" des „Uerdingers" läßt sich nur schwer mit Zahlen vor Augen führen. Viele Direktionen setzten für über ein Viertel ihrer im Personenverkehr geleisteten Zugfahrten den Schienenbus ein. Ebenso typisch war die Einführung zahlreicher neuer Haltepunkte und Bedarfshaltestellen speziell für den Schienenbus. Erkennbar an ihrer kurzen Bahnsteiglänge, an der ein lokbespannter Wagenzug nur schwerlich Platz gehabt hätte, entstanden in der Blütezeit des Schienenbusses solche oft nur aus einem aufgeschütteten Behelfsbahnsteig bestehenden Haltepunkte in touristisch interessanten Gebieten für Ausflugsfahrten, oder in direkter Nachbarschaft zu Ortschaften, die bisher nur unzureichend mit der Bahn erreichbar waren. Nur wenige von ihnen sind heute noch im Kursbuch aufgeführt.

Einen ersten Höhepunkt erlebte der Schienenbus-Einsatz 1957, als insgesamt 727 Schienenbusse knapp 80 Millionen Kilometer Streckenleistung erbrachten. Nach der Auslieferung des letzten VT 98 befand sich 1962 mit 915 Schienenbus-Triebwagen der Höchstbestand im Einsatz. Die in jenem Jahr erbrachten 84 Millionen Kilometer Laufleistung erreichten die Schienenbusse in den folgenden Jahren nie wieder.

AUFNAHMEN: CWS, SCHEDLER, CHLOUBA/SLG. GOTTWALDT

▲ Auch im Saarland

▲ Der Schienenbus in seinem Metier: Unterwegs auf der 1986 stillgelegten Nebenbahn Fulda – Hilders, aufgenommen bei Schloß Bieberstein (1984)

unentbehrlich: bei Landsweiler (Strecke Völklingen – Lebach)

▲ Auf zu neuen Zielen: Verladung im Hamburger Hafen für den Einsatz in Uruguay (1981)

▲ Unterwegs auf der Hauptbahn im blühenden Neckartal und im Hunsrück bei Waldrach (Trier – Hermeskeil) ▶

▲ Ausgemusterte 795 warten in fotogener Aufstellung im Rundlokschuppen des Bw Dillenburg (1980) auf ihr Ende

▲ An den Ufern des Bodensees entlang rollt dieser dreiteilige 798 Überlingen entgegen

▲ Freie Sicht über die Schulter des Lokführers im Motorwagen

AUFNAHMEN: LUDWIG, BECKMANN, NIEDT, ROTTHOWE, DVORACZEK

Schon in den 60ern: Rückgang der Einsätze

Bereits Mitte der sechziger Jahre – die Schienenbus-Auslieferung war gerade abgeschlossen – gingen die Leistungen der „Uerdinger" langsam wieder zurück. Erreichten 1957 die Schienenbusse durchschnittliche Laufleistungen von über 340 km an Werktagen, fuhren die VT 95 im Jahre 1966 nur noch durchschnittlich 250 km an Betriebstagen. Bis 1971 sank der Wert allmählich auf rund 230 km pro Betriebstag. In den folgenden Jahren rutschten zunächst die VT 95, dann aber auch die VT 98, in immer weiter untergeordnete Dienste ab. Interessant ist in diesem Zusammenhang, daß die Kilometerleistungen der einmotorigen VT 95 in den fünfziger und frühen sechziger Jahren stets kräftig über denen der VT 98 lagen. Erst Ende der sechziger Jahre hatten die VT 95 so stark an Leistungen verloren, daß die VT 98 in Führung lagen. Letztere wurden aufgrund des möglichen Einsatzes mit Steuerwagen und ihrer stärkeren Motorisierung wegen bevorzugt eingesetzt.

Die Zahl der Einsatzdienststellen sank durch die Konzentrationsmaßnahmen der DB im gleichen Maße. Von den 80 Bahnbetriebswerken, die zum Winter 1958/59 Schienenbusse beheimateten, blieben fünf Jahre später nur noch 61 übrig. Langsam aber sicher machten sich die zahlreichen V 100 bemerkbar.

Schienenbusse mit Zahnrädern

Eine ganz eigene Geschichte hat der Zahnradabschnitt Honau – Lichtenstein der Strecke Reutlingen – Münsingen – Ulm. Im Gegensatz zur Zahnradstrecke Erlau – Wegscheid, auf der die Passauer VT 98-Prototypen eingesetzt wurden, schied auf diesem Abschnitt der Einsatz von VT 98 als Ablösung der Zahnrad-Dampfloks aus: die Steigung von 100 Promille war auch für den Zweimotorer im Reibungsbetrieb nicht mehr zu bewältigen. Nach einigem Zögern mündete dies in die Entwicklung des VT 97, der auf der VT 98-Basis für den Zahnradbetrieb gebaut wurde. VT 97 901

stand im September 1961 zur Verfügung, bis zum Mai des darauffolgenden Jahres kamen fünf weitere Triebwagen. Passende Steuerwagen fanden sich in den VS 98 085 bis 090, die nach ihrer Umrüstung als VS 97 001 bis 006 in Betrieb gingen. Zeitgleich mit dem Abschluß der Schienenbus-Beschaffung im Jahre 1962 konnte so der Dampfbetrieb zwischen Honau und Lichtenstein aufgegeben werden. Als Heimat-Bahnbetriebswerk der Zahnrad-Schienenbusse war Tübingen zuständig, das die Fahrzeuge bis zu ihrer Abstellung beheimatete.

Die gute Betriebsbewährung veranlaßte die Bundesbahn, auch zwischen Erlau und Wegscheid VT 97 einzuführen. Dadurch sollte es nämlich möglich werden, die hier immer noch für den Rest-Güterverkehr vorgehaltenen Zahnrad-Dampflokomotiven abzustellen und den Zahnradbetrieb komplett zu „verdieseln“. Dafür bestellte die DB 1963, also nachdem die Schienenbus-Beschaffung planmäßig abgeschlossen war, zwei weitere VT 97. Sie sollten ihr vorgesehenes Einsatzgebiet indes nie sehen. Bereits im Januar 1964 war der VT 97 901 zur Dampfablösung nach Passau gewechselt; er schob fortan Güter- und Gepäckwagen bergwärts nach Wegscheid. Für den Gepäckverkehr kam kurze Zeit später ein Unikats auf die Schienen. Aus dem VB 142 554 mit dem kleinen 4,5-Meter-Achsstand wurde ein Beiwagen für den VT 97 gebaut. Um Platz für Fracht zu schaffen, wurde der Fahrgastraum seiner Sitzplätze beraubt. Die Scharfenbergkupplung wich gewöhnlichen Zug- und Stoßvorrichtungen. Fortan als VB 97 001 bezeichnet, muß dieser Beiwagen ein wirklich ungewöhnliches Bild abgegeben haben!

Der Einsatz des VT 97 901 in Passau währte nur rund ein Jahr. Am 28.Januar 1965 wurde nach einem Felsrutsch jeglicher Zugverkehr zwischen Erlau und Wegscheid eingestellt. Der Triebwagen kehrte mit dem Beiwagen nach Tübingen zurück. Den im Oktober und November 1965 endlich ausgelieferten VT 97 907 und 908 – den tatsächlich letzten Beschaffungen von „Uerdingern“ – fehlte nun ihr

▲ **Beliebt auch**

AUFNAHMEN: BECKMANN, EISENSCHINK, NIEDT, GLÖSSNER, HAFENRICHTER, LINDENBLATT

◀ Über den Hausener Viadukt rollt ein 798 Mayen entgegen

▲ Immer Zeit für einen Plausch: Bahnhof Kell, 1981

▲ Abfahrbereit zur letzten Tour des Tages (Waldmünchen, 1986)

▲ Brummend verläßt ein 798 Niederdreisbach

wegen der Rundumsicht: von Heidelberg ins Neckartal

▲ Zwischen Vorgarten und Schlafzimmer kurvt der Schienenbus durch Daaden (1987)

▲ Auf der Aartalbahn (Limburg – Wiesbaden) lösten die Schienenbusse die Akkutriebwagen ab (Hohenstein, 1. Juli 1987)

▲ Knatternd und qualmend läßt dieser 798 Twiste (Strecke Warburg – Korbach) hinter sich

▲ Bereit zur Rückfahrt nach Betzdorf: Daaden, 1988

AUFNAHMEN: SEYFERTH, HÖRSTEL, VATTEROTH

vorgesehenes Einsatzgebiet. Auch sie wurden in Tübingen stationiert.

Für den mittlerweile ausgedünnten Verkehr auf dem Zahnradabschnitt Honau – Lichtenstein standen also acht Triebwagen bereit. Am 27. September 1969, zum Winterfahrplanwechsel 1969/1970, wurde der Verkehr eingestellt. Der kurze Beiwagen wurde als 997 001-3 am 13. November 1970 ausgemustert, die inzwischen mit den Computernummern 797 901 bis 908 bezeichneten Triebwagen fanden im reinen Reibungsbetrieb Verwendung, weshalb im September 1970 der Ausbau der Zahnradgetriebe mit dem 797 902 begann. Obwohl sich die ehemaligen Zahnrad-Schienenbusse seit ihrem 1973 abgeschlossenen Umbau nur noch in Details von den 798 unterscheiden, blieb die Baureihenbezeichnung 797 erhalten. Fortan galten die neuen Ordnungsnummern 501 bis 508. Alle 797/997 blieben in Tübingen beheimatet.

Die siebziger Jahre

Bereits Ende der sechziger Jahre begannen die ersten zaghaften Ausmusterungen von VT 95. Die vergleichsweise recht jungen Fahrzeuge wurden überflüssig, als die DB massiv den Betrieb auf Nebenstrecken einstellte. Durch Streckenelektrifizierungen wurden andererseits zahlreiche Dieselloks und Speichertriebwagen frei, die in die Schienenbusleistungen hineindrängten. So hatten zum Beispiel im westlichen Ruhrgebiet, wo Oberhausener VT 95 in großen Stückzahlen liefen, die Akkutriebwagen 515 (ETA 150) mit ihrem viel höheren Fahrkomfort und Sitzplatzangebot bis 1970 nahezu alle Leistungen der Schienenbusse übernommen.

Während die 798 noch weitgehend von Ausmusterungen verschont blieben, verschwanden die 795er aus immer mehr Dienststellen. Bis 1973 wurde der gesamte Schienenbusbestand beim Bw Nördlingen aufgelöst, das Bw Fulda gab die 795-Unterhaltung auf und stellte auf die Zweimotorer um. Im Jahr darauf gab Eschwege seine 795 ab, während in Passau die letzten beiden 795 durch 798 ersetzt wurden. 1975 verschwanden die 795 in Bayreuth, Darmstadt, Krefeld, Lübeck, Mainz, Mayen, Nürnberg Rbf, Regensburg und – obwohl hier nur kurzzeitig ein einzelner 795 beheimatet war – Offenburg. Im Jahre 1976 wurden zeitgleich mit der Einstellung des Reisezugverkehrs auf 24 Strecken 73 Triebwagen der Reihe 795 abgestellt, am Jahresende waren nur noch 245 Exemplare bei 15 Bahnbetriebswerken verblieben. Das Bw Aschaffenburg reduzierte seinen Bestand um 12 Triebwagen auf 20, der 795 verschwand hier ganz. In Friedrichshafen und Holzminden endete die gesamte Schienenbusunterhaltung, während das Bw Hof seine 795er gegen 798er eintauschte. Im Bereich der ehemaligen Direktion Münster verließen die Einmotorer Oldenburg und Osnabrück. Während beim Bw Simmern noch einige wenige 798 im Einsatz blieben, wurden die umfangreichen 795-Bestände der Bahnbetriebswerke Uelzen und Weiden komplett aufgelöst.

Nachdem das Bw Buchholz (Nordheide) 1977 seine letzten 795 umgetauscht hatte, war der 795 in Norddeutschland nicht mehr zu sehen. Beim Bw Tübingen bestand für die letzten beiden verbliebenen 795 nur noch ein einziges Zugpaar auf der Strecke Tübingen – Entringen, zum Winterfahrplan endeten auch diese Einsätze. 1978 gab man dann auch in Augsburg, Kempten, Marburg (Lahn) und Wuppertal die Unterhaltung der Einmotorer auf. Im folgenden Jahr verlor Dieringhausen seinen gesamten Schienenbusbestand. Das Jahr 1980 erlebten noch ganze 65 einmotorige Exemplare bei den acht Bahnbetriebswerken Betzdorf, Gießen, Heidelberg, Kassel, Köln-Nippes, Landau (Pfalz), Saarbrücken und Trier. Den größten Bestand hielt noch das Bw Betzdorf, das neben seinen 24 einmotorigen 795ern auch dreißig 798er stationierte. Noch im selben Jahr verschwanden die 795er fast völlig. Am 1. Juni 1980 sollten die verbliebenen Fahrzeuge dieser Reihe z-gestellt und anschließend ausgemustert werden. Übrig blieb mit 795 445 ein einziger einmotoriger Schienenbus, der diese Baureihe noch über drei Jahre hinweg in den Statistiken auftauchen ließ. Als Personalpendel zwischen dem Bw Köln-Nippes und der Kölner Brückenmeisterei leistete er noch gute Dienste, wenn auch nicht mehr für die Öffentlichkeit. Der Wagen war am 29.August 1983 letztmalig im Einsatz, dann setze der Fristablauf auch diesen 795 außer Gefecht. Wie viele andere 795 entging er aber der Verschrottung, er gehört heute dem Eisenbahn-Amateur-Klub Jülich.

Die achtziger Jahre

Nach dem Niedergang des 795 in den siebziger Jahren richtete sich das Augenmerk der DB-Oberen bei Fahrzeugüberhängen nun auf den 798. Zu Ausmusterungen war es bei dieser Baureihe zuvor nur in wenigen Fällen gekommen, da die Zweimotorer hauptsächlich zur Ablösung von 795 gebraucht wurden. In den Jahren 1973 bis 1979 quittierten nur elf Triebwagen ihren Dienst. Am 1. Januar 1980 befanden sich immer noch 318 Triebwagen im Bestand. Zum 1. Oktober 1980 wechselten die fünfzehn 798 des Bw Buchholz (Nordheide) auf dem Papier zum Bw Hamburg-Wilhelmsburg (Hamburg 4), weil Buchholz zur Außenstelle degradiert wurde. Das Bw Siegen wurde, nachdem das Bw Betzdorf aufgelöst worden war, am 1. Januar 1982 erneut Schienenbus-Betriebswerk mit 24 Triebwagen. Kurz darauf, am 1. Mai 1982 verlor das Bw Bestwig seine Selbständigkeit, fortan galt „Hagen 1" als neue Schienenbusheimat. Zum 31.Oktober 1982 wechselten die Simmerner Schienenbusse ihre Bw-Anschrift: Simmern wurde zur Außenstelle des über 50 km weit entfernten Bw Kaiserslautern. Recht schnell wurde der Bestand von 8 Triebwagen aufgelöst, als Streckenstillegungen im Hunsrück das Feld den Straßenbussen überließen. 1982 war auch das letzte Jahr der Schienenbuseinsätze beim Bw Braunschweig. Hier herrschte zuletzt mit 19 Motorwagen, denen ein sechstägiger Umlaufplan gegenüberstand, ein kräftiger Überbestand an 798. Die Schienenbusse wurden durch die Baureihen 515, 612/613 und 634 verdrängt. 1983 verließen die 798 auch das Bw Radolfzell, hier gingen Leistungen auf Tübinger 798 und auf Wagenzüge über. Kräftig gestutzt wurde damals der Aschaffenburger 798-Einsatz, nachdem 211-bespannte Wagenzüge zahlreiche Uerdinger-Leistungen übernahmen. Zum 1. Oktober 1983 faßte die BD Frankfurt ihre 798 in Gießen zusammen, und das Bw Marburg wurde als selbständige Triebfahrzeug-Heimat aufgegeben. Damit avancierte Gießen mit 41 Triebwagen und einem enormem Einzugsgebiet zum 798-Großbetriebswerk. Zu diesem Zeitpunkt erreichte die Ausmusterungswelle bei den 798 einen ersten Höhepunkt. Das AW Kassel hatte 1983 die Schienenbusunterhaltung

aufgegeben. Am 1. Januar 1984 führte die DB nur noch wenig mehr als 200 dieser Triebfahrzeuge im Einsatzbestand, 27 Motorwagen waren von der Ausbesserung zurückgestellt. Zum Sommer 1984 folgte ein erneuter Kahlschlag, als sich die Betriebswerke Hagen 1 und Aschaffenburg – bedingt durch weitere Streckenstillegungen und Überhänge bei der V 100 – von ihren Beständen trennen konnten. Beim Bw Landau (Pfalz) blieb lediglich ein Zugpaar Zweibrücken – Bierbach dem 798 vorbehalten, zum 1.Juni 1985 endete aber auch hier die VT 98-Beheimatung.

Im Jubiläumsjahr der deutschen Eisenbahnen zeigte sich allmählich, daß auf die Schienenbusse kurzfristig noch nicht verzichtet werden konnte. Der einstige „Retter der Nebenbahnen" wurde mittlerweile als unterstes Niveau des Fahrgastkomforts betrachtet und verkehrte zwar nach wie vor bundesweit, aber nur noch auf den Strecken, deren Zukunft genauso unklar war wie die der Schienenbusse. Ausmusterungen wurden plötzlich nur noch sehr zögernd vorgenommen – niemand konnte sagen, wie lange der 798 noch gebraucht werden würde, zumal die ständig weiter hinausgeschobene Bestellung einer Hauptserie des oft als „Schienenbus-Nachfolger" gepriesenen VT 628 auf sich warten ließ. Ein Verkaufsverbot für Schienenbusse wurde verhängt, um bei der Ersatzteilbeschaffung nicht auf Probleme zu stoßen. Unterdessen nahm die DB verstärkt Ausmusterungen bei den ebenfalls in die Jahre gekommenen Akkutriebwagen der Baureihe 515 vor, deren Fahrbatterien teilweise stark erneuerungsbedürftig waren.

Der VT 98 erlebte plötzlich eine kleine Renaissance: bei den Jubiläumsfeierlichkeiten in Nürnberg wurden drei modernisierte 798 für Betriebsbesichtigungen eingesetzt und kurzzeitig in Nürnberg beheimatet, und im Westerwald übernahmen die Schienenbusse im Herbst 1985 die Leistungen der 515 (die sie selbst einst an die Akkutriebwagen hatten abgeben müssen!). Ähnliches galt im Sommer 1986 für die Strecke Ludwigshafen – Wörth.

▲ **Eisenbahn und**

AUFNAHMEN: PEMPELFORTH, EISENSCHINK, SCHWADE, VATTEROTH, HAFENRICHTER

◄ Stilleben mit Lahn, Balduinstein und Schienenbus (1989)

▲ Bei Tagesanbruch auf der Fahrt nach Mindelheim

▲ Mehr als eine Leerfahrt sparte die Mitführung der beiden dreiteiligen Schienenbusgarnituren von Friedberg nach Nidda ein

Natur im Einklang: an der Strecke Herborn – Niederwalgern

▲ Von nun an geht´s bergab: 798 761 befährt den Niederschelder Viadukt nach Oberscheld

AUFNAHMEN: PEMPELFORTH (2), BOS, KUSTERER, SÄUBERLICH, HAFENRICHTER

▲ Vor Burg Sayn kämpft sich ein Schienenbus bergan

Wie Spielzeug wirkt der 798 auf der Rendsburger Hochbrücke ▶

▲ Der Schienenverkehr hat Vorrang auf der Hochbrücke Grünenthal

▲ Der Kirchturm von Frauenau begrüßt die Feriengäste

▲ Wettfahrt zwischen den Zügen von Betzdorf nach Daaden und Neunkirchen (5.11.1988)

▲ Durch das Lahntal rollen heute keine Schienenbusse me

Das Jahr 1986 brachte weitere Überraschungen für die mittlerweile im Schnitt 26 Jahre alten Triebwagen. Am 1.März 1986 wurde Husum Außenstelle des Bw Flensburg, das nunmehr 798er beheimatete. Im Herbst 1986 begann das Bw Kassel mit der Stationierung von Schienenbussen; Grund dafür war die Auflösung der Einsatzstelle Marburg des Bw Gießen. Die 16 Marburger Einheiten wurden dem Gießener Bestand wieder abgezogen. Als kleine Sensation galt die Aufarbeitung dreier Hofer 798 im AW Kassel. Um den öffentlichen Nahverkehr im „Zonenrandgebiet" im Rahmen eines Modellversuchs aufzuwerten, wurden die Fahrzeuge mit neuen Inneneinrichtungen, Stoffsitzen und einer roten Neulackierung versehen. Zum Herbst 1986 begann ihr Testbetrieb auf der Strecke Hof – Selb Stadt. Nebenbei führte das Aw Kassel nach dreijähriger Pause wieder Auslaufuntersuchungen B 2.8 bei den Schienenbussen durch, weil der Bestand nach einigen Fristabläufen knapp geworden war. Schon im Jahr darauf sollten sogar wieder B 2-Hauptuntersuchungen möglich werden.

Nur eine kurze Episode blieb der erneute Einsatz von 798 beim Bw Oldenburg im Sommer 1987. Im Tideverkehr Sande – Harle wurde eine Einheit eingesetzt, da im Endbahnhof Harle das Umsetzgleis zugunsten neuer Parkplätze abgebaut wurde. Dadurch konnten hier lokbespannte Wagenzüge nur mit großen Schwierigkeiten verkehren.

Die Ablieferung von 150 Triebzügen der Baureihe 628 zwischen 1986 und 1989 sollte nach den ursprünglichen Plänen der DB die Schienenbusse endgültig entbehrlich machen. Stattdessen wurde der 628 zum Vorzeigeobjekt der Kommunalpolitiker und der DB-Chefetage, die die Züge lieber im dichten Taktverkehr auf ohnehin nicht stillegungsgefährdeten Strecken sah. So lösten die 628er in erster Linie die recht unattraktiv gewordenen Silberling-Wendezüge auf untergeordneten Hauptbahnen ab.

Zu einem ungewöhnlichen Experiment entschloß sich die Bundesbahn im Jahre 1987: Auf der Stich-

strecke Prien – Aschau sollte der Verkehr unter Ausnutzung wirkungsvoller, aber kostengünstiger Investitionen (Einmannbetrieb, Bedarfshaltestellen etc.) mit einem attraktiven Taktfahrplan erheblich aufgewertet werden. Der Einsatz eines 628 auf dieser Strecke schied aus. Um dennoch die „Qualitätsmerkmale" einer „RegionalBahn" in der „Produktpalette" der „neuen" Bahn erfüllen zu können, mußten die hier eingesetzten Schienenbusse erheblich aufgemotzt werden. Die Rosenheimer 798 652 und 653 wurden daraufhin zusammen mit dem 998 896 modernisiert, in den RB-Farben grau/türkis lackiert und mit „Chiemgau-Bahn"-Aufklebern versehen. Seit dem 30.Mai 1987 stehen sie so im Einsatz. Zum Winterfahrplan 1987 ging die 798-Unterhaltung in Rosenheim auf das Bw Mühldorf über.

Im Jahre 1988 wurde zur Verbesserung der Wirtschaftlichkeit erneut in die 798 investiert. Die DB ließ 47 zwei- und dreiteilige Einheiten für den Einmannbetrieb umrüsten und zeichnete diese später in 796 bzw. 996 um. Diese Einmann-798 wurden bestimmten Strecken und Laufplänen zugeordnet, obwohl in der Folgezeit nicht immer konsequent von der Möglichkeit des Fahrens ohne Zugbegleiter Gebrauch gemacht wurde.

Im Mai 1988 begann das Bw Augsburg 1 erneut mit der Beheimatung der Baureihe 798, nachdem hier der 515-Bestand aufgelöst worden war und der Ersatz durch Kemptener 627 oder 628 nicht genehmigt wurde. Die Heidelberger Schienenbusse wanderten zum Bw Karlsruhe.

MALTE WERNING

Bestandsentwicklung

Jahr*	Baureihe VT 95 795	VT97 797	VT 98 798	796
1958	554	-	161	-
1968	542	8	331	-
1980	85	8	300	-
1987	-	3	174	-
1994	-	1	30	33

* angegeben sind jeweils die Bestandsdaten zum 1. Januar

▲ Zwischenhalt ir

AUFNAHMEN: WERNING, CWS (2), PEMPELFORTH, HAFENRICHTER, NIEDT

◄ Der Herbst hält Einzug (Pündericher Galerie, Oktober 1990) ▲ Harter Winterdienst im Bayerischen Wald (Grafenau, 1985)

▲ Eine Behelfsbrücke muß genügen (Pelm, 1990)

▲ Direkter Anschluß zwischen Schienen- und Straßenbus

wunderschönen Bahnhof Speicher (Eifel), 6. Mai 1989

▲ Im Takt zwischen Prien und Aschau: die Chiemgaubahn (Aufnahme bei Umrathshausen)

Im Uerdinger durch Uruquay und die Türkei

Schienenbusse als Verkaufsrenner im In- und Ausland

Die Schienenbusse, von der Bundesbahn seit Ende der sechziger Jahre in großem Stil ausgemustert, erwiesen sich als regelrechte Verkaufsschlager. Zu den Abnehmern zählten nicht nur die Schrotthändler Ludwig und Layritz, die dann mit Ersatzteilen und Altmetall gutes Geld machten. Nein, vor allem in den achtziger Jahren wechselten zahlreiche betriebsfähige ein- und zweimotorige Schienenbusse ihren Besitzer, und viele von ihnen stehen noch heute im regen Einsatz.

Spektakulär waren 1980 und 1981 die Verkäufe von insgesamt 28 „Uerdingern"

Fahrzeug		Verkauf	Käufer/neue Nummer
VT 95	907	1958	Düsseldorfer Flughafen-Gesellschaft
VT 95	9112	1958	Lübeck-Segeberger Eisenbahn/VT 2
VB 142	004	1958	Lübeck-Segeberger Eisenbahn
795	122	1979	Hammer Eisenbahnfreunde
	143	1972	Graz-Köflacher Eisenbahn/VT 5002
	149	1975	Graz-Köflacher Eisenbahn/VT 5003
	160	1968	Verkehrsbetriebe Peine-Salzgitter/VT 3
	161	1968	Verkehrsbetriebe Peine-Salzgitter/VT 2
	169	1972	Graz-Köflacher Eisenbahn/VT 5001
	194	1980	AFE Administratión de Ferrocarriles del Estado (Uruguayische Staatsbahn)
	198	1968	Firma Layritz, Penzberg
	235	1981	AFE
	255	1975	Graz-Köflacher Eisenbahn/VT 5004
	256	1976	Arbeitsgemeinschaft Almetalbahn
	277	1980	AFE
	278	1979	Layritz
	281	1975	VT-Freunde Bergisches Land
	286	1980	Hammer Eisenbahnfreunde
	288	1968	Layritz
	294	1982	AFE
	306	1968	Layritz
	312	1968	Layritz
	316	1981	Layritz
	322	1981	Bergbau AG Lippe/Tw 750 (RAG)
	326	1982	Tennisclub Rehlingen (Saar)
	327	1981	AFE
	349	1981	AFE
	396	1982	Berliner Eisenbahnfreunde
	398	1976	Köln-Bonner Eisenbahn/TVT 1
	414	1979	Eisenbahnfreunde Opladen
	419	1968	Layritz
	430	1981	Layritz
	435	1981	AFE
	445	1983	Eisenbahn-Amateur Klub Jülich
	450	1968	Layritz
	454	1968	Layritz
	456	1981	AFE
	465	1986	Museum für Verkehr und Technik Berlin
	478	1981	Layritz
	479	1979	Montafonerbahn (Ersatzteilspender)
	500	1981	AFE
	505	1980	Layritz
	525	1981	AFE
	539	1981	AFE
	542	1981	AFE
	578	1982	AFE
	579	1976	Layritz
	588	1982	AFE
	591	1967	Layritz
	616	1981	AFE
	626	1979	Dt. Gesellschaft für Eisenbahngeschichte
	627	1979	Eisenbahn-Amateur Klub Jülich
	639	1982	AFE
	640	1981	Schwalmtalbahn Viersen
	644	1968	Layritz
	662	1978	Chemins de Fer des Trois Vallees (Belgien)
	669	1978	Chemins de Fer des Trois Vallees (Belgien)
	907	1967	Layritz
796	646	1992	Elbe-Weser-Verkehrsbetriebe/VT 165
	767	1992	Elbe-Weser-Verkehrsbetriebe/VT 166
	796	1992	Elbe-Weser-Verkehrsbetriebe/VT 167
	826	1992	Elbe-Weser-Verkehrsbetriebe/VT 168
798	504	1987	Firma Ludwig, Hannover
	509	1985	Layritz
	511	1982	AFE
	514	1993	Dürener Kreisbahn/VT 204
	515	1987	Firma Ludwig, Hannover-Herrenhausen
	522	1984	Bayerisches Eisenbahnmuseum/VT 14
	523	1981	AFE
	525	1982	AFE
	527	1987	Ludwig
	529	1987	Ludwig
	537	1981	AFE
	544	1981	Krefelder Verkehrsbetriebe/B 1
	545	1987	Ludwig
	547	1981	AFE
	550	1981	AFE
	553	1985	AEG (als Bauzugfahrzeug nach Italien)
	554	1982	Krefelder Verkehrsbetriebe/VT 8
	559	1981	AFE
	571	1983	Layritz
	576	1993	Dürener Kreisbahn/VT 202

Die Türkische Staatsbahn erwarb mehrere 798er gebraucht von der DB (links). Die Schienenbusse der Portugiesischen Staatsbahn CP stammen aus Spanien, wo man sie ab 1954 geordert hatte. Der luxemburgische Z 151 (unten) entspricht den Vorserien-VT 95 und ist bei der Museumsbahn Fond de Gras im Einsatz

AUFNAHMEN: BOS, GUSSMANN, MIETHE

bahnen von Uruguay. Einen ähnlichen Erfolg konnte die DB mit dem Verkauf von 25 aufgearbeiteten Triebwagen der Reihe 798 zusammen mit 40 Beiwagen der Reihe 998 im Jahre 1989 an die türkische Staatsbahn TCDD landen.

Verkäufe innerhalb Deutschlands beschränkten sich dagegen zumeist auf Einzelfahrzeuge, die an Industrie- und Privatbahnen gingen. Oftmals wurden Schienenbusse hier gerne als Dienst- oder Personaltriebwagen weiterverwendet. Erst in den achtziger Jahren brach geradezu ein Schienenbus-Boom bei Museumsbahnen an, so daß zahlreiche Schienenbusse auch in Zukunft betriebsfähig im Einsatz erlebt werden können.

Eher „Notlösungen" aus Sicht der Kunden waren dagegen die jüngsten Verkäufe von Schienenbussen an deutsche Privatbahnen. Die vier dreiteiligen 796/996-Garnituren der Elbe-Weser-Verkehrsbetriebe (EVB), die die DB abgab, waren dort nur als Provisorium gedacht, bis die Neubautriebwagen der Baureihe 628.4, die aus der laufenden Lieferung abgezweigt wurden, zur Verfügung standen. Mit der Inbetriebnahme dieser RegionalBahn-Triebwagen

Die Eisenbahn-Gesellschaft Altona-Kaltenkirchen AKN setzt sowohl die für Privatbahnen entwickelten einmotorigen Schienenbusse als auch gebraucht von der DB erworbene Fahrzeuge ein (Sparrieshoop, 1985)

nahme dieser RegionalBahn-Triebwagen wurden die Schienenbusse bei den EVB wieder arbeitslos.

Ähnlich verhält es sich mit den bei der Firma TWE in Lengerich aufwendig aufgearbeiteten Schienenbussen für das regionalisierte Streckennetz der Dürener Kreisbahn (DKB). Bereits 1995 beginnt dort die Abnahme der 16 neuen Niederflur-Leichttriebwagen „RVT" von DUEWAG in Krefeld, worauf dann die Schienenbusse zwar nicht überflüssig, aber doch in untergeordnete Dienste abgedrängt werden.

Übrigens, beileibe nicht alle Schienenbusse mit „vertrauten Gesichtern", denen aufmerksame Reisende im Ausland begegneten, waren gebraucht gekauft. In den fünfziger und sechziger Jahren erzielte die Waggonfabrik Uerdingen mit ihren Produkten bemerkenswerte Exporterfolge. Zu den Kunden zählten beispielsweise die Luxemburgische Staatsbahn CFL, die bereits 1951 10 Trieb- und zehn Beiwagen der Prototyp-Bauart kaufte, die Jugoslawischen Staatsbahnen, die den VT 95 gar im einheimischen Waggonwerk Gosa in Lizenz nachbauen ließ, und – ebenfalls teilweise als Nachbauten – die Österreichischen Bundesbahnen. Daneben standen die Namen mehrerer österreichischer Privatbahnen in den Uerdinger Auftragsbüchern. Eine von ihnen, die Graz-Köflacher Eisenbahn GKB, hatte noch vor der Deutschen Bundesbahn einen zweimotorigen „Uerdinger" im Bestand.

Weniger glücklich verlief der Versuch, deutsches Schienenbus-Know-how nach Italien zu transferieren. Der Lizenzbau dort erschöpfte sich in fünf Trieb- und zwei Beiwagen. Überragend war dagegen der Erfolg in Spanien: 229 Trieb-, 101 Steuer- und 128 Beiwagen sprechen für sich. ●

Die Schienenbusse der ÖBB entstanden nach mißlungenen Versuchen mit einer Eigenentwicklung als Uerdinger-Lizenzbauten bei Simmering-Graz-Pauker und den Jenbacher Werken (Passau, Juni 1986)

	577	1982	Steiermärkische Landesbahnen/VT 21
	580	1985	Layritz
	585	1982	Köln-Bonner Eisenbahn/VT 2
	590	1993	Dürener Kreisbahn
	591	1981	AFE
	592	1993	Dürener Kreisbahn/VT 203
	600	1981	AFE
	603	1981	AFE
	608	1985	Layritz
	611	1981	AFE
	627	1981	AFE
	633	1993	Dürener Kreisbahn/VT 201
	636	1982	Gabun (Regierungs-Salonzug)
	643	1982	Steiermärkische Landesbahnen/VT 23
	645	1982	Steiermärkische Landesbahnen/VT 22
	655	1989	TCDD Türkiye Cumhuriyeti Devlet Demiryollari (Türkische Staatsbahnen)/ Rm 3003
	660	1989	TCDD/Rm 3005
	661	1989	TCDD/Rm 3023
	662	1989	TCDD/Rm 3024
	664	1989	TCDD/Rm 3017
	665	1989	TCDD/Rm 3021
	667	1993	Dürener Kreisbahn/VT 208
	668	1987	Eisenbahnfreunde Betzdorf
	670	1993	Dürener Kreisbahn/VT 207
	672	1983	Beirut-Ibail (Libanon)/A 10450
	677	1987	AKN Eisenbahn-Gesellschaft VT 3.11
	678	1985	Layritz
	682	1989	TCDD/Rm 3018
	686	1989	TCDD/Rm 3006
	687	1989	TCDD/Rm 3007
	692	1989	TCDD/Rm 3011
	694	1989	TCDD/Rm 3013
	696	1985	Layritz
	707	1983	Beirut-Ibail/A 10452
	708	1983	Beirut-Ibail/A 10453
	709	1985	AEG (als Bauzugfahrzeug nach Italien)
	711	1987	Eisenbahnfreunde Betzdorf
	715	1989	TCDD/Rm 3004
	716	1989	TCDD/Rm 3001
	718	1985	Layritz
	720	1989	TCDD/Rm 3022
	730	1989	TCDD/Rm 3002
	731	1976	Kahlgrundbahn/VT 58
	732	1985	Layritz
	751	1993	Dürener Kreisbahn/VT 205
	752	1993	Dürener Kreisbahn/VT 209
	754	1989	TCDD/Rm 3008
	756	1989	TCDD/Rm 3019
	759	1989	TCDD/Rm 3020
	764	1989	TCDD/Rm 3014
	765	1989	TCDD/Rm 3009
	770	1989	TCDD/Rm 3015
	772	1989	TCDD/Rm 3025
	780	1989	TCDD/Rm 3010
	781	1989	TCDD/Rm 3012
	789	1983	Libanon/A 10451
	794	1976	Hohenzollerische Landeseisenbahn/VT 10^2
	801	1989	TCDD/Rm 3016
	808	1993	Dürener Kreisbahn/VT 204
	820	1985	Layritz
995	038	1983	Fußballclub Niederlinxweiler
	134	1981	Schwalmtalbahn, Viersen
	180	1975	Graz-Köflacher Eisenbahn
	198	1970	Graz-Köflacher Eisenbahn
	210	1975	Graz-Köflacher Eisenbahn
	216	1984	IG Schienenbus, Seelze
	222	1982	Tennisclub Rehlingen (Saar)
	250	1976	VT-Freunde Bergisches Land
	272	1981	AFE
	288	1981	Schwalmtalbahn Viersen
	296	1983	Fußballclub Niederlinxweiler
	298	1981	Schwalmtalbahn, Viersen
	307	1982	Eisenbahnfreunde Berlin
	320	1981	AFE
	366	1981	AFE
	406	1970	Graz-Köflacher Eisenbahn
	409	1981	Eisenbahnfreunde Opladen
	417	1980	Layritz
	485	1980	Layritz
	494	1981	Schwalmtalbahn Viersen
	511	1980	Layritz
	515	1981	AFE
	516	1981	Hammer Eisenbahnfreunde
	524	1980	Dt. Gesellschaft für Eisenbahngeschichte
	527	1981	AFE
	538	1981	AFE
	541	1981	AFE
	544	1981	AFE
	546	1981	AFE
	557	1980	Layritz
	559	1981	AFE
	564	1981	AFE
	565	1981	AFE
	680	1983	IG Schienenbus, Seelze
996	717	1992	Elbe-Weser-Verkehrsbetriebe/VS 115
	777	1992	Elbe-Weser-Verkehrsbetriebe/VS 116
	784	1992	Elbe-Weser-Verkehrsbetriebe/VS 117
	785	1992	Elbe-Weser-Verkehrsbetriebe/VS 118

998	010	1983	Beirut-Ibail/B 10452
	011	1981	AFE
	016	1981	AFE
	021	1987	Ludwig
	027	1981	AFE
	032	1983	Beirut-Ibail/B 10451
	033	1981	AFE
	040	1981	AFE
	043	1980	Layritz
	054	1980	Layritz
	055	1981	AFE
	062	1980	Layritz
	067	1981	AFE
	078	1988	Bayer. Eisenbahnmuseum Nördlingen
	080	1983	IG Schienenbus Seelze
	082	1981	AFE
	086	1987	Ludwig
	098	1981	AFE
	105	1987	Ludwig
	108	1981	AFE
	110	1987	Ludwig
	113	1981	AFE
	123	1981	AFE
	126	1981	AFE
	131	1981	AFE
	143	1983	Beirut-Ibail/B 10450
	152	1980	Layritz
	153	1983	Beirut-Ibail/B 10453
	156	1988	Bayer. Eisenbahnmuseum Nördlingen
	162	1981	AFE
	187	1987	Ludwig
	191	1987	Ludwig
	212	1980	Layritz
	234	1985	AEG (als Bauzugfahrzeug nach Italien)
	254	1989	TCDD/Rt 3013
	263	1989	TCDD/Rt 3011
	265	1989	TCDD/Rt 3010
	267	1989	TCDD/Rt 3001
	269	1989	TCDD/Rt 3009
	279	1989	TCDD/Rt 3005
	281	1989	TCDD/Rt 3014
	282	1989	TCDD/Rt 3008
	284	1989	TCDD/Rt 3004
	285	1989	TCDD/Rt 3007
	293	1989	TCDD/Rt 3003
	295	1989	TCDD/Rt 3012
	303	1989	TCDD/Rt 3002
	316	1989	TCDD/Rt 3015
	320	1989	TCDD/Rt 3006
	601	1987	Ludwig
	606	1981	AFE
	618	1987	Ludwig
	625	1985	Layritz
	631	1989	TCDD/Rp 3014
	633	1993	Dürener Kreisbahn/VS 251
	634	1989	TCDD/Rp 3021
	636	1989	TCDD/Rp 3015
	637	1989	TCDD/Rp 3004
	638	1989	TCDD/Rp 3016
	644	1989	TCDD/Rp 3019
	651	1987	Ludwig
	660	1985	Layritz
	672	1983	Beirut-Ibail/C 10452
	673	1989	TCDD/Rp 3013
	680	1983	IG Schienenbus Seelze
	695	1989	TCDD/Rp 3012
	696	1985	Layritz
	705	1985	Layritz
	724	1987	Bayerisches Eisenbahnmuseum
	727	1989	TCDD/Rp 3003
	730	1989	TCDD/Rp 3017
	741	1989	TCDD/Rp 3011
	762	1989	TCDD/Rp 3009
	771	1983	Beirut-Ibail/C 10450
	792	1989	TCDD/Rp 3025
	794	1989	TCDD/Rp 3018
	795	1989	TCDD/Rp 3005
	800	1993	Dürener Kreisbahn/VS 252
	803	1987	Ludwig
	807	1982	Steiermärkische Landesbahnen/VS 31
	808	1989	TCDD/Rp 3010
	826	1985	Layritz
	829	1982	Steiermärkische Landesbahnen/VS 32
	830	1989	TCDD/Rp 3008
	839	1987	Ludwig
	856	1989	TCDD/Rp 3023
	862	1983	Beirut-Ibail/C 10453
	876	1983	Beirut-Ibail/C 10451
	881	1989	TCDD/Rp 3007
	888	1993	Dürener Kreisbahn/VS 253
	892	1989	TCDD/Rp 3006
	897	1989	TCDD/Rp 3022
	898	1989	TCDD/Rp 3024
	899	1989	TCDD/Rp 3002
	904	1987	Ludwig
	905	1989	TCDD/Rp 3001
	906	1989	TCDD/Rp 3020
	908	1993	Dürener Kreisbahn/VS 254
	915	1982	Steiermärkische Landesbahnen/VS 33

Für die Ausdehnung des Betriebs der Dürener Kreisbahn auf die Rurtalbahn Düren – Heimbach erwarb der Privatbahnbetrieb 1993 vier zweiteilige Schienenbusgarnituren von der DB (Aufnahme bei Blens, Juli 1993)

1987 konnte die DB einige, für das heiße Klima mit zusätzlichen Lüftungsanlagen ausgerüstete, 798 in den Libanon verkaufen (oben: AW Kassel), die den Bürgerkrieg aber nicht überstanden (unten: Beirut 1993)

AUFNAHMEN: GUSSMANN, NIEDT (2), ERNST, GLÖCKNER

Der Weg des alten Eisens

Auch auf die „neue Traktion“ warten **Schrottplatz** und Schneidbrenner

▲ 220 058, 071 und 023, Viechtach, 11. Mär

▼ 220 039, AW Nürnberg, 19. Oktober 1984

▼ 1990Layritz-Halle in Penzberg, 30. Mai 1985

▲ Ausbesserungswerk Chemnitz, 22. März 1994

▲ Abstellgleis in München-Laim, August 1989

▼ 216 053, 024, 042, 103, 104, 031 und 023, Aachen West, Nov. 1998

▼ Bw Stendal, 2. August 1992

AUFNAHMEN: FIEGENBAUM, B. SCHULZ, F. LÜDECKE (2), KUHNKEY/WIESEL (2), GUSSMANN